中央工艺美术学院环境艺术设计系
张绮曼 郑曙旸 主编

中国建筑工业出版社

室内设计资料集

图书在版编目(CIP)数据

室内设计资料集/张绮曼，郑曙旸主编．—北京：中国建筑工业出版社，1991.6（2022.12 重印）

ISBN 978-7-112-01329-6

Ⅰ．室... Ⅱ．①张... ②郑... Ⅲ．室内设计—图集 Ⅳ．TU238-64

中国版本图书馆 CIP 数据核字(2005)第 016265 号

本书汇集了中央工艺美术学院环境艺术设计系三十余年来的教学及设计实践的经验。本书从艺术与技术的角度，以理论指导与设计实用的全方位，收录了古今中外极具参考价值的室内设计资料。是目前国内最为全面、系统和实用的室内设计专业的大型工具书。

全书内容涉及：现代室内设计的基本理论、设计程序、室内空间设计方法以及风格、流派、样式、室内光环境、色彩、绿化、家具、陈设艺术设计等；此外，还广泛收入了室内空间尺度的参考数据以及材料运用、装修作法和部分工程实例详图、室内设计的表现技法。为了便于读者进行室内色彩设计，书内附有彩页刊印色调选用表与部分室内色调实例，供读者直接选用。

本书兼顾专业与普及两个方面，适应面较广。可供建筑、室内专业设计人员阅读；也可作为大专院校建筑、室内环境艺术专业的教学参考书。

室内设计资料集

中央工艺美术学院环境艺术设计系

张绮曼　郑曙旸　主编

*

中国建筑工业出版社出版、发行（北京西郊百万庄）

各地新华书店、建筑书店经销

河北鹏润印刷有限公司印刷

*

开本：965×1270 毫米　1/16　印张：33¾　插页：6　字数：1320 千字

1991 年 6 月第一版　　2022 年 12 月第七十四次印刷

定价：**68.00** 元

ISBN 978-7-112-01329-6

(6371)

本社网址：http://www.cabp.com.cn

网上书店：http://www.china-building.com.cn

前　言

多年来，室内设计在中国没有受到重视，至今未见有适当的工具书问世。只有在当前中国开始进入发展住宅建设、提高生活环境质量的新的时期，室内设计专业才引起人们瞩目，其专业队伍才得以发展壮大，人们也开始认识到它是中国四化建设中两个文明建设的重要内容之一，是现代文明结构的重要方面。

众所周知，编写这样一部室内设计专业的工具书工程浩大，难度较高，在国外也很难找到类似书藉。但是全系师生齐心协力，团结奋战，终于在较短的时间内编集成册，呈现给广大读者。本书是在总结三十四年室内设计专业教学和设计实践经验的基础上编写的。根据专业特点，以理论为前导，进行具体专业归类，既避免就事论事、资料堆集罗列，又防止空洞泛泛。

编集时，全书力求做到既要有理论上的指导性，又要有实践方面的经验总结；既要宏观的内容，又要中观的，微观的内容；既要涉及到科学技术内容，又要具有文化艺术的特色，并有较多的形象参考资料，使本书能够对我国的室内设计工作具有较为广泛的参考价值。

在本书出版之际，我们首先要感谢环境艺术设计领域各方面人士的支持与鼓励，特别是由于中国建筑工业出版社曲士蕴等同志的支持和协助，使这本《室内设计资料集》能顺利出版。

本书所涉及的内容广泛，时间紧迫，内容难免有疏漏之处，我们希望广大读者，特别是室内设计专业的专家和同行提出宝贵意见，以期在今后再版时予以充实提高。

张绮曼

1991年3月于中央工艺美术学院

主　编：

张绮曼　郑曙旸

各章编写人员：

章	题目	编写人员
1	室内设计总论	张绮曼
2	室内空间与尺度	张　月　郑曙旸　齐爱国
3	室内设计的艺术流派与风格	张绮曼　陈增弼　郑曙旸
4	室内空间设计	梁世英
5	室内光环境	杜　异　王海洲
6	室内绿化设计	刘玉楼
7	室内家具设计	李凤崧　陈增弼
8	室内色彩设计	张绮曼
9	室内陈设艺术	潘吾华
10	室内设计的材料及运用	宋立民
11	室内装修的作法及详图	郑曙旸
12	室内设计的表现技法	郑曙旸

参加工作人员：

黄　刚　余　亮　王　铁　史华凤　陈　云　李朝阳
陶　鸿　龚　剑　程木林　刘铁军　黄　为　刘向荣
杨兆红　罗　兰　苑金涛　汤海涛　贾　东　孙江平
朱立新　程　彤　雷宇新　周　勇　陈　斌　阎宏声
王　蕾　李　诺　李　丽　徐　雷　汪建松　范亚晖
许　捷　蒋英柏　夏　靖　邱小葵　李学军　贾培岭
穆　琦　王建国　赵　勇　张　伟　王　尹　张　杰
徐大维　蒋中秋　牛瑞龙

技术设计： 孟宪莛　于佳瑞
吴崇彦　李金铭

目　　录

4 室内空间设计 [185～204]

5 室内光环境 [205～258]

6 室内绿化设计 [259～286]

7 室内家具设计 [287～330]

8 室内色彩设计 [331～347]

9 室内陈设艺术 [348～377]

10 室内设计的材料及运用 [378～425]

11 室内装修的作法 [426～513]

12 室内设计的表现技法

[514～545]

Ⅰ 设计哲学与现代室内设计

设计（DESIGN）是连接精神文化与物质文明的桥梁，人类寄希望于通过设计来改善人类自身的生存环境。

设计的定义，各类辞典有许多不同的解释，大致可归纳如下：

DESIGN：设计、意匠、计划、草图、图样、素描、结构、构想、样本。

因此可以说，设计是人的思考过程，是一种构想、计划，并通过实施，最终以满足人类的需求为终止目标。

设计为人服务，在满足人的生活需求的同时又规定并改变人的活动行为和生活方式，以及启发人的思维方式，体现在人类生活的各个方面。

在人类社会发展的不同历史时期，设计具有不同的使命与方向。古代社会，设计主要为神而存在，在漫长的中世纪，设计则是以为宗教和帝王贵族服务为主要宗旨。然而，近代以来，人类经历了工业革命和发展工业化大生产的过程，过量工业化的代价正在瓦解着人类赖以生存的基础。人们向大自然的掠夺性索取，工业公害以及人口恶性膨胀造成环境污染、生态危机、人情淡漠、人满为患等等。由现代文明所造成的环境污染，生态危机逼迫人们不得不回到人类最起码的“生存”这一根本的保守性的立场上来。为了人类生存与改善现状，人们寄希望于“设计”，通过设计从宏观上改善环境，创造一个精神充实且具有高文化价值的社会环境。可以说，这是后工业化时代的今天，人们对设计的真正使命和作用的殷切希望和期待。“设计”作为连接精神文化和物质文明的桥梁，在改善人类生存环境、创造理想的社会环境过程中将发挥重要作用。因此，“设计”在现代和未来将走向城市与民众，它必将与人类生活紧密结合。勿庸置疑，“改善环境”、“创造环境”将成为二十一世纪全球范围内人类文化活动的重点。

关于宏观上的设计分类：历来有过多种尝试，但是，若将构成世界之三大要素：“自然——人——社会”作为设计体系分类之坐标点，便可由此科学地建立起相应的基本设计体系，如图表1所示：

图表1:

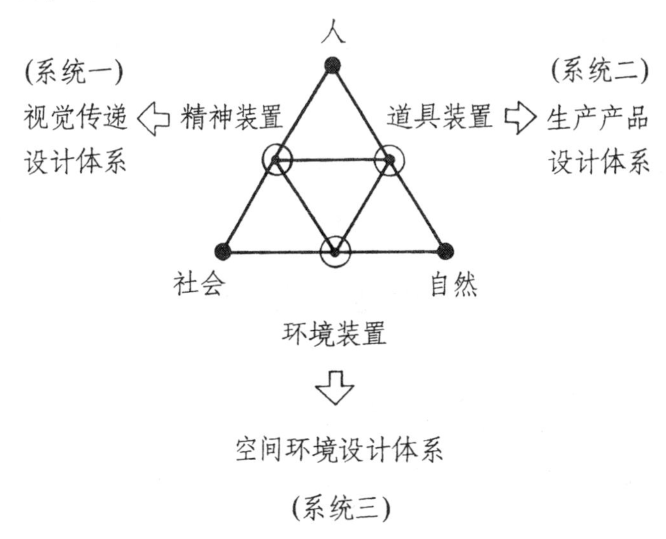

设计的三大体系是紧密相联系的，但在以上三大设计体系之中，由于近代以来人与生存空间的矛盾已发展到了人类忍耐的最大极限的边缘，人们的“环境意识”的觉醒和“环境设计”概念的崛起（加拿大建筑师阿瑟·埃利克森提出：“环境意识就是一种现代意识”。美国建筑师们认为：“八十年代的重要发展不是这个主义或那个运动，而是对环境设计和景观设计的普遍认同”）。因此，通过空间环境设计改善人类生存条件就成为三大设计体系中最为根本、最为宏观、最为紧要的方面了。系统一的视觉传递设计是维系社会这个大环境的人与人、人与社会的意志疏通和情报、信息交流装置设计。系统二的生产产品设计，确切地说，就是环境装置及生活用品设计。系统三的空间环境设计含括了城市及地区规划设计、建筑设计、园林、广场设计、雕塑、壁画等环境艺术作品设计和室内设计。环境艺术设计是以上各类艺术的整合设计。室内设计是为了满足人们生活、工作的物质要求和精神要求所进行的理想的内部环境设计，是空间环境设计系统中与人的关系最为直接、最为密切和最为重要的方面。图表2比较系统地说明了室内环境圈，在现代环境艺术构成中的地位与作用。因此，室内设计终于从长期被建筑设计所代替的状态下独立出来，成为一门专业性很强的、发展迅速的新生边缘学科。

图表 2:

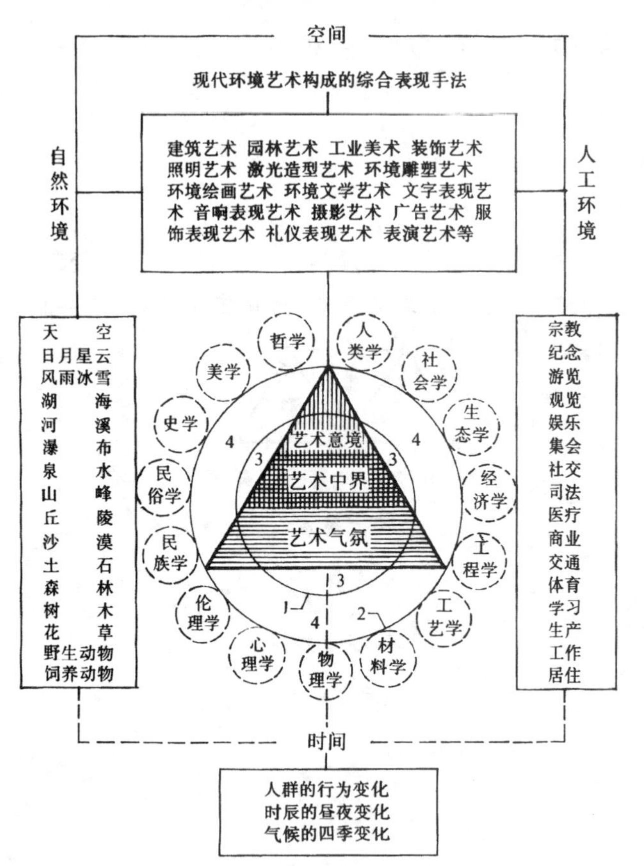

1—室内环境圈 2—室外环境圈 3—室内环境非艺术表现区 4—室外环境非艺术表现区

2 现代室内设计的社会背景与时代特征

创造具有文化价值的生活环境是现代室内设计的出发点。因此，优秀的室内设计师必须了解社会、了解时代，应对现代人类生活环境及其文化艺术的发展趋势有一个总体认识。

任何时代的设计都带有明显的社会时代特征。西方现代城市化社会的特点大致可以归纳为：功能化、巨大化和情报化。这也是当前世界各国城市发展的趋势。

功能化：高速、高效率的现代城市生活以大量使用汽车为特征。汽车社会的出现，在城市中夺走了人们的步行空间，减少了人的活动机会，以及排废气污染了空气，其临时性弥补办法是世界各国流行的开设“步行者天国”作法。规定汽车某一段时间或某一区段道路禁止通行，给人们提供有限的步行环境和悠闲的活动交流机会。

巨大化：高层、超高层建筑的出现与发展，占据了城市中一个又一个巨大空间，也扩大了建筑与人的尺度差。高大的楼群使人们感到窒息、压抑。当前的弥补办法是在高层建筑群之间整修开设广场和休息区段，以及设置人际交流服务设施等等，以期减轻压抑感、窒息感，提供有限的人的活动空间。

情报化：信息时代的到来，信息、情报传递即时、快速，城市信息传递装置的发达，使生活在城市中的人们感到既紧张又必要。情报信息装置破坏环境，造成对人的视觉污染是现代城市环境设计的难题之一。在城市商业竞争日益激烈发展的情况下，尽管不少大城市的管理部门对广告宣传和信息传递装置的设置有种种规定和限制，但仍挡不住危害日益严重的视觉污染的泛滥。

以上介绍的西方现代城市发展的趋势，带有根本性的破坏人类生存环境的倾向，那些临时性弥补办法也不可能从根本上解决问题。中国是否步西方先进工业国家过量工业化的后尘，发展类似“爆炸型”的现代城市呢，问题值得思索。然而自七十年代中国实行改革开放政策以来，不少大中城市确有摹仿西方发展城市的倾向，在那里具有现代城市化社会的特征已日见明显，需引起警惕，予以探讨。

本世纪以来，中国在“现代化”上的表现及进入工业文明的速度虽然比较缓慢，但是，从辩证的眼光看，在中国的这种迟滞发展的反面，由于前车之鉴，我们就可以得天独厚地享有着不可能走向过量工业化的优越性。就在世界即将进入“脱工业化阶段”之际（过量工业化的代价正在瓦解着人类赖以生存的基础。先进工业国将因首先承受不了这种压力而进入脱工业化的阶段）。这却给了中国一种“特殊的机遇”，就是让我们在发展现代城市社会时避免形成西方“爆炸型”的生活方式，又非前工业化农业社会的“化石型”的生活方式，而是去探索一条中国自己的发展道路，走出一条物质文明与精神文明并重，创造具有高文化价值的人类生活环境道路来。这是我国现代室内设计的指导思想。

进一步说，现代室内设计也具有现代艺术的以下基本特征：

1.尝试性　尝试、创造及艺术、科技各门类的相互渗透、异种杂交。

2.参与性　强调人的参与与体验，以及启发童心的游戏特点。

3.相关性　强调人与空间、人与物、空间与空间、物与空间、物与物之间的相互关系。

4.科技性　信息情报性及现代科技、材料、工艺的综合体现与应用。新的宏观效果和微观肌理效果的追求。

5.流动与可变性　节奏的快速与灵活可变性特点。

6.时空性　时间、空间的艺术展现手段的运用，等等。而且现代艺术风格演变、手法变幻频繁，还将不断出现新的种类与特点。这些现代艺术的特点大多都反映了人的自主精神的强调以及物为人用的宗旨。此外，艺术种类共生共荣、艺术的抽象化倾向也日渐明显与昌盛。

环境艺术设计是综合艺术的整合协调，具体到现代室内设计，则应从以下几个要点进行探究与思考：

第一、现代室内设计审美意识的重心应从建筑空间转向时空环境（三度空间+时间＝四度空间），以人为主体、强调人的参与与体验。

第二、现代室内设计的审美层次应从形式美感转向文化意识，从过去的为装饰而装饰或一般地创造气氛提高到对艺术风格、文化特色和美学价值的追求以及意境的创造。七十年代之后，工业先进国家逐步达到了物质的极大丰富，人们在富裕之后价值观念开始变化，在人的生存价值受到重视的同时，人们从追求有形的财富（物）转变为追求无形的财富（精神），即各类文化艺术的精神享受，体育竞技活动与观赏，参与、旅游以及对高文化层次社会环境的要求。环境艺术设计师、建筑师、室内设计师们在有了众多的设计实践机会之后，开始大胆地把观念艺术的尝试用于环境设计上。在艺术形式上从具象向抽象转变，由直观具体联想的环境创造向着运用抽象化、符号化的启迪连带意识设计手法的尝试，在空间艺术上进行了把视觉空间升华为“听觉空间”的意境创造（“听觉空间”：在环境设计时运用单纯直线和几何形体，有节奏地反复地符号化图案，小波浪形、锯齿形边缘处理，细密格子或肋拱板面，结合素材的肌理效果以及色彩变幻效果，使这些板、线在垂直、水平交错的构成关系上产生出有音乐意境的空间效果。因此，又被称为“视觉配乐”。它创造出视觉的有节奏的“听觉空间”）。这些大胆的尝试和开拓对发展现代室内设计具有很好的启发意义。

第三、现代室内设计强调关系学与整体把握。法国启蒙思想家狄德罗说：“美与关系俱生、俱长、俱灭”。这句至理名言应是每一位从事室内设计的工作者永远记住的格言。室内环境设计是整合艺术。它的诸要素之间关系的协调与把握是至关重要的。它应是功能组合关系的把握、空间、形体、色彩以及虚实关系的把握，意境创造的把握以及与周围环境的关系协调。

第四、现代室内设计的创造手法为“一切皆为我用”。室内设计师又是艺术家，应当具有充分的想象力和造型能力，调动和使用各种艺术的、技术的手段，使设计达到最佳声、光、色、形的匹配效果，创造出理想的、值得人们赞叹的空间环境来。

3　从“室内装饰”向“室内设计”概念的演进

室内设计专业经历了较长时间的实践与认识，在从“室内装饰”向“室内设计”概念的演进过程中，人们逐渐认识到了二者之间的本质区别。“室内装饰”的目的在于美化，在建筑师提供的内部空间中，对空间围护表面进行绘画、雕塑和涂脂抹粉的装点修饰。古代社会，欧洲古希腊、古罗马的石砌建筑，东方古印度的石窟建筑和中国的木构架建筑，由于装饰与结构部件紧密结合，装饰与建筑主体为一体化作法。然而十七世纪初欧洲巴洛克时代和十八世纪中叶的洛可可时代，开始了室内装饰与建筑主体的分离。这是因为建筑物的主体和外装修的使用年限远比室内的使用周期要长的缘故。在营造法国的宫廷建筑和贵族宅邸时，作为新的职业者开始使用了“装饰工匠”的名称，这意味着已经到了可以不动建筑物的主体，按照时代的流行样式，只对建筑物的内部频繁地进行改装的时期了。

巴洛克式建筑的室内，充满强烈的动感效果，是天主教教皇派为了恢复天主教的优势而使教堂的室内装饰具有启动宗教感情更加高涨的形态。而洛可可式建筑室内则是皇宫贵族为了得到舒适的、私密的室内而追求优雅的更为亲切的室内装饰效果。多以花鸟、贝壳为题材，并为适应宫廷的异国情趣要求而在室内采用了许多中国式装饰。室内具有过多的装饰和华美的效果。巴洛克式和洛可可式的手工制作竭尽装饰之能事，被称为“室内装饰”的典型作法。

近代工业化大生产的发展以及混凝土建筑出现之后，混凝土建造方式不仅使室内装饰从建筑主体中脱离开来，而且发展成为不依附于建筑主体而相对独立进行生产制作的部分了。十九世纪欧洲以维也纳为中心的分离派运动，解开了单纯装饰部件与建筑主体相结合的矛盾，成为现代主义设计的先驱。随后，包豪斯学派强调形式追随功能，认为空间是建筑的主角，提出四维空间（三维空间加时间）理论，提倡抛弃表面的虚假装饰，认为建筑美在于空间的合理性和结构的逻辑性等。因而现代主义按照工业化大生产的规范要求排除装饰，强调使用功能以及造型的单纯化。给予使用功能以形态表现的最重要地位，于是“室内装饰”开始衰落，代之以更为有计划性和理论性的“室内设计”。室内设计按照不同的室内功能要求，从内部把握空间，设计其形状大小，为满足人们在这里舒适地生活和活动而整理环境，设置用具。

应当指出的是：现代主义排除装饰必然会走向另一个极端，玻璃幕墙、光光的四壁、理性简洁的造型等使“国际式”建筑及其室内设计千篇一律。社会的前进，信息时代的到来，使人类社会物质与精神文明有了新的变化，久而久之人们对现代主义开始感到枯燥和厌倦，转而追求功能和形式的多样化。六十年代之后，后现代主义应运而生并受到欢迎。后现代主义强调建筑的复杂性与矛盾性，反对简单化、模式化，其设计特点为：讲求文脉、提倡多样化、追求人情味；崇尚隐喻与象征手法、大胆运用装饰，认为建筑就是装饰起来的掩蔽物。在构图理论中吸收其它艺术或自然科学概念，如：片断、反射、折射、裂变、变形、矛盾共处等。

现代主义和后现代主义都是人类文明演进过程中的产物，反映了人们对建筑和室内设计功能与精神两个方面的要求和价值取向，其积极、合理的内涵应予肯定。

综上所述，我们可以按照人们对室内空间的功能要求及精神要求，作如下定义：室内设计乃是从建筑内部把握空间，根据空间的使用性质和所处环境，运用物质技术及艺术手段，创造出功能合理、舒适美观、符合人的生理、心理要求，使使用者心情愉快，便于生活、工作、学习的理想场所的内部空间环境设计。

4 室内设计的内容分类和职业范围划分

室内设计是一门综合性学科，专业含括面较广，可概括归纳为以下四个部分：

第一、空间形象的设计。就是对建筑所提供的内部空间进行处理，在建筑设计的基础上进一步调整空间的尺度和比例，解决好空间与空间之间的衔接、对比、统一等问题。

第二、室内装修设计。主要是按照空间处理的要求把空间围护体的几个界面，即对墙面、地面、天花等进行处理，包括了对分割空间的实体、半实体的处理，即对建筑构造体有关部分进行设计处理。

第三、室内物理环境设计。对室内体感气候、采暖、通风、温湿调节等方面的设计处理，是现代室内设计中极为重要的方面，随着科技的不断发展与应用，它已成为衡量环境质量的重要内容。

第四、室内陈设艺术设计　主要是对室内家具、设备、装饰织物、陈设艺术品、照明灯具、绿化等方面的设计处理。

室内设计的分类，概括地说，可以分为三大类：即人居环境室内设计、限定性公共室内设计及非限定性公共室内设计。不同类别的室内设计在设计内容和要求方面有其共同点和不同点，可参见以下图表：

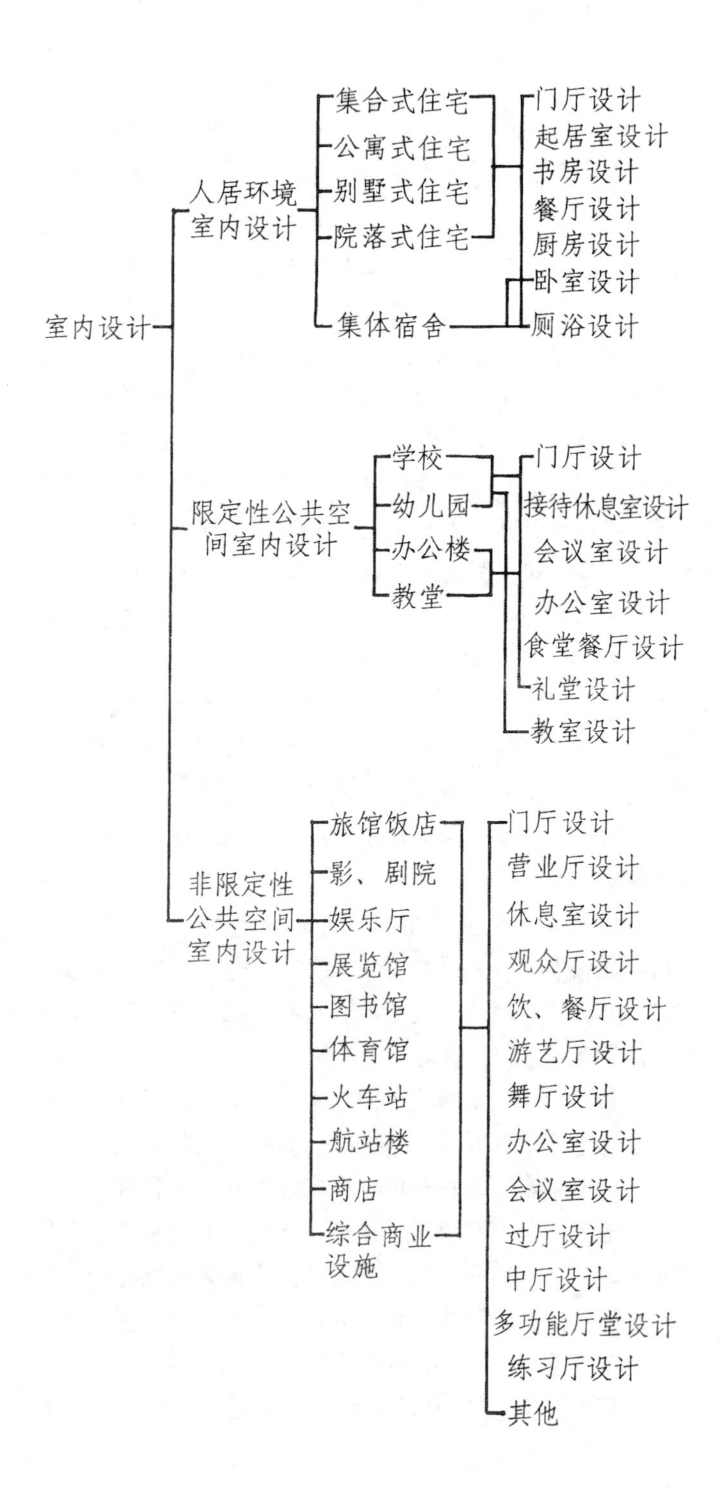

室内设计类型包含众多，专业内容含括面广，如何通过设计谐调处理好，要求室内设计师必需具备高度的艺术修养并掌握现代科技与材料、工艺知识，具有解决处理实际问题的能力。六十年代以后，在工业先进国家，室内设计行业迅速发展壮大，室内设计师的职业范围可以日本的三种划分作为参照。这样的划分有利于室内设计的专业化以及室内设计人员专业素质的提高，可供我们在发展专业时参考。

第一种　以空间设计为中心，指挥室内所有部分的统一设计。对空间的大小形状、对室内环境的气候、采光、照明以及对在那里生活的人们所必需具有的物理、心理感受进行综合判断和选择。在这种情况下，室内设计师是从内部来进行建筑师的工作的，所以又可称为“室内建筑师”。

第二种　设计室内使用的家具和构成物等，由于他们的设计多数在工厂生产或工作室里加工制作，因此可称为“室内产品设计师”。

第三种　由西欧传统而产生的“室内装饰师”。现代建筑的装饰倾向使近代室内装饰师长时间受到建筑师的排挤，被放到第二流的不受重视的地位，但是近二、三十年以来，特别是从后现代主义的兴起来看，作为重新提示人们那种最基本的装饰立场，以及促进艺术共生与共荣，使得这个职业又处于再次复兴之中。

5 室内设计程序与专业协调

室内设计程序:

室内设计程序是保证设计质量的前题，一般分为四个阶段开展工作：方案阶段、初步设计阶段、施工设计阶段和现场施工监理阶段。各阶段的具体工作内容请参见下列图表4。

室内设计的专业协调:

任何一个成功的室内设计作品，不仅是室内设计师自身专业知识、艺术素养与创作才能的展现，而且同时也是室内设计师与建筑、结构、电气、设备（采暖、空调、给水排水）等专业密切配合、各方协调、卓有成效地解决错综复杂矛盾的结果。随着现代建筑领域中科学、技术与艺术日新月异的发展，这种多专业、各工种的配合与协调越来越成为现代室内设计走向成功之路的关键所在。

一般来说，完成室内设计任务有两种情况：一种是由建筑设计单位自身承担（配有室内设计专业人员）；一种是另行委托室内设计单位承担（该单位要为此项工程设室内设计主持人）。不论是哪一种情况，室内设计人员都应在吃透建筑工程设计任务书、建筑设计总体构思的前提下展开工作，同时要取得建筑工程主持人的理解与支持，并努力贯彻、完善总体设计思想（旧建筑室内改变使用性质的改装室内设计除外）。

为方便起见，我们可以把室内设计所涉及的专业系统及其协调要点归纳在图表5中。

图表4:

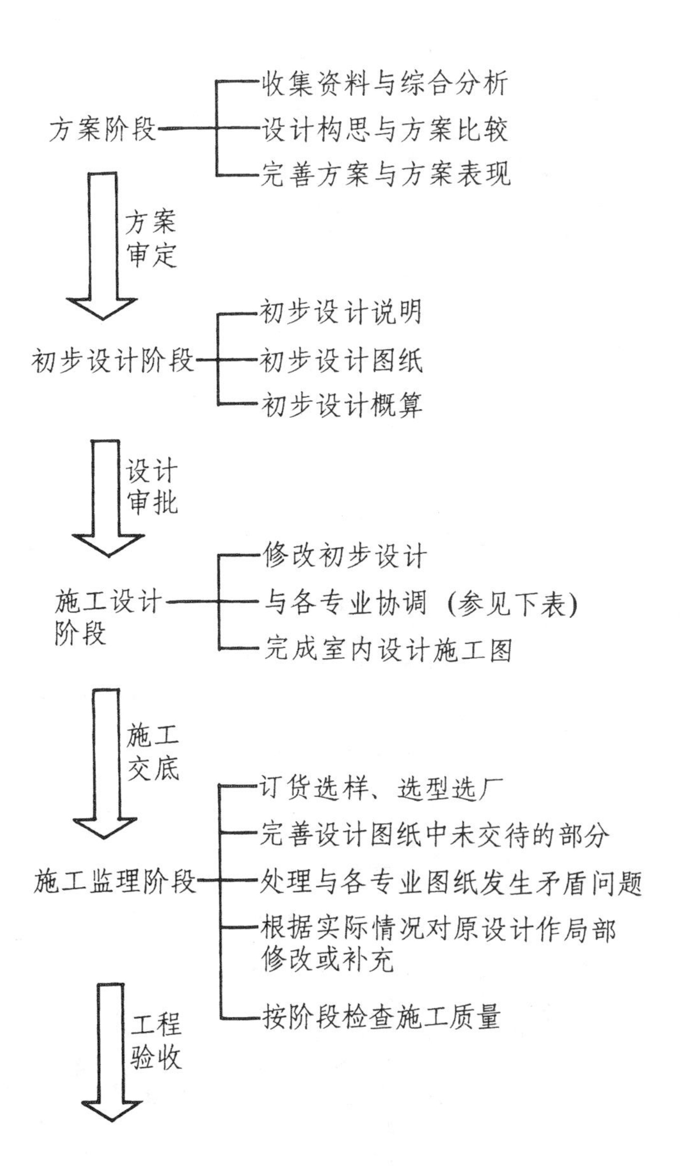

日常管理——向使用单位或用户交待有关日常维护的注意事项

室内设计所涉及的专业系统与协调要点表5

专业系统	协调要点	与之协调的工种
建筑系统	1.建筑室内空间的功能要求（涉及空间大小、空间序列以及人流交通组织等） 2.空间形体的修正与完善 3.空间气氛与意境的创造 4.与建筑艺术风格的总体协调	建筑
结构系统	1.室内墙面及天棚中外露结构部件的利用 2.吊顶标高与结构标高（设备层净高）的关系 3.室内悬挂物与结构构件固定的方式 4.墙面开洞处承重结构的可能性分析	结构
照明系统	1.室内天棚设计与灯具布置、照度要求的关系 2.室内墙面设计与灯具布置、照明方式的关系 3.室内墙面设计与配电箱的布置 4.室内地面设计与脚灯的布置	电气
空调系统	1.室内天棚设计与空调送风口的布置 2.室内墙面设计与空调回风口的布置 3.室内陈设与各类独立设置的空调设备的关系 4.出入口装修设计与冷风幕设备布置的关系	设备（暖通）
供暖系统	1.室内墙面设计与水暖设备的布置 2.室内天棚设计与供热风系统的布置 3.出入口装修设计与热风幕的布置	设备（暖通）
给排水系统	1.卫生间设计与各类卫生洁具的布置与选型 2.室内喷水池、瀑布设计与循环水系统的设置	设备（给排水）
消防系统	1.室内天棚设计与烟感报警器的布置 2.室内天棚设计与喷淋头、水幕的布置 3.室内墙面设计与消火栓箱布置的关系 4.起装饰部件作用的轻便灭火器的选用与布置	设备（给排水）
交通系统	1.室内墙面设计与电梯门洞的装修处理 2.室内地面及墙面设计与自动步道的装修处理 3.室内墙面设计与自动扶梯的装修处理 4.室内坡道等无障碍设施的装修处理	建筑 电气
广播电视系统	1.室内天棚设计与扬声器的布置 2.室内闭路电视和各种信息播放系统的布置方式（悬、吊、靠墙或独立放置）的确定	电气
标志广告系统	1.室内空间中标志或标志灯箱的造型与布置 2.室内空间中广告或广告灯箱、广告物件的造型与布置	建筑 电气
陈设艺术系统	1.家具、地毯的使用功能配置，造型、风格、样式的确定 2.室内绿化的配置方式的品种确定，日常管理方式 3.室内特殊音响效果、气味效果等的设置方式 4.室内环境艺术作品（绘画、壁饰、雕塑、摄影等艺术作品）的选用和布置 5.其它室内物件（公共电话罩、污物筒、烟具、茶具等）的配置	相对独立，可由室内设计专业独立构思或挑选艺术品、委托艺术家创作配套作品

6 结束语——共同的期望

中国的室内设计专业已经起步发展，行业队伍正在形成和扩大，在发展中国室内设计事业的道路上，有两个问题提出来供参考：

第一、自近代以来，国际上工业先进国家的室内设计正在向高技术、高情感方向发展，室内设计师们既重视技术，又强调人情味。在艺术风格追求上变化频繁，新手法、新理论层出不穷，呈现五彩缤纷、不断探索创新的局面，面对工业先进国家室内设计的发展态势，我们不应迷失方向而尾随其后，照抄照搬、步人后尘。中国的室内设计师们应在加强室内设计基本理论学习（包括对中国文化传统的研究、继承）、在掌握基本功的基础上以借鉴、探索、创新的态度去对待外国的设计理论与流派。我们应立足于自己的物质环境和文化环境，深入细致、全面周到地去思考和处理室内设计中各个方面的问题，使我们的作品能够较好地反映出我国不同时期、不同地区、不同民族的文化特色和美学追求。

第二、为努力改变我国的城乡面貌，我们应把与广大民众生活息息相关的室内外环境设计作得舒适方便、美观大方、有文化、有特色，这是我们面临的长期任务。

自我国实行改革开放政策以来，城乡规划设计和公共环境设计已逐步受到重视，城市中许多高标准的现代化高层建筑引人注目，但是在中国的现代城市建设中，我们的眼光不应仅仅局限在少量“高、精、尖”的“楼、堂、馆、所”上，这是因为只有大量性的与民众生活息息相关的室内、外环境设计才能从量上与质上真正说明我们国家的文明程度与文化水准，而不能仅从少量涉外饭店来衡量我国室内环境设计的水平。如何能从我国国情出发，把大量性建筑或标准不太高的公共建筑以及住宅室内设计搞上去，这是我们每一个有社会责任感的室内设计师都应当为之努力的任务。

我国目前已开始进入发展城乡住房建设和提高人的居住环境质量的新时期，室内装饰材料行业也发展较快，然而从现代环境艺术系统的理论高度与国外创作水平来看，我们仍处于启蒙时期。因此，向社会广泛宣传环境艺术设计的重要性是很有必要的。通过设计来改变某些落后的生活方式，用好的环境去陶冶、造就下一代，以及使人们感受到人的生存价值、生活的美好和社会的繁荣进步，这是我们大家的共同愿望。

中国现代室内设计专业队伍正以新的步伐迈向灿烂的二十一世纪。

1 起居室的处理要点

1.起居室是人们日间的主要活动场所，平面布置应按会客、娱乐、学习等功能进行区域划分。

2.功能区的划分与通道应避免干扰。

2 起居室常用人体尺度

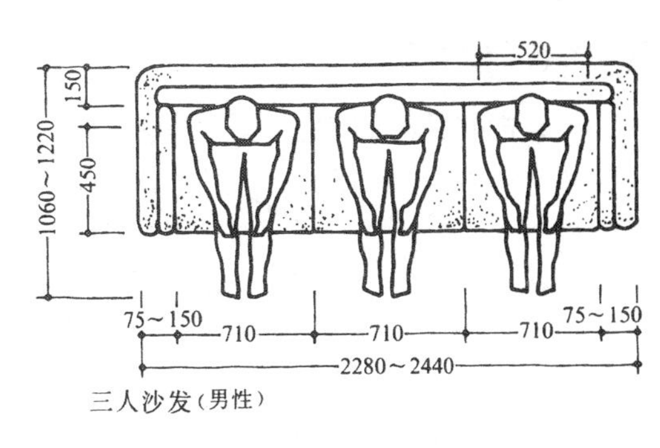

三人沙发(男性)

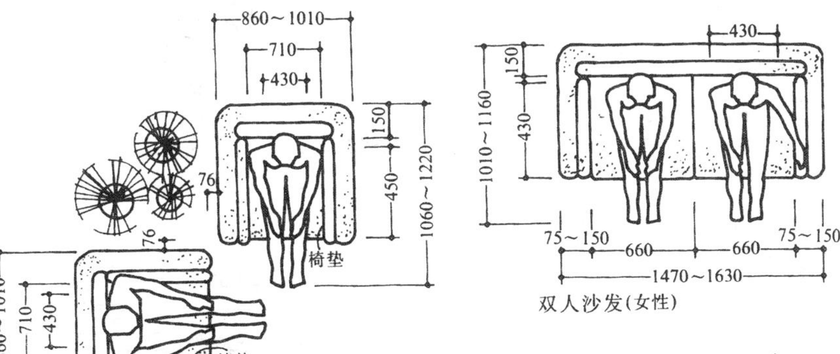

双人沙发(男性)

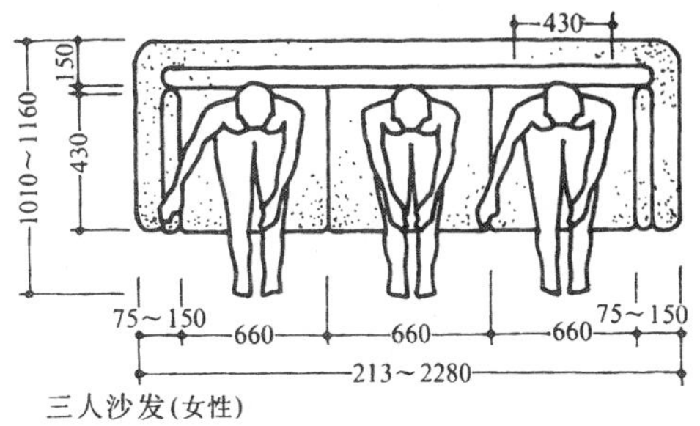

三人沙发(女性)

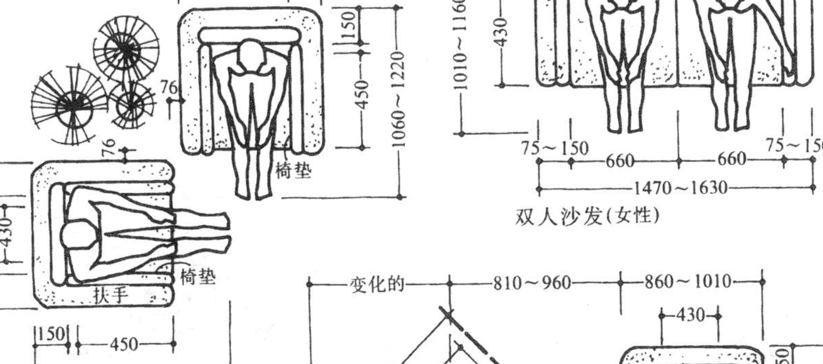

双人沙发(女性)

拐角处沙发椅布置

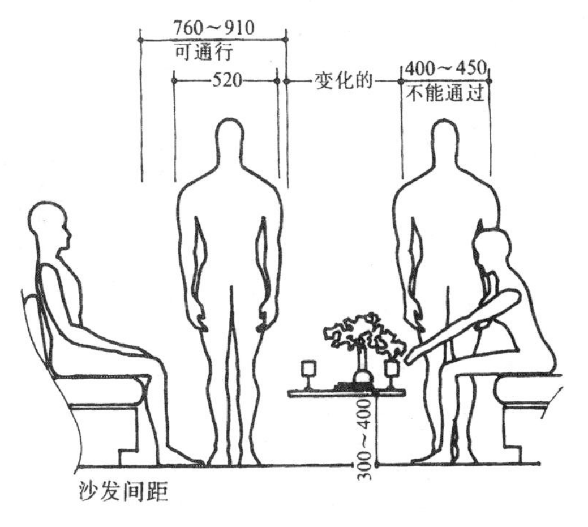

沙发间距

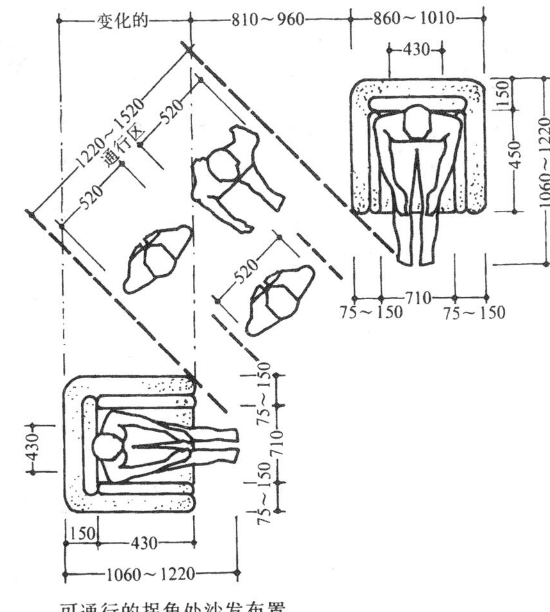

可通行的拐角处沙发布置

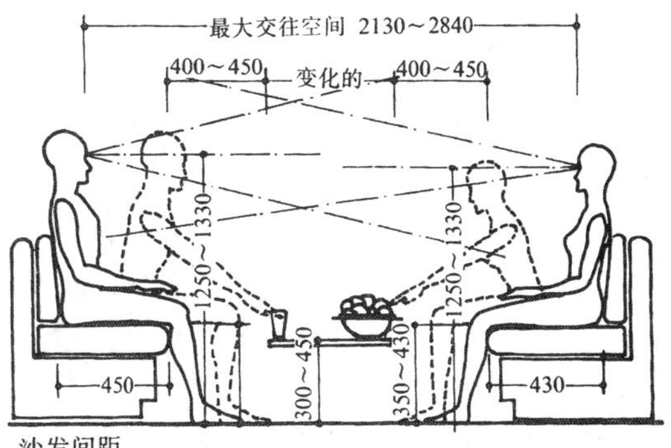

沙发间距

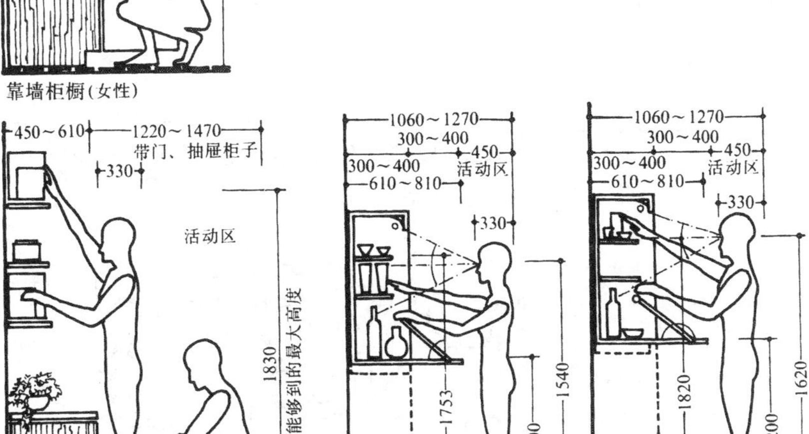

靠墙柜橱(女性)

靠墙柜橱(男性)

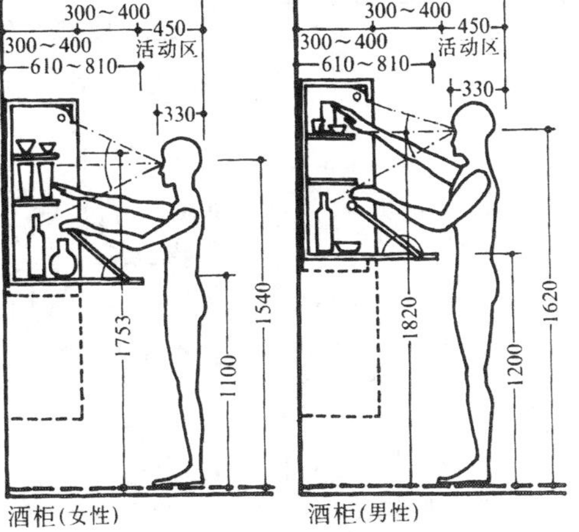

酒柜(女性)

酒柜(男性)

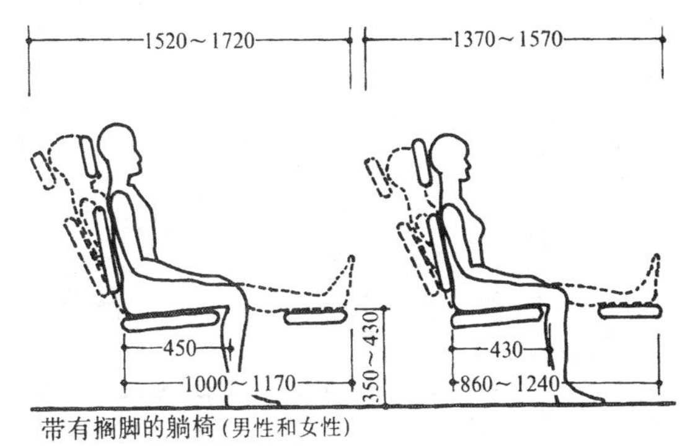

带有搁脚的躺椅(男性和女性)

1 餐厅的处理要点

1.餐厅可单独设置，也可设在起居室靠近厨房的一隅。

2.就餐区域尺寸应考虑人的来往,服务等活动。

3.正式的餐厅内应设有备餐台、小车及餐具贮藏柜等设备。

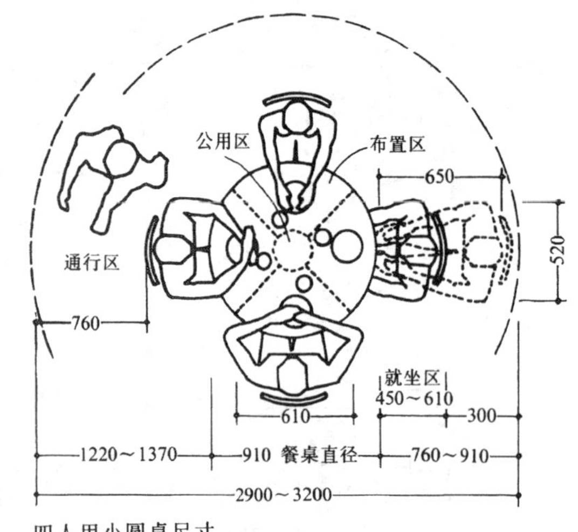

四人用小圆桌尺寸

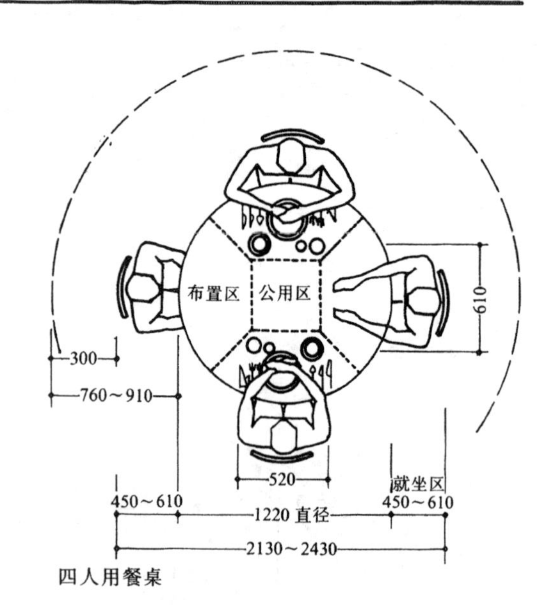

四人用餐桌

2 餐厅的功能分析

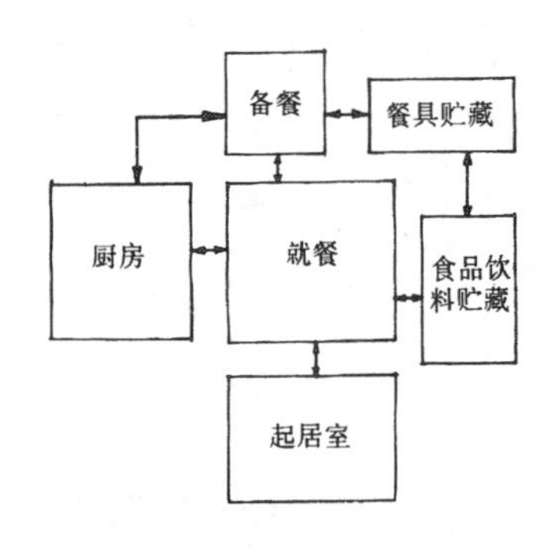

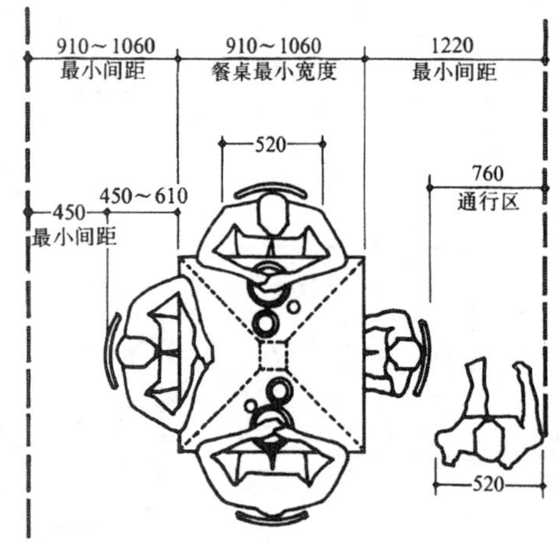

四人用小方桌

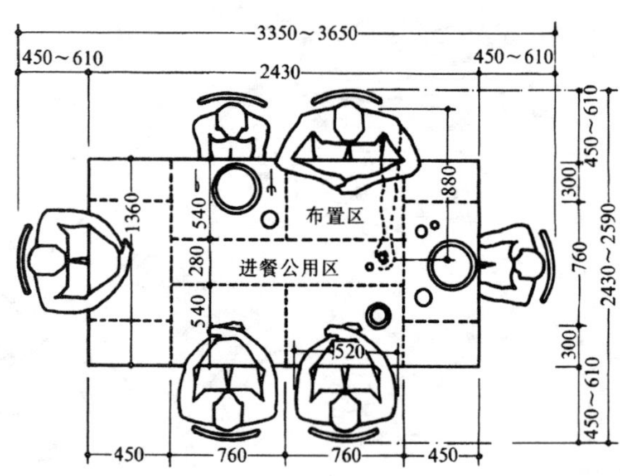

长方形六人进餐桌（西餐）

3 餐厅常用人体尺寸

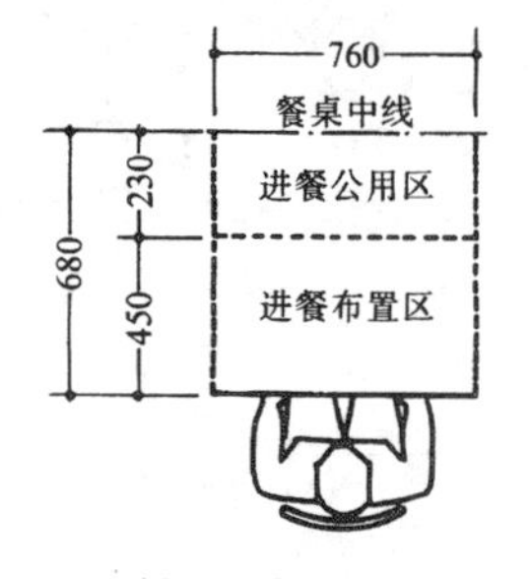

最佳进餐布置尺寸

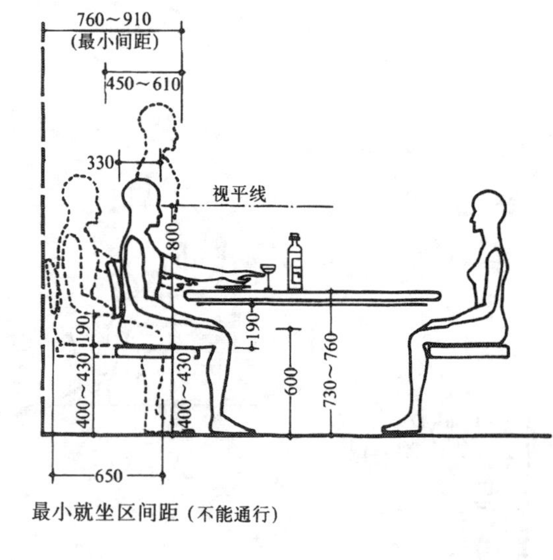

最小就坐区间距（不能通行）

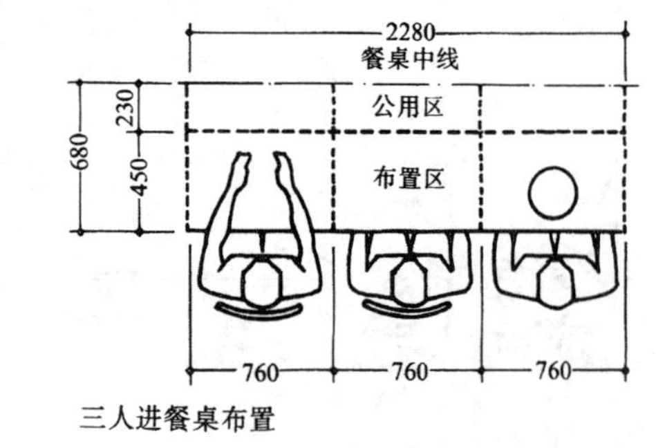

三人进餐桌布置

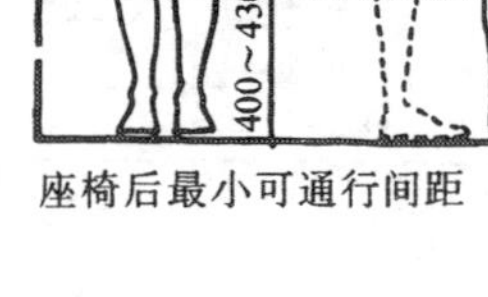

座椅后最小可通行间距

610
餐桌中线
进餐公用区
进餐布置区
530
130
400
520

最小进餐布置尺寸

3350～4110
1670～2050
1670～2050
760～910
通行区
450～610
就坐区
910～1060
450～610
就坐区
760～910
通行区
520
吊灯
视平线
800
680
480
墙边线
730～760

最小用餐单元宽度

1 卧室的处理要点

卧室的功能布局应有睡眠、贮藏、梳妆及阅读等部分。平面布局应以床为中心。睡眠区的位置应相对比较安静。

2 卧室常用人体尺度

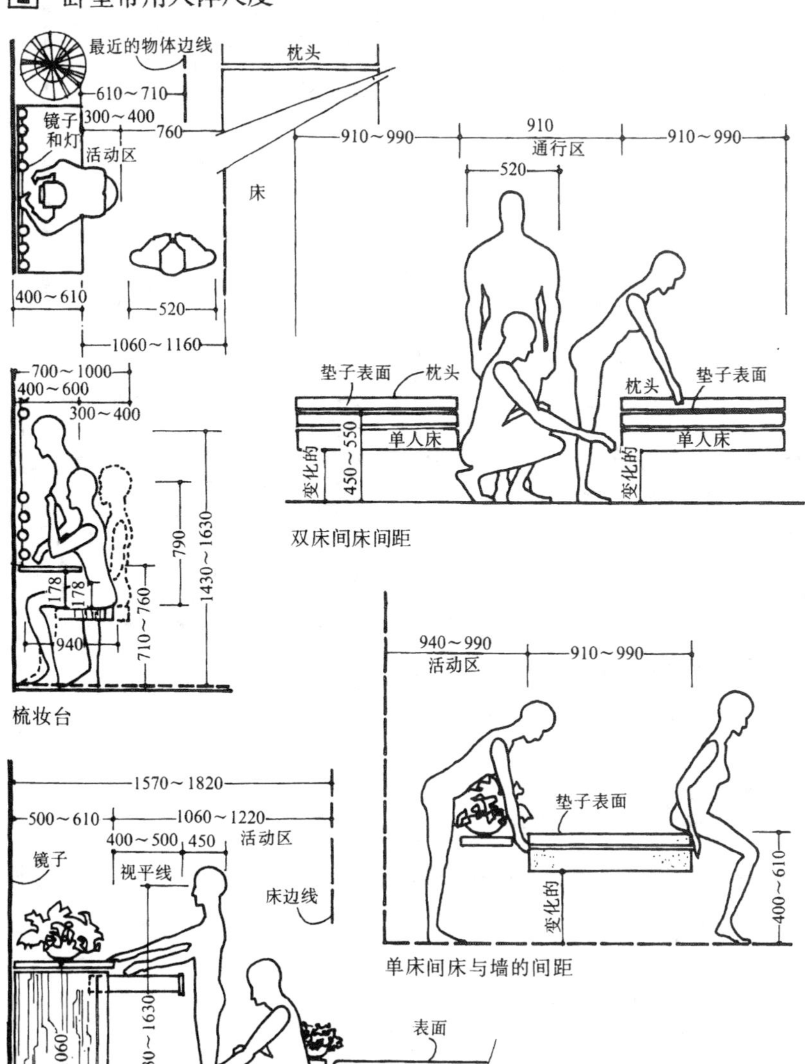

梳妆台

双床间床间距

单床间床与墙的间距

小衣柜与床的间距

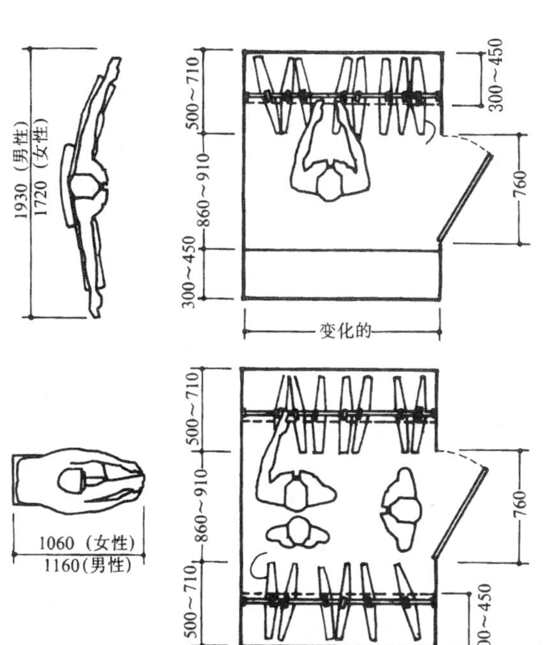

单人床和双人床

小型存衣间

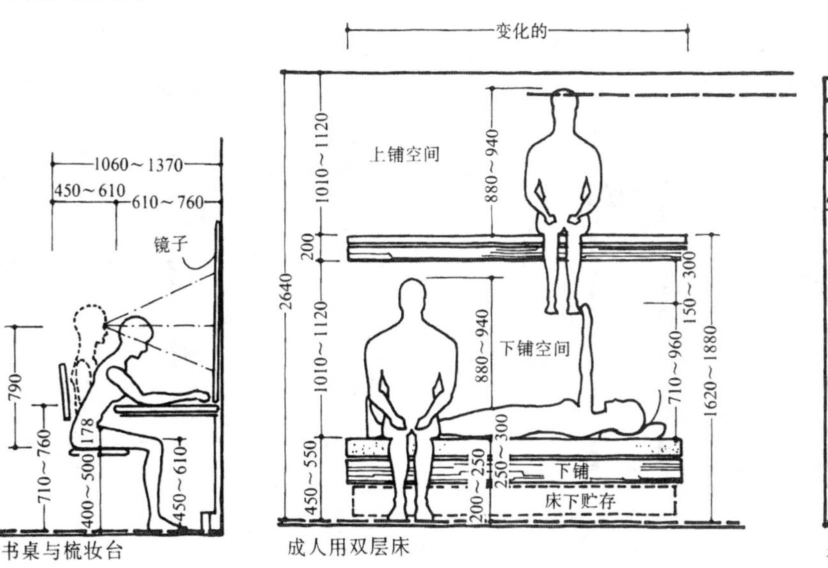

书桌与梳妆台

成人用双层床

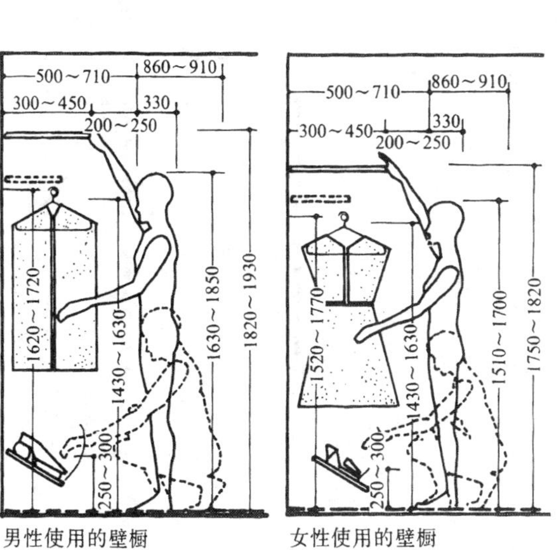

男性使用的壁橱

女性使用的壁橱

I 住宅居室的平面布置

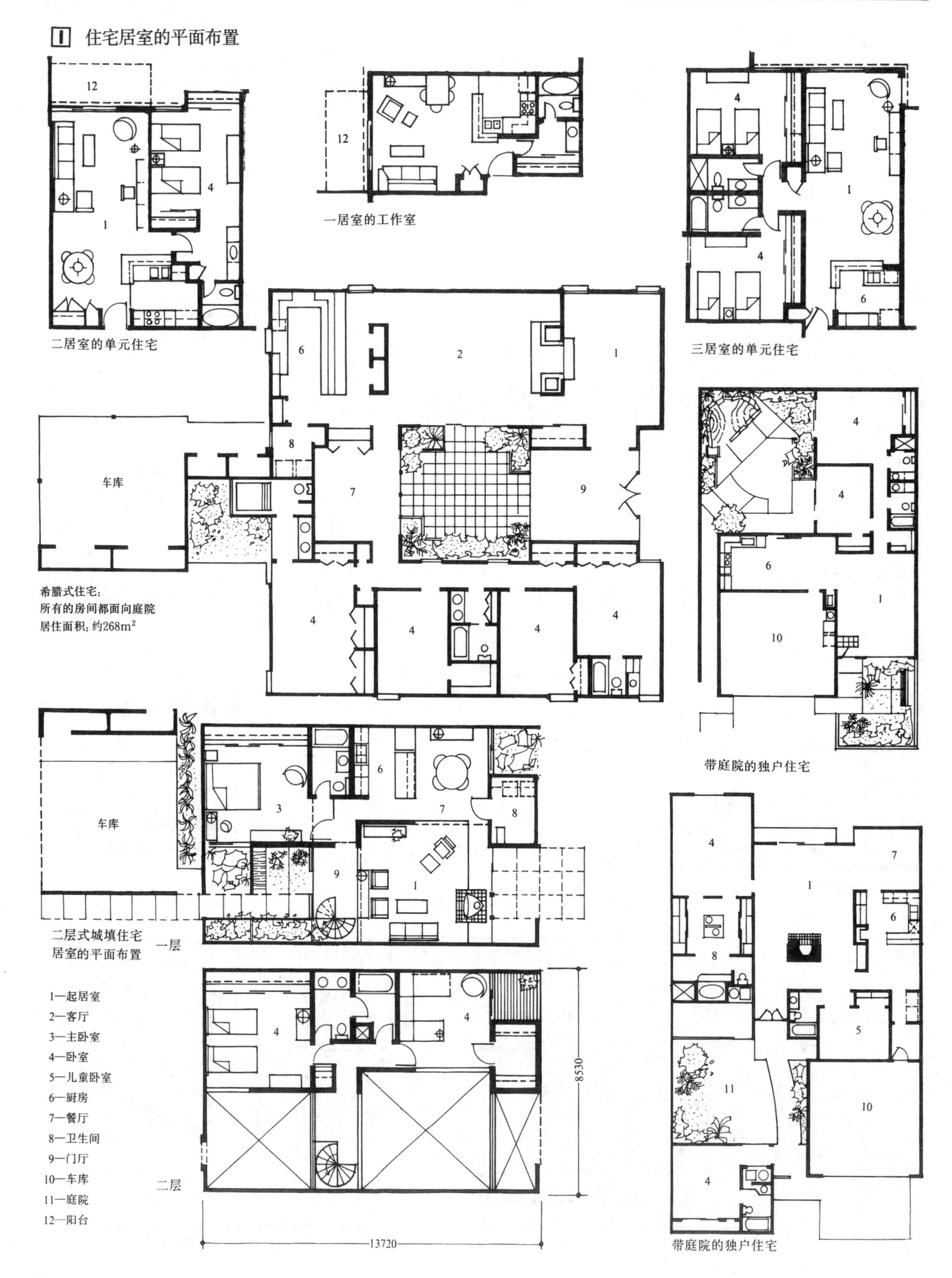

一居室的工作室

二居室的单元住宅

三居室的单元住宅

希腊式住宅：
所有的房间都面向庭院
居住面积：约268m²

带庭院的独户住宅

二层式城填住宅
居室的平面布置

1—起居室
2—客厅
3—主卧室
4—卧室
5—儿童卧室
6—厨房
7—餐厅
8—卫生间
9—门厅
10—车库
11—庭院
12—阳台

带庭院的独户住宅

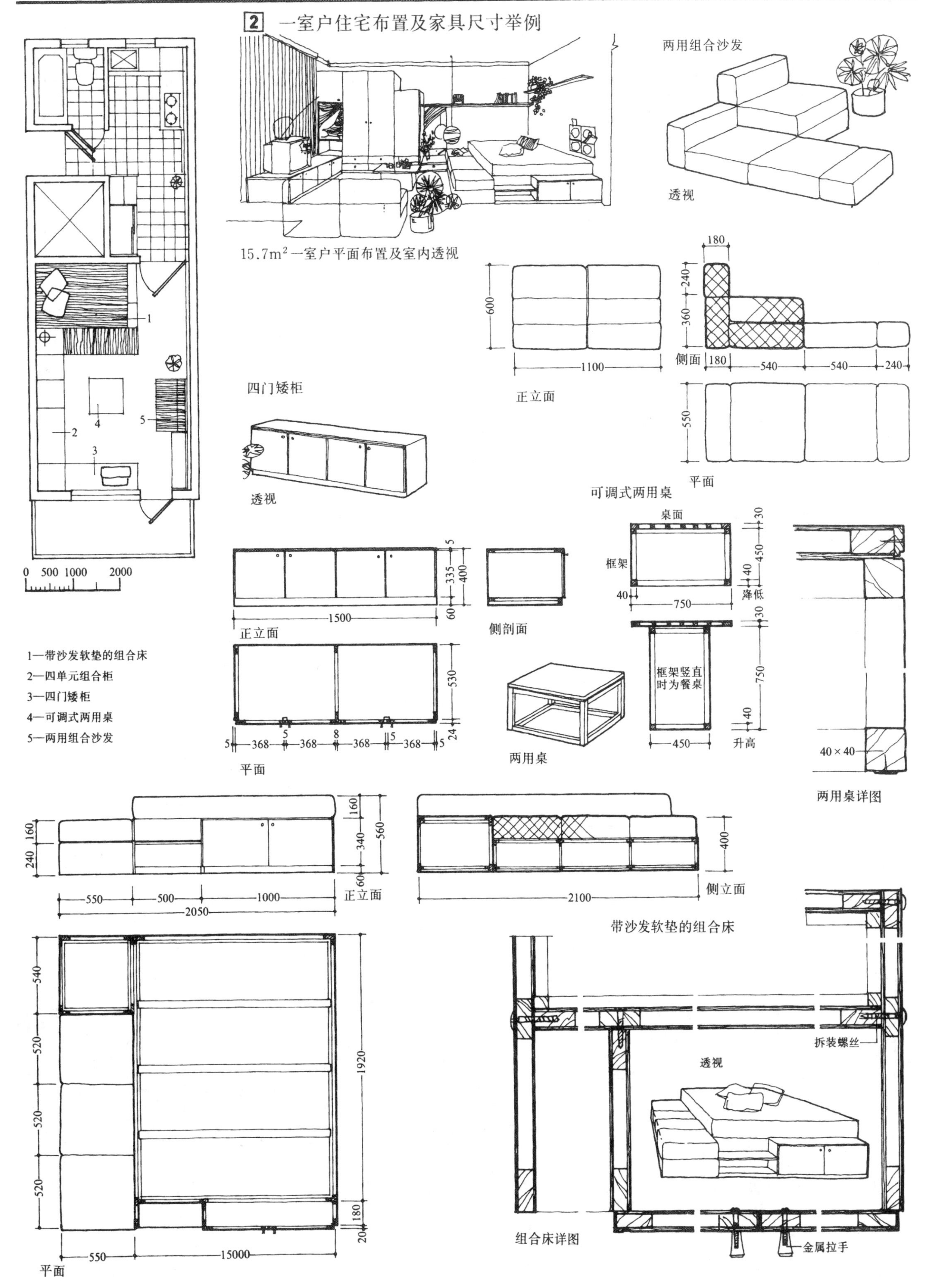

2 一室户住宅布置及家具尺寸举例
15.7m² 一室户平面布置及室内透视
两用组合沙发
透视
正立面
侧面
平面
1100
600
180
240
360
540
550
四门矮柜
可调式两用桌
桌面
框架
降低
升高
框架竖直时为餐桌
两用桌
两用桌详图
40×40
侧剖面
1500
335
400
530
368
1—带沙发软垫的组合床
2—四单元组合柜
3—四门矮柜
4—可调式两用桌
5—两用组合沙发
带沙发软垫的组合床
侧立面
2050
2100
1920
520
15000
组合床详图
拆装螺丝
金属拉手

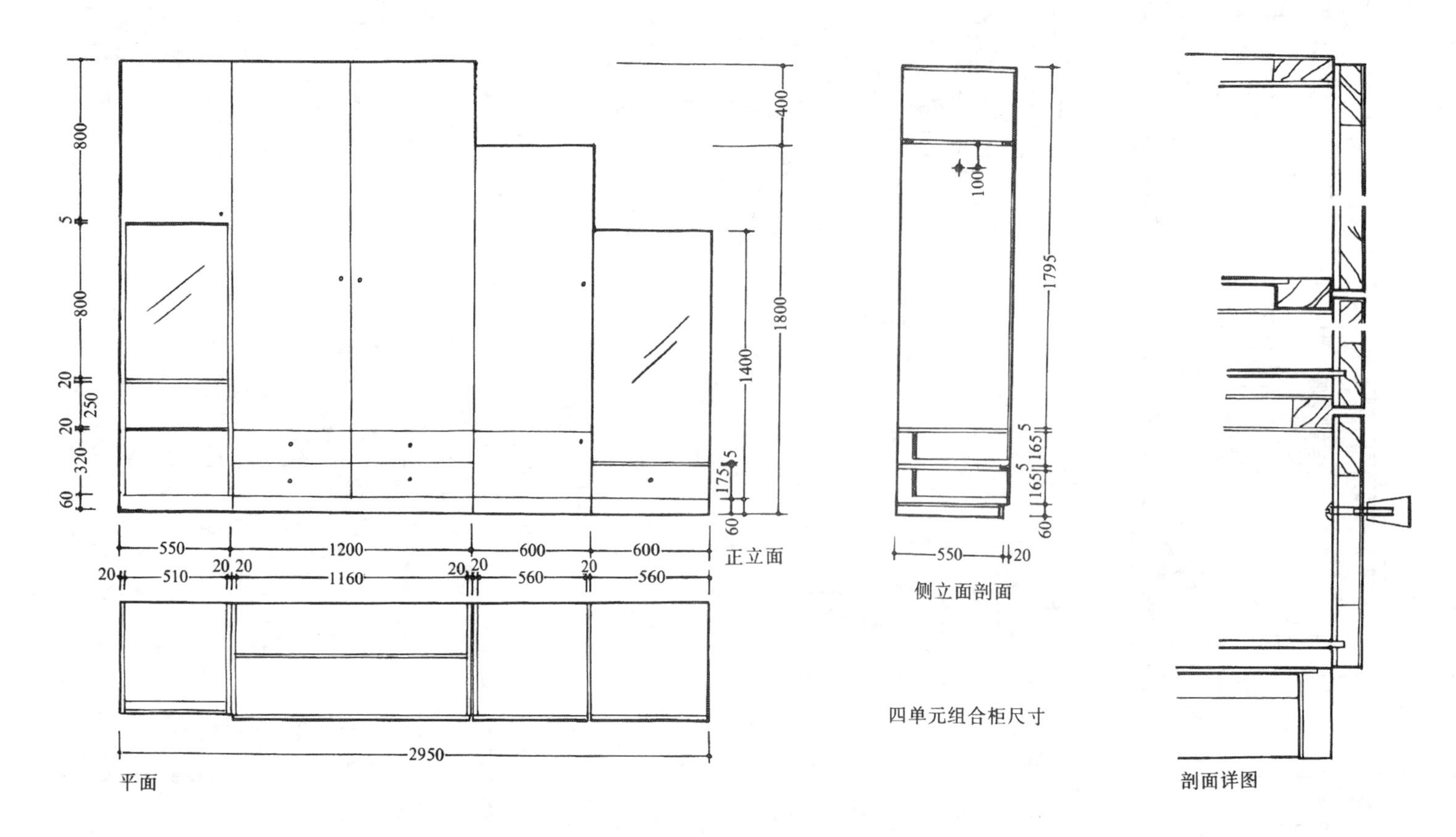

四单元组合柜尺寸

3 二室户住宅平面及家具尺寸

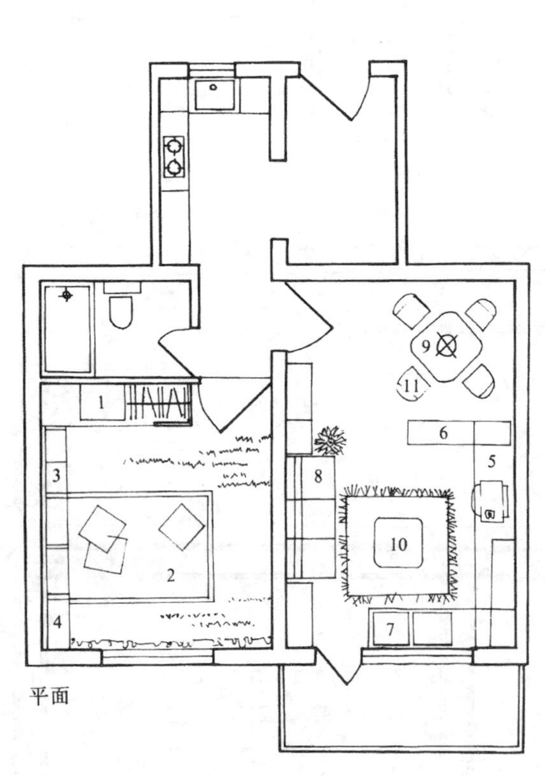

平面

1—推拉门大衣柜
2—双人床
3—梳妆台
4—床头柜
5—电器综合柜
6—组合餐具柜
7—兼有软凳功能的矮柜
8—两用沙发床
9—方餐桌
10—方茶几
11—木靠背餐椅

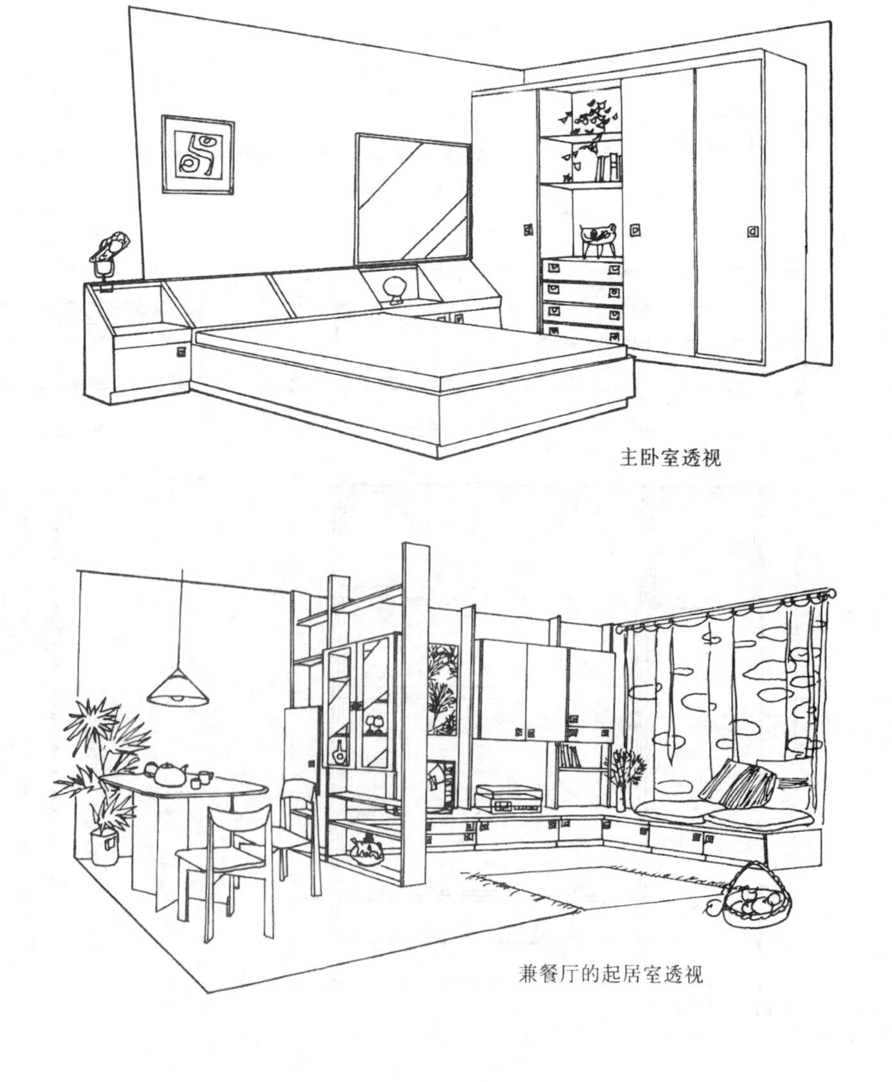

主卧室透视

兼餐厅的起居室透视

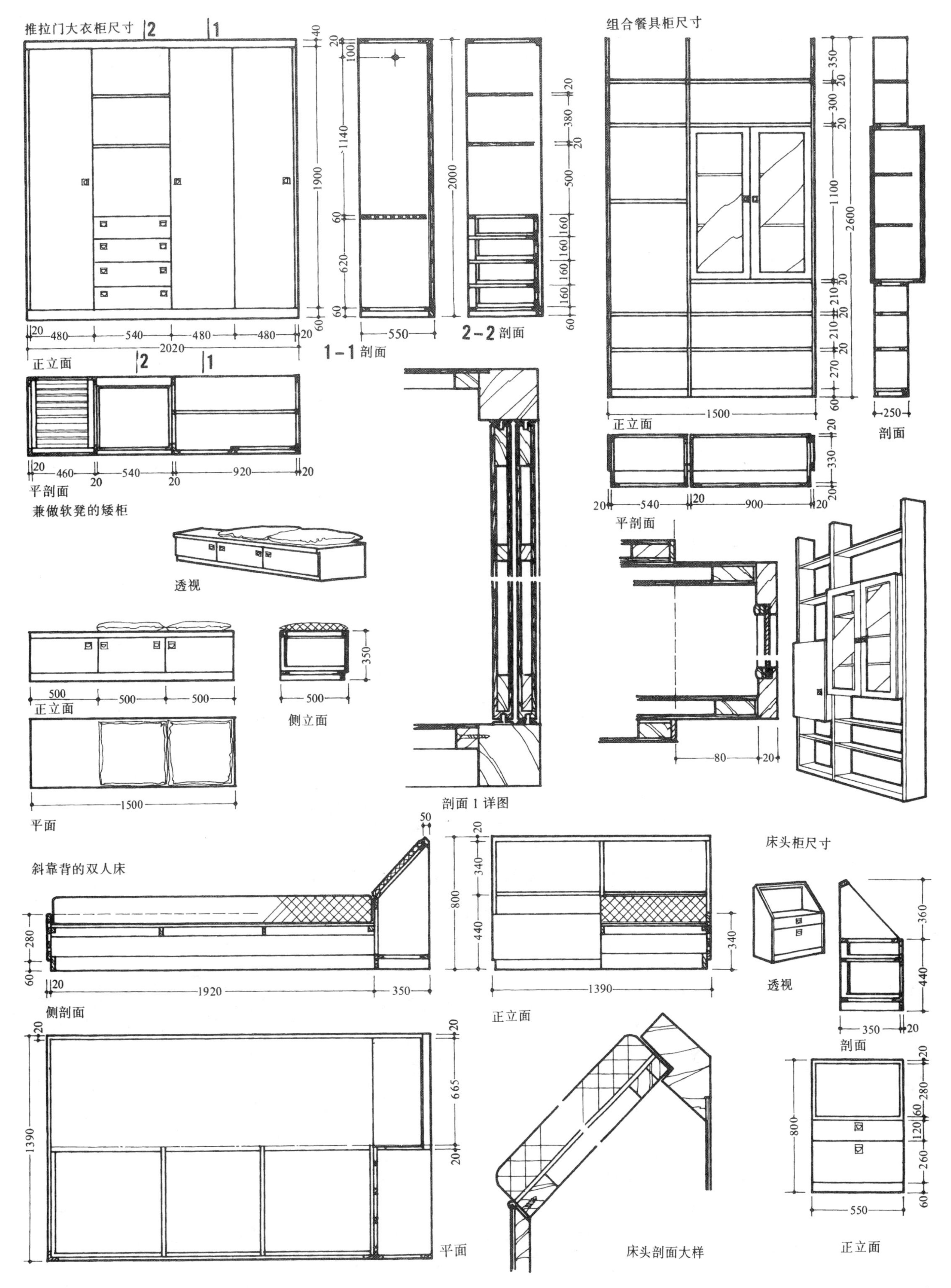
推拉门大衣柜尺寸
正立面
1-1 剖面
2-2 剖面
平剖面
兼做软凳的矮柜
透视
正立面
侧立面
平面
剖面 1 详图
组合餐具柜尺寸
正立面
剖面
平剖面
斜靠背的双人床
侧剖面
正立面
平面
床头剖面大样
床头柜尺寸
透视
剖面
正立面

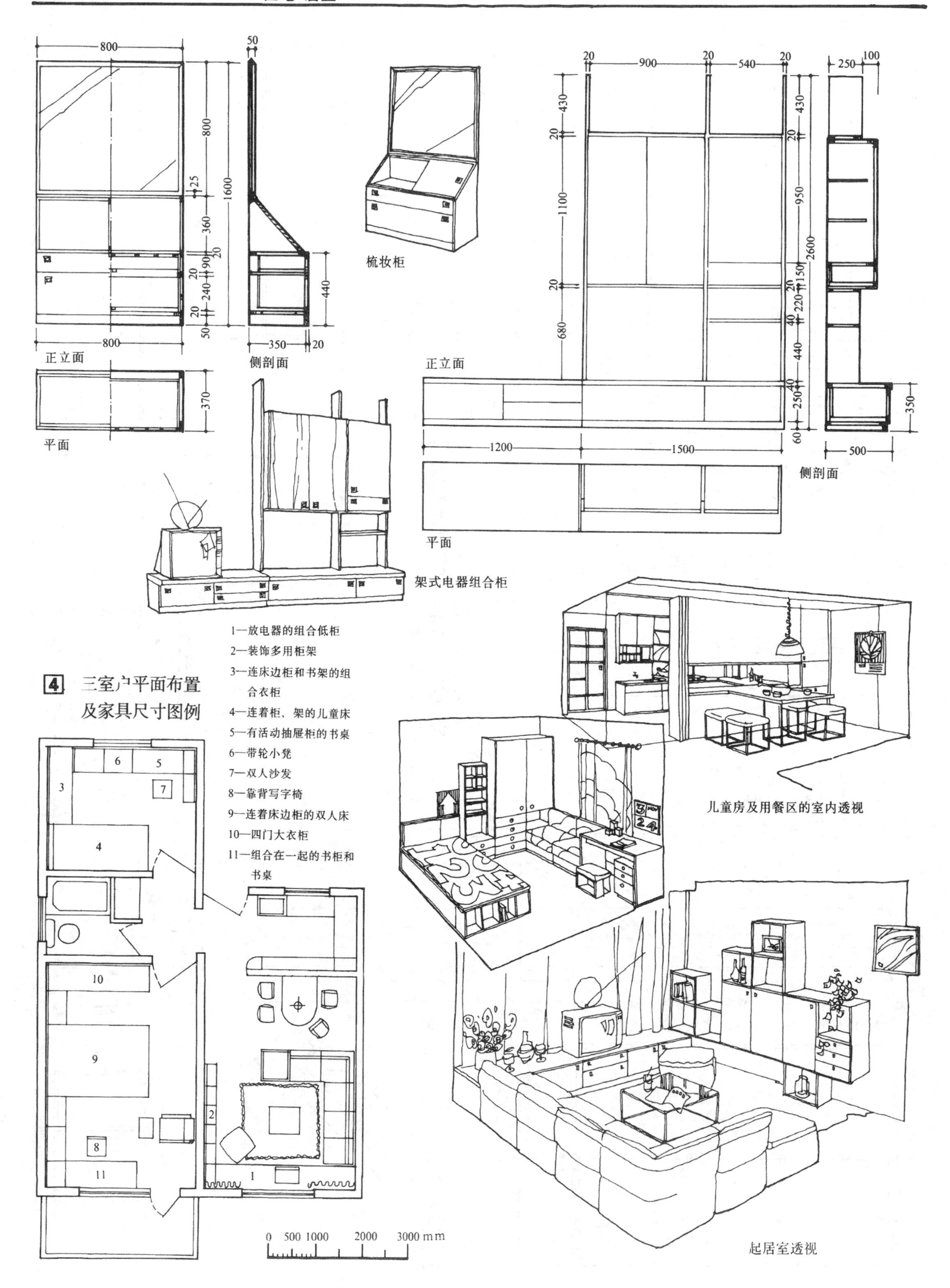
800
50
1600
800
25
360
90
20
240
20
50
20
440
350
20
正立面
侧剖面
370
平面
梳妆柜
20
900
20
540
20
250
100
430
1100
950
2600
150
220
680
440
250
60
40
350
1200
1500
500
正立面
侧剖面
平面
架式电器组合柜
1—放电器的组合低柜
2—装饰多用柜架
3—连床边柜和书架的组合衣柜
4—连着柜、架的儿童床
5—有活动抽屉柜的书桌
6—带轮小凳
7—双人沙发
8—靠背写字椅
9—连着床边柜的双人床
10—四门大衣柜
11—组合在一起的书柜和书桌
4 三室户平面布置及家具尺寸图例
0 500 1000 2000 3000 mm
儿童房及用餐区的室内透视
起居室透视

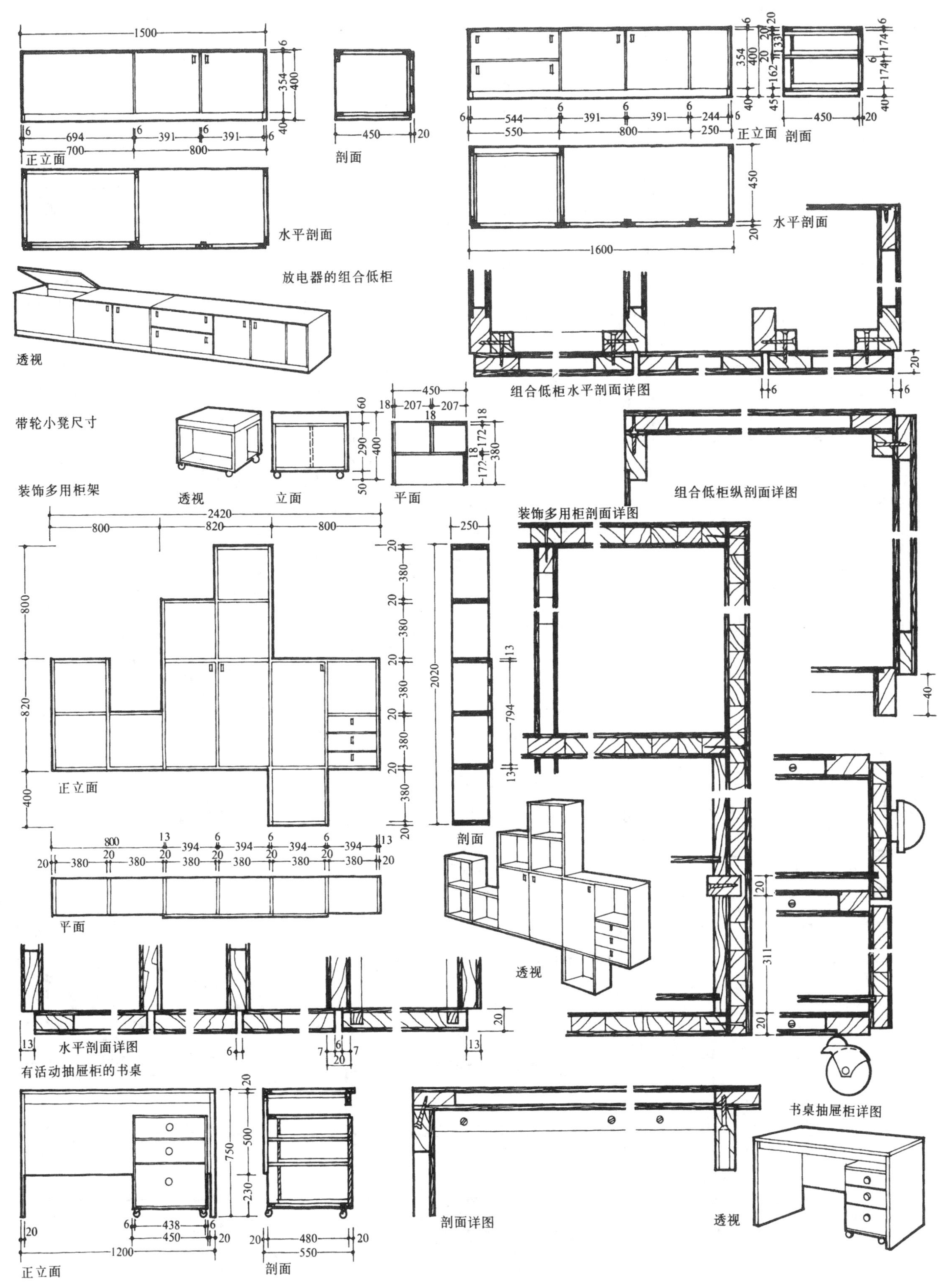
正立面
剖面
水平剖面
放电器的组合低柜
透视
组合低柜水平剖面详图
组合低柜纵剖面详图
带轮小凳尺寸
透视
立面
平面
装饰多用柜架
装饰多用柜剖面详图
正立面
剖面
平面
透视
水平剖面详图
有活动抽屉柜的书桌
书桌抽屉柜详图
正立面
剖面
剖面详图
透视

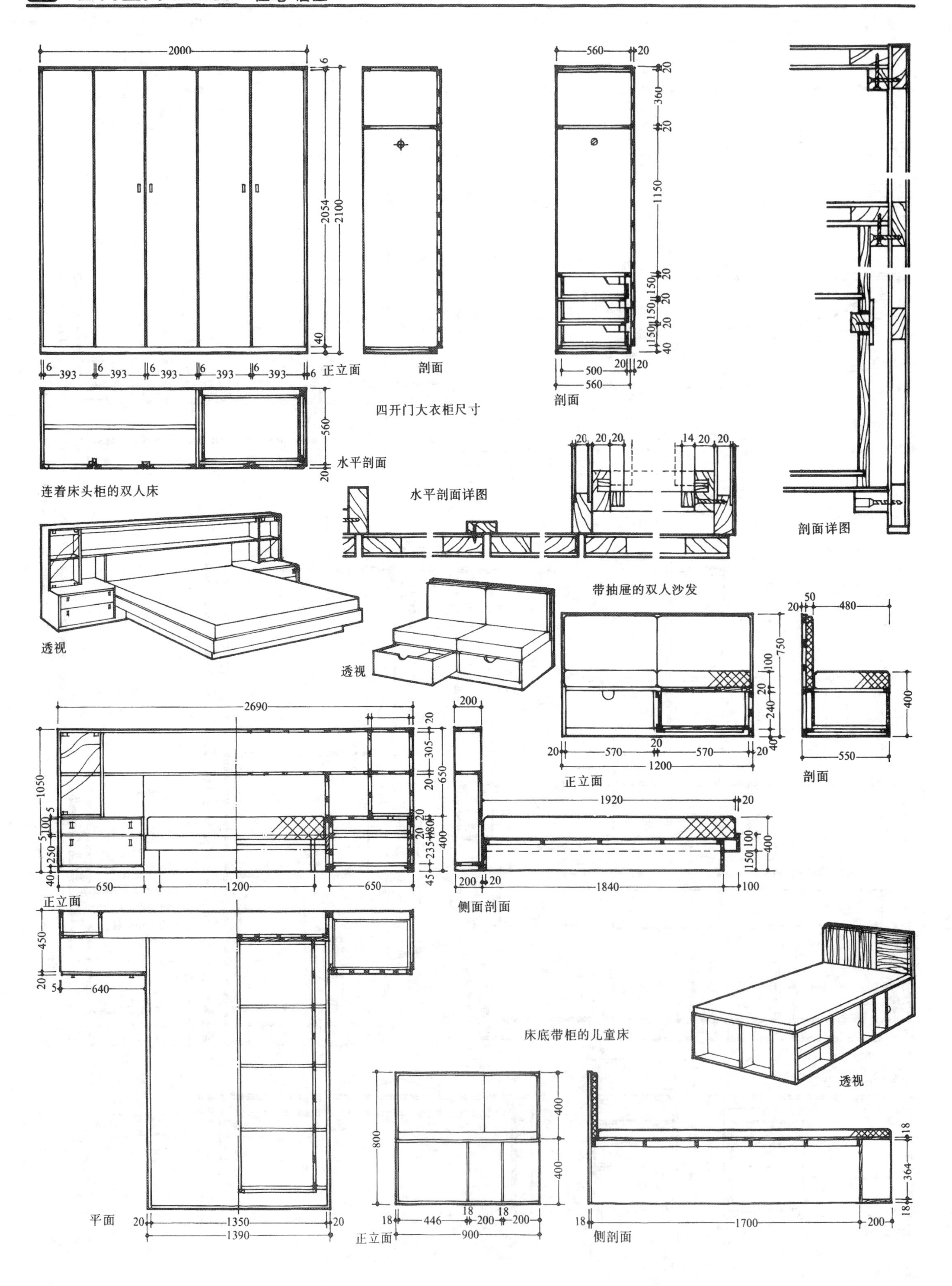

2000
6
2054
2100
40
6 393 6 393 6 393 6 393 6 393 6
正立面
剖面
560
20
水平剖面
四开门大衣柜尺寸
560 20
20
360
20
1150
20
150
20
150
20
150
40
500 20 20
560
剖面
水平剖面详图
20 20 20
14 20 20
剖面详图
连着床头柜的双人床
透视
透视
带抽屉的双人沙发
50
20 480
750
100
20
240
40
400
20 570 20 570 20
1200
正立面
550
剖面
2690
20
305
650
20
1050
5
100
5
250
40
20
20
180
235
400
45
650 1200 650
正立面
200
1920 20
100
150
400
200 20 1840 100
侧面剖面
450
20
5 640
平面
20 1350 20
1390
床底带柜的儿童床
透视
800
400
400
18 446 18 200 18 200
900
正立面
18
364
18
18 1700 200
侧面剖面

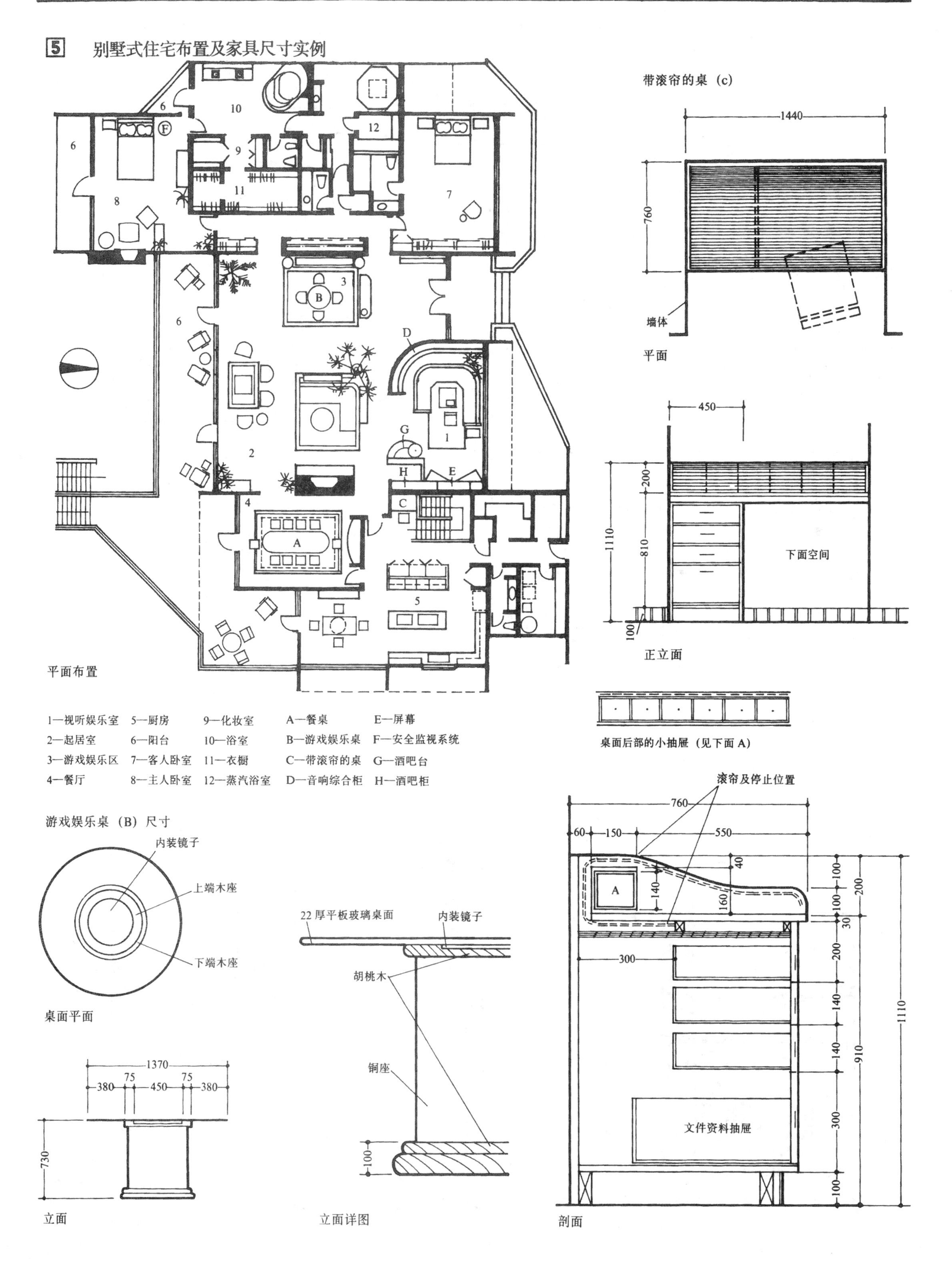
5 别墅式住宅布置及家具尺寸实例
平面布置
1—视听娱乐室
2—起居室
3—游戏娱乐区
4—餐厅
5—厨房
6—阳台
7—客人卧室
8—主人卧室
9—化妆室
10—浴室
11—衣橱
12—蒸汽浴室
A—餐桌
B—游戏娱乐桌
C—带滚帘的桌
D—音响综合柜
E—屏幕
F—安全监视系统
G—酒吧台
H—酒吧柜
游戏娱乐桌（B）尺寸
内装镜子
上端木座
下端木座
桌面平面
1370
380
75
450
75
380
730
立面
22厚平板玻璃桌面
内装镜子
胡桃木
铜座
100
立面详图
带滚帘的桌（c）
1440
760
墙体
平面
450
200
810
1110
100
下面空间
正立面
桌面后部的小抽屉（见下面A）
滚帘及停止位置
760
60
150
550
40
140
160
100
200
100
30
300
200
140
140
910
1110
300
100
文件资料抽屉
剖面

音响综合柜 (D) 尺寸

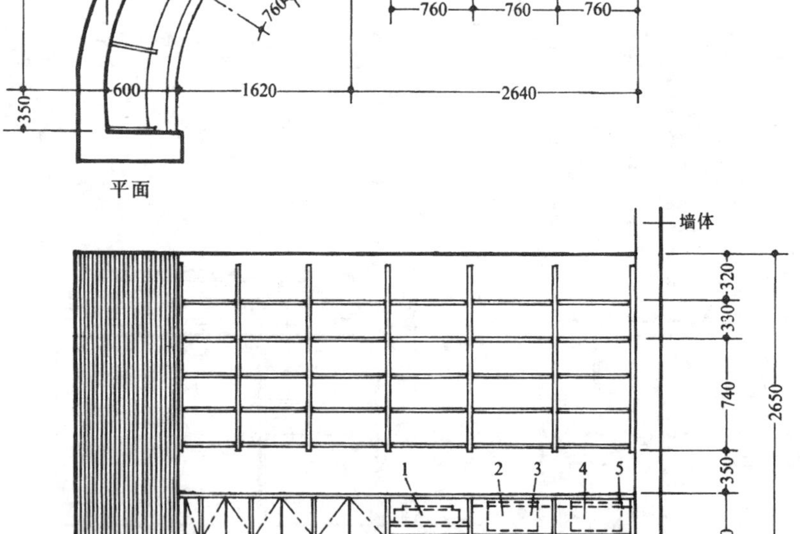

立面

1—电唱机
2—立体声收音机
3—立体声录音机
4—立体声均衡器
5—功率放大器
6—唱片存放柜
7—录音、录相带存放柜

长餐桌尺寸

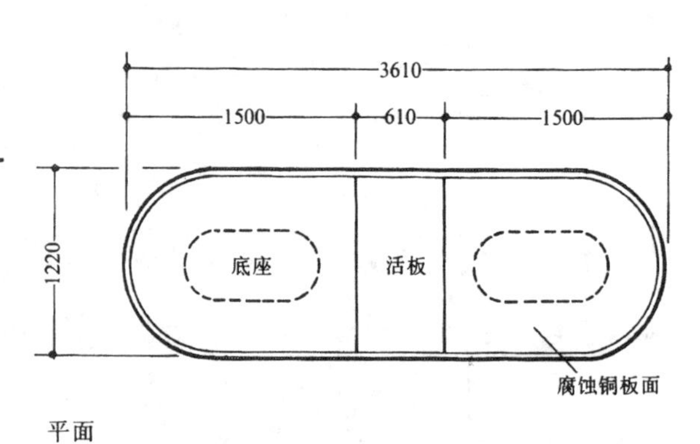

平面

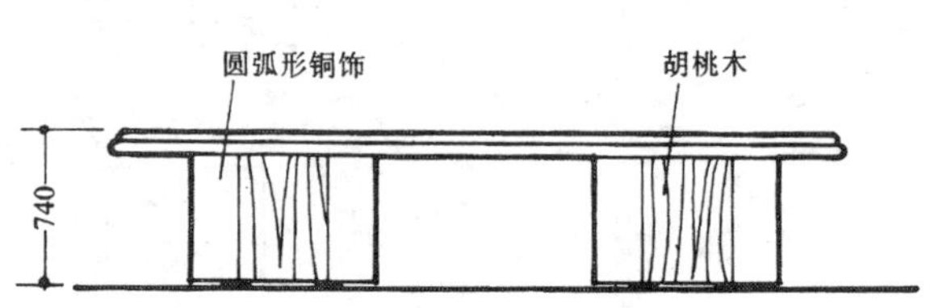

立面

带活板的餐桌　桌面由腐蚀铜板镶胡桃木边制成，底座也是由铜与胡桃木制成

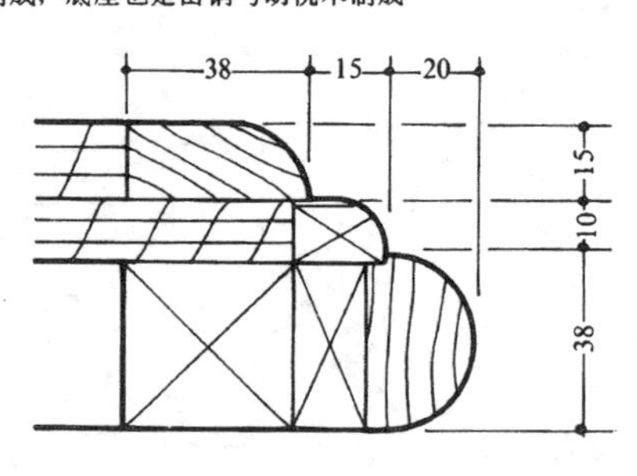

桌边装饰详图

音响柜尺寸

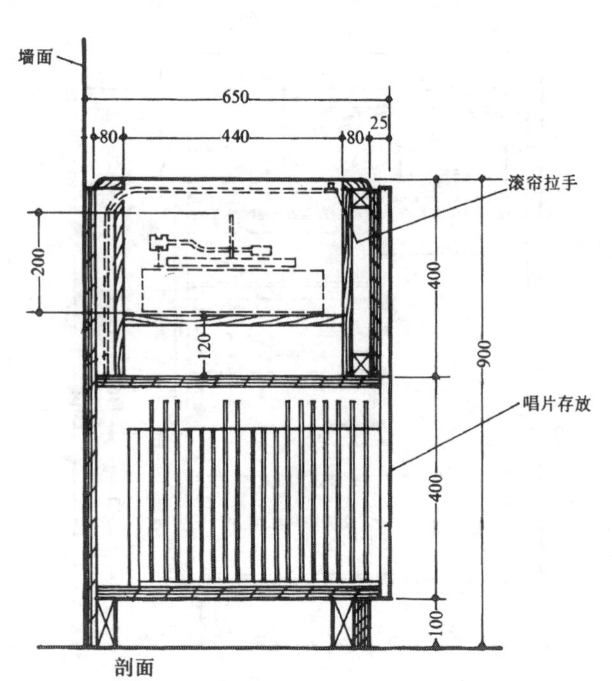

剖面

音箱尺寸

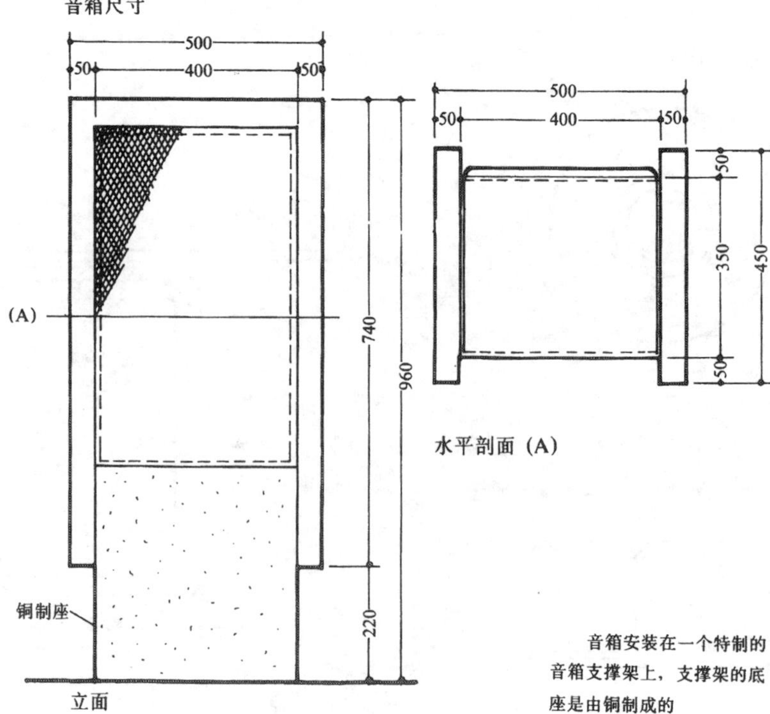

立面

水平剖面 (A)

音箱安装在一个特制的音箱支撑架上，支撑架的底座是由铜制成的

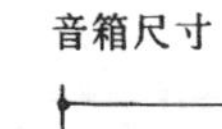

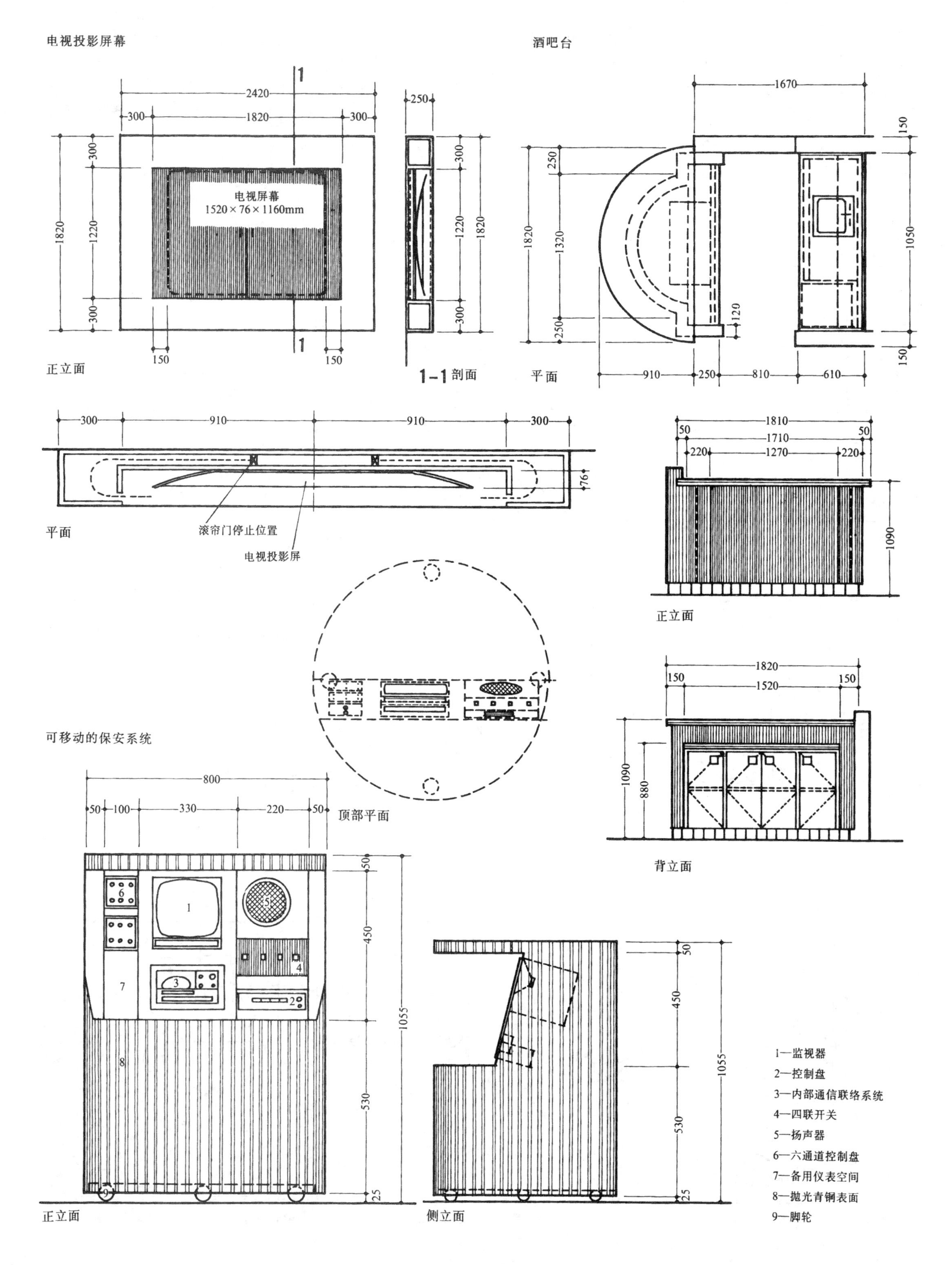
电视投影屏幕
酒吧台
2420
300
1820
300
250
电视屏幕
1520×76×1160mm
1220
150
正立面
1-1 剖面
1670
910
250
810
610
1050
1320
120
平面
滚帘门停止位置
电视投影屏
76
1810
1710
1270
220
50
1090
可移动的保安系统
顶部平面
1520
880
背立面
800
100
330
450
530
1055
25
侧立面
1—监视器
2—控制盘
3—内部通信联络系统
4—四联开关
5—扬声器
6—六通道控制盘
7—备用仪表空间
8—抛光青铜表面
9—脚轮

1 厨房处理要点

1.厨房设备及家具的布置应按照烹调操作顺序来布置。以方便操作，避免走动过多。

2.平面布置除考虑人体和家具尺寸外，还应考虑家具的活动。

2 厨房功能分析

洗碗机 ↔ 水池 ↔ 餐具

贮存 ↔ 调理台 ↔ 备餐 ↔ 餐厅

冷藏　炉灶

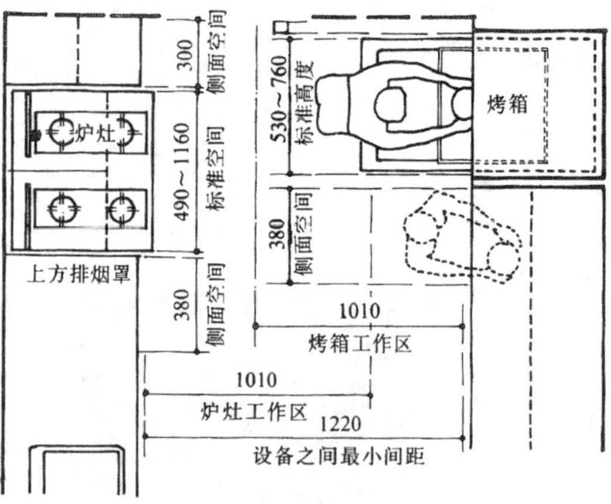

3 厨房常用人体尺寸

280～350　910
工作区
冰箱顶线
舒适地取存区
650　880～910　1500　1400～1760

冰箱布置立面

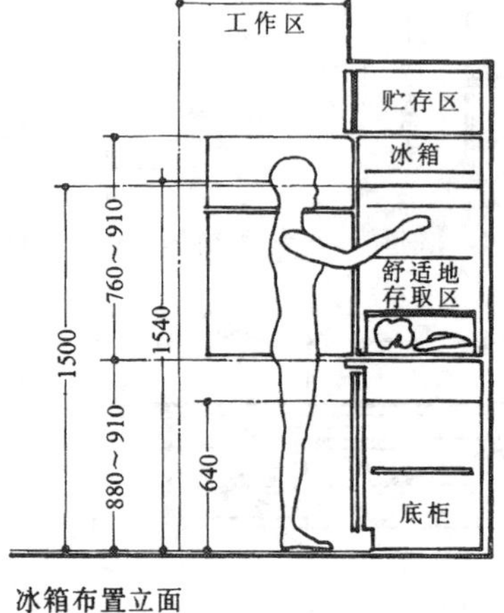

冰箱布置立面

3400～2500
610～690 标准厚度　1210 设备最小间距　610～660 标准厚度
450 贮存柜　1010 烤箱工作区　1010 炉灶工作区
760　520　330
贮存柜　排烟罩　烤箱　炉灶
610　1500　890～920 标准高度　1540　890

炉灶布置立面

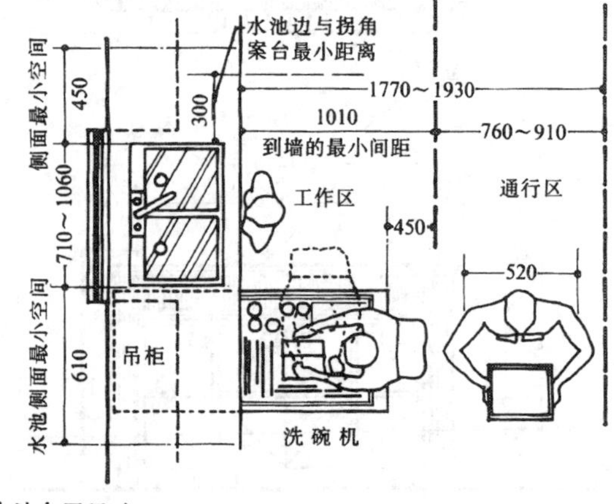

水池布置尺寸

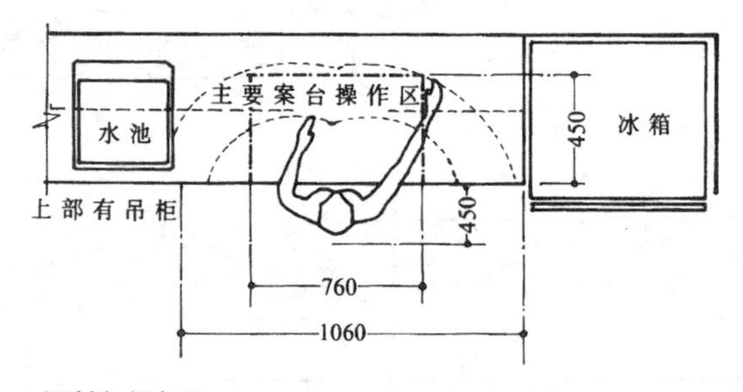

调制备餐布置

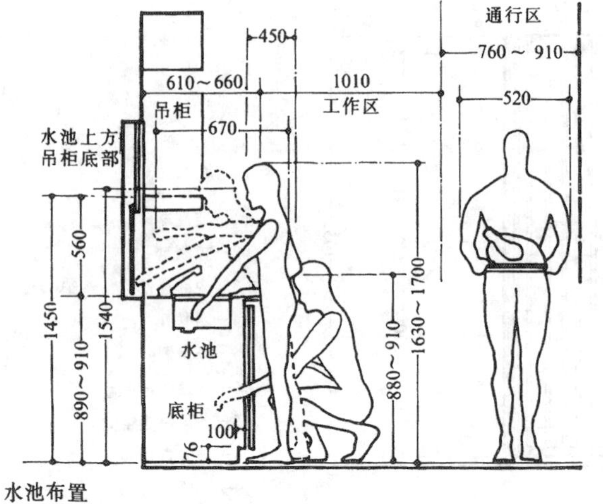

水池布置

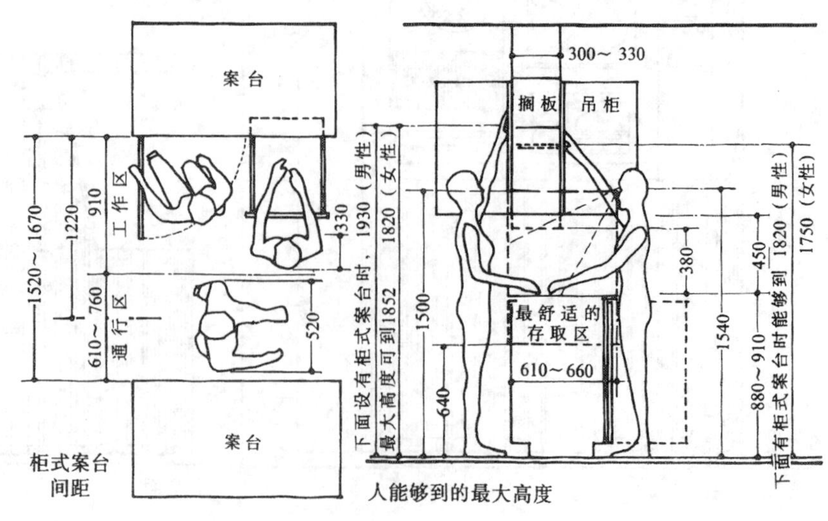

柜式案台间距

人能够到的最大高度

4 厨房家具的布置

1.厨房中的家具主要有三大部分· 带冰箱的操作台、带水池的洗涤台及带炉灶的烹调台。

2.主要的布局形式见右图。

单面墙的布置 L形的布置 U形的布置 通道式的布置

家具布置立面

正立面

正立面

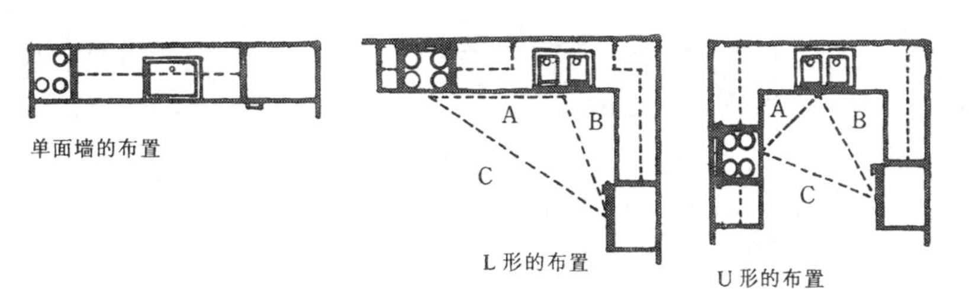

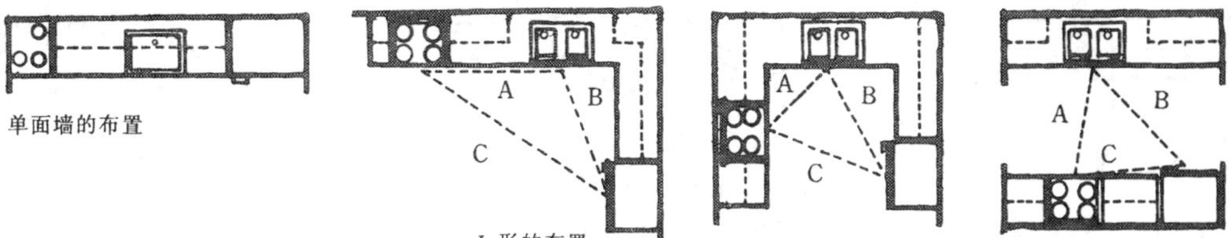

5 厨房操作台的长度

厨房设备及相配的操作台	住宅内的卧室数量 0	1	2	3	4
工作区域	最小正面尺度(mm)				
清洗池	450	600	600	810	810
两边的操作台	380	450	530	600	760
炉 灶	530	530	600	760	760
一边的操作台	380	450	530	600	
冰 箱	760	760			
一边的操作台	380	380	380	380	450
调理操作台	530	760			

注：三个主要工作区域之间的总距离：

A+B+C（见右图）

最大距离＝6.71m，最小＝3.66m

立面

侧立面

正立面

平面

家具中涉及的各种用具：

操作台部分：各种贮藏用容器、调理用刀、叉等工具；各类缸、杯、砧板；各种托盘；食物搅拌器等。

洗涤台部分：滴水盘；各种清洗用具；切削用具；废物容器；过滤容器；洗涤剂容器，洗碗机，热水器；榨汁器，饮料瓶等。

烹调台部分：微波炉；电咖啡器；各种叉、匙；罐、盆等饮具；各种烤盘、托盘；各种锅，电烤箱等。

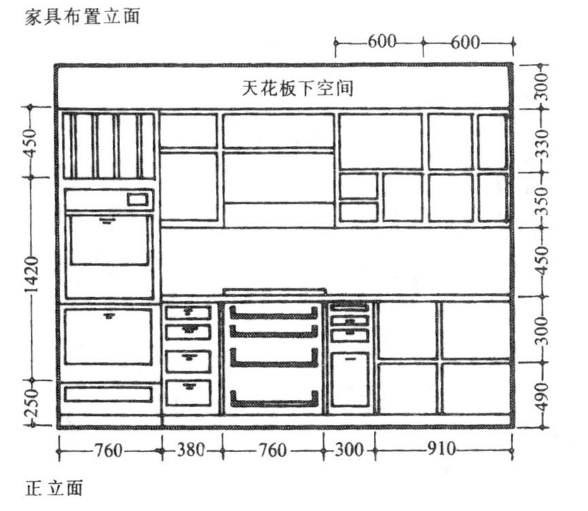

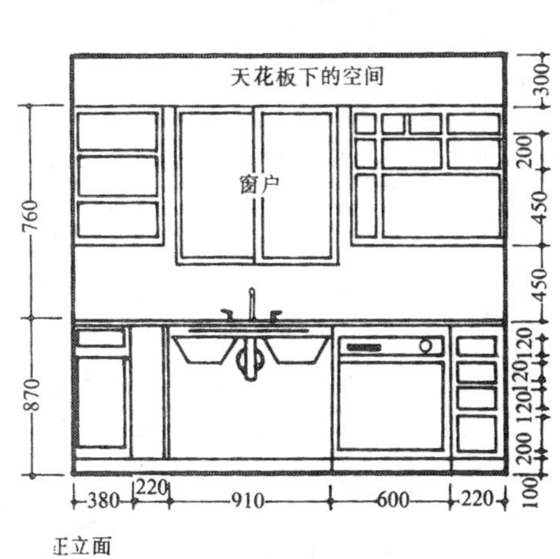

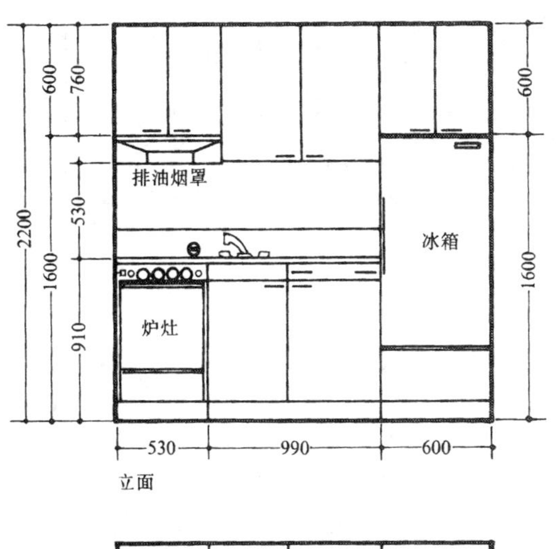

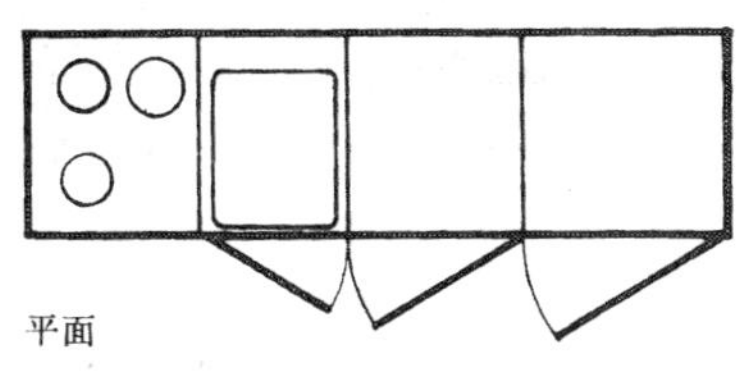

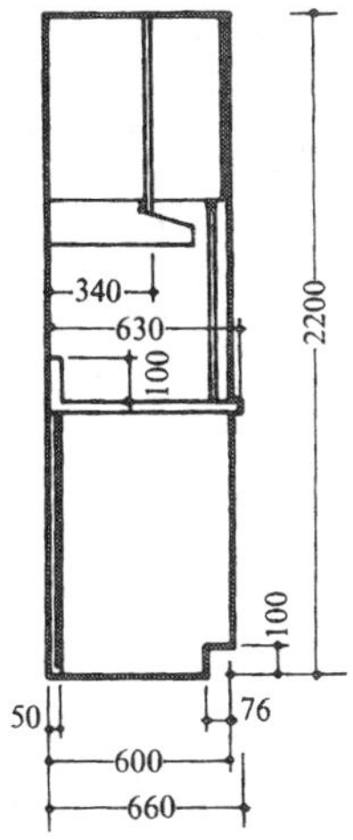

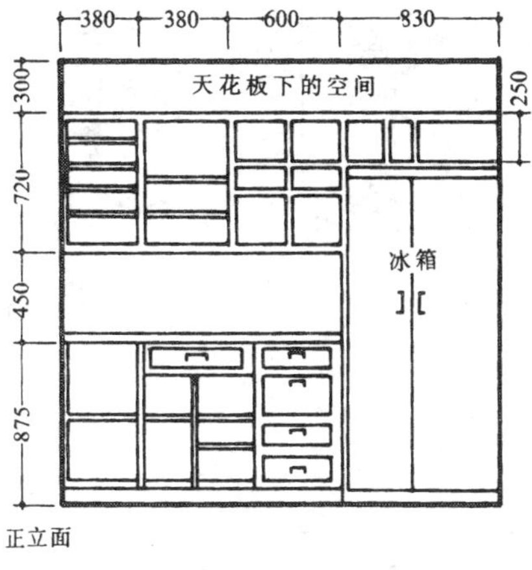

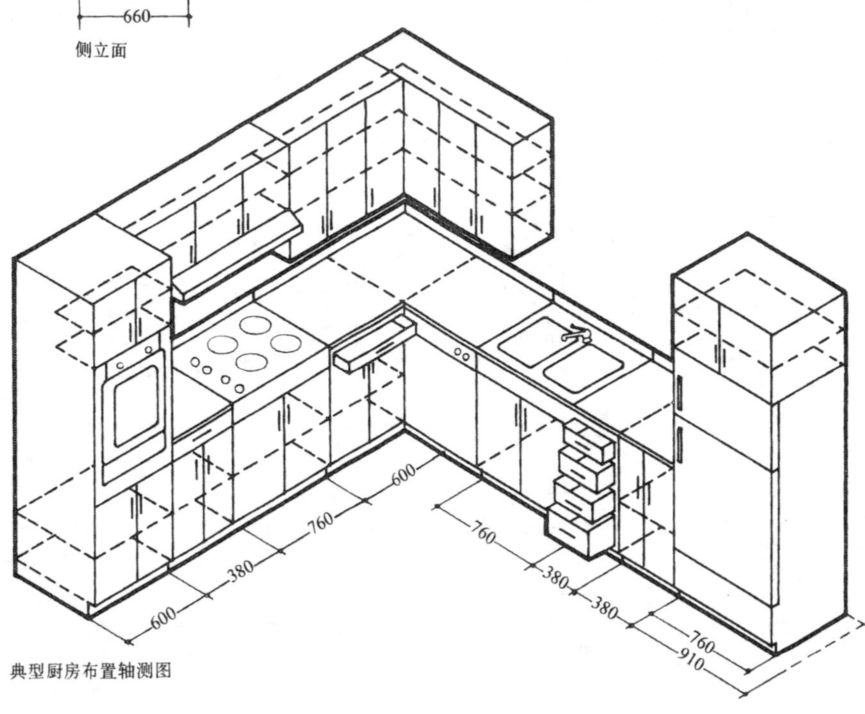

典型厨房布置轴测图

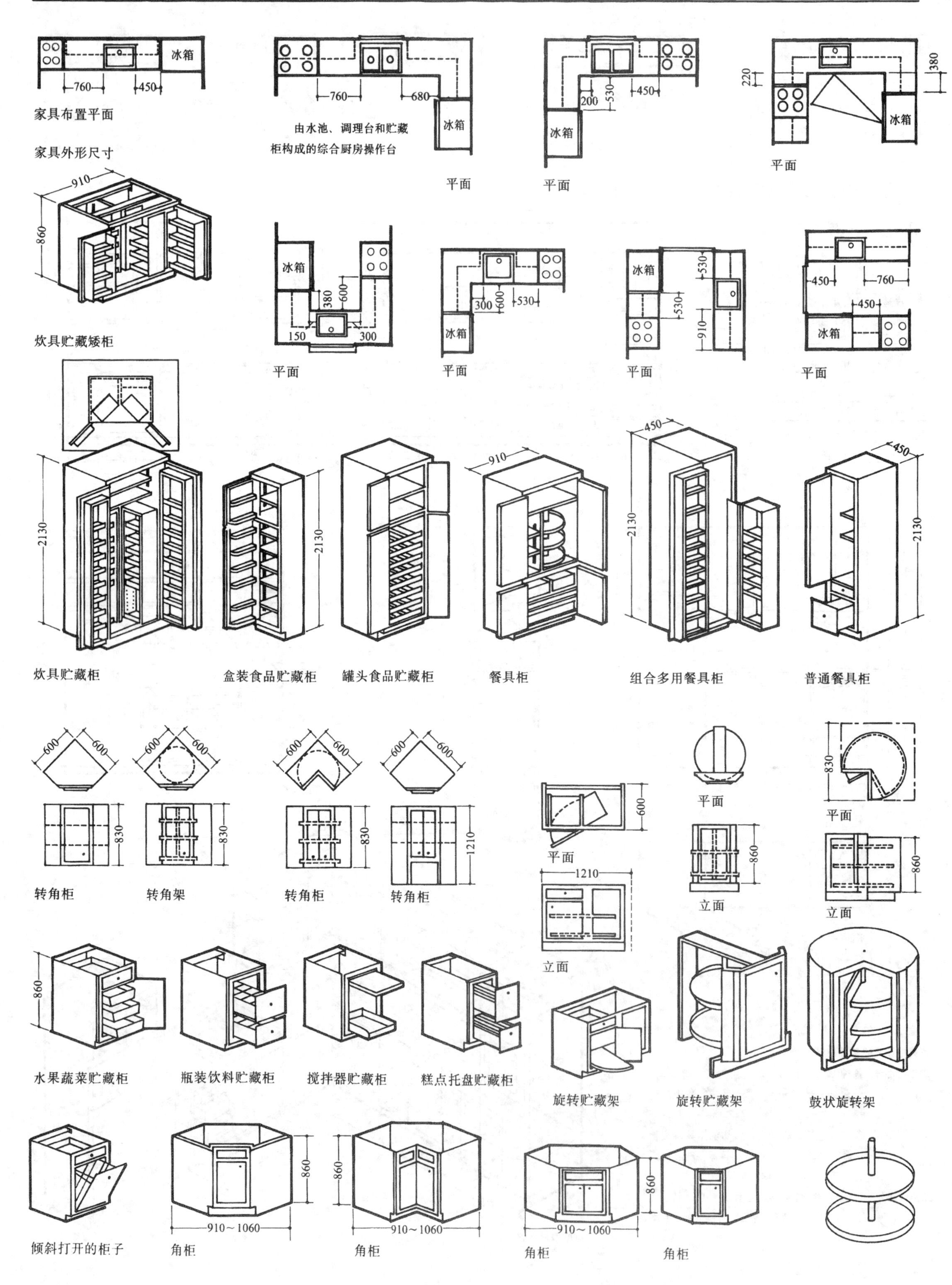

家具布置平面
冰箱
760
450
680
由水池、调理台和贮藏柜构成的综合厨房操作台
平面
200
530
220
380
家具外形尺寸
910
860
炊具贮藏矮柜
150
300
600
530
910
760
2130
450
炊具贮藏柜
盒装食品贮藏柜
罐头食品贮藏柜
餐具柜
组合多用餐具柜
普通餐具柜
600
830
1210
转角柜
转角架
1210
立面
水果蔬菜贮藏柜
瓶装饮料贮藏柜
搅拌器贮藏柜
糕点托盘贮藏柜
旋转贮藏架
鼓状旋转架
910～1060
倾斜打开的柜子
角柜

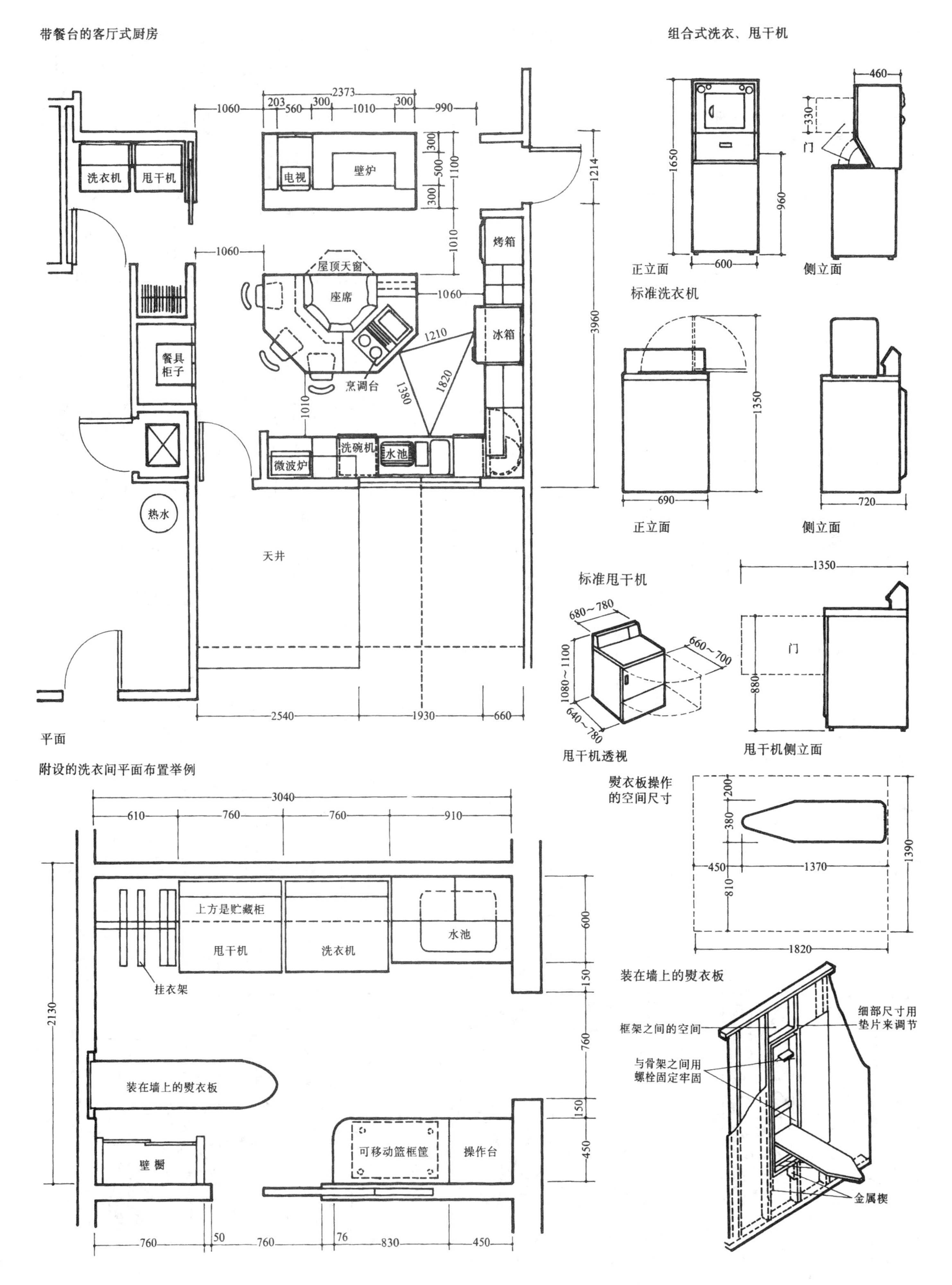

带餐台的客厅式厨房
洗衣机
甩干机
电视
壁炉
烤箱
屋顶天窗
座席
冰箱
餐具柜子
烹调台
洗碗机
水池
微波炉
热水
天井
平面
组合式洗衣、甩干机
正立面
侧立面
门
标准洗衣机
正立面
侧立面
标准甩干机
甩干机透视
甩干机侧立面
附设的洗衣间平面布置举例
上方是贮藏柜
甩干机
洗衣机
水池
挂衣架
装在墙上的熨衣板
壁橱
可移动篮框筐
操作台
熨衣板操作的空间尺寸
装在墙上的熨衣板
框架之间的空间
细部尺寸用垫片来调节
与骨架之间用螺栓固定牢固
金属楔

1 卫生间处理要点

1.卫生间中洗浴部分应与厕所部分分开。如不能分开，也应在布置上有明显的划分。并尽可能设置隔屏、帘等。

2.浴缸及便池附近应设置尺度适宜的扶手，以方便老弱病人的使用。

3.如空间允许，洗脸梳妆部分应单独设置。

2 卫生间功能分析

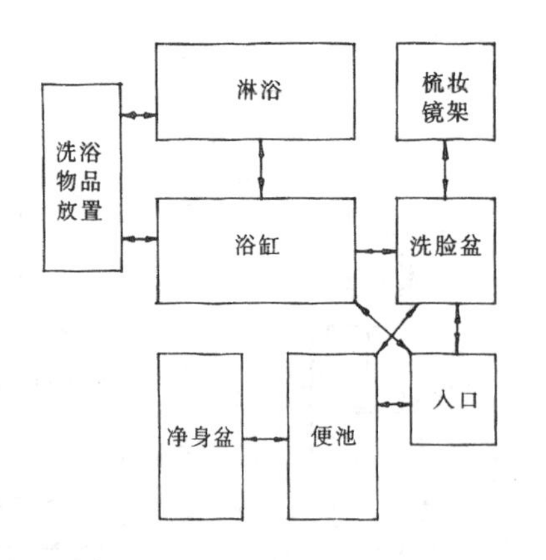

380～450 变化的 710～760 变化的
520
1620 1540 1050 1050
灯
梳妆柜
940～1090（男性） 810～910(女性) 660～810(儿童)

洗脸盆通常考虑的尺寸

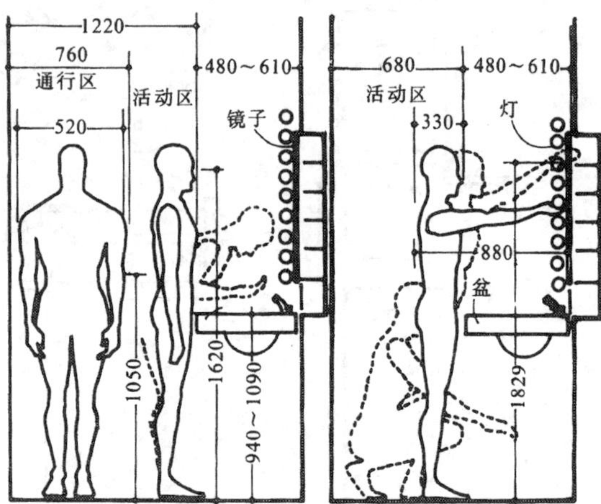

男性的洗脸盆尺寸

3 卫生间人体尺寸

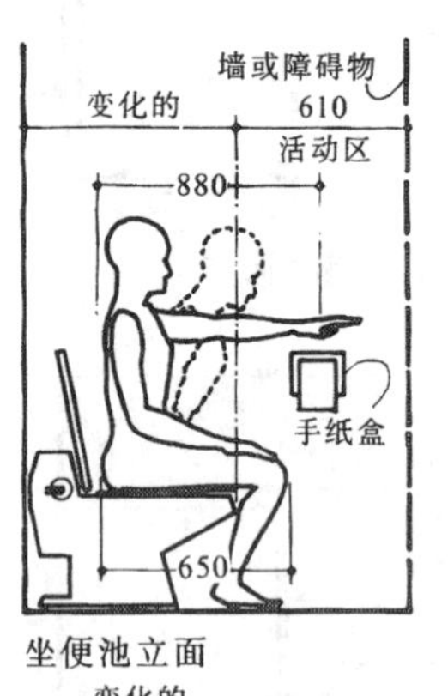

坐便池立面

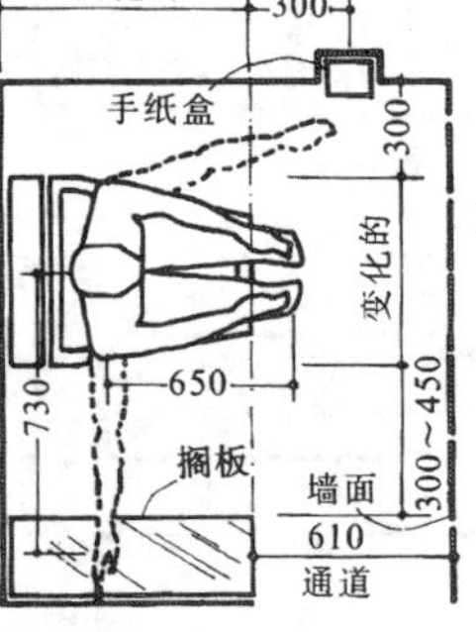

坐便池平面

淋浴间立面

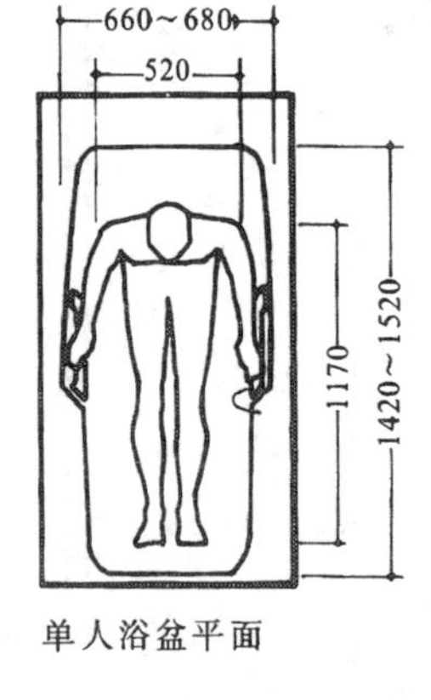

单人浴盆平面

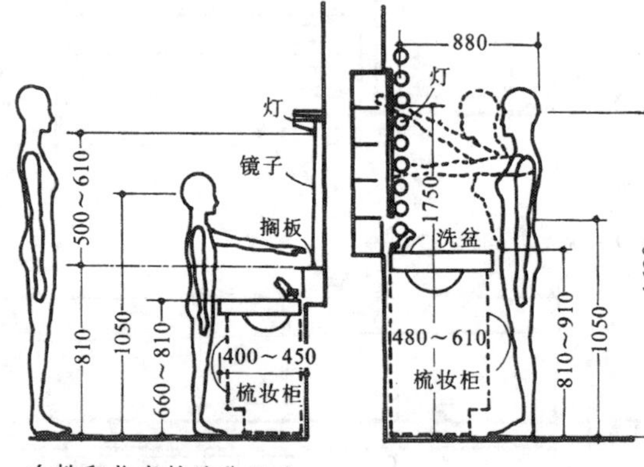

女性和儿童的洗盆尺寸

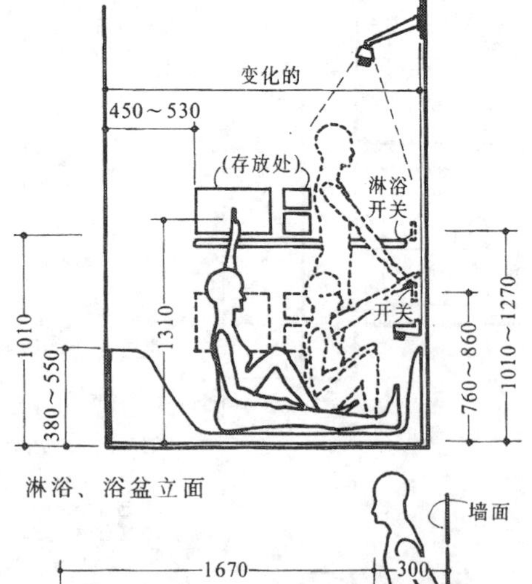

淋浴、浴盆立面

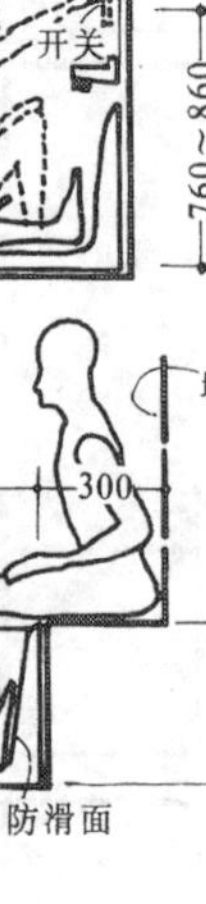

洗盆平面及间距

浴盆剖面

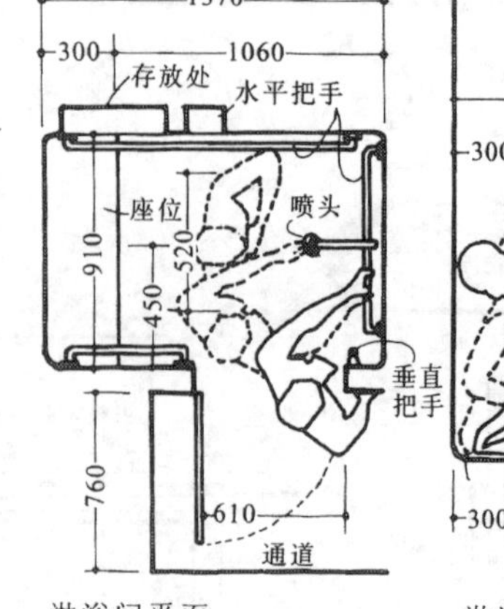

淋浴间平面

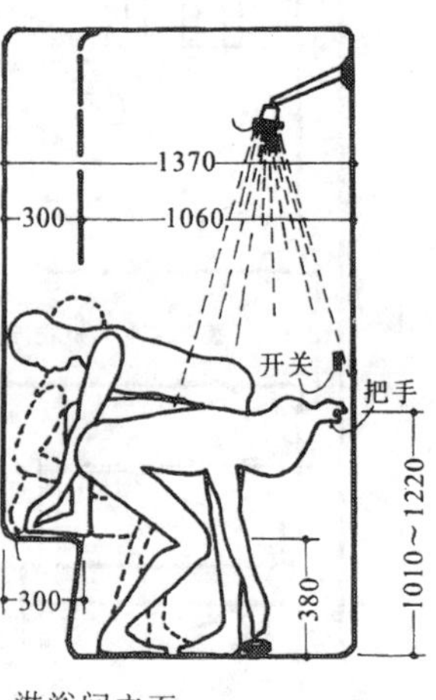

淋浴间立面

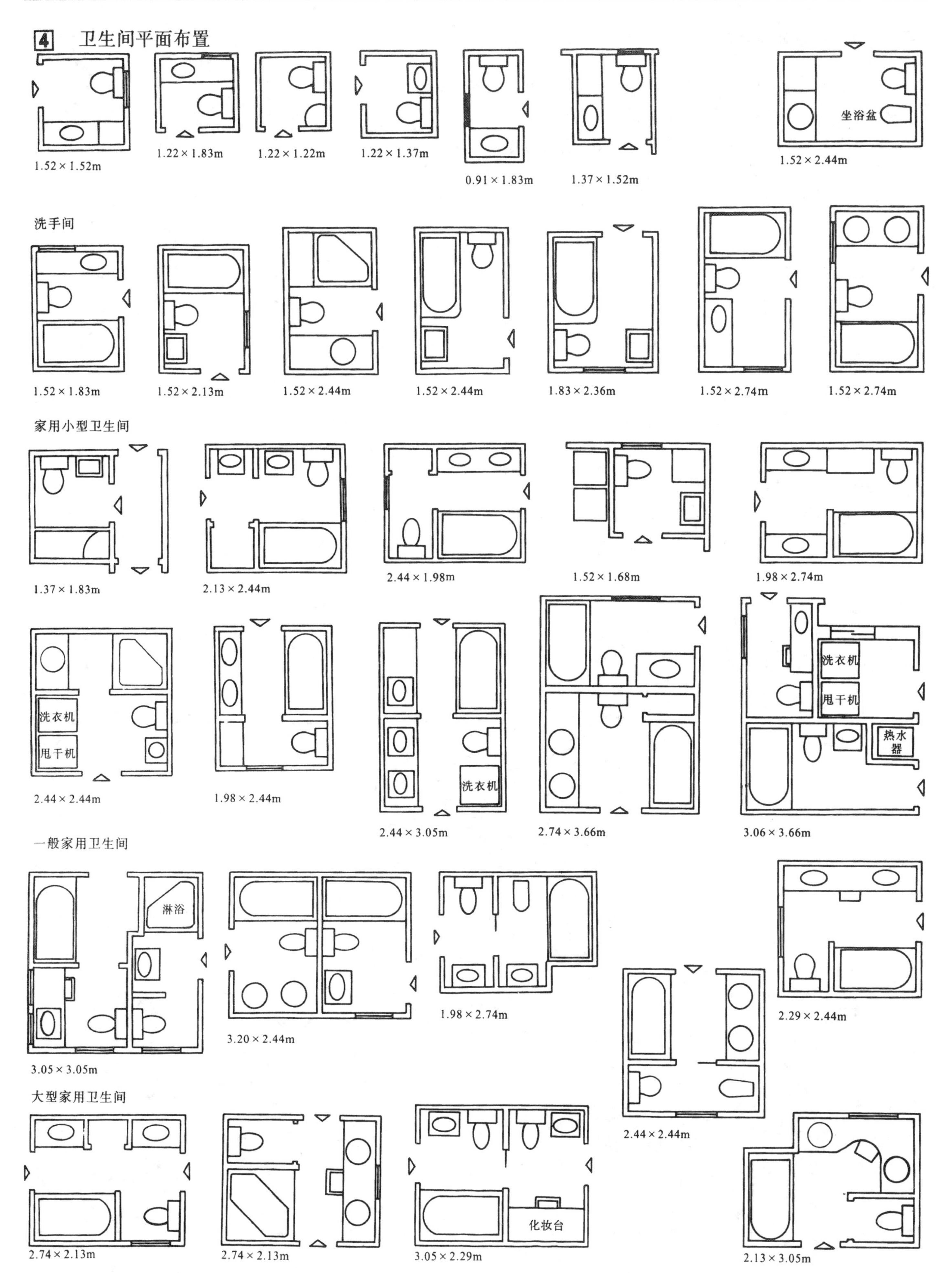
4 卫生间平面布置
坐浴盆
1.52×1.52m
1.22×1.83m
1.22×1.22m
1.22×1.37m
0.91×1.83m
1.37×1.52m
1.52×2.44m
洗手间
1.52×1.83m
1.52×2.13m
1.52×2.44m
1.52×2.44m
1.83×2.36m
1.52×2.74m
1.52×2.74m
家用小型卫生间
1.37×1.83m
2.13×2.44m
2.44×1.98m
1.52×1.68m
1.98×2.74m
洗衣机
甩干机
洗衣机
洗衣机
甩干机
热水器
2.44×2.44m
1.98×2.44m
2.44×3.05m
2.74×3.66m
3.06×3.66m
一般家用卫生间
淋浴
3.05×3.05m
3.20×2.44m
1.98×2.74m
2.29×2.44m
2.44×2.44m
大型家用卫生间
化妆台
2.74×2.13m
2.74×2.13m
3.05×2.29m
2.13×3.05m

1 普通办公室处理要点

1.传统的普通办公室空间比较固定，如为个人使用则主要考虑各种功能的分区，既要分区合理又应避免过多走动。

2.如为多人使用的办公室，在布置上则首先应考虑按工作的顺序来安排每个人的位置及办公设备的位置。应避免相互的干扰。其次，室内的通道应布局合理，避免来回穿插及走动过多等问题出现。

2 普通办公室功能分析

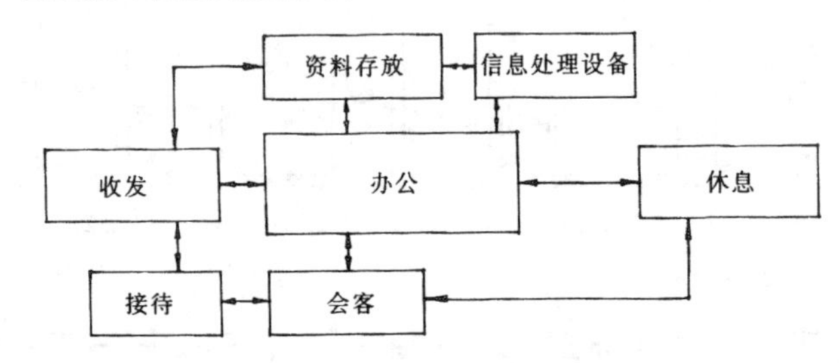

3 普通办公室常用人体尺度

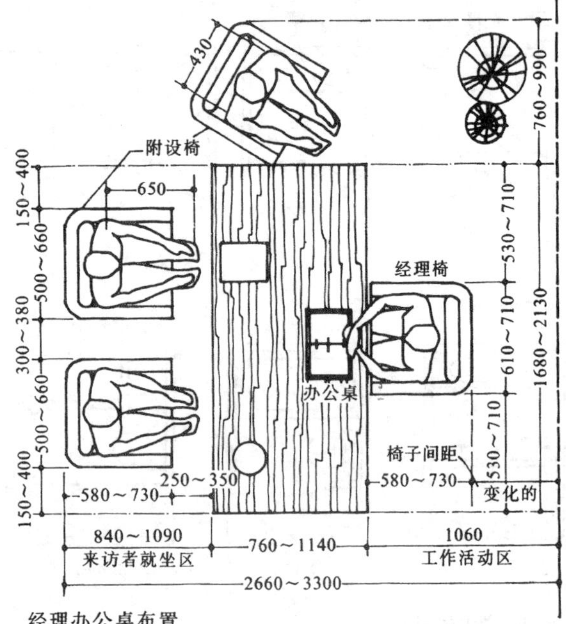

经理办公桌布置

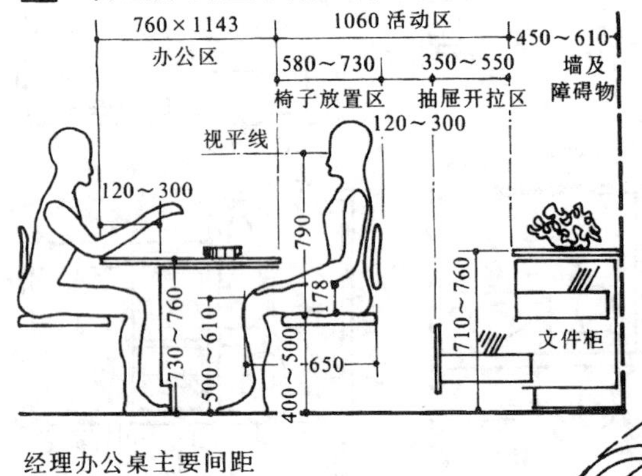

经理办公桌主要间距

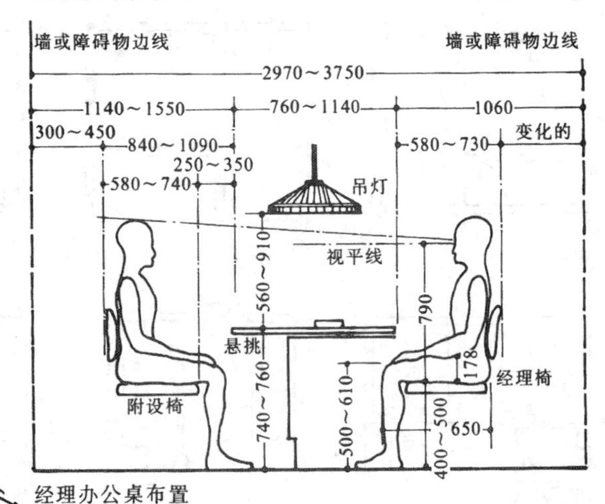

经理办公桌布置

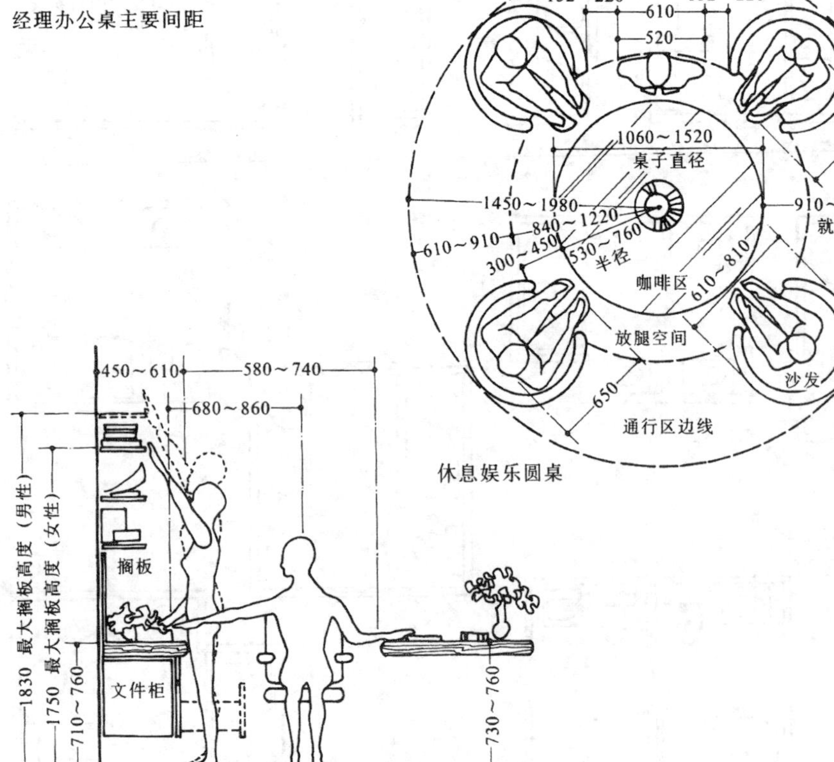

休息娱乐圆桌

经理办公桌文件柜布置

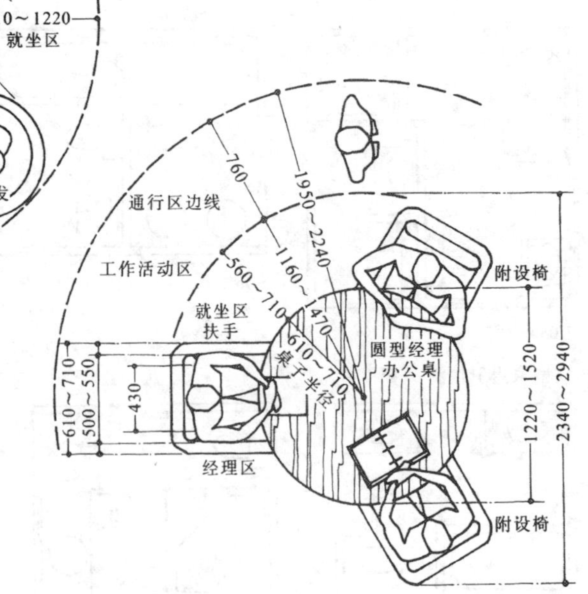

圆形办公桌

1 会议室中常用人体尺度

2 普通办公室平面布局举例

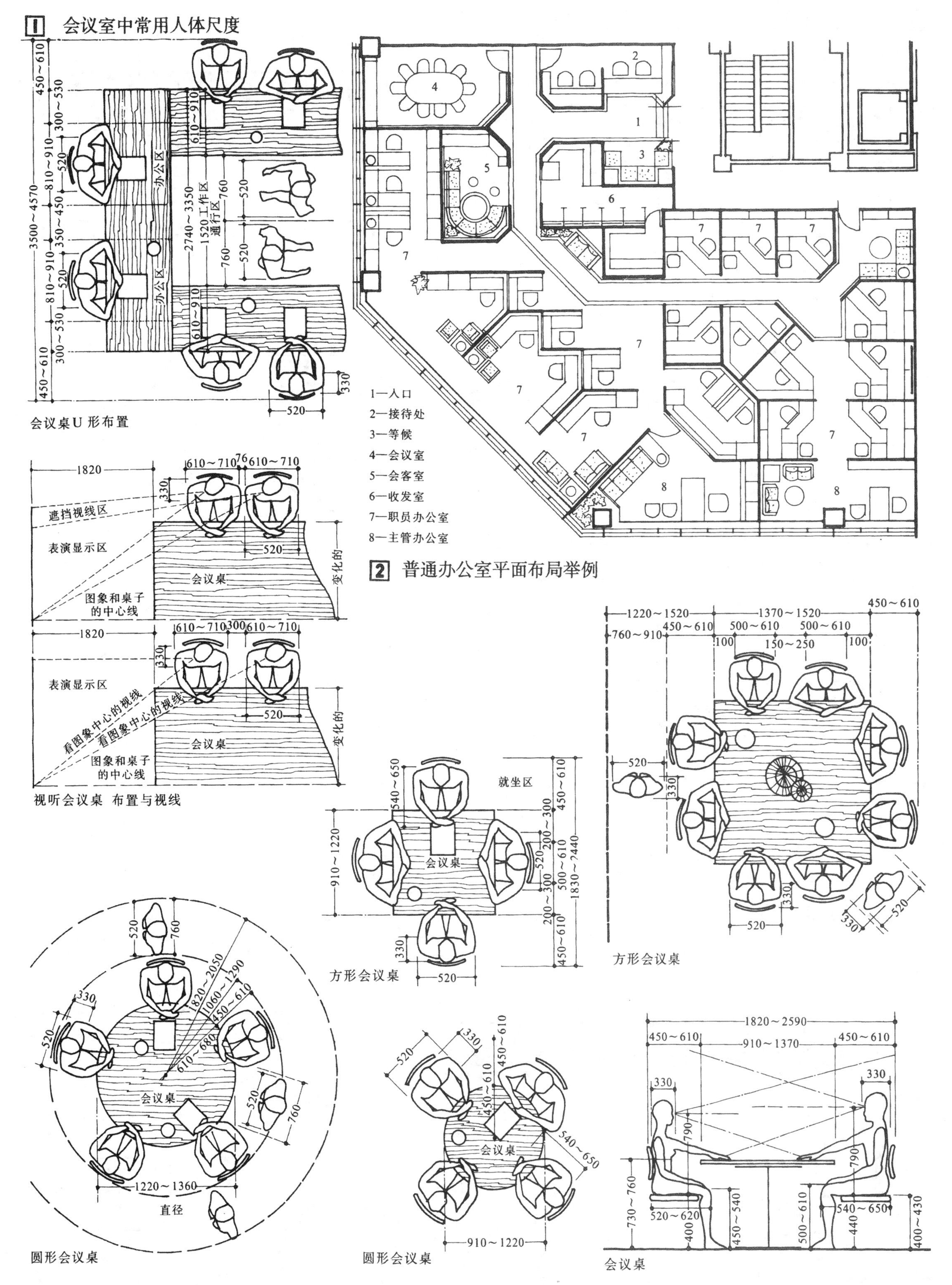

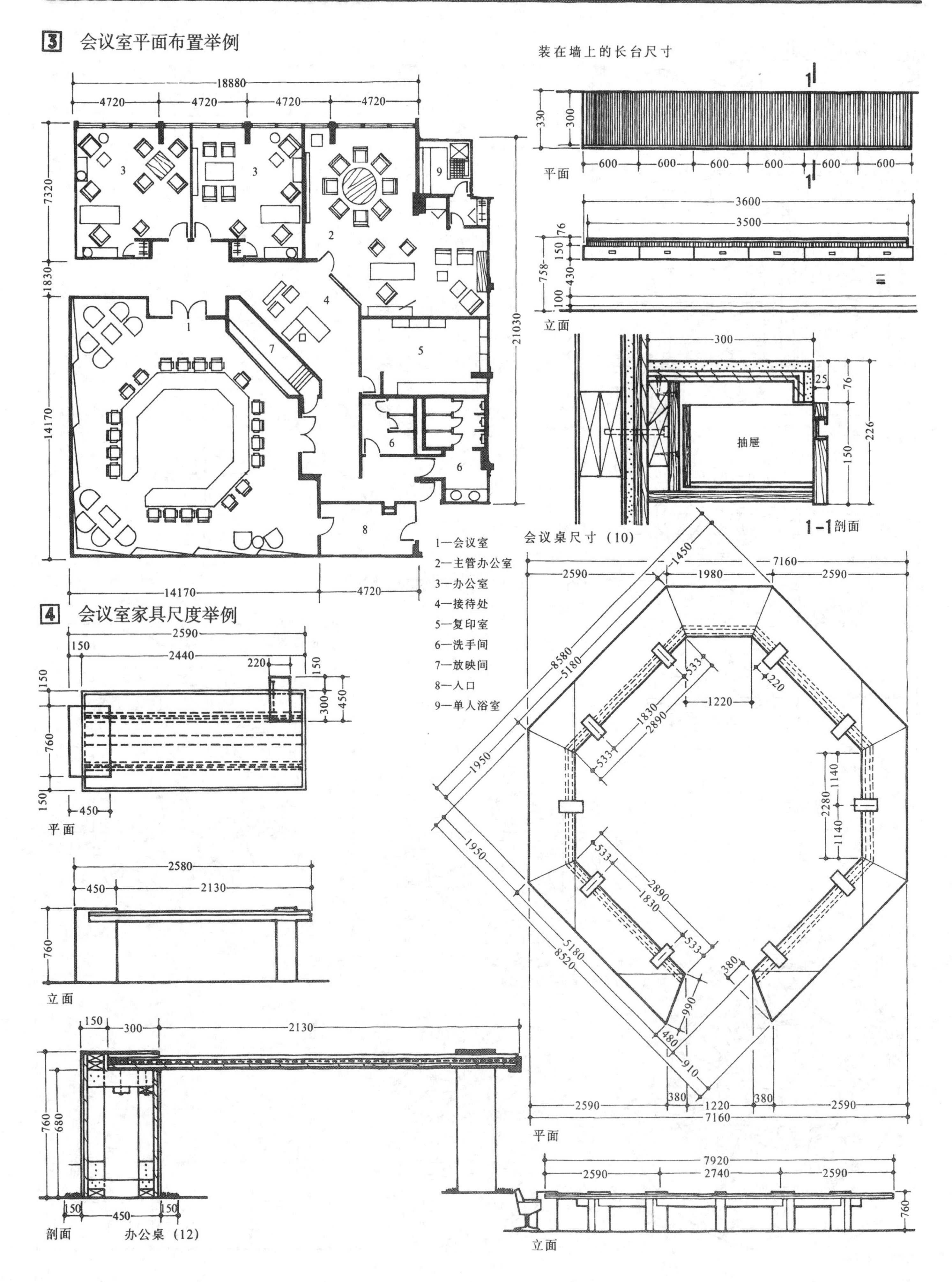
3 会议室平面布置举例
18880
4720
7320
1830
14170
21030
1—会议室
2—主管办公室
3—办公室
4—接待处
5—复印室
6—洗手间
7—放映间
8—入口
9—单人浴室
装在墙上的长台尺寸
平面
立面
3600
3500
1-1剖面
抽屉
会议桌尺寸（10）
7160
2590
1980
1220
平面
立面
7920
2740
4 会议室家具尺度举例
2590
2440
2580
2130
平面
立面
剖面
办公桌（12）

1 开放式办公室处理要点

1.开放式办公室是国外较流行的一种办公室形式，其特点是灵活可变。由工业化生产的各种隔屏和家具组成。

2.处理的关键是通道的布置。办公单元应按功能关系进行分组。

3 开放式办公室人体尺度

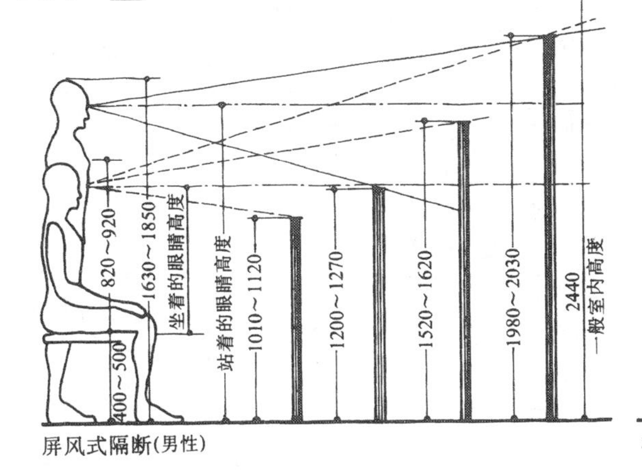

屏风式隔断(男性)

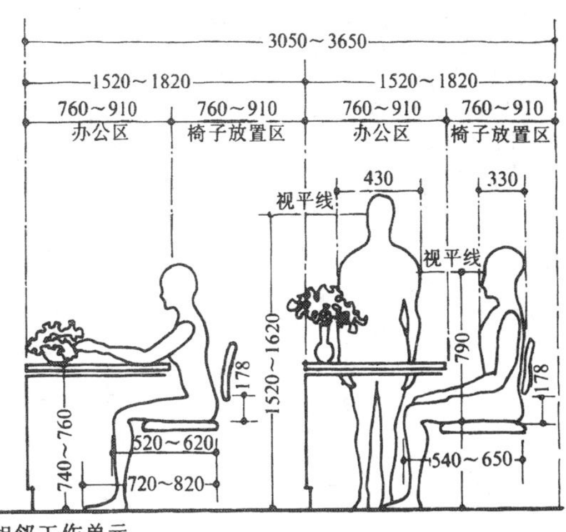

相邻工作单元

2 办公平面配置举例

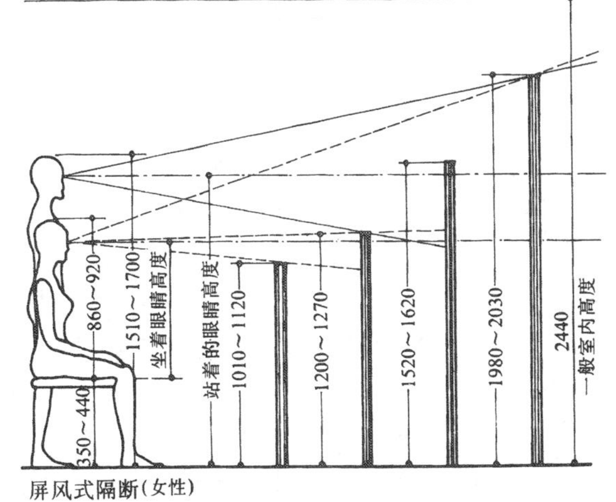

屏风式隔断(女性)

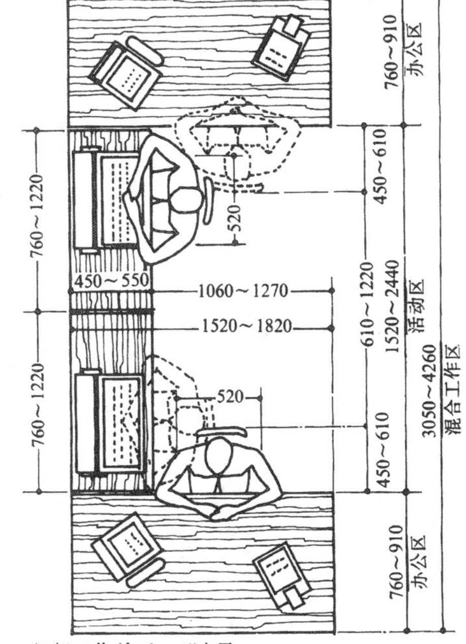

相邻工作单元 U 形布置

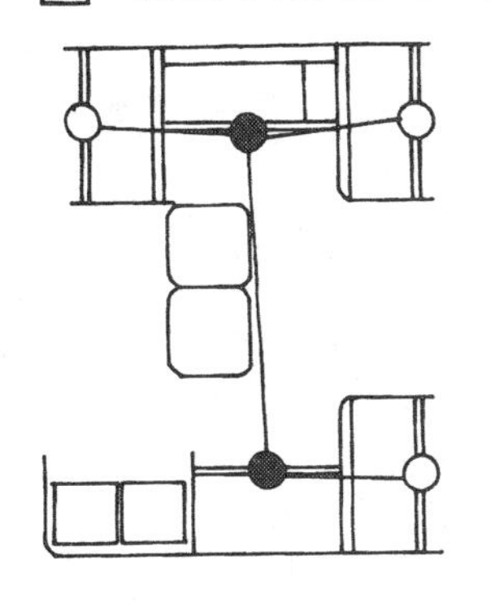

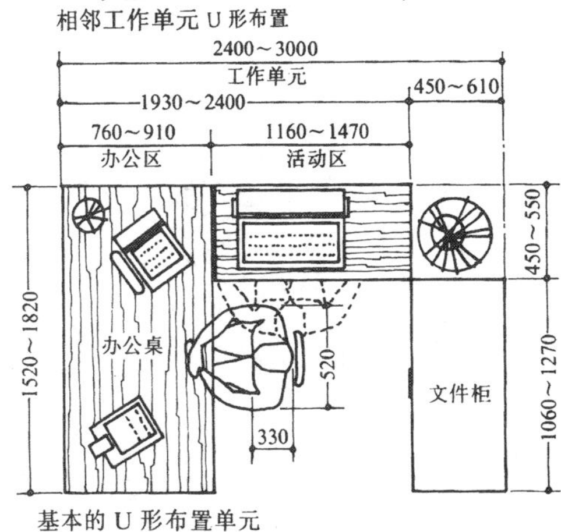

可通行的基本工作单元

基本的 U 形布置单元

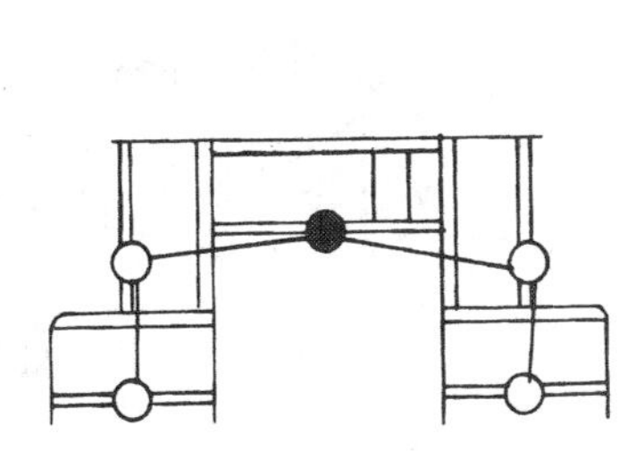

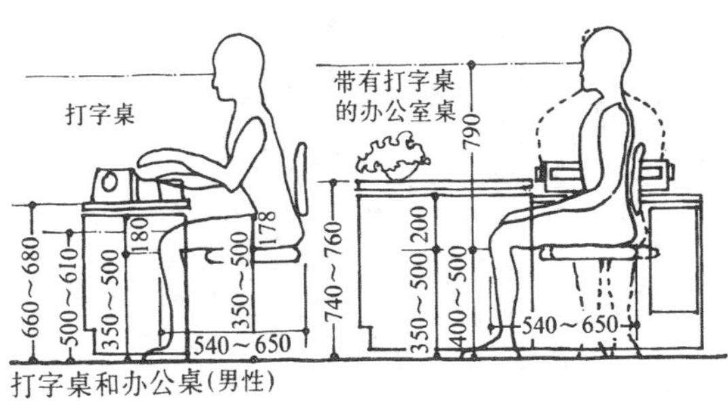

打字桌和办公桌(男性)

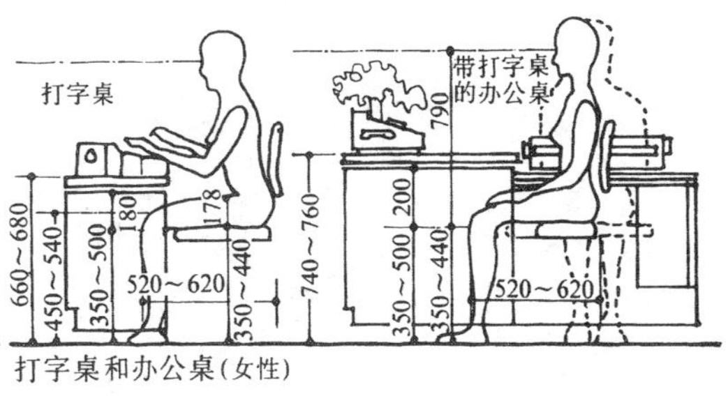

打字桌和办公桌(女性)

4 办公单元构成形式举例

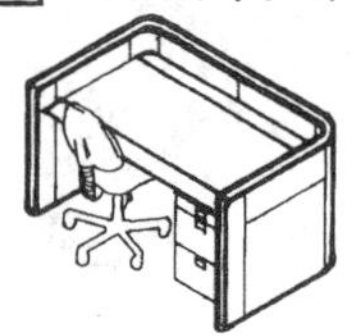

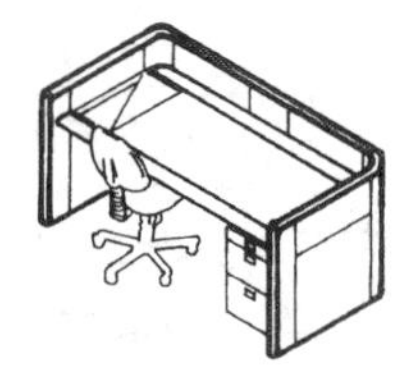

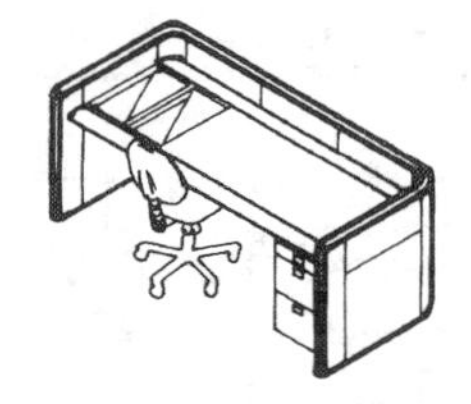

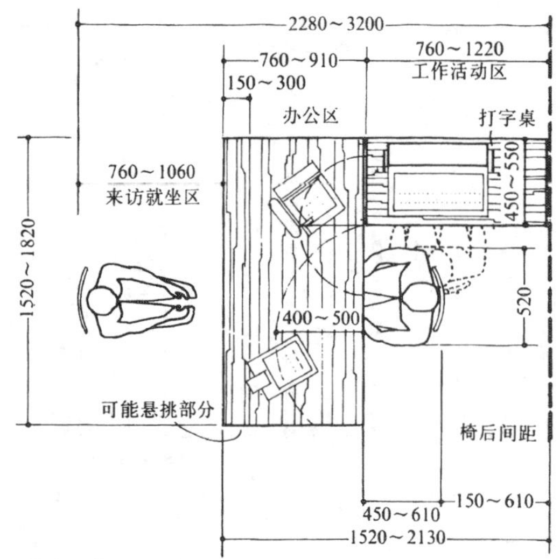

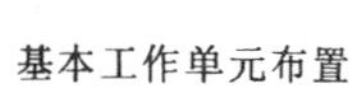

基本工作单元布置

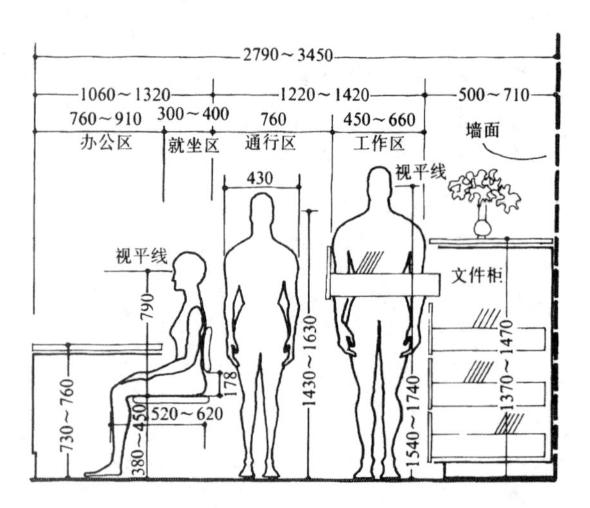

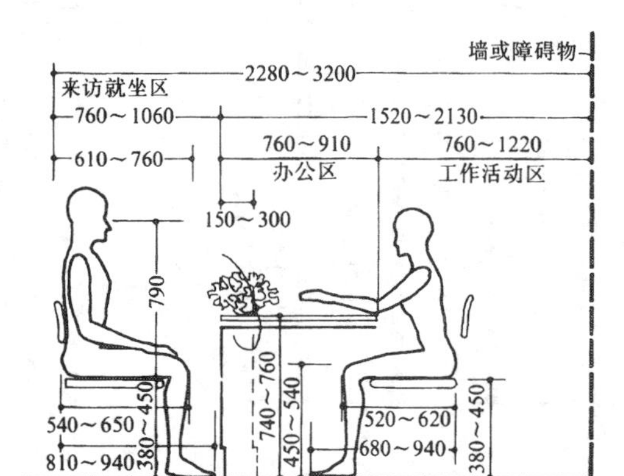

基本工作单元布置

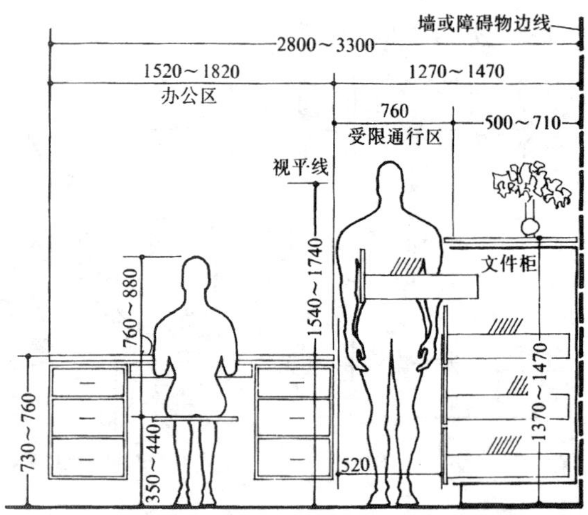

办公桌与文件柜

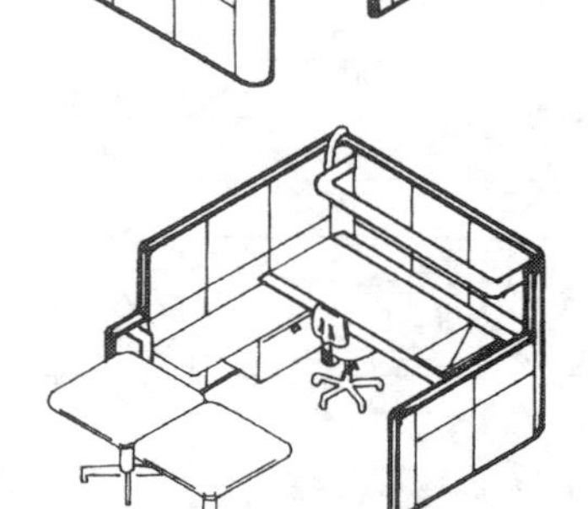

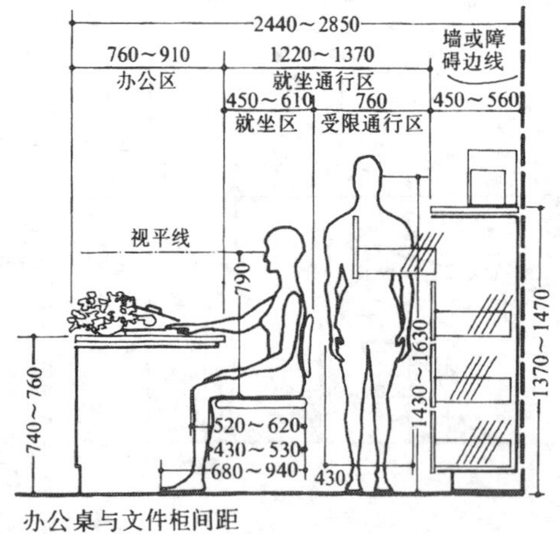

办公桌与文件柜间距

墙或障碍物边线
3200～3800
1680～1980
通行就坐区
1520～1820
910
通行区
760～1060
760～910
760～910
150～300
150～300
300～400
520
610～760
办公区
450～500
520～620
视平线
椅后空间
1250～1330
740～760
680～940

设有来访者用椅，并可通行的工作单元

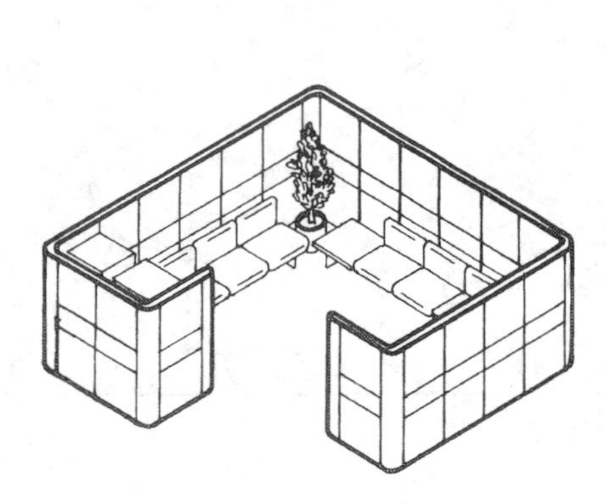

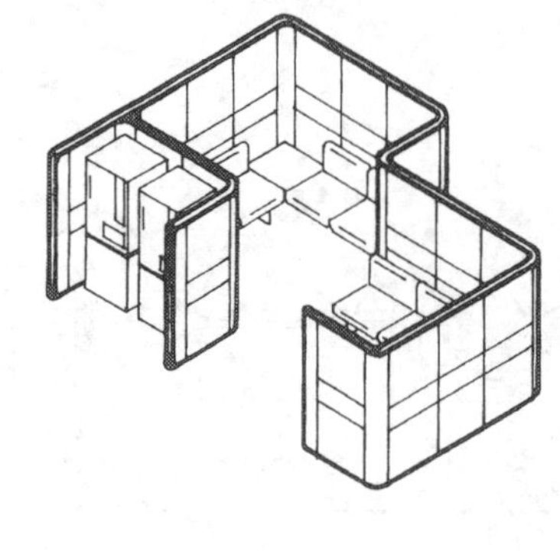

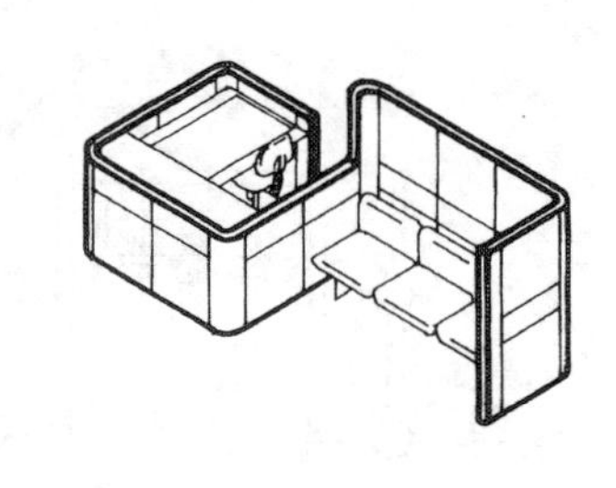

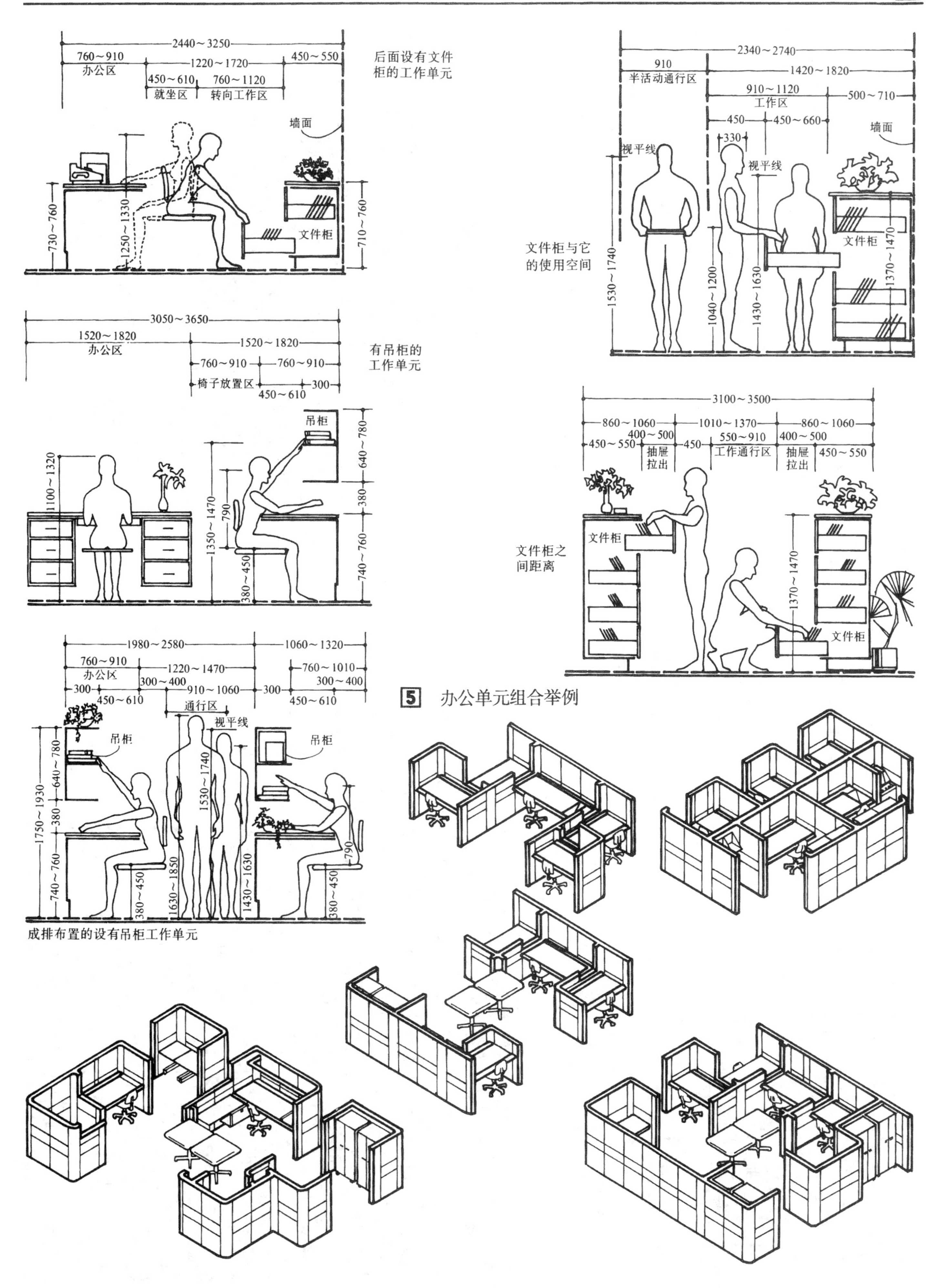
2440～3250
760～910
办公区
1220～1720
450～550
450～610
就坐区
760～1120
转向工作区
墙面
文件柜
730～760
1250～1330
710～760
后面设有文件柜的工作单元
3050～3650
1520～1820
办公区
1520～1820
760～910
760～910
椅子放置区
300
450～610
有吊柜的工作单元
吊柜
1100～1320
1350～1470
790
380～450
640～780
380
740～760
1980～2580
1060～1320
760～910
办公区
1220～1470
760～1010
300～400
300～400
300
910～1060
300
450～610
450～610
通行区
视平线
吊柜
吊柜
1750～1930
640～780
380
740～760
380～450
1630～1850
1530～1740
1430～1630
790
380～450
成排布置的设有吊柜工作单元
2340～2740
910
半活动通行区
1420～1820
910～1120
工作区
500～710
450
450～660
330
视平线
视平线
墙面
文件柜
文件柜与它的使用空间
1530～1740
1040～1200
1430～1630
1370～1470
3100～3500
860～1060
1010～1370
860～1060
400～500
550～910
400～500
450～550
抽屉拉出
450
工作通行区
抽屉拉出
450～550
文件柜
文件柜之间距离
1370～1470
文件柜

5 办公单元组合举例

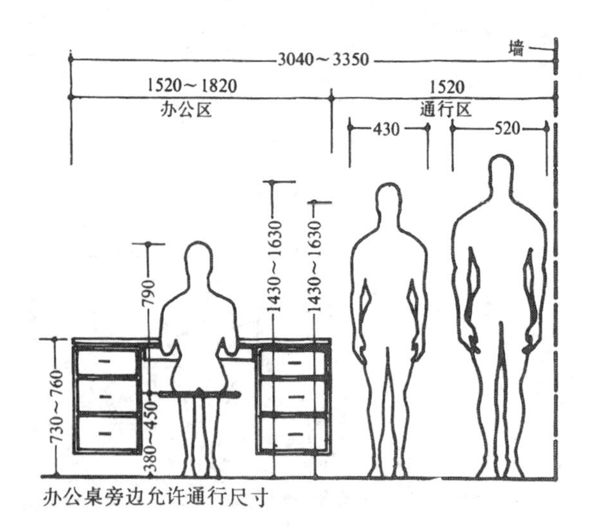

办公桌旁边允许通行尺寸

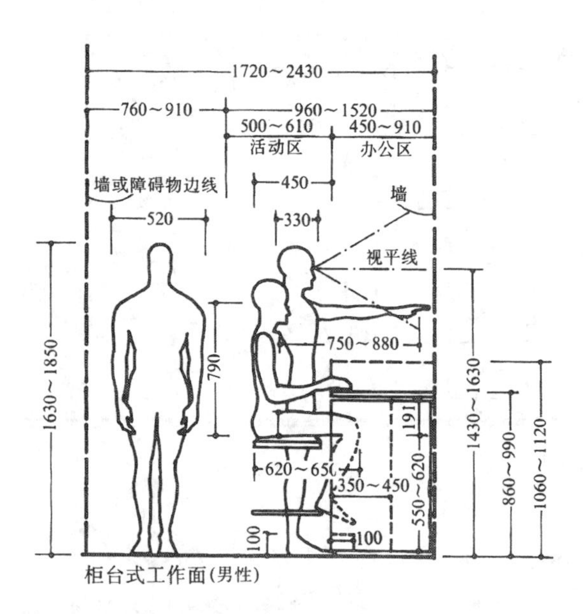

柜台式工作面(男性)

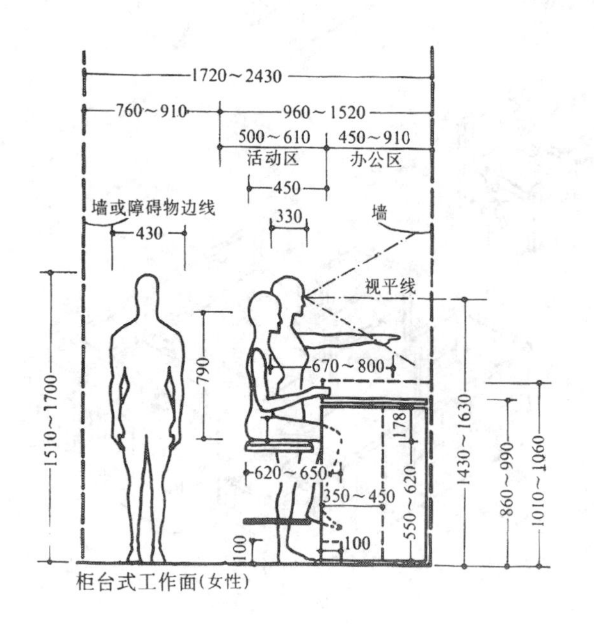

柜台式工作面(女性)

6 开放式办公室景观透视

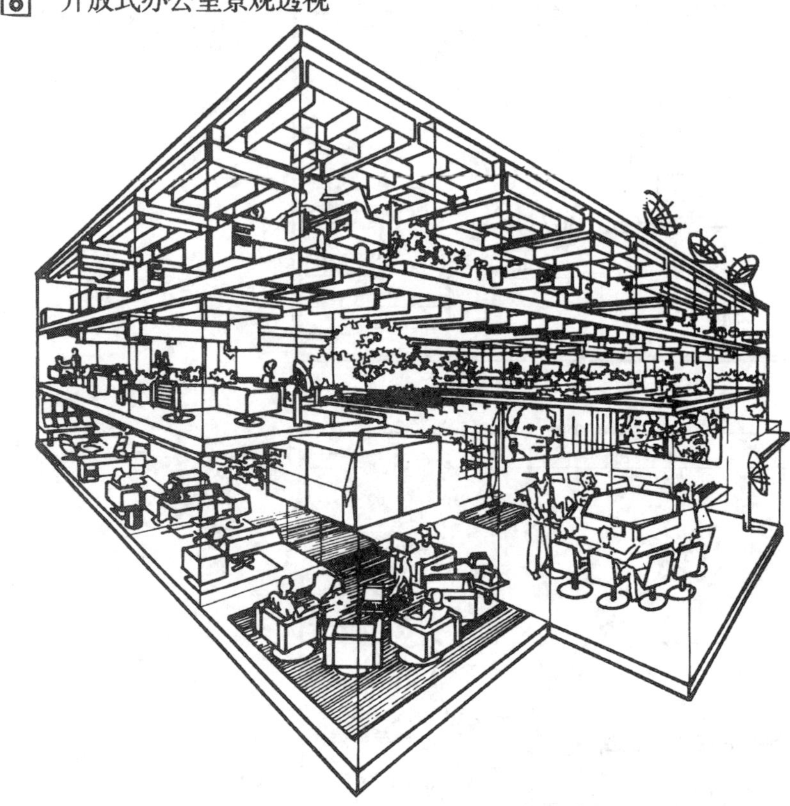

7 开放式办公室平面举例

1—电梯厅
2—入口
3—衣帽间
4—洗手间
5—休息室
6—接待处
7—主管办公室

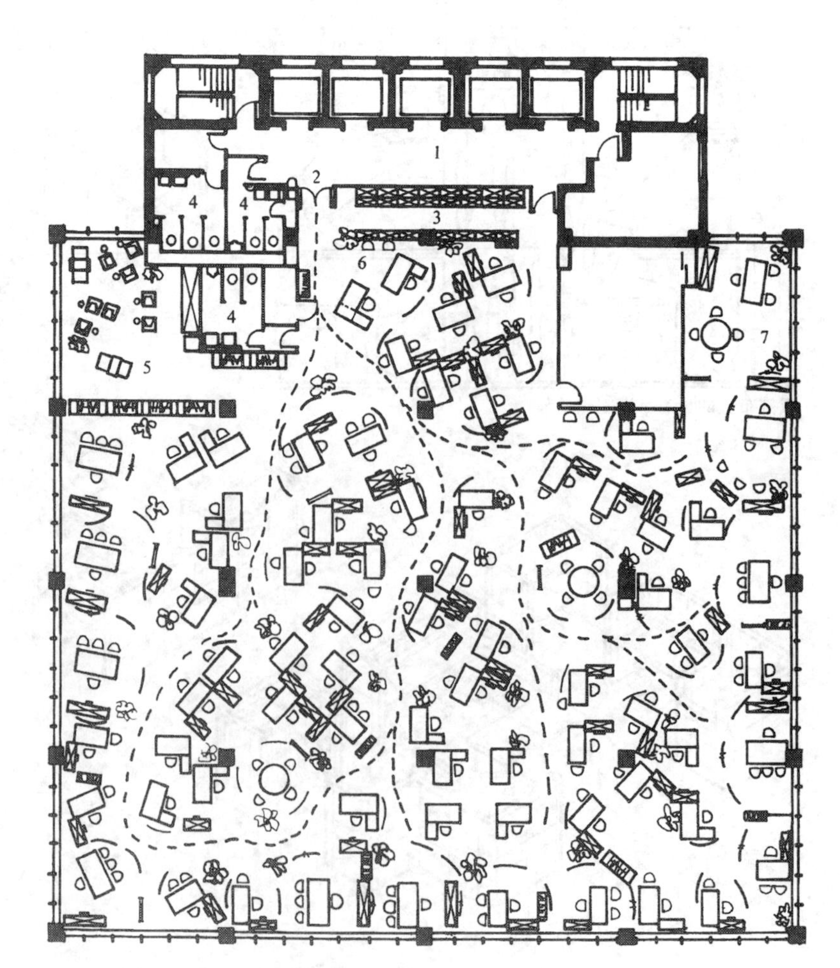

8 开放式办公室中使用的家具系统

9 计算机用家具

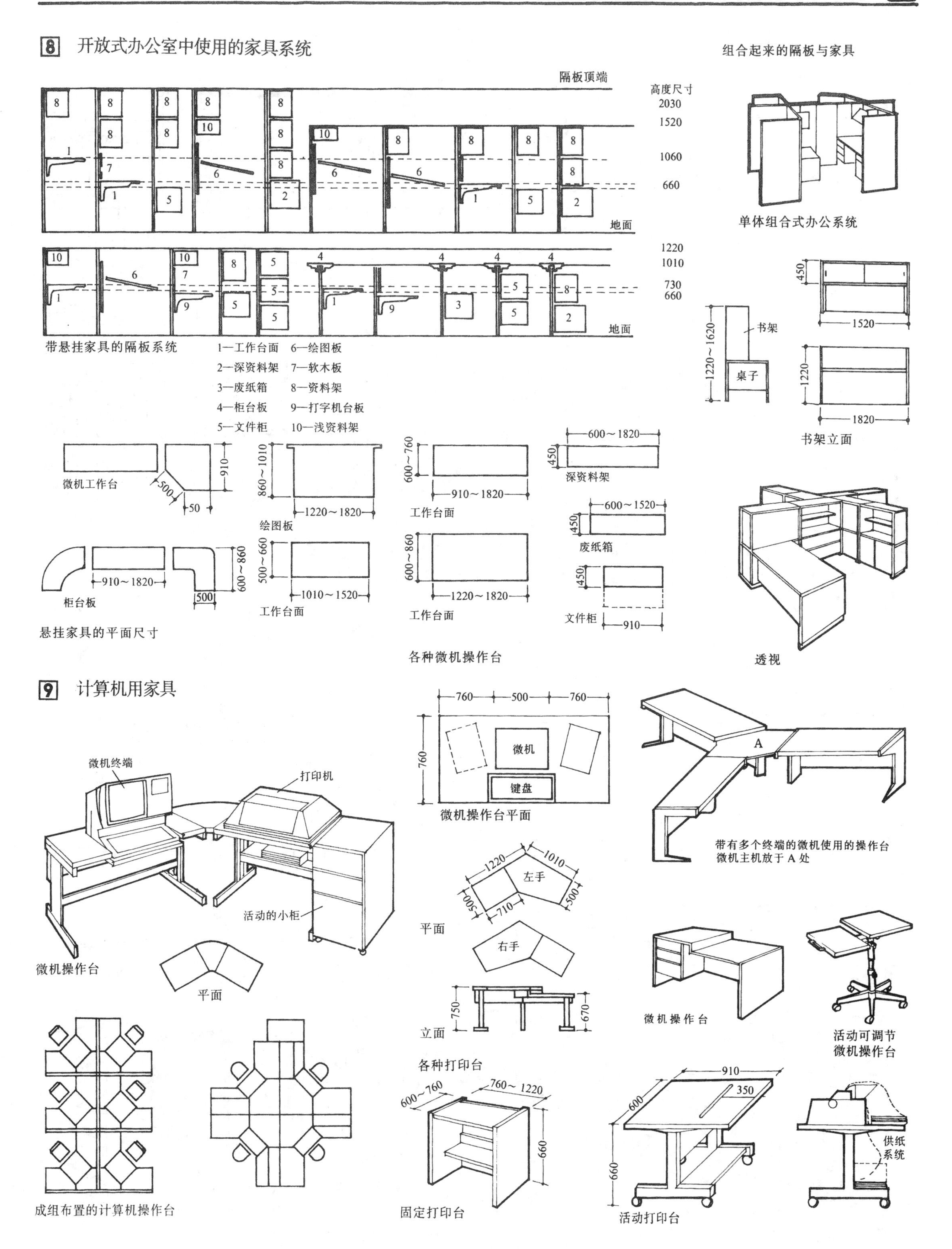

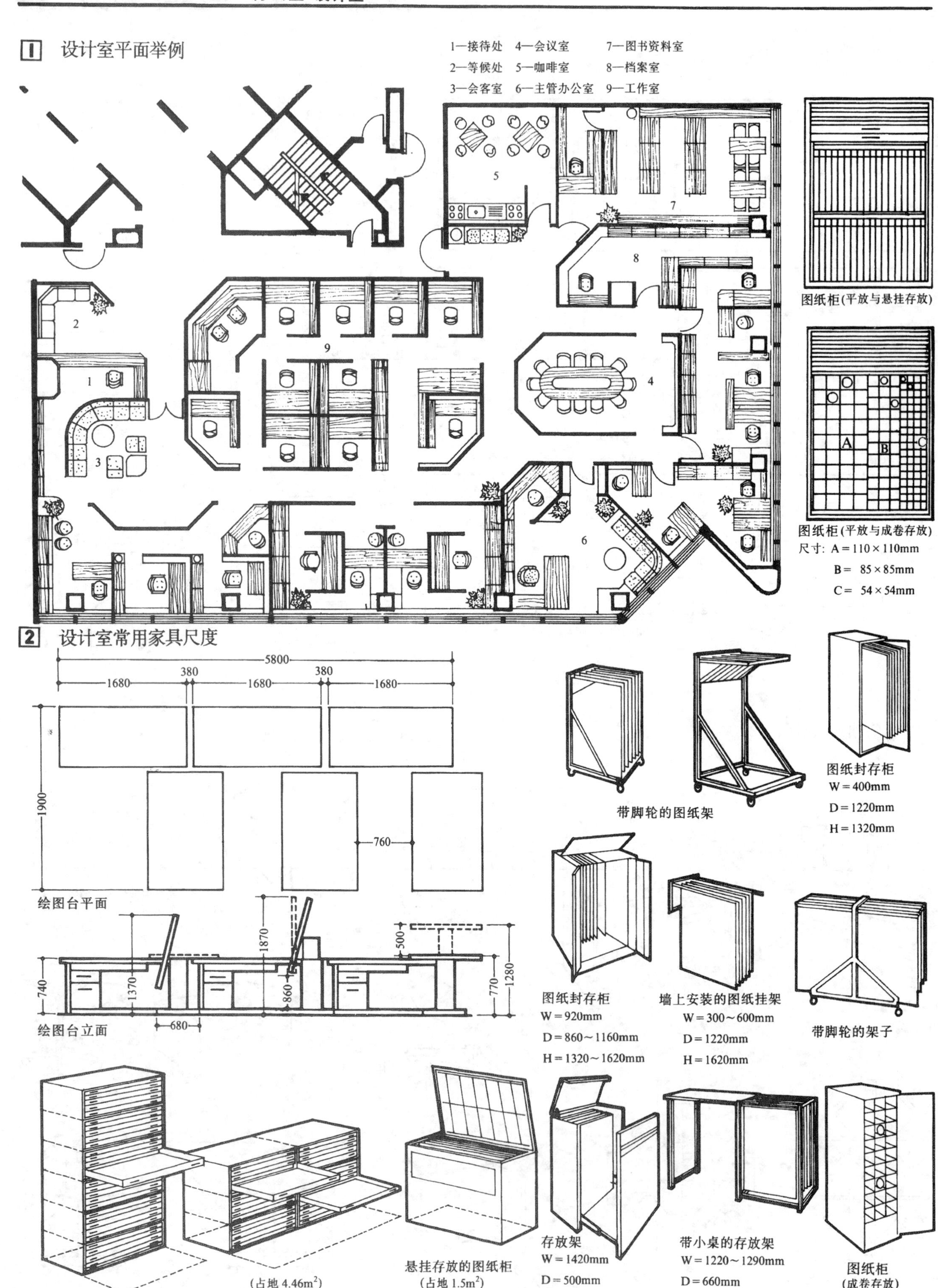
1 设计室平面举例
1—接待处 4—会议室 7—图书资料室
2—等候处 5—咖啡室 8—档案室
3—会客室 6—主管办公室 9—工作室
图纸柜(平放与悬挂存放)
图纸柜(平放与成卷存放)
尺寸: A=110×110mm
B= 85×85mm
C= 54×54mm
2 设计室常用家具尺度
5800
1680
380
1680
380
1680
1900
760
绘图台平面
1870
500
740
1370
860
770
1280
680
绘图台立面
带脚轮的图纸架
图纸封存柜
W=400mm
D=1220mm
H=1320mm
图纸封存柜
W=920mm
D=860～1160mm
H=1320～1620mm
墙上安装的图纸挂架
W=300～600mm
D=1220mm
H=1620mm
带脚轮的架子
水平存放的图纸柜(占地2.23m²)
(占地4.46m²)
悬挂存放的图纸柜
(占地1.5m²)
存放架
W=1420mm
D=500mm
H=1140～1270mm
带小桌的存放架
W=1220～1290mm
D=660mm
图纸柜
(成卷存放)

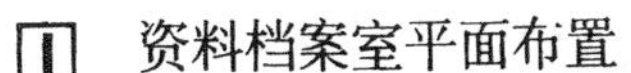

1 资料档案室平面布置

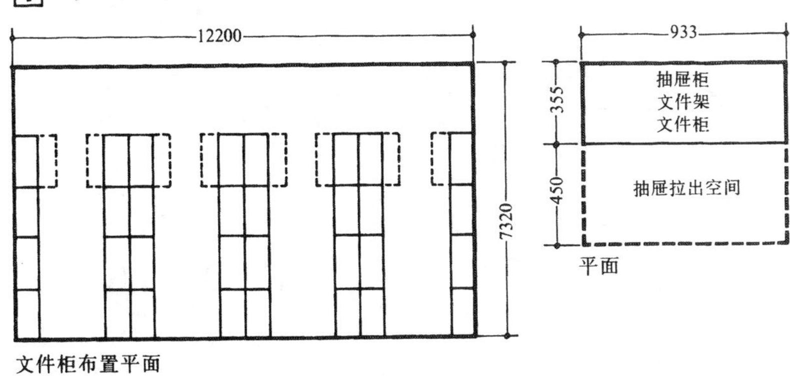

文件柜布置平面

抽屉柜布置平面

380
380
710
760
685
抽屉柜
文件柜
抽屉拉出空间

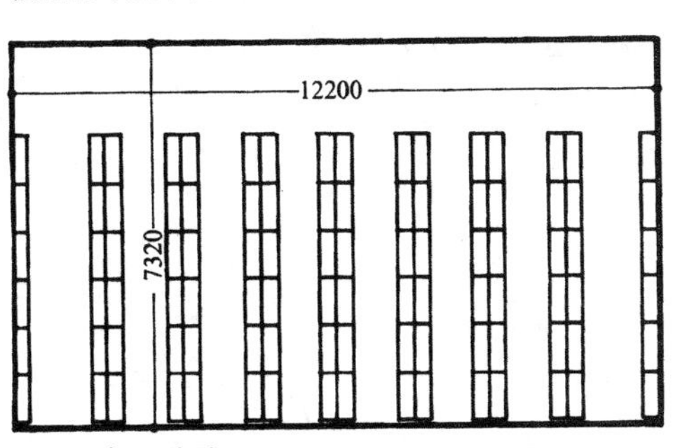

文件架布置平面

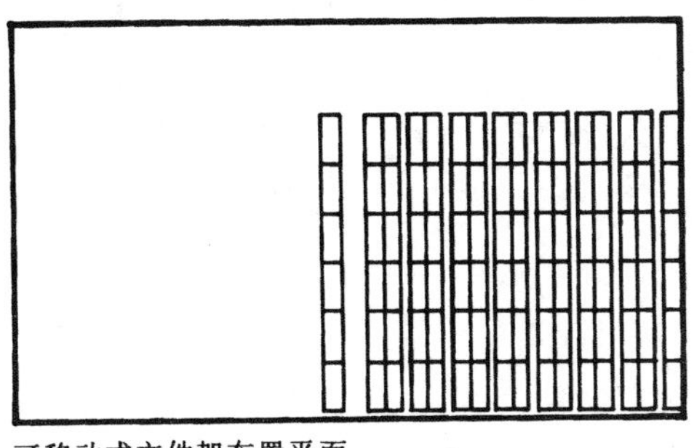

可移动式文件架布置平面

2 文件资料贮存家具尺寸

占用空间比较表

文件柜形式	占用空间(m^2)	文件数	占用净空间(m^2)(每组)
侧面敞开 5屉	75.25	60	1.15
上面敞开 4屉	67.63	104	1.27
文件架	23.23	37	3.72
移动式文件架	13.10	37	6.59

注：本表所列数字指左面的平面。

固定式文件架

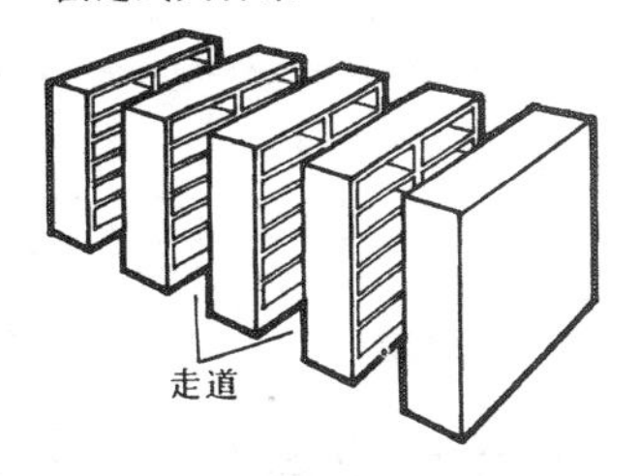

移动式文件架

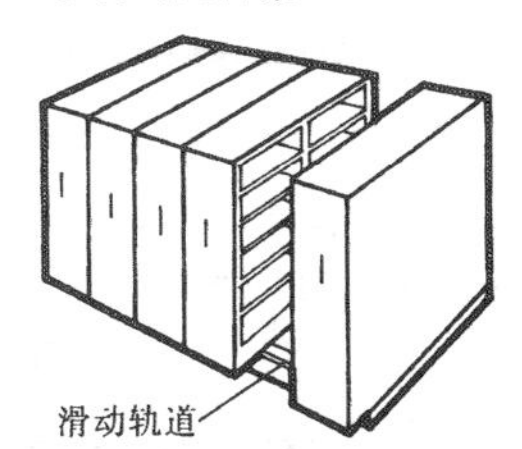

特殊卡片柜 X＝高度 1060～1520mm

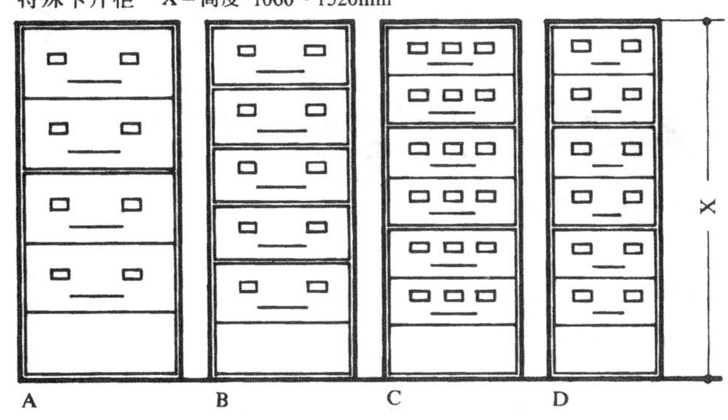

向上敞开的文件柜

向侧面敞开的文件柜 深度：380～450mm

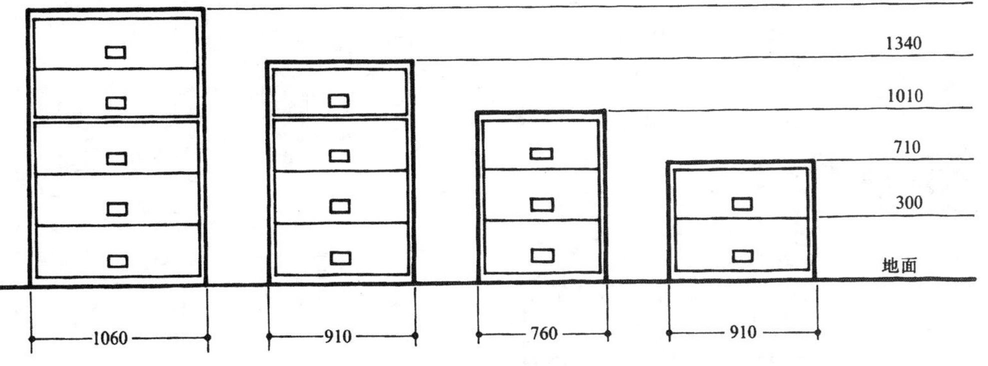

标准的宽度和深度表(mm)

向上敞开的文件柜	宽度	深度
	381	450
	381	630
	381	730
	450	730
A组 150×220	550	730
B组 127×200	480	730
C组 76×127	450	730
D组 1010×1520	381	730

1 样品展示间

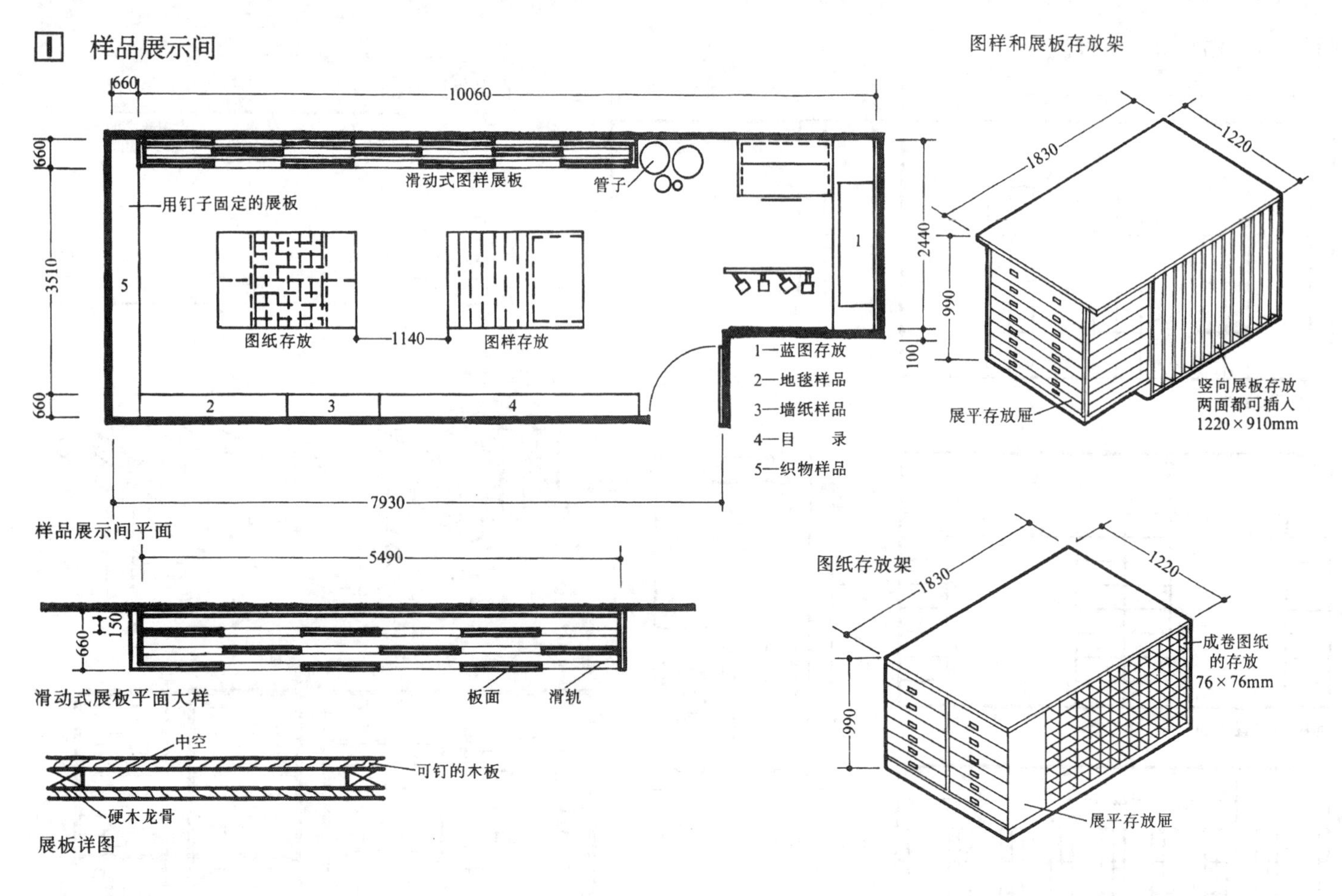

样品展示间平面

滑动式展板平面大样

展板详图

2 收发室

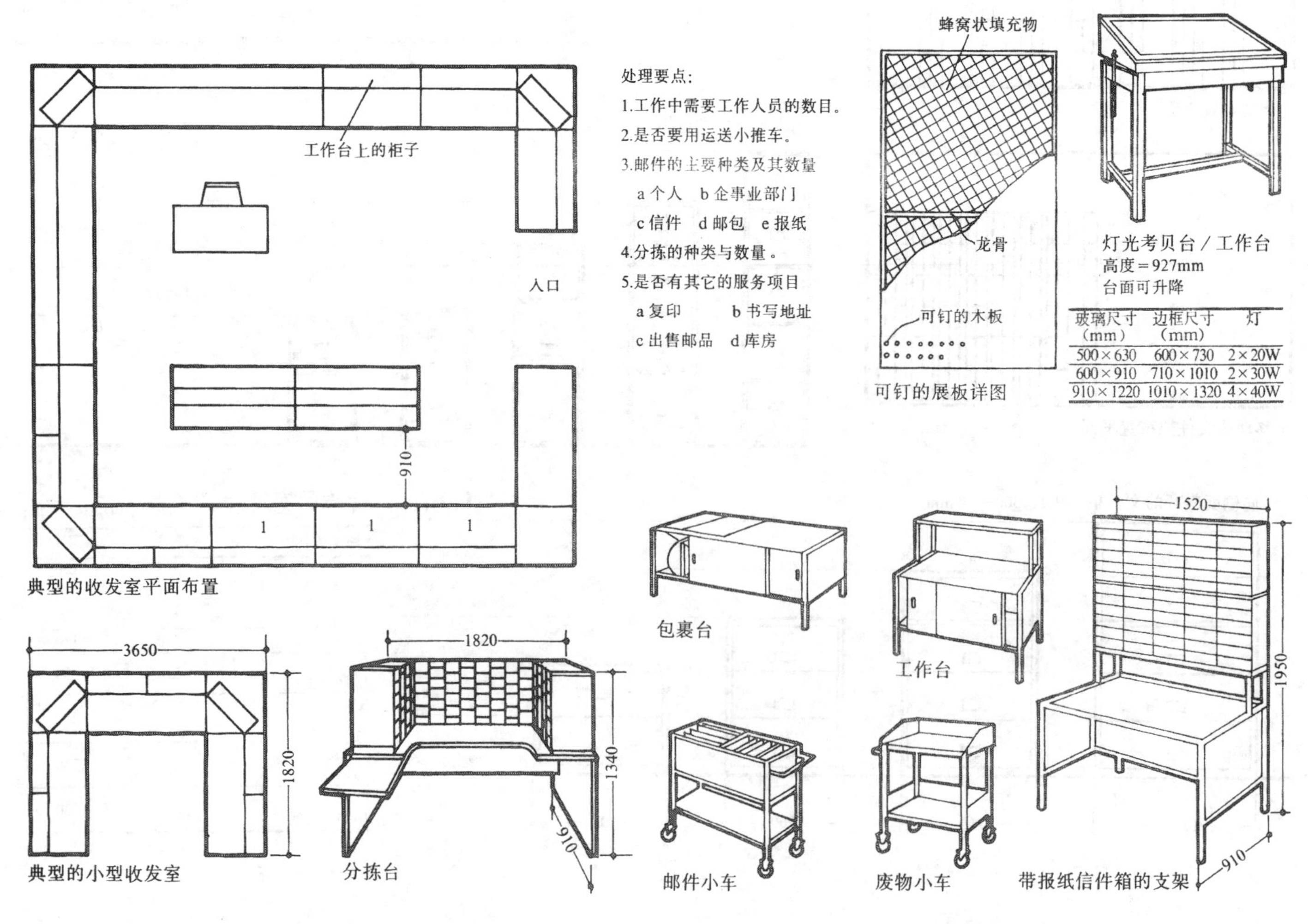

典型的收发室平面布置

处理要点：

1.工作中需要工作人员的数目。
2.是否要用运送小推车。
3.邮件的主要种类及其数量
　a 个人　b 企事业部门
　c 信件　d 邮包　e 报纸
4.分拣的种类与数量。
5.是否有其它的服务项目
　a 复印　　b 书写地址
　c 出售邮品　d 库房

可钉的展板详图

灯光考贝台／工作台
高度＝927mm
台面可升降

玻璃尺寸（mm）	边框尺寸（mm）	灯
500×630	600×730	2×20W
600×910	710×1010	2×30W
910×1220	1010×1320	4×40W

包裹台

工作台

典型的小型收发室

分拣台

邮件小车

废物小车

带报纸信件箱的支架

1 空间处理要点

银行营业厅分为大型营业厅和小型的储蓄所。储蓄所比较简单，而大型营业厅因营业内容多，一般分成多个柜台和若干洽谈室。

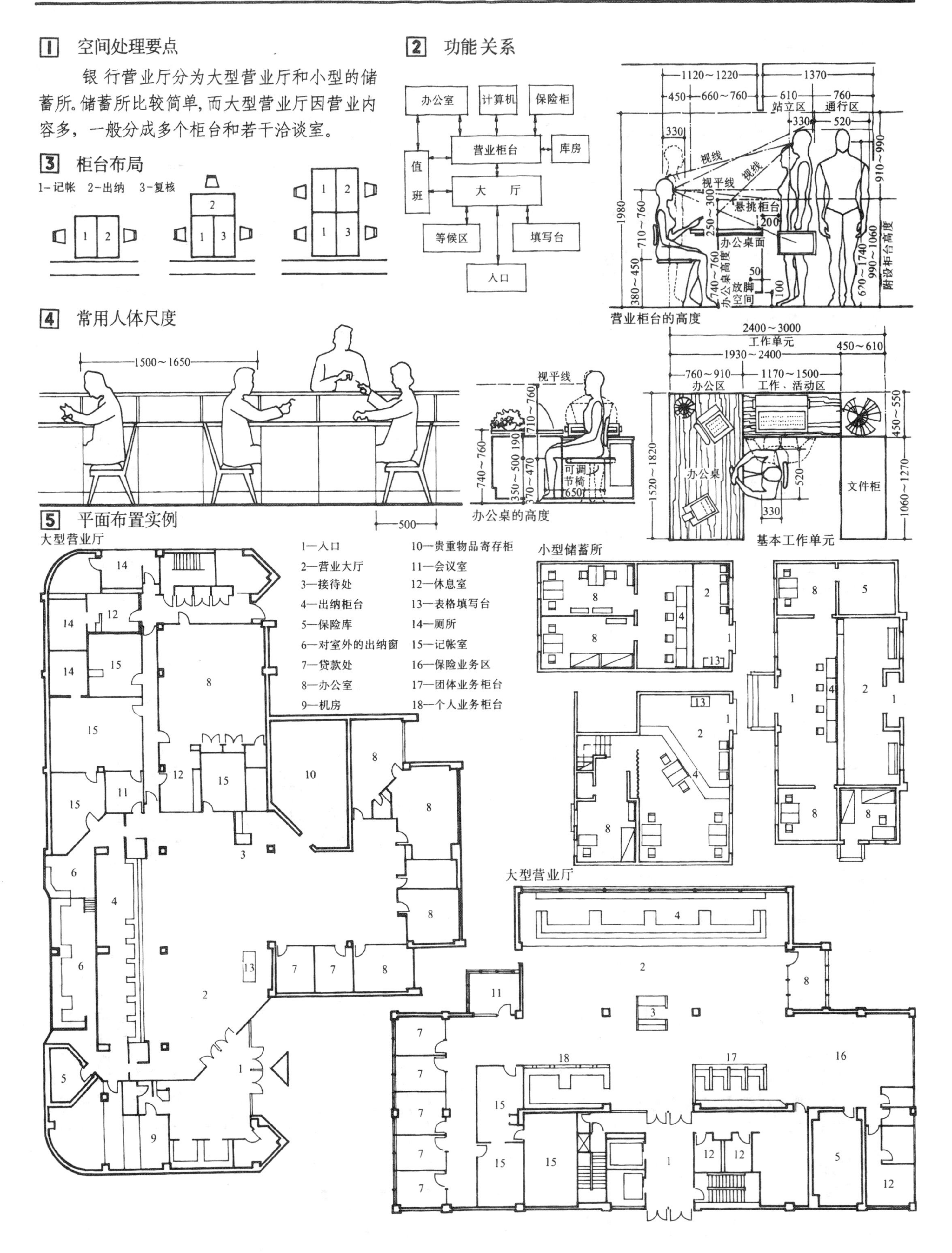

6 营业厅家具与设备举例

营业柜台举例一

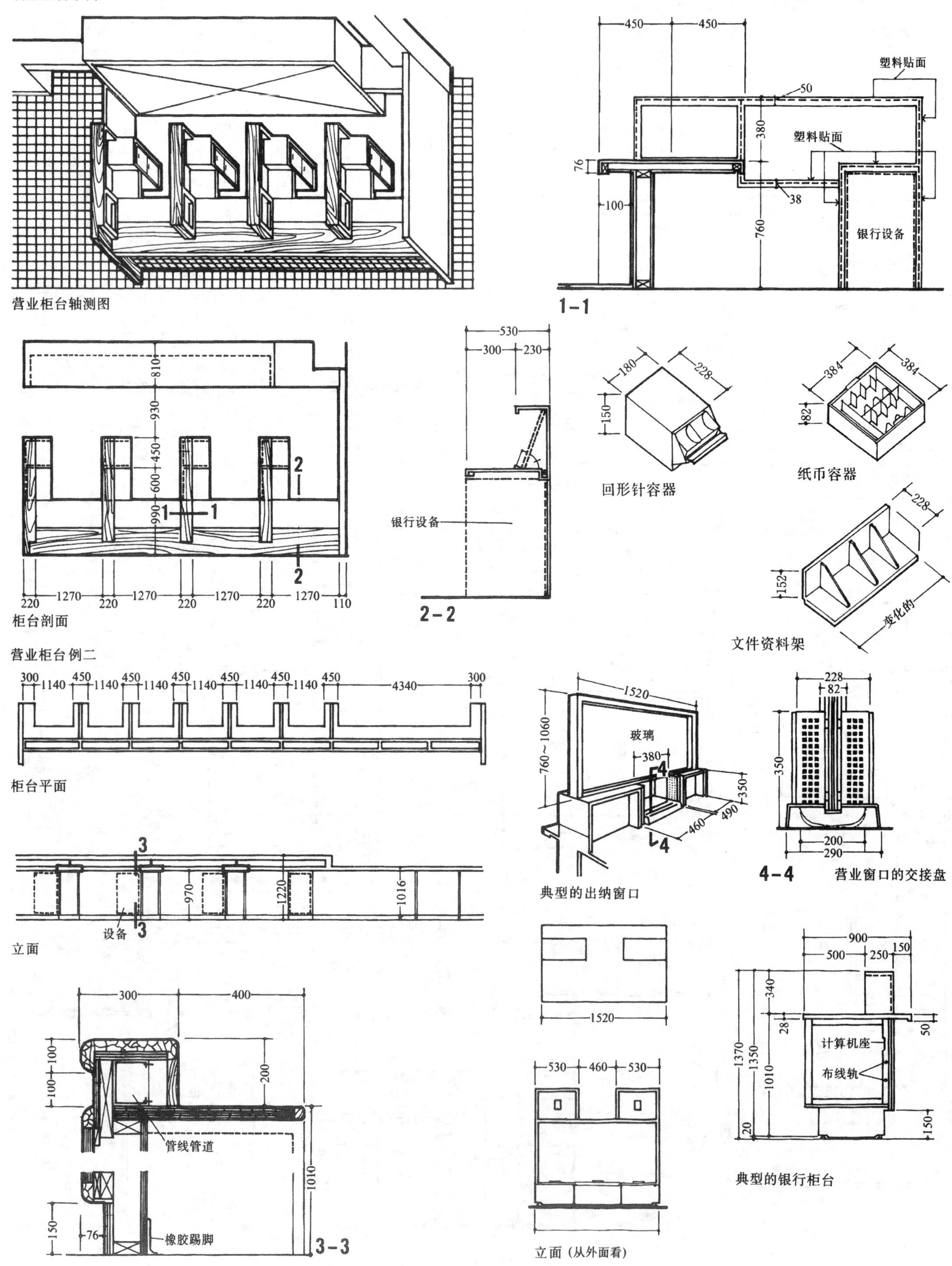

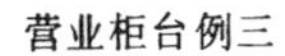
营业柜台例三

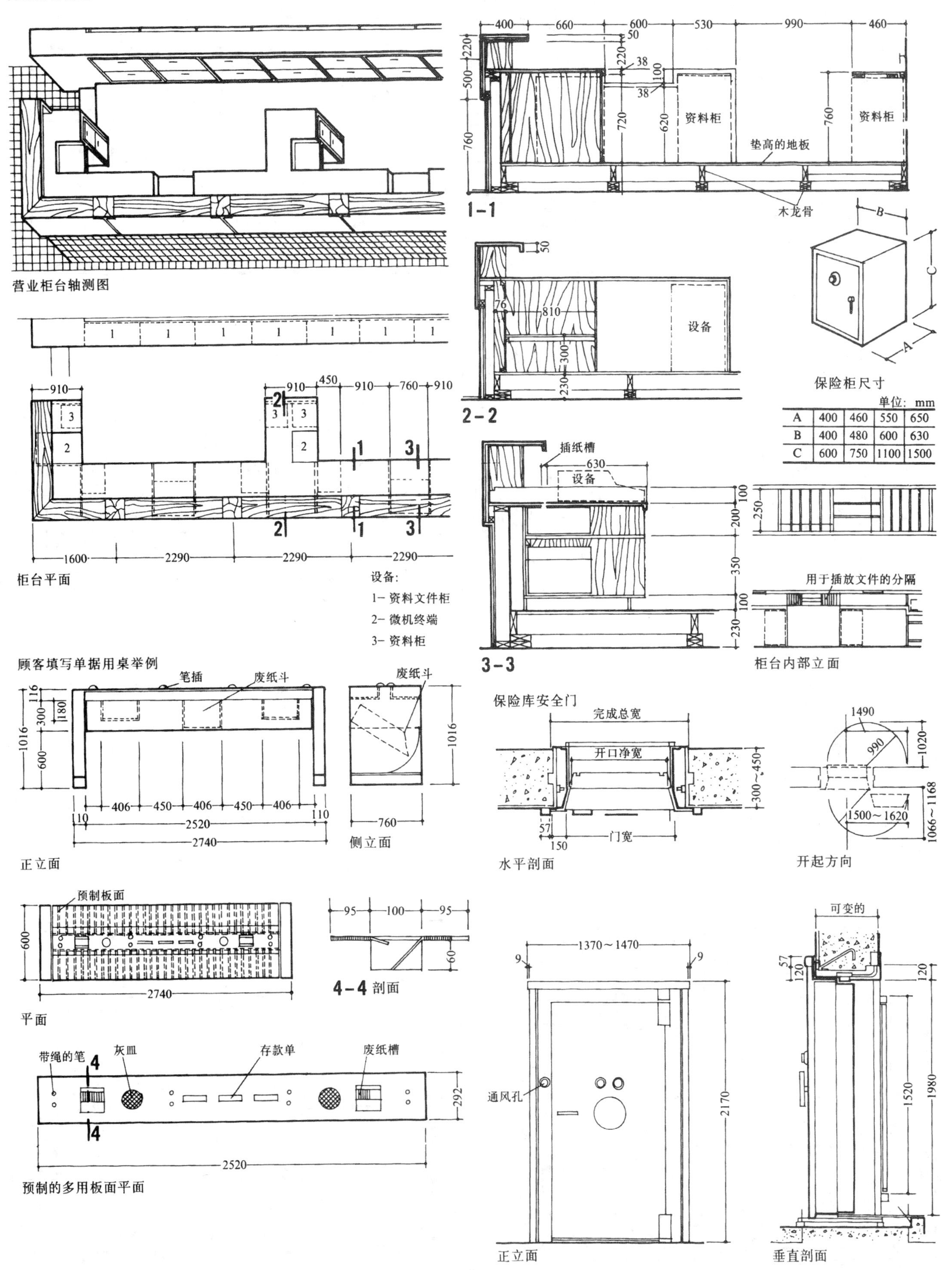

保险柜尺寸

单位: mm

A	400	460	550	650
B	400	480	600	630
C	600	750	1100	1500

1 空间处理要点

1.邮局营业厅的规模不同，内部的功能构成也不同。小型的只有信函等部；规模大的综合型邮电局除了邮电业务，还可能附设报刊、集邮等业务。

2.顾客活动区应设置填写台，布局应不影响人流交通。在电讯部分应设立供顾客等候用椅。

3.附设的报刊、集邮等部分的布局应不影响正常的邮电业务。有条件的可单独设立。

2 常用人体尺度

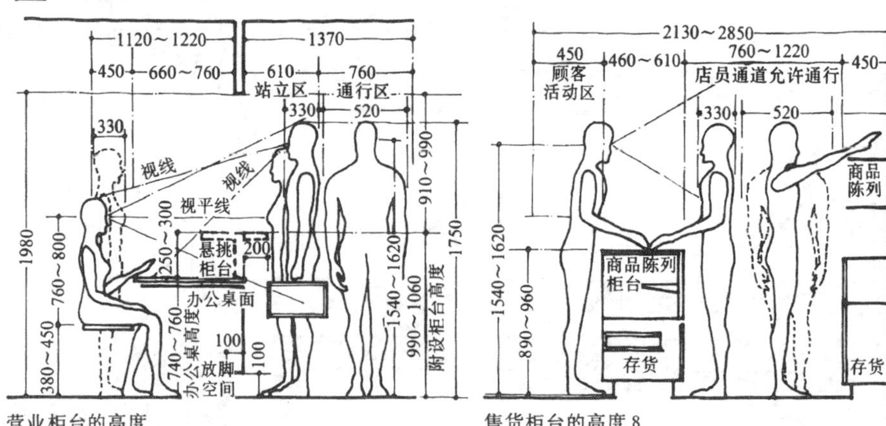

营业柜台的高度　　售货柜台的高度 8

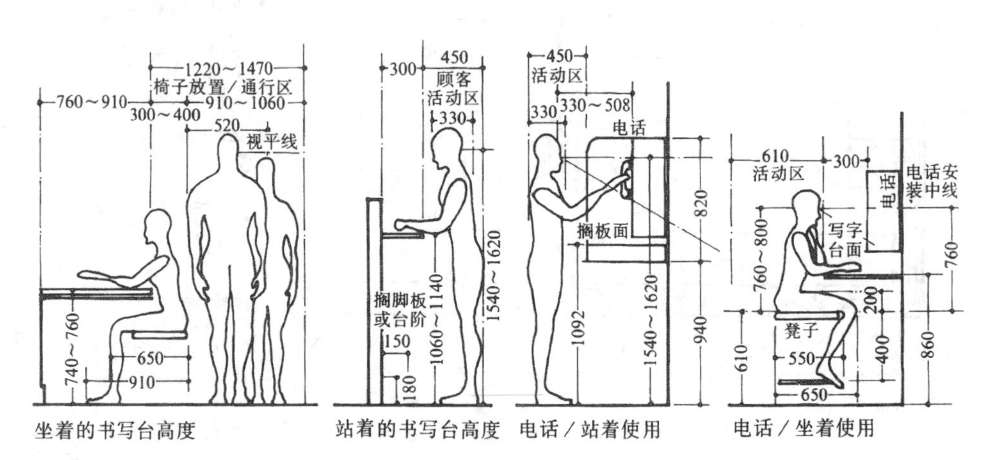

坐着的书写台高度　　站着的书写台高度　　电话／站着使用　　电话／坐着使用

3 功能分析

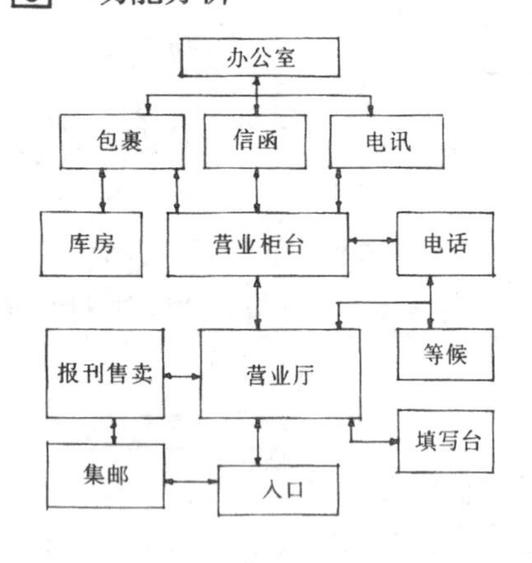

4 平面布置实例

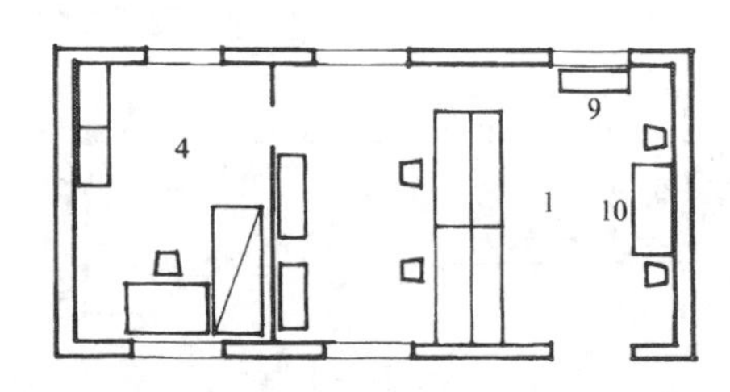

1—营业厅　5—集邮柜台　9—写字台
2—电话间　6—报刊柜台　10—贴信台
3—杂物库　7—服务台　11—信　箱
4—值班室　8—等候椅

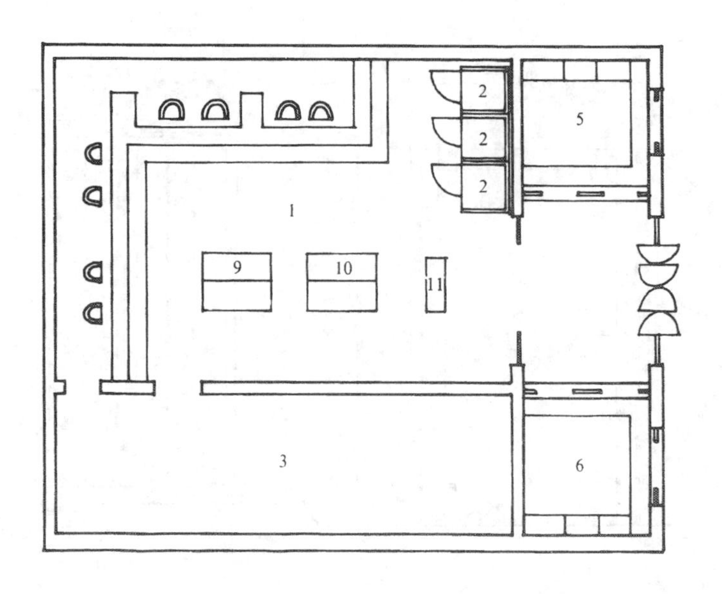

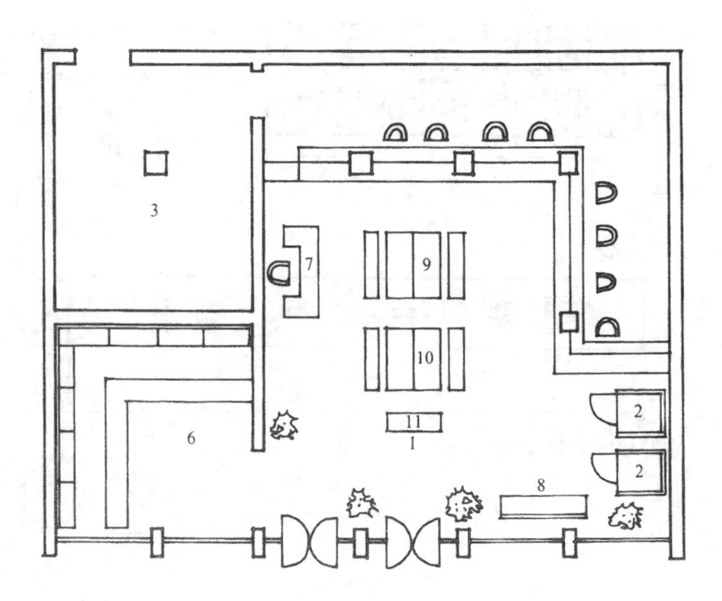

5 常用家具设备的尺度 • 固定式柜台例 1

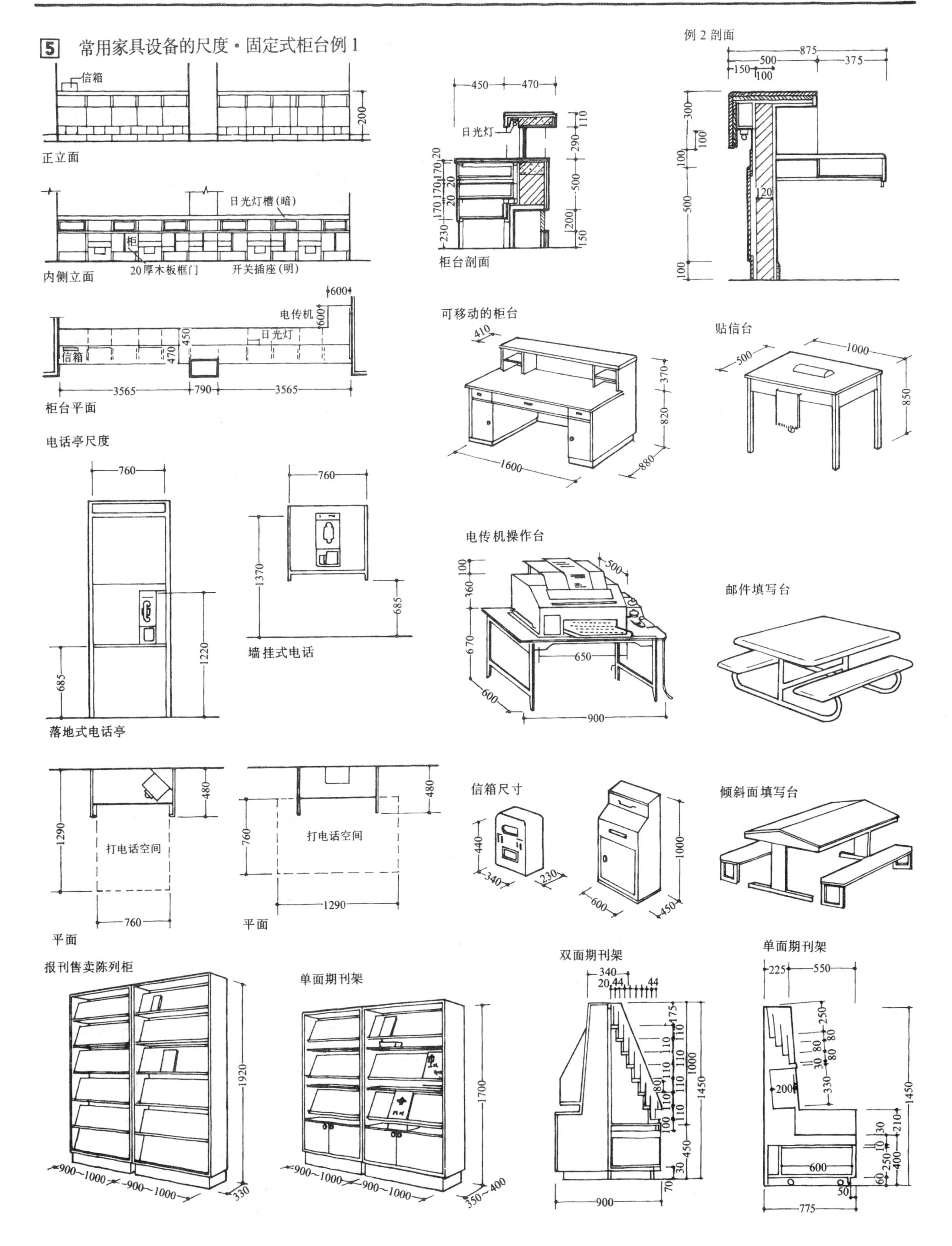

1 空间处理要点

1.售票处根据车站的规模、性质不同，可放在综合性的车站大厅内，也可单独设置。

2.售票厅内的旅客购票行列一般按 20 人/m 考虑，每人排队长度为 0.45m。

3.单独设立的售票处，厅内旅客的逗留面积应该适当加大。逗留区内可设休息椅、时刻表及公用电话等，方便旅客使用。

4.大型车站内的售票处还可设置售卖时刻表等的小卖及解答问题的问讯处或自动问讯台。

5.售票柜台的尺度，售票口的间距应该确定合理的尺寸。售票口前可设立栏杆，以维护旅客购票秩序。

6.售票室内的各种时刻表、显示板和布告栏等位置和尺度都应能使旅客很容易看到。

2 常用人体尺度

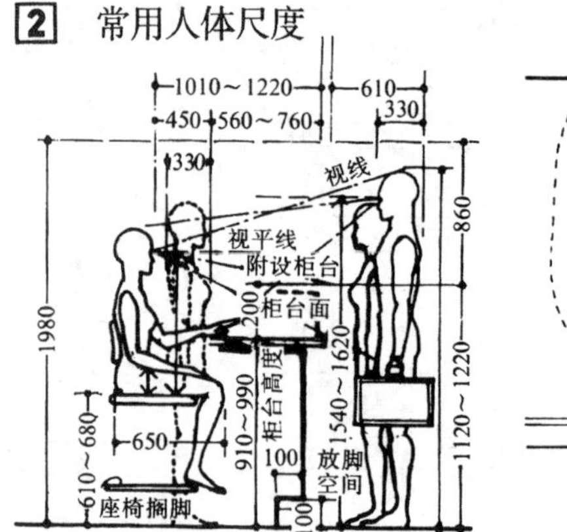

3 功能分析

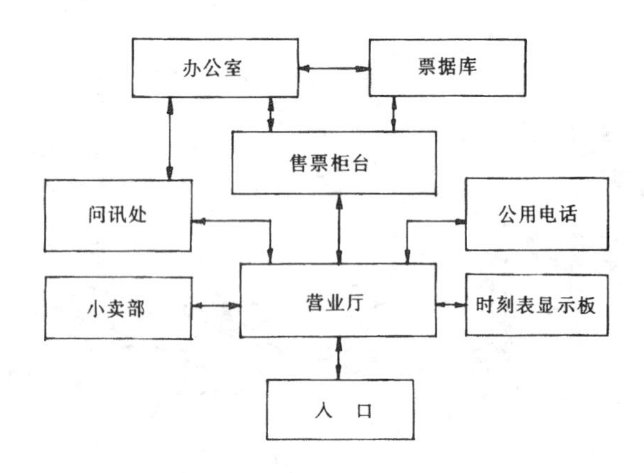

4 售票厅平面布局

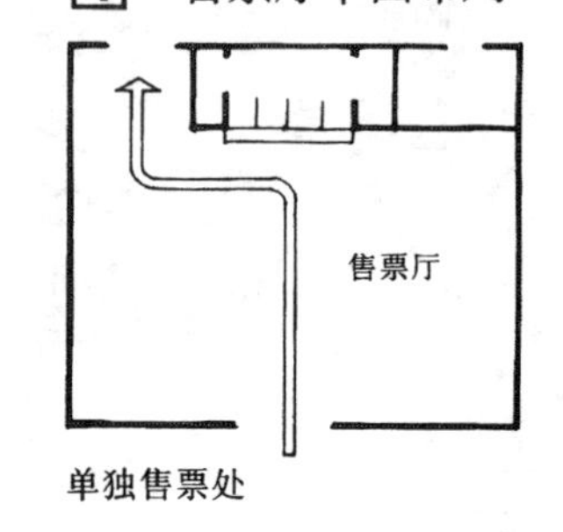

单独售票处

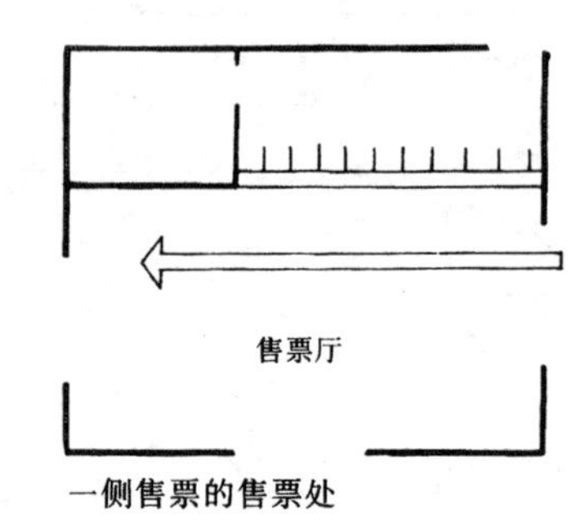

一侧售票的售票处

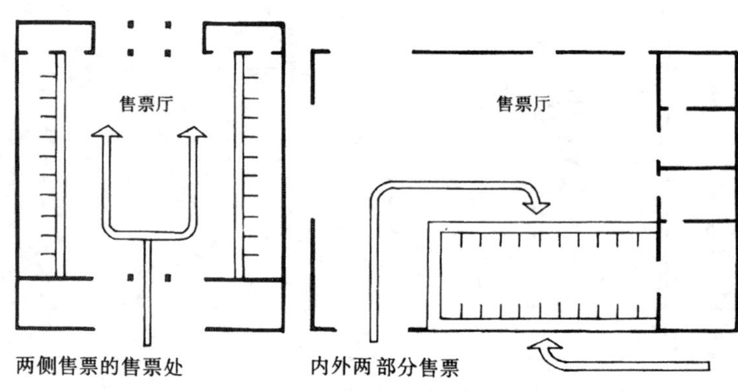

两侧售票的售票处　　内外两部分售票

5 售票室平面布置

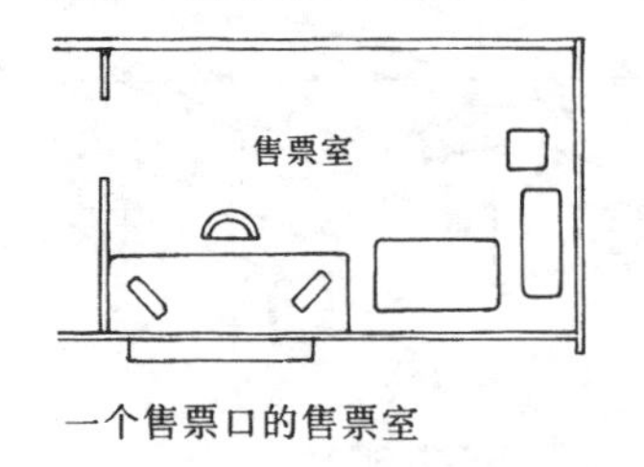

一个售票口的售票室

三个售票口的售票室

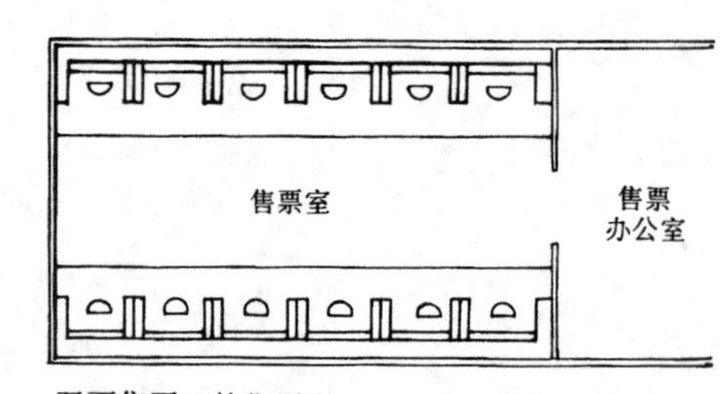

双面售票口的售票室

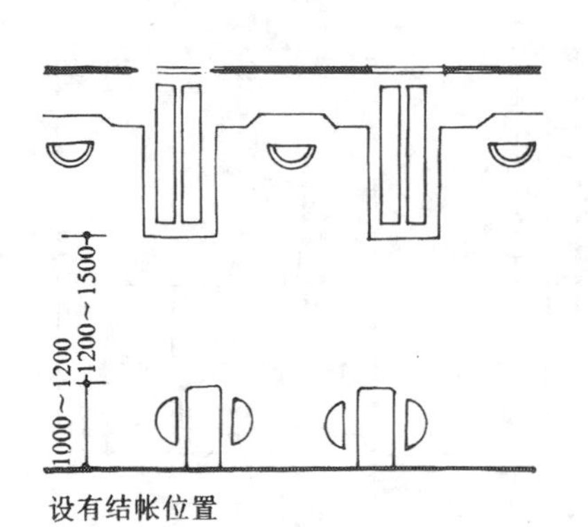

设有结帐位置

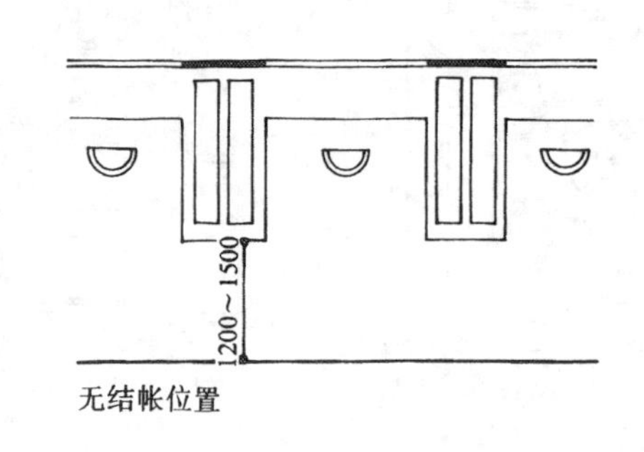

无结帐位置

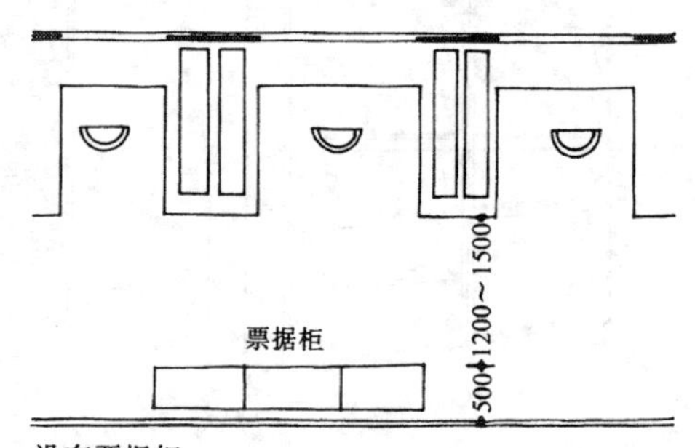

设有票据柜

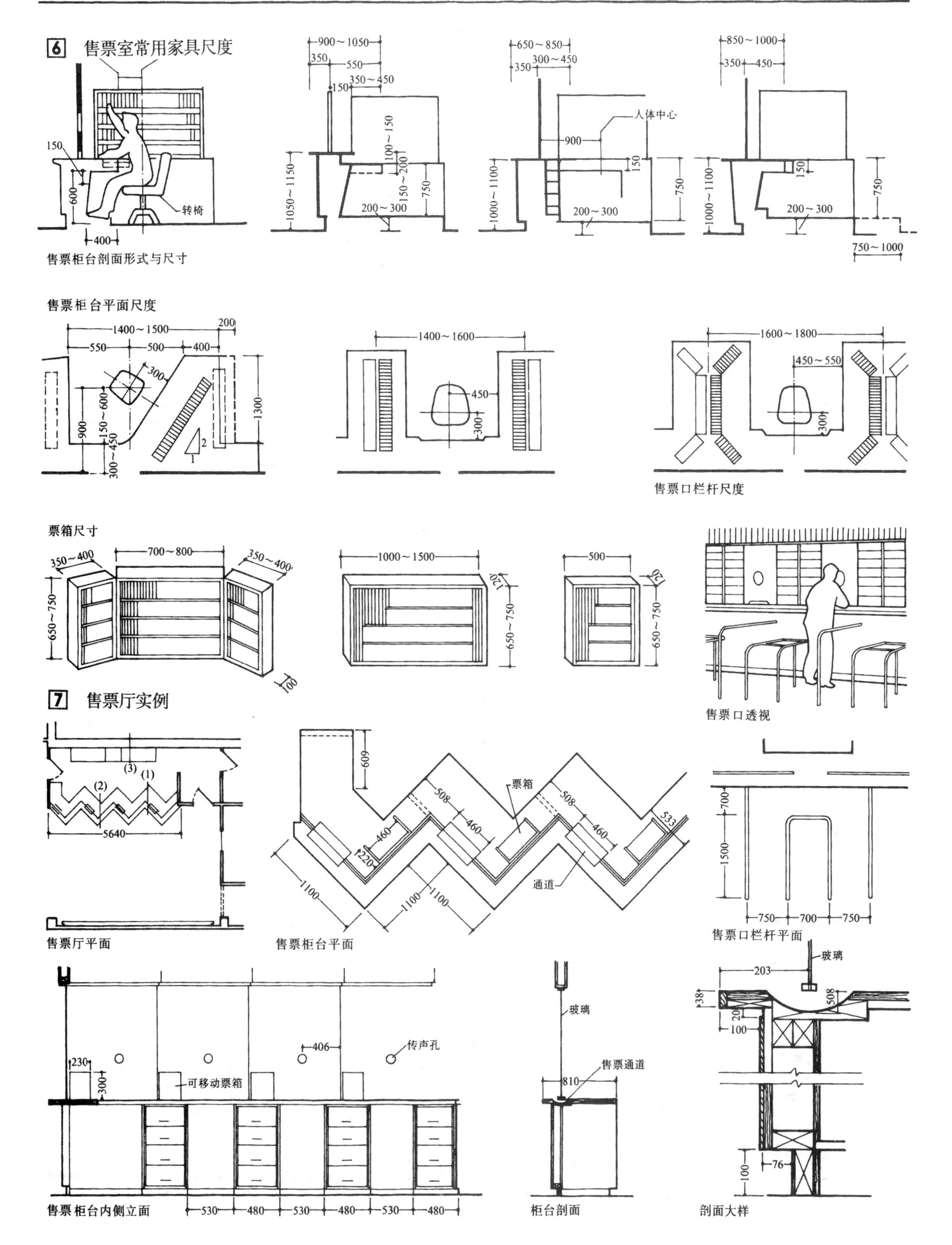
6 售票室常用家具尺度
转椅
售票柜台剖面形式与尺寸
人体中心
售票柜台平面尺度
售票口栏杆尺度
票箱尺寸
售票口透视
7 售票厅实例
售票厅平面
票箱
通道
售票柜台平面
售票口栏杆平面
玻璃
传声孔
可移动票箱
售票通道
售票柜台内侧立面
柜台剖面
剖面大样

1 空间处理要点

1.在较大的车站内，候车室一般单独设置，功能也比较明确；在较小型的车站内，经常是将售票等其它功能与候车合为一体，因此空间处理应适当划分功能区域。通道和旅客停留区应明确分开。

2.在等候区可根据情况适当设置售卖与娱乐设施。

问讯处柜台

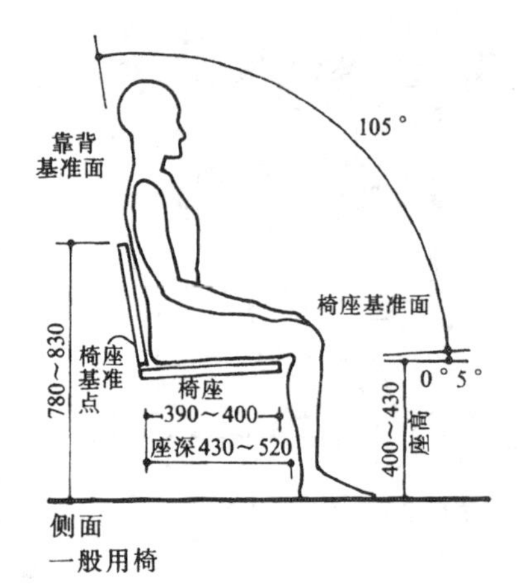

侧面
一般用椅

2 功能分析

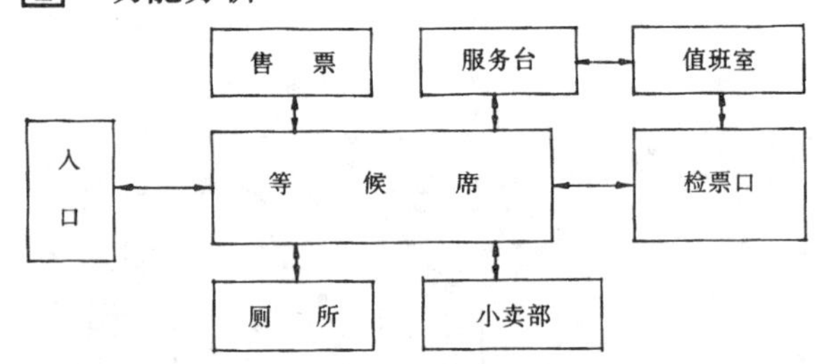

3 常用人体尺度

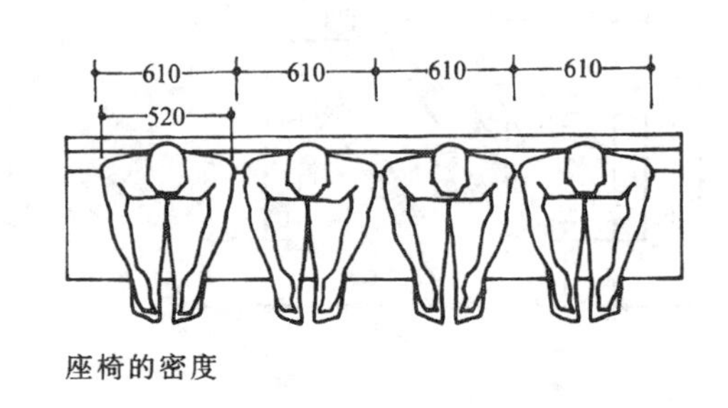

座椅的密度

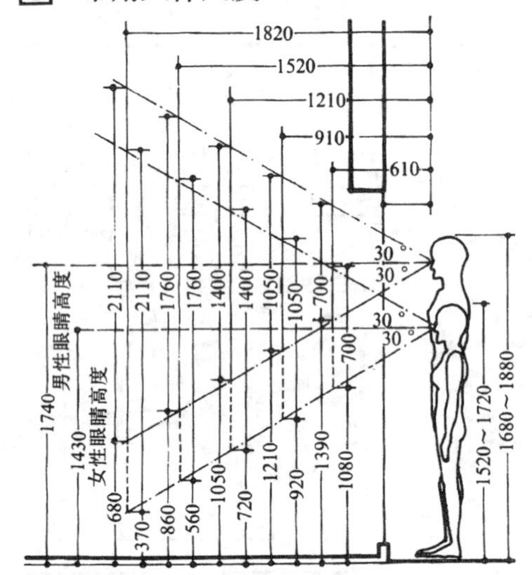

显示屏：展示板尺度与视线的关系

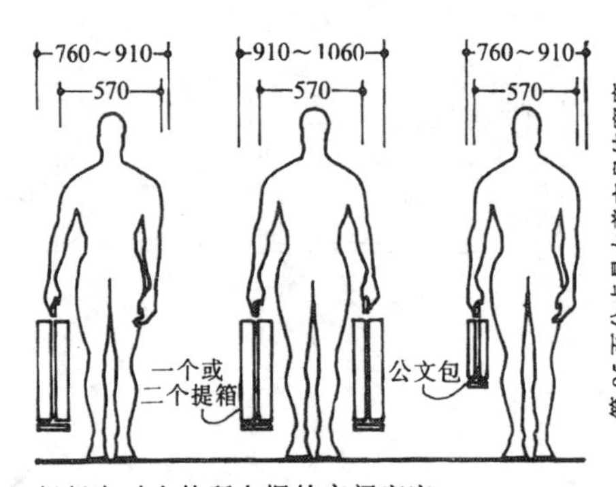

提行李时人体所占据的空间宽度

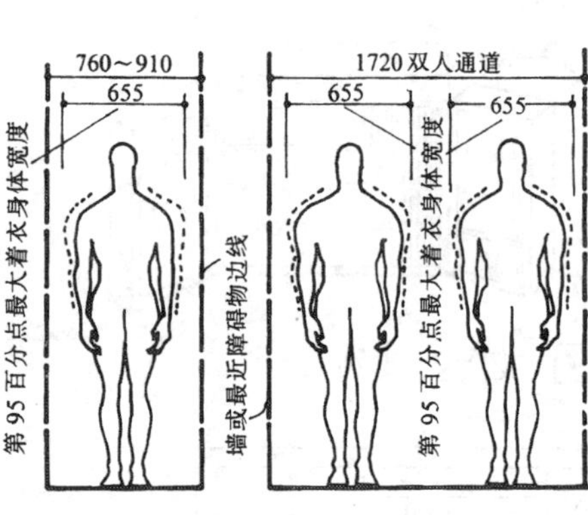

通行／走廊与通道

4 候车室各种通道尺寸参考表

类　别	主要通道	次要通道	坐椅间距	服务柜前尺　寸	检票口通道宽度	
					单　排	双　排
宽　度　(m) 通过人数（人）	2.7~3.6 3~4	1.8~2.7 2~3	1. 2	2~4	2.0~2.2	3.0~3.2

注：每一旅客宽度为0.90m，按双手提行李考虑。

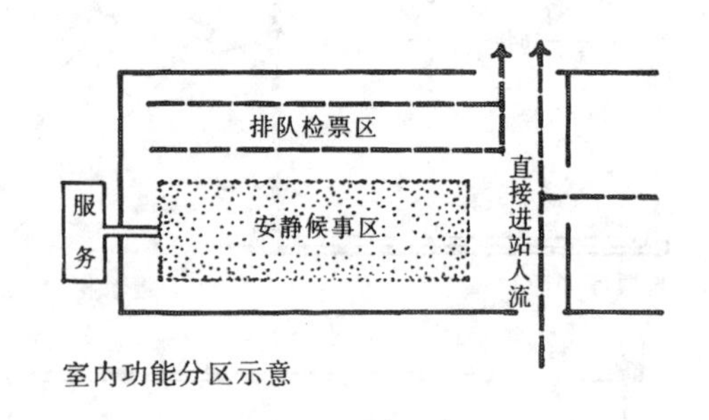

室内功能分区示意

5 候车室布置基本类型

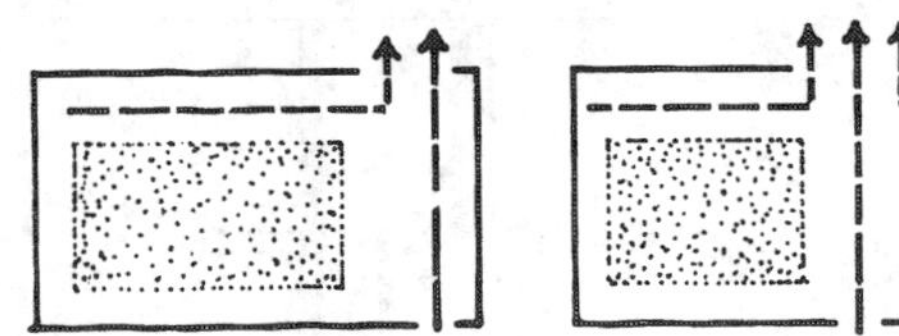

检票口、出入口在一角

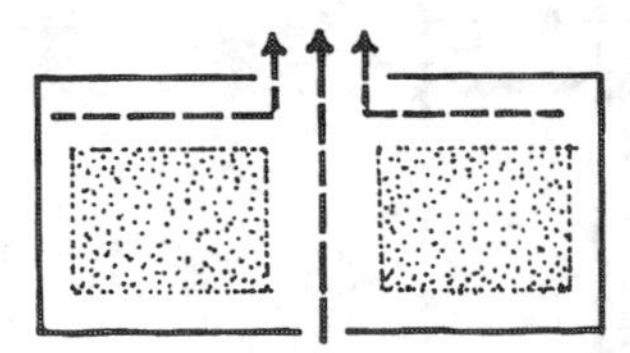

检票口、出入口在中间，候车区在两侧

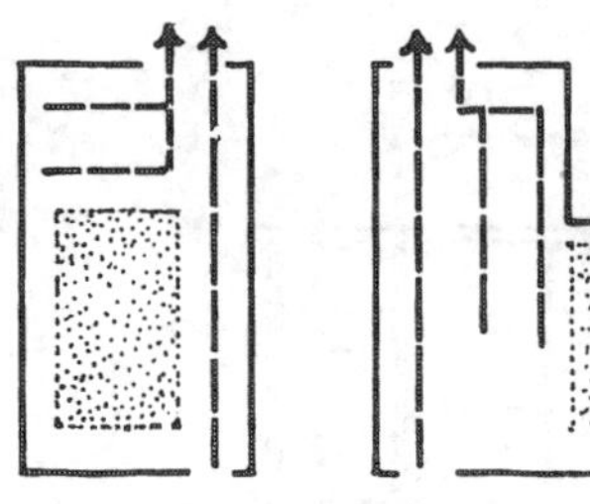

纵向候车室、检票口、出入口在一边

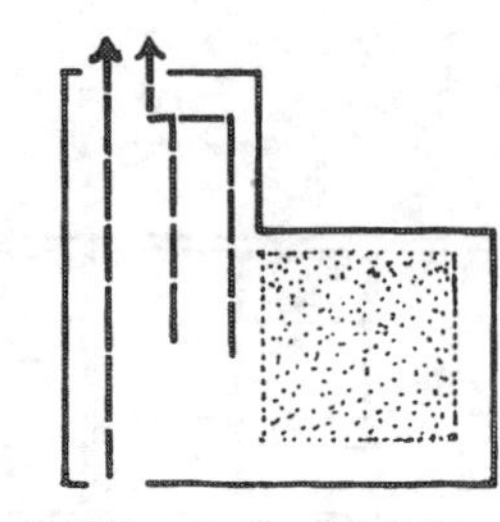

检票口、出入口、排队检票在一边

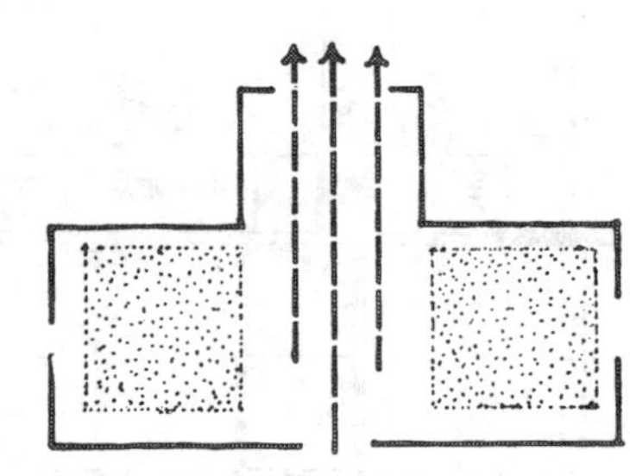

检票口、出入口、排队检票在中间

6 候车室家具尺寸实例

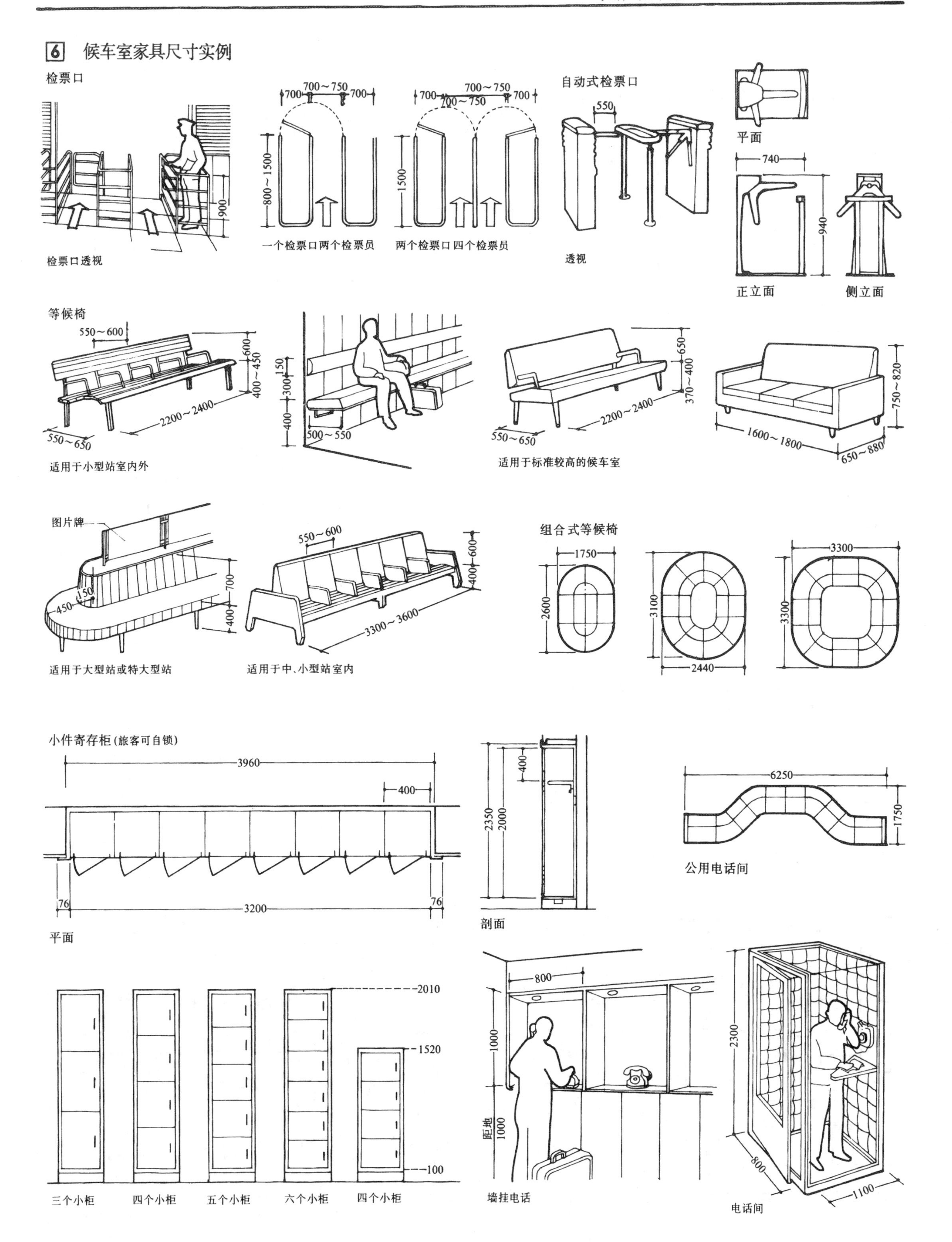
检票口
检票口透视
一个检票口两个检票员
两个检票口四个检票员
自动式检票口
透视
平面
正立面
侧立面
等候椅
适用于小型站室内外
适用于标准较高的候车室
图片牌
适用于大型站或特大型站
适用于中、小型站室内
组合式等候椅
小件寄存柜(旅客可自锁)
平面
剖面
公用电话间
三个小柜
四个小柜
五个小柜
六个小柜
四个小柜
墙挂电话
距地
电话间

自动售货机

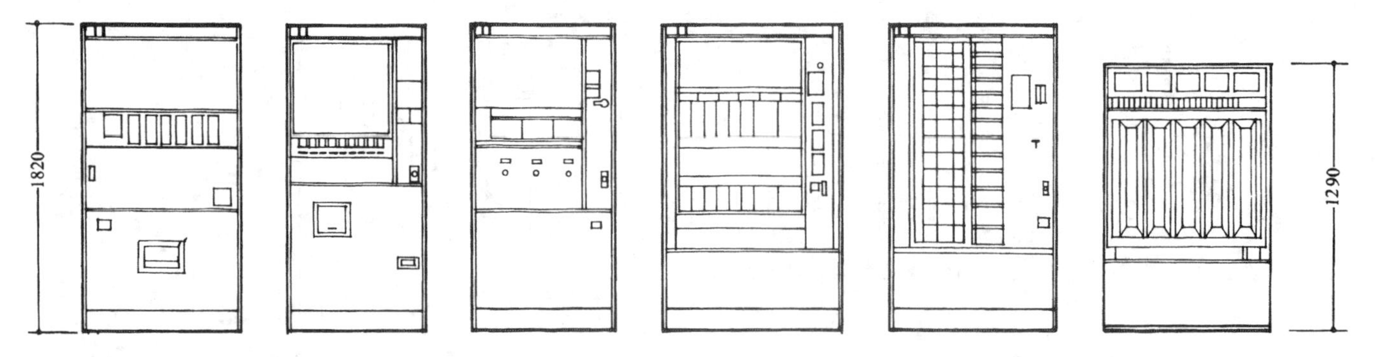

自动售货机的宽度最常见的为914、1016、和1266mm。机器的使用和控制需要占用一定的空间。因此在机器的前面和两侧应留出人靠近的空间。机器的使用不必做细致的调节工作，也不用太大的力量，单手即可操作使用。

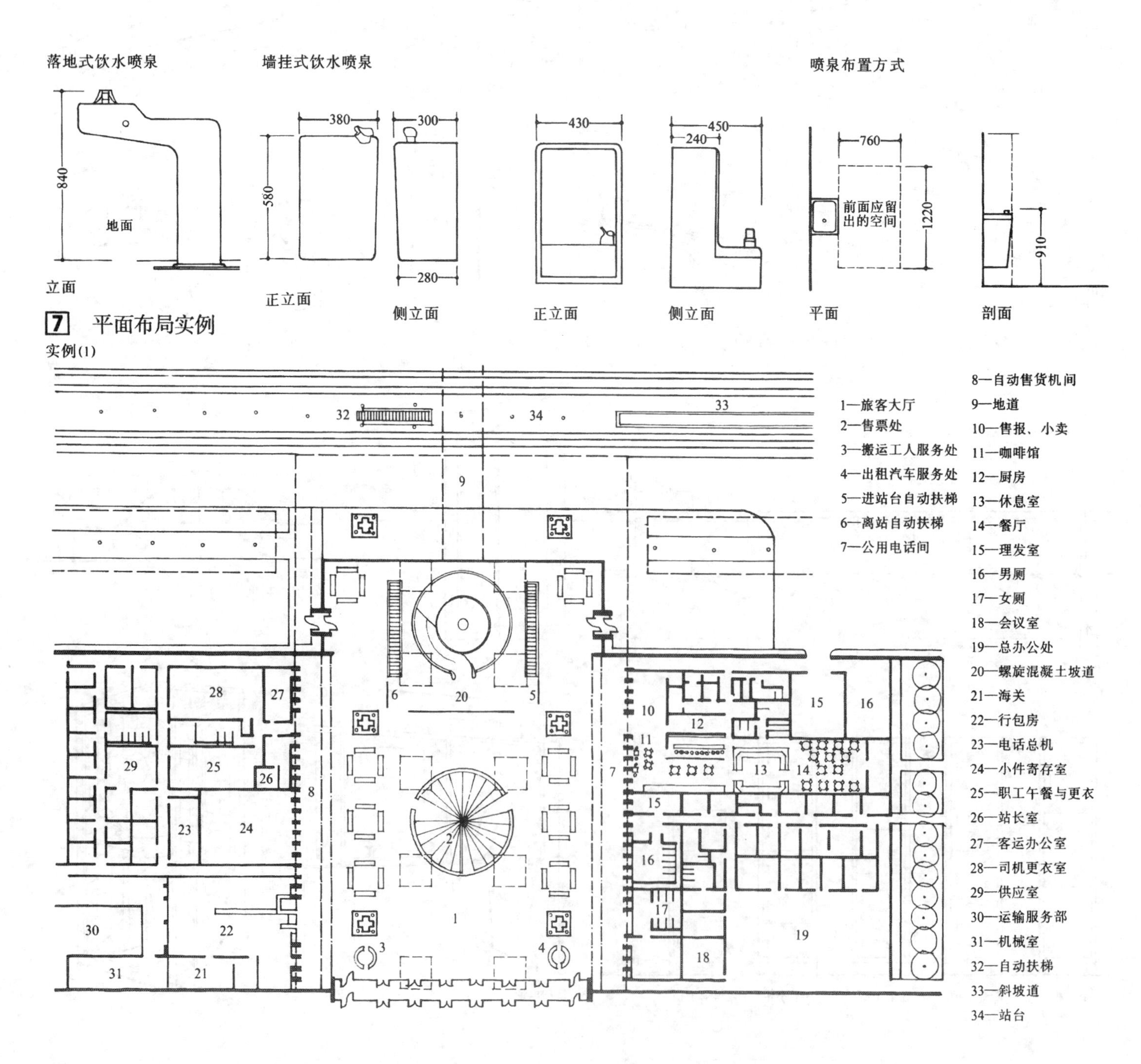

实例 (2)

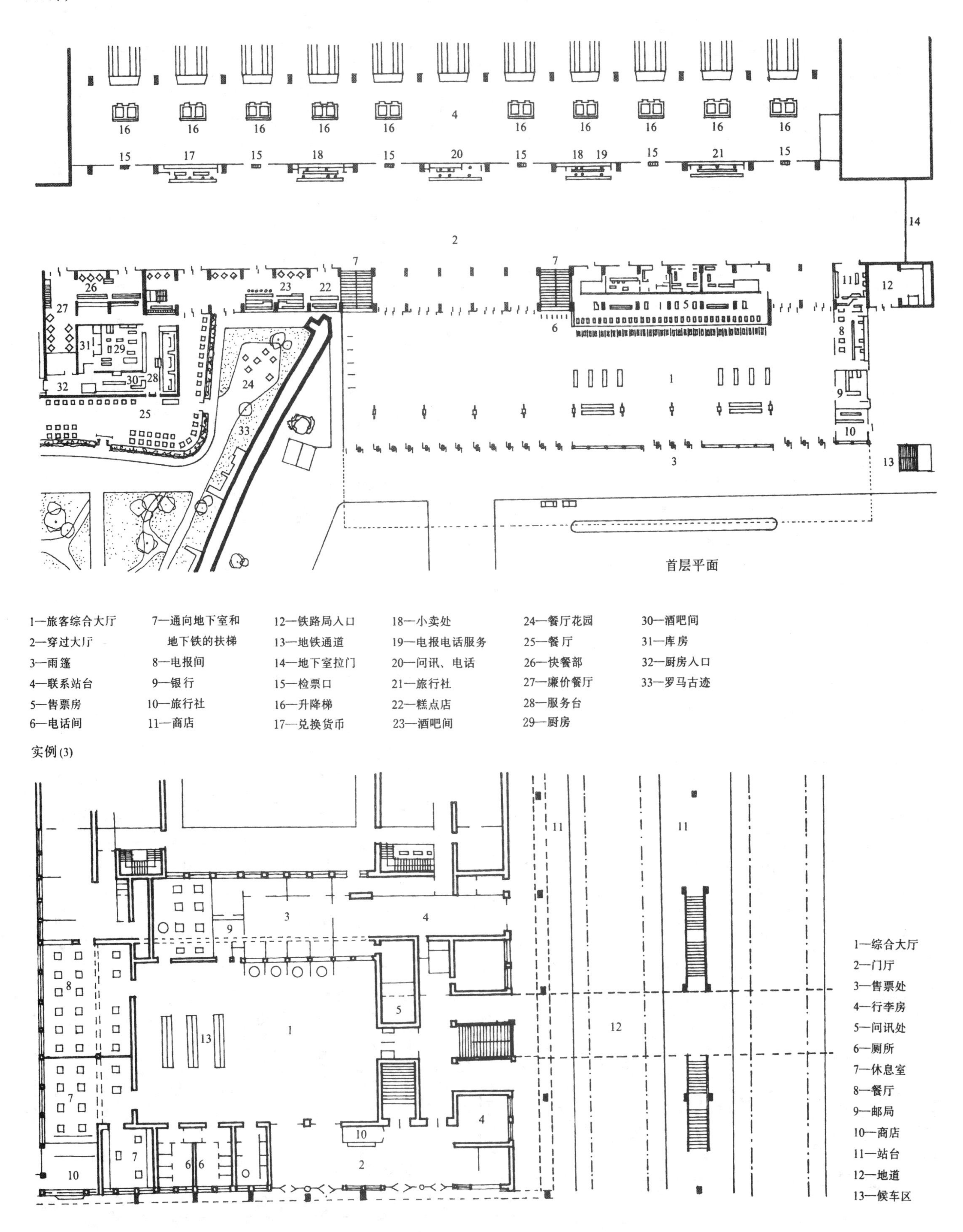

1—旅客综合大厅
2—穿过大厅
3—雨篷
4—联系站台
5—售票房
6—电话间
7—通向地下室和地下铁的扶梯
8—电报间
9—银行
10—旅行社
11—商店
12—铁路局入口
13—地铁通道
14—地下室拉门
15—检票口
16—升降梯
17—兑换货币
18—小卖处
19—电报电话服务
20—问讯、电话
21—旅行社
22—糕点店
23—酒吧间
24—餐厅花园
25—餐厅
26—快餐部
27—廉价餐厅
28—服务台
29—厨房
30—酒吧间
31—库房
32—厨房入口
33—罗马古迹

实例 (3)

1—综合大厅
2—门厅
3—售票处
4—行李房
5—问讯处
6—厕所
7—休息室
8—餐厅
9—邮局
10—商店
11—站台
12—地道
13—候车区

1 空间处理要点

1.旅馆门厅一般分为交通和接待两大部分。较大型的高级旅馆还设有内庭花园及其他服务设施。

2.接待部分主要包括房间登记、出纳、行李房、旅行社和通讯等。

3.接待部分的总服务台应该布置在门厅内最明显的位置，以方便旅客。

4.服务台的长度与面积应按旅馆客房数确定。

5.接待区内靠近服务台应设置适当的休息区域，便于旅客休息等候。

2 常用人体尺度

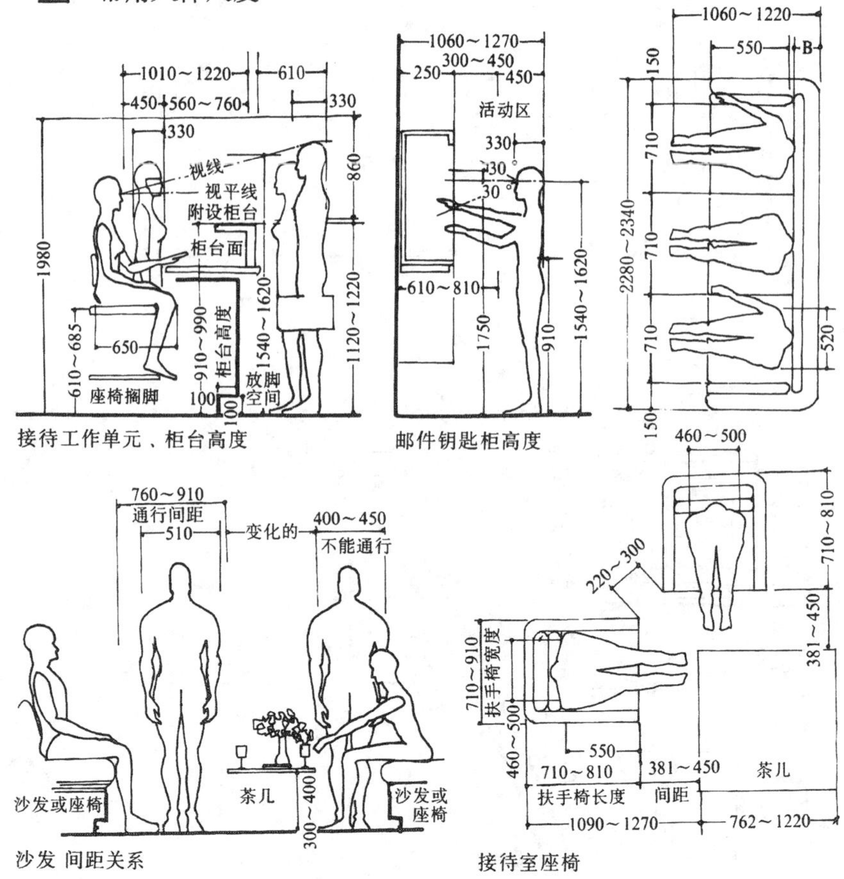

3 功能分析

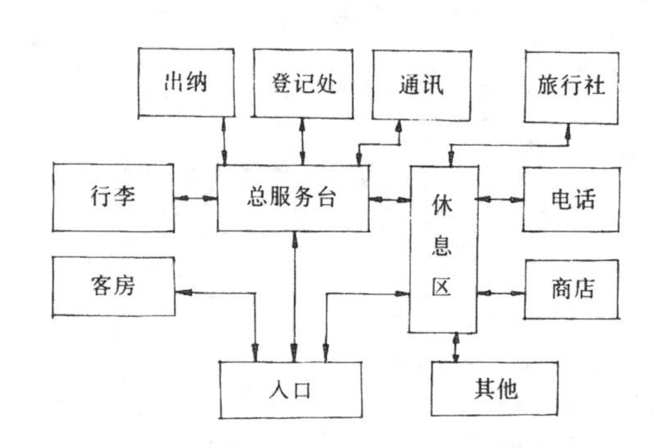

4 接待门厅平面布置

1—门厅　4—衣帽间　7—电话间　10—会议室
2—大厅　5—小卖部　8—厕所　11—邮电
3—接待处　6—休息厅　9—行李间　12—办公室

非对称式布置

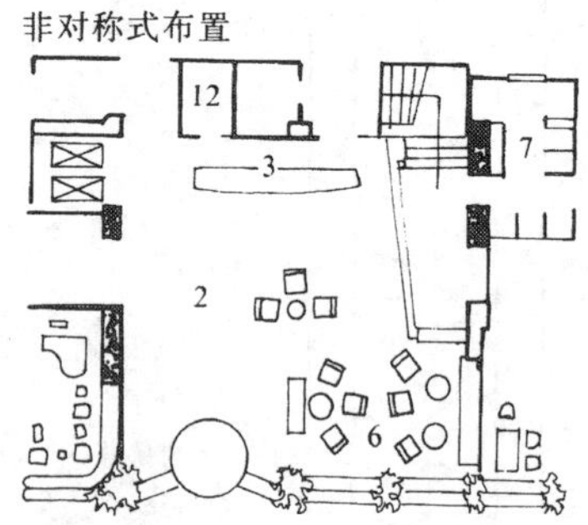

对称式布置

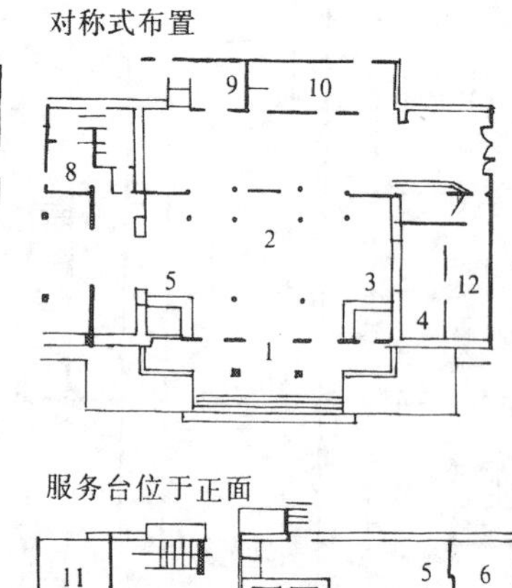

服务台位于一侧

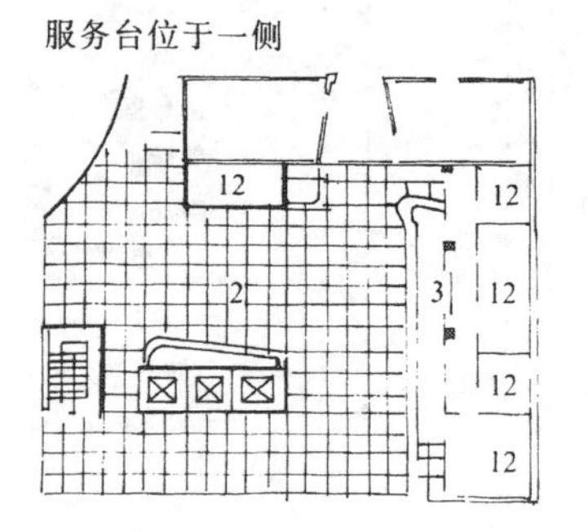

服务台位于正面

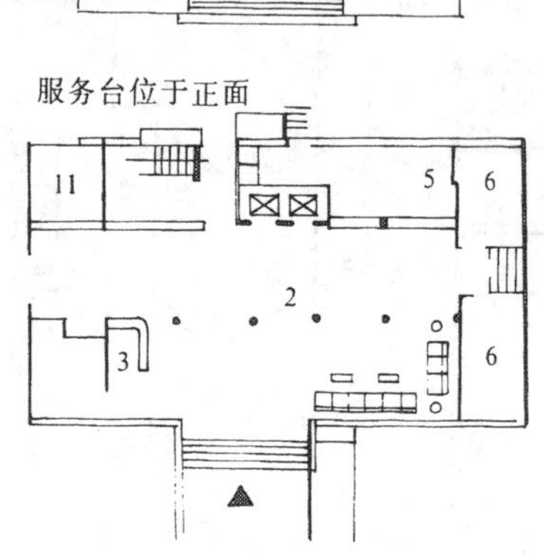

接待门厅实例(1)

1—入口
2—总服务台
3—休息区
4—内庭花园
5—电梯厅
6—商店
7—酒吧

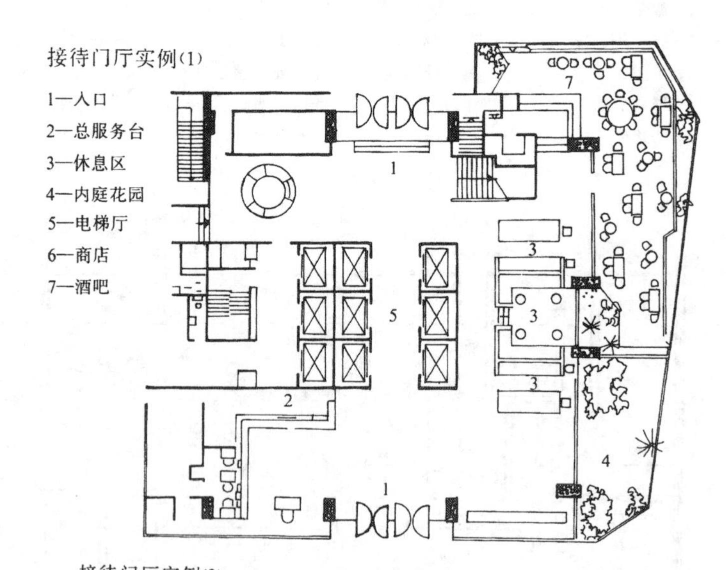

接待门厅实例(2)

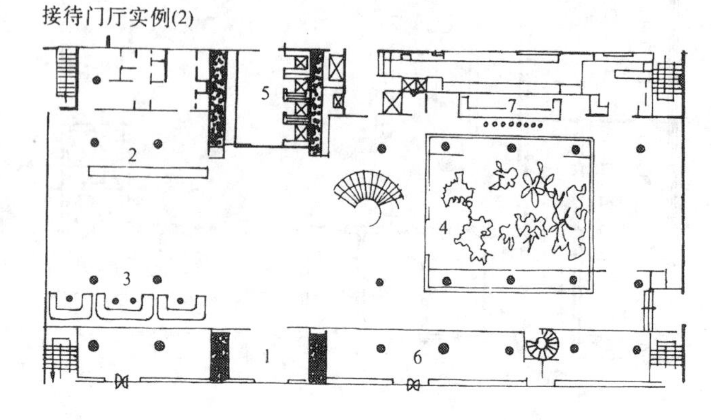

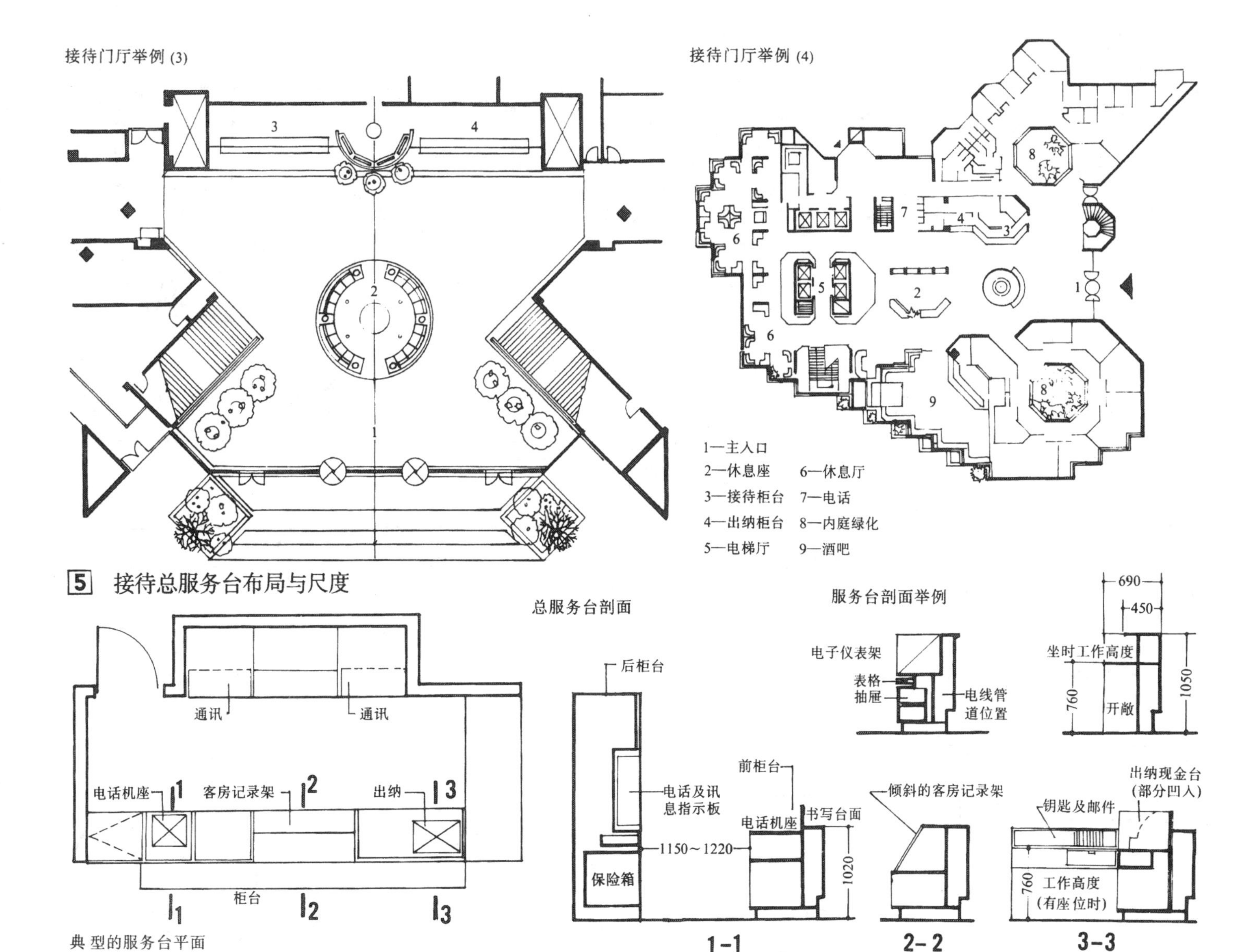

服务台的标准尺寸

客房数	柜台长度		服务台面积	
	m	Ft	m²	Ft²
50	3.0	10	5.5	60
100	4.5	15	9.5	100
200	7.5	25	18.5	200
400	10.5	35	30.0	320

服务台内常用设备

登记部分	功能
客房记录架	显示客房出租情况
资料架	旅客情况资料存放
客房情况标签箱	标签用以标志客房出租或预留
邮件及钥匙箱	用来放钥匙及旅客邮件
钥匙存放	用来接受旅客送回的钥匙
文件柜	存放资料
簿册架	登记等使用
杂项设备	各种办公用文具

出纳部份	功能
现金记帐机	结算与记录旅客支付的费用
出纳银柜	用于现金或其他项目的存入
架子	发票、帐册存放
发票收据盘	结帐后依房间号归档、好查
电话记录仪	记录电话次数，并转至帐上
安全贮存柜	存放旅客贵重物品
保险柜	存放资金票证
杂项	文具、办公用具

注：在许多大型旅馆，尤其是在市中心或会议旅馆中，趋向于更多地使用高级设备。从简单的现金加算机到复杂的计算机系统。旅馆的帐目、控制系统及内部监视都可建立于计算机的基础上。

6 服务台家具实例

接待柜台实例 (1)

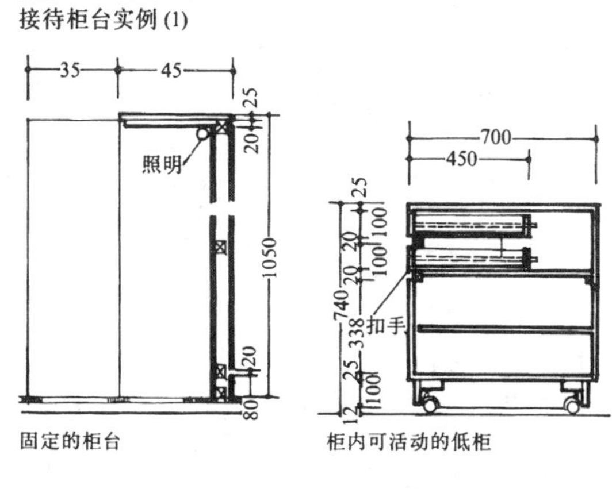

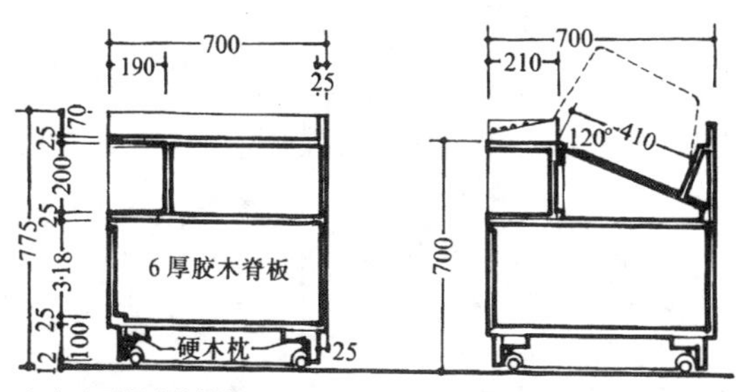

柜台内可活动的低柜

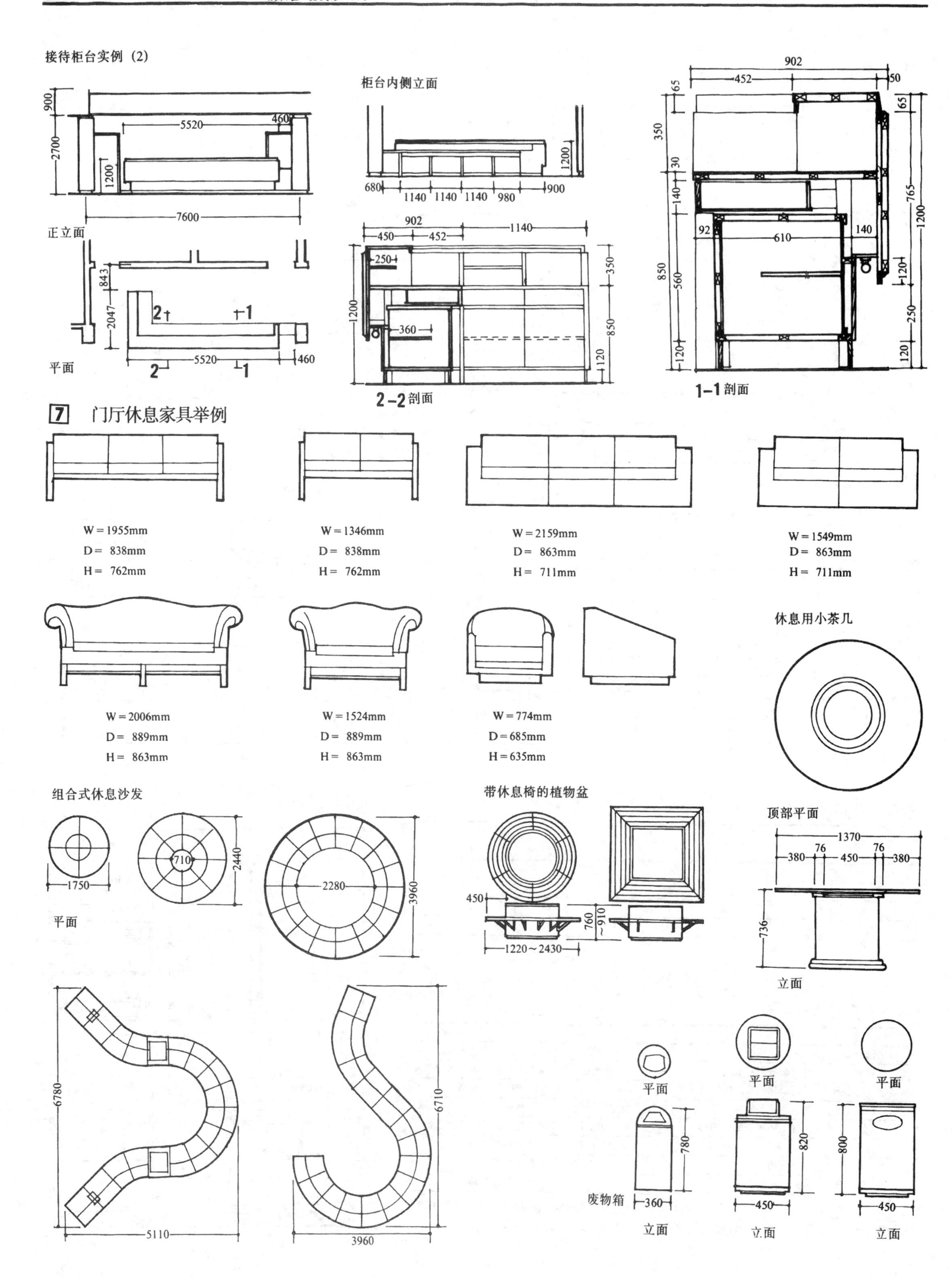

接待柜台实例 (2)
正立面
平面
柜台内侧立面
2-2剖面
1-1剖面
7 门厅休息家具举例
W=1955mm D= 838mm H= 762mm
W=1346mm D= 838mm H= 762mm
W=2159mm D= 863mm H= 711mm
W=1549mm D= 863mm H= 711mm
W=2006mm D= 889mm H= 863mm
W=1524mm D= 889mm H= 863mm
W=774mm D=685mm H=635mm
休息用小茶几
组合式休息沙发
带休息椅的植物盆
顶部平面
立面
废物箱

1 空间处理要点

1.标准较低的客房每间一般 4～8 床，卫生设备是公用的。标准高的客房设有单独的壁柜和卫生间，每间 1～2 床。

2.客房内家具布置以床为中心，床一般靠向一面墙避开门。其它空间可放梳妆台、电视架及行李架等。

3.客房内走道宽度为 1.1m²。

190 520 190 150 150 64 标准长度 2130 1980 1886 64 910 990 标准宽度

单人床

170～200 1120～1160 170～200 100～120 520 430 120～100 64 50 50 标准长度 2130 1720 190 1220 1370 1520 标准宽度

双人床

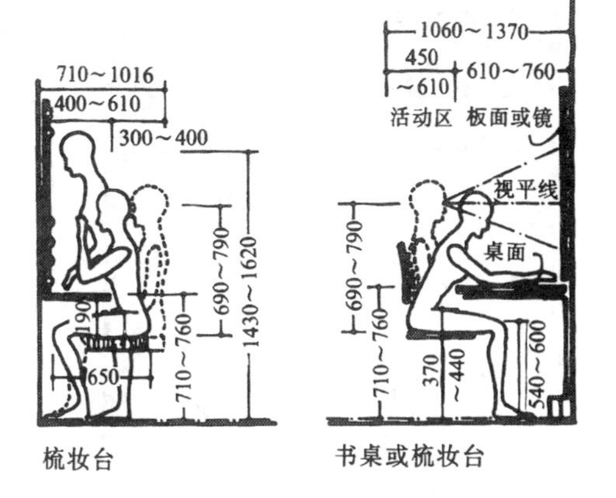

2 功能分析

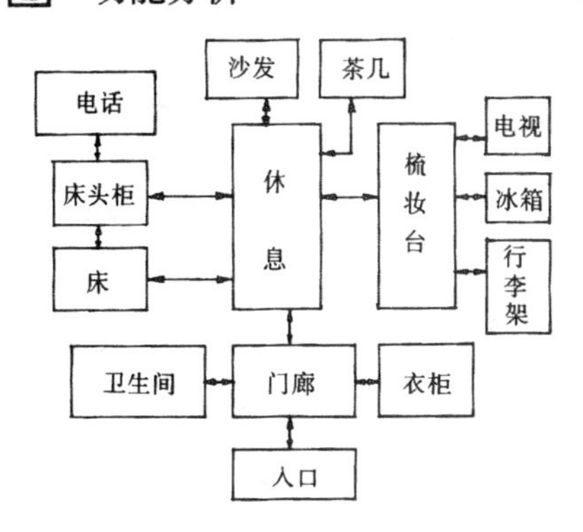

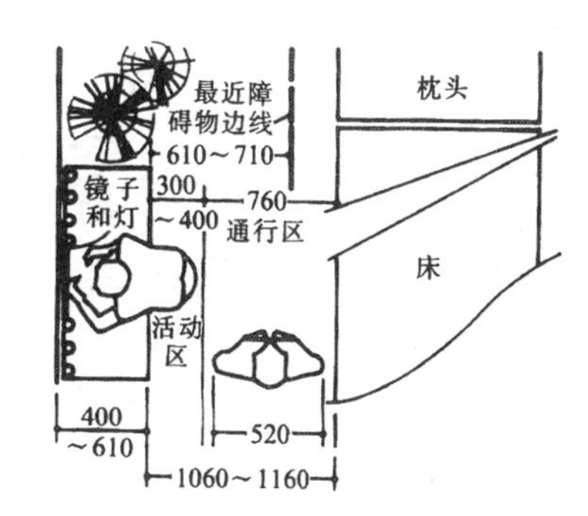

2740～2900 910 910～990 通行区 910～990 520 褥垫表面 枕头 枕头 褥垫表面 单人床 单人床 变化的 450 ～550 变化的

双床间的间距和尺寸

3 常用人体尺度

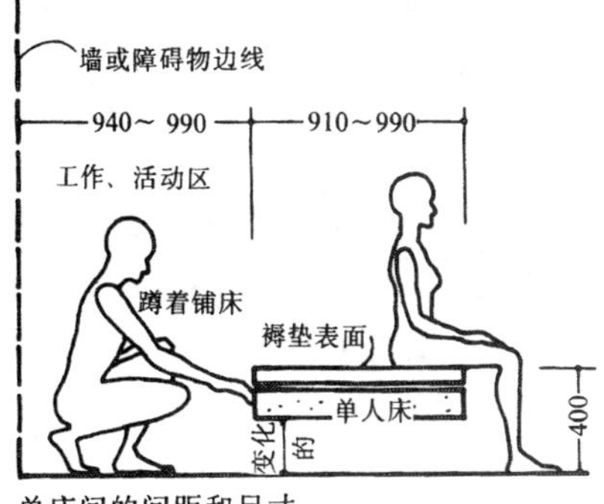

单床间的间距和尺寸

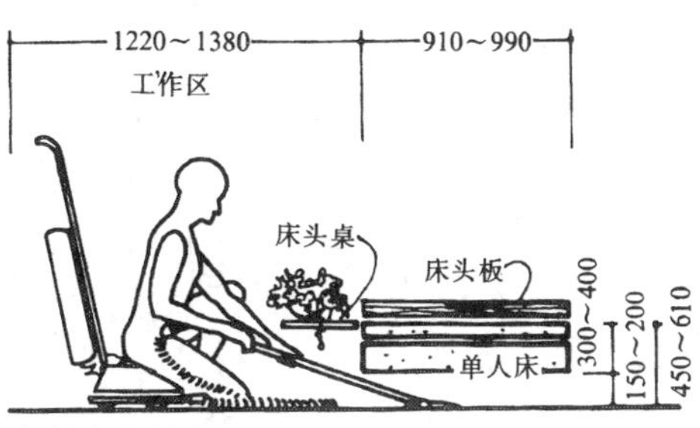

打扫床下所需间距

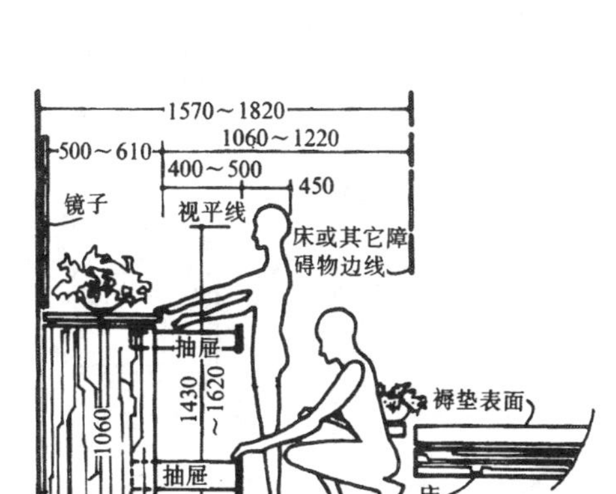

小衣柜与床的间距

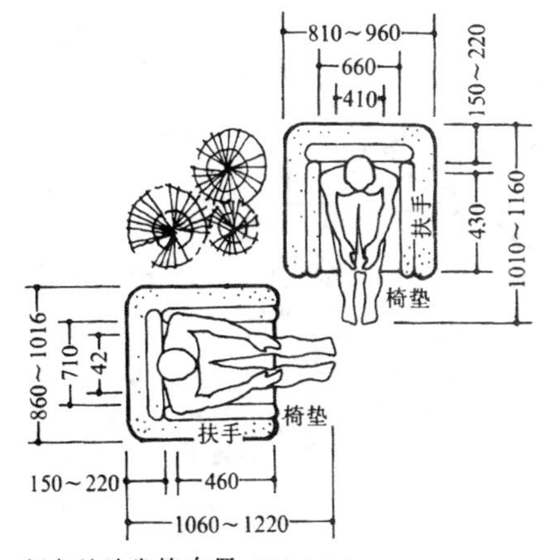

拐角处沙发椅布置(男性和女性)

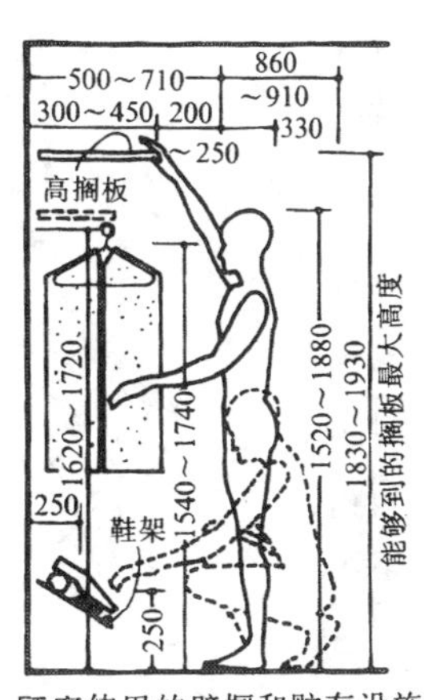

顾客使用的壁橱和贮存设施

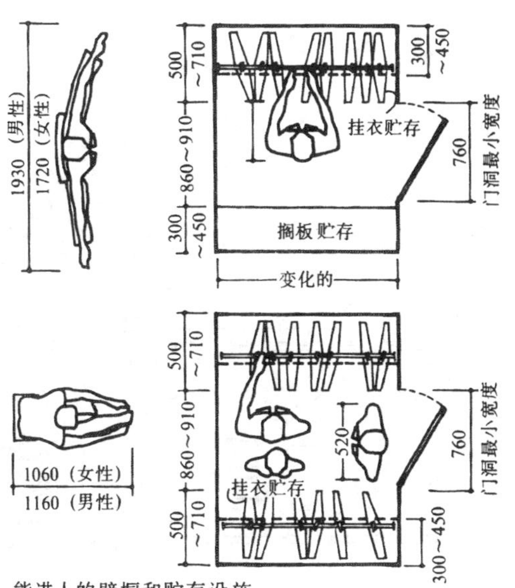

能进人的壁橱和贮存设施

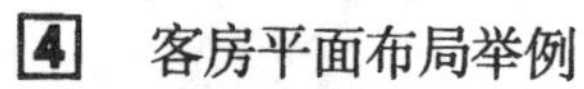

4 客房平面布局举例

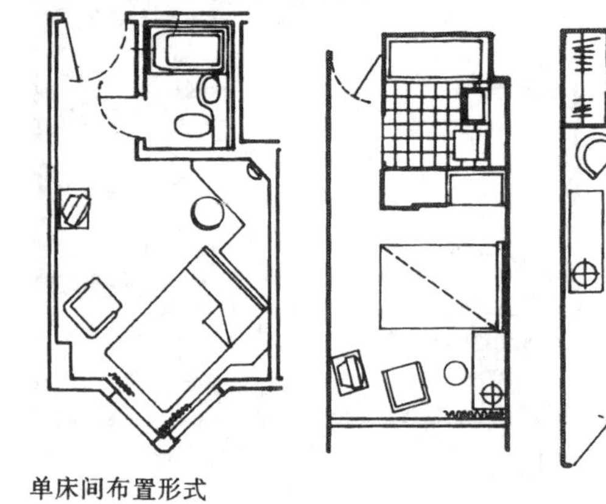
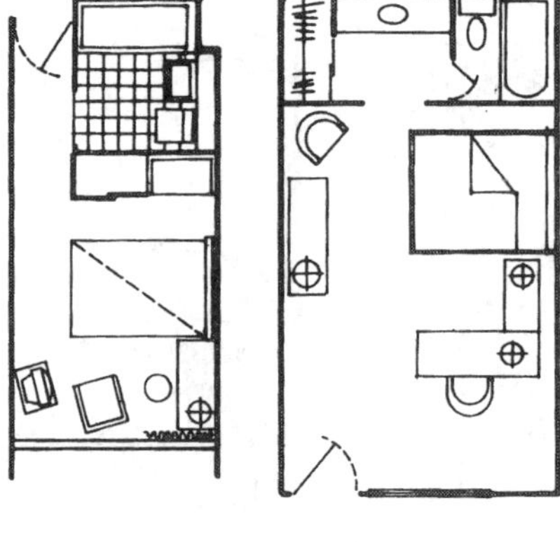
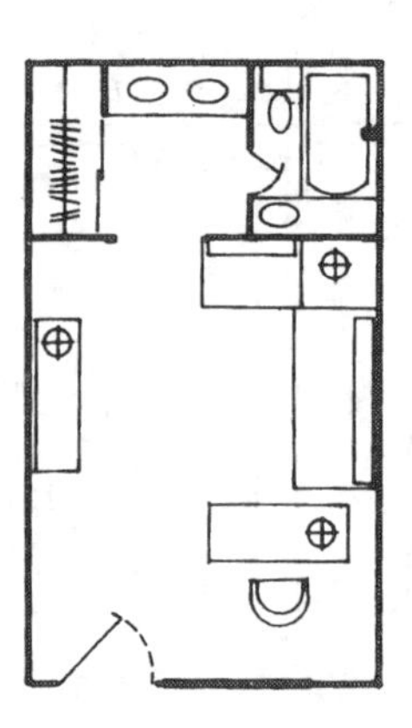
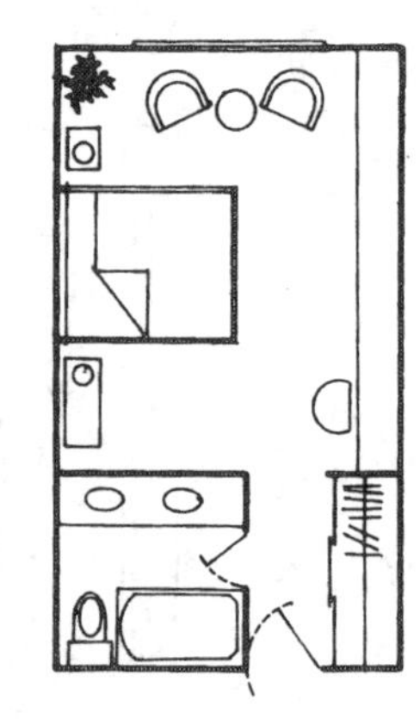
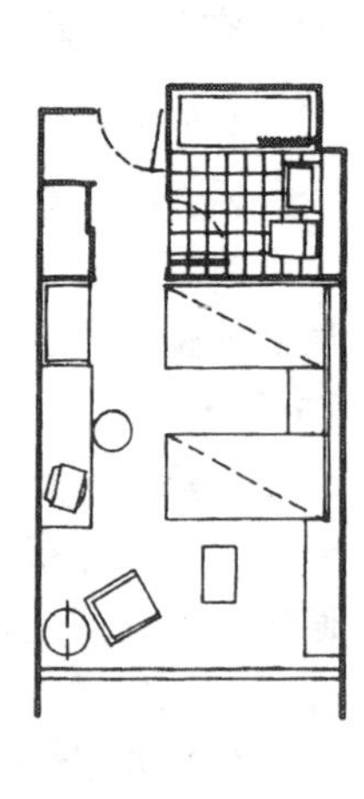

单床间布置形式

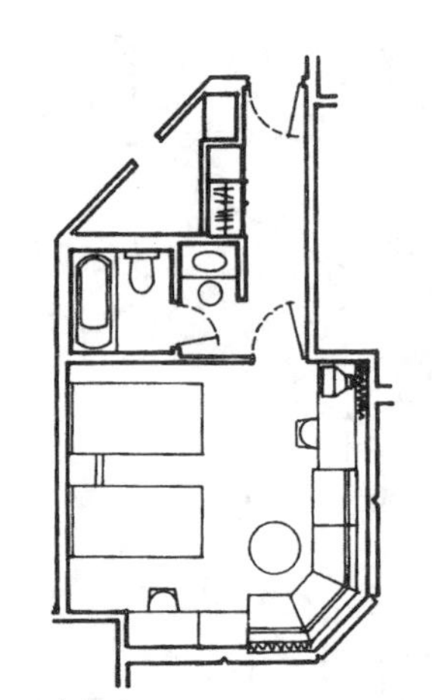
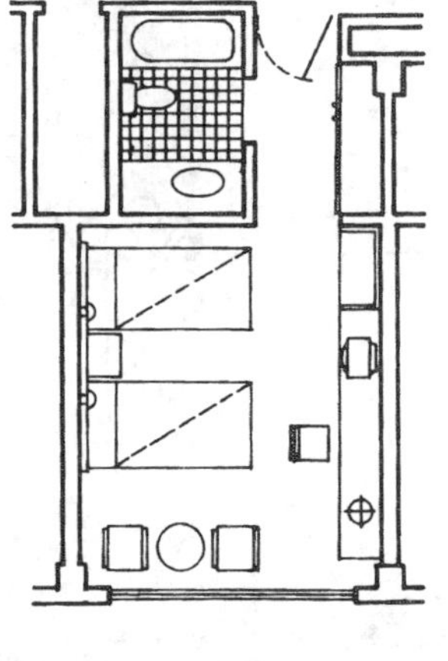
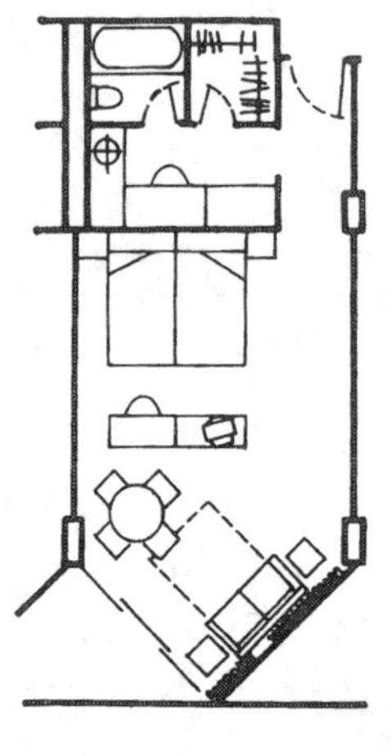
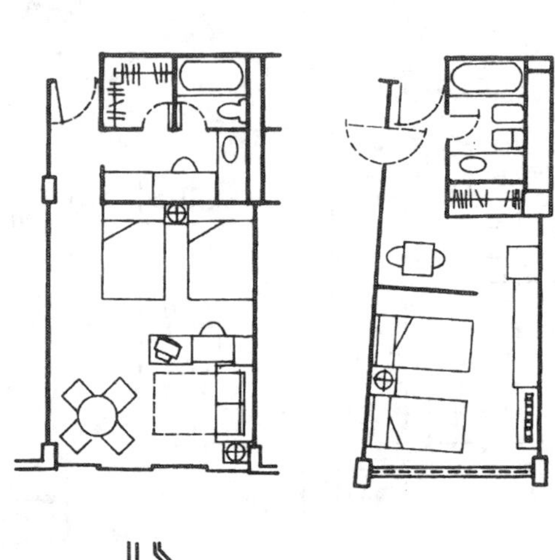

双床间布置形式

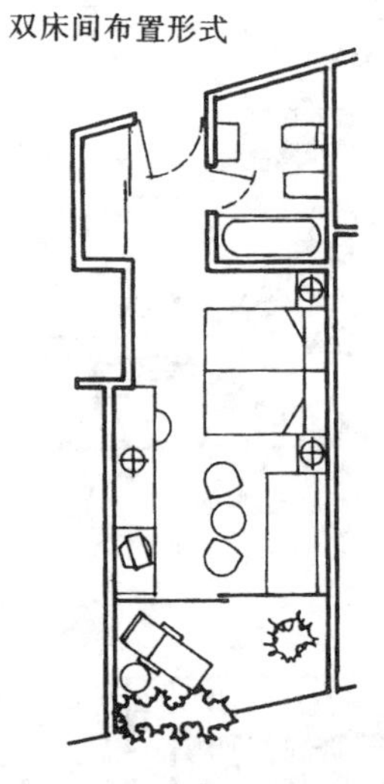
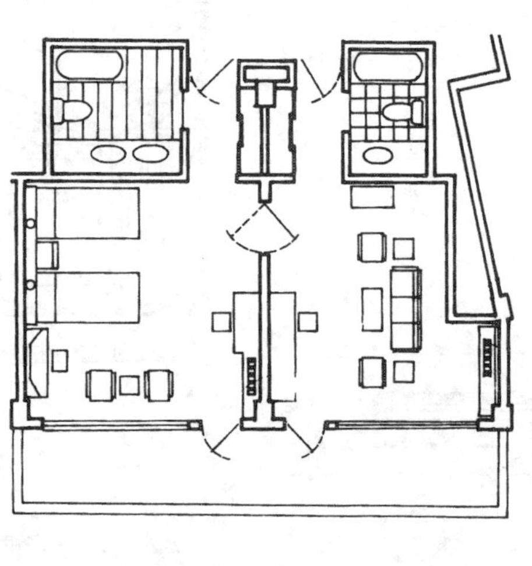
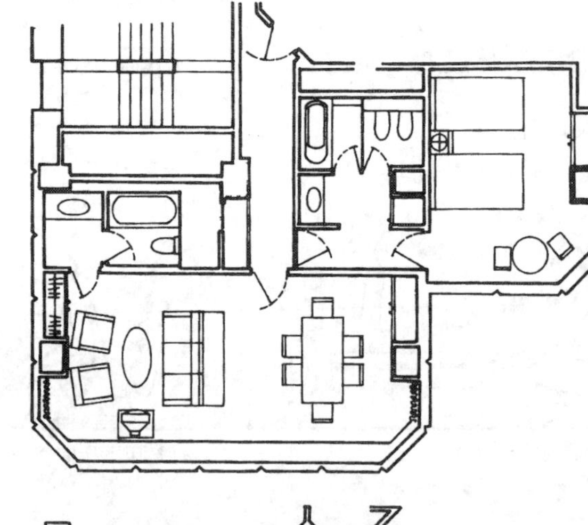

套间布置形式

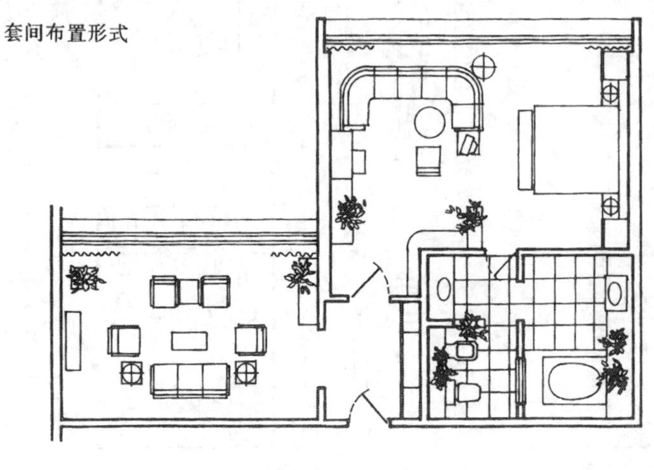
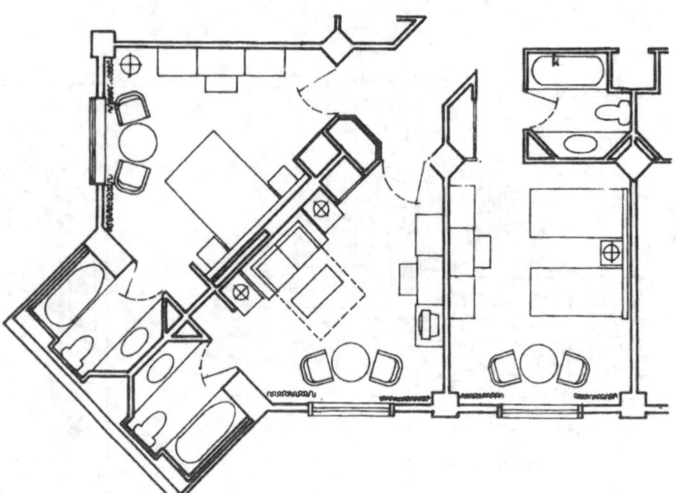

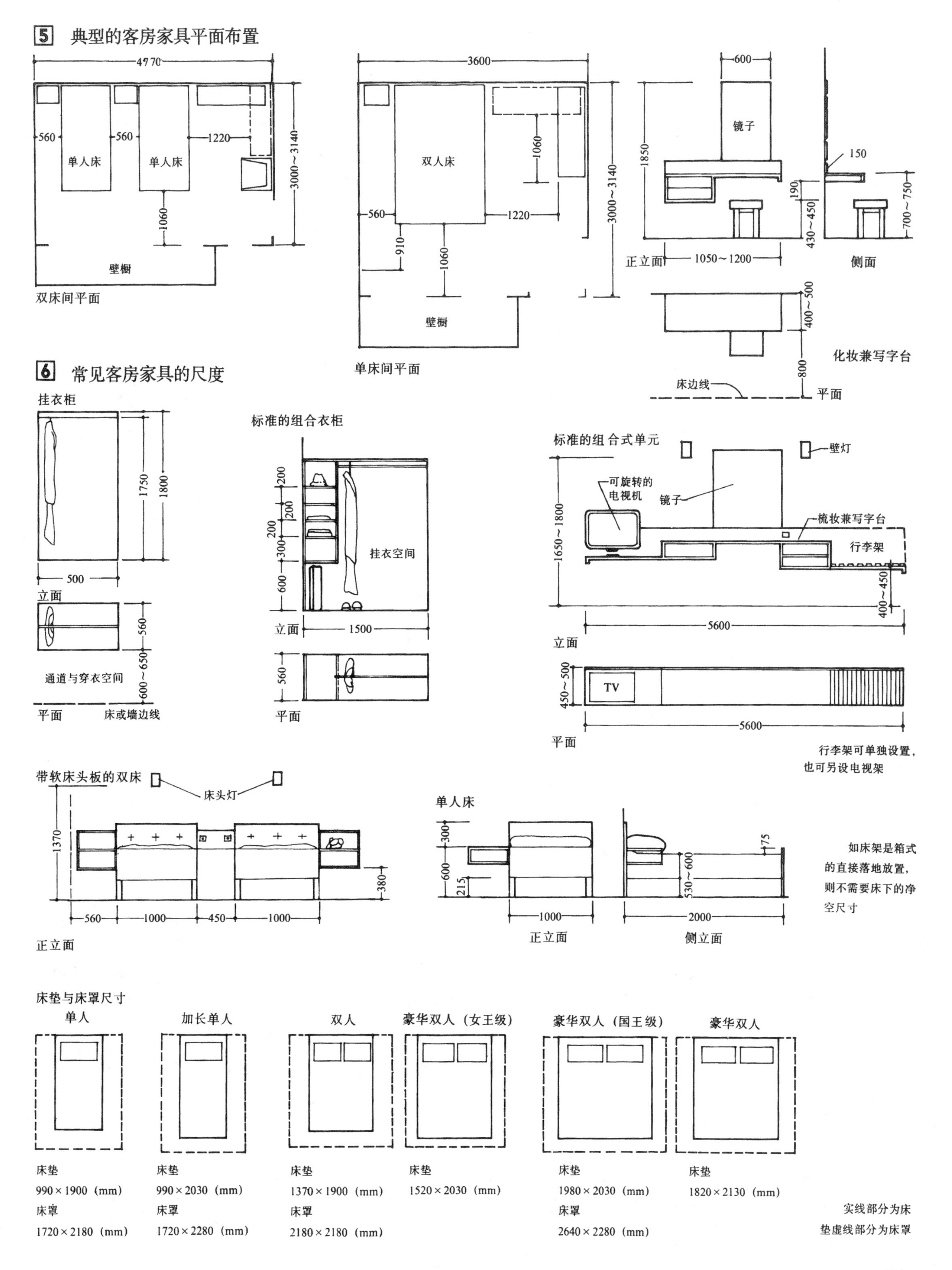
5 典型的客房家具平面布置
4770
560
560
1220
单人床
单人床
3000~3140
1060
壁橱
双床间平面
3600
双人床
1060
560
1220
910
1060
3000~3140
壁橱
单床间平面
600
镜子
1850
150
190
430~450
700~750
正立面
1050~1200
侧面
400~500
800
床边线
化妆兼写字台
平面
6 常见客房家具的尺度
挂衣柜
1750
1800
500
立面
560
通道与穿衣空间
600~650
平面
床或墙边线
标准的组合衣柜
200
200
200
300
600
挂衣空间
立面
1500
560
平面
标准的组合式单元
壁灯
可旋转的电视机
镜子
梳妆兼写字台
行李架
1650~1800
400~450
5600
立面
450~500
TV
5600
平面
行李架可单独设置，
也可另设电视架
带软床头板的双床
床头灯
1370
380
560
1000
450
1000
正立面
单人床
300
600
215
175
530~600
1000
2000
正立面
侧立面
如床架是箱式
的直接落地放置，
则不需要床下的净
空尺寸
床垫与床罩尺寸
单人
加长单人
双人
豪华双人（女王级）
豪华双人（国王级）
豪华双人
床垫
990×1900（mm）
床罩
1720×2180（mm）
床垫
990×2030（mm）
床罩
1720×2280（mm）
床垫
1370×1900（mm）
床罩
2180×2180（mm）
床垫
1520×2030（mm）
床垫
1980×2030（mm）
床罩
2640×2280（mm）
床垫
1820×2130（mm）
实线部分为床
垫虚线部分为床罩

7 客房常用家具举例

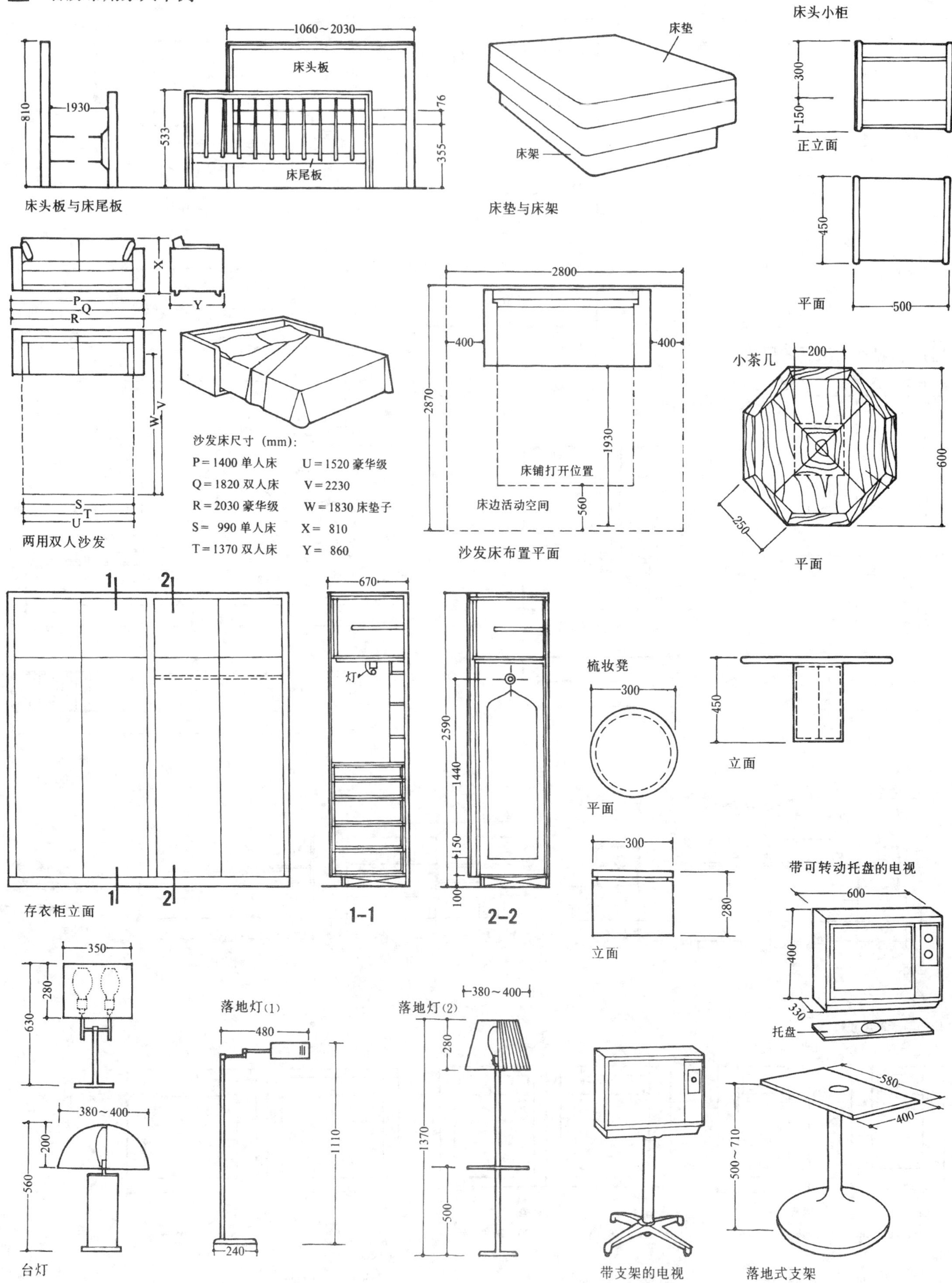

床头小柜
1060～2030
床垫
床头板
810
1930
533
76
355
床尾板
床架
300
150
正立面
床头板与床尾板
床垫与床架
450
X
Y
P
Q
R
2800
平面
500
400
400
小茶几
200
2870
V
W
1930
600
沙发床尺寸（mm）：
P＝1400 单人床
U＝1520 豪华级
Q＝1820 双人床
V＝2230
R＝2030 豪华级
W＝1830 床垫子
S＝ 990 单人床
X＝ 810
T＝1370 双人床
Y＝ 860
床铺打开位置
床边活动空间
560
250
S
T
U
两用双人沙发
沙发床布置平面
平面
670
灯
2590
1440
150
100
梳妆凳
300
450
平面
立面
300
280
立面
存衣柜立面
1-1
2-2
带可转动托盘的电视
600
400
330
托盘
350
280
630
落地灯(1)
480
落地灯(2)
380～400
280
1110
1370
500
380～400
200
560
240
580
400
500～710
台灯
带支架的电视
落地式支架

1 空间处理要点

1.老式的理发店是男、女合为一体的，其中大型店可分设男部和女部。现在的时尚，理发逐渐变成以男客为主的行业；而女客则转向美容厅。现在的美容厅是综合性的，不仅仅是头发的美化，还包括了面部和全身的美容。

2.理发店和美容厅中的理发座椅数量应按照规范执行。

3.理发店中的操作过程应尽量避免客人过多走动。理发、洗发最好在同一椅子上完成。

4.美容厅中，因女性整发步骤过程较多，设计时应妥善安排作业的路线，以免交叉干扰或走动过多。

2 理发美容常用人体尺度

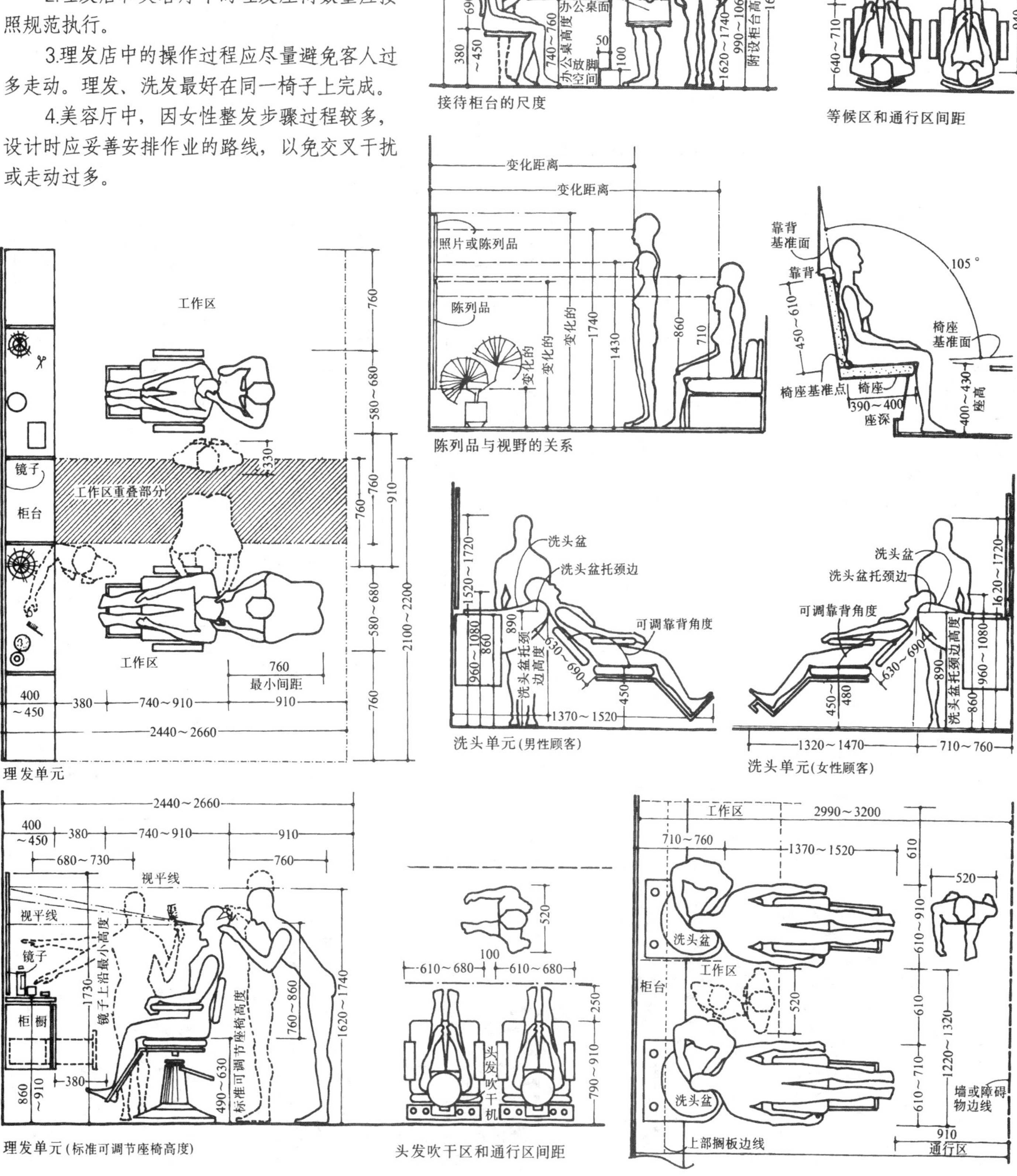

1 功能分析

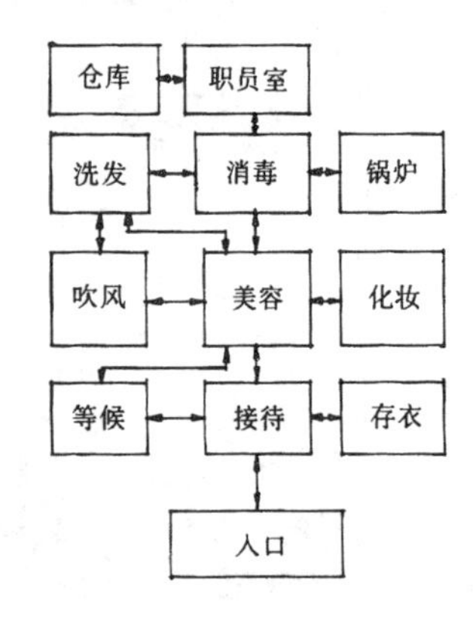

2 店铺面积与理发椅比例

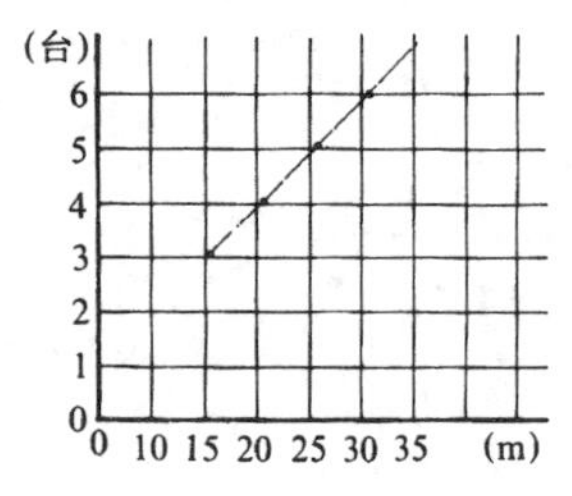

3 各部分面积比例

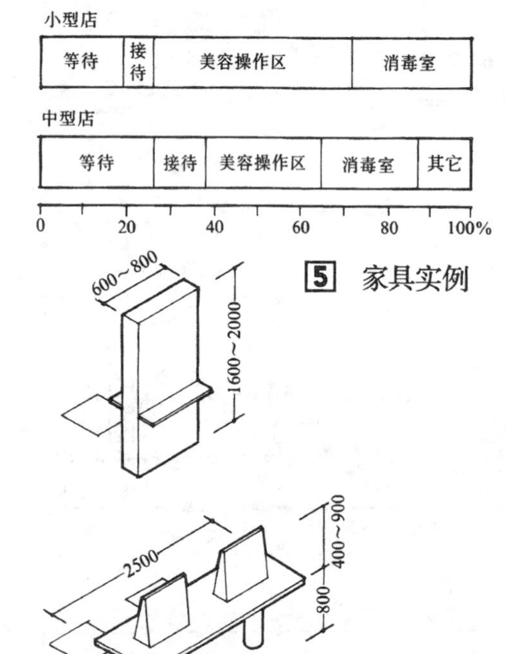

4 平面布置实例

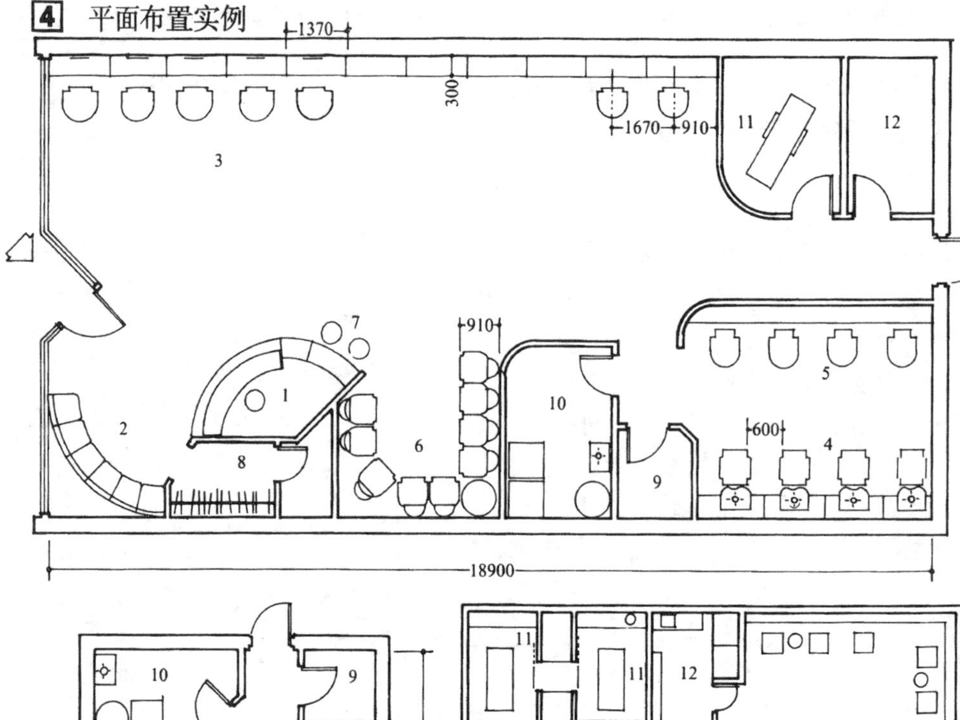

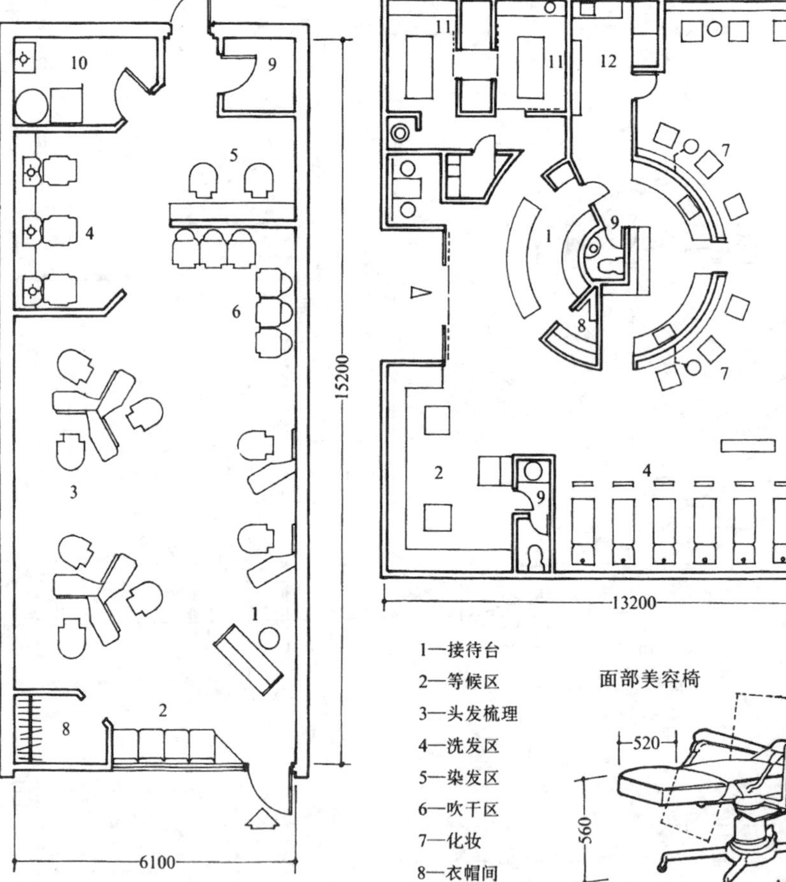

1—接待台
2—等候区
3—头发梳理
4—洗发区
5—染发区
6—吹干区
7—化妆
8—衣帽间
9—卫生间
10—美容用品制作
11—全身美容
12—办公室

5 家具实例

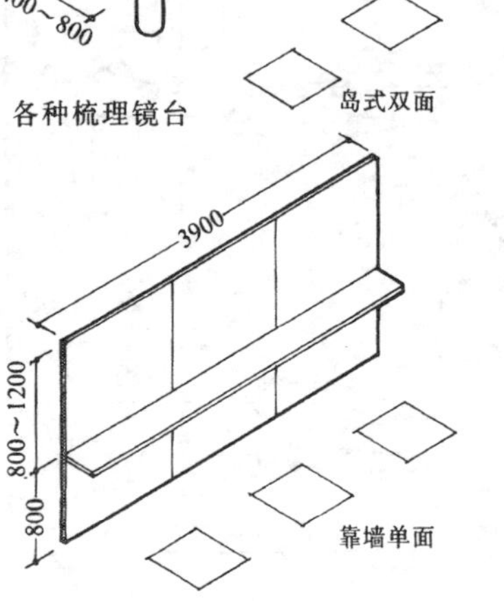

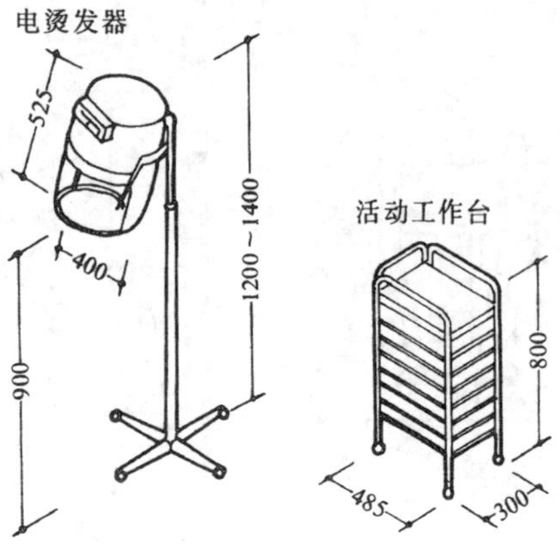

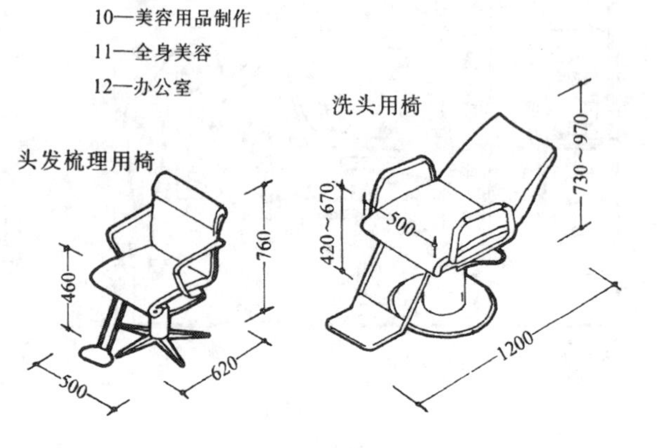

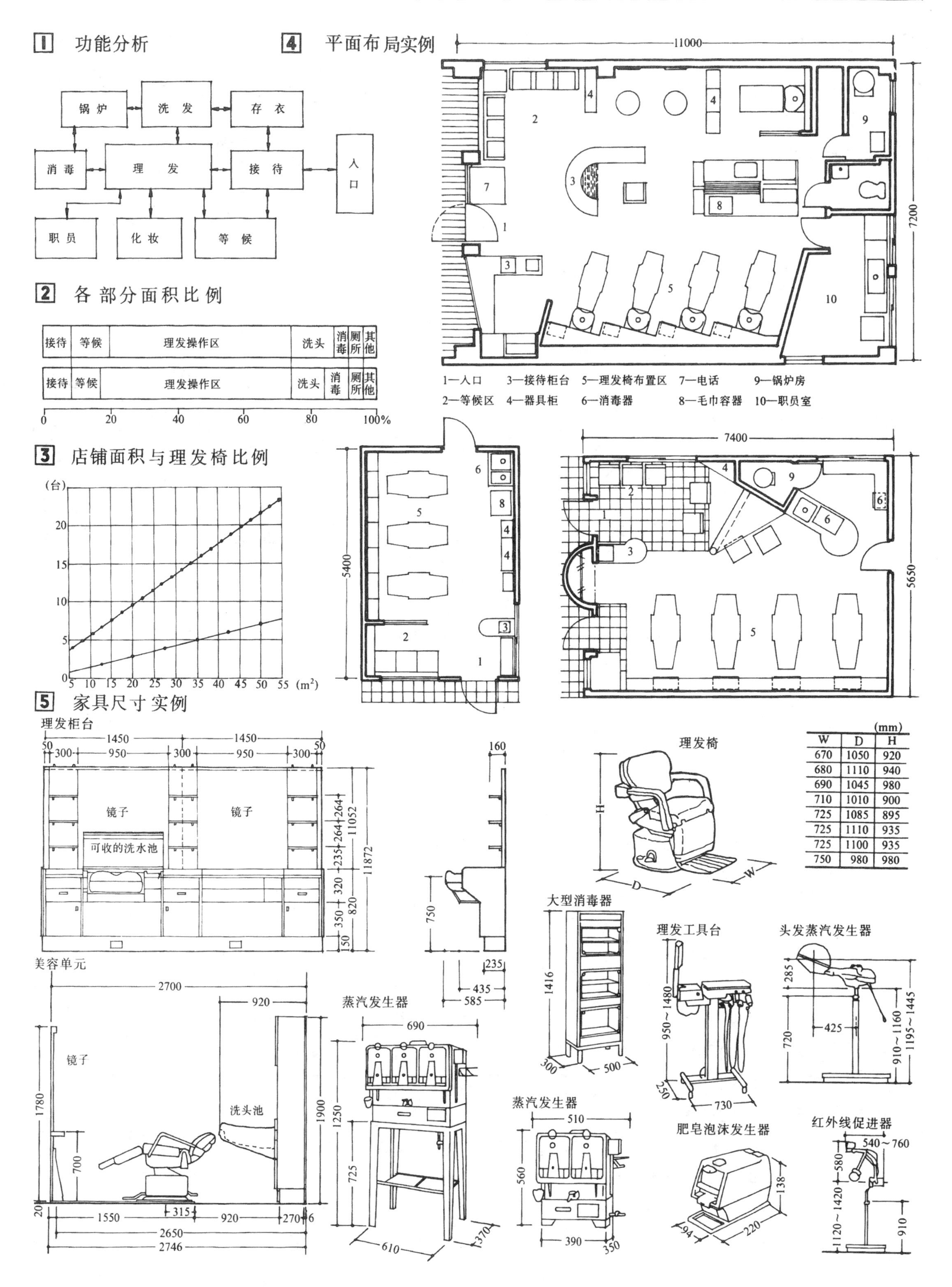

W	D	H
670	1050	920
680	1110	940
690	1045	980
710	1010	900
725	1085	895
725	1110	935
725	1100	935
750	980	980

1 蒸汽浴室人体活动尺寸

2 蒸汽浴室设计说明

蒸汽浴分两种，一是低温高湿度，称蒸汽浴；二是高温低湿度，用干燥的热气沐浴，称芬兰浴，也称桑那浴、蒸汽浴。一般都有许多装配式成套设备出售，也有单独的加热部件提供出售。

在考虑设置双层长凳时，交错的天花板高度应能让人较舒适的进入。

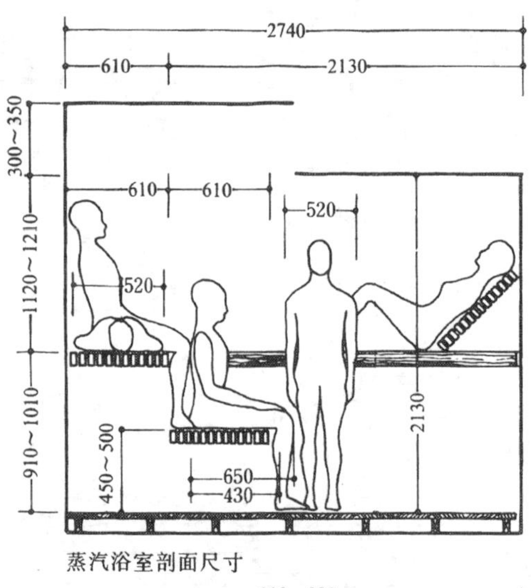

蒸汽浴室剖面尺寸

最小淋浴尺寸　平面　立面

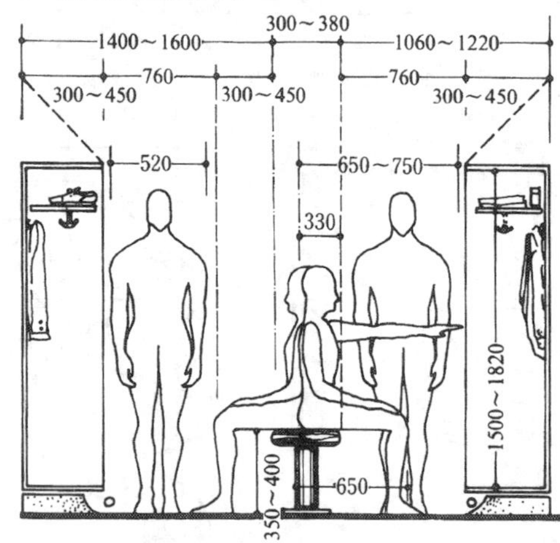

更衣室人体活动尺寸

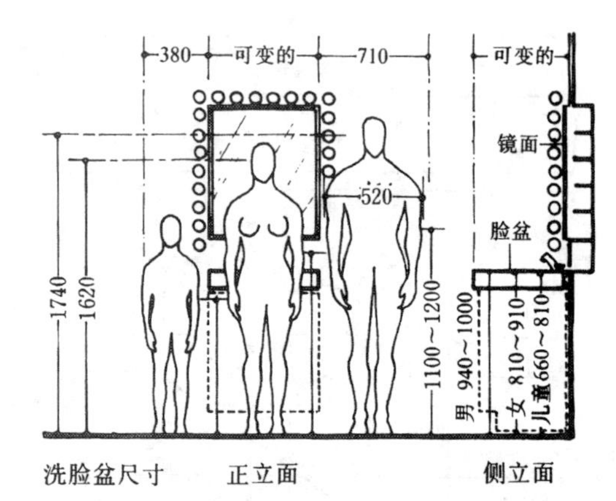

洗脸盆尺寸　正立面　侧立面

3 石块加热器

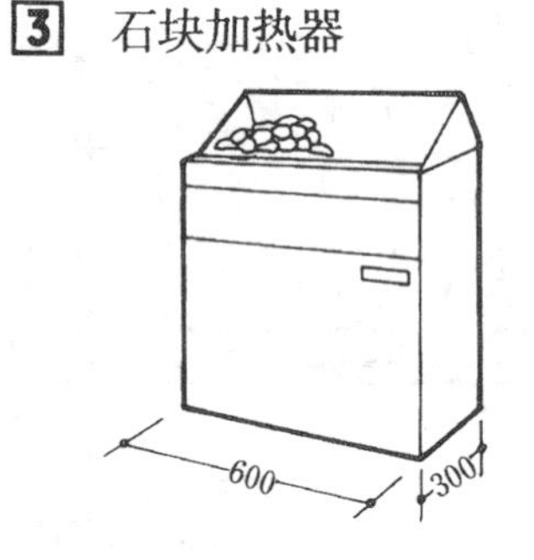

浴室要求：
最小尺寸 0.33m / 每人
最大尺寸 0.56m / 每人

室内表面不能用金属、塑料。门把手应用木制。门不要安装锁，材料应防滑，并设防滑扶手。

可变的　350~400　墙或障碍物边线　530~660　450　520　760

平面

4 典型的蒸汽浴室布置

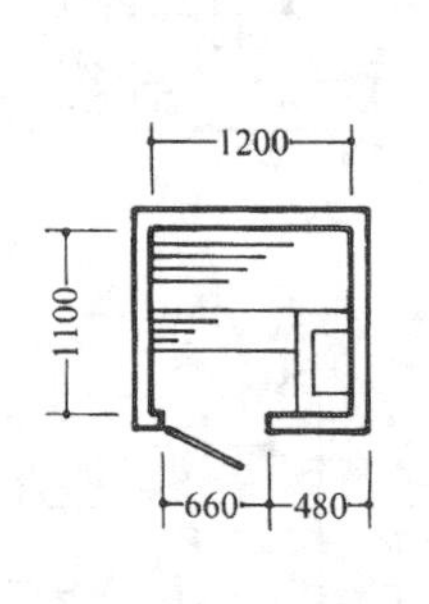

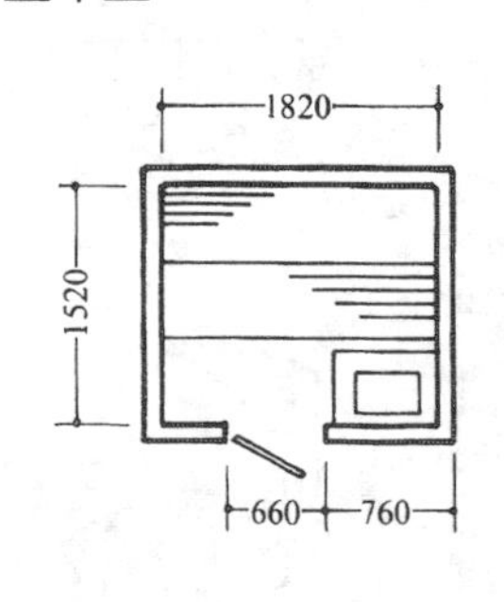

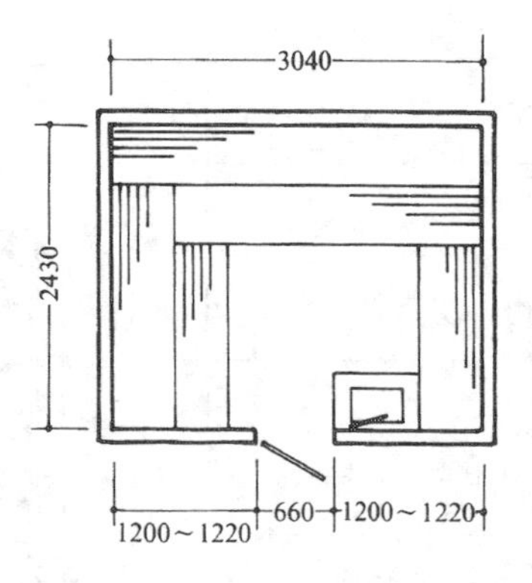

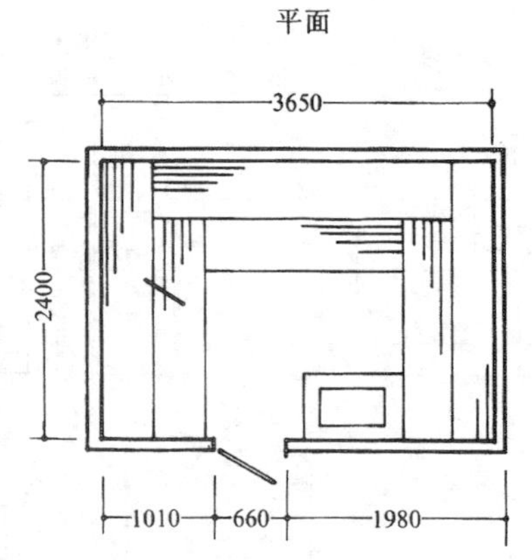

住宅建筑中的单元

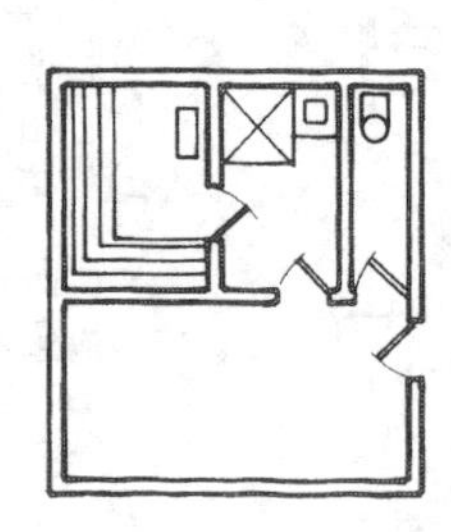

办公建筑中的单元

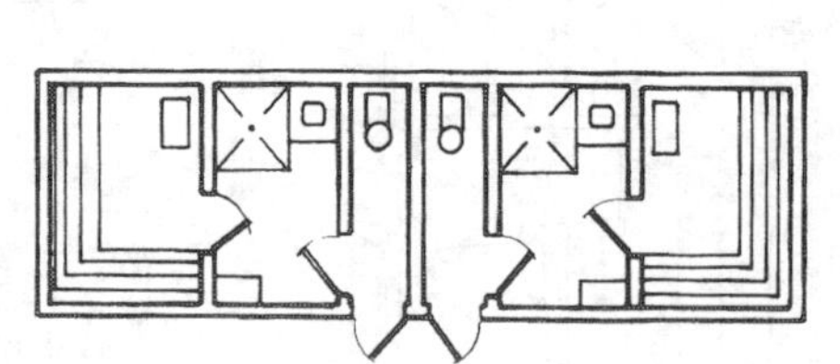

游泳池边的单元

应尽量将蒸汽浴单元安排布置在靠近淋浴室的位置，加热器控制应安装在浴室内，以保证安全。

蒸汽浴室内不允许安装电力插座。

5 桑拿浴室布置与主要家具尺寸

6 带桑拿浴室的公共浴室

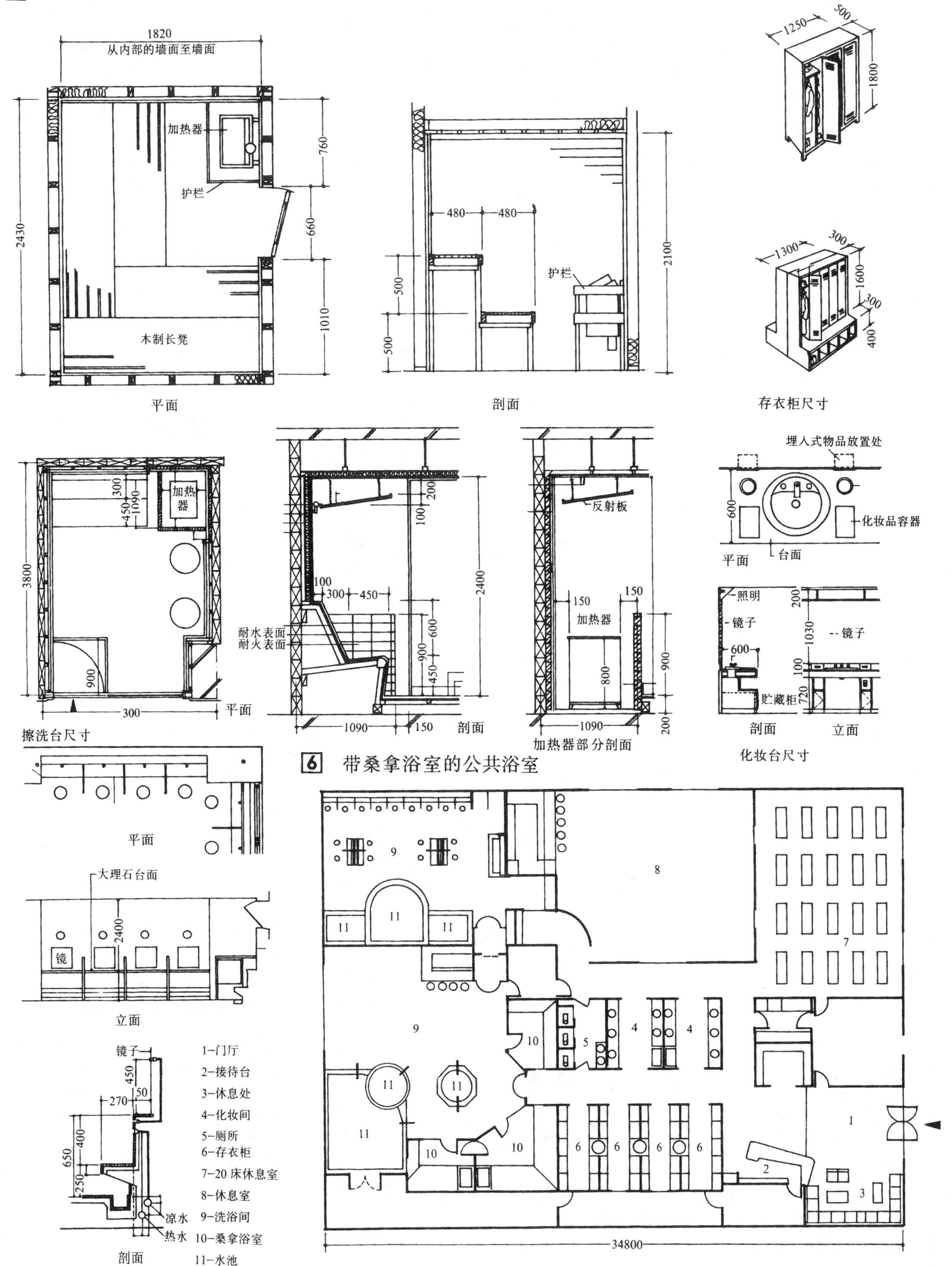

1 空间处理要点

1.室内空间的安排应考虑使用顺序：接待、更衣、厕所、桑拿浴、练习室、淋浴、头发吹干等。

2.其它空间的要求：

跑道区域	24.36×12.19m
垫上运动区域	15.24×12.19m
小型练习器械区	10.34×7.32m

3.更衣室衣柜的数量应以注册的成员为依据，为成员数的20%或最少应设100个衣柜。更衣长凳长度应为0.91～3.66m。长凳两边应留出允许通行的宽0.76～0.91m的通道。

2 常用人体尺度

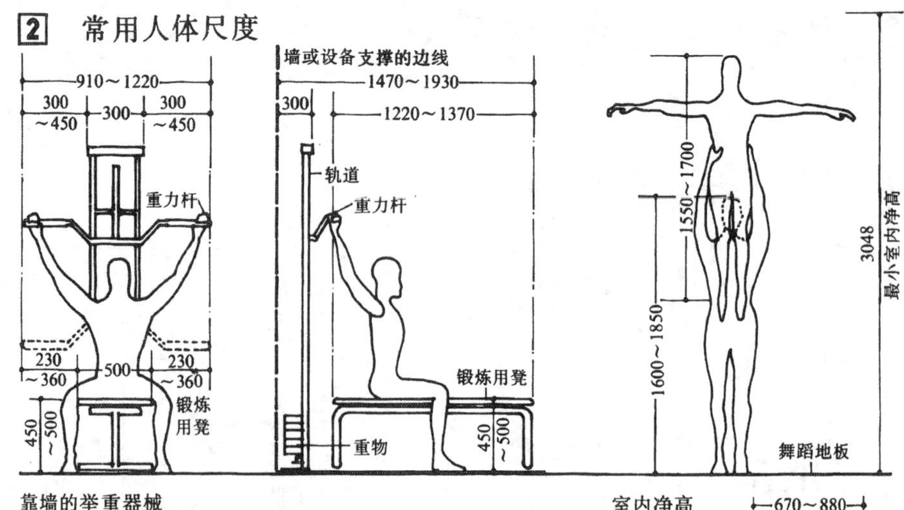

靠墙的举重器械　　室内净高

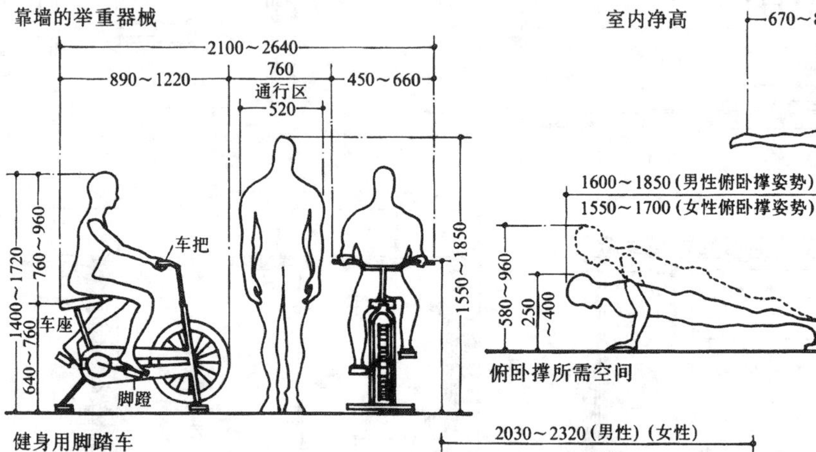

健身用脚踏车

俯卧撑所需空间

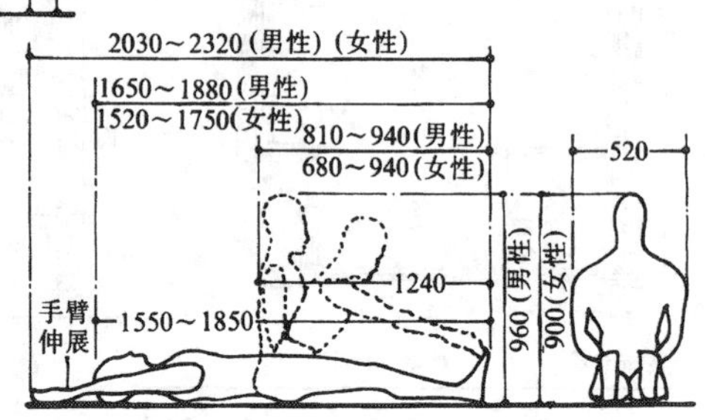

仰卧起坐体操

3 功能分析

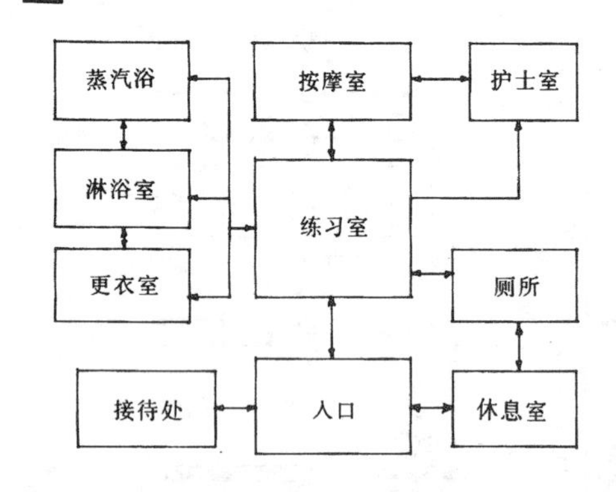

4 健身器材安排布置

锻炼器材（不含比例）通常以这种方式被布置在一个$92.90m^2$的健身房里。一般的锻炼面积$12.2\times7.6m^2$。中心部分用来设置固定自行车或坡道等。

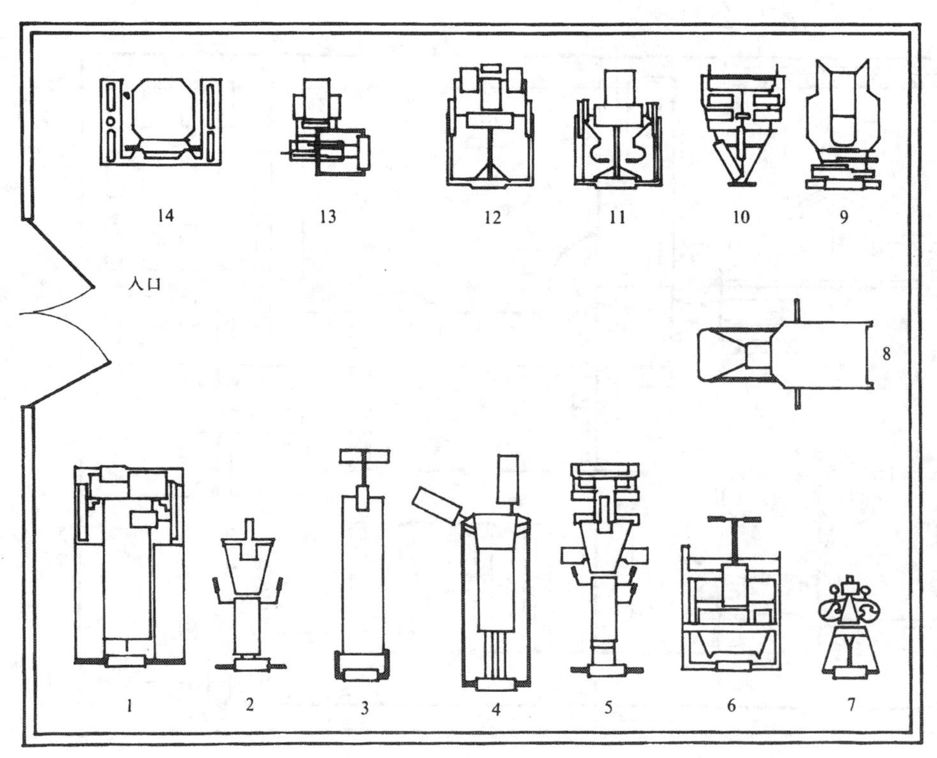

较小型健身房（$65m^2$）练习器材种类及布置安排顺序

1-两侧臀及背部
2-腿部伸展练习器
3-腿部扭动练习器
4-臀部外展练习器
5-10°胸肌练习器
6-侧向抬举练习器
7-划桨练习器
8-两侧胸部
9-双肩练习器
10-综合练习器
11-肱二头肌扭动练习器

注：在更小的健身房内，练习器材的布置方式与此不同，可参考厂方或顾客的意见。

较大型的健身房（$92.9m^2$）练习器材种类及布置顺序

1-两侧臀及背部
2-腿部伸展练习器
3-腿部扭动练习器
4-臀部外展练习器
5-双蹲练习器
6-超强拉力器
7-划桨练习器
8-两侧胸部
9-双肩练习器
10-综合练习器
11-肱二头肌扭动
12-肱三头肌练习
13-背部下部
14-腹部练习器

5 健身房平面实例

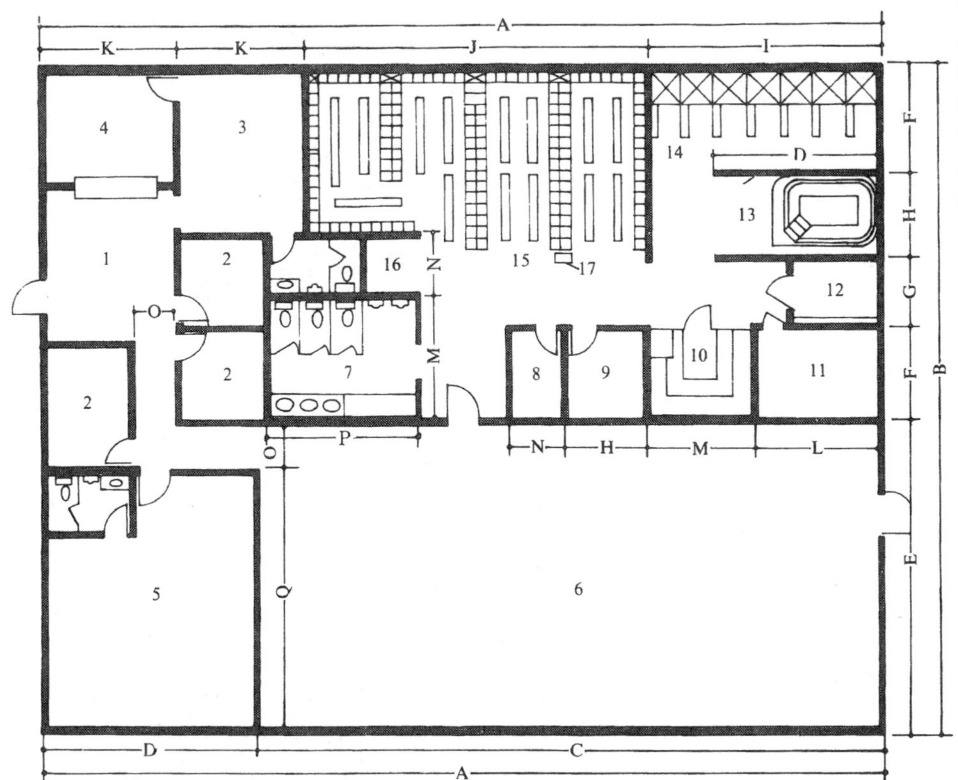

1–主要入口及门厅
2–职员办公室
3–休息客厅
4–顾客接待柜台
5–护士办公室
6–练习大厅
7–洗手间
8–雾化吸入疗养室
9–按摩及日光室
10–桑拿浴
11–蒸汽浴室
12–涡流浴池
13–涡流发生设备间
14–淋浴室
15–更衣室
16–头发吹干室
17–体重称量

房间尺寸表 (m)

A	24.38	J	9.75
B	18.59	K	3.96
C	17.98	L	3.45
D	6.40	M	3.10
E	8.53	N	1.52
F	2.74	O	1.22
G	2.13	P	4.72
H	2.44	Q	7.01
I	6.71		

健身器的尺寸参考表 (mm)

腿部练习器	宽度	长度	高度
两侧臀和背部练习器	1092	1905	1930
臀部弯曲练习器	838	1700	1245
腿部伸展练习器	508	1473	1550
腿部综合练习器	812	2664	2032
腿部弯曲练习器	508	2133	1524
臀部外展练习器	635	1828	1422
臀部外展肌外展练习器	635	2133	1270
双蹲练习器	736	2311	1955
超级双蹲练习器	736	2311	1955
躯干练习器			
超级拉力器	1016	1066	1752
妇女用拉力器	787	939	1701
躯干/手臂拉力器	1016	1955	2032
拉力器(平板装置式)	914	914	1575
后颈练习器	736	889	1955
后颈/肢干练习器	1016	1016	2286
躯干/手臂练习器	711	685	2235
躯干划桨练习器	762	889	1905
两侧胸部练习器	914	1905	2006
10°胸部练习器	952	1575	1663
40°胸/肩练习器	952	1727	1663
70°肩部练习器	952	1168	1663
双肩练习器	914	1220	1550
侧举练习器	749	1143	1550
头上压力器	724	1168	1485
躯干旋转练习器	914	1220	2032
腹部练习器	787	1117	1651
综合练习器	762	990	2235
背部下部练习器	1092	1651	1473
超级背部下部练习器	1092	1651	1473
手臂健美器、颈部健美器			
颈/肩练习器	584	1473	1752
4向颈部练习器	1041	914	1600
颈部转动练习器	889	914	1828
混合位置肱二头肌健美器	1066	787	1752
综合肱二头肌练习器	965	939	1371
肱二头肌/三头肌练习器	1651	1220	1244

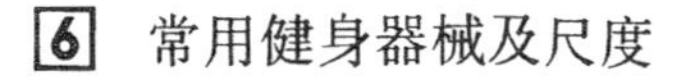

6 常用健身器械及尺度

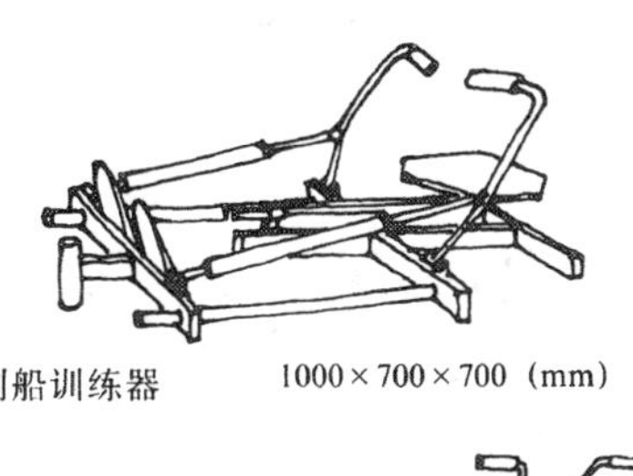

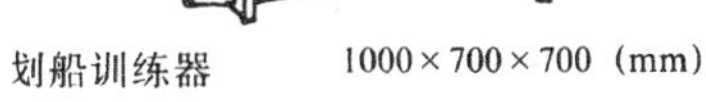

划船训练器　1000×700×700 (mm)

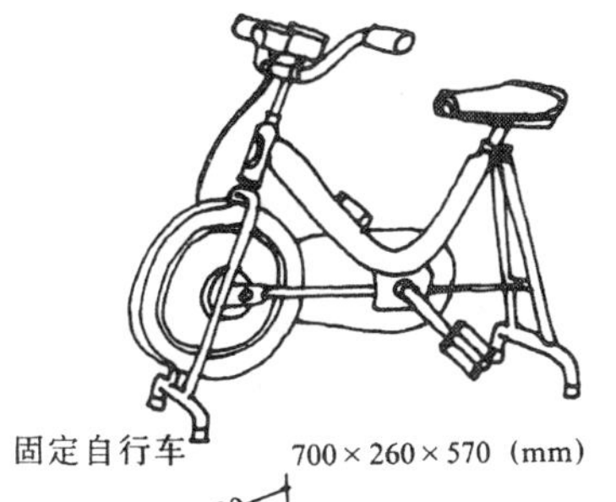

固定自行车　700×260×570 (mm)

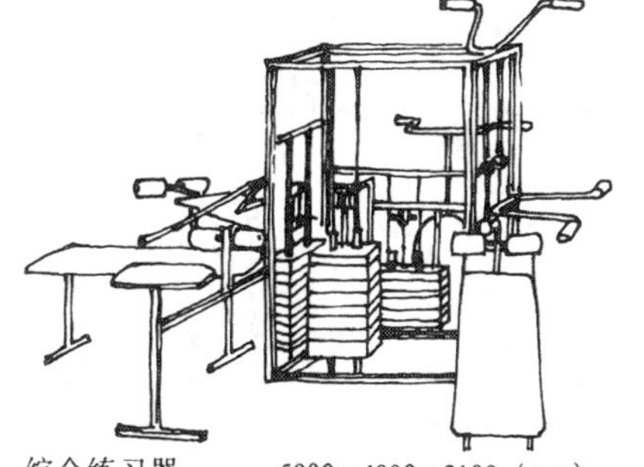

综合练习器　5000×4000×2100 (mm)

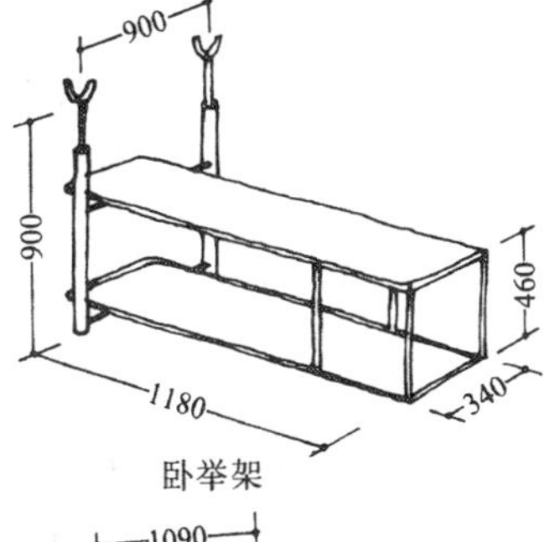

卧举架

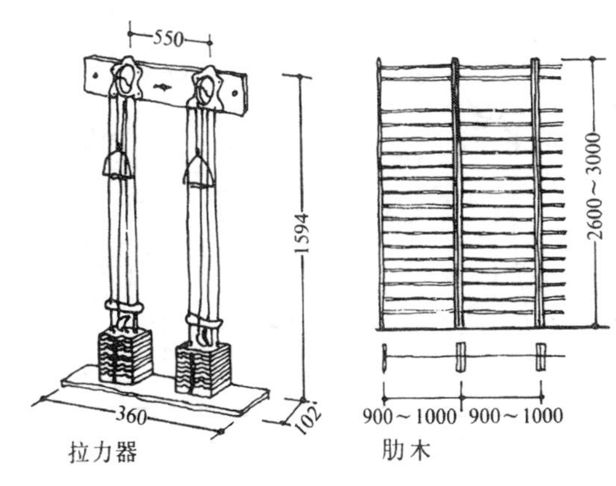

拉力器　肋木

举重练习高低架

1 空间处理的要点

1.牙科治疗室分为综合医院门诊中的口腔科和专门的牙科诊疗所。两者在功能组织上不尽相同。前者的病人候诊区、护士站及实验室等辅助空间可与门诊中的其它科室合用，而后者则需独立设置这些辅助空间，并应为医生设立单独的办公室。

2.如有可能，应单独设立X光室。

3.应为病人设立休息室，供病人治疗后休息恢复用。也可与等候室合而为一。

4.治疗室内的治疗椅布置应面向窗口，以争取比较好的光线。

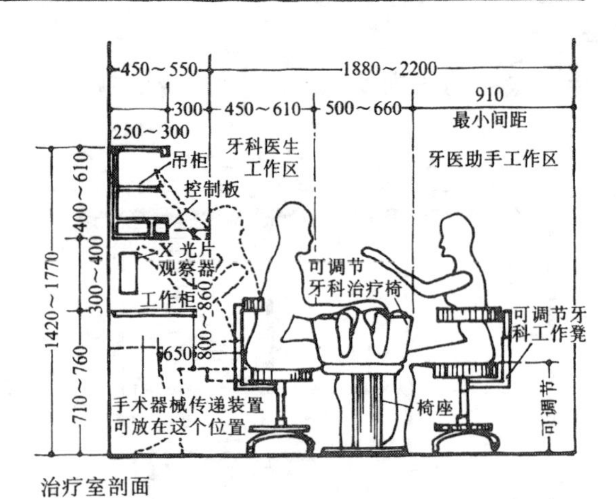

治疗室剖面

2 功能分析

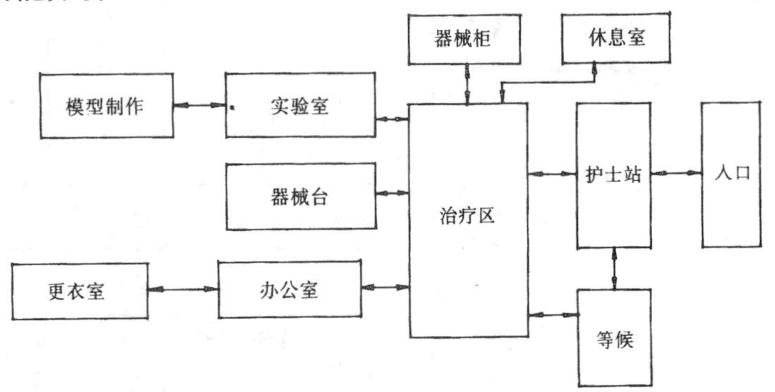

3 常用人体尺度

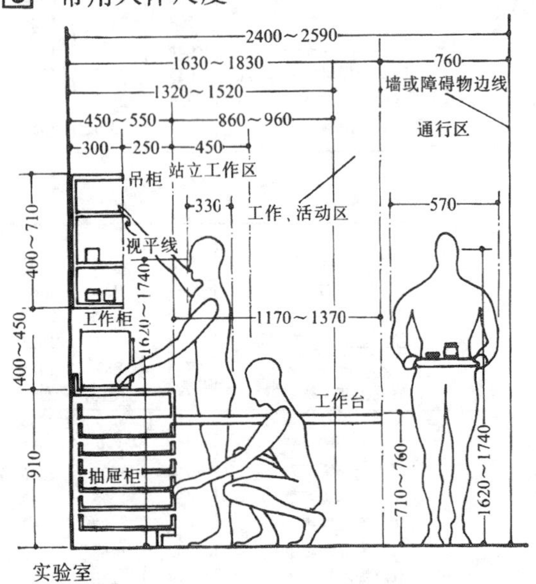

实验室

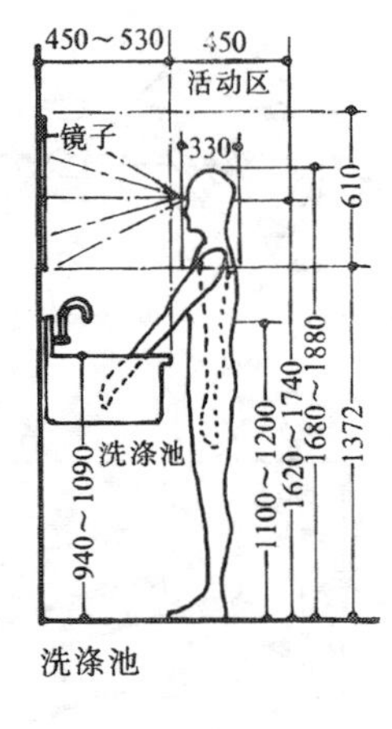

洗涤池

治疗室侧面

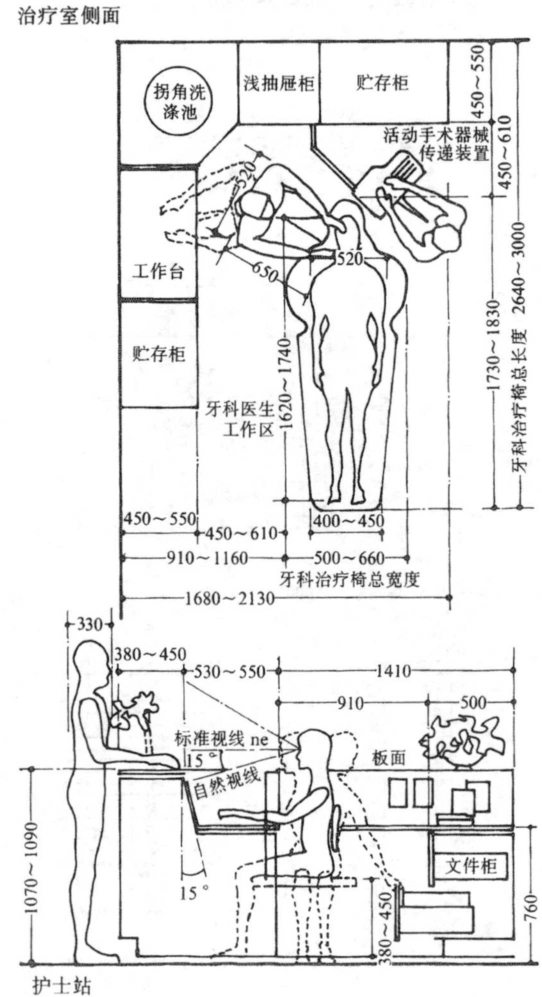

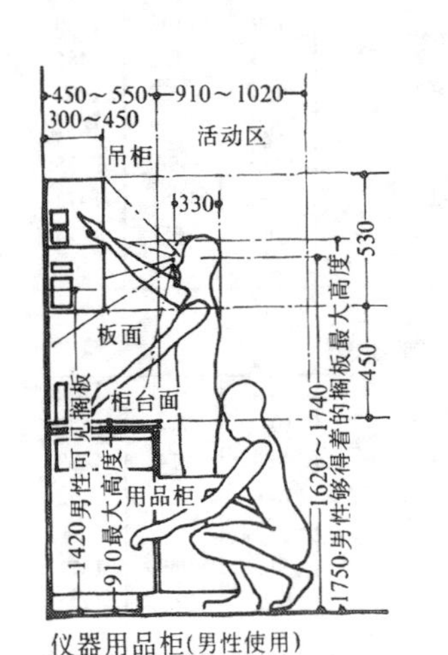

仪器用品柜(男性使用)

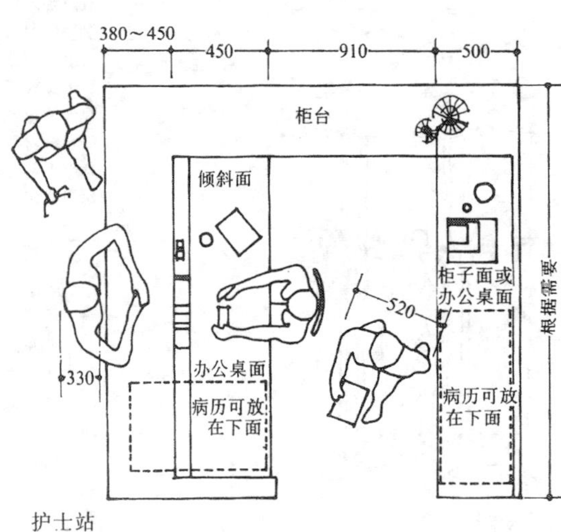

护士站

护士站

4 牙科诊室平面布置举例

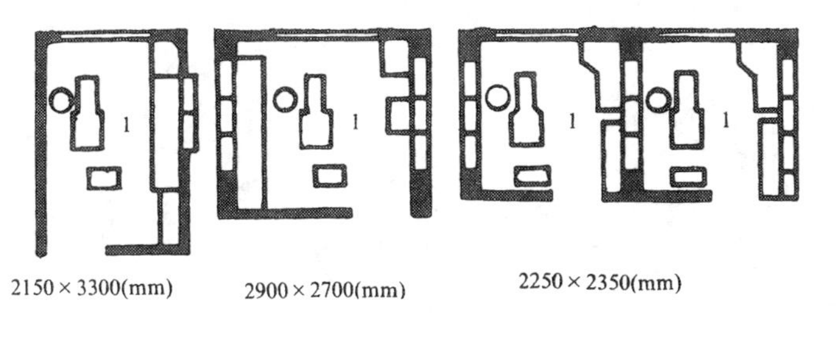

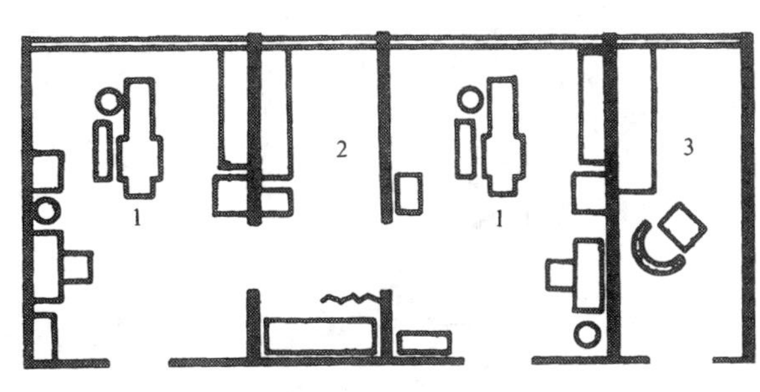

1-治疗室
2-消毒室
3-X 光拍片室
4-休息室
5-牙科制作室

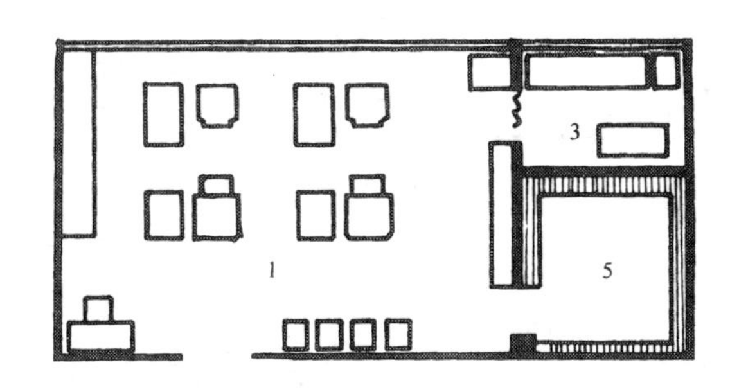

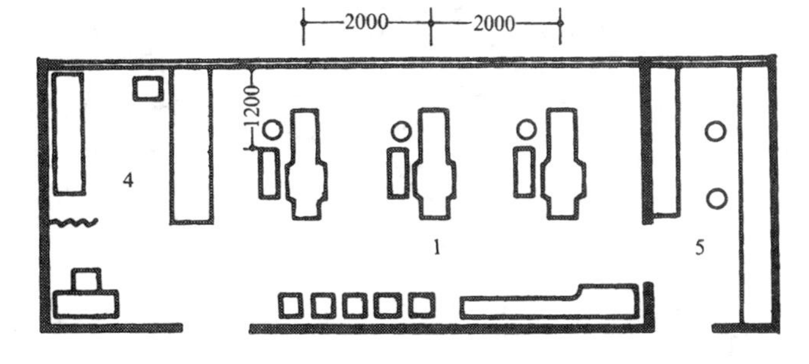

牙科诊室布置实例（1）

1-等候室
2-电视
3-办公室
4-病人记录
5-模型贮藏
6-治疗区
7-单间治疗室
8-出口
9-私人洗手间
10-X 光检查
11-暗房
12-会诊室
13-带灯箱的桌子
14-器具存放柜

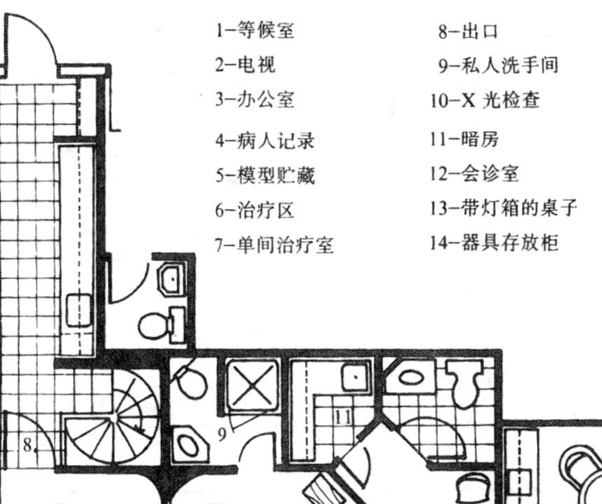

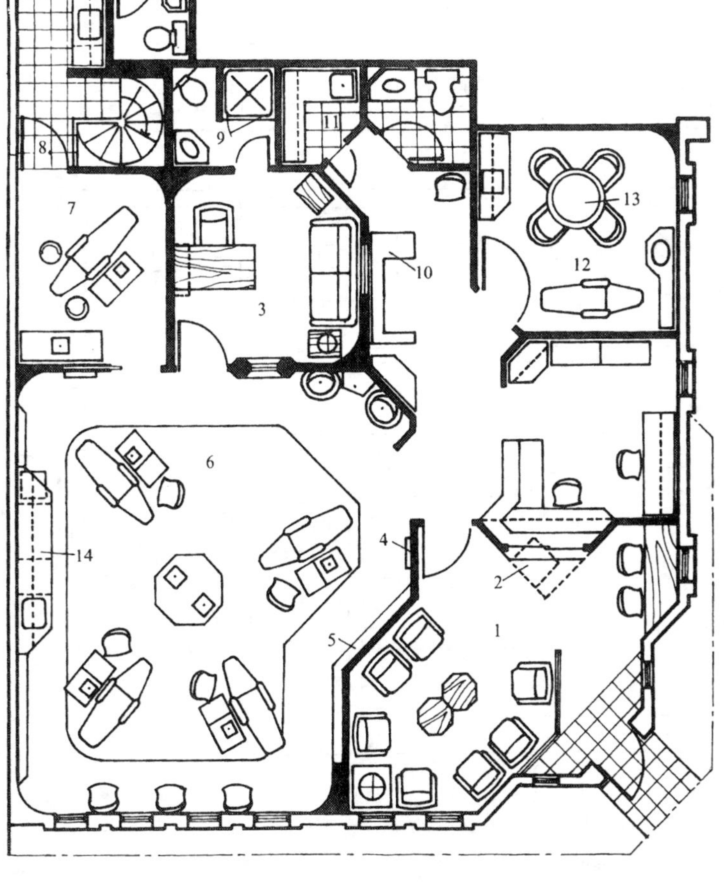

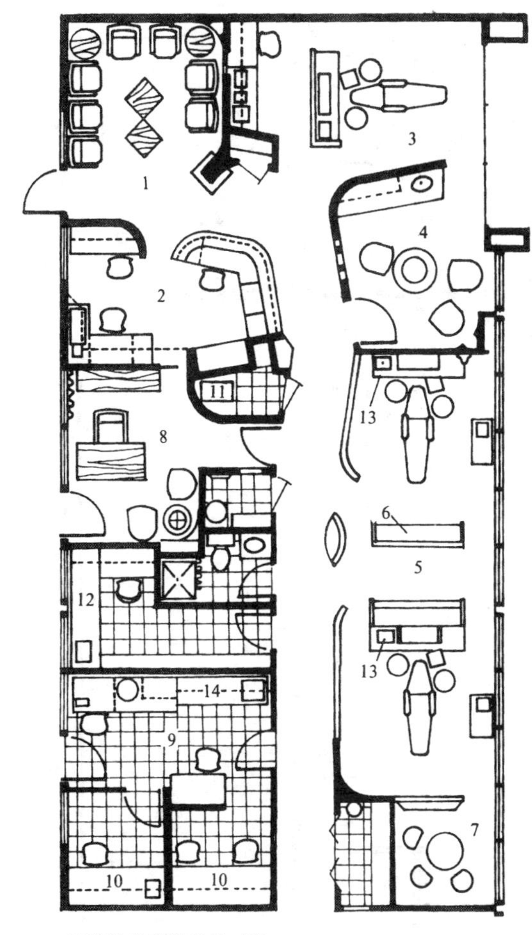

牙科诊室布置实例（2）

1-接待室
2-办公室
3-普通治疗室
4-研究室
5-手术室
6-准备柜台
7-休息室
8-私人办公室
9-实验室
10-制作室
11-暗房
12-模型贮藏
13-供应系统
14-塑造模型室

5 治疗设备与家具尺度

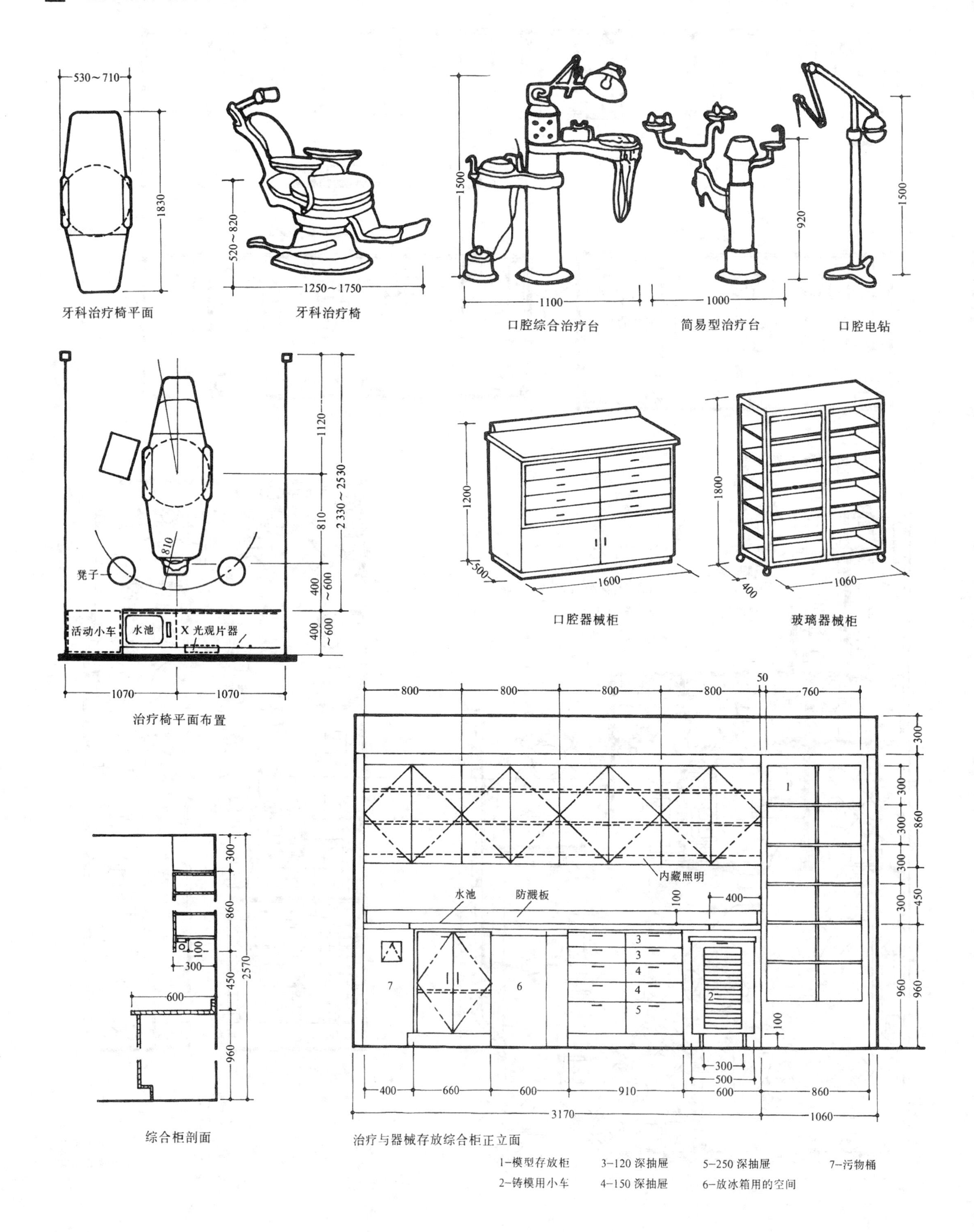

牙科治疗椅平面　牙科治疗椅　口腔综合治疗台　简易型治疗台　口腔电钻

治疗椅平面布置　口腔器械柜　玻璃器械柜

综合柜剖面　治疗与器械存放综合柜正立面

1-模型存放柜　2-铸模用小车　3-120 深抽屉　4-150 深抽屉　5-250 深抽屉　6-放冰箱用的空间　7-污物桶

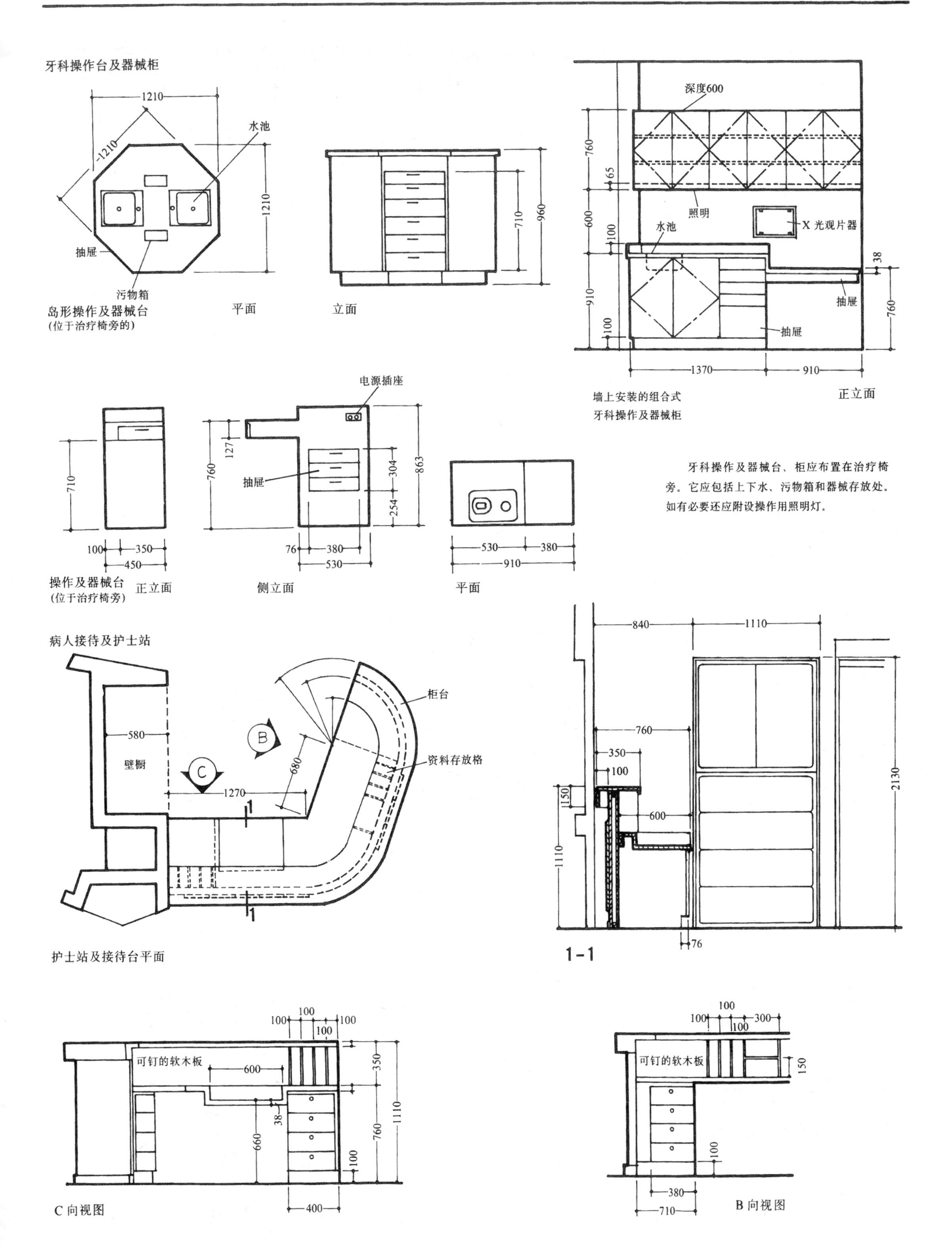

牙科操作及器械台、柜应布置在治疗椅旁。它应包括上下水、污物箱和器械存放处。如有必要还应附设操作用照明灯。

1 空间处理的要点

1.病房中每床位所占面积：单人病房为 9m²／床；多人病房为 6m²／床。

2.多人使用的病房可设置遮挡用的帘幕，给病人提供一定私密性。

3.病床间通道应考虑平车通行。

2 功能分析

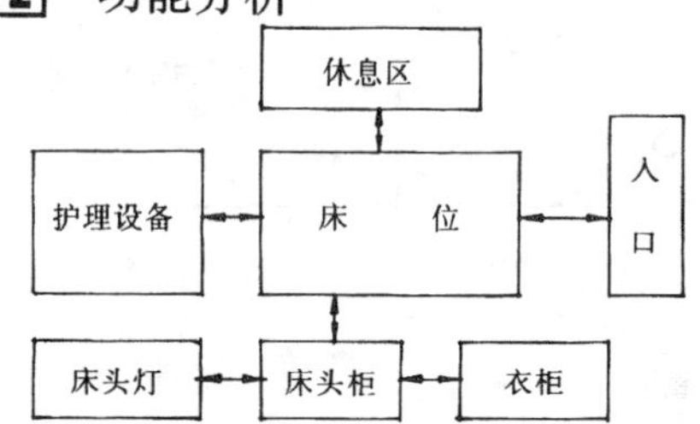

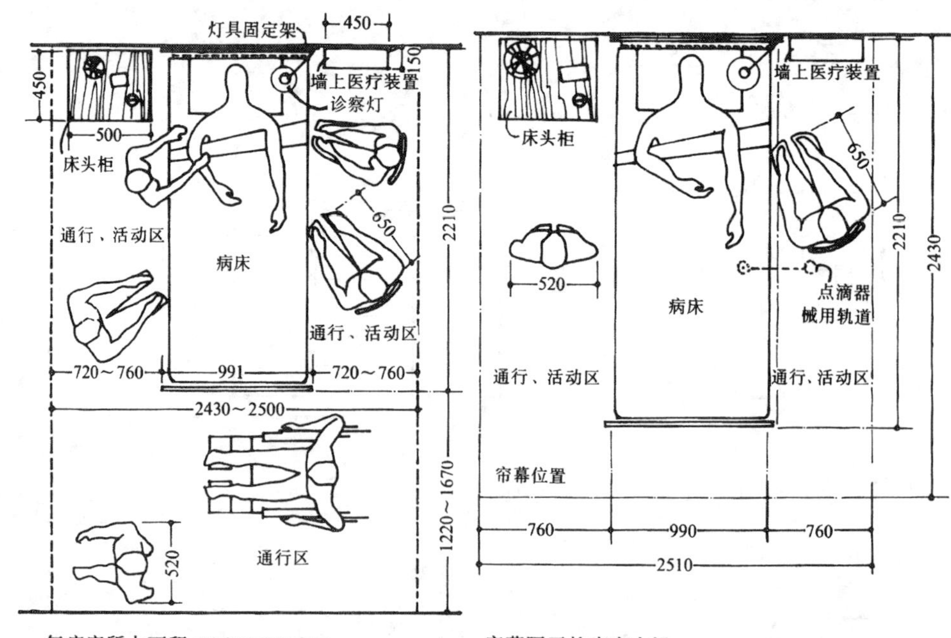

每病床所占面积（双床间或四床间） 帘幕隔开的病床小间

3 常用人体尺度

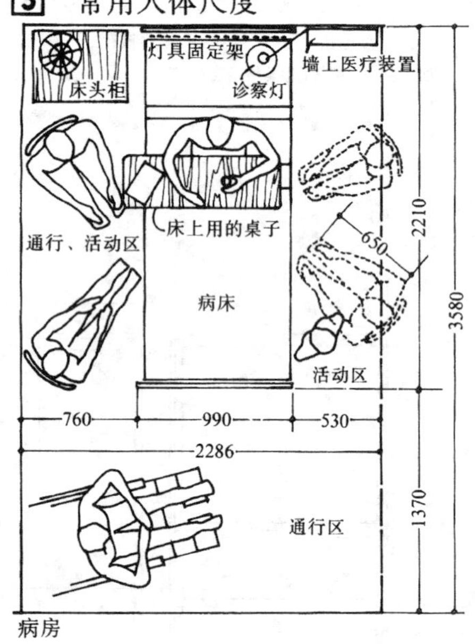

病房

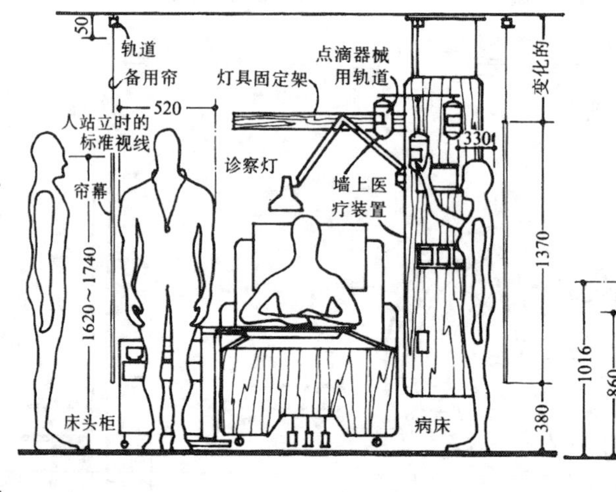

用帘幕隔开的病床小间

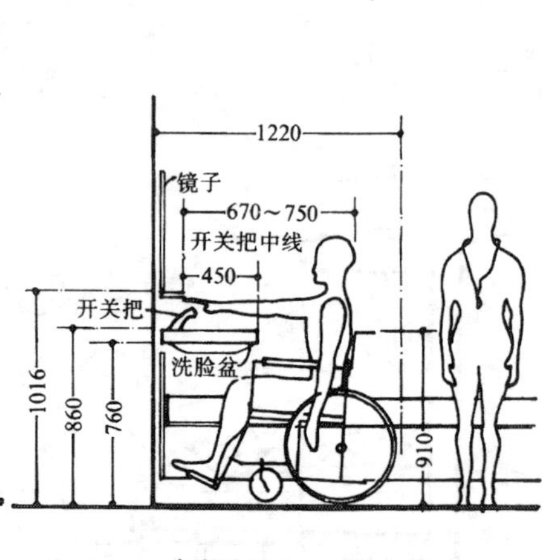

病房洗脸盆

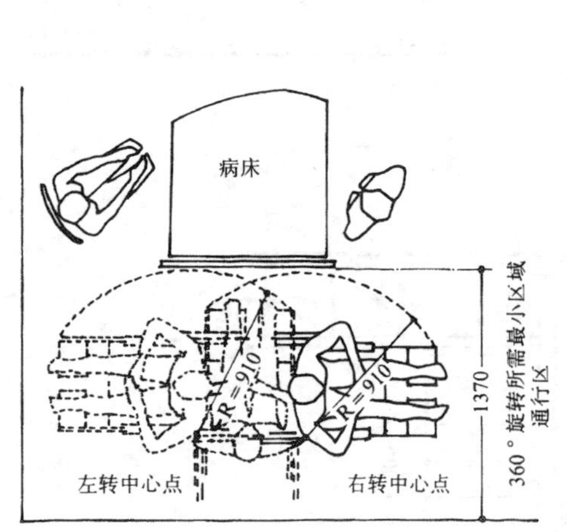

病房、轮椅活动空间

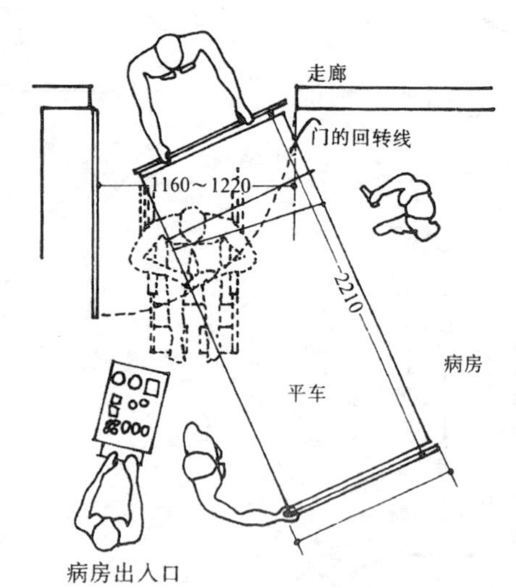

病房出入口

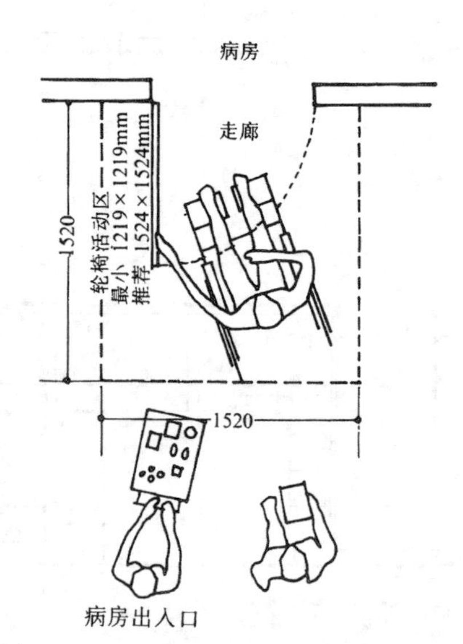

病房出入口

4 病房空间尺寸的处理

1.病房内空间应尽量简捷，避免曲折和凸凹不平，以免病人及医护人员活动不便，门口墙角宜做圆角，以免碰撞。
2.门的开口宽度及病房内家具的布置应给推送病人的手推车留出必需的走道宽度（详见人体尺寸部分）。
3.为给病人提供一定的个人私密性，可设隔断。

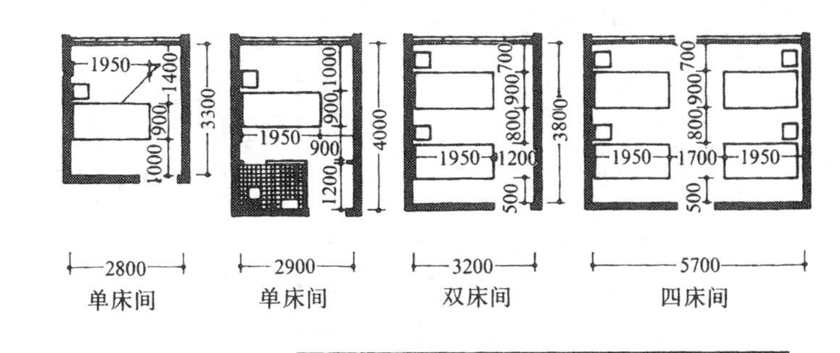

5 普通病房平面布置

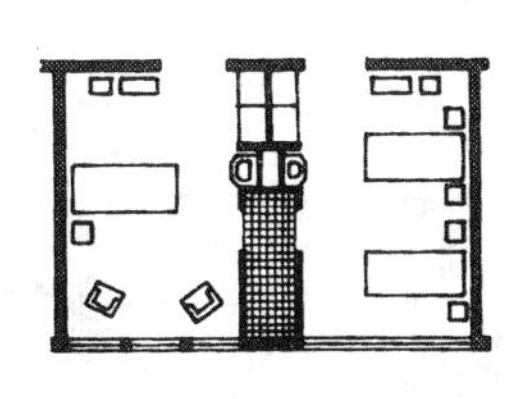

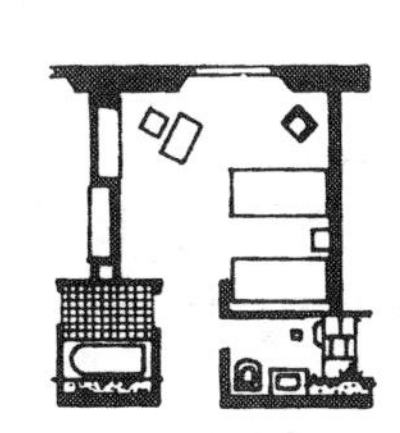

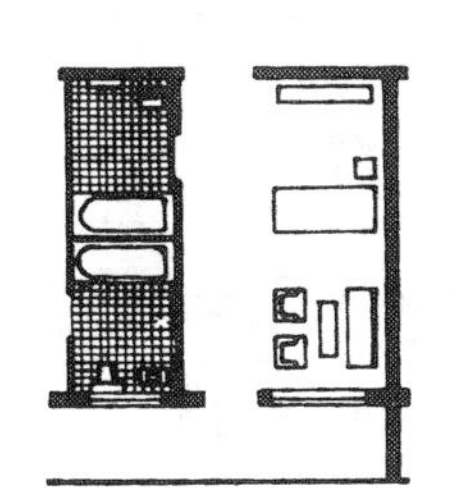

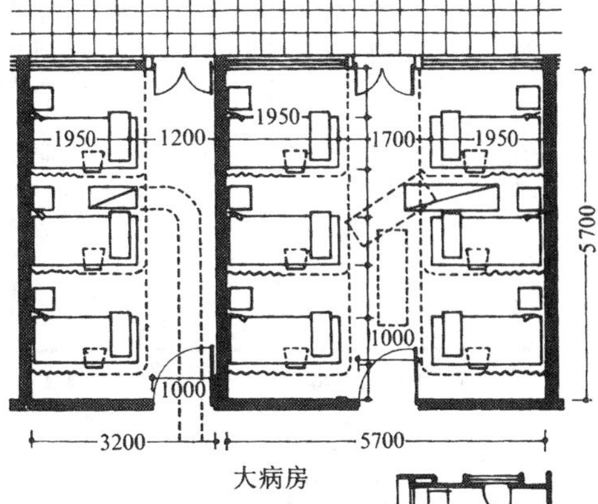

大病房

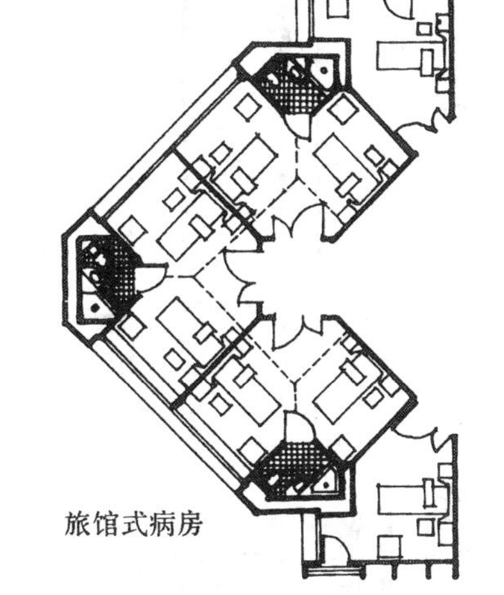
旅馆式病房

6 带隔离幕的大病房布置

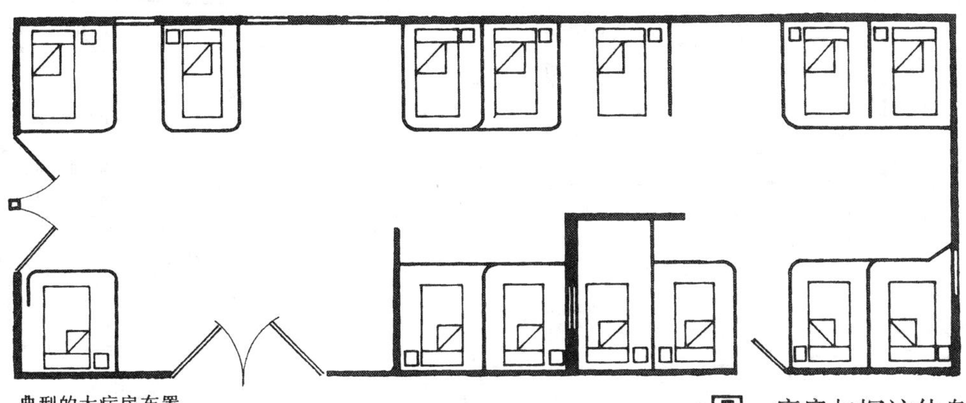
典型的大病房布置

二床间的布置

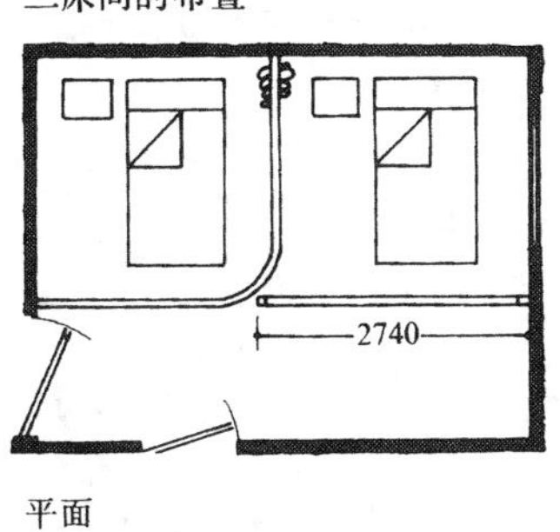

平面

单床间带迂回转折帘的布置

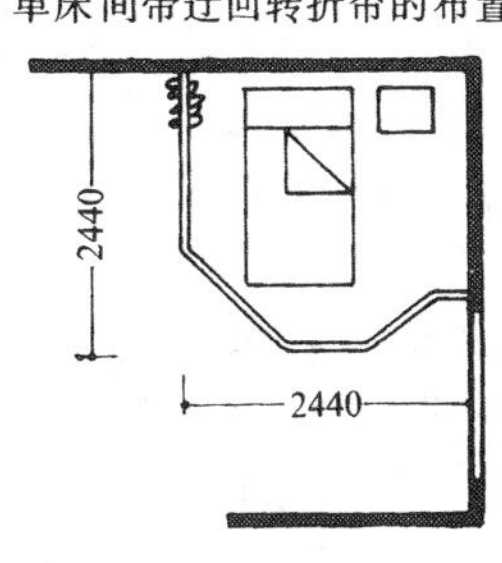

平面

隔离帘的迂回转折

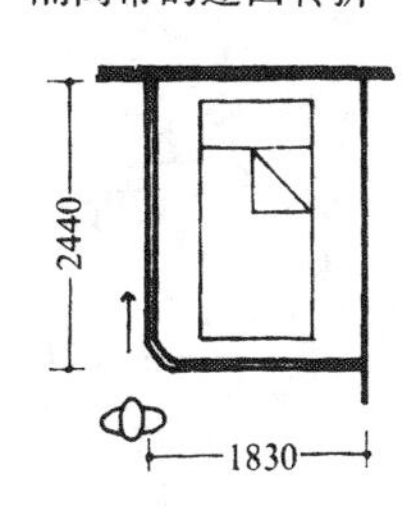

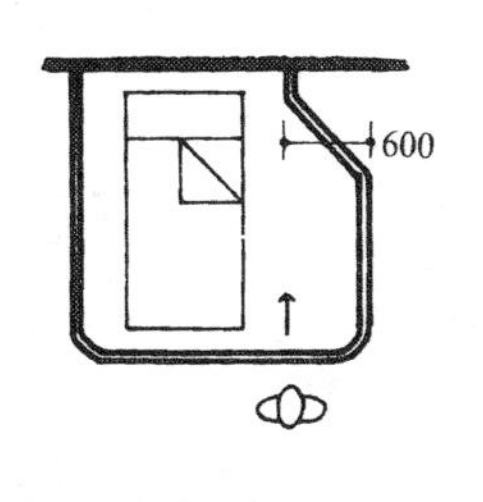

7 病房与探访休息区布置

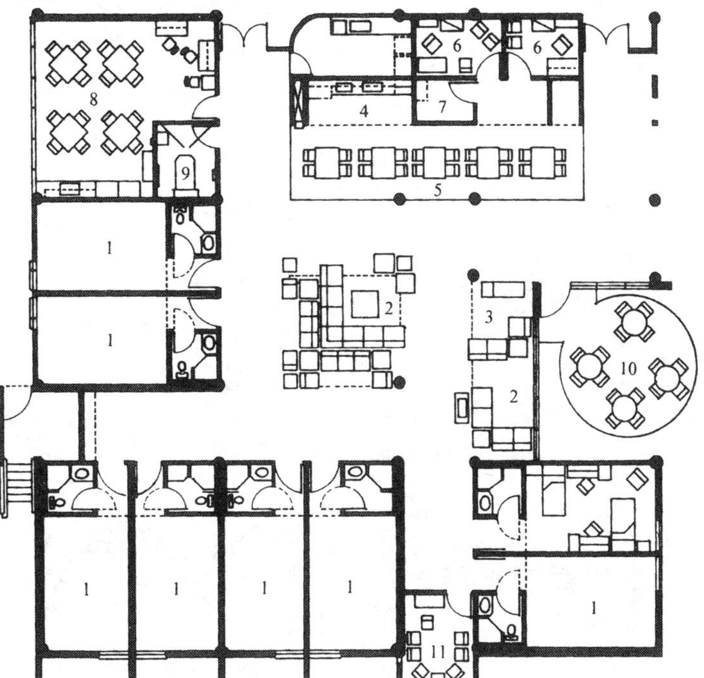

1-病房
2-休息会见区
3-电视观看区
4-饮料柜台
5-休息区
6-办公室
7-配药房
8-餐厅
9-淋浴间
10-游艺室
11-会诊室

8 病房家具与常用设备尺寸

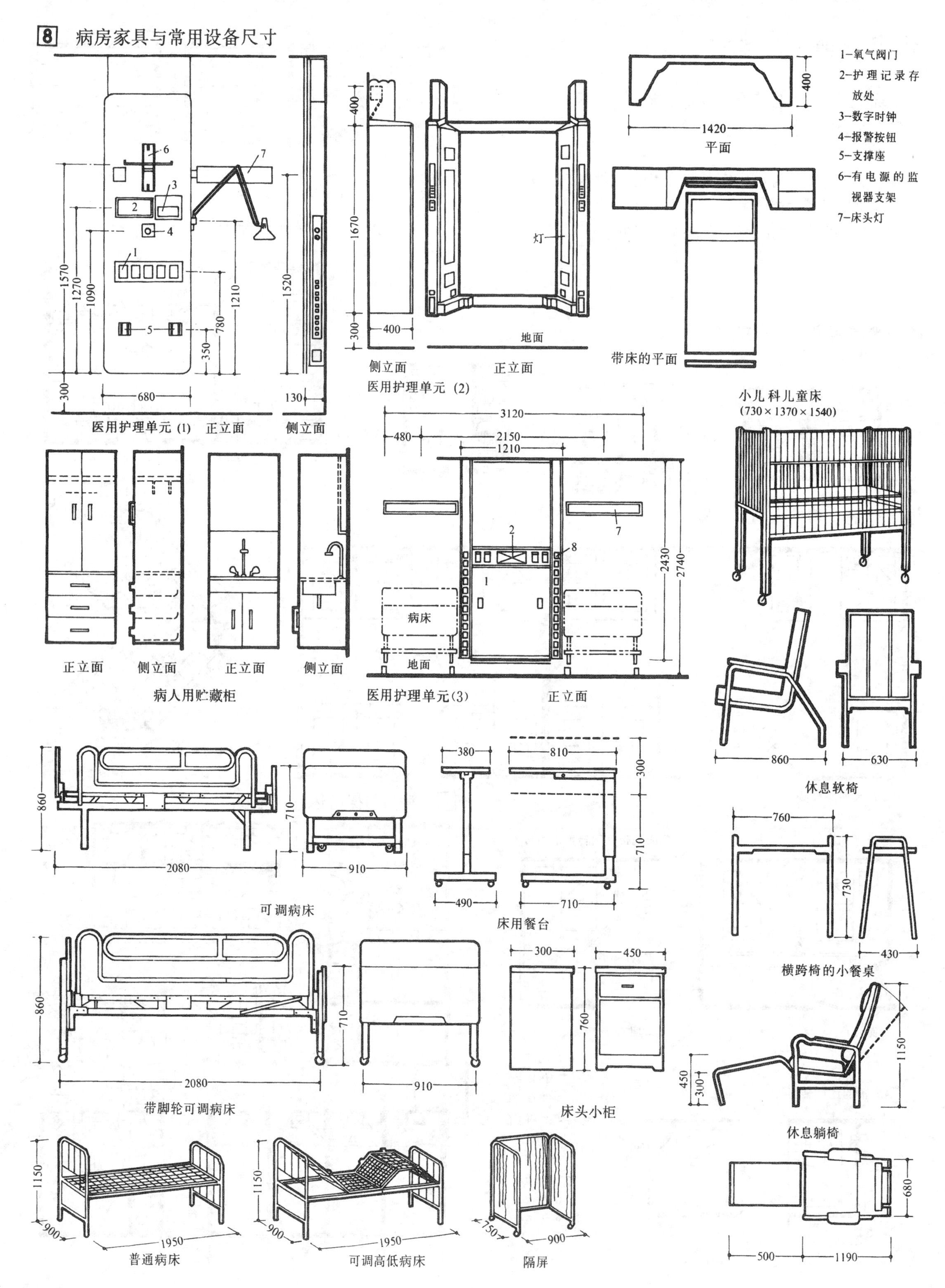

1 目录出纳厅的处理要点

1.目录与出纳可分别设置，也可合并一室，如分开设置，二者应毗邻安排。

2.厅内应设有问讯处或图书介绍陈列，以指导读者查目、借书并解答问题。

3.目录柜的设置数量、布置形式应根据藏书量、卡片数量、读者人数等来定。

4.出纳台的借书、还书可分可合。柜台长度根据读者数和工作人员数来计算确定。

5.出纳台外应留出读者活动、等待空间。

6.出纳台内应留有卡片屉、运书小车、常用书及暂存书架等设备的面积。

2 目录出纳的功能分析

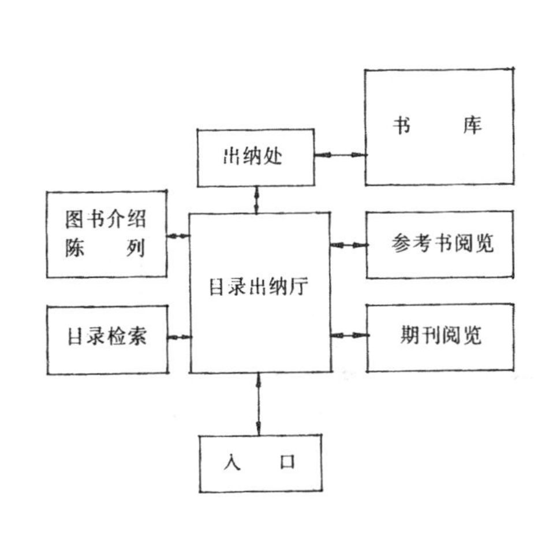

3 目录出纳室常用人体尺寸

出借处柜台尺寸

出借处柜台尺寸

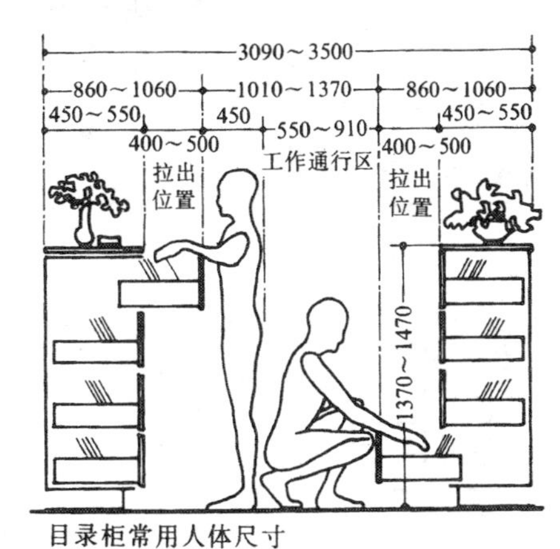

目录柜常用人体尺寸

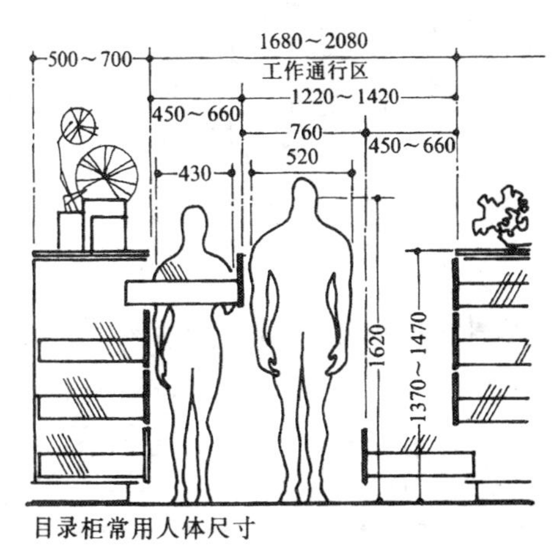

目录柜常用人体尺寸

4 卡片目录及目录柜尺寸

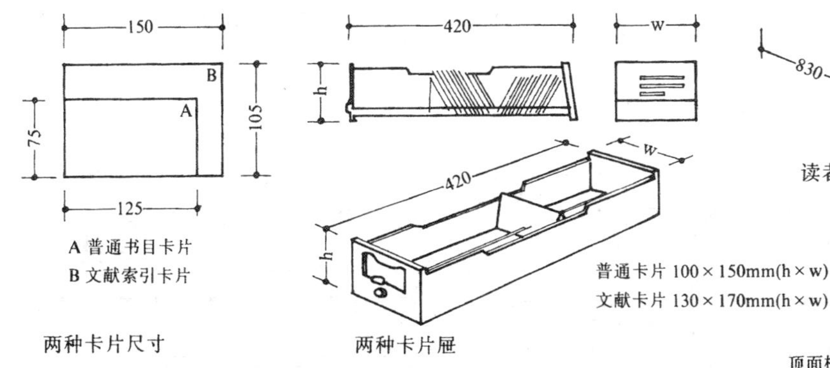

A 普通书目卡片

B 文献索引卡片

两种卡片尺寸

两种卡片屉

普通卡片 100×150mm(h×w)

文献卡片 130×170mm(h×w)

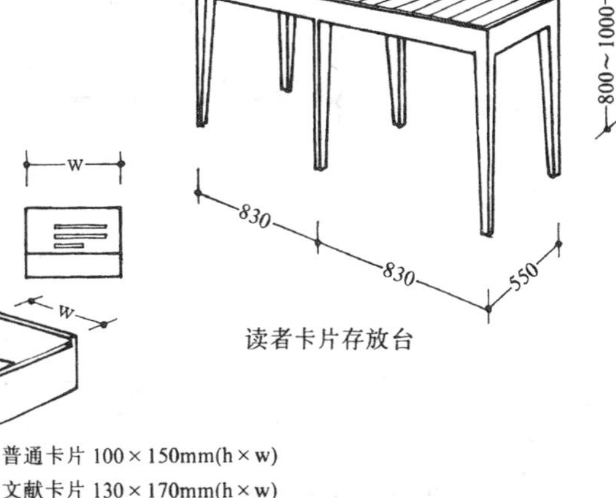

读者卡片存放台

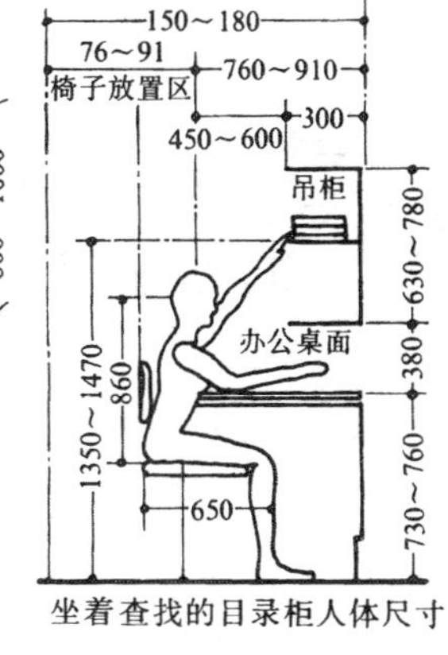

坐着查找的目录柜人体尺寸

普通单面目录柜的容量指标

每屉最大容纳卡片数	每纵列抽屉数	每纵列最大容纳卡片张数	每纵列设计容纳卡片数(按75%计)	每纵列卡片的书籍种数(2～5卡/每种书)	容量指标(m/10000种书)
1000	3	3000	2250	1125～450	1.3～3.3
	5	5000	3750	1875～750	1.3～2.0
	10	10000	7500	3750～1500	0.4～1.0

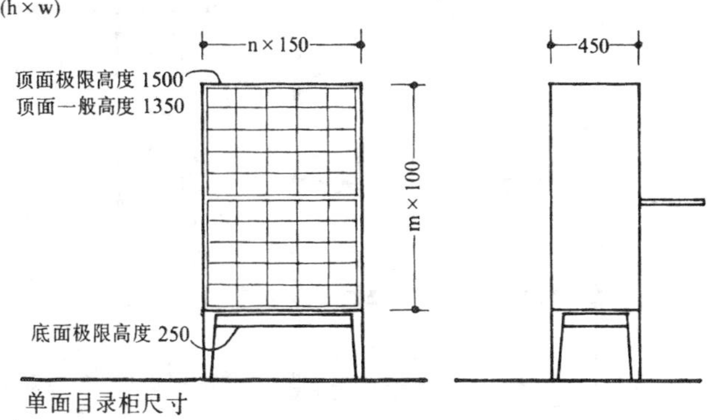

单面目录柜尺寸

5 目录柜的布置形式

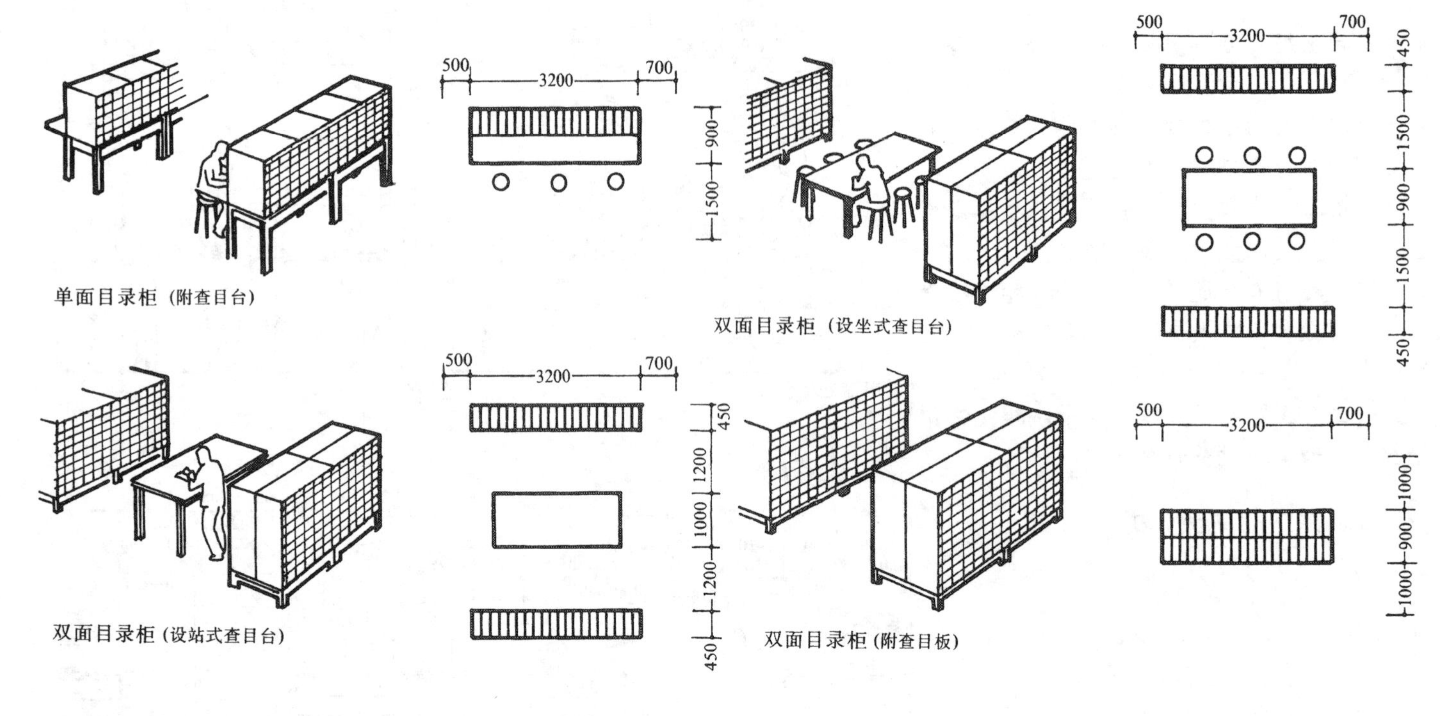

单面目录柜（附查目台）

双面目录柜（设坐式查目台）

双面目录柜（设站式查目台）

双面目录柜（附查目板）

6 目录出纳厅平面布置举例

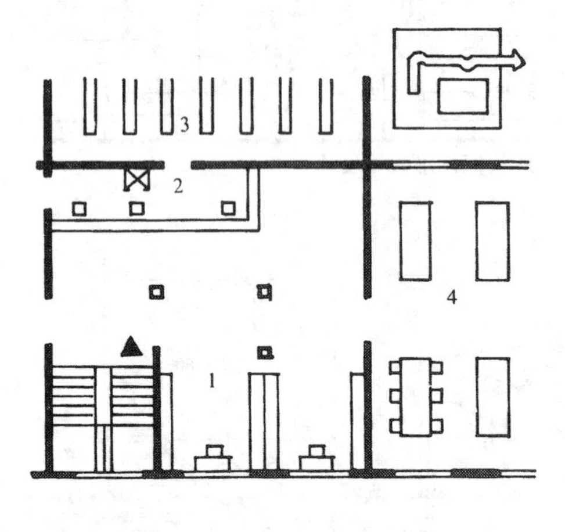

出纳台与入口相对，位于厅的一侧，位置明显。目录柜形成独立的区域，相互干扰也比较小

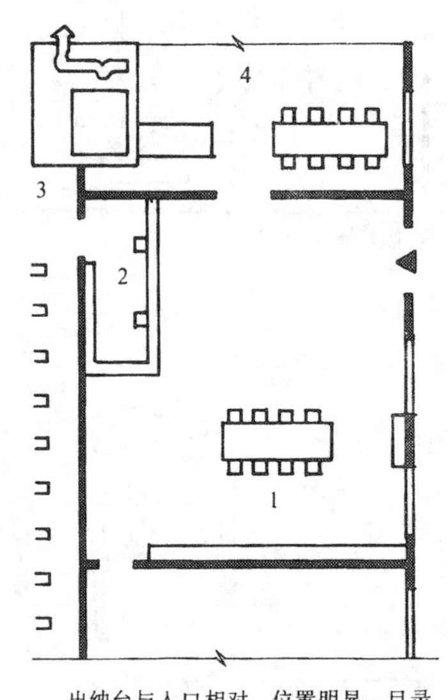

出纳台与入口相对，位置明显，目录柜位于一侧，必要时可隔成单间

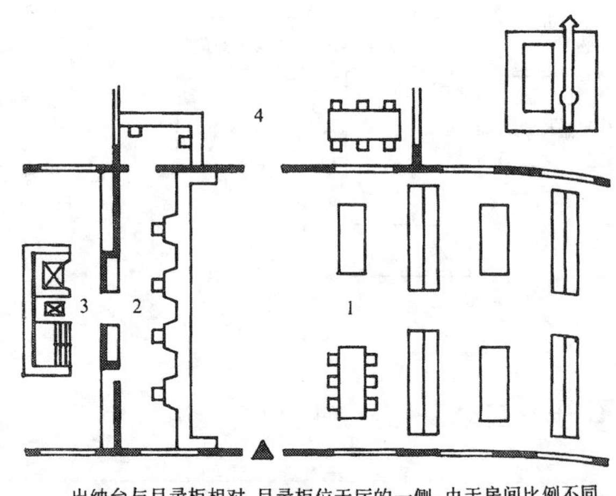

出纳台与目录柜相对，目录柜位于厅的一侧，由于房间比例不同，必要时可将目录室隔成不受干扰的单间

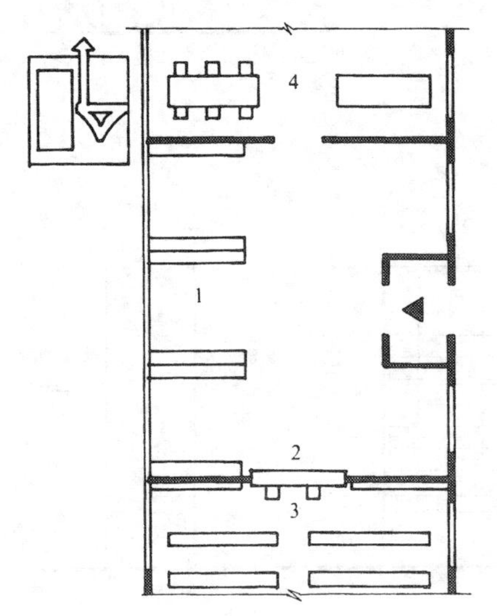

出纳台与入口相对，位置明显，但读者出入路线把目录柜分成相同的两个区域，造成查目的读者密度不平衡，不能充分利用面积的缺点、相互干扰也较大

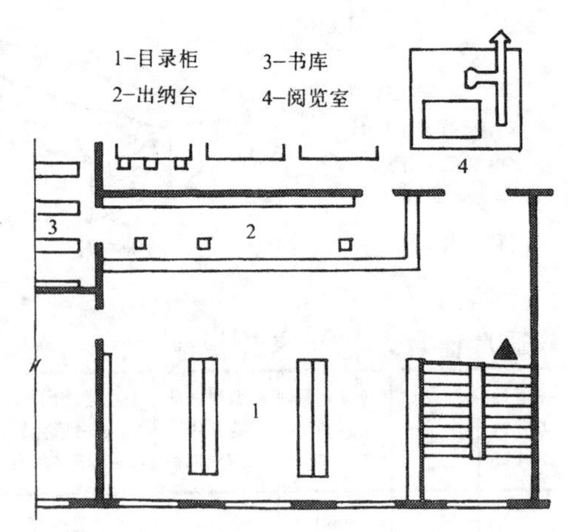

出入口位于厅的一侧，出纳台位于去阅览室的门边，位置明显，相互干扰很小

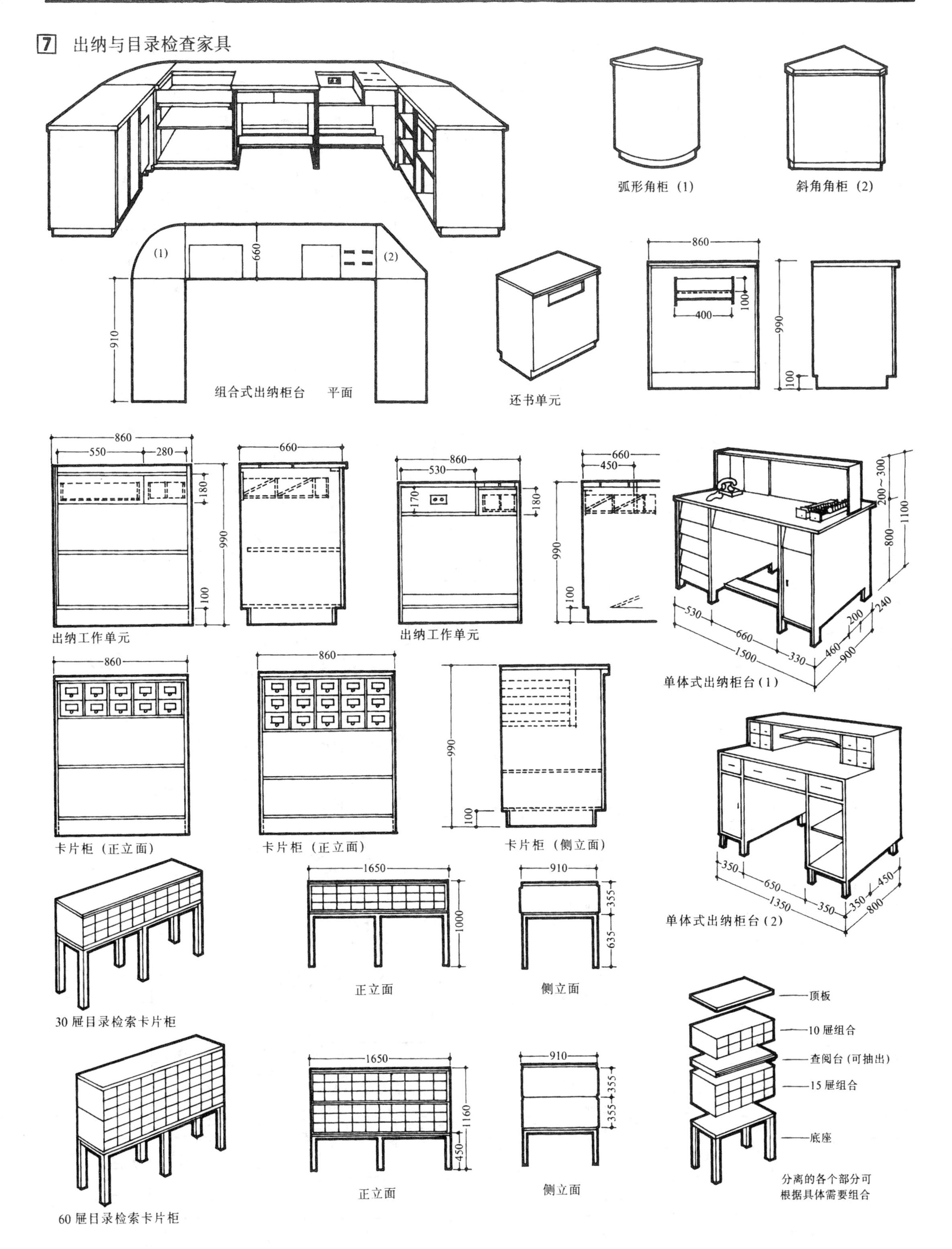
7 出纳与目录检查家具
(1)
(2)
660
910
组合式出纳柜台 平面
弧形角柜 (1)
斜角角柜 (2)
还书单元
860
400
100
990
100
860
550
280
180
990
100
660
出纳工作单元
860
530
170
180
660
450
990
100
出纳工作单元
200~300
1100
800
530
660
1500
330
460
200
240
900
单体式出纳柜台(1)
860
卡片柜 (正立面)
860
卡片柜 (正立面)
990
100
卡片柜 (侧立面)
350
650
1350
350
350
450
800
单体式出纳柜台(2)
30 屉目录检索卡片柜
1650
1000
正立面
910
355
635
侧立面
60 屉目录检索卡片柜
1650
1160
450
正立面
910
355
355
355
侧立面
顶板
10 屉组合
查阅台 (可抽出)
15 屉组合
底座
分离的各个部分可
根据具体需要组合

1 空间处理要点

1.阅览室可分为报刊阅览、专业刊物阅览、参考书阅览和专业阅览等。一般均应设出纳处。前三种阅览室可设置开架阅览区。

2 常用人体尺度

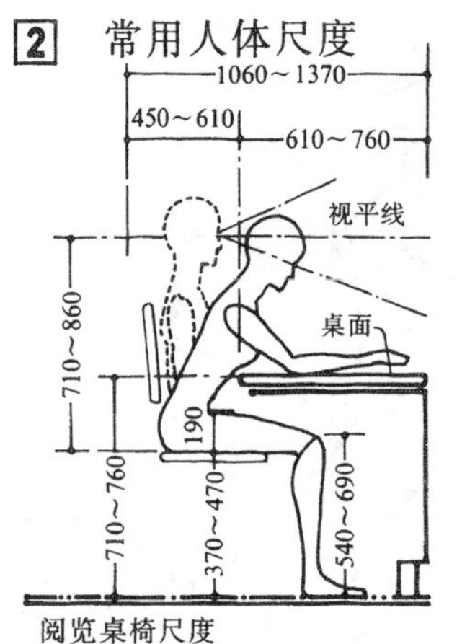

阅览桌椅尺度

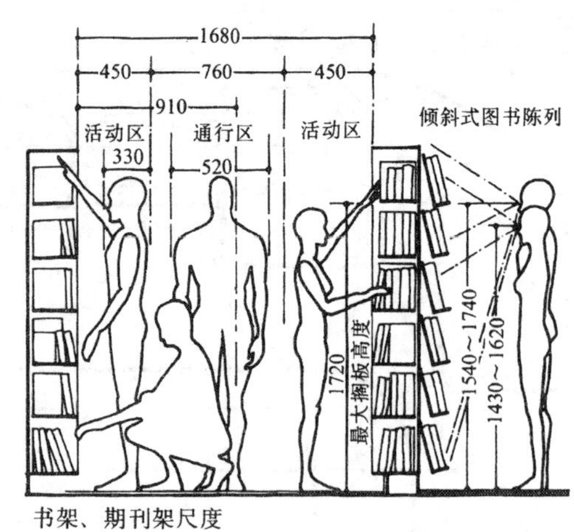

书架、期刊架尺度

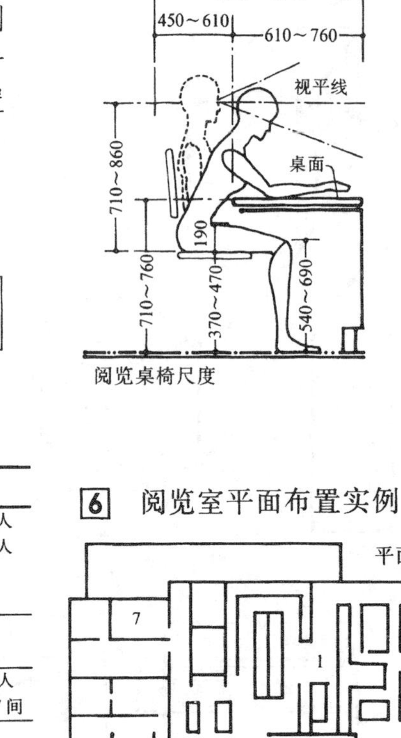

3 功能分析

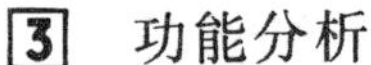

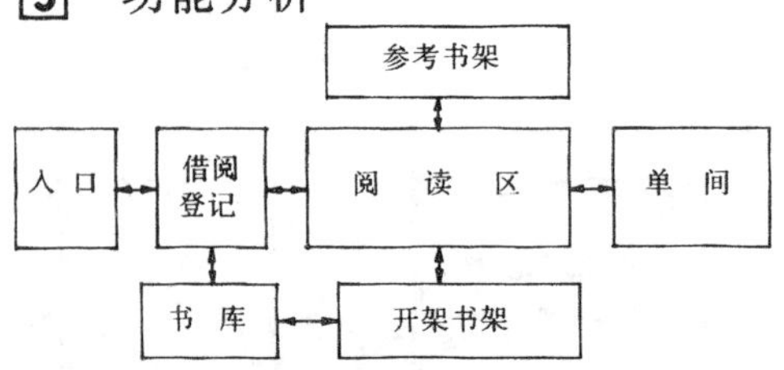

4 平面布置参考指标

名 称	说 明		平面指标
一般阅览室	阅览室座位	单座阅览桌	2.5～3.5m²／人
		2～3 座单面阅览桌	2.0～3.0m²／人
		4～6 座双面阅览桌	1.8～2.5m² 人
		8～12 座双面阅览桌	1.7～2.2m²
	值班工作人员办公面积	100 座以上时	5.0～10.0m²
		100 座以下时	2.0～4.0m²
研究室	6～10 人		3.0～4.0m²／人
	1～2 人		8.0～15.0m²／间
书库阅览单间			1.2～1.5m²／间
儿童阅览室			1.8～2.5m²／人

5 桌椅布置及尺寸

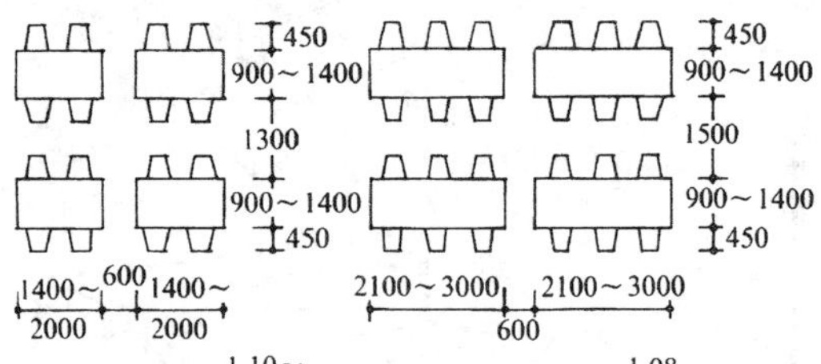

四人双面桌 1.10～1.76m²／座　　六人双面桌 1.08～1.74m²／座

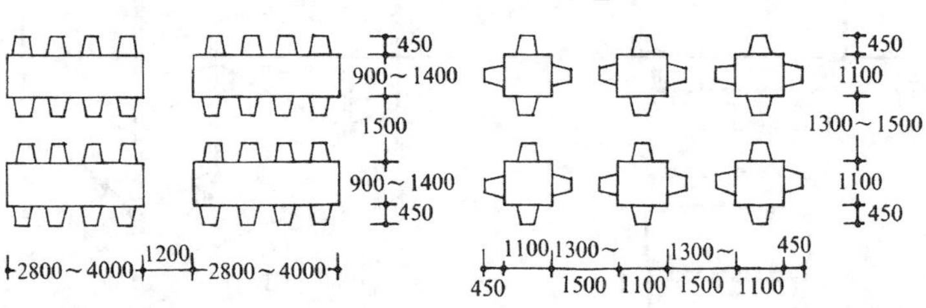

八人双面桌 1.20～1.88m²／座　　四人方桌 1.44～1.69m²／座

1.46～2.20m²／座

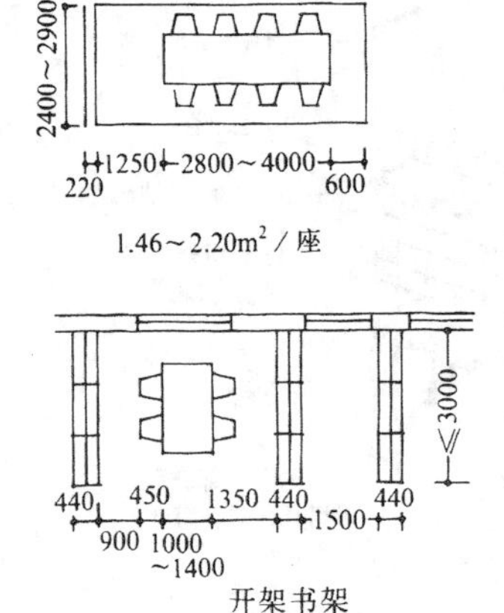

开架书架

桌椅布置的各种最小尺寸(mm)

条 件	a	b	c	d
一般步行	1500	1100	600	500
半侧行	1300	900	500	400
侧 行	1200	800	400	300
推一推椅背就可以侧行	1100	700		
需挪动椅子才能够侧行	1050	600		
椅子背靠背不能通行	1000			

6 阅览室平面布置实例

读者需要的阅览桌面积
(括弧内尺寸为儿童读者的要求)

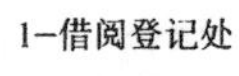

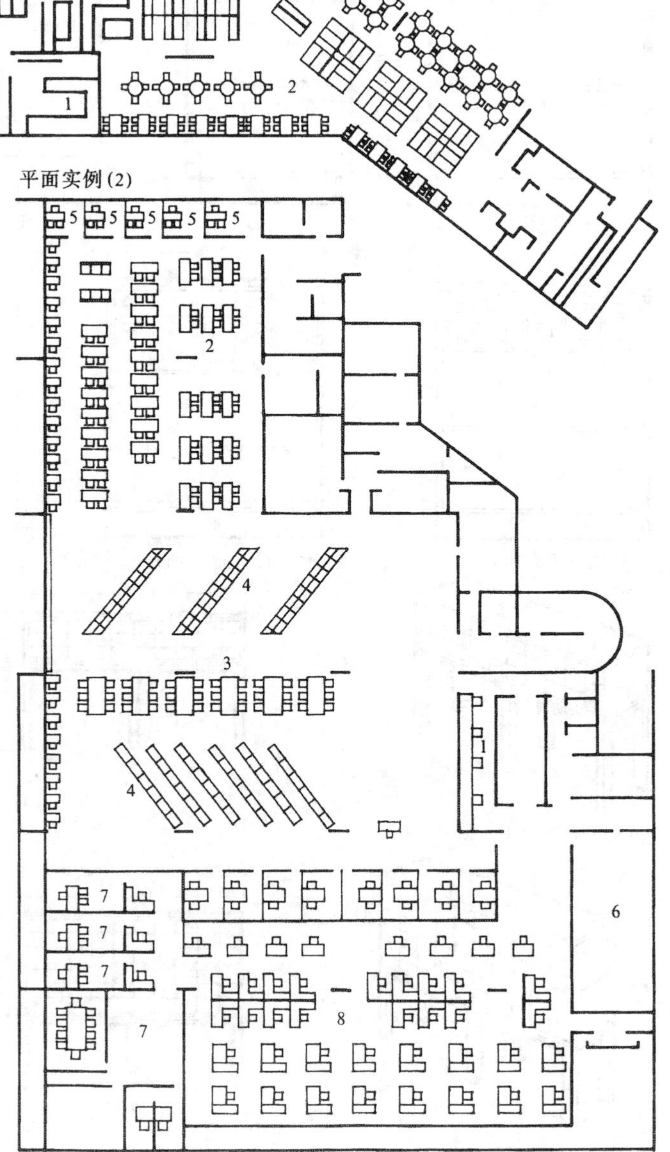

阅览室平面举例

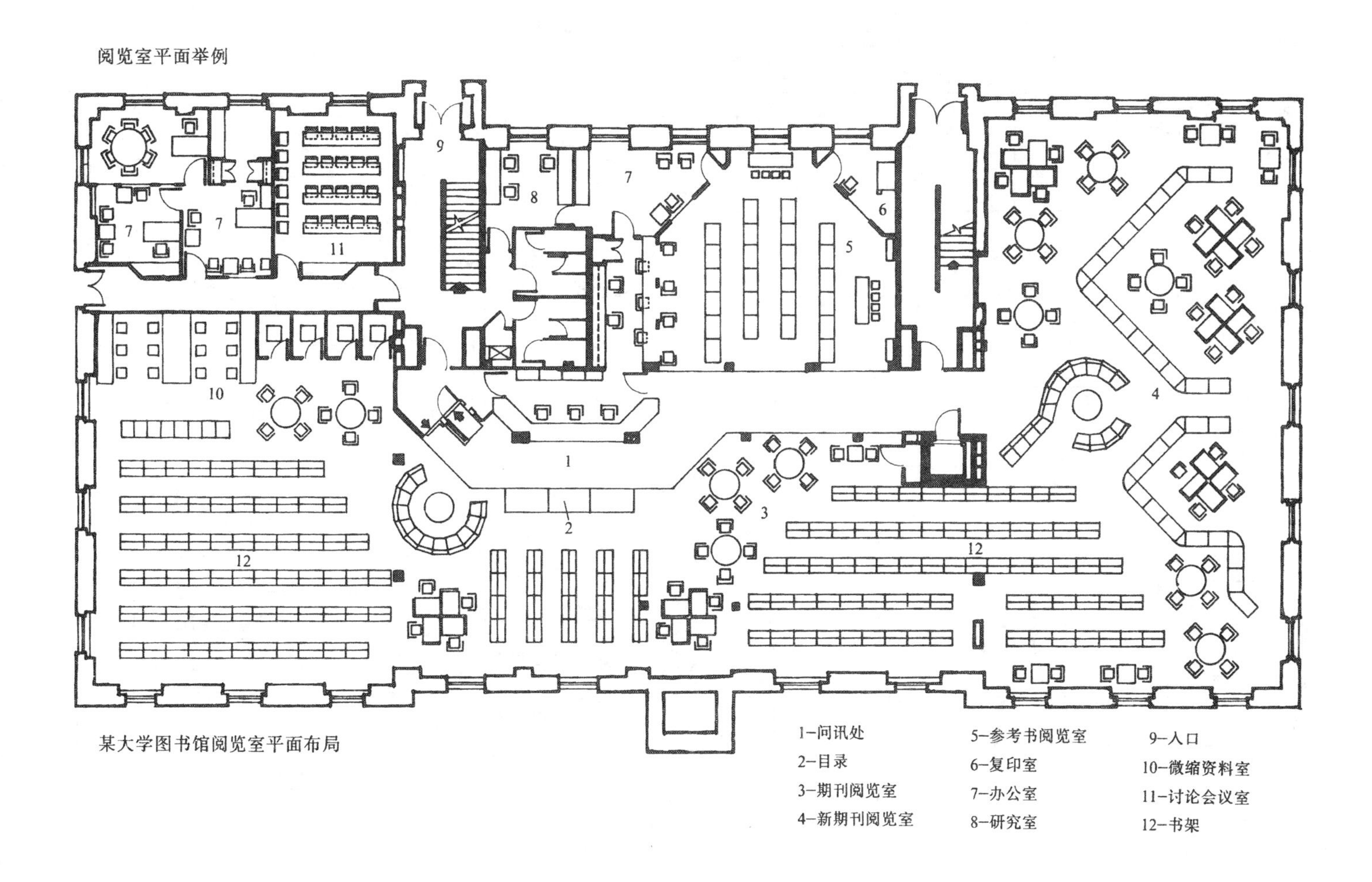

某大学图书馆阅览室平面布局

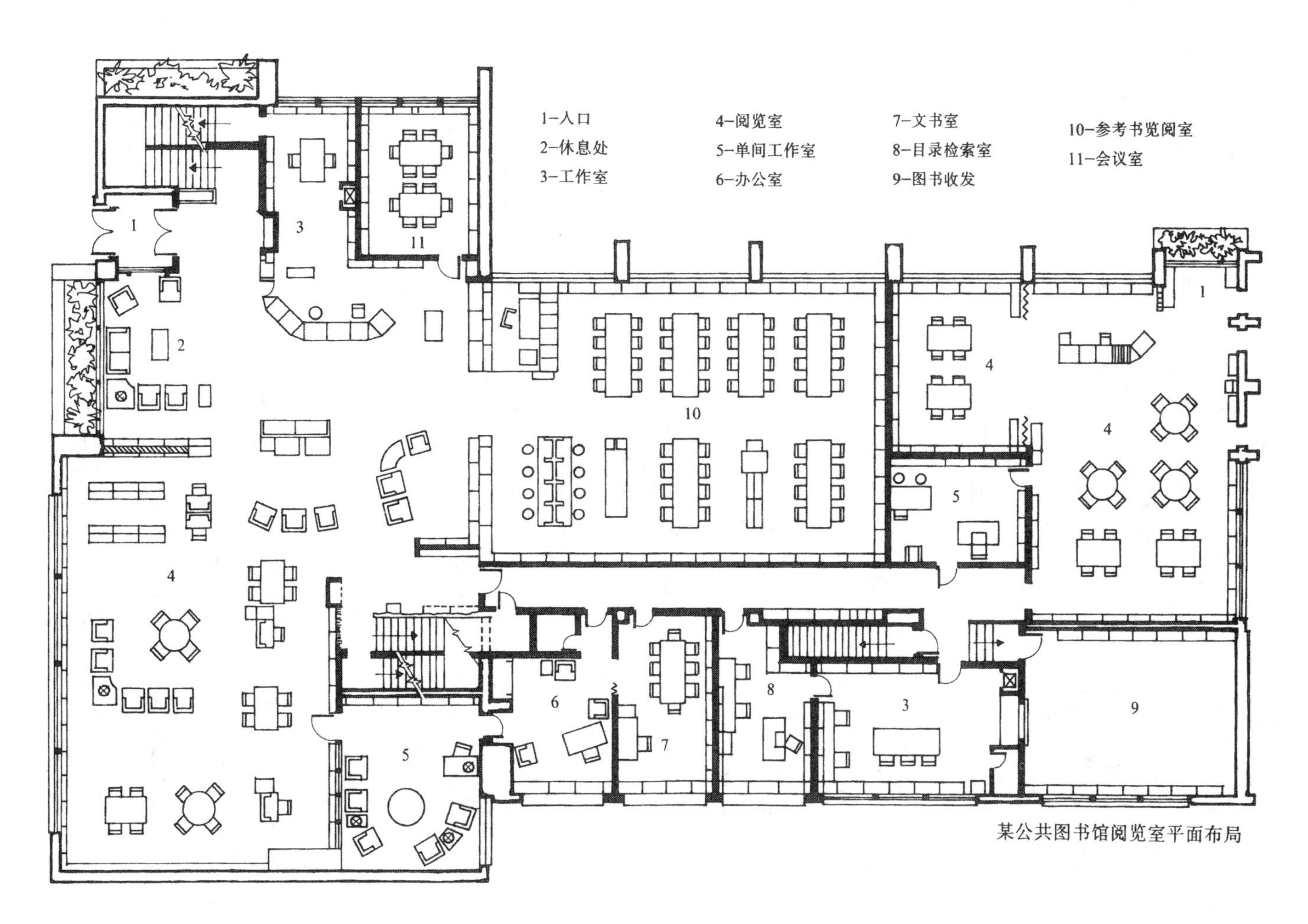

某公共图书馆阅览室平面布局

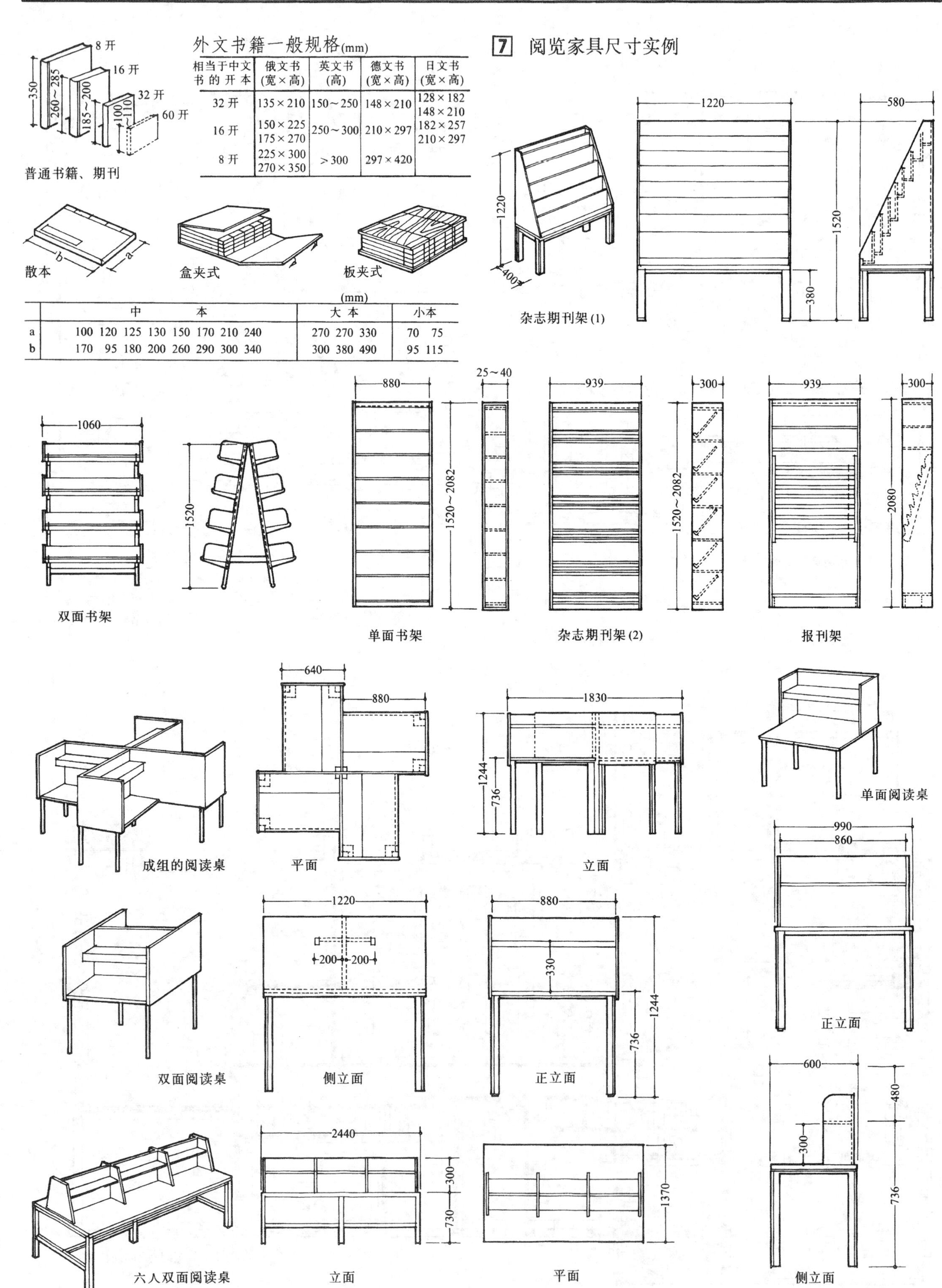

外文书籍一般规格(mm)

相当于中文书的开本	俄文书(宽×高)	英文书(高)	德文书(宽×高)	日文书(宽×高)
32开	135×210	150～250	148×210	128×182 148×210
16开	150×225 175×270	250～300	210×297	182×257 210×297
8开	225×300 270×350	>300	297×420	

(mm)

	中本								大本			小本	
a	100	120	125	130	150	170	210	240	270	270	330	70	75
b	170	95	180	200	260	290	300	340	300	380	490	95	115

1 视听空间处理要点

1.视听空间中的座位分活动和固定两种。固定座位的设置应考虑视线问题，如空间较大，座位较多时，还应按照当地防火规范设置适当的通道及出入口。

2.视听室与操作控制室应有直接的联系通道，以便工作人员操作。

3.大型视听空间内如需要，可设小舞台或活动舞台。

4.大型视听空间应设有适当的休息室，供演讲人休息。

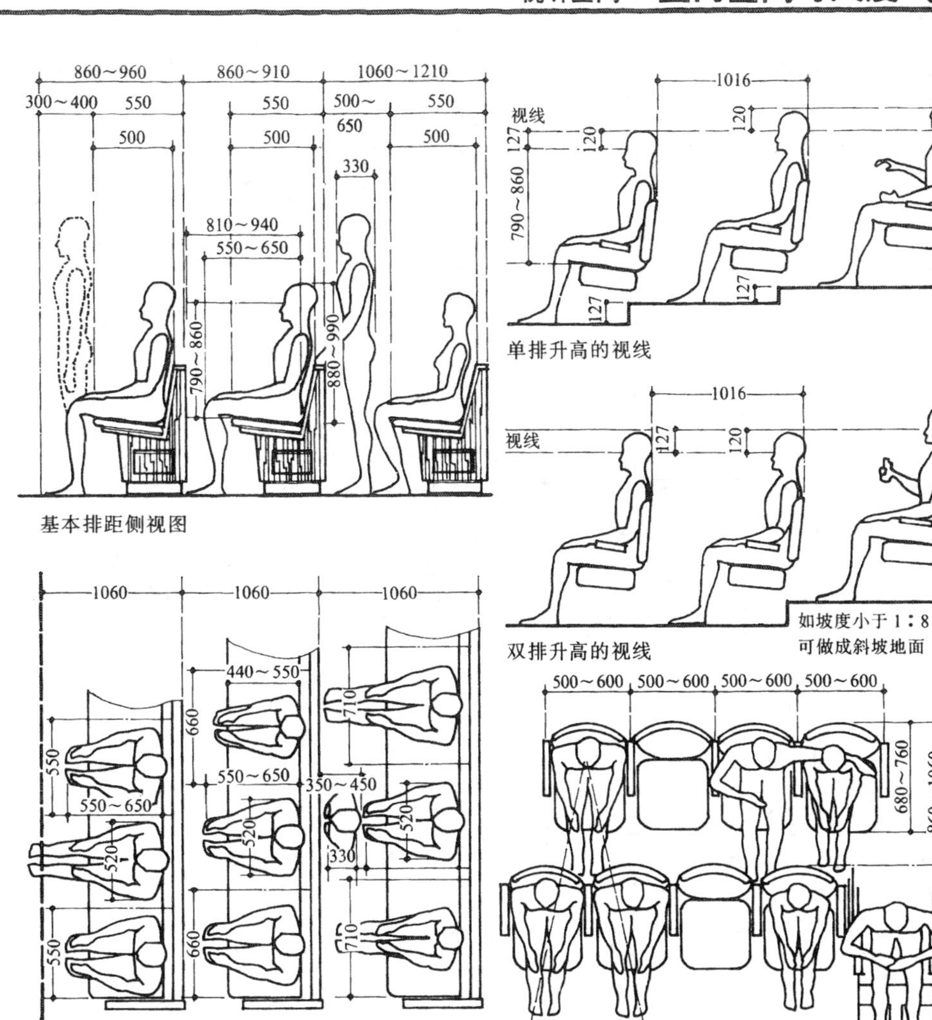

基本排距侧视图

2 视听空间功能分析

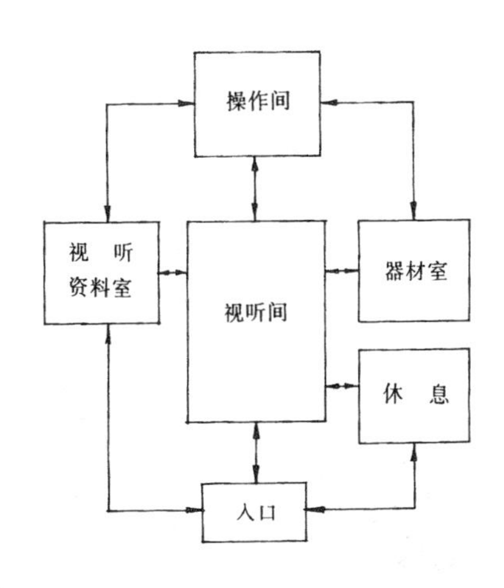

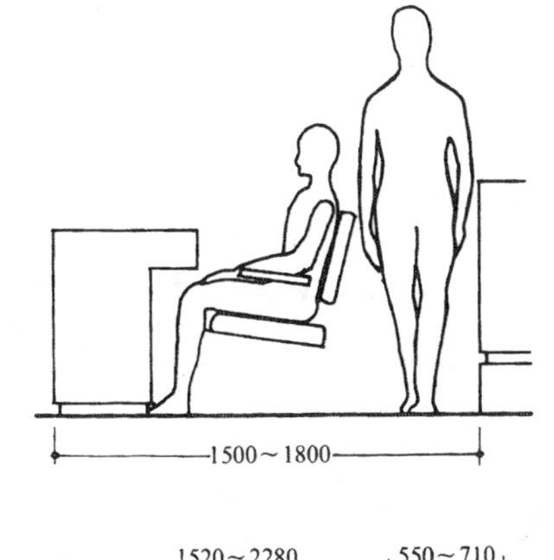

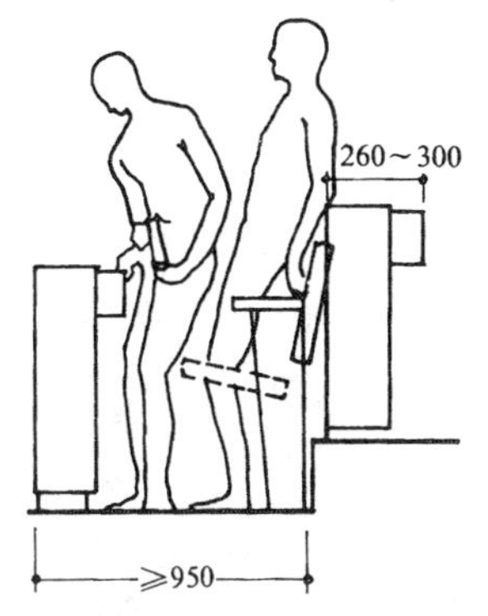

有固定记录桌座位排距

3 视听空间中常用人体尺寸

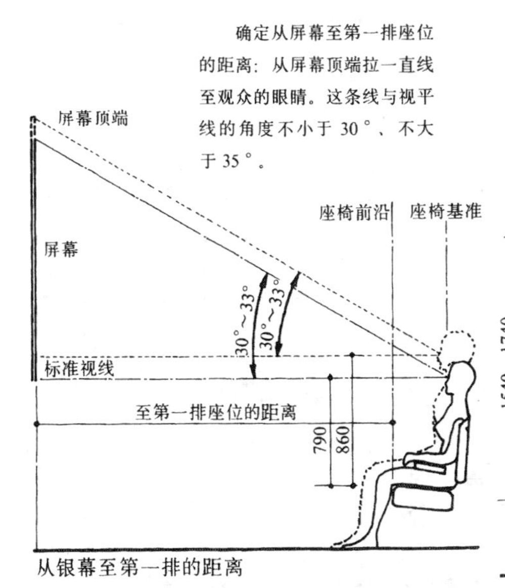

从银幕至第一排的距离

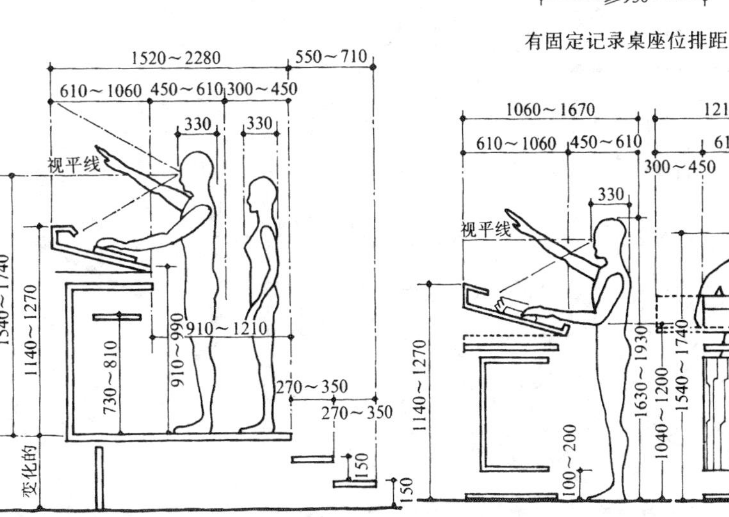

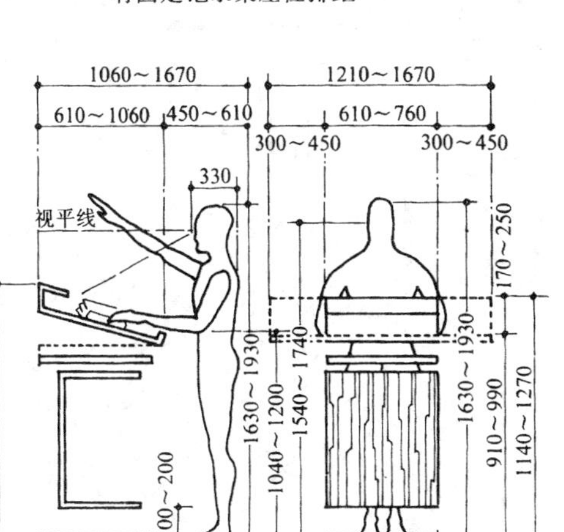

4 投影设备平面布置

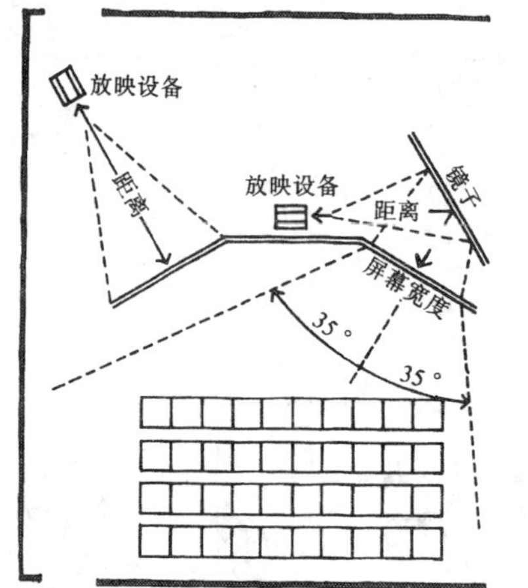

后部投影的设备布置平面

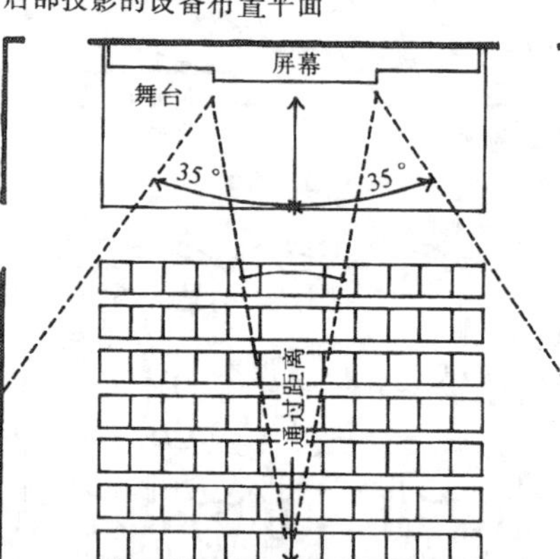

前部投影的设备布置平面

视听室的屏幕尺寸及投影距离(1)

屏幕宽度(英寸)	距离(m)	
	2X	1/2X
4	1.75	7.49
8	3.85	15.25
12	5.49	22.87
16	7.42	30.10
20	9.32	37.40

注：表中所列的距离尺寸是从镜头前缘至屏幕之间的距离。

视听室的屏幕尺寸及投影距离(2)

屏幕宽度(英寸)	距离(m)	
	2X	1/2X
4	1.75	7.49
8	3.85	15.25
12	5.49	22.87
16	7.42	30.10
20	9.32	37.40

6 有通道的分组式座位布置

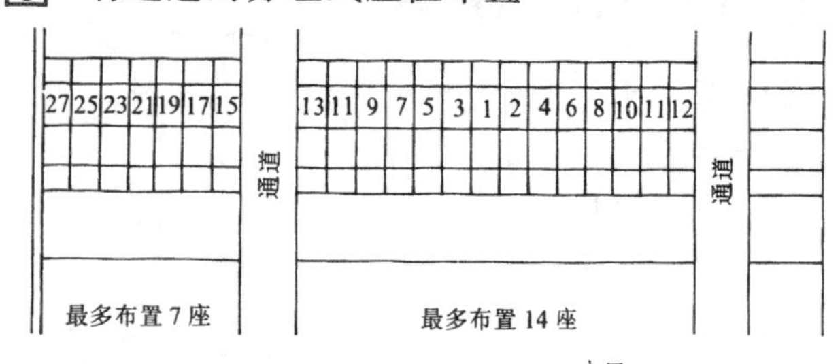

这种布置方式要求有三对 1060 宽的门。走动的距离根据防火规范要求不超过 45m，可使用喷淋系统。

决定排与排之间的距离，可通过水平方向的尺寸确定，从而确定竖向的平面位置。座位至通道的距离可从座位的安装位置来测量

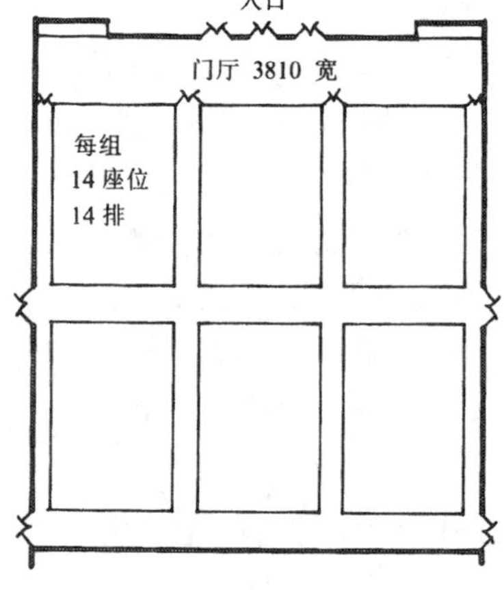

银幕式舞台位置

7 成片式的座位布置

通道 99 3 1 2 4 100 通道

从中心到边上的通道之间最多不超过 50 个座位，两边通道之间最多不超过 100 个座位

许多规范要求必须在两边的通道上设置出入口。出入口的间距最多不能大于 5 排座位的间距。出入口的宽度应为 1600mm。出入口外应可直接通往门厅、休息厅或建筑的外部。详细要求请参照当地的各种规范

5 平面布置实例

1—舞台与讲坛
2—道具室
3—伴讲舞台
4—设备间
5—化妆间
6—阅览室
7—小卖部
8—入口

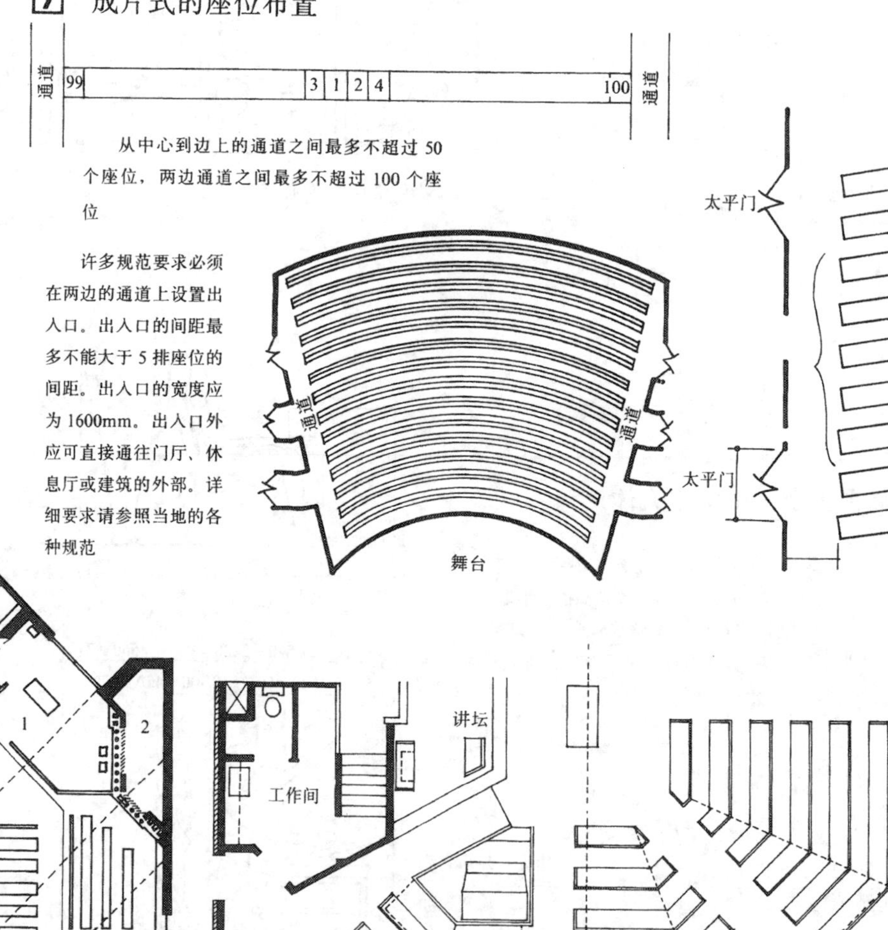

8 视听空间的家具及设备

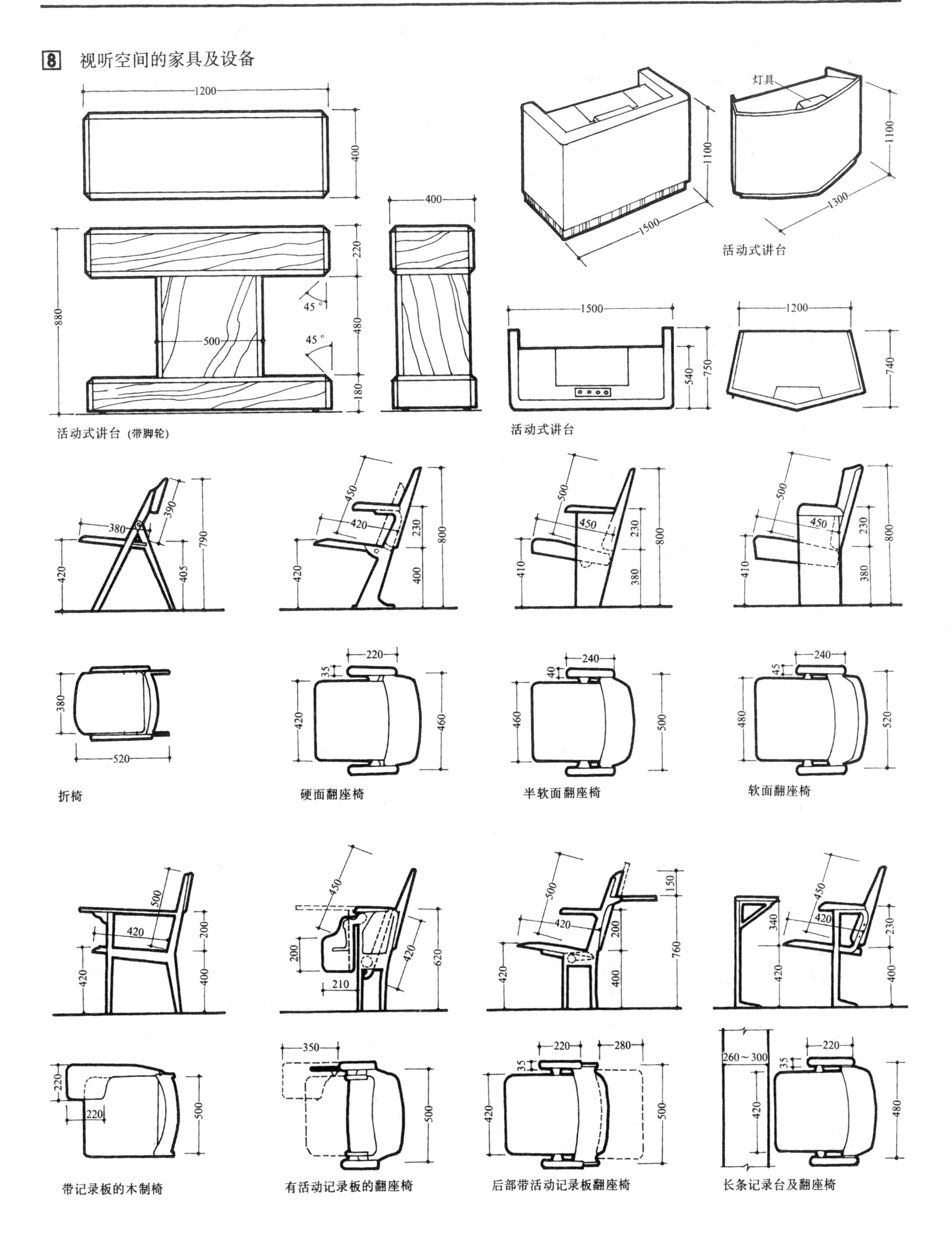

活动式讲台（带脚轮）

活动式讲台

活动式讲台

折椅

硬面翻座椅

半软面翻座椅

软面翻座椅

带记录板的木制椅

有活动记录板的翻座椅

后部带活动记录板翻座椅

长条记录台及翻座椅

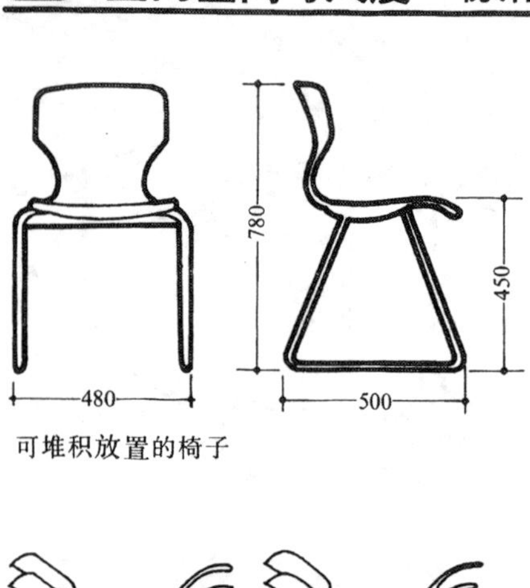

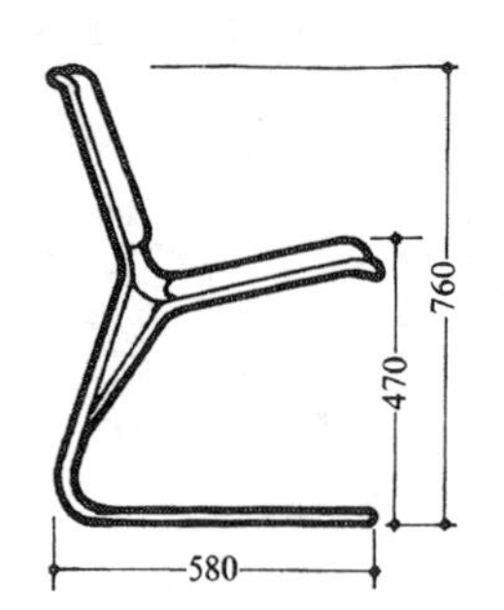

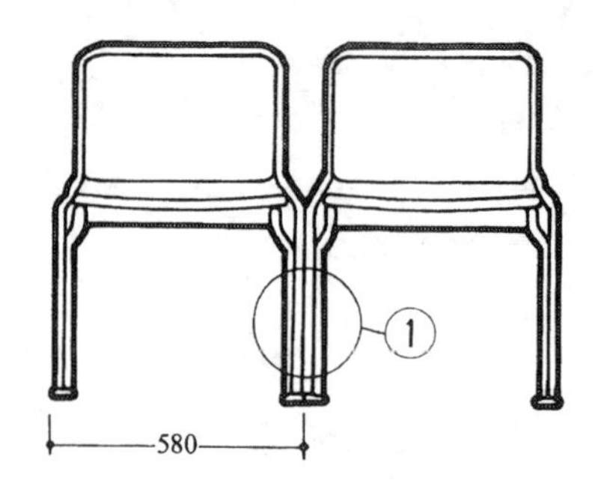

可堆积放置的椅子

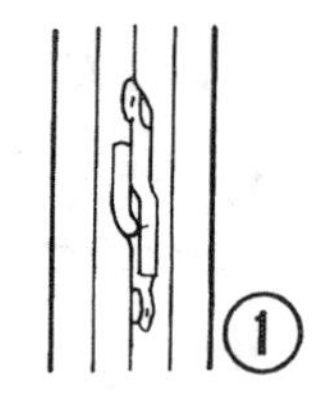

可堆积式椅子的连接方式详图

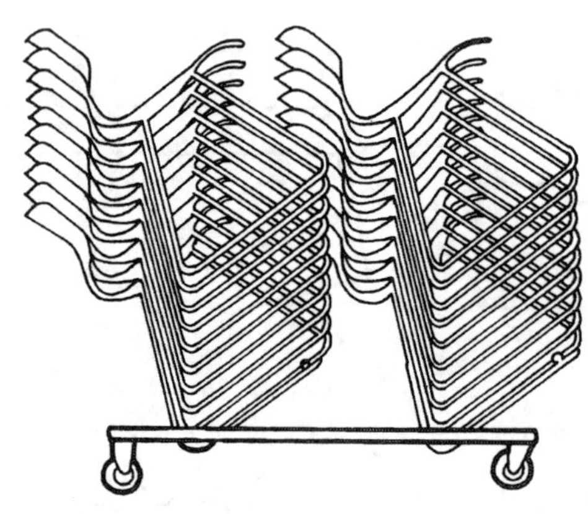

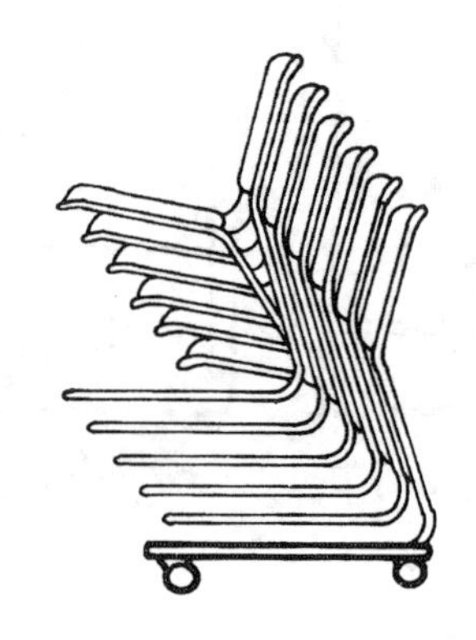

堆积方式与运送小车

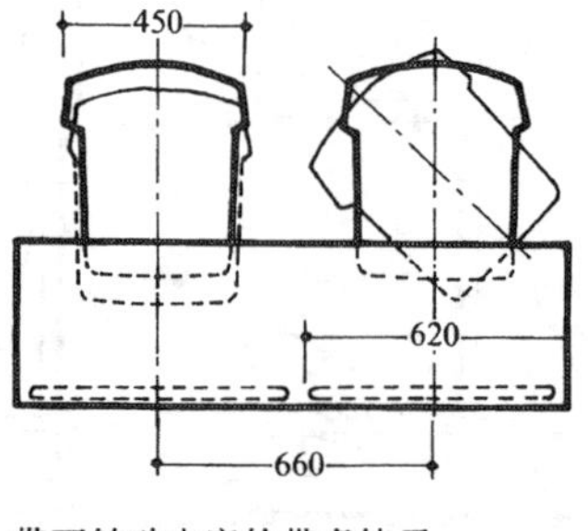

带可转动支座的带桌椅子

400 380 300 250 700 450 120

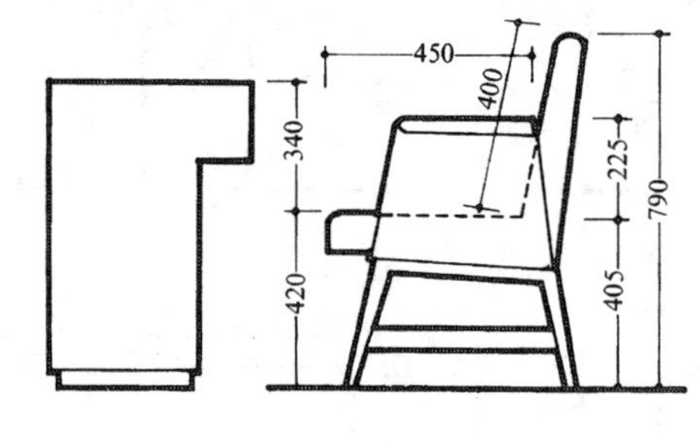

可堆积式椅子一般都设计有连接件把椅子连接成排。在连接时，每排座位的数量应参照当地防火规范执行

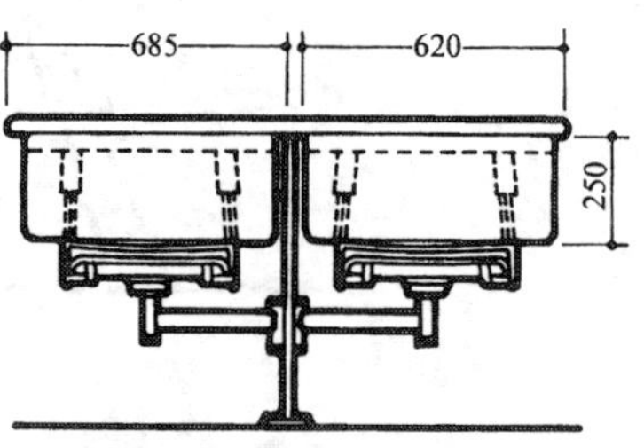

1100～1000 450 355

前后可调座椅（带记录台）
椅背到椅背的前后间距为1100mm

600 560 480

主席台上桌椅布置尺度

视听设备的布置方式：

视听设备可安装于各种支撑架上。各种支架可安装于吊顶、梁架、墙或地面上。随着技术的发展，有可能制造出仅 1 英寸(2.54cm)厚的显示屏。它将有可能安装在墙内

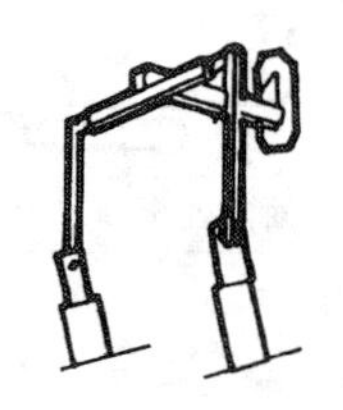

墙上安装电视挂架
可供13～15英寸电视使用

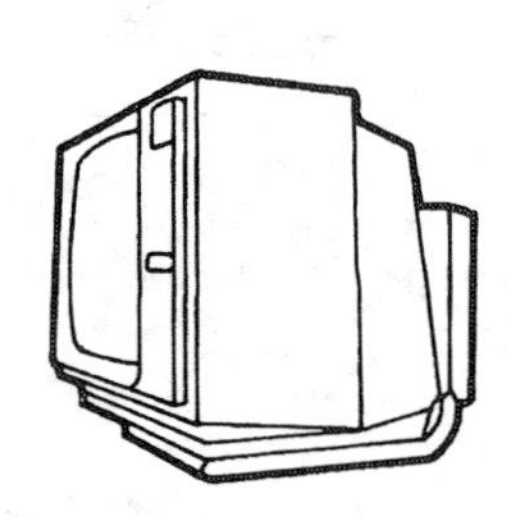

墙上安装用托架

后置式投影电视
(50英寸) 屏幕

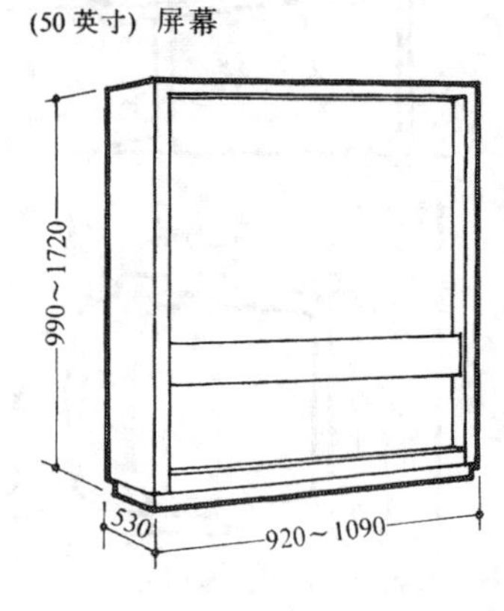

一体化前置式投影电视
(50英寸) 屏幕

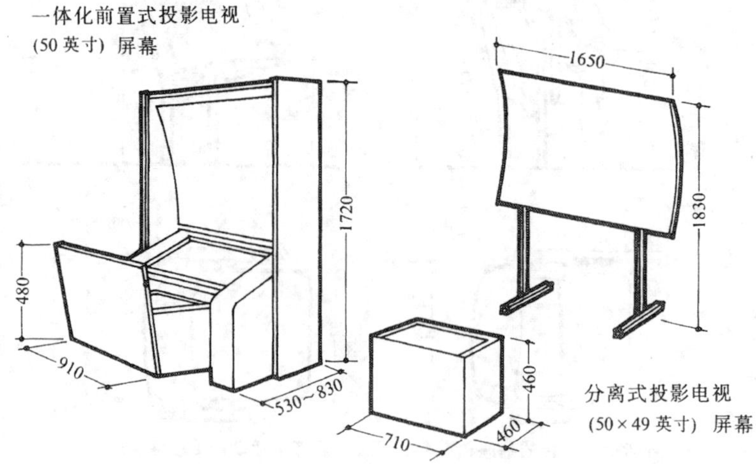

分离式投影电视
(50×49英寸) 屏幕

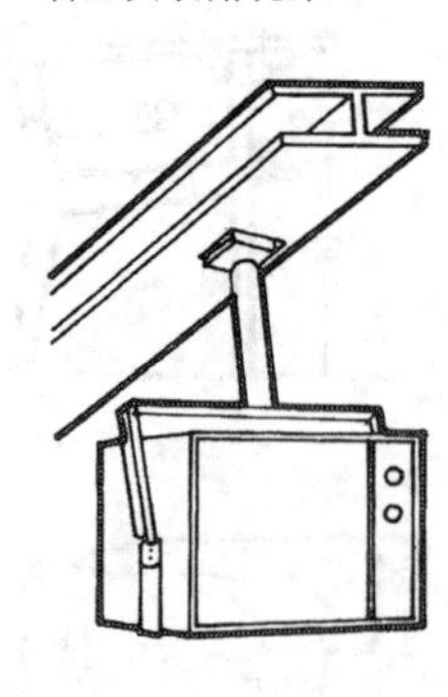

安装于钢梁上的挂架

1 空间处理要点

1.展览陈列的主要功能部分为二大部分：陈列和服务（详见下图）各部分可视具体情况增减。

2.参观路线的安排是展览布局的关键，根据不同的展览内容需要做适当的布置：连续性强的——串连式；各个独立的——并行式或多线式；等。

3.陈列布局应满足参观路线要求，避免迂回、交叉，合理安排休息处，展品及工作人员出入要方便。

2 常用人体尺度

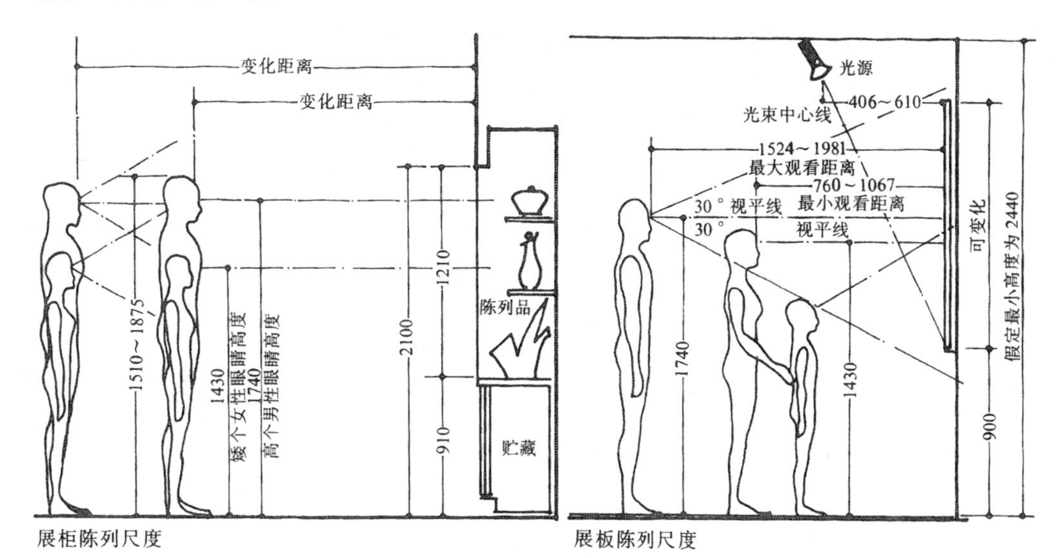

展柜陈列尺度　　展板陈列尺度

3 功能分析

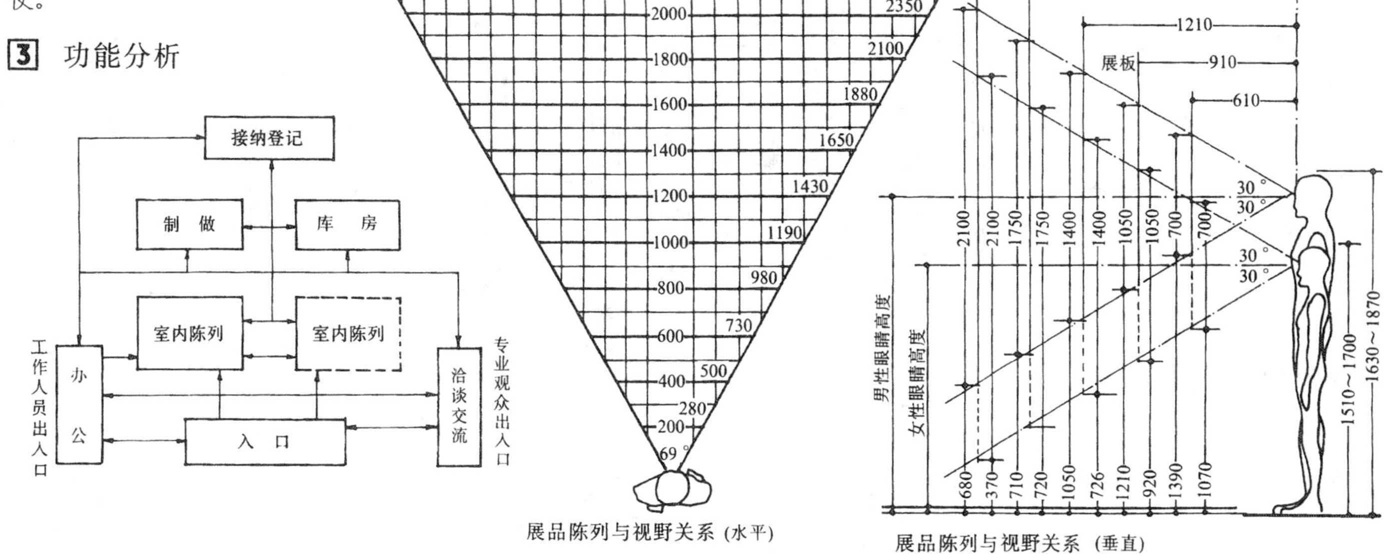

展品陈列与视野关系（水平）　　展品陈列与视野关系（垂直）

4 陈列尺度

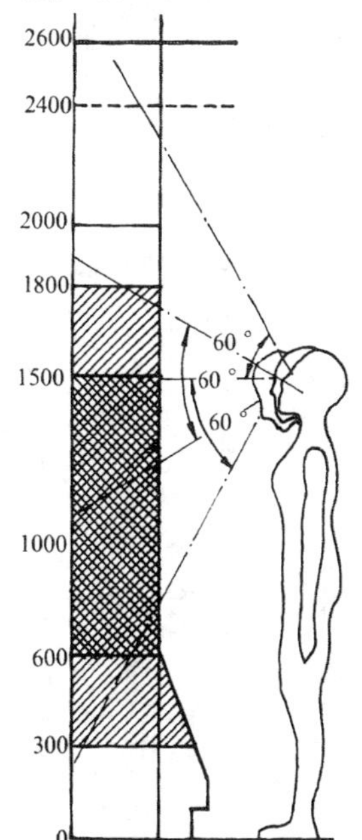

辨认视界

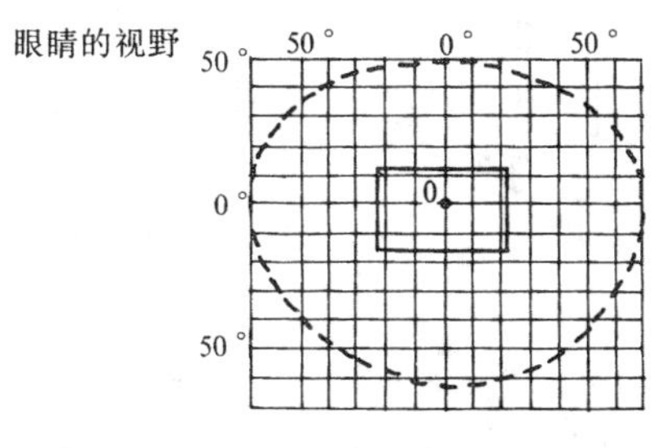

陈列品视距调查表

陈列品性质	陈列品高度 D(mm)	视距 H(mm)	D/H
图　板	600	1000	1.6
	1000	1500	1.5
	1500	2000	1.3
	2000	2500	1.2
	3000	3000	1.0
	5000	4000	0.8
陈列立柜	1800	400	0.2
陈列平柜	1200	200	0.19
中型实物	2000	1000	0.5
大型实物	5000	2000	0.4

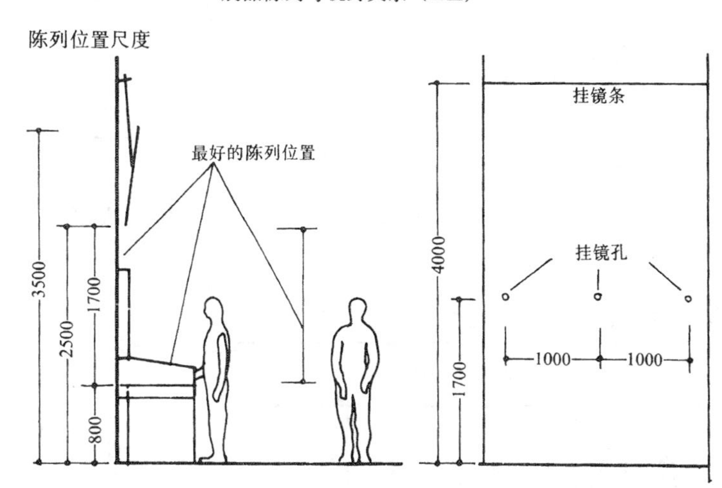

垂直面上的平面展品陈列地带一般由地面 0.8m 开始，高度为 1.7m。高过陈列地带，即 2.5m 以上，通常只布置一些大型的美术作品（图画、照片）。小件或重要的展品，宜布置在观众视平线上（高 1.4m 左右）。挂镜条一般高度 4m，挂镜孔高 1.7m，间距 1m。

5 陈列室布置的几种类型

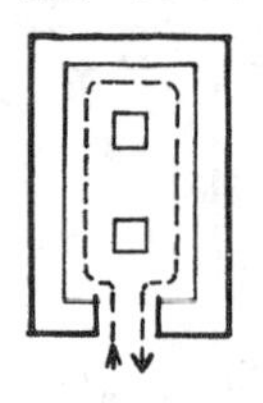

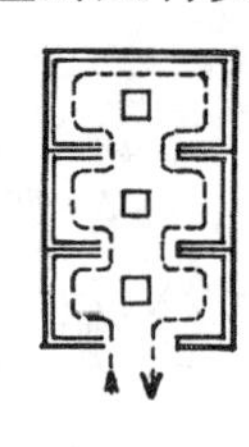

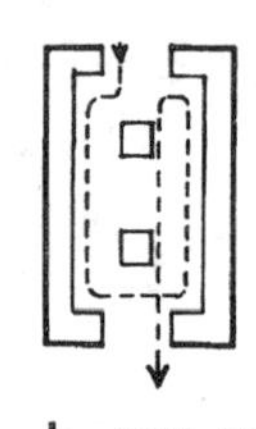

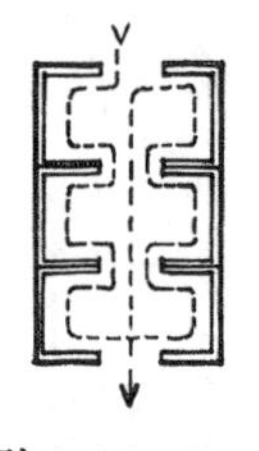

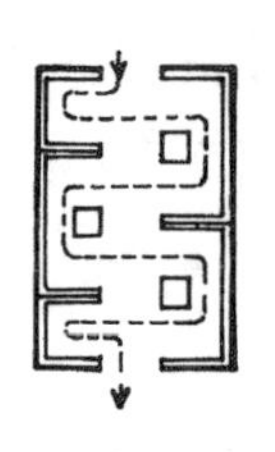

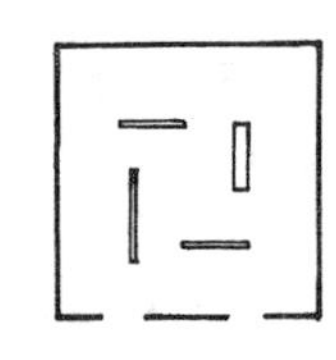

a 袋式陈列　b 通过式陈列(双线与三线)　c 单线连续式陈列　d 灵活布置的陈列

可拆装展板系灵活布置形式

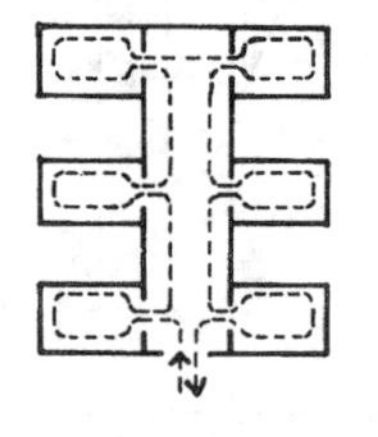

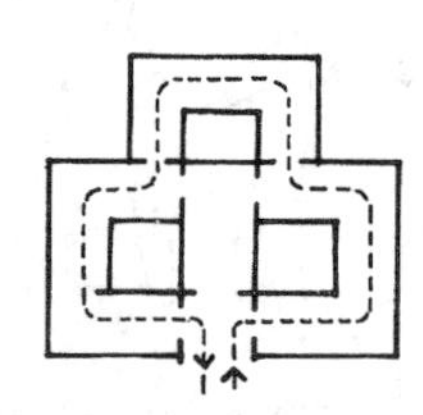

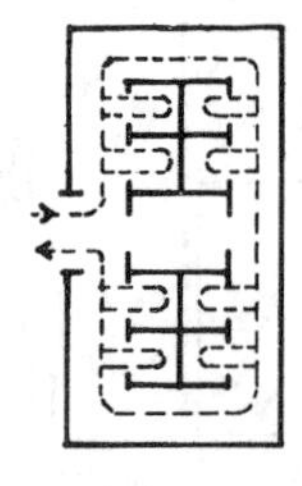

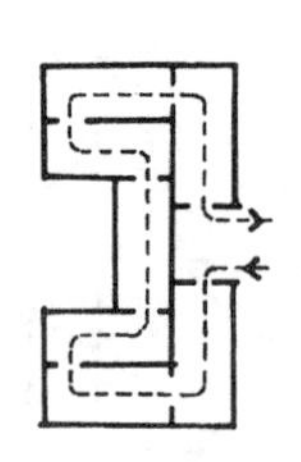

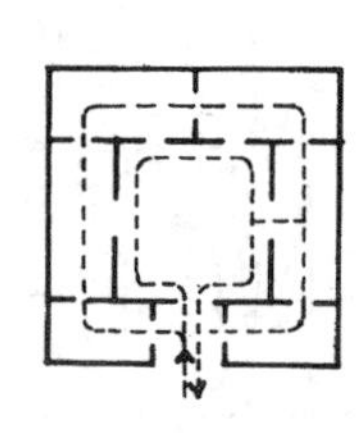

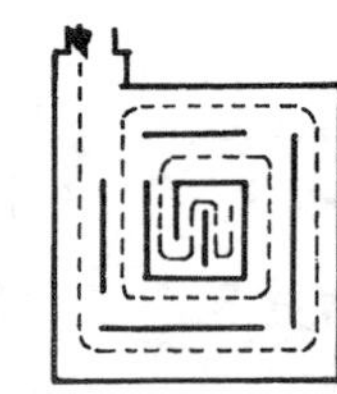

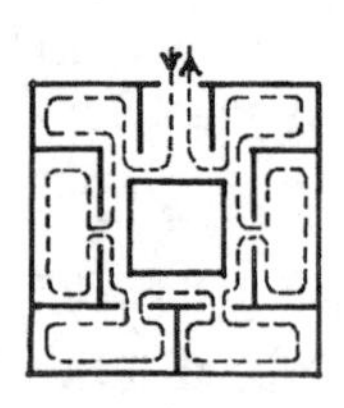

6 常见展览家具尺度

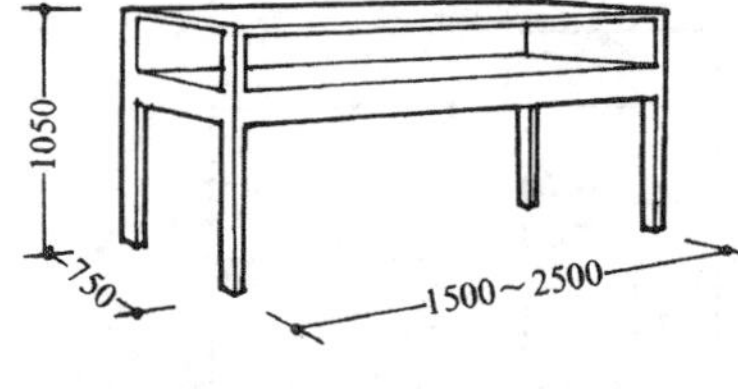

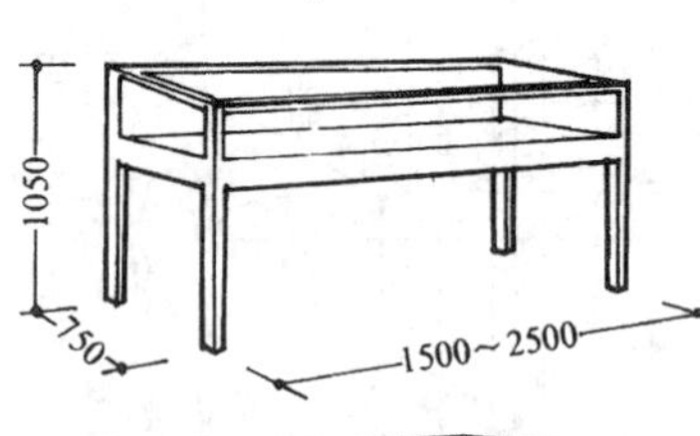

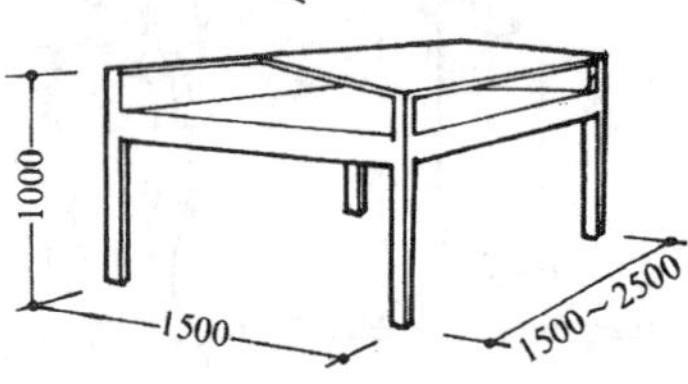

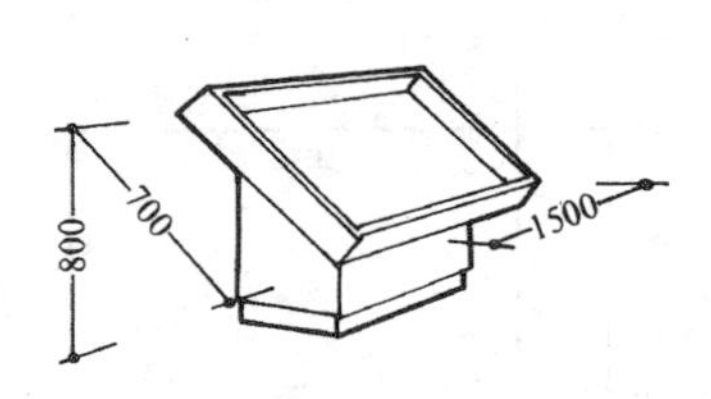

四面观看的展柜

三面观看的展柜

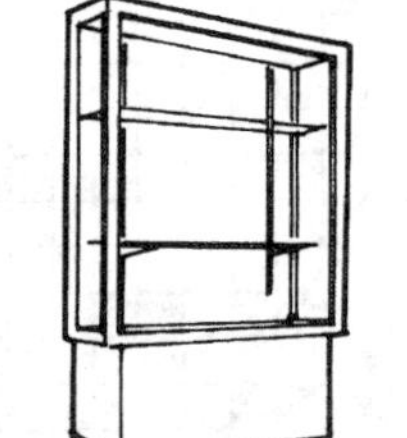

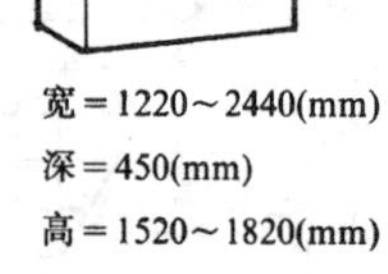

宽＝1220～2440(mm)
深＝450(mm)
高＝1520～1820(mm)

沙盘模型台

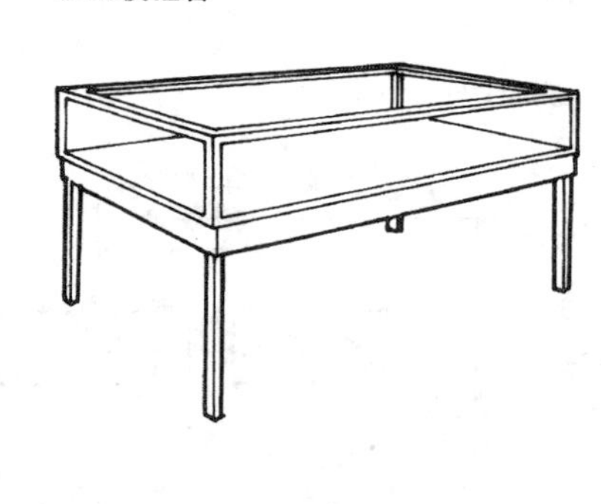

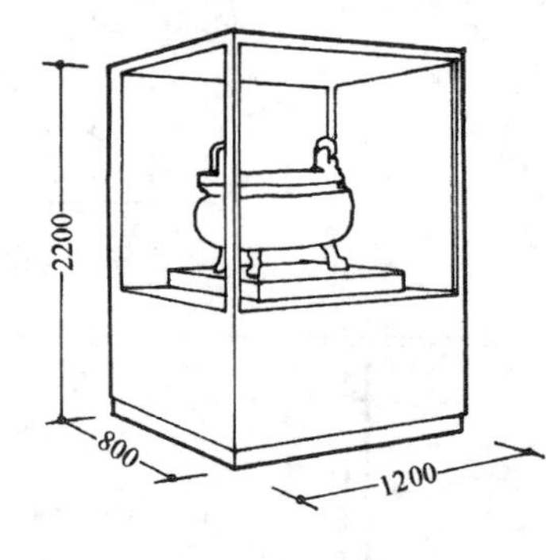

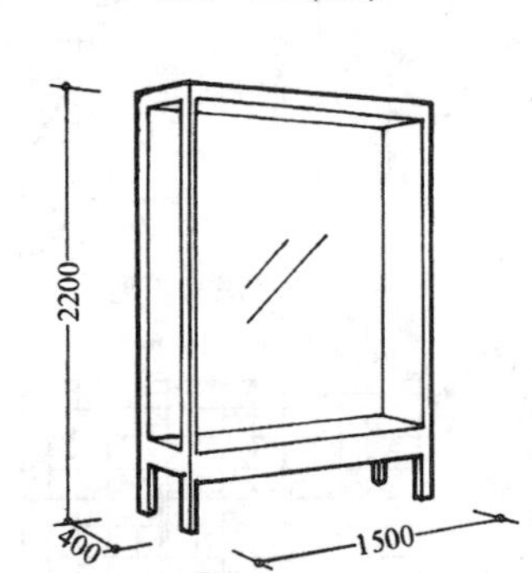

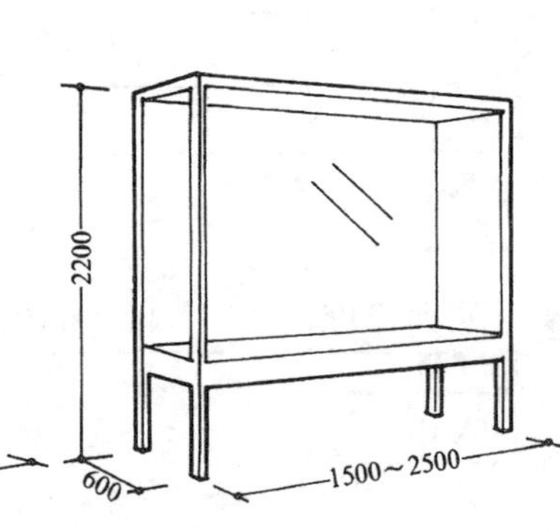

展板布置形式

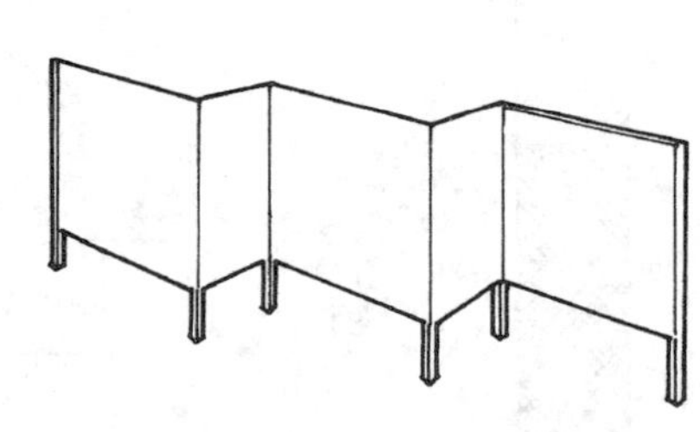

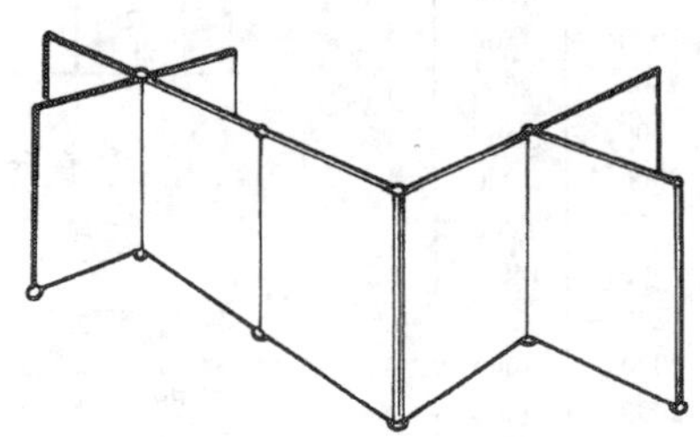

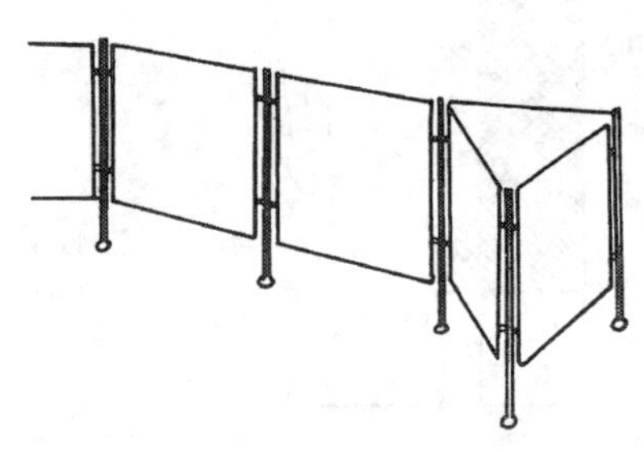

常见陈列品尺寸表 (m)

陈列品类型	长度	宽度	高度
图　板		1.5～3.0	1.5～2.5
陈列立柜	1.5～2.5	0.4～1.0	1.8～2.5
陈列平柜	1.0～1.2	0.8～1.2	0.8～1.4
立体实物及模型	1.0～4.0	1.0～3.0	1.0～3.0
实物堆及大型展品	2.0～4.0	3.0～5.0	3.0～6.0

1 影剧院门厅处理要点

1.比较大型的影剧院门厅和休息厅是分设的，一般的中小型多为合并的，兼有多种用途。

2.大厅中各主要出入口及附属部分应位置明显，观众流线畅通，小卖、存衣等位置应相对安定。

3.售票处一般单设。

2 影剧院门厅功能分析

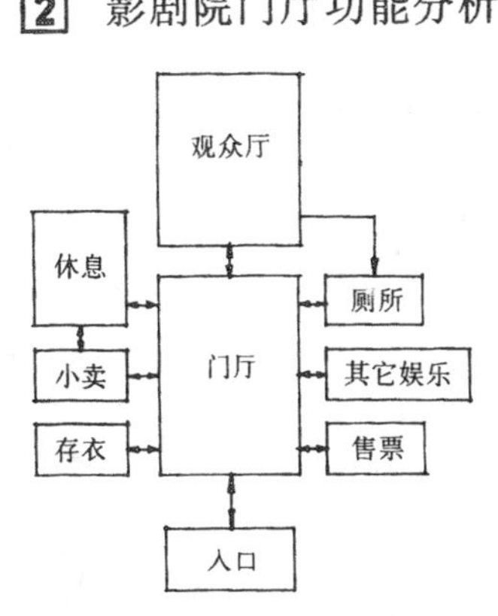

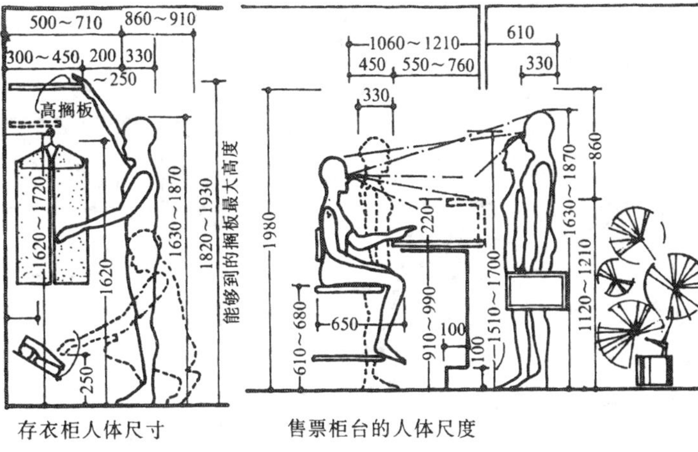

存衣柜人体尺寸

售票柜台的人体尺度

3 存衣处面积参考指标

1000～2000座位观众厅	存衣处面积(m^2/座)	柜台长度(m/百人)
最少～最多	0.04～0.10	0.80～1.82
一　般	0.07～0.08	1.00～1.67

4 门厅常见的人体尺寸

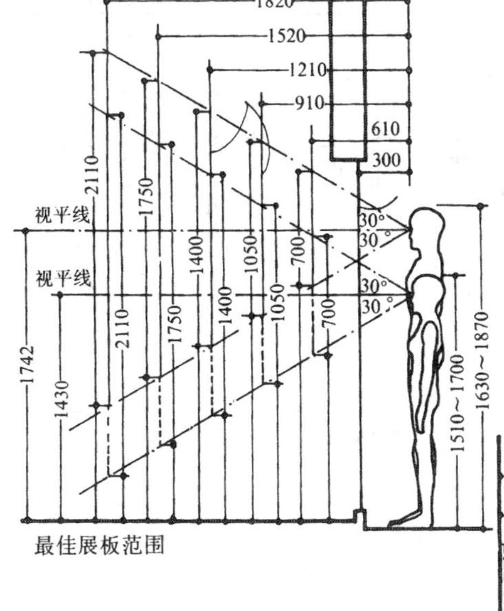

最佳展板范围

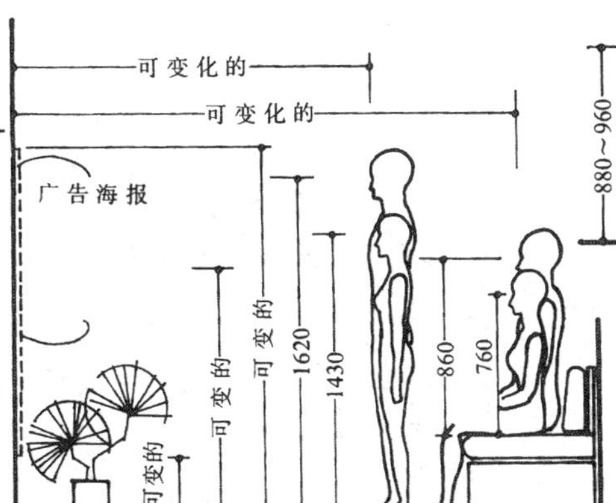

休息椅尺寸

长靠椅密度布置

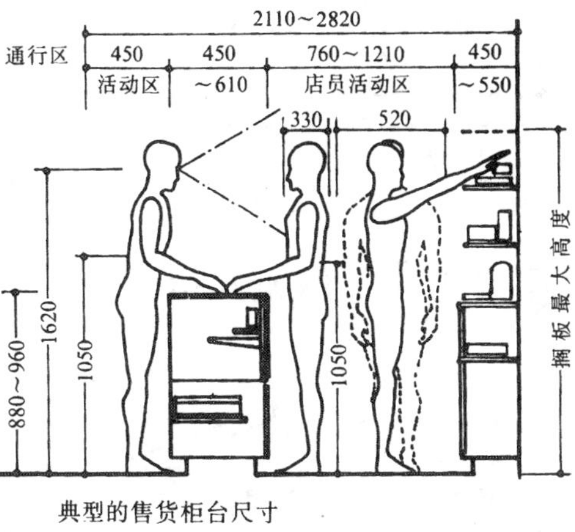

典型的售货柜台尺寸

陈列器与视野的关系

5 门厅布置平面

1-门厅　3-休息厅　5-厕所

2-休息厅　4-存衣处　6-观众厅

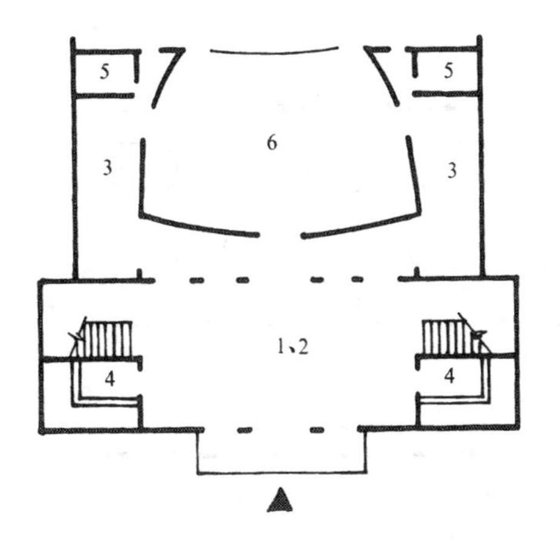

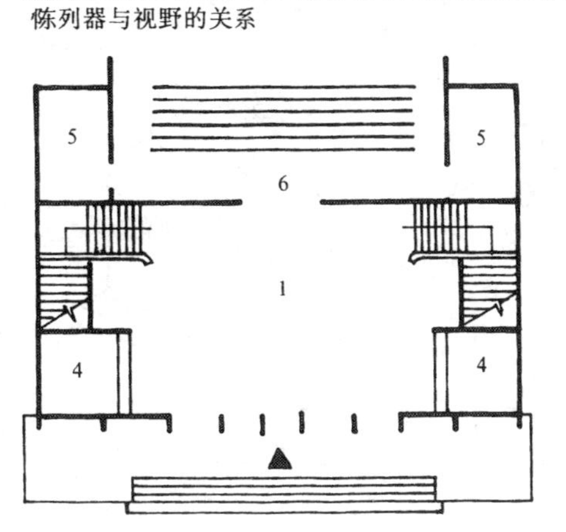

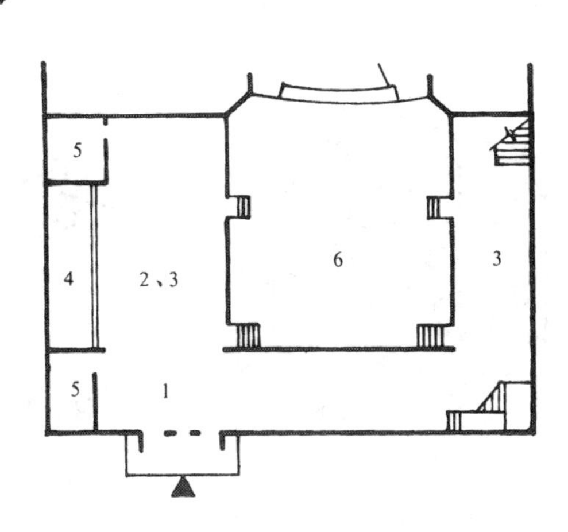

1-门厅　　4-存衣处
2-大厅　　5-洗手间
3-休息厅

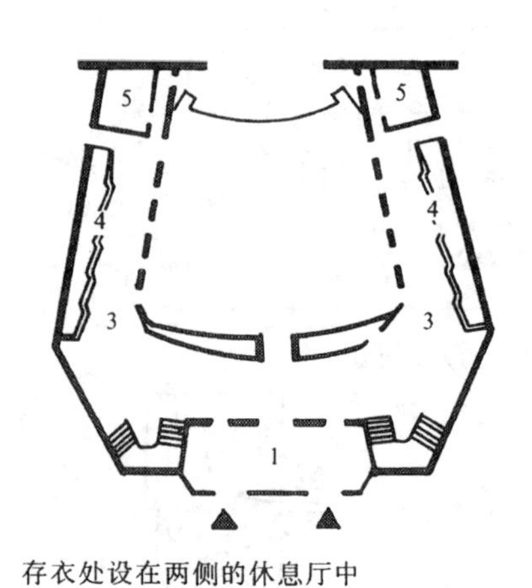

存衣处设在两侧的休息厅中

利用观众厅后部下层空间设存衣处

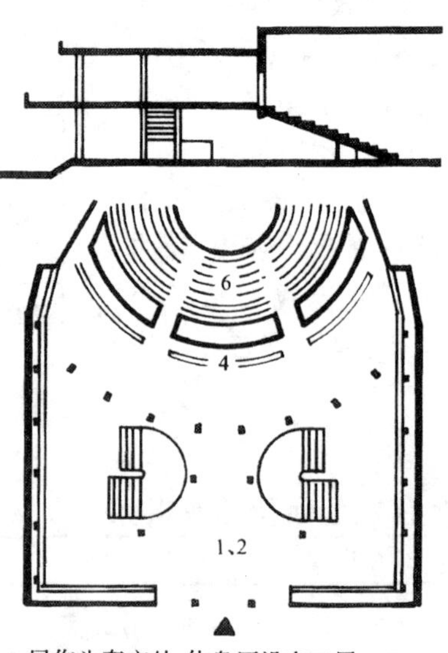

一层作为存衣处，休息厅设在二层

6 存衣处平面布置

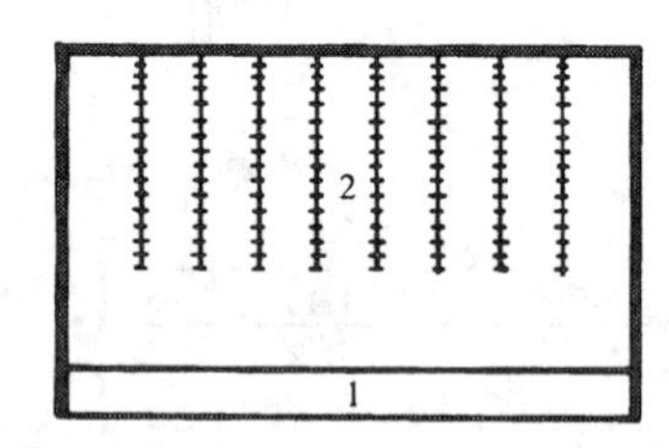

敞开式存衣处　　1-柜台 2-衣架

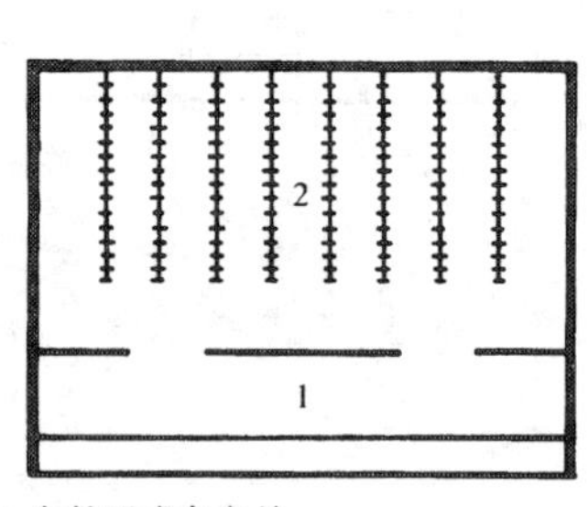

半敞开式存衣处

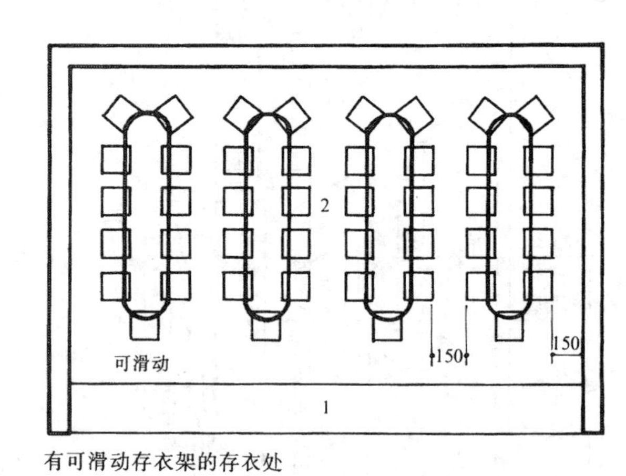

有可滑动存衣架的存衣处

7 门厅家具及常见设备尺寸

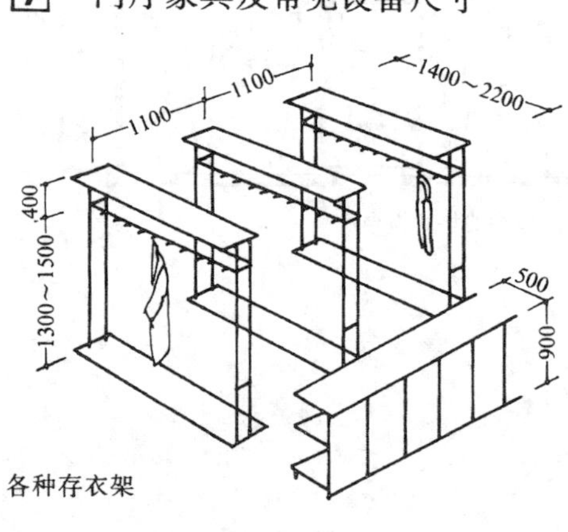

各种存衣架

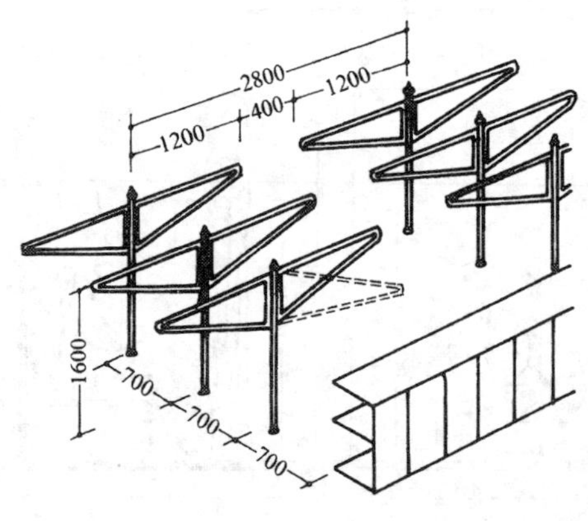

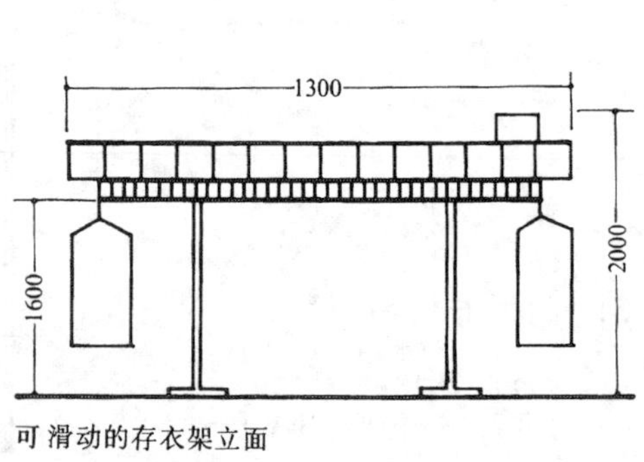

可滑动的存衣架立面

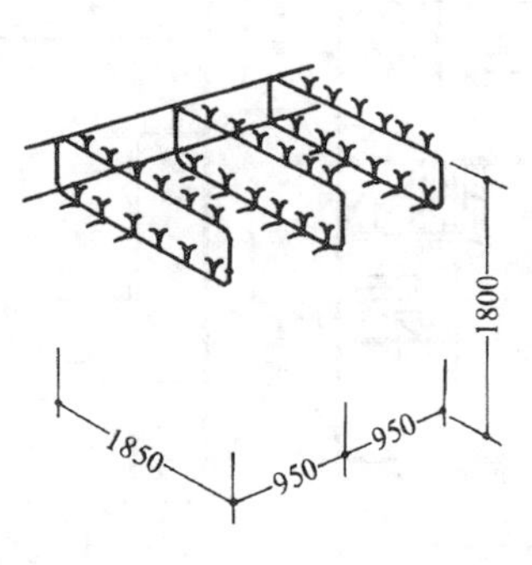

雨伞存放架

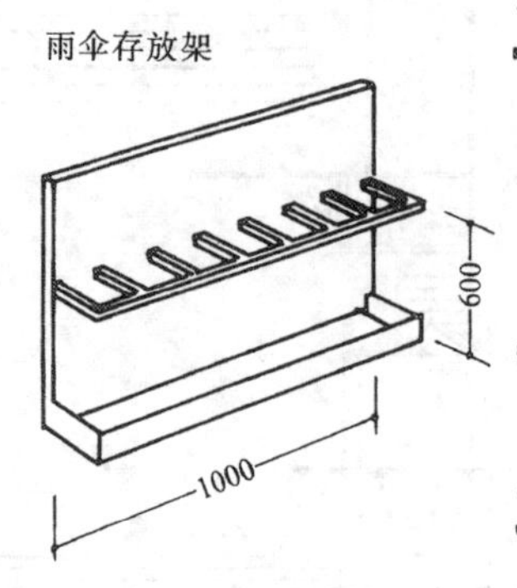

售票窗口的尺寸

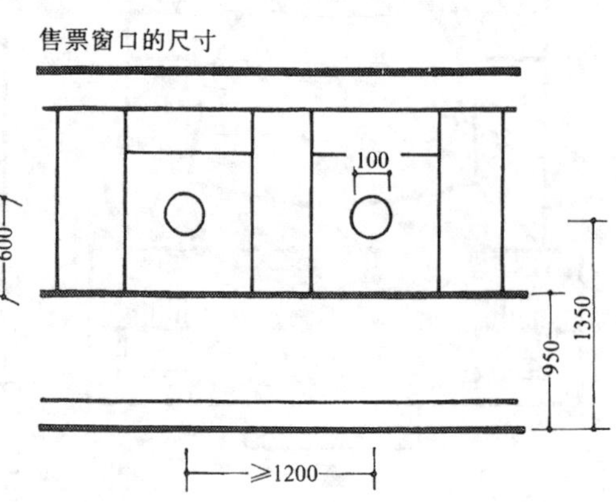

8 平面布局实例

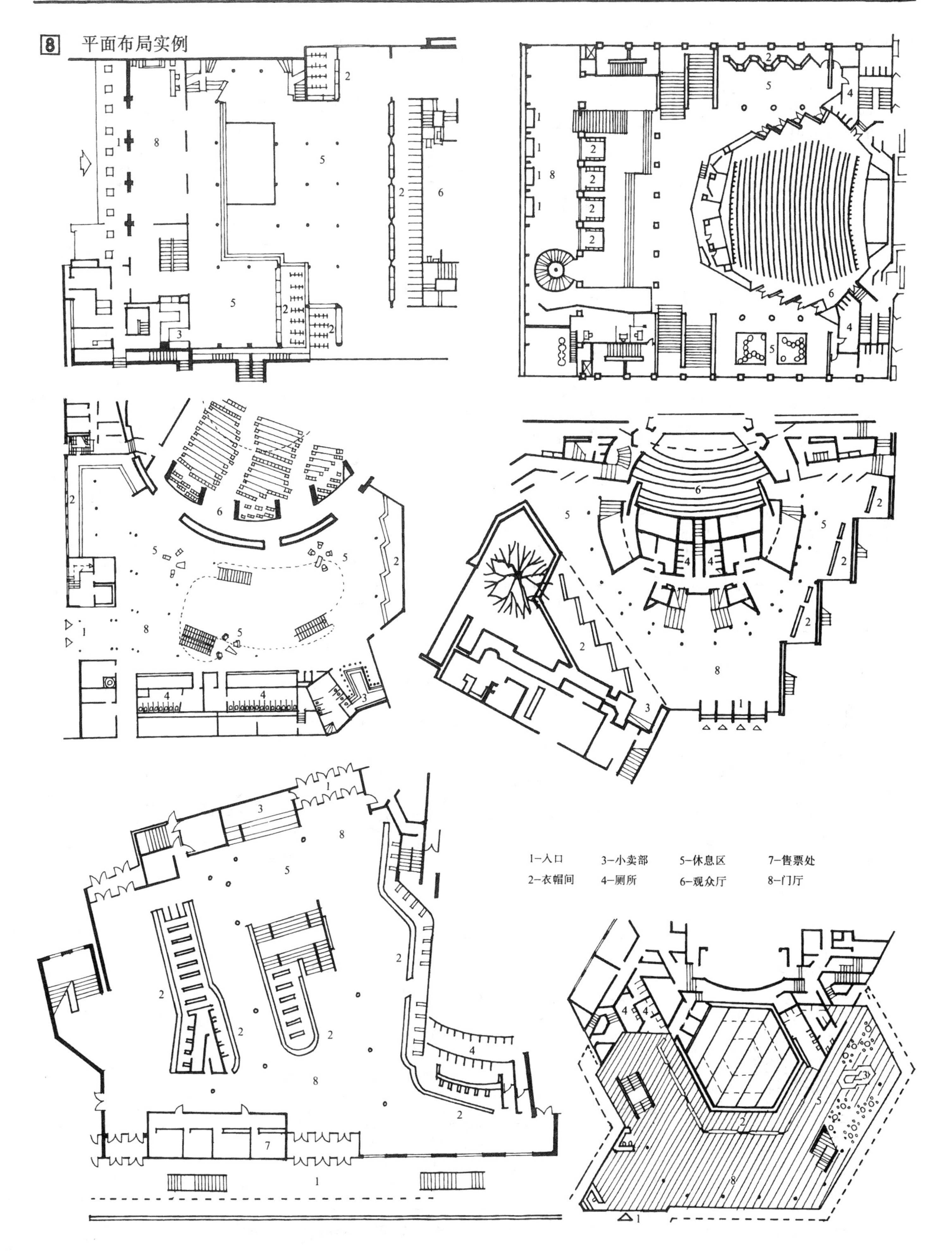

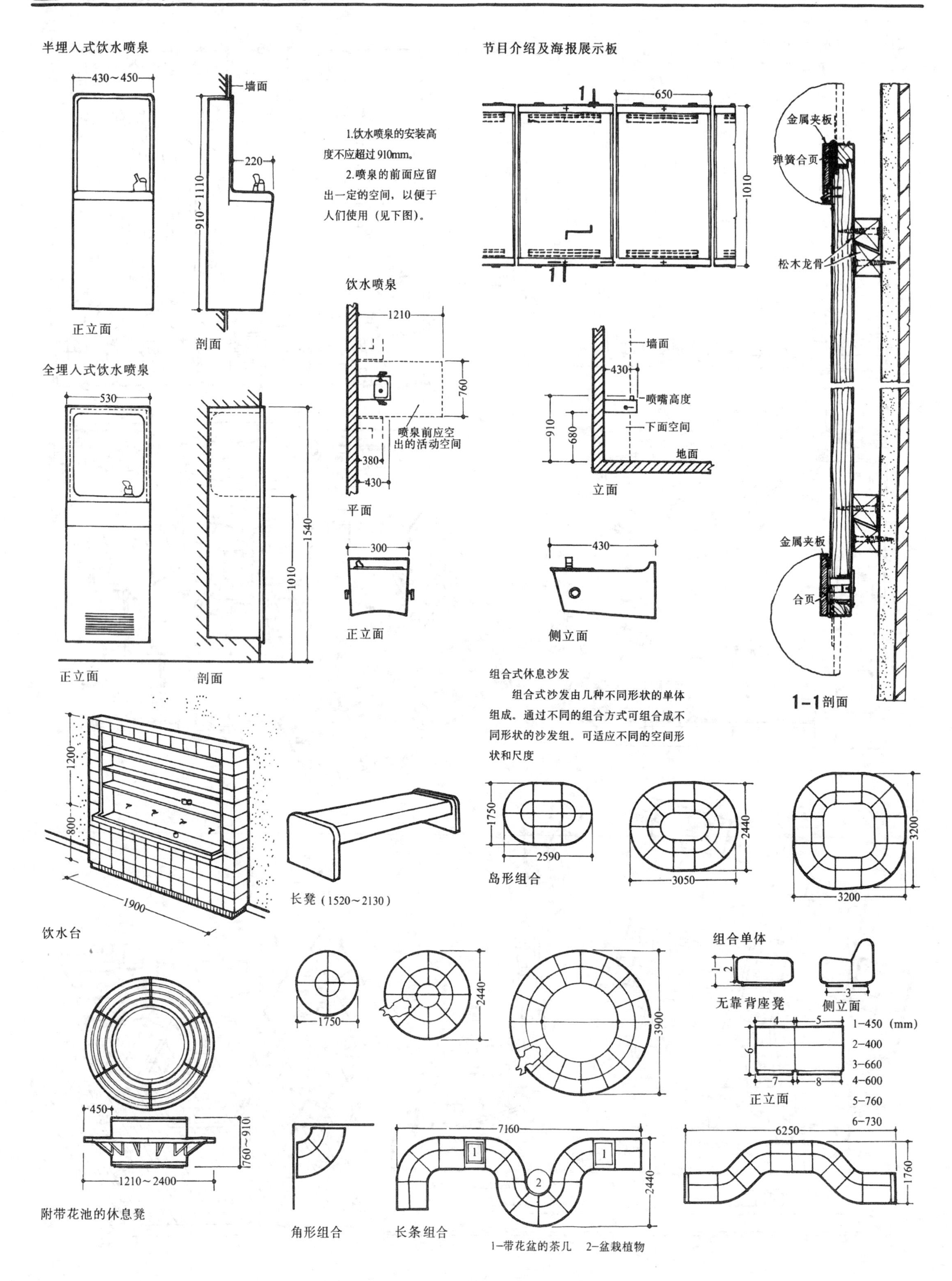
半埋入式饮水喷泉
430～450
墙面
220
910～1110
正立面
剖面
1.饮水喷泉的安装高度不应超过910mm。
2.喷泉的前面应留出一定的空间，以便于人们使用（见下图）。
全埋入式饮水喷泉
530
1540
1010
正立面
剖面
饮水喷泉
1210
760
喷泉前应空出的活动空间
380
430
平面
300
正立面
节目介绍及海报展示板
650
1010
金属夹板
弹簧合页
松木龙骨
合页
1-1剖面
墙面
430
喷嘴高度
下面空间
地面
910
680
立面
430
侧立面
组合式休息沙发
组合式沙发由几种不同形状的单体组成。通过不同的组合方式可组合成不同形状的沙发组。可适应不同的空间形状和尺度
1200
800
1900
饮水台
长凳（1520～2130）
1750
2590
2440
3050
3200
3200
岛形组合
1750
2440
3900
组合单体
无靠背座凳
侧立面
正立面
1-450 (mm)
2-400
3-660
4-600
5-760
6-730
450
760～910
1210～2400
附带花池的休息凳
7160
6250
2440
1760
角形组合
长条组合
1-带花盆的茶几 2-盆栽植物

1 空间处理要点

1 舞厅是娱乐性场所，空间布局应尽量活泼，但也应有明确的分区。舞池与座席相邻，如面积较大，也可另设一些相对比较安静的座席区及附设酒吧。

2.尺度处理应使客人有亲切感。空间较大时应利用家具或其它手法构成尺度亲切的小空间。

2 常用人体尺度

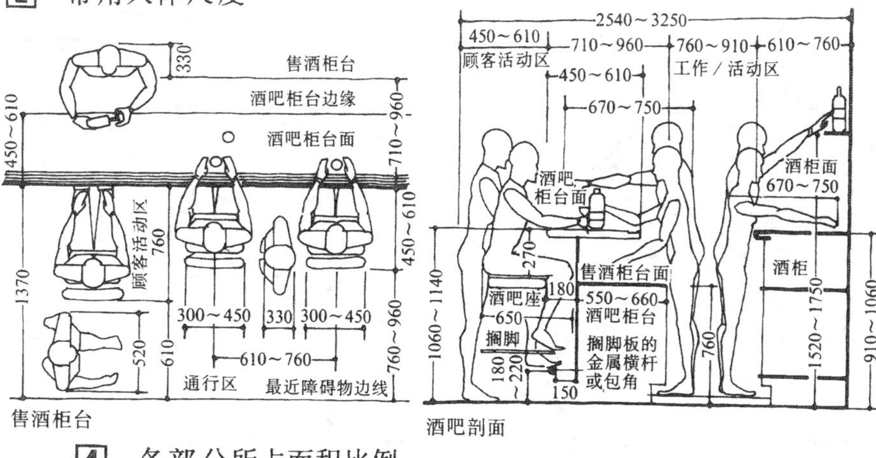

3 功能分析

厨房、办公室、备餐、酒吧台、声光控制、厕所、座席、舞池、舞台、电话、出纳、入口、衣帽间

4 各部分所占面积比例

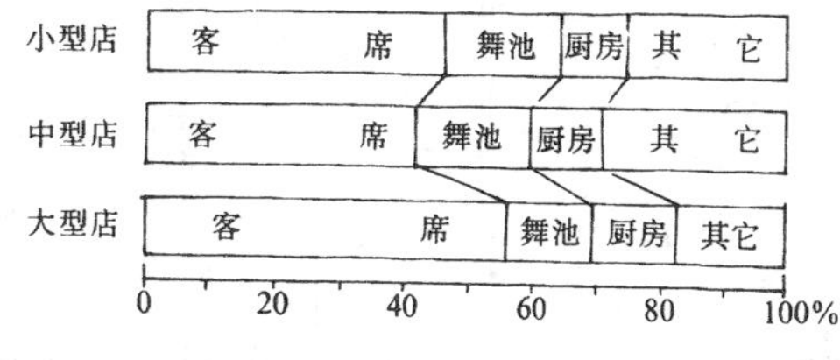

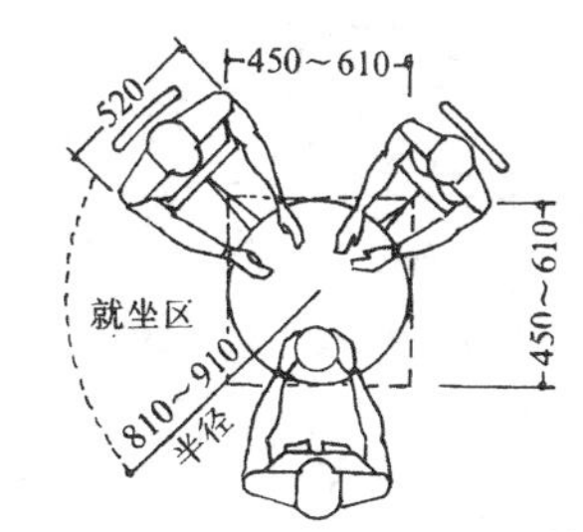

5 舞厅平面布置实例

小型舞厅平面布置

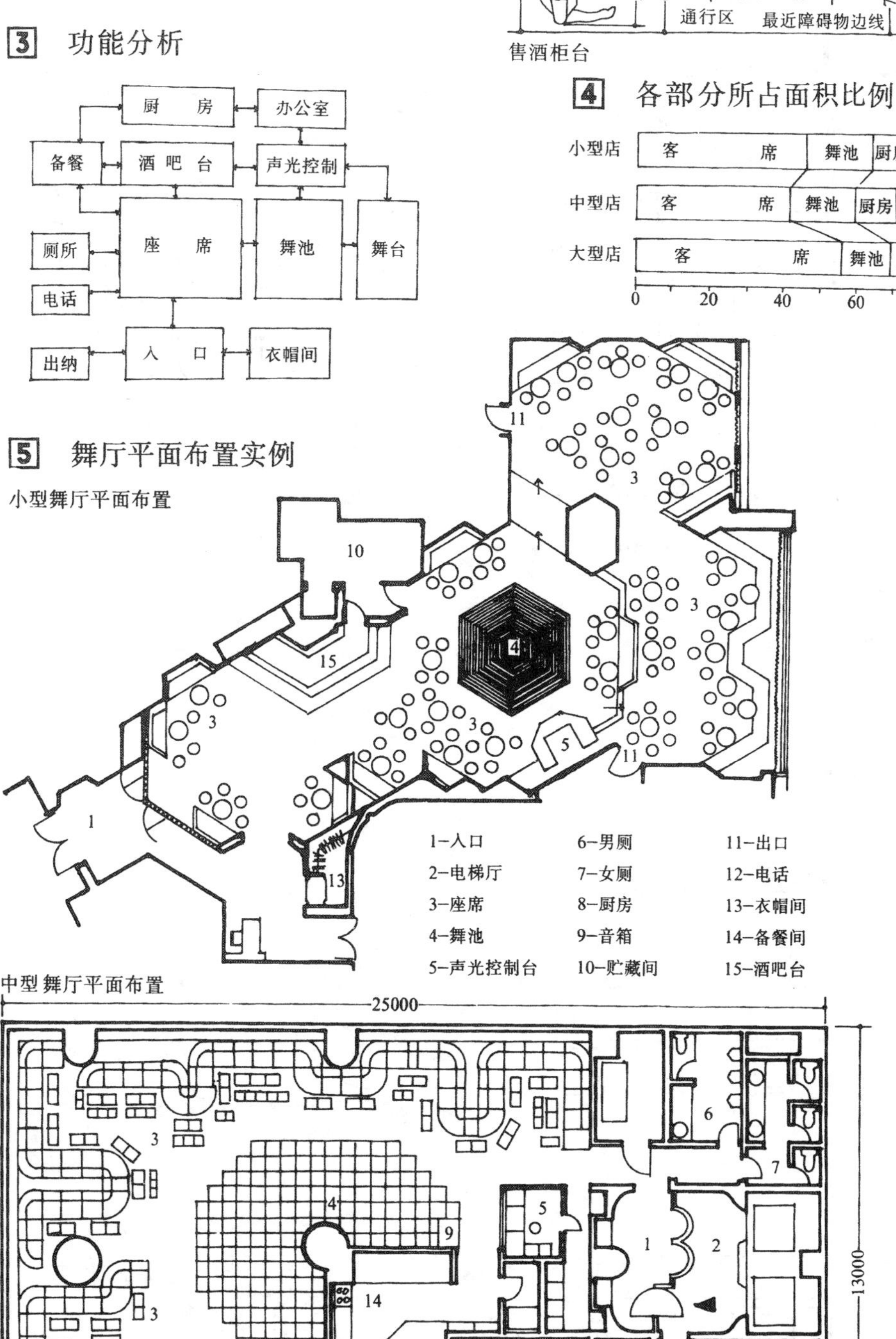

中型舞厅平面布置

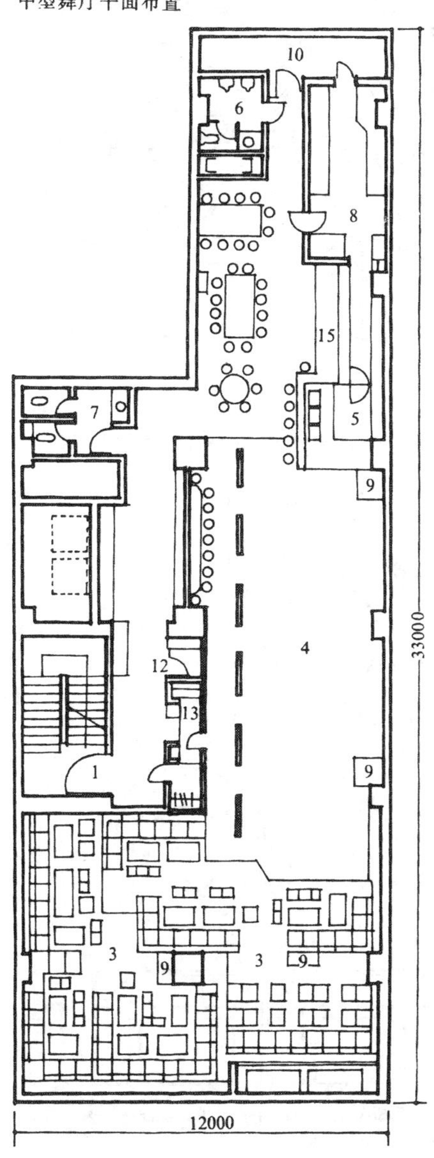

中型舞厅平面布置

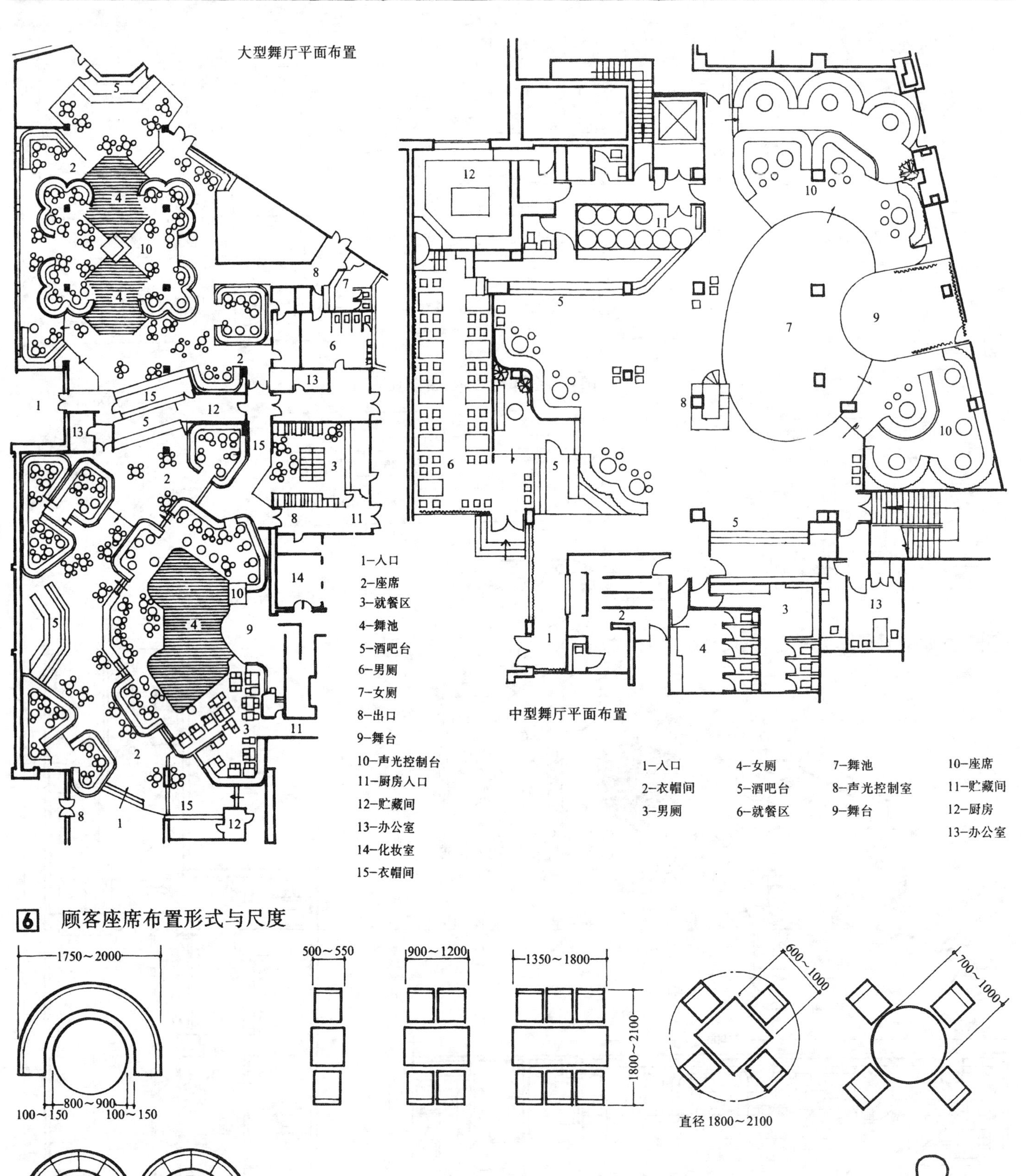

6 顾客座席布置形式与尺度

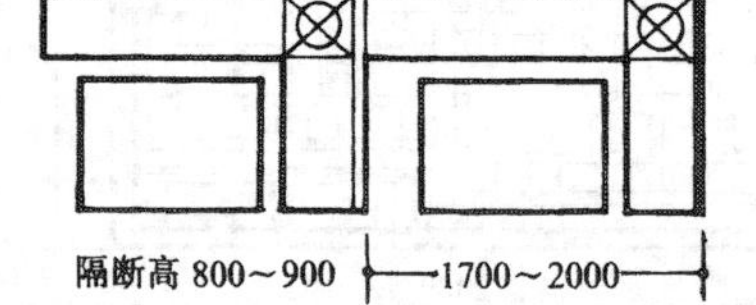

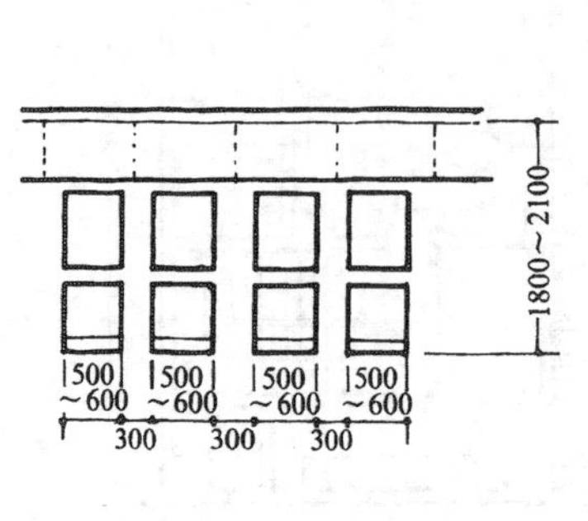

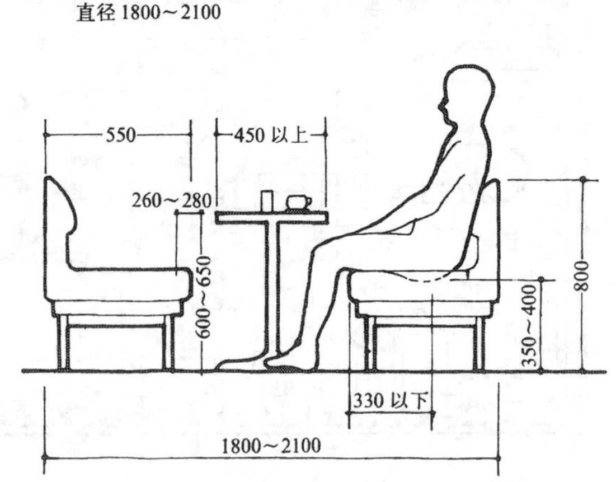

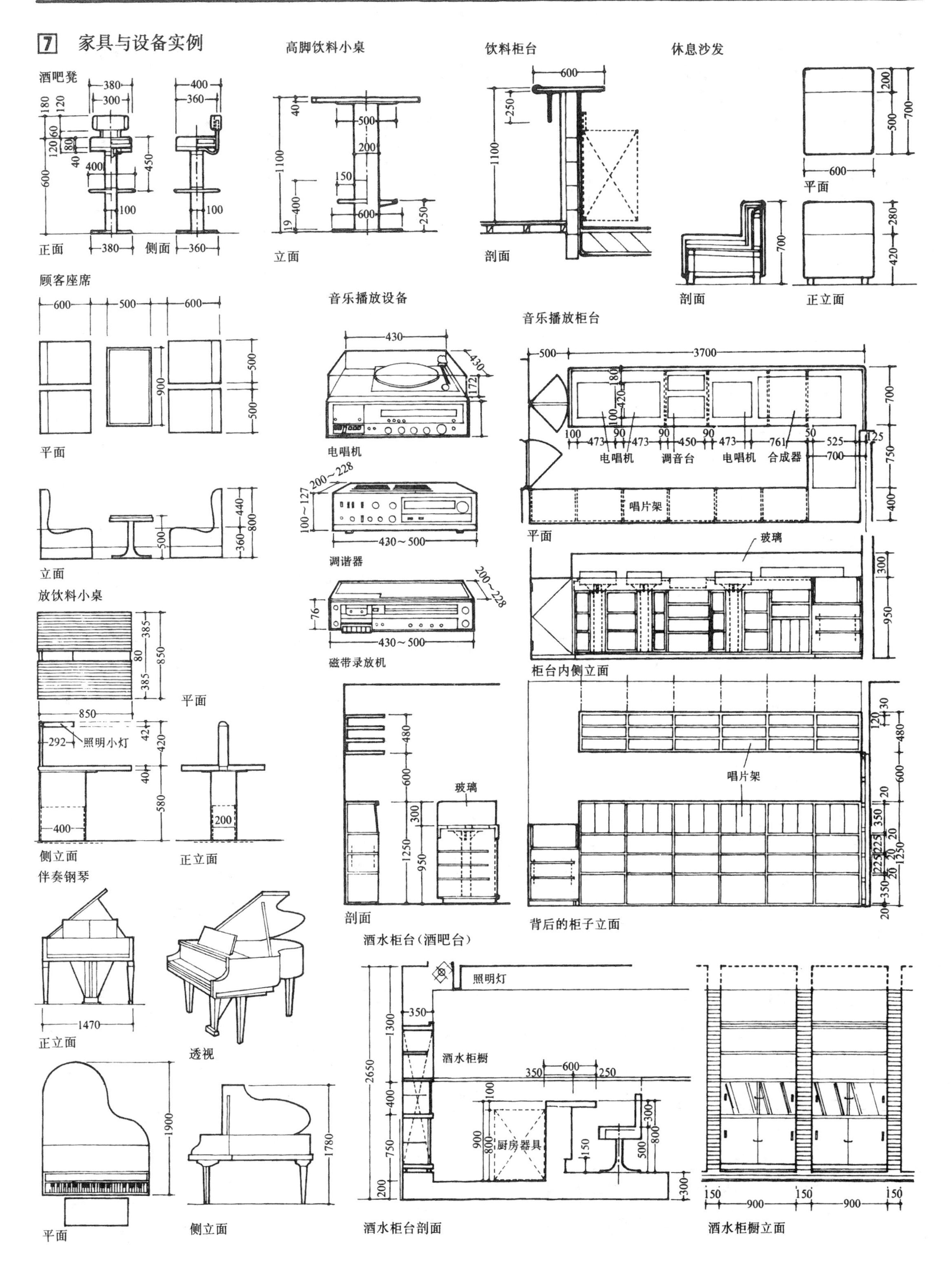
7 家具与设备实例
酒吧凳
正面
侧面
高脚饮料小桌
立面
饮料柜台
剖面
休息沙发
平面
剖面
正立面
顾客座席
平面
立面
音乐播放设备
电唱机
调谐器
磁带录放机
音乐播放柜台
电唱机
调音台
电唱机
合成器
唱片架
平面
玻璃
柜台内侧立面
放饮料小桌
平面
照明小灯
侧立面
正立面
玻璃
剖面
唱片架
背后的柜子立面
伴奏钢琴
正立面
透视
平面
侧立面
酒水柜台(酒吧台)
照明灯
酒水柜橱
厨房器具
酒水柜台剖面
酒水柜橱立面

1 台球厅处理要点

1.台球厅有营利性和非营利性两种，如属于前者，应考虑在入口处设接待及收款台。

2.每个球台边应设置休息凳和放物品的小桌。

3.休息区也可单独划出一个区域附设饮料柜台。

4.应避免交通流线对活动区干扰。

3 台球厅常用人体尺寸

1520～1820
760 通行区
760～1060 打球者活动区
520
450
灯罩
≥2200
台面
790

台球桌尺寸

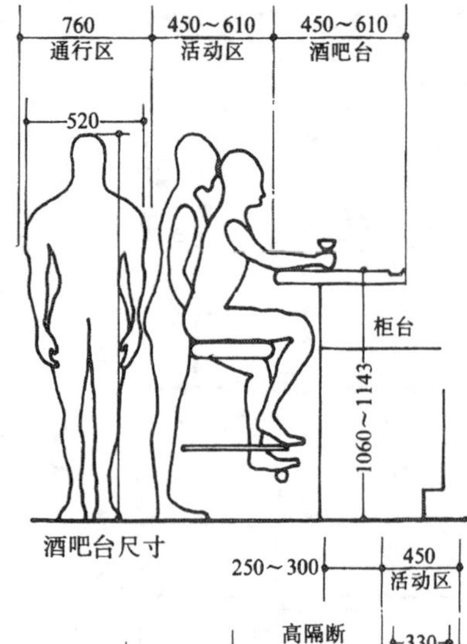

酒吧台尺寸

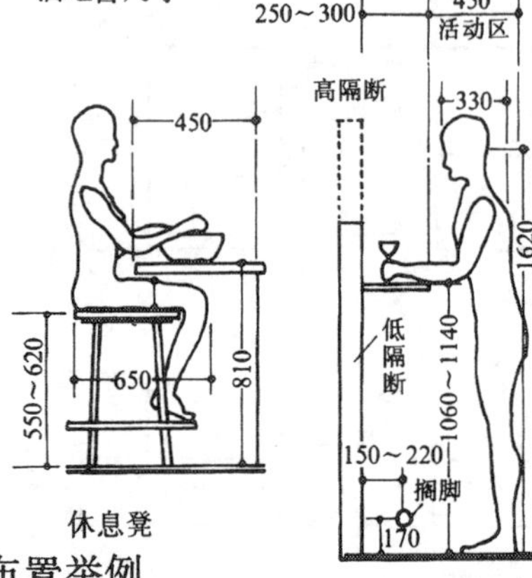

休息凳

站立用的酒吧台

2 台球厅的功能分析

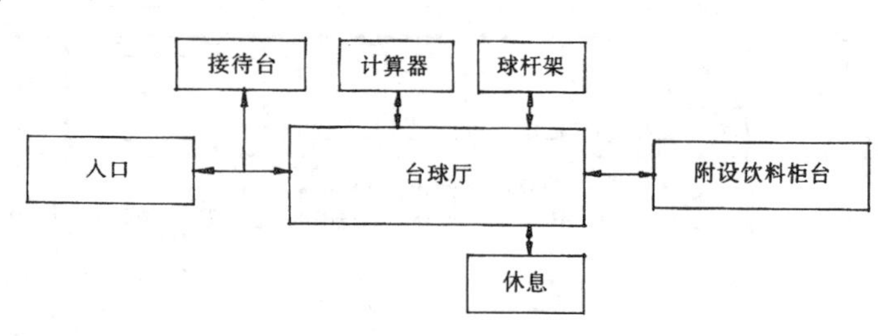

4 球桌平面布局尺寸

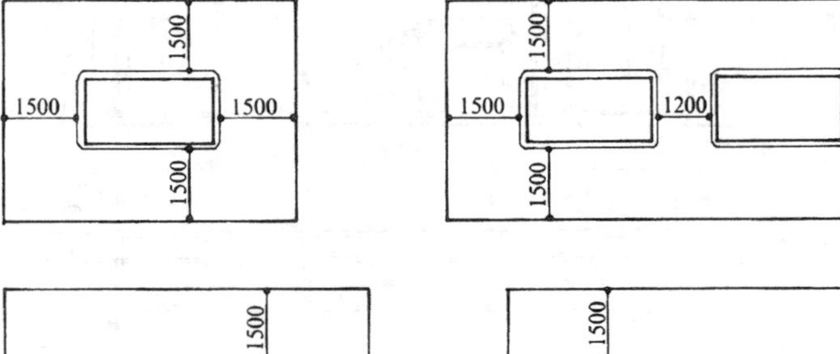

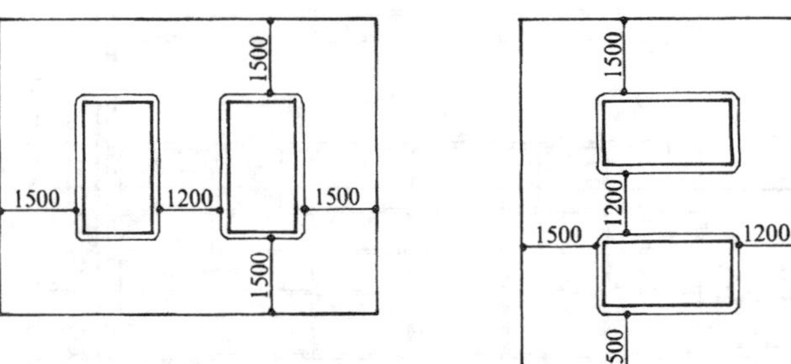

5 台球厅布置举例

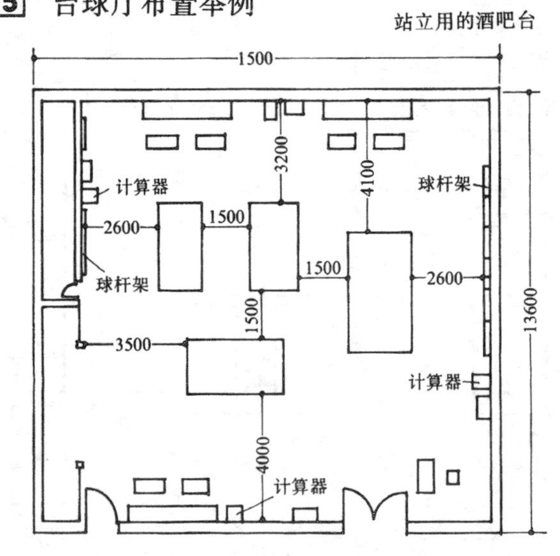

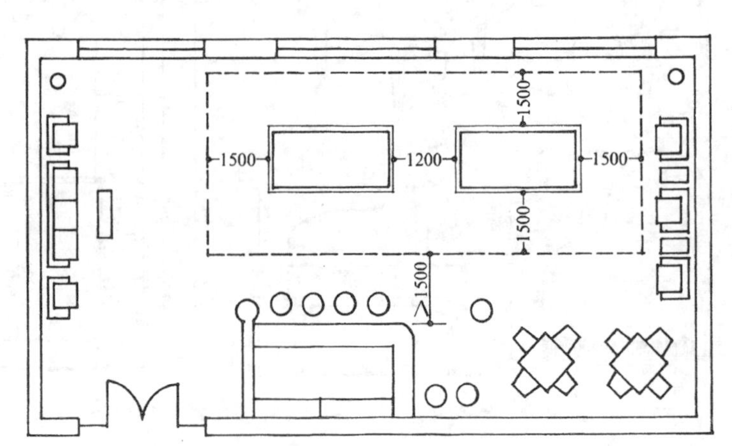

6 球桌尺寸

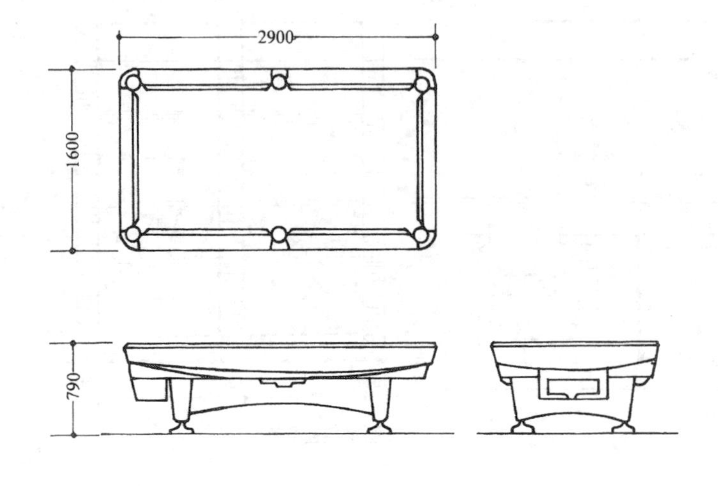

1 棋牌室空间与尺寸处理

1.棋牌室是娱乐性的空间，人的注意力主要集中于桌上，整体空间处理应以简捷、宁静为原则。

2.为避免声音、视线互相干扰，可适当设置隔断。

3.桌、椅的尺寸不要过于局促，以免造成紧迫感。

2 牌桌人体活动尺寸

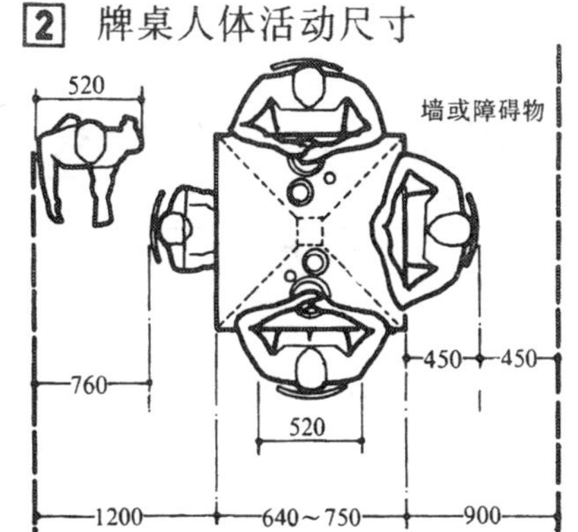

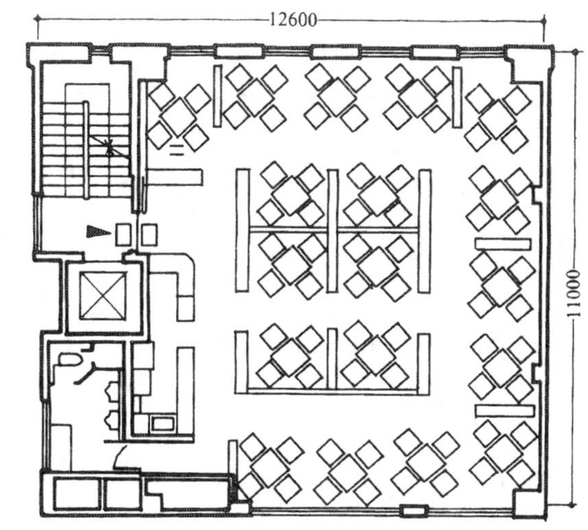

3 牌桌布置与尺寸

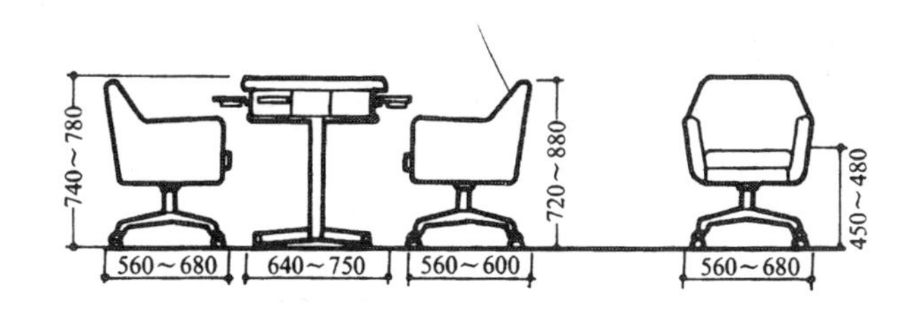

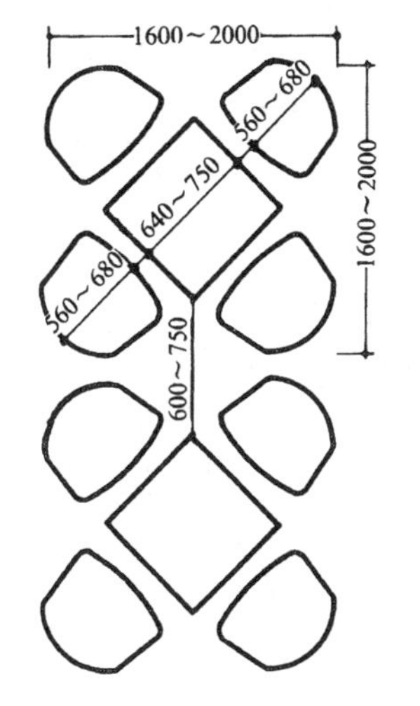

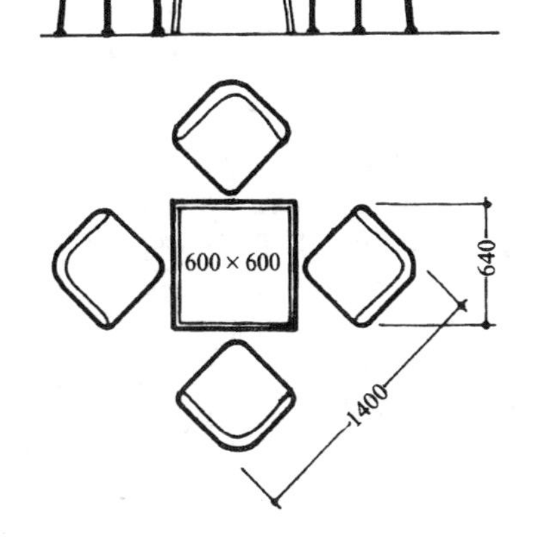

5 主要用具尺寸

牌盒

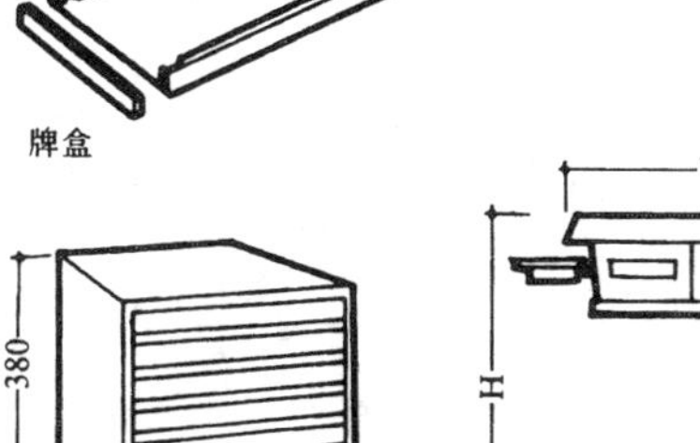

牌箱

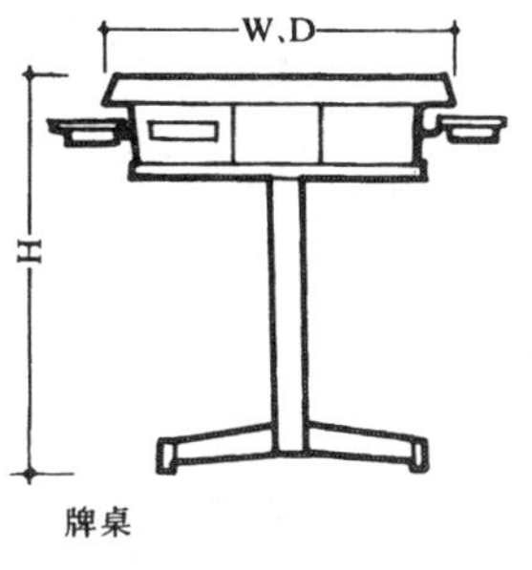

牌桌

4 棋牌室平面布置举例

牌桌尺寸表 (mm)

	W	D	H
矮 桌	640	640	370
	680	680	380
普通牌桌	640	640	720
	660	660	760
	670	670	740
	680	680	740
	690	690	780
	700	700	750
	710	710	760
	680	680	780
全自动牌桌	750	750	750

6 出纳柜台尺寸举例

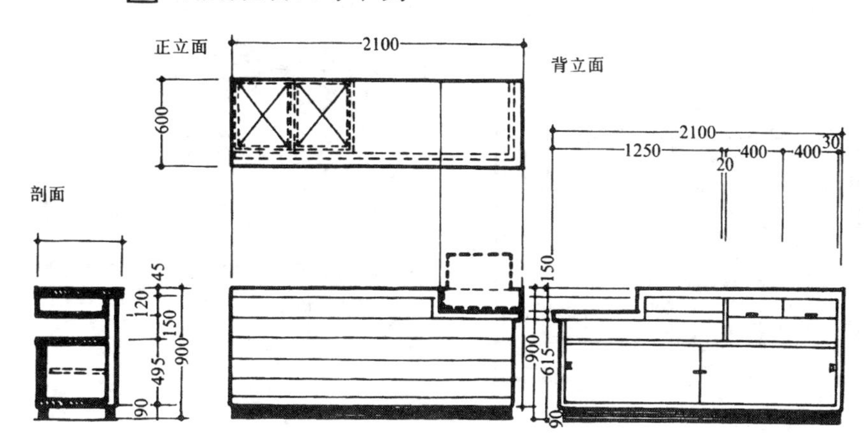

1 空间处理的要点

1. 酒吧间为公众性休闲娱乐场所。空间处理应尽量轻松随意。

2. 空间的布局一般分为吧台席和座席两大部分。也可适当设置站席。

3. 酒吧间的性质，空间的处理宜把大空间分成多个小尺度的部分，使客人感到亲切。

4. 应根据面积决定席位数。一般每席 1.1～1.7m²。服务通道为750mm。

5. 酒吧间内应设有酒贮藏库。

3 功能分析

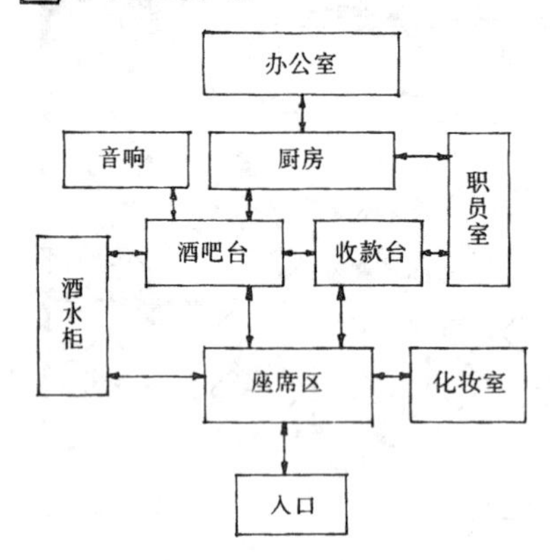

4 各部分面积的比例

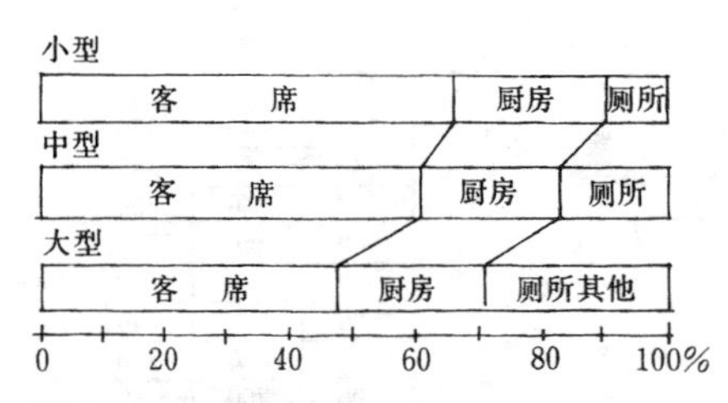

5 平面布置实例

1-入口 2-接待台 3-收款台 4-酒吧台 5-座席区 6-厕所 7-厨房 8-服务区 9-贮藏室

小型酒吧

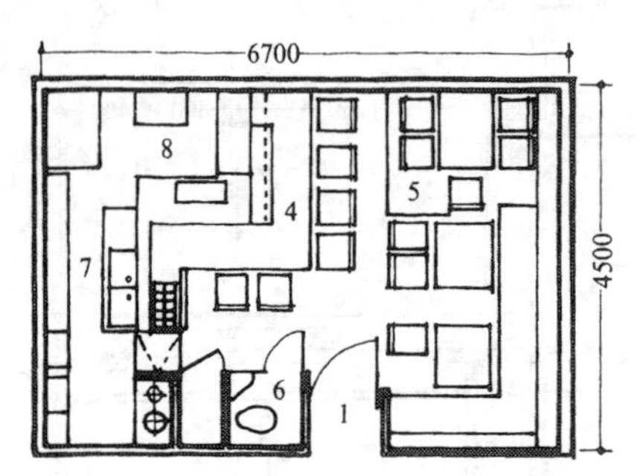

2 常用人体尺度

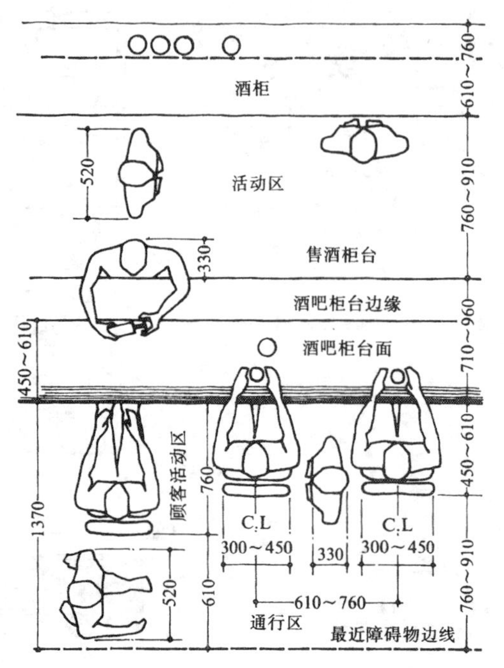

酒吧台平面

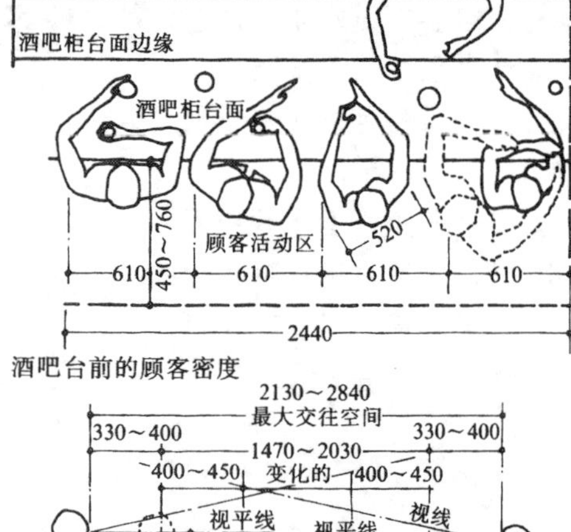

酒吧台前的顾客密度

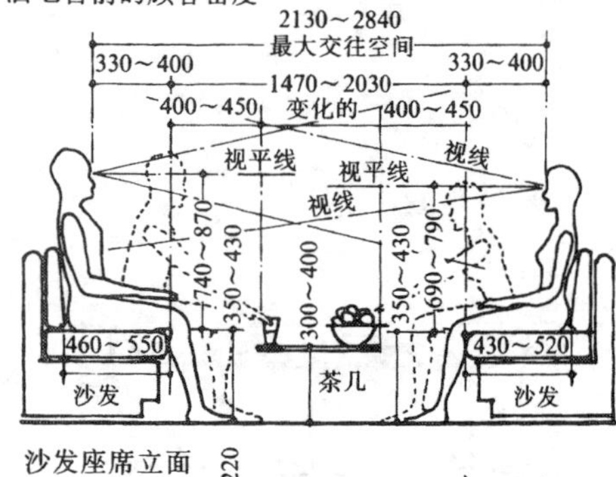

沙发座席立面

沙发座平面

小酒桌

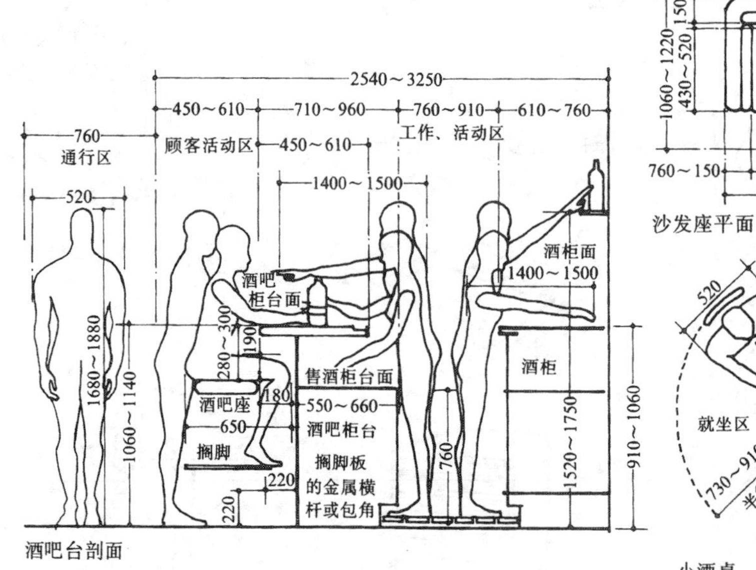

酒吧台剖面

综合型酒吧

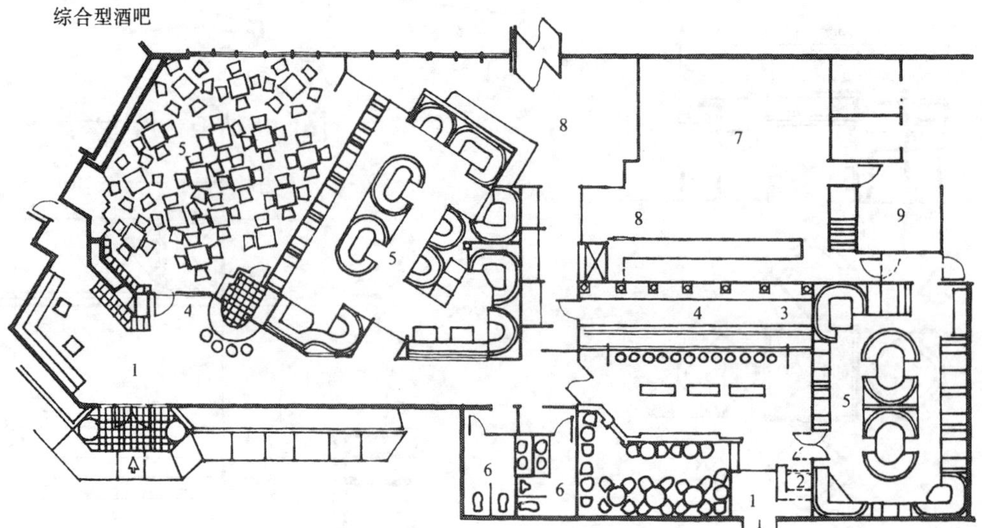

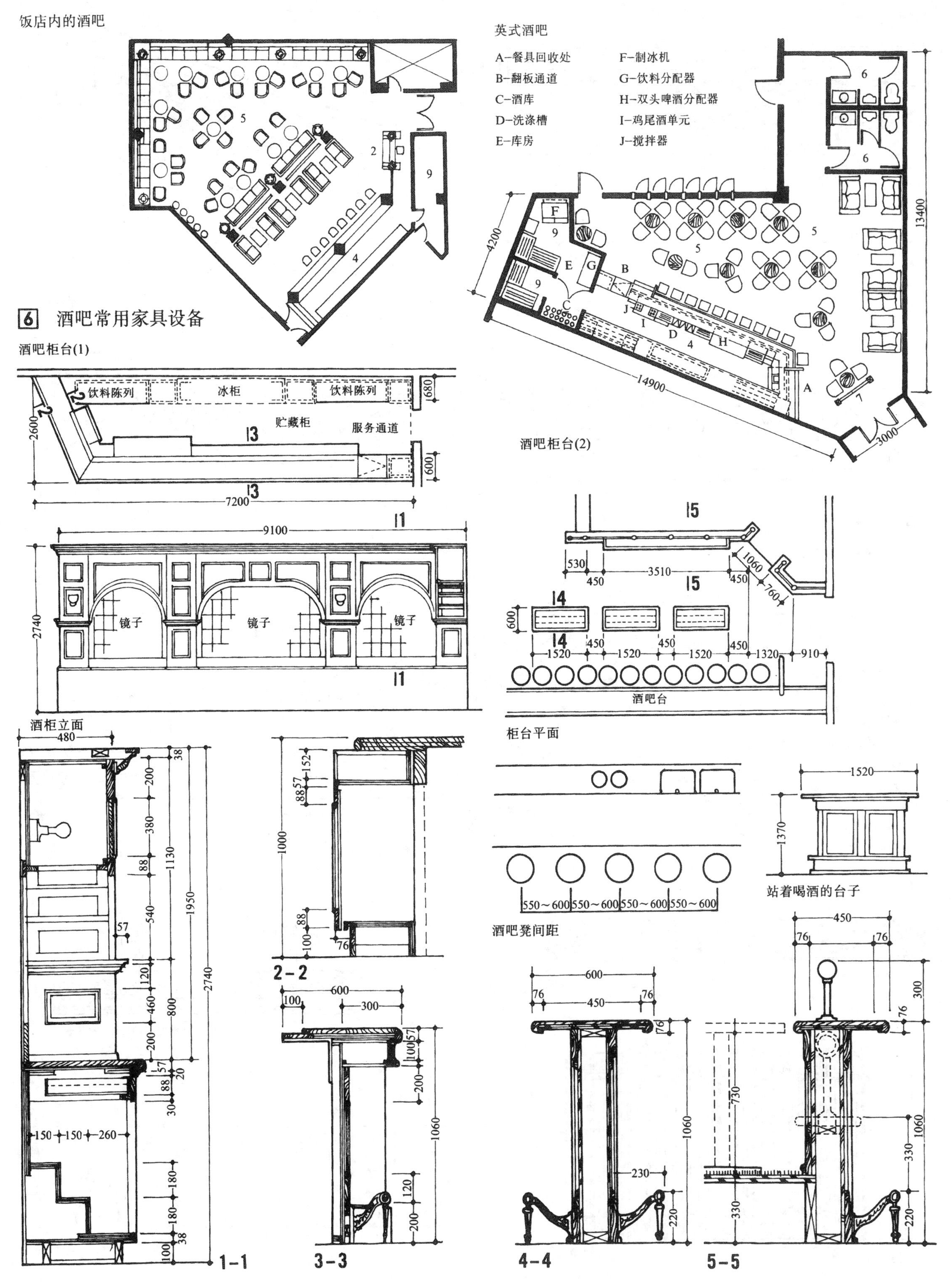
饭店内的酒吧
英式酒吧
A-餐具回收处
B-翻板通道
C-酒库
D-洗涤槽
E-库房
F-制冰机
G-饮料分配器
H-双头啤酒分配器
I-鸡尾酒单元
J-搅拌器
6 酒吧常用家具设备
酒吧柜台(1)
饮料陈列
冰柜
饮料陈列
贮藏柜
服务通道
酒吧柜台(2)
镜子
镜子
镜子
酒柜立面
柜台平面
酒吧台
站着喝酒的台子
酒吧凳间距
1-1
2-2
3-3
4-4
5-5

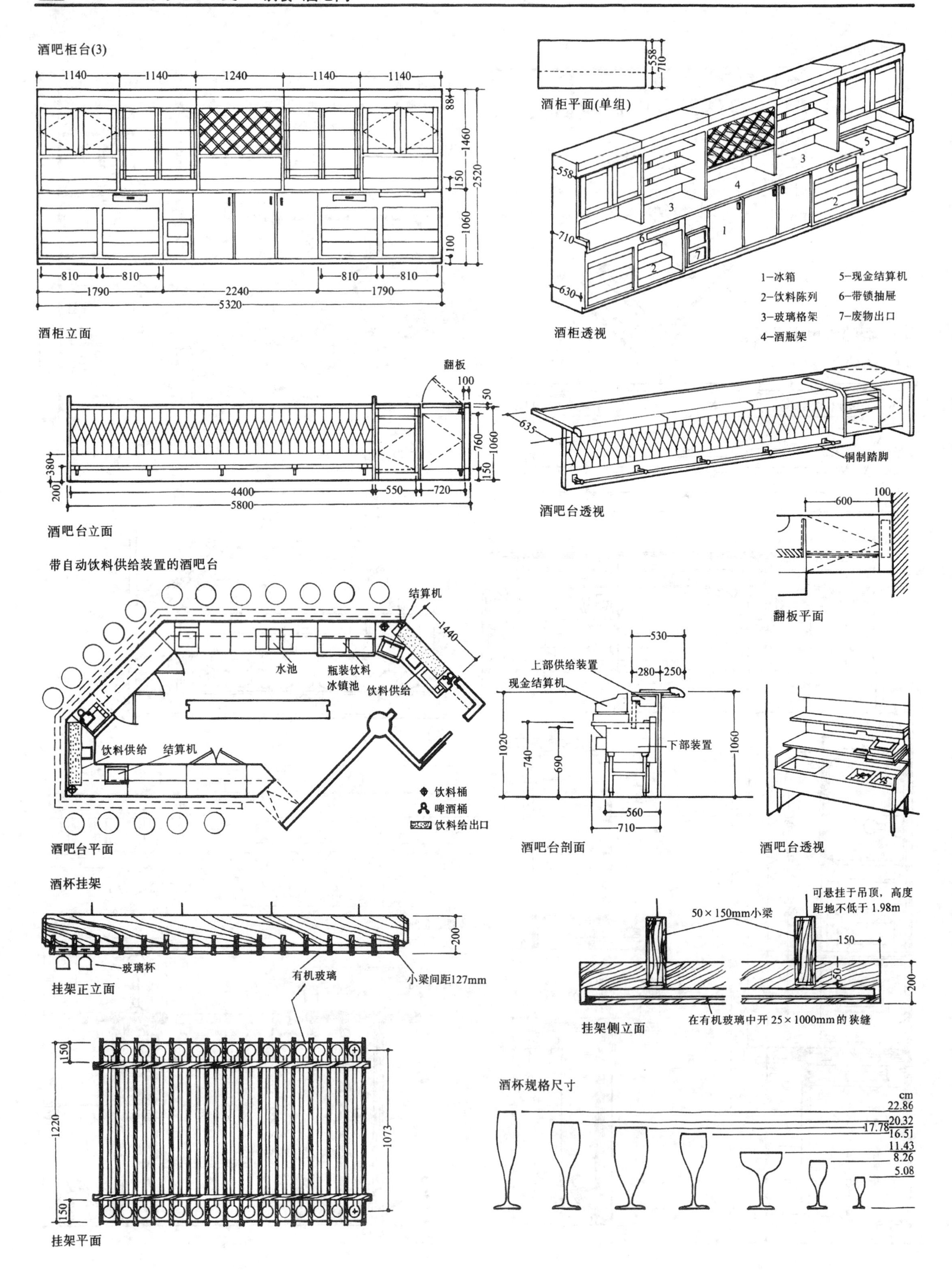
酒吧柜台(3)
1140
1240
88
1460
150
2520
1060
100
810
1790
2240
5320
酒柜立面
酒柜平面(单组)
558
710
630
酒柜透视
1-冰箱
2-饮料陈列
3-玻璃格架
4-酒瓶架
5-现金结算机
6-带锁抽屉
7-废物出口
翻板
50
760
380
200
4400
550
720
5800
酒吧台立面
635
铜制踏脚
酒吧台透视
600
翻板平面
带自动饮料供给装置的酒吧台
结算机
1440
水池
瓶装饮料
冰镇池
饮料供给
饮料桶
啤酒桶
饮料给出口
酒吧台平面
530
上部供给装置
280
250
现金结算机
下部装置
1020
740
690
560
酒吧台剖面
酒吧台透视
酒杯挂架
玻璃杯
挂架正立面
有机玻璃
小梁间距127mm
50×150mm小梁
可悬挂于吊顶，高度
距地不低于 1.98m
挂架侧立面
在有机玻璃中开 25×1000mm的狭缝
1220
1073
挂架平面
酒杯规格尺寸
cm
22.86
20.32
17.78
16.51
11.43
8.26
5.08

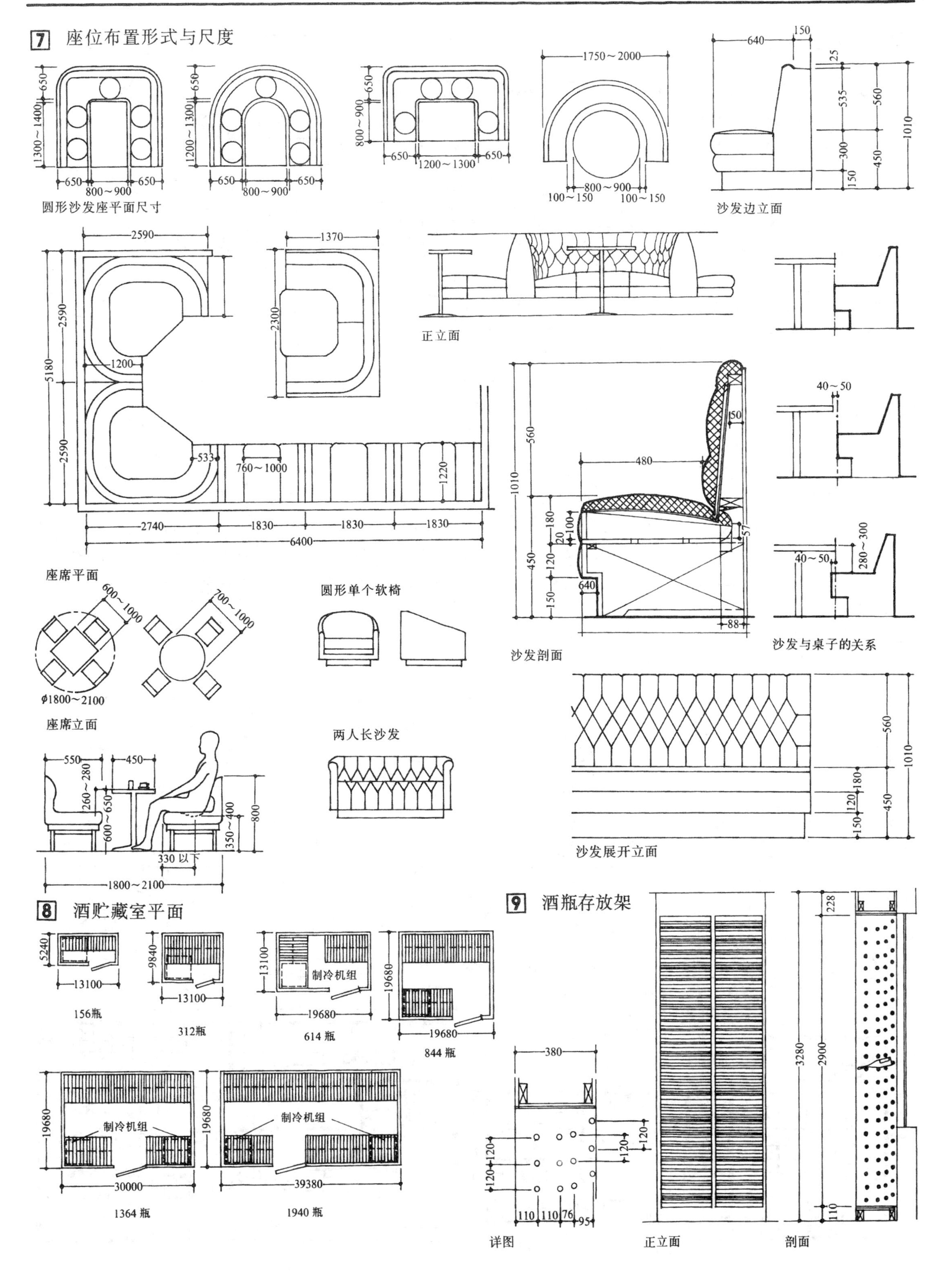
7 座位布置形式与尺度
圆形沙发座平面尺寸
沙发边立面
正立面
座席平面
圆形单个软椅
沙发剖面
沙发与桌子的关系
座席立面
两人长沙发
沙发展开立面
8 酒贮藏室平面
156瓶
312瓶
614瓶
844瓶
制冷机组
1364瓶
1940瓶
9 酒瓶存放架
详图
正立面
剖面

1 空间处理的要点

1.咖啡厅内的座位数应与房间大小相适应，并且比例合适。一般的面积与座位的比例关系为 1.1～1.7m^2／座。

2.空间处理应尽量使人感到亲切，一个大的开敞空间不如分成几个小的空间为好。

3.家具应成组的布置，且布置形式应有变化，尽量为顾客创造一些亲切的独立空间。

2 常用人体尺度

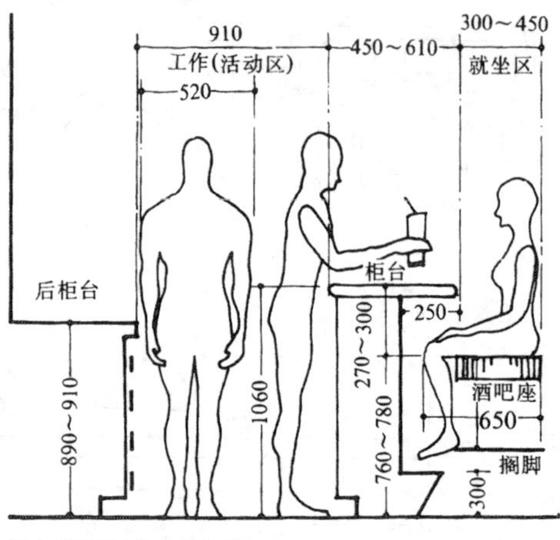

柜台席及柜台内的间距

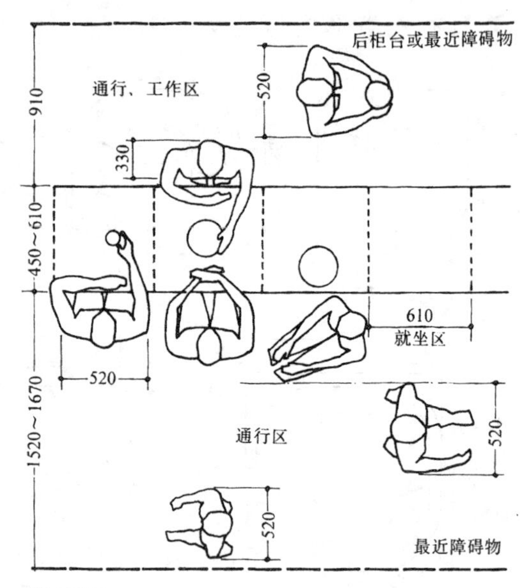

进餐柜台

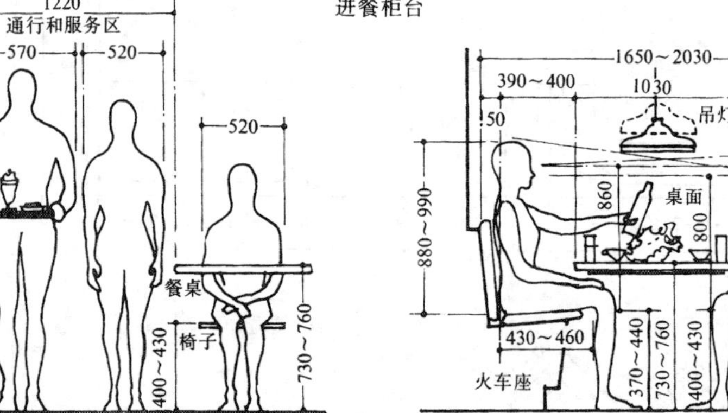

柜台、餐桌间距

火车座

2740
1370
1370
椅背
520
无阻挡入座区
760
610
760

声觉与视觉互不干扰的推荐间距

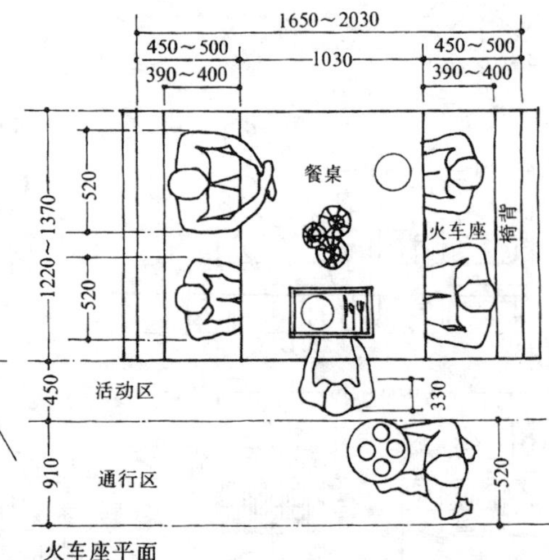

火车座平面

3 功能分析

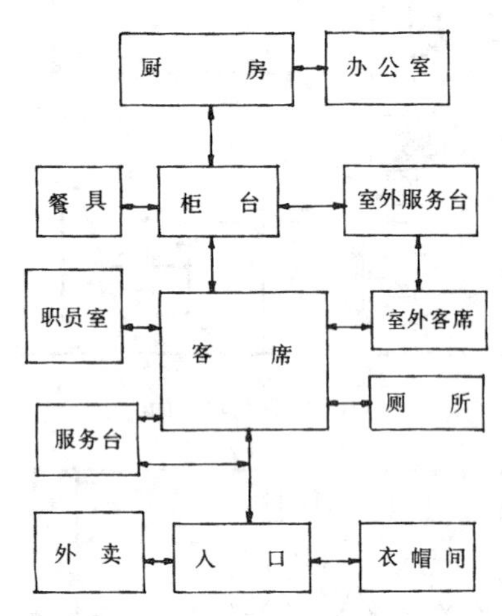

4 各部分面积比例

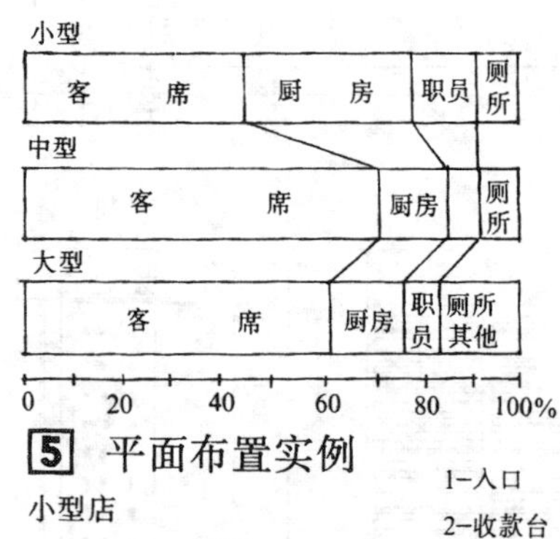

5 平面布置实例

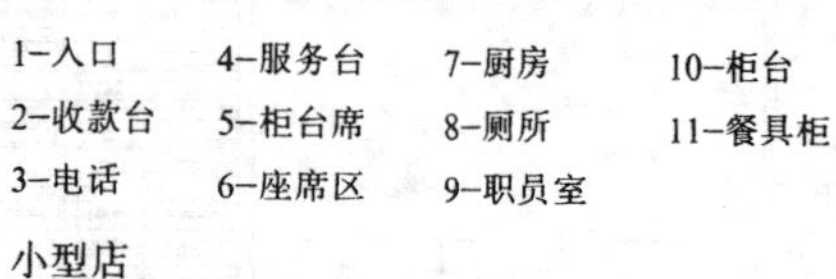

小型店

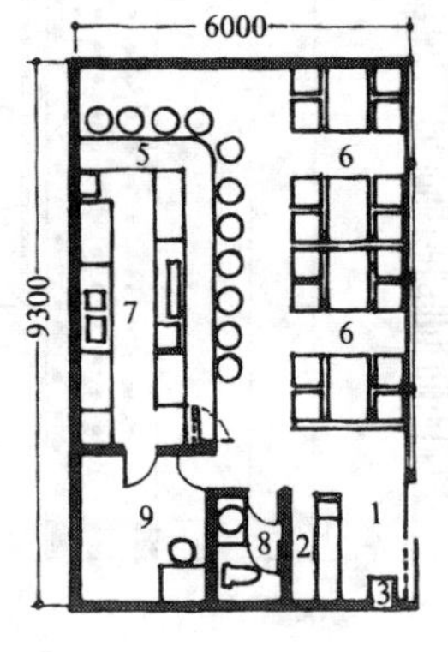

小型店

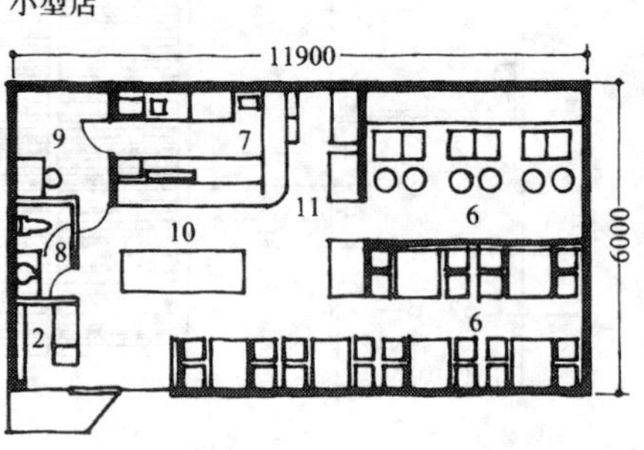

中型店

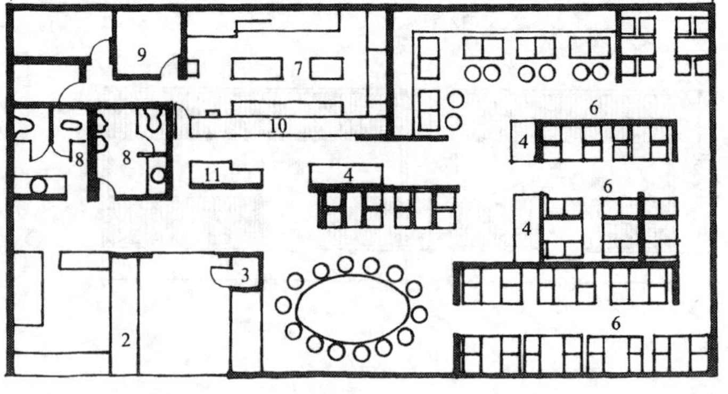

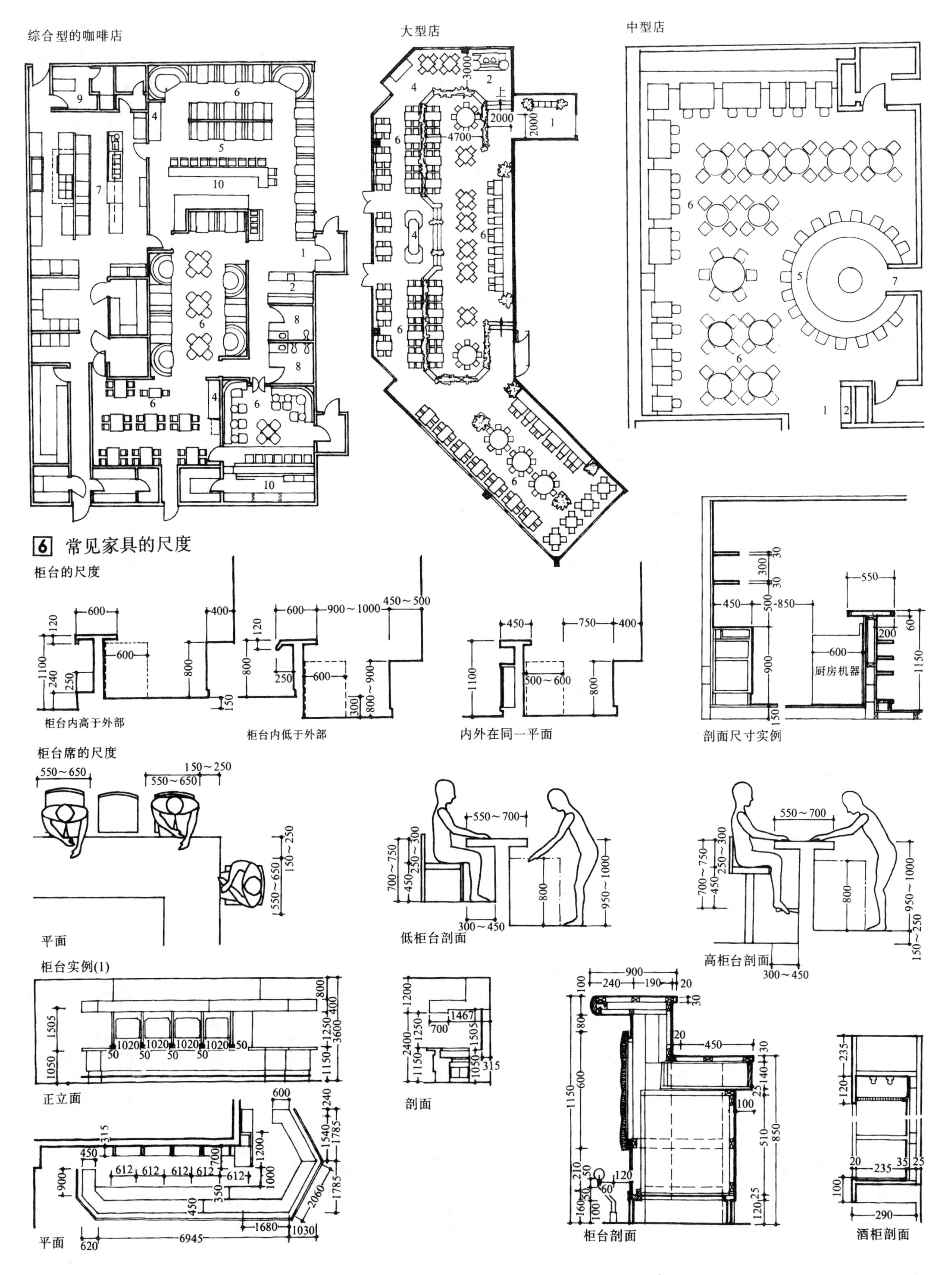
综合型的咖啡店
大型店
中型店
6 常见家具的尺度
柜台的尺度
柜台内高于外部
柜台内低于外部
内外在同一平面
厨房机器
剖面尺寸实例
柜台席的尺度
平面
低柜台剖面
高柜台剖面
柜台实例(1)
正立面
剖面
平面
柜台剖面
酒柜剖面

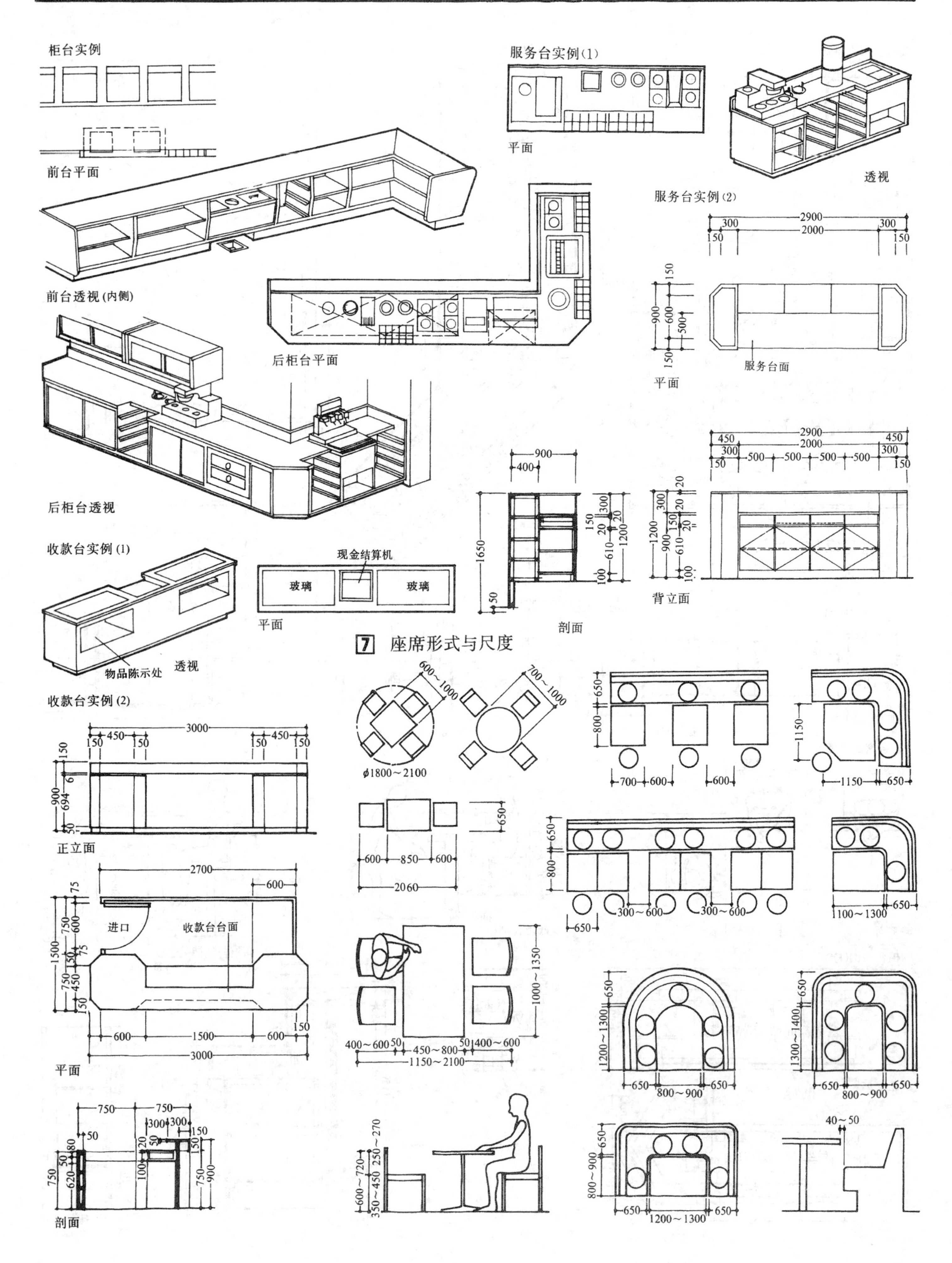
柜台实例
前台平面
前台透视(内侧)
服务台实例(1)
平面
透视
后柜台平面
后柜台透视
服务台实例(2)
服务台面
平面
背立面
剖面
收款台实例(1)
现金结算机
玻璃
玻璃
平面
物品陈示处
透视
收款台实例(2)
正立面
进口
收款台台面
平面
剖面
7 座席形式与尺度
φ1800～2100

1 空间处理要点

1.餐厅的入口应宽些，避免人流阻塞。大型的较正式餐厅可设客人等候席。入口通道应直通柜台或接待台。

2.餐桌形式应根据客人对象而定：以零散客人为主的宜用四人桌，以团体客人为主的可设置六人以上席位。

3.在以便餐为主的餐馆可设柜台席。

4.由于食品烹调方式不同，厨房可根据具体情况确定是否向客席区敞开。

5.服务台的位置应根据客席布局而定。

3 功能分析

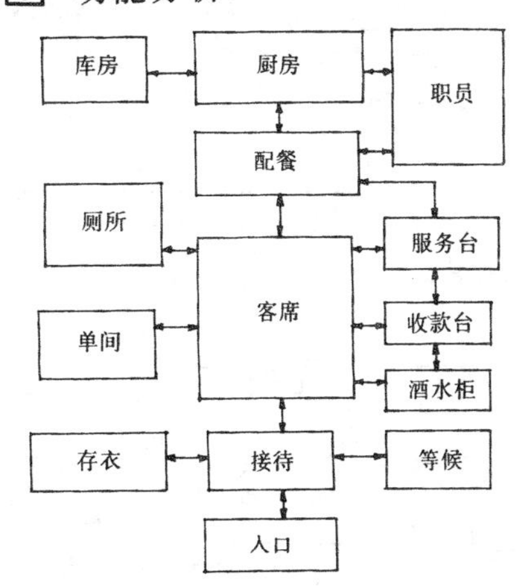

4 各部分的面积比例

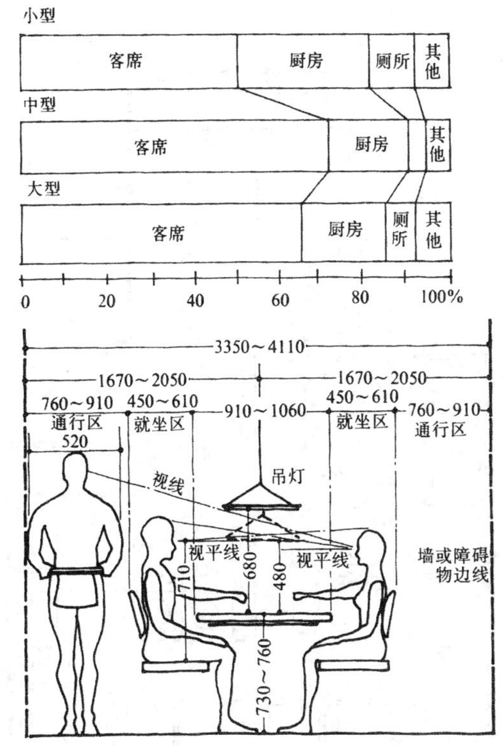

最小用餐单元宽度

2 常用人体尺度

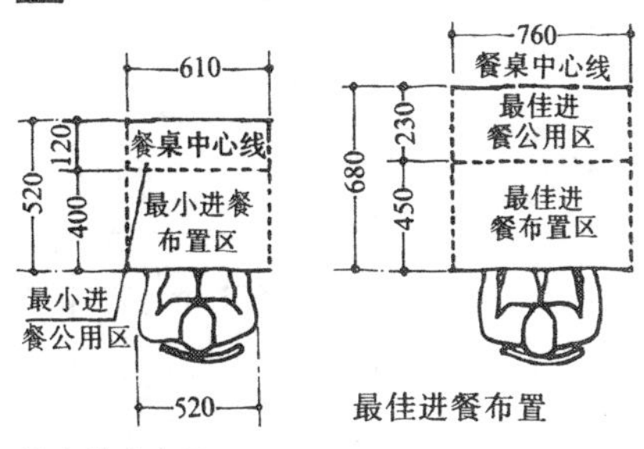

最小进餐布置

最佳进餐布置

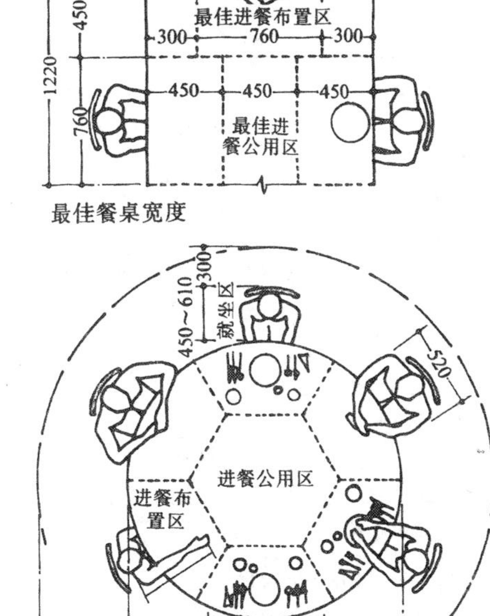

最佳餐桌宽度

直径为1220mm四人用圆桌（正式用餐的最小圆桌）

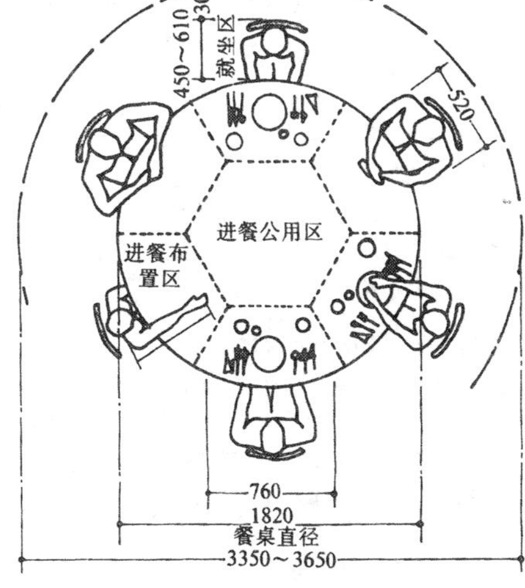

直径为1830mm的六人用圆桌（正式用餐的最佳圆桌）

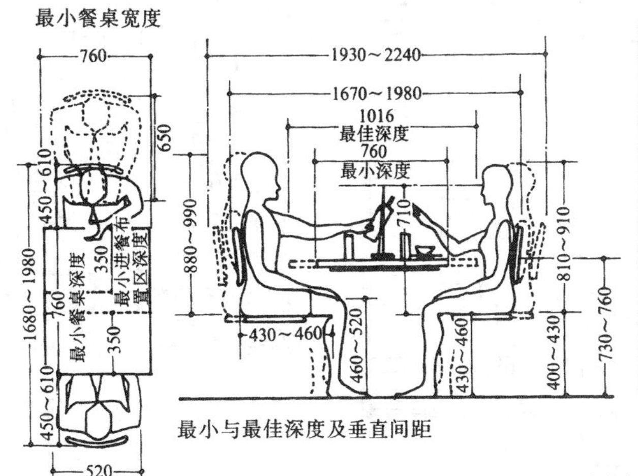

两个人用的餐桌

最小与最佳深度及垂直间距

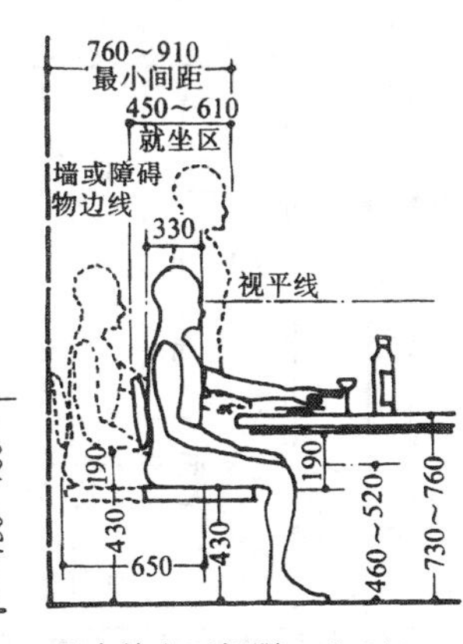

最小就坐区间距（不能通行）

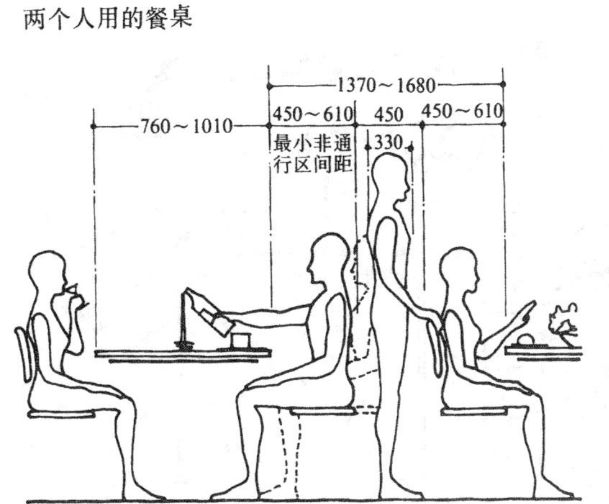

餐桌最小间距与非通行区

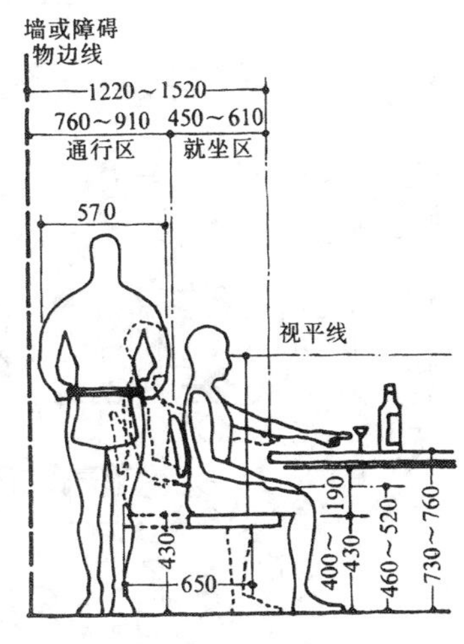

座椅后可通行的最小间距

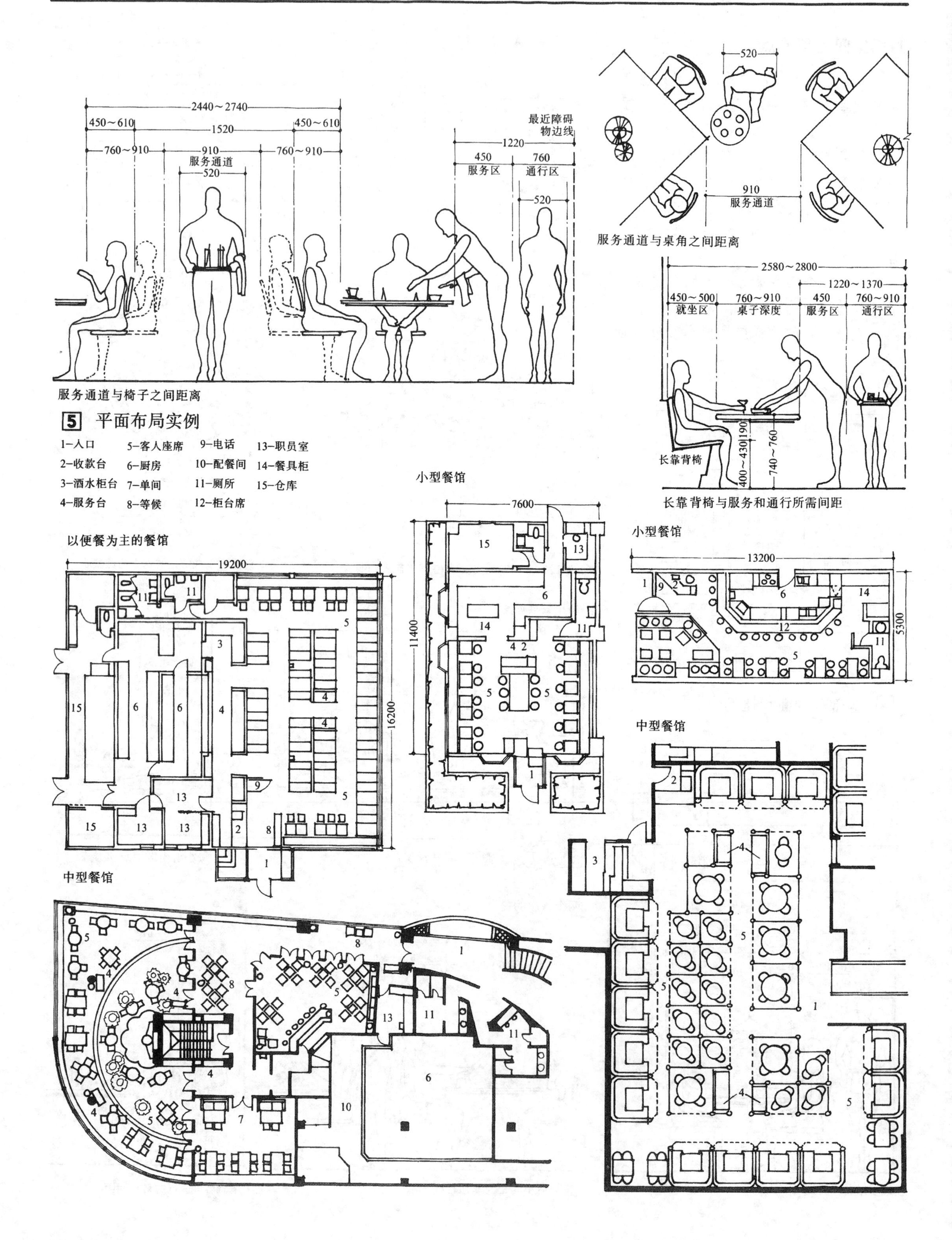

服务通道与椅子之间距离

服务通道与桌角之间距离

长靠背椅与服务和通行所需间距

5 平面布局实例

1–入口　2–收款台　3–酒水柜台　4–服务台
5–客人座席　6–厨房　7–单间　8–等候
9–电话　10–配餐间　11–厕所　12–柜台席
13–职员室　14–餐具柜　15–仓库

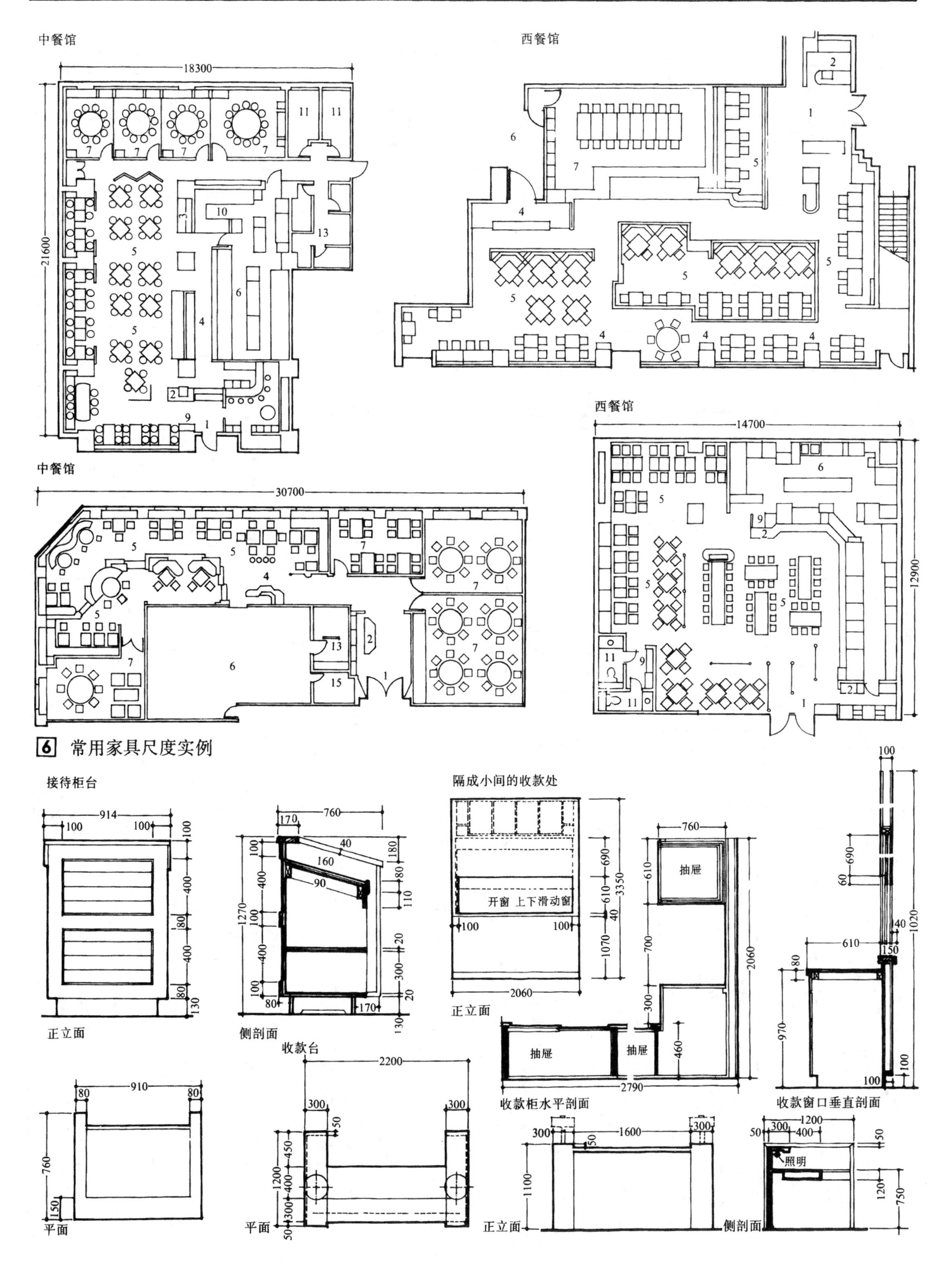
中餐馆
18300
21600
西餐馆
西餐馆
14700
12900
中餐馆
30700
6 常用家具尺度实例
接待柜台
914
正立面
侧剖面
平面
910
760
收款台
2200
平面
隔成小间的收款处
开窗 上下滑动窗
2060
3350
正立面
760
抽屉
2060
收款柜水平剖面
2790
1020
收款窗口垂直剖面
1600
正立面
1200
照明
侧剖面

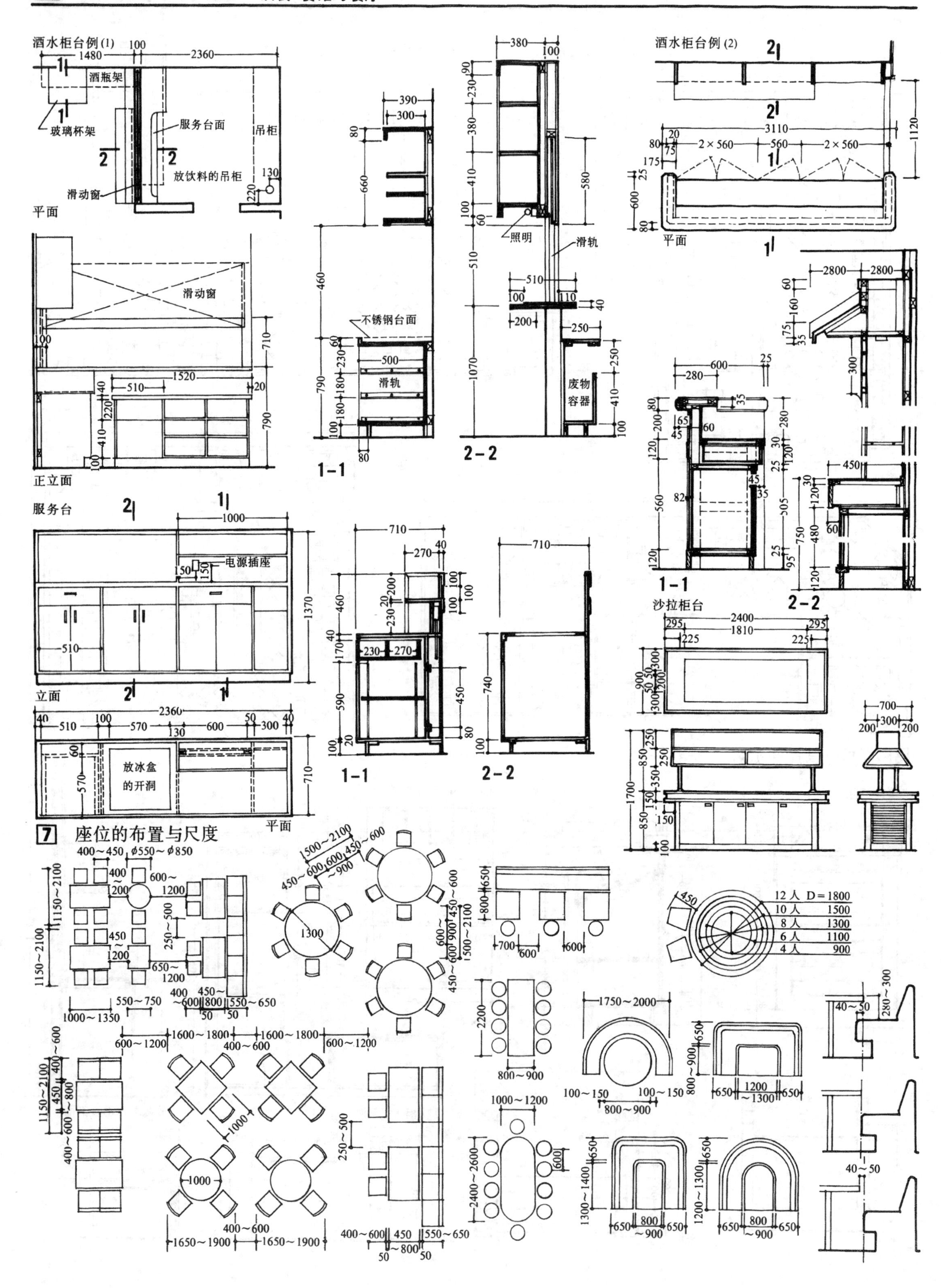

酒水柜台例(1)
酒瓶架
玻璃杯架
服务台面
吊柜
放饮料的吊柜
滑动窗
平面
正立面
不锈钢台面
滑轨
照明
废物容器
1-1
2-2
酒水柜台例(2)
服务台
电源插座
立面
放冰盒的开洞
沙拉柜台
7 座位的布置与尺度
12 人 D=1800
10 人 1500
8 人 1300
6 人 1100
4 人 900

1 空间处理要点

1.快餐厅顾名思义，“快”为第一准则，因此在内部空间的处理上应简捷明快，去除过多的层次。

2.客人席位简单些的只设站席，可加快客人流动。一般以设座席为主，柜台式席位是目前国外较流行的，很适合于赶时间的就餐客人。

3.在有条件的繁华地点，还可在店面设置外卖窗口以适应买走的客人。

4.快餐厅因食品多为半成品加工，因为厨房可向客席开敞，增加就餐的气氛。

2 常用人体尺度

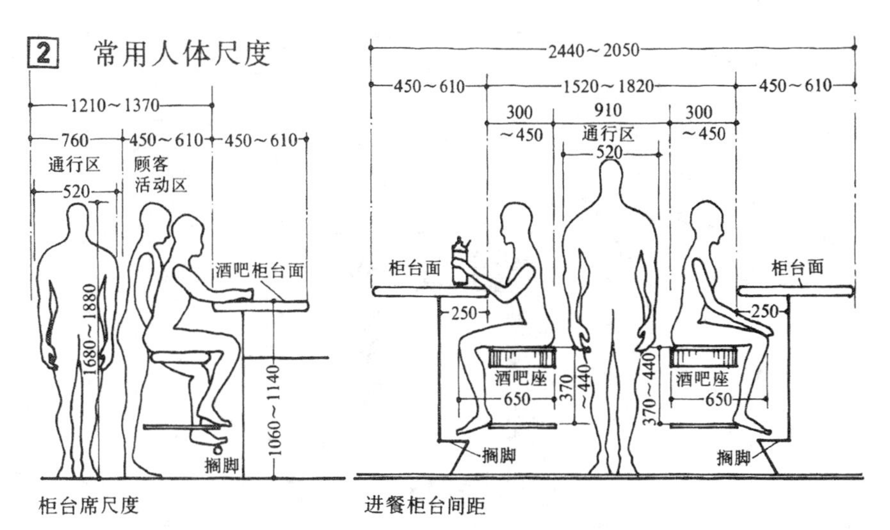

柜台席尺度

进餐柜台间距

3 功能分析

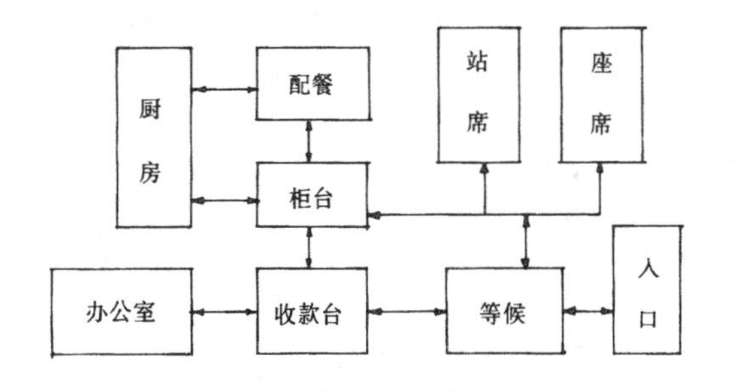

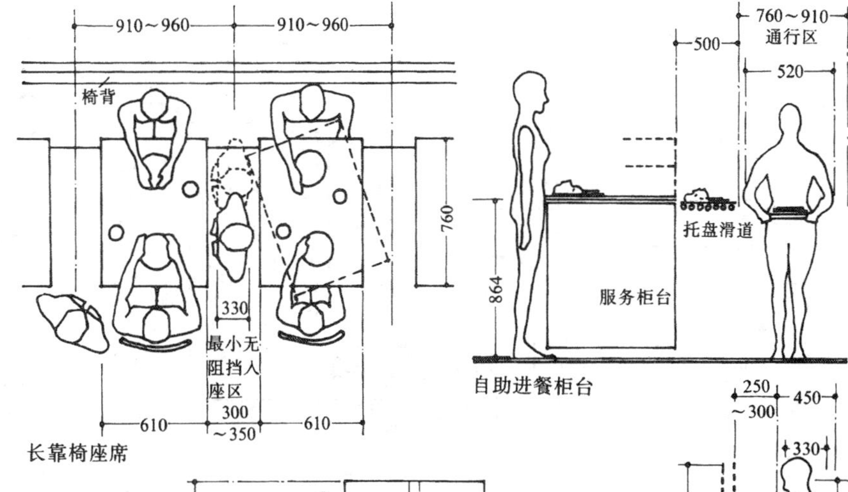

长靠椅座席

自助进餐柜台

4 平面布局实例

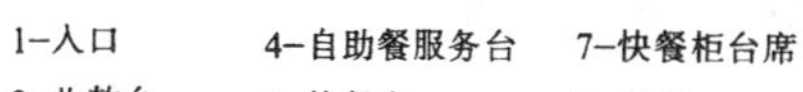

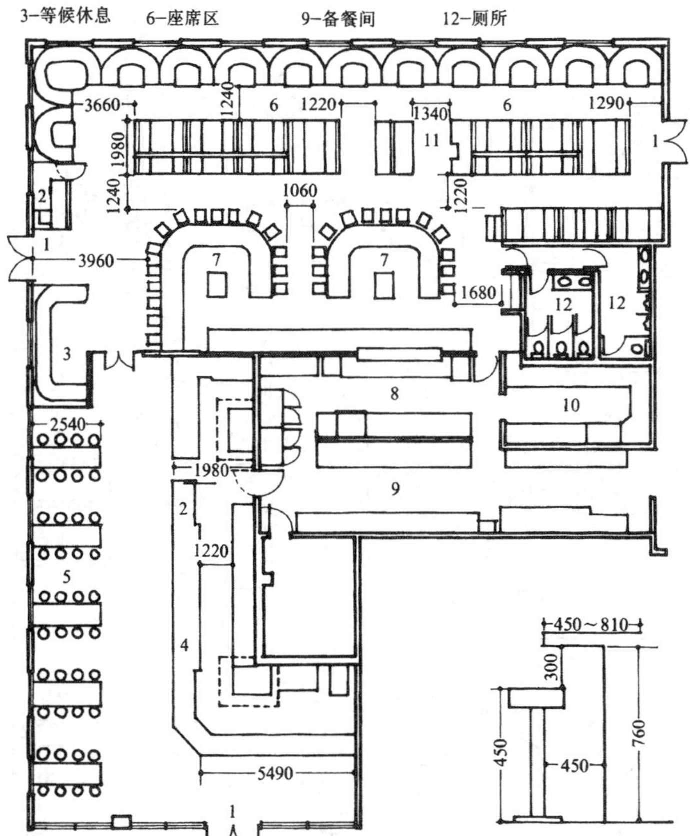

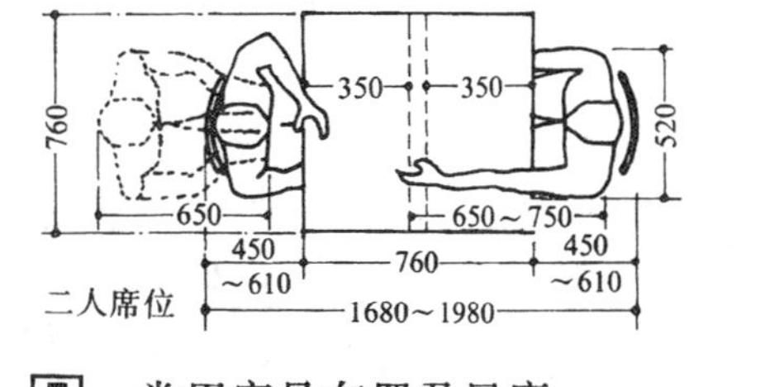

二人席位

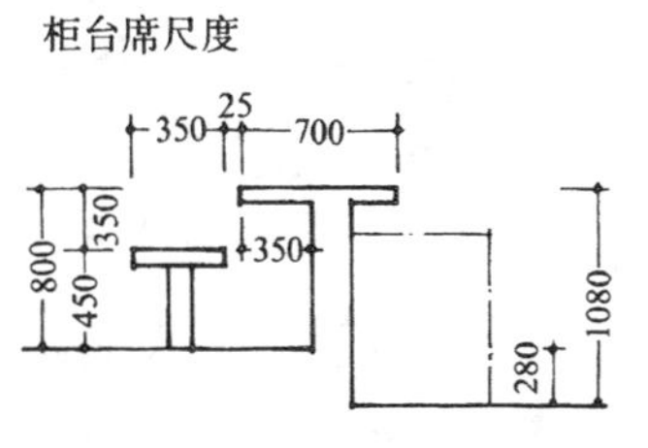

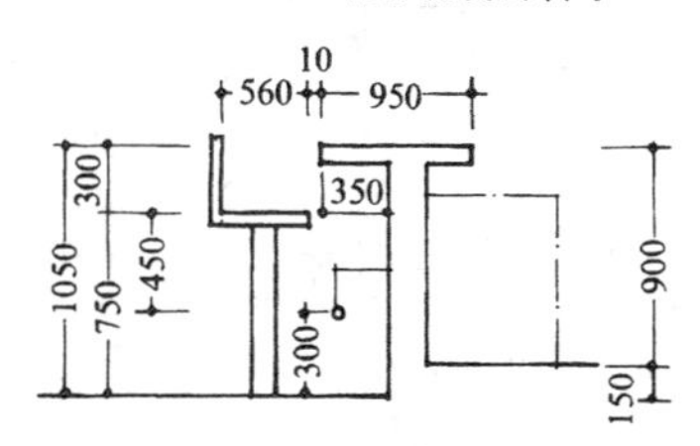

站着就餐的台子

5 常用家具布置及尺度

柜台席尺度

柜台席实例

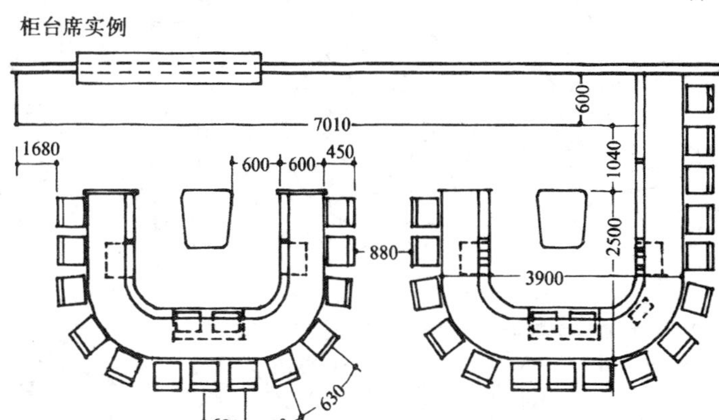

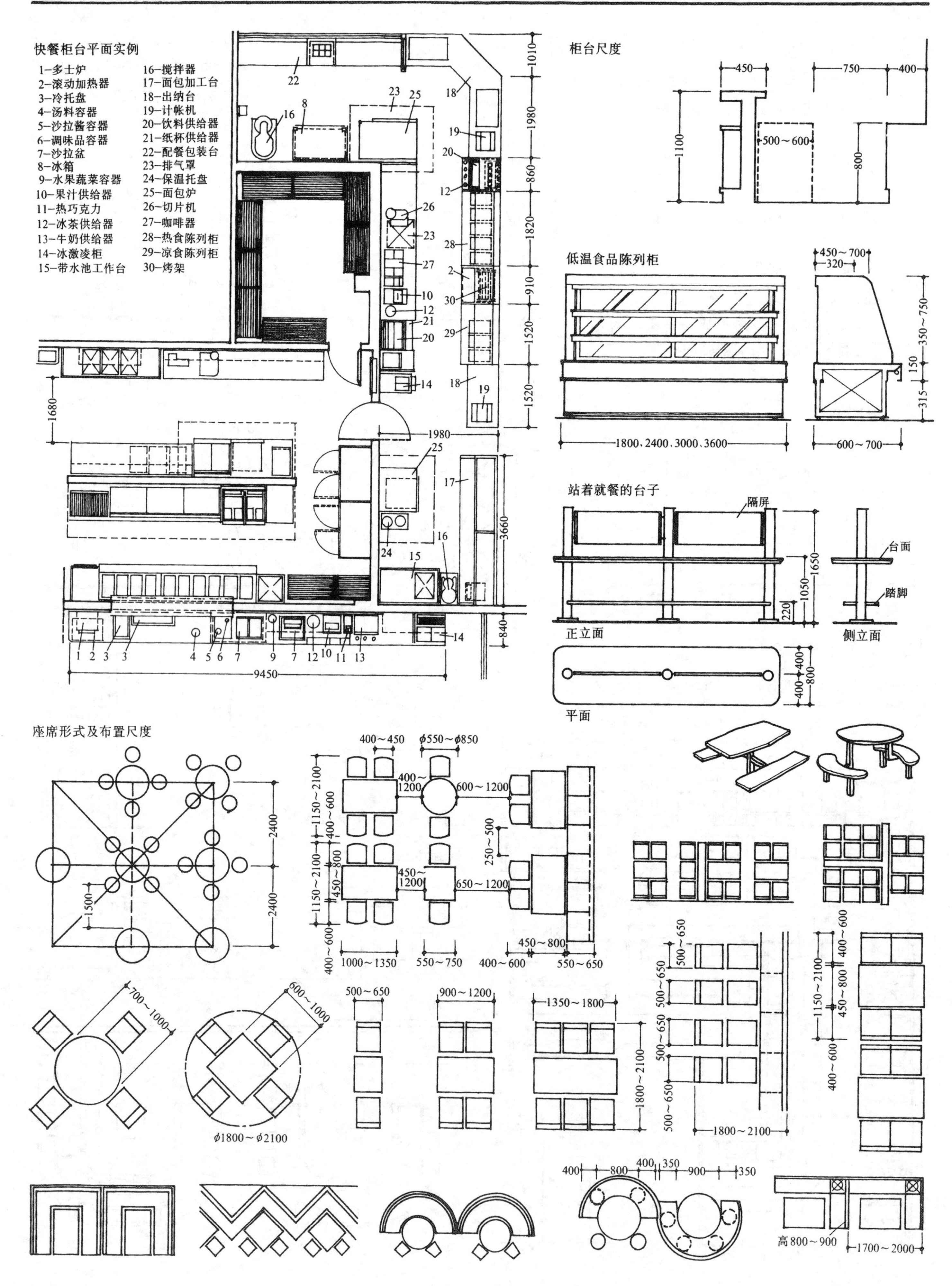
快餐柜台平面实例
1—多士炉
2—滚动加热器
3—冷托盘
4—汤料容器
5—沙拉酱容器
6—调味品容器
7—沙拉盆
8—冰箱
9—水果蔬菜容器
10—果汁供给器
11—热巧克力
12—冰茶供给器
13—牛奶供给器
14—冰激凌柜
15—带水池工作台
16—搅拌器
17—面包加工台
18—出纳台
19—计帐机
20—饮料供给器
21—纸杯供给器
22—配餐包装台
23—排气罩
24—保温托盘
25—面包炉
26—切片机
27—咖啡器
28—热食陈列柜
29—凉食陈列柜
30—烤架
9450
1680
1980
3660
840
柜台尺度
450
750
400
1100
500～600
800
低温食品陈列柜
450～700
320
350～750
150
315
1800、2400、3000、3600
600～700
站着就餐的台子
隔屏
台面
踏脚
1650
1050
220
正立面
侧立面
平面
400
800
座席形式及布置尺度
2400
1500
400～450
φ550～φ850
400～1200
600～1200
1150～2100
400～600
450～800
250～500
450～1200
650～1200
1000～1350
550～750
450～800
550～650
700～1000
600～1000
φ1800～φ2100
500～650
900～1200
1350～1800
1800～2100
高800～900
1700～2000
350
900

1 空间处理要点

1.日本式餐厅的顾客座席包括有以下三种:柜台席、座席、和式席（席地而坐）。一般餐厅由其中二种或三种构成。

2.在餐厅入口或和式席入席处应设有放置鞋的位置。

3.单间可利用活动隔断来组织空间。

3 功能分析

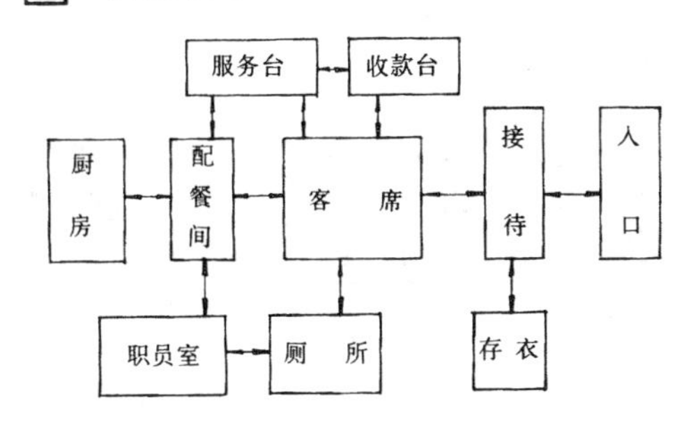

2 常用人体尺度

柜台席平面

550～650

550～650

柜台转角平面

550～650

550～650

550～650

550～650

柜台席剖面

250～300

700～750

450

550～700

800

950～1000

300～450

下沉式柜台席剖面

550～700

250～300

350～400

800

950～1000

300～450

座席平面

1850～2600

600～800

650～1000

600～800

1200～1500

座席立面

300～350

4 平面布局实例

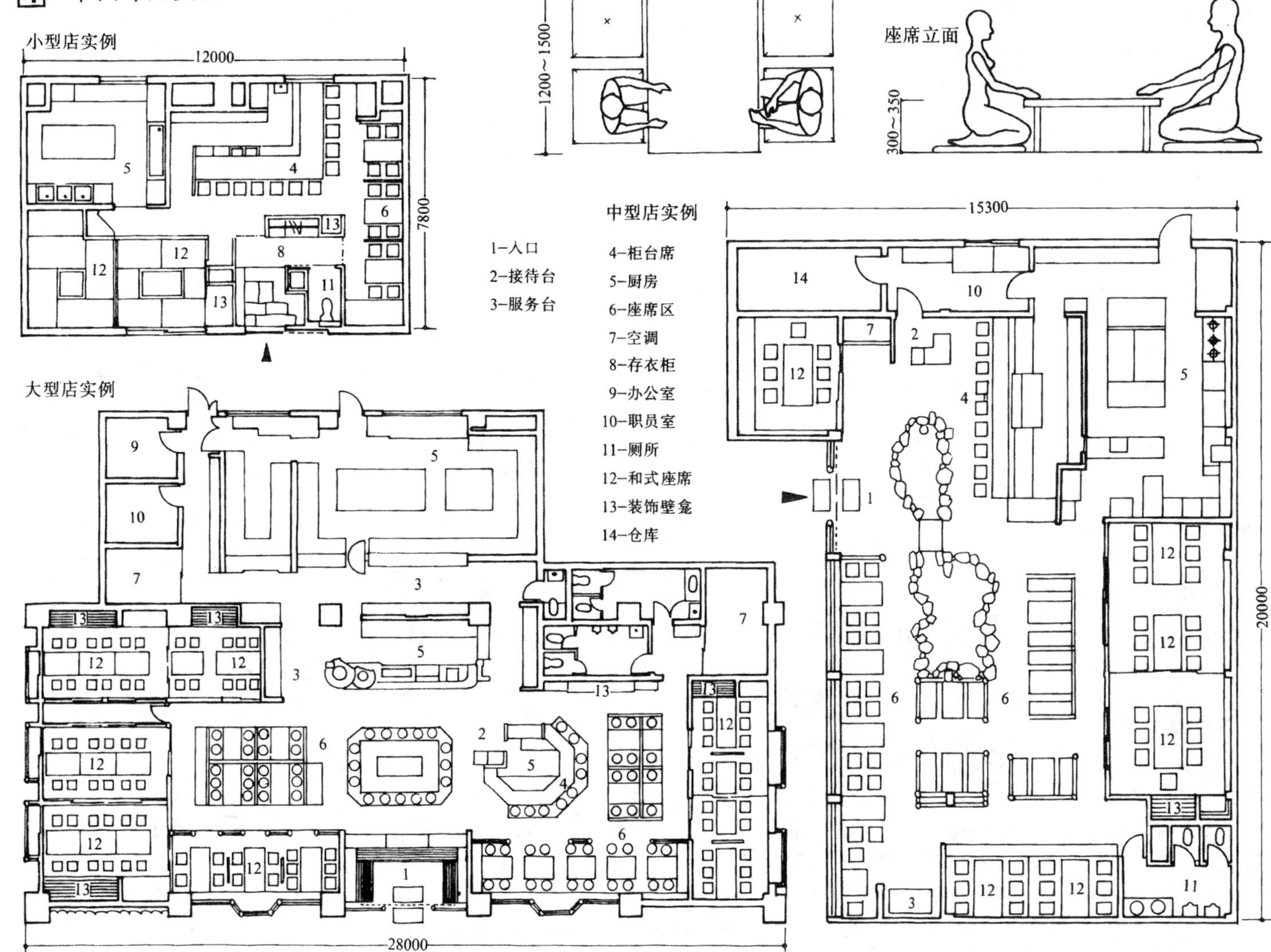

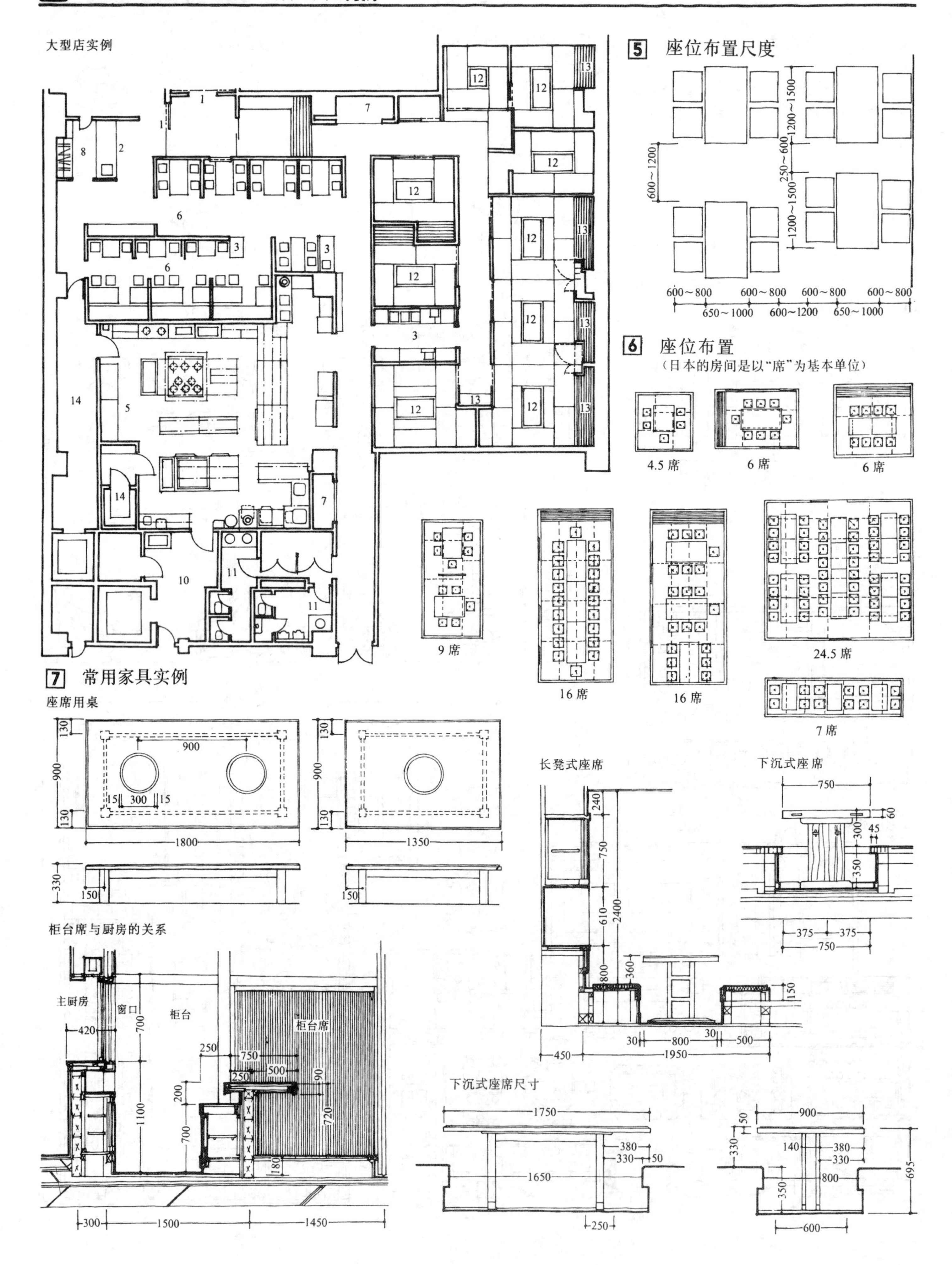

大型店实例
5 座位布置尺度
600~1200
1200~1500
250~600
1200~1500
600~800
650~1000
600~800
600~1200
600~800
650~1000
600~800
6 座位布置
（日本的房间是以"席"为基本单位）
4.5席
6席
6席
9席
16席
16席
24.5席
7席
7 常用家具实例
座席用桌
900
1800
1350
330
150
长凳式座席
下沉式座席
750
375
柜台席与厨房的关系
主厨房
窗口
柜台
柜台席
420
700
1100
250
750
500
200
720
180
300
1500
1450
450
800
1950
下沉式座席尺寸
1750
1650
380
330
50
250
900
140
800
695
350
600

1 空间处理要点

1.宴会厅为了适应不同的使用需要，常设计成可分隔的空间，需要时可利用活动隔断分隔成几个小厅。

2.入口处应设接待与衣帽存放处。

3.应设贮藏间，以便于桌椅布置形式变动。

4.可设固定或活动的小舞台。

5.设发言人及演员用休息、更衣室。

6.设立服务台。

3 功能分析

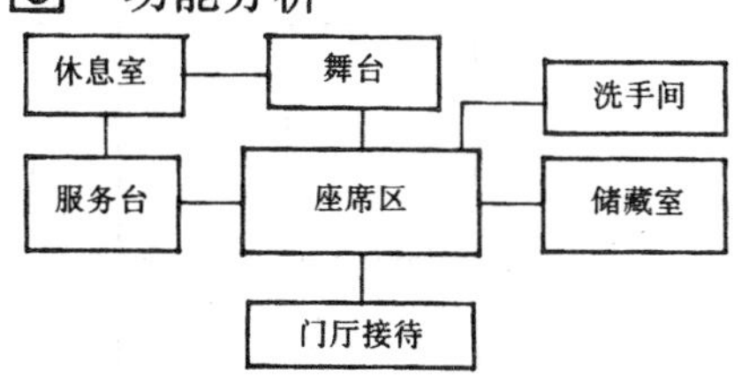

2 常用人体尺度

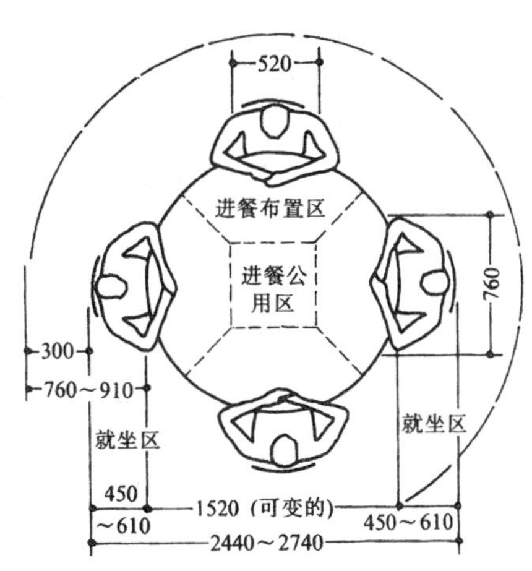

餐桌边座位的尺度

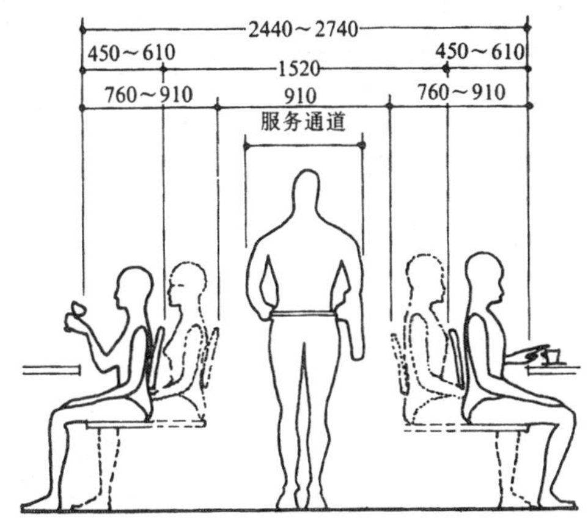

服务通道与椅子之间距离

4 桌椅布置与尺寸

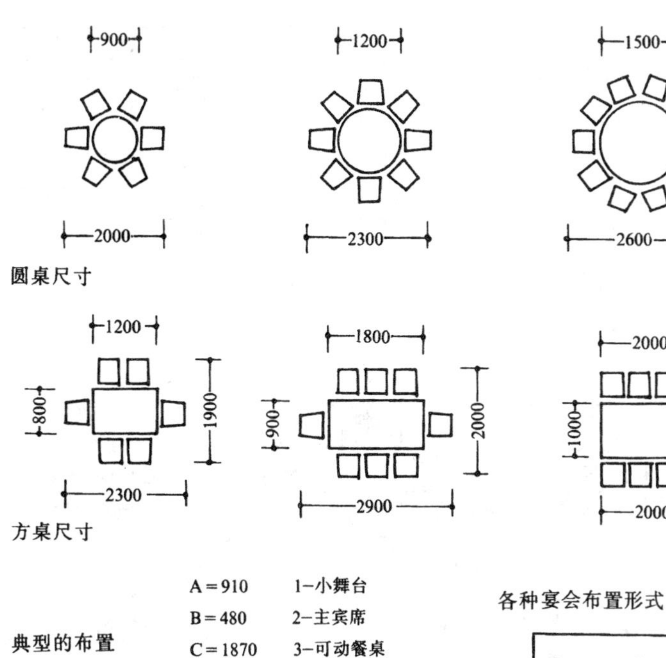

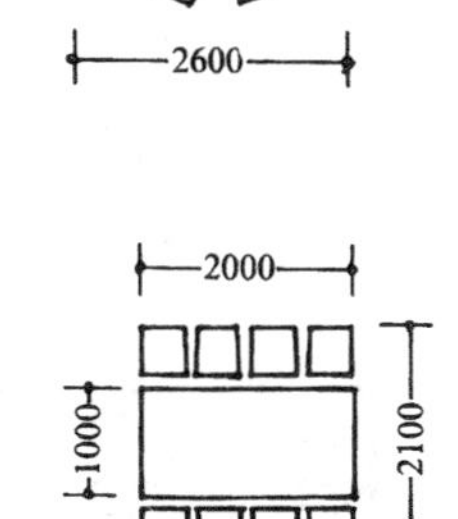

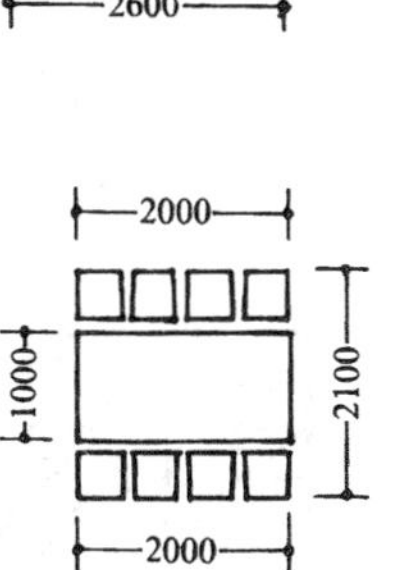

圆桌尺寸

方桌尺寸

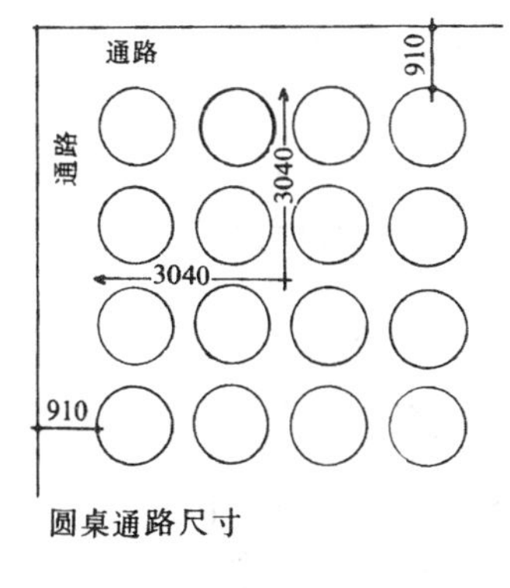

圆桌通路尺寸

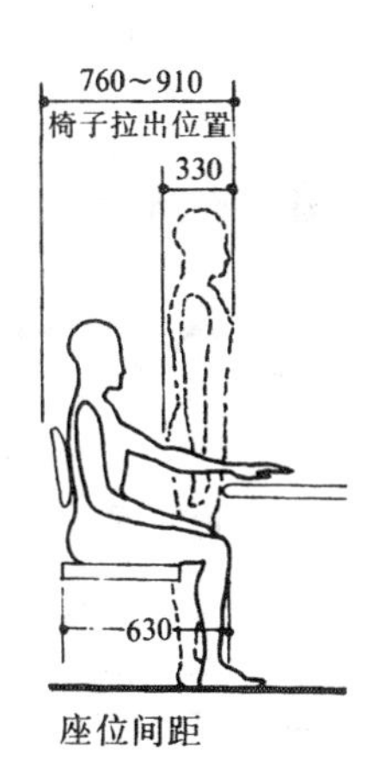

座位间距

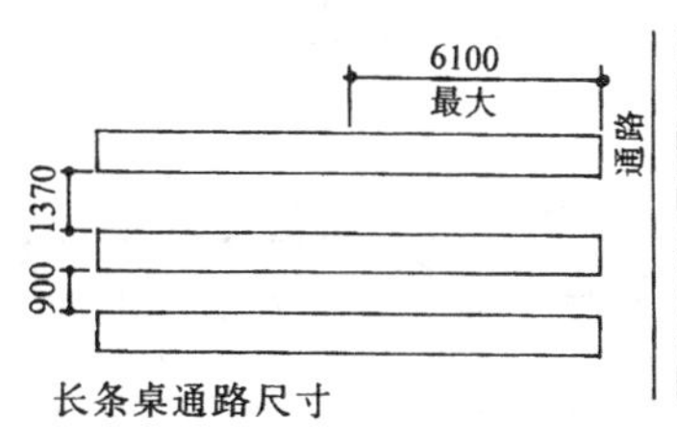

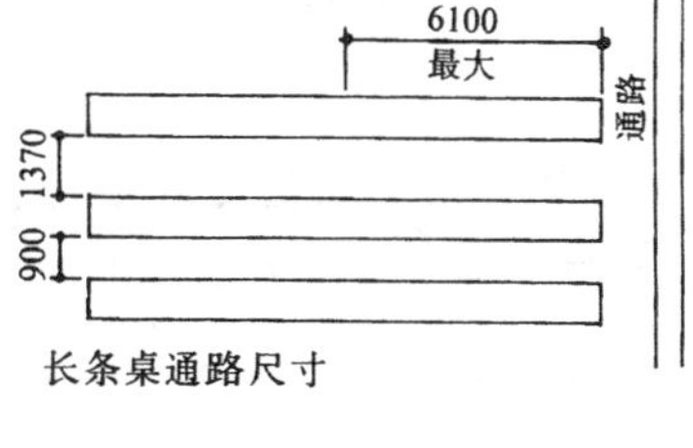

长条桌通路尺寸

典型的布置

A＝910　1–小舞台
B＝480　2–主宾席
C＝1870　3–可动餐桌
D＝1800　4–踏步
单位：mm

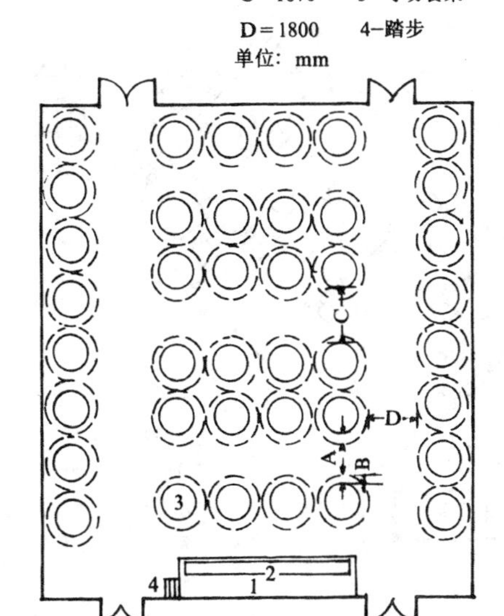

各种宴会布置形式

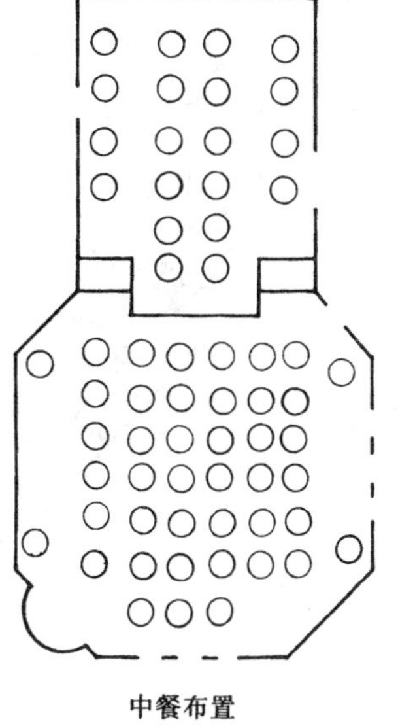

中餐布置

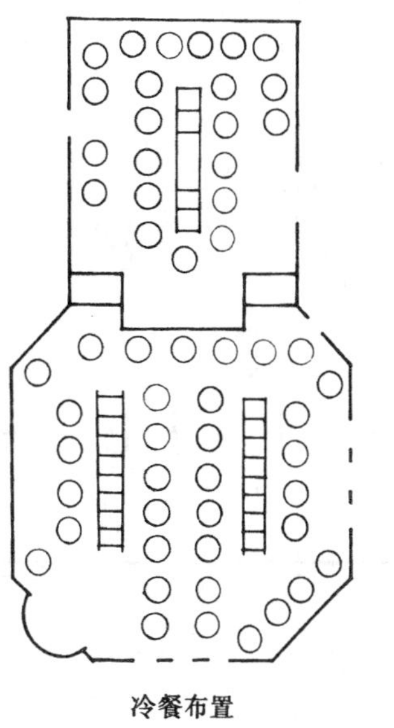

冷餐布置

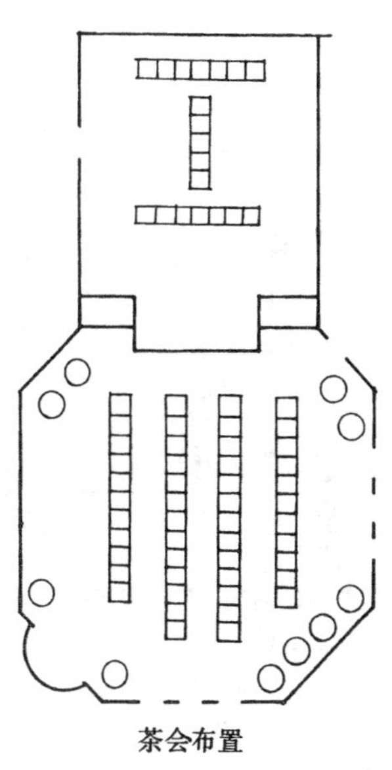

茶会布置

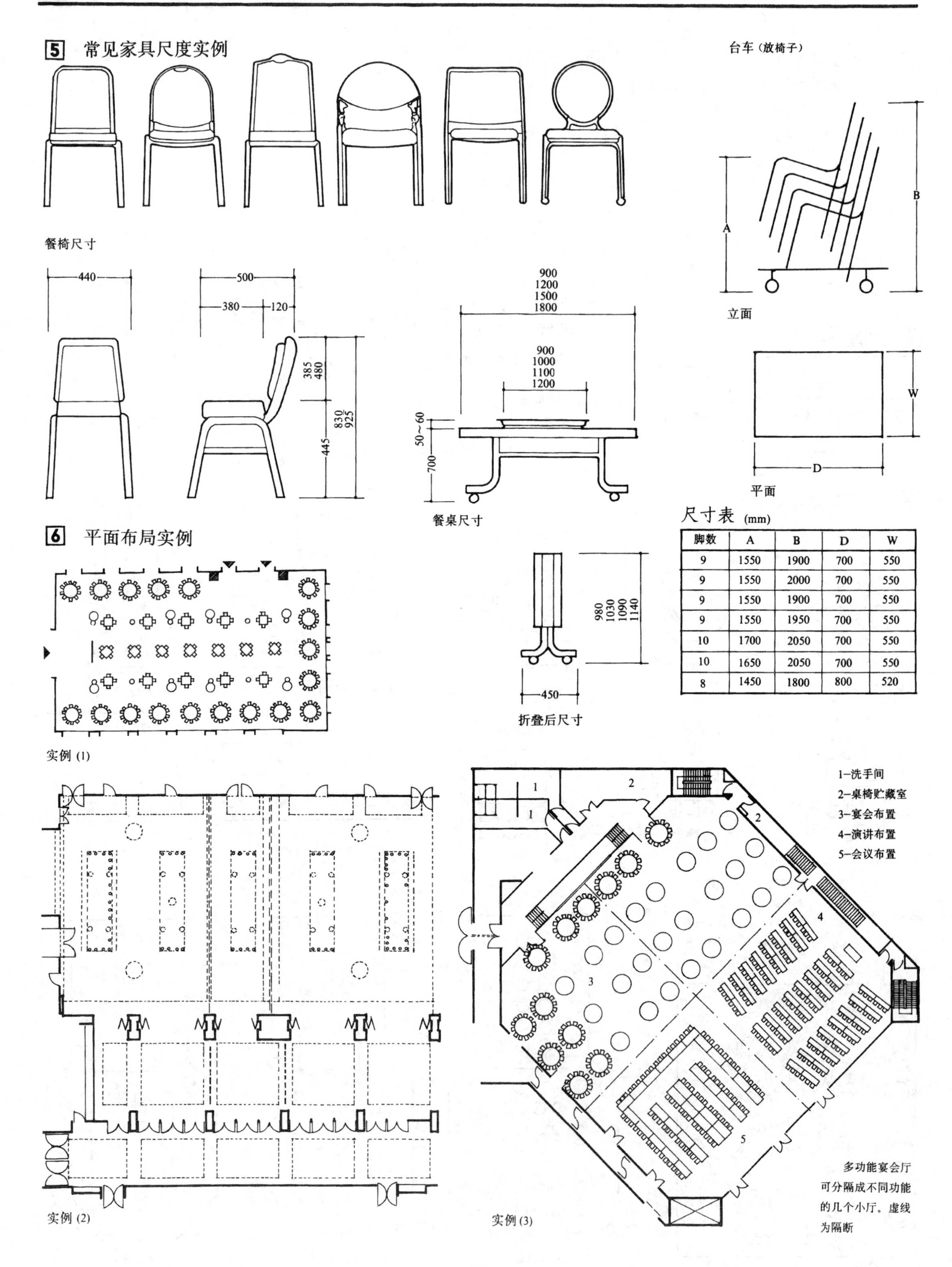

尺寸表 (mm)

脚数	A	B	D	W
9	1550	1900	700	550
9	1550	2000	700	550
9	1550	1900	700	550
9	1550	1950	700	550
10	1700	2050	700	550
10	1650	2050	700	550
8	1450	1800	800	520

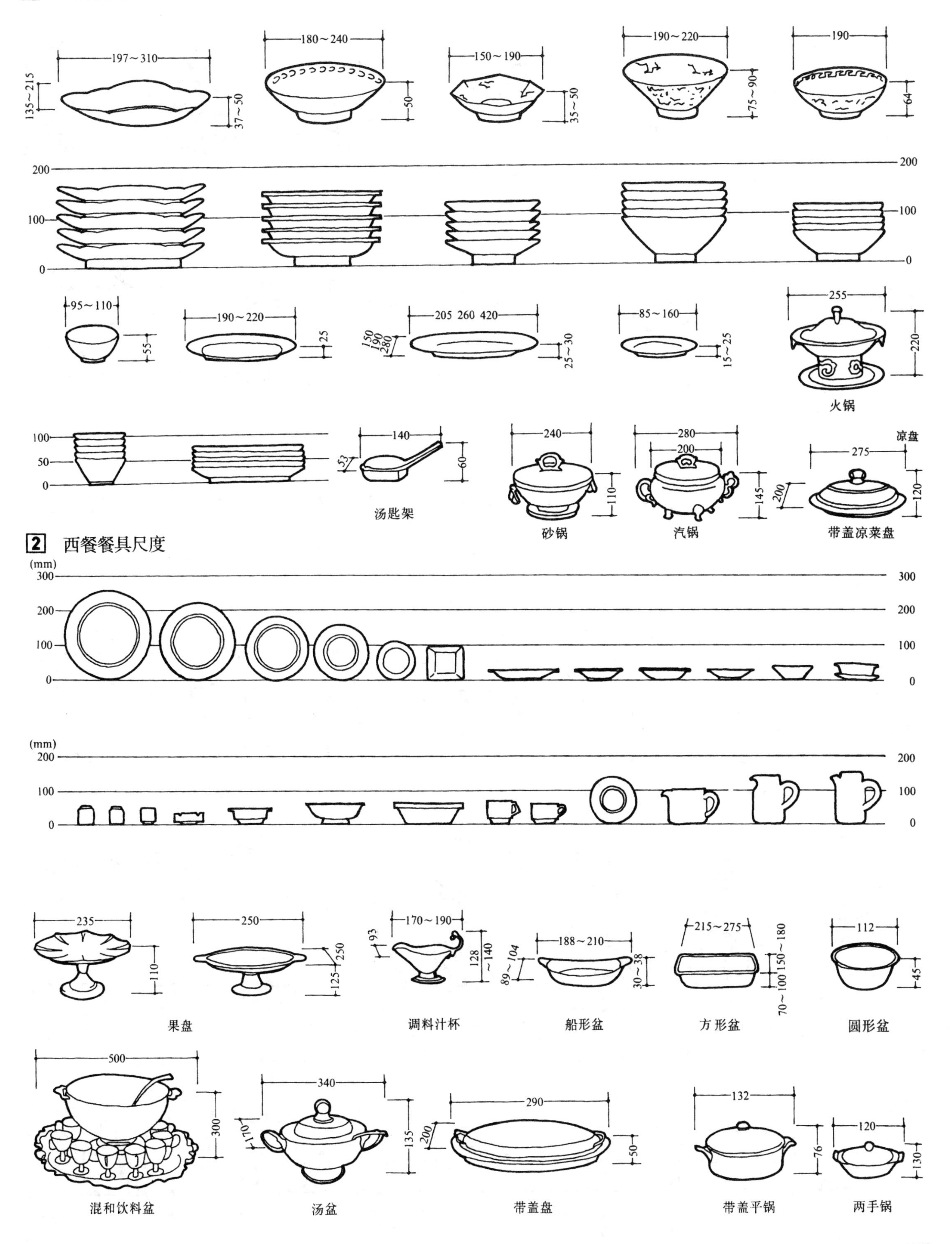

1 中餐餐具尺度
197～310
135～215
37～50
180～240
50
150～190
35～50
190～220
75～90
190
64
200
100
0
95～110
55
190～220
25
205 260 420
150 190 280
25～30
85～160
15～25
255
220
火锅
100
50
0
140
53
60
汤匙架
240
110
砂锅
280
200
145
汽锅
凉盘
275
200
120
带盖凉菜盘
2 西餐餐具尺度
(mm)
300
200
100
0
(mm)
200
100
0
235
110
250
125～250
果盘
170～190
93
128～140
调料汁杯
188～210
89～104
30～38
船形盆
215～275
150～180
70～100
方形盆
112
45
圆形盆
500
300
混和饮料盆
340
170
135
汤盆
290
200
50
带盖盘
132
76
带盖平锅
120
130
两手锅

3 桌上常备用具尺度

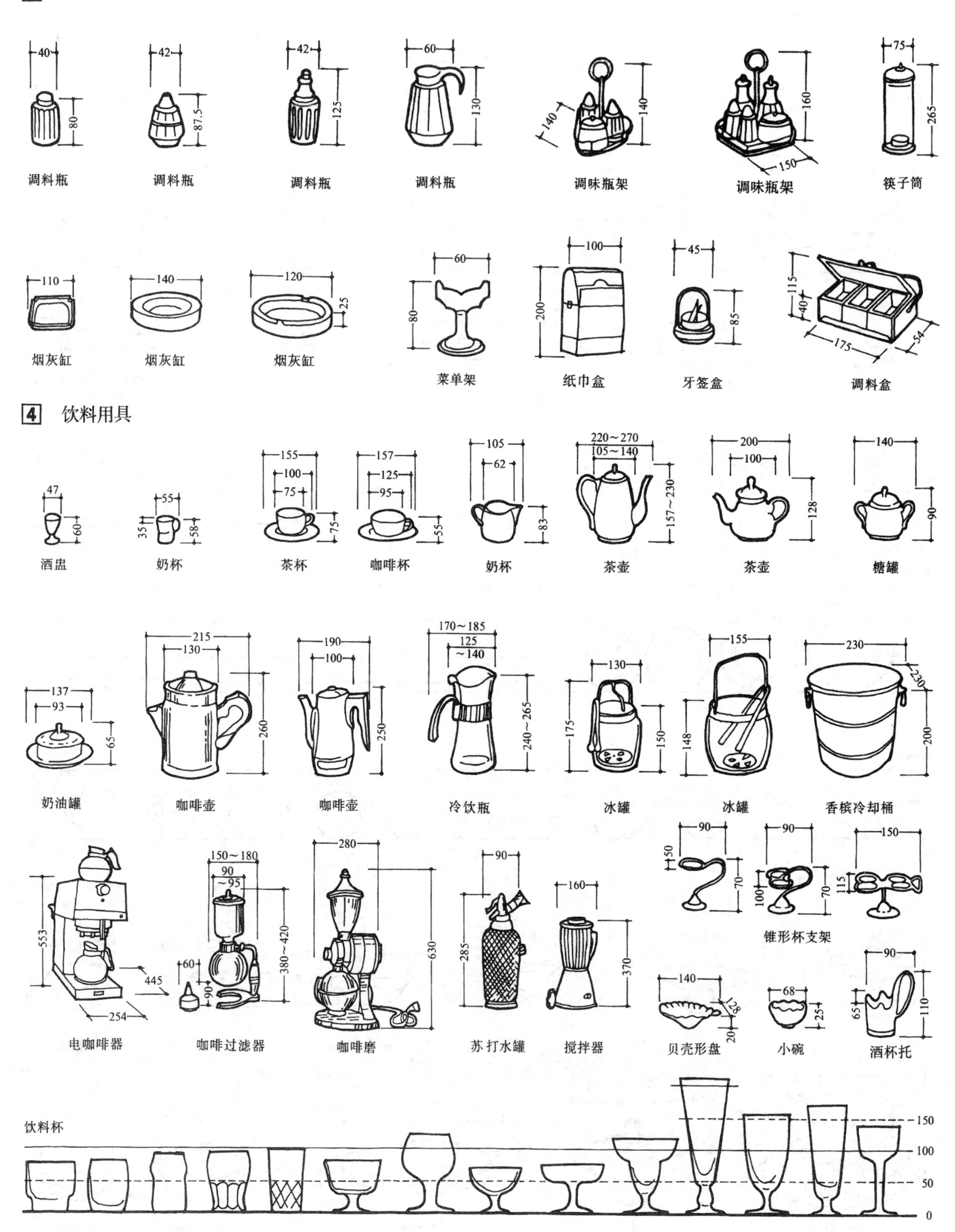
调料瓶
调料瓶
调料瓶
调料瓶
调味瓶架
调味瓶架
筷子筒
烟灰缸
烟灰缸
烟灰缸
菜单架
纸巾盒
牙签盒
调料盒
4 饮料用具
酒盅
奶杯
茶杯
咖啡杯
奶杯
茶壶
茶壶
糖罐
奶油罐
咖啡壶
咖啡壶
冷饮瓶
冰罐
冰罐
香槟冷却桶
电咖啡器
咖啡过滤器
咖啡磨
苏打水罐
搅拌器
贝壳形盘
小碗
酒杯托
锥形杯支架
饮料杯

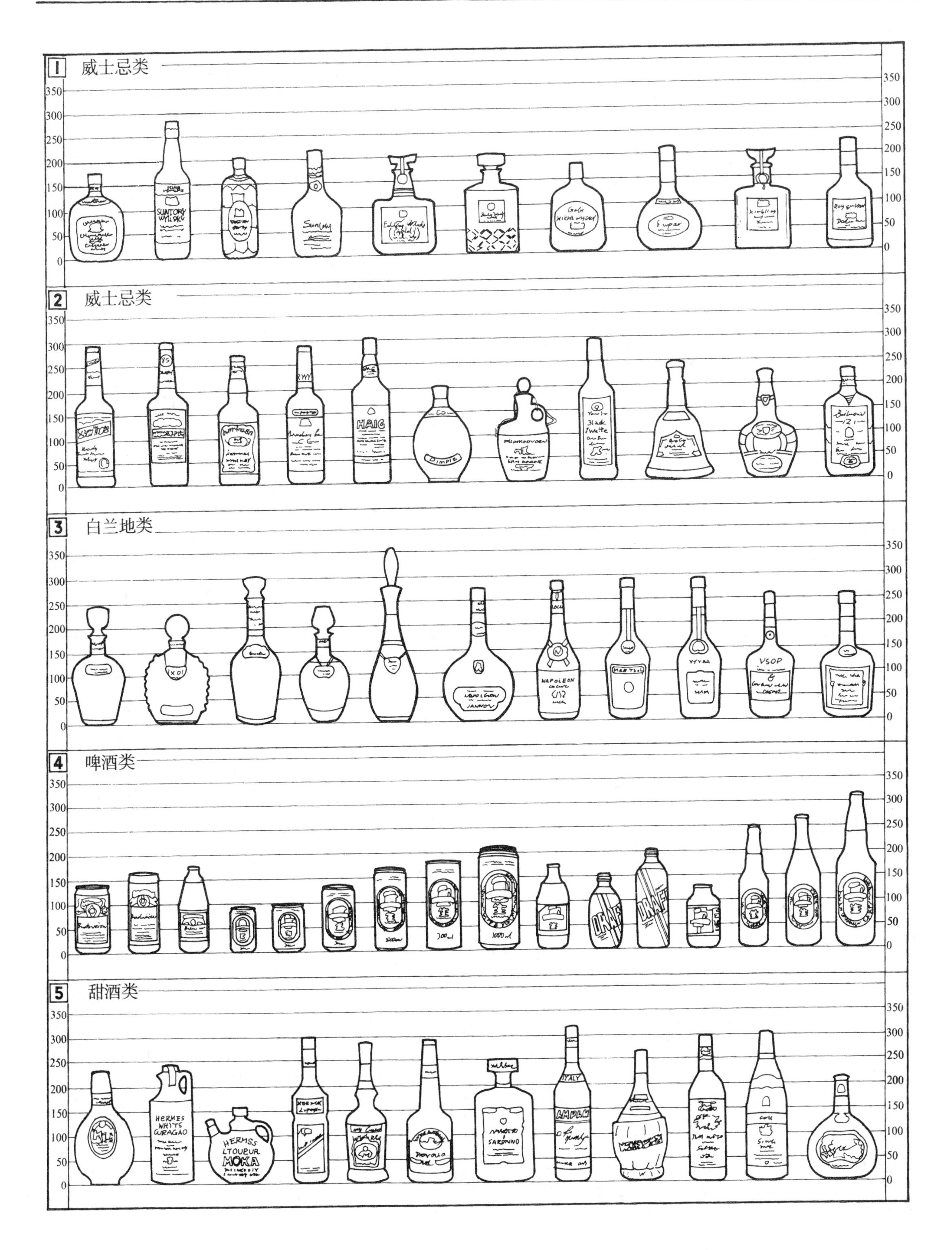
1 威士忌类
2 威士忌类
3 白兰地类
4 啤酒类
5 甜酒类
0
50
100
150
200
250
300
350
SUNTORY WHISKY
HAIG
DIMPLE
NAPOLEON
VSOP
HERMES WHITS CURAGAO
HERMSS LTOURUR MOKA
SARONNO
ITALY

1 商品构成

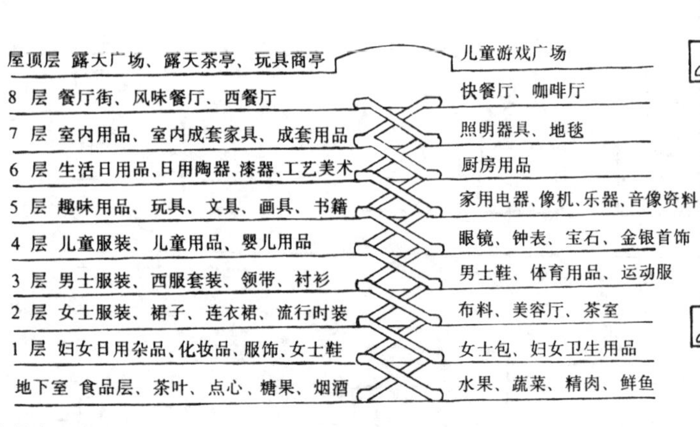

各层商品分布构成

2 平面布局

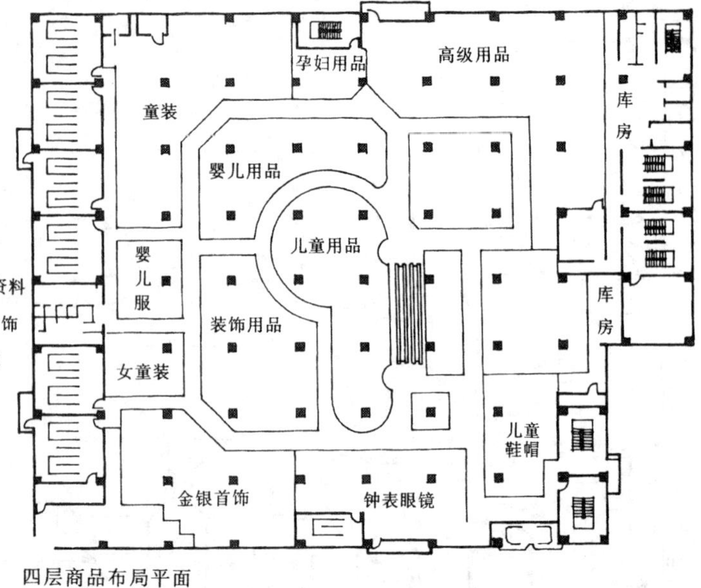

四层商品布局平面

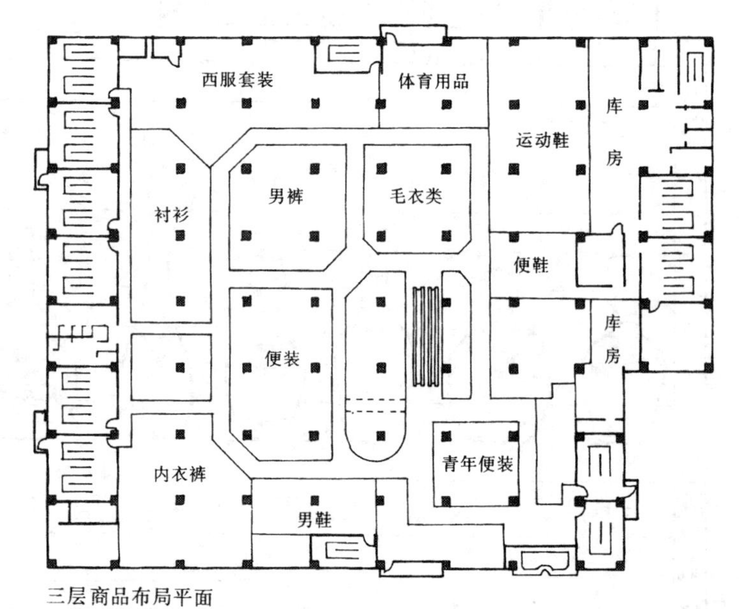

首层商品布局平面

三层商品布局平面

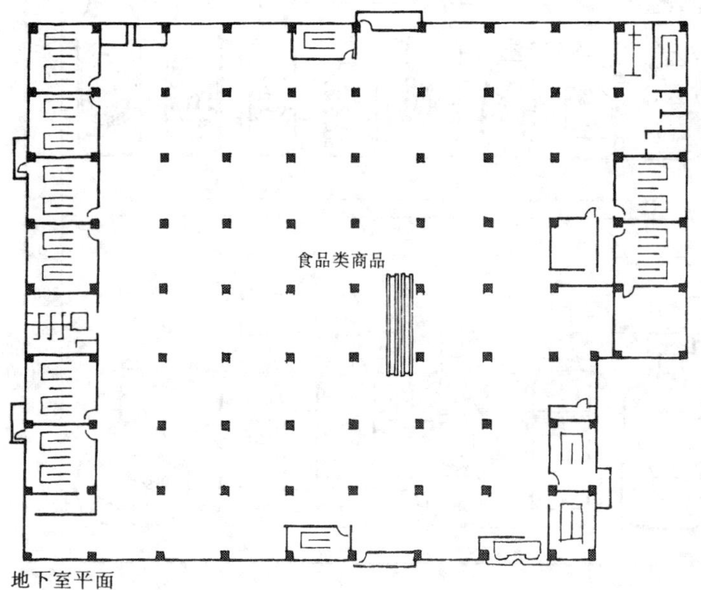

地下室平面

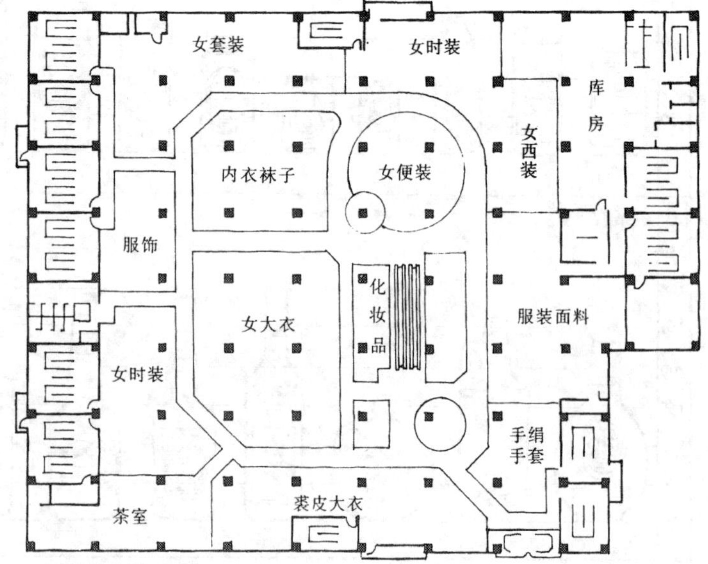

二层商品布局平面

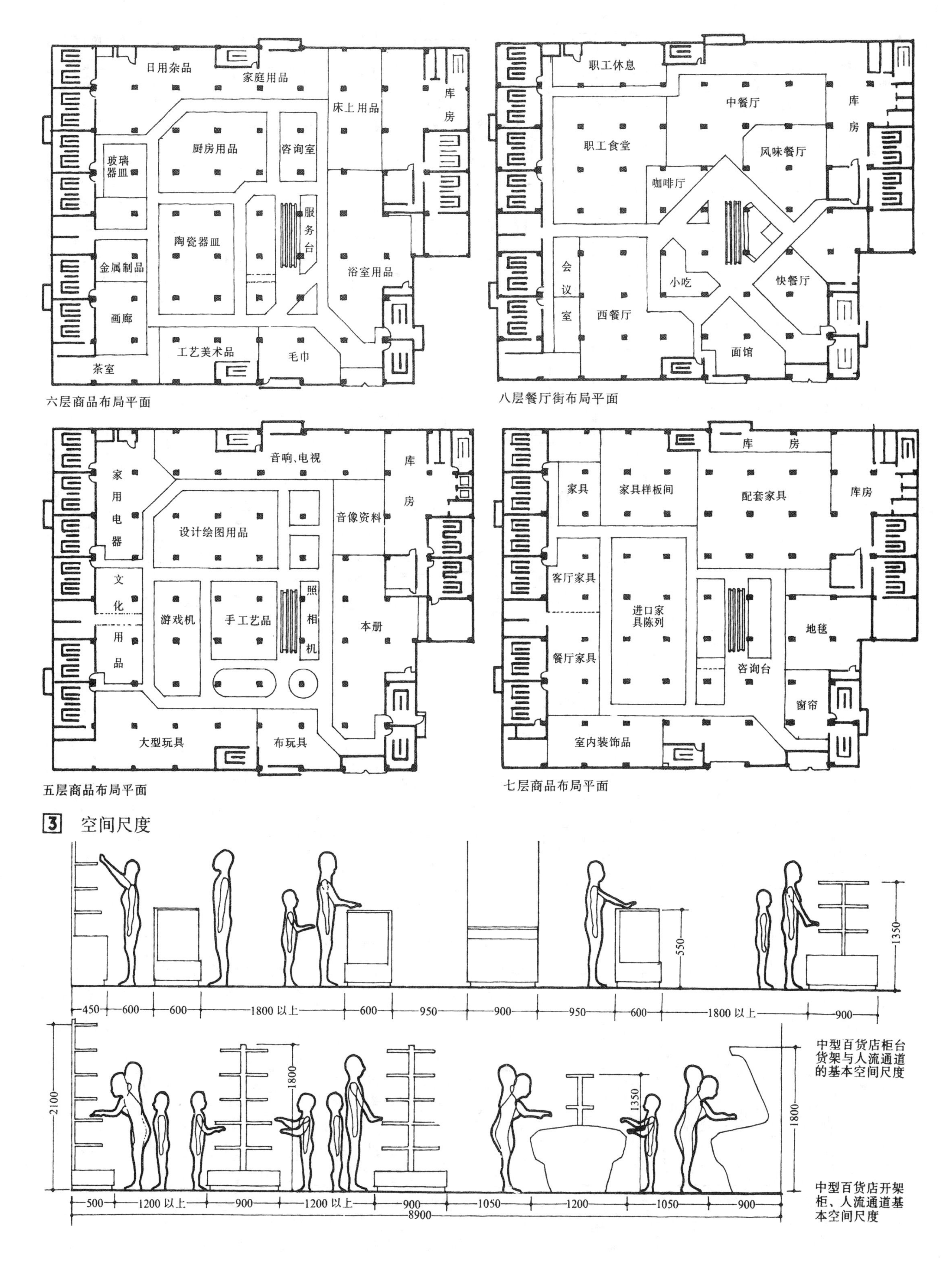

六层商品布局平面

八层餐厅街布局平面

五层商品布局平面

七层商品布局平面

3 空间尺度

中型百货店柜台货架与人流通道的基本空间尺度

中型百货店开架柜、人流通道基本空间尺度

1 功能布局

超级市场70年代初始于美国，并很快风靡世界，而成为发达国家全新的商业形式。计算机管理降低了商品成本，并由柜台式售货发展成开架自选，让顾客购物更随心所欲，从而扩大了商业机能。

这种机能的变革，使商业空间布局也相应发生变化，其功能区分更条理化、科学化。集中式收款台设在入口处，无形中增大了货场的面积。在这里最重要的是商品种类区分布的合理性、方便性。作为设计理念中一切为人着想，超级市场超越了这一理念，而成为家庭主妇、儿童、学生、单身青年乐于光顾的场所。

右图所示为一般较大型的超级市场，除前场空间的合理划分外，后场加工设施也占据相当重要的空间，并与卖场相呼应。各种不同特色的店铺设置于外围，使超级市场更具特色，从而增加了游乐性。

消防中心
上
精肉加工间
精肉
精肉
鲜肉加工间
配电室
乳制品
鲜鱼
空调机房
饮料
干咸食品
冷饮
店
铺
一般食品
水产品
佐料
果品包装室
空调机房
干果
冷冻机房
店
铺
集中收款台
杂货
水果
配电室
冷冻机房
包装台
购物推车
蔬菜
店
铺
咨询台
仓库
入口
入口

2 基本空间尺度

小型店铺 柜台空间尺寸

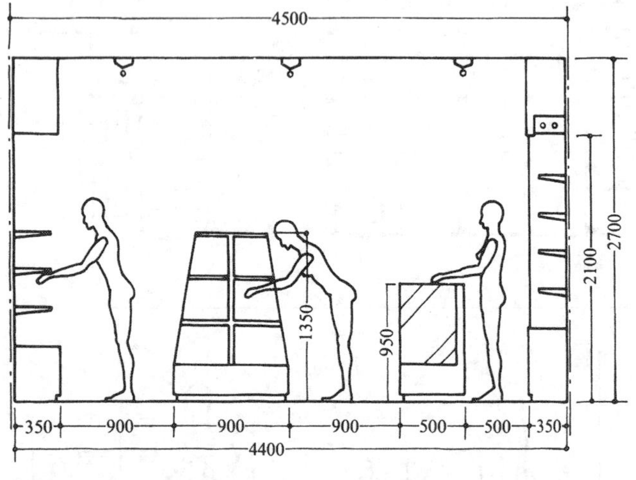

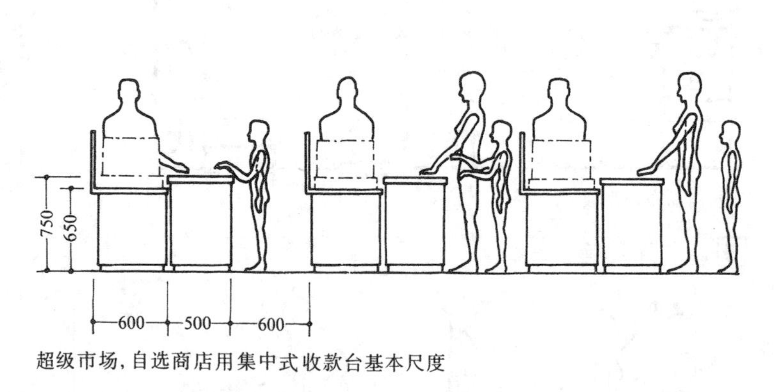

超级市场，自选商店用集中式收款台基本尺度

小型自选商店柜架与客流通道的基本尺度

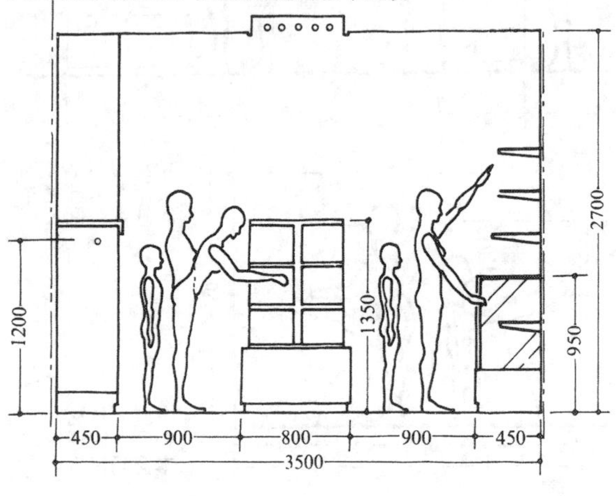

中型自选商店货柜与客流通道的基本尺度

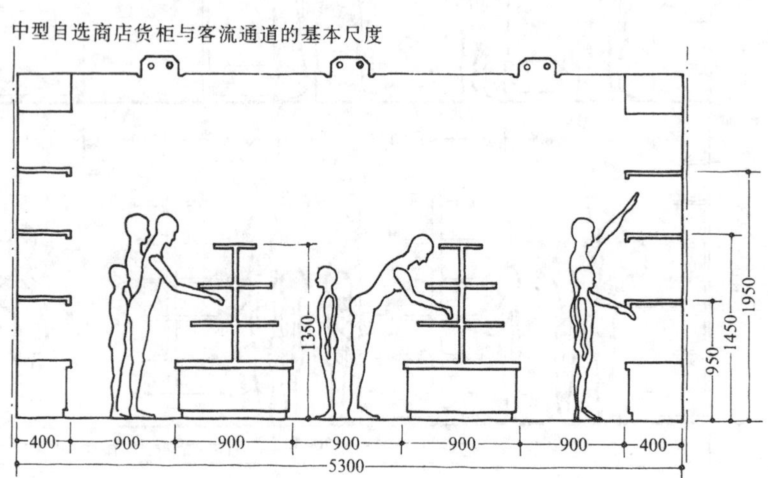

1 平面布局

中型自选商店设计举例

选地条件　地区城市商业区、大都市郊外生活区、市内新开发住宅区

建筑面积　约1500m²

销售面积　930m²

后方设施、加工、冷藏面积　570m²

设计意图　平面功能划分计划，天花照明计划，空调系统省能源问题，以使用功能优先计划，防止出现商品陈列如同仓库堆积现象，陈列既要整齐划一又要富于变化

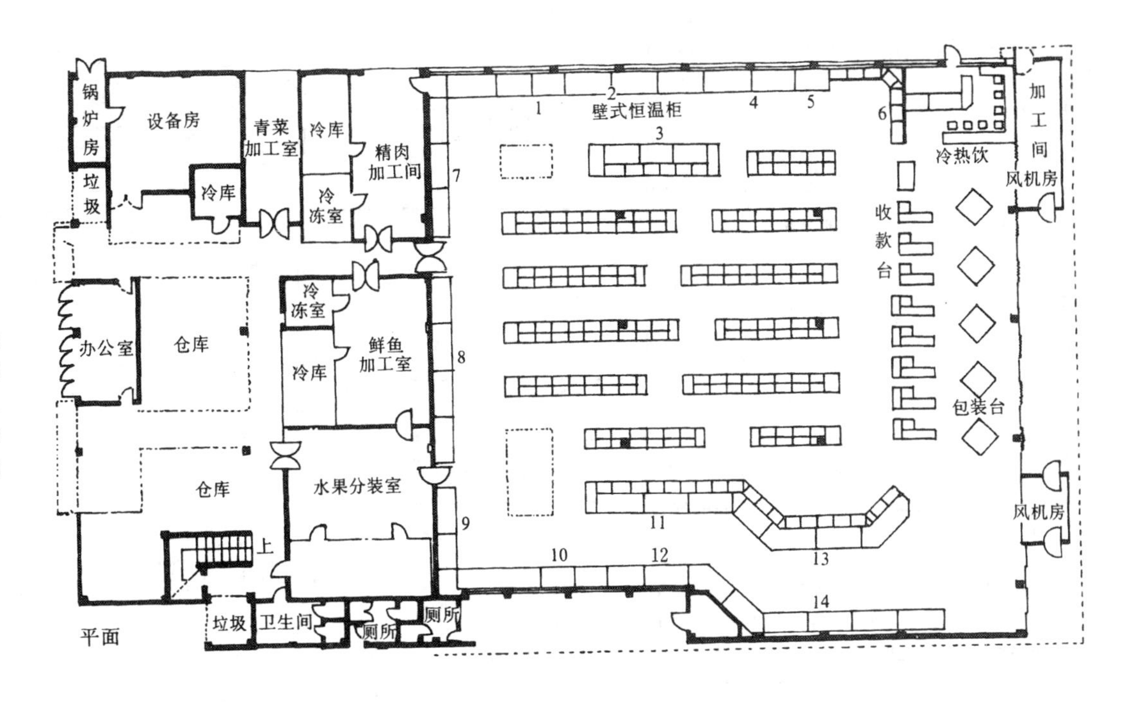

平面

1—加工精肉　8—鲜鱼
2—乳制品　9—干咸品
3—熟食　10—土产品
4—饮料类　11—水生植物
5—冰激凌　12—青菜
6—小食品　13—水果
7—成品精肉　14—青菜

3 照明计划

天花照明分布图

节能筒灯 40W／支
投光灯 40W
荧光灯 40W／支
荧光灯,白炽灯混光
投光灯 40W
节能筒灯 40W／支

2 不同形式冷藏柜的基本尺寸与天花照明关系

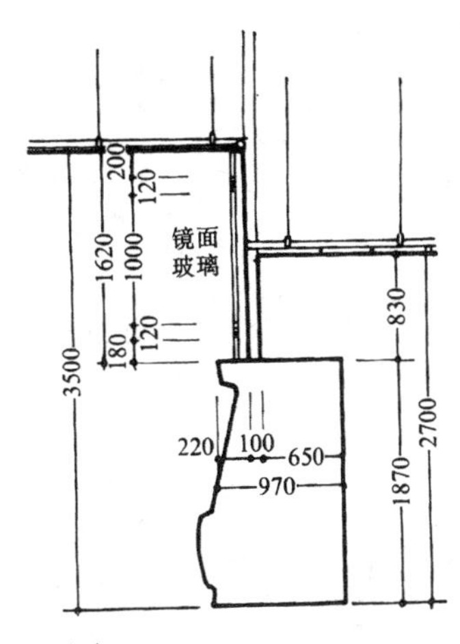

入壁式

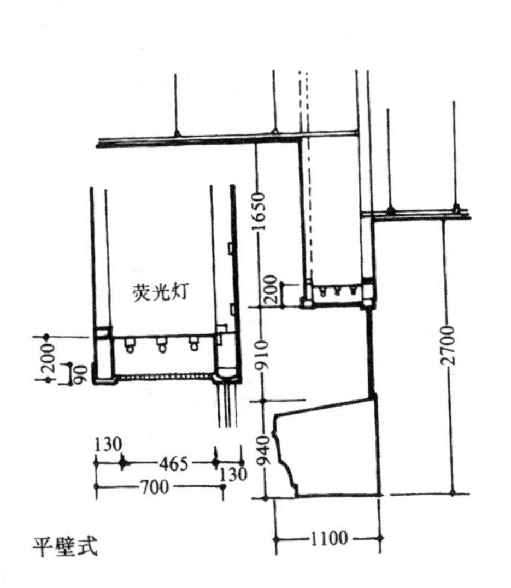

平壁式

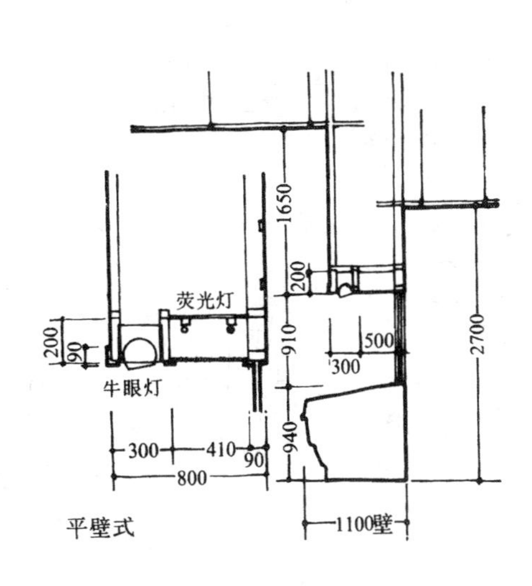

平壁式

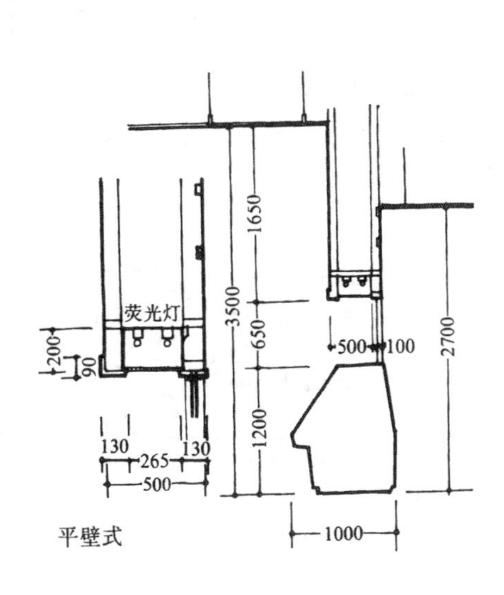

平壁式

1 平面布局

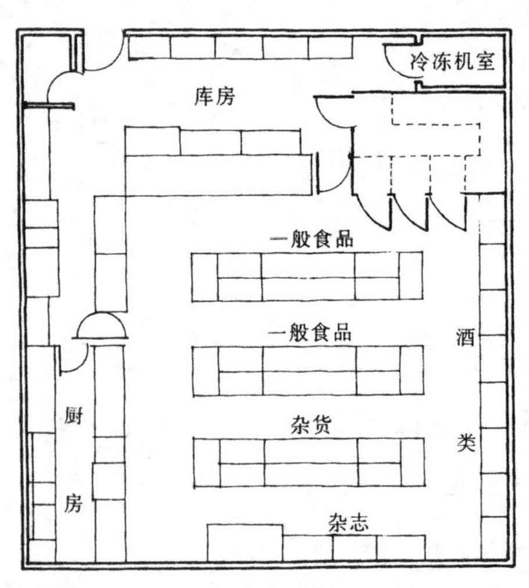

货场面积	75.8m²	56%
厨　房	10.0m²	7%
库　房	48.6m²	37%
总　计	134.4m²	100%

小型店

货场面积	182.4m²	84%
库房面积	33.6m²	16%
总　计	216.0m²	100%

日用杂货
期刊杂志
调理处
文具、日用杂品
一般食品、面包
一般食品、点心
罐头
调味品
冷冻食品
冷藏柜
鲜肉
库房
冷冻机室
青菜　水　果　奶制品　饮料　加工肉类

中型店

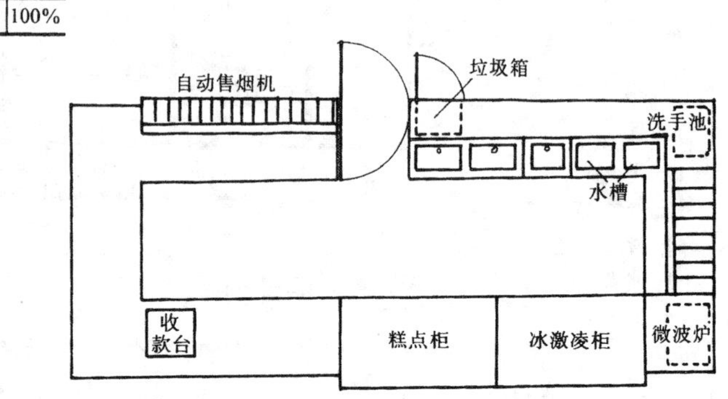

中心售货台平面

生活用品自选商店，是近年来国外兴起的一种新型商店。店内备有人们日常生活中常用的食品、饮料、酒类、方便食品、日用杂品。凡是人们日常生活中必需用的就一应俱全。这种形式的商店有点类似于我们过去的杂货店，开店早收店迟，甚至有24小时营业的商店。无论是学生、家庭主妇、单身汉，都经常光顾。所以这种店一般大都设在生活区内，并逐渐形成全国性连锁店的形式。

2 设施尺度

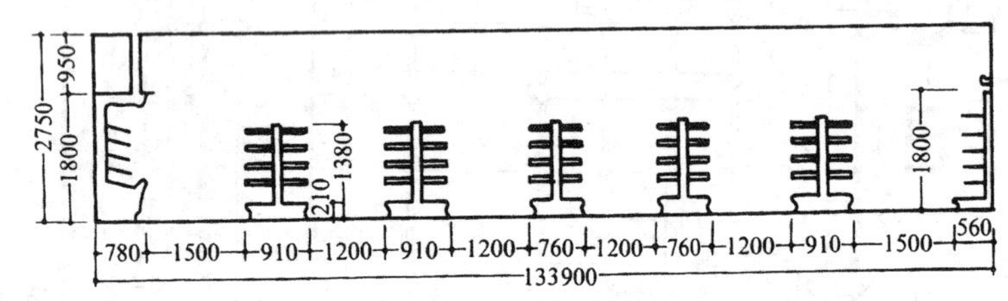

商品柜与通道的基本尺寸

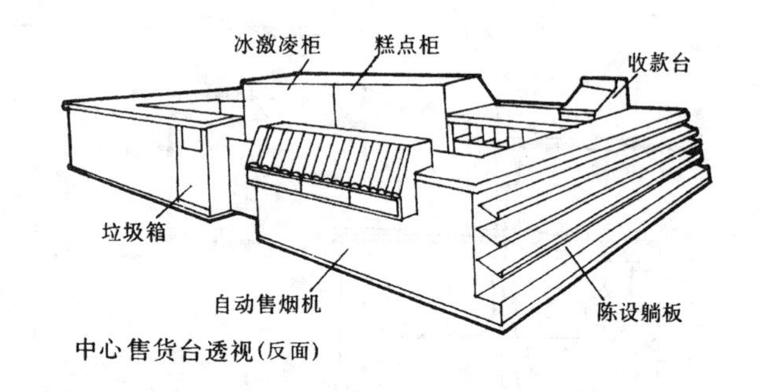

中心售货台透视（反面）

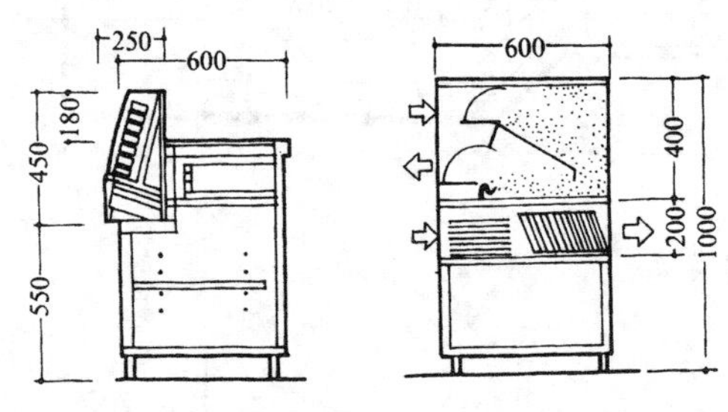

自动售烟机　自动售咖啡机剖面

这种商店要为居民提供新鲜的食品、鱼肉类、鲜奶及饮料制品等商品，所以店内的陈设柜，大多数是保鲜柜（沿墙壁）。中心区为标准货架柜，商品陈列空间利用率高，利于顾客挑选商品（一般为金属柜架）。

为便于顾客挑选商品，室内平均照度高，一般为中小店、但店内都设有热加工食品，供顾客即买即食。因此一般都设有加工间或厨房。

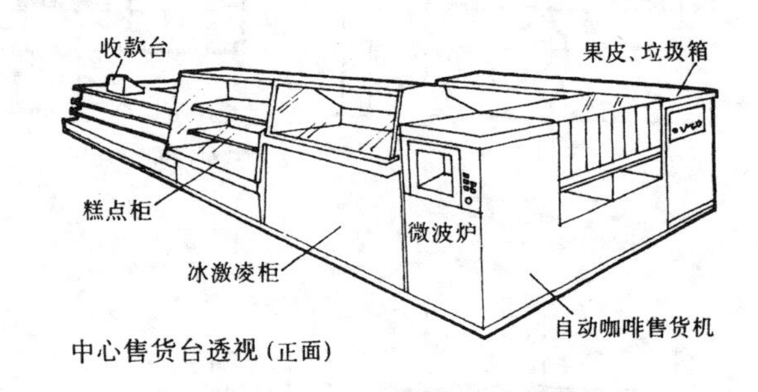

中心售货台透视（正面）

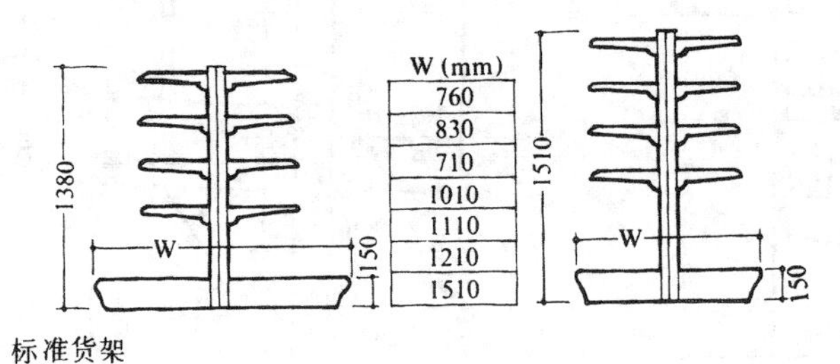

W (mm)
760
830
710
1010
1110
1210
1510

W (mm)
760
830
910
1010
1110

标准货架

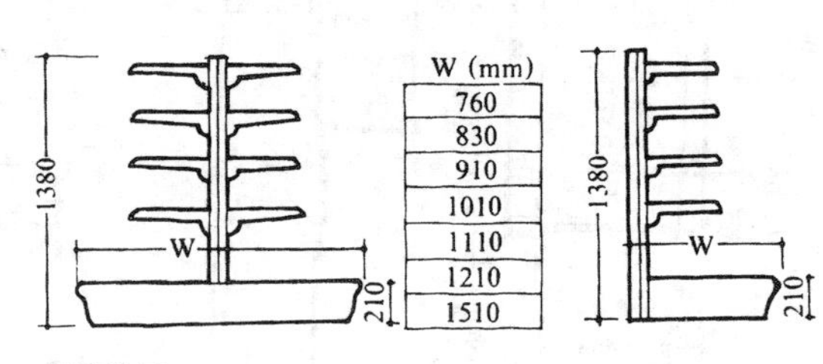

W (mm)
760
830
910
1010
1110
1210
1510

标准货架

1 平面布局

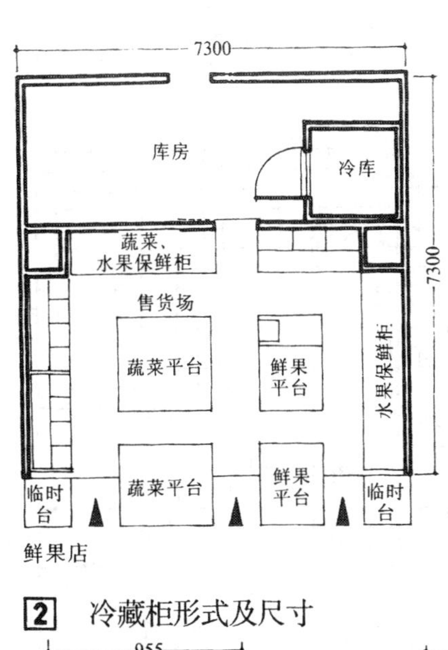

鲜果店

货场面积	33.6m²	63%
库房面积	16.5m²	31%
冷库面积	3.2m²	6%
总　计	53.3m²	100%

货场面积	57.9m²	69%
库房面积	20.4m²	25%
冷库面积	4.9m²	6%
总　计	82.8m²	100%

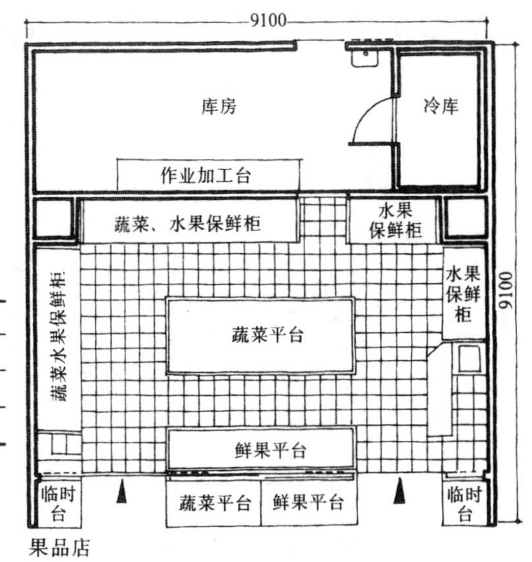

果品店

2 冷藏柜形式及尺寸

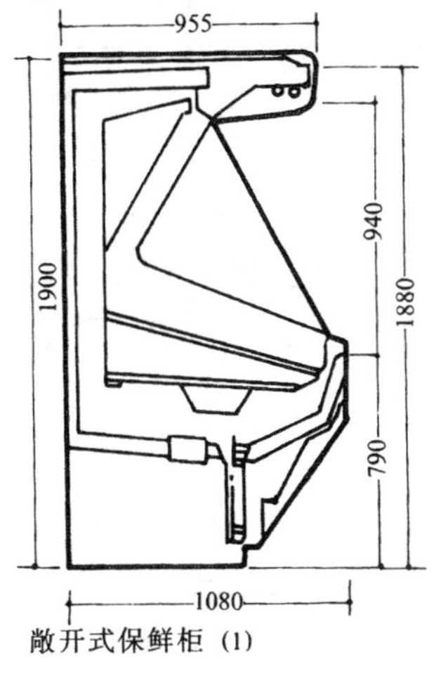
敞开式保鲜柜（1）

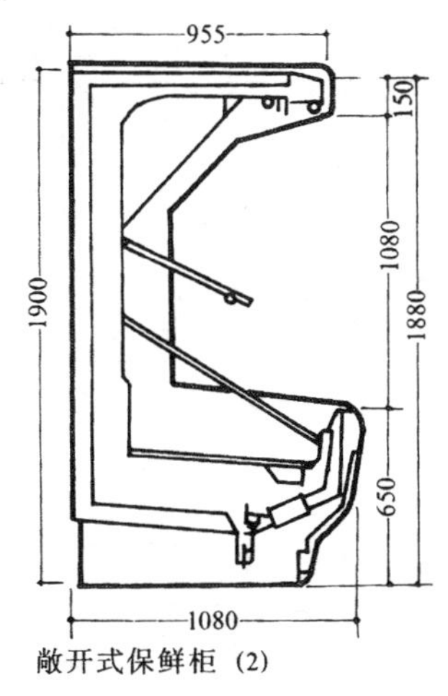
敞开式保鲜柜（2）

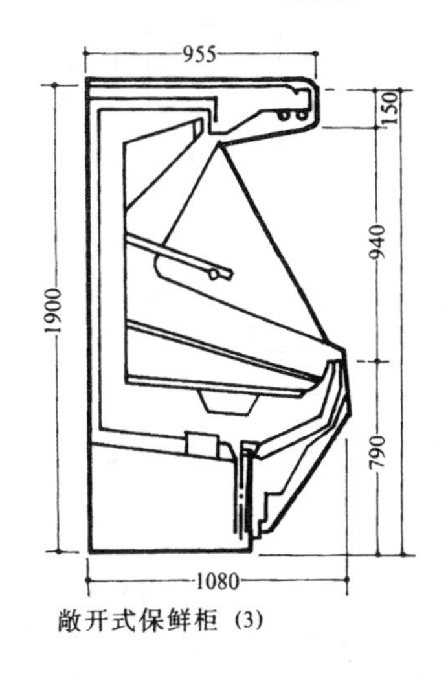
敞开式保鲜柜（3）

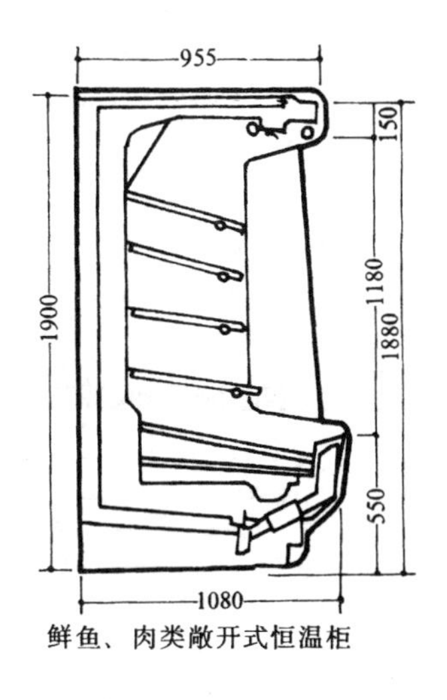
鲜鱼、肉类敞开式恒温柜

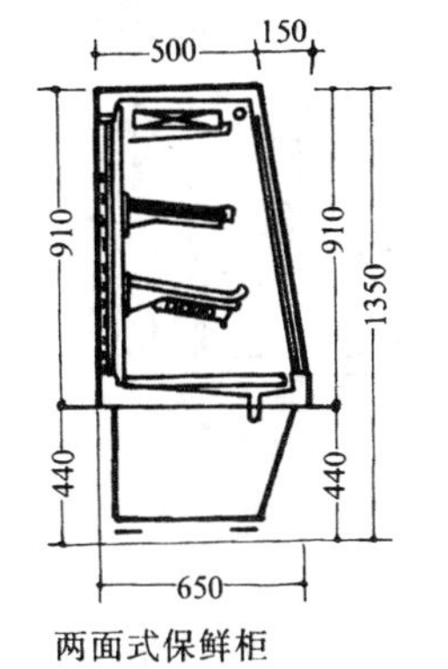
两面式保鲜柜

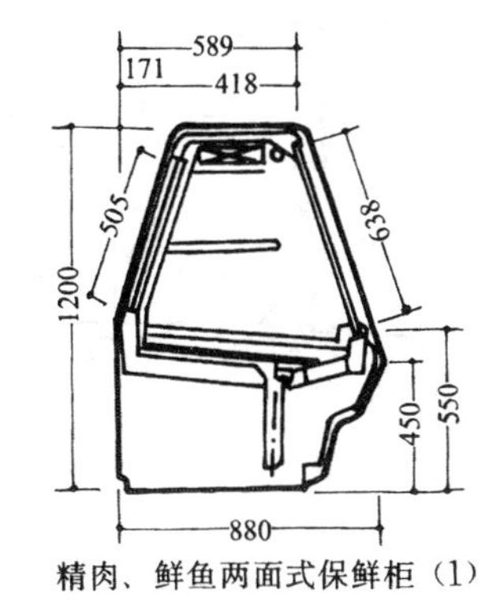
精肉、鲜鱼两面式保鲜柜（1）

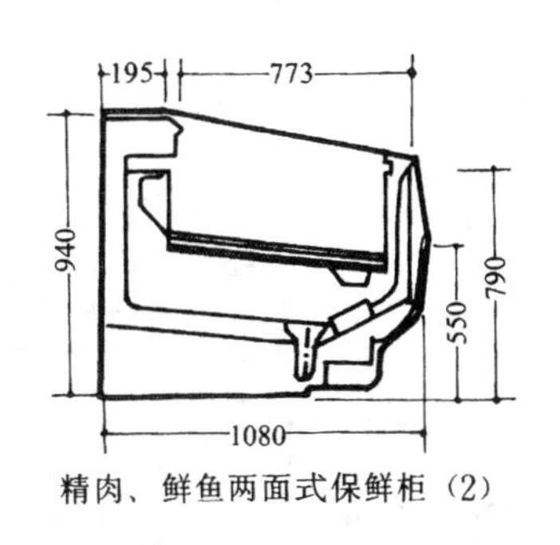
精肉、鲜鱼两面式保鲜柜（2）

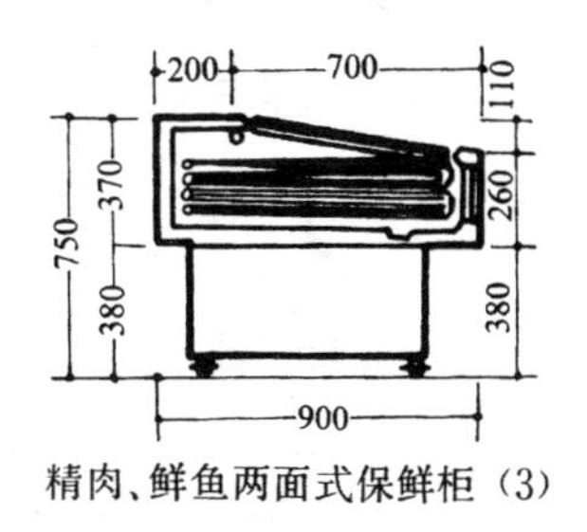
精肉、鲜鱼两面式保鲜柜（3）

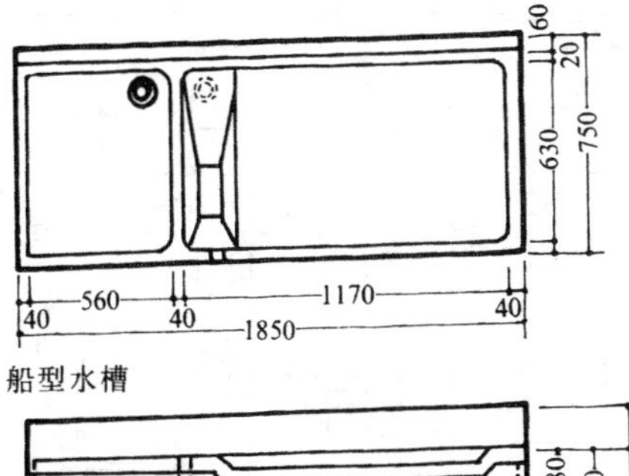
船型水槽

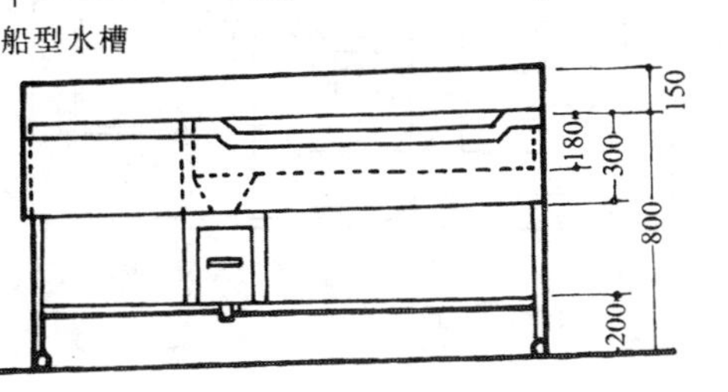

3 主要器皿尺寸

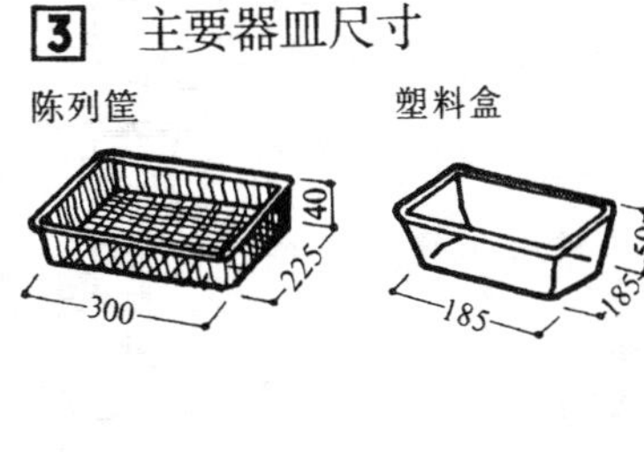
陈列筐　塑料盒

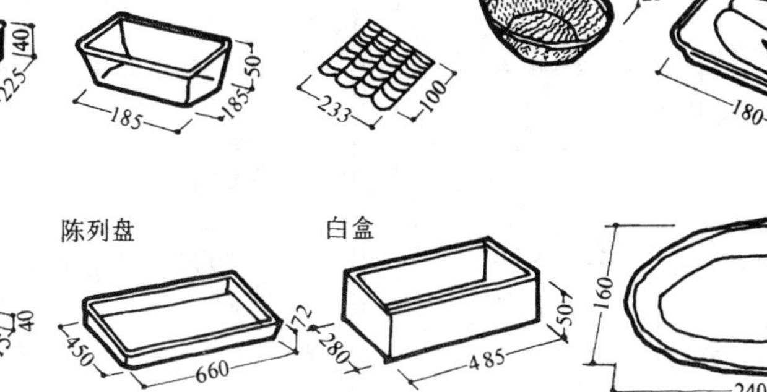
鸡蛋盒　塑料圆盘　草莓盘　陈列盘　白盒

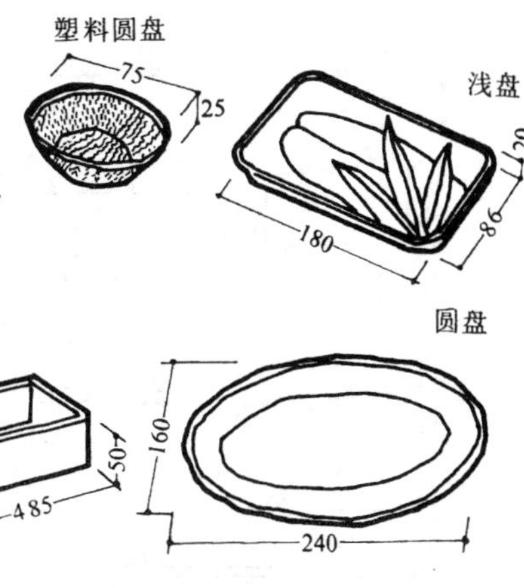
浅盘　圆盘

1 功能组织

2 商品陈列高度的基本位置

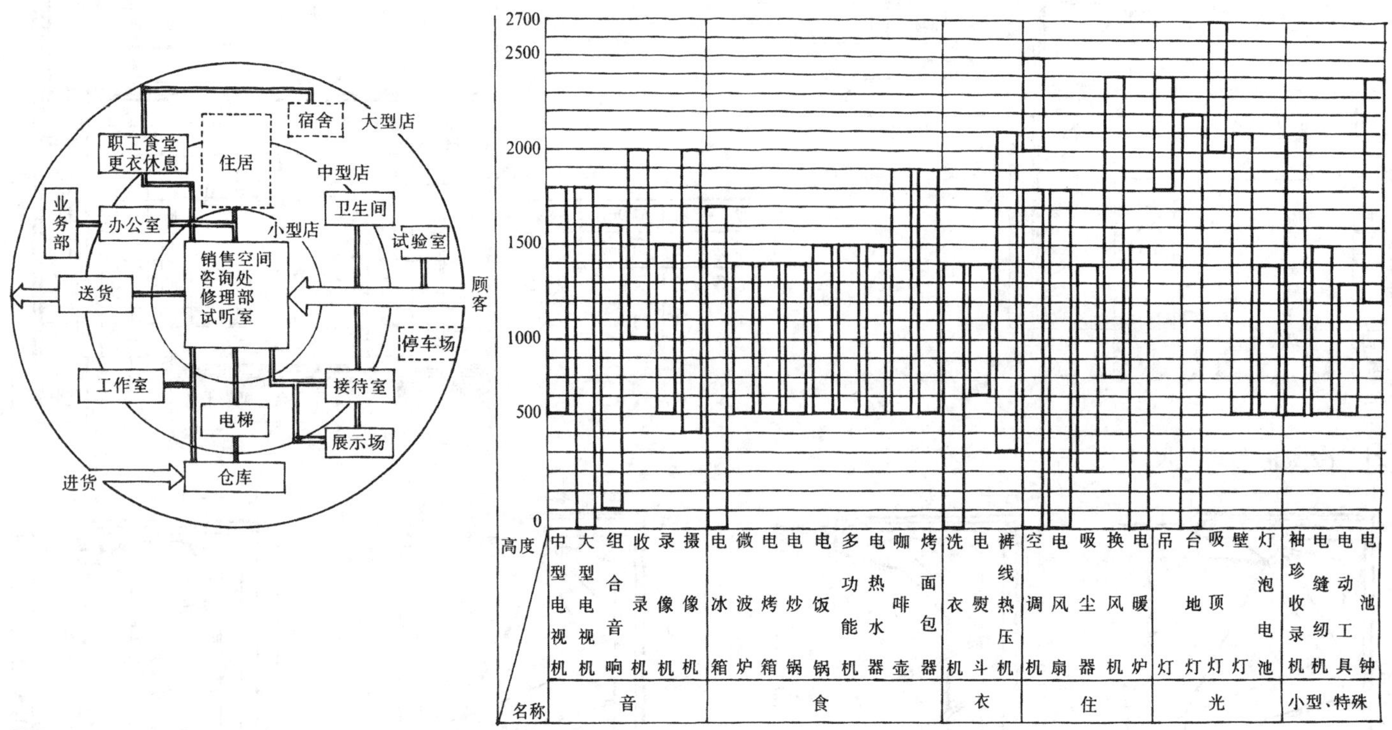

3 空间面积构成比例

4 平面布局

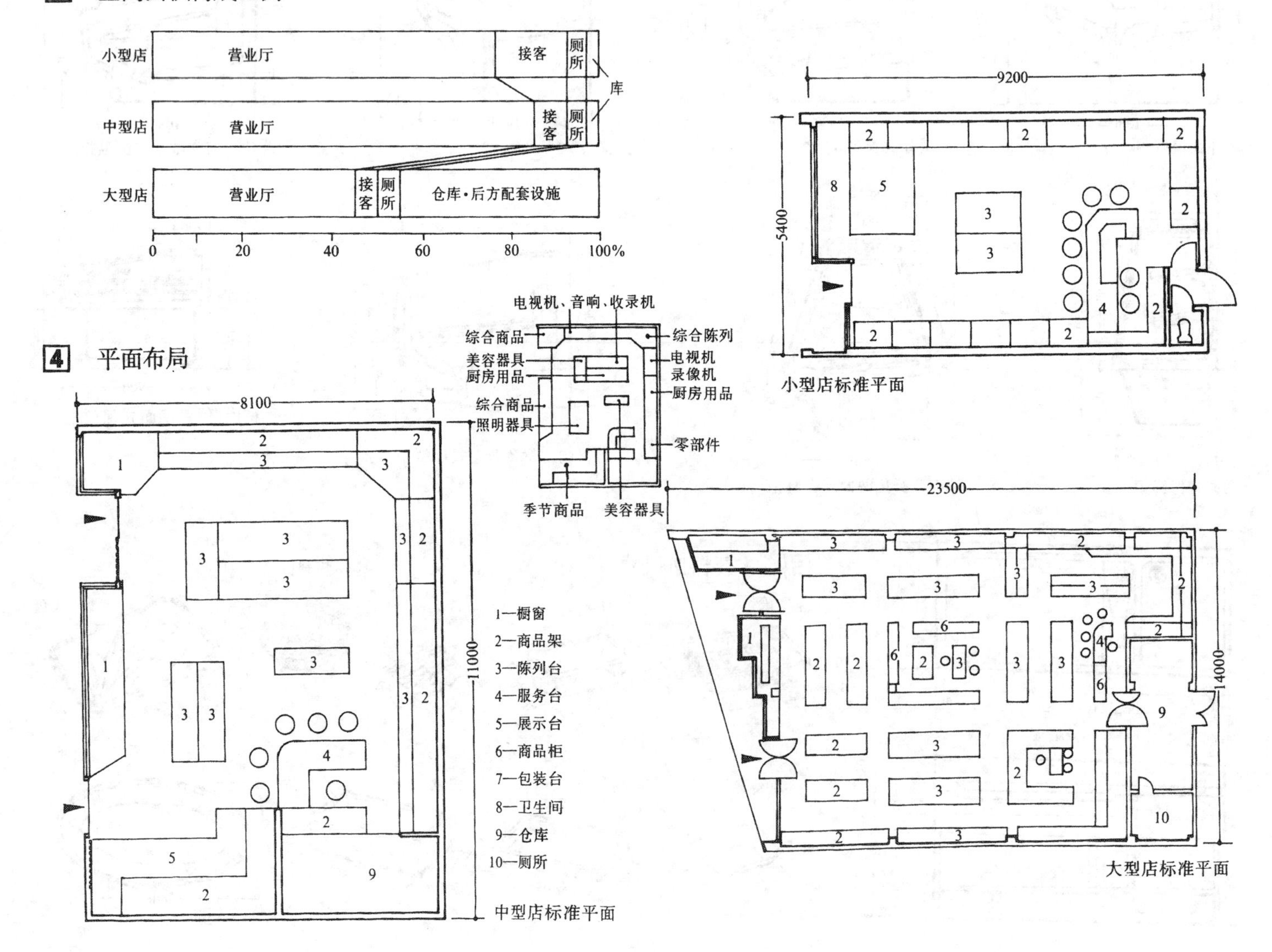

小型店标准平面

中型店标准平面

大型店标准平面

这里介绍了几种主要家用电器商品的陈列柜形式和基本尺寸，供设计者参考。不同的商品有其功能上的特性，因此，其陈设高度及空间位置应有所不同，如地面陈设、高台陈设、壁面陈设、吊挂式陈设等手法。

当今的商店设计，追求商品的最佳展示效果，如划出一部分空间来设置电视墙，利用更具魅力的图象屏来展示商品而吸引顾客。音响陈设需设计奇特的环境作为背景，使人有身临其境的感受。又如轻巧精致的袖珍商品应陈设在透明的玻璃柜内，使人感受到商品的精美及价值，而产生一种占有欲，这些都是陈列艺术的作用。

无论是开架式陈列，还是柜台售货式陈列，商品陈列柜架的尺度应符合人的基本视觉习惯要求。

创造了具有亲近感的空间尺度后，再配以适度的照明及色彩装饰，更能增强商业气氛。现代家用电器向系列化、系统化、高级化方向发展。店主及售货员对系列化产品的使用具备一般常识，但如何更好地陈列这些商品，则是设计师的重要工作内容之一。

5 家用电器主要商品陈设柜尺寸

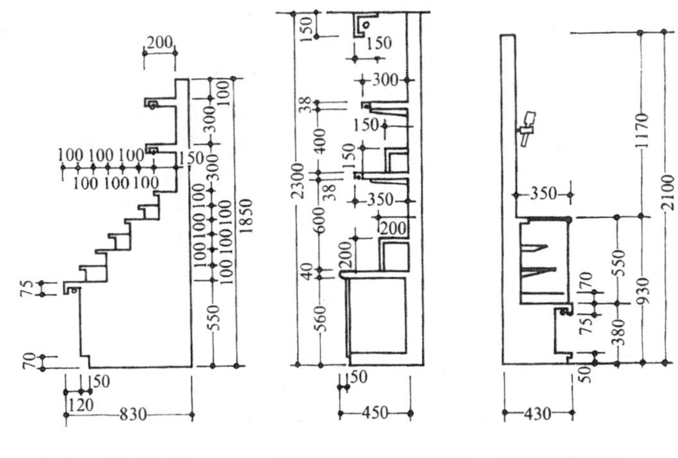

小型收录机陈列柜　便携式收录机陈列柜　麦克风陈列架

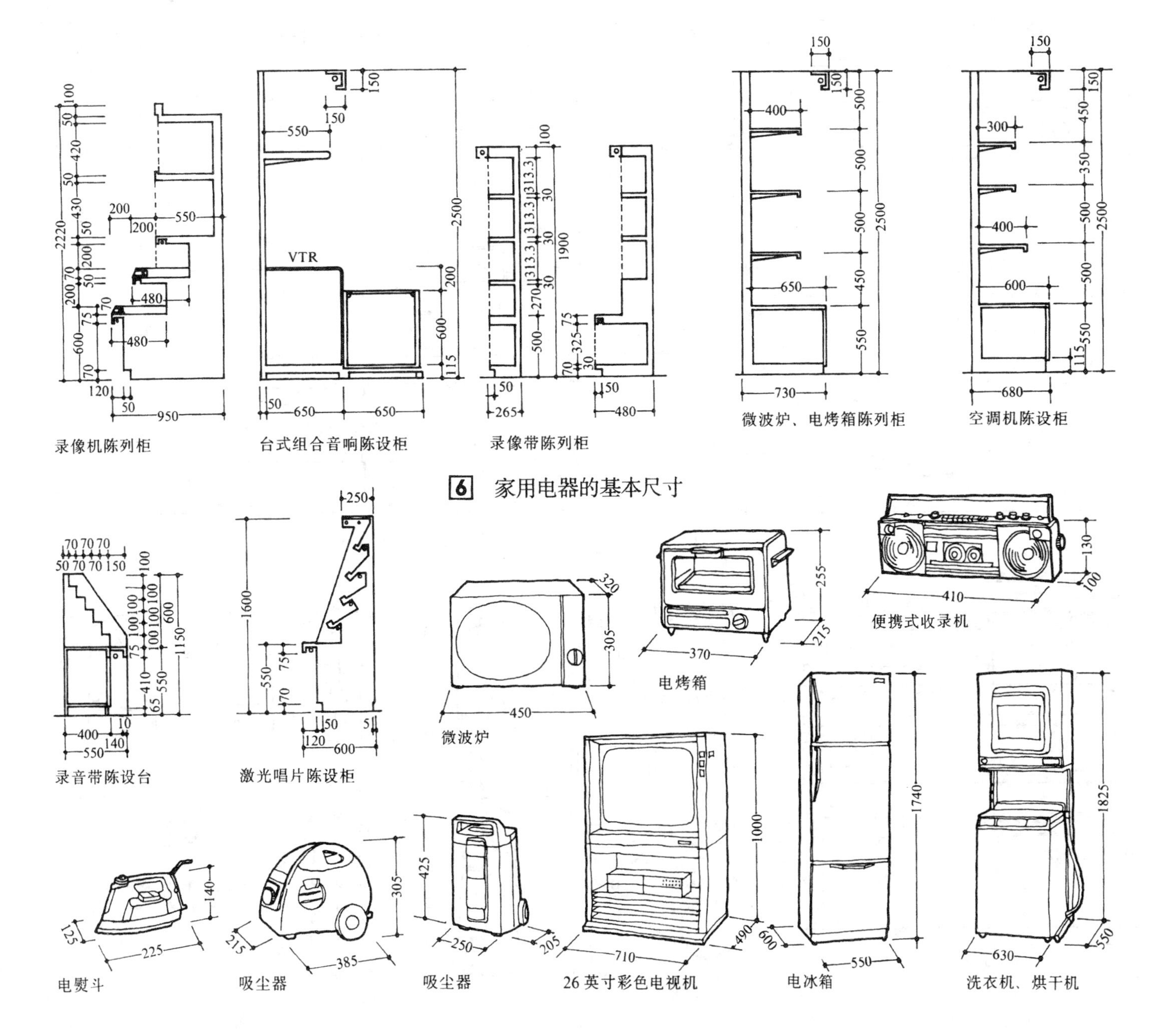

录像机陈列柜　台式组合音响陈设柜　录像带陈列柜　微波炉、电烤箱陈列柜　空调机陈设柜

6 家用电器的基本尺寸

录音带陈设台　激光唱片陈设柜　微波炉　电烤箱　便携式收录机

电熨斗　吸尘器　吸尘器　26英寸彩色电视机　电冰箱　洗衣机、烘干机

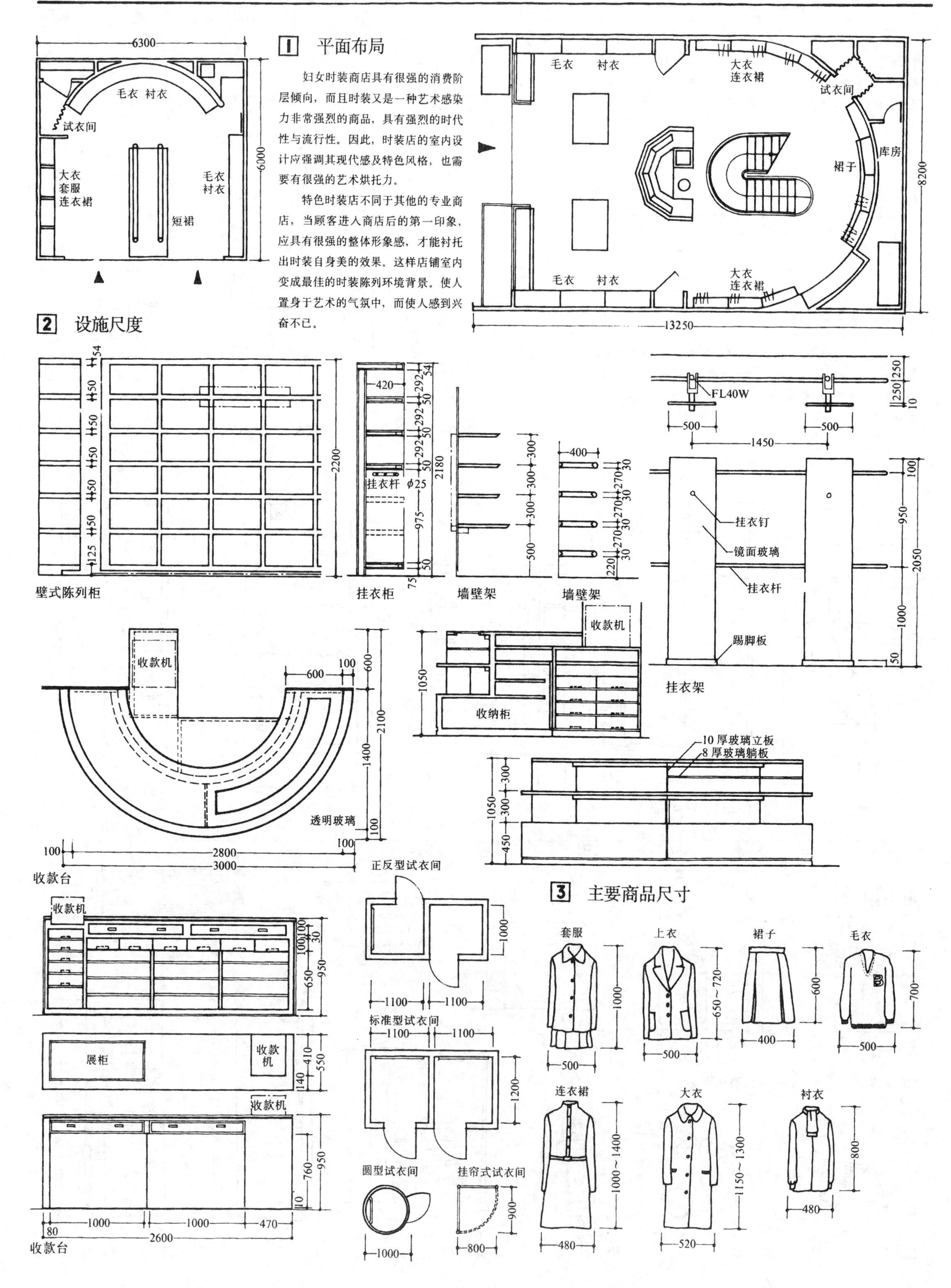

1 平面布局

妇女时装商店具有很强的消费阶层倾向，而且时装又是一种艺术感染力非常强烈的商品，具有强烈的时代性与流行性。因此，时装店的室内设计应强调其现代感及特色风格，也需要有很强的艺术烘托力。

特色时装店不同于其他的专业商店，当顾客进入商店后的第一印象，应具有很强的整体形象感，才能衬托出时装自身美的效果。这样店铺室内变成最佳的时装陈列环境背景。使人置身于艺术的气氛中，而使人感到兴奋不已。

2 设施尺度

3 主要商品尺寸

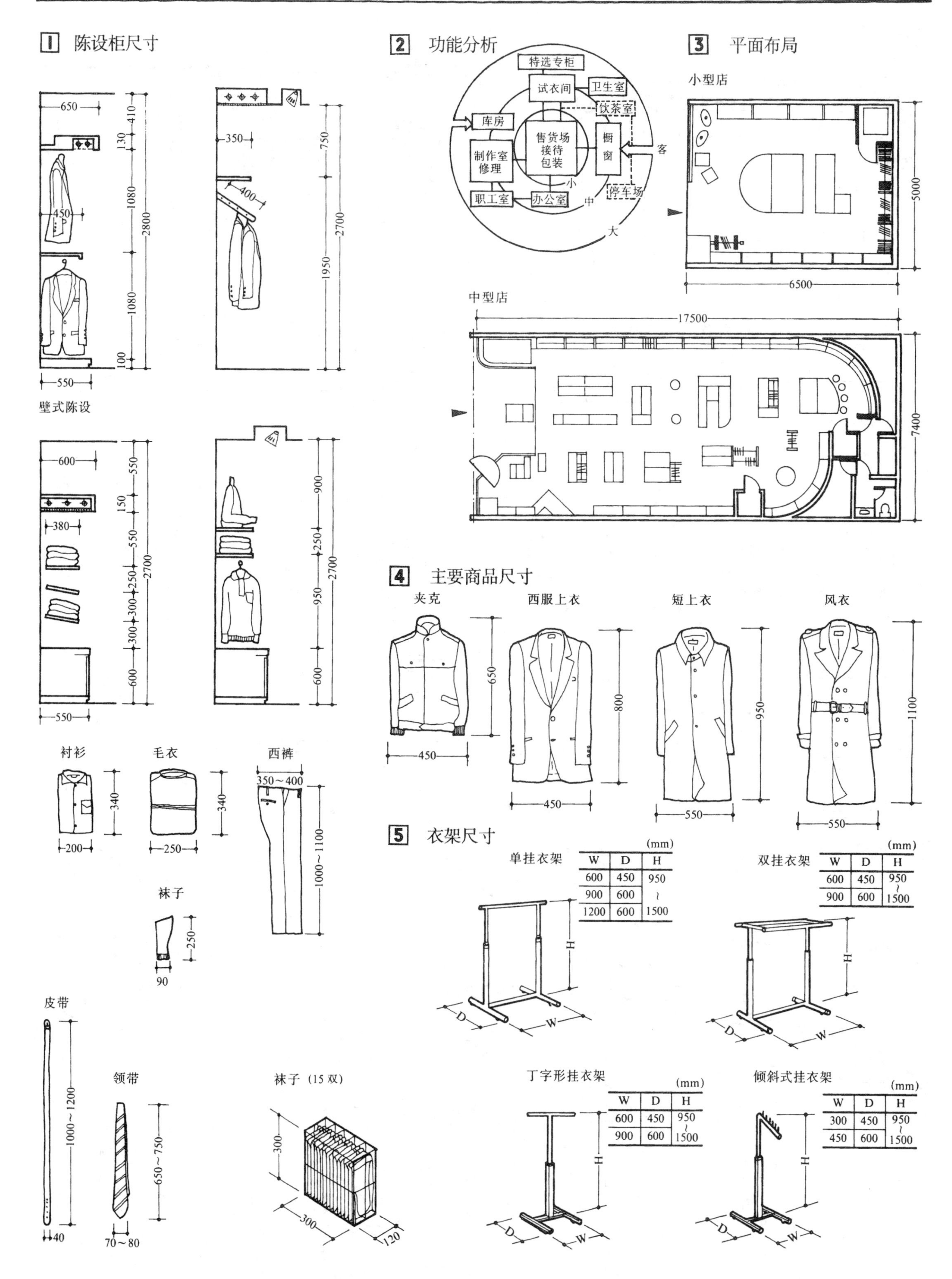

单挂衣架 (mm)

W	D	H
600	450	950
900	600	~
1200	600	1500

双挂衣架 (mm)

W	D	H
600	450	950 ~
900	600	1500

丁字形挂衣架 (mm)

W	D	H
600	450	950 ~
900	600	1500

倾斜式挂衣架 (mm)

W	D	H
300	450	950 ~
450	600	1500

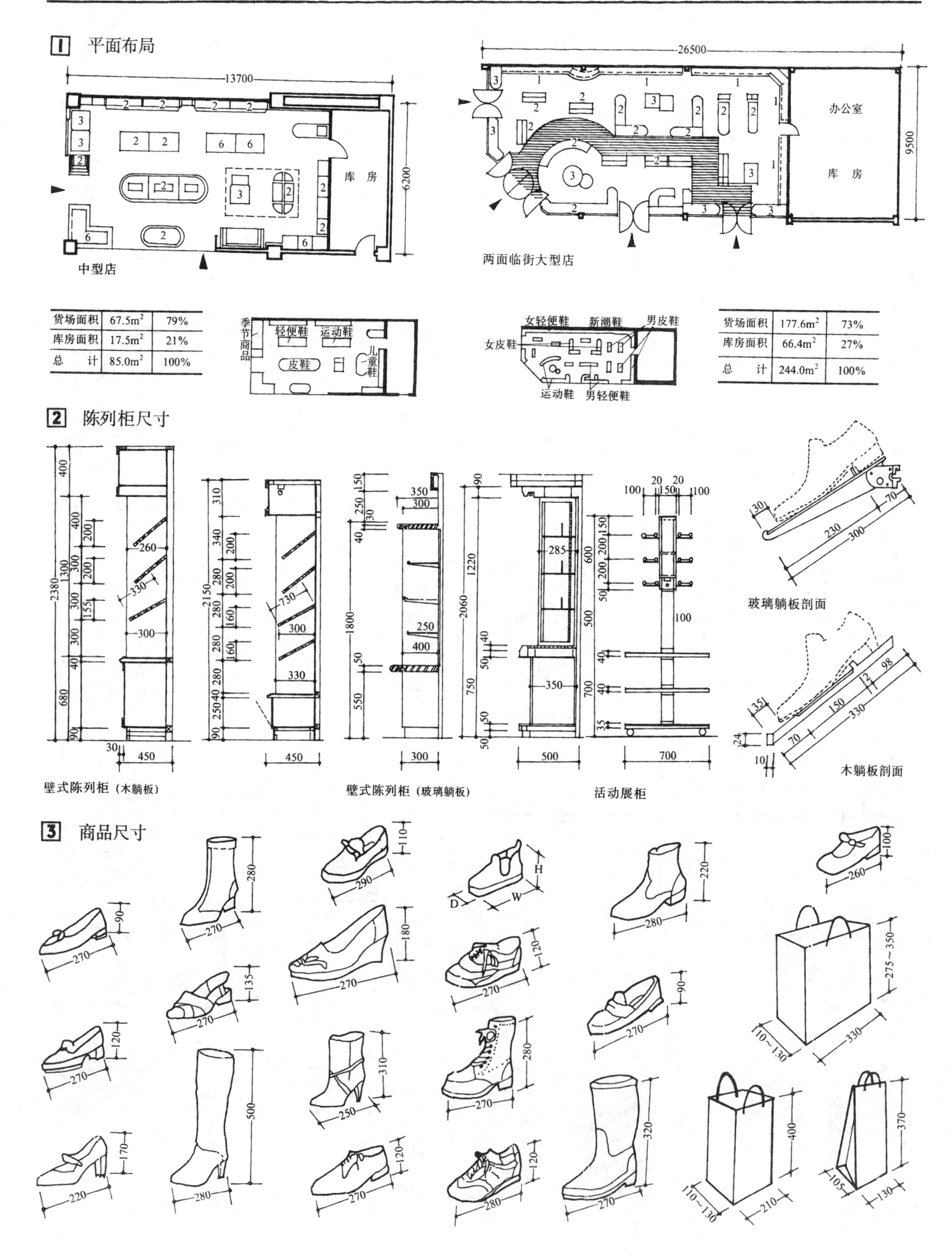

中型店

货场面积	67.5m²	79%
库房面积	17.5m²	21%
总　计	85.0m²	100%

两面临街大型店

货场面积	177.6m²	73%
库房面积	66.4m²	27%
总　计	244.0m²	100%

壁式陈列柜（木躺板）

壁式陈列柜（玻璃躺板）

活动展柜

1 平面布局

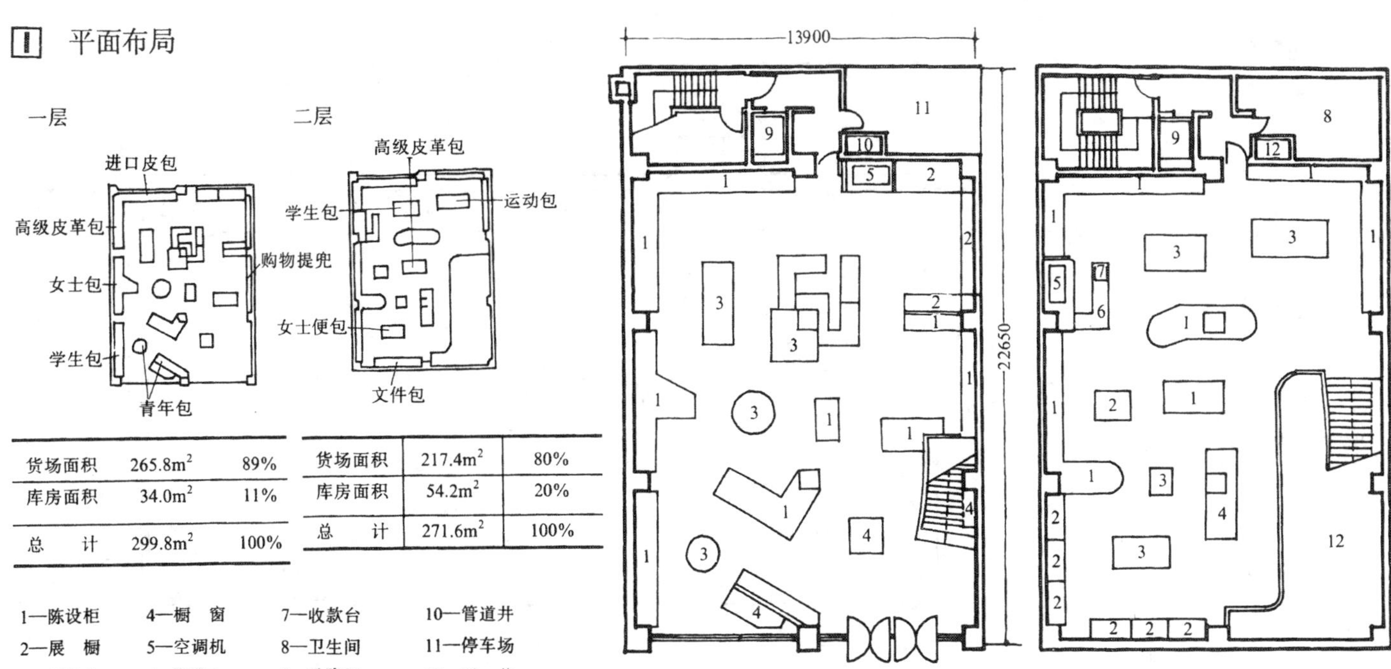

	一层			二层	
货场面积	$265.8m^2$	89%	货场面积	$217.4m^2$	80%
库房面积	$34.0m^2$	11%	库房面积	$54.2m^2$	20%
总　计	$299.8m^2$	100%	总　计	$271.6m^2$	100%

1—陈设柜　4—橱　窗　7—收款台　10—管道井
2—展　橱　5—空调机　8—卫生间　11—停车场
3—陈设台　6—服务台　9—升降机　12—天　井

首层平面　二层平面

2 陈设柜尺寸

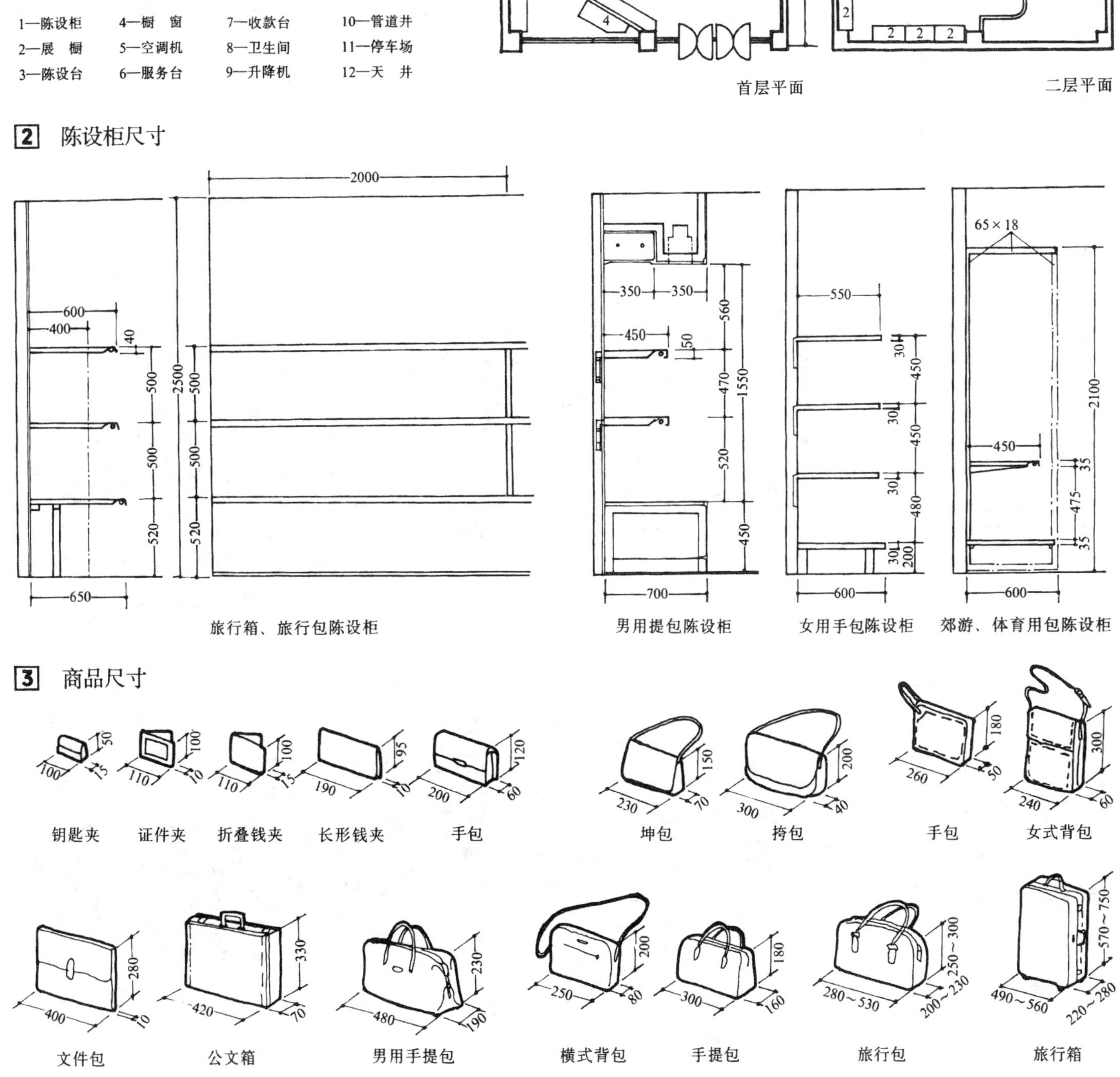

旅行箱、旅行包陈设柜　男用提包陈设柜　女用手包陈设柜　郊游、体育用包陈设柜

3 商品尺寸

钥匙夹　证件夹　折叠钱夹　长形钱夹　手包　坤包　挎包　手包　女式背包

文件包　公文箱　男用手提包　横式背包　手提包　旅行包　旅行箱

4 平面实例

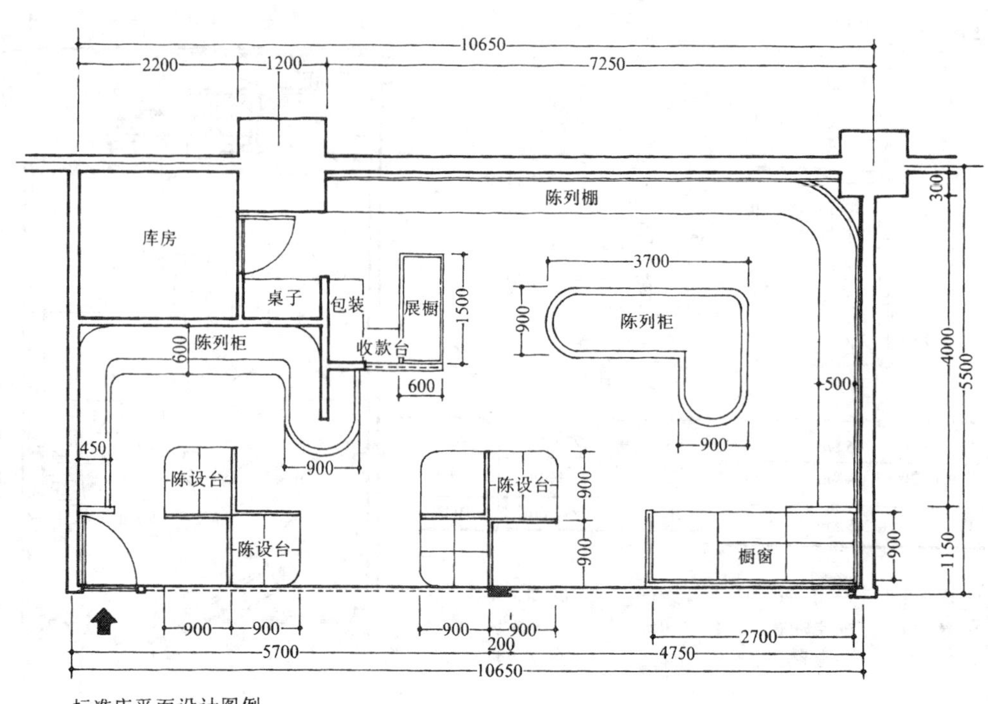

标准店平面设计图例

5 陈设台实例

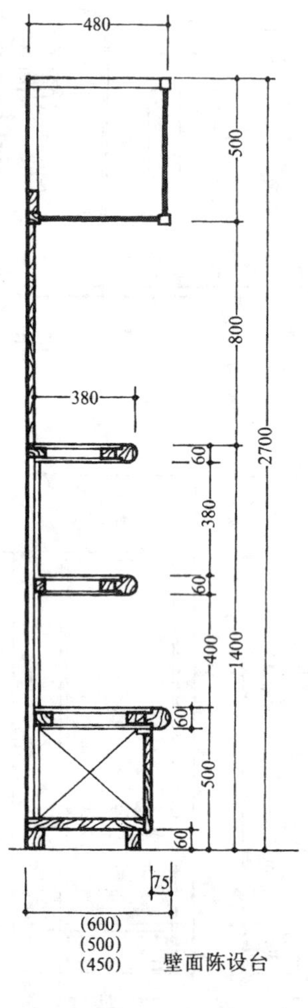

壁面陈设台

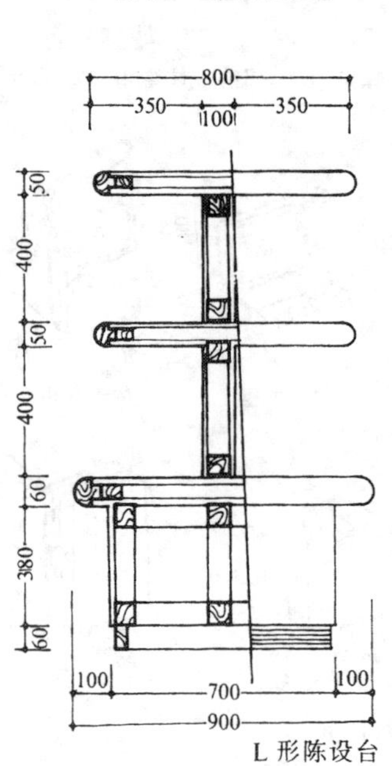

L 形陈设台

6 设计图例

店面设计透视

商店内景透视

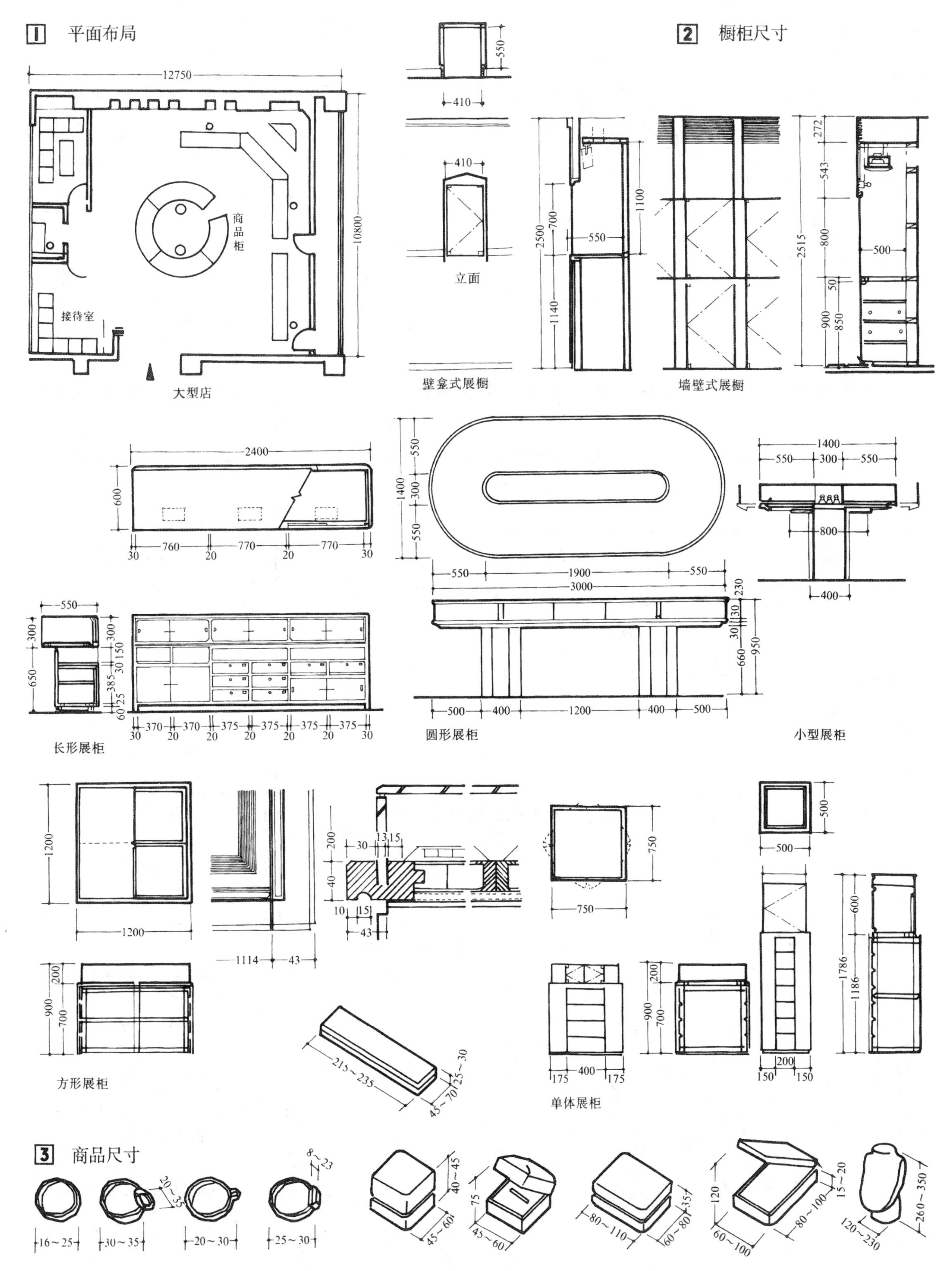
1 平面布局
12750
10800
商品柜
接待室
大型店
2 橱柜尺寸
550
410
立面
壁龛式展橱
墙壁式展橱
2400
600
760
770
30
20
1400
550
300
1900
3000
800
400
长形展柜
圆形展柜
小型展柜
1200
1114
43
750
500
方形展柜
215～235
45～70
25～30
单体展柜
1786
1186
3 商品尺寸
16～25
30～35
20～30
25～30
20～35
8～23
40～45
45～60
75
80～110
60～80
35
120
60～100
80～100
15～20
120～230
260～350

1 功能组织

专业首饰店的室内设计重在贵重商品的陈设与展示，首饰物小价昂，如何展示陈列，需要下一番功夫。

因为是贵重商品，所以商品的陈列柜除具备陈设展示功能外，收纳及防盗功能也至关重要。陈列柜的展示与陈列尺度也需满足顾客易于观看的视觉范围之内。

照明设计也应考虑照明器具的比例尺度与该商品相协调，如石英吸顶牛眼灯、石英轨道射灯。在装修材料方面也应选择高档耐用的材料。

采购部 卫生间 进货 职工室 办公室 停车场 工作人员入口 库房 售货场 诱导部 顾客入口 修理加工室 小 中 大 咨询服务接待室 鉴定室

戒指、耳坠、手镯收纳柜

2 平面布局

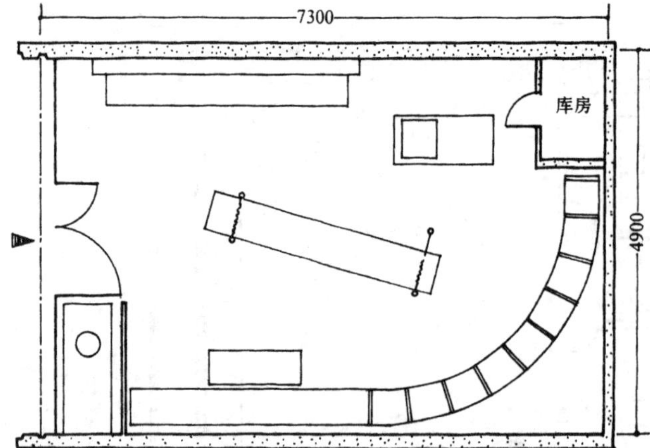

3 陈设柜架尺寸

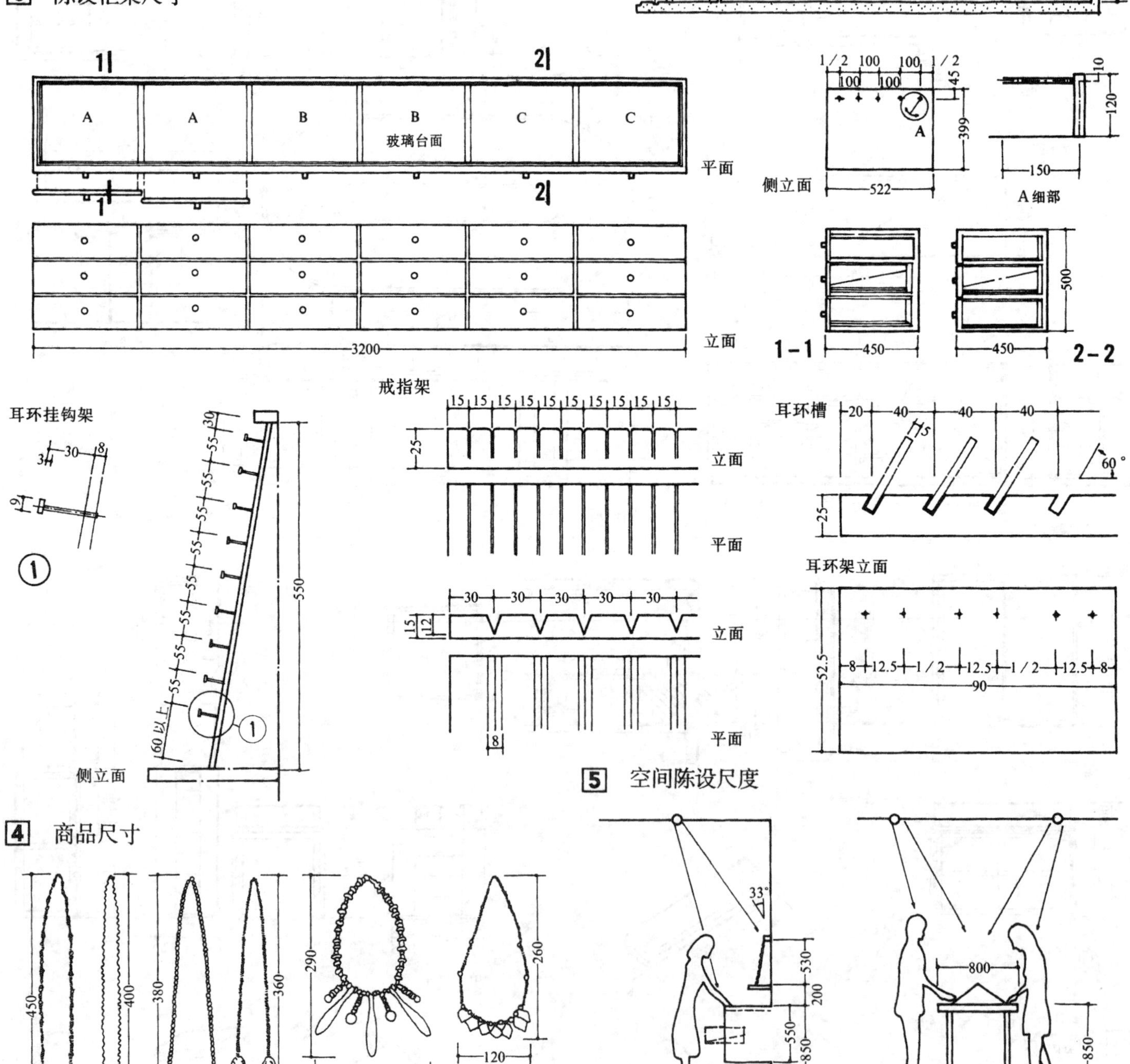

4 商品尺寸

5 空间陈设尺度

墙面陈设尺度

中心陈设柜尺度

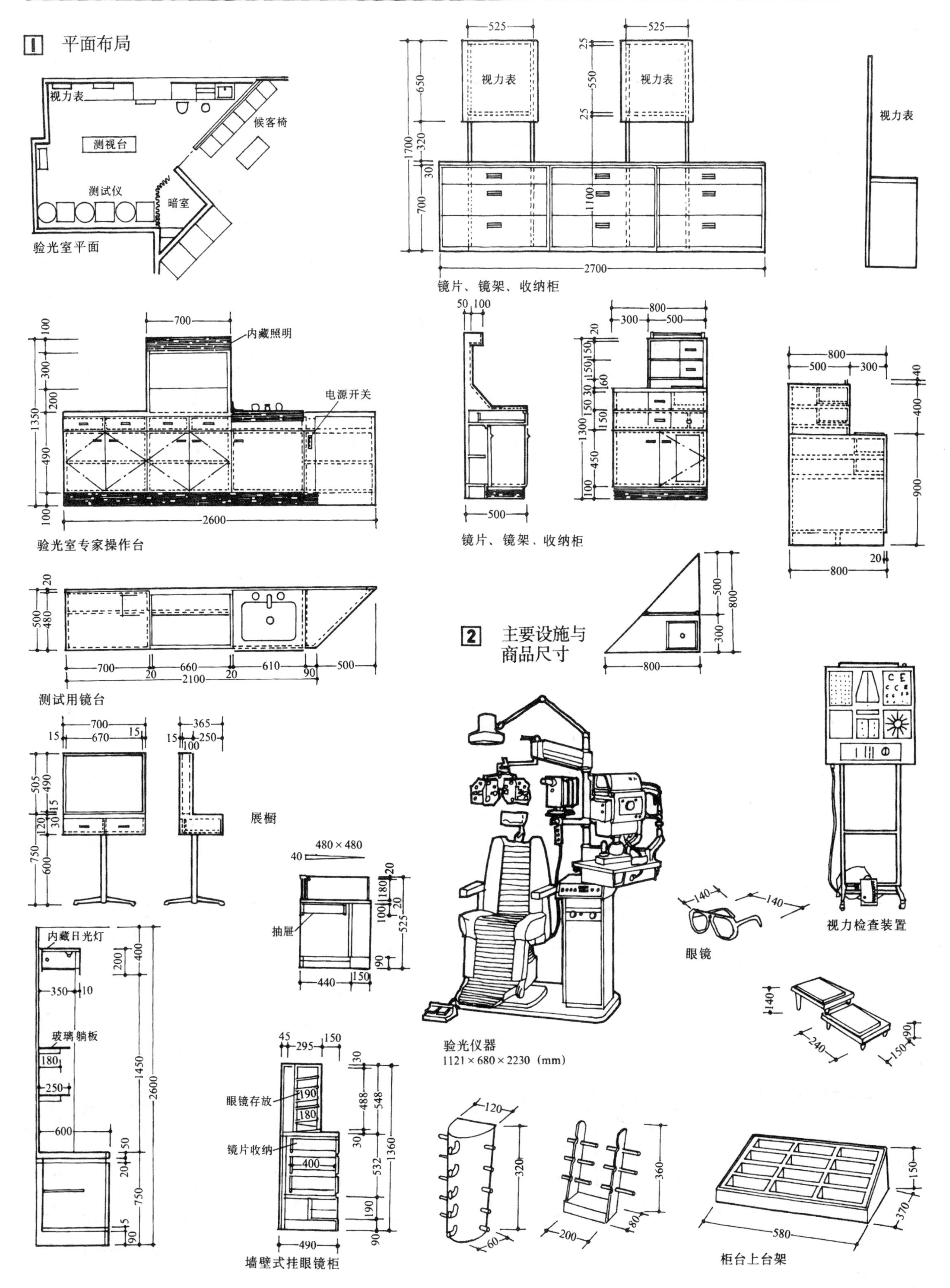
1 平面布局
视力表
候客椅
测视台
测试仪
暗室
验光室平面
视力表
镜片、镜架、收纳柜
内藏照明
电源开关
验光室专家操作台
镜片、镜架、收纳柜
测试用镜台
2 主要设施与商品尺寸
展橱
抽屉
视力检查装置
眼镜
内藏日光灯
玻璃躺板
眼镜存放
镜片收纳
墙壁式挂眼镜柜
验光仪器
1121×680×2230（mm）
柜台上台架

1 橱窗

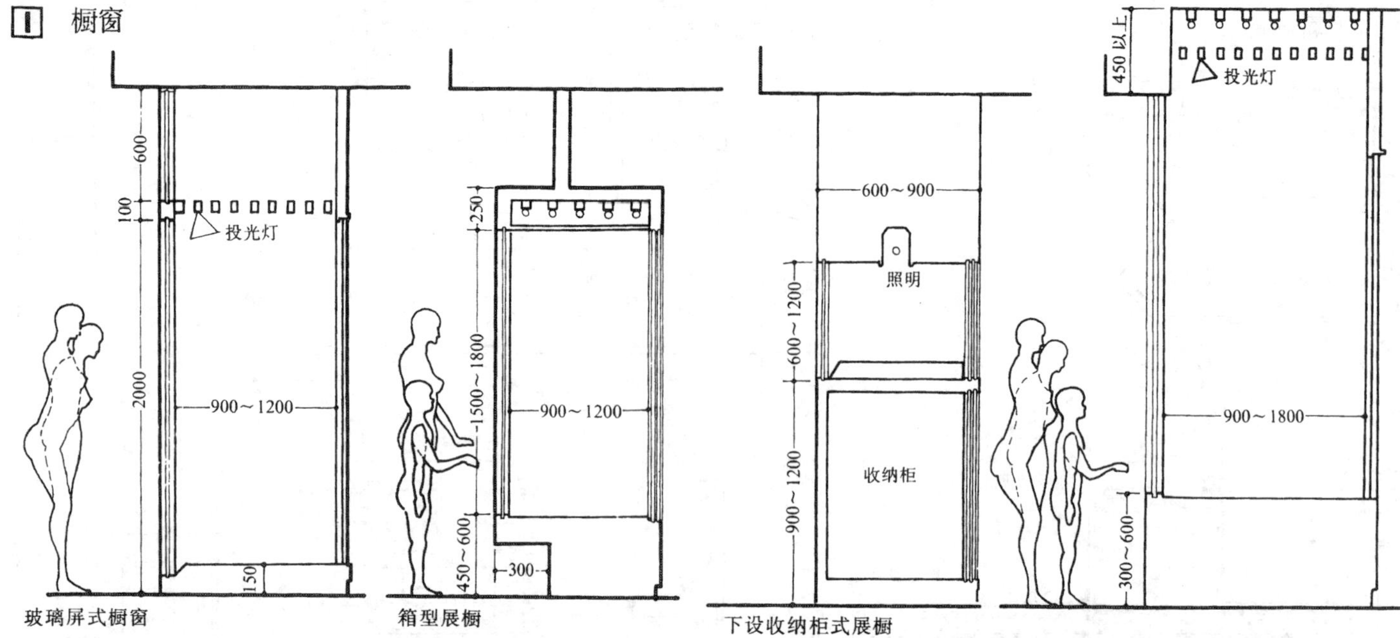

玻璃屏式橱窗

大型商品橱窗，更适用于专业商店中的家用电器、家具、寝具、室内配套用等大型商品陈设，也用于商店门面设计

箱型展橱

在中小型店铺中，往往设置此种形式的展橱，从衣物、鞋帽到日用杂品的陈设，都能得到良好效果

下设收纳柜式展橱

此种形式的橱窗，最适用于陈设贵重高级的小型商品，如钟表、金银首饰、服饰、照相器材等

高台箱式橱窗，是大型百货店的主要展示空间，适用范围广泛，更适于展示各类配套商品，不受空间的约束

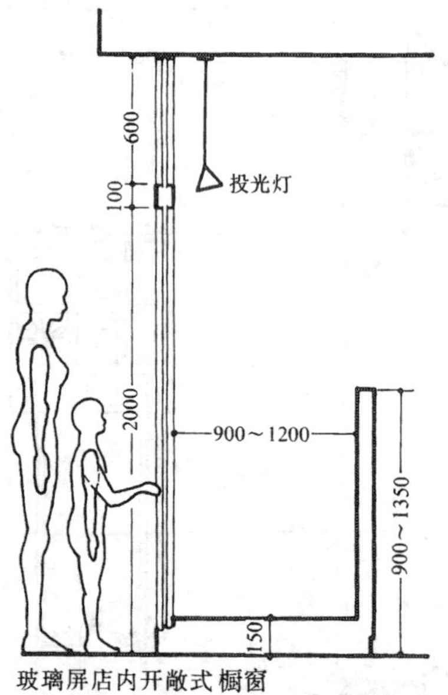

玻璃屏店内开敞式橱窗

店内开放形橱窗，随季节及节日陈设时令商品，随时可更换商品内容，从而促进商品的销售。此种橱窗只适用于大中型商品陈设

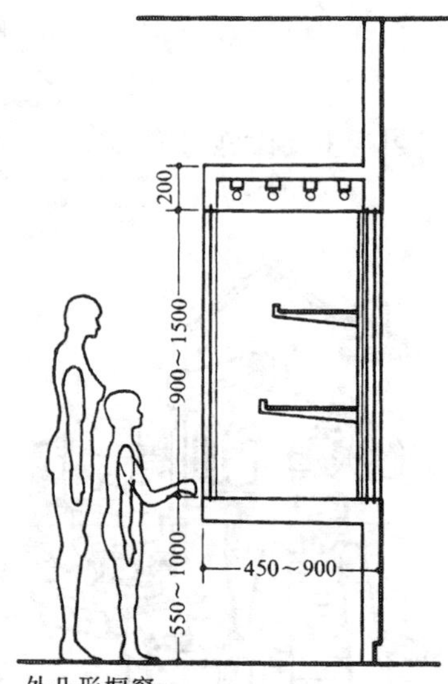

外凸形橱窗

此种形式的橱窗，使人感受亲切明快，商品展示区域集中、空间尺度亲进，更适用于饮食业店铺及中小型商品陈设

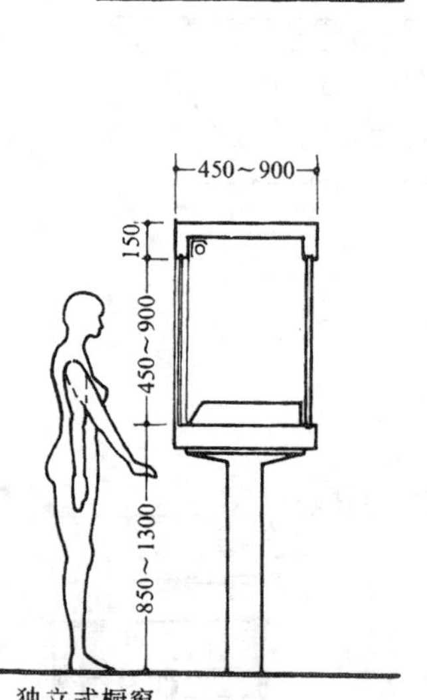

独立式橱窗

锁闭式橱窗，是贵重品商店必不可少的陈设空间，设计时应考虑防盗设施、开启方便等功能。适于展示金银首饰、宝石、精制工艺品等

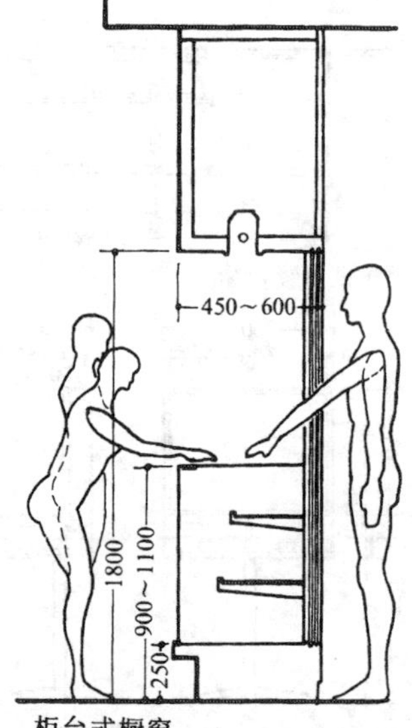

柜台式橱窗

店铺内外相通的柜台式橱窗，适用于店面街头销售，如书店的期刊杂志书报、即食即饮食品及香烟等

2 柜台

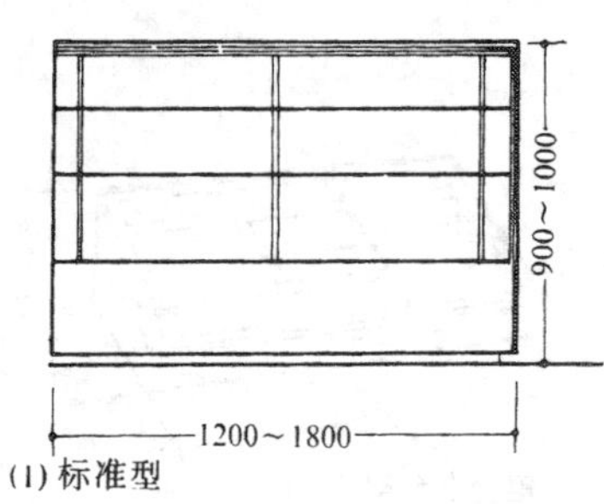

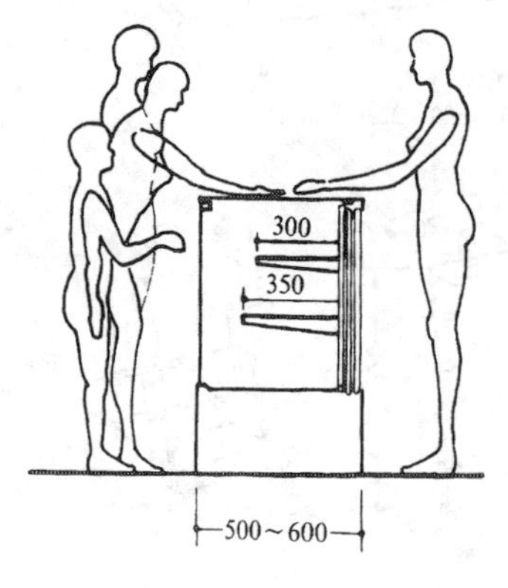

(1) 标准型

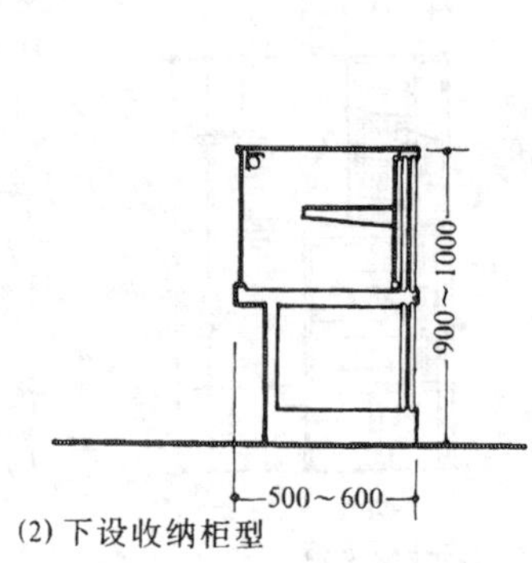

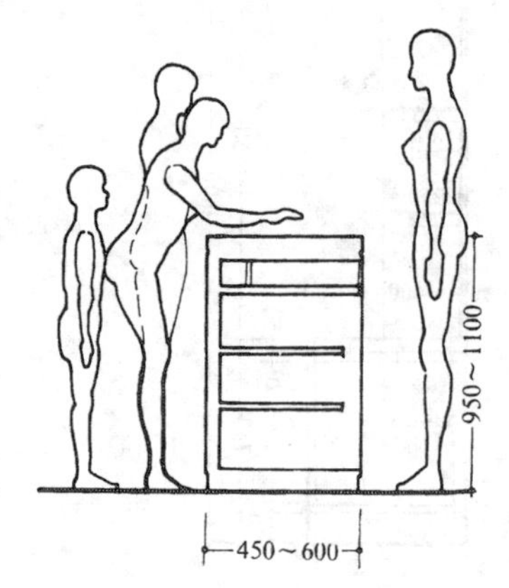

(2) 下设收纳柜型

罗马样式：

古罗马共和制时代，罗马人好战，反映在文化艺术上具有朴素、严谨的风格。公元 31 年皇帝时代以后，由于物质丰富和奴隶劳动，贵族开始了奢华的生活。典型住宅为列柱式中庭，有前后二个庭院，前庭中央有大天窗的接待室，后庭为家属用的各个房间，中央为祭祀祖先和家神之用，并有主人的接待室。

古罗马的家具从意大利庞贝遗址出土的金属家具和大理石家具，以及从壁画上可见到的各种旋木腿座椅、躺椅、桌子、柜子等。类似古希腊主教的座椅，向外弧形腿的靠背椅。

五～六世纪的中世纪初期，古罗马样式和地方特色相结合产生了罗马样式。十一～十二世纪时，宗教建筑盛行，罗马样式由欧洲长方形会堂的教堂发展而来，加厚了罗马拱形建筑的墙壁，建筑厚壁所产生的庄重美，以及教堂建筑窗少，室内很暗而造成内装修浮雕、室内雕塑的神秘感，此为其艺术特色。

罗马样式的家具风格不统一，反映了欧洲各国相互间的交流和影响。

各种罗马式拜占庭柱头

意大利庞贝遗址出土的古罗马人居室内，由奴隶侍候进餐时使用的石制卧式桌椅，周围墙上镶有壁画

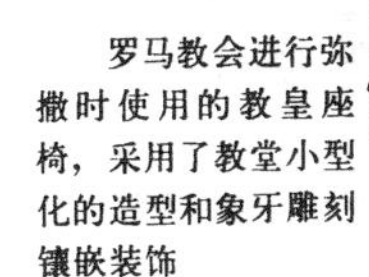

罗马教会进行弥撒时使用的教皇座椅，采用了教堂小型化的造型和象牙雕刻镶嵌装饰

古罗马式扶手椅

拜占庭的屏背形罗马主教座椅，镶有东方葡萄卷草、动物鸟类图案的象牙雕饰，正面为圣徒像浮雕

法国绘画中的
古罗马贵妇人躺椅

从意大利庞贝城遗址发掘的古罗马人别墅卧室

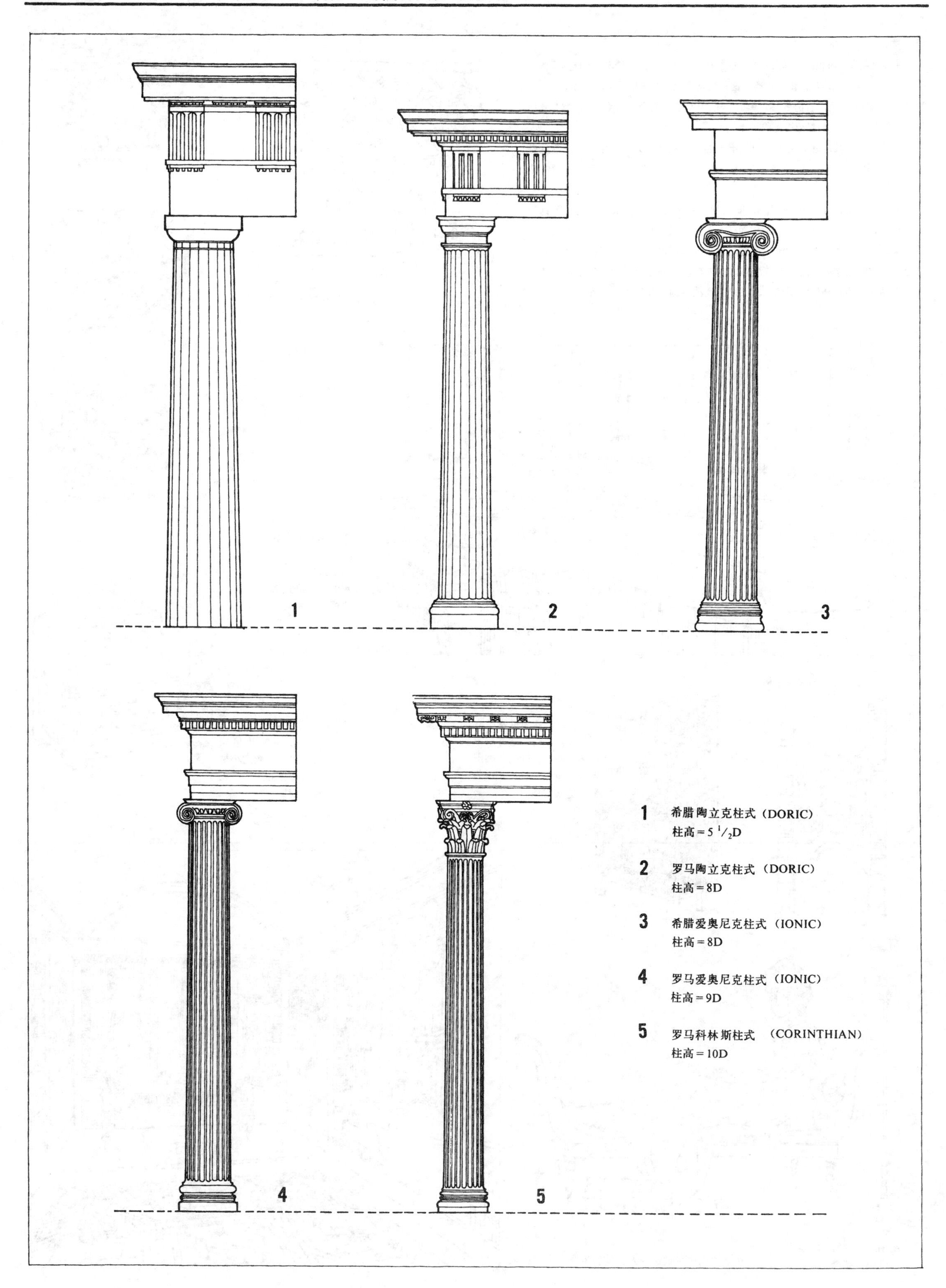
1
2
3
4
5
1 希腊陶立克柱式（DORIC）
柱高 = 5 $^1/_2$D
2 罗马陶立克柱式（DORIC）
柱高 = 8D
3 希腊爱奥尼克柱式（IONIC）
柱高 = 8D
4 罗马爱奥尼克柱式（IONIC）
柱高 = 9D
5 罗马科林斯柱式 （CORINTHIAN）
柱高 = 10D

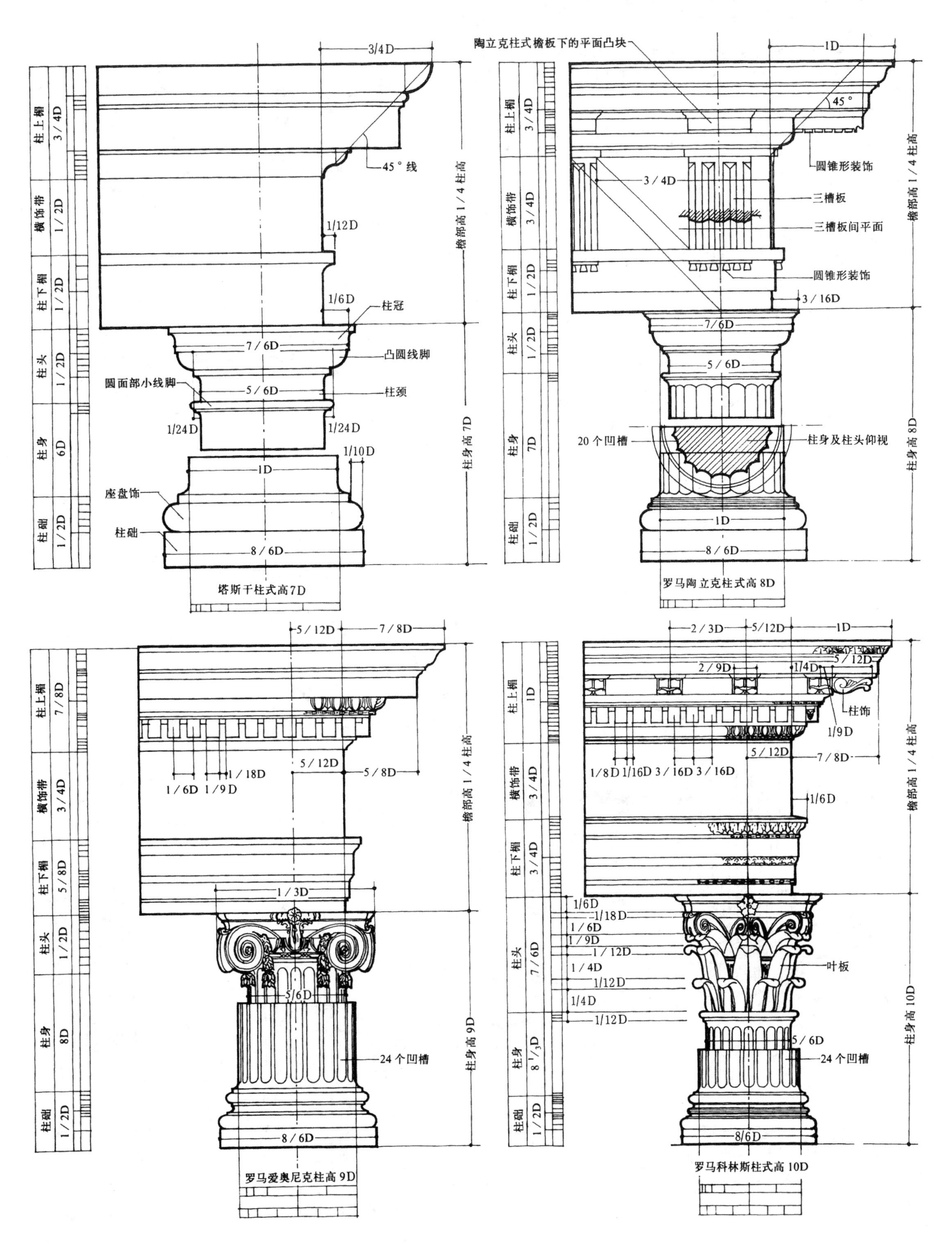
塔斯干柱式高7D
罗马陶立克柱式高8D
罗马爱奥尼克柱高9D
罗马科林斯柱式高10D
柱上楣
横饰带
柱下楣
柱头
柱身
柱础
檐部高1/4柱高
柱身高7D
柱身高8D
柱身高9D
柱身高10D
45°线
柱冠
凸圆线脚
圆面部小线脚
柱颈
座盘饰
陶立克柱式檐板下的平面凸块
圆锥形装饰
三槽板
三槽板间平面
20个凹槽
柱身及柱头仰视
24个凹槽
柱饰
叶板

欧洲哥特样式产生于十二～十三世纪初，当时的新宗教建筑室内以竖向排列的柱子和柱间尖形向上的细花格拱形洞口、窗口上部火焰形线脚装饰、卷蔓、亚麻布、螺形等纹样装饰来创造宗教至高无上的严肃神秘气氛。十四世纪末，欧洲经济发展富裕起来，一般室内装饰向造型华丽，色彩丰富明亮发展，英国富裕者增多，一般市民的住宅也追求华美、鲜艳的效果和讲究的装修，再配以模仿拱形线脚的家具为典型作法。

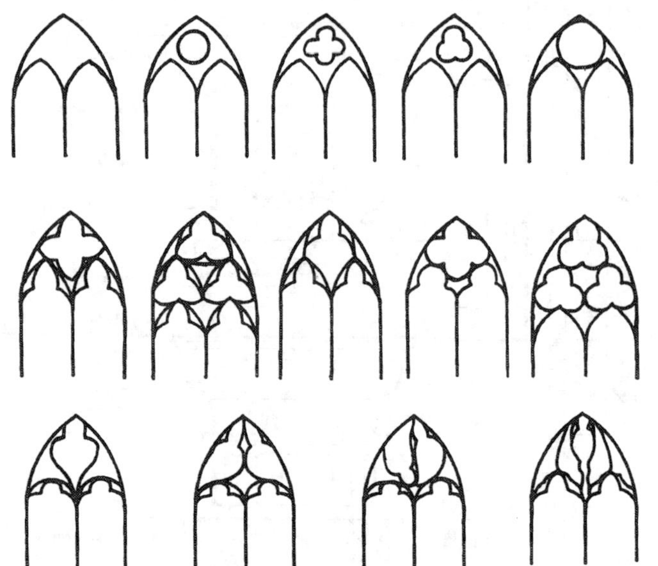

哥特式建筑窗上部装饰

哥特式大床

英国十五世纪哥特式橡木箱

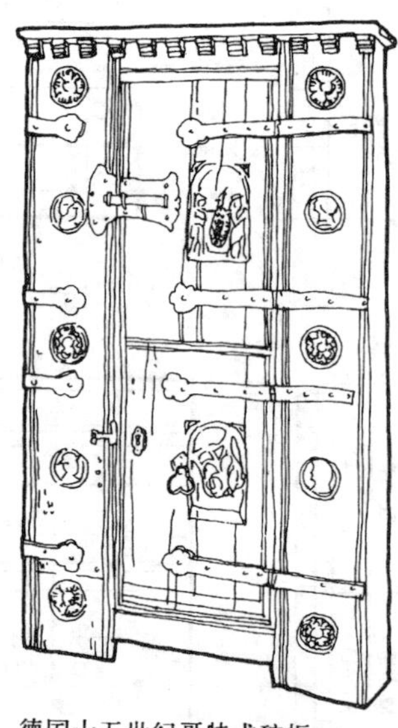

模仿建筑装修花格造型的圆形靠背椅

德国十五世纪哥特式碗柜

哥特式住宅室内

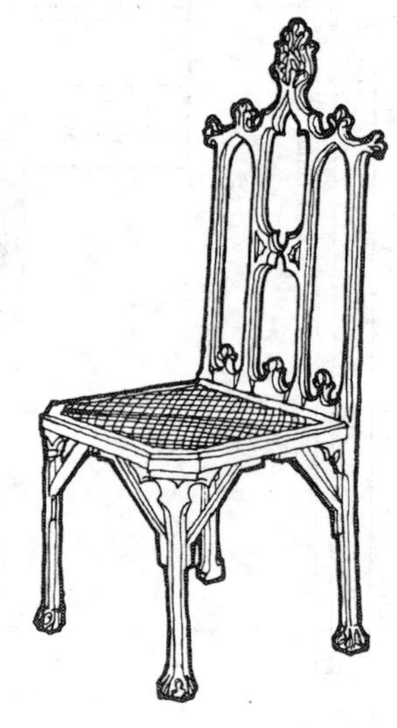

哥特式靠背椅，一般靠背较高，大多模仿建筑窗格装饰线脚

哥特式建筑的室内客厅前庭样式

欧洲绘画中的哥特式建筑室内

英国哥特式供桌

哥特式靠背椅，用于客厅

法国哥特式教堂椅

几种哥特式教堂用教皇坐椅

欧洲文艺复兴样式

文艺复兴样式具有冲破中世纪装饰的封建性和闭锁性而重视人性的文化特征。将文化艺术的中心从宫殿移向民众，以及在对古希腊文化、古罗马文化再认识的基础上具有古典样式再生和充实的意义。文艺复兴开始于十四世纪的意大利。十五～十六世纪时进入繁盛时期，又在欧洲各国逐步形成各自独特的样式。

意大利文艺复兴时期的家具多不露结构部件，而强调表面雕饰，多运用细密描绘的手法，具有丰裕华丽的效果。

法国文艺复兴时期的室内和家具木雕饰技艺精湛为其主要的装饰手法。

英国的文艺复兴样式似可见哥特样式的特征，但随着住宅建筑的快速发展，室内工艺占据了主要位置。

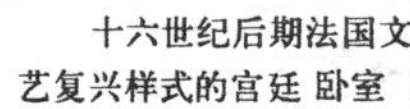

十六世纪后期法国文艺复兴样式的宫廷 卧室

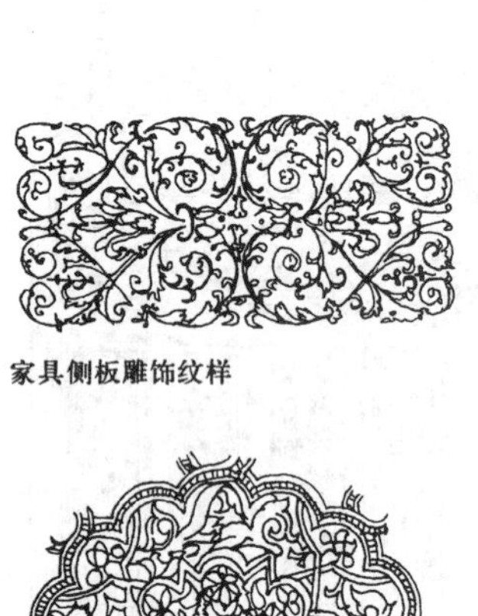

家具侧板雕饰纹样

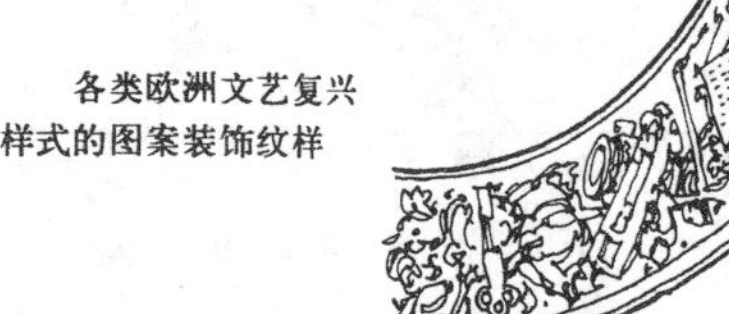

各类欧洲文艺复兴样式的图案装饰纹样

意大利十五世纪的镶板装饰，运用人体、马等图案，是阿拉伯式构图与巴洛克样式结合的混合样式

地中海文艺复兴样式的建筑装饰纹样

教堂的天井装饰纹样

法国模仿宫殿建筑样式的胡桃木制柜子

与巴洛克样式相结合的陶器纹样，图案为怪异鸟兽

教堂的建筑装饰纹样

意大利亨利八世时期的椅子，背板雕饰有明显的文艺复兴样式特点。为屏障形，扶手和座板以下为哥特式建筑造型

意大利文艺复兴样式的扶手椅，合理的直线形成低背、宽座，螺旋纹木撑，有浓厚的荷兰风格

法国贵妇人用椅为台形底座，张开的"U"字形扶手，靠背模仿教堂正面的造型

法国镶有大理石的碗柜

西班牙的文艺复兴样式立灯、金属与木材组合灯架、羊皮灯伞

文艺复兴样式蜡台架

英国文艺复兴样式伊丽莎白式蜜瓜形柱式和装饰架。蜜瓜上又有切开的横向装饰线脚，常用于家具装饰柱和椅子脚，初期简洁，后期多雕饰

西班牙大床床头立面和床头柜立面。中国唐草装饰，蜜瓜柱头和希腊柱式线脚装饰

文艺复兴盛期的长桌

欧洲文艺复兴样式的架子大床

欧洲巴洛克

十七世纪为欧洲的巴洛克样式盛行的时代，是对文艺复兴样式的变型时期。其艺术特征为打破文艺复兴时代整体的造型形式而进行变态，在运用直线的同时也强调线型流动变化的造型特点，具有过多的装饰和华美厚重的效果。在室内，将绘画、雕刻、工艺集中于装饰和陈设艺术上，墙面装饰多以展示精美的法国壁毯为主，以及镶有大形镜面或大理石，线脚重叠的贵重木材镶边板装饰墙面等。色彩华丽且用金色予以协调，以直线与曲线协调处理的猫脚家具和其他各种装饰工艺手段的使用，构成室内庄重、豪华的气氛。

法国凡尔赛宫路易十四的沙龙（1660～1700）
该客厅为巴洛克样式的典型作法

法国凡尔赛宫路易十四的餐厅（1660～1700）
具有从强调适用向比较简洁变化的特点

家具的脚

有跳动感纹样的抽屉拉手

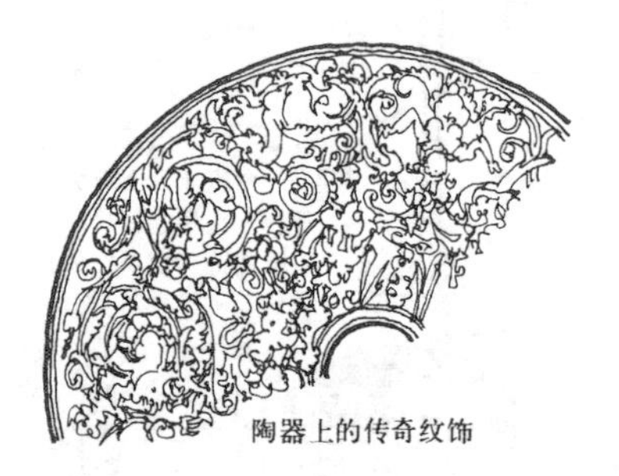

陶器上的传奇纹饰

巴洛克样式的室内立面

英国巴洛克样式具有荷兰风格的明显特点，与意大利，法国等独特丰满的巴洛克形式不同，艺术风格上端庄华丽、古雅讲究。

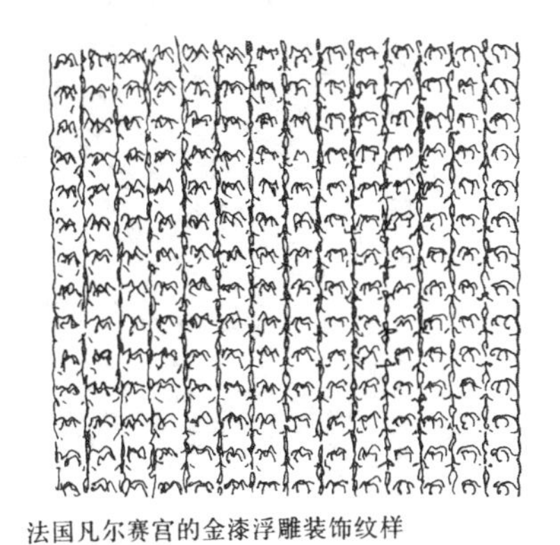

法国凡尔赛宫的金漆浮雕装饰纹样

英国斯图亚特时期的宴会厅(1625～1650)

英国斯图亚特后期的客厅(十六世纪)

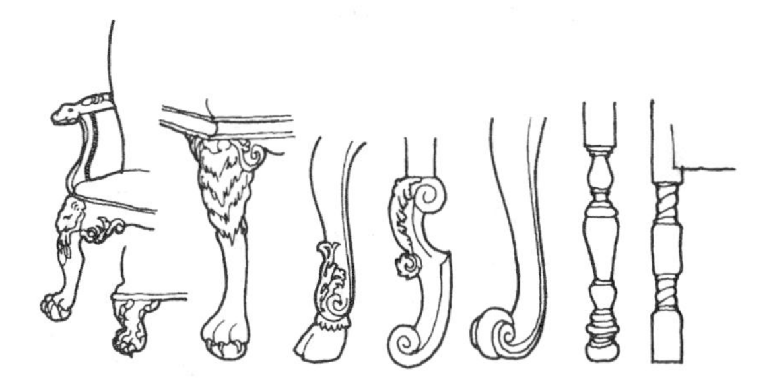

巴洛克式家具中，腿的种种造型

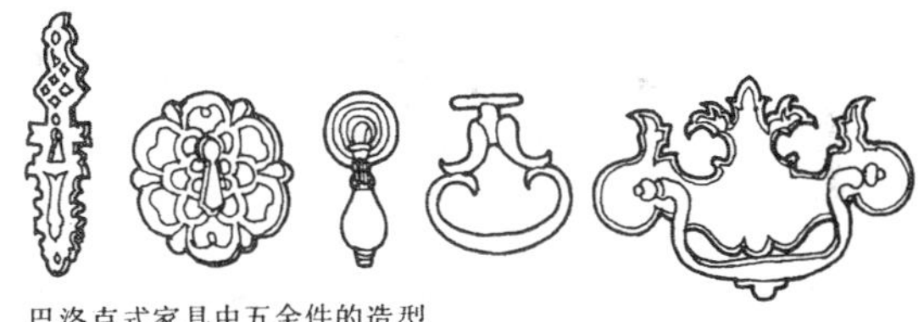

巴洛克式家具中五金件的造型

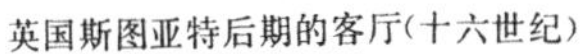

高靠背扶手椅，背板包向前，满刺绣包布为十七世纪英国上流社会最受欢迎的椅子

雅各宾后期特征，直高背矮座椅，螺纹腿，受法国宫廷影响的查尔斯二世样式

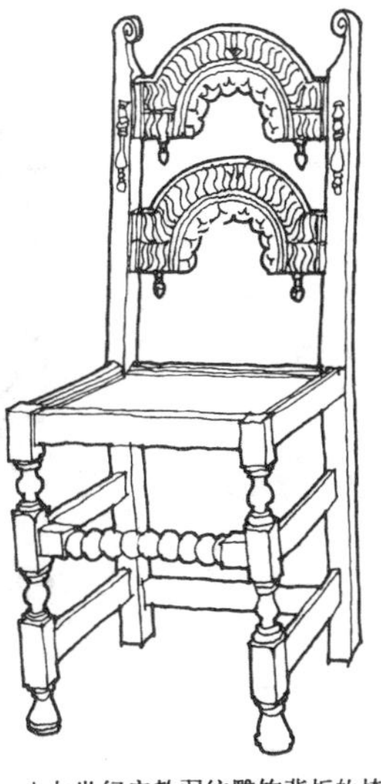

十七世纪宗教羽纹雕饰背板的椅子

有巴洛克式卷草木雕的英国扶手椅

法国路易十四时期仿建筑造型装饰柜

法国路易十三时期镶嵌细木装饰柜

法国路易十四时期具有流动感的装饰纹样橱柜

法国路易十四时期的卷草人头猫脚柜

法国路易十三时期的餐具柜

十七世纪施工技术已很发达的扶手椅使用接头木，以及椅脚端头采用圆球形作为当时流行样式

路易十四的椅子背部镶有王冠，扶手端头为卷草作法，藤背深红天鹅绒坐垫

路易十四时期宫廷用藤面椅猫脚，交叉形撑子藤座背为典型作法

洛可可样式是继巴洛克样式之后在欧洲发展起来的样式，比起巴洛克样式的厚重特点，洛可可以其不均衡的轻快、纤细曲线称著，以及从中国和印度输入欧洲的室内装饰品曾给予影响。“洛可可”一词来自法国宫廷庭园中用贝壳、岩石制作的假山“洛卡优”，意大利人误叫成“洛可可”而流传开来。其特点为造型装饰多运用贝壳的曲线、皱折和弯曲形构图分割，装饰极尽繁琐、华丽之能事，色彩绚丽多彩，以及中国卷草纹样的大量运用，具有轻快、流动、向外扩展以及纹样中的人物、植物、动物浑然一体的突出特点。

法国路易十五时期，宫廷妇女洛可可样式客厅（1740～1760）

法国路易十五时期室内墙面浮雕纹样

意大利的室内墙上挂镜边框雕饰

意大利的天井画

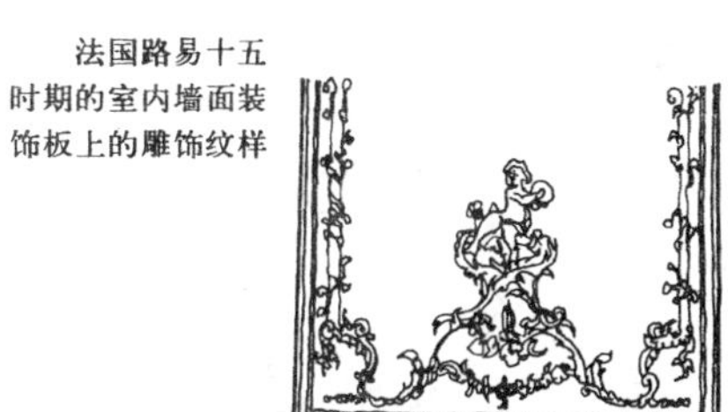

法国路易十五时期的室内墙面装饰板上的雕饰纹样

路易十五时期的彩带装饰纹样

法国洛可可式建筑栏杆纹样

欧洲巴洛克样式的室内立面

路易十六时期洛可可式屏风

路易十五的客厅，不露柱子的墙面，以淡青、白色为主的装饰镜面板包镶，以及统一的曲线型。家具为典型的洛可可样式

家具装饰的代表性图案扇贝型纹样

法国家具面板上的雕饰纹样

具有宫廷特点的洛可可长桌

法国路易十五时期，金漆饰面，木雕植物纹样的扶手沙发椅

典型样式的洛可可桌子

路易十五样式，典型的洛可可扶手椅，东南亚产硬木椅架，法国织毯包面，背后墙上为挂毯

十八世纪初英国洛可可式
衣柜正面扇贝装饰、猫脚装饰
及曲线优美的教堂建筑造型

英国乔治初期的
客厅，纤细优美的装
修和装饰，青绿、茶
色加金饰为常用作法

英国洛可可

英国洛可可因受到荷兰风格的显著影响而形成非常高雅的样式，优美轻快的曲线处理。家具常常采用抓有珠球的猫脚雕饰。雕饰多用贝壳形纹样。造型典雅优美，具有韵味为其艺术特色。

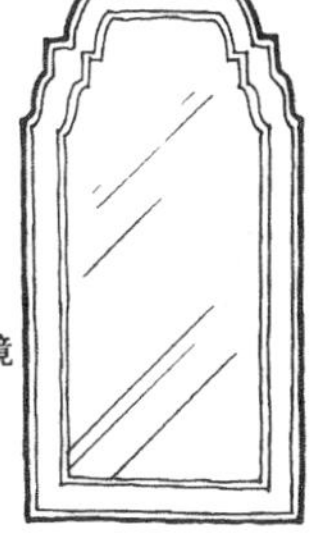

取消雕饰的安妮女王挂镜
追求形体本身的变化美

家具上常用的栗子形装饰

1720～1750 年
间流行的洛可可椅
子。巴洛克式金漆狮
头兽足和安妮女王时
期的背板装饰

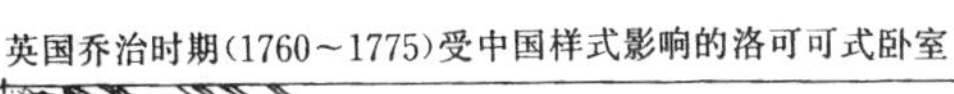

英国乔治时期(1760～1775)受中国样式影响的洛可可式卧室

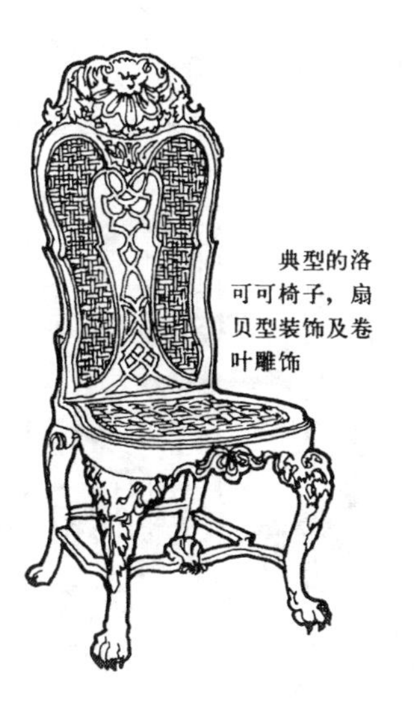

典型的洛
可可椅子，扇
贝型装饰及卷
叶雕饰

美国“殖民地时期风格”

在美国独立之前，建筑和室内样式大多采用欧洲样式。这些由不同国家殖民者所建造的房屋样式被称为“殖民地时期风格”。其中主要是英国式样，是在英格兰洛可可样式基础上发展起来的。建筑样式也主要是英格兰式，但在入口处和壁炉、镜面壁板部分具有地方特色。室内设计强调创造自由的、明朗的气氛。室内家具具有英国洛可可的明显特征，椅子前脚为猫脚形，并采用贝壳装饰。富裕之家在室内放置几件输入的东方家具为时尚。由于经济及加工工艺水平的原因，美国殖民地时期的室内装修及家具造型均在英国洛可可样式基础上予以简化。

美国 1750 年“殖民地时期风格”的住宅客厅

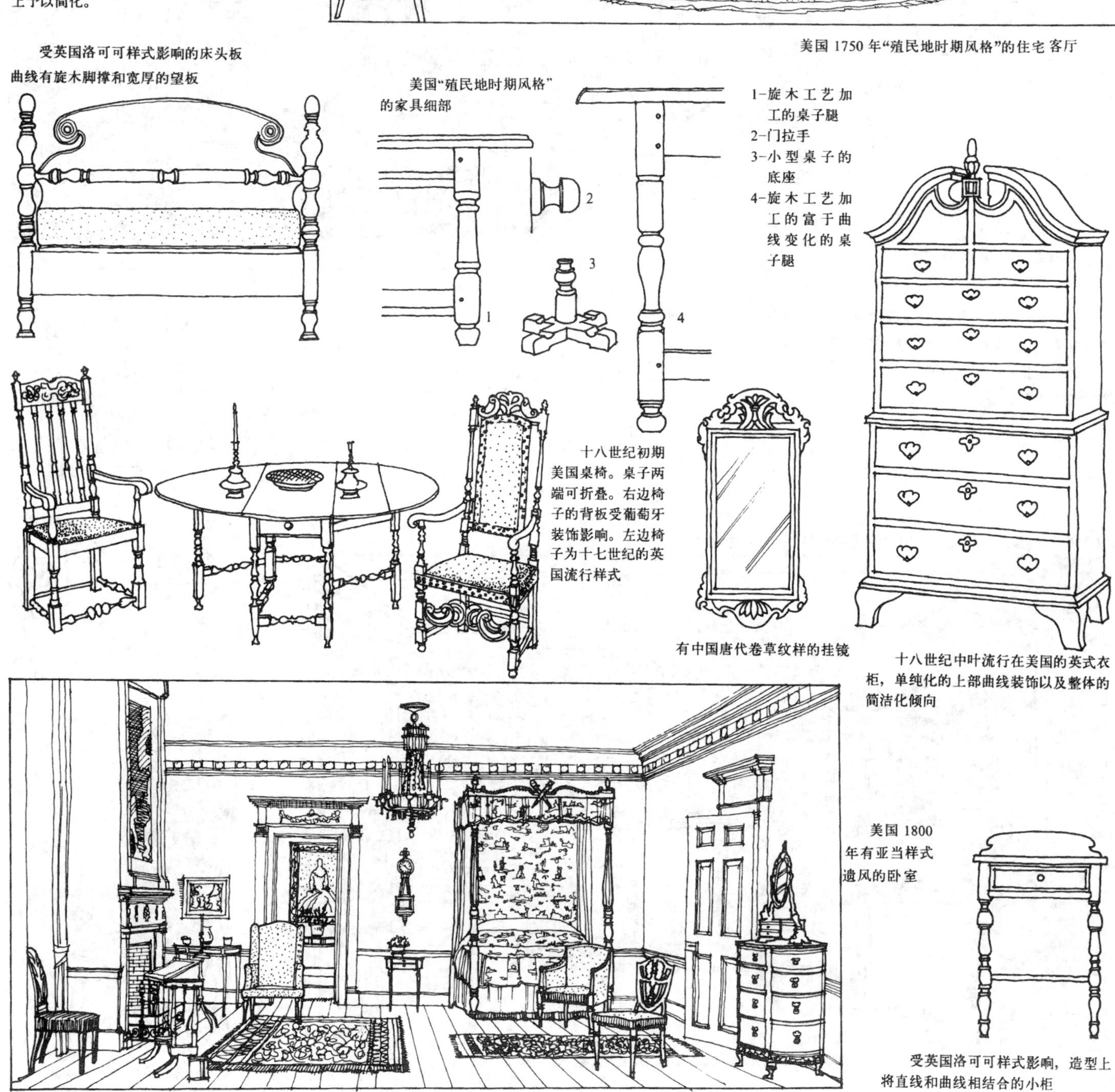

受英国洛可可样式影响的床头板曲线有旋木脚撑和宽厚的望板

美国“殖民地时期风格”的家具细部

1-旋木工艺加工的桌子腿
2-门拉手
3-小型桌子的底座
4-旋木工艺加工的富于曲线变化的桌子腿

十八世纪初期美国桌椅。桌子两端可折叠。右边椅子的背板受葡萄牙装饰影响。左边椅子为十七世纪的英国流行样式

有中国唐代卷草纹样的挂镜

十八世纪中叶流行在美国的英式衣柜，单纯化的上部曲线装饰以及整体的简洁化倾向

美国 1800 年有亚当样式遗风的卧室

受英国洛可可样式影响，造型上将直线和曲线相结合的小柜

十七世纪初美国巴 洛克样式的起居室

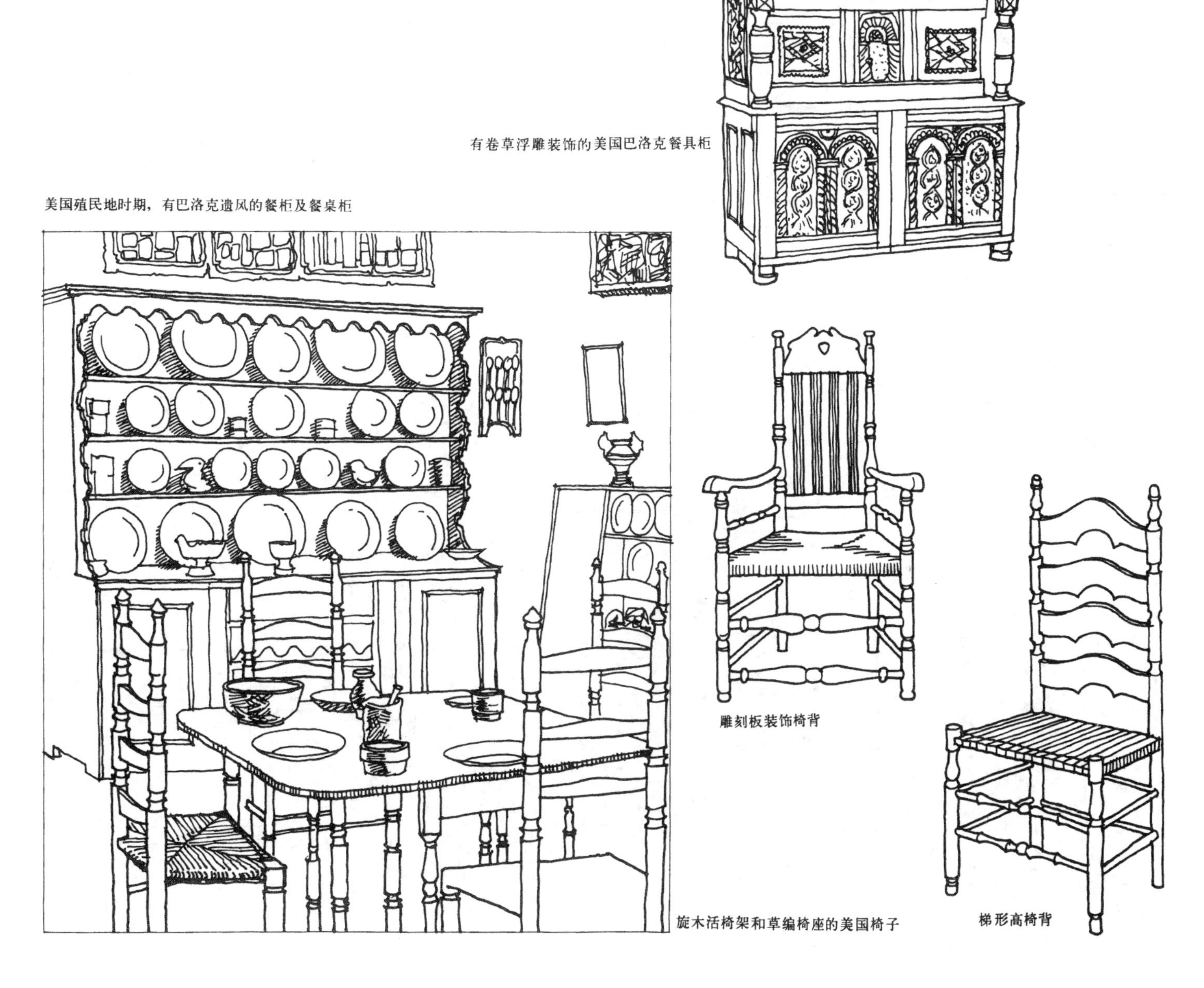

有卷草浮雕装饰的美国巴洛克餐具柜

美国殖民地时期，有巴洛克遗风的餐柜及餐桌柜

雕刻板装饰椅背

旋木活椅架和草编椅座的美国椅子

梯形高椅背

新古典样式的小柜金属件拉手

英国乔治时期的客厅(1800年)

英国新古典亚当式

法国帝国样式矮柜

法国路易十六式写字台，有许多小抽屉，两头沉形式至今仍在沿用

英国帕拉弟奥式沙龙(1770～1780年)

英国新古典样式扶手椅，靠背上为族徽纹样

法国路易十六式的小柜，中央有大抽屉，两端搁板，曲线美观

古代埃及以农耕为主，相信神明和来世的埃及人用石头建造了大量神殿和王坟墓室（上流阶层用砖建造住宅，平民凿洞为居室，用树枝涂泥为墙）。王坟墓室中四壁和天花大多布满壁画和图案装饰。墓葬品中有大量的家具出土，品种有：扶手椅、折叠椅凳、床、桌、台等。大多在椅的靠背、扶手、腿部施以彩色雕饰和镶嵌金银和象眼。家具的腿多用兽爪（狮子、雄牛爪、鹰爪、鸟嘴）造型。家具的构造采用木条、木筋的连接办法，并已有榫、楔等作法。反映了古埃及木工技术水平的高超。

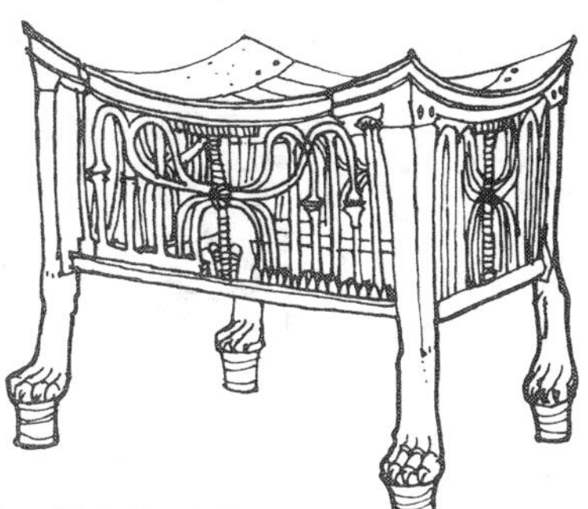

埃及时期的兽爪木凳

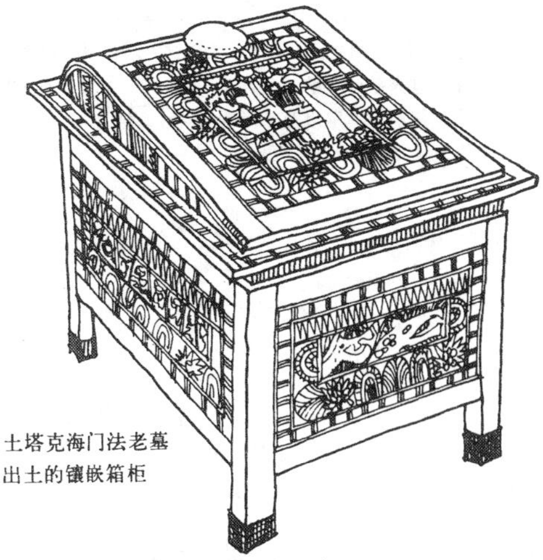

土塔克海门法老墓出土的镶嵌箱柜

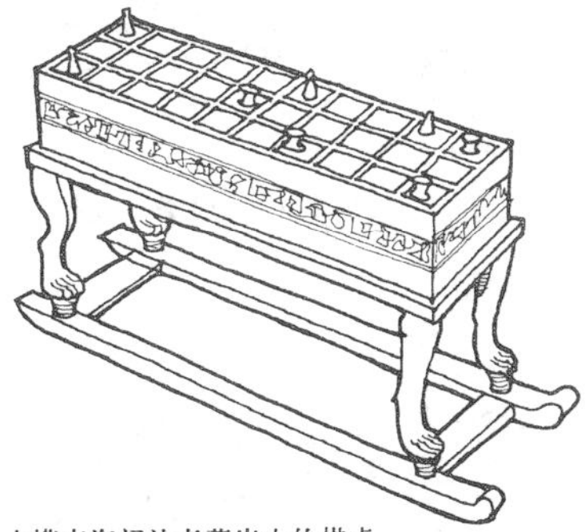

土塔克海门法老墓出土的棋桌

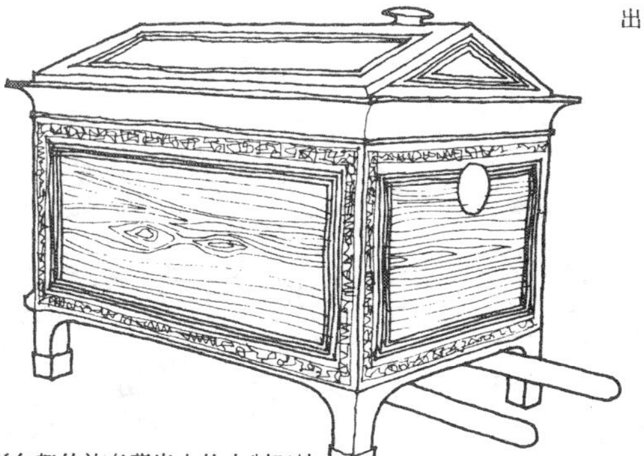

阿台契伯法老墓出土的木制双坡顶箱柜，下有搬运扛木二根

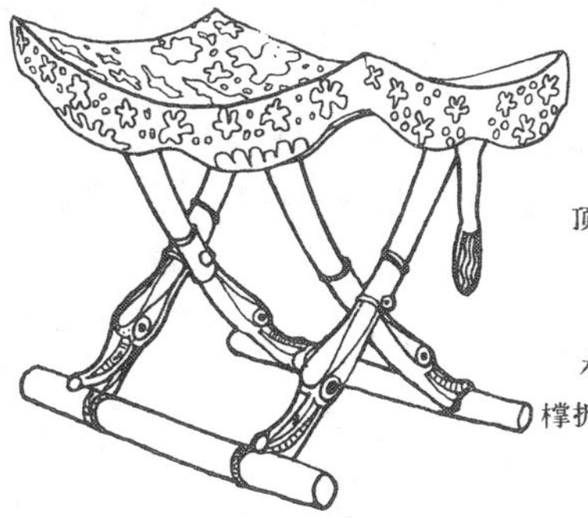

木制包金鸭头撑折叠凳

法老木乃伊的胸部挂饰，鹰状，金链镶宝石

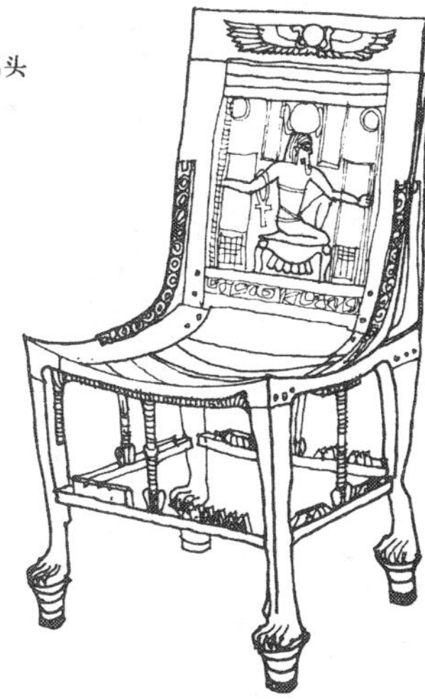

凳面镶嵌图案

法老的雕木镶金坐椅

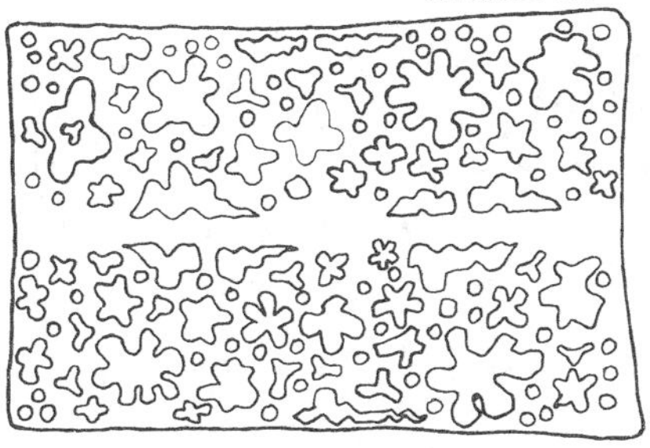

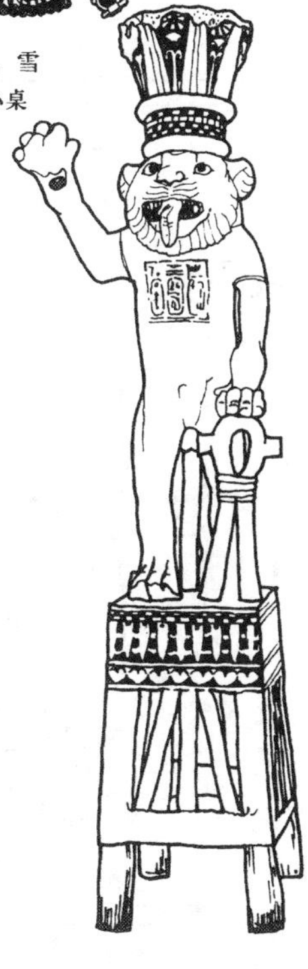

站立的狮子法官，雪花石雕，下为古埃及小桌

土塔克海门法老墓中法老宝座后背的镶嵌画

阿台契伯法老墓出土的雪花石首饰盒盖

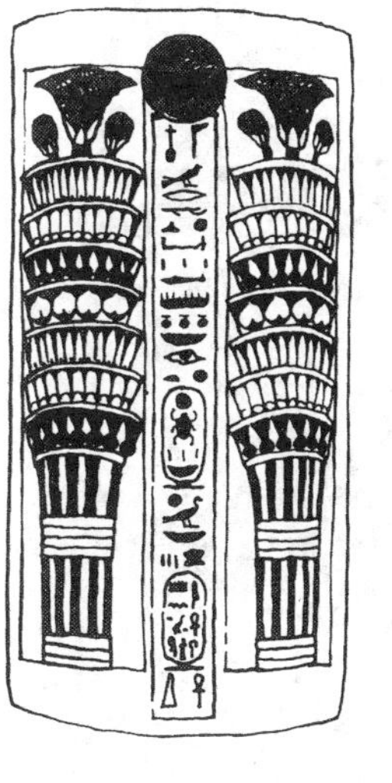

由古墓室出土的石制装饰座瓶

印度的古典风格反映在佛教建筑中。佛教遗址众多，石窟寺庙遗迹中多种多样的室内空间组合。几何纹样圆拱向上的天花、华丽的列柱、浮雕和半圆装饰的墙面以及雕塑和壁画的结合等室内装修和陈设艺术皆显示了印度的古典风格样式，丰满、华丽、厚重以及永恒性与人性的结合，不惜人工的精巧雕饰为其突出的艺术特色。

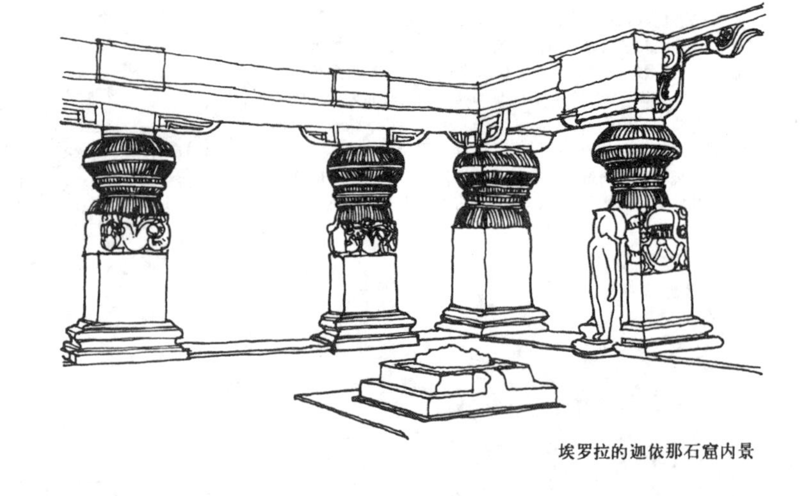

埃罗拉的迦依那石窟内景

阿迦达佛教石窟内景（五～六世纪）

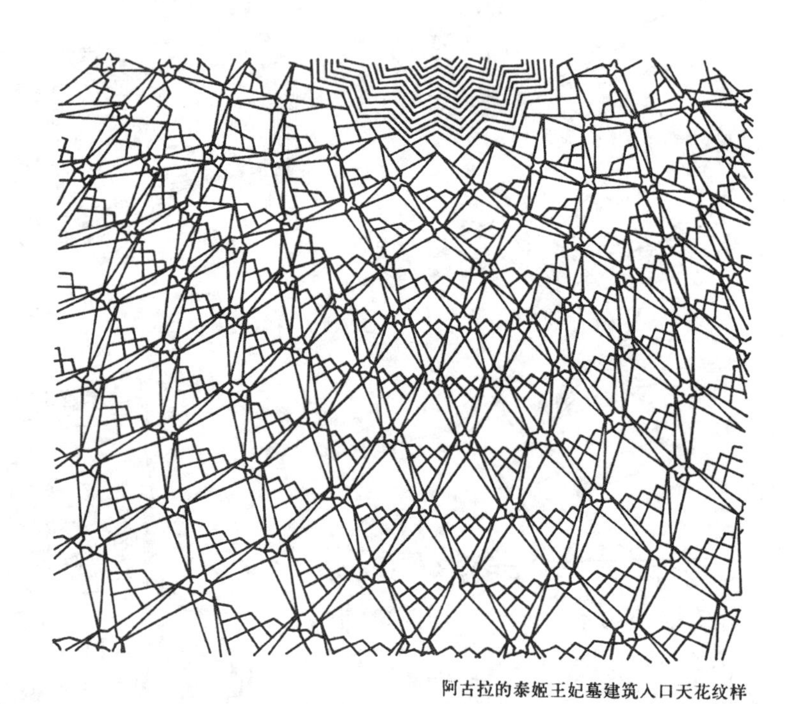

阿古拉的泰姬王妃墓建筑入口天花纹样

奥兰戛巴德石窟柱廊列柱

奥兰戛巴德石窟华丽多彩的浅浮雕柱饰

奥兰戛巴德石窟浮雕和半圆雕柱式壁饰

日本的古代文化受到中国文化全面、深刻的影响而发展起来。古代住房为高床住宅和竖穴房屋二种。高床住宅有高基架、木构，人们脱履而入。隋唐时代佛教传入日本，唐风寺院兴建及高床建筑向寝殿建筑发展，在此基础上又发展成为室内推拉门扇分割空间，跪坐使用的和式建筑。

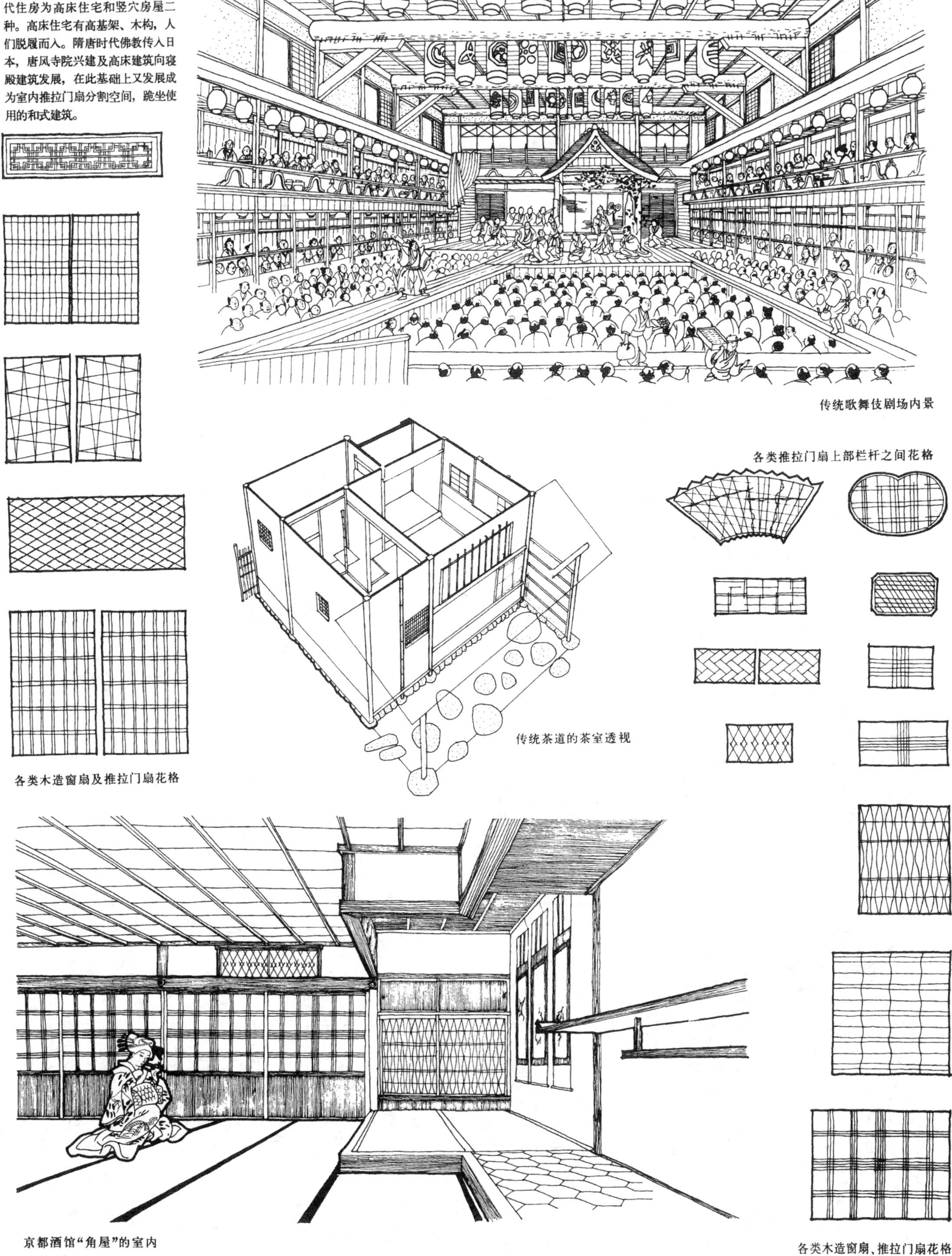

传统歌舞伎剧场内景

各类推拉门扇上部栏杆之间花格

传统茶道的茶室透视

各类木造窗扇及推拉门扇花格

京都酒馆“角屋”的室内

各类木造窗扇、推拉门扇花格

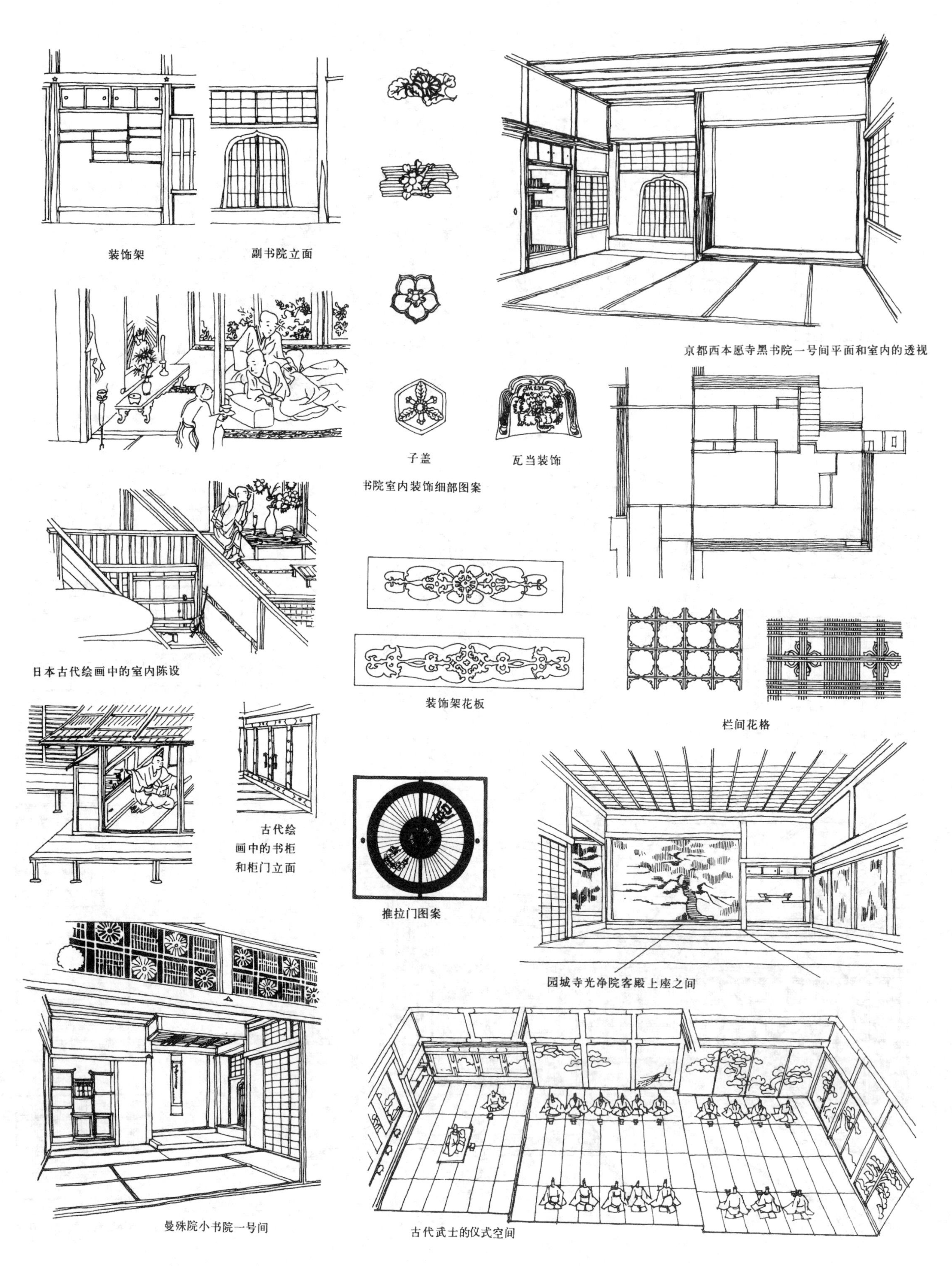

装饰架

副书院立面

京都西本愿寺黑书院一号间平面和室内的透视

子盖

瓦当装饰

书院室内装饰细部图案

日本古代绘画中的室内陈设

装饰架花板

栏间花格

古代绘画中的书柜和柜门立面

推拉门图案

园城寺光净院客殿上座之间

曼殊院小书院一号间

古代武士的仪式空间

开始于十九世纪八十年代比利时的布鲁塞尔。比利时是欧洲发展最早的国家之一，工业制品的艺术质量问题在那里显得比较尖锐，新艺术运动的目的是想解决建筑和工艺品的艺术风格问题。设计师们竭力反对历史的形式，想创造一种前所未见的，能适应工业时代精神的简化装饰。新艺术运动的装饰主题是模仿自然界生长繁盛的草木形状和曲线。凡墙面、家具、栏杆及窗棂等装饰莫不如此。由于铁便于制作各种曲线，因此室内装饰中大量应用铁构件。

新艺术运动的艺术实践主要在室内设计。建筑外形一般比较简洁。1884 年以后新艺术运动迅速地传遍欧洲，在德国称之为"青年风格派"，也影响到美国。它体现了现代建筑室内设计中简化与净化的倾向。

布鲁塞尔都灵路 12 号住宅内部（1893 年）

巴黎麦泽拉公寓（1910 年，基迈尔德）

巴黎室内设计竞赛中某餐厅设计一等奖设计方案(1905年)

巴黎室内设计竞赛中某建筑休息厅设计方案(1905 年)

巴黎室内设计竞赛中某住宅浴室设计方案（1903 年）

植物叶茎曲线装饰的立柜(法国，基迈尔德，1903年)

大胆的曲线造型和抽象化形态的写字台(法国，基迈尔德，1903年)

抽象形靠背和简化了的猫脚靠背椅(法国，基迈尔德1903年)

幻想的曲面与奇特的构图相结合的梳妆台(西班牙，安东尼·高迪)

植物枝杆直线造型的双层小桌(法国，麦金托什)

大胆的抽象化植物叶茎造型的茶几(法国，基迈尔德，1903年)

曲线变幻，造型奇特的长椅(西班牙，安东尼·高迪)

有日本画特点的装饰柜(巴黎，埃米尔·加莱)

家具造型与建筑统一，空间的造型特点较功能更为突出(法国，麦金托什，1897年)

全部直线造型的高靠背椅(法国，麦金托什)

模仿植物花茎曲线装饰的扶手椅(法国，路易·马乔莱尔)

极富装饰性的室内拱券样式

伊斯兰建筑普遍使用拱券结构。拱券的样式富有装饰性。由于伊斯兰教礼拜时要面向位于南方圣地麦加，故建筑空间多横向划分。建筑和廊子三面围合成中心庭院，中央是水池。伊斯兰建筑装饰有两大特点：一是券和穹顶的多种花式；二是大面积表面图案装饰。券的形式有双圆心尖券、马蹄形券、火焰式券及花瓣形券等。室外墙面主要用花式砌筑进行装饰，后又陆续出现了平浮雕式彩绘和琉璃砖装饰。室内用石膏作大面积浮雕，涂绘装饰，以深蓝、浅蓝两色为主。中亚及伊朗高原自然景色较荒芜枯燥，人们喜欢浓烈的色彩，室内多用华丽的壁毯和地毯。爱好大面积色彩装饰。图案多以花卉为主，曲线均整，结合几何图案，其内或缀以《古兰经》中的经文、装饰图案以其形、色的纤丽为特征，以蔷薇、风信子、郁金香、菖蒲等植物为题材，具有艳丽、舒展、悠闲的效果。

有小水池的伊斯兰内庭院

双圆心尖券拱券门洞

室内门洞券拱样式

室内拱券门洞口装饰

拱券适合图案浮雕彩饰的墙面

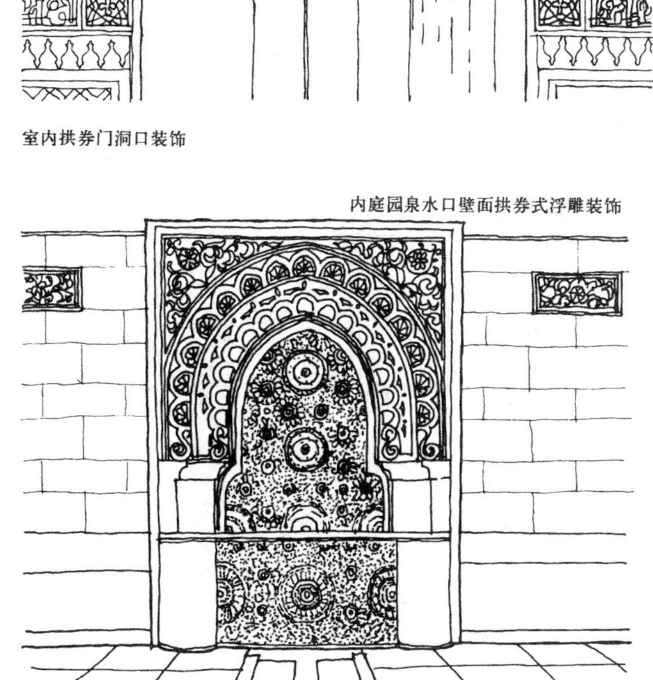
内庭园泉水口壁面拱券式浮雕装饰

极具纤丽特色的室内拱券洞口墙面装饰

墙面彩饰石膏浮雕装饰纹样局部

各类伊斯兰建筑的柱头样式和柱式

有古兰经经文的墙面石膏着彩绘浮雕图案

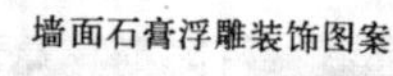

墙面石膏浮雕装饰图案

典型的伊斯兰四方连续浮雕图案

墙面石膏浮雕图案局部

木制窗格图案局部

彩色缕空铁花窗

玻璃铁花窗

各类木制窗格图案

各类木制窗格图案

各类窗口铁花装饰

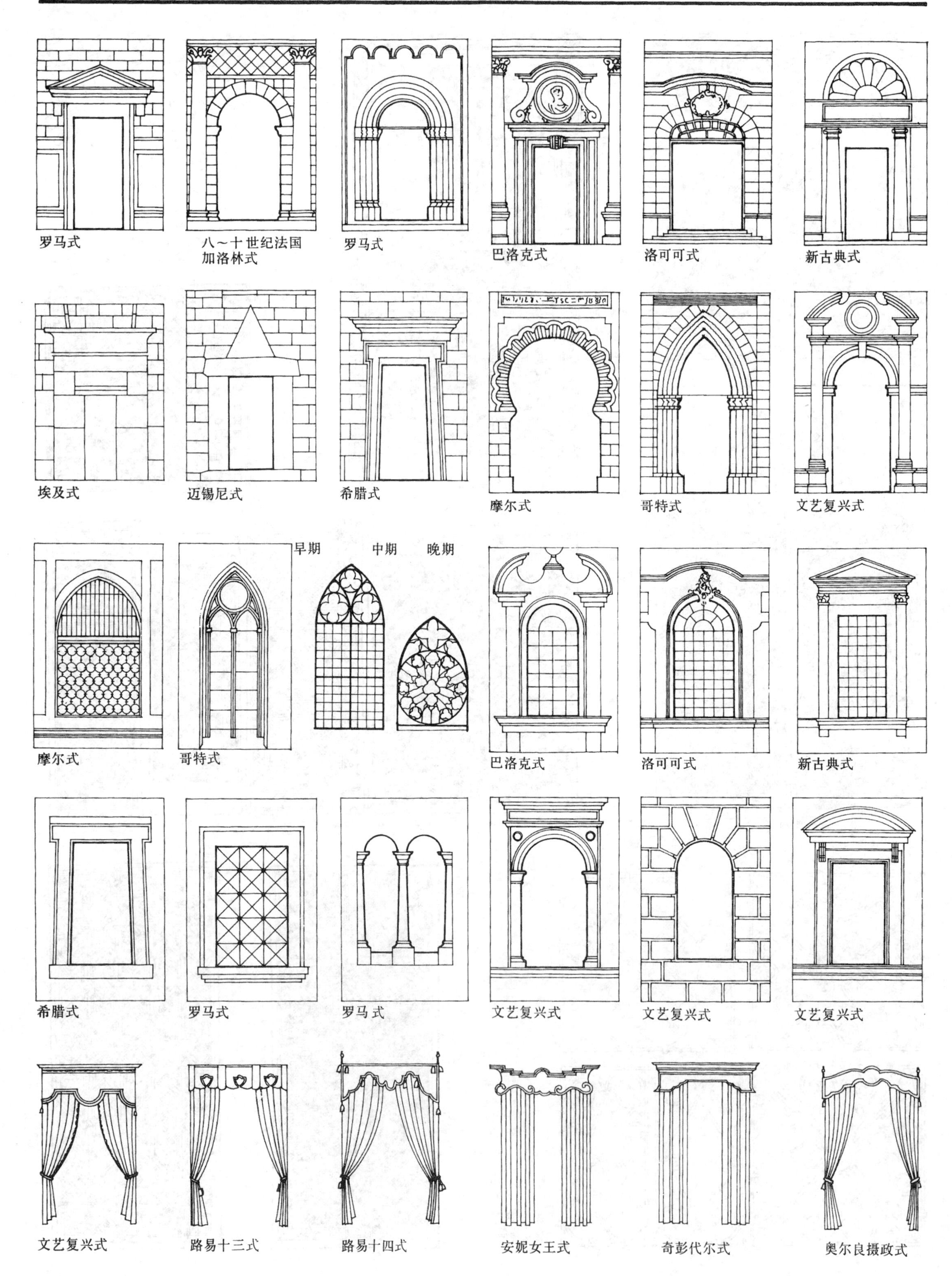
罗马式
八~十世纪法国加洛林式
罗马式
巴洛克式
洛可可式
新古典式
埃及式
迈锡尼式
希腊式
摩尔式
哥特式
文艺复兴式
早期
中期
晚期
摩尔式
哥特式
巴洛克式
洛可可式
新古典式
希腊式
罗马式
罗马式
文艺复兴式
文艺复兴式
文艺复兴式
文艺复兴式
路易十三式
路易十四式
安妮女王式
奇彭代尔式
奥尔良摄政式

安妮女王式

奇彭代尔中国式

十八世纪初英国谢拉顿式

英国早期乔治王朝式

美国殖民地式

亚当式

十八世纪末法国式

法国路易十五式

十八世纪末英国赫普怀特式

殖民地式

十九世纪德国奥地利毕德迈尔式

勒·柯布西耶（法，1887～1965）是一位集绘画、雕刻和建筑于一身的现代主义建筑大师。他在1929年设计的沙沃伊别墅时对新的建筑语言作了总结，成为现代主义建筑设计的经典作品之一。他关注中、下层民众的居住研究，倡导大量生产的工业住宅。1952年建造完成的“马赛居住单位”是现代主义公寓建筑的杰作。

勒·柯布西耶对现代主义语言探索极广，对模数化和工业预制生产住宅的研究也很深入，并有著述和实践。他是现代主义建筑设计中当之无愧的领袖人物之一，晚年设计的朗香教堂，其粗犷、隐喻的造型设计举世闻名，特别是室内深邃、神秘的意境和气氛给人创造难忘的体验。

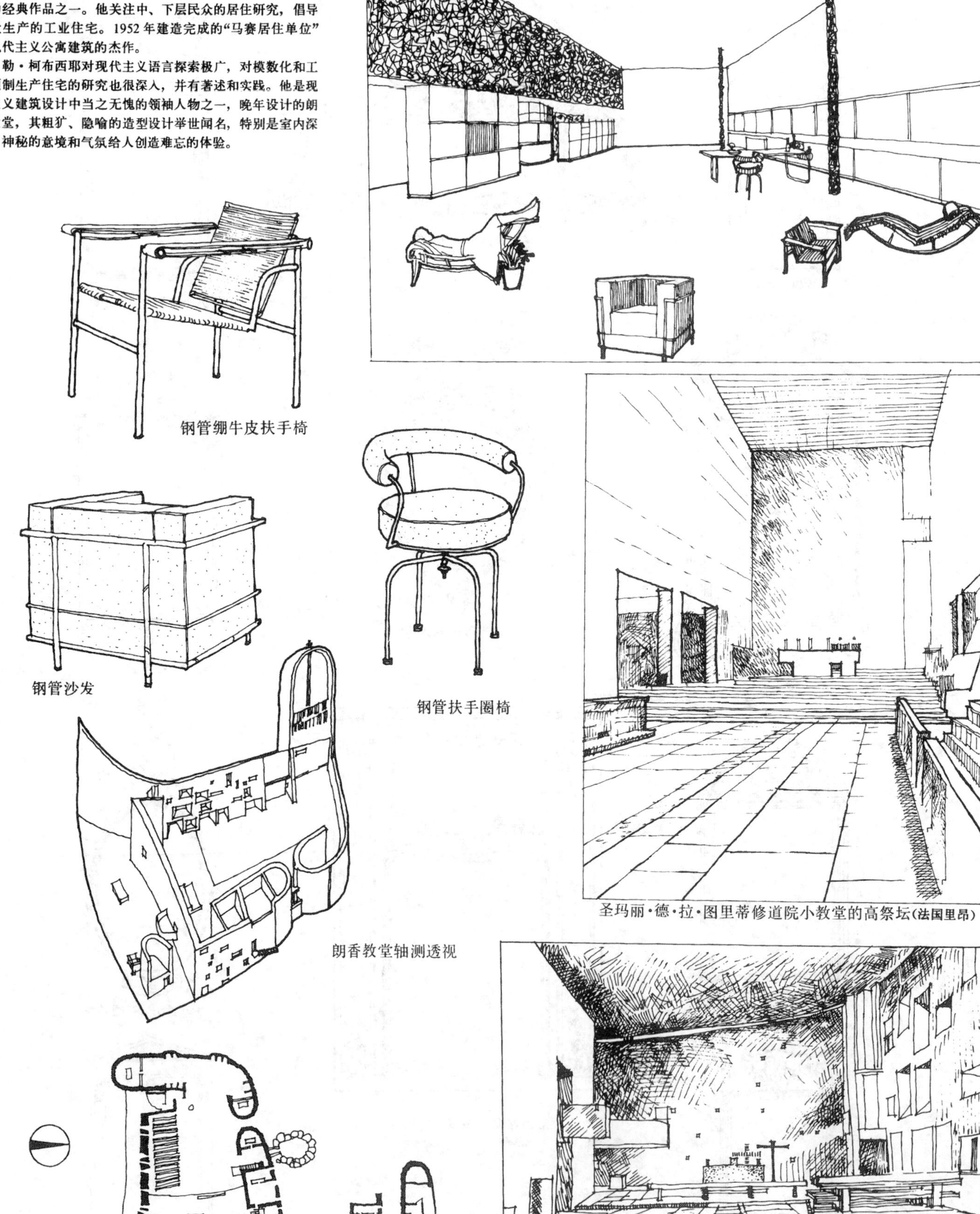

钢管绷牛皮扶手椅

钢管沙发

钢管扶手圈椅

圣玛丽·德·拉·图里蒂修道院小教堂的高祭坛(法国里昂)

朗香教堂轴测透视

朗香教堂平面

朗香教堂内部空间(1950～1955)

密斯·凡德罗（法，1886～1969）是一位既潜心研究细部设计又抱着宗教般信念的超越空间的设计巨匠。他对现代主义设计影响深远，设计上倾向于造型的艺术研究和广阔空间的观念，而不是把功能作为设计的注解。他在1929年设计的巴塞罗那国际博览会和1958年完成的西格姆酿造公司的三十八层办公楼，1968年设计的西柏林二十世纪博物馆等是现代主义建筑设计的里程碑。

密斯·凡德罗在室内空间设计上主张"灵活多用，四望无阻"，提出"少就是多"的口号，造型上力求简洁的"水晶盒"式样。

他注重细部设计，对衔接和节点处理极为重视。使用材料讲究，多用名贵的材料（如铜、青铜、玻璃、花岗石等）。这些作法对六、七十年代的晚期现代主义建筑及室内设计产生影响。

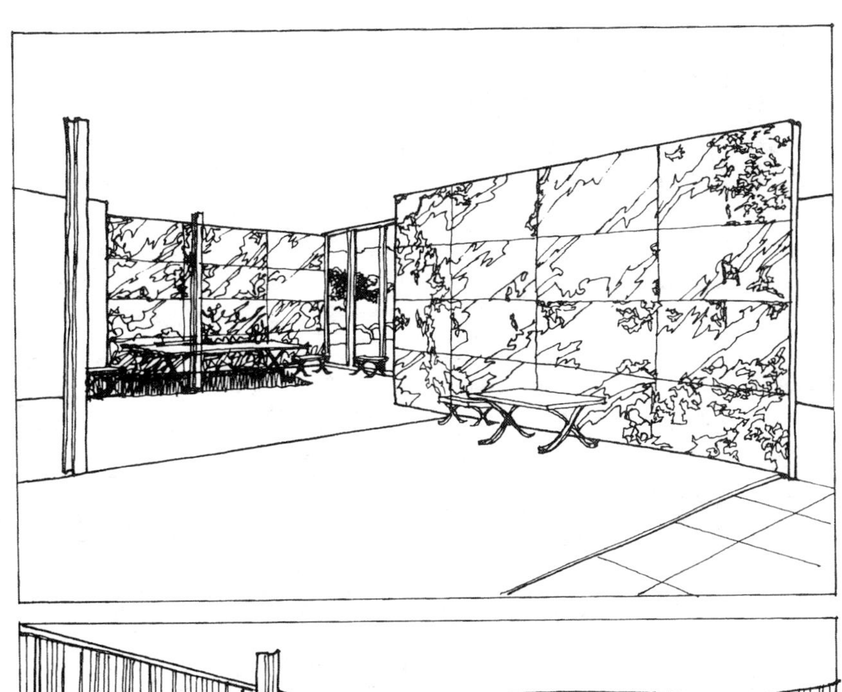

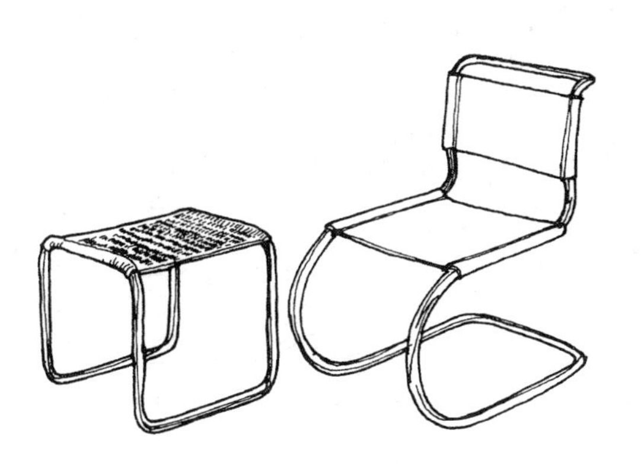

钢管藤编凳　　钢管悬臂椅

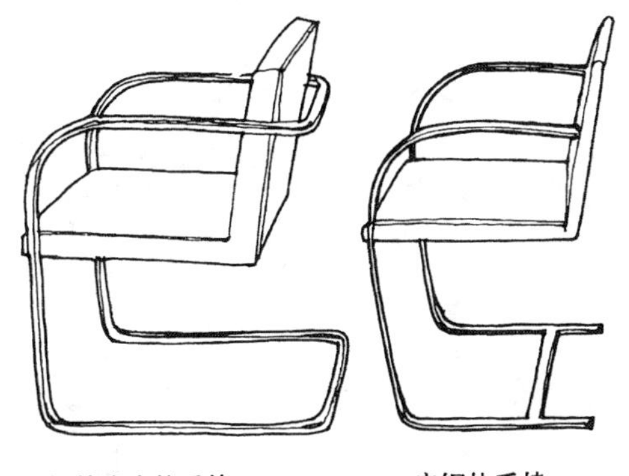

钢管牛皮扶手椅　　扁钢扶手椅

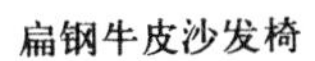

扁钢牛皮沙发椅

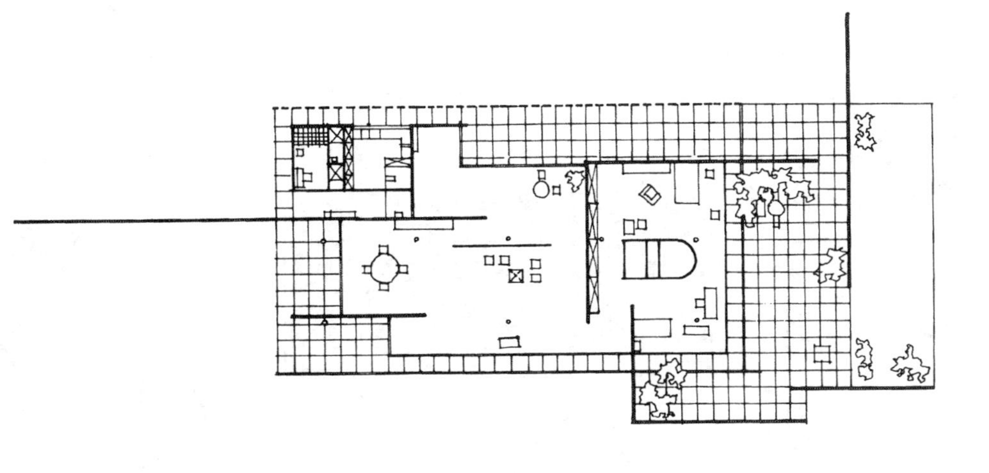

1931年为德国柏林建筑展览会设计的住宅

镶嵌彩色玻璃窗格图案

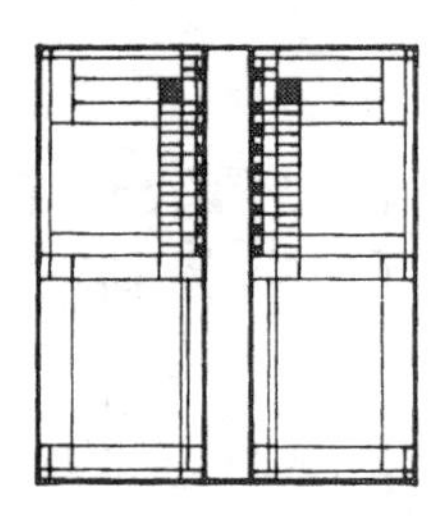

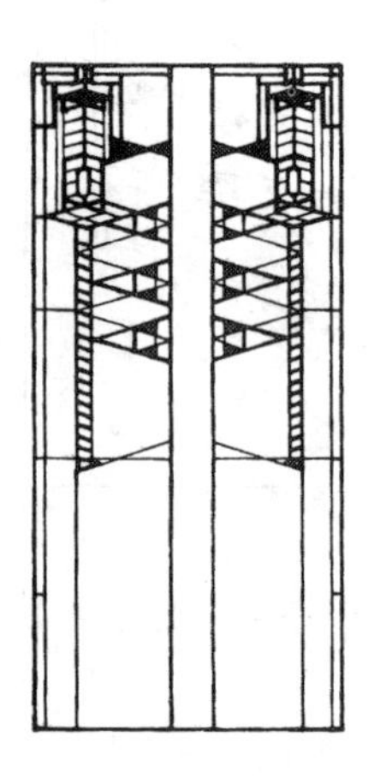

赖特（美，1869～1959）是世界著名现代建筑大师，早年创造了富于田园诗意的“草原式住宅”，造型新颖，摆脱折衷主义常套，建筑与周围自然环境融汇渗透，在居住建筑设计方面取得众多成就。后来他提倡“有机建筑”是由“草原式住宅”概念发展而来。他的室内设计与建筑设计协调一致，不仅满足现代生活需要，而且强调艺术性，在力图摆脱折衷主义的框框下，走上体形组合的道路，创造了新的建筑室内构图手法。他的设计具有场所和传统的精神及韵味。

落水山庄一层起居室内景（1937年）

1908年赖特绘制的纽约康列依住宅室内设计透视图

住宅用木制沙发（1912年）

镶嵌彩色玻璃窗格图案

1916年为东京帝国饭店设计的椅子

1904年为住宅设计的椅子

后现代主义建筑大师凡丘里宣称:"建筑就是装饰起来的掩遮物。"这一观点对现代室内设计产生了深刻影响。一反现代主义"少就是多"的观点，后现代主义建筑、室内设计趋向繁多、复杂。主要有二种手法：一种是用传统建筑元件（构件）通过新的手法加以组合；另一种是将传统建筑元件与新的建筑元件混合，最终求得设计语言的双重译码，既为行家欣赏，又为大众喜爱。多用夸张、变形、断裂、折射、叠加、二元并列等手法。由于构图上的自由度大，因此要把握好整体艺术效果有较大难度。

后现代主义的装饰主义派与乡土风格、地方风格有所区别，在环境艺术的表现上更具有刺激性，往往使人有舞台美术的视觉感受。

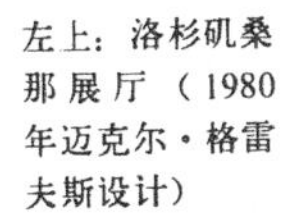

左上：洛杉矶桑那展厅（1980年迈克尔·格雷夫斯设计）

右上、右：纽约哥伦比亚广播公司舞台、电影部办公室入口（沃尔森格·米尔斯等设计）

左上：组约山姆斯大楼的外窗和室内（1981年查尔斯·穆尔等设计）

右：纽约圣保罗银行总部（1980年沃尔森格·米尔斯设计）

左：芝加哥泰格曼五人办公室（1978年斯坦雷·泰格曼等设计）

旧金山某服装店室内（理查德·费尔南和哈特曼设计）

纽约某公寓室内（曼哈顿，罗伯特等人设计）

汉斯·霍拉因（奥地利，1934～）是当代后现代主义建筑设计的著名代表人物之一。他的设计活动舞台极为广阔。从事过建筑设计、规划设计、室内设计、家具设计、展览设计、舞台美术设计，以及出版事业、建筑专业、教育事业，还是设计评论家，涉及多种领域，有大量的作品问世，影响很大。

他的设计不墨守成规，勇于创新，强调物件的场所意义和物件与物件之间的空间变化关系。用历史、文化的背景创造新的建筑室内形象。他提出：机遇、冲突的统一，隐喻（理解的渗透和再生的设计理论），创造了耐人寻味的环境意境。代表作：奥地利旅游代理店、莱迪蜡烛店、休林珠宝店等，室内设计立意独特、用材精美，都因别开生面的意境创造，给人们留下了难忘的印象。

他还作过不少家具设计，强调象征隐喻的形体特征和空间关系，运用色彩和装饰手段而别具特色。

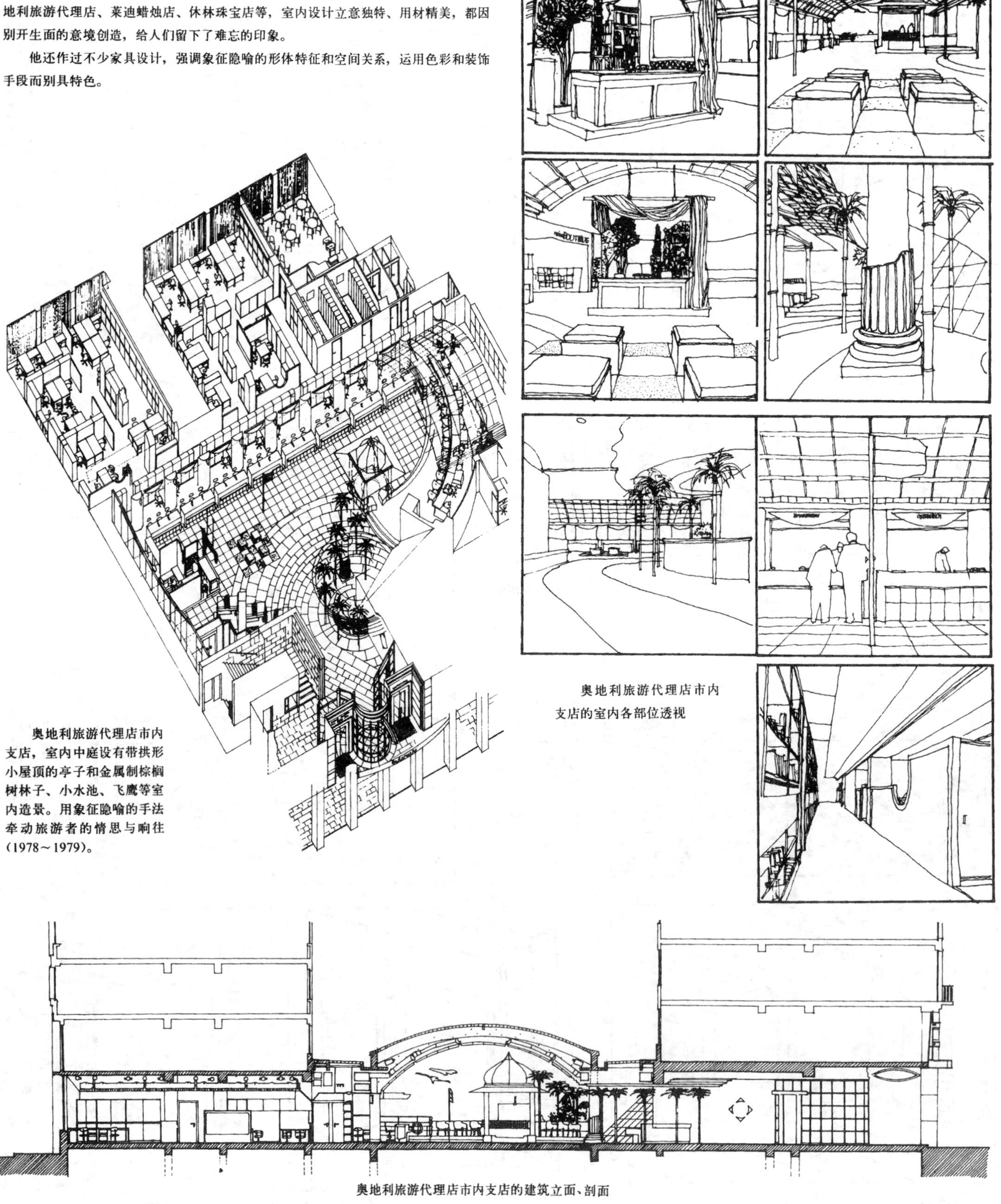

奥地利旅游代理店市内支店，室内中庭设有带拱形小屋顶的亭子和金属制棕榈树林子、小水池、飞鹰等室内造景。用象征隐喻的手法牵动旅游者的情思与向往（1978～1979）。

奥地利旅游代理店市内支店的室内各部位透视

奥地利旅游代理店市内支店的建筑立面、剖面

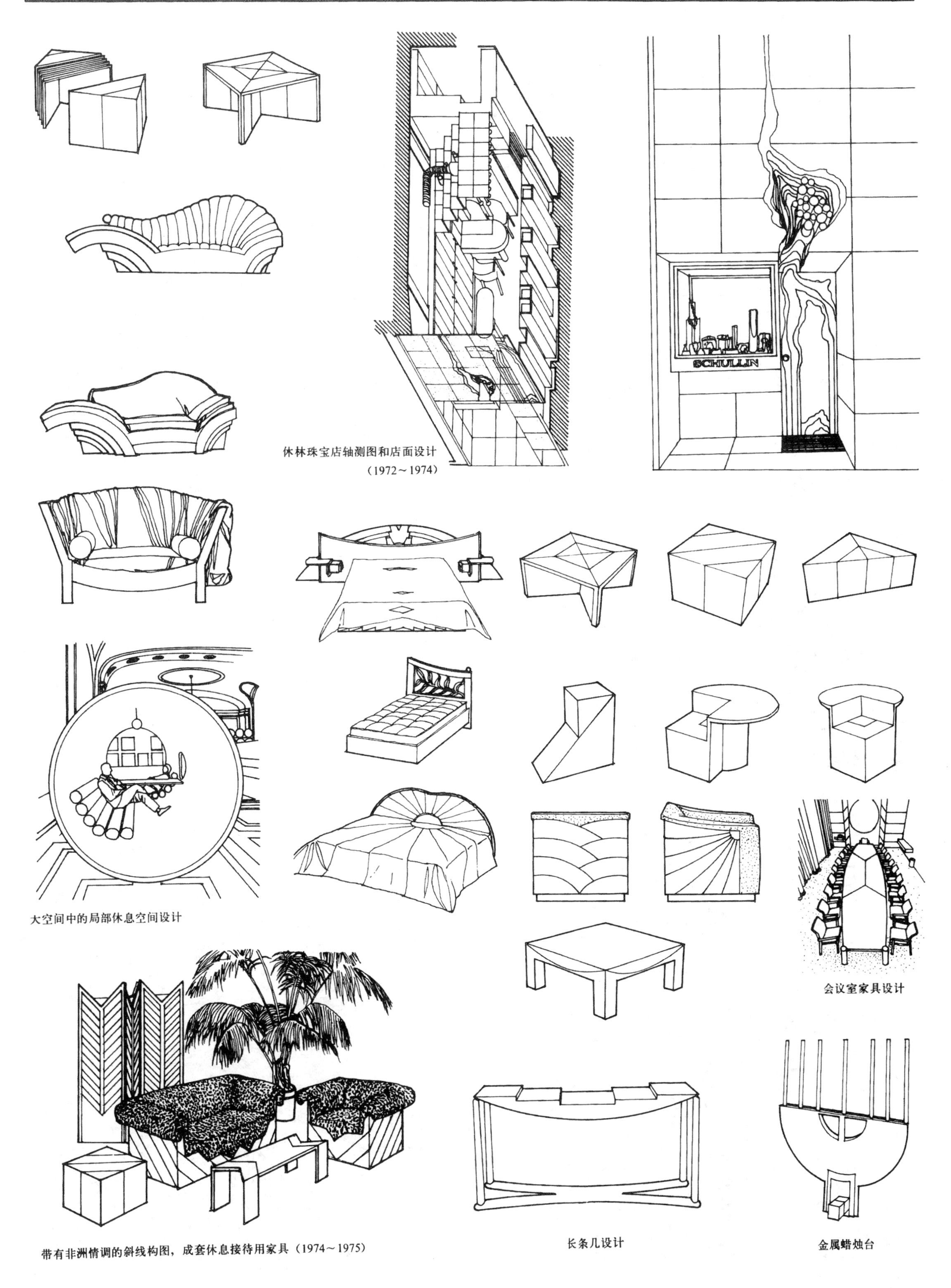

休林珠宝店轴测图和店面设计
(1972～1974)

大空间中的局部休息空间设计

会议室家具设计

带有非洲情调的斜线构图，成套休息接待用家具（1974～1975）

长条几设计

金属蜡烛台

后现代主义的高技派是活跃于五十年代末至七十年代初的一个设计流派。

高技派是指在建筑室内设计中坚持采用新技术，在美学上极力鼓吹表现新技术的作法。包括战后"现代主义建筑"在设计方法中所有"重理"的方面，以及讲求技术精美和"粗野主义"倾向。

高技派主张用最新的材料如高强钢、硬铝、塑料和各种化学制品来制造体量轻、用料少、能够快速与灵活地装配、拆卸与改建的建筑结构与室内。设计方法强调系统设计和参数设计。表现手法多种多样，强调对人有悦目效果的、反映当代最新工业技术的"机器美"。巴黎的蓬皮杜国家艺术与文化中心是这一流派的典型代表作品。

香港　汇丰银行室内大厅（1984）年

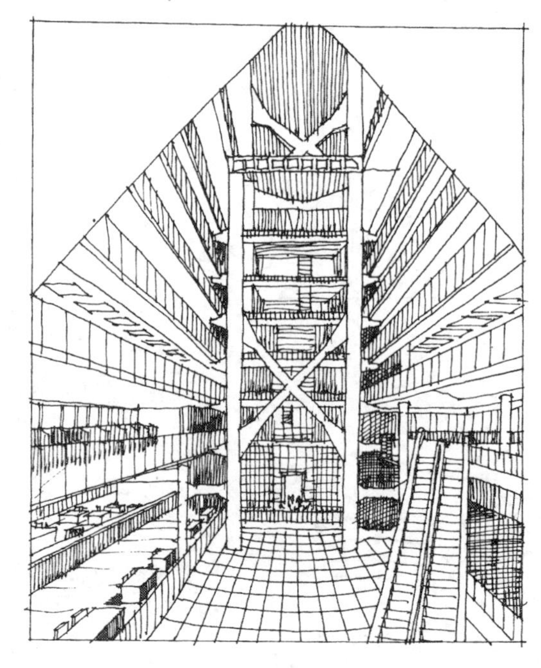

香港　汇丰银行中厅（1984）年

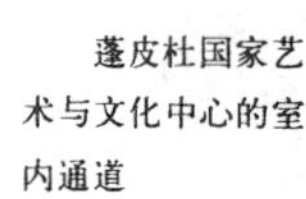

法国　巴黎蓬皮杜国家艺术与文化中心的展览大厅（1977）年

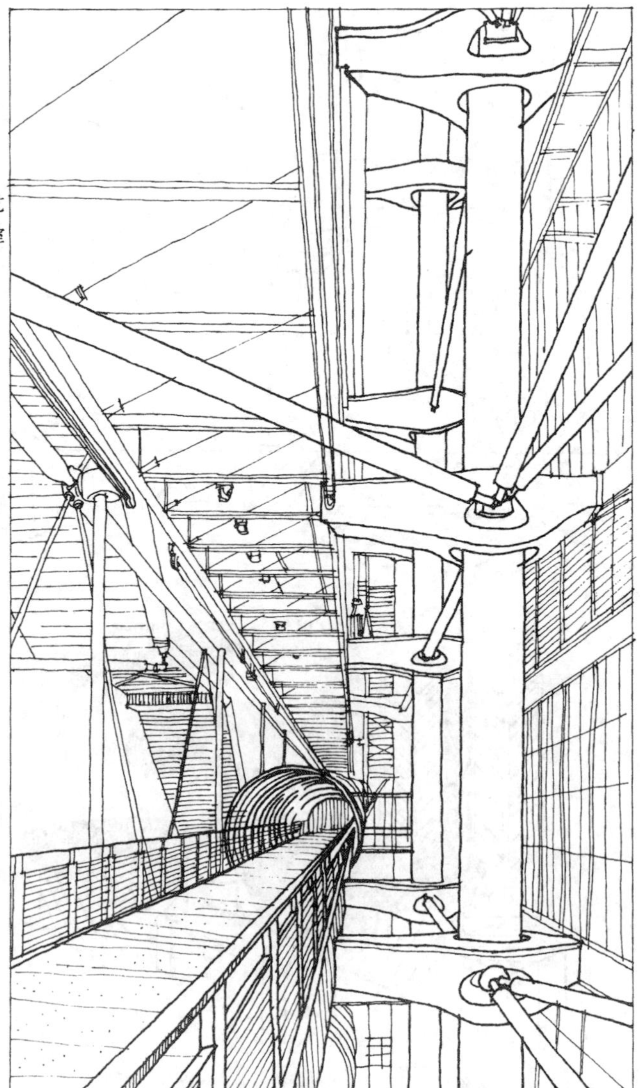

蓬皮杜国家艺术与文化中心的室内通道

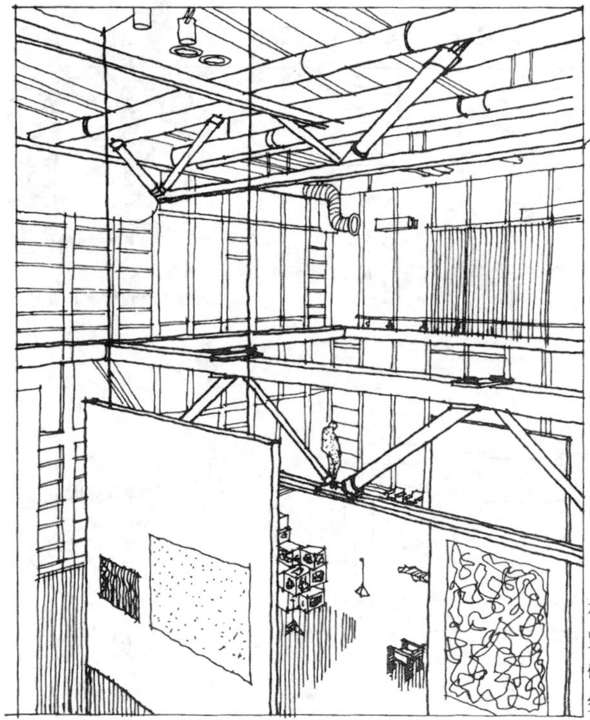

蓬皮杜国家艺术与文化中心的展览大厅。室内可按使用需要任意分割空间

约翰·波特曼（1924～ ）是美国建筑师兼房地产企业家，他以创造一种别具匠心的旅馆中庭：共享空间——“波特曼空间”而著名。

共享空间在形式上大多具有穿插、渗透、复杂变化的特点，中庭共享空间往往高达数十米，是一个室内的主体广场，其中有立体绿化、休息岛、酒吧饮料、垂直上下运动的透明电梯井、纵横交错的天桥、喷泉水池、雕塑及彩色灯光令人应接不暇。人们坐憩观游，能感受到生气勃勃的气氛。

波特曼在建筑理论上提出了“建筑是为人而不是为物”的设计指导思想。他重视人对环境空间的感情上的反应和回响。手法上着重于空间处理，倡导把人的感官上的因素和心理因素融汇到设计中去。如运用统一与多样同时兼顾，运动、光线、色彩与材料、引进自然、水、人看人等手法，创造出一种人们能直觉地感受到的和谐的环境来。

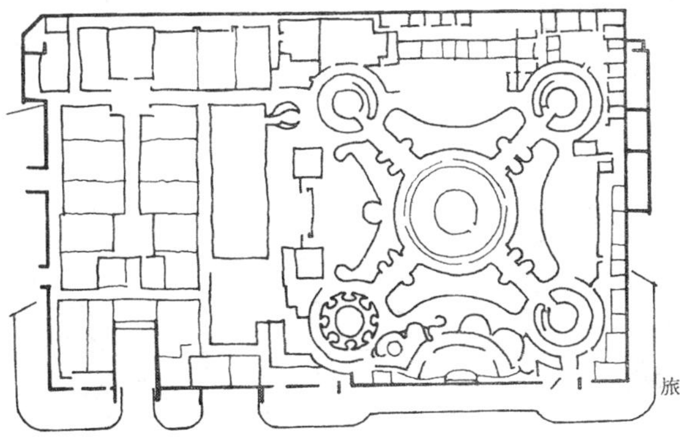

海特摄政旅馆首层平面

美国旧金山海特摄政饭店（1973 年）

亚特兰大　桃树旅馆（1976 年）

是七十年代后期在意大利兴起的一个流派。反对单调、冷峻的现代主义，提倡装饰。代表人物是埃托雷·索特萨斯（1917年生于奥地利）。他创造了许多形式怪诞，颇具象征意义的艺术品、家具装饰品、日用品等。他与其他一些“反设计”的同仁们成立了“阿尔奇米亚”设计室，开始了取代现代主义的艺术运动（“新设计”运动）。目标为：不相信设计计划完整性的神秘；寻求“表现特性”为设计新意；将世界流派再循环恢复色彩、装饰的生命活力；把研究重点放在人与周围事物的相关性上。

“阿尔奇米亚”设计风格独特，常常超于人的意料之外，造型丰富，独具匠心，大胆运用色彩和图案装饰，但手工制作产品数量有限，未能得到发展。

八十年代初发展成“孟菲斯集团”，“孟菲斯”的设计师们从西方的设计中获得灵感，二十世纪初的装饰艺术、波普艺术、东方和第三世界艺术传统、古代文明和国外文明中神圣的纪念碑式建筑都给他们以启示参考。孟菲斯的设计师们认为：他们的设计不仅使人们生活得更舒适、快乐，而且有反对等级制度的政治宣言，具有存在主义思想内涵，以及所谓视觉诗歌和对固有设计观念的挑战。

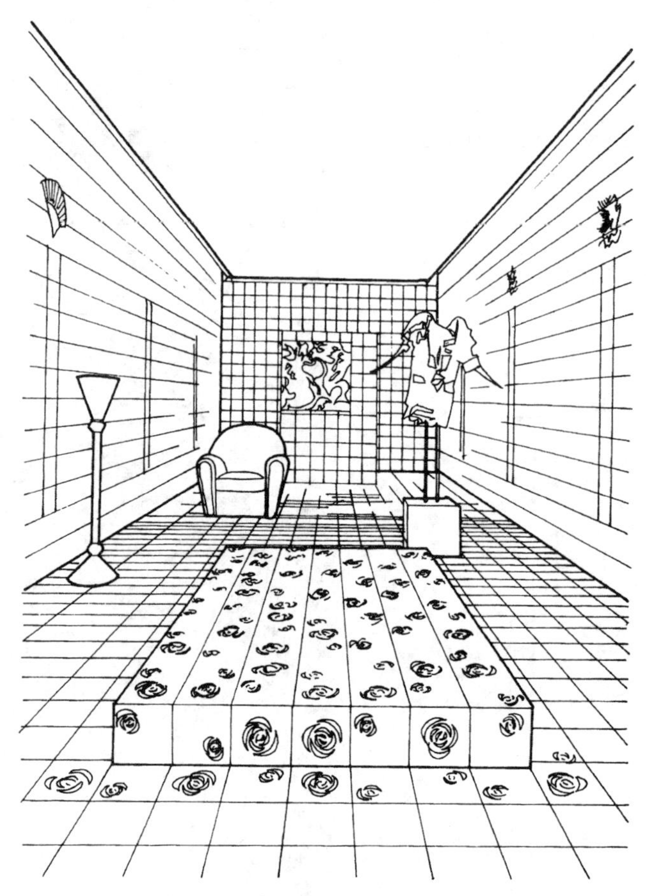

以表面材料和肌理效果、人的心理感受为出发点所做的未来居住风景

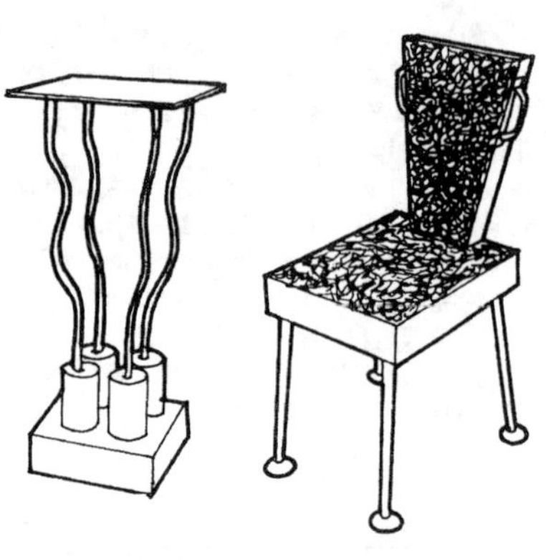

包豪斯系列 蒂马诺结构(1979)　　包豪斯系列(1980)

诺瓦·阿基米亚系列 设计:阿尔桑德罗(1984)

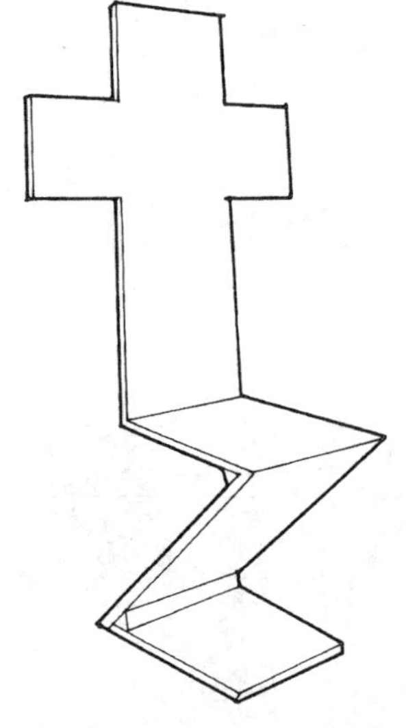

对托马斯·李特维德的设计的改造(1978)

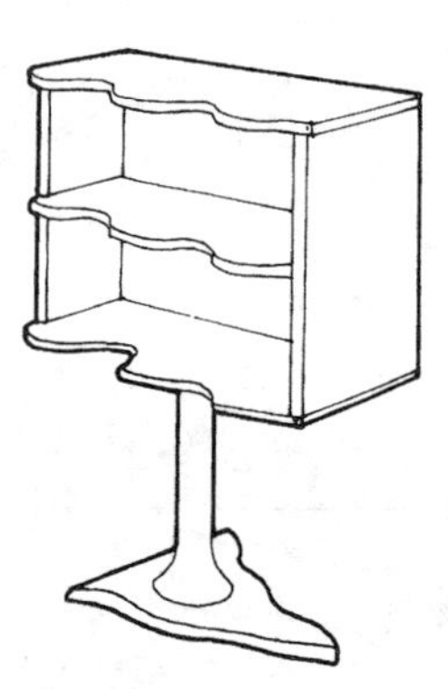

诺瓦·阿其米亚系列
设计：阿尔桑德罗·曼第尼(1984)

诗一般的物体：鳄鱼(1983)

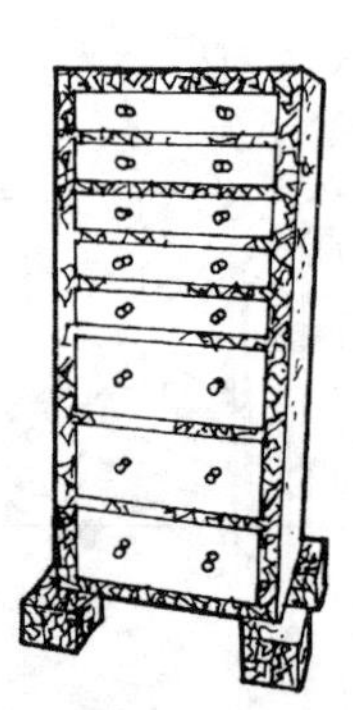

“包豪斯系列”“加达姆斯”
设计：波拉·纳费恩
材料：塑料贴面板加彩印(1974)

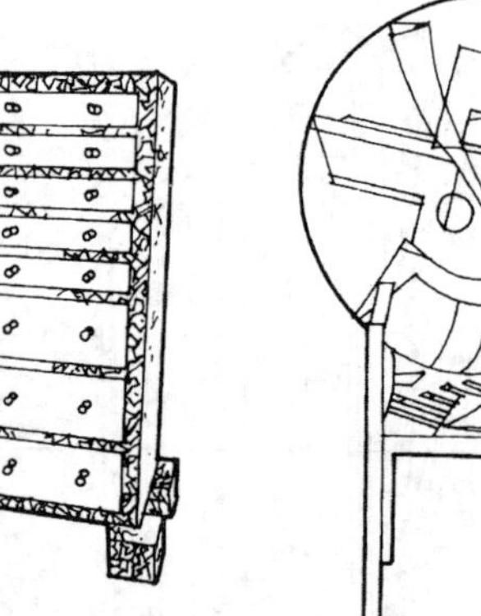

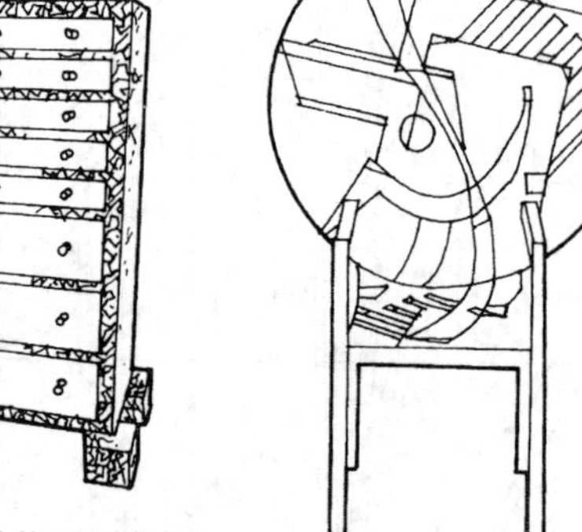

诺瓦·阿基米亚系列
“扎布罗”(1984)

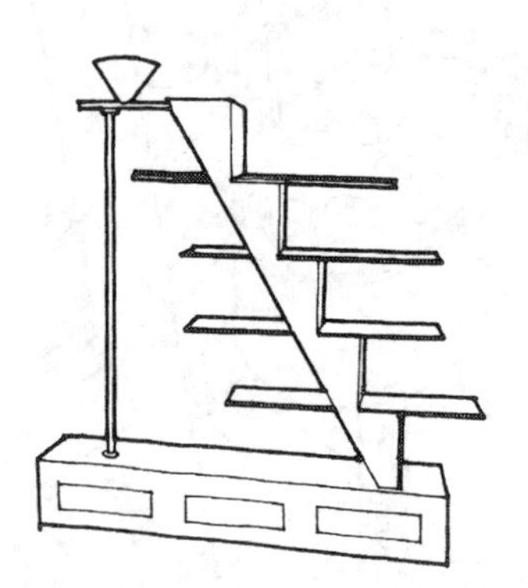

“包豪斯系列”、“解放”(1980)

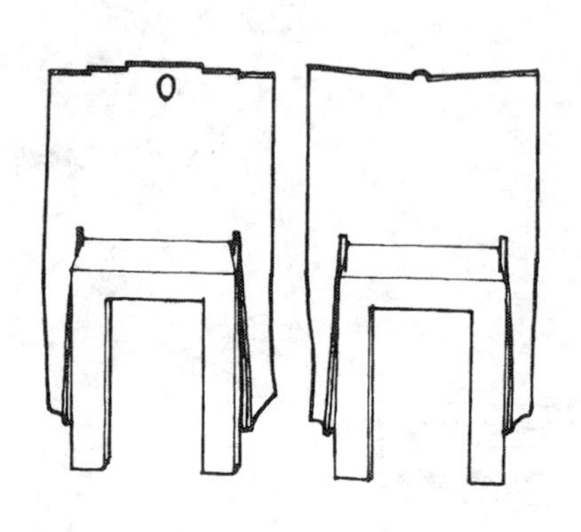

短暂的眩晕：椅子(1985)

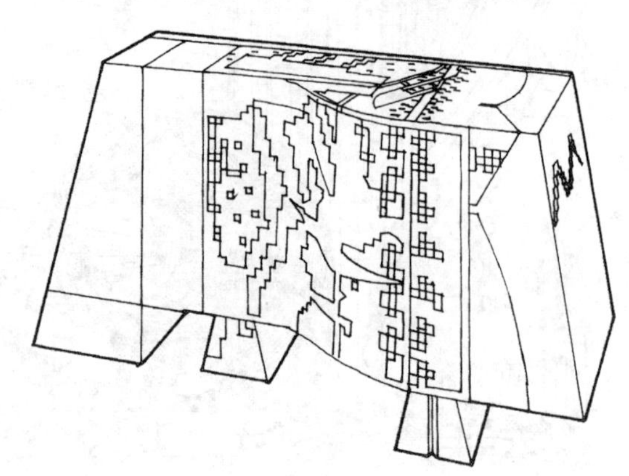

短暂的眩晕：餐具柜(1985)

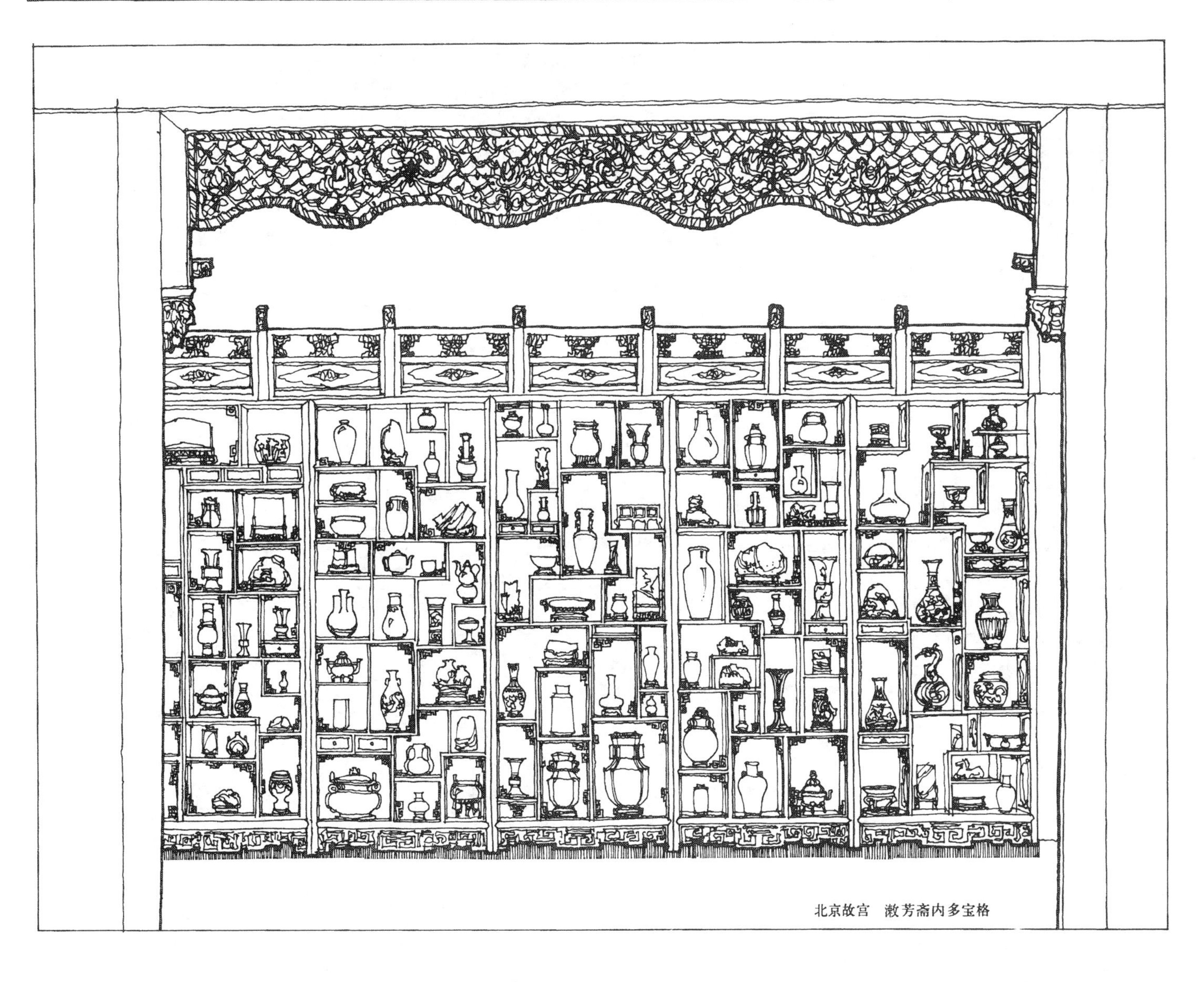

北京故宫 漱芳斋内多宝格

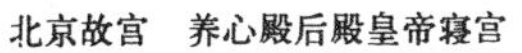

北京故宫 养心殿后殿皇帝寝宫

北京故宫 养心殿内三希堂

北京故宫 养心殿后殿皇帝寝宫

北京故宫 长春宫妃嫔卧室

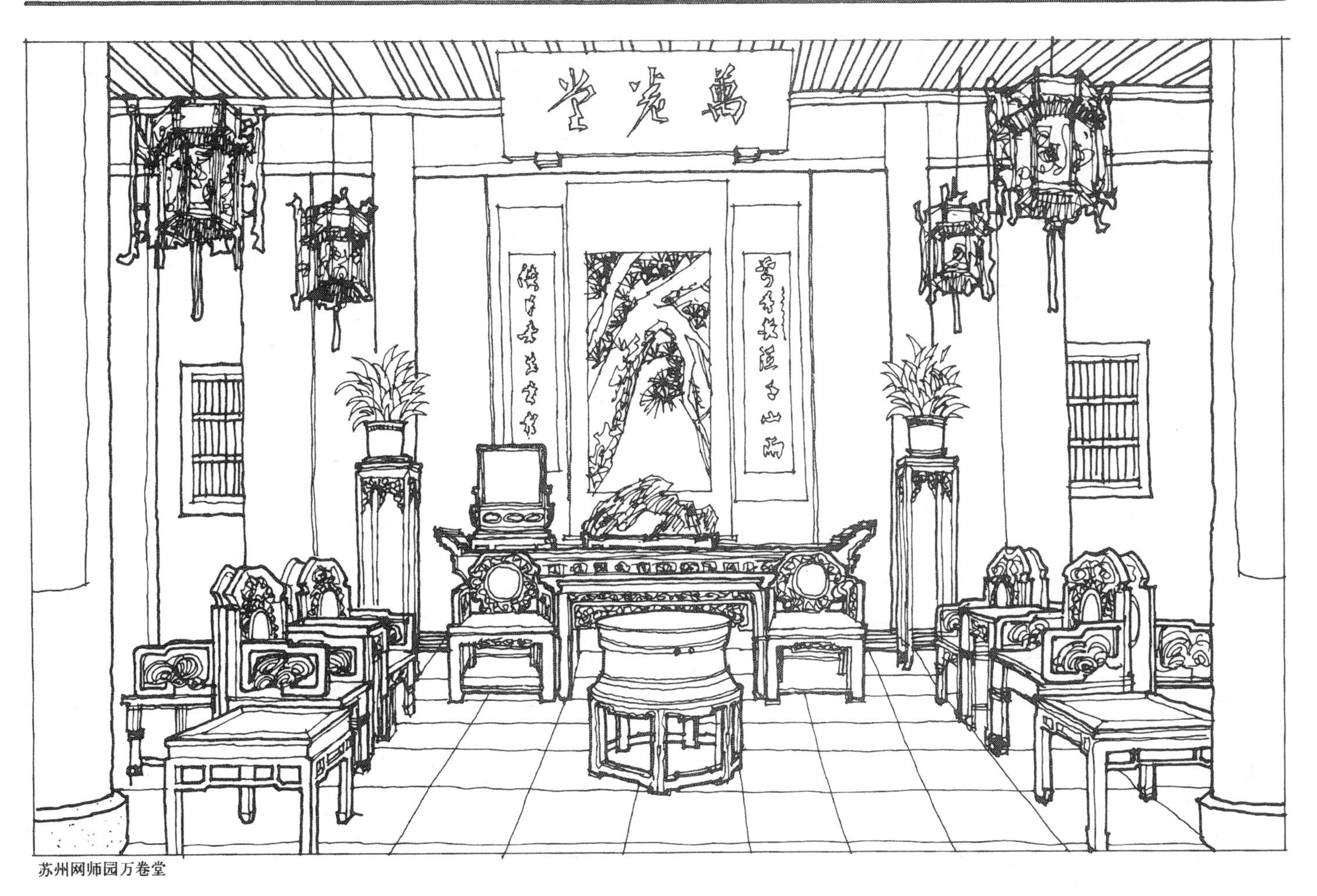

苏州网师园万卷堂

苏州网师园看松读画轩

清式海棠盒箍头一整二破彩画

清式一整二破旋子彩画

清式旋子如意彩画

清式 一整二破加云头彩画

清式一整二破旋子彩画

清式石榴云彩画

清式一整二破旋子彩画

清式二整四破如意头彩画

清式柿蒂盒箍头一整二破旋子如意彩画

清式旋子彩画

清式盒子箍头旋子彩画

清式一整二破旋子加吉祥草彩画

清式一整二破旋子彩画

清式一整二破旋子彩画

清式海棠盒箍头菊花枋心彩画

清式整破如意云彩画

清式一整二 破旋子彩画

清式盒子箍头旋子彩画

清式破海棠盒箍头番莲如意彩画

清式柿蒂盒箍头如意彩画

1 清式梁枋彩画

海石榴梁枋垫板彩画

云头梁枋垫板彩画

出头凤尾彩画

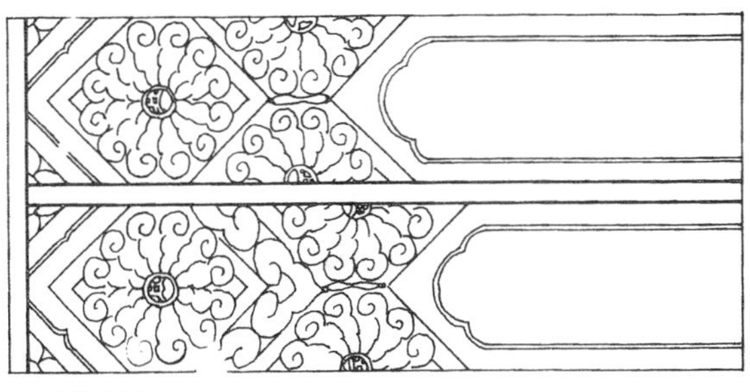

旋子梁枋彩画

旋子梁枋彩画

2 明式天花板彩画纹样

吉祥草式

番莲式

菊花式

鹤桃式

汉瓦镜式

锁子锦地纹式

柿蒂盒子式

团鹤式

事事如意纹式

四福齐来纹式

吉祥草式

锦别子纹式

1 苏式彩画包袱造型式样

荷叶聚锦框

玉磬聚锦框

鸭子聚锦框

蝙蝠聚锦框

莲花聚锦框

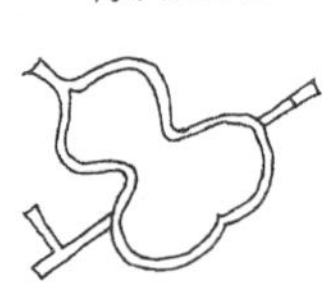
葫芦聚锦框

佛手聚锦框

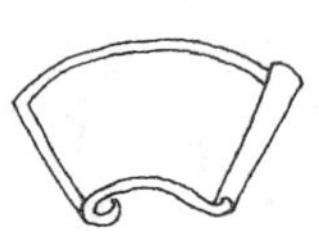
画轴聚锦框

桃聚锦框

桃花聚锦框

梨聚锦框

苹果聚锦框

扇子聚锦框

冬瓜聚锦框

石榴聚锦框

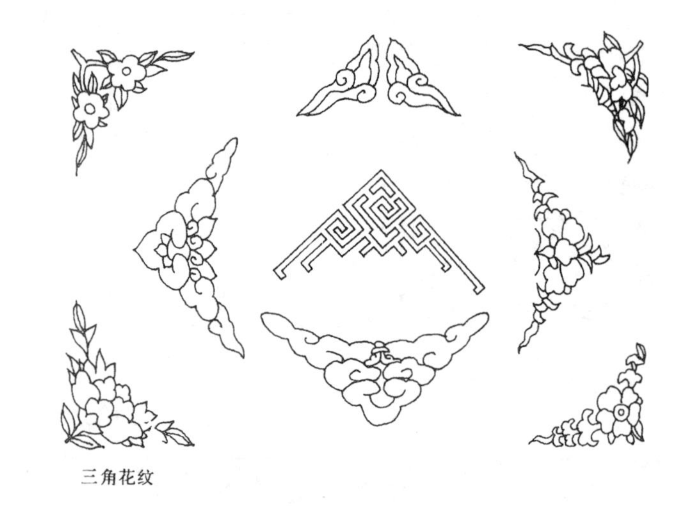
三角花纹

草龙盒子

破盒子

莲花盒子

整盒子

2 梁枋彩画式样

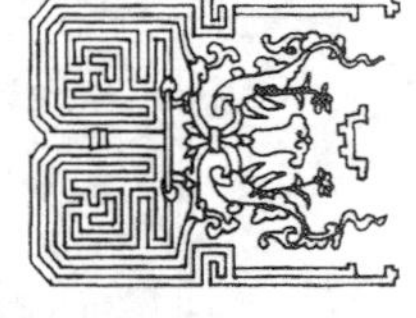
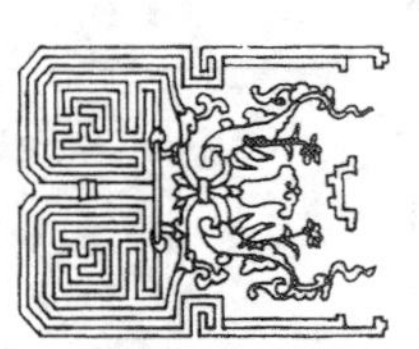
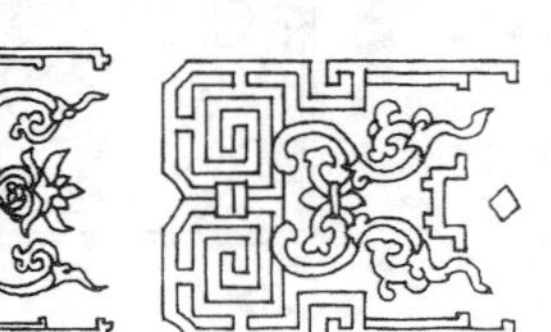
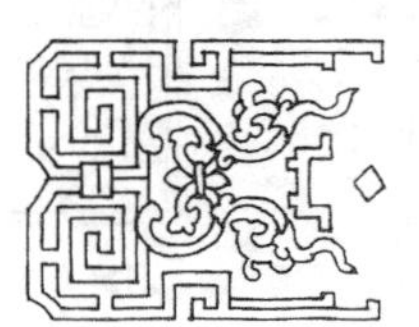

软硬卡子图案

软硬拐纹

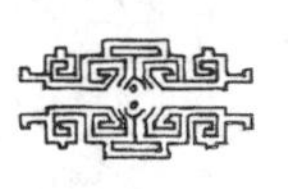
硬拐纹

3 椽头彩画式样

四瓣花方椽头

四叶方椽头

福寿圆椽头

牡丹花圆椽头

一支花圆椽头

四福齐至方椽头

如意四合方椽头

团寿圆椽头

团福圆椽头

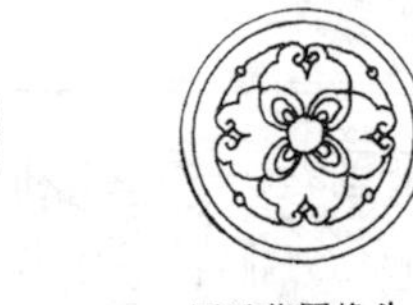
四瓣花圆椽头

福寿方椽头

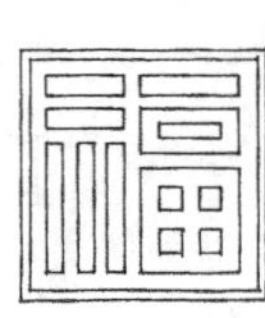
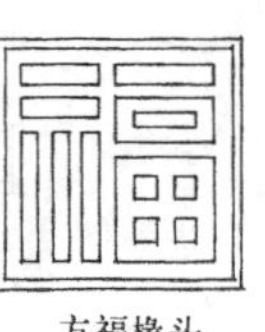
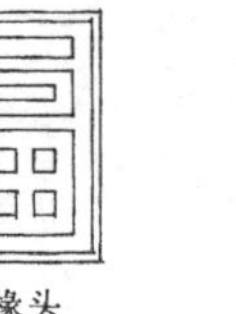
方福椽头

一花四叶方椽头

四叶方椽头

八叶方椽头

玛瑙锦

番莲石榴

卷草石榴

柿蒂盒

海石榴

胡玛瑙

1 清式太师壁

尺栏月洞窗太师壁

码三箭隔窗太师壁

2 清式室内装修组合

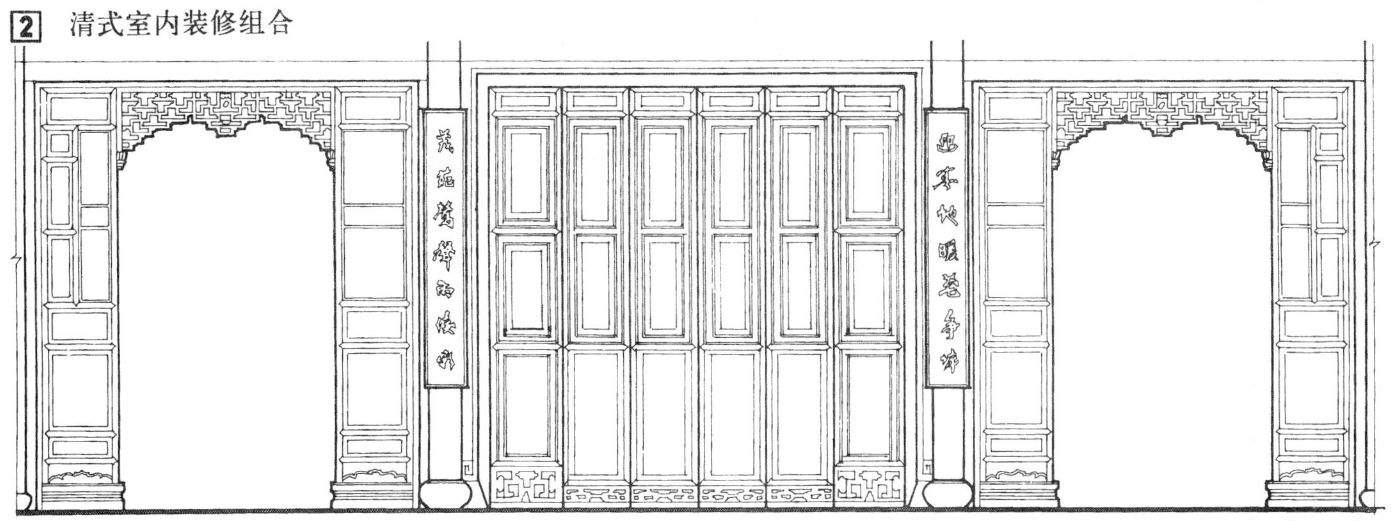

苏州拙政园三十六鸳鸯馆南立面

苏州狮子林水殿风来南立面

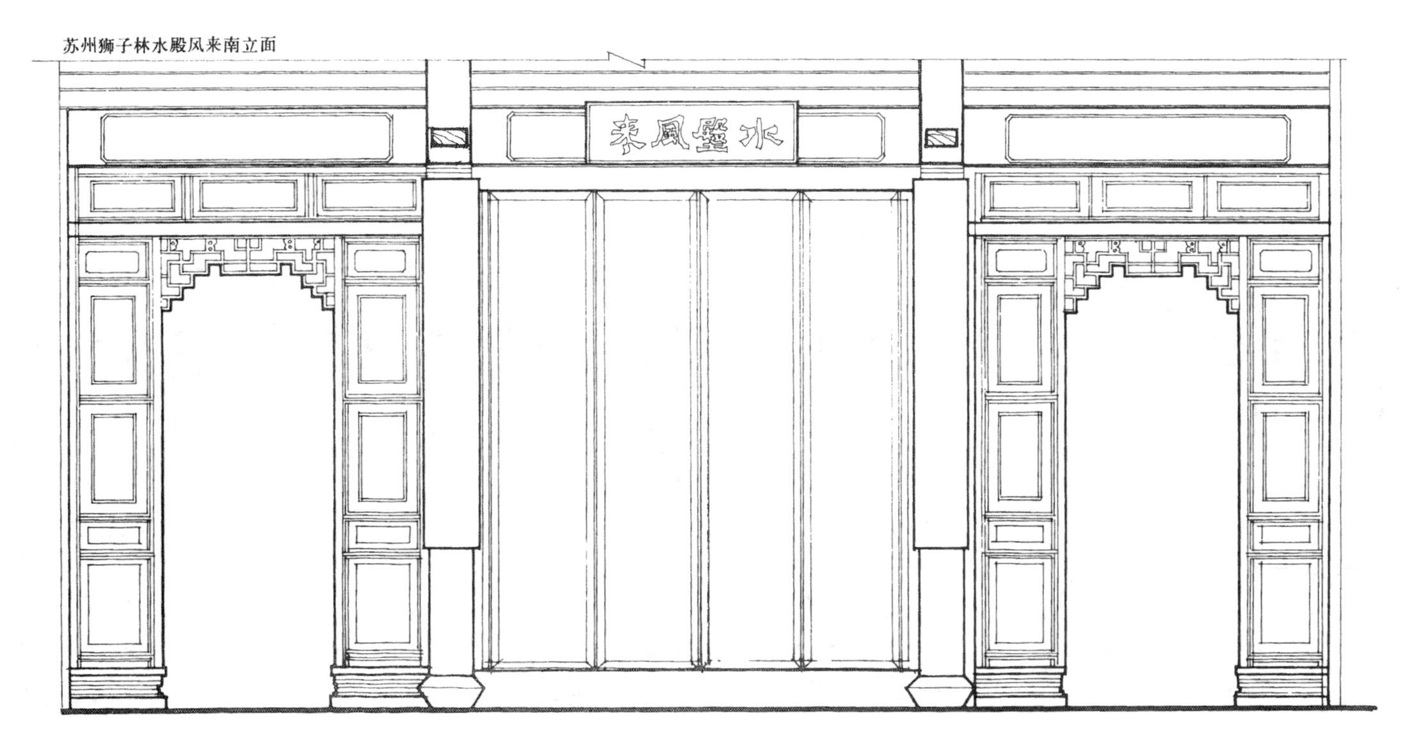

1 清式隔扇腿式落地罩

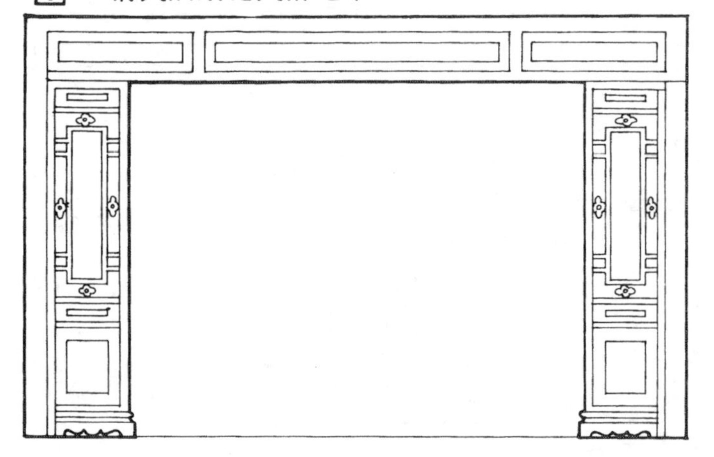

2 清式长寿栏杆罩

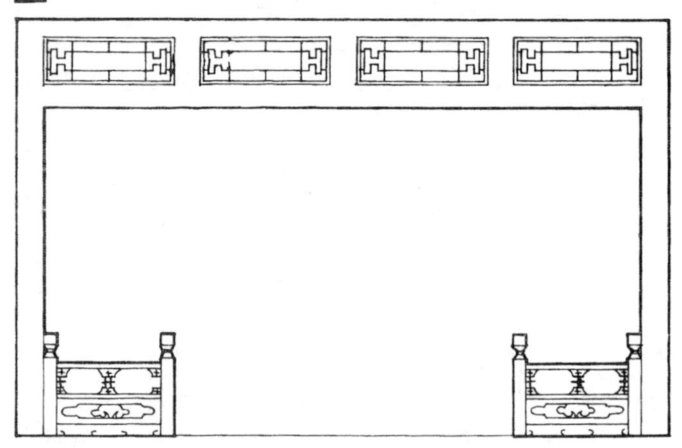

3 清式天弯罩

4 清式天弯拐纹金线穿方圆栏杆罩

5 清式如意栏杆罩

1 清式天弯罩

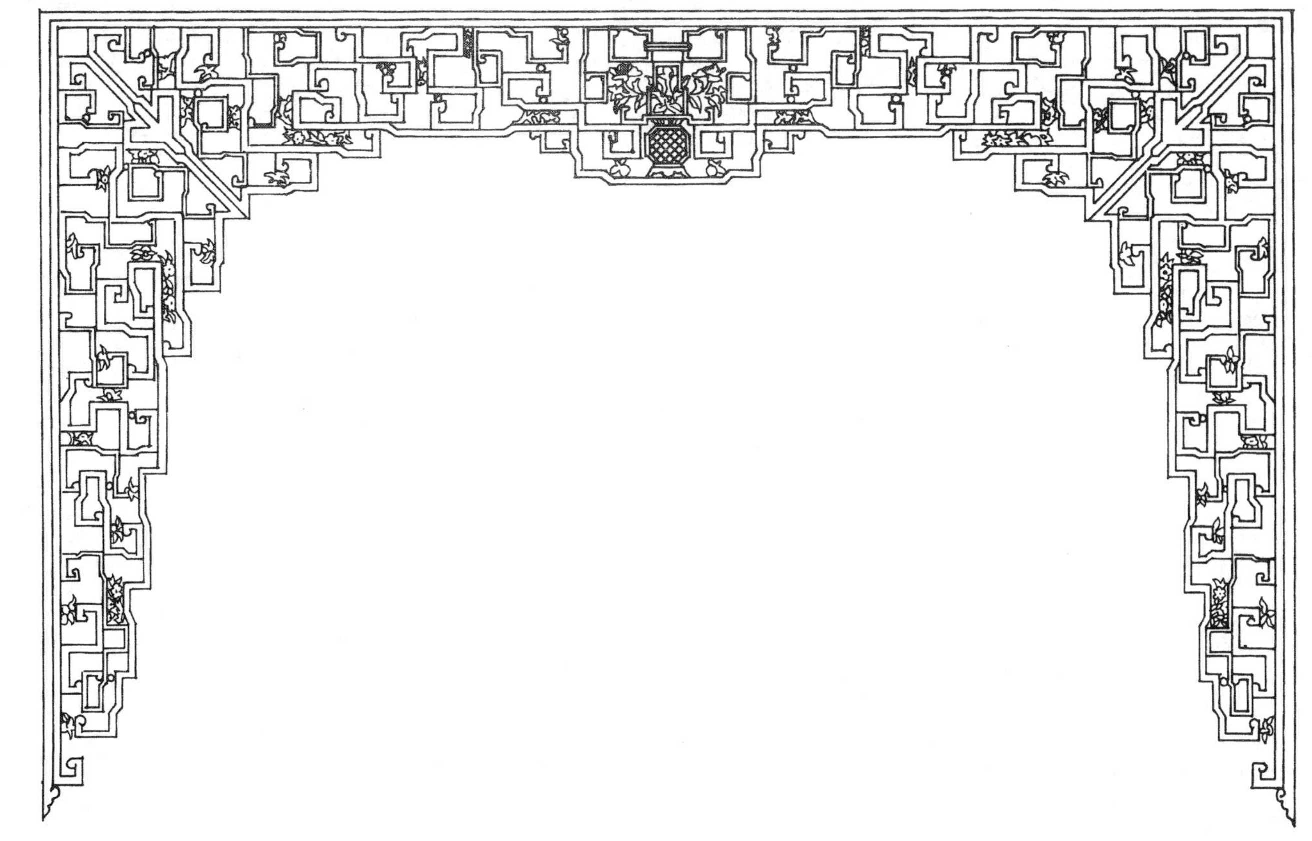

2 清式硬拐纹落地罩

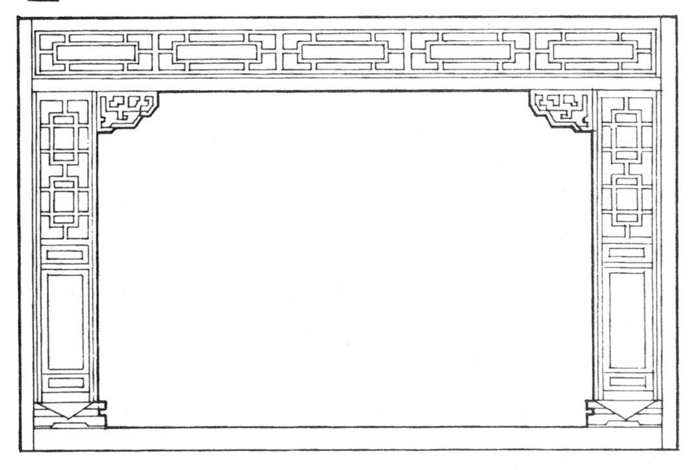

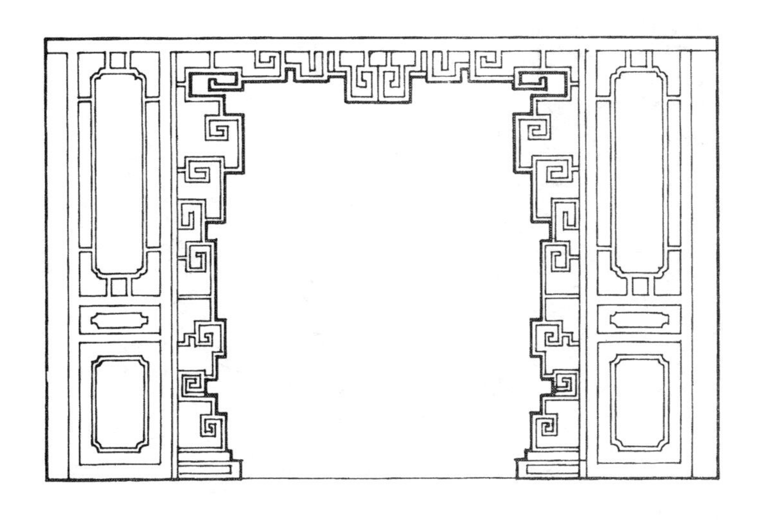

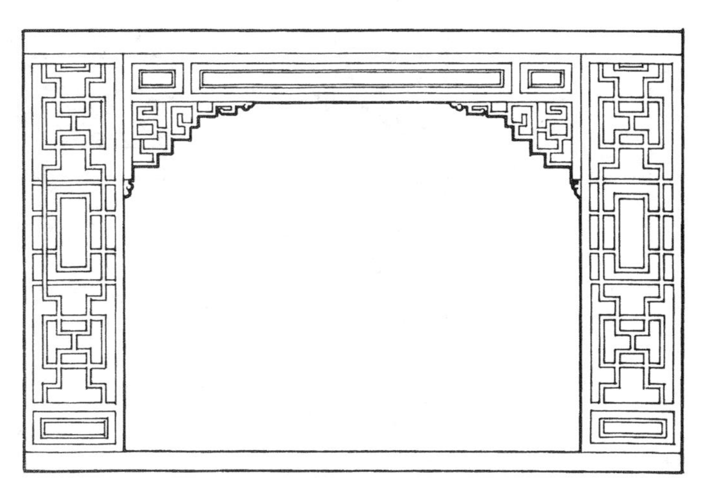

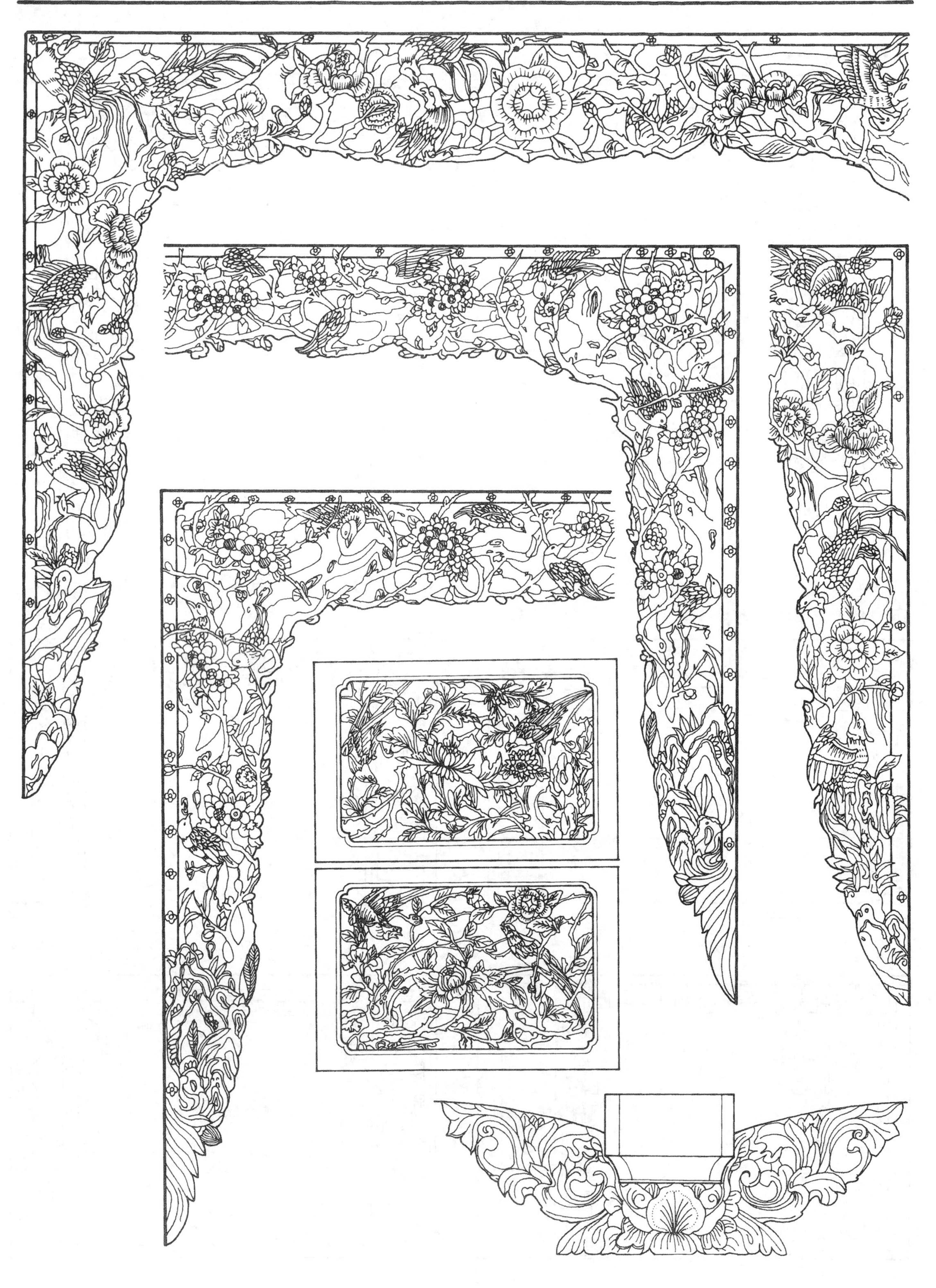

苏州网师园濯缨水阁北侧门

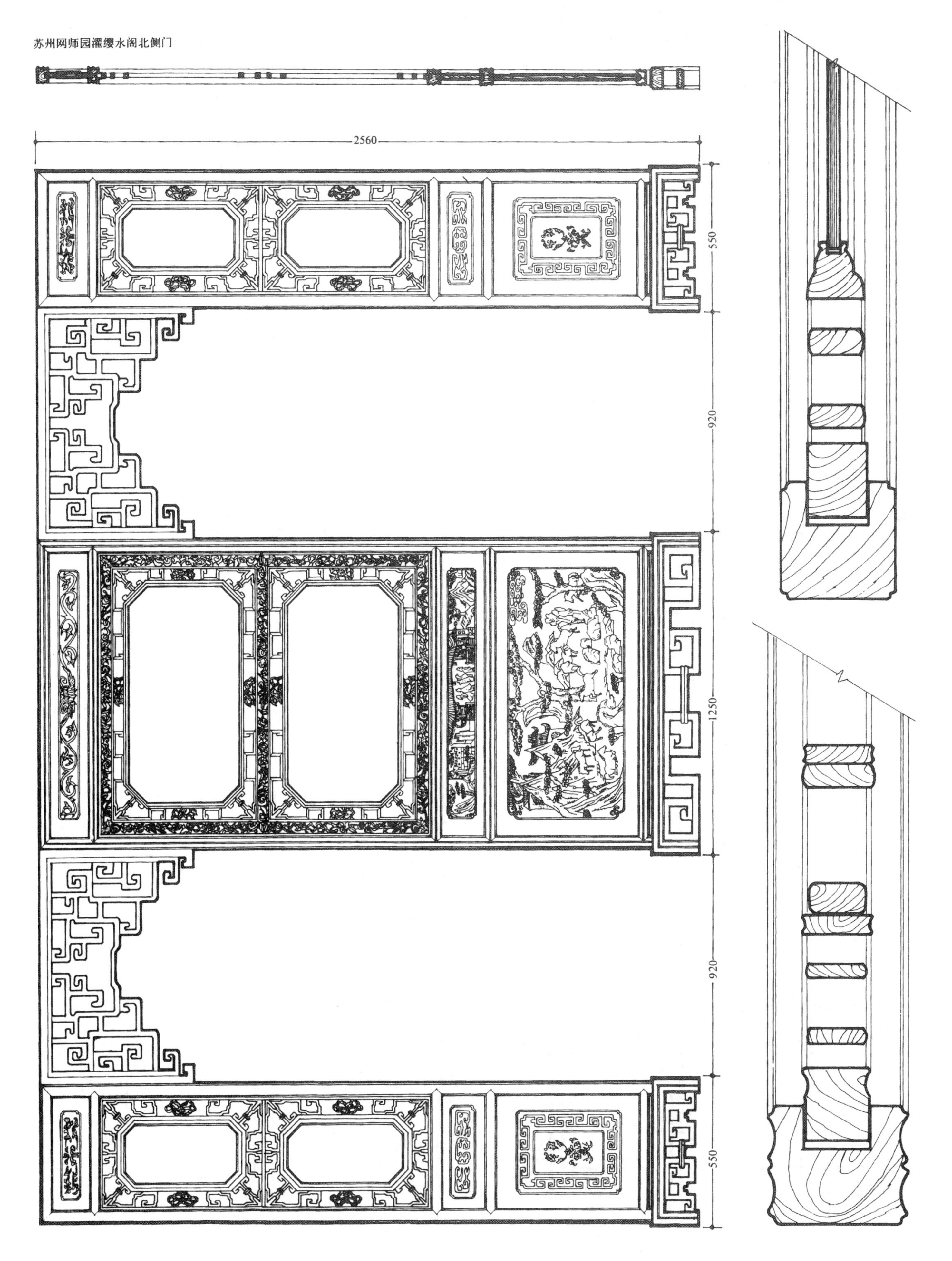

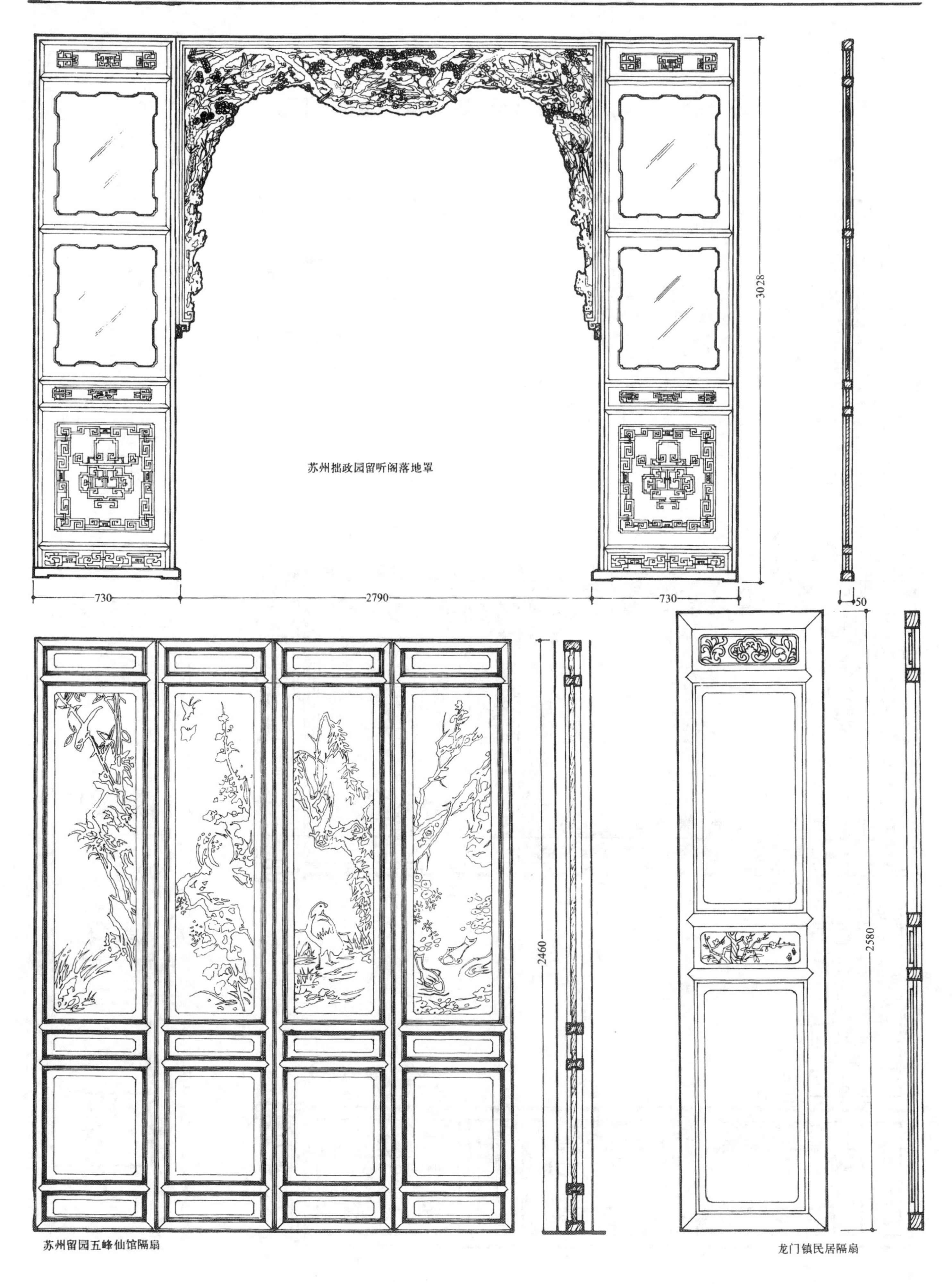

苏州拙政园留听阁落地罩

苏州留园五峰仙馆隔扇

龙门镇民居隔扇

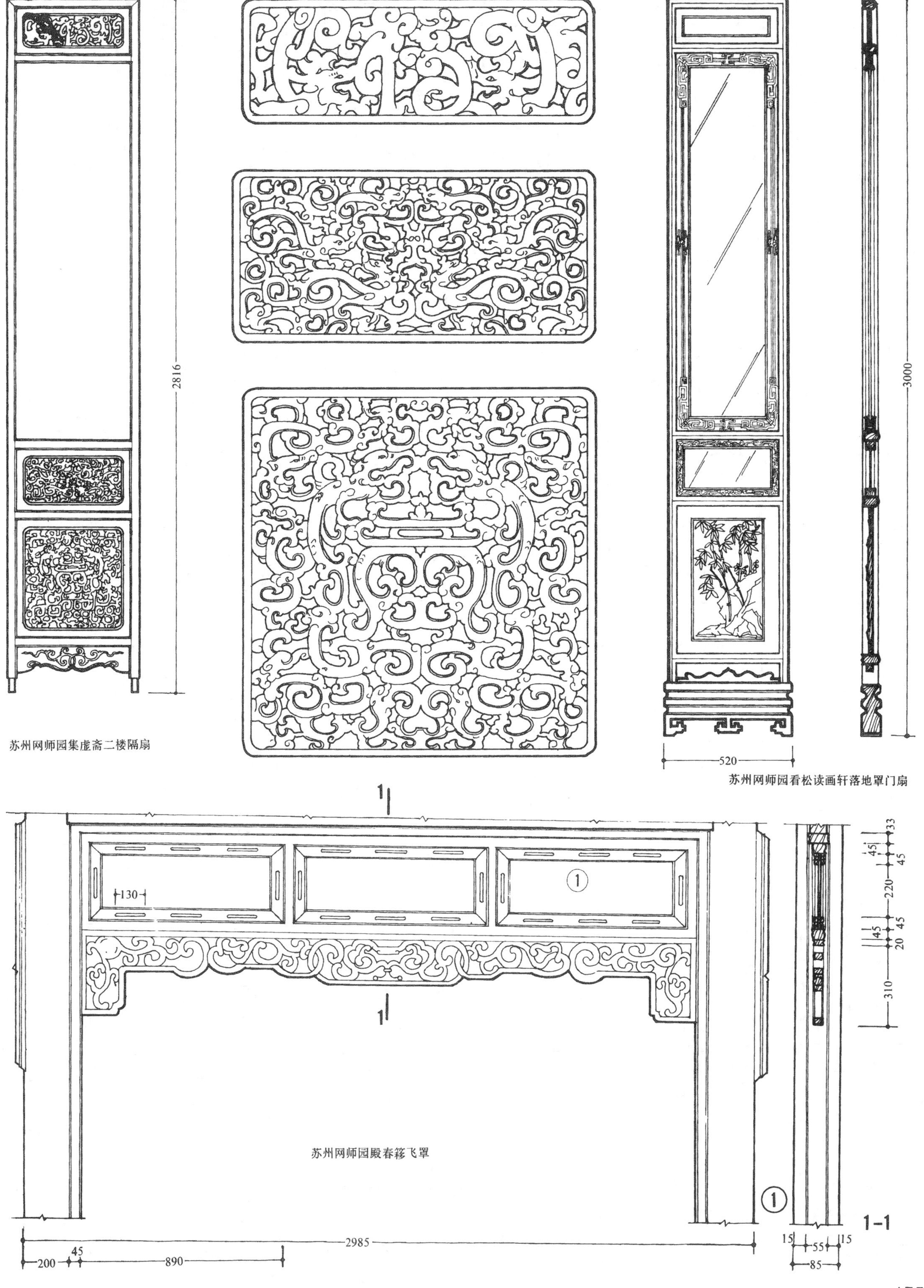

苏州网师园集虚斋二楼隔扇

苏州网师园看松读画轩落地罩门扇

苏州网师园殿春簃飞罩

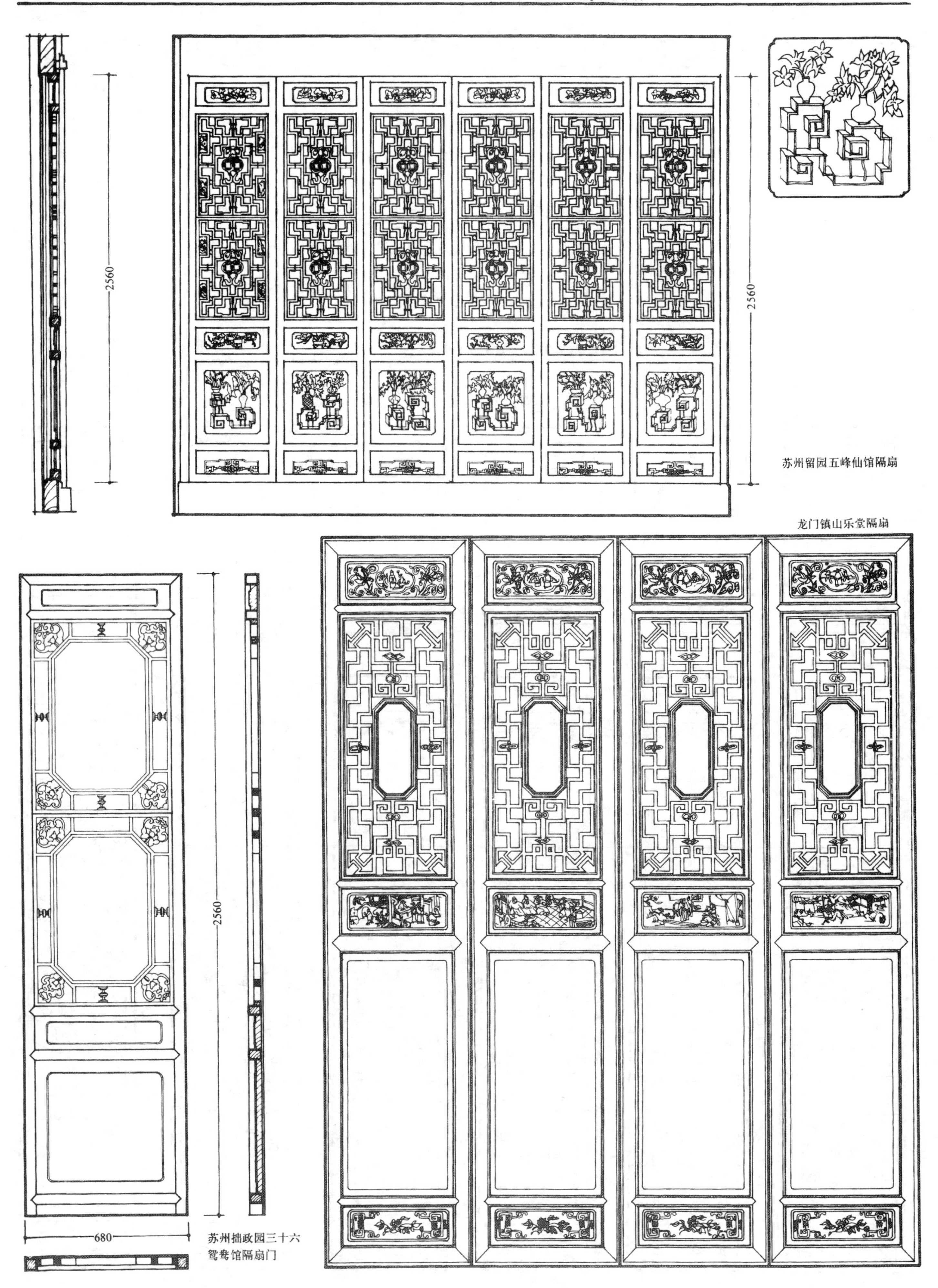

苏州留园五峰仙馆隔扇

龙门镇山乐堂隔扇

苏州拙政园三十六鸳鸯馆隔扇门

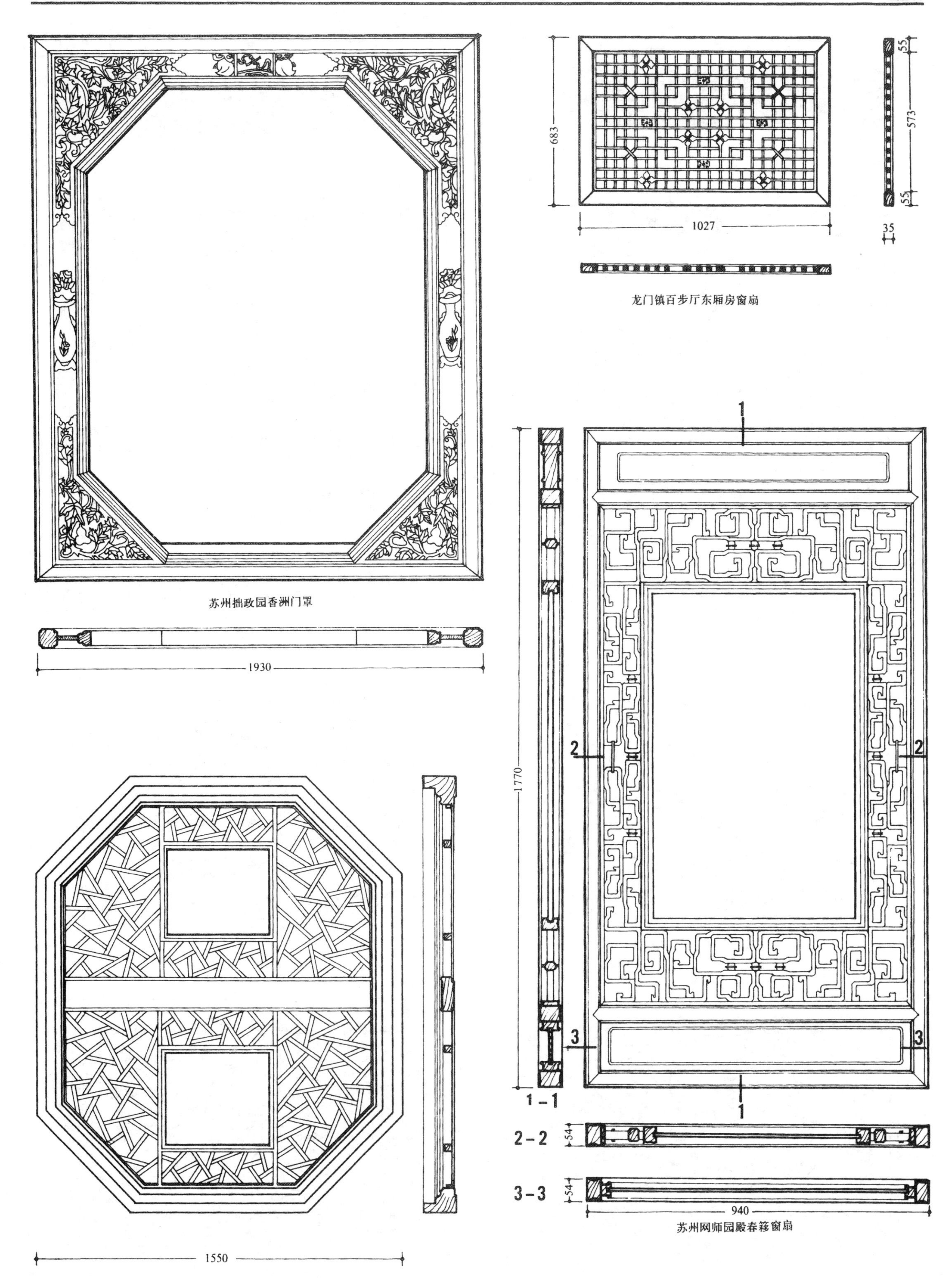

龙门镇百步厅东厢房窗扇

苏州拙政园香洲门罩

苏州网师园殿春簃窗扇

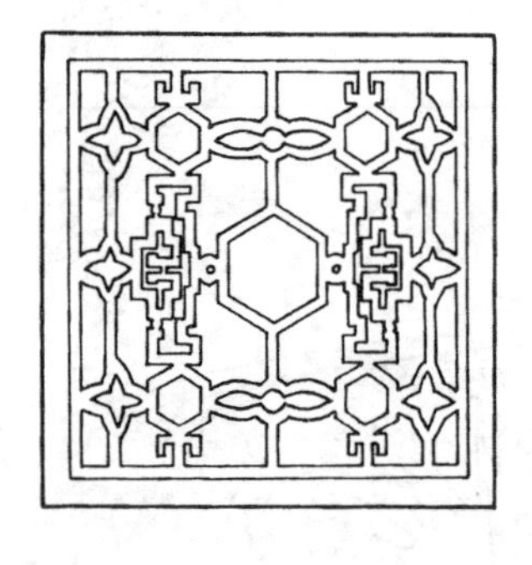

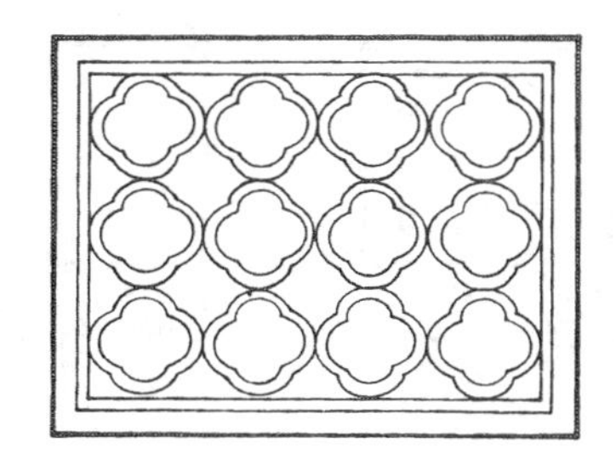

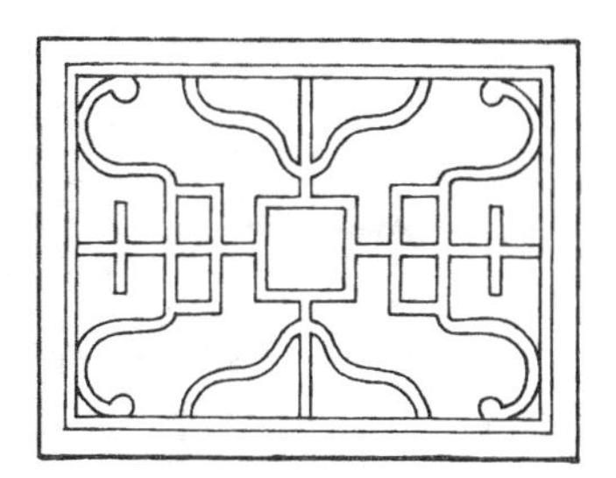

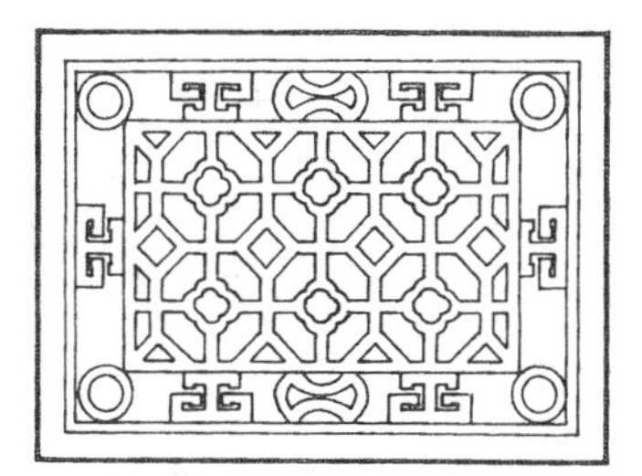

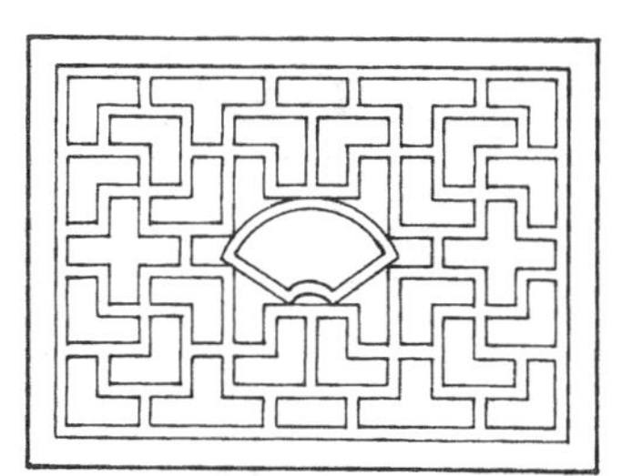

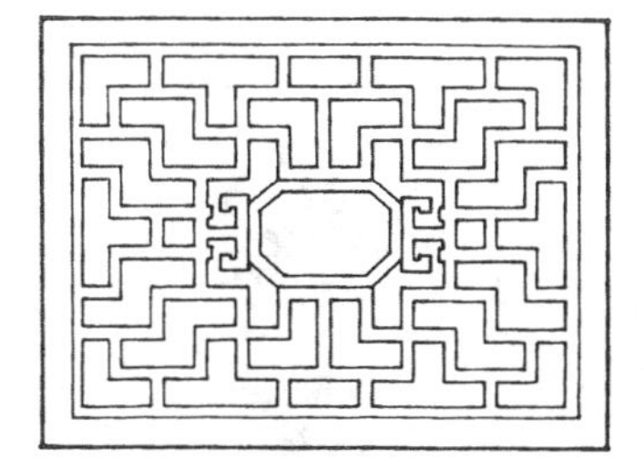

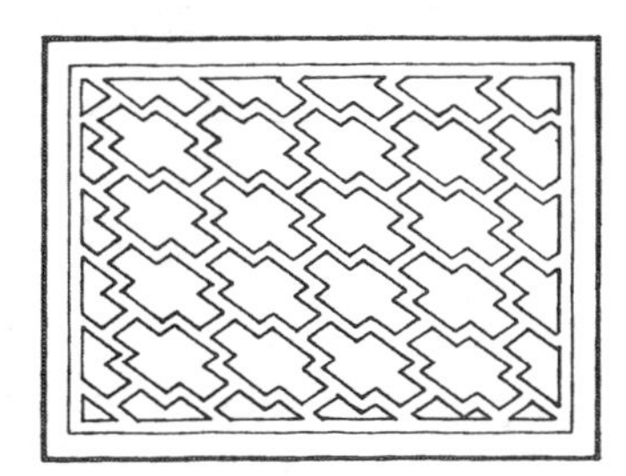

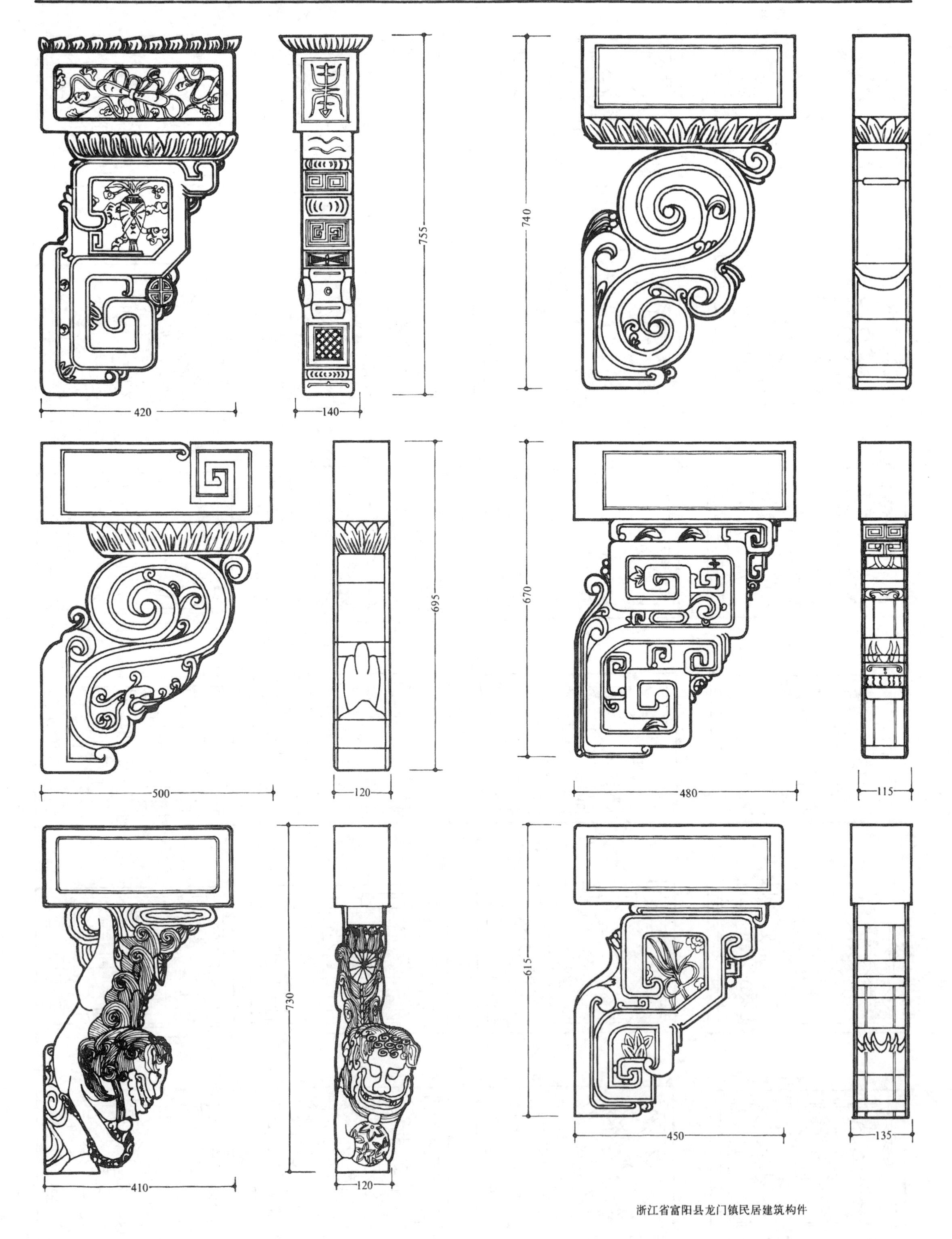

浙江省富阳县龙门镇民居建筑构件

室内空间的多种类型，是基于人们丰富多彩的物质和精神生活的需要。日益发展的科技水平和人们不断求新的开拓意识，必然还会孕育出更多样的室内空间，下面介绍几种常见的室内空间类型。

结构空间

通过对结构外露部分的观赏，来领悟结构构思及营造技艺所形成的空间美的环境，可称为结构空间。

人们对结构的精巧构思和高超技艺有所了解，引起赞赏，从而更加增强室内空间艺术的表现力与感染力，这已成为现代空间艺术审美中极为重要的倾向。

室内设计师应充分利用合理的结构本身为视觉空间艺术创造所提供的明显的或潜在的条件。

结构的现代感、力度感、科技感和安全感，是真、善、美的体现，比之繁琐和虚假的装饰，更具有震撼人心的魅力。

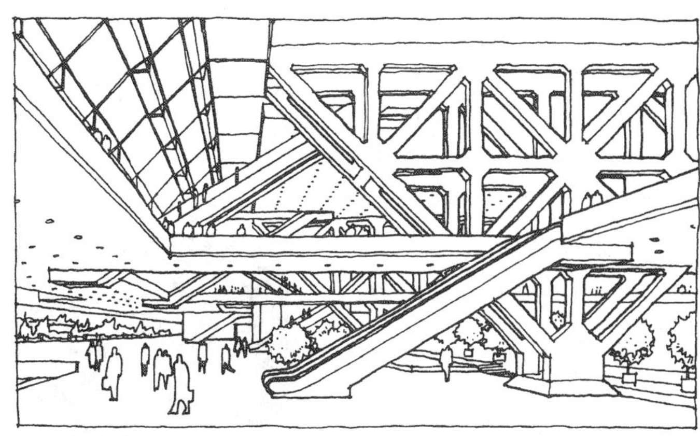

充分暴露的结构，表现出充满了力度和动势的几何形体的美，成为这一空间中具有吸引视线的绝对优势的因素

开敞空间

开敞的程度取决于有无侧界面，侧界面的围合程度，开洞的大小及启闭的控制能力等。

开敞空间是外向性的，限定度和私密性较小，强调与周围环境的交流、渗透，讲究对景、借景，与大自然或周围空间的融合。和同样面积的封闭空间相比，要显得大些。心理效果表现为开朗、活跃，性格是接纳性的。

开敞空间经常作为室内外的过渡空间，有一定的流动性和很高的趣味性，是开放心理在环境中的反映。

连玻璃围护都没有的敞厅，连续的拱形洞口造型优美，视野开阔，外界景色尽收眼底，令人心旷神怡

封闭空间

用限定性比较高的围护实体（承重墙、轻体隔墙等）包围起来的、无论是视觉、听觉、小气候等都有很强隔离性的空间称为封闭空间。其性格是内向的、拒绝性的，具有很强的领域感、安全感和私密性。与周围环境的流动性较差。

随着围护实体限定性的降低，封闭性也会相应减弱，而与周围环境的渗透性相对增加，但与虚拟空间相比，仍然是以封闭为特色。

在不影响特定的封闭机能的原则下，为了打破封闭的沉闷感，经常采用灯窗、人造景窗、镜面等来扩大空间感和增加空间的层次。

小面积的套房，卧室平面紧凑，围护感强，密实的推拉隔断又辅以帘幕，有很强的私密性与亲切感

动态空间

动态空间引导人们从"动"的角度观察周围事物，把人们带到一个由空间和时间相结合的"第四空间"。

动态空间有以下特色：

1.利用机械化、电气化、自动化的设施如电梯、自动扶梯、旋转地面、可调节的围护面、各种管线、活动雕塑以及各种信息展示等，加上人的各种活动，形成丰富的动势。

2.组织引人流动的空间系列，方向性比较明确。

3.空间组织灵活，人的活动路线不是单向而是多向。

4.利用对比强烈的图案和有动感的线型。

5.光怪陆离的光影，生动的背景音乐。

6.引进自然景物，如瀑布、花木、小溪、阳光乃至禽鸟。

7.楼梯、壁画、家具、使人时停、时动、时静。

8.利用匾额、楹联等启发人们对动态的联想。

洒落在墙面上的结构网架的影子错综交织，时时在移动，上下通道穿插交错，人流如织，使空间充满动态

中间的自动扶梯和两侧的瀑布墙，使整个空间充满强烈的动势，生机盎然的花草更增加了空间的活力。顶棚造型活泼、晶莹的材质把空间映衬得更加幽幻。这是一个很典型的动态空间

空间与陈设的适宜的比例；绝对对称的平稳构图；舒缓的家具线形；淡雅的色调；柔和的灯光；空间似乎都凝固了

静态空间

人们热衷于创造动态空间，但仍不能排除对静态空间的需要，这是基于动静结合的生理规律和活动规律，也是为了满足心理上对动与静的交替追求。静态空间一般有下述一些特点：1.空间的限定度较强，趋于封闭型；2.多为尽端空间，序列至此结束，私密性较强；3.多为对称空间（四面对称或左右对称），除了向心、离心以外，较少其它的倾向，达到一种静态的平衡；4.空间及陈设的比例、尺度协调；5.色调淡雅和谐，光线柔和，装饰简洁；6.视线转换平和，避免强制性引导视线的因素。

悬浮空间

室内空间在垂直方向的划分采用悬吊结构时，上层空间的底界面不是靠墙或柱子支撑，而是依靠吊杆悬吊，因而人们在其上有一种新鲜有趣的"悬浮"之感。也有不用吊杆，而用梁在空中架起一个小空间，颇有一种"飘浮"之感。

由于底面没有支撑结构，因而可以保持视觉空间的通透完整，轻盈高爽，并且底层空间的利用也更自由、灵活。

悬吊的楼梯平台，其下面的空间特别通畅，帆船模型的映衬，使它更有悬浮感

用梁架设的凌空小空间，象是浮在空中，独立性和趣味性很强

流动空间

流动空间的主旨是不把空间作为一种消极静止的存在，而是把它看作一种生动的力量。在空间设计中，避免孤立静止的体量组合，而追求连续的运动的空间。空间在水平和垂直方向都采用象征性的分隔，而保持最大限度的交融和连续，视线通透，交通无阻隔性或极小阻隔性。为了增强流动感，往往借助流畅的极富动态的、有方向引导性的线型。空间的流动感也往往是由于按照空间构图原理，在直接利用结构本身所具有的受力合理的曲线或曲面的几何体而形成。

在某些需要隔音或保持一定小气候的空间，经常采用透明度大的隔断，以保持与周围环境的流通。

睡眠区与工作区只是用柱子及顶棚的变化来划分，没有明确的边界，相互交融而又有各自的领域感和独立性

这个小住宅的几个不同功能空间，采用地面高差和屏风等象征性的分隔。既有各自的独立性，又保持视觉和交通的极大的流动性，使用方便，气氛融洽

虚拟空间

虚拟空间的范围没有十分完备的隔离形态，也缺乏较强的限定度，是只靠部分形体的启示，依靠联想和"视觉完形性"来划定的空间，所以又称"心理空间"。这是一种可以简化装修而获得理想空间感的空间，它往往是处于母空间中，与母空间流通而又具有一定独立性和领域感。

借助圆形地毯，划分出一个促膝谈心的空间，虽然是虚拟的，但颇有向心力

虚拟空间可以借助各种隔断、家具、陈设、绿化、水体、照明、色彩、材质，结构构件及改变标高等因素形成。这些因素往往也会形成重点装饰。

二层的卧室与下层起居室的空间融合贯通，使竖向空间有极大的流通，增加了家庭的亲切气氛。墙面图案起到连系和活跃空间的作用

沿着平缓的坡道，可以自然顺畅地参观展览并完成垂直方向的流程，整个空间达到了最大限度的交融，栏板形成的立体螺旋显示出极大的流动性

共享空间

共享空间的产生是为了适应各种频繁的社会交往和丰富多彩的旅游生活的需要。它往往处于大型公共建筑（主要是饭店）内的公共活动中心和交通枢纽，含有多种多样的空间要素和设施，使人们在精神上和物质上都有较大的挑选性，是综合性、多用途的灵活空间。它的空间处理是小中有大，大中有小；外中有内，内中有外，相互穿插交错，极富流动性。通透的空间充分满足了"人看人"的心理要求。共享空间尤其是倾向把室外空间特征引入室内，使大厅呈现花木繁茂、流水潺潺的自然景象，是主动与自然和谐的空间。玻璃露明电梯和自动扶梯在光怪陆离的空间中上下穿梭，使空间充满动态。

由数层商店、餐厅及客房走廊平台围绕起来的共享空间，其中优美流畅的线型，富于变化的高差，大小结合的空间、生机勃勃的绿化，自然和人工结合的光线，露明的上下穿梭的电梯，及不同风度的人的服装、举止，充分体现出这一空间的"共享"、"共乐"特性

在有采光顶棚的大空间内，又建造一座小亭子，既能满足人们安静地休息和交谈，又使大空间接近室外气氛。光亮的金属亭顶和柱子，映射着环境与空间融为一体

母子空间（大空间中的小空间）

母子空间是对空间的二次限定，是在原空间（母空间）中，用实体性或象征性手法再限定出的小空间（子空间）。这种类似我国传统建筑中的"楼中楼"、"屋中屋"的作法，既能满足功能要求，又丰富了空间层次。

许多子空间（如在大空间中围起的办公小空间，或在大餐厅中分隔出的小包厢座），往往因为有规律地排列而形成一种重复的韵律。它们既有一定的领域感和私密性，又与大空间有相当的沟通，是闹中取静，很好地满足群体与个体能在大空间中各得其所、融洽相处的一种空间类型。

在大餐厅中分隔出三种类型的小的就餐空间，它们的私密程度不同，满足了顾客的不同要求。它们的形态及排列组合形成的韵律，使这一大空间丰富多彩

这个"子空间"倒真象孩子般的活泼可爱，它可以灵活移动，随时启闭，并有音响、照明

不定空间

由于人的意识与行为有时存在模棱两可的现象，“是”与“不是”的界限不完全是以“两极”的形式出现，于是反映在空间中，就出现一种超越绝对界线的（功能的或形式的）、具有多种功能含意的、充满了复杂与矛盾的中性空间，或称“不定空间”。这些矛盾主要表现在围透之间；公共活动与个人活动之间；自然与人工之间；室内与室外之间；形状的交错叠盖、增加和削减之间；可测与变幻莫测之间；正常与反常之间；实际存在的限定与模糊边界感之间等等。

对于不定空间，人们在注意选择的情况下，接受那些被自己当时心境和物质需要所认可的方面，使空间形式与人的意识流吻合起来，使空间的功能更为深化，从而能更充分地满足人们的需要。

是室内，却阳光灿烂，树影婆娑，宛如室外；空间围护面凸凹斜正、虚虚实实，令人莫衷一是

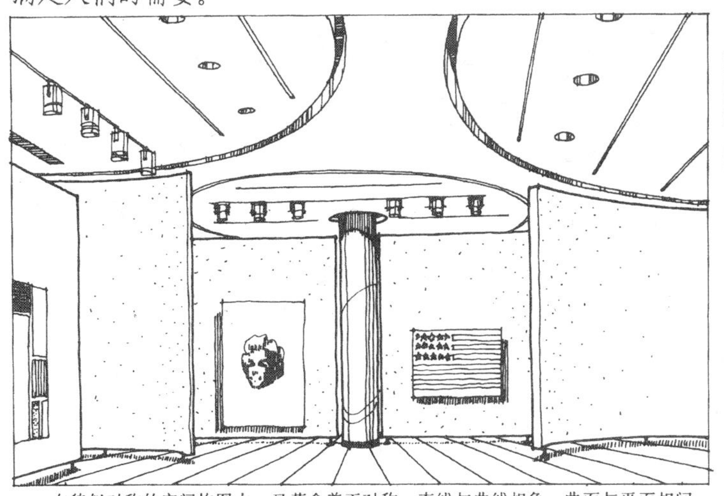

在貌似对称的空间构图中，又蕴含着不对称，直线与曲线相争，曲面与平面相间，面与面之间若即若离，层次难以捉摸，空间好象时刻都要从缝隙中溜掉

墙与墙的倾斜就位；室内隔墙组却象是开洞的外墙；应该完整的墙面却有残缺；有柱子却体现不出荷重；此起彼伏的墙面上似门非门的构成；颇使人迷惑

交错空间

现代的室内空间设计，已不满足于封闭规整的六面体和简单的层次划分，在水平方向往往采用垂直围护面的交错配置，形成空间在水平方向的穿插交错，左右逢源；在垂直方向则打破了上下对位，而创造上下交错覆盖，俯仰相望的生动场景。特别是交通面积的相互穿插交错，颇象城市中的立体交通，在大的公共空间中，还可便于组织和疏散人流，在住宅一类的小空间中，也可增加很多情趣。

在交错空间中，往往也形成不同空间之间的交融渗透，因而在一定程度上也带有流动空间与不定空间的特点。

交错覆盖的扶梯和挑台，凌驾于碧绿的水面之上，有动势的图案和那悬吊着的水族展品，似乎是从水面跃出来参与这交错的空间乐章

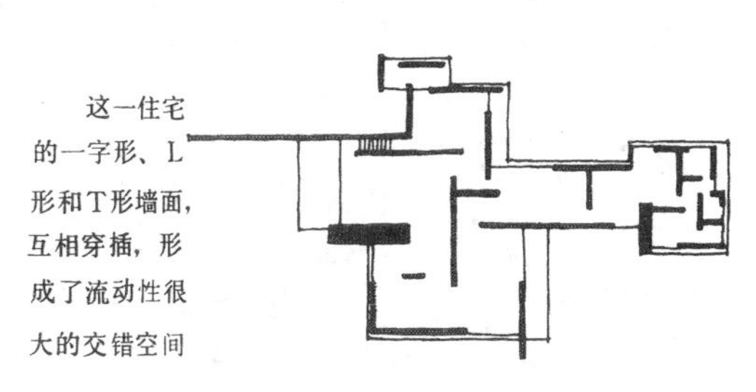

这一住宅的一字形、L形和T形墙面，互相穿插，形成了流动性很大的交错空间

凹入空间

凹入空间是在室内某一墙面或角落局部凹入的空间，通常只有一面或两面开敞，所以受干扰较少，其领域感与私密性随凹入的深度而加强。根据凹入的深浅，可作为休憩、交谈、进餐、睡眠等用途的空间，在饭店等公共场合，可布置雅座、服务台等。

凹入空间的顶棚应较大空间的顶棚低，否则就会影响围护感和趣味性。是否设置凹入空间，要视母空间墙面结构及周围环境而定，不要勉强为之。

凹入式空间墙面设置插花等饰物，可同时有壁龛的效果。旁侧还有外凸式空间与之映衬，空间层次更加丰富

凹入较浅的空间设置沙发，两侧可用凸出的台座增加围合感，形成更有层次的小空间。沙发背后墙面上挂画，成为视觉重点

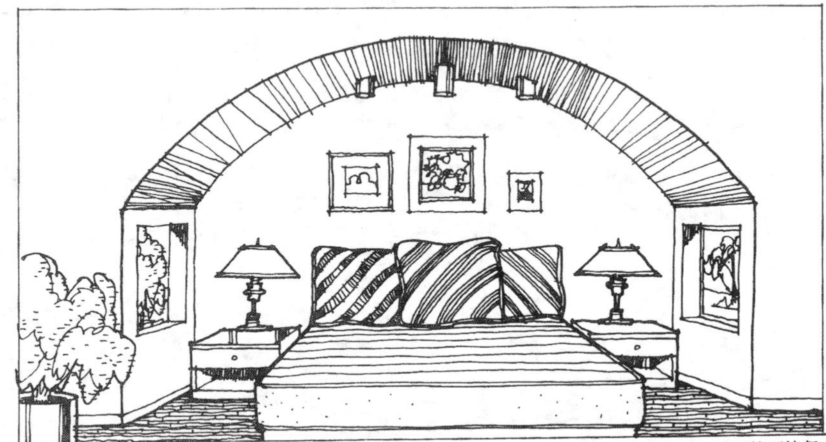

窑洞式的凹入空间，只有一面敞开，作为小卧房，显得格外亲切和安静，并可与对面的环境保持沟通。为了打破封闭感，凹入空间的两侧墙面设了风景灯窗

外凸空间

如果凹入空间的垂直围护面是外墙，并且开较大的窗洞，便是外凸式空间了。这种空间是室内凸向室外的部分，可与室外空间很好地融合，视野非常开阔。

当外凸空间为玻璃顶盖时，就又具有日光室的功能了。这种空间对室内外都可丰富空间造型，增加很多情趣。

宽阔的外凸空间，收纳了外界的无限风光，而对于室内，它又有一定的独立性，可说是具有双重性格的中性空间

只能安置一个小台面的外凸空间，却是读书或工作的僻静所在

连顶棚也完全是玻璃的外凸空间，与室外空间有很大程度的沟通，在其间小坐，妙趣横生

下沉空间

室内地面局部下沉，可限定出一个范围比较明确的空间，称为下沉空间。这种空间的底面标高较周围低，有较强的围护感，性格是内向的。处于下沉空间中，视点降低，环顾四周，新鲜有趣。下沉的深度和阶数，要根据环境条件和使用要求而定。

为了加强围护感，充分利用空间，提供导向和美化环境，在高差边界处可布置座位、柜架、绿化、围栏、陈设等。在层间楼板层，受到结构的限制，下沉空间往往是靠抬高周围的地面来实现。

地台空间

室内地面局部抬高，抬高面的边缘划分出的空间称为地台空间。由于地面抬高，为众目所向，其性格是外向的，具有收纳性和展示性。处于地台上的人们，有一种居高临下的优越的方位感，视野开阔，趣味盎然。

直接把台面当座席、床位，或在台上陈物，台下贮藏并安置各种设备，这是把家具、设备与地面结合，充分利用空间，创造新颖空间效果的好办法。

沙发靠背高出周围地面，清楚地提示出高差变化的边界。下沉空间在一角开口，构图既活泼，又便于与同侧的服务空间联系

可通过坡道或台阶进入的下沉式阅览空间，下沉部分的墙面恰可以设置书架。局部地面下沉不但划分了空间，并且使大空间有广阔的视野，层次丰富又一目了然

地台明确地划分出一个"高人一等"的，与走马廊更为接近的休息、交往空间，加强了垂直方向的流通，地台的展示性也符和现代人的开放心理

当我们看到儿童在地台上玩耍时，会意识到地台给空间带来无限生机

迷幻空间

迷幻空间的特色是追求神秘、幽深、新奇、动荡、光怪陆离、变幻莫测的、超现实的戏剧般的空间效果。

在空间造型上，有时甚至不惜牺牲实用性，而利用扭曲、断裂、倒置、错位等手法，家具和陈设奇形怪状，以形式为主，照明讲究五光十色，跳跃变幻，追求怪诞的光影效果，在色彩上则突出浓艳娇媚，线型讲究动势，图案注重抽象，装饰陈设品不是追求粗野犷放，就是表现现代工艺所造成的奇光异彩和特殊机理。为了在有限的空间内创造无限的、古怪的空间感，经常利用不同角度的镜面玻璃的折射，使空间感更加迷幻。

空间界面和家具融合成变幻莫测的曲线与曲面，使空间充满神秘、幽深、新奇、动荡的气氛

室内设计首先要进行的是空间组合，这是室内空间设计的基础，而空间各组成部分之间的关系，主要是通过分隔的方式来体现的。要采用什么分隔方式，既要根据空间特点及功能要求，又要考虑艺术特点及心理要求。室内空间分隔主要有下列四种方式。

绝对分隔

用承重墙、到顶的轻体隔墙等限定度（隔离视线、声音、温湿度等的程度）高的实体界面分隔空间，称为绝对分隔。这样分隔出的空间有非常明确的界限，是封闭的。

隔音良好，视线完全阻隔或具有灵活控制视线遮挡的性能，是这种分隔方式的重要特征，因而与周围环境的流动性很差，但可以保证安静、私密和有全面抗干扰的能力。

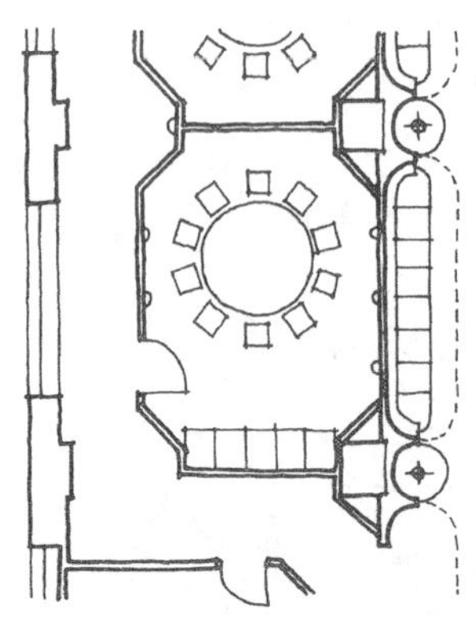

绝对分隔的中餐单间平面

这是与舞厅邻近的中餐高级单间，为了保证安静和私密性，而采用绝对分隔的方式

局部分隔

用片断的面（屏风、翼墙、不到顶的隔墙和较高的家具等）划分空间，称为局部分隔。限定度的强弱因界面的大小、材质、形态而异。

局部分隔的特点介于绝对分隔与象征性分隔之间，有时界限不大分明。

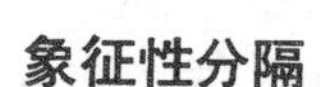

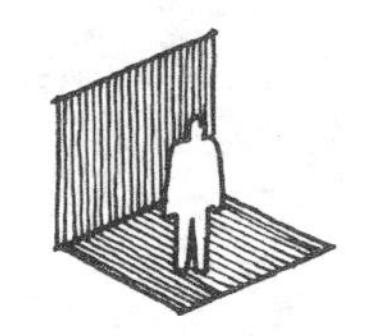

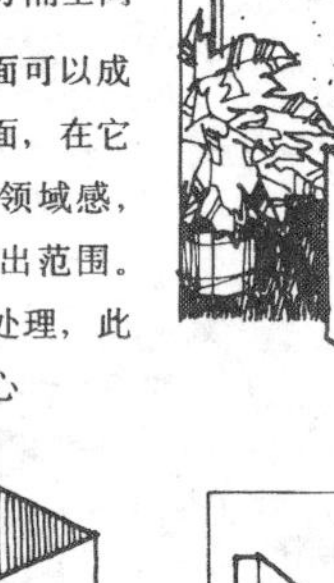

1.一字形垂直面分隔空间

一字形垂直面可以成为空间范围的界面，在它附近，有一定的领域感，但不能明确地划出范围。经过一定的表面处理，此面可形成视觉中心

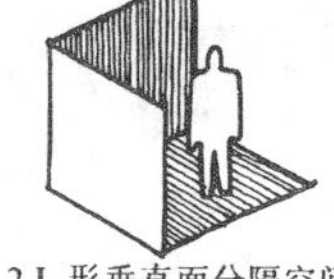

2.L 形垂直面分隔空间

两个垂直面垂直相交所限定的空间，在夹角处领域感强，沿对角线向外运动时逐渐减弱。是半封闭而又不失流动性的空间。正面有收纳性，背面有排斥性

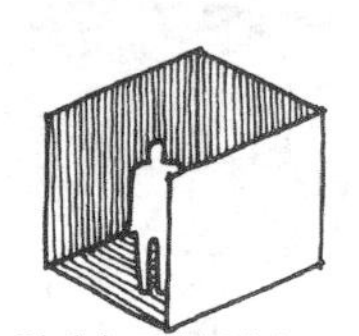

3.U 形垂直面分隔空间

有向心感、居中感和较强的封闭性，沿着 U 形面布置家具，可形成一种内向组合，既能满足私密性，又保持着与开敞端相对空间的交流

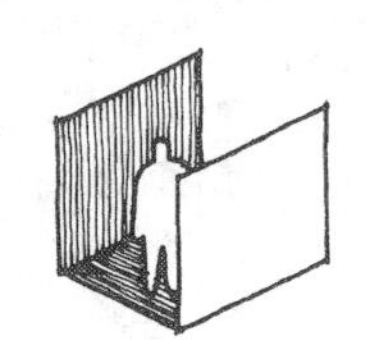

4.平行垂直面分隔空间

分隔的空间是外向性的，流通性较强，只在其中部有一定的集聚性。当平行面延长时，可形成限定度较高的空间，而当平行面之间的距离增大时，集聚性随之减弱

象征性分隔

用片断、低矮的面；罩、栏杆、花格、构架、玻璃等通透的隔断；家具、绿化、水体、色彩、材质、光线、高差、悬垂物、音响、气味等因素分隔空间，属于象征性分隔。

这种分隔方式的限定度很低，空间界面模糊，但能通过人们的联想和“视觉完形性”而感知，侧重心理效应，具有象征意味，在空间划分上是隔而不断，流动性很强，层次丰富、意境深邃。

用地面色彩和材质的变化，划分出一个休息空间，与周围环境保持着极大的流通

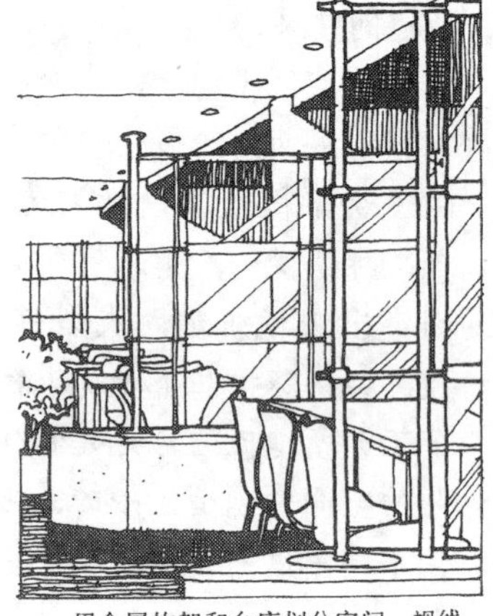

用金属构架和台座划分空间，视线几乎毫无阻隔，但有各自的领域感

用竹帘分隔空间，产生一种朦胧美的意境

地面局部下沉，限定出一个聚谈空间，增加了促膝谈心的情趣，并且增加了空间的层次感，使室内空间显得高些

用这种"罩"分隔空间，几乎是毫无阻隔作用，只是从心理上对空间进行划分，并有一定装饰性

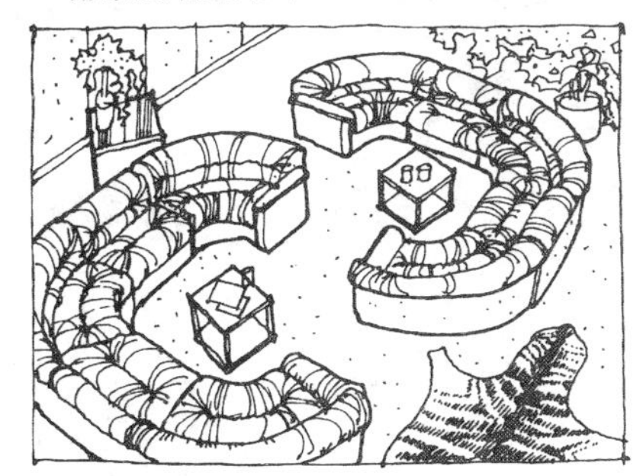

沙发本身围合出休息、交谈空间，构图活泼，并且有较强的内聚力，令人感到亲切

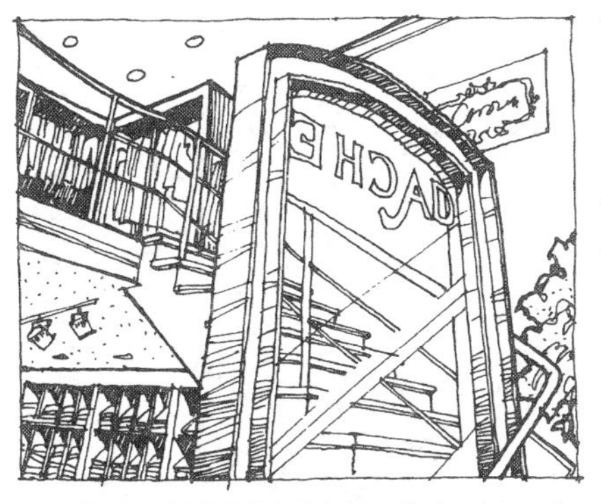

这个极为简单的构架象征性地分隔了空间，并对空间起到充实和装饰作用

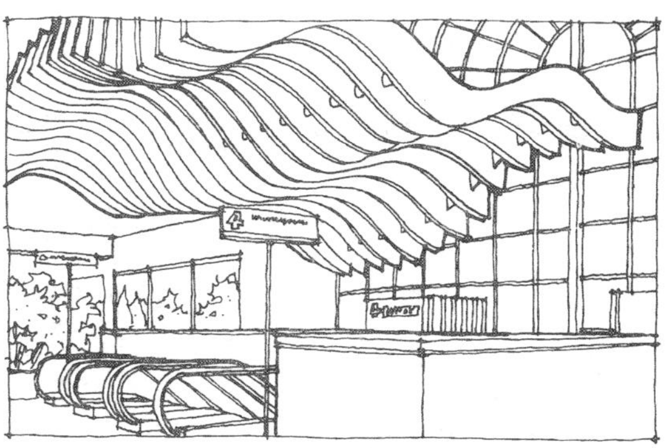

波浪形的悬垂格架象征性地限定了下面的交通空间，其活泼的造型也显示了交通空间应有的动态

弹性分隔

利用拼装式、直滑式、折叠式、升降式等活动隔断和帘幕、家具、陈设等分隔空间，可以根据使用要求而随时启闭或移动，空间也就随之或分或合，或大或小。这种分隔方式称为弹性分隔，这样分隔的空间称为弹性空间或灵活空间。

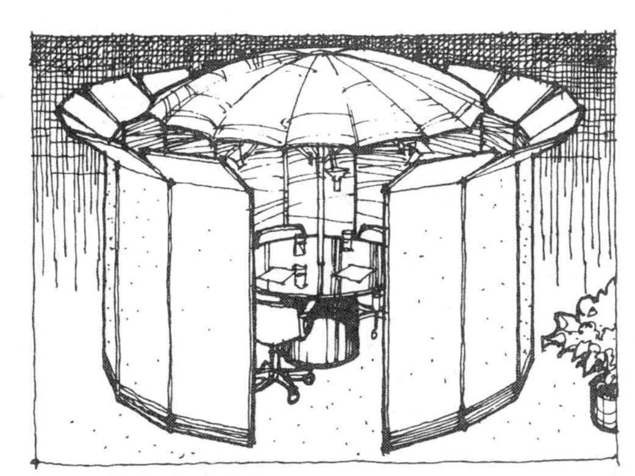

用伞盖和折叠式屏风围合而成的圆形小空间，可以随意伸缩及调节封闭程度

推拉式活动隔断，使小的居室空间可以灵活地分隔，给生活带来许多方便，空间也可以充分利用

空间可以灵活分隔，这对经常变化使用人数及活动内容的公共场合是非常必要的

帷幔有更大的灵活性，由于材质轻柔，色彩丰富，能增加空间的亲切感

空间的分隔与联系，是室内空间设计的重要内容。分隔的方式决定了空间之间联系的程度，分隔的方法则在满足不同的分隔要求的基础上，创造出美感、情趣和意境。室内空间分隔的具体方法很多，下面列举几种。

在阁楼层的空间，因地制宜地用桁架分隔。自然而别有风味

利用圆拱结构划分空间，很有装饰性

用建筑结构分隔

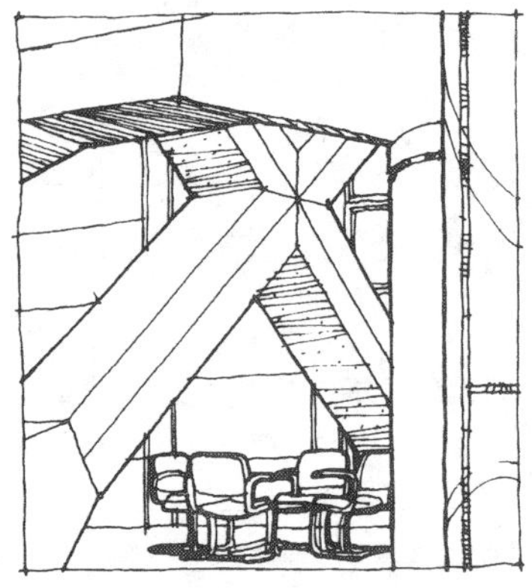
用钢框架分隔空间，时代感很强

几根柱子之间有一个虚拟的面，被它划分的空间仍有很大的渗透性

旋转楼梯划分的空间，方位感很强

用各种隔断分隔

开有竖洞的隔墙，与空间有咬合感，也增加了空间之间的渗透性

比较矮的隔墙，避免了大空间的闭塞，圆弧形拐角造型生动，并且使通道视野开阔，交通流畅

由顶棚和地面张拉的垂直线组成曲面分隔空间，轻盈通透，宛如薄纱，用不同色彩的光线照射，更是绚丽多姿

用色彩、材质分隔

鲜艳夺目的地毯，很明确地划分出起居空间

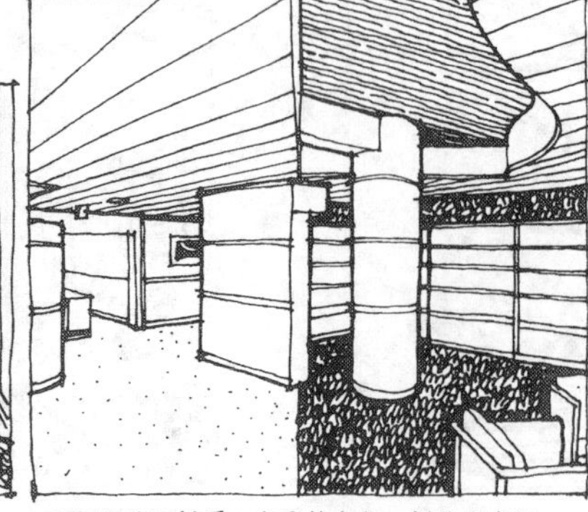
顶棚和地面材质，色彩的变化，划分了空间

内外圈伞盖的色彩不同，既划分了空间，又美化了环境

用水平面高差分隔

用较大的高差划分出起居与就餐空间，使就餐空间有一定的展示性，象征着家庭气氛的活跃与美食的乐趣

圆形的下沉空间，月牙形的座席，使分隔出来的空间表现出小家庭悠闲自得的情调

顶棚的高差，分隔出休息空间和服务空间

用家具分隔

用台面和搁架划分出就餐和操作空间，各有领域感

带隔板的写字台，无论移动到什么位置，都保持一个安静的阅读或工作空间

圆形的座凳自我围合出一个休憩空间，开口面向交通要道，形成与环境的极大流通

用装饰构架分隔

柱廊式的构架围合出一个开敞的休息区，并且起到增加空间的层次感和装饰性的作用

几何形构架划分空间，简单明确，而在材质上却是多样并陈，以求丰富感

用水体、绿化分隔

在共享空间中，用水面分隔开餐座与钢琴演奏台，使演奏员与观众保持一个合适的距离。同时水面也有美化和扩大空间感的作用

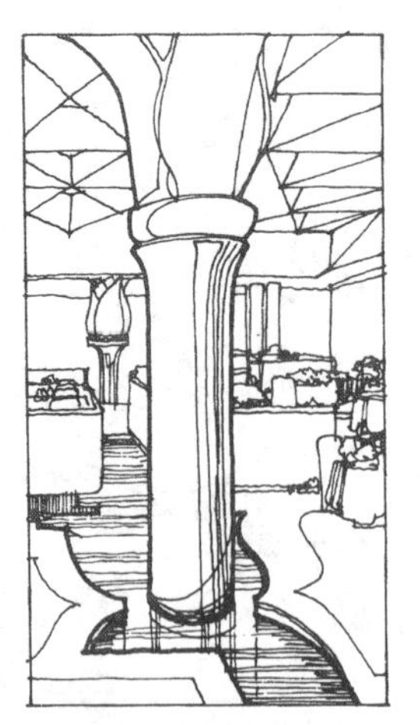

用浅浅的以图案形为轮廓的水面分隔餐厅的空间，使地面也成为引人入胜的装饰面

用高低错落、聚散有致的花木分隔空间，颇有田园风味，会给人们渴望亲近大自然的心理以很大的满足

用攀缘垂吊植物所形成的"绿帘"分隔空间，使空间充满勃勃生机

用照明分隔

由垂直张拉的线组成的柱体，既是隔断，又是灯饰，在光线照射之下，如金镂玉透，使整个空间为之生辉

不同的光源和照明方式，以不同的位置和角度划分了起居室的空间，使光环境丰富多彩

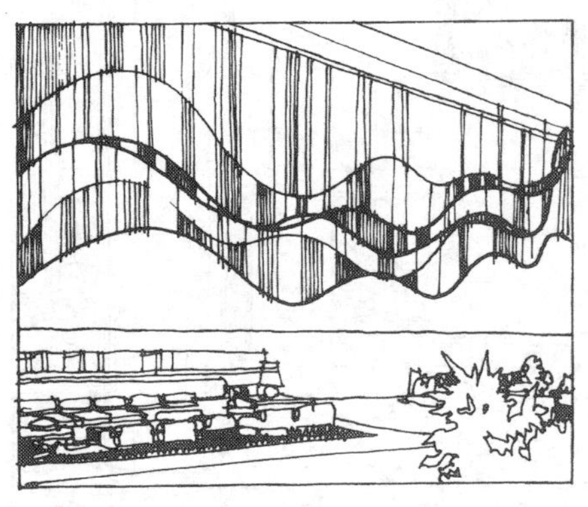

晶体波浪形灯帘，划分了饭店门厅的服务与休息空间

灯柱柱列及其投射在顶棚上的光面，划分出休息空间

下垂的巨大圆柱体及其照明，划分出不同的货位空间

用陈设及装饰造型分隔

花盆架既划分了空间，又使高大空旷的空间显得充实

用倒置的建筑构件分隔空间，这是手法主义者的创作特征之一，颇能吸引人们的注意力

用悬垂的、到地和不到地的装饰织物划分空间，很有层次变化

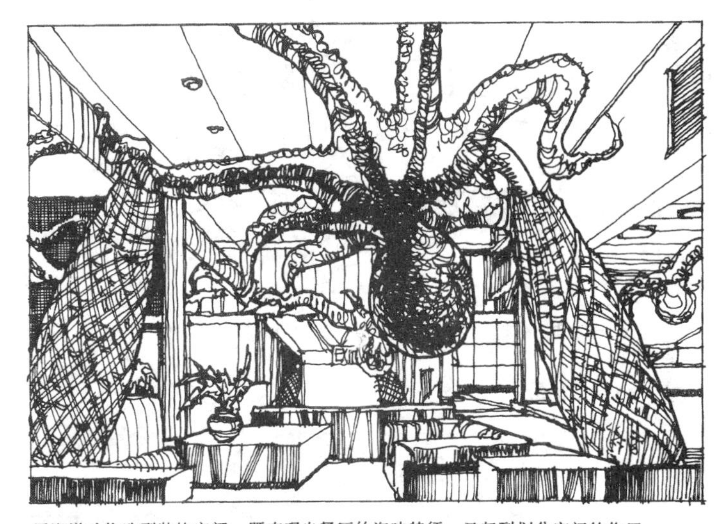

用海洋动物造型装饰空间，既表现出餐厅的海味特征，又起到划分空间的作用

用综合手法分隔

以绿化为中心，配合圆形玻璃发光顶棚，分隔出一个很有向心力的围坐就餐空间

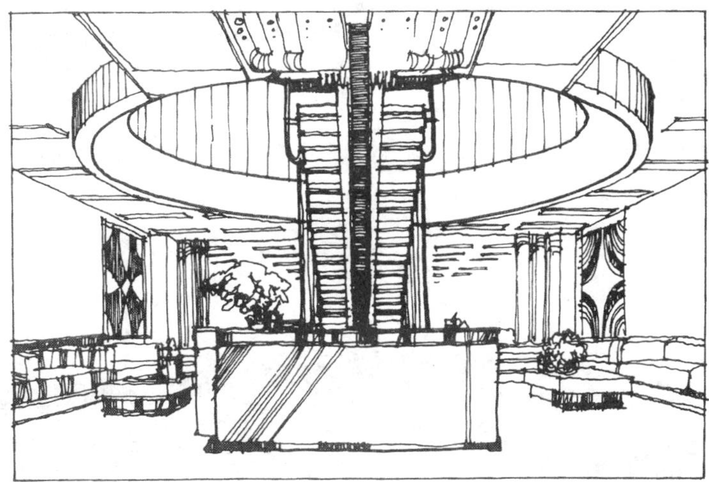

用楼梯和柜台共同划分大厅的空间

室内空间界面主要指墙面、各种隔断 地面和顶棚。它们有各自的功能和结构特点。在绝大多数空间里，这几种界面之间的边界是分明的，但也有时由于某种功能或艺术上的需要，而边界并不分明，甚至混然一体。不同界面的艺术处理都是对形、色、光、质等造型因素的恰当运用，有共同规律可寻，所以本节以各种艺术处理手法来分类，在每一类中再分不同的界面举例。

表现结构的面

木结构顶棚本身就有材质和韵律的美

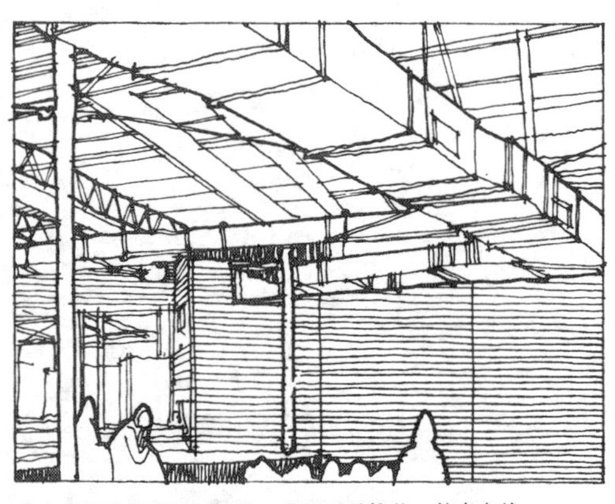

采光顶棚及暴露通风管道，表现了科技美，朴素自然

楼梯下面的抽屉柜成为有重复和渐变韵律的装饰面

表现材质的面

波纹状的织物装饰，表现柔软的质感

碎石效果的墙面及顶棚使卧室充满乡土气息

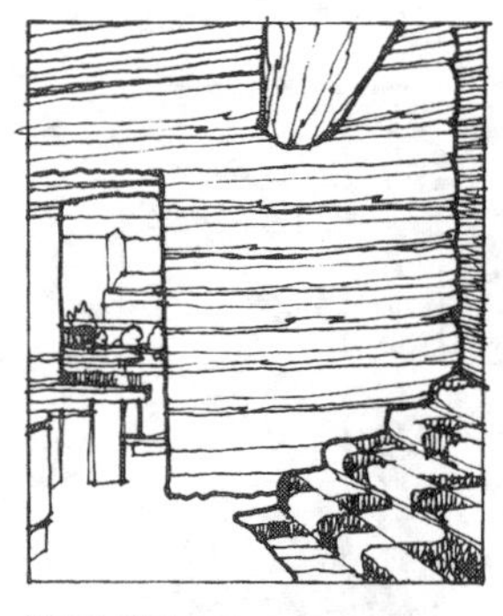

"井干式"结构表现了木材的本色

拆模后不加修饰的混凝土墙面，粗犷而自然

表现光影的面

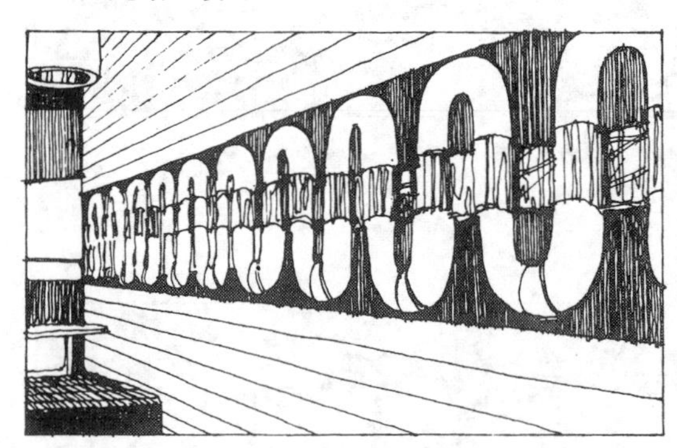

蛇形荧光灯管装饰墙面，形、色、光的综合艺术效果颇为生动

简单几何形的顶棚和隔断，由于通体发光而引人入胜

顶棚装修非常简单，但光影造成动人的装饰效果

可以变幻组合和色彩的发光地面，有欢快的气氛

依靠光影装饰的墙面

表现几何形体的面

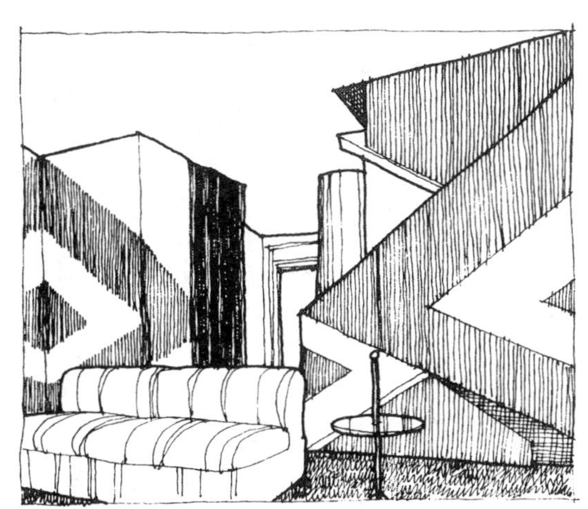

尖锐的几何形，浓烈的色彩，使空间非常活跃

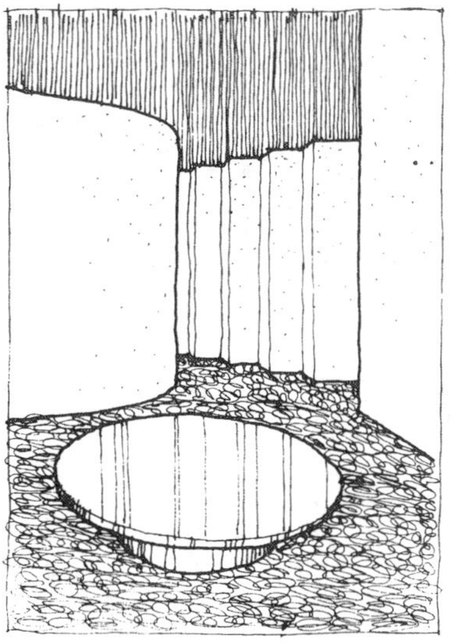

用几何形的巧妙配置，构成完美的空间造型

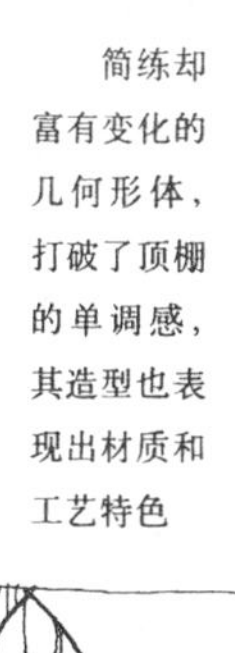

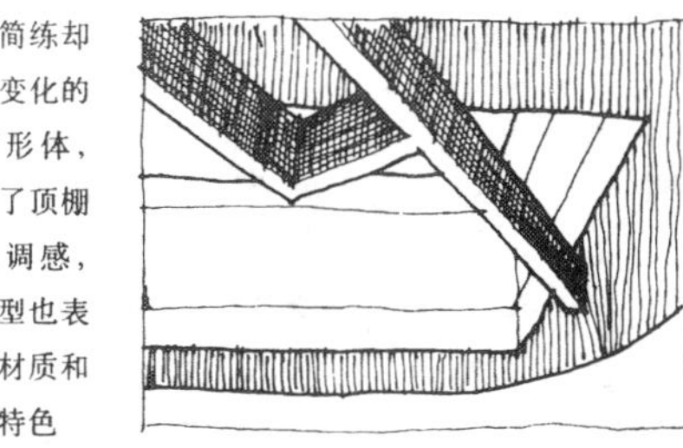

简练却富有变化的几何形体，打破了顶棚的单调感，其造型也表现出材质和工艺特色

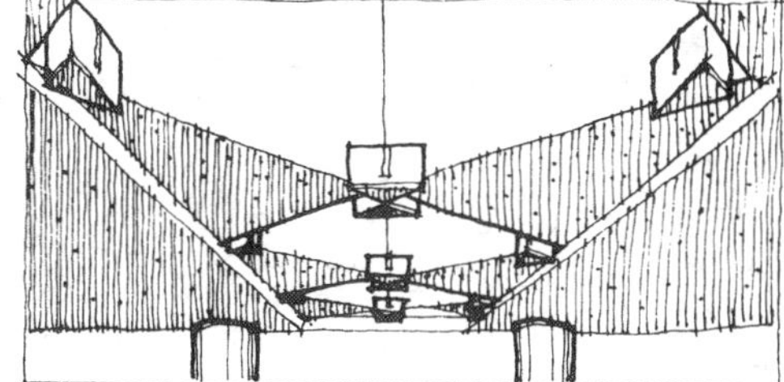

以三角形为母题的几何形顶棚，配合间接照明，层次丰富

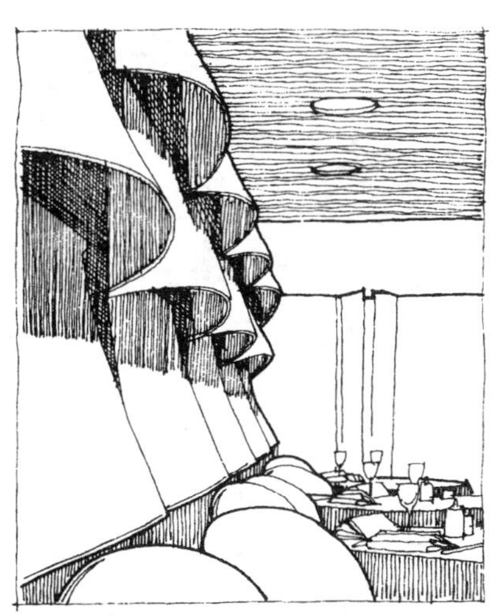

曲面形的遮光设备构成很有装饰性的围护面

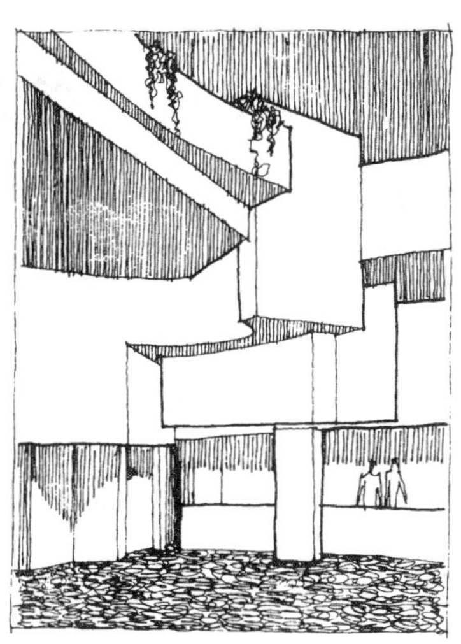

栏板、顶棚和墙面，运用几何形曲直变化及削减和增加的手法，生动和谐

隔断与台面运用直线及平面几何形的穿插咬接，新颖别致

面与面的自然过渡

床头部分的墙面转上顶棚，限定出有领域感的睡眠空间

顶棚的装修过渡到墙面上部，使两个界面自然衔接

顶棚和墙面融为一个发光的整体，再加上地面光滑材料的映照，可谓“水天一色”

表现层次变化的面

大小圆形和高低层次的变化，构成了这个新颖的顶棚，其中的大圆还有限定空间的作用

这个顶棚是典型的有规律的层次变化，很自然地降低了局部空间，以适应在这一区域活动所需要的亲切感和领域感

墙面上倾斜的三角形，分为几个层次，背后的暗槽灯，使层次变化更为明显

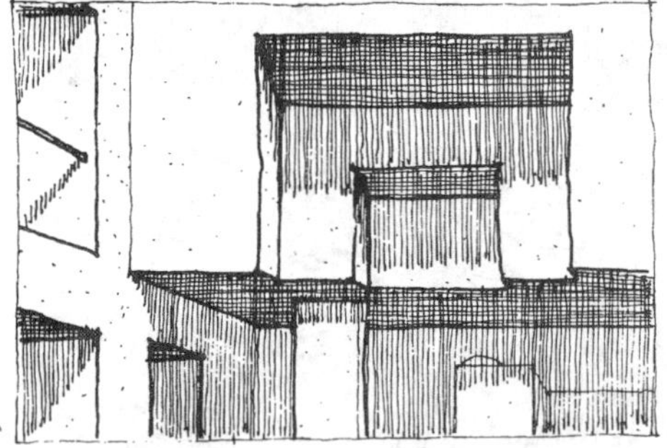

这是非常简洁明确的削减手法的几何形墙面。由于是向低空间方向的削减，所以使高低空间的过渡很自然

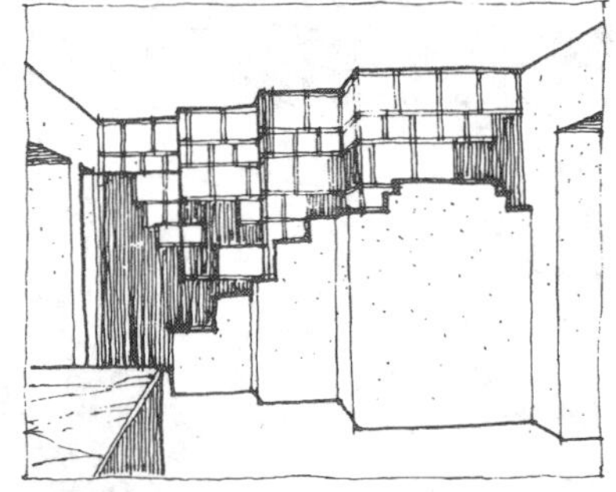

墙面象是剥去了一部分外壳，表现了有趣的层次感，墙面的逐渐后退又形成另一种层次

上半部分墙面和柱面采用色带宽度渐变的层次感，使高空间显得低些。也有想使墙面和顶棚因色彩逐渐退晕而融合的目的

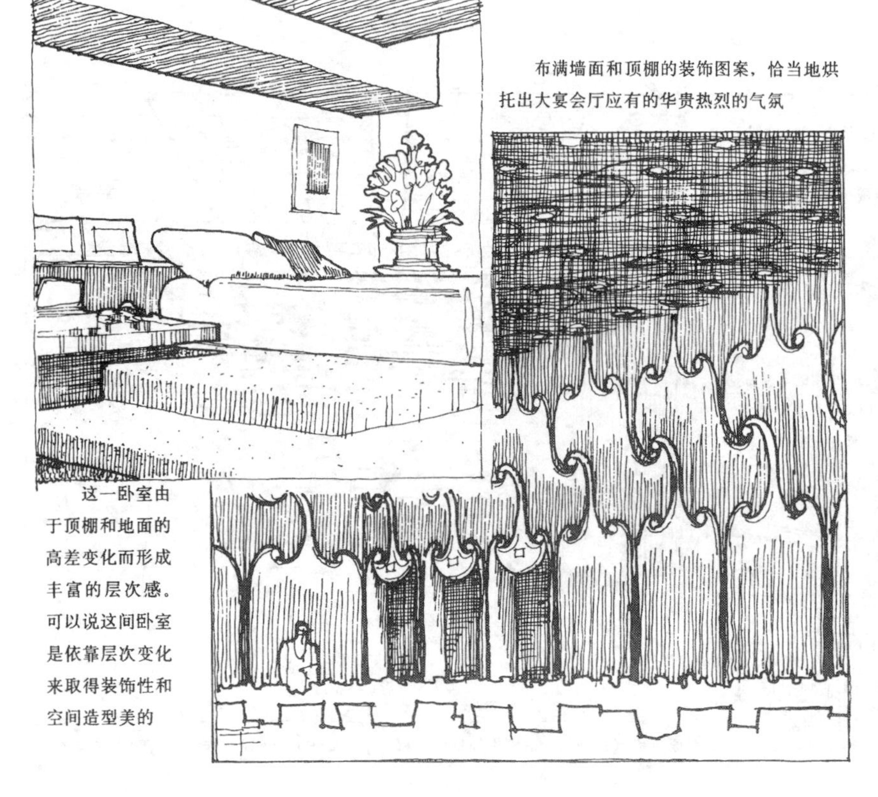

这一卧室由于顶棚和地面的高差变化而形成丰富的层次感。可以说这间卧室是依靠层次变化来取得装饰性和空间造型美的

运用图案的面

布满墙面和顶棚的装饰图案，恰当地烘托出大宴会厅应有的华贵热烈的气氛

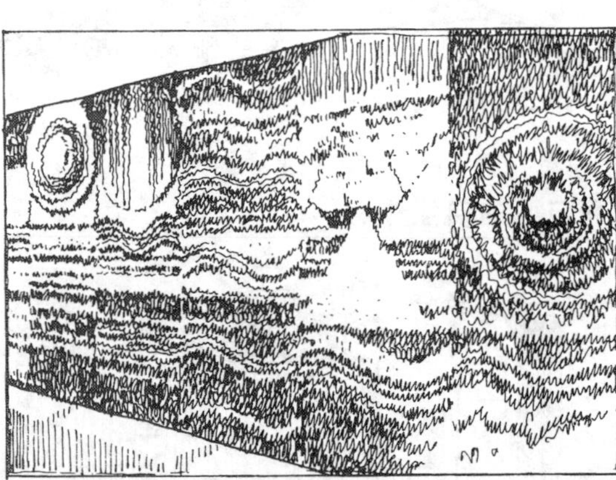

满墙的织物壁画，不但使空间绚丽多彩，还增加了环境的柔和感，织物的肌理和质感，也给人美的享受

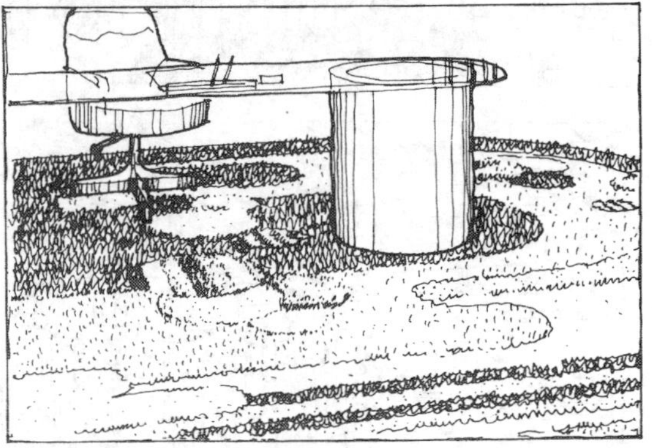

这块地毯图案生动，色彩艳丽，编织手法多样，成为室内重点装饰

表现倾斜的面

倾斜的吊顶活跃了空间造型

灵活悬吊的斜面，可限定空间和丰富空间造型

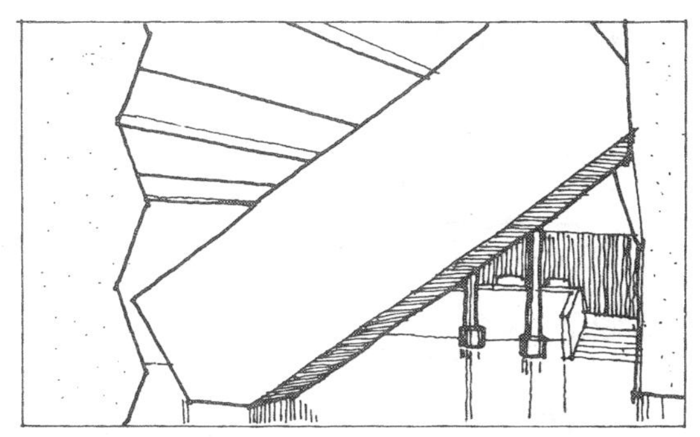

倾斜的隔断，不用加意的装饰，仅靠其动势便很引人入胜

利用外倾墙面的凹入部分悬吊装饰灯具，不致浪费空间

倾斜的墙面，弯曲的顶棚，使餐厅充满动势

与原空间倾斜相交的隔断，分隔出的空间打破了矩形空间的呆板

表现动态的面

动态很强的瀑布墙

投影灯在顶棚上射出飞鸟的画面，活跃了空间

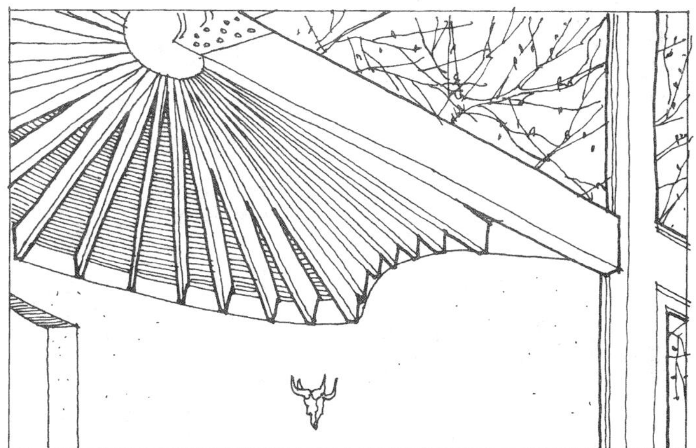

呈放射线形的顶棚，似乎有转动感，使空间显得很活泼

趣味性的面

蛇形图案的地毯，既有趣又有导向性

墙面上的明眸是电视机荧光屏

墙面上画一人向外张望，似乎很有戏剧性，是很有趣的装饰

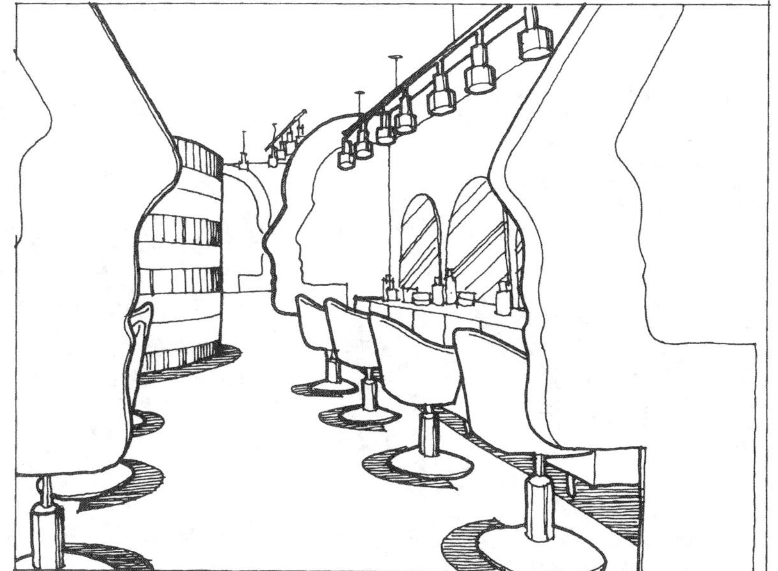

把美人头部的侧面剪影作为隔断，既具有魅力，又突出了美容室的特点

开各种洞口的面

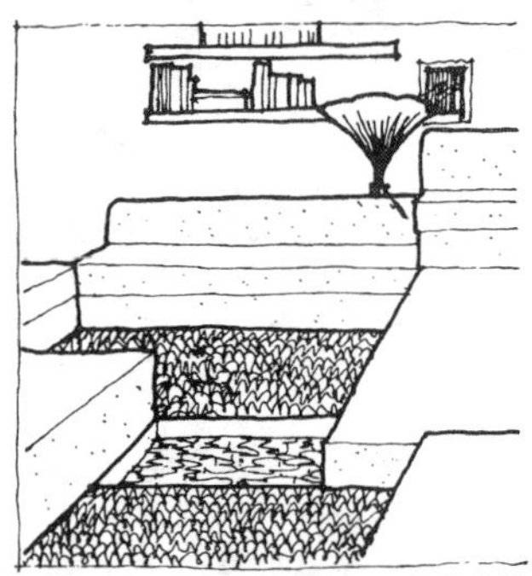

地面开洞，设图案灯箱，很有装饰性

墙面凹入部分再加上背面发光的圆洞，层次特别丰富

墙面上聚散有致的小洞，象是夜空的繁星

顶棚开洞，天光射入，限定出一个充满天然意趣的小休息空间

仿自然形态的面

墙面与顶棚皆用乱石砌成，登梯如洞穴探幽

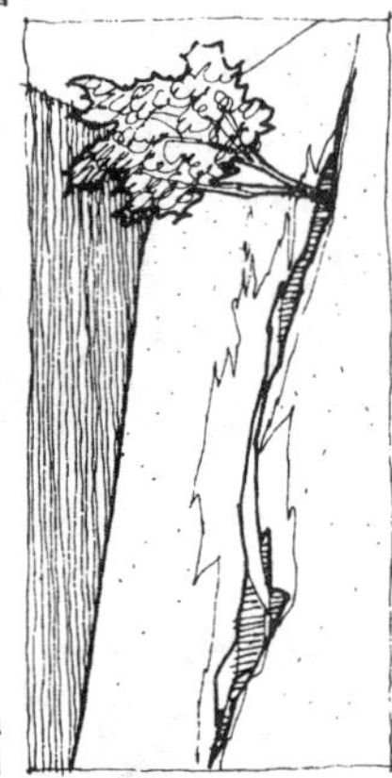

仿天然裂缝的墙面

有悬垂物或覆盖物的面

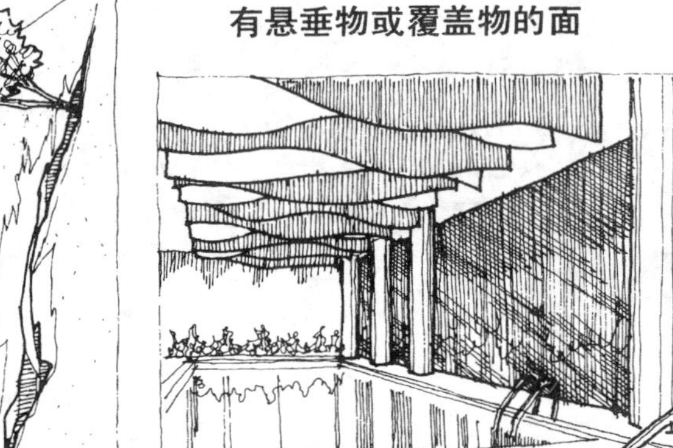

顶棚上悬垂的各色织物活跃了游泳馆的气氛

织物的折绉也有很好的装饰效果

主题性的面

音乐爱好者用唱片装饰墙面

导向性的面

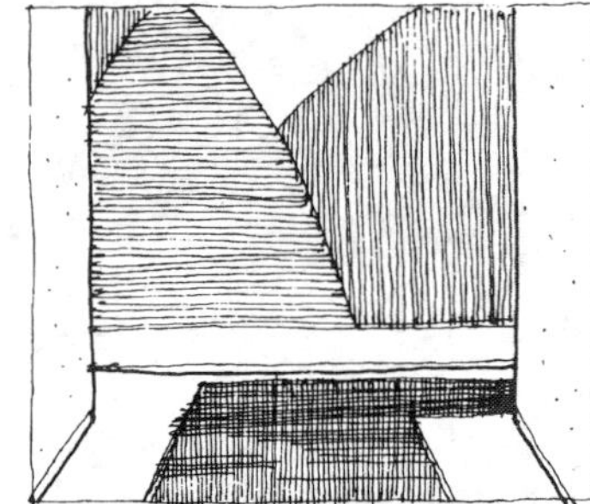

地面和墙面的图案均有导向性和装饰性

顶棚上的光带有很强的导向性

运用虚幻手法的面

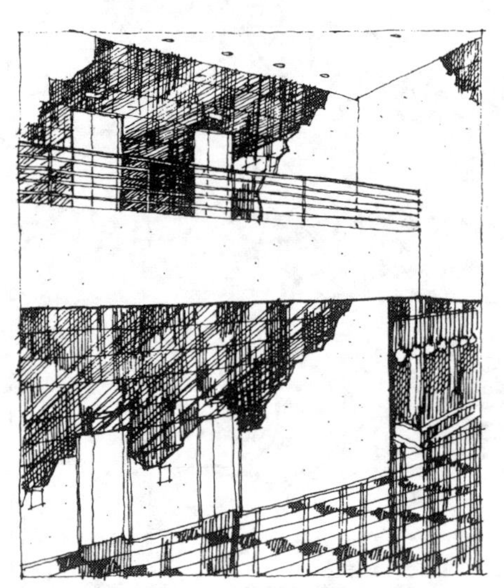

残缺式的墙面再镶上镜面玻璃，虚虚实实的令人对空间的真实界面难以捉摸

绿化植被的面

攀缘植物是墙面上很好的装饰品。这在阳光充沛的室内空间里是可以实现的

“天然去雕饰”的绿色隔断，赏心悦目，意境清幽

人们对室内空间的感受主要有以下几个方面：比例与尺度；封闭与开敞；丰富与单调；亲切与冷漠；人工与自然；秩序与混乱；动与静等等。

对于不理想的空间感，可利用色彩、线型、材质、照明、陈设、错觉、开洞、启发联想等方面进行调节。

这个空间太高，所以把墙面的上端涂成与顶棚相同的深色，看上去空间就宜人多了

用色彩调节空间感

把迎窗墙面涂上较深的颜色，使其"隐退"，则房间的进深显得大些

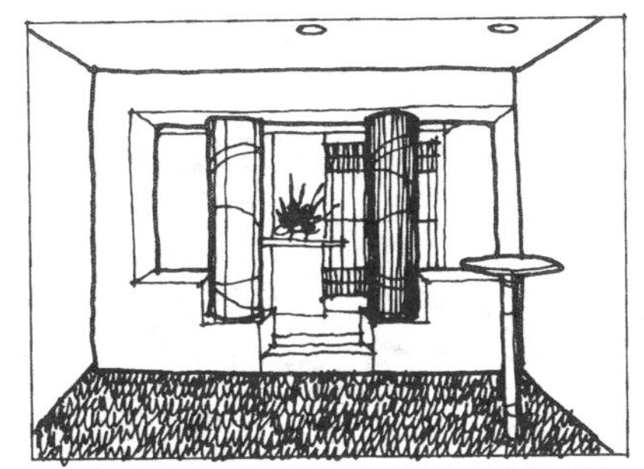

对称的构图有些呆板，由于两棵柱子用了不同的颜色，空间就活泼多了

用由墙面延伸到顶棚的色带，打破了方盒子空间的呆滞感

用材质调节空间感

用透明材料制造的家具可使空间显得开阔

把室内地面的做法向室外延伸，可以扩大室内空间感，并与室外加强沟通

铺一块长毛地毯，可以大大缓和马赛克墙面和地面给空间造成的过分生硬和光滑感

把墙裙的材质向墙面上延伸，缓和了两个以锐角相交的墙面所形成的尖角

用造型、图案调节空间感

用抽象雕塑平衡了室内空间构图

这个空间作为餐厅未免显得太高了，用悬空的线性构架进行调节后，亲切了许多

用大尺度的图案调节了空间的高大空旷感

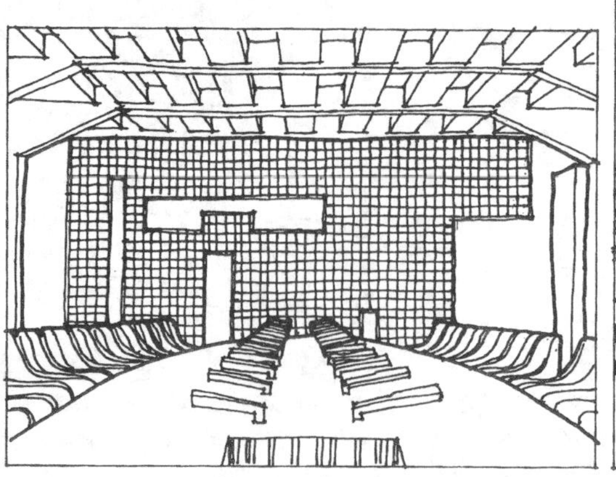
用不对称的线性图案调节对称空间和陈设的过分严肃呆板

把楼梯逐渐加宽，消除近大远小的透视感，使空间与人亲近

流畅的灯具造型，给呆板的空间带来活力

照明调节空间感

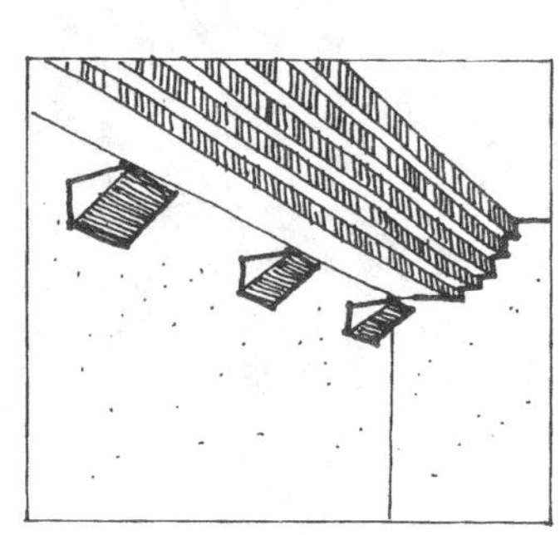
灯光加强了装修线脚的立体感

向上投光的壁灯，把墙面分为明暗两段，原来过分高的空间变得尺度宜人了

三角形和矩形装饰的墙面，加上灯具射出的弧光，线型就丰富了

用错觉调节空间感

墙面上的表现 外廊的壁画，使狭窄的过道显得开阔多了

用镜面玻璃扩大空间感还能产生一种虚幻的对称效果

把粗大的柱子用镜面玻璃包装，在视觉上使之趋于消失

开洞调节空间感

在隔墙上开洞，背后发光，空间的层次就多了

在封闭的空间中设一灯窗，可减弱闭塞感

人工照明设计程序表

照明设计程序	步骤	内容
1.明确照明设施的用途和目的	明确环境的性质	确定建筑室内的用途和使用目的。如确定为办公室、商场、体育馆等
	确定照明设施的目的	确定需要通过照明设施所达到的目的，如各种功能要求及气氛要求等
2.确定适当的照度	根据照明的目的选定适当的照度 根据使用要求确定照度分布	根据活动性质、活动环境及视觉条件，选定照度标准
3.照明质量	考虑视野内的亮度分布	室内最亮面的亮度、工作面亮度与最暗面的亮度之比，同时要考虑主体物与背景之间的亮度比与色度比
	光的方向性和扩散性	一般需要有明显的阴影和光泽面的光亮场合，选择有指示性的光源。为了得到无阴影的照明，应选择有扩散性的光源
	避免眩光	光源的亮度不要过高 增大视线与光源之间的角度 提高光源周围的亮度 避免反射眩光
4.选择光源	考虑色光效果及其心理效果	需要识别色彩的工作地点及天然光不足的房间可采用荧光灯 目的物的变色与变形 室内装饰等的色彩效果及气氛等
	发光效率的比较	一般功率大的光源发光效率高 一般荧光灯是白炽灯的 3～4 倍
	考虑光源使用时间	白炽灯约为 1000 小时，荧光灯约为 3000 小时
	考虑灯泡的表面温度的影响	白炽灯各种放置方向的表面温度不同、荧光灯的表面温度约为 40℃ 高压水银灯垂直、水平放置时的表面温度
5.确定照明方式	根据具体要求选择照明类型	按活动面上的照明类型分类：直接照明 半直接照明 漫射照明(完全漫射及直接间接照明) 半间接照明 间接照明 按活动面上的照度分布分类：一般照明 局部照明 混合照明
	发光顶棚设计	光檐(或光槽) 光梁(或光带) 发光顶棚等(设格片或漫射材料)
6.照明器的选择	灯具的效率、配光和亮度 灯具的形式和色彩 考虑与室内整体设计的调和	外露型灯具，随房间进深的增大，眩光变大 下面开敞型的也有上述的同样倾向 下面开敞型半截光灯具眩光少 镜面型截光灯具(带遮挡)的眩光最少 镜面型截光灯具(不带遮挡)，带棱镜板型灯具均具有限制眩光的效果 带塑料格片、金属格片的灯具均具有限制眩光的效果，但灯具效率低
7.照明器布置位置的确定	直射照度的计算	逐点计算法：各种光源(点、线、带、面)的直射照度
	平均照度的计算	利用系数法：同时确定灯具的数量、容量及布置
8.电气设计	电压、光源与照明装置的馈电等系统图选择 配电盘的分布、网路布线、异线种类及敷设方法的选择 网路的计算，防护触电的措施等	
9.经济及维修保护	核算固定费用与使用费用 采用高效率的光源及灯具 天然光的利用 选用易于清扫维护、更换光源的灯具	
10.设计时应考虑的事项	与建筑、室内及设备设计师协调 与室内其它设备统一，如空调、烟感、音响等	

1 避免直射日光与利用反射

利用遮阳板及反射面以避免室内直射阳光，提高室内照度及均匀度。

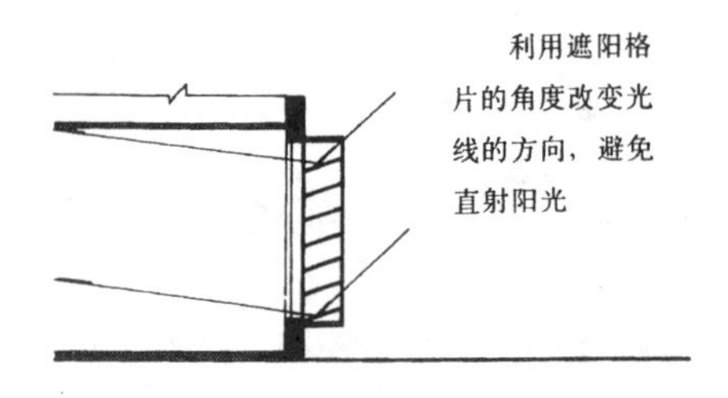

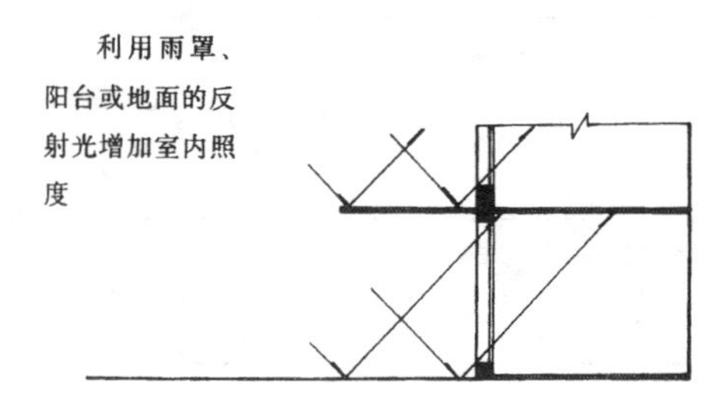

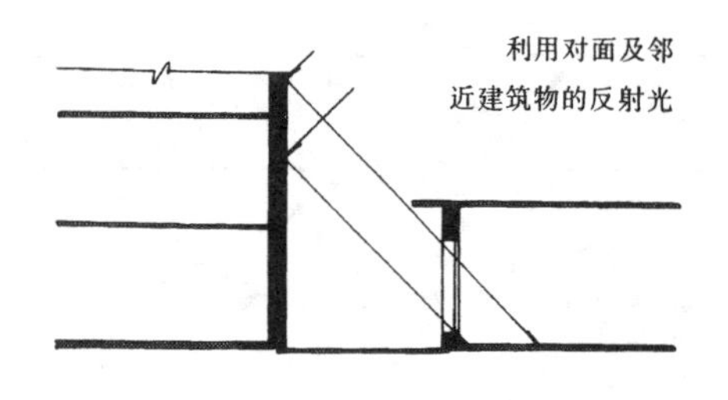

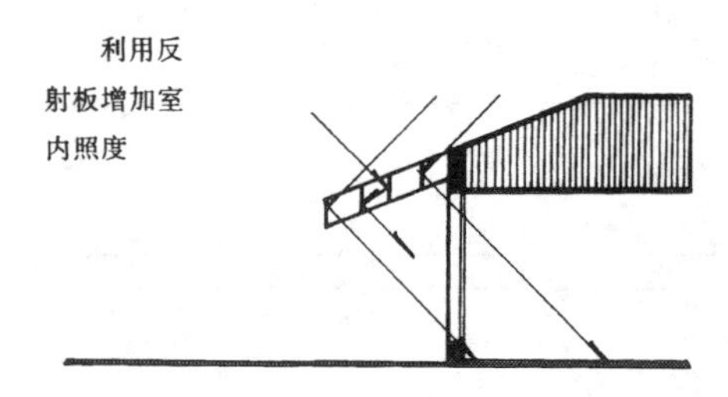

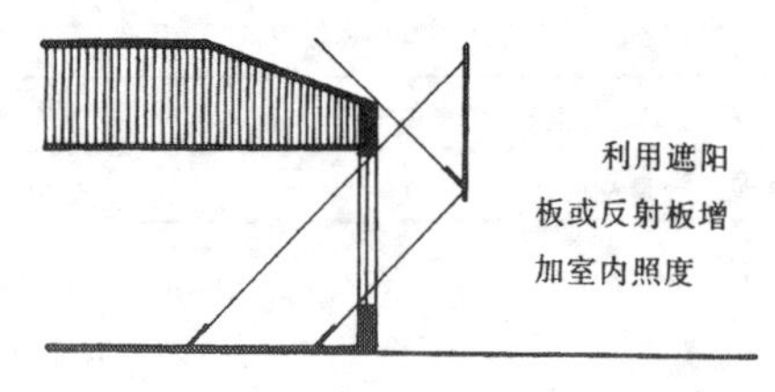

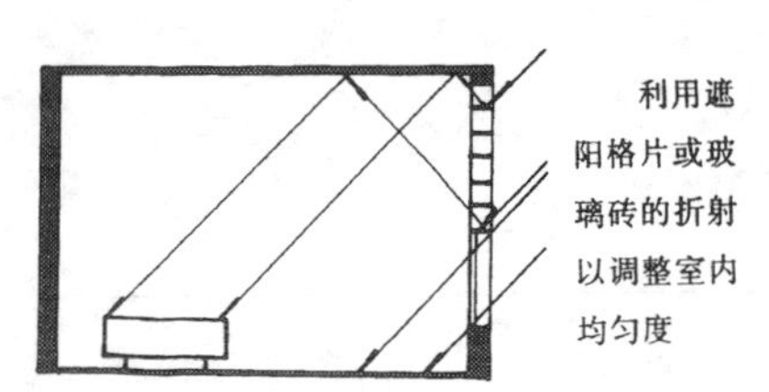

2 天然光的控制与调整

为了提高室内的光照，在采光口设各种反、光折光及调光装置以控制与调整光线。

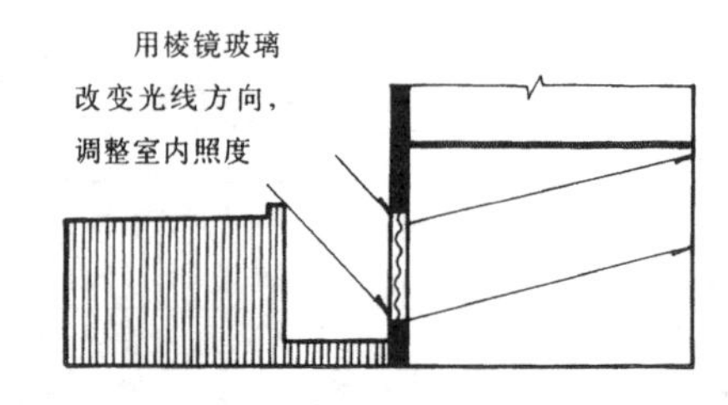

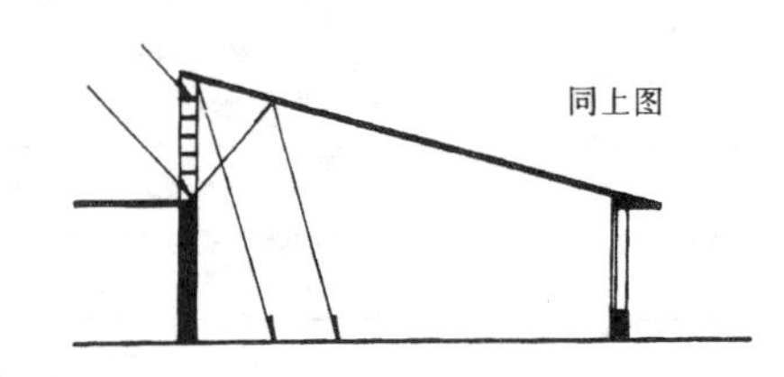

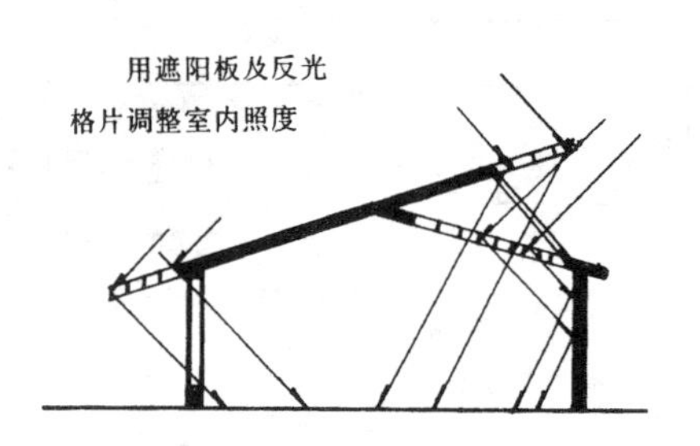

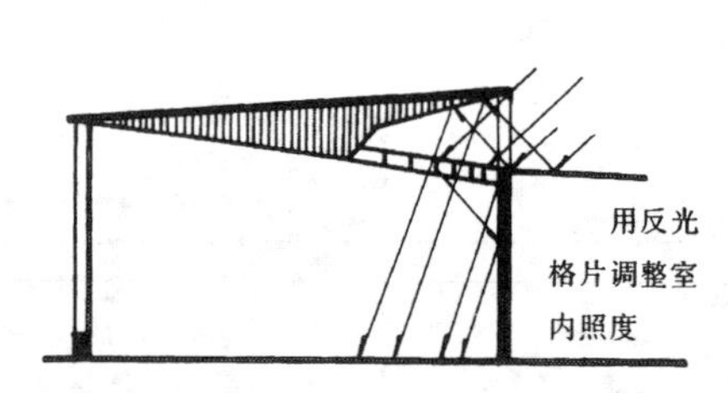

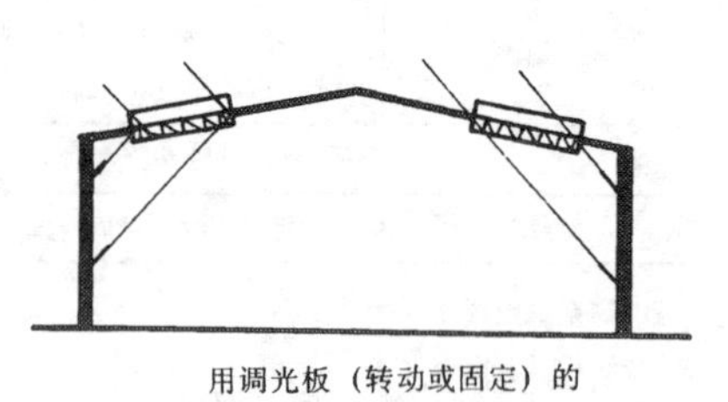

用调光板（转动或固定）的不同角度调整室内照度

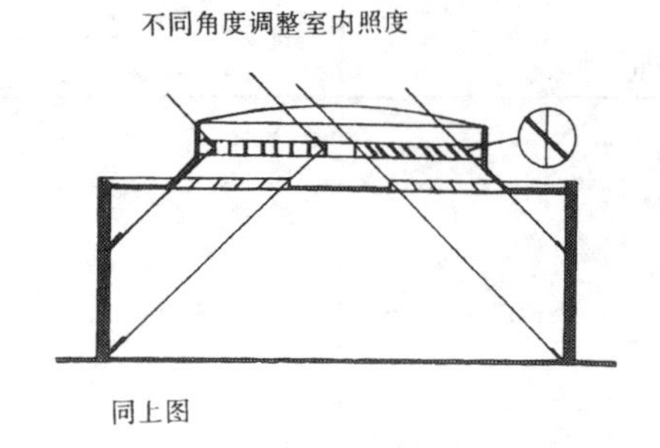

同上图

3 不同处理采光口的室内照度分布

采光口设置不同的透光材料及不同角度的格片，可使室内产生不同的照度效果。

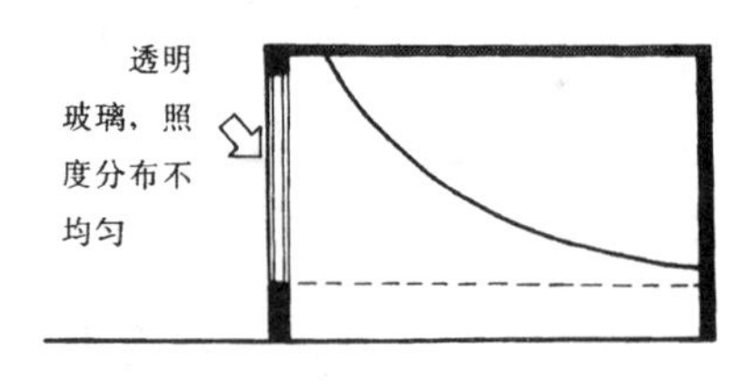

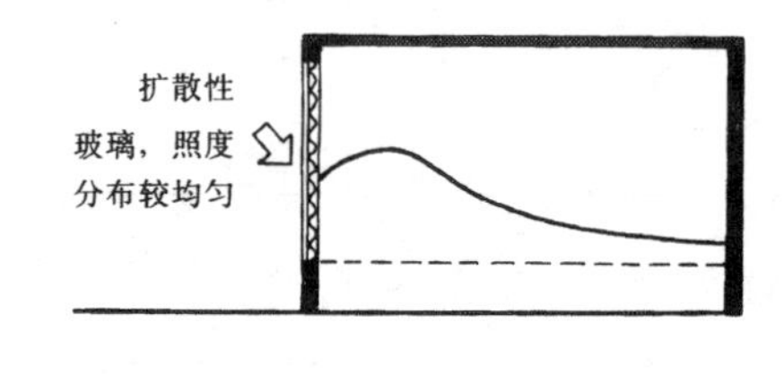

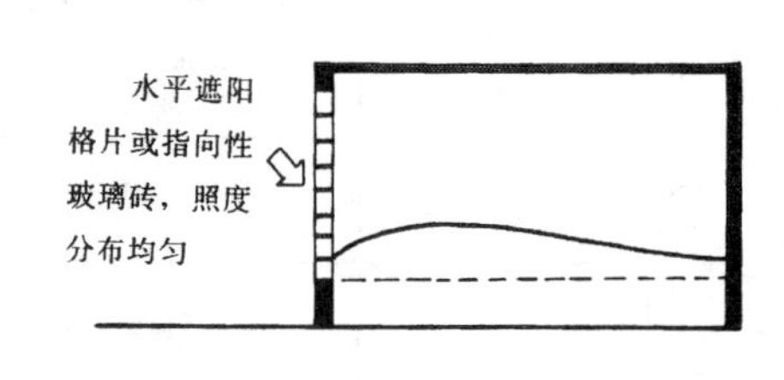

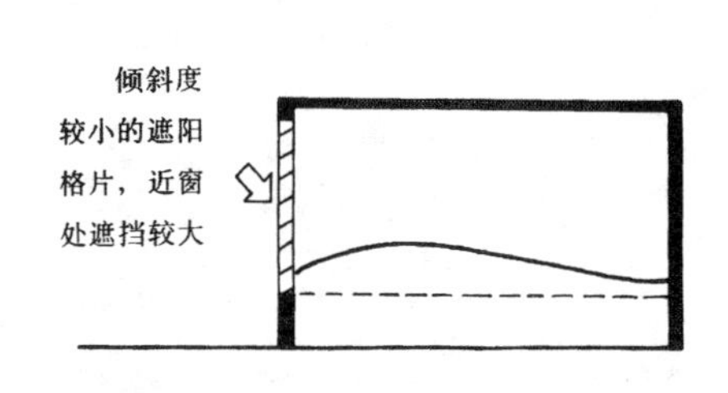

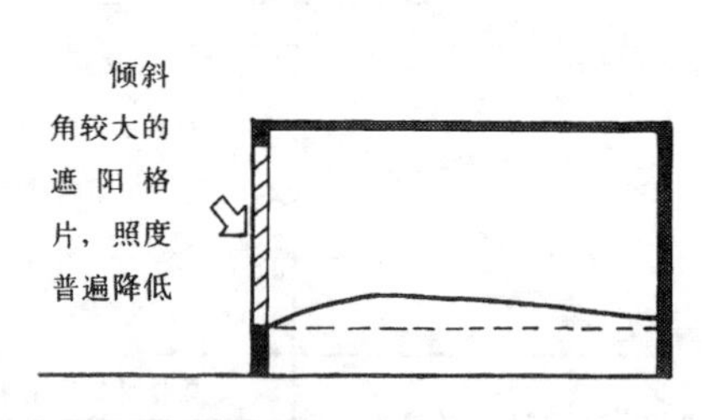

4 遮阳格片采光口的分析

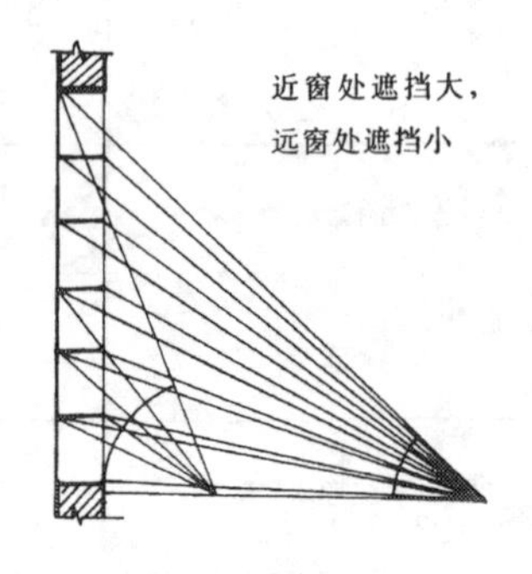

1 测光量及单位

测光量		定义	简图	公式	单位	
名称	代号				名称	符号
光通量	ϕ	人的眼睛所能感觉的辐射能量。每一波段的辐射能量（U_λ）与该波段相对视见率（K_λ）之乘积的总和		$\phi=\int_{330}^{760}K_\lambda U_\lambda d_\lambda$	流明	lm
光出射度	M	从一个表面发出的光通量密度		$M=\frac{dF}{dA}$	流明／m^2	rlx(lm／m^2)
照　度	E	射到一个表面的光通量密度		$E=\frac{dF}{dA}$	米烛（勒克斯）	lx(lm／m^2)
发光强度	I	在一定方向的单位立体角内的光通量，等于垂直于眩方向的单元及面的光通量与从光源向眩单元所张立体角（球面度）的比		$I=\frac{dF}{d\omega}$	烛光	cd
亮　度	L	从表面上的一个定点在一定方向发出的单位立体角单位投影面积的光通量，它等于一个表面在一定方向的发光强度与沿那个方向看过去的投影面积的比值		$L=\frac{dF}{d\omega(dA\cos\theta)}=\frac{dI}{dA\cos\theta}$	尼脱 熙提	nt(cd／m^2) sb(cd／cm^2)

2 白炽灯泡的规格

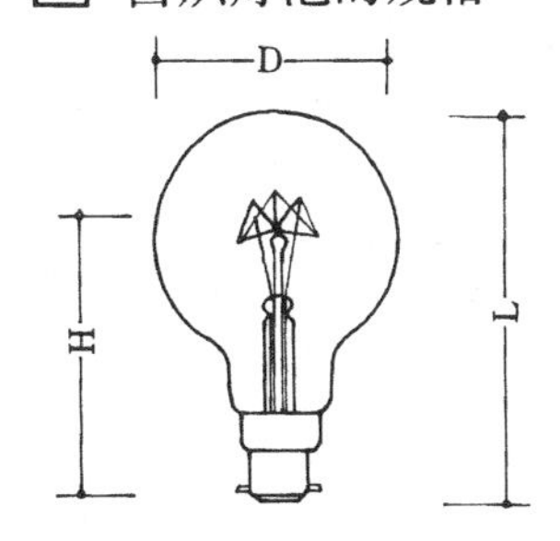

灯头型号	1C-9	1C-15	2C-15	2C-22-2	2C-22-3
d_1	—	—	—	25.5～26.5	29.5～30.5
h_1	13.5～14.5	17.0～21.0		25.0～26.0	29.5～30.5

灯头型号	E_{10}	E_{14}	E_{27}	E_{40}
d_2	13.2～9.2	22.5～13.4	30.5～25.9	47.5～38.8
h_2	20.5～13.2	29.5～19.5	35.5～25.0	56.0～44.0

注：灯头型号 C=插口式；E=螺旋式。
d_1、h_1、d_2、h_2 的单位均为 mm。所给数据仅为上下限。

明度分级表

20000	2000	200	20
15000	1500	150	10
10000	1000	100	5
7500	750	75	2
5000	500	50	1
3000	300	30	

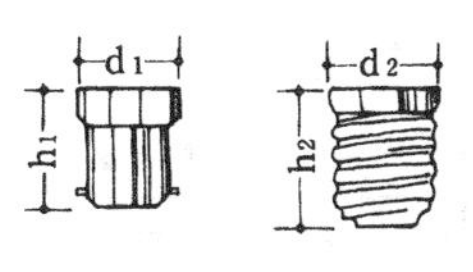

型号		P_Z	P_Z	P_Z	P_{ZQ}	P_Q	P_Q	P_Q	P_Q	P_Q	P_Q	P_Q
功　率(W)		10	15	25	40	60	100	150	200	300	500	1000
光通量(lm)	220V	65	101	198	340	540	1050	1845	2660	4350	7700	17000
	110V	76	125	228	380	660	1520	2280	3200	5160	9100	19500
尺　寸(mm)	L	107	107	107	107	124	159	175	205	237	242	336
	D	61	61	61	61	66	76	81	97	112	132	152
	H	—	—	—	—	—	118	130	153	175	180	253
平均使用时间		不少于 1000 小时										

注：表内型号：P_Z－真空白炽灯泡；P_Q－充气白炽灯泡；P_{ZQ}－真空或充气白炽灯泡。

3 荧光灯管的规格

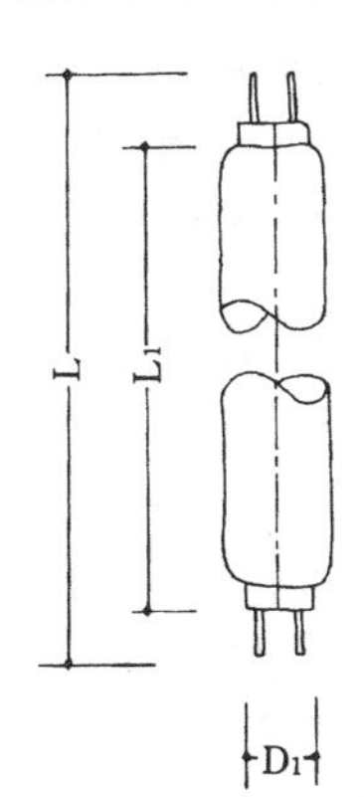

型号	RG-15 LB-15	LB-15	NB-15	RG-20 LB-20	B-20	NB-20	RG-30 LB-30	B-30	NB-30	RG-40 LB-40	B-40	NB-40
功率(W)	15			20			30			40		
电压(V)	85			60			108			108		
光通量(lm)	490	560	500	700	800	700	1160	1400	1250	1700	1920	1780
L_1(mm)	436			589			894			1198		
L(mm)	451			604			909			1213		
D_1(mm)	25			38			25			38		
平均使用时间	3000 小时											

注：表内型号 RG－日光色；LB－冷白色；B－白色；NB－暖白色。

4 主要光源的特征和用途

灯名	种类	效率 (lm / W)		显色性	亮度	色温 (K)	启动再启动时间	耐震性	频闪	控制配光	寿命 (小时)	特征	主要用途
白炽灯	普通型 (扩散型)	10～15	低	优	高	2800	瞬时	较差	无	容易	通常 1000 (短)	一般用途，易于使用，适用于表现光泽和阴影。暖光色适用于气氛照明	住宅、商店的一般照明
	透明型	10～15	低	优	非常高					非常容易	同上	闪耀效果，光泽和阴影的表现效果好。暖光色，气氛照明用	花吊灯，有光泽陈列品的照明
	球型 (扩散型)	10～15	低	优	高					稍难	同上	明亮的效果，看上去具有辉煌温暖的气氛照明	住宅 商店的吸引效果
	反射型	10～15	低	优	非常高					非常容易	同上	控制配光非常好，点光、光泽、阴影和材质感的表现力非常大	显示灯、商店、气氛照明
卤钨灯	一般照明用 (直管)	约 20	低 稍良	优	非常高	3200	瞬时	差	无	非常容易	2000 (短，稍良)	形状小，大瓦数，易于控制配光	适用于投光灯。作为体育馆的体育照明等
	微型卤钨灯	15～20	低 稍良	优	非常高	3200	同上	差	无	非常容易	1500～2000 (短，稍良)	形状小，易于控制配光，用 150～500W，光通量也适当	适用于下射光和点光等的店铺照明
荧光灯		30～90	高	从一般到高显色性	稍低	6500 (日光色)	较短	较好	有	非常困难	10000 (非常长)	效率高，显色性也好，露出的亮度低，眩光较小。因可得到扩散光，故难于产生物体的阴影。可做成各种光色和显色性的灯具。灯的尺寸大,因此灯具大。不能做大瓦数的灯	最适用于一般房间、办公室、商店等的一般照明
汞灯	透明型	35～55	稍高	不好 (蓝色)	非常高	6000	长	好	有	容易	12000 (非常长)	显色性不好，易控制配光，形状小，可得大光通量	用投光器的重点照明（最好同其他暖色系的光源混光）
	荧光型	40～60	高	稍差	高	6000	长	好	有	稍易	同上	涂红色的荧光粉，可使颜色稍微变好	工厂、体育馆、室外照明、道路照明等
	荧光型 (蓝色改进型)	40～60	高	稍好 (实用上足够)	同上	6000	长	好	有	同上	同上	涂以掺加红色荧光粉的蓝绿色荧光粉能得到一般室内照明足够用的显色性，瓦数种类多	银行、大厅、商店、商业街等，大瓦数用于高顶棚，小瓦数用于低顶棚
金属卤化物	透明型	70～90	比汞灯高	好	非常高	6000	长	较好	有	非常容易	6000～9000 (长)	控制配光非常容易，大体同荧光型的光色相同	体育场、广场、投光照明
	扩散型	70～90	比汞灯高	同上	高	同上	同上	同上	有	稍易	同上	在显色性好的灯中效率最大，与某些色有差别	体育设施、高顶棚的办公室、商店、工厂
高压钠灯	透明型	90～130	非常高		非常高	2100	长	较好	有	容易	12000 (非常长)	在普通照明所使用的光源中，有最大的效率，适用于省能	体育、投光照明、道路照明
	扩散型	90～125	非常高		高	同上	同上	同上	有	稍易		在普通照明所使用的光源中，有最大的效率，适用于省能	高顶棚的工厂照明、道路照明

注：表中的数值是选自主要品种的大概数值。

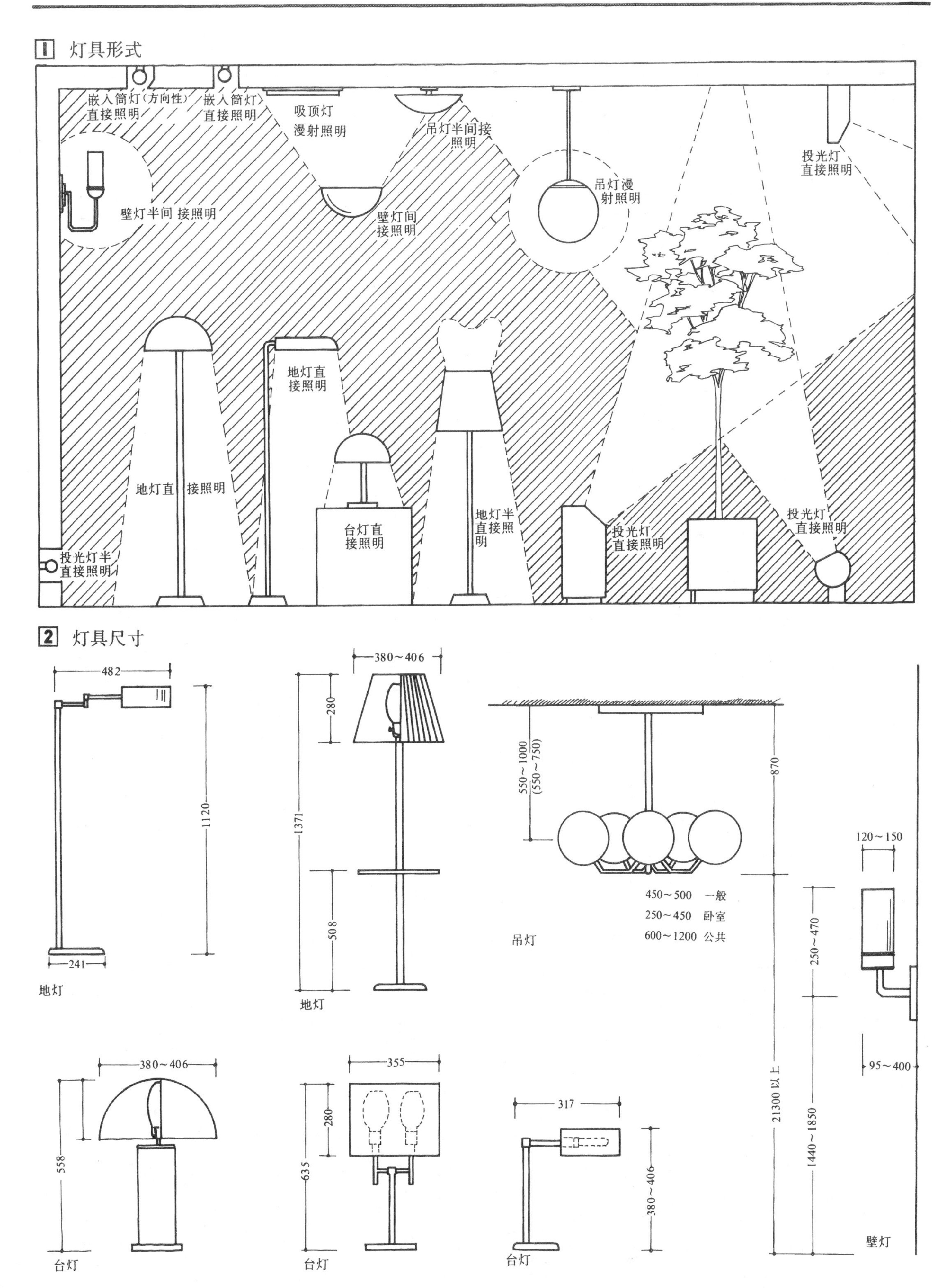
1 灯具形式
嵌入筒灯(方向性)
直接照明
嵌入筒灯
直接照明
吸顶灯
漫射照明
吊灯半间接
照明
投光灯
直接照明
吊灯漫
射照明
壁灯半间 接照明
壁灯间
接照明
地灯直
接照明
地灯直 接照明
台灯直
接照明
地灯半
直接照
明
投光灯
直接照明
投光灯
直接照明
投光灯半
直接照明
2 灯具尺寸
482
1120
241
地灯
380~406
280
1371
508
地灯
550~1000
(550~750)
870
450~500 一般
250~450 卧室
600~1200 公共
吊灯
120~150
250~470
95~400
21300以上
1440~1850
壁灯
380~406
558
台灯
355
280
635
台灯
317
380~406
台灯

3 灯具悬挂高度

照明器的形式	漫射罩	灯泡	保护角	最低悬挂高度 (m) 灯泡功率 (W) ≤100	150~200	300~500	>500
带搪瓷反射罩的灯具或带镜面反射罩的集照型灯具	无	透明	10°~30°	2.5	3.0	3.5	4.0
			>30°	2.0	2.5	3.0	3.5
		磨砂	10°~90°	2.0	2.5	3.0	3.5
	在0°~90°区域内为磨砂玻璃	任意	<20°	2.5	3.0	3.5	4.0
			>20°	2.0	2.5	3.0	3.5
	在0°~90°区域内为乳白玻璃	任意	≤20°	2.0	2.5	3.0	3.5
			>20°	2.0	2.0	2.5	3.0
带镜面反射罩的泛照型灯具	无	透明	任意	4.0	4.5	5.0	6.0
漫射罩	在0°~90°区域内为乳白玻璃	任意	任意	2.0	2.5	3.0	3.5
	在40°~90°区域内为乳白玻璃	透明	任意	2.5	3.0	3.5	4.0
	在60°~90°区域内为乳白玻璃	透明	任意	3.0	3.0	3.5	4.0
	在0°~90°区域内为磨砂玻璃	任意	任意	3.0	3.5	4.0	4.5
裸灯泡	无	磨砂	任意	3.5	4.0	4.5	6.0

4 主要部件的温度上升限度

灯具的部件			温度上升 (℃)
外壳①	人接触的使用部件	金属、陶瓷、玻璃制品	25
		其他	40
	人容易接触的部件	金属、陶瓷、玻璃制品	55
		其他	70
	人不容易接触的部件		70
	接触或接近建筑材料的部件②		60
灯口	水泥灯头	白炽灯	140
		汞灯	115
	机械灯头、石棉灯头		200

注：① 不适用于接近灯罩和光源的部分。
② 灯具的嵌入部分，较顶棚面深100mm者可视为接近建筑材料的部分。

5 不同灯具的光源选择和使用空间

分类	名称	使用光源 白炽灯	荧光灯	高压放电灯	使用空间 住宅室内	商店室内	其它设施	功能性质 结合防水	配光控制	安装程度	照明方式 适用性	备注
一般灯具	枝形吊灯	很多	很多	少	很多	很多	多	少	少	少	难	式样变化多
	一般吊灯	很多	很多	少	很多	很多	多	少	多	很容易	很容易	灯具种类多
	吸顶灯	很多	很多	多	很多	很多	很多	多	多	容易	容易	能适应众多的空间
	嵌入灯	多	很多	多	多	很多	很多	不用	多	很难	难	注意顶棚连接
	嵌入筒灯	很多	少	多	很多	很多	很多	不用	很多	很难	容易	注意光学性能
	壁灯	很多	很多	很多	很多	很多	很多	多	多	难	容易	具有光影效果
	台灯	很多	很多	不用	很多	多	多	不用	多	很容易	很容易	可自由移动
	投光灯	很多	少	少	多	很多	多	多	很多	容易	容易	注意光学性能
	灯带及整片灯	多	很多	少	少	很多	多	不用	少	很难	难	与顶棚要呼应
特殊用灯	应急用灯	很多	很多	不用	少	很多	很多	不用	多	很难	难	要符合规范
	指示方向灯	多	很多	不用	不用	很多	很多	少	少	很难	难	要符合规范

6 反射系数 ρ

油漆

分类	名称	ρ (%)
油漆	银灰	35~43
	深灰	12~20
	湖绿	36~46
	淡绿	23~29
	深绿	7~11
	粉红	45~55
	大红	15~22
	棕红	10~15
	天蓝	28~35
	中蓝	20~28
	深蓝	6~9
	淡黄	70~80
	中黄	56~65
	淡棕	35~43
	深棕	6~9
	黑	3~5

饰面材料、路面盖物

分类	名称	ρ (%)
饰面材料	红棕色水磨石	51
	灰白色水磨石	60
	黄灰色水磨石	69
	淡绿色水磨石	57
	斩假石(肉色)	54
	石棉水泥瓦	46
	东北绿大理石	47
	艾叶青大理石	30
	东北红大理石	28
	晚霞大理石	40
路面	混凝土路面	15~20
	沥青路面	10~15
覆盖物	草地(草长40~50mm)	8
	雪(新)	78
	森林	5~8
	城市地区的平均值	8~10

各种建筑材料

名称	ρ (%)
铝(电解磨光)(整反射)	75~84
玻璃镜面(整反射)	82~88
镀锌白铁皮(新)	30~40
石膏面	92
石灰粉刷	50~70
大白粉刷	69~80
水泥粉刷	25
水泥地面	23
旧红砖	10~15
新红砖	25~35
沥青屋面	16
混凝土、水泥瓦、淡色石板瓦屋面	20~30
一般石材	20~50
砂土墙面或地面 浅	20~40
砂土墙面或地面 深	5~15
桧木(新)	55~65

名称	ρ (%)
杉木(新)	30~50
红松(新)	25~35
木屑板	40~60
细纹木板	50
刨花板	57
木丝板	20~30
菱苦土及镶木地板	20~30
沥青及木块地面	8~12
淡灰、淡黄地漆布	55~60
灰、淡茶地漆布	25~30
淡色糊墙纸	40~70
牛皮纸	25~35
灰、淡茶地漆布	25~30
淡色糊墙纸	40~70
牛皮纸	25~35
黑纸	5~10

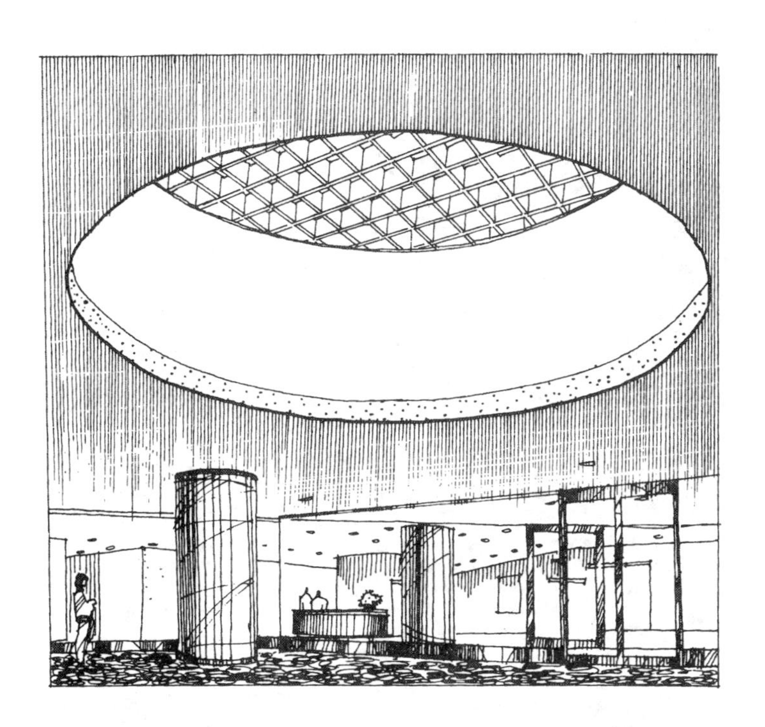

顶部采光

作为自然光源的利用，顶部采光是一种基本形式。光线方向自上而下，亮度高，光色自然，效果宜人

侧面进光

侧面进光是自然光源利用的又一形式。现代科技的发展，提供了很好的结构形式和材料，使得大面积玻璃幕墙的利用成为可能。充足的自然光线的利用，带来动人的光影效果

这是顶部采光的又一例子。大面积的玻璃天窗解决了白天所需的基本照度，并且随着天窗设计形式的不同，会带来不同的照明和视觉效果

苏州 留园 林泉耆硕馆

中国传统建筑中，自然光源的利用是凭借大面积的门窗侧面进光实现的

直接照明

在现代建筑中，人造光源成为主要的照明形式。在这个办公室中，使用的是直接照明的形式

利用直接照明突出展品的艺术效果

间接照明

间接照明是使光线折射而产生柔和效果的一种照明形式，通常是利用反射灯槽把灯光反射出来

商店的照明要求照度高，而且要满足一般照明和商品的重点照明，此外还有装饰性照明，所以用人造光源最容易满足这些功能要求，直接照明和间接照明都被组合在一起

混合照明

由直接照明和间接照明组成混合照明。这个室内的照明，是吊灯的直接照明和顶部的间接照明组成的混合照明形式

光照的功能要求首先反映在照度上，不同的场合和环境需要不同的照度，在办公室中，为了能够清楚的读写，要求较高的照度

同样，在购物环境中要求的照度能够清楚的观看商品，照明的光色能够正确反映商品的本来色彩。在这个例子中是使用了发光顶棚和柜台上的灯带

在餐厅中就不需太高的照度。餐厅所要求的光色以暖光源为宜。不同的艺术风格和气氛的室内需要不同的照度。如果是酒吧，很低的照度就可以了

这是具有家庭气氛的鞋店，天花上的筒灯作一般照明，还有一些是为突出商品而做的重点照明，茶几上台灯的照明是为了渲染气氛

一般文化性建筑门厅中，根据气氛的要求决定光线的照度

服装店的照明除展示一般商品，还要有一些重点照明表现服装模特。本例是利用圆形发光顶棚强调了一个圆形区域，以区别于其它部分

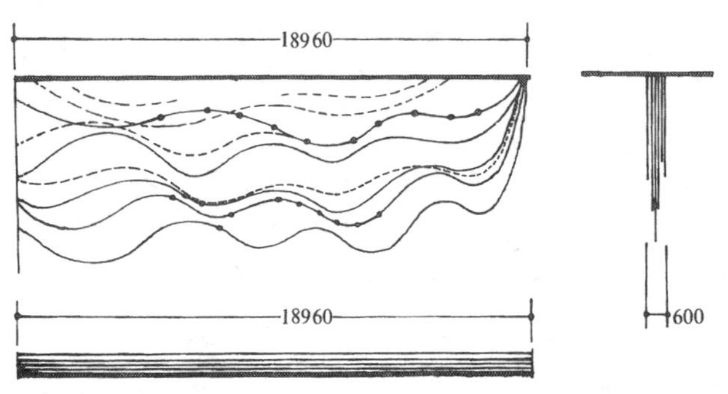

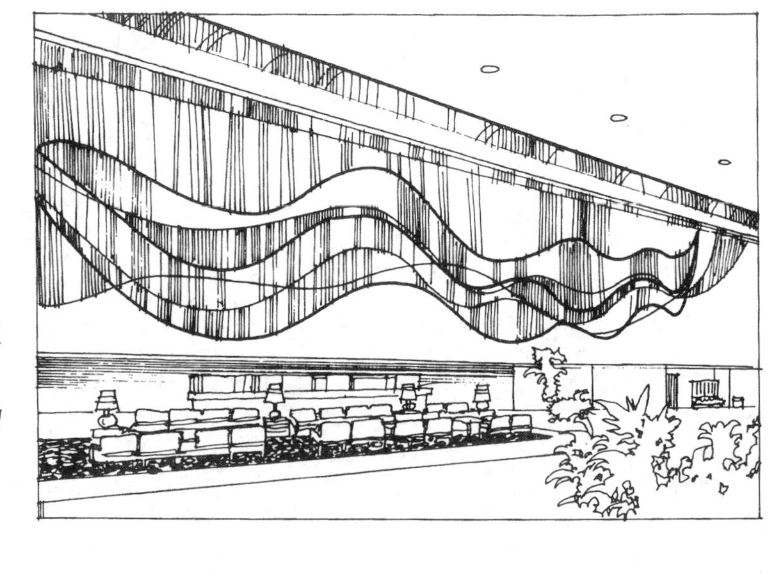

在这个旅馆的门厅中，最突出的主体便是这组巨大的晶体吊灯，光的照度不是它所表现的主要内容，而它的造型（光与形体）都是一件大型雕塑，波浪的曲线造成光的流动感

天主教会的照明设计似乎更能说明光的功能要求和艺术效果之间的关系。在这里一切都是为了表现宗教的崇高与神秘。天花射灯投向祭坛，强调出庄严神圣的中心位置。侧面墙上少量的自然光线进入，则带来虚蒙的效果

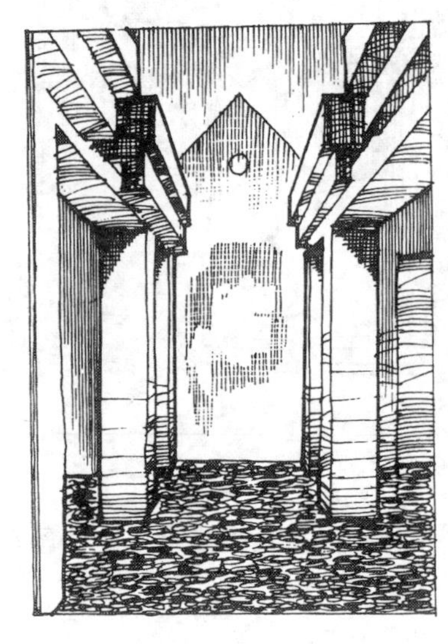

在格雷夫斯的作品中，光环境的处理富于塑造力。简洁的几何体形构件在光的照射下更加清晰明确。构图中心的抽象绘画用射灯做重点照明，成为视觉的趣味中心

大型购物中心的光环境具有丰富多彩的面貌。商品的重点照明和室内的一般照明是首先要解决的问题。除此之外，装饰照明和陈设照明更好地表现了建筑空间的形体特征和艺术效果，光线与空间的表现

小型商店中的光环境设计，除满足功能要求外，在灯具的设计上更具灵巧和别致，效果是柔和温馨的

商店二层一角的照明设计。玻璃砖幕墙产生柔和的自然光线，并利用吊灯做直接照明，自然光与人工照明的结合，形成了一个宜人亲切的小空间

通道中的光环境，利用光源的间隔，产生富有节奏感的效果

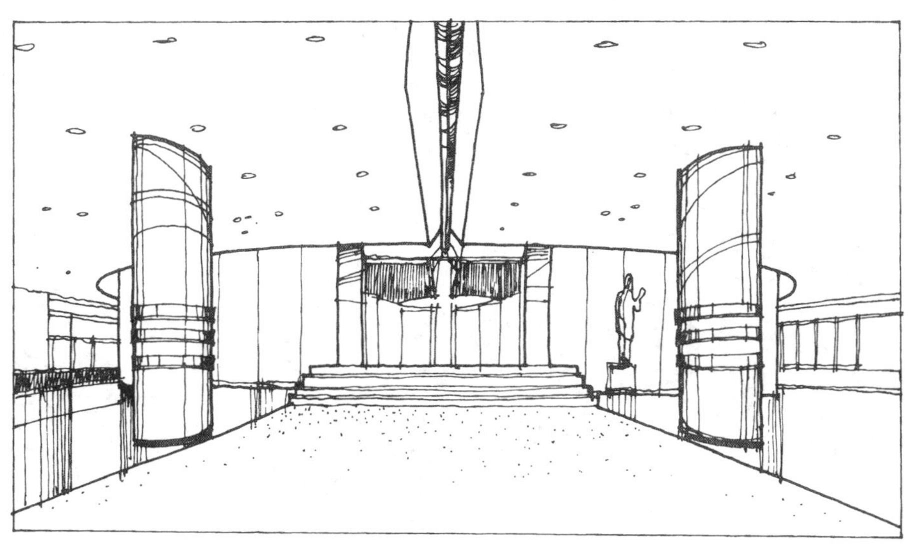

这是日本长野县更埴市综合文化会馆的门厅，灯具的设计不仅解决了照度的问题，而且条形灯具使得光源产生纵向的导引效果，更加突出了视觉中心

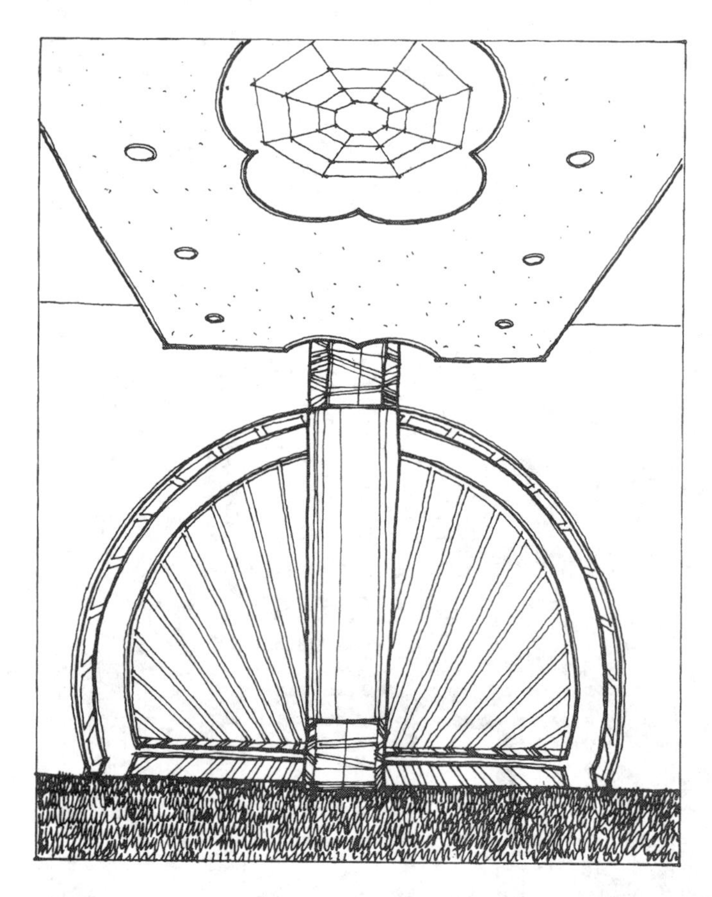

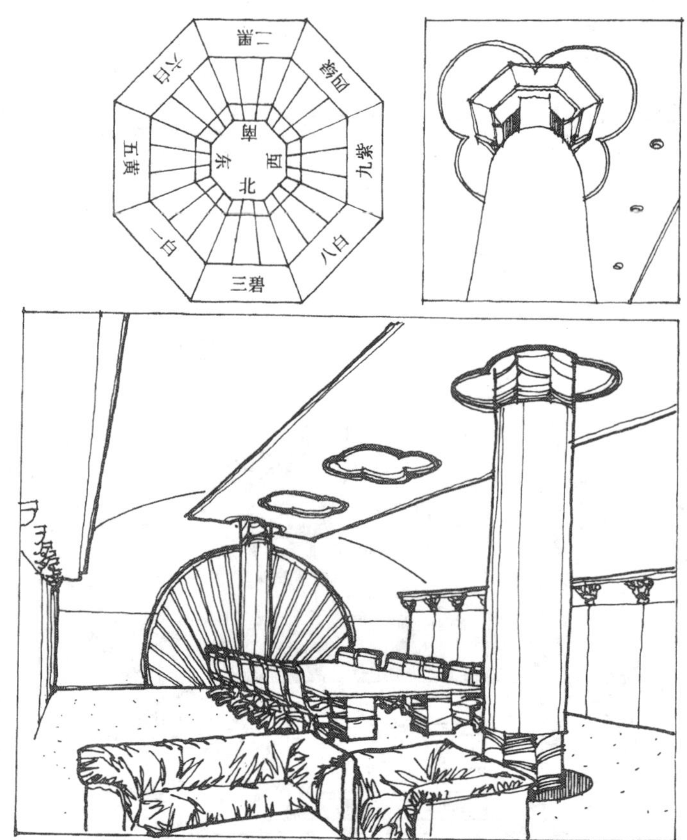

本例是综合利用各种光源和照明设计，而产生独特艺术效果的最好范例。主要照明手段依靠天花灯具做直接照明，圆形花瓣状的灯具，结合东方神秘主义宇宙观的图案，使得室内产生奇异的光影效果，造成迷蒙虚幻的气氛

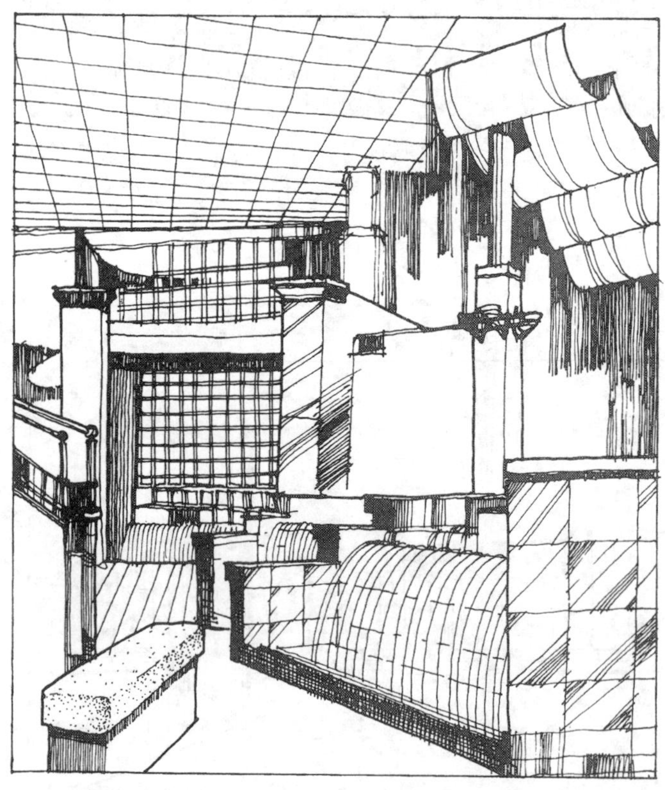

光的艺术效果的产生，不仅仅靠本身的设计，而且凭借其它的装修构件的组合。（如柱式、绿化、水体的流动），呈现出多姿多彩的面貌。本例是利用吊在天花的织物产生光的波折效果，在地面喷水池里加上彩灯，把彩色的光线溶入流动的水中。光与媒介体的组合，产生了雕塑性的艺术效果

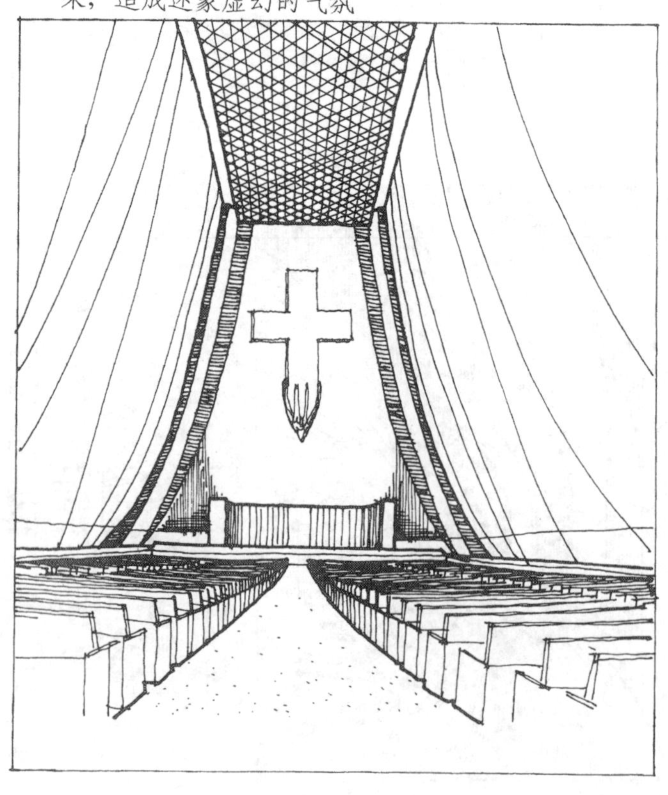

现代的宗教建筑中光环境的处理，比哥特式建筑的更具明亮和清爽圣洁的气氛，压抑感和苦难的色彩几乎荡然无存

利用建筑化照明进行装饰设计

天花用织物与灯具统一设计

利用点型灯组成装饰图案

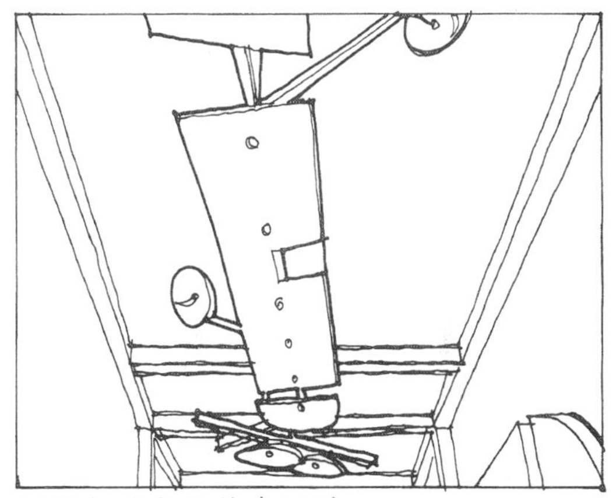

灯具与艺术品结合设计

采用建筑化照明使灯具成为室内装饰的一部分

利用光导体创造特殊装饰效果

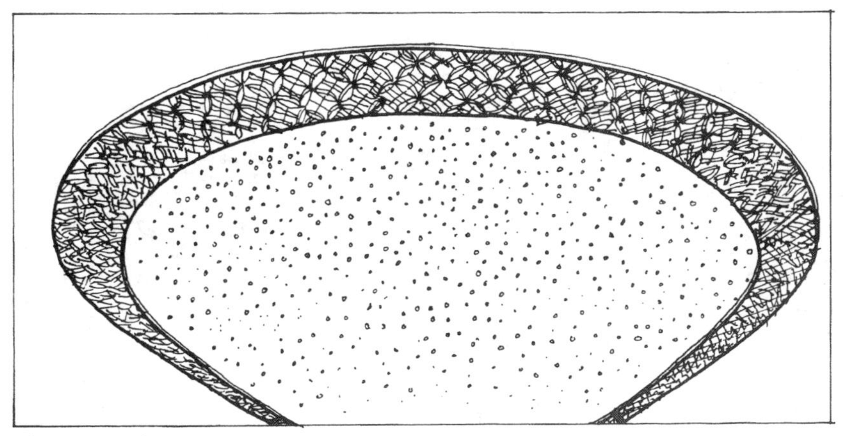

满天星照明

灯具与装饰统一设计

地面设置明装灯具产生奇特的装饰效果

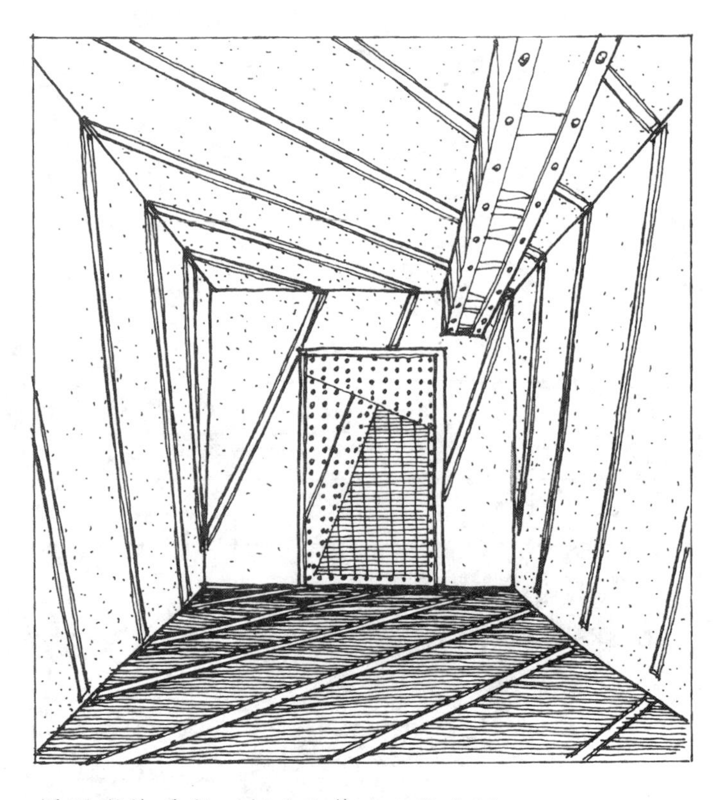

用照明的手段，创造立体光环境空间

地面设置暗装照明，与金属装修的楼梯结合，形成高科技的艺术效果

用霓虹灯作超前艺术设计，给人以全新的艺术享受

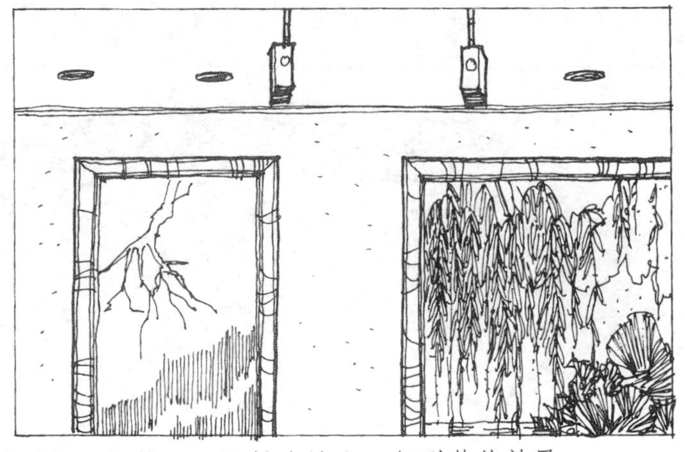

用投影机将画面投射在墙上，起到装饰效果

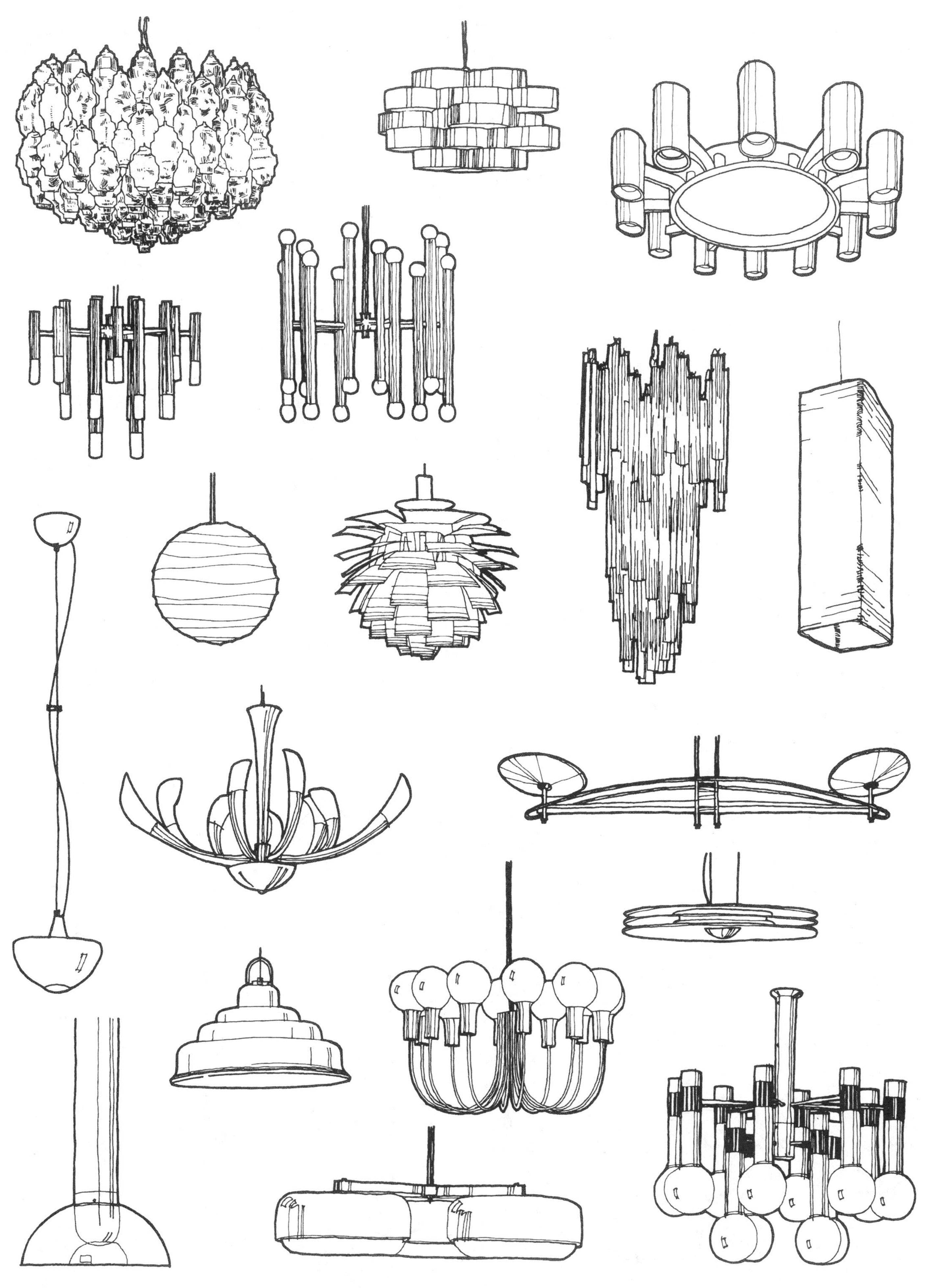

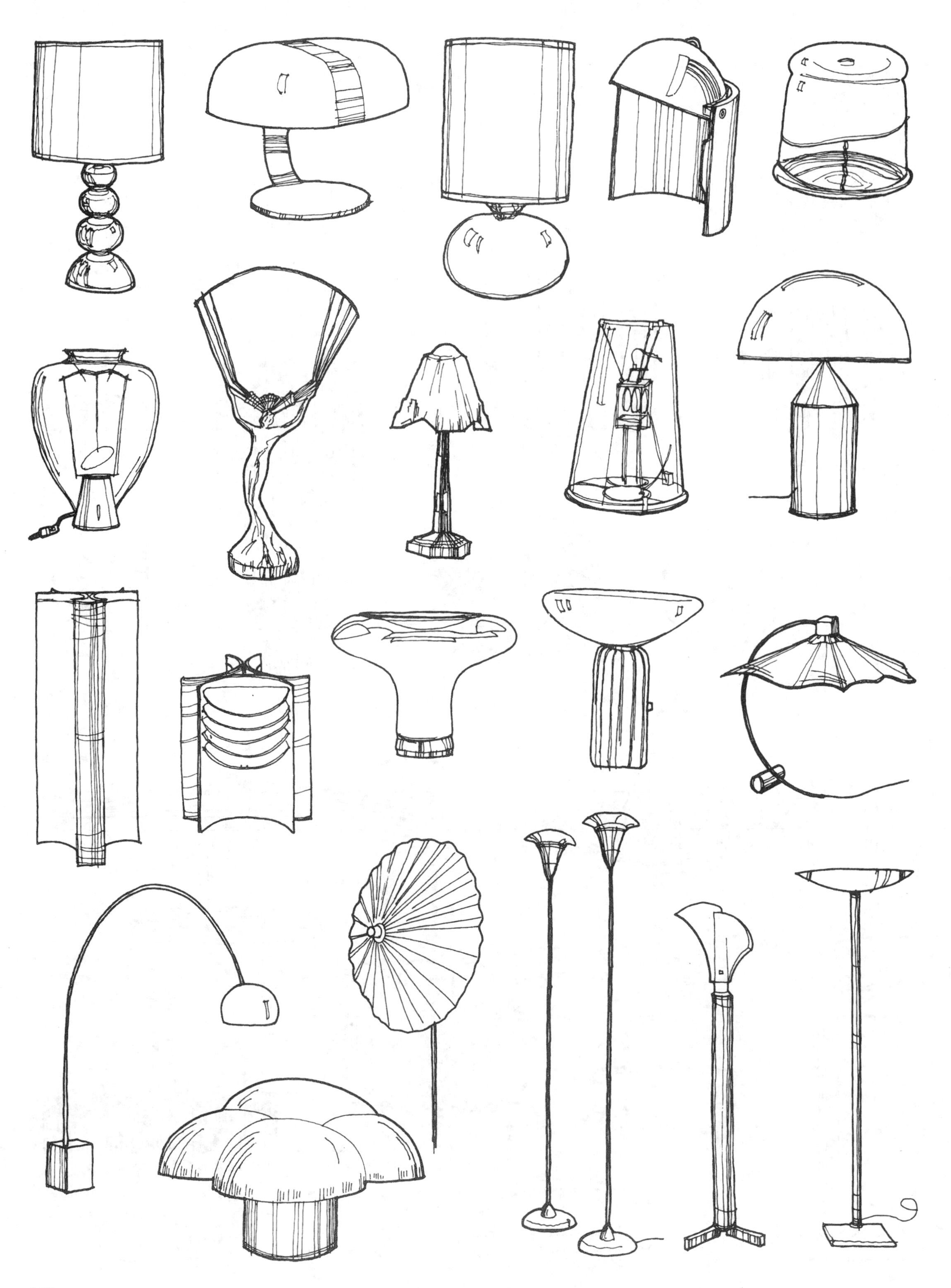

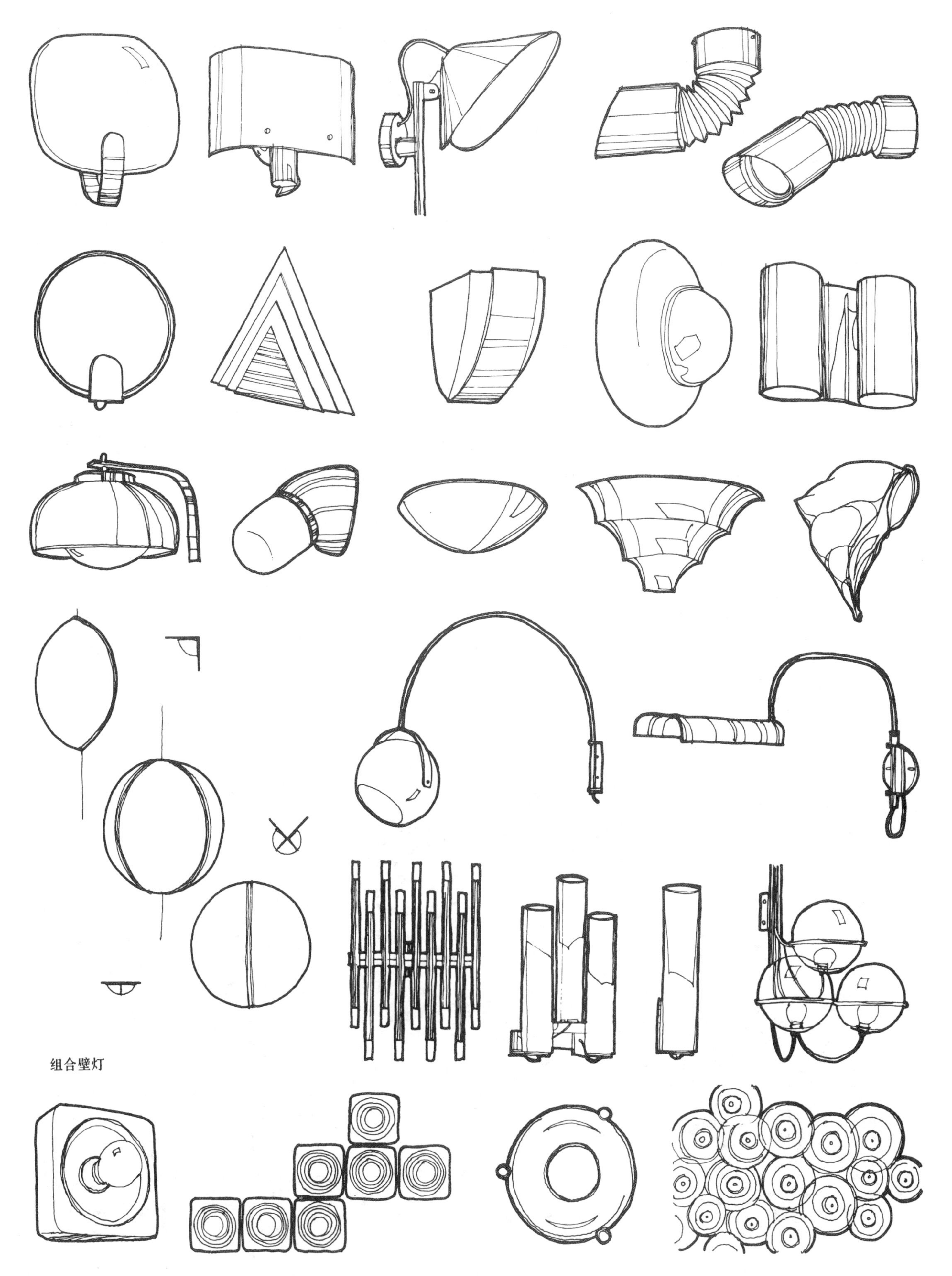

组合壁灯

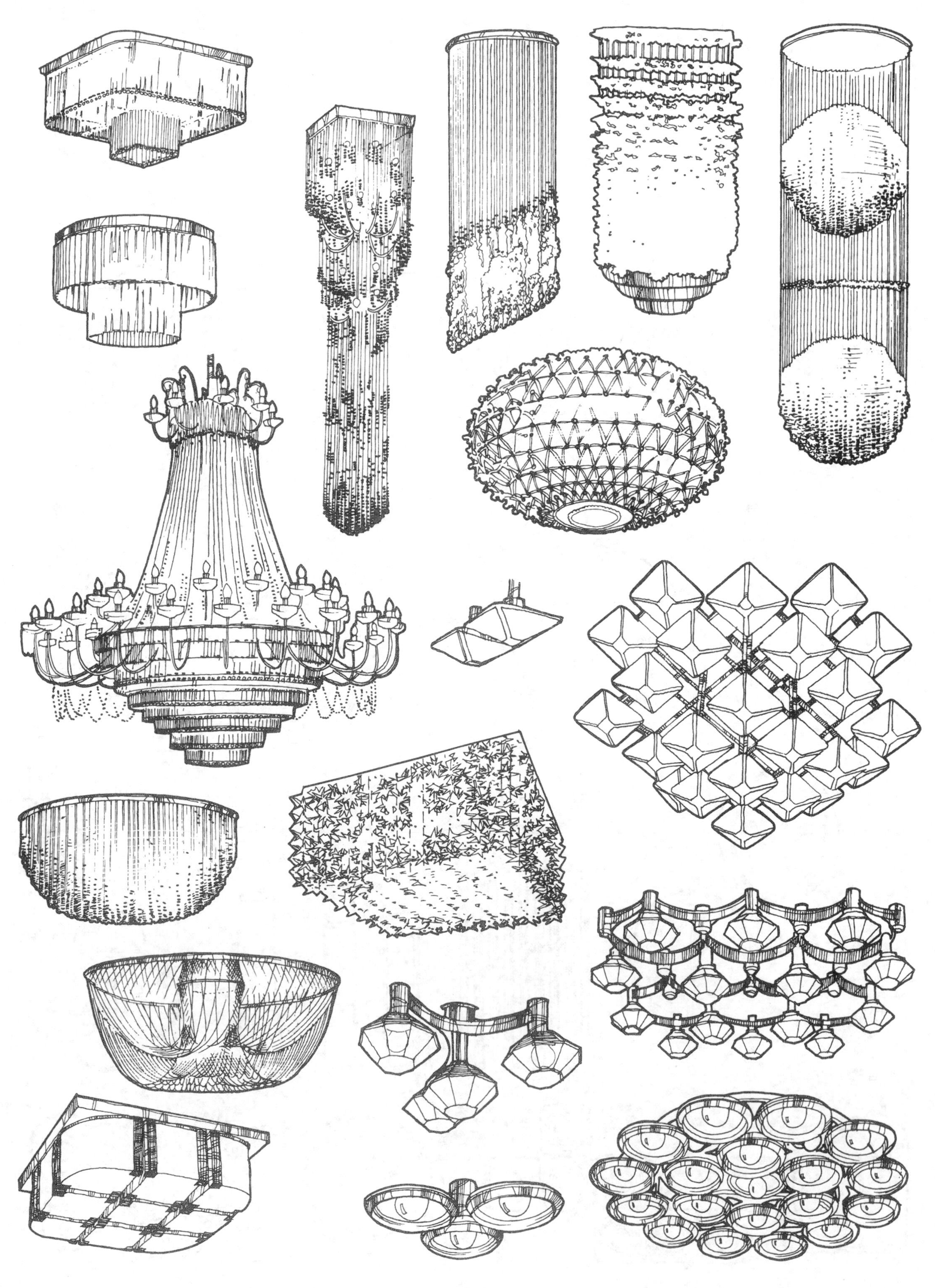

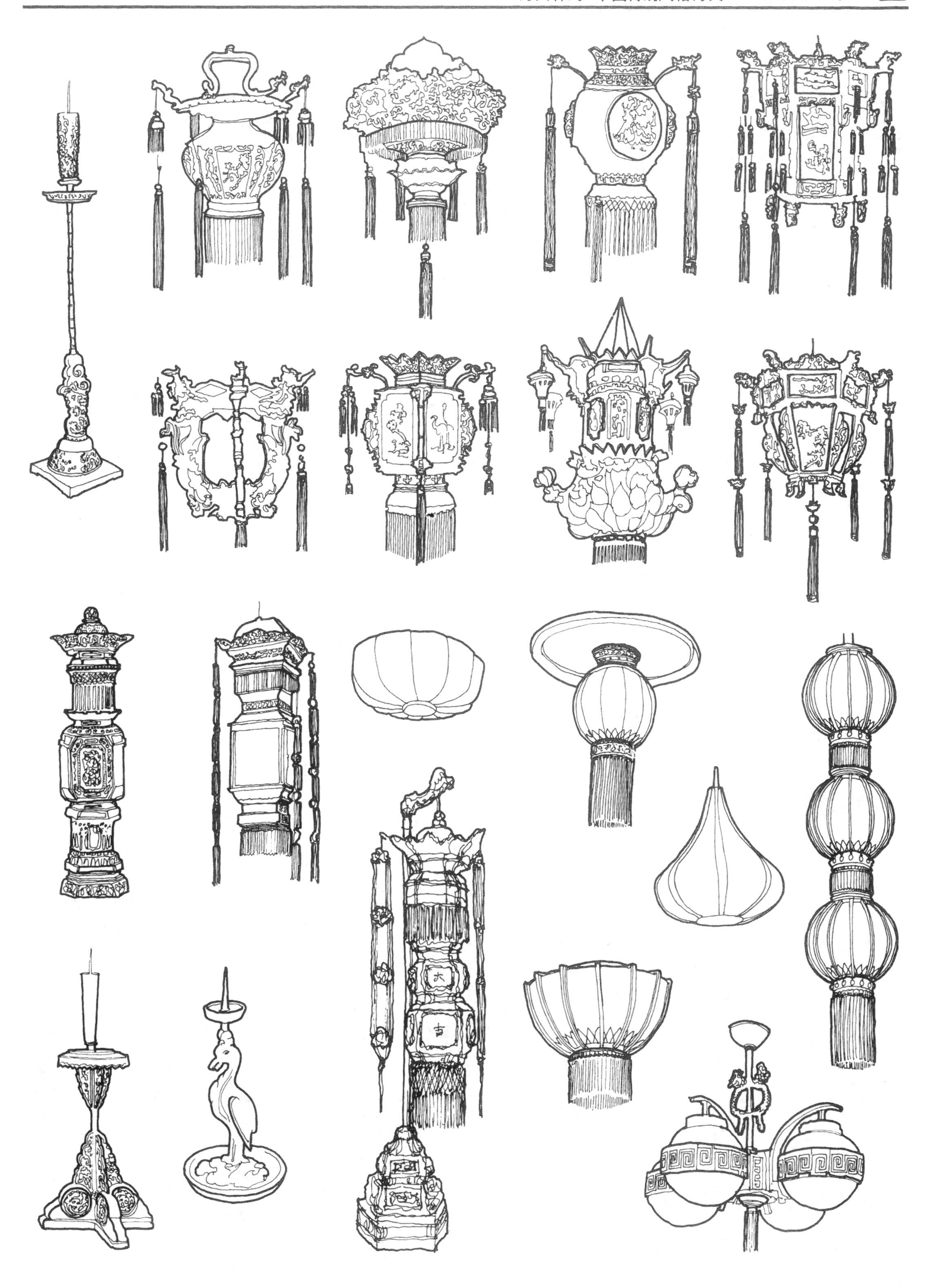
大
吉

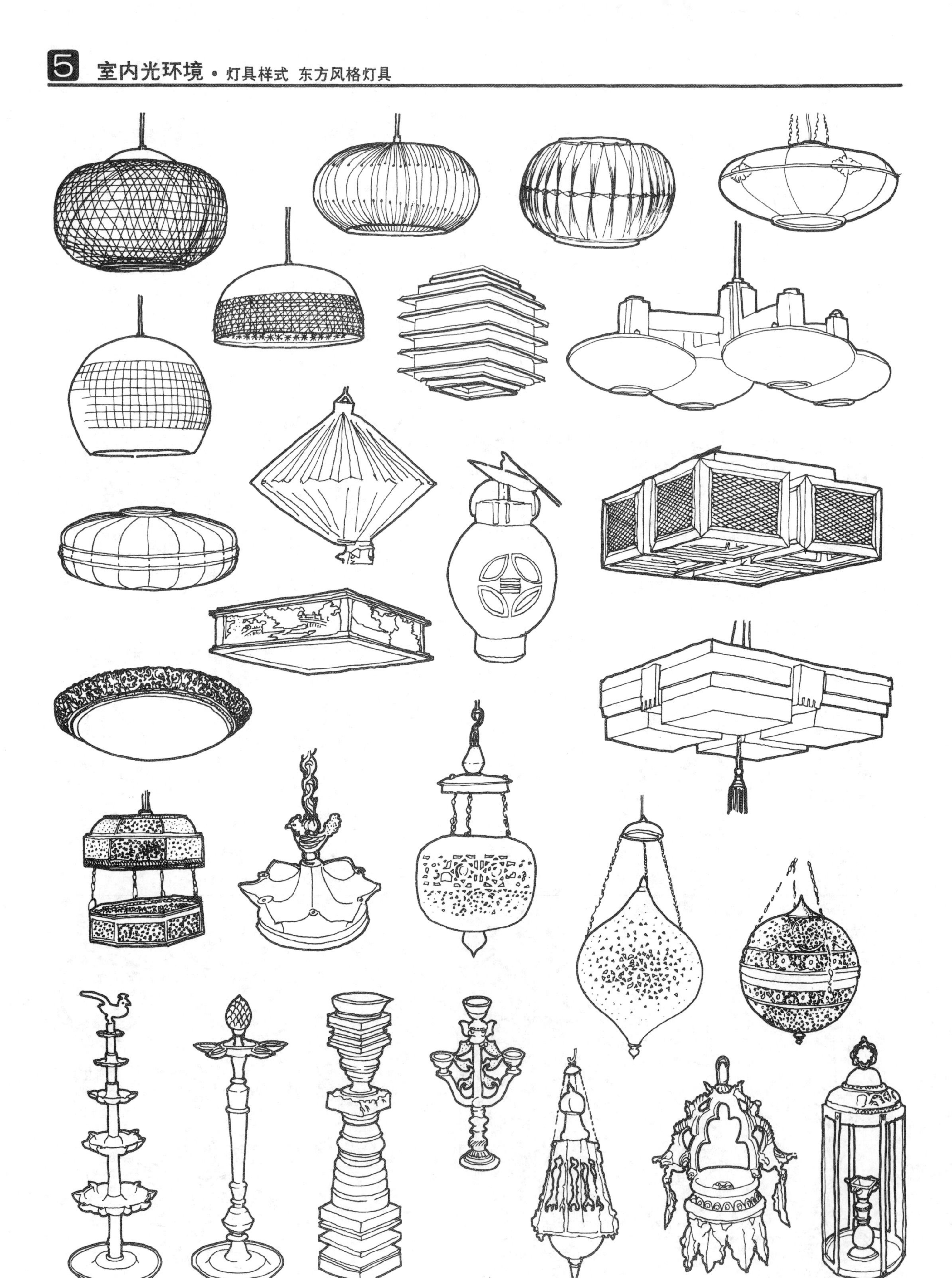

1 庭院壁灯

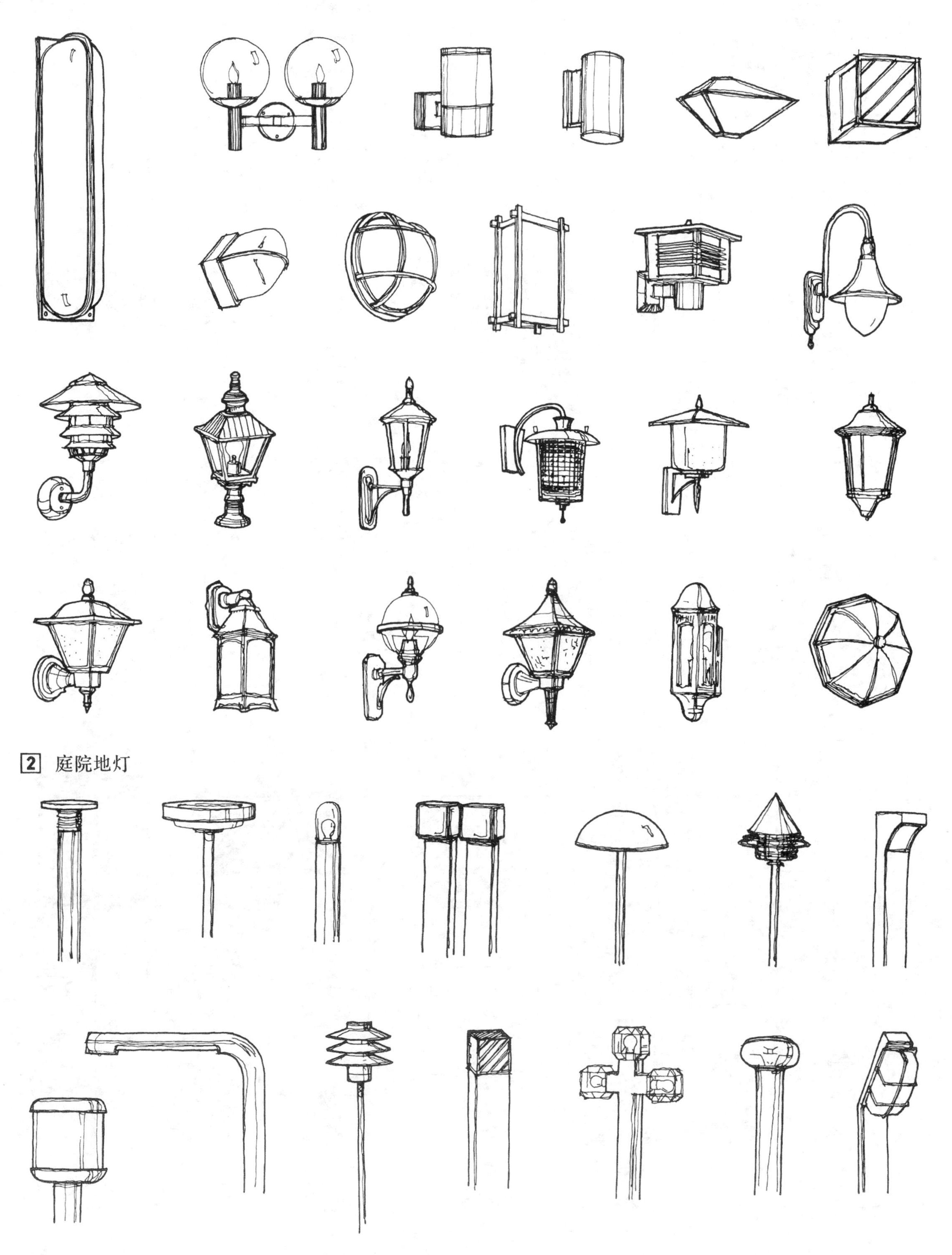

2 庭院地灯

1 反光灯槽距顶棚距离与保护角(α)

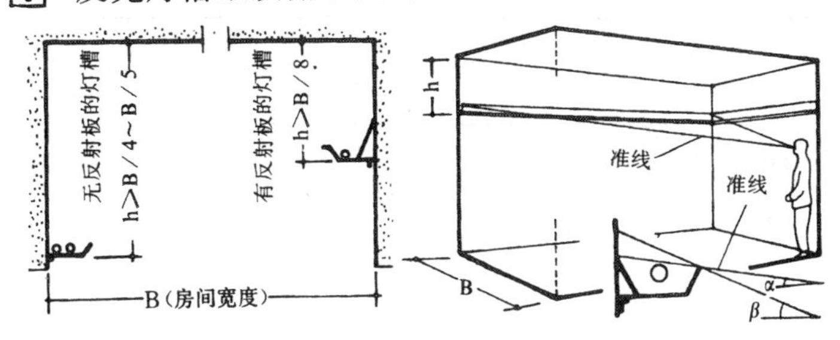

2 反光灯槽的结构

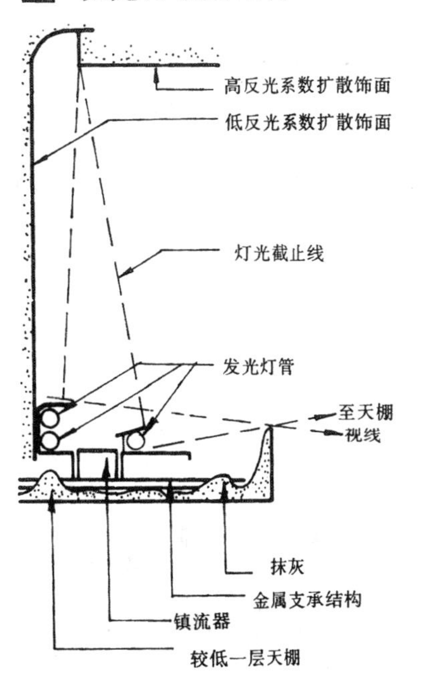

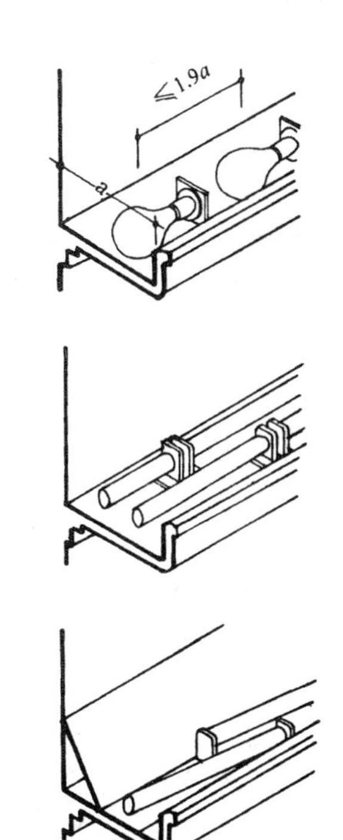

三种灯的装置形式

3 反光灯槽的形式

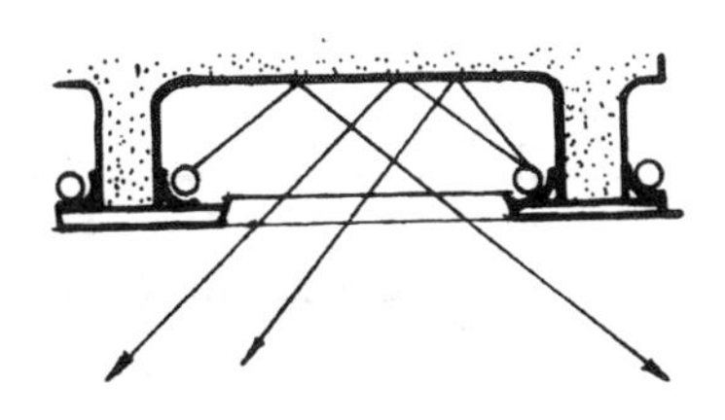

反射式光龛
利用梁间顶棚的反射，可使室内光线均匀柔和

半间接式带状光源
利用弧形顶棚的反射，能在一定范围内取得局部照明效果

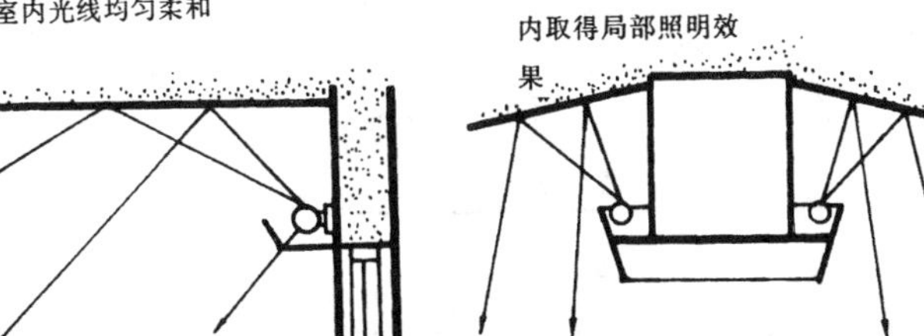

半间接式反光灯槽
用半透明或扩散材料作灯槽，可减小其与顶棚间的距离

综合照明装置
各类灯具互相组合，集中装设，较为经济适用

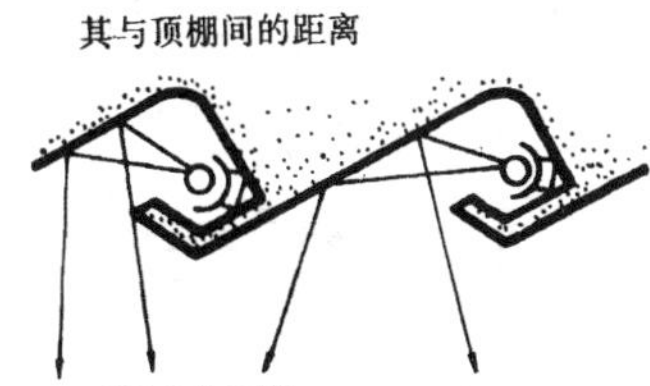

平行反光灯槽
灯槽开口方向与观众视线的方向相同时，可避免眩光

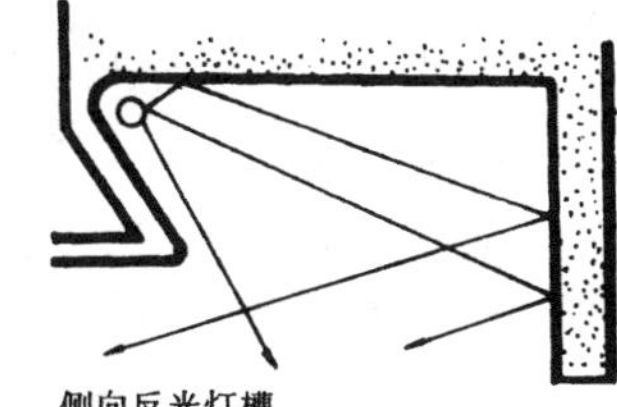

侧向反光灯槽
应用墙面的反射作成侧向面光源，发光效率一般较高

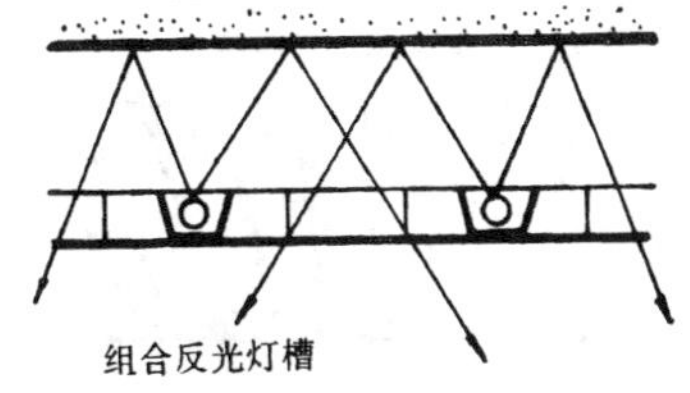

组合反光灯槽
将反光槽组成图案，可增加室内的高度感

半间接式吊灯
用顶棚的曲折面及线脚，分配反射光束，且有装饰效果

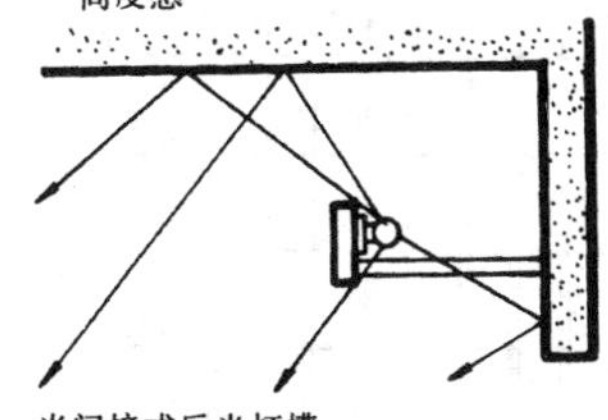

半间接式反光灯槽
用半透明或扩散材料作灯槽，可减小其与顶棚间的距离

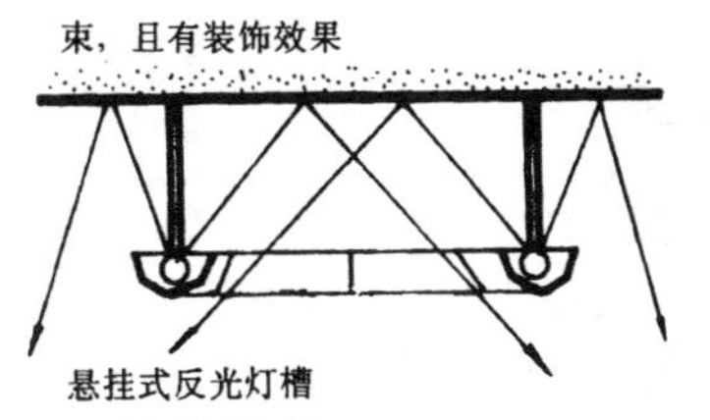

悬挂式反光灯槽
用悬挂的反光灯槽照亮顶棚，使顶棚成为光源

4 反光天棚 l/h 值

光槽形式	灯具类型		
	无反光罩	扩散反光罩	镜面灯
单边光檐	1.7～2.5	2.5～4.0	4.0～6.0
双边光檐	4.0～6.0	6.0～9.0	9.0～15.0
四边光檐	6.0～9.0	9.0～12.0	15.0～20.0

5 几种避免暗影的方法

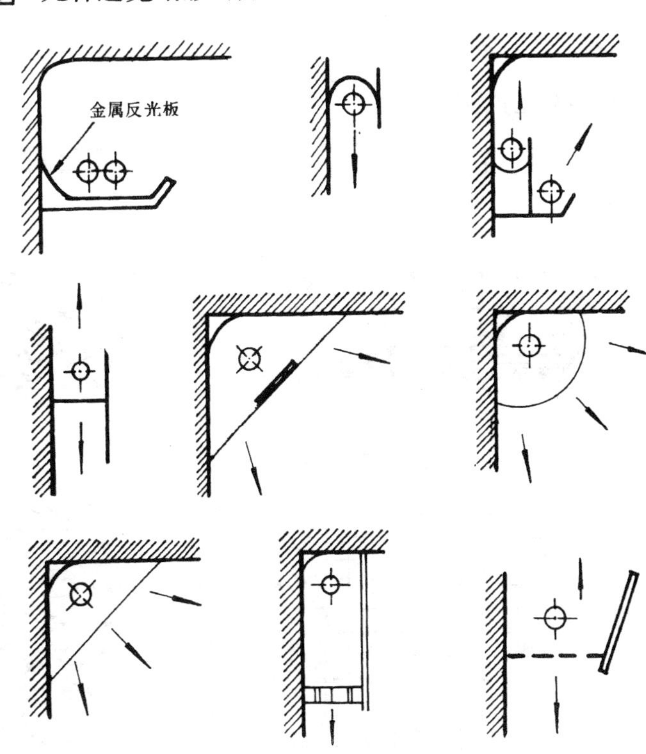

1 发光顶棚的一般构造

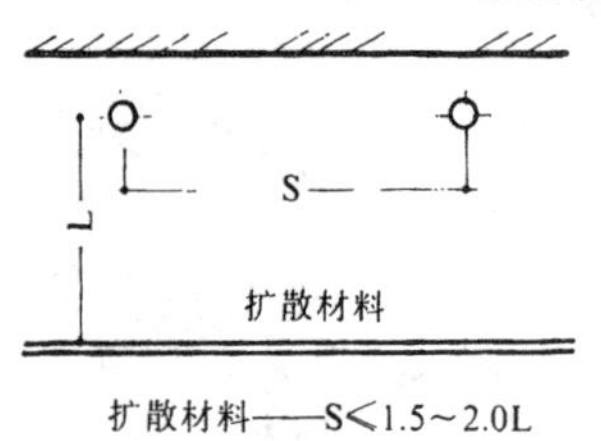

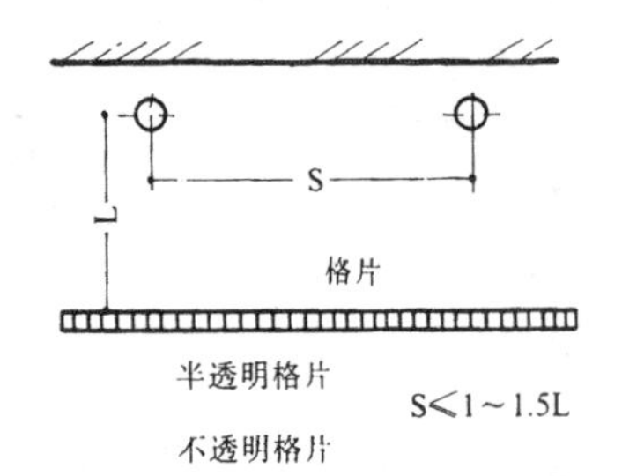

2 几种有代表性发光顶棚的构造

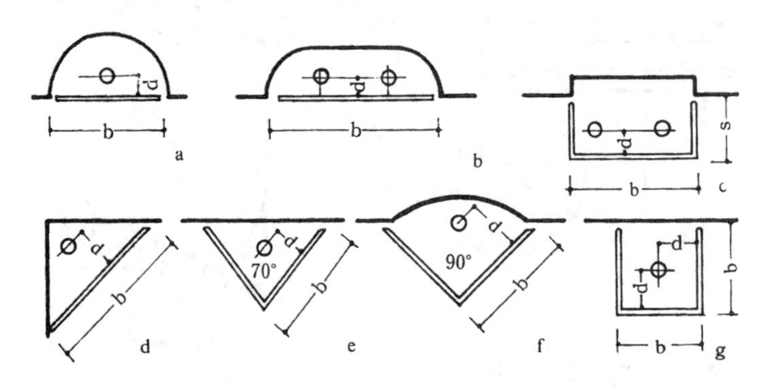

3 几种乳白玻璃发光顶棚的效率(%) (见2)

顶棚形式	a	b	c	d	e	f	g
d/b	0.67	0.33	0.37	0.4	—	0.5	0.5
L①/d	1.5	1.5	1.4	1.5	1.5	1.5	1.5
s/b	—	—	0.25	—	—	—	—
效率	49	51	63	54	76	65	74

注: ①相邻灯泡的距离。

4 整片发光顶棚中灯具与顶棚的最小距离 L (m)

灯具类型 ①	顶棚材料	顶棚的照度 (lx)				
		75	150	200	500	1000
露明荧光灯	乳白玻璃	2.7	1.4	1.0	0.4	0.2
	45°②×45°格片	6.7	3.3	2.5	1.0	0.5
露明白炽灯	乳白玻璃	0.8	0.6	0.5	0.3	—
	45°×45°格片	1.5	1.1	0.9	0.6	—
ОД型灯具(双灯的)	乳白玻璃	6.7	3.3	2.5	1.0	0.5
	45°×45°格片	12	6	4.6	1.9	0.9
万能型灯具	乳白玻璃	1.0	0.7	0.6	0.4	—
	45°×45°格片	1.5	1.1	0.9	0.6	—

注: 1.光源最小功率，白炽灯 60W，荧光灯 30~40W。
2.指正方形格片两方向的眩光保护角。

5 扩散材料所作发光顶棚的最大 S/L(见1)

灯具类型	$M_{max}/M_{min}=1.4$	$L_{max}/L_{min}=1.0$
深配光镜面灯	0.9	0.7
余弦式点光源(如万能型灯具)	1.5	1.0
均匀式点光源(如露明白炽灯) 余弦式线状光源(如ОД型灯具)	1.8	1.2
线状光源(如露明荧光灯)	2.4	1.4

注: B 为发光顶棚的亮度。

6 正方格片顶棚的发光效率 L_0/L(%)与亮度 B_0/B(%)①

d②	ρ③=90%		80		70		60		50		100	
b	M_0/M	L_0/L	M_0/M	L_0/L	M_0/M	L_0/L	M_0/M	L_0/L	M_0/M	L_0/L	M_0/M	L_0/L
0.5	64	42	60	36	56	30	52	24	49	19	68	50
0.75	55	41	49	34	44	27	39	22	36	17	61	50
1.0	49	40	42	31	36	25	31	20	28	15	57	50
1.25	44	38	37	29	31	23	26	18	22	13	55	50
1.5	41	37	33	28	26	21	22	16	18	12	54	50

注: ①M_0及L_0为格片上的面发光度及亮度。M及L为格片百页板的平面发光度及亮度。
②d为格片的高，b为格片长与宽，ρ为格片的反射率。

7 发光顶棚的形式

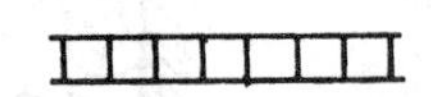

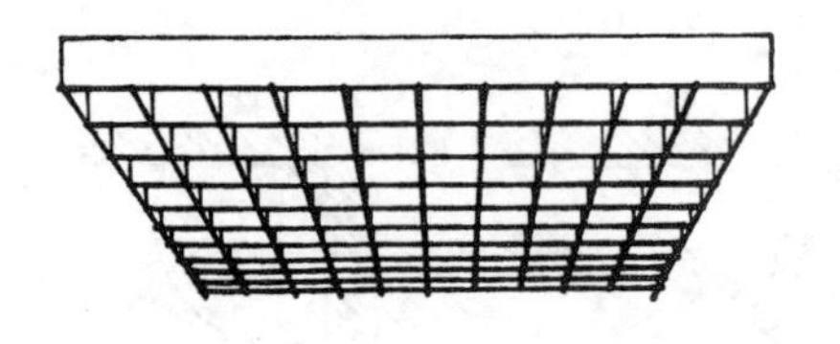
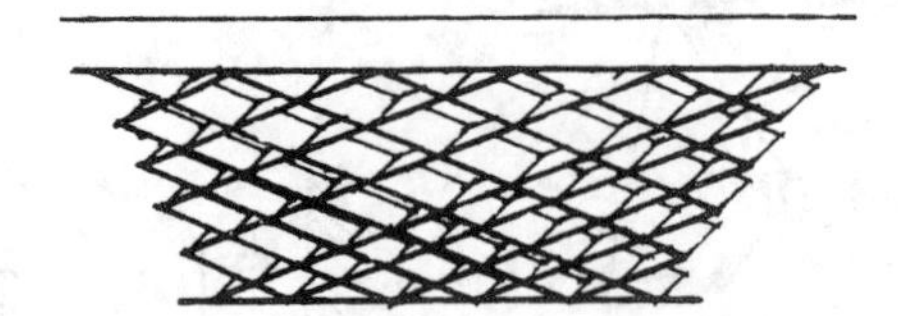
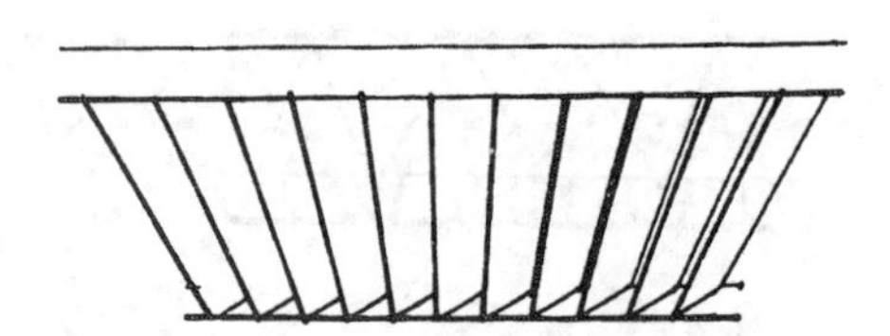
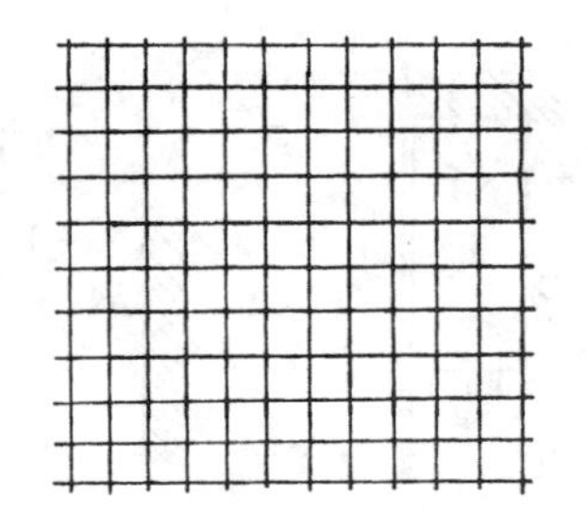
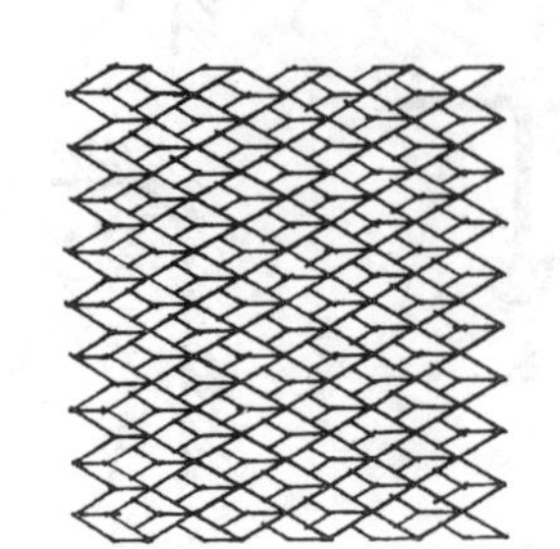
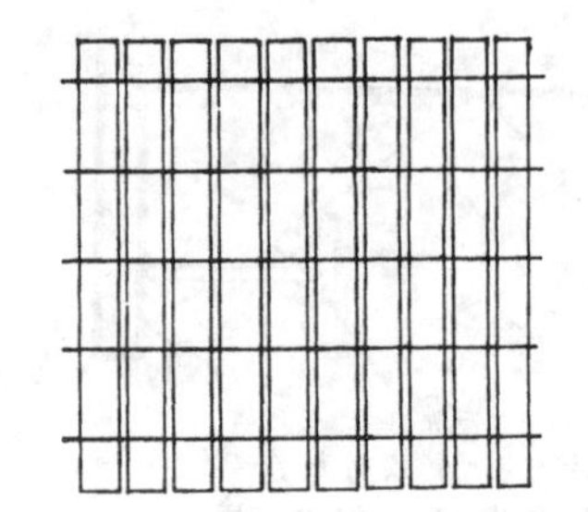

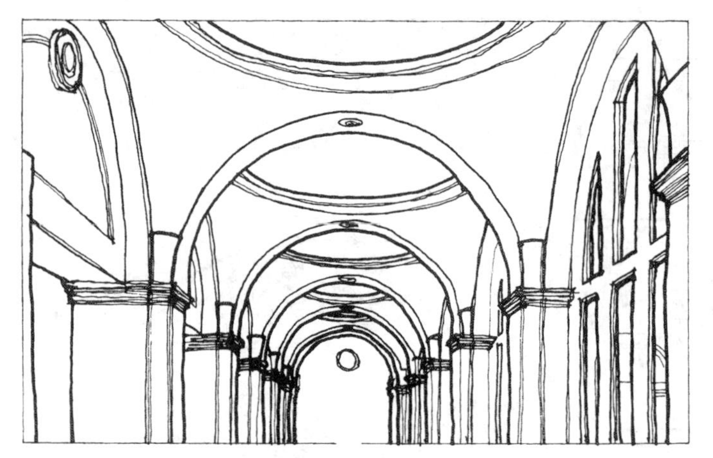

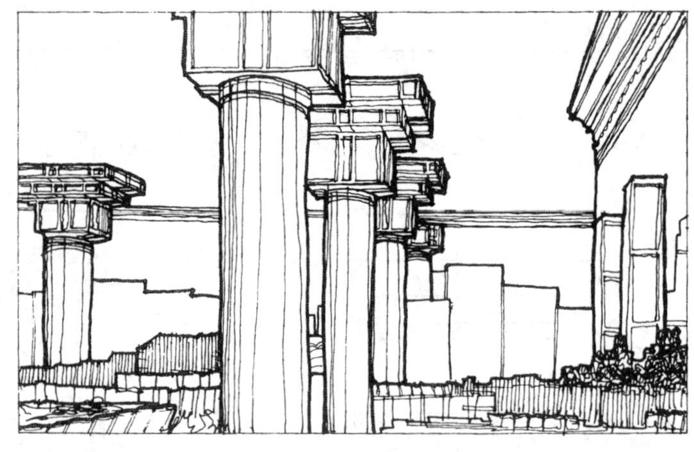

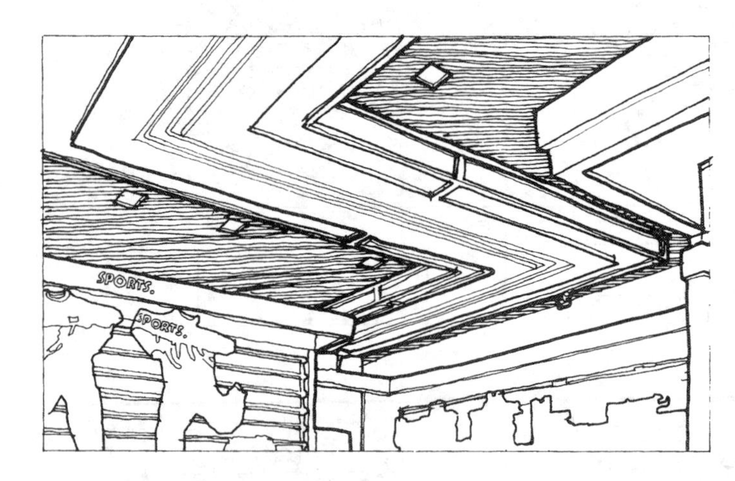
SPORTS.
SPORTS.

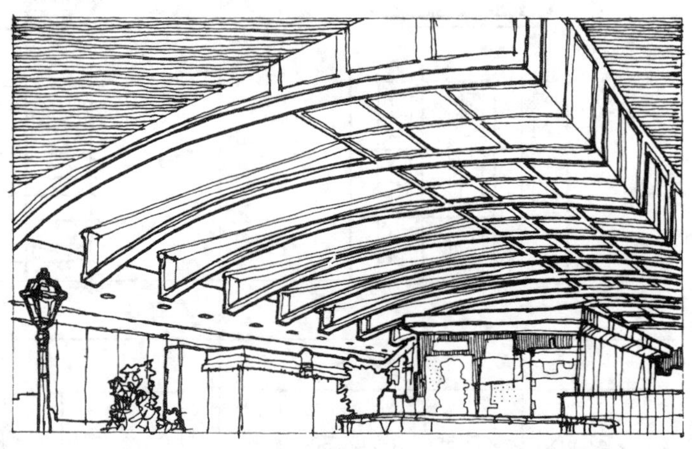

I 灯具安装

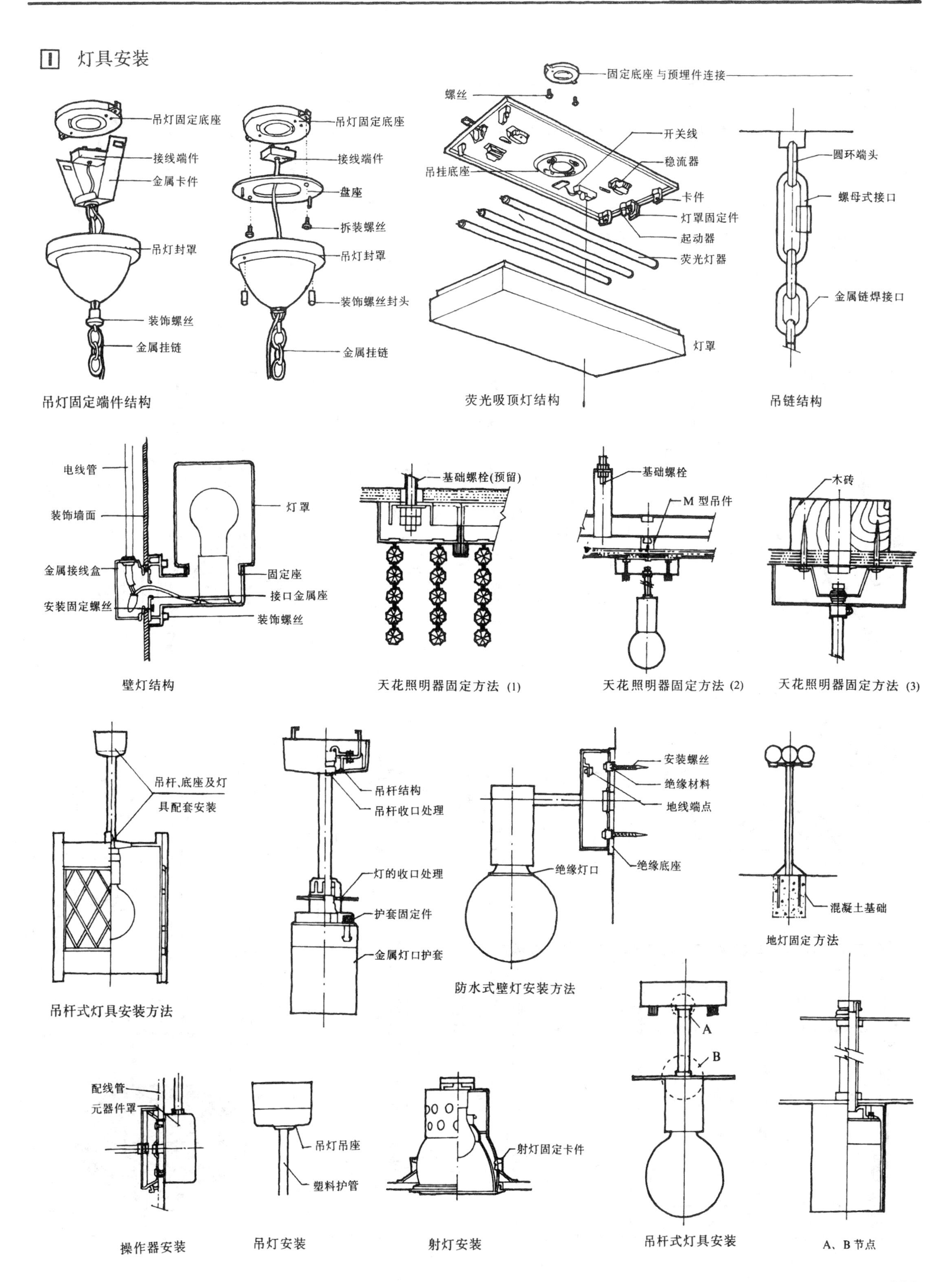

吊灯固定底座
接线端件
金属卡件
吊灯封罩
装饰螺丝
金属挂链
吊灯固定底座
接线端件
盘座
拆装螺丝
吊灯封罩
装饰螺丝封头
金属挂链
吊灯固定端件结构
固定底座与预埋件连接
螺丝
开关线
稳流器
吊挂底座
卡件
灯罩固定件
起动器
荧光灯器
灯罩
荧光吸顶灯结构
圆环端头
螺母式接口
金属链焊接口
吊链结构
电线管
装饰墙面
金属接线盒
安装固定螺丝
灯罩
固定座
接口金属座
装饰螺丝
壁灯结构
基础螺栓(预留)
天花照明器固定方法 (1)
基础螺栓
M 型吊件
天花照明器固定方法 (2)
木砖
天花照明器固定方法 (3)
吊杆、底座及灯具配套安装
吊杆式灯具安装方法
吊杆结构
吊杆收口处理
灯的收口处理
护套固定件
金属灯口护套
安装螺丝
绝缘材料
地线端点
绝缘灯口
绝缘底座
防水式壁灯安装方法
混凝土基础
地灯固定方法
A
B
配线管
元器件罩
操作器安装
吊灯吊座
塑料护管
吊灯安装
射灯固定卡件
射灯安装
吊杆式灯具安装
A、B 节点

2 调光照明应用范围

调光装置的规模	使　用　范　围
标准小型调光器	一般家庭的客厅、卧室及旅馆会客室，单人房间，小会议室，陈列室，陈列窗，旅馆门廊，酒吧间，饮茶店等
标准中、小型调光器	视听教室，会议室，宴会厅（大、中、小），饭店俱乐部，休息室，小酒店，一般办公室，研究室（测量仪器室），特殊工厂用调光，广告灯等
大型调光装置	市民会馆等舞台，舞厅，剧场，电视演播室，电影演播室等

几种插头的形式

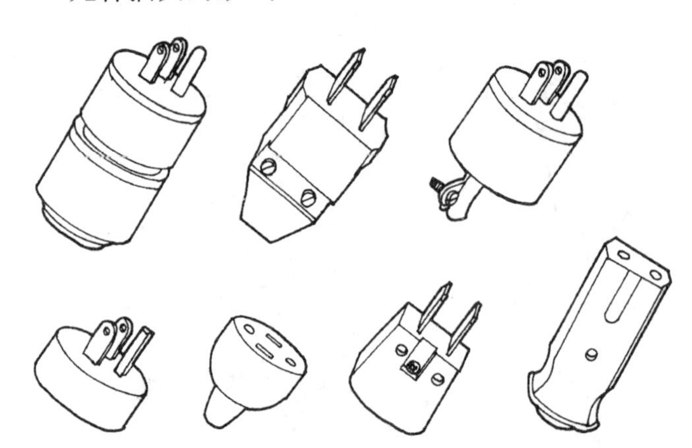

3 电器配线方法

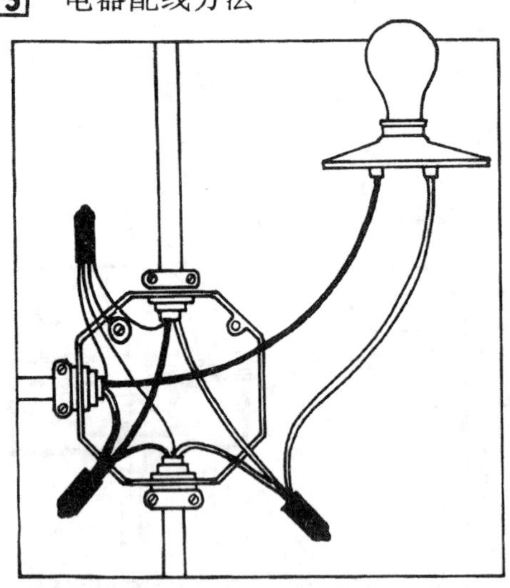

开关、灯头与其它设备的分线方法

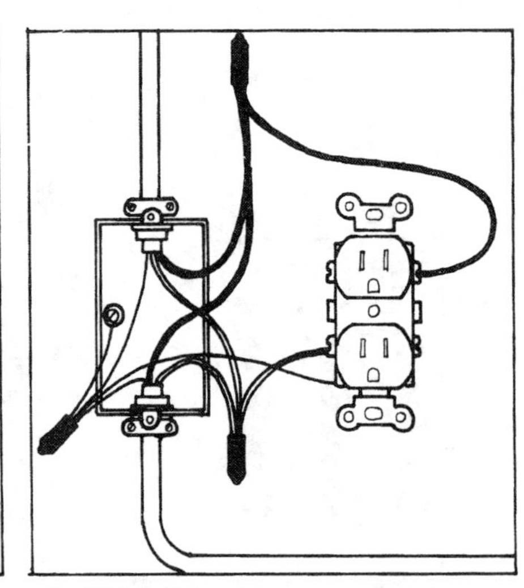

电源插座的接线方法

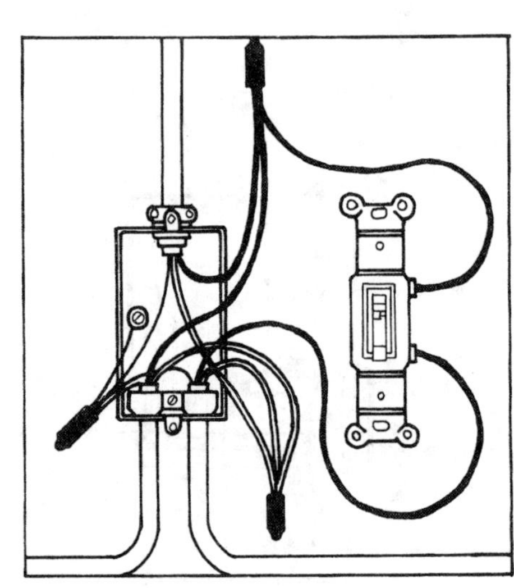

开关的接线方法

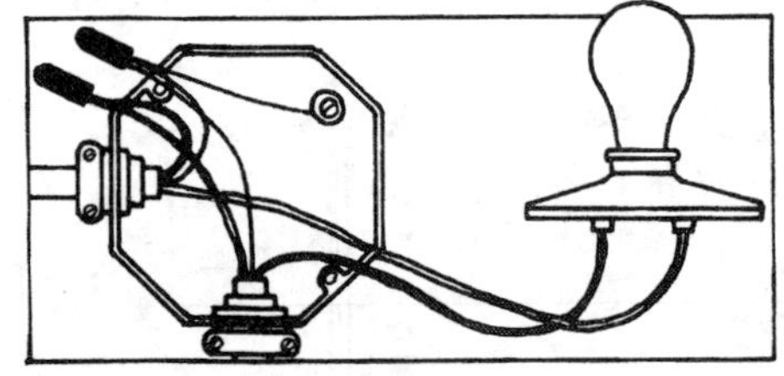

两线并接的方法

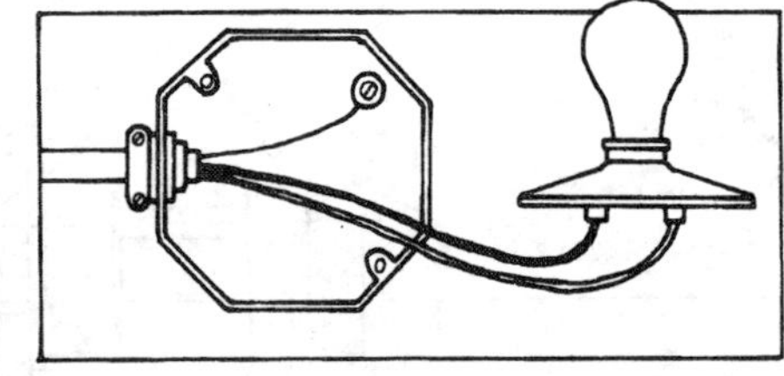

将地线接在地线螺丝上

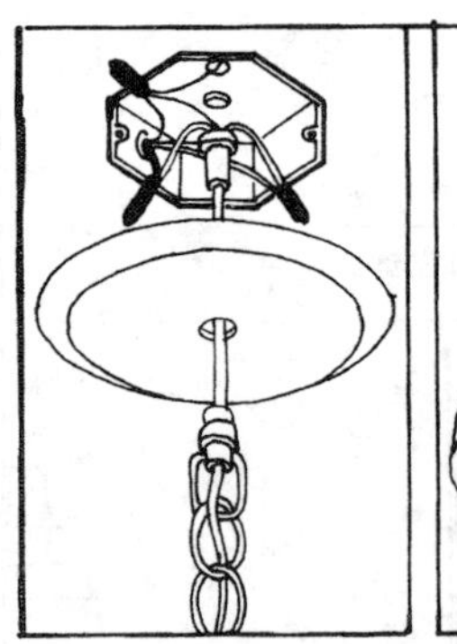

吊灯盘座内的接线方法

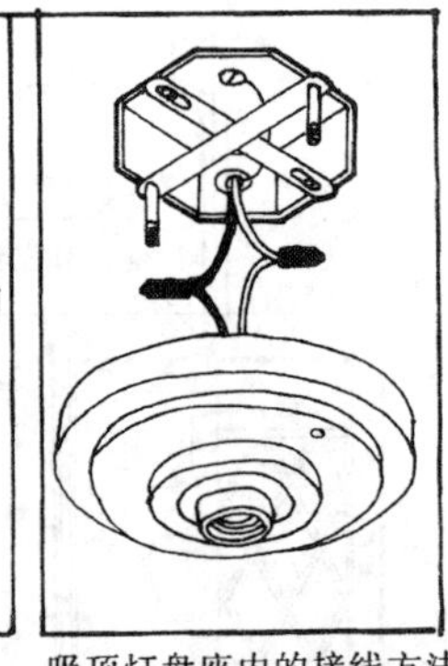

吸顶灯盘座内的接线方法

4 设计图表现方法

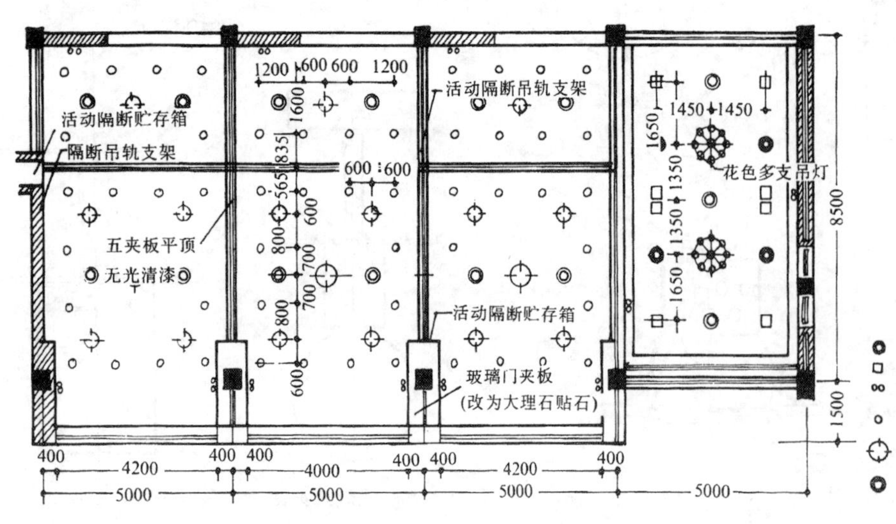

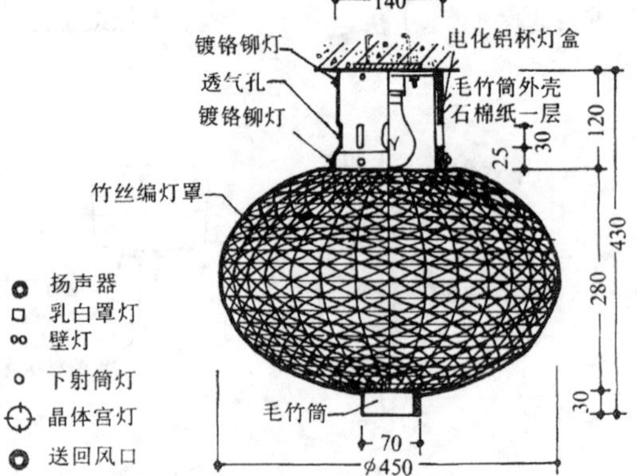

1 指示灯种类及其尺寸

表 1

种类			长边的长度 (cm)	长边和短边之比
避难口指示灯 室内通路指示灯	指示避难口或其方向,产生有助于避难的照度 设在室内的避难道路和宽敞处的指示灯，以指示避难的方向，产生对避难有效的照度	小型 中型 大型	36 以上 50 以下 50 以上 100 以下 100 以上	从 1 : 1 到 5 : 1 (规定短边的最小长度为 12cm)
走廊通路指示灯	设在变成避难通路走廊的道路指示灯，以指示避难的方向，产生对避难有效的照度	小型 中型 大型	25 以上 33 以下 33 以上 50 以下 50 以上	从 1 : 1 到 5 : 1 (规定短边的最小长度为 8cm)

2 指示灯的色彩及形式

表 2

种　　类	避难口的方向指示箭头及图形	文字	底色
避难口指示灯	白色	白色	绿色
室内通路指示灯、走廊通路指示灯	绿色	绿色	白色

6 标志灯牌的形式

标志灯牌起标志功能空间的方向及位置的作用。标志牌可以灯箱的形式制做，或用射灯进行局部照明，局部照度要高于环境照度，色彩要突出。

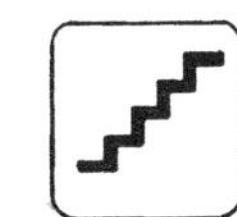

7 楼梯安全照明

将照明灯具安装在栏杆扶手内

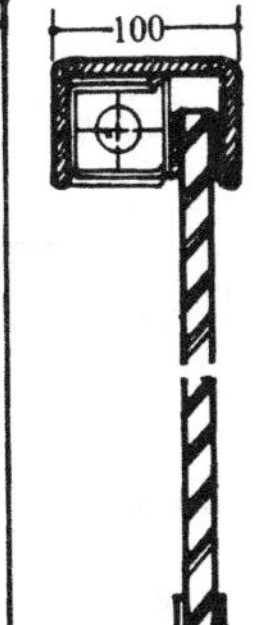

扶手照明剖面

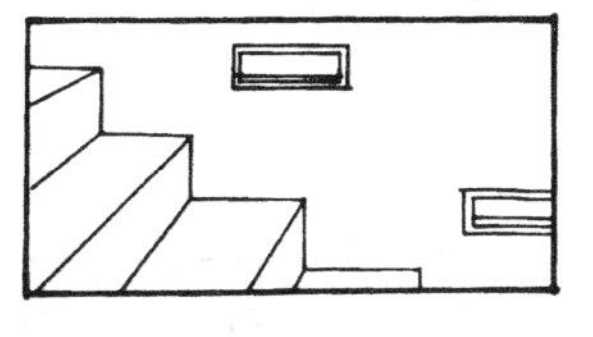

将照明器安装在楼梯踏步一侧的墙上

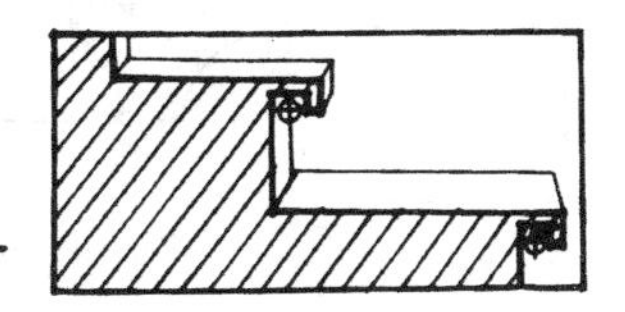

将照明器安装在楼梯踏步内

3 走廊通路指示灯的指示面积

表 3

种类	从墙壁到指示灯的指示面积的距离(cm)	
小型 中型 大型	1 以上 2 以上 3 以上	6 以下 8 以下 10 以下

4 安装指示灯应注意的事项

1.指示灯的种类和指示面积的大小如表 1。

2.避难口指示灯的颜色如表 2。

3.安装在墙壁上的通路指示灯，从墙壁到该指示灯的指示面积的距离如表 3。

4.电源由以下方面决定:

①电源是蓄电池或室内的交流低压干线，在通到电源的配线途中，从没有别的配线分叉的地方取。

②开关要用指示灯专用的开关。

5.指示灯要安装非常电源。以蓄电池作非常电源时，要使其容量能让该设备有效地工作 20 分钟以上。

6.配线应考虑以下规定:

①指示灯的引出线和室内配线直接连接。

②在指示灯的回路中，不设置分开关（藏在指示灯的蓄电池设备内或者用三线式配线经常充电的分开关除外)。

7.避难口指示灯的亮度，在直线距离 30m 的地方，指示面积内的文字和色彩应该很容易识别。

8.设置在地面的通路指示灯，要有加上重物也不被破坏的强度。

9.指示灯必须符合消防规定的标准。

5 指示灯设置位置

1.避难口指示灯设置在防火对象或该避难口的上部。

2.避难口指示灯，设置在离避难口下面的高度为 1.5m 以上的地方。

3.通路指示灯设置在防火对象或该走廊、楼梯和有别的避难设备的通路等处，使该地方的照度有助于避难。

4.通路指示灯要根据以下规定设置:

①亮度，从通路指示灯的正下方离地面 0.5m 处测量为 1lx 以上。

②设置在离地面高度为 1m 以下的地方。

③除了设置在楼梯或倾斜道路的指示灯外，在每层中，从该道路或走廊的各部分到一个道路指示灯的步行距离在 10m 以内处和拐弯处，都要设置。

④设置在不妨碍通行处。

5.观众席指示灯，在0.2lx 以上。

1 各房间照度标准

照度(lx)：2000、1500、1000、750、500、300、200、150、100、75、50、30、20、10、5、2、1

房间	照度区段（自高至低）
居室	手工艺 裁缝 / 读书 化妆① 电话② / 团聚 娱乐② / — / 一般照明 / —
书房	—学 / 学习 读书 / — / 一般照明 / —
儿童室 学习室	— / 学习 读书 / — / 游戏 / 一般照明 / —
食堂 厨房	— / 餐桌 烹调台 水槽 / — / 一般照明 / —
卧室	— / 读书 化妆 / — / 一般照明 / — / 深夜
家务室 工作室	手工艺 裁缝 缝纫机 / 工作 / 洗涤 / 一般照明 / —
浴室 更衣室	— / 刮胡须① 化妆① 洗脸 / — / 一般照明 / —
厕所	— / 一般照明 / — / 深夜
走廊 楼梯	— / 一般照明 / — / 深夜
贮藏室	— / 一般照明 / —
正门(内侧)	— / 镜子 / 脱鞋 放装饰品的台架 / 一般照明 / —
门、正门(外侧)	— / 名牌、门牌 信箱 电铃 / — / 通道 / —
车库	— / 清扫检查 / — / 一般照明 / —
庭院	— / 院内集会场所用餐 / 阳台 一般照明 / — / 通道 / — / 防犯

注：1.主要规定人物的垂直照度。
2.浏览书籍可看作娱乐。
3.其它场所的也按此标准。
4.按各场所的使用目的，最好一般照明与局部照明并用。居室、接待室、卧室最好能调光。

2 门厅、卫生间照明

门厅是进入建筑内部给人以最初印象的地方，因此要明亮。灯具的位置要考虑安置在进门处和深入室内的交界处附近。要避免来访者脸上出现阴影。在柜上或墙上设灯，会使门厅内有宽阔感。卫生间需要明亮柔和的光线。顶灯避免安装在锅炉或蒸汽直接笼罩的浴缸上部。灯具应选用防湿或不易生锈而易清扫的类型。厕所是开关频繁的空间，应用白炽灯。灯具装在便器前上方。

凡例(照明器、配线器具符号)

- CL 吸顶灯
- 暗装式下射灯
- B 壁灯
- P 软线吊灯
- TS 地灯
- TS 台灯
- •3 三路开关
- • 开关
- 三路线
- E 插座
- TV 电视

40W

40W

卫生间照明实例

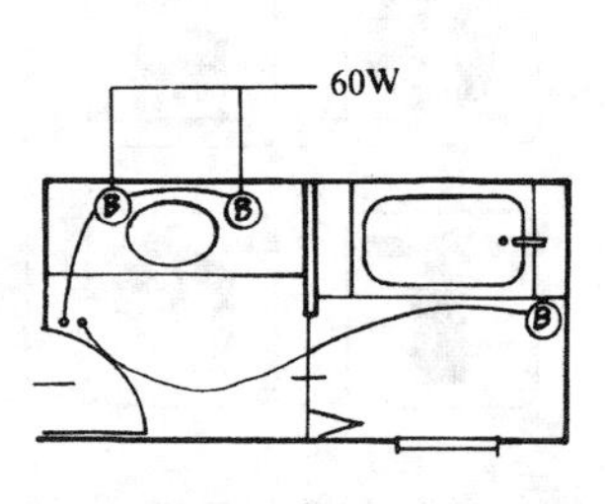

卫生间照明实例

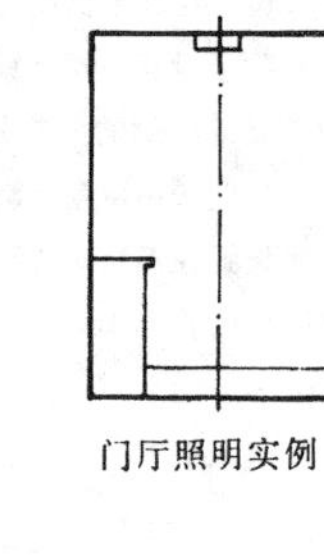

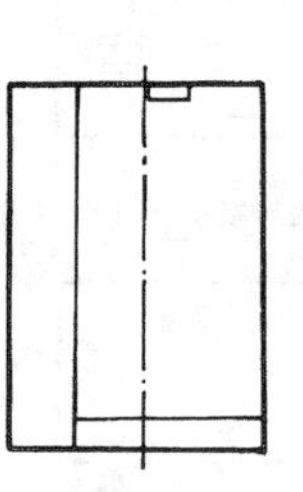

门厅照明实例

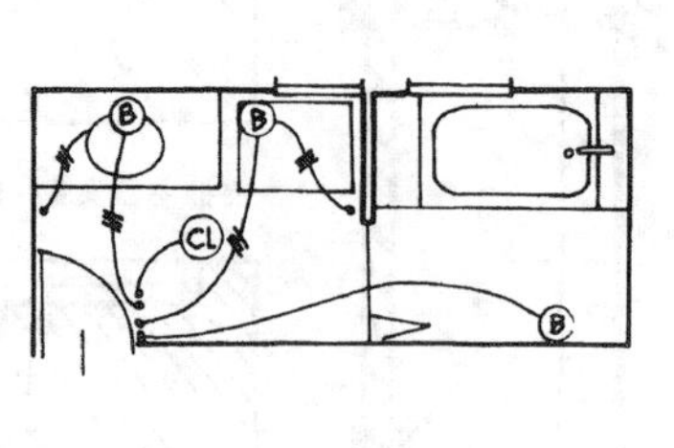

卫生间照明实例

卫生间照明实例

3 餐厅及起居室照明

餐厅局部照明要采用悬挂式灯具，以突出餐桌的效果为目的。同时还要设置一般照明，使整个房间有一定程度的明亮度，显示出清洁感。在餐厅兼厨房的情况下，最好选用设计得尽量富有功能性而且造型简单的类型。起居室是在多功能方面使用，因此照明设计要与室内装饰协调，还要考虑到家庭成员的行动路线来布置灯具，要根据面积和功能区域有效地布置地灯和台灯。灯具要选用具有装饰性、稳定性，而坚固的灯具。

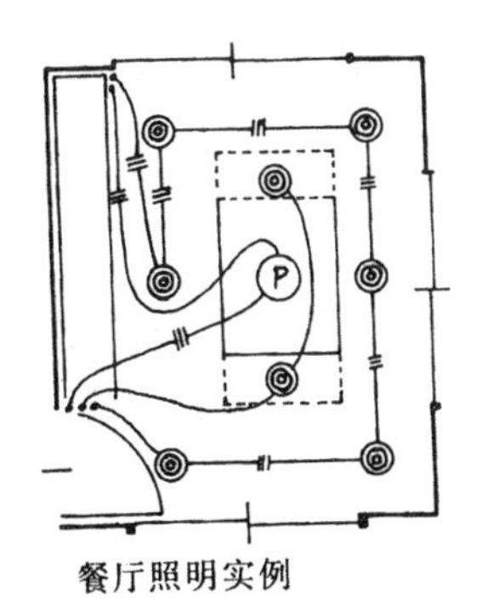

餐厅照明实例

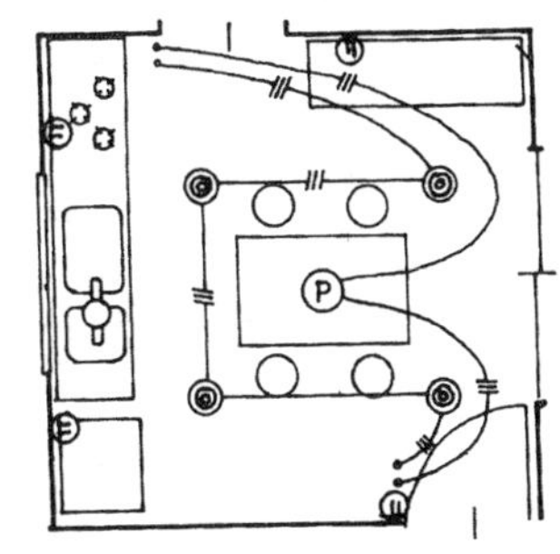

餐厅兼厨房照明实例

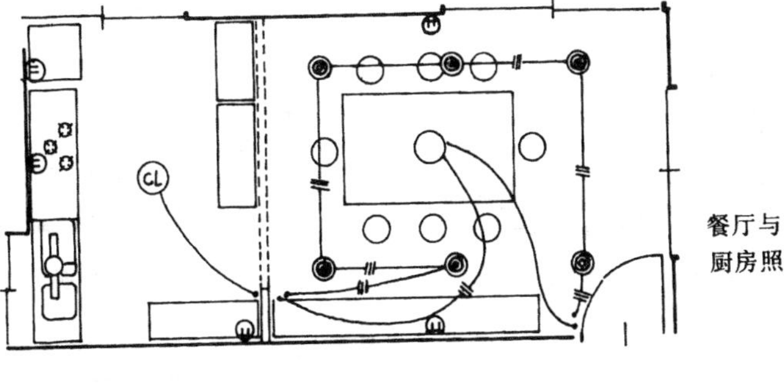
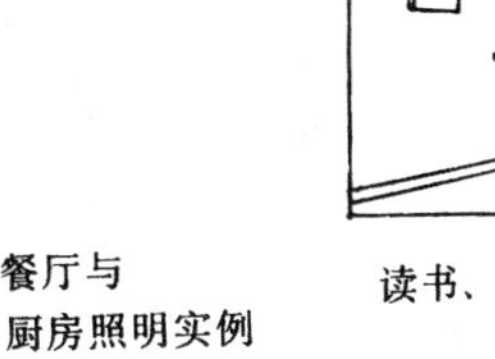

餐厅与厨房照明实例

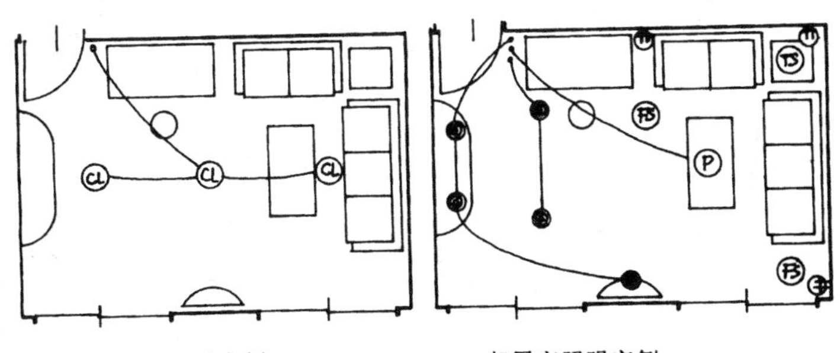
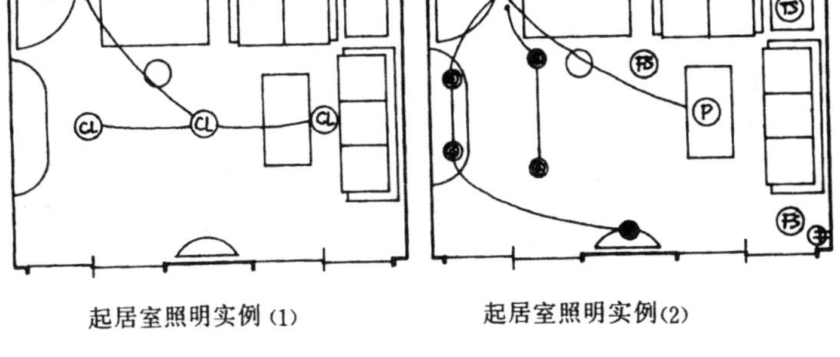

起居室照明实例(1)　　起居室照明实例(2)

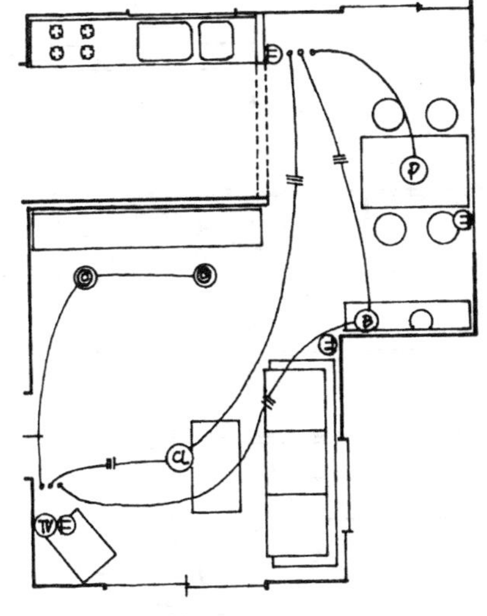

起居室兼餐厅照明实例

起居室照明实例

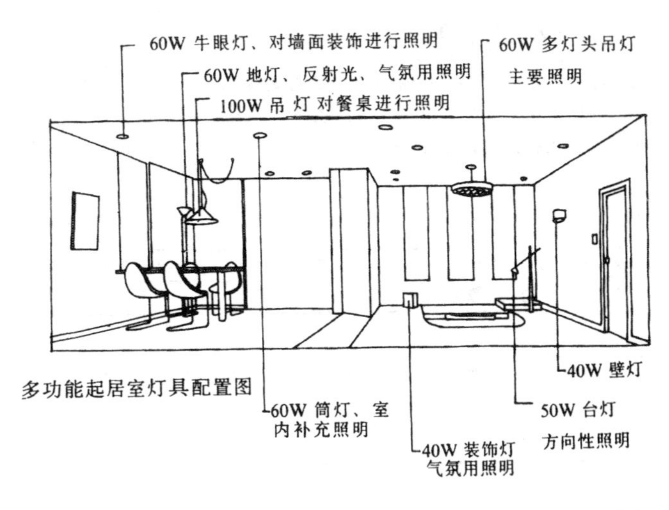

多功能起居室灯具配置图

以下4图为在不同使用功能的情况下，各光源的发光效率，没有百分比的为不开灯。

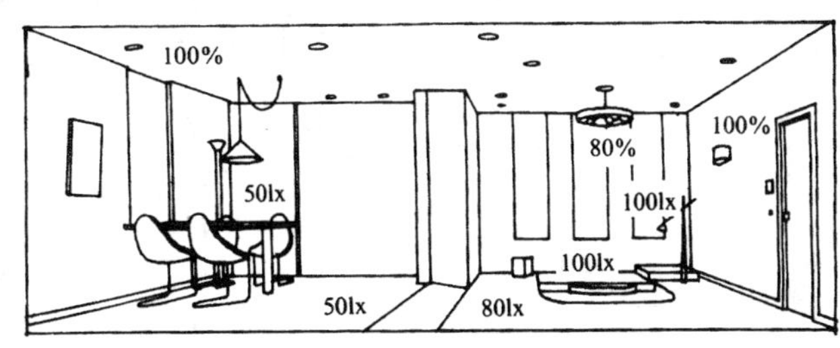

读书、休息的光环境

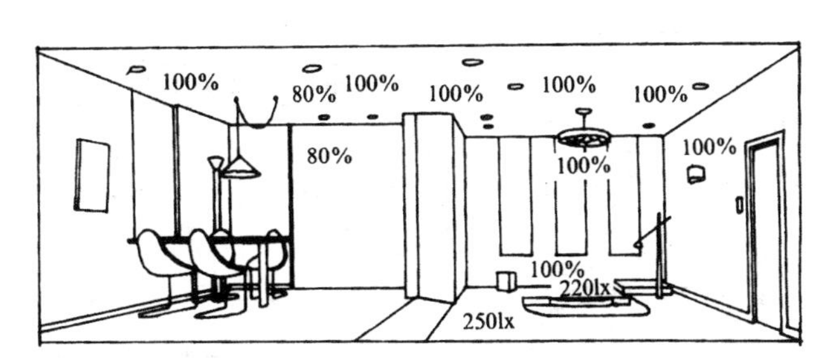

交谈、小型娱乐的光环境

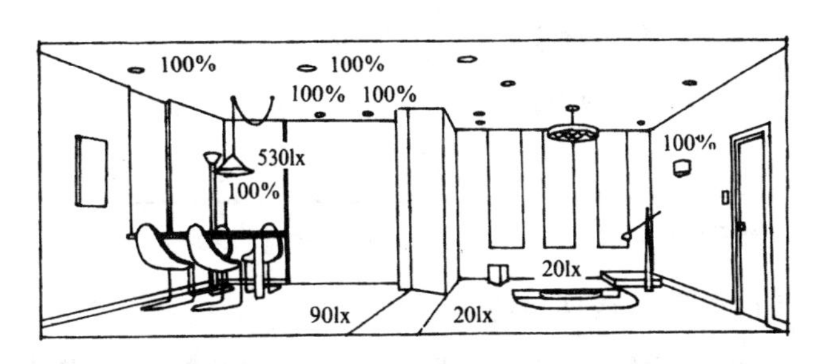

进餐的光环境

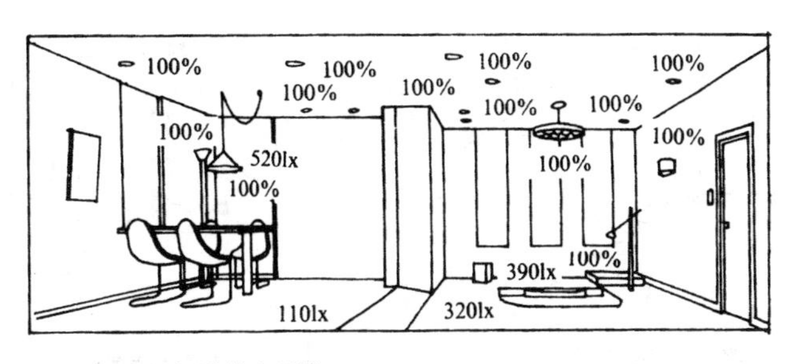

大型聚会、娱乐的光环境

4 卧室及书房照明

卧室选择眩光少的深罩型或乳白色半透明型照明器，增设落地灯或壁灯创造出宽绰舒闲的空间，可在入口和床旁设三路开关。工作室除台灯，还要设置一般照明，减少室内亮度对比，避免疲劳。

台灯类型表

按照桌面照度的区分	按照灯的电力区分	按照型式的区分
AA型 A型 一般型	普通型 高照度型	移动型 固定型

台灯照度表

按照桌上照度的类型	照 度 (lx)	
	桌灯前面半径50cm的1/3圆周上	桌灯前面半径30cm的1/3圆周上
A型 AA型	150以上 250以上	300以上 500以上

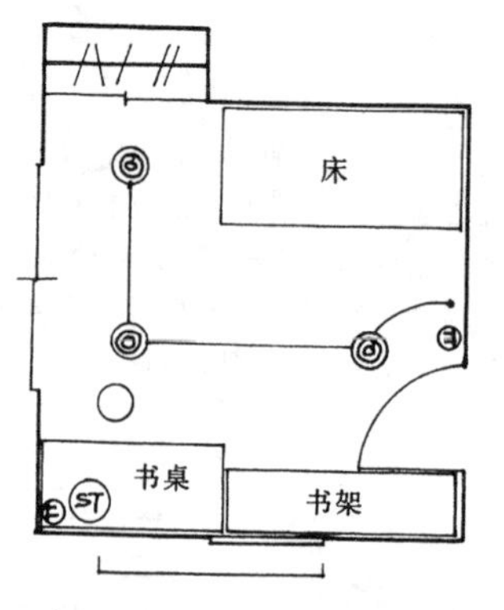

卧室兼工作室照明实例 (1)

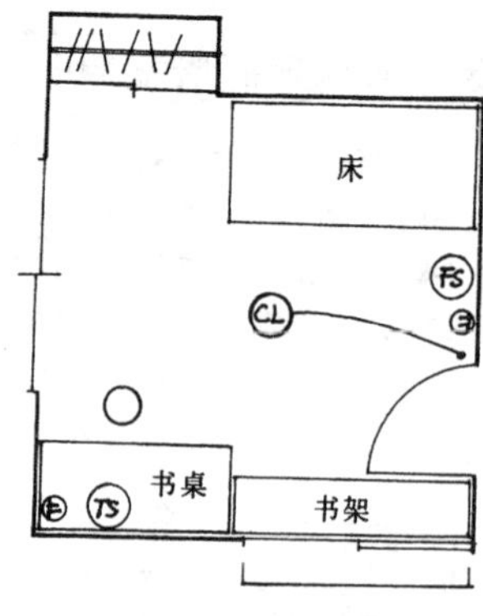

卧室兼工作室照明实例 (2)

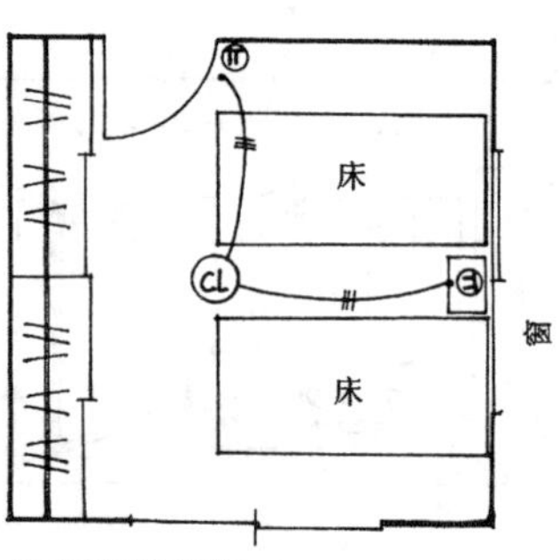

卧室照明实例（窗部采光）(1)

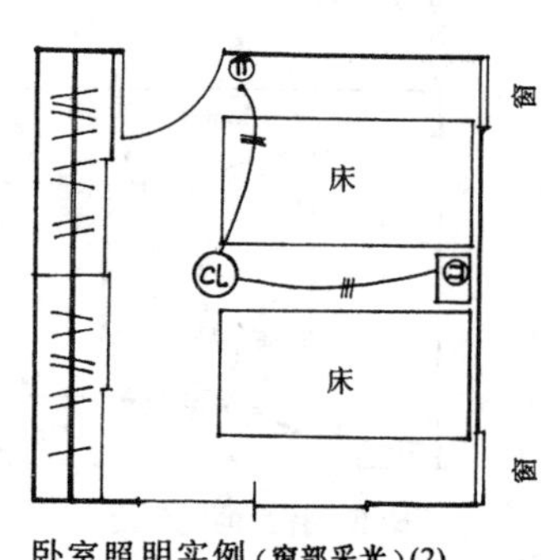

卧室照明实例（窗部采光）(2)

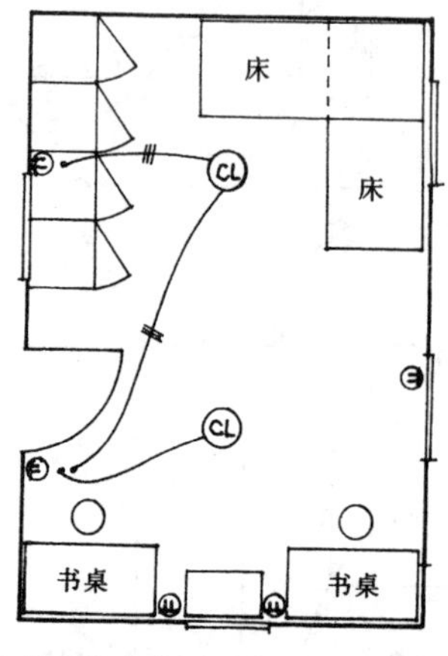

儿童卧室兼活动室照明 (1)

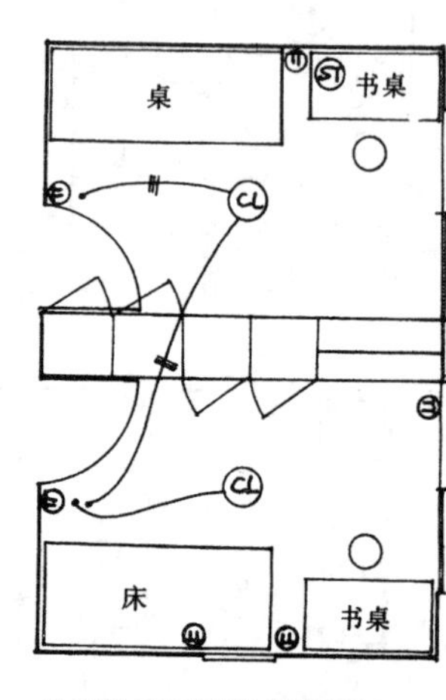

儿童卧室及活动室照明 (2)

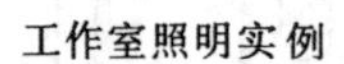
工作室照明实例

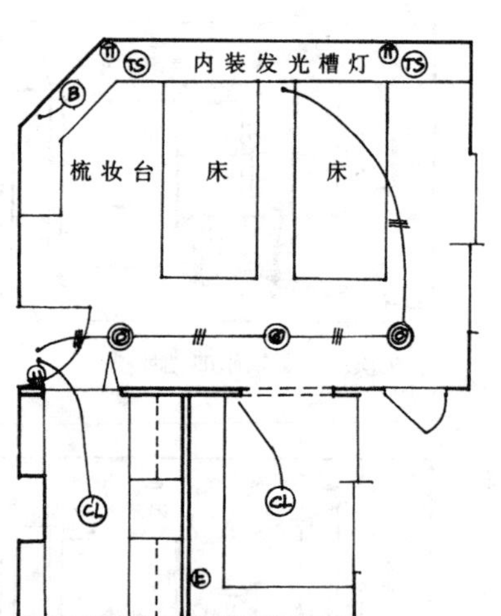

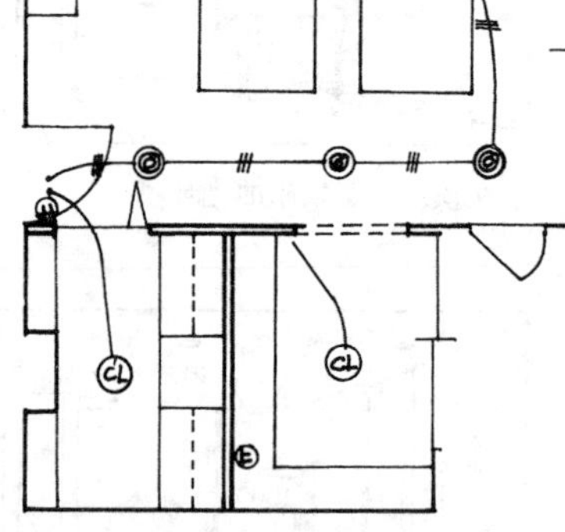
卧室及工作室照明实例

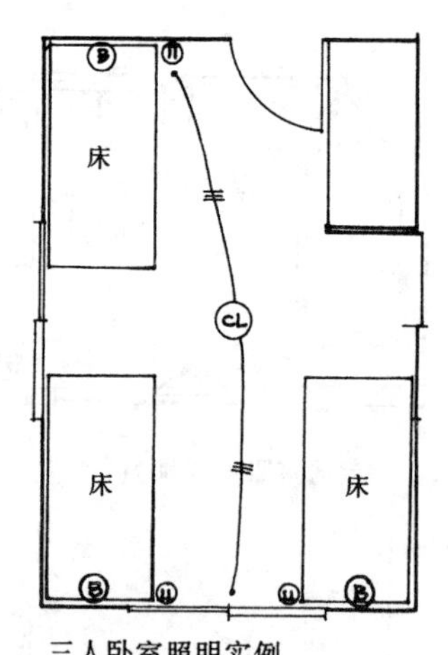

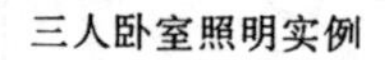
三人卧室照明实例

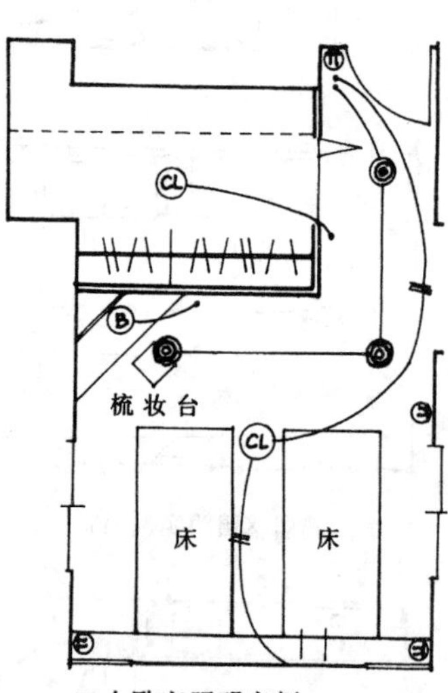

二人卧室照明实例

5 通道、楼梯照明

走廊内的照明应安置在房间的出入口、壁橱，特别是楼梯起步和方向性位置，设置吊灯时要使照明下端距地面1.9米以上。楼梯照明要明亮，避免危险。

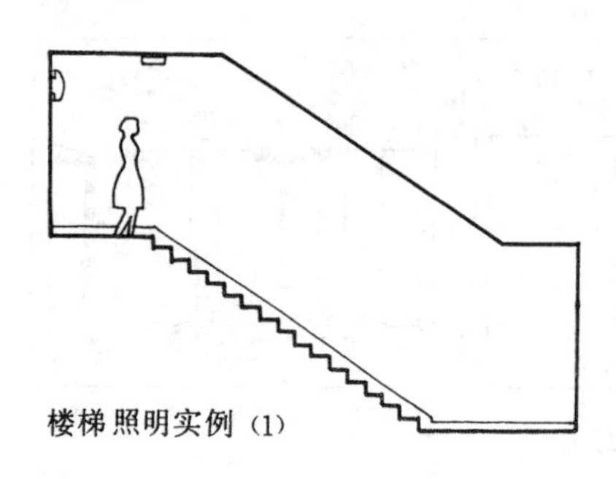
楼梯照明实例 (1)

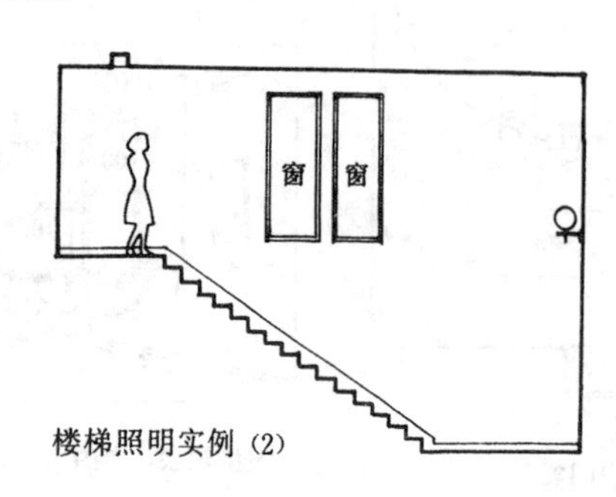

楼梯照明实例 (2)

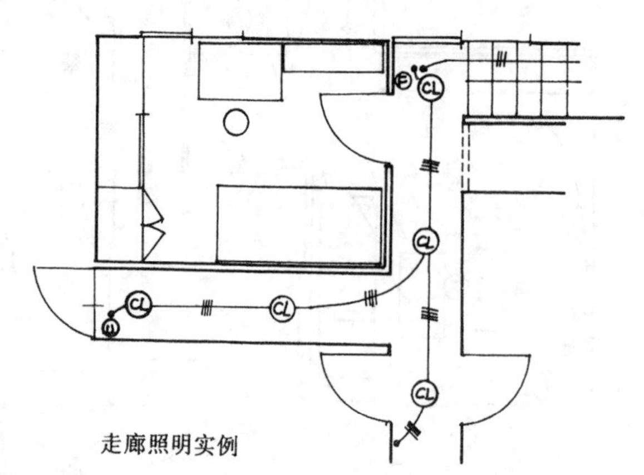
走廊照明实例

1 眩光与实际感觉

眩光指数	实际感觉
19 以下	非常好，特殊用途
19	好
22	稍好
25	介于稍好稍差之间
28	稍差
31	差

2 照明器与眩光

1 外露形照明器：
随房间进深的增大，眩光也变大

2 下面开敞型照明器：
与上一型有同样倾向

3 下面开敞型半截光照明器：
（带遮光罩，保护角 15°）眩光增加不多，当眩光程度在"好～稍好"时，非常适用于办公室等的一般室内照明

4 镜面型截光照明器（带遮挡）：
眩光最少，适用于对眩光限制有特殊要求的场所

5 镜面型截光照明器（不带遮挡）、带棱角镜板型照明器：均具有限制眩光的效果

6 带塑料格片、金属格片的照明器：
均有限制眩光的效果，但灯具效率低

3 办公室照度标准

照度(lx)	场所		工作
2000～1500	—		设计 制图 打字 计算 按键穿孔
1500～750	办公室 a①、营业室、设计室、制图室、门厅（白天）②		
750～500	—	办公室 b、职员室、会议室、印刷室、电话交换室、电子计算机室、控制室、诊疗室、电气室和机械室等的配电盘、仪表盘、传达室	
500～200	集会室、接待室、等候室、食堂、厨房、文娱室、休息室、守卫室、门厅（夜晚）、电梯厅		
300～150	书库、工作室、金库室、电气室、礼堂、机械室、电梯间	— （300～200）	
200～150	—	洗衣房、开水房、浴室、走廊、楼梯、洗脸室、厕所（200～100）	
150～75	茶室、休息室、值班室、更衣室、仓库、正门（台阶）	— （100～75）	
75～30	室内事故用楼梯		

注：①精细视觉工作以及由于天然光影响，室外明亮而室内感到暗时。最好采用 a 的情况。
②在门厅，眼睛适应着几万勒克斯的白天的室外天然光照度，因而厅内看起来暗。故希望门厅的照度高。再者，门厅的照明在夜间和白天宜按分挡开关进行调节。

4 亮度比的推荐值

	办公室
工作对象与周围之间（例如书与桌子之间）	3 : 1
工作对象与离开它的表面之间（例如书与地面或墙壁之间）	5 : 1
照明器或窗与其附近之间	10 : 1
在普通的视野内	30 : 1

5 室内反射系数的推荐值

	反射系数推荐值
顶棚	80%(80～90%)
墙壁	50%(40～60%)
桌子、工作台、机械	35%(25～45%)
地面	30%(20～40%)

6 工作照明处理方法

1 墙面照明用暗装式照明器（空间主要照明，重点照明）

2 墙面照明用吸顶式照明器（空间辅助照明，重点照明）

3 隐蔽光源的顶棚面照明用照明器

4 墙面照明用顶棚暗装式照明器（空间主要照明）

5 个人房间用工作照明（光源可动）

6 宽阔办公室用工作面照明（光源可动，向上照明兼用）

7 顶棚照明用可动照明器（稍暗的空间照明）

8 档案柜用照明

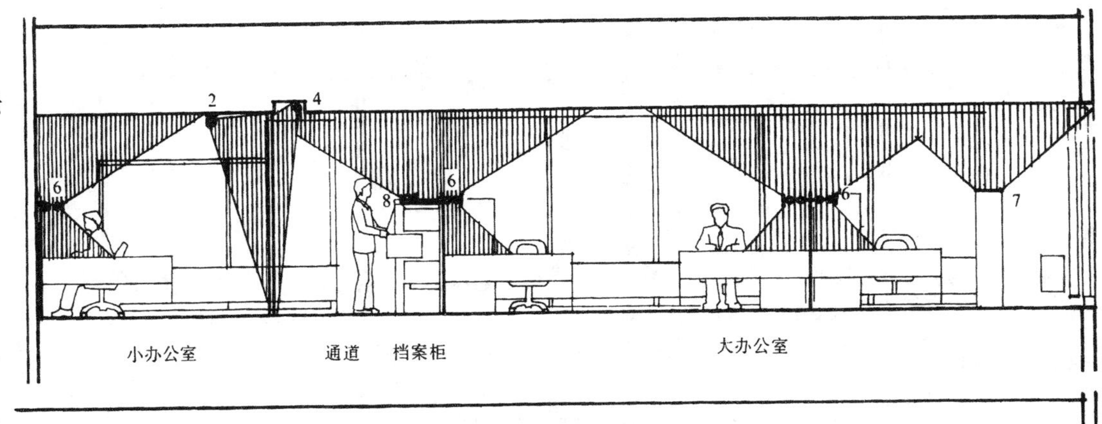

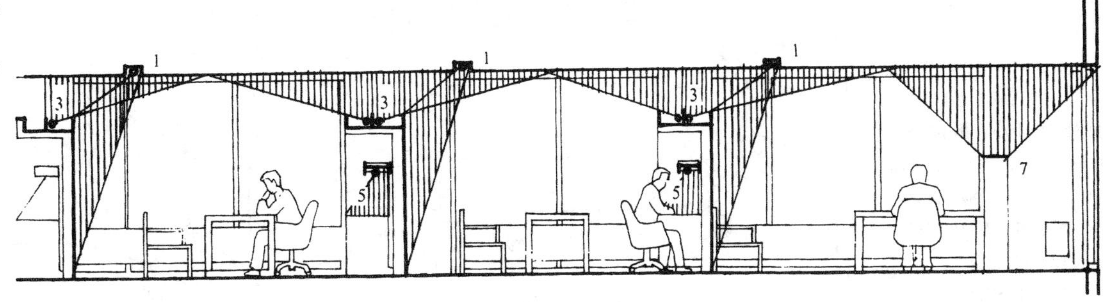

单间办公室

7 人工照明与自然采光结合

事务所的工作时间几乎都是白天，因此人工照明应与天然采光结合而形成舒适的照明环境。右图为人工照明与天然采光结合的例子。图中涂黑部分表示白天关灯的灯具，使人工照明器变化的方法可设置照明控制装置。

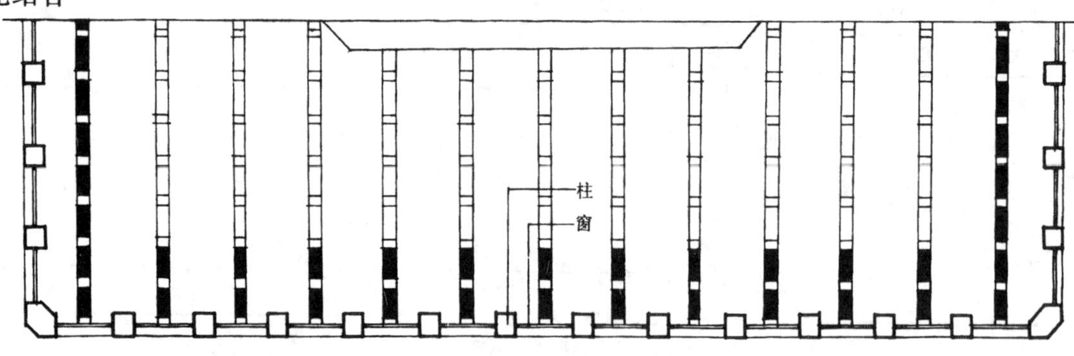

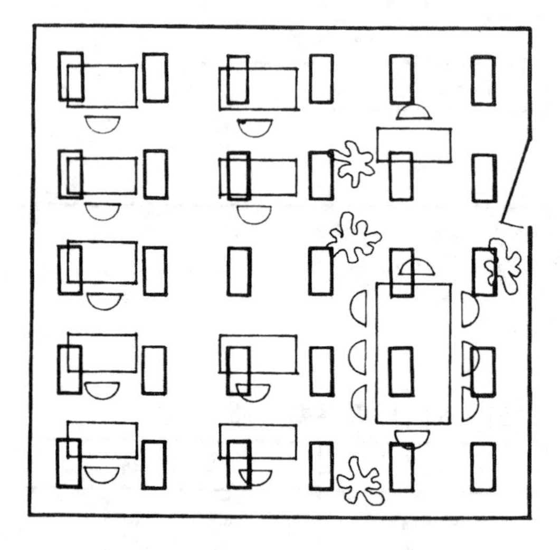

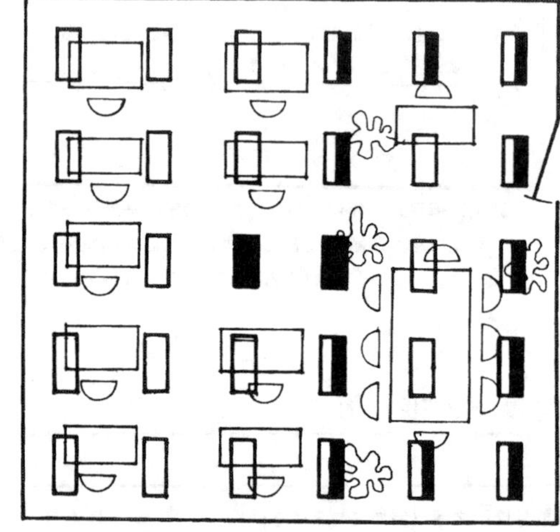

8 创造气氛和舒适感的照明

在室内亮度分布变化过大而且视线不固定的场所，眼睛由于到处环视，其适应情况经常变化，从而引起眼睛的疲劳和不适，因而亮度分布应参考亮度比值进行设计。另外，过于均匀的亮度分布，会使室内过于呆板。左图为大空间照明的例子，在亮度布置上相对降低了通道部分和接待部分的照度。

9 光反射的不舒适范围

下图表示在光线与桌面成 40° 以内的范围内容易产生眩光，所以在设置光源时，光线与桌面所形成的角度应大于 40°。同时为避免产生手或身体的阴影，可改变光源的方向，同时可将照明器作成扩散性的。

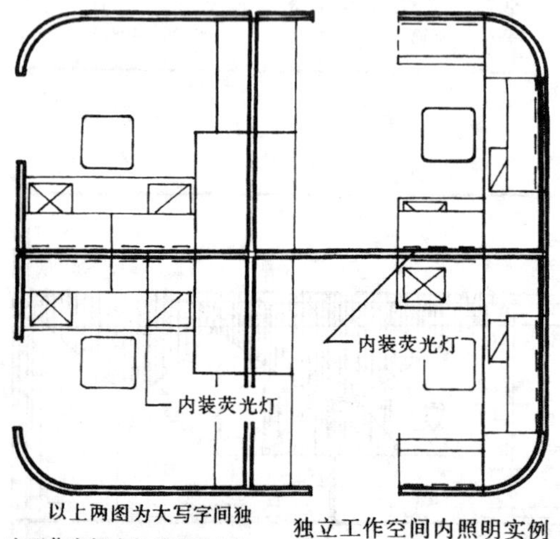

独立工作空间内照明实例

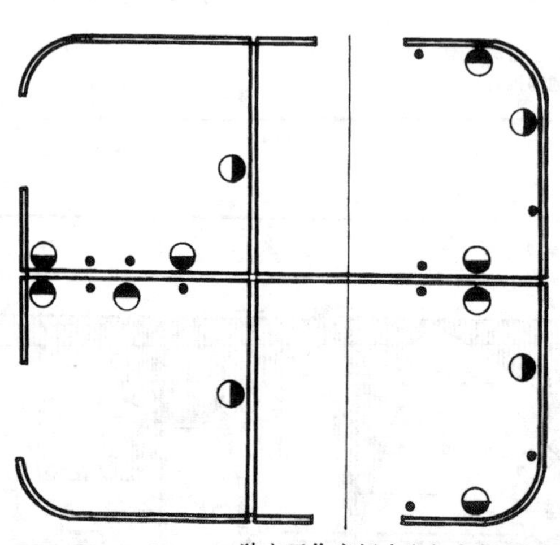

独立工作空间内电气安装实例

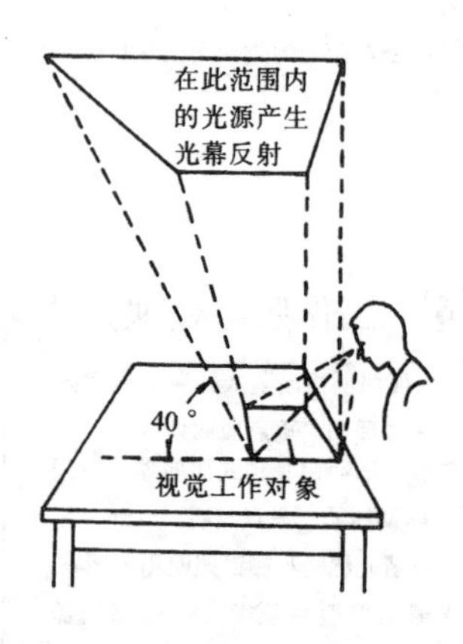

以上两图为大写字间独立工作空间内的照明及电气安装图。照明方式为桌上照明，光源为荧光灯，方向正前方，另外考虑安装电气插座及开关。

会议室照明要考虑会议桌上方的照明为主要照明，使人产生中心和集中感觉。照度要合适，周围加设辅助照明。右图，根据会议桌上设主要照明、周围用下射筒灯进行补充照明。

经理办公室照明要考虑写字台的照度、会客空间的照度及必要的电气设备。

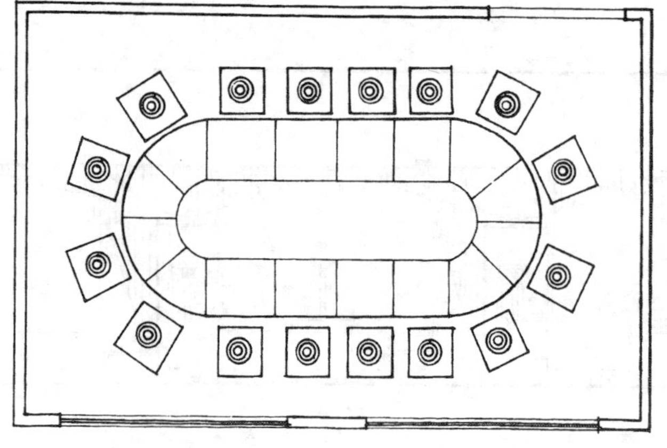

会议室照明实例 ◎ 暗装式下射灯 ⊕ 插座 • 开关 (TS) 台灯 (FS) 地灯

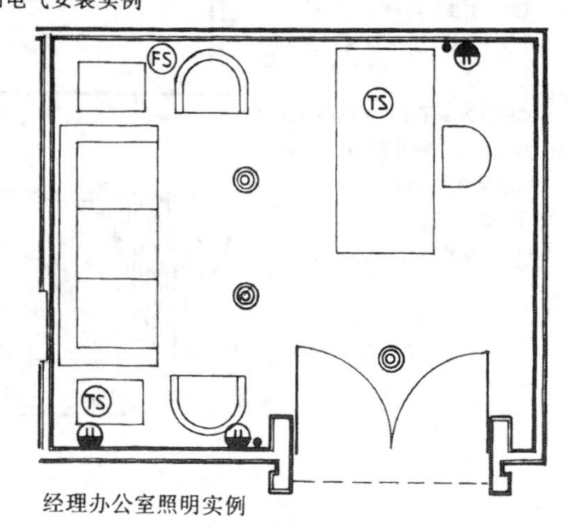

经理办公室照明实例

1 教室内黑板照明

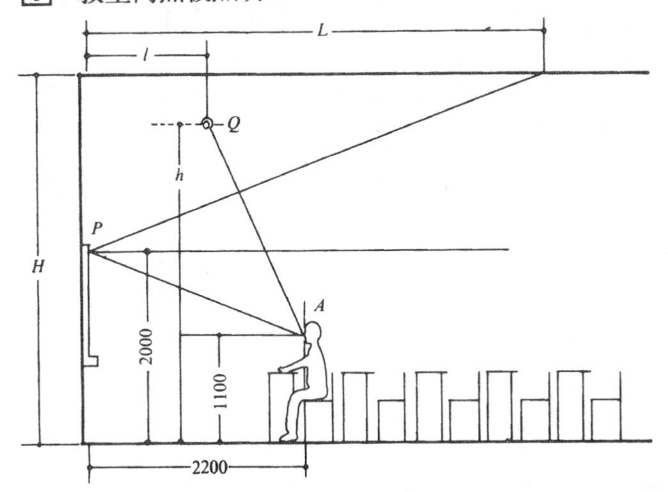

对学生来说，要易看清黑板，无眩光。图中黑板照明灯具的位置由 l 变到 L 以上时，第一排学生会产生反射眩光

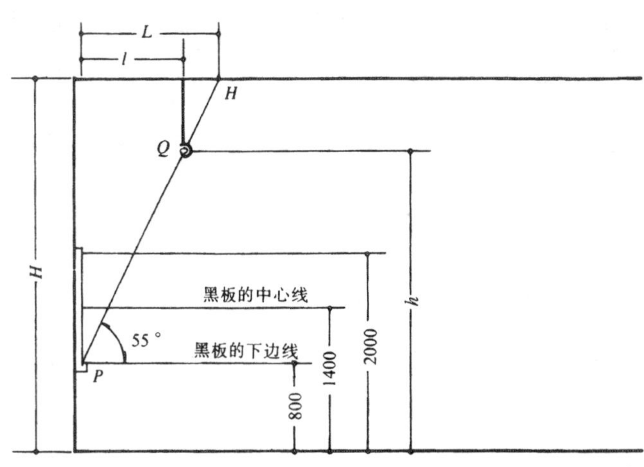

黑板面垂直照度要高，上下左右的照度分布要均匀，所以在决定黑板照明灯具的位置时如图所示，黑板下边的仰角应在 55° 左右

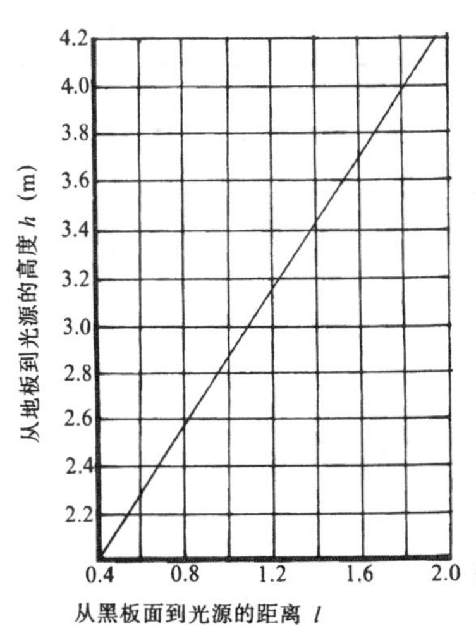

对教师来说，黑板照明灯具的位置应在水平视线以上的仰角 45° 以外

图中表示黑板照明灯具的高度和灯具离黑板面距离的关系

2 教室内墙面色彩及反射率

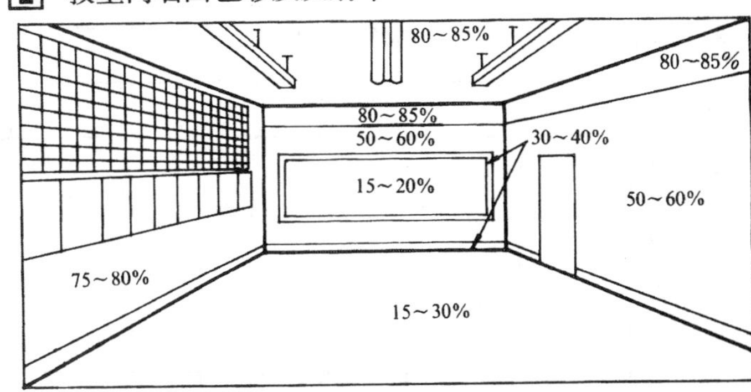

教室各表面应用明亮的无光泽的色彩装修，以造成明亮而稳重的室内环境。反射率按图中的数据设计。室内的色彩调节设计可用以下颜色：顶棚（白色），墙面（高年级用浅蓝色或浅绿色；低年级用浅黄或浅红色），地面（用耐脏而不刺眼的颜色）

3 减少眩光与灯具布置

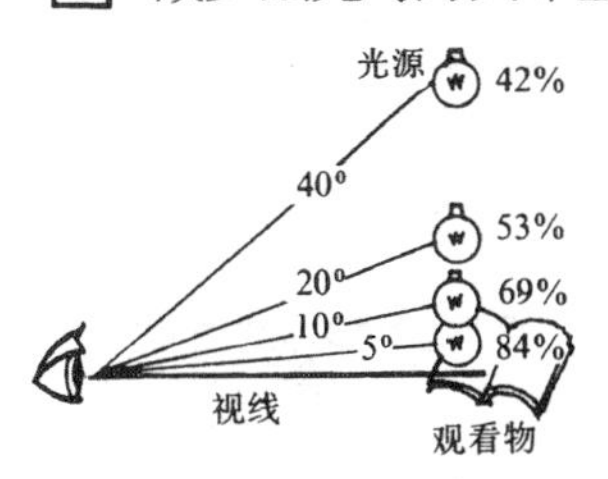

因眩光而降低照度的百分比

如上图所示，光线方向与视线的夹角应在 40° 以上，这样才能减少眩光

为了减少光幕反射，对荧光灯照明场所，如室内灯具布置图所示，把灯具和黑板面垂直布置，使学生看到的灯具发光面积减少。教室内灯具均匀布置可减少明暗对比，不会使人感到不适，产生疲劳

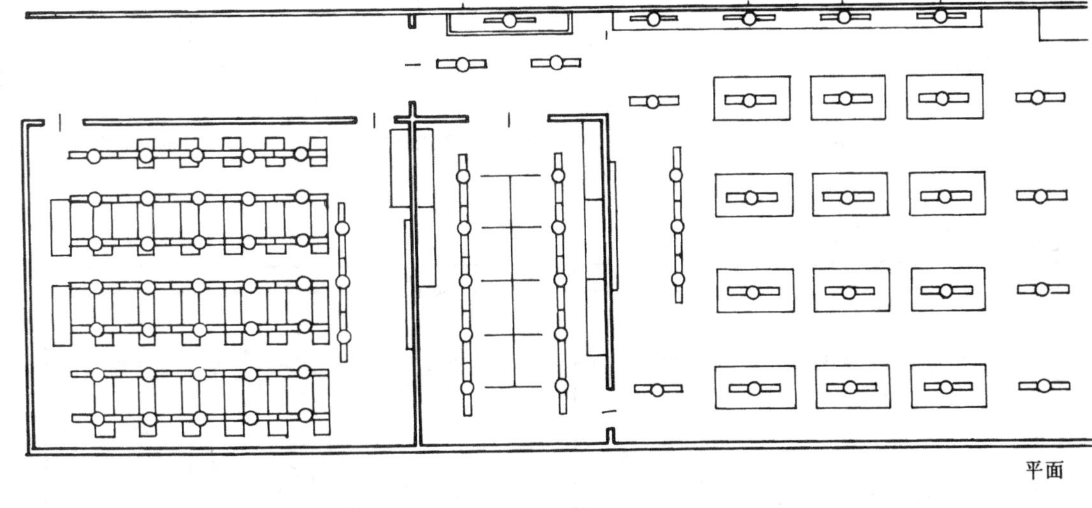

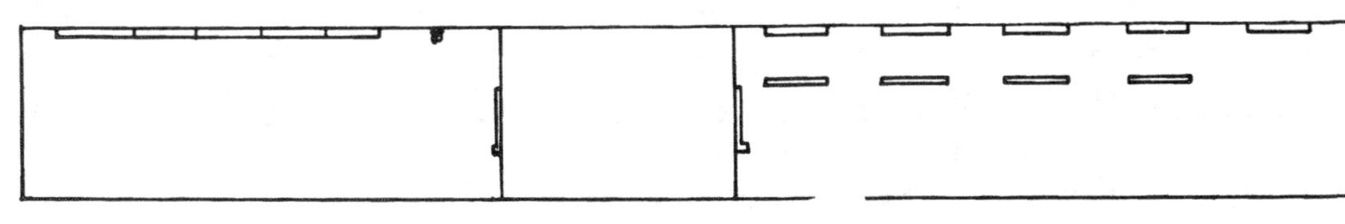

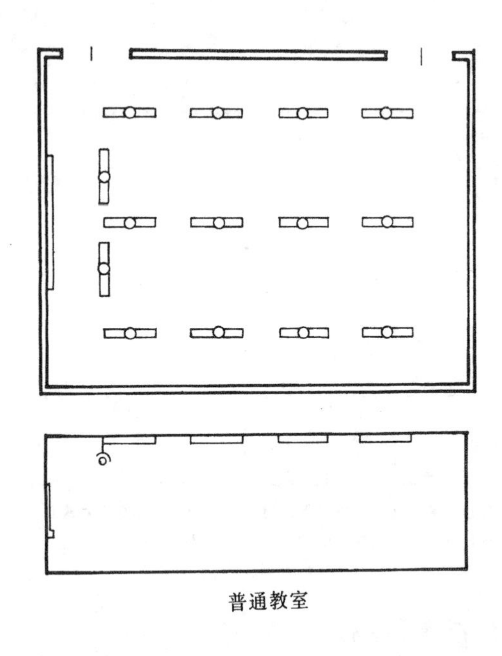

普通教室

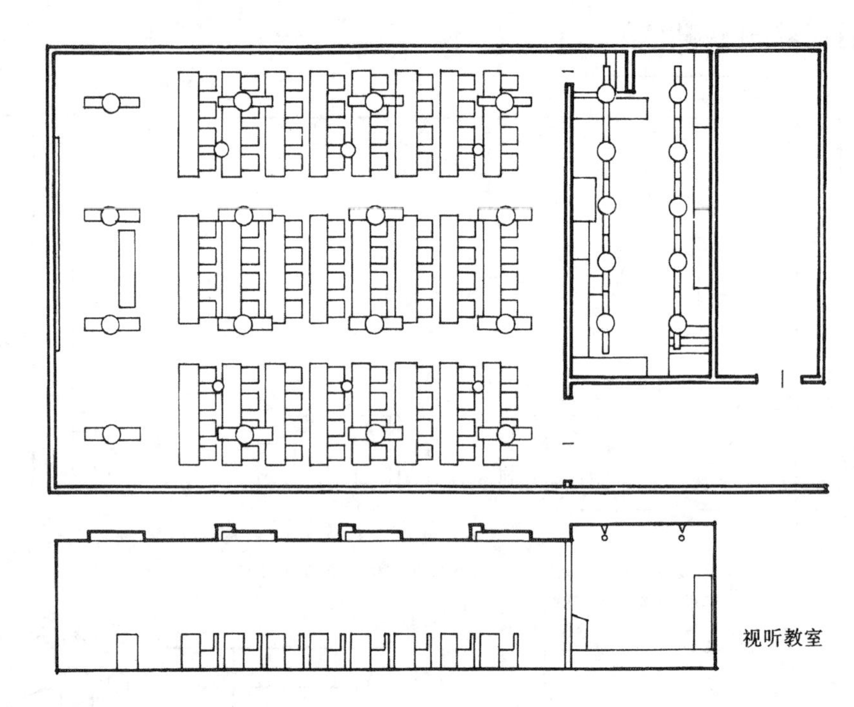

视听教室

4 学校照度标准

照度 (lx)	室内场所		工作	室外场所	
1500—750		制图室，缝纫教室，电子计算机室	精密实验 缝纫机缝纫 按键打穿孔 图书阅览 精密工作 工艺美术制作 黑板上写字 天平计量		
750—200	教室，实验实习室，实习工厂，研究室，图书阅览室，车库，办公室，教职员室，会议室，保健室，食堂，厨房，供餐室，广播室，印刷室，电话交换室，守卫室，室内运动场				
300—75		礼堂，集会室，休息室，存衣柜，上下楼梯口，走廊，楼梯，洗脸室，厕所，公务员室，值班室			
150—30				篮球场，排球场，网球场，垒球的投手和接手处，游泳池	
75—30	仓库，车库及事故用楼梯				徒手体操场，器械体操场，田径场，足球场，橄榄球场，手球场，垒球场

注：听力和视力弱的儿童和学生使用的教室，实验实习室等场所，规定为2倍以上的照度(主要有助于听力弱的儿童和学生能看见他人的动作和嘴唇动作，因而理解语言的内容。

5 图书馆阅览室内照明

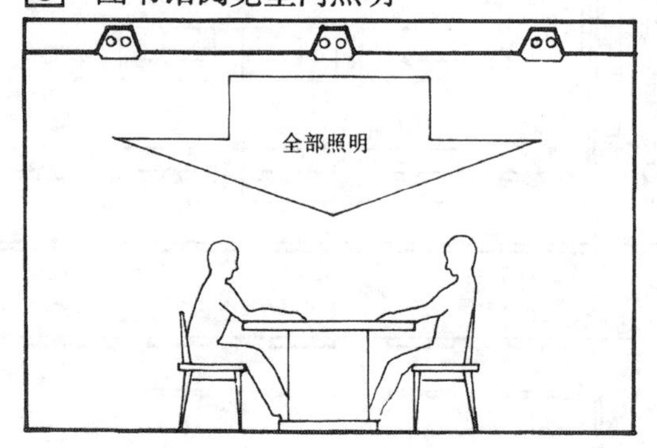

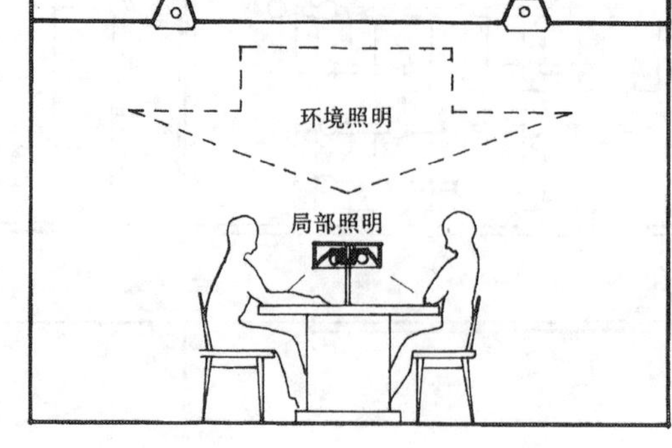

图书阅览室应按200～750lx的照度设计。同时要求避免扩散光产生的阴影，光线要充足，不能有眩光，应尽量减少书面和背景的亮度比。在阅览室要使书面的照度达到300～1500lx，这时可用台灯补充照明。

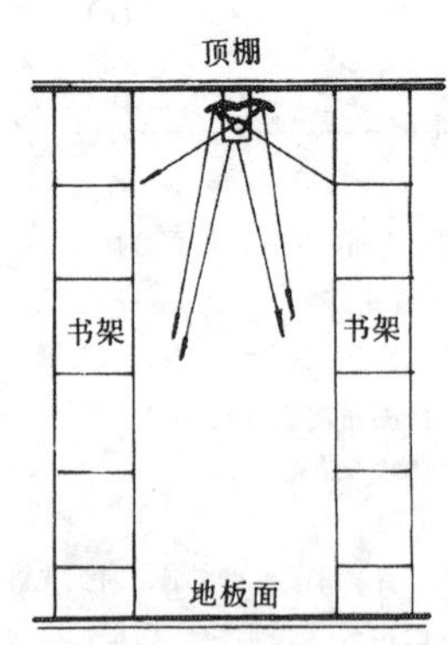

开架书库照明和阅览室同样按200～750lx设计。需注意的是不能让顶棚的光源直射眼睛。另外，书架的垂直面照度要均匀。

1 顾客心理和照明

阶　段	表现效果	照明要点
1 不关心	展出效果	店铺形象（外部装修、招牌等设备充足）
2 注意		使之显眼（照度与亮度协调）
3 兴味		和商品形象的调和（灯具设计、功率大小的平衡，光色效果的利用）
4 联想		好印象（愉快舒适的气氛，立体感的表现）
5 欲望	陈列效果	诱导（照度及其分配，装饰效果）
6 比较		容易看得清（照度充足，没有眩光，光质效果的利用）
7 信赖		表色性（实用上必要的显色性，光色的考虑）
8 行动 9 满足		照明的均衡

创造良好的室内照明环境

店内没有陈列品时，应使室内照明发挥作用，有时可把照明灯具的豪华性鲜明地表现出来，造成强烈的气氛。对有大量物品陈列的商店，要求照明适当地将商品显示出来

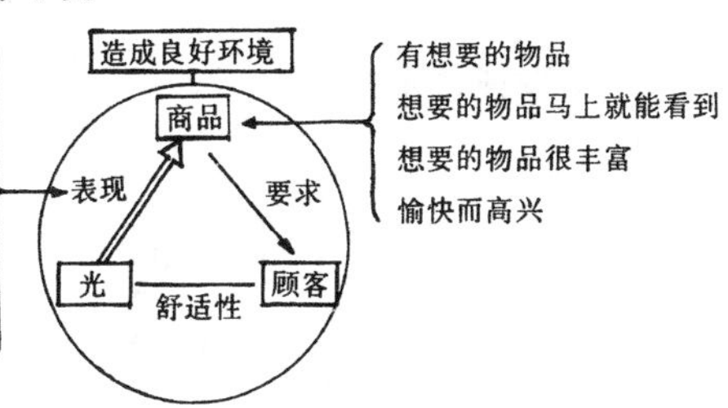

2 商店照明的分类

一般照明	创造一定的风格，避免产生平淡感，明亮程度要适当，考虑显色性
重点照明	突出商品（与一般照明比较为3～5倍），高亮度表现光泽，强烈定向光突出立体感和质感
装饰照明	表现业务状态和顾客性格气氛照明，要注意与内部装饰协调起来

3 商店气氛形象的分类

有生气的愉快感		爽快的清洁感	
热闹感	华丽感	自　由	朴　素
嘈杂感	跃动的	开放感	功能的
轻松感	热烈的	明快感	近代的
大众的	花哨的	健康的	冷　静
家族的	新鲜的	人情的	透明感
温暖感	年　青	自然感	尖锐感
亲热感	玲　珑	单　性	都会的
随机的	魅力的	事务性生活	

安定的平静感		戏剧性的幻想感	
浪漫的	理性的	神秘的	惊　险
调　和	高级的	幻想的	不　安
细　腻	清　秀	非日常的	异国情调
优　雅	传统的	超现实的	奥妙的
高　尚	古典的	未来的	轰动的
安　祥	格　调	意外性的	强烈的
优　美	豪　华	无风趣的	陶醉的
社交的	形式的	异常的	暗　的

4 主要光源的种类和特性

种	类	功率(W)	特性
荧光灯	白色	20～220	效率高，寿命长，用于商店的一般照明。强调黄、白系统的色彩，红色系统不适合
	日光色	20～110	以冷色光使商品看出鲜明的美。玻璃器的照明。强调青色系统
	高级光色	20～110	显色性良好。效率不太高。重视色彩、花纹的照明
	白炽灯泡色	20～40	可得到与灯泡光色相同的柔和感，灯泡混合时有失调感觉
	色评价用	20～40	显色性极高。因效率低，故不适于一般照明
高强气体放电灯(HID灯)	荧光汞灯	40～400	寿命长，比较便宜。适于不重视显色性的照明
	金属卤化物灯	250～400	效率高，显色性也大致和白色荧光灯相同。用于高照度的一般照明
	高显色型金属卤化物灯	125～400	显色性优良。效率不太高。适于重视色彩、花纹的照明
白炽灯	卤化物灯泡(单端灯头)	100～500	非常小型，寿命长，配光控制方便，要注意热处理
	卤化物灯泡(双端灯头)	500～1500	效率高，寿命长，要注意热处理。中、高顶棚的照明用
	一般照明用灯泡	20～100	小型而便宜，效率低。适于吊灯、下投式灯
	球形灯泡	20～100	小型而简单。也可用作装饰照明，较一般型式寿命长
	棒形灯泡	20～100	适于装饰照明用。效率低，较一般型式寿命长
	反射型聚光灯泡	40～100	小型，局部照明。寿命较短，辐射热多
	屏蔽光束型聚光灯泡	40～100	小型，可得集光型配光，较热线遮断型约亮10%
	屏蔽光束型聚光灯泡(红外线遮断型)	60～150	小型，可得集光型配光。辐射热（红外线）非常少

注：表中功率为主要商店的使用数据。

5 照明设计方法

引人注目的照明方法

1. 从邻近商店把店面装修部分照得明亮。
2. 利用彩色灯光。
3. 以开关或调光器使照明变化。
4. 设置有特征的电气标志或招牌灯。

使过路人停留浏览商品的照明方法

1. 依靠强光使商品显眼。
2. 强调商品的立体感、光泽感、材料质感和色彩感。
3. 利用装饰的灯具以引人注目。
4. 使照明状态变化。
5. 利用彩色灯光，使商品和展示显眼。

吸引进入商店的照明方法

1. 从商店的入口看进去的深处正面采用明亮的照明。
2. 把深处正面的墙面陈列，作为第二橱窗来考虑，照得要明亮。
3. 在主要通路的地面做成明暗相间的图案，表示出韵律感。
4. 沿主要通路的墙面照度要均匀而特别明亮。
5. 沿着主要通路的墙面做成明暗相间的图案，表现出垂直面的韵律感。
6. 在重要的地方设置醒目的和装饰用的灯具。

使顾客在店内能顺利走动的照明方法

1. 改变一般照明的灯具种类和配置。
2. 售货处和主要通道照明，要研究其照明效果，使之有变化。
3. 售货处设置华盖、柱饰等内部装饰时，要把照明一同考虑。
4. 用特殊设计的灯具，设置脚光照明，使走动时有安全感。
5. 以光线划分售货处的不同区域。

使商品易被顾客看到的照明方法

1. 一般照明以格片等来遮挡光线，使灯具不显眼。
2. 重点照明的场合：
   - 中央陈列部分用聚光灯。
   - 向高处橱窗、陈列架照射时用聚光照明。
   - 向陈列橱、陈列架内设置荧光灯。
   - 向陈列橱上部设置吊灯。

   尤其是重点照明，必须研究灯具的种类和安装位置，使在视线上没有眩光。

眼睛不疲劳的照明方法

1. 采用眩光少的一般照明。
2. 重点照明要考虑照射方向和角度，还要考虑它的反射光。
3. 为了重点照明，用强光向商品照射时，光源要充分遮挡以防止眩光。
4. 装饰用灯具不可兼作一般照明和重点照明。
5. 采用背景照明方式，即照明器组合式照明。使朝下方向的配光多一点，把商品照射得亮一些，使朝上方向也漏出一点光，以改善顶棚面的阴暗。有时也不一定采用上述形式，可把顶棚吊下，也可得到同样效果。
6. 提高墙面照度，使商店有明亮的感觉。
7. 以荧光灯聚光型灯具对墙面和隅角照明，有时也有效果。

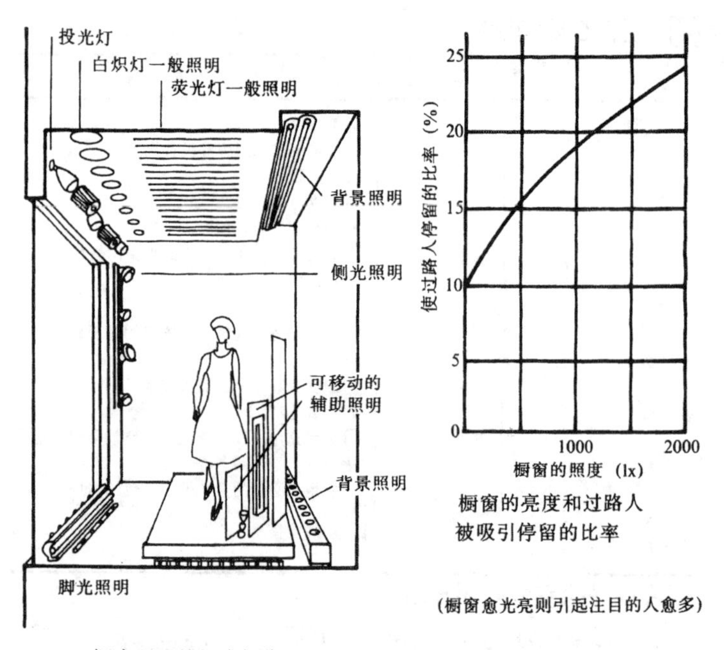

橱窗照明的组成部分

橱窗的亮度和过路人被吸引停留的比率

(橱窗愈光亮则引起注目的人愈多)

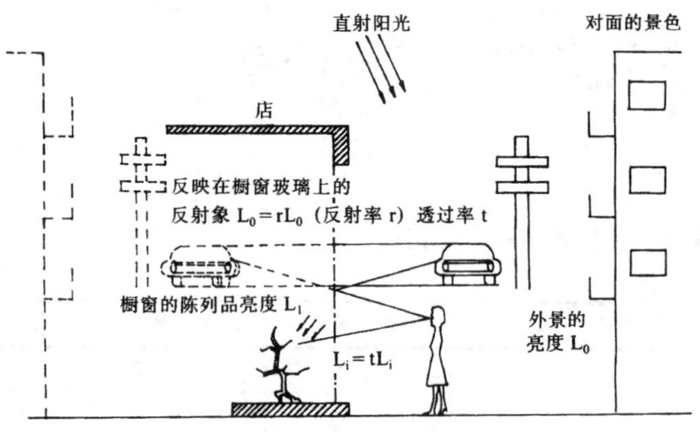

橱窗的镜象及防止方法

防止镜象的条件

本图是表示橱窗的陈列品和外景亮度的关系。为了使在观看陈列品时不致被外景的反射象所妨碍，最低限度的条件有如下的关系：

$$陈列品的亮度\ (L_i) > \frac{玻璃的反射率\ (r)}{玻璃的透过率\ (i)} X外景亮度\ (L_0)$$

通常光线垂直向 5mm 厚的透明玻璃入射时，大致是 r=0.08 t=0.9 左右，所以 (1) 式等于

$$L_t \geq \frac{0.08}{0.09} X L_0, \quad L_i \geq 0.1 x L_0$$

即陈列品的亮度必须至少有外景亮度的 10%以上。一般而言大致的最低标准为 20%

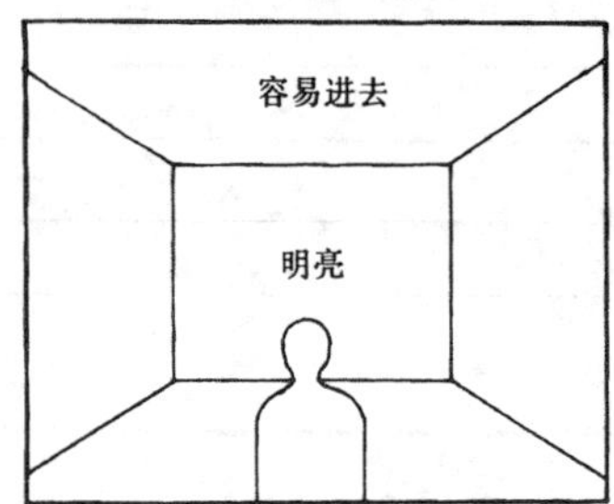

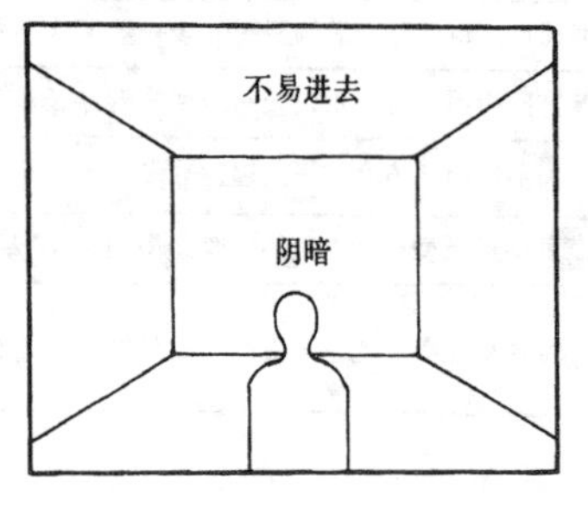

进口和深处正面采用明亮的照明

(人类在有光之处，具有向光的性质)

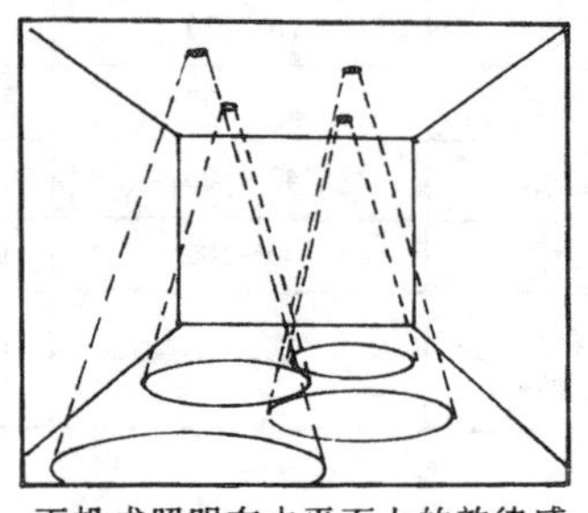

下投式照明在水平面上的韵律感

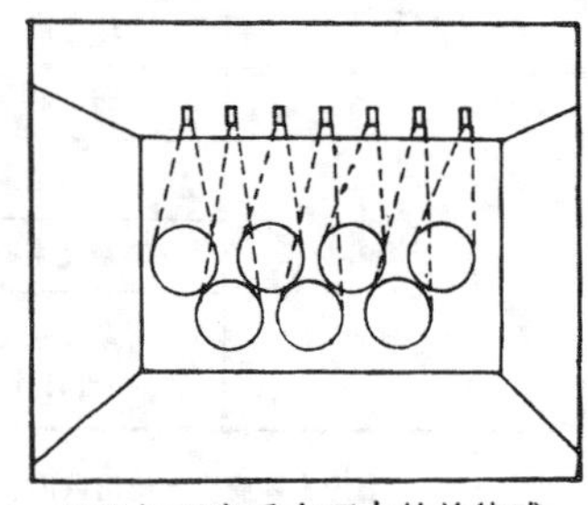

聚光灯照在垂直面上的韵律感

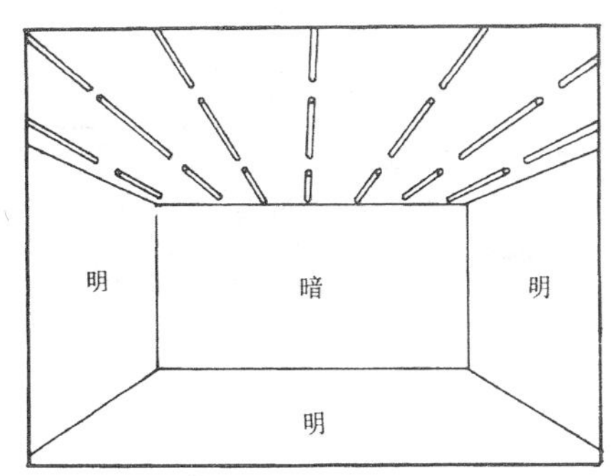

一般照明的视觉效果

纵排列

可采用露出型灯具，有寂寞感，无引人性。平行方向的墙面变得明亮，地板面照度分布均匀。适合于售货处的布置

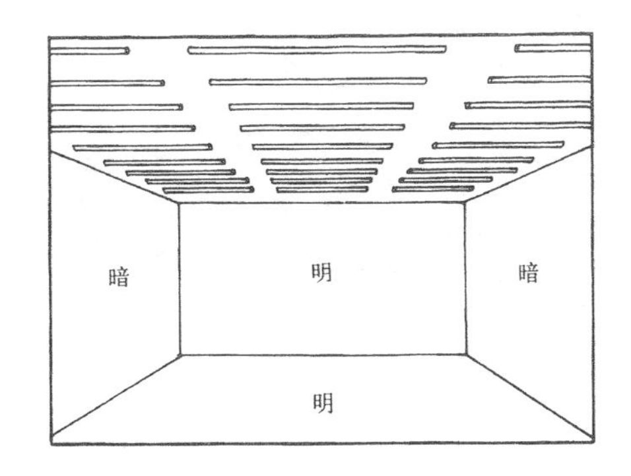

横排列

适合于嵌入式灯具（露出型则有眩光）。有热闹的感觉，引人性一般。深处的墙面和进口变得明亮，地板面照度分布均匀，不需配合售货处的布置

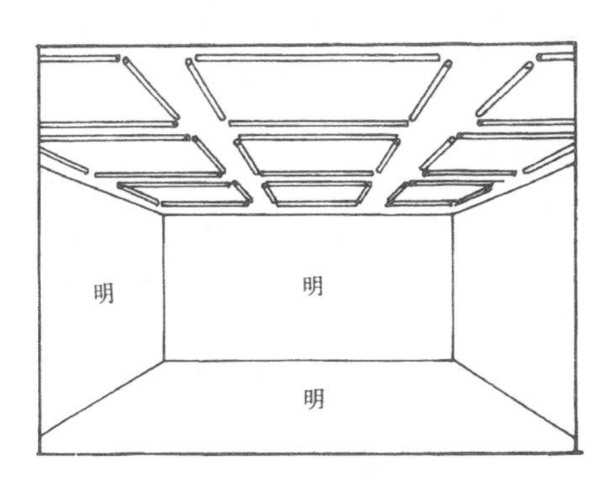

格子排列

希望是嵌入式灯具。有统一的感觉。适合于室内通路有两个方向的情况。墙面光线平均而明亮，地板面中央部分变得明亮，靠墙部分稍暗。不需配合售货处的布置

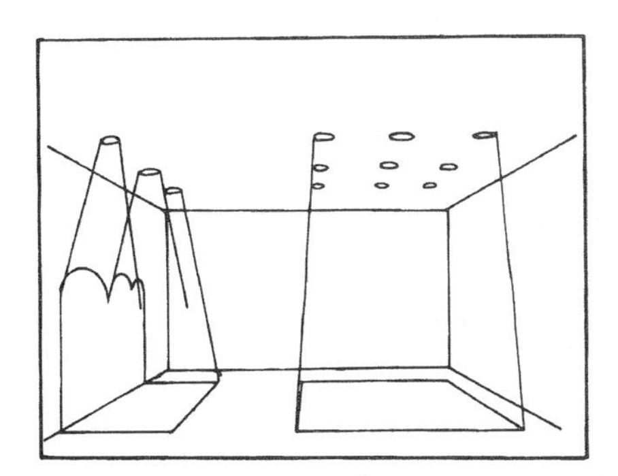

依靠光线划分区域

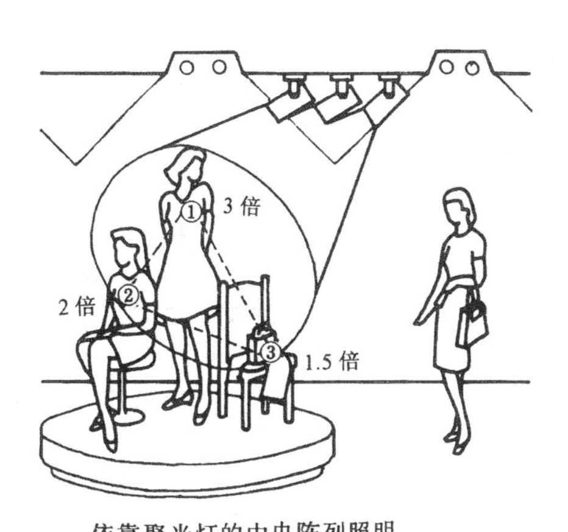

依靠聚光灯的中央陈列照明

①②③的亮度对基本照明分别为3、2、1.5倍的顺序。布置成不等边三角形

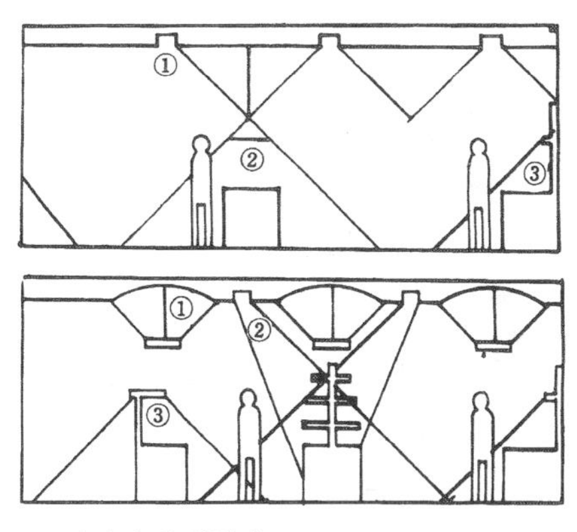

商店内陈列照明

①—环境照明（荧光灯） ②—高陈列架照明（聚光灯） ③—柜台陈列照明（荧光灯）

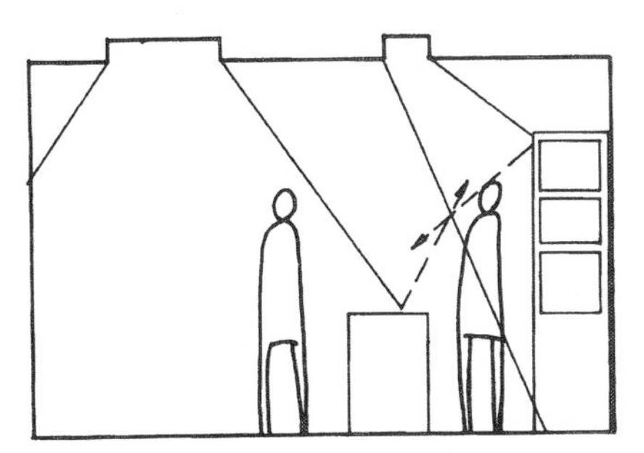

柜台和陈列橱玻璃面反射方向

下射灯应安装在柜台的前方，这样光源反射像不会映入顾客的眼中。陈列柜前方的射灯安装在距陈列柜10m左右处，使光源在陈列柜表面反射像不会映入顾客眼中

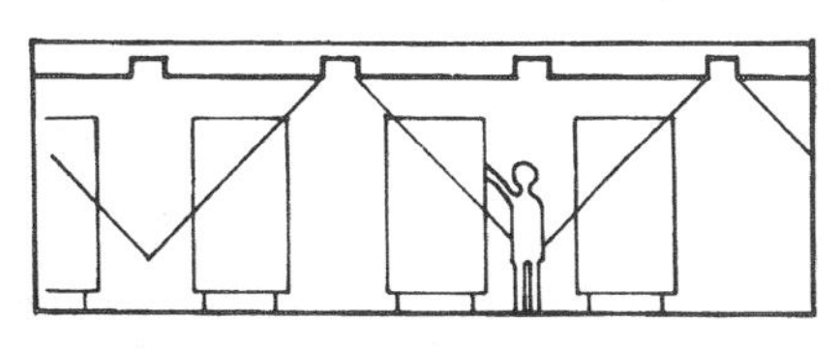

灯具间距过大会出现部分部位照度不足

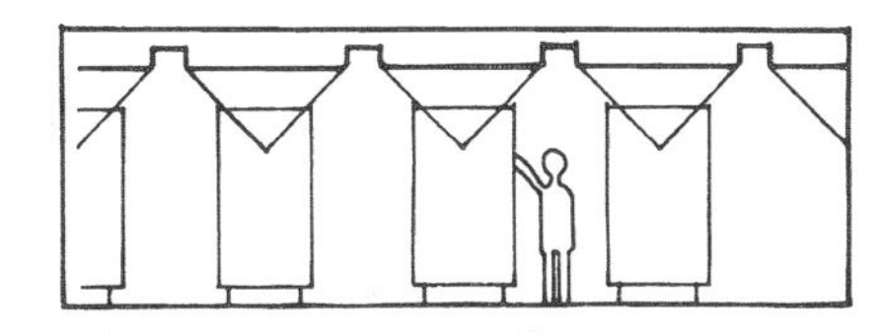

灯具的合适间距及位置，能对商品有足够照度

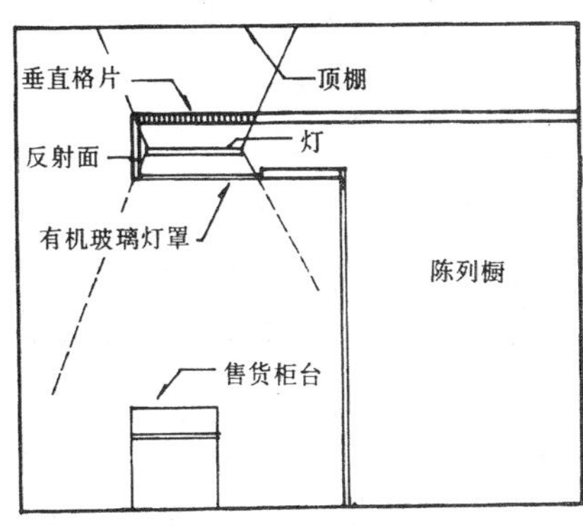

背景照明

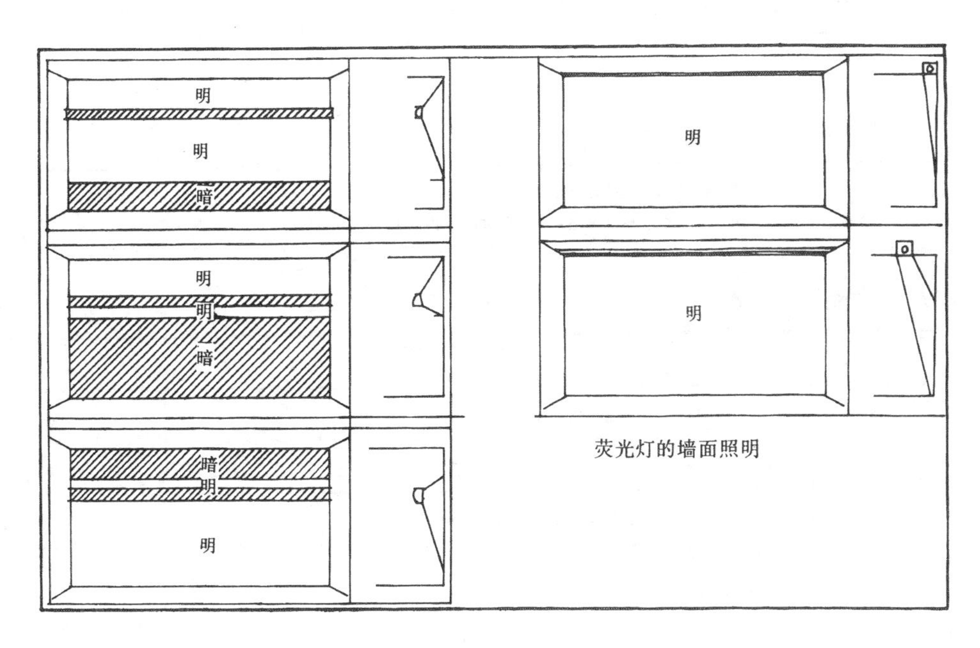

荧光灯的墙面照明

6 商店、百货店及其它照度标准

照度(lx)	商店的一般共同部分	日用品店(杂货、食品等)	超级市场(无人售货)	大型商店(百货商场、批发商店)	流行物品店(衣料、随身物品眼镜、钟表等)	文化用品店(家用电器、乐器、书籍等)	文玩店(像机、手工艺品、花卉、珍藏品等)	生活用品专卖店(木工制品、儿童用品、食物等)	高级品专卖店(贵重金属、衣服艺术品等)
3000~1500	最重点陈列部分	—	特别陈列	重点橱窗 展览 店内重点陈列	橱窗的重点	橱窗的重点 橱窗陈列	—	—	橱窗的重点
1500~1000	—			问事处 店内陈列	—	戏剧用品的重点		橱窗的重点	店内重点陈列
1000~750	重点陈列部分 钞票记录器 电动扶梯上下口 包装台	重点陈列	店内一般照明（市中心商店）	重点层的一般照明，专卖会场的一般照明 咨询处	重点陈列 设计处 试装处	店内陈列 咨询处 试验室橱窗的一般照明	店内陈列的重点 模特儿表演 橱窗的一般照明	展览	一般陈列
750~500	电梯厅 电动扶梯	重点部分 橱窗	店内一般照明（郊区商店）	一般层的普通照明	特别部分的陈列店内一般照明（特别部分除外）	店内一般照明 以强烈吸引人为目的的陈列	店内一般照明 特别陈列部 咨询处	咨询处 店内一般照明	咨询处 设计处 试装处
500~300	一般陈列品 洽谈室	店内一般照明		高层建筑楼层的一般照明		—	店内一般照明		接待处
300~200	接待室		—	—	—			—	店内一般照明
200~100	洗脸室 厕所 楼梯				特别部的一般照明	戏剧用品陈列部的一般照明	—		
100~50	休息室 最低层店内的一般照明						—		
50以下	—	—			—	—	特别部的一般照明		—

说明：1.白天朝向室外装璜窗的重点照度最好为1000lx以上

2.重点陈列局部照明的照度，最好为一般照明照度的3倍以上

7 商品照度标准

照度（lx）	场所
1000	新鲜蔬菜，新鲜肉制品、食品、礼品
700	男士服装、深色服装，毛料制品，日常生活用品，玩具，书籍，文具，化妆品，餐具，家用电器，艺术品，雨具
500	女士服装，浅色服装，内衣，丝绒布料，鞋类，家具，床上用品，室内用织物，交通工具，五金交电

注：以上照度为各品种的局部照度

1 垂直面上的照明方式

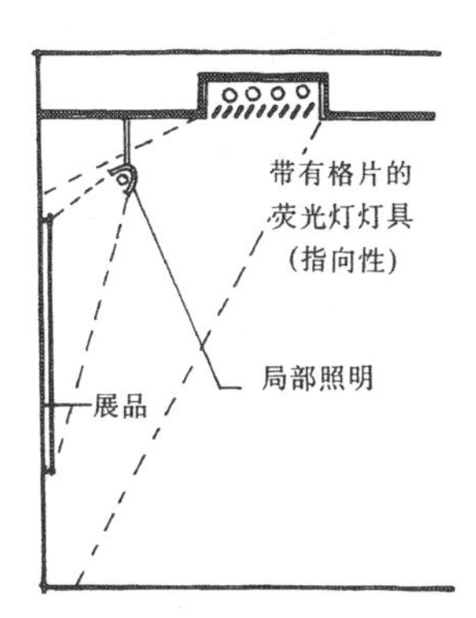

使用荧光灯进行环境及墙面总体照明，局部照明用白炽灯或狭照型卤钨灯。为了提高墙面照度降低观者位置的照度，可使用格片或指向型灯具

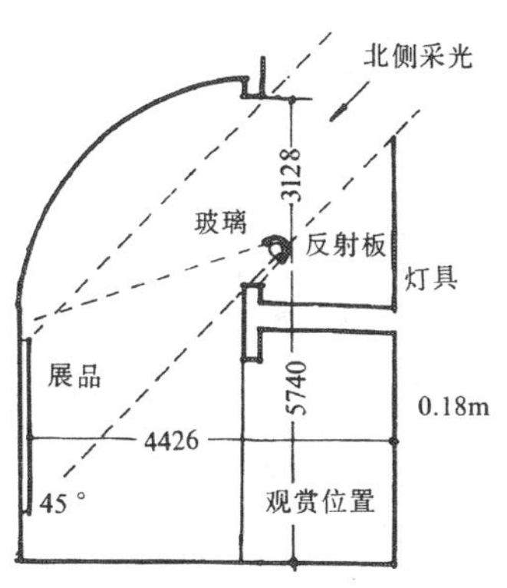

利用光源变动少而不会有直射阳光入射的北面天空光，观者处在阴影中，使其映象不致映现在画面上

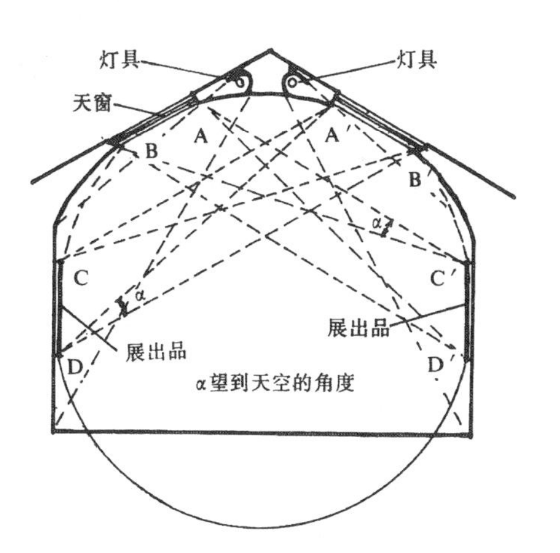

右图所示，为了使画面上的照度均匀良好，把A、B、C……C′D′的位置放在相同圆周上，使从画面的上端和下端看到天窗的角度相等

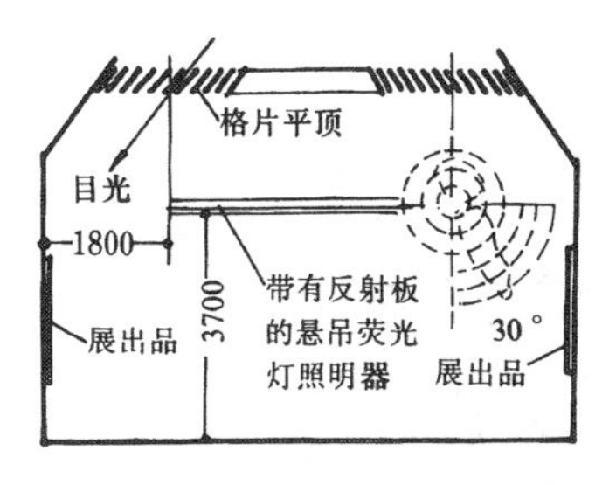

格片顶棚的天然采光和带有反射板的悬吊型荧光灯照明的实例

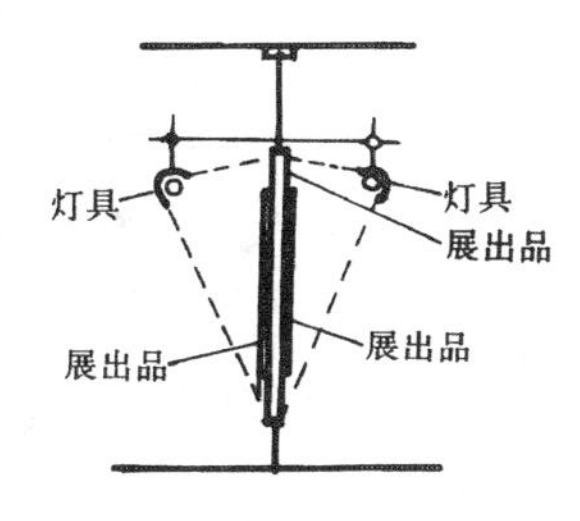

使用活动板作展品展出墙面，活动板上带有能调整位置和反射板的人工照明器

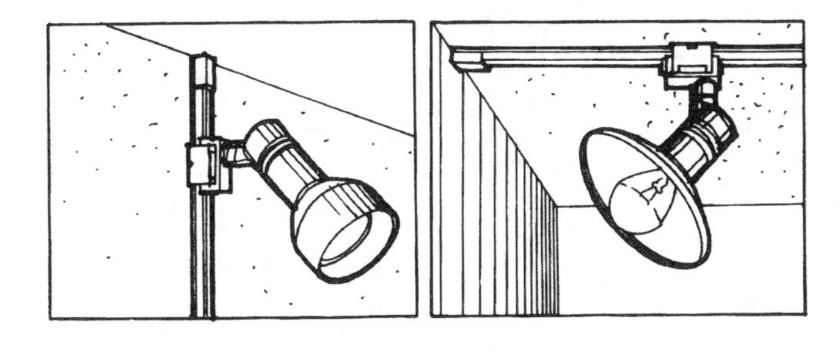

导轨系统能根据展品陈设位置的变化而进行调整。左图为装在墙上的导轨及光源，右图为装在天棚上的导轨及光源

2 展览馆、博物馆不同环境的照度标准

环境种类	照　度　(lx)
研究室、调查室、小卖部、入口大厅	300～750
盥洗室、小集会室、教室	150～300
画廊和展厅的一般照明、茶室、走廊、楼梯	750～150
幻灯、电影、利用光的展出部分	5～30

3 防止玻璃反射而产生的眩光

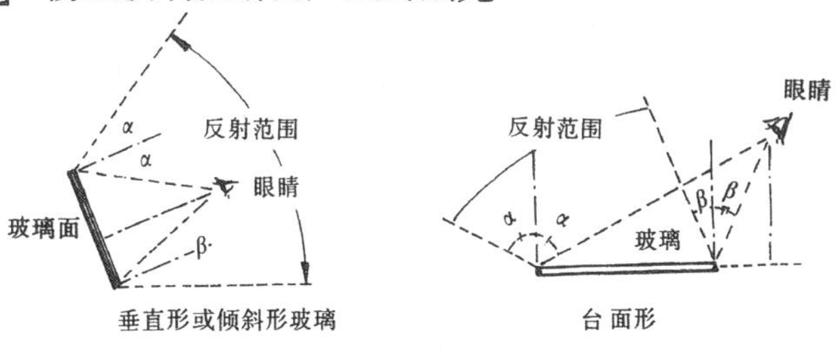

上图为形成玻璃面反射眩光的光源范围

为防止观赏者不受光泽面的映象的干扰，一般情况下，观赏者位置的亮度推荐为展出亮度的1／2以下

陈列室一般照明的照度，考虑观众行动的需要，设计取50～100lx即可

4 防止展品面的正反射

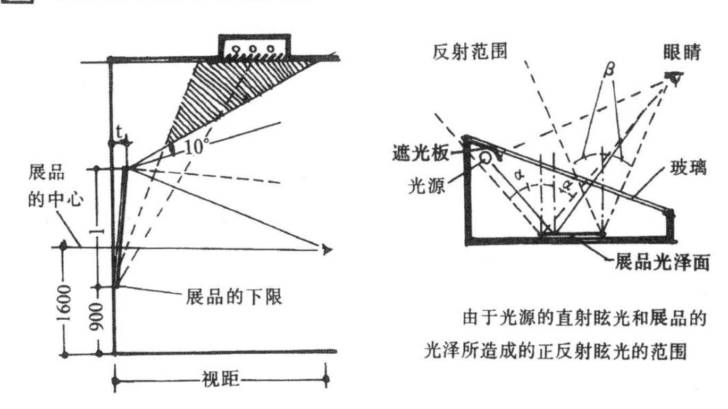

由于光源的直射眩光和展品的光泽所造成的正反射眩光的范围

图中所示的展品，对高度在1.4m以下的画面，展品的中心可离地面1.6m。对于更大的画面，其下端应离地面0.9m，这是下限。对于画面的倾斜度（t′/l)，小型的绘画可在0.15～0.03m，大型的绘画可在0.03m以下。该图中考虑了画面上的正反射，为了扩散光线而计算时应有10°的余量。因光线入射角接近于平行画面时，画面的凹凸便显眼，画框的阴影亦落到画面上，所以光源设置的位置应避免在入射角和画面成20°的范围以内

5 增强展品的立体感

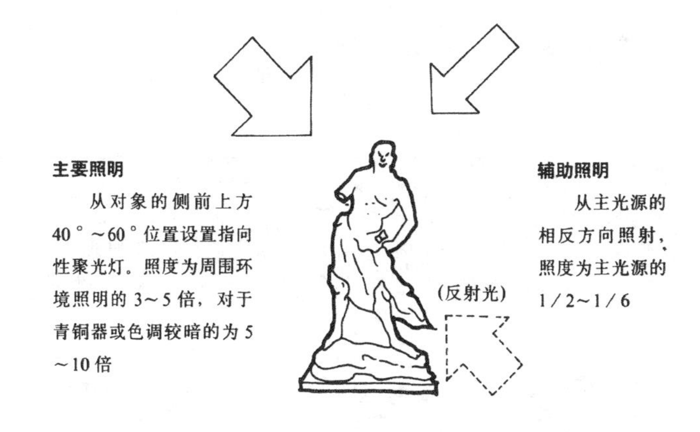

主要照明

从对象的侧前上方40°～60°位置设置指向性聚光灯。照度为周围环境照明的3～5倍，对于青铜器或色调较暗的为5～10倍

辅助照明

从主光源的相反方向照射，照度为主光源的1／2～1／6

为了使雕塑品有适当的立体感，大面积顶棚应采用扩散光，雕塑品局部用重点照明，对于有特殊要求的展品，也可采用从对象的周围、上部或下部进行照明

6 单位照度的损伤系数

光源的种类	单位照度的损伤系数（%）	除400mm以下之外单位照度的损伤系数（%）
晴空、天顶的天空光	100.0	8.5
昙天的天空光	31.7	5.1
太阳的直射光	16.5	4.0
日光色荧光灯	6.3	4.5
白色荧光灯	4.6	3.3
经白色荧光灯	4.5	3.0
防紫外线荧光灯	3.0	3.0
高表色性荧光灯	3.1	2.7
白炽灯泡	5.1	1.2
白炽灯泡	3.1	1.4

7 各种光源单位照度的辐射照度

光源	单位照度的辐射照度（mW / m^2 • lx）
白炽灯泡	45
带有红外线透过反射镜的灯泡	17
带有红外线吸收膜的灯泡	33
荧光灯	10
荧光水银灯	12
金属卤化物灯	10
高压钠灯	8
太阳光	10

展品的温度上升大致和辐射照度成比例，故使用单位照度的辐射照度低的光源能减少温度上升。为降低灯泡的辐射照度可使用防热滤光片，荧光灯用普通玻璃即可

8 艺术品照度的推荐值

艺术品种类	照度（lx）
中国画	150～300
雕塑、造形物、模型	幅度要高一些
木料及石料的雕刻	300～1500
金属雕刻	750～1500
油画	300～750
陶器、玻璃制品	200～500

展品面的照度高低要考虑光和热的影响，以上为艺术品类的推荐值。另外，展品暗时照度要高一些。画面上的最低照度和最高照度之比要在0.75以下,这样观看才不会感到照度不均匀

9 几种陈列柜的照明形式

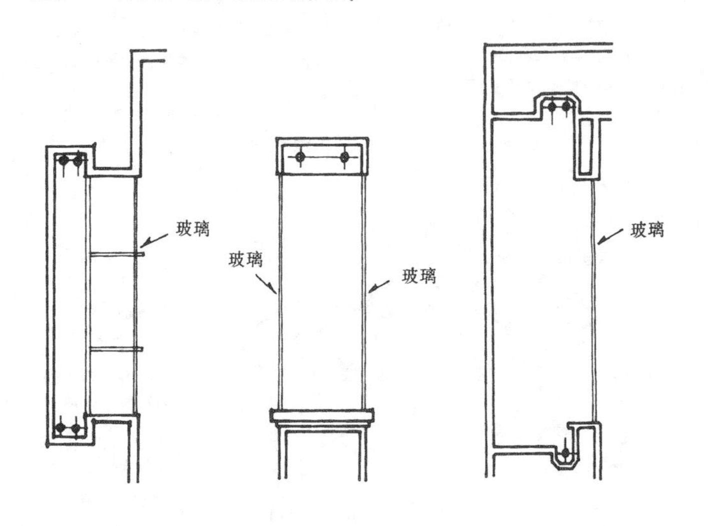

10 展览厅室照明实例

人工照明

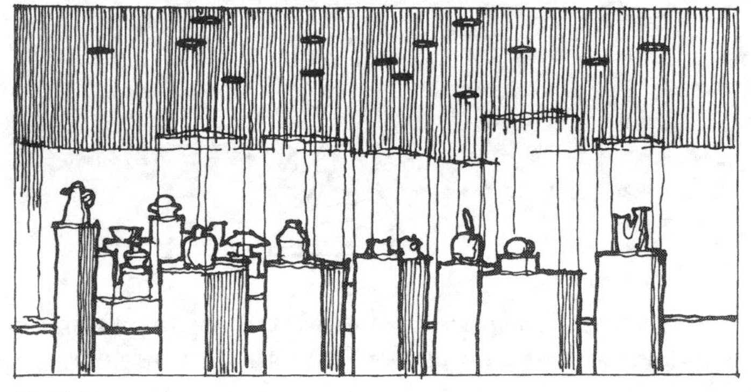
陈列柜照明

自然光照明

1 照明手法及效果

照明手法	照明效果	照明器	场地功能	注意事项
整体照明	从天花到地面的整体空间，采用均匀统一的照明方式	散射照明光源 反射装置	多目的	按空间内观众的观察角度，选择照明器的造型和配置
侧面投光照明	从比赛空间的两个侧面进行照明	投光灯	以球类运动为主的场所、游泳池	在高天花的情况下，防止出现光幕现象
间接照明	光源是从侧下方对天花进行照射，通过反射进行场内照明，此环境没有光幕现象	投光灯 反光材料	网球、羽毛球、游泳池	要充分注意装饰材料的反光率
追踪照明	对物体的垂直面有较高的照度，对表现立体感的情况比较适宜	投光灯	射击等场所	尽量将空间的垂直面照度分布均匀

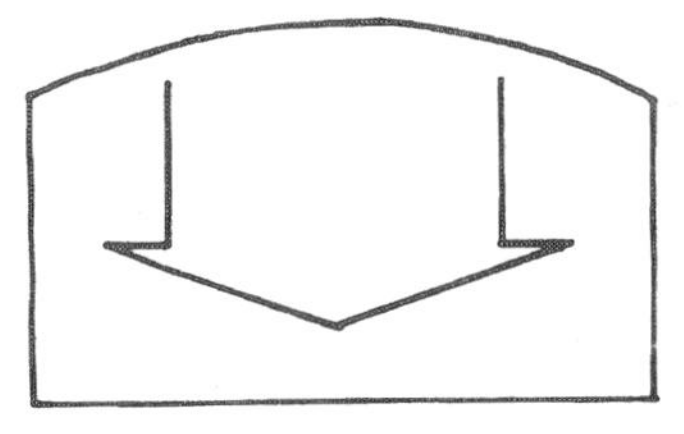
整体照明

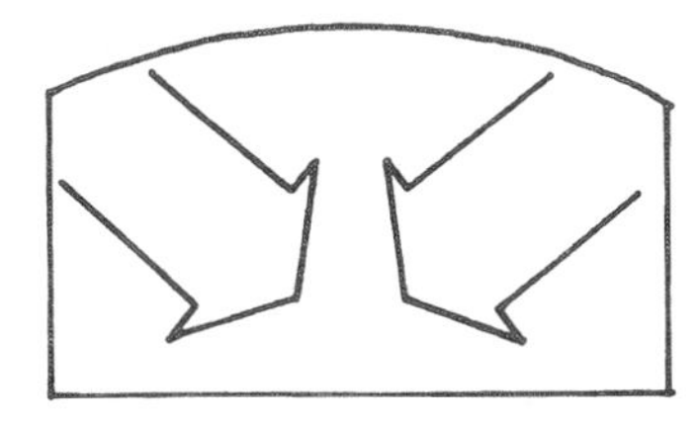
侧面投光

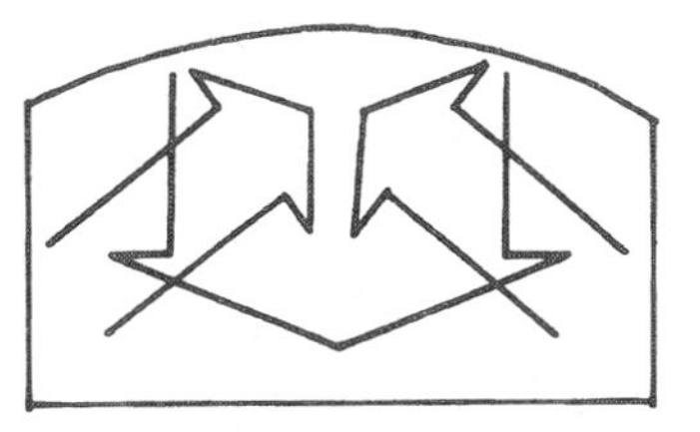
间接照明

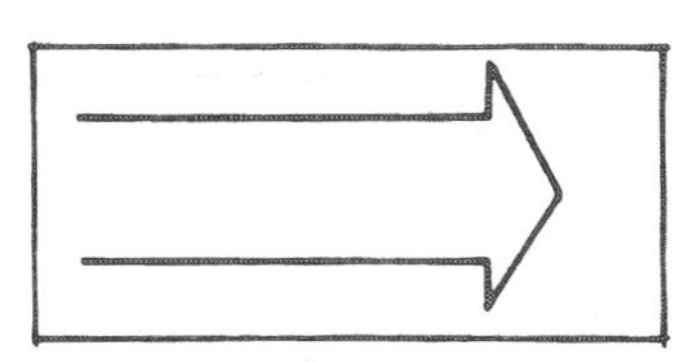
追踪照明

2 增强立体感

在比赛中，为使运动对象有适当的阴影和立体感效果，以便取得距离感，应使水平面照度与垂直面照度之比，在 Ev∶Eh＝1∶2 以下。

3 眩光的减轻方法

	眩光的条件	减轻的办法
	周围是暗的，眼睛习惯于暗处，越看越眩目	将比赛场周围，例如观众席等适当增加亮度
	以视线为中心的 30 度范围内形成眩光区，视线越接近，就越眩目	将照明器提高或安装在视线上部空间位置
视线	光源亮度及灯具的光强越大，就越眩目	安装位置不要使高亮度或光强进入视线以内，或加以提高
	光源面积越大，眩光越显著	照明器距离越远，眩光程度越轻
	墙面、地面和机械用具等所产生的反射眩光	可考虑在墙面和地面采用无光泽的材料

4 消除频闪光的方法

在比赛对象（乒乓球、网球等）以高速移动的项目中，由交流电（50 或 60Hz.点燃的放电灯照明会发生频闪现象，这时可采用以下方法：

1.白炽灯与放电灯混合照明，在这种情况下，要求用两种光源不同的光对被照面进行混合照明。

2.只用放电灯时，如果电源是一单相交流电，两只灯应采用回路方式点燃；如果是三相交流电，则应把三只灯分别在各相上点燃。

3.用闪烁小的放电灯或白炽灯。

5 照明器的安装距离

右图所示，对于特别需要利用空间的运动项目，要求能够看清运动对象，避免引起明暗闪烁。因此，需要注意灯具的形式和灯具之间的距离。

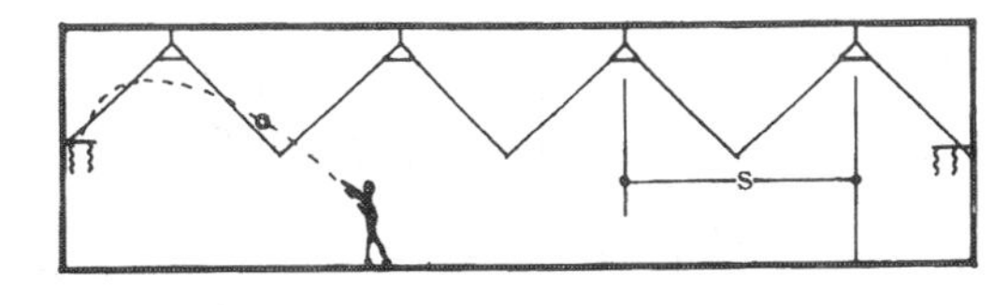

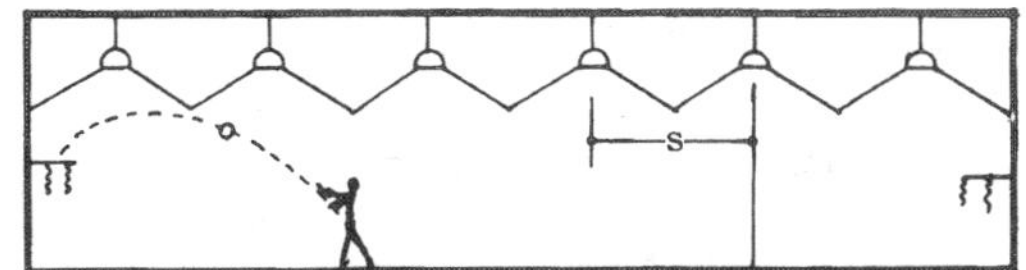

6 照明器位置

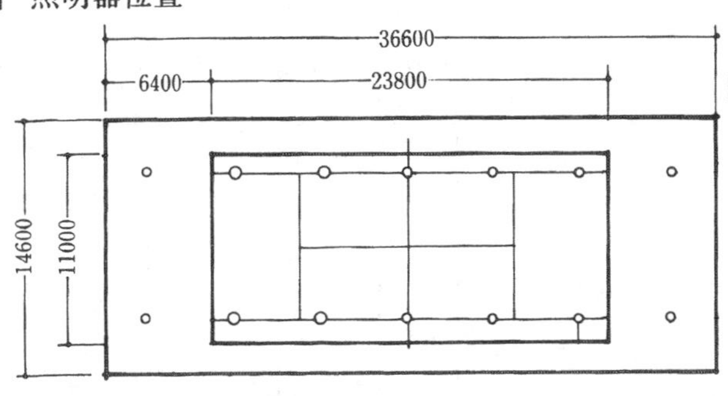

网球场的灯具位置

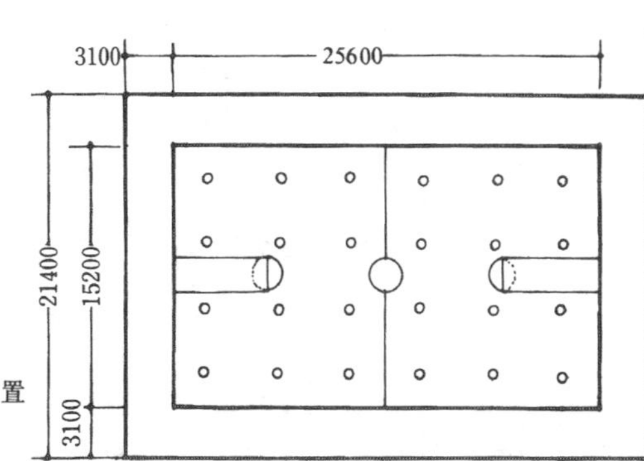

篮球场的灯具位置

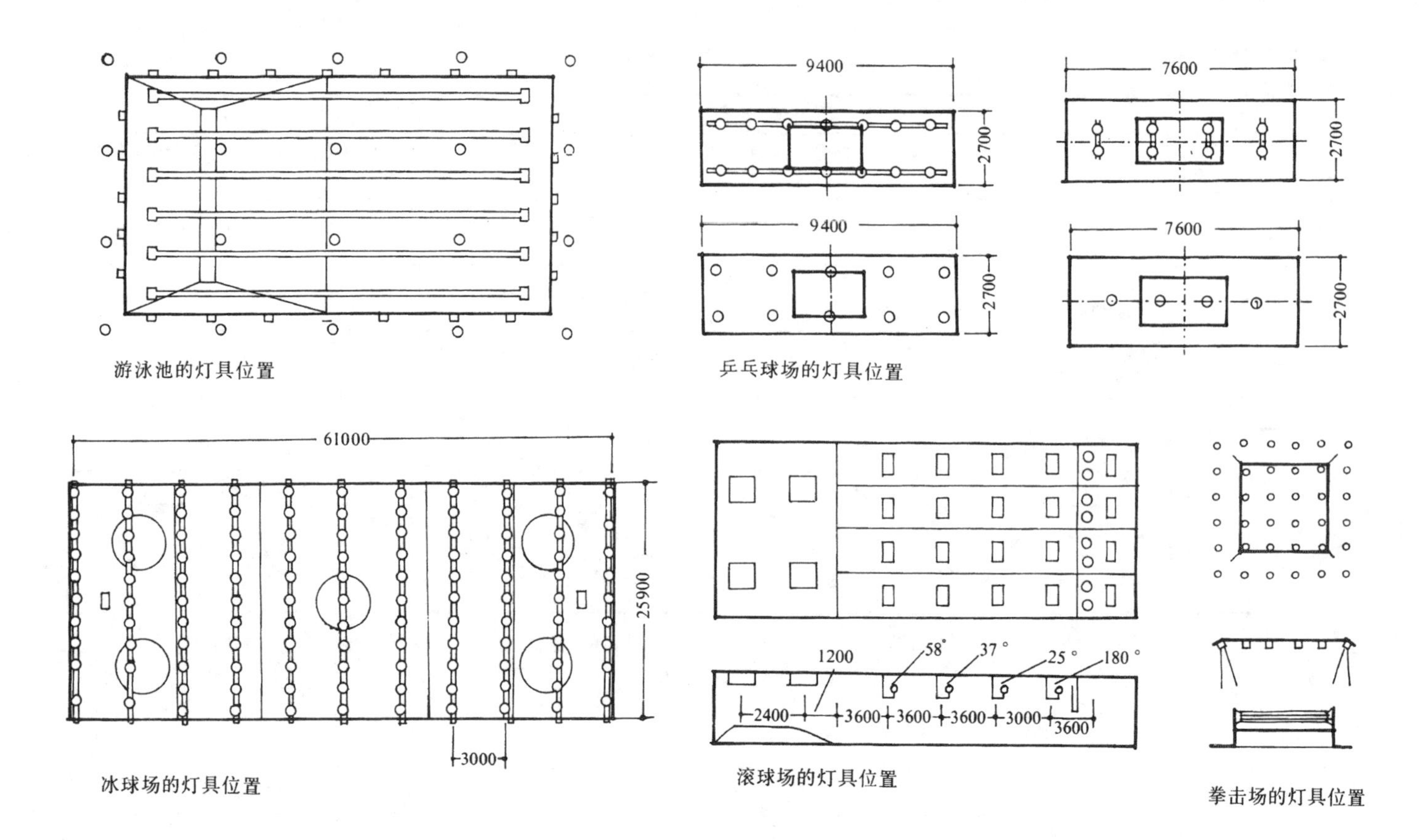

游泳池的灯具位置

乒乓球场的灯具位置

冰球场的灯具位置

滚球场的灯具位置

拳击场的灯具位置

7 体育场内照度标准

照度(lx)	田径比赛(跑道场地)	柔道 击剑 西式摔跤	相朴 拳击 摔跤	射箭 室内	射箭 室外	乒乓球、篮球、羽毛球、排球、游泳、网球	足球、橄榄球 美国足 手球、冰球	棒球 硬式		棒球 软式		垒球	滑雪	滑冰、旱冰 室内	滑冰、旱冰 室外	高尔夫球(练习场)
10000–5000			—													
5000–3000			职业比赛													
3000–2000								职业比赛内场								
2000–1500			—													
1500–750		正式比赛	正式比赛			正式比赛		职业比赛外场						正式比赛		
750–500	正式比赛	一般比赛	一般比赛	一般比赛 靶子		一般比赛	正式比赛	—	一般比赛内场	一般比赛内场				一般比赛	正式比赛	
500–300				业余比赛 靶子					一般比赛外场							
300–150	一般比赛	练习	练习	一般比赛 射击场	靶子	—	一般比赛		—	一般比赛外场	业余比赛内场	一般比赛(内场)	跳台	业余比赛	一般比赛	初打区
150–75	—	—	—	业余比赛 射击场	射击场	业余比赛	业余比赛			—	业余比赛外场	一般比赛(外场) 业余比赛(内场)	电梯 空中缆车	—	业余比赛	行程
75–30	练习	观众席	观众席	—		观众席	—	职业比赛观众席		—	—	业余比赛(外场)	—	观众席	—	集合场地
30–10	观众席	—	—			—	观众席	—	一般比赛观众席	观众席	观众席	观众席	练习场	—	观众席	—

1 观众厅照明方法

1 光源和室内墙面、家具不应产生眩光,尤其对二、三层楼座的观众应特别注意。
2 在观看演出时,光源不能在视野内。
3 观众厅的照明要不致有碍于舞台照明和放映。
4 要易于从顶棚内部进行维修。
5 观众厅的灯具可与装修统一协调。
6 上演时或演出结束时,依靠调光器使光线渐暗或渐亮。
7 观众厅可用小型卤钨灯、聚光灯及反射型投光灯等。

2 剧场、电影院照度标准

环境种类	照　度 (lx)
出入口,小卖店,化妆室,售票处	300~750
观众厅(休息时),大厅,前厅,休息室,洗脸间,厕所,电气室,机械室	150~300
走廊,楼梯,监控室,放映室,舞台下的地下室,工作场所	75~150
监控室(上演时),放映室(上演时)	10~30
观众厅(上演时)	2~5

3 舞台灯具分类

分　　类	器具名称	使用场所	照　明　目　的	灯　　具	固定程度
泛光灯 照射范围广,光线柔和均匀,只依靠光源和反射的照明器具	排灯	舞台上部	作舞台的一般均匀照明用	100~300 瓦连续灯具,3~4 色配线	主要固定
	脚光灯	舞台地面	照明舞台台幕和向演员补光	60~100 瓦连续灯具,3~4 色配线	固定
	天幕灯	舞台后部上方	照明天幕,表现自然现象或幻想	300~1000 瓦,管内配线分 4~8 种色	固定
	地排灯	舞台后部地面	照明天幕,表现水平线、地平面上的天空和幻影	100~500 瓦,多数为连续灯具,用 3~4 色配线	固定或移动
	带状灯	舞台上排演用	照明舞台装置和背景的局部	60~100 瓦连续灯具用 1~2 色配线	可移动
	方灯	舞台上排演用	照明舞台装置和背景的局部	500~1000 瓦,单灯	可移动
	广角泛光灯	观众席后部、侧廊	远距离投光照明舞台幕布	500~1000 瓦,单灯	可移动
聚光灯 投光范围和光线强度可调,局部照明效果好,依靠光源,反射和透光的组合而得到的舞台照明的主要器具	平凸透镜聚光灯	吊灯 第一边幕塔灯 顶棚侧前灯 舞台聚光灯	是舞台照明主体,通过调节投光范围和角度可照明全舞台和观众席全部范围	300~2000 瓦,单灯	固定或移动
	柔光聚光灯(菲涅尔透镜聚光灯)	吊灯 第一边幕塔灯 楼厅顶棚,侧前廊舞台聚光灯等	与平凸透镜聚光灯同样可通过调节投光范围和角度照明舞台和观众席全部范围,光线较平凸透镜聚光灯柔和,较泛光灯强烈	500~5000 瓦,单灯	固定或移动
	集光聚光灯(光闸聚光灯)	吊灯 侧廊聚光灯 顶棚侧前光灯	此灯照射面轮廓清晰,通过调节投光范围及角度,均匀地照明被区分的范围	500~1500 瓦,单灯	可移动
	集光聚光灯(轮廓聚光灯)	中央聚光灯 顶棚侧前灯 侧廊聚光灯	用于演员追光照明	卤钨灯 1000 瓦 氙灯 500~2000 瓦 金属卤化物灯 1000 瓦 直流弧灯 50~100 安	固定
效果投影器 通过将幻灯片插入两个光源和两个透镜之间,将自然现象和幻影效果投映到背景上的器具	效果投影机	舞台地面,吊在舞台上的舞台装置里	较近距离的局部投影效果,表现雨、雪、云、波浪的立体感强	卤钨灯 1000~2000 瓦 金属卤化物灯 1000 瓦	可移动
	高架投影机	舞台地板面	较近距离投影,能从舞台两侧,大面积投影云、波浪、雪和火焰等	卤钨灯 1000~2000 瓦 氙灯 1000~2000 瓦 金属卤化物灯 1000 瓦	可移动
	效果照明式投影灯	观众席后部	对整个舞台或局部范围进行投影,其映象不变形	氙灯 2000 瓦 直流弧光 50~100 安 金属卤化物灯 1000 安	

1 舞厅照明设备及灯具

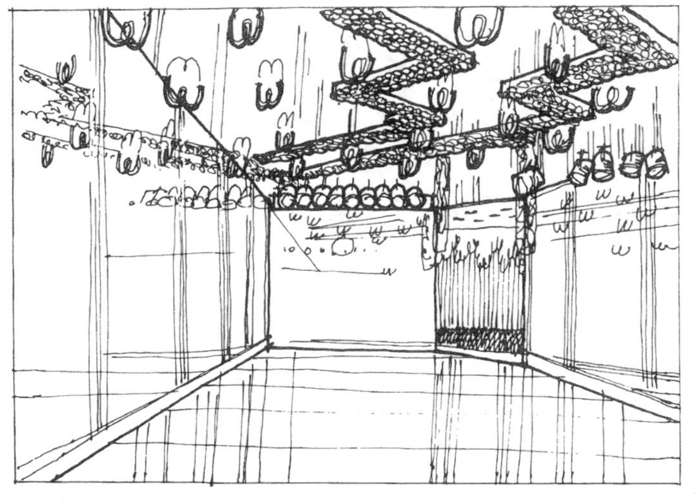

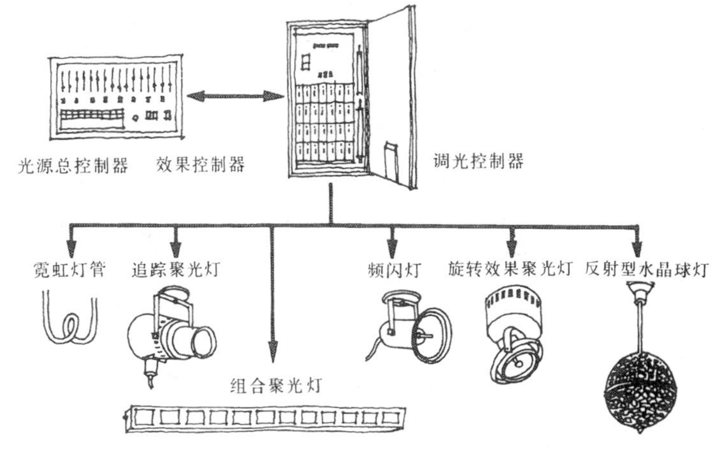

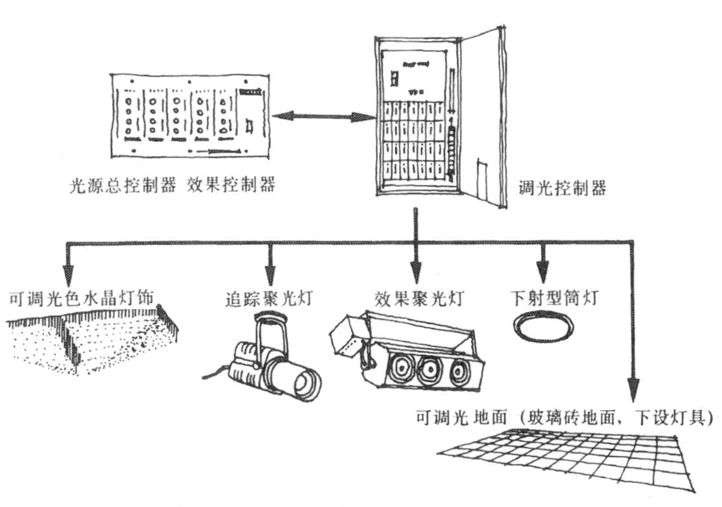

2 舞厅照明形式

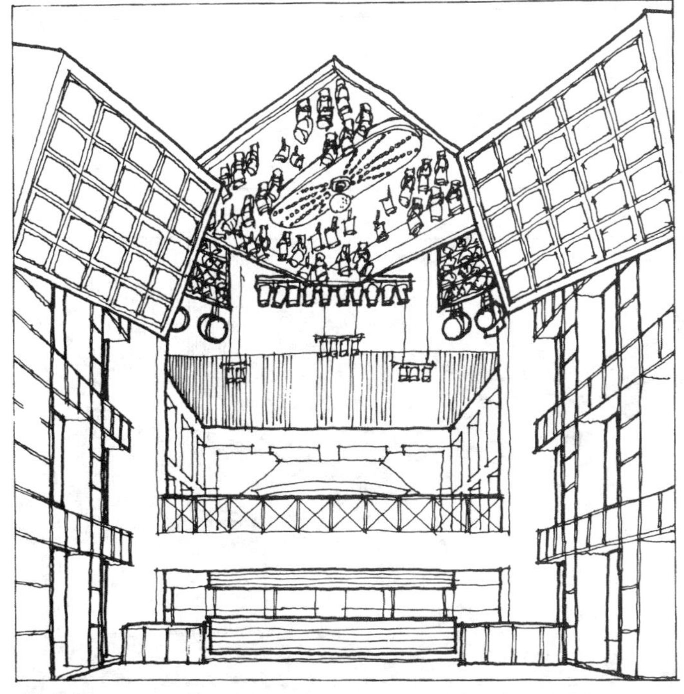

摇滚舞厅利用效果灯具、光柱及电视墙多种手法创造气氛

卡拉OK歌厅的照明方法，以舞台为重点照明

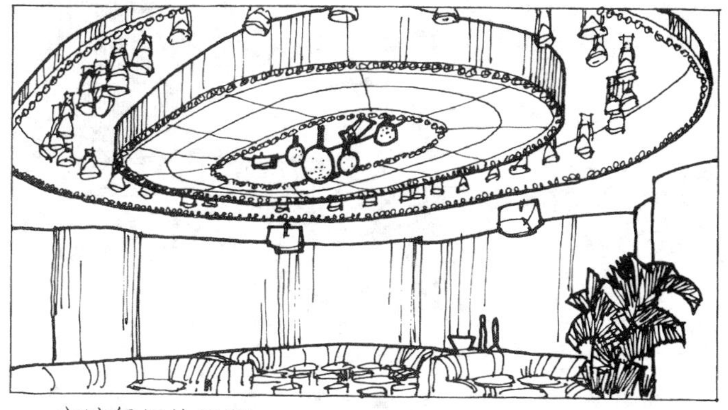

交谊舞厅的照明

1 光源光色的感觉

相关色温（K）	光色的感觉
＞5000	阴凉（带青的白色）
3300～5000	中间（白色）
＜3300	暖和（带红的白色）

一般情况下，低照度时易用低色温光源。随着照度变高，就有向白色光的倾向。对照度水平高的照明设备，若用低色温光源，就会感到闷热。对照度低的环境，若用高色温的光源，就有青白的阴沉气氛。但是，为了很好地看出饭菜和饮料的颜色，应选用一定色指数高的光源。

2 照度标准

1000 ～	500 ～	200 ～	100 (lx)
菜样陈列橱	集会厅 饭　桌 管理处 帐　房 存物台	进口大门 等 候 室 就 餐 室 厨　　房 盥 洗 室 厕　　所	走　廊 楼　梯

3 酒吧陈列柜照明方法

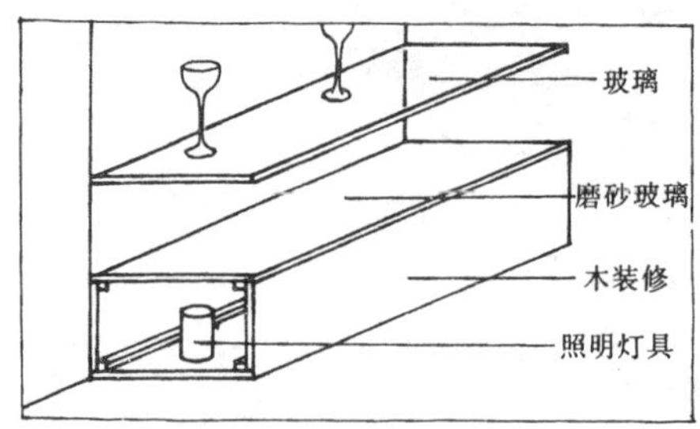

从下部投光对酒具进行照明

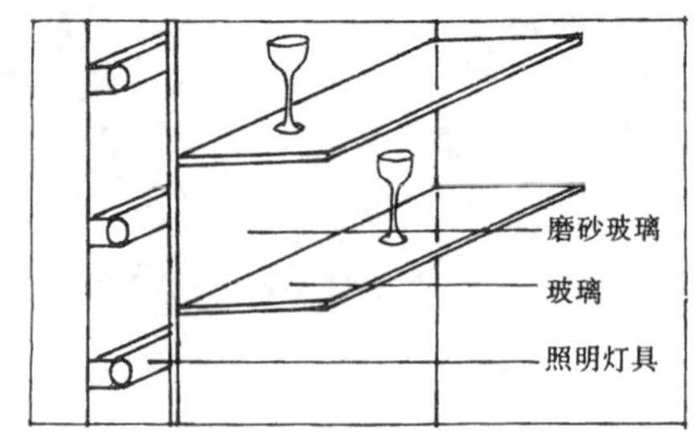

从背面投光对酒具进行照明

4 餐桌上形成中心感的照明方法

用射灯 对桌上装饰进行照明

用装饰灯具进行装饰

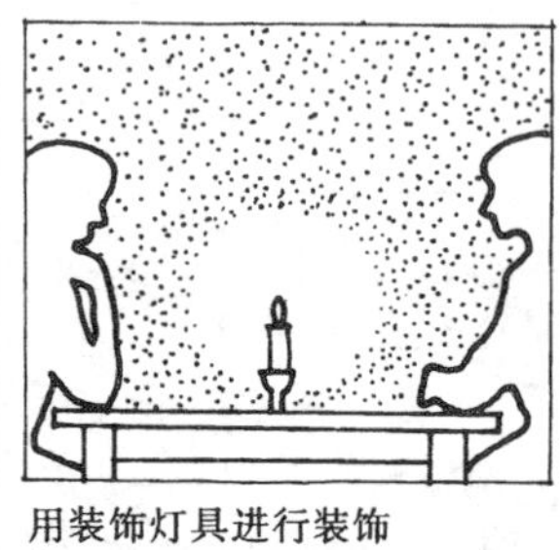
对桌面进行总体照明与外围对比

5 不同餐厅的照明

多功能宴会厅照明

多功能宴会厅为宴会和其它功能使用的大型可变化空间，所以在照明器选择上应采用二方或四方连续的具有装饰性的照明方式。装饰风格要与室内整体风格协调。照度应达到750lx。为适应各种功能要求，可安装调光器

上图实例中，设有总体照明控制装置，对花球、局部射灯、筒灯及环境照明用荧光灯等，有控制照度、色彩、不同组合的功能。可适应不同活动的需要

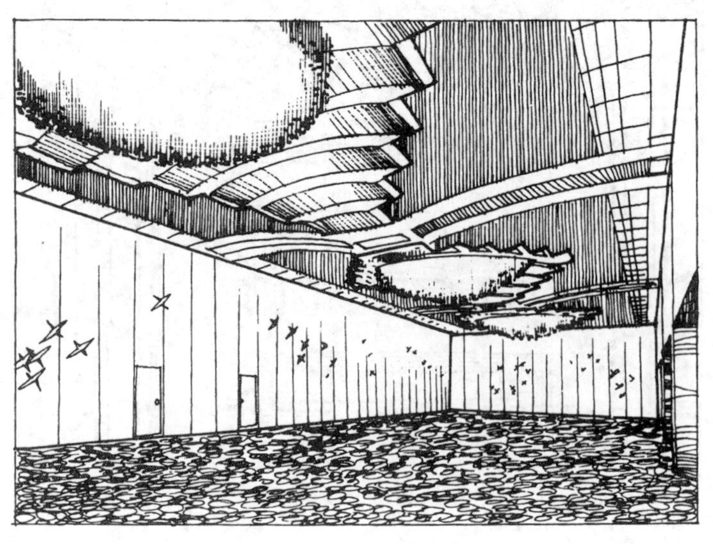

在餐厅内为创造舒适的环境气氛，白炽灯多于荧光灯，但在陈列部分应采用显色性比较好的荧光灯，它可以在咖啡馆和快餐厅内作背景照明用。在餐厅内可采用各种灯具。间接光常用在餐厅的四周以强调墙壁的纹理和其它特征。背景光可藏在天花内或直接装在天花上。桌上部、凹龛和座位四周的局部照明有助于创造出亲切的气氛。在餐厅设置调光器是必要的。餐厅内的背景照明可在100lx左右，桌上照明要在300～750lx之间。

风味餐厅照明

风味餐厅是为顾客提供具有地方特色菜肴的餐厅，相应的室内环境也应具有地方特色。在照明设计上可采用以下几种方法：采用具有民族特色的灯具；利用当地材料进行灯具设计；利用当地特殊的照明方法；照明与建筑装饰结合起来，以突出室内的特色装饰。

采用带有地方特色的照明灯具进行室内装饰照明

利用当地的特产材料进行灯具形式设计

利用建筑化照明方法，将照明与具有地方特色的建筑装修结合起来

特色餐厅、情调餐厅照明

这种餐厅的室内环境不受菜肴特点所限。环境设计应考虑给人何种感觉和气氛。为达到这种目的，照明可采用各种形式

将小型白炽灯以不规则形式散布在绿化之中，与装饰绿化结合为一体，再配以自然采光，使餐厅在白天与夜晚产生不同效果和情趣

建筑化光槽与星型小点灯组成夜空满天星的自然感觉，桌上采用中烛光作为装饰照明，给人以向心和亲切的感觉，再配以必要照度的灯具，创造浪漫气氛

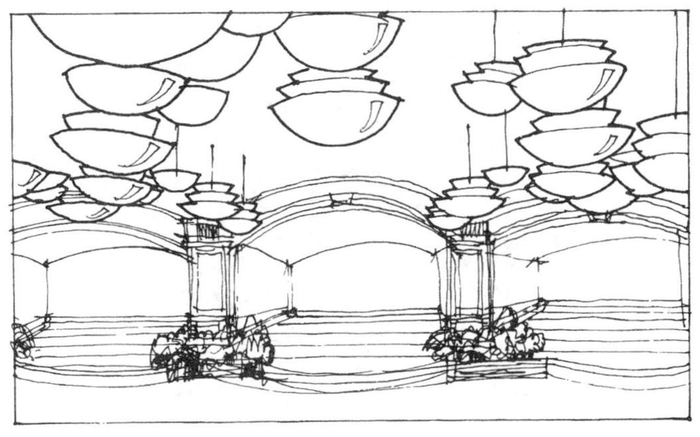

采用艺术手法，将灯具艺术化或与艺术品结合，给人以艺术享受

快餐厅照明

快餐厅的照明可以多种多样。建筑化照明的各种照明灯具、装饰照明及广告照明等，都可运用。但在设计时要考虑与环境及顾客心理相协调。一般快餐厅照明应采用简炼而现代化的形式

利用广告灯箱、壁灯和霓虹灯对餐厅内进行功能和装饰照明

采用建筑化照明与装饰照明综合设计，创造现代感很强的光环境

利用射灯对餐厅内进行纯功能性照明，简洁明确

酒吧间照明

酒吧间照明强度要适中，酒吧后面的工作区和陈列部分则要求有较高的局部照明，以吸引人们的注意力并便于操作（照度在0～320lx）。酒吧台下可设光槽对周围地面照亮，给人以安定感，室内环境要暗，这样可以利用照明形成趣味以创造不同个性。照明可用在餐桌上或装饰上。较高的照明只有清洁工作时才需要

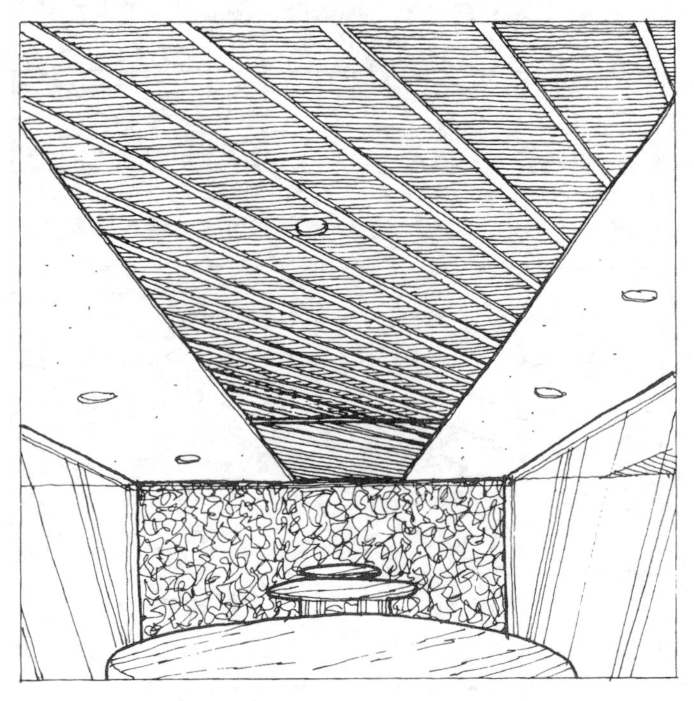

用灯具组成几何图案，既起到装饰作用，又具有功能作用

在酒吧台及其它主要场所设计装饰照明，可增强室内愉快的气氛

酒吧台设计成发光体，既起到装饰作用，又能使光源从反方向发出，可产生特殊效果

1 入口照明

在城市中的旅馆和饭店，应该利用照明来强调入口，其设施包括：

1. 有灯光照明的招牌，也可用氖管灯或灯箱来做。设置位置可在楼顶部、雨篷上部或临街的建筑墙面上。
2. 雨篷和入口车道的顶棚下面设灯具，灯具可为槽形灯、星点灯、吸顶灯、枝形花灯等，但要求与建筑形式及室内设计风格统一协调，整体感强。
3. 沿着入口通道设置独立柱灯。

为使旅客的眼睛能够适应亮度变化，照明强度应该逐步增加，从入口至门厅为200lx，然后到服务台上部集中照明处为400lx。

2 入口大厅照明

入口大厅为室外与室内的过渡空间，一般在大厅中设置服务柜台为顾客办理各种手续等。顾客除办理手续外，还在此进行短暂的停留，所以在照明设计上应采用简练的手法，选用下投式灯具等不显眼的照明手法。这样也能突出主厅的华丽气氛。

在入口大厅内还要注意提高墙面和人面部的垂直面照度（天然光为背光面时面部的照度）的照明方法。照度值应考虑进入门厅时或相反时眼睛的适应状态来确定。同时需要能够识别人面部表情程度的照度。照度可由下面两表进行核算。

防止人的面部轮廓显象所需要的面部照度与背景亮度之比 (R)

阶　　段	$R=\frac{面部照度}{背景亮度}$ 〔lx/(cd/m^2)〕
使人的面部不出现轮廓的下限	0.07
能看到人的面部眼鼻的下限	0.15
稍好一些	0.30

对于各种累积出现率的天空亮度 (kcd/m^2)

累积出现率(%)	北	东	南	西
50	4.4	4.2	7.2	4.6
75	6.0	6.5	10.9	7.3
90	7.4	10.2	15.8	11.3
99	9.8	18.0	26.0	25.5

3 主厅照明

主厅多为多功能使用，所以在设计照明时可作多方面考虑：

主要照明　是主厅内的中心照明，起装饰和控制空间尺度及气氛的作用，在设计时要与建筑统一考虑。形式可采用带装饰性的发光顶或槽灯，还可结合华丽的枝形花灯等。

功能照明　服务台上部照明、低空间的照明及道路照明等可用下射式照明。对主要照明进行补充，但形式要以主要照明为主体进行设计。主厅内休息空间的照明可用台灯或地灯进行照明。这种手法一方面可以满足功能要求，另一方面可起装饰作用，并在大空间内起到与主要照明相呼应的作用。

装饰照明　以照明器的形式装饰环境，或对装饰墙面、陈设进行照明。这种照明有时也兼作补充照明。

4 照度标准

场　　所	照度 (lx)
门厅、收款处	750～1500
台阶、正门、办公室、物品交付台、卫生间内洗脸用的镜子	300～750
大厅、盥洗室、厕所	100～200
文娱室、更衣室、客房一般照明、走廊、楼梯、浴室	75～150

5 服务台照明

柜台是传达、收发和事务处理的场所，需要从入口大厅看起来显眼，又要能提高工作效率，所以照度要高一些。照明方法要用暗藏式照明，以免对人眼产生眩光。

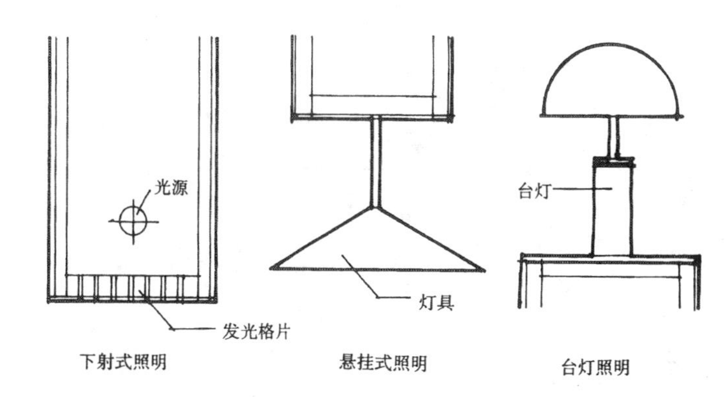

柜台上部照明的几种方法

6 走廊照明

通往公共场所的走廊，照明要明亮些，照度要在75～150 (lx) 之间，灯具排列要均匀，灯具间距在3～4m左右。

7 照明形式举例

主厅采用建筑化照明方式，使发光顶的形式与建筑空间形式相统一，周围用下射式照明方式进行补充，休息环境设台灯和壁灯进行局部（装饰）照明

主厅采用枝型吊灯作为主要照明。下垂的吊灯起到控制空间及装饰的作用。地面用台灯进行呼应

主厅用大型水晶灯进行照明，表现出华丽的气氛，大面积墙面上设置装饰壁灯既起到补充照明作用，同时也起装饰作用。在低空间内加设发光顶照明，使大空间变得丰富

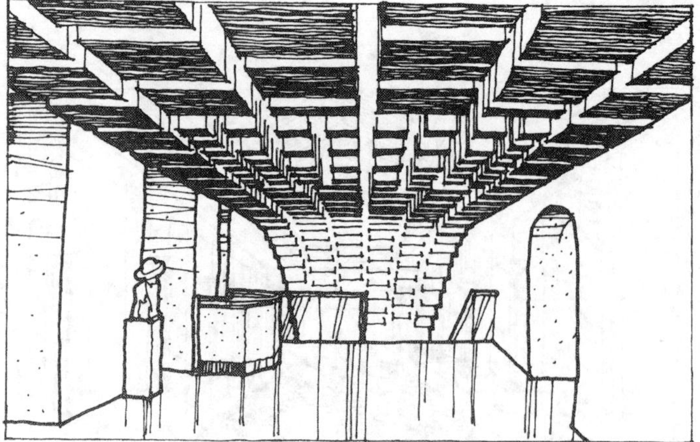

上图为大休息厅照明，照明形式采用组合玻璃灯具，使空间整体统一
下图为楼梯间照明，采用建筑化照明方式，照明与天花整体设计，并随空间的流动进行变化

8 客房内所需灯具

床头灯　通常设在床头板的上方。两张单床的客房可在中间床头柜的上方装一盏双头灯。灯具要有好的灯罩。由局部开关控制。

中心灯　开关设在入口和床头处。也可用台灯或地灯代替一般照明。

化妆台灯　镜子上装暗灯或设台灯。

入口处灯　装在入口小过道处，供壁柜内和入口处照明。也可设下射灯具。

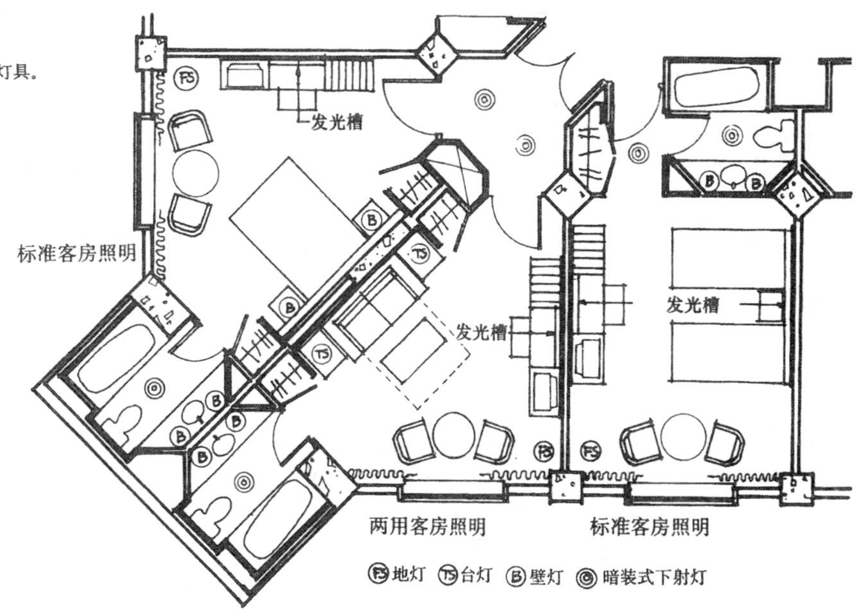

9 不同床头照明举例

10 美容店、理发店照明

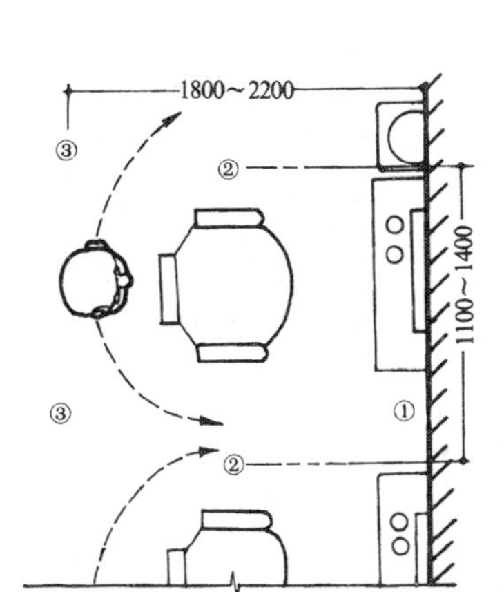

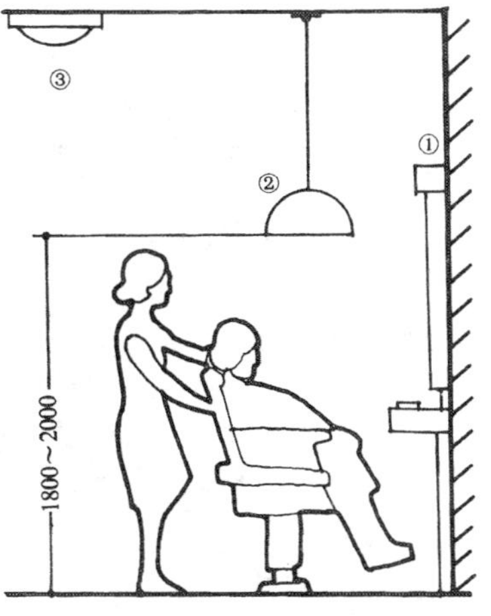

理发、烫发、吹风处照明

理发员是朝向镜子站在客人后面，所以照明要没有眩光，图中③灯具距墙面在1800～2200之间，能避免眩光。同时要能看出头发造型及头发的光泽。图中灯具①、②的位置比较适宜。在荧光灯的基本照明中，可加下投式灯及吊灯的灯泡照明。总照度在750～1500（lx）之间

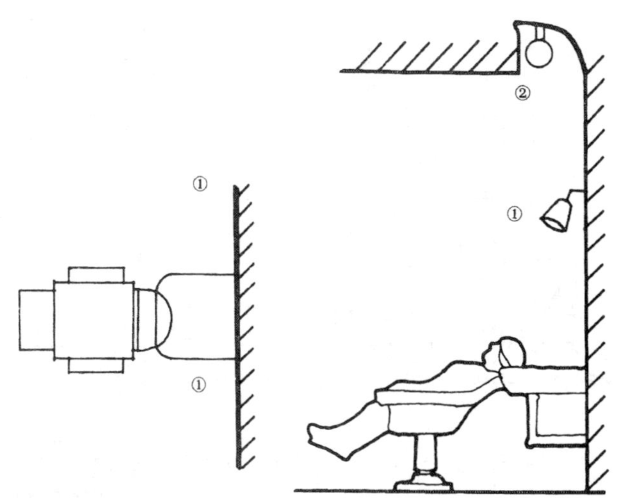

洗发处或美容处照明

因顾客在这里是面向顶棚的姿势，故在其视线方向不要看到外露的光源，灯具可用带罩或格片的荧光灯。光源要采用显色性较好的光源。照度在300～500lx之间，化妆时照度要在750～1500lx之间

1 照度标准

等级	场　　所	照 度 (lx)
A级站	检票口、安全检查处、收票处、补票处	750~1500
	候车室、接站厅、提取行李处、问事处、办公室	300~750
	有棚月台、通道、洗手间、厕所、行李寄存处、办公室	150~300
	门口台阶	75~150
B级站	检票口、收票口、补票口	200~750
	候车室、接站厅、问事处、办公室	100~500
	有棚月台、通道、洗手间、厕所、行李寄存处	75~150
	门口台阶	20~75
C级站	检票口、收票口、办公室	100~300
	候车室、有棚月台、通道、洗手间、厕所	30~150
	门口台阶	5~30

注：按一日内上下车旅客数分为三种站级。A级站为15万人以上；B级站为1~15万人；C级站为1万人以下。航空港内照度标准按A级站为准。海港按以上等级划分；地铁站按A级站标准。

2 照明方法

1. 候车室、接站厅及中心大厅等公共空间内的灯具，要使环境具有安静、舒适的感觉。照明的均匀度要在40%。
2. 候车室、办事处和交通通道的灯具要选择材料坚固，便于维护和清扫，且不易燃烧，同时造型要与建筑形式统一。
3. 光源的选择要高效率、长寿命的光源，光色要适当，以避免与信号灯光色相似，同时能创造出清静、愉快的光环境。
4. 在付钞票和检票的场所要有适当照度。洗手间、厕所是容易污浊和引起犯罪的地方，所以要有明亮的环境。

3 车站各部分的反射光

分　类	顶棚 (%)	墙壁 (%)	地面 (%)
中心大厅	55~85	45~75	25~65
候车室	55~75	30~65	15~55
问询室	60~85	45~75	35~65
旅客通道、楼梯	55~75	30~65	25~45
站台	20~45	30~45	15~45
地下站台	55~70	35~65	15~45
洗手间、厕所	60~85	65~85	45~65
售票处、会计室	65~85	45~75	35~55
车站服务室	65~85	45~65	30~60

4 照明环境实例

利用发光顶对候车大厅进行照明，加设横向格片可减少直射眩光

采用发光墙面作为主要照明可增强艺术效果

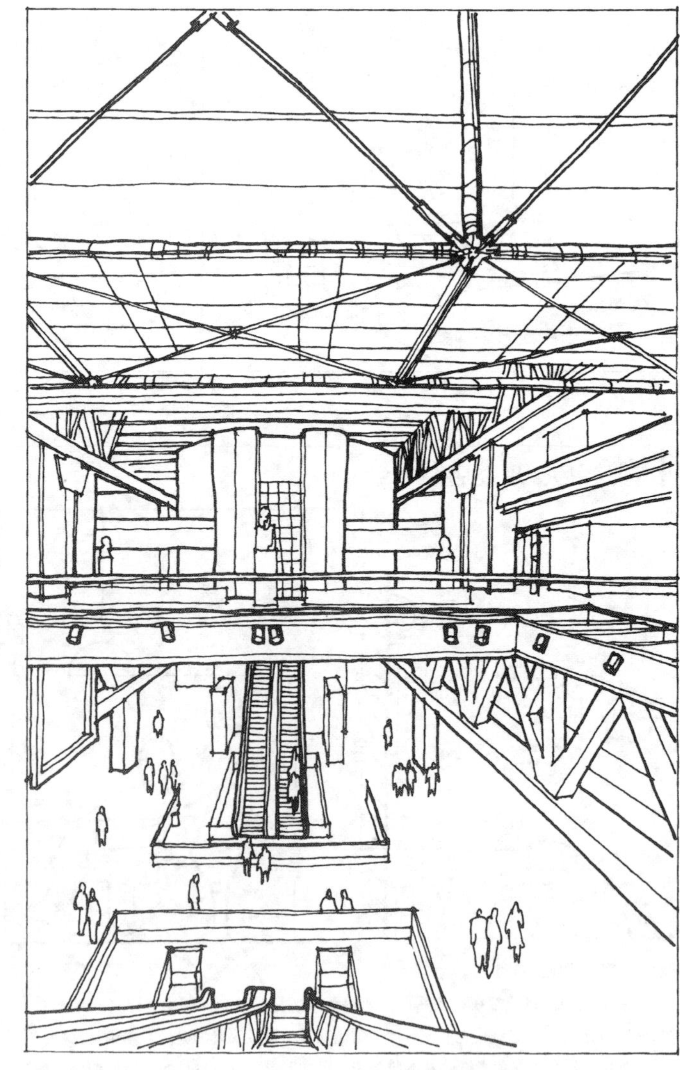

将自然光作为候车大厅的主要照明，局部地方布置灯具补充照明

随着城市建筑的发展，大型公共建筑及高层住宅建筑的增多，绿地相应地减少了。人们对失去的绿地有着自然的恋怀，特别是长期生活、工作在室内的人，更渴望周围有绿色植物的环境，因此，将绿色植物引进室内已不是单纯的“装饰”，而是提高环境质量，满足人们心理需求不可少的因素。植物在光的作用下使空气新鲜，并调节湿度。植物的绿色可以给大脑皮层以良好的刺激，使疲劳的神经系统在紧张的工作和思考之后，得以宽松和恢复，给人以美的享受。因此近些年来室内绿化已广泛应用于多种公共建筑、居住建筑及工业建筑。

利用入口处的绿化，使植物由外部向内部过渡

室内绿化是室内设计的一部分，与室内设计紧密相联。它主要是利用植物材料并结合园林常见的手段和方法。组织、完善、美化它在室内所占有的空间，协调人与环境的关系。使人既不觉得被包围在建筑空间所产生的厌倦，也不觉得像在室外那样，因失去蔽护而产生不安定感。室内绿化主要是解决人——建筑——环境之间的关系。

利用内外景物互渗互借，使室内空间得以延伸和扩大

利用绿化组织室内空间的形式

1.内外空间的过渡与延伸　将植物引进室内，使内部空间兼有自然界外部空间的因素，达到内外空间的过渡。其手法常常在入口处布置花池或盆栽；在门廊的顶棚上或墙上悬吊植物；在进厅等处布置花卉树木，都能使人从室外进入建筑内部时有一种自然的过渡和连续感。借助绿化使室内外景色通过通透的围护体互渗互借，可以增加空间的开阔感和变化，使室内有限的空间得以延伸和扩大。

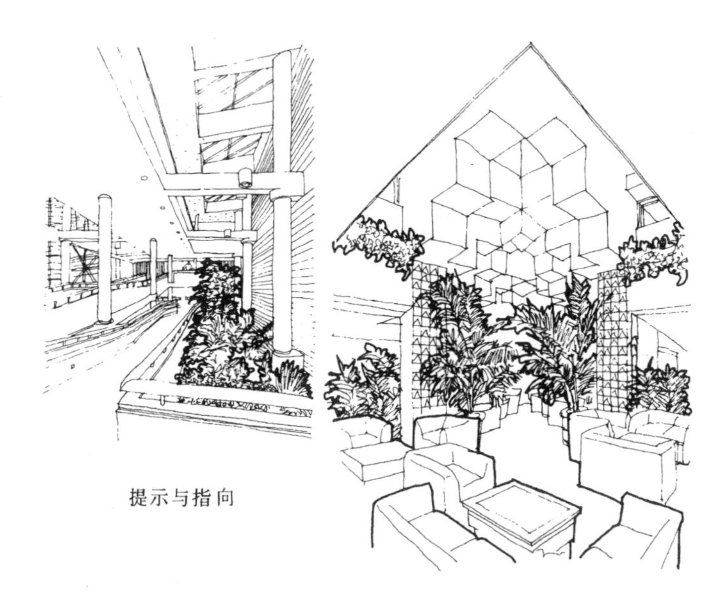

提示与指向

2.空间的提示与指向　由于室内绿化具有观赏的特点，能强烈吸引人们的注意力，因而常能巧妙而含蓄地起到提示与指向的作用。

3.空间的限定与分隔　利用室内绿化可形成或调整空间，而且能使各部分既能保持各自的功能作用，又不失整体空间的开敞性和完整性。

4.柔化空间　现代建筑空间大多是由直线形和板块形构件所组合的几何体，感觉生硬冷寞。利用室内绿化中植物特有的曲线、多姿的形态、柔软的质感、悦目的色彩和生动的影子，可以改变人们对空间的印象并产生柔和的情调，从而改善大空间的空旷、生硬的感觉，使人感到尺度宜人和亲切。

限定与分隔空间

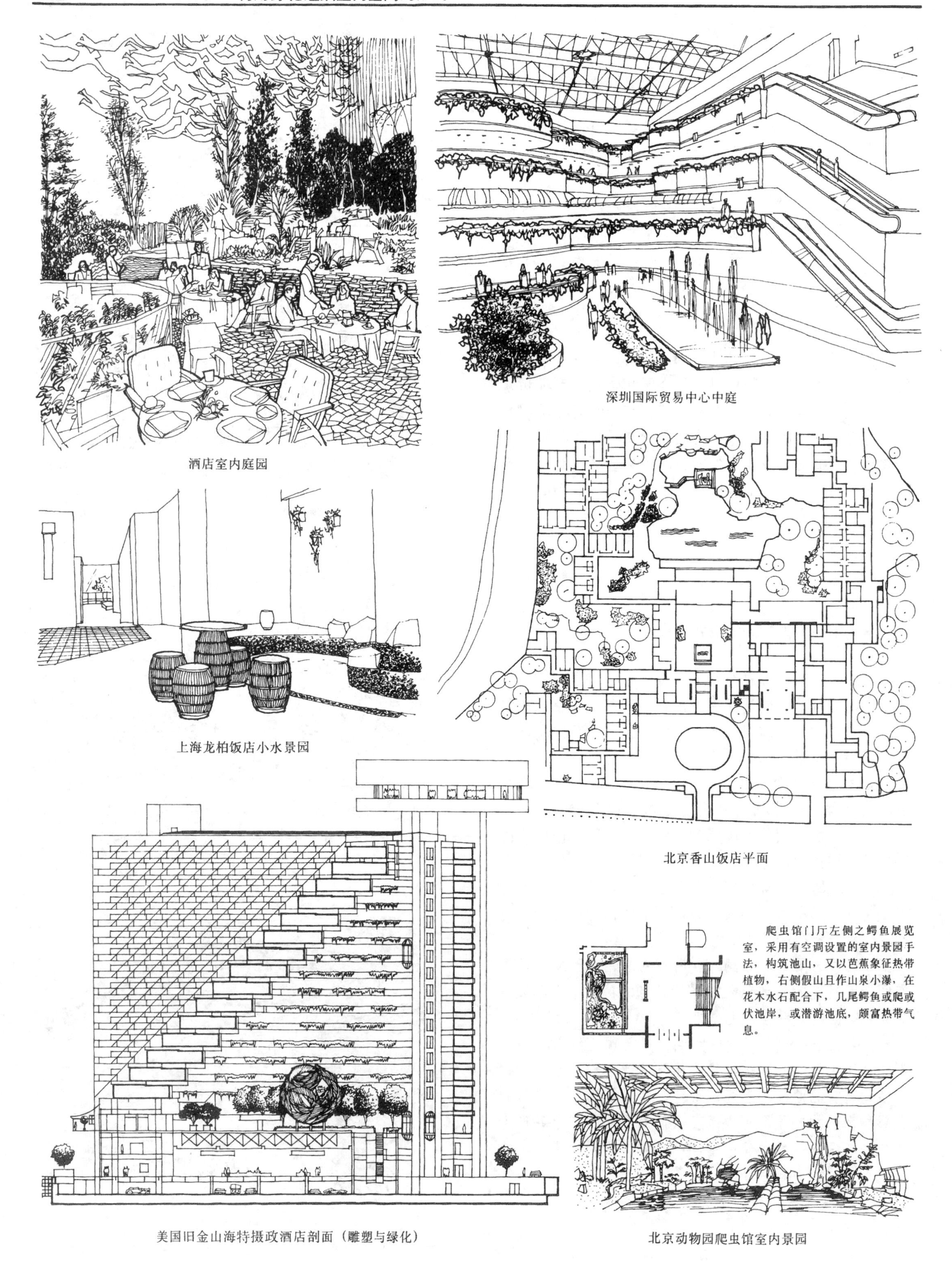

酒店室内庭园

深圳国际贸易中心中庭

上海龙柏饭店小水景园

北京香山饭店平面

美国旧金山海特摄政酒店剖面（雕塑与绿化）

爬虫馆门厅左侧之鳄鱼展览室，采用有空调设置的室内景园手法，构筑池山，又以芭蕉象征热带植物，右侧假山且作山泉小瀑，在花木水石配合下，几尾鳄鱼或爬或伏池岸，或潜游池底，颇富热带气息。

北京动物园爬虫馆室内景园

限定与分割空间

柔化空间

构成虚拟空间

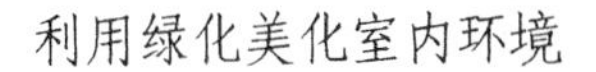

利用绿化美化室内环境

室内植物作为装饰性的陈设，比其它任何陈设更具有生机和魅力。所以现代建筑常常喜爱用绿色植物来装饰室内空间。

1.丰富室内剩余空间　用绿化装点剩余空间，如在家具或沙发的转角和端头、窗台或窗框周围，以及一些难利用的空间死角，如楼梯上空或下部布置绿化，可使这些空间景象一新，充满生气，增添情趣。

2.植物与灯具家具结合，可成为一种综合性的艺术陈设，增加其艺术效果。

3.植物以其丰富的形态和色彩可作良好的背景。在展览厅或商店，用植物作为展品或商品的陪衬和背景，更能引人注目和突出主题。

4.组合盆栽或有特色的植物可作为室内的重点装饰。

装点剩余空间

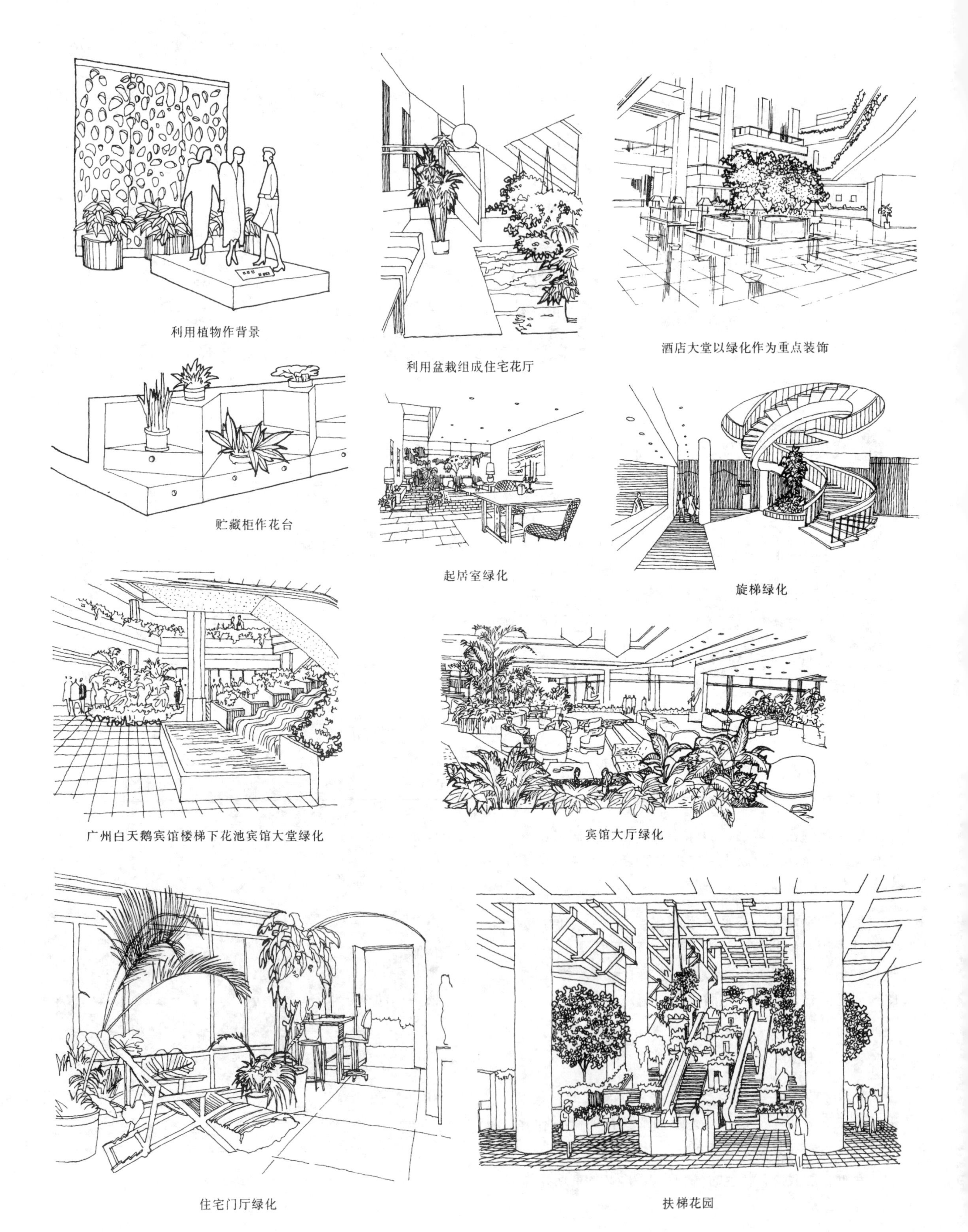

利用植物作背景

利用盆栽组成住宅花厅

酒店大堂以绿化作为重点装饰

贮藏柜作花台

起居室绿化

旋梯绿化

广州白天鹅宾馆楼梯下花池宾馆大堂绿化

宾馆大厅绿化

住宅门厅绿化

扶梯花园

室内造景，常常采用庭园的形式。由于建筑组群布局的多样性，因而庭园类型各异。从庭园与室内空间的关系及观赏点分布来看，基本有以下几种类型。

1.借景式庭园 庭院在室外，借景入室作为庭室内的主要观赏面。一般有两种情况：一种是较封闭的内庭，面积较小，供厅室采光、通风、调节小气候用。其景物作为室内视野的延伸，此内庭绿化以坐赏为主，兼作户外休息之用；另一种是较为开敞的庭园，一般面积较大，划分为若干区，各区都有风景主题和特色。

2.室内外穿插式庭园 这是在气候宜人地区常用的形式。常在建筑底层交错地安排一系列小庭园，用联廊过道等使庭园绿化与各个建筑空间串在一起，并以平台、水池、绿化等互相穿插，以通透的大玻璃、花格墙、开敞空间、悬空楼梯等相联系和渗透。

3.室内庭园 在室内布置一片园林景色，创造室外化的室内空间，是现代建筑中广泛应用的设计手法。特别是在室外绿化场地缺乏或所在地区气候条件较差时，室内庭园开辟了一个不受外界自然条件限制的四季常青的园地。

由盆栽组合成的花坛式庭园

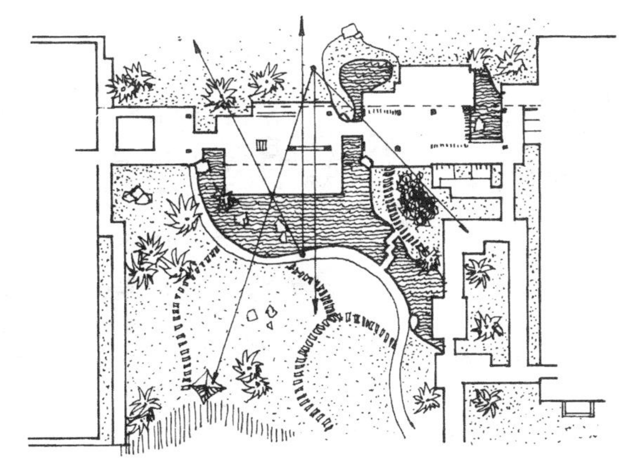

广州东方宾馆新楼底层庭园

把底层架空使水池花木引入室内，建筑平台伸出室外，并在庭园中设亭廊以调整空间的尺度，增添空间的层次，并形成借景的对象。

美国洛杉矶帮克山旅馆中庭

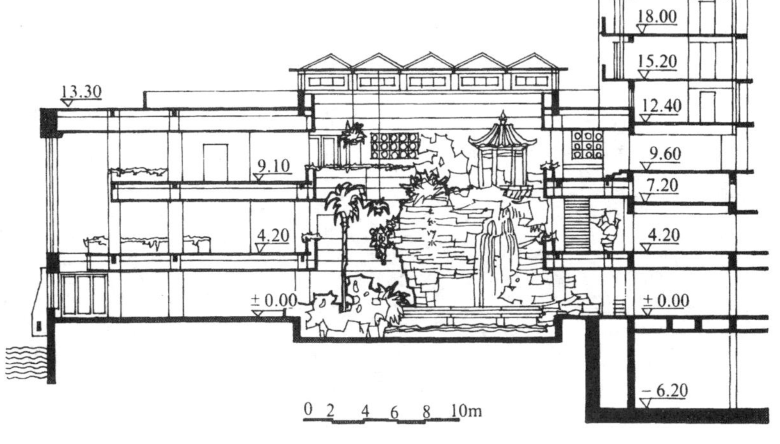

中庭横剖面

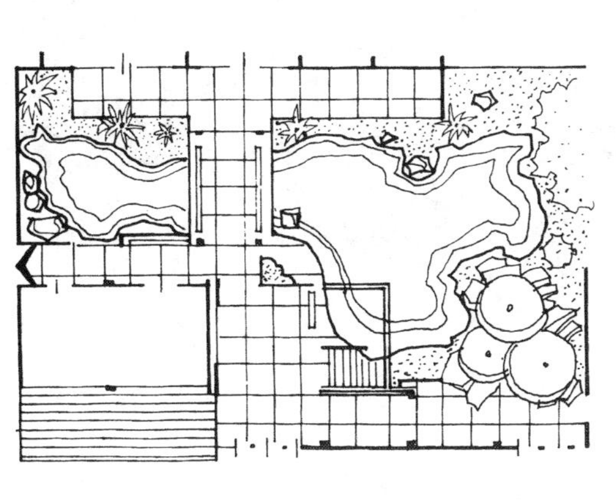

中庭平面

广州白云宾馆中庭

由于室内空间特点及花木的种类、姿态、香色不同，植物有着不同的配置方式。

依照植物数量的多少，有以下几种配置方法：

孤植　是采用较多最为灵活的形式，适宜于室内近距离观赏。其姿态、色彩要求优美、鲜明，能给人以深刻的印象，多用于视觉中心或空间转变处。应注意其与背景的色彩与质感的关系，并有充足的光线来体现和烘托。

对植　是指对称呼应的布置。可以是单株对植或组合对植。常用于入口、楼梯及主要活动区两侧。

群植　一种是同种花木组合群植。它可充分突出某种花木的自然特性，突出园景的特点；另一种是多种花木混合群植。它可配合山石水景，模仿大自然形态。配置要求疏密相间，错落有致，丰富景色层次，增加园林式的自然美。一般是姿美、颜色鲜艳的小株在前，型大浓绿的在后。

依照是否可以更换、移动，又可分为固定、不固定两种配置形式。固定形式是指将植物直接栽植在建筑完成后预留出的固定位置，如花池、花坛、栏杆、棚架及景园等处。一经栽培，就不再更换。不固定形式是将植物栽植于容器中，可随时更换或移动，灵活性较强。

另外还有攀缘、下垂、吊挂、镶嵌、挂壁形式，以及盆景、插花和水生植物的配置形式。

孤植式　对植式　同种花木组合群植式

多种花木混合群植式　固定式　不固定式

攀缘式　下垂式　吊挂式　镶嵌式与壁挂式

植物的配置需十分注意所在场所的整体关系，把握好它与环境其它形象的比例尺度，尤其是与人的动静关系，把植物置身于人视域的合适位置。如为大尺度的植物，一般多盆栽于靠近空间实体的墙、柱等较为安定的空间，与来往人群的交通空间保持一定的距离，让人观赏到植物的杆、枝、叶的整体效果；中等尺度的植物可放在窗、桌、柜等略低于人视平线的位置，便于人观赏植物的叶、花、果；小尺度的植物往往以小巧出奇制胜，盆栽容器的选配也需匠心，置于橱柜之顶，搁板之上或悬吊空中，让人全方位来观赏。

从植物作为室内绿化的空间位置和所具形体来看，绿化的配置不外乎是水平和垂直两种形式。由于植物的乔、灌花草各具形象特色，以树干形态、枝叶色泽，或以花叶扶疏来吸引人。室内绿化的配置抓住这些形象特色，发挥出它们最富有表现力的形象特征，以点、线、面的不同格局创造丰富的水平和垂直向的绿化效果。

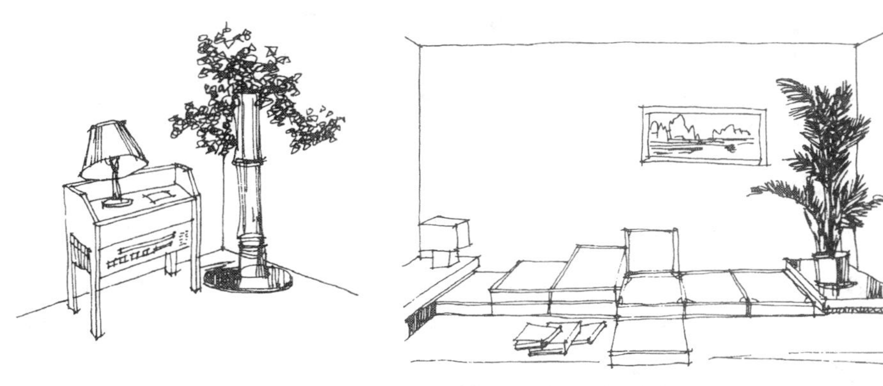

点配置的绿化　主要选用具有较高观赏价值的植物，作为室内环境的某一景点，具有装饰和观赏二种作用。应注意它的空间构图及与周围环境的配合。

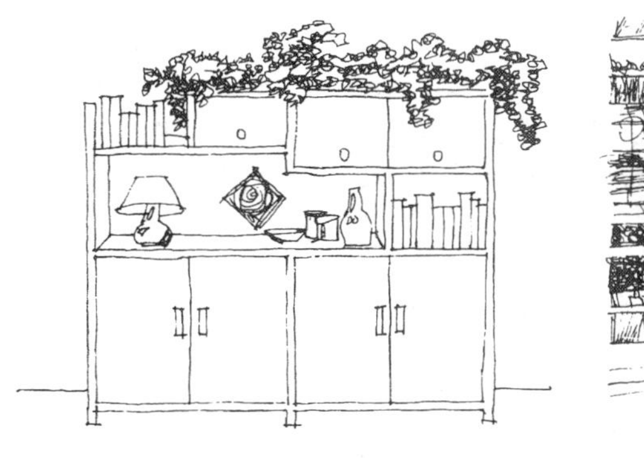

线配置的绿化　选用形象形态较为一致的植物，以直线或曲线状植于地面、盆或花槽中而连续排列。常配合静态空间的划分、动态空间的导向，起到组织和疏导的作用。

面配置的绿化　最好选用耐旱、耐阴的蔓生、藤本植物或观叶植物。在空间成片悬挂或布满墙面，给人以大面的整体视觉效果，也可作为某一主体形象的衬景或起遮蔽作用。

体配置的绿化　是一种具有半室内、半室外效果的温室或空间绿化，也可称为室内景园，多用于宾馆或大型公共建筑。在一般住宅中，对阳台加以改造，也可创造精采的绿化空间。

公共空间的绿化，除陈设盆栽外，还常采用花坛、花台、花池、花架、室内景园、喷水池和砌石等绿化形式。有时多种形式配合使用，使室内空间的绿化丰富多采。

1 花坛、花池

花坛 花坛是在具有一定几何轮廓的植床内，种植各种不同色彩的观赏植物而构成的具有华丽色彩或纹样的种植形式。它也可以用盆栽植物组织而成。花坛的主题是具有装饰性的整体效果，而不是花坛内一花一木的姿色。

花坛的形式，依照其不同的主题、规划方式、维持时间的长短来分类，如规则式花坛、花丛式花坛、毛毯式花坛、组合式花坛和标题式、时钟式、肖象式花坛。还有利用植物作造型的主体式花坛以及临时性和长久性花坛。

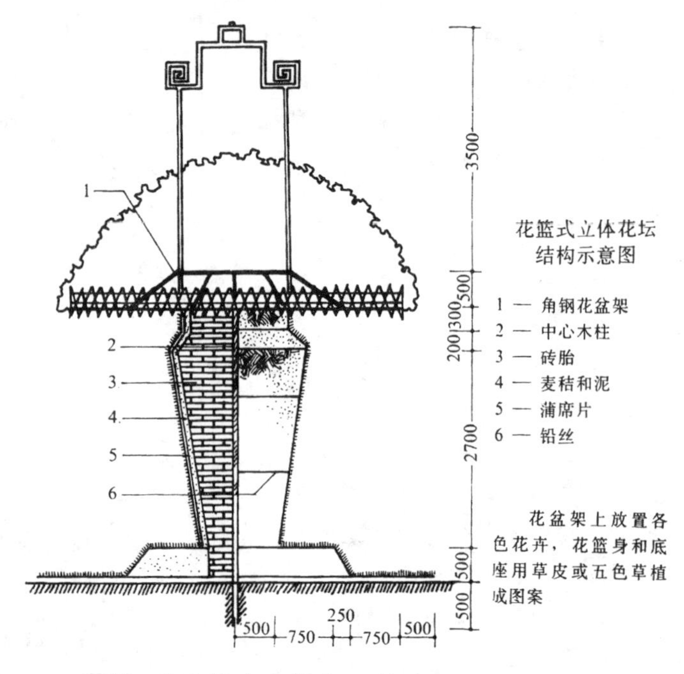

花篮式立体花坛结构示意图

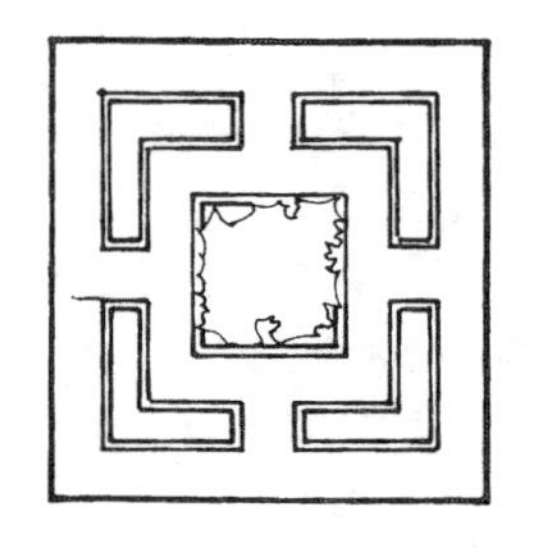

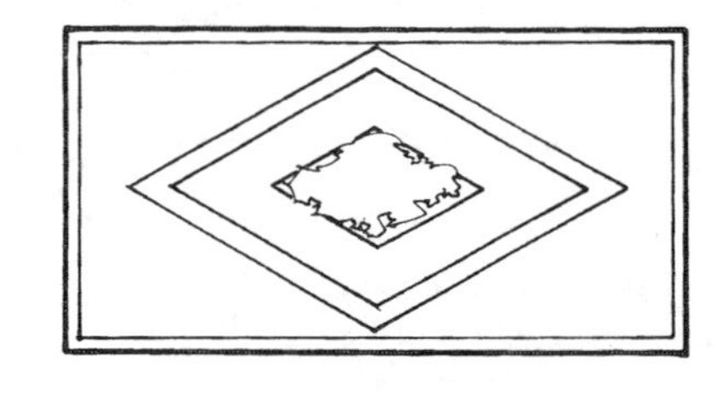

规则式花坛

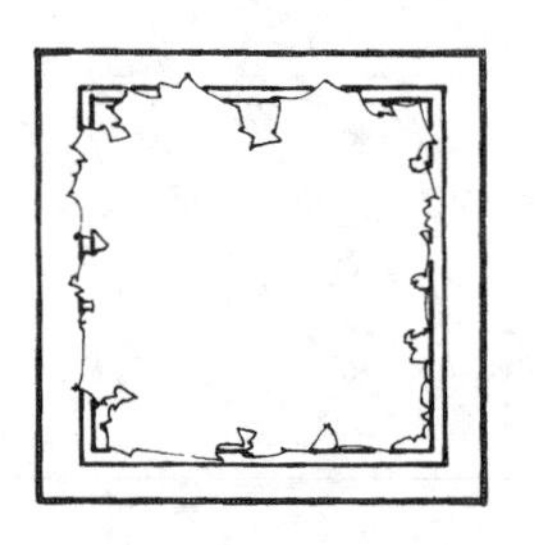

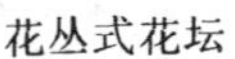

花丛式花坛

毛毯式花坛

组合式花坛

花池 花池是室内绿化组景不可缺少的手段之一，在现代被大量采用，不仅起点缀作用，甚至也成为组景的中心，增添室内园林的生气。

花池有单个、组合、盆景盆、壁上、镶嵌等形式的花池及可移动的盆盒式花池。其施工工艺和材料多种多样。有天然石、规整石、混凝土、砖及塑料预制块砌筑的。表面装饰材料有干粘石、粘卵石、洗石子、瓷砖、马赛克等。

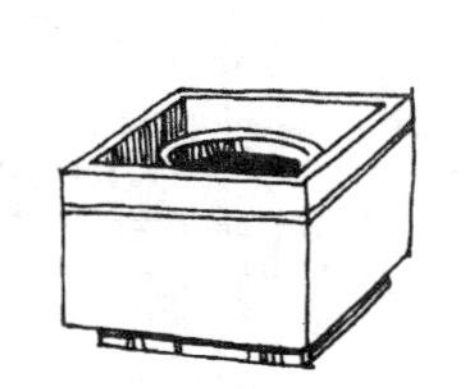

花盆箱式花池

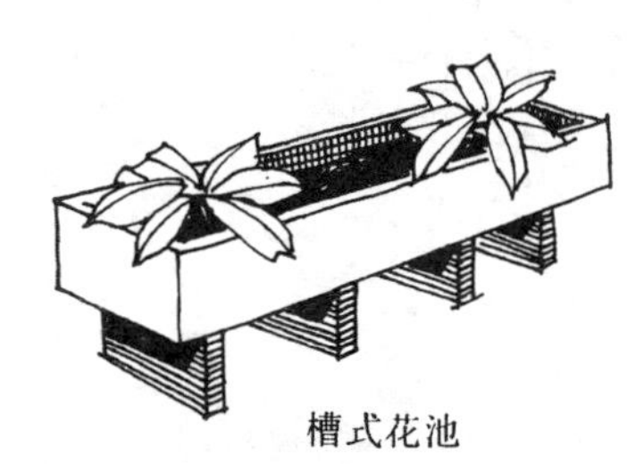

槽式花池

传统牡丹台式花池

与座椅结合的花池

山石组成的花池

组合式花池

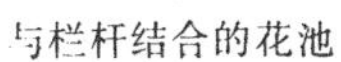
与栏杆结合的花池

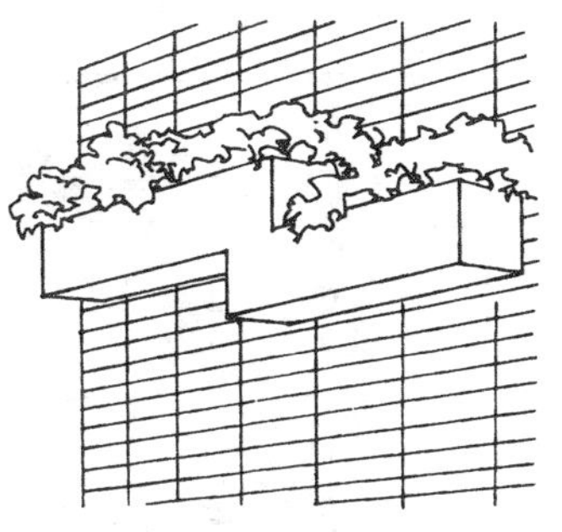

壁上斗式花池

大盆景盆式花池

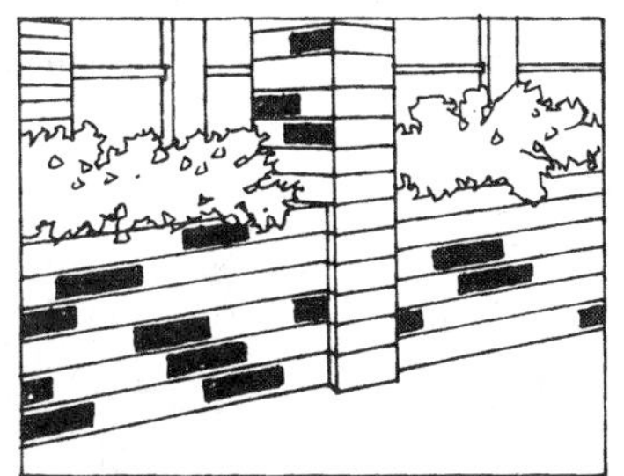

镶嵌式面砖花池

2 喷泉、瀑布及水池

室内景园中的喷泉、瀑布及水池能使室内更富于生气，是美化和提高室内环境质量的重要手段。它较栽植植物和其它园艺小品收效快，点景力强，易于突出效果。在设计要求上可繁可简、可粗可细、维护工作可大可小，在面积不大的室内更为人所喜爱。

喷泉 有人工与自然之分。自然喷泉是在原天然喷泉处建房构屋，将喷泉保留在室内。这是大自然的奇观，更为珍贵。人工喷泉形式种类繁多，随着科技的发展出现了由机械控制的喷泉，对喷头、水柱、水花、喷洒强度和综合形象都可按设计者的要求进行处理。近年来，又出现了由电子计算机控制的带音乐程序的喷泉、时钟喷泉、变换图案喷泉等。华丽的喷泉加上变幻的各种彩色光，其效果更为绚丽多彩。喷泉与水池、雕塑、假山配合，常常能取得更好的观赏效果。

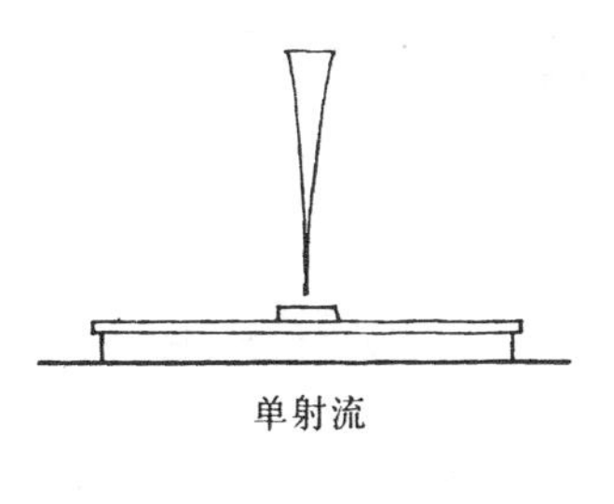

单射流

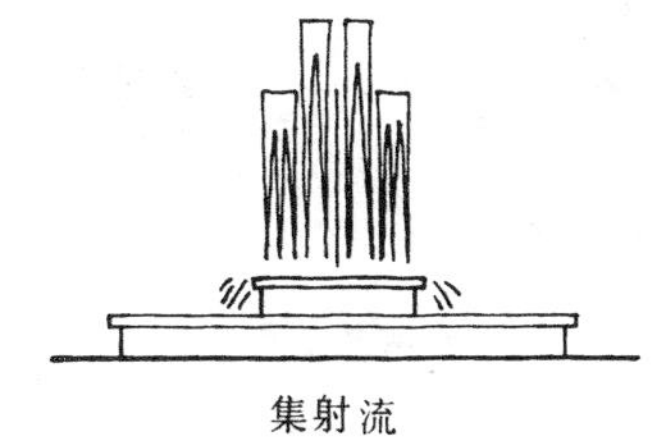

集射流

散射流

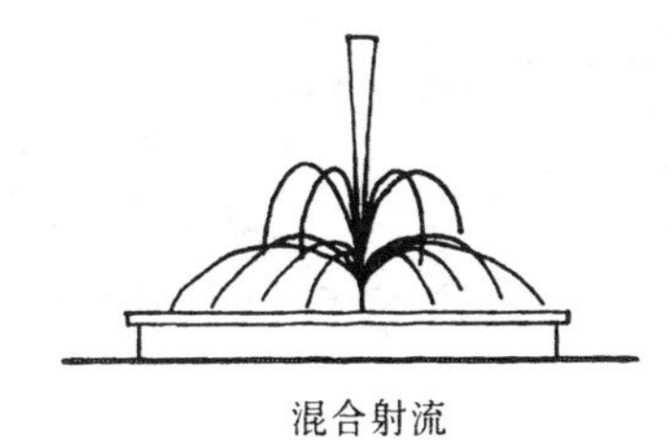

混合射流

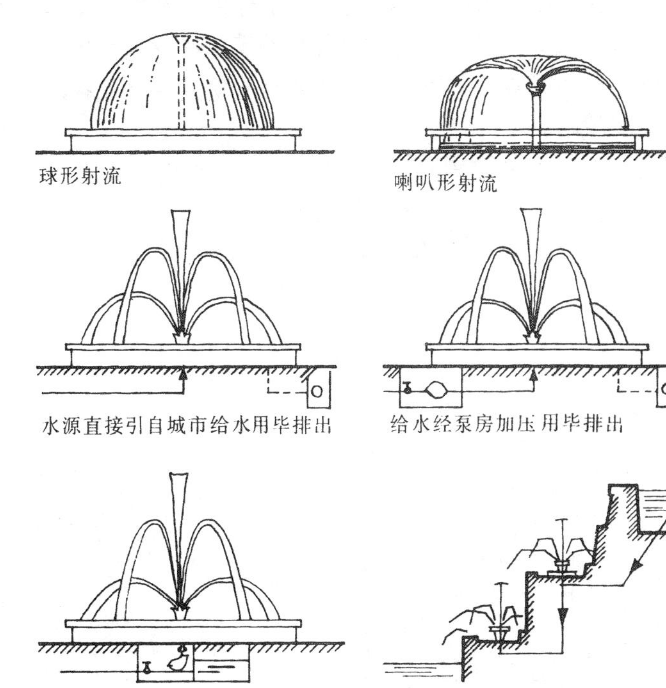

球形射流

喇叭形射流

水源直接引自城市给水用毕排出

给水经泵房加压用毕排出

给水经泵房加压循环使用

引用高水位的天然水源用毕排除

瀑布 在室内利用假山、叠石，低处挖池作潭，使水自高处泻下，击石喷溅，俨有飞流千尺之势。其落差和水声使室内变得有声有色，静中有动。

广州白天鹅宾馆中心故乡水瀑布

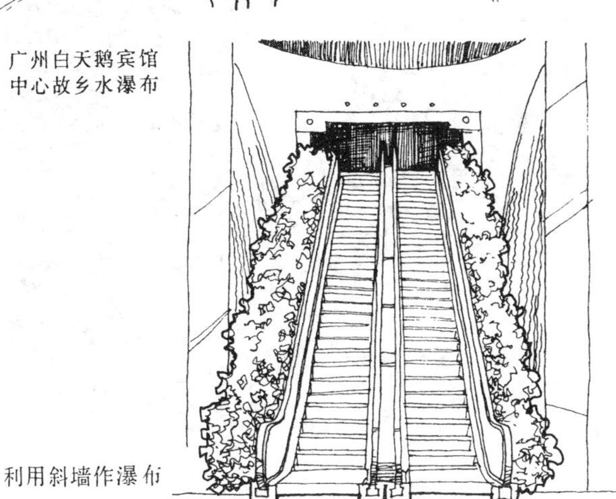

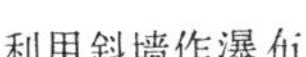
利用斜墙作瀑布

水池 室内筑池蓄水，或以水面为镜，倒影为图作影射景；或赤鱼戏水，水生植物飘香满池；或池内筑山设瀑布及喷泉等各种不同意境的水局，使人浮想联翩，心旷神怡。

水池设计主要是平面变化，或方、或圆、或曲折成自然形。此外，池岸采用不同的材料，也能出现不同的风格意境。池也可有不同的深浅，形成滩、池、潭等。

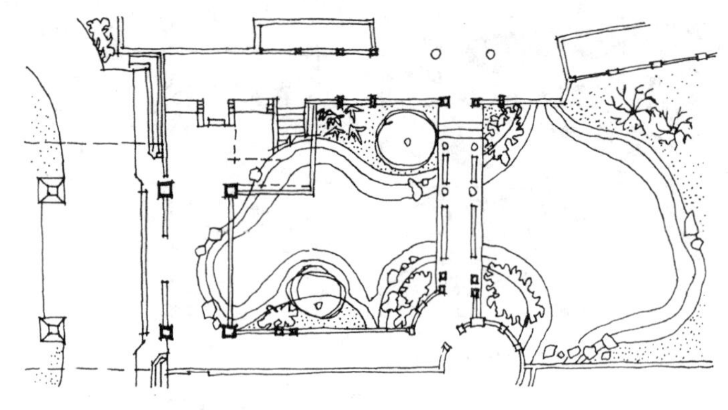

上海龙柏饭店庭园水池平面

三叠泉小景池

室内小水景池

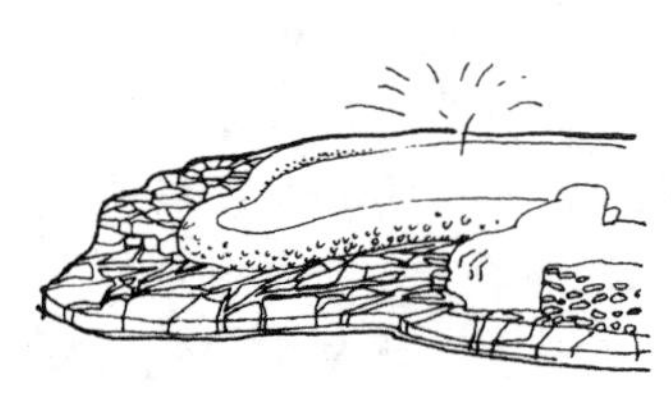

小卵石池岸

碎石池岸

石滩式池岸

灰塑桩池岸

美国乔治亚州桃树广场旅馆的水景园

湖石池岸

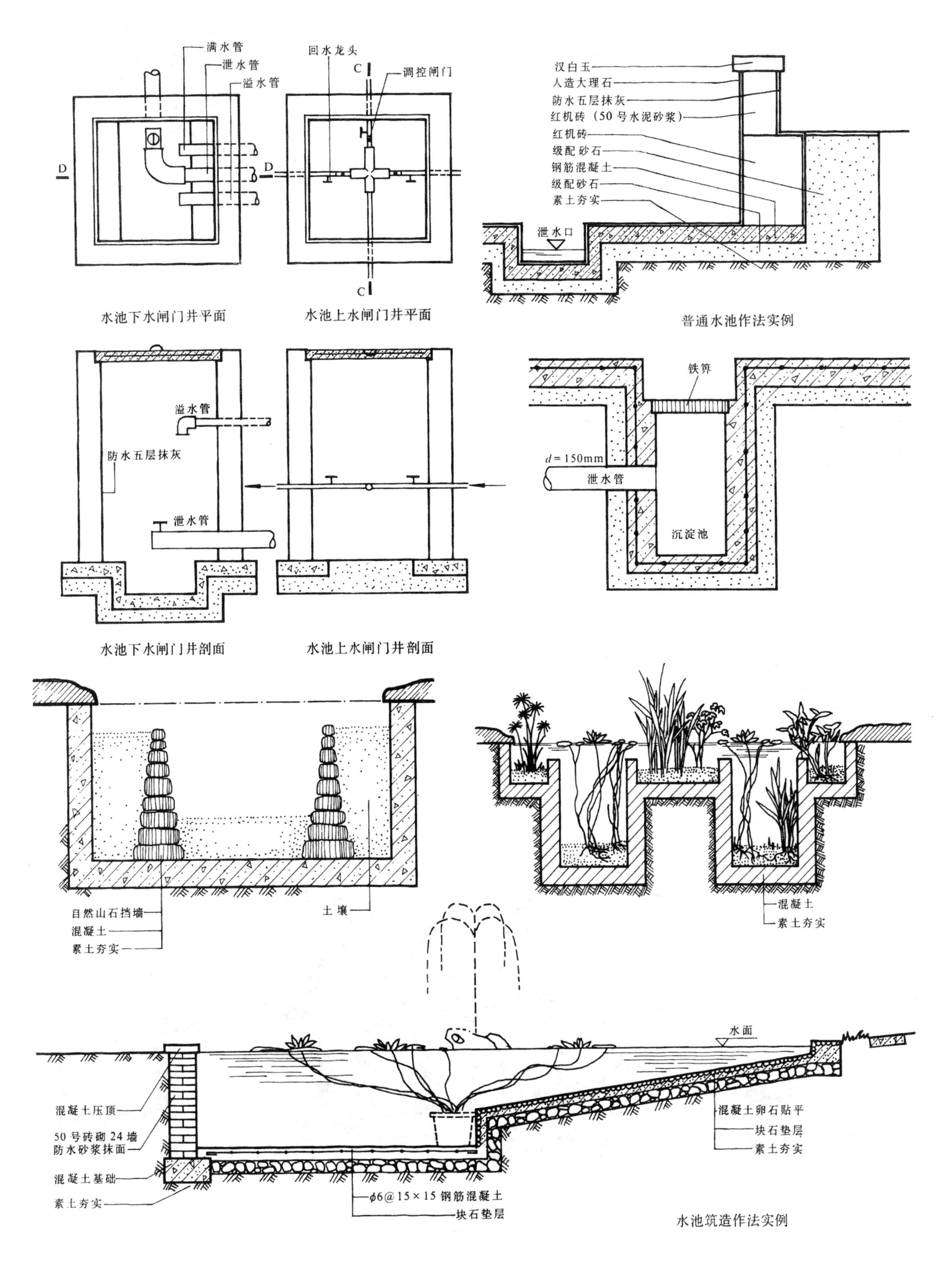

水池下水闸门井平面

水池上水闸门井平面

普通水池作法实例

水池下水闸门井剖面

水池上水闸门井剖面

水池筑造作法实例

3 叠石

石的种类及叠筑方法　石是重要的造景素材，园可无山，不可无石；石配树而华，树配石而坚。故室内绿化常用石叠山造景，或供几案陈列观赏。

能作石景或观赏的素石称为品石。品石有太湖石，锦川石（亦称石笋）、黄石、腊石、英石、钟乳石及罕见的灵壁石，以及近年出现的人工塑石。

构石筑景常用的叠石手法有散置和叠石两种。叠石的手法较多，有卧、蹲、挑、飘、洞、眼、窝、担、悬、垂、跨等。

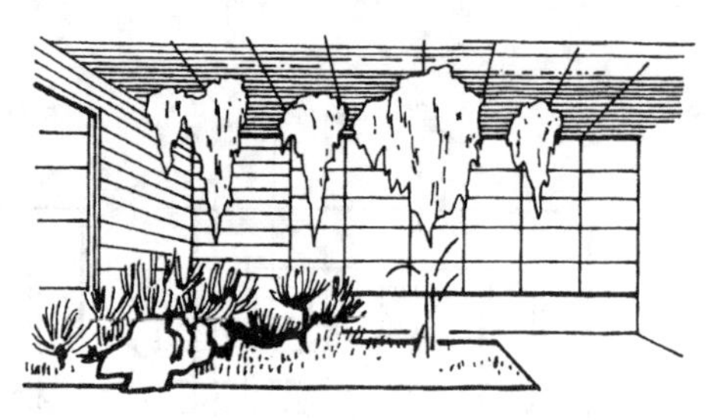

钟乳石
体态峥莹，悬空挂下，有南方岩峒意境，玲珑者可作供石

腊石
色黄，油润如腊，其形浑圆可玩，别饶石趣

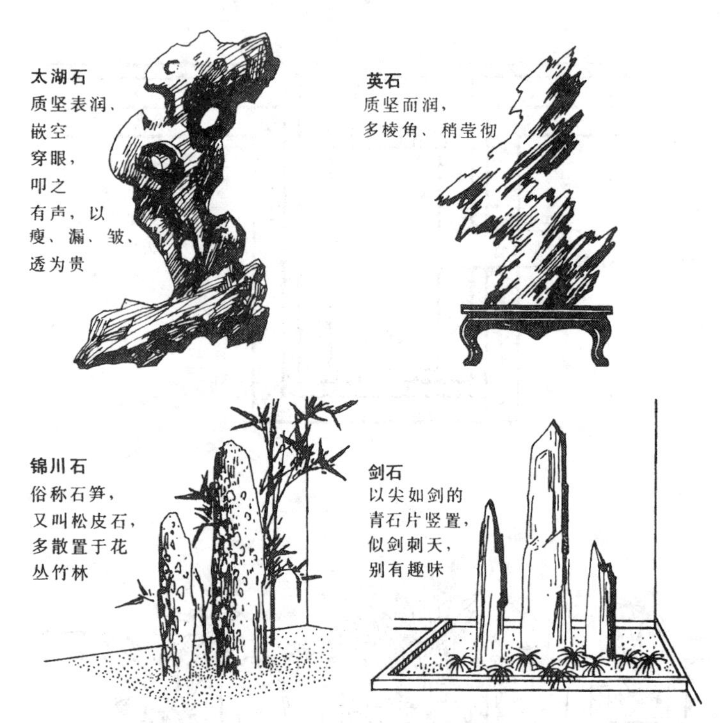

太湖石
质坚表润，嵌空穿眼，叩之有声，以瘦、漏、皱、透为贵

英石
质坚而润，多棱角，稍莹彻

锦川石
俗称石笋，又叫松皮石，多散置于花丛竹林

剑石
以尖如剑的青石片竖置，似剑刺天，别有趣味

叠筑石的方法　底石应入土一部分，即所谓叠石生根，这样作较稳。底土应夯实，或配以三合土夯实。石上叠石应选用两个接触面较吻合平贴的面相接，中间铺填麻刀合灰（石灰加水泥），但应照顾外露部分有欣赏性。石与石的缝处用碎石块打塞支持，艺人称为“打刹”。最后用麻刀合灰将所有的外部缝隙填好，称之为勾缝。

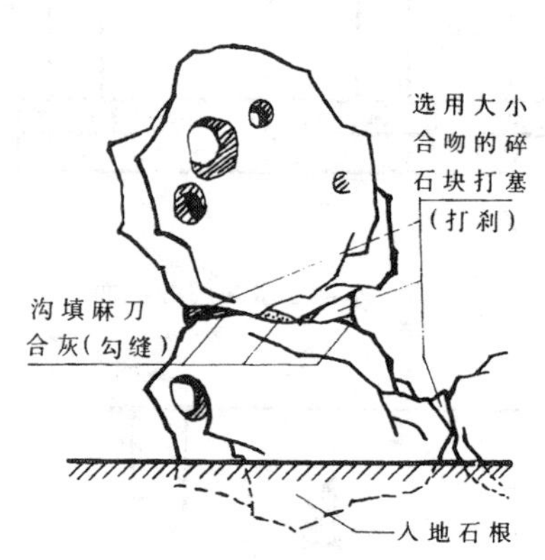

构石筑景常用的叠石手法

盆景 盆景是我国传统的优秀园林艺术珍品，它富于诗情画意和生命特征，用于装点庭园，美化厅堂，使人身居厅室却能领略丘壑林泉的情趣。在我国室内绿化中有着悠久的历史和重要的作用。盆景运用不同的植物和山石等素材，经过艺术加工，仿效大自然的风姿神采、秀丽的山水，在盆中塑造出一种活的观赏艺术品。

盆景的类型及风格 中国盆景艺术运用“缩龙成寸”、“小中见大”的艺术手法，给人以“一峰则太华千寻，一勺则江湖万里”的艺术感染力，是自然风景的缩影。它源于自然，则高于自然。人们把盆景誉为“无声的诗，立体的画”，“有生命的艺雕”。盆景依其取材和制作的不同，可分为树桩盆景和山水盆景两大类。

树桩盆景 简称桩景，泛指观赏植物根、干、叶、花、果的神态、色泽和风韵的盆景。一般选取姿态优美，株矮叶小，寿命长，抗性强，易造型的植物。根据其生态特点和艺术要求，通过修剪、整枝、吊扎和嫁接等技术加工和精心培育，长期控制其生长发育，使其形成独特的艺术造型。有的苍劲古朴；有的枝叶扶疏，横条斜影；有的婷婷玉立，高耸挺拔。桩景的类型有直干式、蟠曲式、斜干式、横枝式、悬崖式、垂枝式、提根式、丛林式、寄生式等。此外，还有云片、劈干、顺风、疏枝等形式。

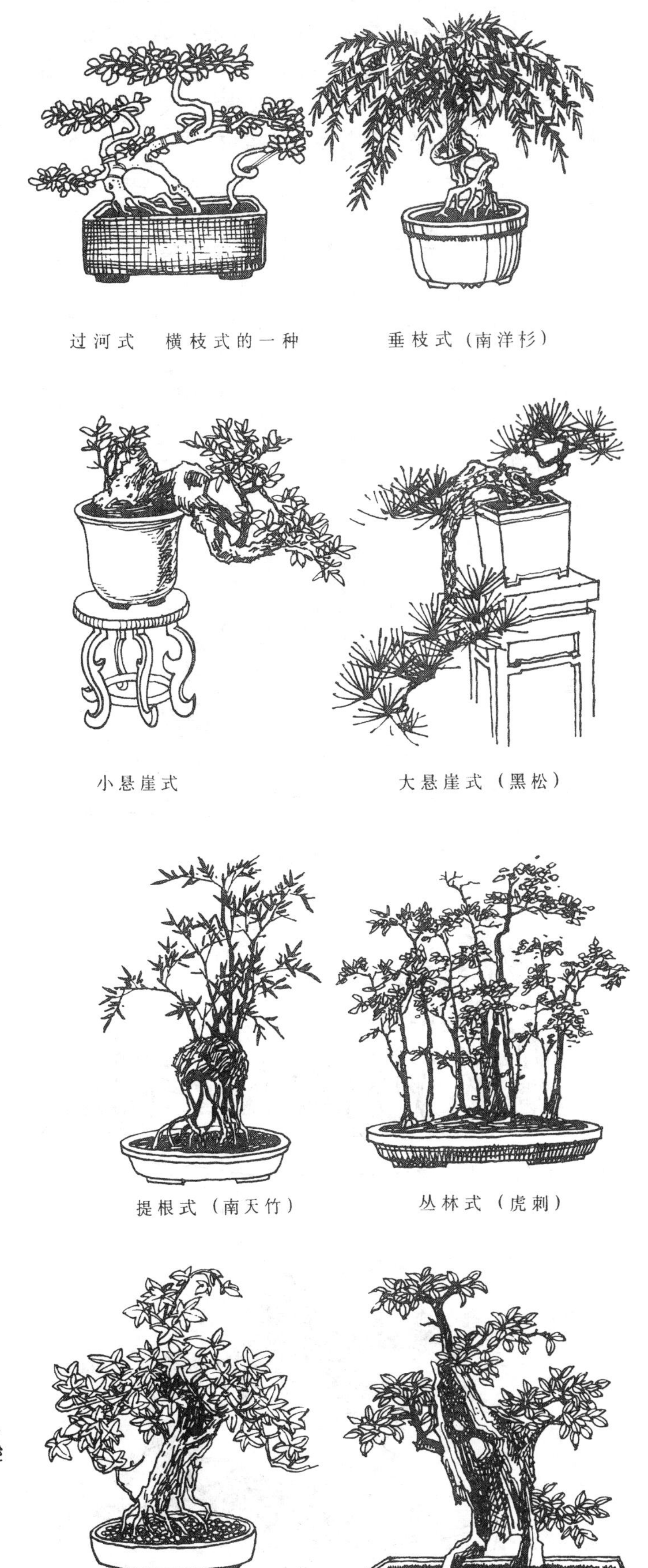

过河式 横枝式的一种

垂枝式（南洋杉）

小悬崖式

大悬崖式（黑松）

提根式（南天竹）

丛林式（虎刺）

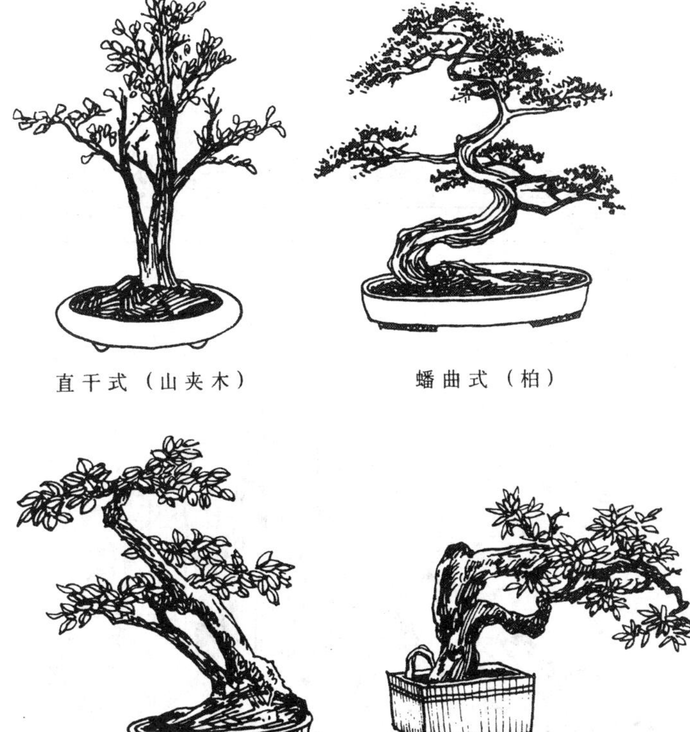

直干式（山夹木）

蟠曲式（柏）

斜干式（朴树）

横枝式（雀梅）

寄生式（常春藤）

劈干式（榔榆）

山水盆景　又叫水石盆景，是将山石经过雕琢、腐蚀、拼接等艺术和技术处理后，设于雅致的浅盆之中，缀以亭榭、舟桥、人物，并配植小树、苔藓，构成美丽的自然山水景观。几块山石，雕琢得当，使人如见万仞高山，可谓“丛山数百里，尽在小盆中”。

山石材料一类是质地坚硬、不吸水分、难长苔藓的硬石，如英石、太湖石、钟乳石、斧劈石、木化石等；另一类是质地较为疏松，易吸水分，能长苔藓的软石，如鸡骨石、芦管石、浮石、砂积石等。

山水盆景的造型有孤峰式、重叠式、疏密式等。各地山石材料的质、纹、形、色不同，运用的艺术手法和技术方法各异，因而其表现的主题和所具的风格各有所长。四川的砂积石山水盆景着重表现“峨眉天下秀”、“青城天下幽”、“三峡天下险”、“剑门天下雄”等壮丽景色，“天府之国”的奇峰峻岭、名山大川似呈现在眼前。广西的山水盆景别具一格，着重表现秀丽奇特的桂林山水之美。“几程漓水曲，万点桂山尖”、“玉簪斜插渔歌欣”等意境的盆景，使观者似泛舟清澈漓江之上，陶醉于如画的山水之间。上海的山水盆景，小巧精致，意境深远。

在山水盆景中，因取材及表现手法不同，又有一种不设水的旱盆景，例如只以石表现崇山峻岭或表现高岭、沙漠驼队等。山水盆景在风格上讲究清、通、险、阔和山石的奇特等特点。

此外，还有兼备树桩、山水盆景之特点的水旱盆景及石玩盆景。石玩盆景是选用形状奇特、姿态优美、色质俱佳的天然石块，稍加整理，配以盆、盘、座、架而成的案头清供。

孤峰式 “漓江晓趣” 风化石

疏密式 “征帆” 斧劈石

重叠式 “渔家乐” 浮石

平远式 “日出” 红岩

水旱盆景 “嘉陵渔趣” 金弹子、风化石

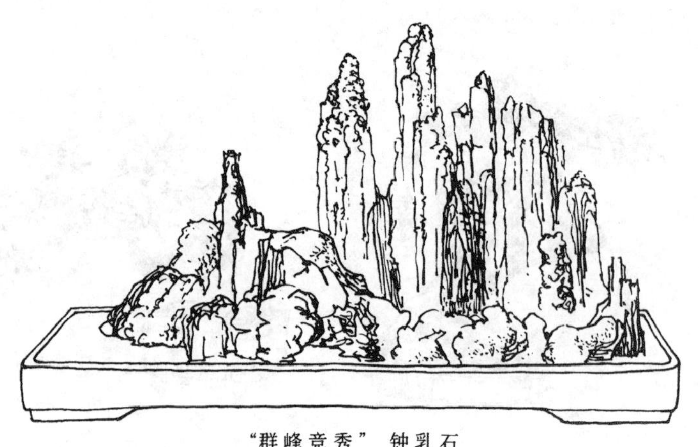

“群峰竞秀” 钟乳石

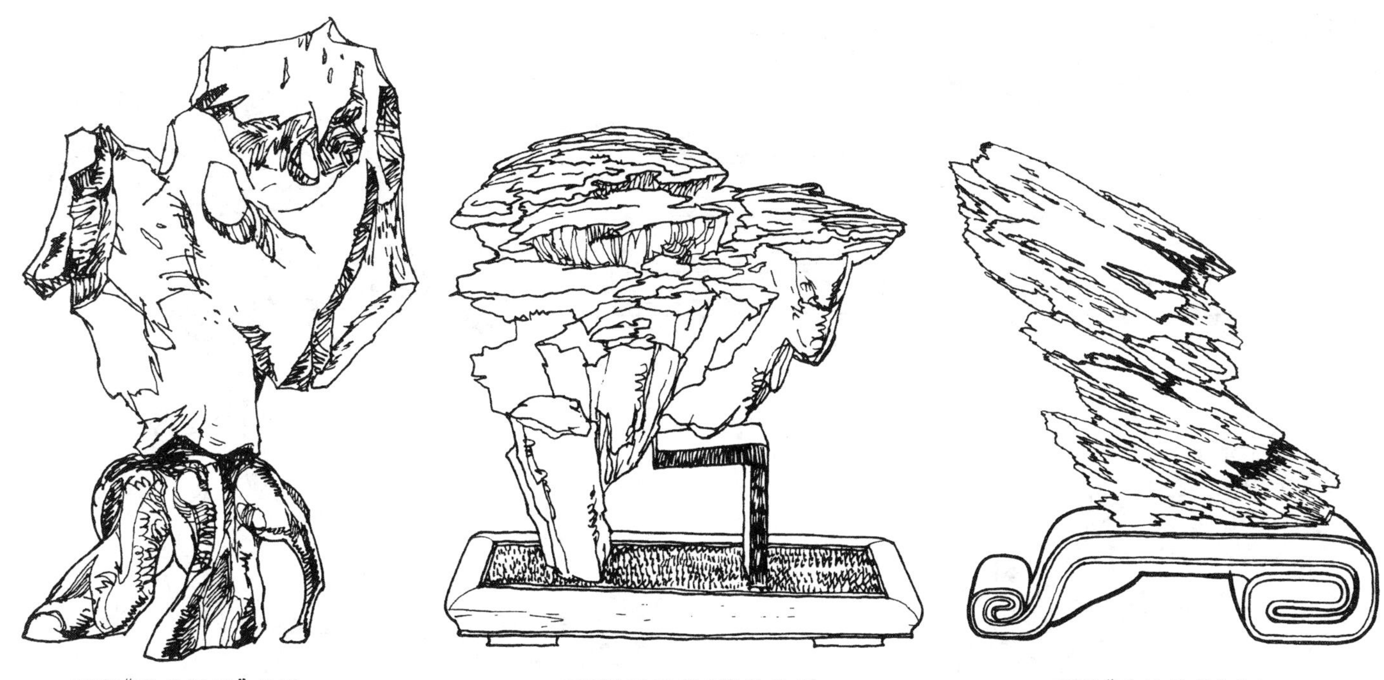

石玩“墨玉通灵”花石　　石玩“灵芝异石”钟乳石　　石玩“叠玉贯长虹”英石

微型盆景和挂式盆景　是现代出现的新形式。微型盆景以小巧精致、玲珑剔透为特点，小的可一只手托起五、六个。这类盆景适合书房和近赏。

盆景盆和几架　盆景用的盆，种类很多，十分考究。一般有紫砂盆、瓷盆、紫砂盘、瓷盘、大理石盘、钟乳石“云盘”、水磨石盘等。盆、盘的形状各式各样，还可用树蔸作盆。陈设盆景的几架，也非常考究。红木几架，古色古香；斑竹、树根制作的几架轻巧自然，富于地方特色。由于盆、架在盆景艺术中也有着重要的作用，因而鉴赏盆景，有“一景二盆三几架”的综合品评之说。

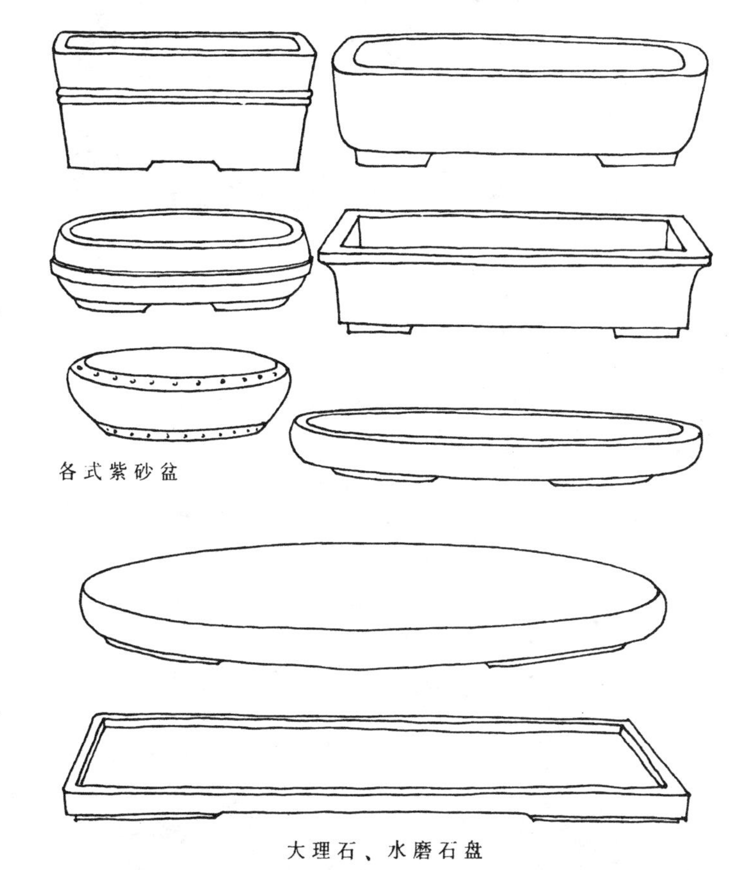

各式紫砂盆

大理石、水磨石盘

瓷盆

紫砂刻花盆

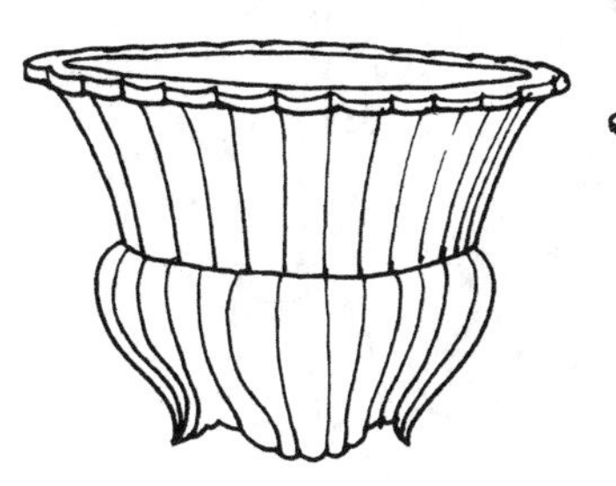

陶盆

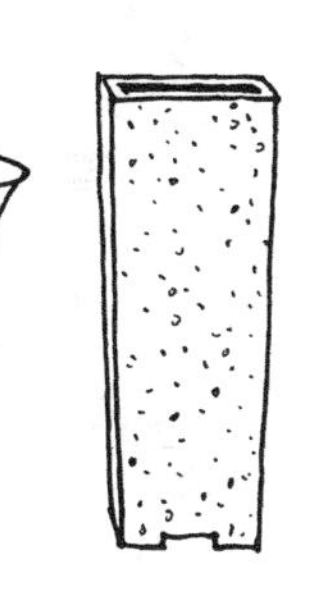

紫砂金星盆

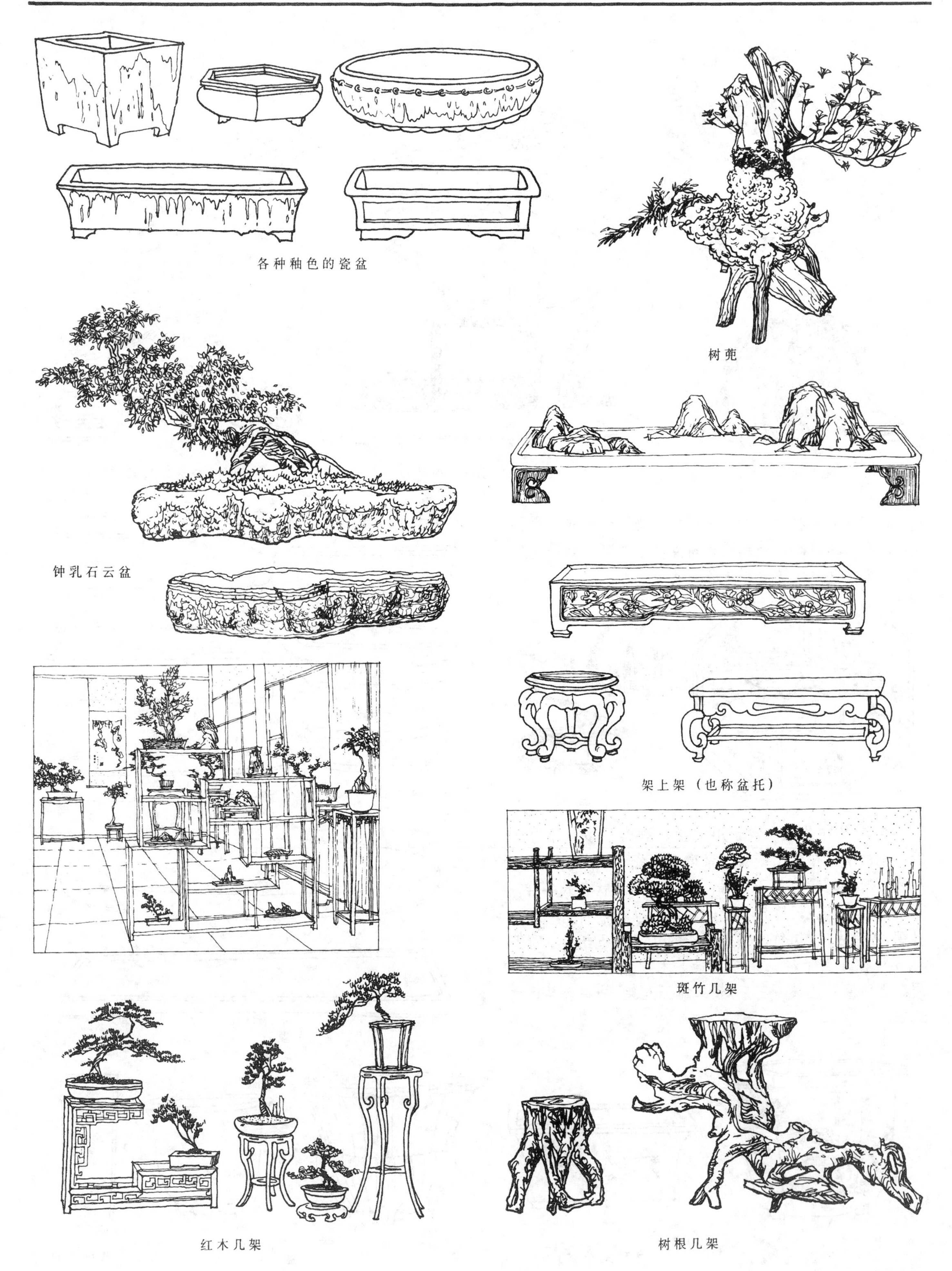

各种釉色的瓷盆

树蔸

钟乳石云盆

架上架（也称盆托）

斑竹几架

红木几架

树根几架

插花在室内装饰美化中，起到创造气氛，增添情趣的作用。一瓶艳丽或淡雅的插花，给室内凭添了无限的情趣。插花是以切取植物可供观赏的枝、花、叶、果、根为材料，插入容器中经过一定的技术和艺术加工，组成一件精美的，富有诗情画意的花卉装饰品。一盆成功的插花要体现出色彩、线条、造型、间隙等要素。

鲜插花

插花的特点和作用

插花作品是富有生机的艺术品，它能给人一种追求美、创造美的喜悦和享受，使人修身养性，陶冶情操。同时也具有一定的文化特征，体现一个国家，一个民族，及一个地区的文化传统。插花所采用的不同植物体能表现出不同的意境和情趣。

插花的特点：装饰性强；作品精巧美丽；随意性强；时间性强。

干插花

1 插花艺术的类别

一、依花材性质分类 1.鲜花插花；2.干插花；3.干鲜花混合插花；4.人造花插花。

二、依用途分类 1.礼仪插花。这类插花的主要目的是为了喜庆迎送、社交等礼仪活动。其造型简单整齐，色彩鲜艳明亮，形体较大。多以花篮、花束、花钵、桌饰、花瓶等形式出现。制作礼仪插花时，应特别注意熟悉各国和各地的用花习俗，恰当地选用其所喜爱的花材和应忌用的花材。2.艺术插花。主要是为美化装饰环境和供艺术欣赏的插花叫艺术插花。这类插花造型不拘泥于一定的形式，要求简洁而多样化；主题思想注重内涵和意境的丰富与深远，常富有诗情画意；色彩既可艳丽明快，又可素洁淡雅。

三、依插花的艺术风格分类 1.西方式插花。也称密集式插花。其特点是注重花材外形表现的形式美和色彩美，并以外形表现主题内容；注重追求块面和群体的艺术效果，作品简单、大方、凝练，构图比较规则对称，色彩艳丽浓厚，花材种类多用量大，表现出热情奔放雍容华丽，端庄大方的风格。2.东方式插花。有时也称线条式插花，以我国和日本为代表。它选用花材简练，以姿和质取胜，善于利用花材的自然美和所表达的内容美，即意境美，并注重季节的感受。造型除日本插花外，无风格化，不拘泥于一定的格式，形式多样化。3.目前世界上新出现的写实派、抽象派、未来派以及含意更广的西方各国盛行的花艺设计在内的插花。选材构思造型更加广泛自由，强调装饰性，更具时代性和生命力。

干鲜花混合插花

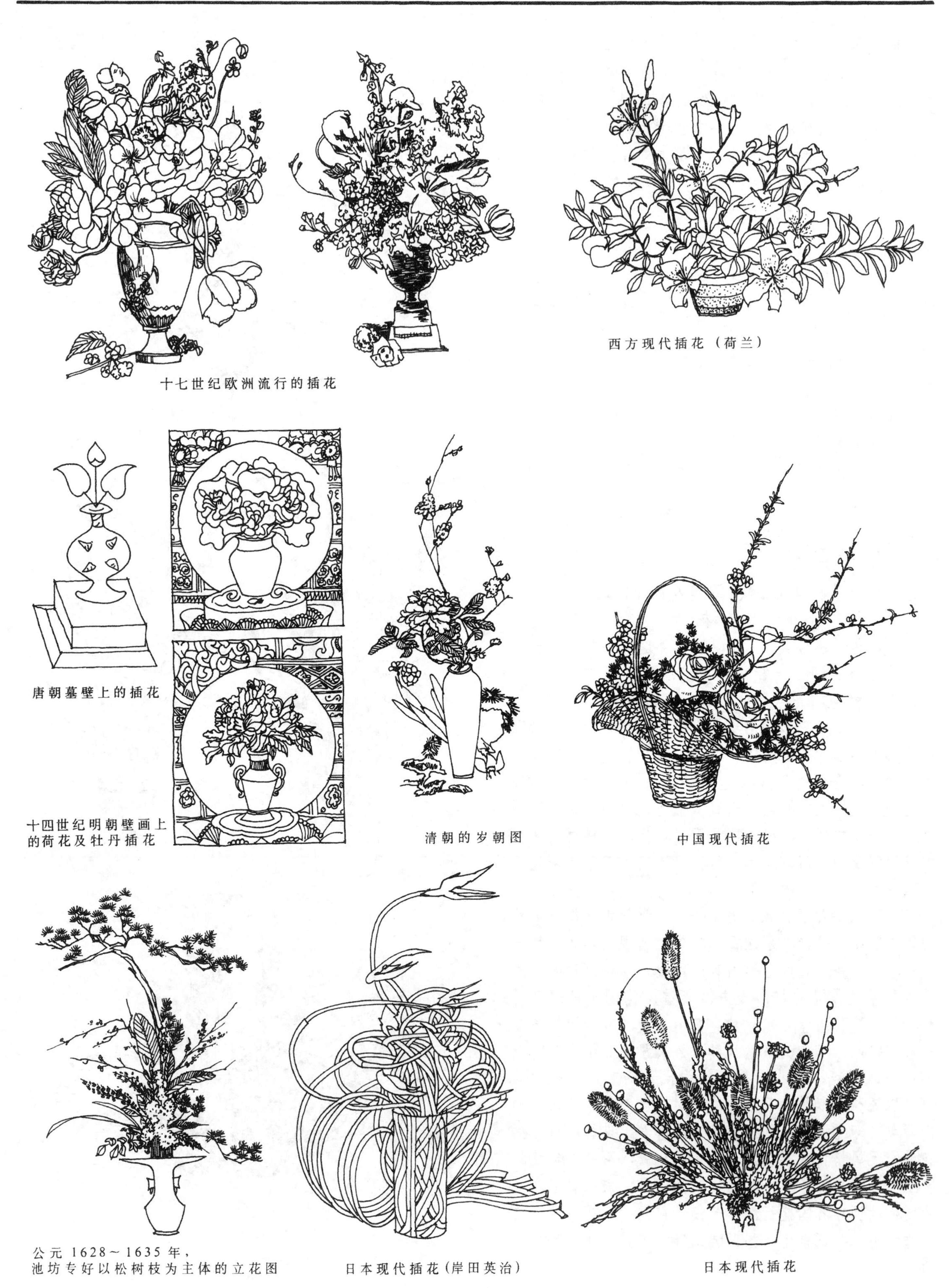

十七世纪欧洲流行的插花

西方现代插花（荷兰）

唐朝墓壁上的插花

十四世纪明朝壁画上的荷花及牡丹插花

清朝的岁朝图

中国现代插花

公元 1628～1635 年，池坊专好以松树枝为主体的立花图

日本现代插花(岸田英治)

日本现代插花

2 插花艺术的基本构图形式

依插花作品的外形轮廓分:

1.对称式构图形式，也称整齐式或图案式构图。

2.不对称式构图形式也称自然式或不整齐式构图。

3.盆景式构图形式

4.自由式构图形式　这是近代各国所流行的一种插花形式，它不拘泥形式，强调装饰效果。

依主要花材在容器中的位置和姿态分有:

- 直立式　• 下垂式
- 倾斜式　• 水平式

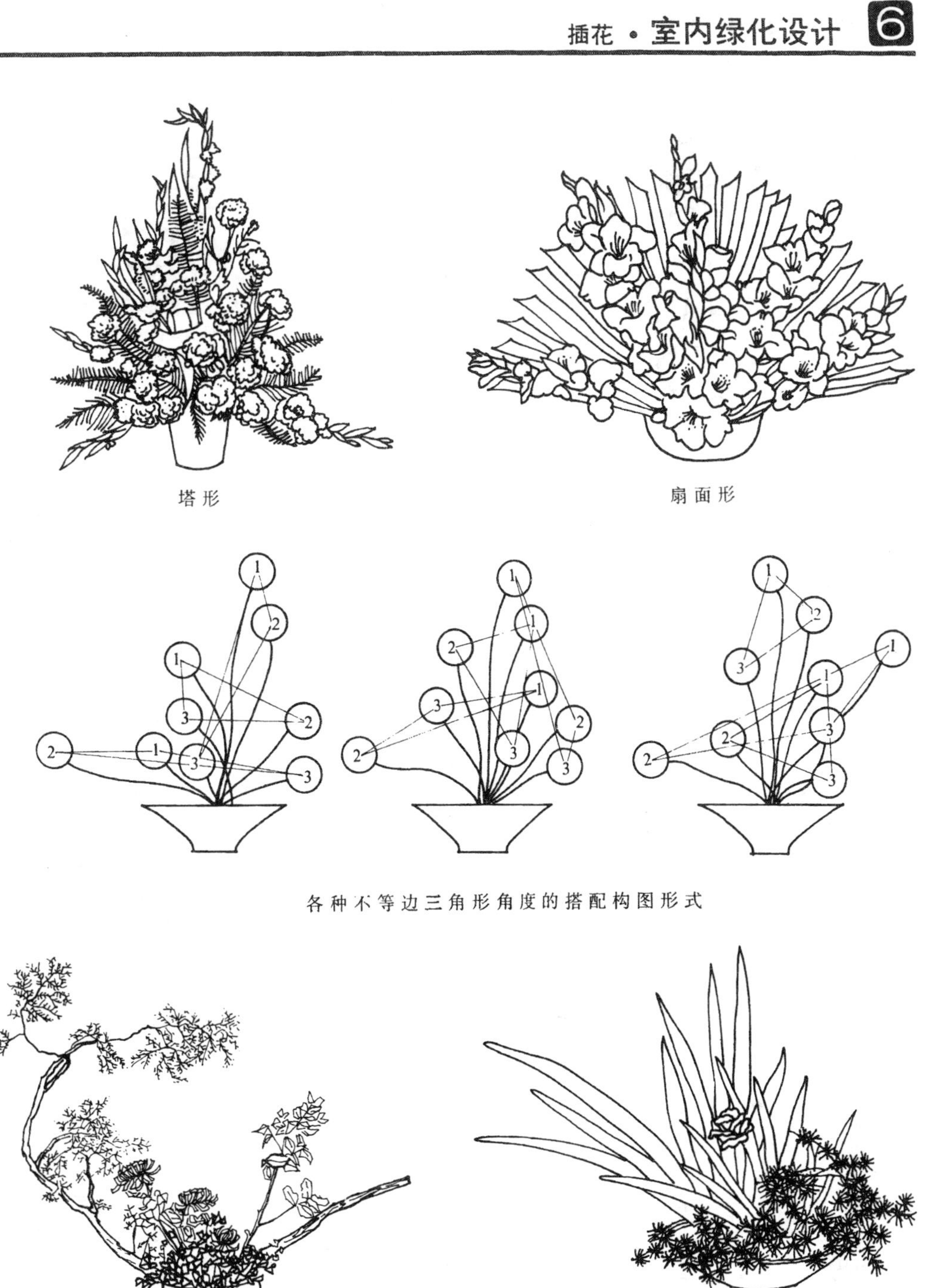

塔形

扇面形

各种不等边三角形角度的搭配构图形式

不等边三角形

球形

曲线形

盆景式构图形式

自由式构图形式

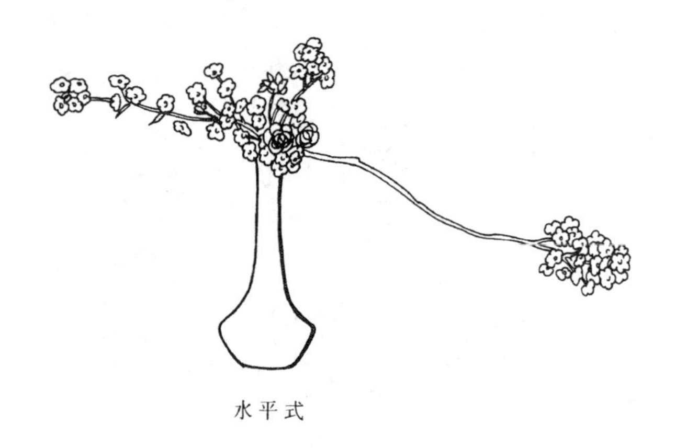

水平式

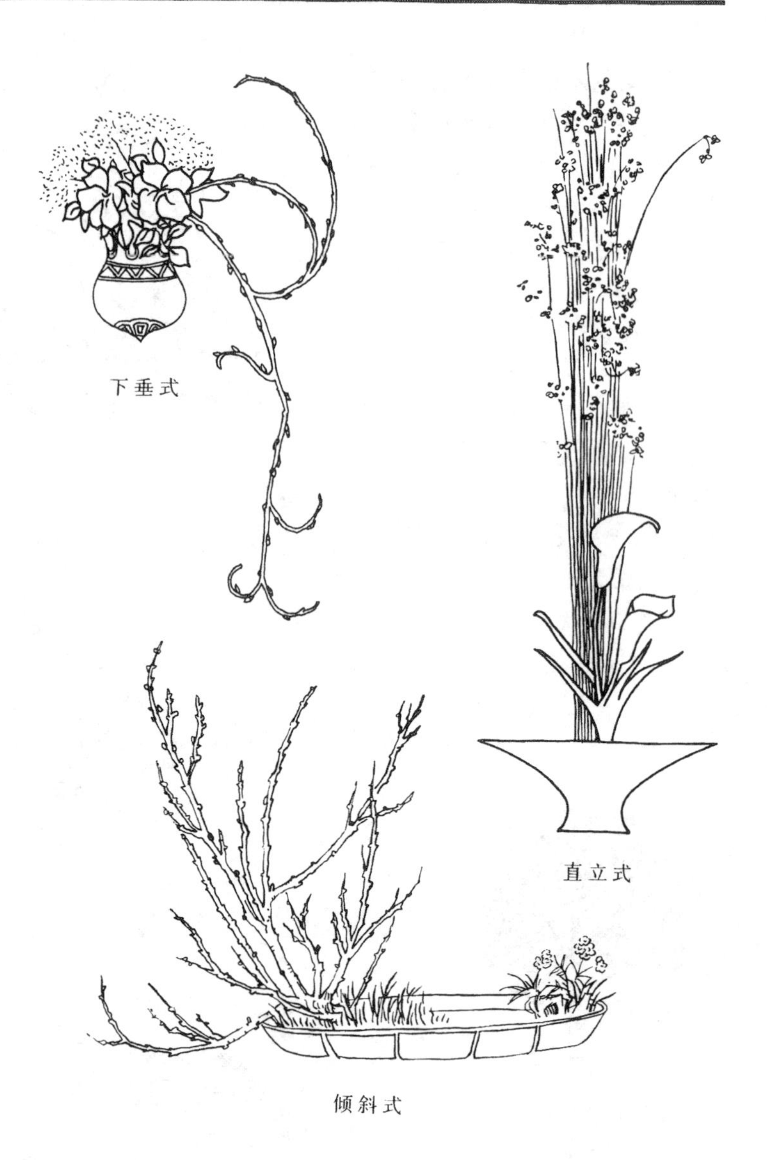

下垂式

直立式

倾斜式

3 插花艺术的设计与构图原理

插花的构思立意　是指如何表现插花作品的思想内容和意义，确立插花的主题思想，常由以下几方面进行构思。

1.根据花材的形态特征和品行进行构思，这是中国传统插花最善用的手法。梅花傲雪凌寒，象征坚韧不拔的精神；松树苍劲古雅，象征老人的智慧和长寿；竹秀雅挺拔，常绿不凋，象征坚贞不屈，智慧和谦虚等。此外还常借植物的季节变化，创作应时插花，体现四季的演变。

2.巧借容器和配件进行构思。

3.利用造型进行构思表现主题　在花材剪裁组合中，根据构图的形象加以象征性的立意和命题，使造型的形象，有时是逼真的，有时是似象非象令人想象的。

插花构图造型的基本原则是统一、协调、均衡和韵律四大主要原则。

春

夏

秋

冬

我国古代四季应时插花

4 插花技术

1.插花工具　必备的工具有刀、剪、花插、花泥、金属丝、水桶、喷壶等。制作大型插花最好备有小手锯、小钳子及剑筒等。

2.插花容器　除花瓶外凡能容纳一定水量的盆、碗、碟、罐、杯子，以及其它能盛水的工艺装饰品都可作插花容器。

花材的选择与处理

自然界中可供插花的植物材料非常多，被选用的应具备以下条件：生长强健，无病虫害；花期长，水养持久；花色鲜艳明亮或素雅洁净；花梗长而粗壮；无刺激味，不易污染衣物。

在现代插花创作中，特别是在自由式插花中，常常将许多衬叶修剪和弯曲成各种形状，甚至加以固定，以满足造型的需要。

花材切口的处理　为了延长水养时间，常在插前采取如下措施。清晨剪取；水中剪取；用沸水浸烫或用火灼烧切口；扩大切口面积；增加吸水量。

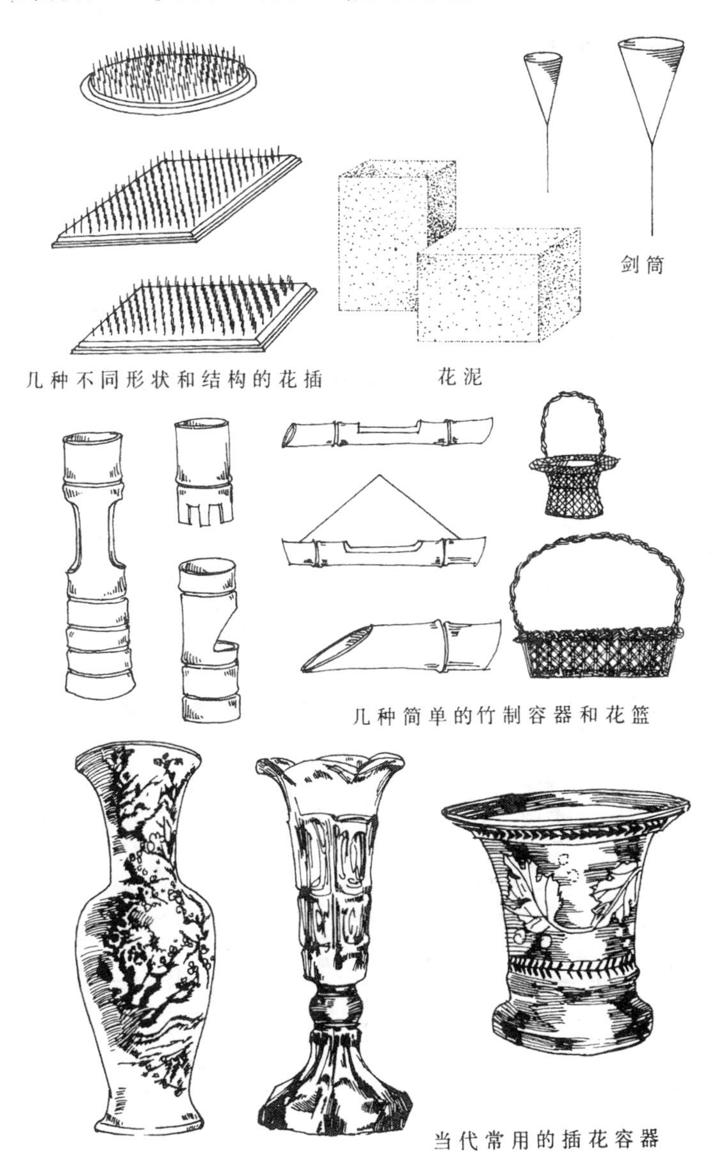

几种不同形状和结构的花插　花泥

几种简单的竹制容器和花篮

当代常用的插花容器

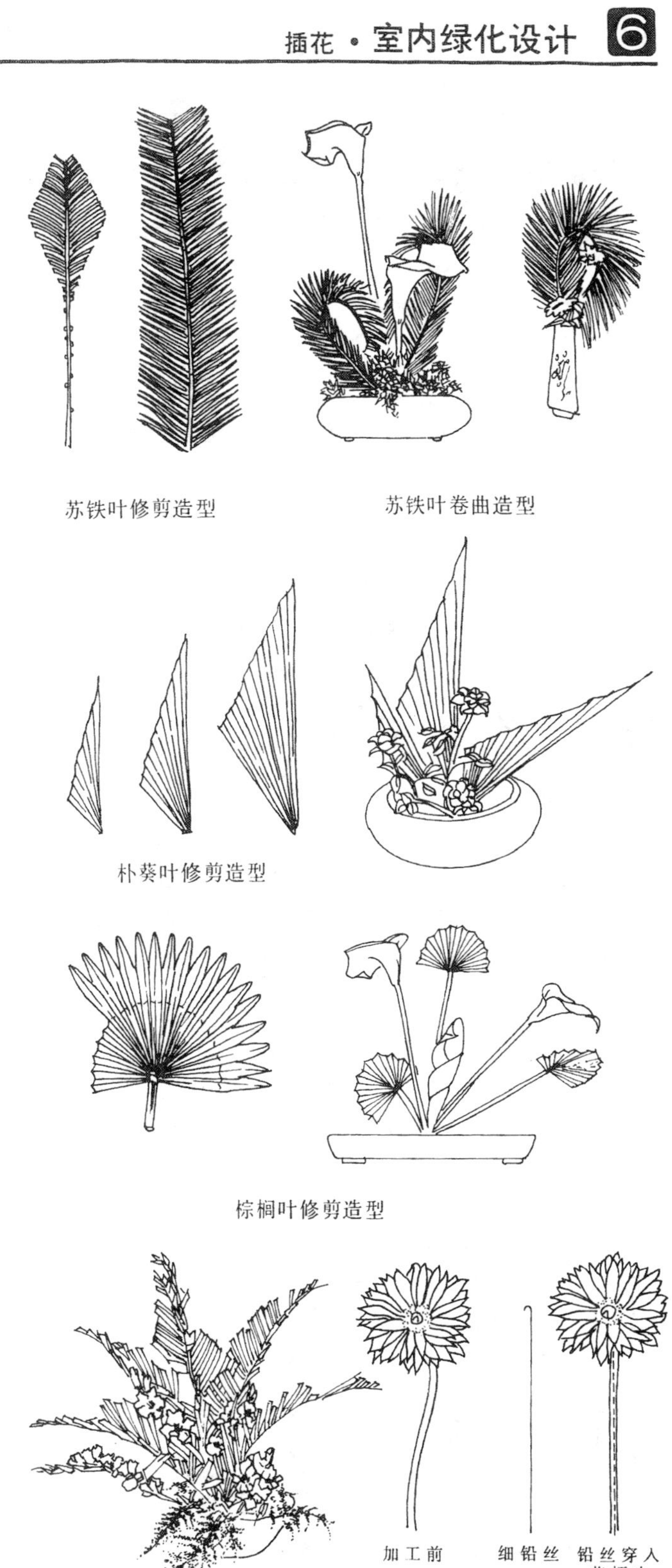
苏铁叶修剪造型　苏铁叶卷曲造型

朴葵叶修剪造型

棕榈叶修剪造型

槟榔叶修剪造型　非洲菊花梗的加工方法

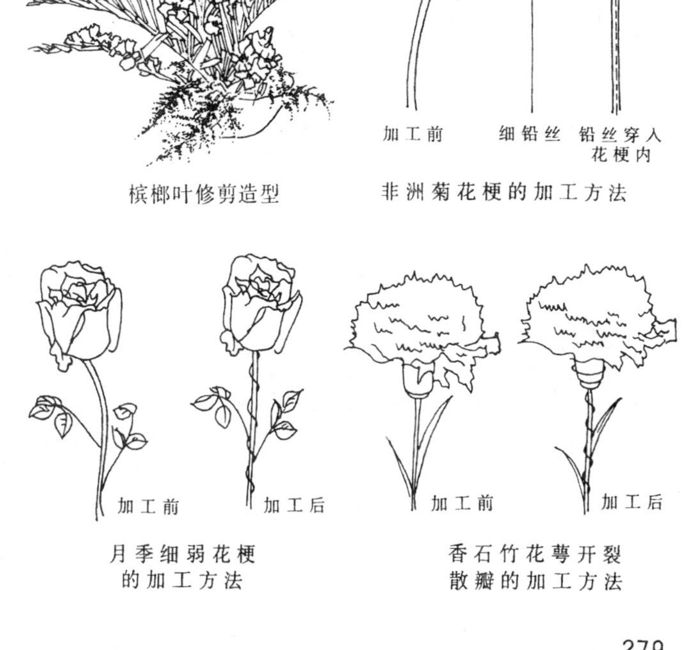

月季细弱花梗的加工方法

香石竹花萼开裂散瓣的加工方法

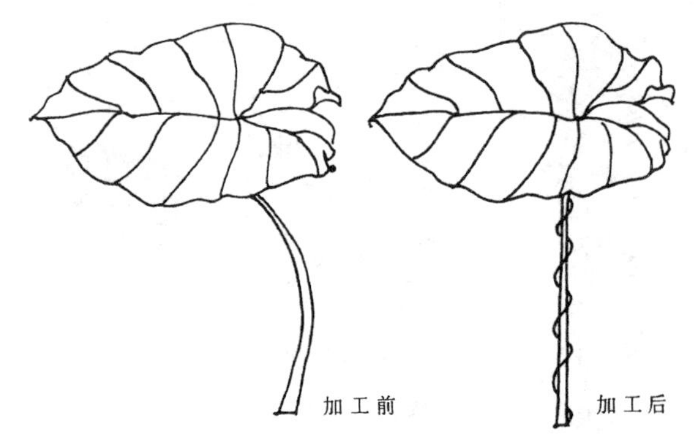

草质大型叶柄的加工

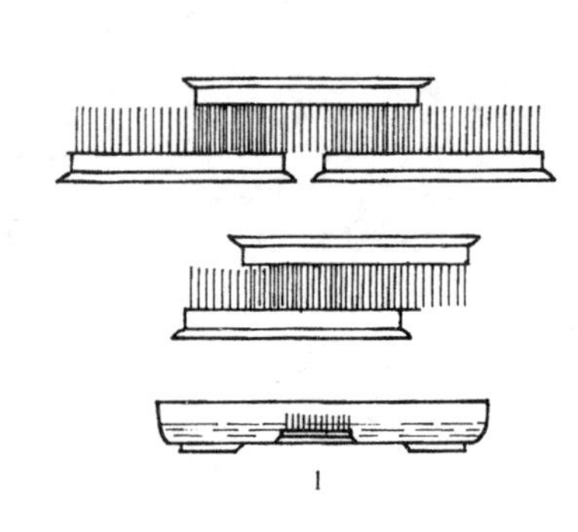

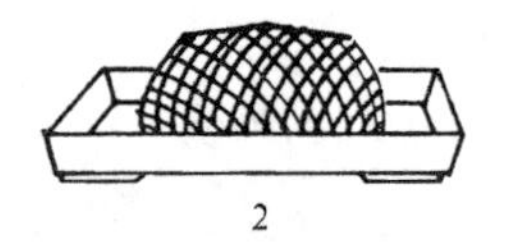

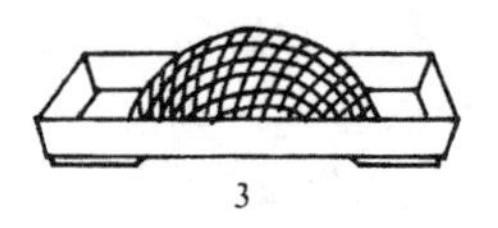

浅身容器的固定方法
1—插入大的木本枝条时，可用剑山重压法
2—选用浅盆用剑山时，水位要高过花插
3—浅盘也可用金属网固定花枝

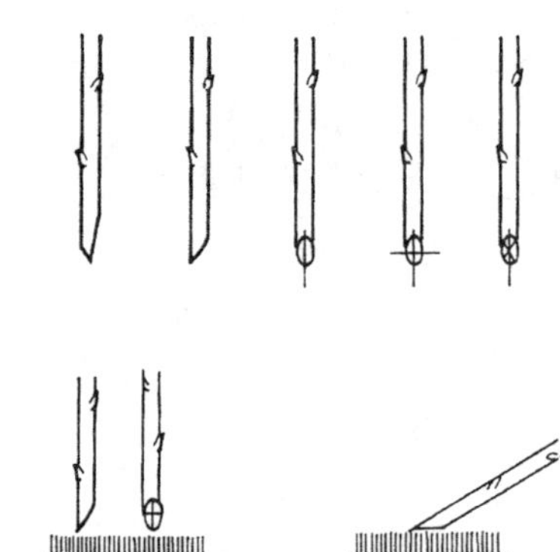

木本花枝切口的剪切形状及插法

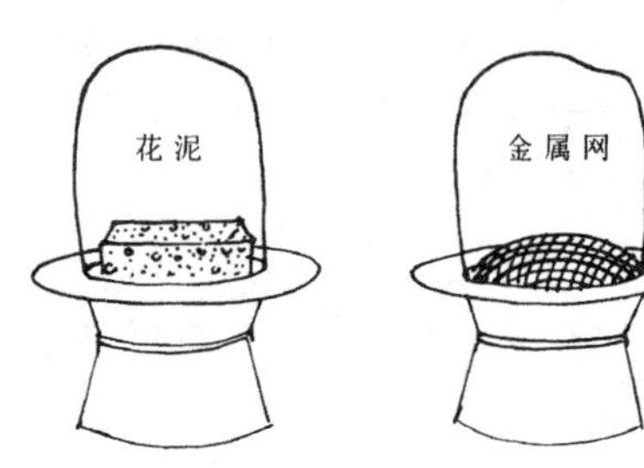

花泥、花插外加盖金属网罩的方法

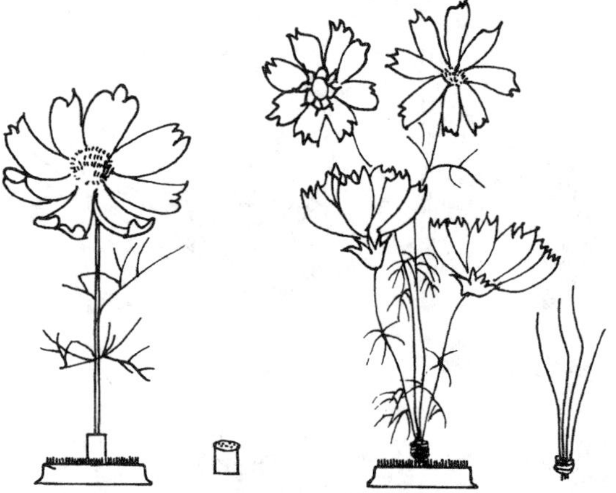

1 接枝法
选取一小段粗硬的花梗作接枝

2 绑扎法
用金属丝将几枝细花枝绑扎一起再插入花插上

细软花枝固定方法

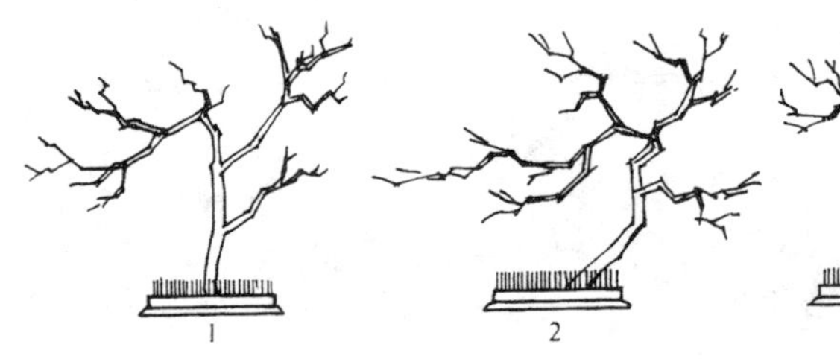

倾斜式

因木本花枝上部造形偏重，插入花插的位置应各异

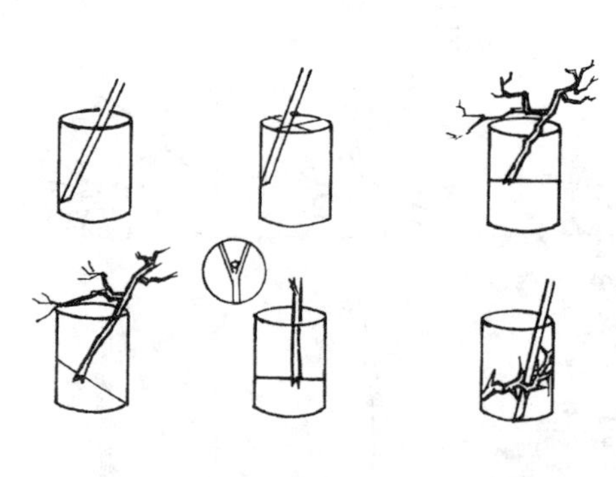

高身容器花材的几种固定方法

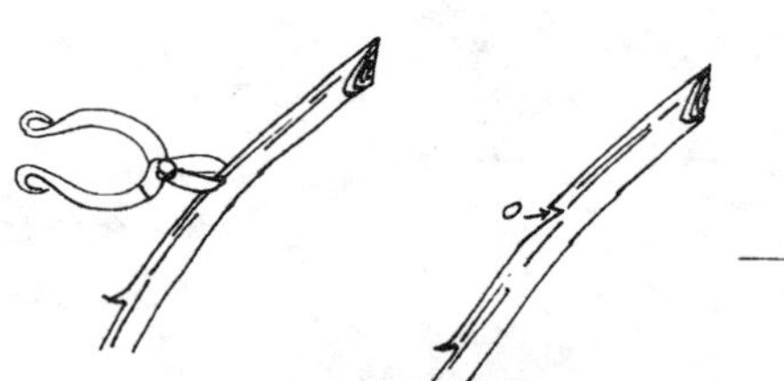

（将小石子夹在刻伤处，撑开切口）

细韧枝条的水中弯曲方式

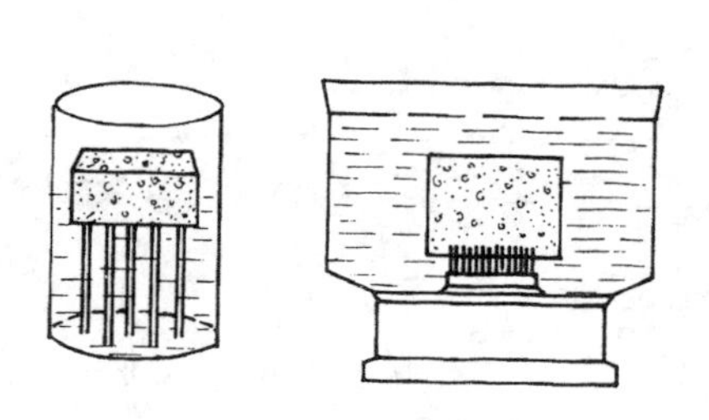

瓶口过大时使用花泥固定花材

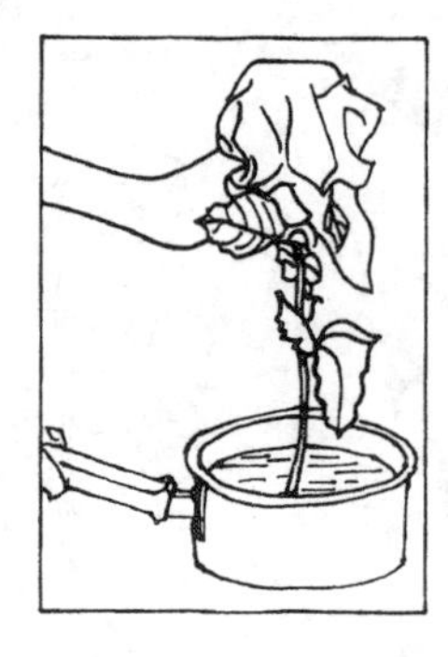

浸烫法

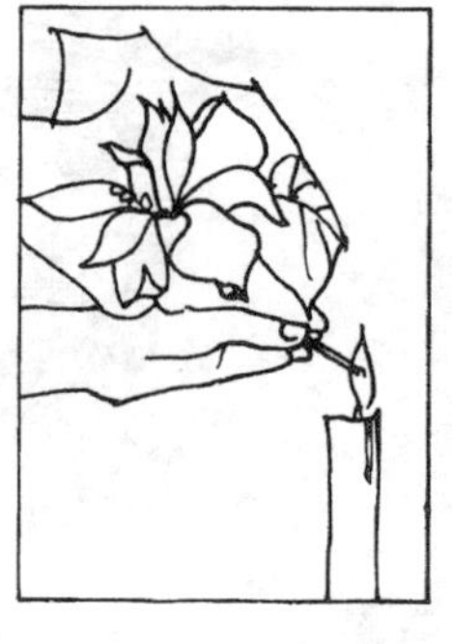

灼烧法

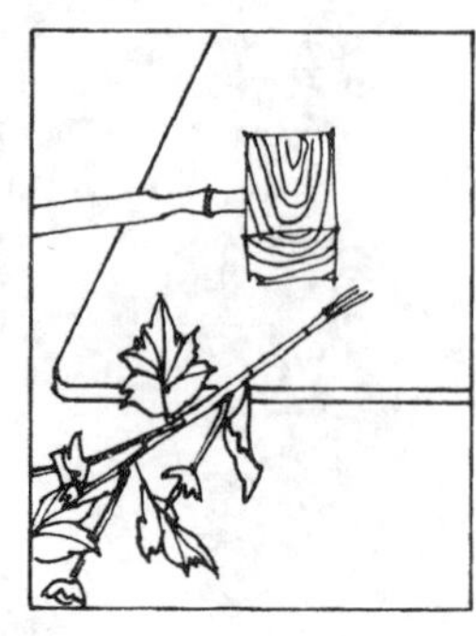

锤裂法

5 插花的具体方法与步骤

1.确定比例关系

在制作之前，首先应根据环境条件的需要，决定插花作品的体形大小。一般大型作品可高达 1～2m，中型作品高 40～80cm，小型作品高 15～30cm，而微型作品高不足 10cm。不管制作哪类作品，体形大小都应当按照视觉距离要求，确定花材之间和容器之间的长短、大小比例关系，即最长花枝一般为容器高度加上容器口宽的 1～2 倍。计算方法如下图。

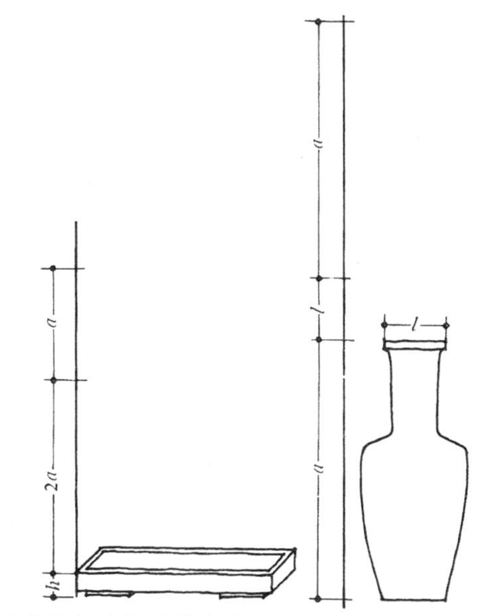

主要花枝长度的计算方法（即插花高度的计算方法）

中型花篮制作步骤

花材：棕榈、唐菖蒲、火鹤、菊花、月季、热带兰、蜈蚣草、天冬草、绣球松

容器和用具：中型花篮、花泥

步骤：①先放花泥后插衬叶；②插入常绿植物；③插摆外围花卉；④插摆内部花卉；⑤完成

2.具体方法与步骤

几种简单造型的制作方法与步骤。

浅身容器插花制作步骤

（名称：丛中笑）

花材：鸢尾、月季、天冬草

容器和用具：水仙盆、花泥

步骤：①选材；②选插衬景叶；③插花后完成

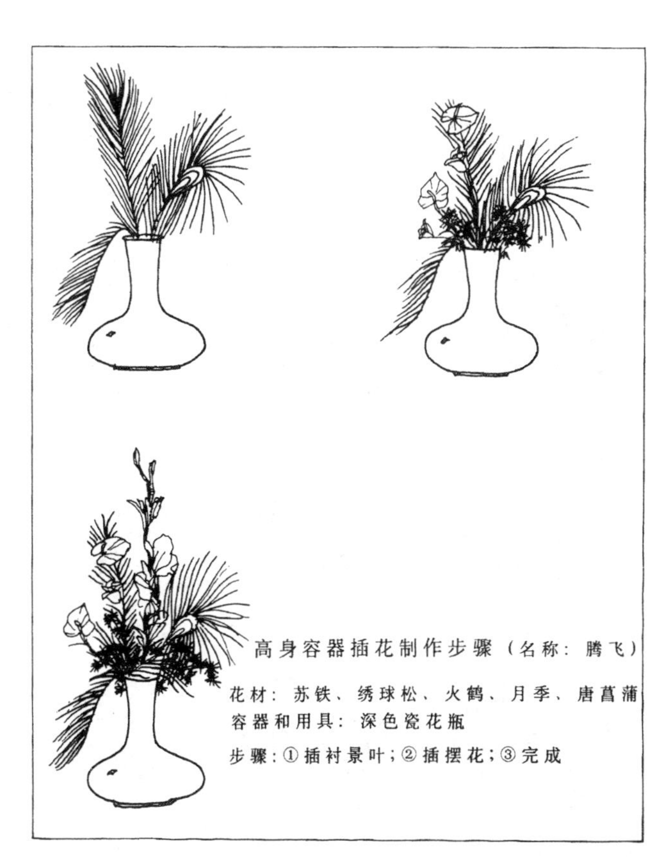

高身容器插花制作步骤（名称：腾飞）

花材：苏铁、绣球松、火鹤、月季、唐菖蒲

容器和用具：深色瓷花瓶

步骤：①插衬景叶；②插摆花；③完成

室内绿化设计要有平面设计图，也叫种植施工图，是种植施工的主要依据。在图中应表明每株植物的规格大小（冠径）、种植点以及品种名称。不同的植物，如乔木、灌木及花、草，可用园林设计中的表现方法表示，并用文字标出植物名称。

为了表现植物的立面及配置效果，还可根据平面图、植物的高及形状画出立面图及效果图。

设计图中的花池、水池、棚架、山石、路面等同样也按照园林设计中的表示方法表示。

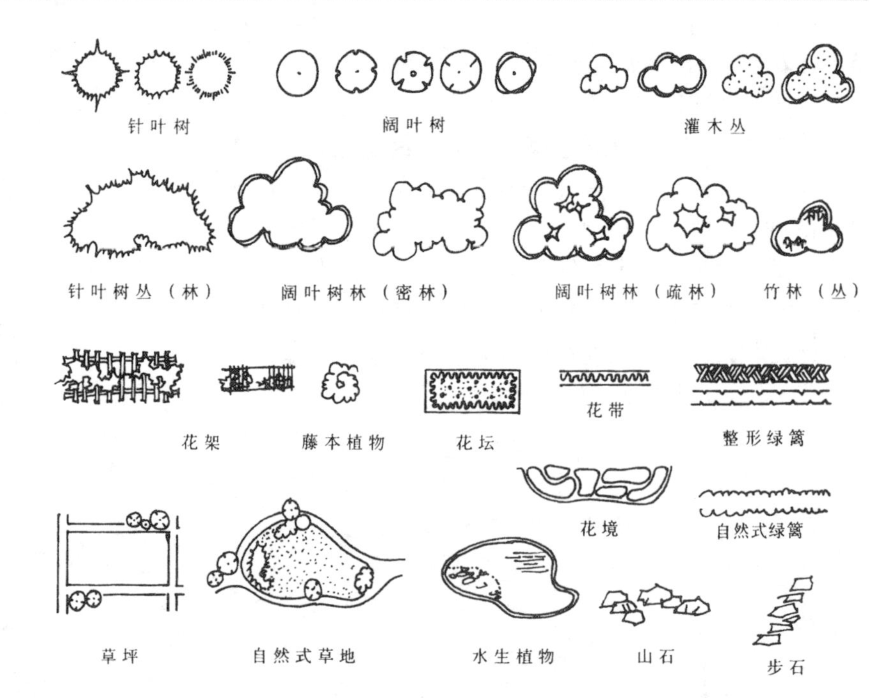

植物表示参考图例

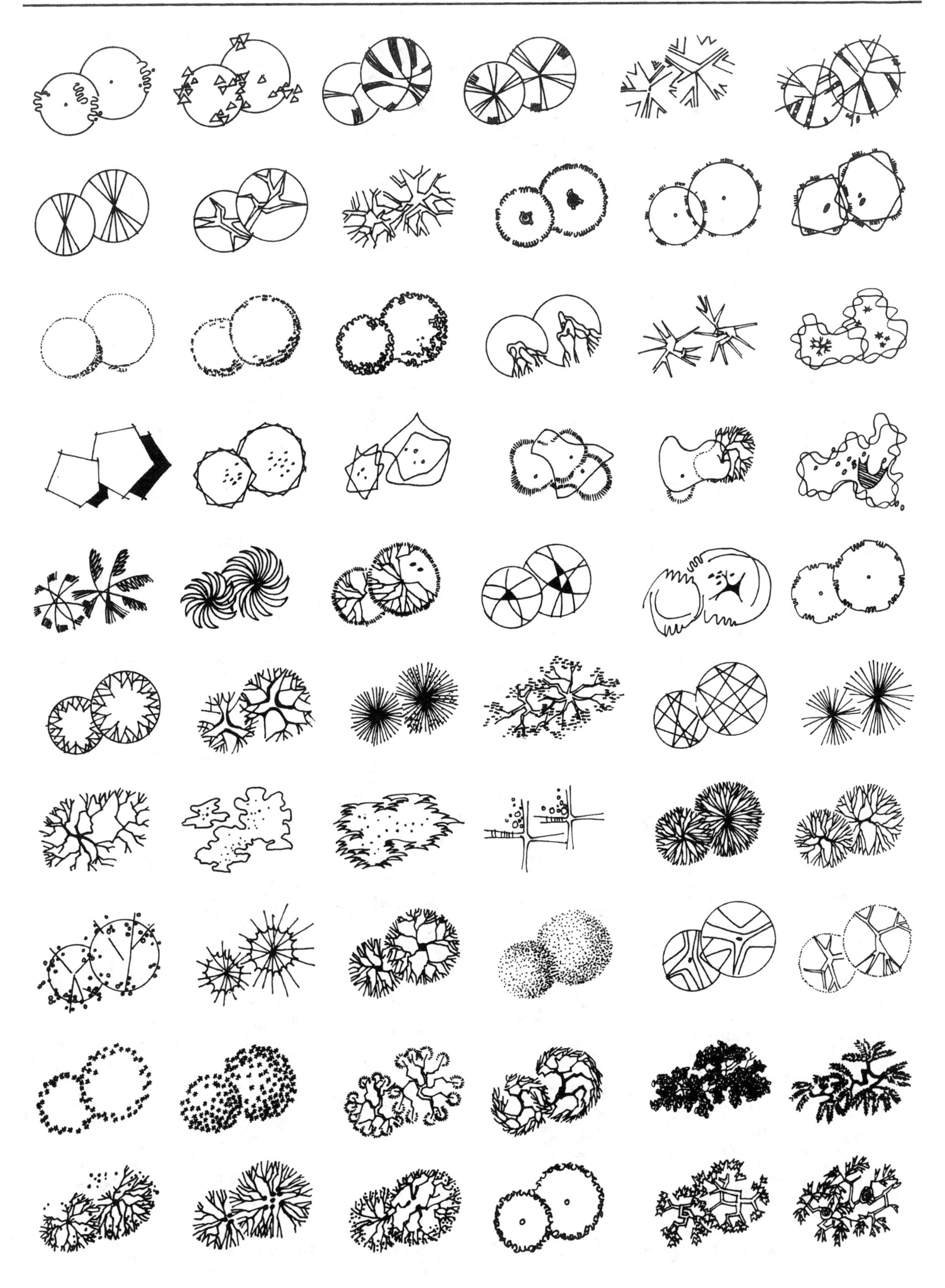

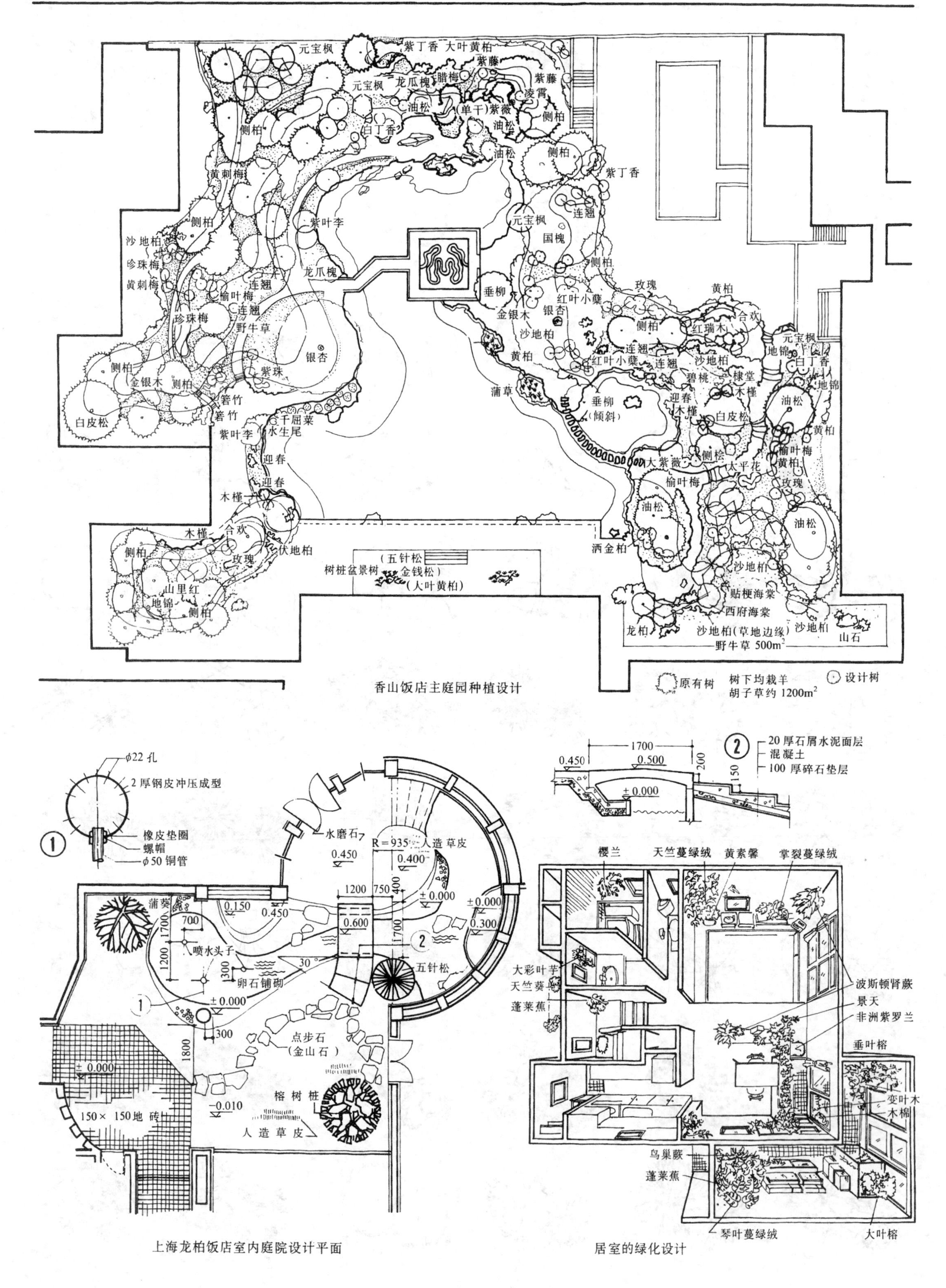

香山饭店主庭园种植设计

上海龙柏饭店室内庭院设计平面

居室的绿化设计

植物是室内绿化的主要素材，是观赏的主体。植物生长要有适宜的光照、温度和湿度。因此要根据室内的光照、温度和湿度来选择所适应的植物。一般来说应选择能短期或长期适应于室内生长的植物，主要是性喜高温多湿的观叶植物和半日阴的开花植物。

观叶植物大都原产热带的多湿、阳光不足的原始雨林中，它适合于室内生长，其中有蕨类植物、南天星科、姜科、竹芋科及部分兰科、百合科、棕榈科植物。这类植物虽然可以在室内生长，但室内的条件仍不是其生长的最好环境，在管理上还需人工调整室内的温度、湿度、光照和通风等条件。

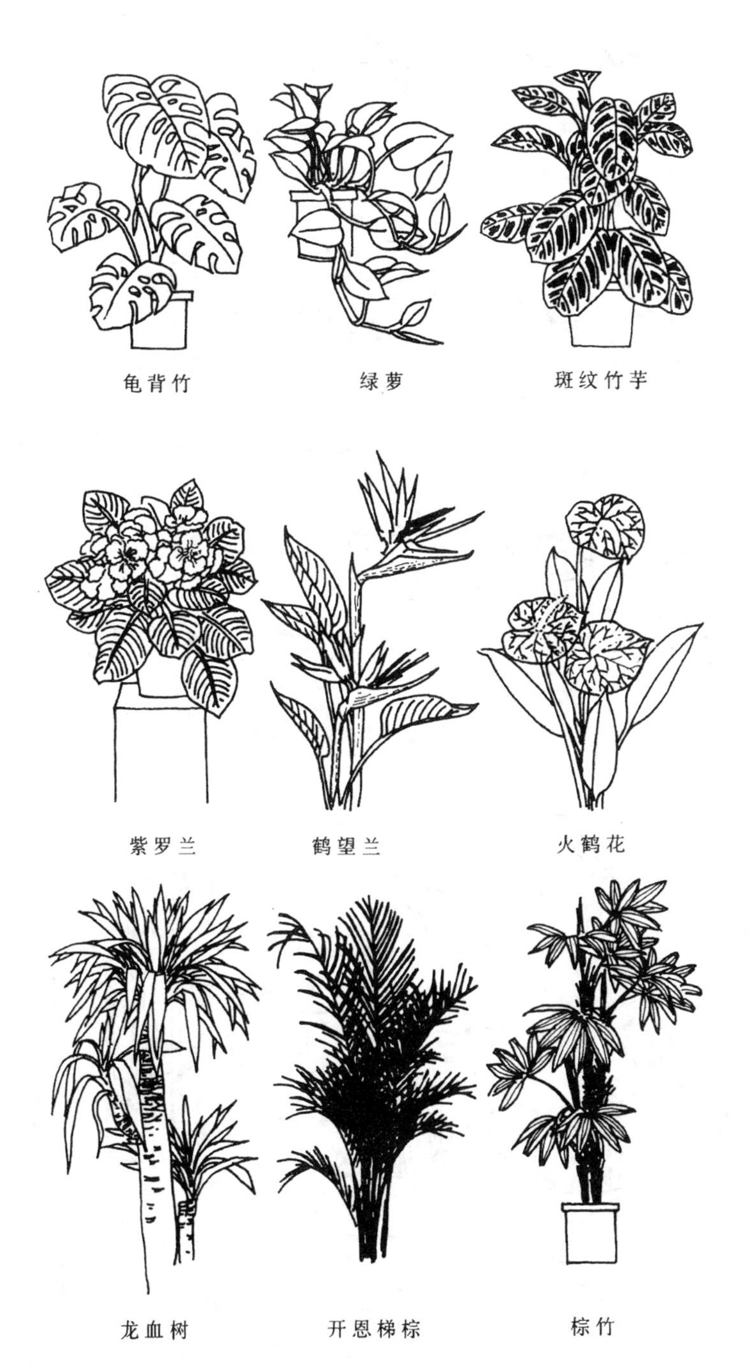

龟背竹　绿萝　斑纹竹芋

紫罗兰　鹤望兰　火鹤花

龙血树　开恩梯棕　棕竹

室内常用植物选用表

类别	名　称	高度(m)	叶	花	光	最低温度(℃)	湿度	用途		
								盆栽	悬挂	攀缘
树木类	诺和科南洋杉	1～3	绿		中、高	10	中	○		
	巴西铁树	1～3	绿		中、高	10～13	中	○		
	竹榈	0.5～3	绿		中、高	10～13	中	○		
	散尾葵	1～10	绿		中、高	16	高	○		
	孔雀木	1～3	绿褐		中、高	15～18	中	○		
	白边铁树	1～3	深绿		低－高	10～15	中	○		
	马尾铁树	0～3	绿红		中、高	10～13	低	○		
	熊掌木	0.5～3	绿		中、高	6	中	○		
	银边铁树	0.5～3	绿		低－高	3～5	中			
	变叶木	0.5～3	复色		高	15～18	中			
	垂叶榕	1～3～	绿		中、高	10～13	中			
	印度橡胶榕	1～3～	深绿		中、高	5～7	中			
	琴叶榕	1～3	浅绿		中、高	13～16	中			
	维奇氏露兜树	0.5～3	绿黄		中、高	16	中	○		
	棕竹	3～	绿		低－高	7	低	○		
	鸭脚木	3～	绿		低－高	10～13	低	○		
	针葵	1～5	绿		中、高	10～13	高	○		
	鱼尾葵	1～10	绿		中、高	10～13	高	○		
	观音竹	0.5～1.5	绿		低、高	7	高	○		
观叶类	铁线蕨	0～0.5	绿		中、高	10	高	○	○	
	细斑粗肋草	0～0.5	绿		低－高	13～15	中	○		
	粤万年青	0～0.5	绿		低、中	13～15	中	○		
	花烛				低、中	10～13	中	○		
	火鹤花		深绿		低、中	10～13	高	○		
	文竹	0～3～	绿		中、高	7～10	中	○		○
	天门冬	0～1	绿		中、高	7～10	中	○	○	
	一叶兰	0～0.5	深绿		低	5～7	低	○		
	蟆叶秋海棠	0～0.5	复色		低－高	7～10	中	○		
	花叶芋	0～0.5	复色		中	20	高	○		
	箭羽纹叶竹芋	0～1	绿		中	15	高	○		
	吊兰	0～1	绿白		中	7～10	中	○	○	
	花叶万年青	0～0.5	绿		低－高	15～18	中	○		
	绿萝	0～1	绿		低、中	16	高	○	○	○
	富贵竹	0～1	绿		低、中	10～13	中	○		
	黄金葛	0～1	暗绿		中	16	高	○	○	○
	洋常春藤	0.5～3	绿		低－高	3～5	中	○	○	○
	龟背竹	0.5～3	绿		中	10～13	中	○		○
	春羽	0.5～1.5	绿		中	13～15	中	○	○	
	琴叶蔓绿绒	0～1	绿		中	13～15	中	○	○	○
	虎尾兰	0～1	绿黄		低－高	7～10	低	○		
	豹纹竹芋	0～0.5	绿		低－高	16～18	中	○		
	鸭跖草	0～3	绿、紫		中	10	中	○	○	
	海芋	0.5～2	绿		中	10～13	中	○		
	银星海棠	0.5～1	复色		中	10	中	○		
观花类	珊瑚凤梨	0～0.5	浅绿	粉红	高	7～10	中	○		
	大红芒毛苣苔	0.5～3	绿	红	高	18～21	高	○	○	
	大红鲸鱼花	0.5～3	绿	鲜红	中	15	中		○	
	白鹤芋	0～0.5	深绿	白	低－高	8～13	高	○		
	马蹄莲	0～0.5	绿	白、黄、红	中	10	中	○		
	瓜叶菊	0～0.5	绿	多色	中、高	15	中	○		
	鹤望兰	0～1	绿	红、黄	中	10	中	○		
	八仙花	0～0.5	绿	复色	中	13～15	中	○		

花盆、套盆与花架 室内陈放花木往往采用花盆栽植，为求美感，宜加套盆或置于花架之上，这样能使其更加生色、情趣盎然。将植物栽植到花盆内，盆必须有足够的尺寸，以供根部生长发育。花盆的造型与尺寸要与所栽植物相称，一般来说高的植物用盆应高些，宽的植物用盆则用宽低一些。不用套盆的盆栽植物，应垫一无孔的托盘，以贮存盆底排出的水。

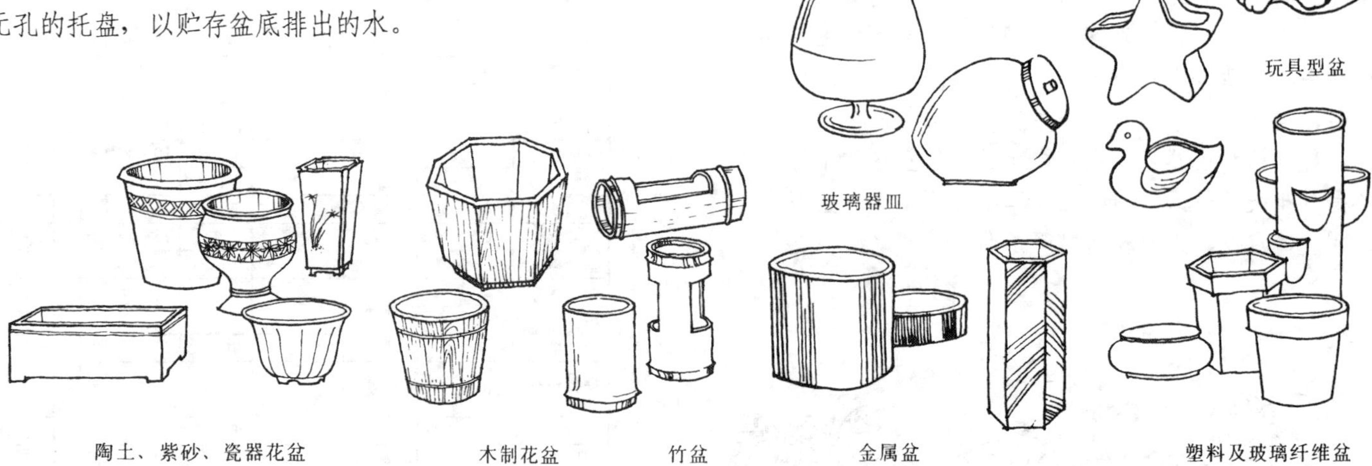

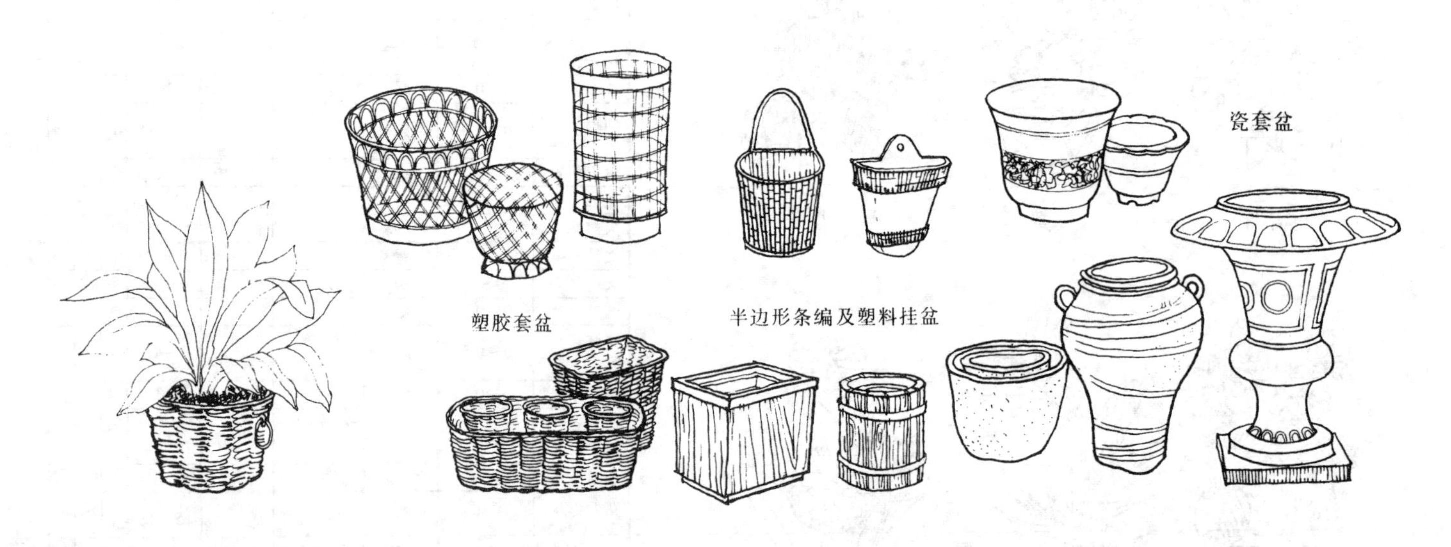

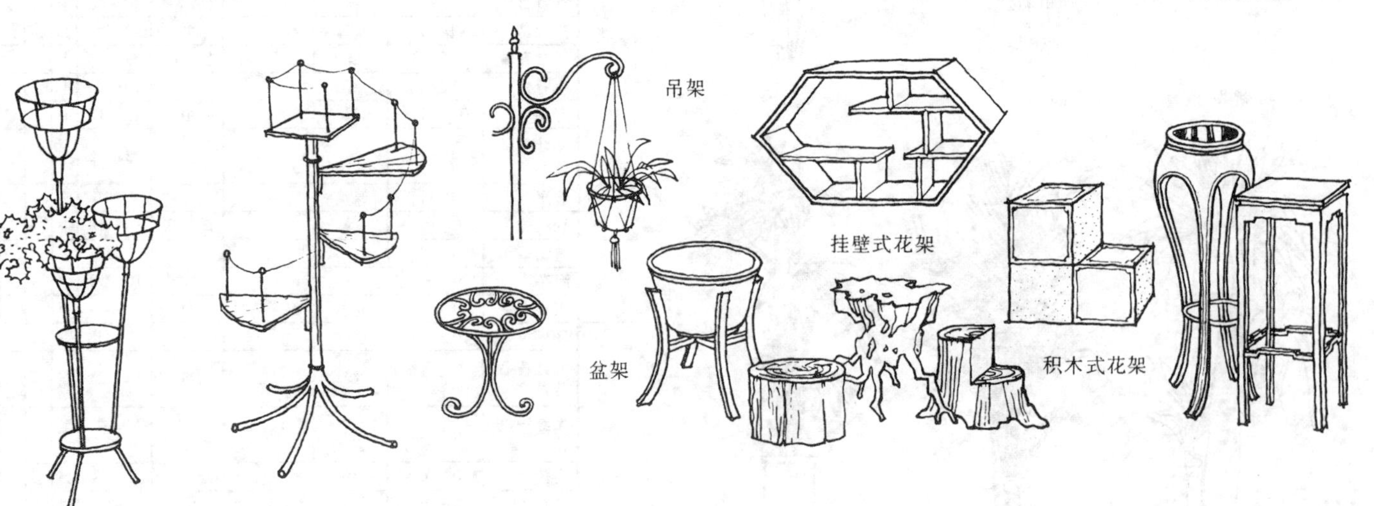

家具的特征　什么是家具，这似乎是一般的常识。它是人们生活、工作必不可少的用具，所以必须首先满足人们生活的使用需要，但又要满足人们一定的审美要求。其次，在不同的社会发展的历史阶段中，家具的发展和变化，依赖于生产力的水平和时代的民族文化特征。使用功能、物质技术条件和造型的形象是构成家具设计的三个基本要素。它们共同构成家具设计的整体，三者之间，功能是前提，是目的；物质技术条件是基础；造型是设计者的审美构思。

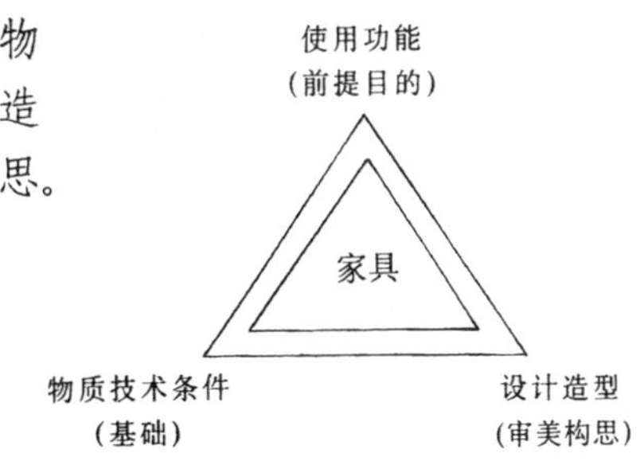

家具与室内设计　家具是室内设计中的一个重要组成部分，与室内环境形成一个有机的统一整体。室内设计的目的是创造一个更为舒适的工作、学习和生活环境。在这个环境中包括天花板、地面、墙面、家具、灯具、装饰织物、绿化以及其它陈设品。而其中家具是陈设设计的主体，其一，是实用性，在室内设计中与人的各种活动关系最密切；其二，是装饰性，家具是体现室内气氛和艺术效果的主要角色。一个房间，几件家具（是指成套的而不是七拼八凑的）摆上去，基本上定下了主调，然后再辅以其它的陈设品，便构成一个有特色的，具有艺术效果的一个室内环境。例如，封建王朝皇宫中体现统治者威严、权势、豪华的家具，格外地把尺度放大，以显其威严壮观。不惜工本的雕刻装饰，以显其神圣高贵。而民居中朴实无华，简单合度的民间家具，确有"雅"的韵味，外形轮廓是舒展的，各部分线条是雄劲而流畅的，充分体现了家具的艺术魅力。反过来，家具又是室内设计这个整体中的一员，家具设计不能脱离室内设计的总要求。

家具的分类：

1.从使用功能来分，可分为卧室、会客室、书房、餐厅及办公等家具；

2.从使用材料来分，可分为木、金属、钢木、塑料、竹藤、漆工艺、玻璃等家具；

3.从体型形式来分，可分为单体及组合家具等。

4.从结构形式来分，可分为框架、板式拆装及弯曲木等家具。

家具设计的方法步骤　家具设计是建立在工业化生产方式基础上，综合功能、材料、经济和美学诸方面，以图纸形式表示出来的设想和意图。这样，正确的思维方式、科学的程序和工作方法是非常重要的。有了明确的设计意图和设计要求，便着手进行设计。设计的过程和程序是：1.方案草图。这是设计者对设计要求理解之后设计构思的形象表现，是捕捉设计者头脑中涌现出的设计构思形象的最好方法，一般用徒手画。2.搜集设计资料。以草图形式固定下来的设计构思是个初步的原型。工艺、材料、结构，甚至成本等问题，都是设计的中心问题，是设计顺利进行的坚实基础。3.绘制三视图和透视效果图。这个阶段是进一步将构思的草图和搜集来的一些设计资料溶为一体，使之进一步具体化，更接近于成品的实际效果。三视图，指的是按比例的正投影法绘制的正立面、侧立面和俯视图。三视图应解决以下三个问题。首先，家具造型的形象按照比例绘出，能看出它的体型、状态，以便进一步解决造型上的矛盾。第二，要能反映出主要的结构关系。第三，家具各部分所使用的材料要明确。在此基础上绘制的透视效果图，才具有设计的实际意义。4.模型制作。虽然三视图和透视效果图已经将设计意图充分地表达出来了，但是，三视图和透视效果图都是平面的，再加上它们都是在一定的视点和方向绘制的，这其中就不免存在不全面和具有假象的现象。因而在设计的过程中，使用简单的材料和加工手段，按照一定的比例（通常是 1：10 或 1：5）制作出模型。这里的模型是设计过程中的一部分，是研究设计，推敲造型比例、确定结构方式和材料的选择与搭配的一种设计手段。制作好的模型，从不同的角度拍成照片，更具有真实感。5.完成方案设计。向委托者征求意见。由构思开始直到完成设计模型，经历了一个设计的全过程。设计者对于设计要求的理解、选用的材料、结构方式以及在此基础上形成的造型形式，它们之间的矛盾如何协调、处理、解决。设计者的艺术观点等等，最后都通过设计方案全面的反映出来。不尽之处，再辅以文字说明。6.制作实物模型。实物模型是在设计方案确定下来之后，制作 1：1 的实物。称为模型是因为它的作用仍具有研究、推敲、解决矛盾的性质。7.绘制施工图。施工图是家具生产的重要依据，是按照轻工业部部颁家具制图标准绘制的。它包括总装配图、另部件图、加工要求、尺寸及材料等。施工图是按照产品的样品绘制的，以图纸的方式固定下来，以确保产品与样品的一致和产品的质量。

1 各类凳椅的尺度

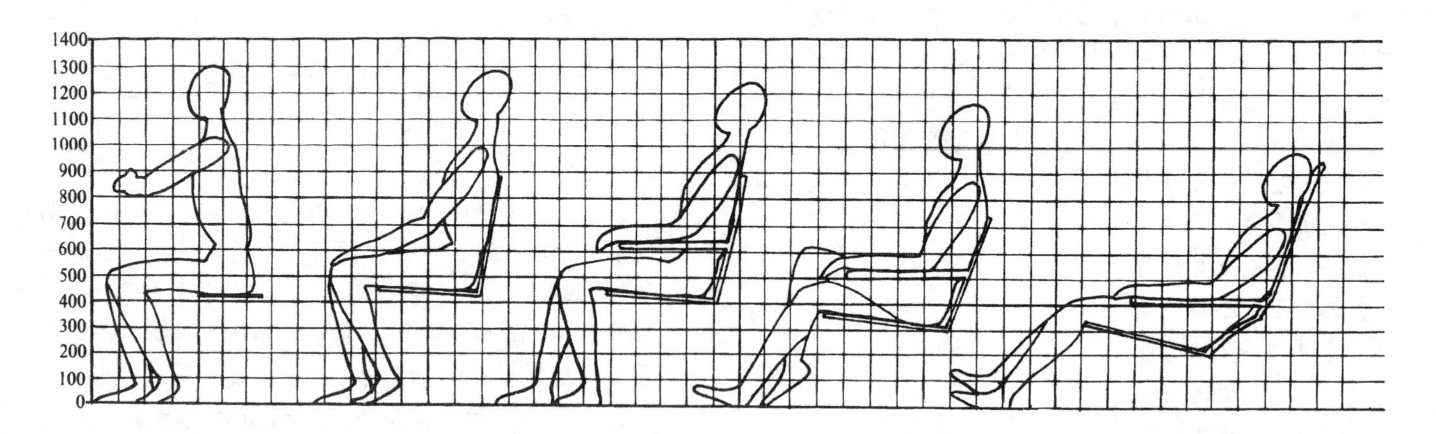

2 各类凳椅常用尺寸表

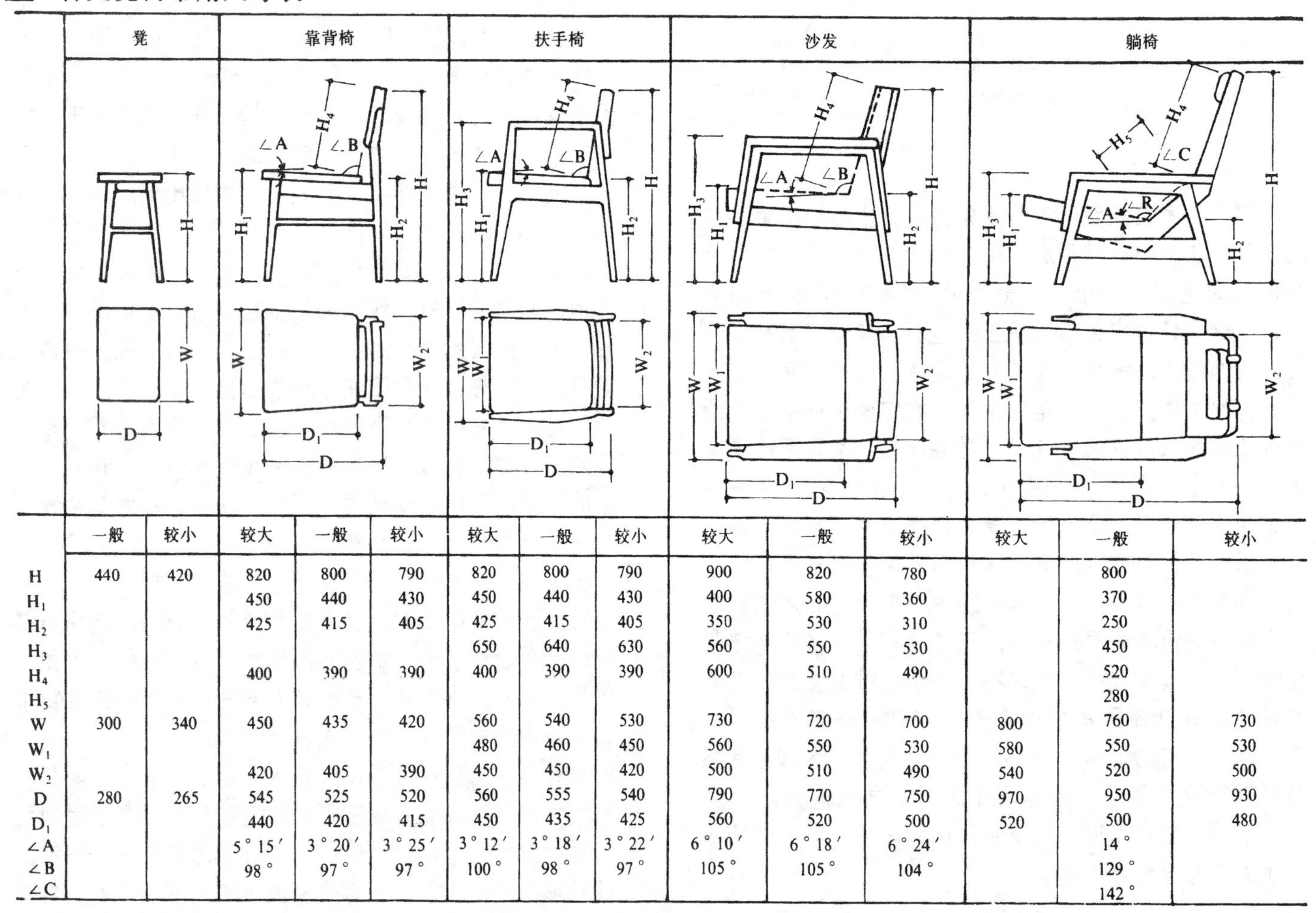

	凳		靠背椅			扶手椅			沙发			躺椅		
	一般	较小	较大	一般	较小	较大	一般	较小	较大	一般	较小	较大	一般	较小
H	440	420	820	800	790	820	800	790	900	820	780		800	
H_1			450	440	430	450	440	430	400	580	360		370	
H_2			425	415	405	425	415	405	350	530	310		250	
H_3						650	640	630	560	550	530		450	
H_4			400	390	390	400	390	390	600	510	490		520	
H_5													280	
W	300	340	450	435	420	560	540	530	730	720	700	800	760	730
W_1						480	460	450	560	550	530	580	550	530
W_2			420	405	390	450	450	420	500	510	490	540	520	500
D	280	265	545	525	520	560	555	540	790	770	750	970	950	930
D_1			440	420	415	450	435	425	560	520	500	520	500	480
∠A			5°15′	3°20′	3°25′	3°12′	3°18′	3°22′	6°10′	6°18′	6°24′		14°	
∠B			98°	97°	97°	100°	98°	97°	105°	105°	104°		129°	
∠C													142°	

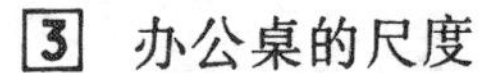

3 办公桌的尺度

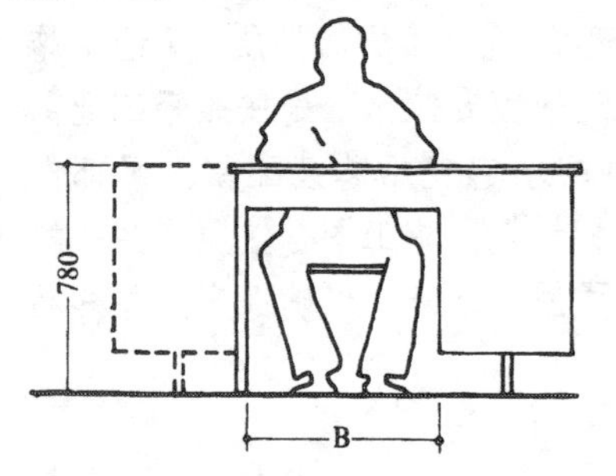

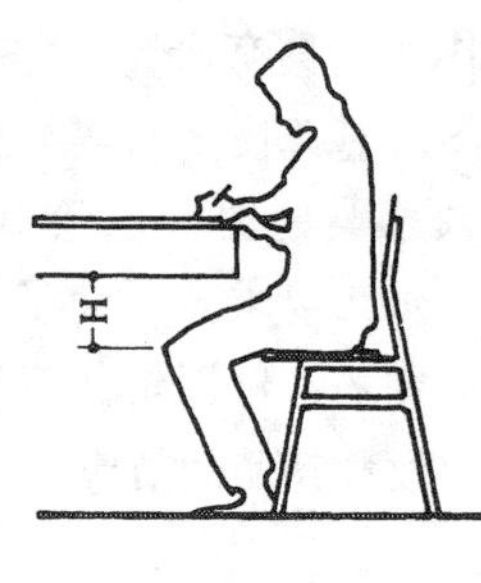

办公桌常用尺寸

	长	宽	高
大	1500	850	780
中	1200	650	780
小	1000	550	780

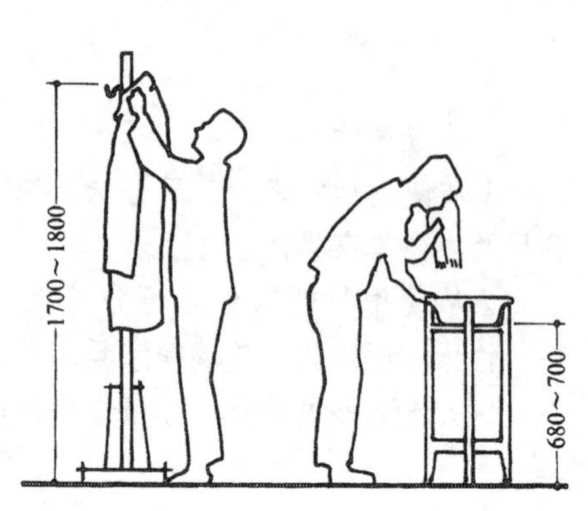

4 人体与各类家具的尺度

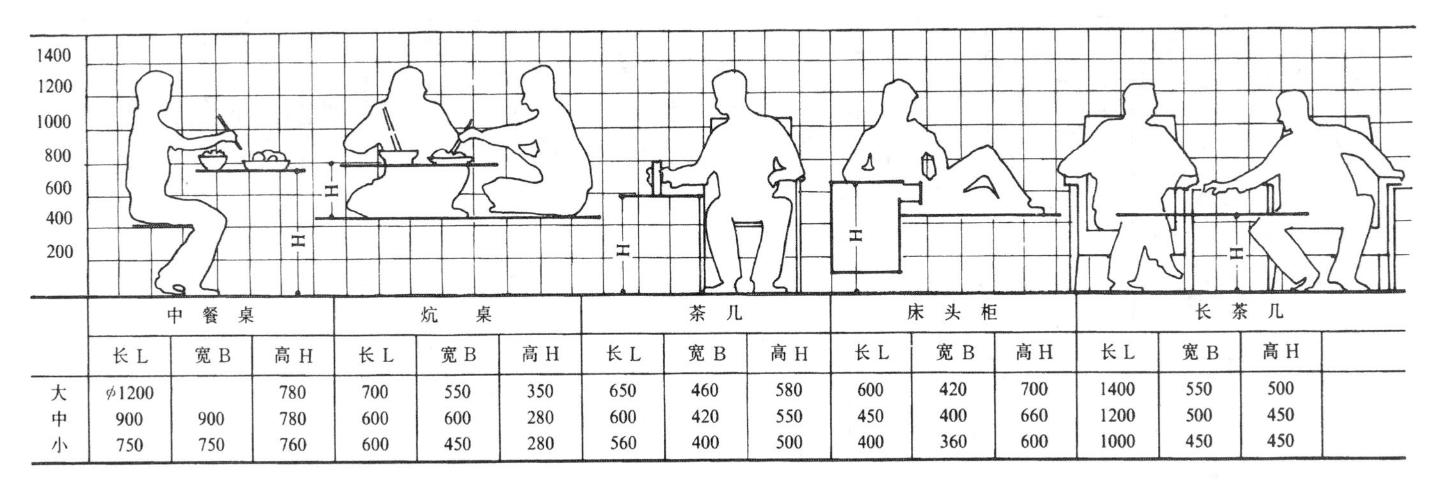

	中餐桌			炕桌			茶几			床头柜			长茶几		
	长 L	宽 B	高 H	长 L	宽 B	高 H	长 L	宽 B	高 H	长 L	宽 B	高 H	长 L	宽 B	高 H
大	φ1200		780	700	550	350	650	460	580	600	420	700	1400	550	500
中	900	900	780	600	600	280	600	420	550	450	400	660	1200	500	450
小	750	750	760	600	450	280	560	400	500	400	360	600	1000	450	450

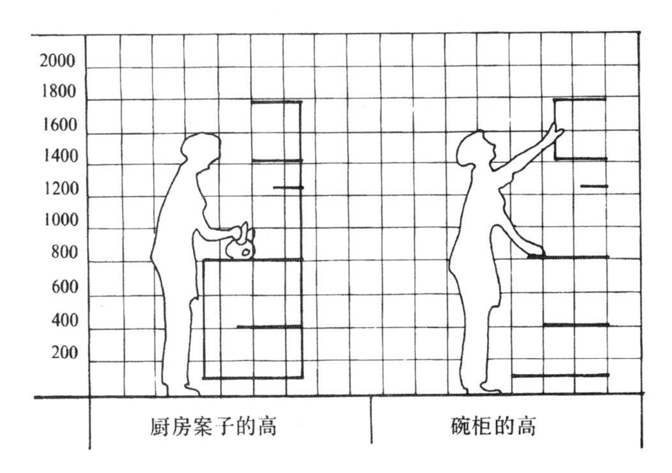

厨房案子的高　　碗柜的高

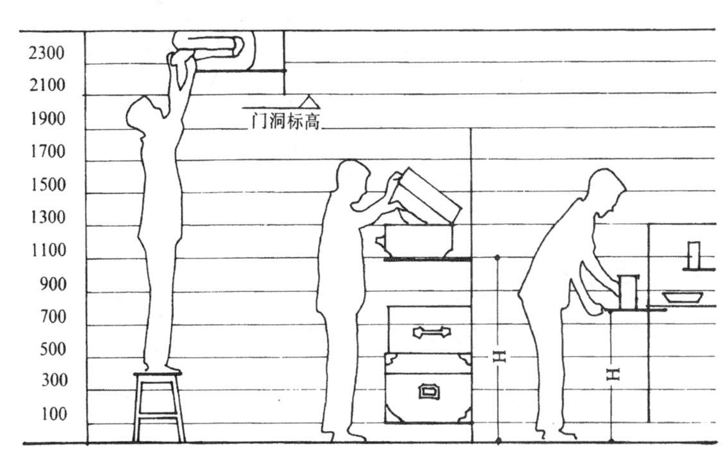

5 衣柜各部分的尺度

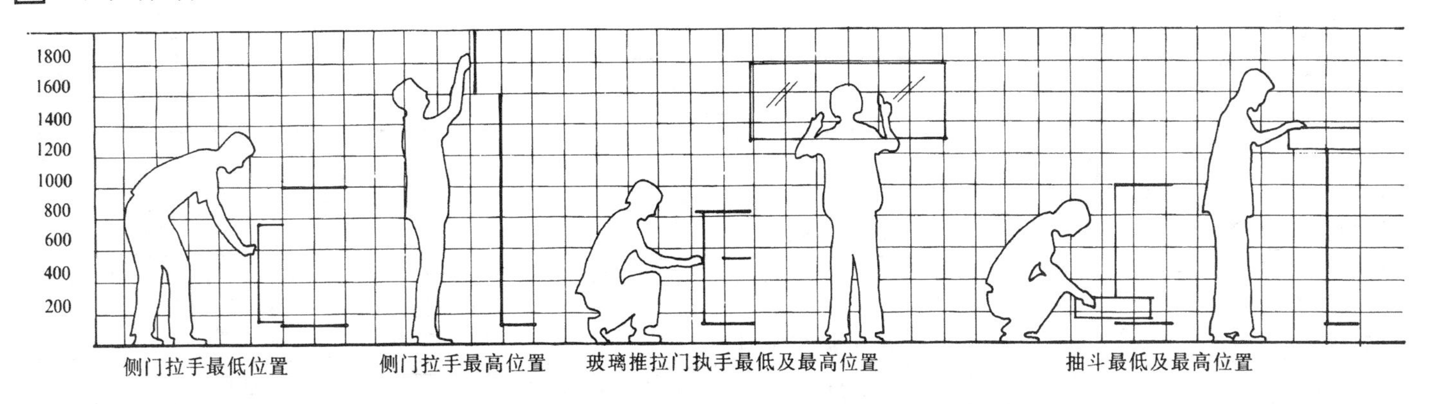

侧门拉手最低位置　侧门拉手最高位置　玻璃推拉门执手最低及最高位置　抽斗最低及最高位置

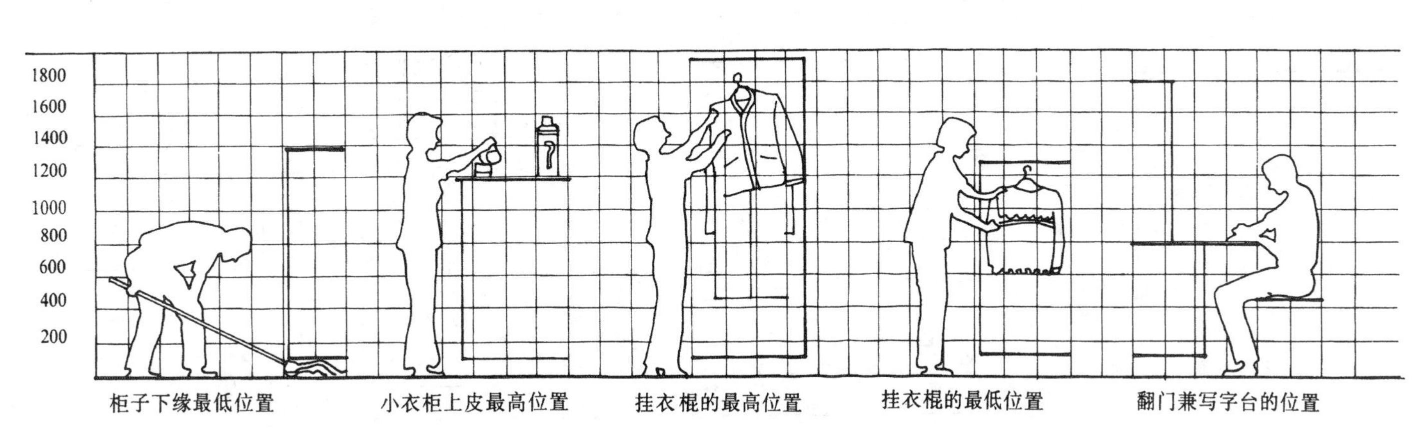

柜子下缘最低位置　小衣柜上皮最高位置　挂衣棍的最高位置　挂衣棍的最低位置　翻门兼写字台的位置

6 搁板的高度

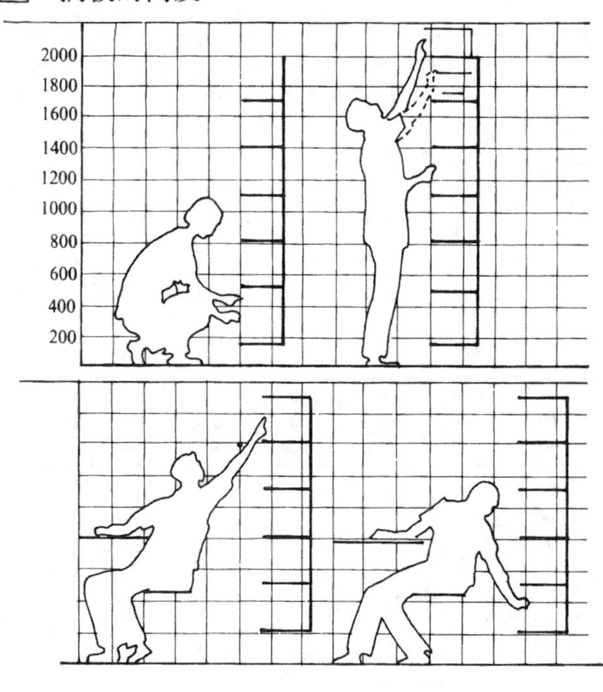

7 搁板、抽斗、门的高度范围

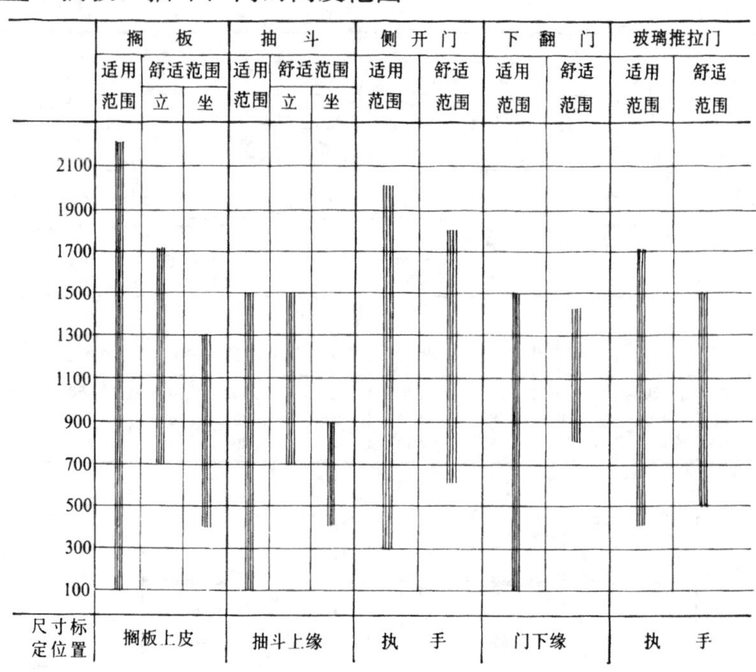

8 床的尺度

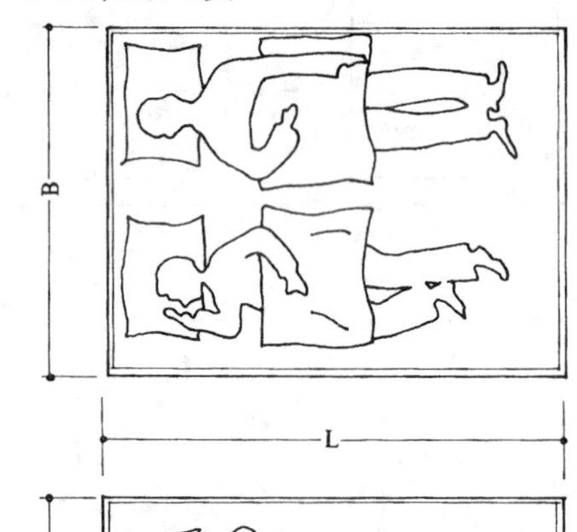

双人床常用尺寸(mm)

	长 (L)	宽 (B)	高 (H)
大	2000	1500	480
中	1920	1350	440
小	1850	1250	420

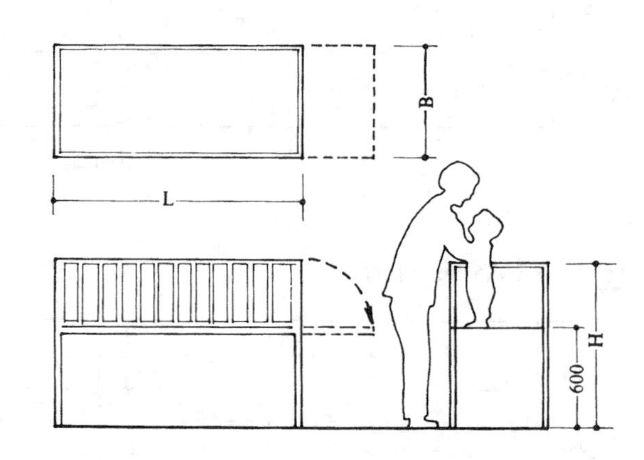

单人床常用尺寸(mm)

	长 (L)	宽 (B)	高 (H)
大	2000	1000	480
中	1920	900	440
小	1850	800	420

小儿床常用尺寸(mm)

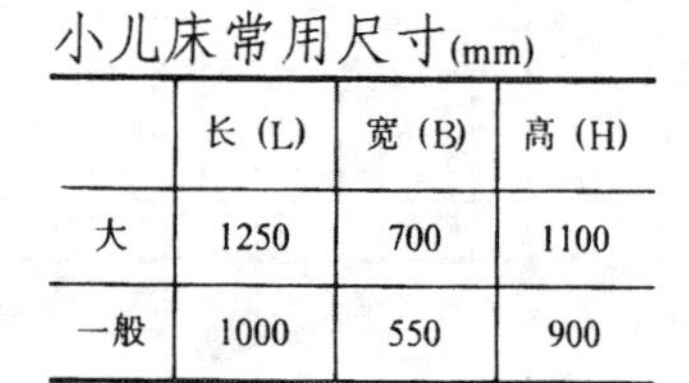

	长 (L)	宽 (B)	高 (H)
大	1250	700	1100
一般	1000	550	900

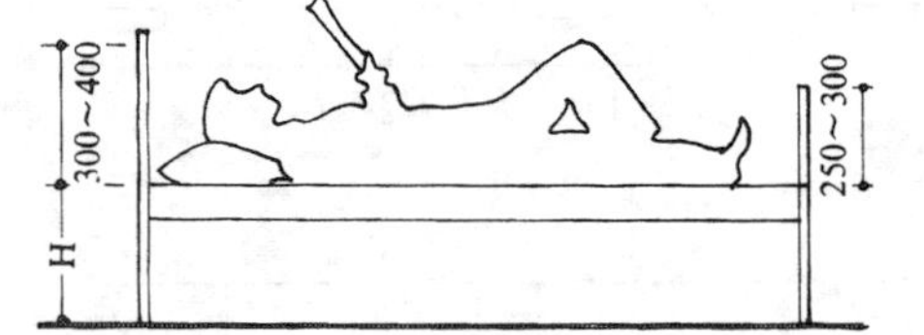

双层床常用尺寸(mm)

长 (L)	宽 (B)	高 (H)
1850~2000	700~900	420

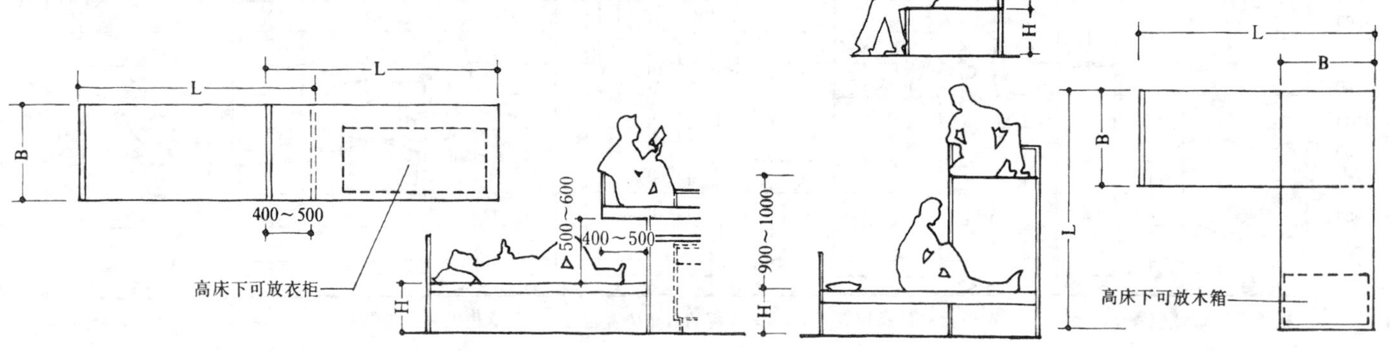

1 榫接合的形式和适用范围

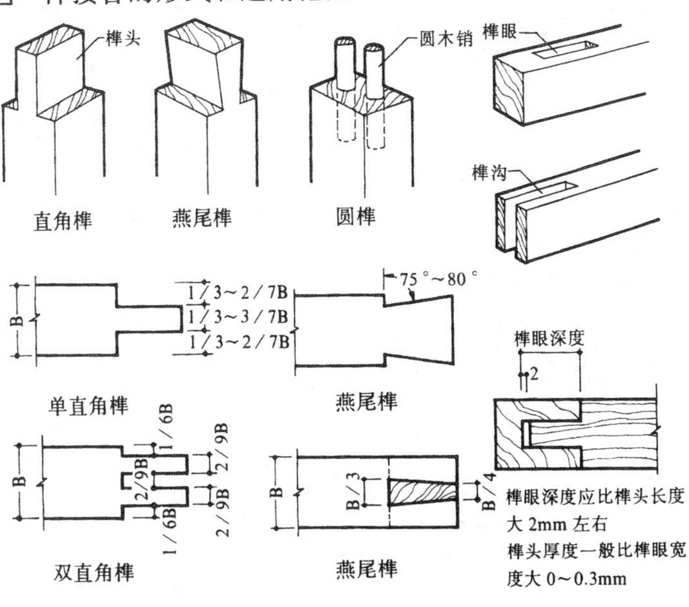

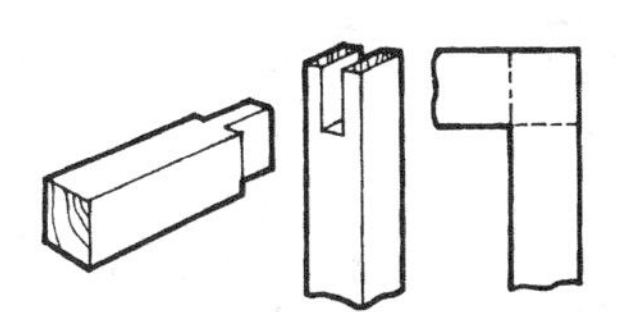

开口贯通榫　适用于覆面板内部框架的连接。如家具的面板、旁板、门板、以及屉面板等内部框架的连接

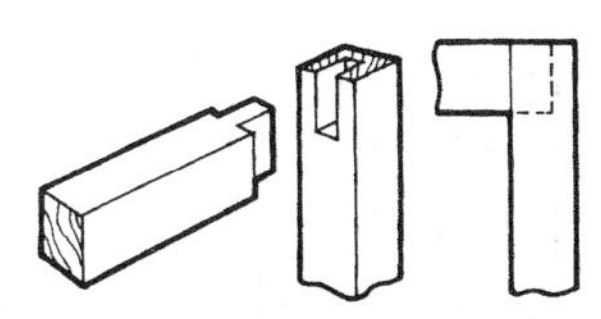

开口不贯通榫　适用于有面板底盘等覆盖的框架之连接。如床头柜、小衣柜等上下横档的连接

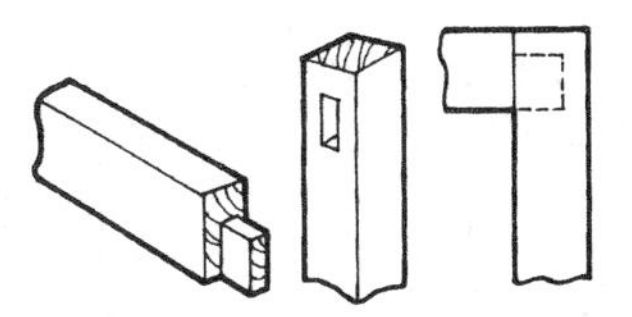

闭口不贯通榫　适用于框架上下角的连接。如家具的旁板、门板、帽头的连接、脚架、望板的连接等

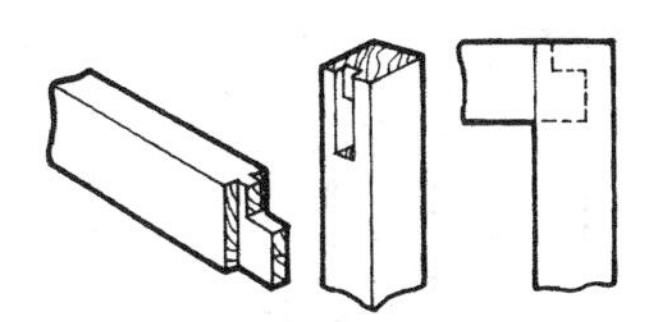

半闭口不贯通榫　适用于视线不及或有覆盖的框架之接合。可防止材料扭动。如大衣柜中门、帽头的接合和台脚、望板等的结合

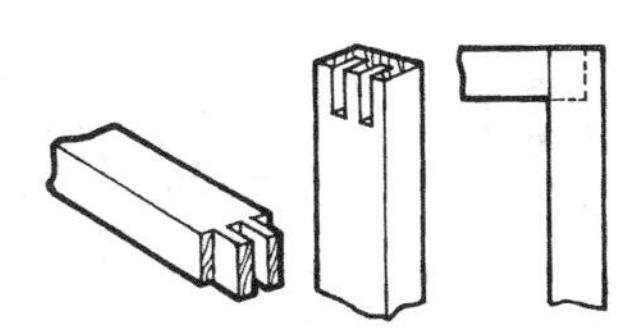

开口不贯通双榫　可防止零件扭动适用于有面板、衣架等覆盖的框架之连接，如小衣柜、书柜、装饰柜等上下横档的连接

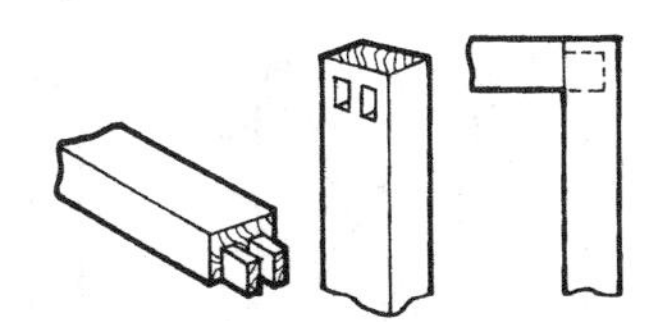

闭口不贯通双榫。可防止零件扭动，适用于安装门、窗、抽屉等框架的上下横档的连接。在中式家具和农村家用木制品中常见

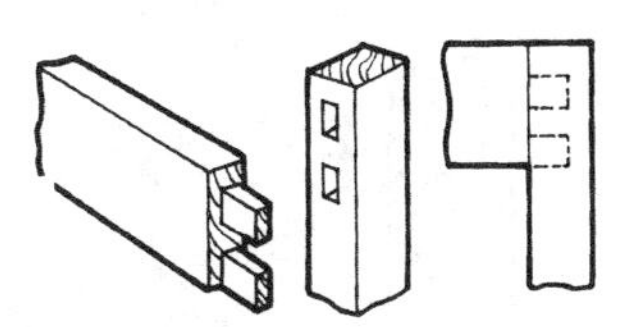

纵向闭口双榫　适用于视线不及或有覆盖的框架之连接，如房门、大衣柜中门帽头和台脚、望板的连接

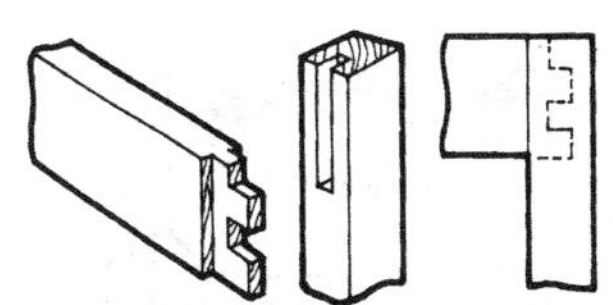

纵向半闭口双榫　适用于视线不及或有覆盖的框架之连接，如房门、大衣柜中门帽头和台脚、望板的连接

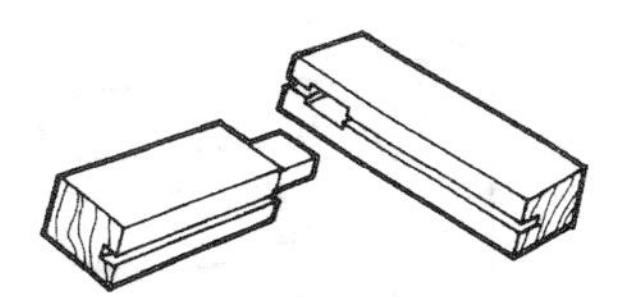

直角落槽双截肩榫　适用于槽内嵌板的框架之接合。如家具旁板、门板的帽头和后背框架等的接合

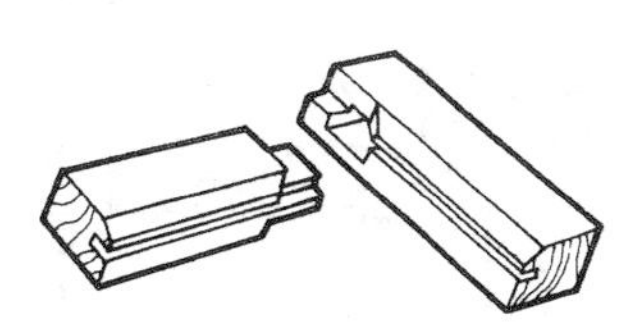

落槽斜棱包肩榫　适用于槽内嵌板的框架接合。如办公用家具、书柜文件柜、写字台等门框的接合

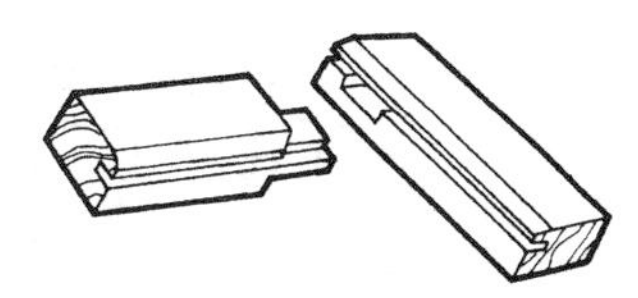

半斜角落槽耸肩榫　适用于槽内嵌板的框架之接合，其斜肩部位可铣出各种线型。适用于家具的门板、旁板和箱子等框架的接合

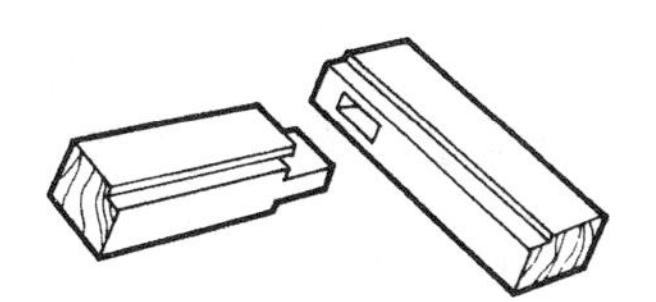

铲板耸肩榫　适用于四面铲板框架接合。如家具的旁板、门板等框架的接合

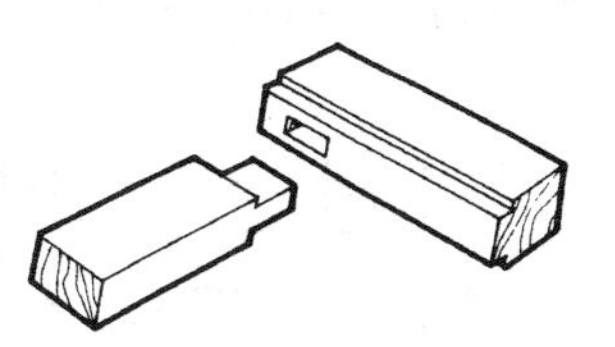

铲板平肩榫　适用于一面或两面铲板的框架之接合。如家具的门板、旁板和箱子等框架的接合

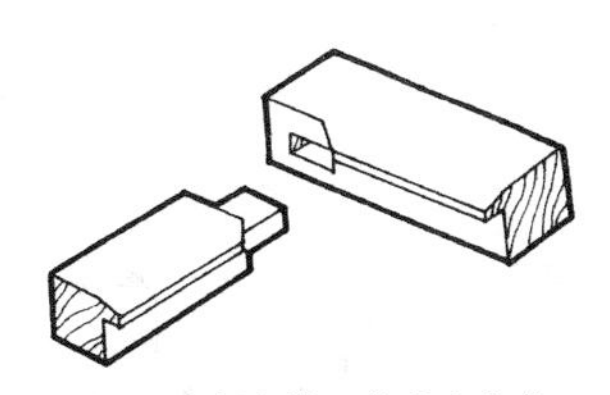

铲板半斜角榫　俗称小夹角。铲板处安装镜子或玻璃；夹角部位可铣出各种线型。如各种玻璃、镜子的门框和玻璃柜等框架的接合

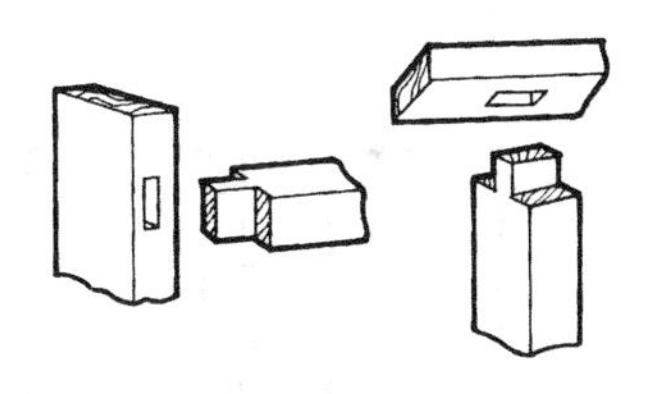

整体单榫　适用于各种中撑的接合，如面板、门板、旁板等立撑（竖撑）以及板框的中撑及各种拉档等的接合

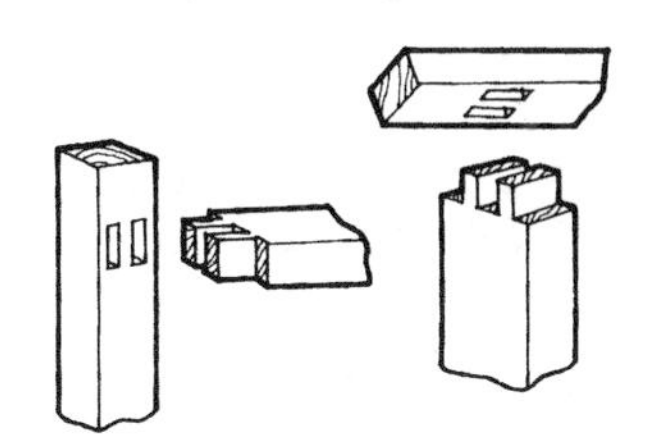

整体双榫　适用于橱、柜框中撑的接合。如小衣柜、书柜、玻璃柜、写字台等横档的接合。农村木制品的应用也较广

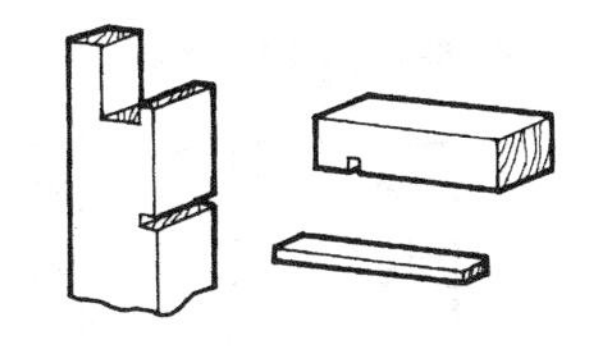

榫槽串嵌接合　适用于现代家具定型框架的接合，如各种柜的门、旁面、顶内部框架角部等的接合

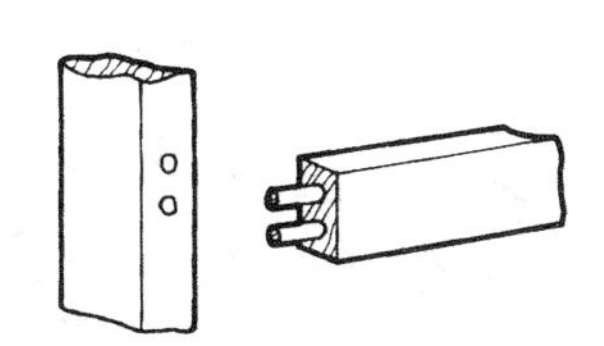

插入圆榫　适用于柜框中撑的接合以及板式家具的拆装接合及定位等

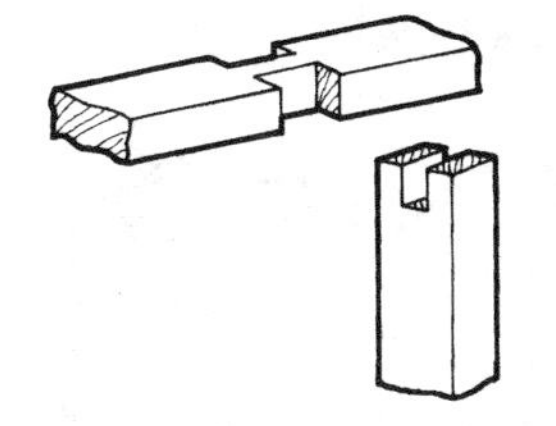

丁字钳榫　适用于柜框中撑的连接如小衣柜、办公写字台等中旁、中脚的连接

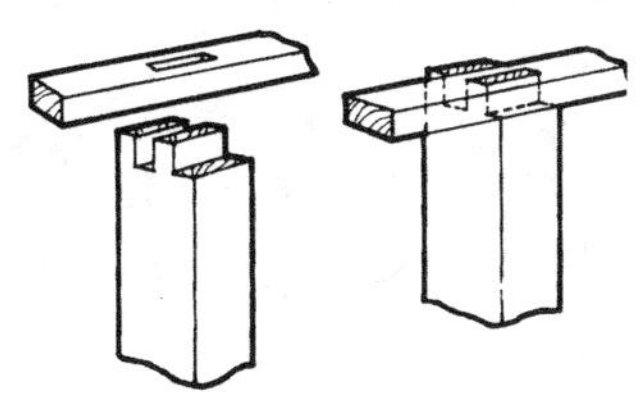

单肩后耸肩榫　适用于柜框中的撑连接，如小衣柜等的中隔板梃、木床底坐及写字台立梃等处的连接

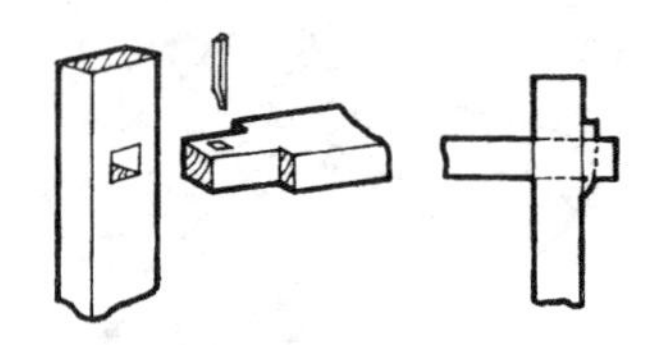

插销贯通单榫　适用于仿古家具、农具和经常移动的工具，如翻砂的模子，日常生活用的蒸笼，建筑用屋架及仿古桌、案等

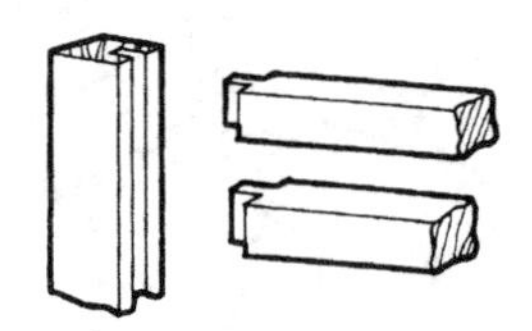

槽榫接合　加工简单，便于安装；适用于现代家具内部框架的接合，加工精度要求高

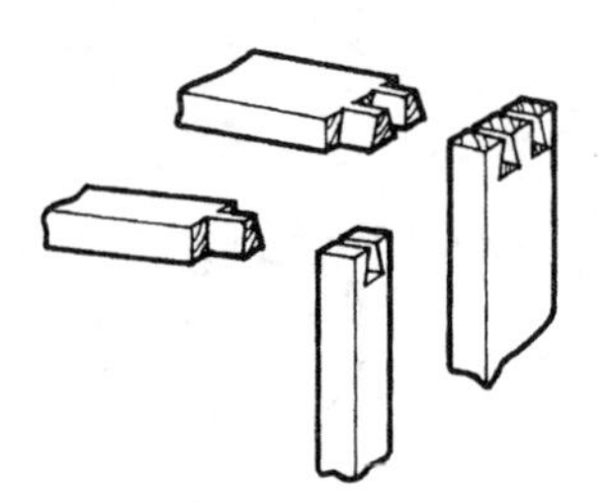

单燕尾榫与双燕尾榫　比平榫牢固，榫头不易滑动。应用于长沙发脚架或双包镶框架的角接合，以及拆装写字台大抽屉架框等的接合

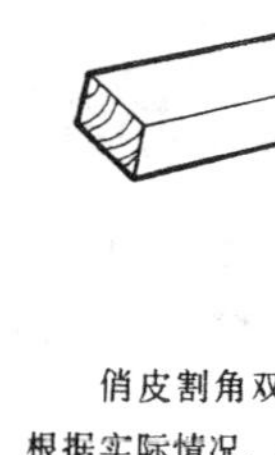

俏皮割角双榫　表面大夹角。根据实际情况，斜肩可做成任意角度。适用于断面较大的框架之接合。如较大柜类或玻璃柜推拉门上下横档等的接合

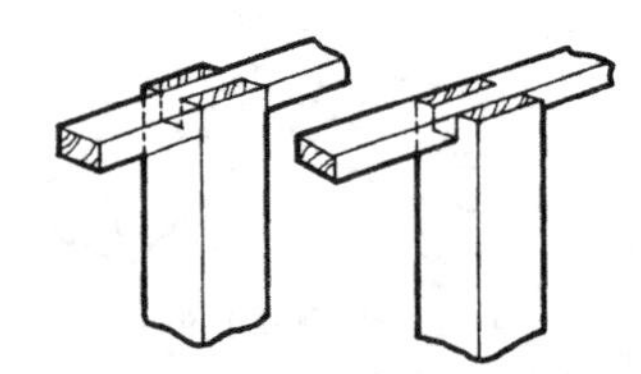

单截嵌榫　适用于柜框中撑的接合，如小衣柜、中旁脚和写字台立梃等的接合

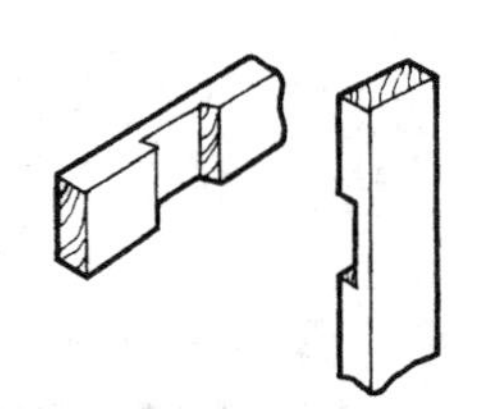

十字搭接榫　适用于内外框架的接合，如台面、木床内框部架及柜类写字台等抽屉架的接合

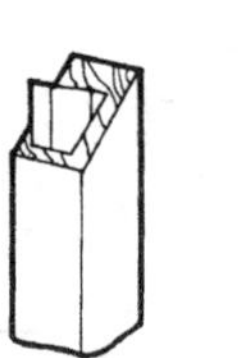

双肩斜角暗榫　俗称大夹角。适用于断面较小的夹角榫的接合。如柜类的顶底框和大镜框等的接合

俏皮割角单榫　表面大夹角。根据实际情况，斜肩可做成任意角度。应用于断面较窄，强度大的框架接合。如柜类底座的结合

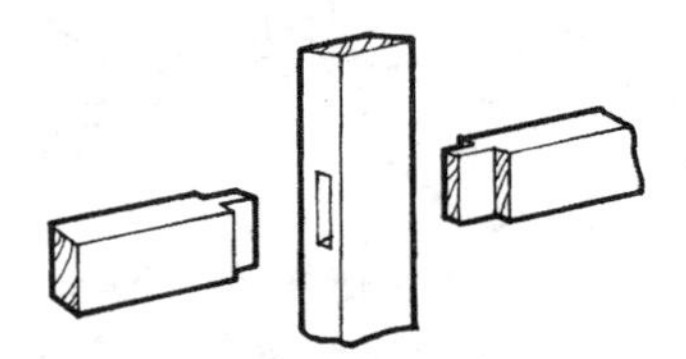

十字平榫　适用于内外框架的接合，如台面、木床内部框架及柜类、写字台等抽屉架的接合

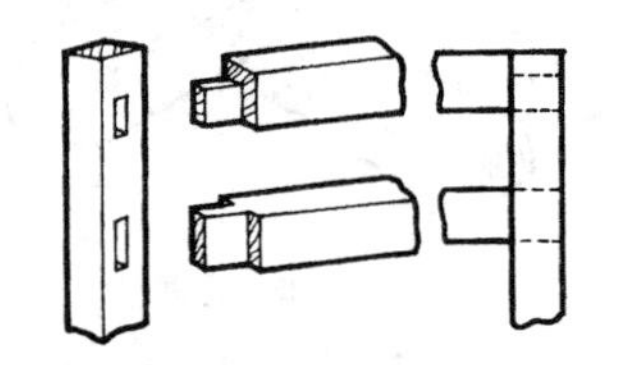

贯通榫　农村及小城镇的家具应用较广。门、窗及木工用的长凳等也应用

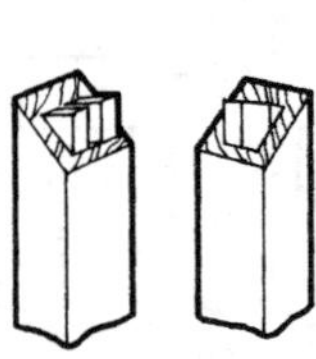

双肩斜角暗榫　俗称大夹角。结构强度好，榫舌长，是做沙发扶手和扶手椅的高级榫接合

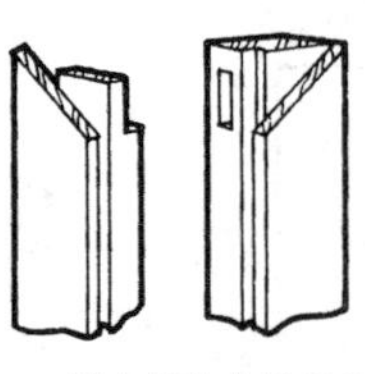

俏皮割角落槽单榫　表面大夹角。适用于仿古家具框架的接合

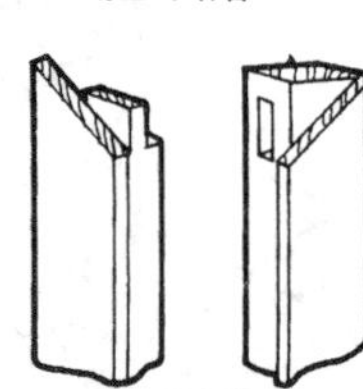

俏皮割角铲板单榫　表面大夹角。适用于仿古家具框架的接合

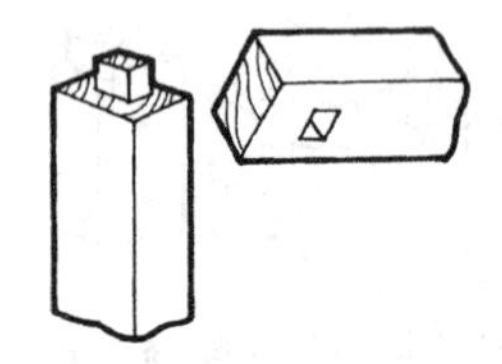

四边截肩单榫　适用于家具或建筑的弯形接合处，如椅子的扶手、靠背帽头等的接合

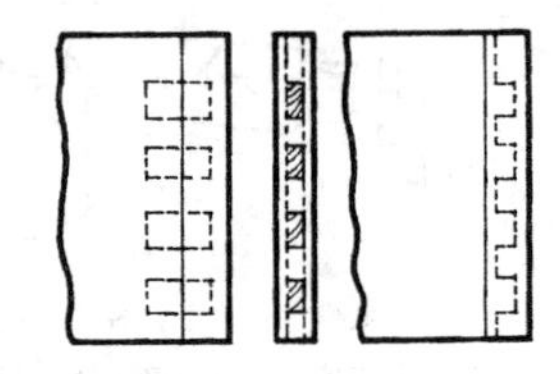

直角多榫与插入多榫　都适用于大面积框架的接合。如木床高、低屏板面与旁梃的接合。也可用于衣柜门与门梃，旁板与旁梃等的接合

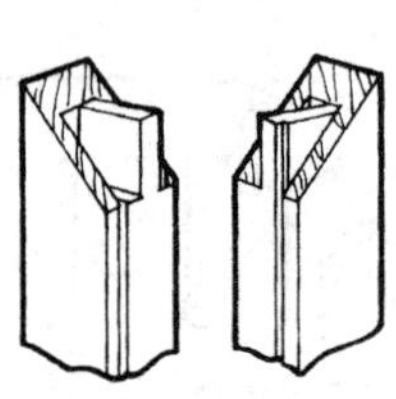

双肩斜角暗榫　俗称大夹角。适用于仿古式的嵌板板门。如陈列柜等较高档的板门

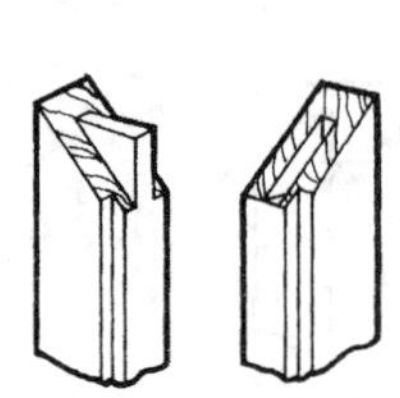

双肩斜角暗榫　俗称大夹角。适用于断面较小的夹角榫的接合，如柜类的各种底盘或门的接合

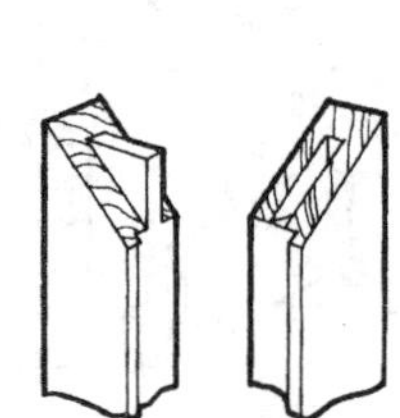

双肩斜角暗榫　俗称大夹角。适用于断面较小的夹角的接合,仿古或民族形式家具应用较多

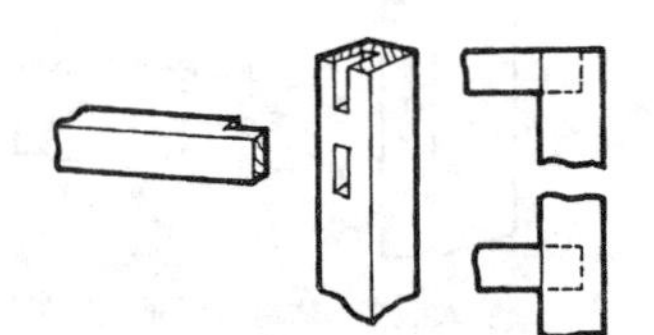

单肩闭口单榫与单肩开口单榫　适用于各种抽屉的暗屉横档或上下横档，如小衣柜、大衣柜、床头柜及写字台等的暗屉横档

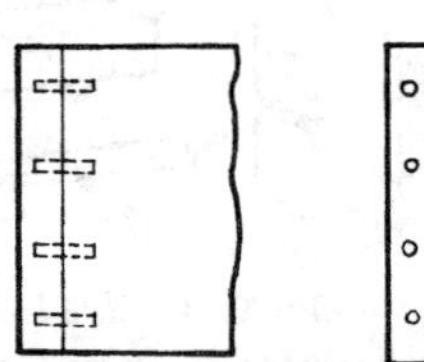

插入多圆榫　适应机械化生产。在出口家具和板式家具上应用较多，如衣柜的门与门梃及旁梃与旁梃等的接合

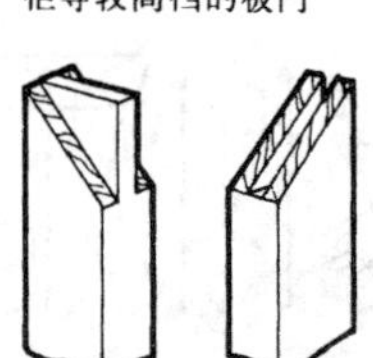

双肩斜角明榫　俗称大夹角。适用于大镜柜以及桌面板镶边，仿古式的茶几等的内框角接合

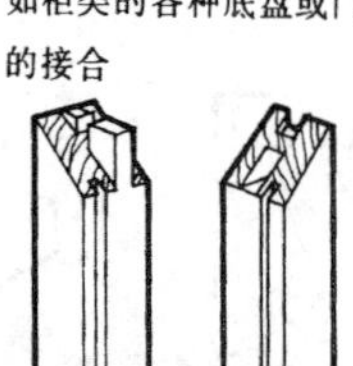

双肩斜角闭口贯通纵向双榫　俗称大夹角。适用于传统家具的面板框架的接合

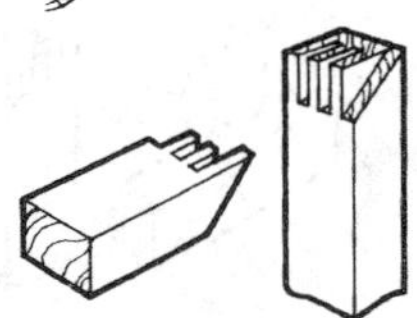

单肩斜角开口不贯通双榫（表面大夹角）。适用于断面较小的框架之接合

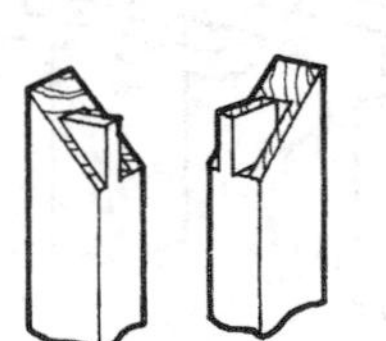

单肩斜角暗榫与双肩斜角暗榫　俗称大夹角。适用于断面较大（较小）的夹角榫的接合。如衣柜顶框的结合

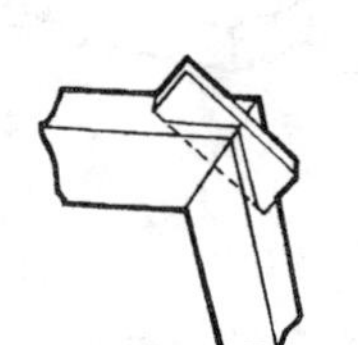

斜肩插入榫　俗称大夹角。适用于无榫夹角的胶接合。插入板条可用三夹板或薄板，多数用于一般镜框架子的接合

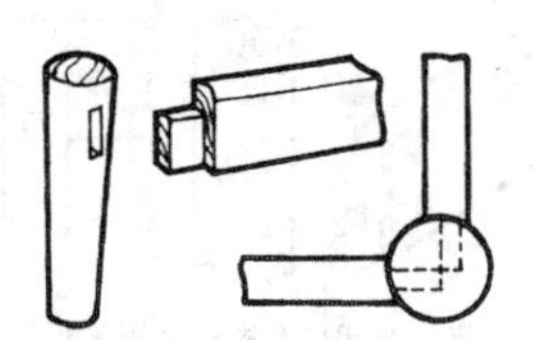

圆锥不贯通榫　俗称车圆脚接合。应用于柜类、床、桌等脚架的接合

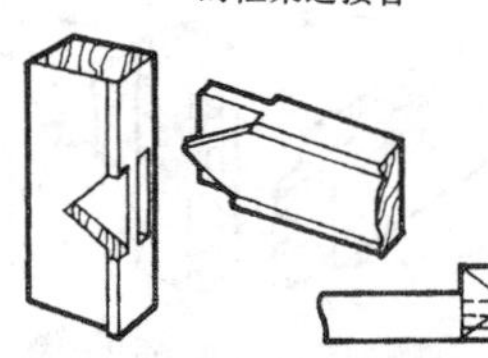

夹角插肩榫　适用于柜的中撑接合。是一种较复杂、要求较高、便于线型处理的结构形式。便于机械加工，如柜框和拉脚档的接合

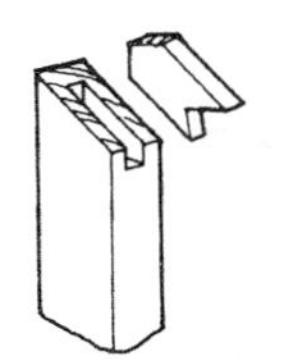
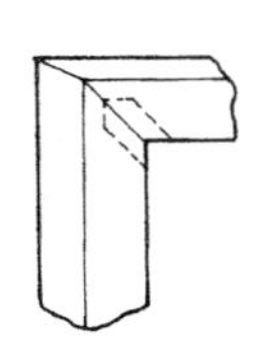

双肩斜角插入暗榫　适用于断面小的斜角之接合，插入板条可用胶合板条或金属板

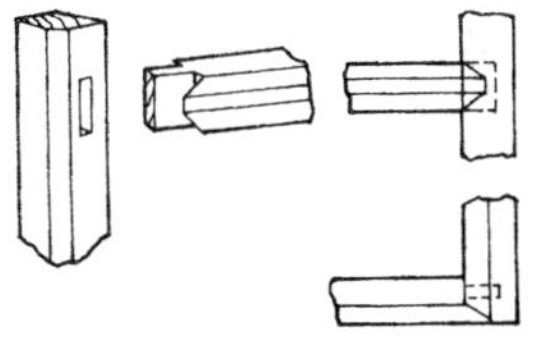

包肩夹角榫　适用于柜框中撑的接合，用于较低档家具如碗橱的接合

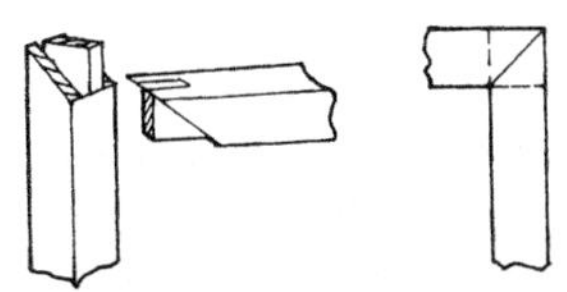

双肩斜角交叉贯通榫，俗称大夹角。适用于较低档框架的接合，如大镜框或仿古的茶几、沙发内框架的接合

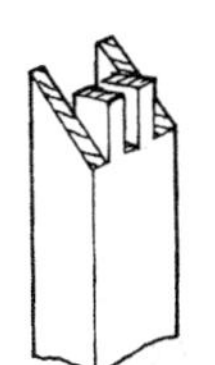
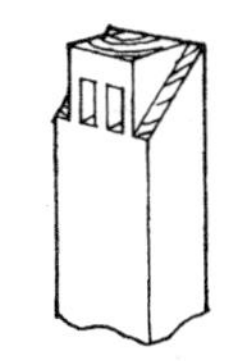

双肩斜角不贯通双榫，俗称两面大夹角。适用于断面较大的框架角的接合。接合强度高，适合做木床下框及茶几脚架等

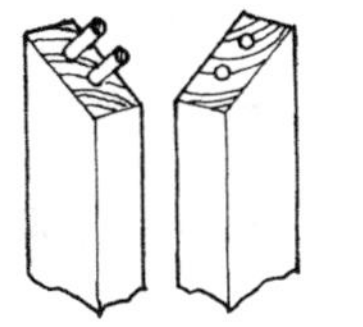
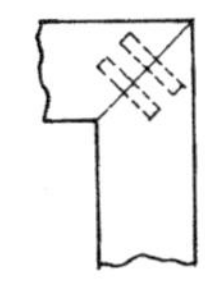

双肩斜角插入圆榫　适用于各种斜角的接合，钻孔要准确。在传统家具中较少应用

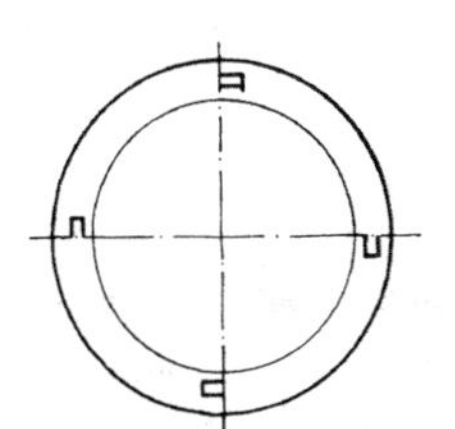

直角榫搭接　适用于弯曲及圆环形内部框架的接合，如曲线包脚，圆桌面镶边、圆形望板的搭接

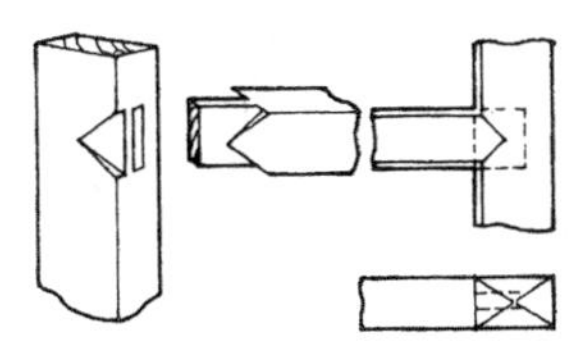

厚薄夹角插肩榫　适用于柜类中撑的接合。是一种较复杂，技术要求较高，便于线型处理的结构，便于手工加工，如柜框和拉脚档的接合

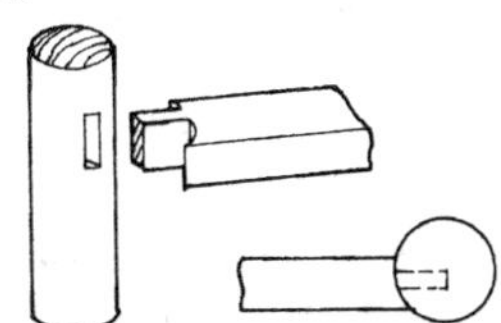

圆柱后包肩榫。适用于圆柱体或半圆部件。一般用于中撑或柜架的接合，如竹节型家具的面板、旁板及脚架拉档的半圆接合

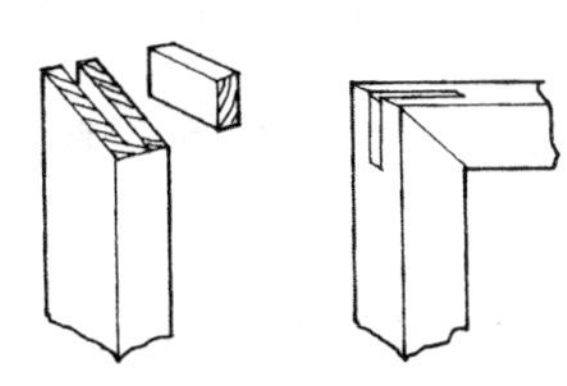

双肩斜角插入明榫。适用于断面小的斜角之接合，插入的板条可用胶合板条或金属板

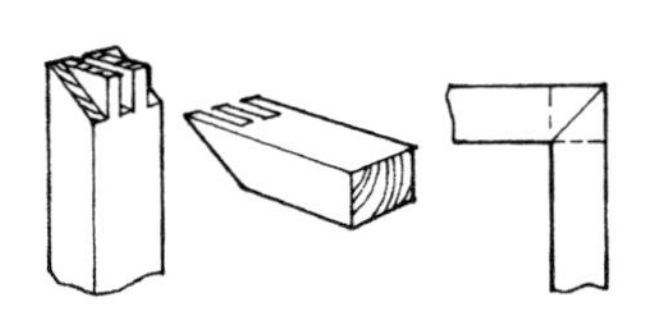

双肩斜角贯通榫，俗称大夹角。适用于断面较大的斜角之接合，如平板结构的床屏木框与仿古茶几旁脚木框的角结合

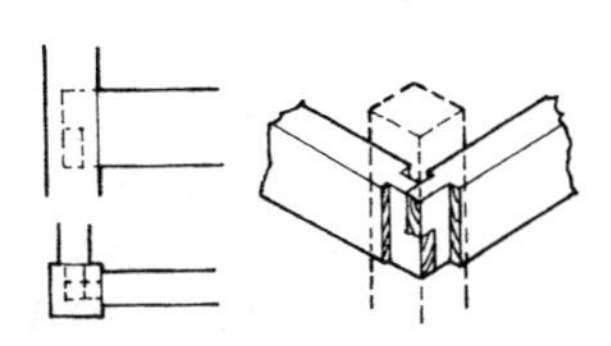

上下交榫　适用于椅腿与座框的接合

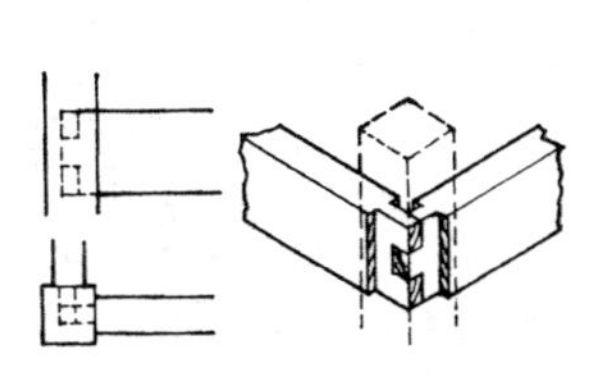

中间交榫　适用于椅腿与座框的结合

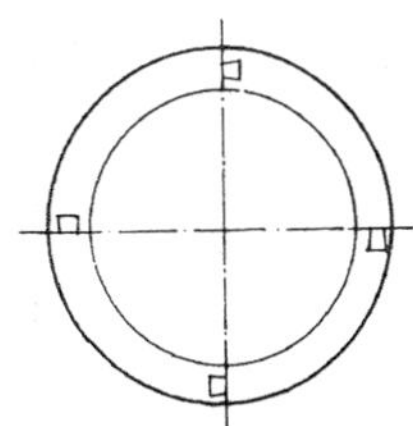

燕尾榫搭接　适用于弯曲、圆形内部框架的接合，是圆桌内部框架搭接的理想接合

插入方榫搭接　要求加工准确，适合于机加工

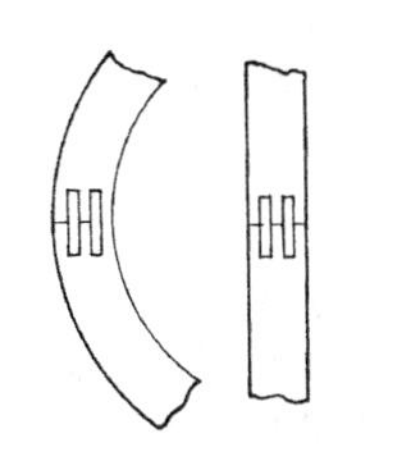

插入圆榫搭接　常用于受力不大的部位，如镜框圆角，椅子扶手圆角等的接合

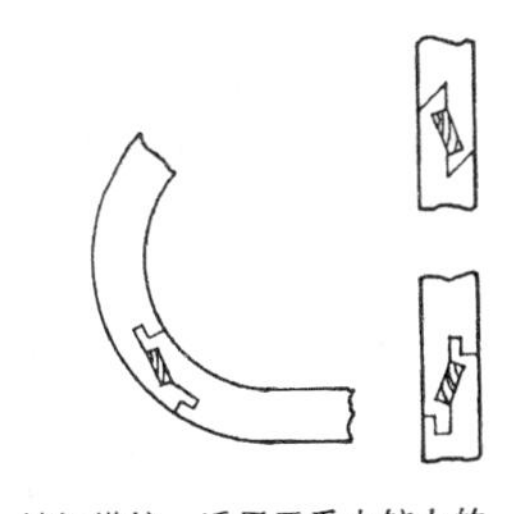

销钉搭接　适用于受力较大的曲、直外部框架的搭接、如大餐桌、望板的拼接

2 板面的接合

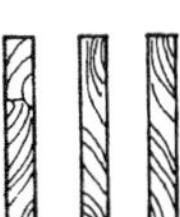
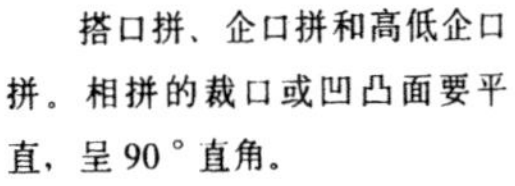

搭口拼、企口拼和高低企口拼。相拼的裁口或凹凸面要平直，呈 90° 直角。

• 用骨胶和甲醛、或树脂胶胶拼

• 操作时两拼板稍向前、后相对移动二次，使骨胶均匀。用扣螺夹具固定

平拼　相拼要刨平直，胶料采用骨胶、甲醛或树脂胶。操作时，两块拼板稍向前后移动两次，使胶均匀展开。此法加工简单，应用较广，可用于门板及面板等

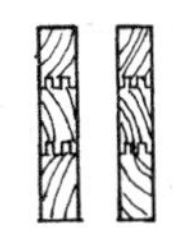

齿形拼　按板材厚度，胶接面上要有两个以上的小齿形。凸齿与凹齿相拼后，外基面要求平直。齿形榫要小于凹槽 0.5～1mm，齿榫长 9mm。采用骨胶甲醛或树脂胶

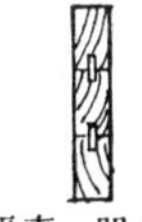

穿条拼　相拼一面要平直，凹槽成直角。穿条常采用胶合板边条。

• 穿条要略厚于凹槽，宽 25mm

• 采用骨胶、甲醛或树脂胶

• 采用机螺轧头或专用机床

这种接合加工方便，家具上使用较广，各种面板及旁板均可采用

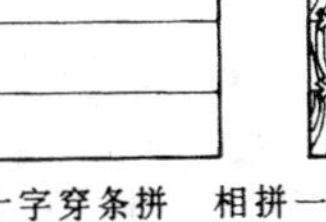

十字穿条拼　相拼一定要直面，十字穿条使用实木条。采用专用机床在相拼面上打成 V 形槽。采用专用机床，把木条刨成十字状，宽 15mm。用树脂胶接合

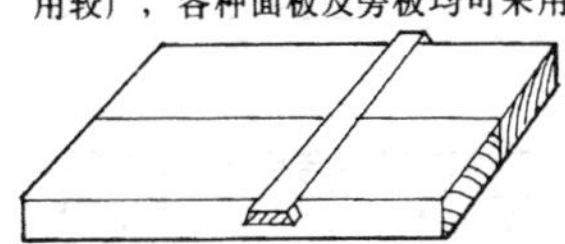

穿带拼　相拼面要求平直。把木条刨成燕尾形断面。相拼板刨出横向燕尾槽。把燕尾形带条，贯穿于燕尾槽中。

适用于老式八仙桌台面及仓库门等

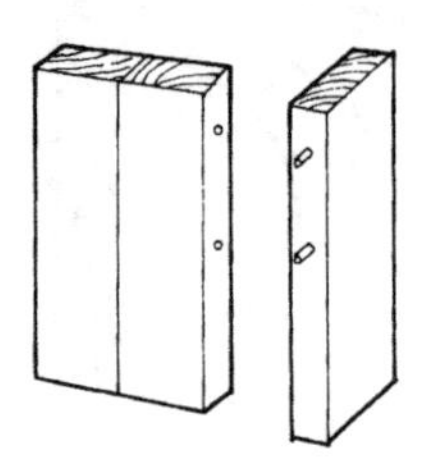
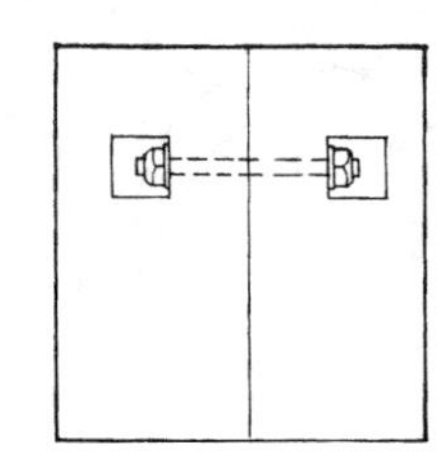

插入圆榫拼　相拼面要平直
• 相拼面打孔要垂直
• 采用圆榫、竹钉或方榫均可。榫长每边 15mm
• 采用骨胶、甲醛或树脂胶粘接。老式旁板、面板都用圆榫连接。仿明式八仙桌面用竹钉连接

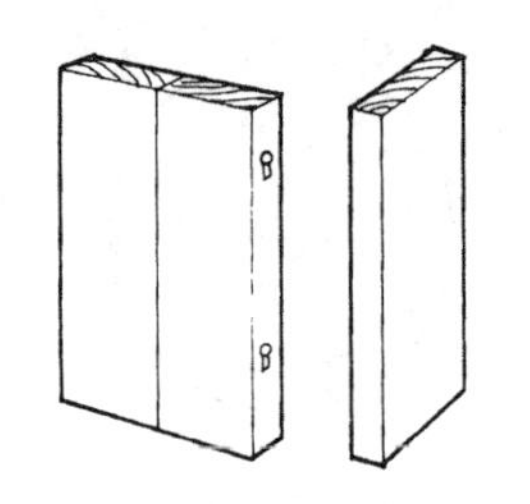

暗螺钉拼　相拼面要求平直
• 两块相拼的基准面，其中一块要打成♀状孔
• 相拼时把螺钉头插入♀状孔内，用力向下压住，同时轧紧
• 用骨胶或树脂加固

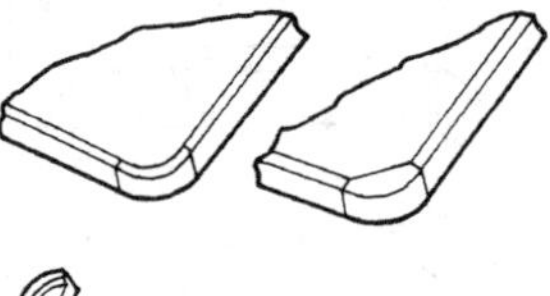
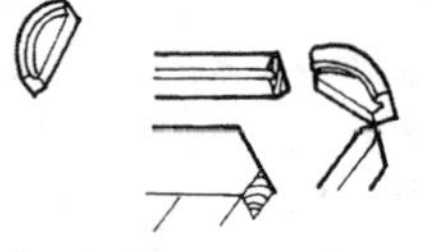

实木镶角　用于圆角包线面板及某些桌面圆角和小衣柜、镜框圆角镜框做法：
• 刨平板材周边并截角
• 把较厚的实木圆角胶合在角上
• 胶钉直条包线，与圆角联接
• 整理线型和玻璃槽

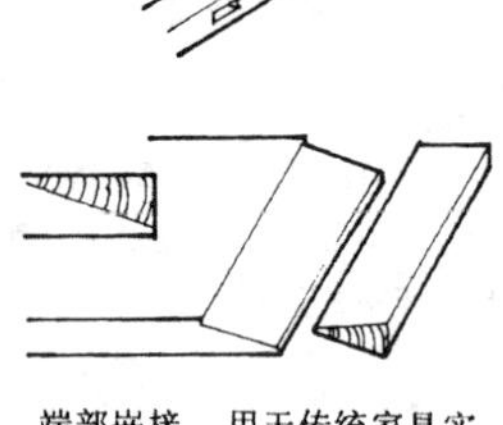

端部嵌接　用于传统家具实木板横截面镶边，结构较牢固，平滑

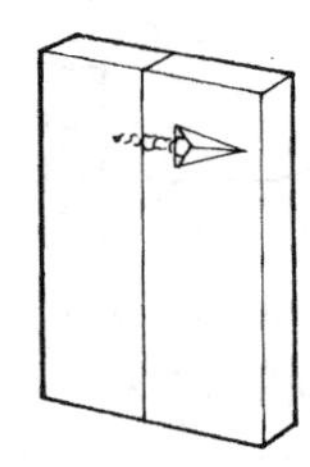

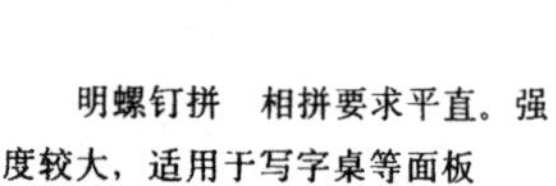

明螺钉拼　相拼要求平直。强度较大，适用于写字桌等面板
• 在拼板的背面钻螺丝孔
• 骨胶或树脂接合

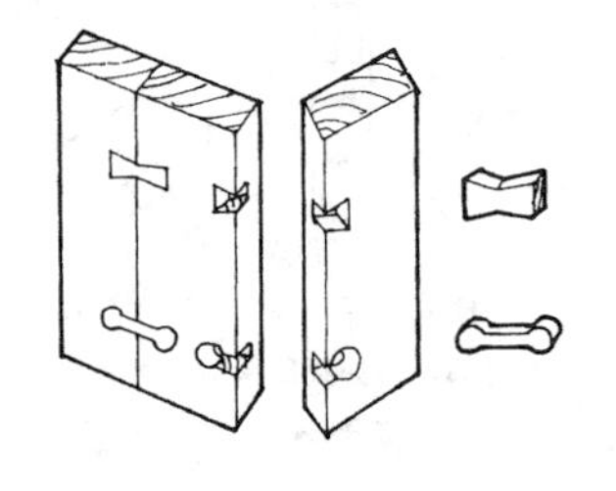

木销拼接　相拼要求平直。一般适用于冰箱等的拼板
• 木销略大于孔
• 将木销敲入榫孔

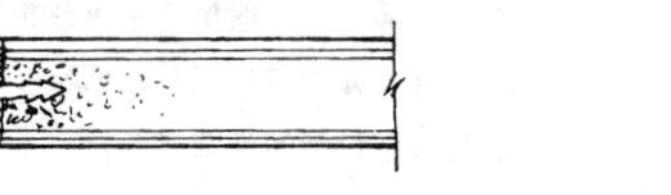
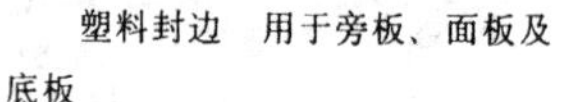

塑料封边　用于旁板、面板及底板
• 一般采用刨花板
• 用于丁字形或伞齿形塑料条封边

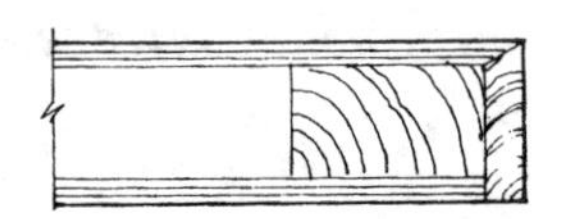

夹角实木条镶接封边　用于高级家具的门板、面板、旁板及屉面等
• 板材四周刨成向下朝里的倾斜角
• 实木条宽向上口刨成相应的倾斜角，两块板斜角及平面要紧密结合
• 用胶接合并用钉临时固定
• 要求四周看不出明显封边痕迹

3 周边处理

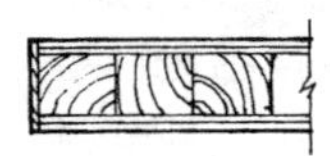
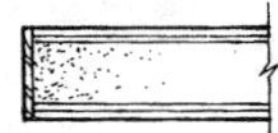

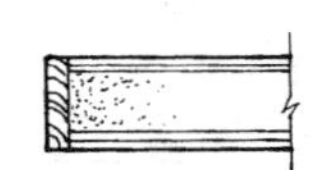
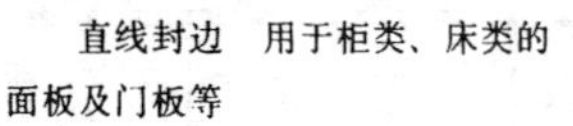

直线封边　用于柜类、床类的面板及门板等
• 所加工板材的四周或三周要刨平直
• 封边材可采用单板、塑料和薄板
• 一般采用骨胶甲醛

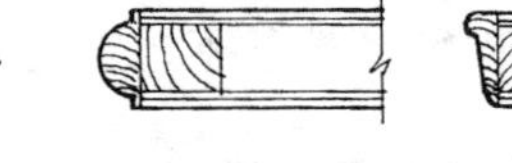
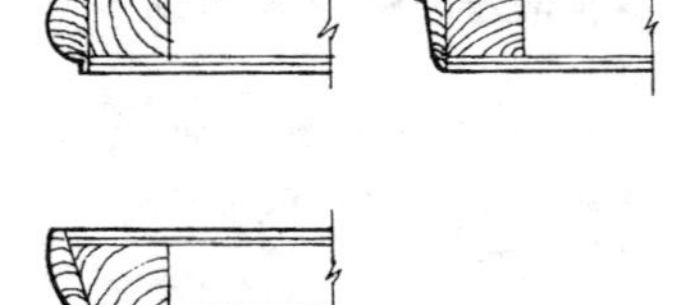

实木条镶接封边　用于柜类的面板、门板类
• 实木条直接法，或采用斜接法
• 用无头圆钉加胶料接合
• 实木条规格视所接板材的厚度

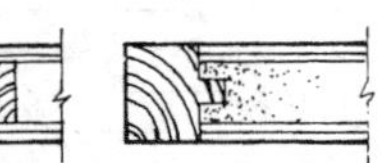

榫槽镶接封边
• 采用夹板条或槽榫接合
• 采用刨花板时，应在周边打槽，用木条做榫
• 采用细木工板时，一般在细木板上做榫
• 加胶料接合

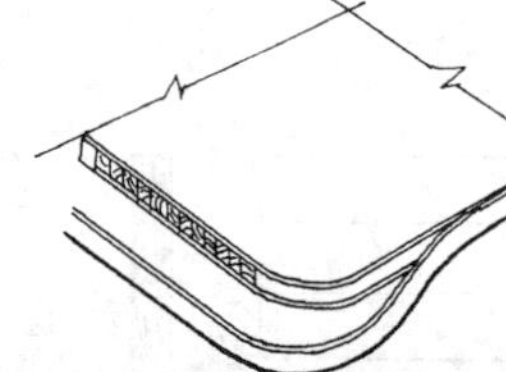
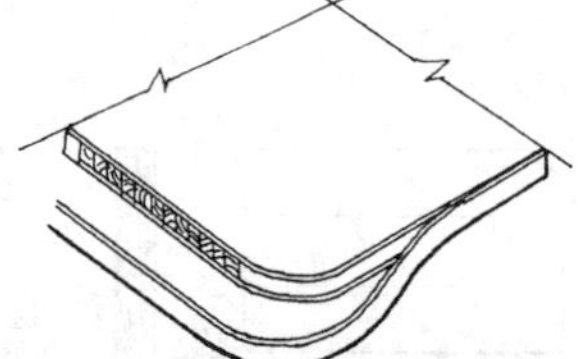

圆角封边　用于柜类面板、底板，台类面板、椅座及屉面等
• 细木工板、多层板等圆角封边
• 在圆角部位采用薄木条。木条应经过水蒸软化，用钉临时固定
• 多用骨胶接合
• 最好用专用夹具固定

4 门板、旁板和背板的接合

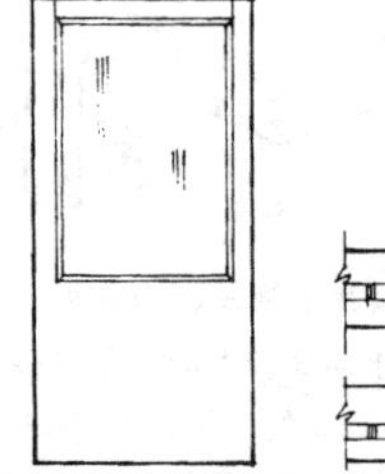
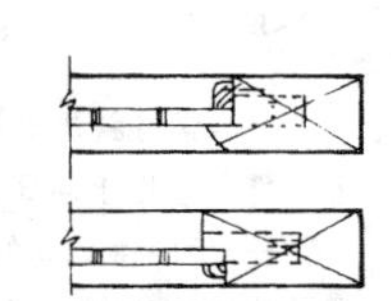

钉线条装板接合　用于玻璃柜门板
• 挺料、帽头用榫眼接合
• 挺料上部裁口，作嵌入玻璃之用
• 裁口外部根据需要刨成各种线型
• 玻璃嵌入框内后，用木条固定
• 下部用胶合板单包镶，也可落槽
• 玻璃规格要小于内框 1mm

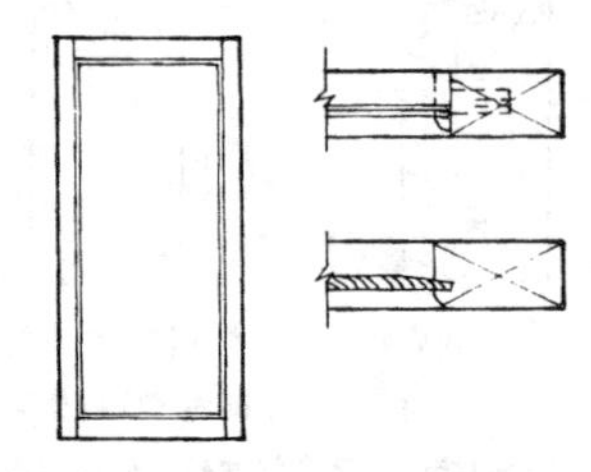

柜类落槽装板接合　用于柜类的门板、旁板和中隔板
• 挺料、帽头用榫眼接合，根据板的高度还要适当加衬档，以增加强度和表面平整度
• 可采用胶合板、纤维板及实木板落槽

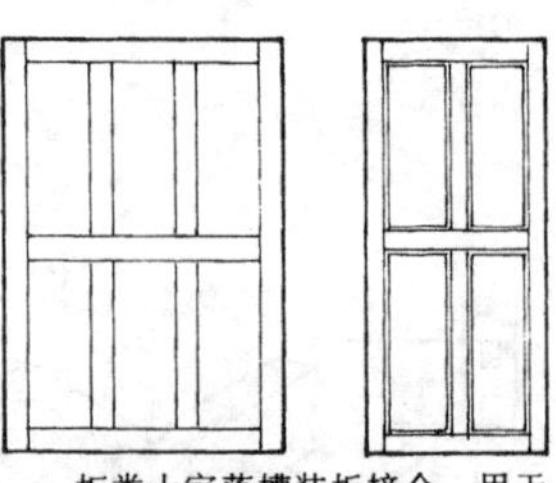

柜类十字落槽装板接合　用于柜类的旁板、后背板和中隔板
• 旁板的长向、宽向的居中部分用十字档形式
• 根据长度也可采用多块十字档
• 后背板也可钉胶合板条做裁口接合

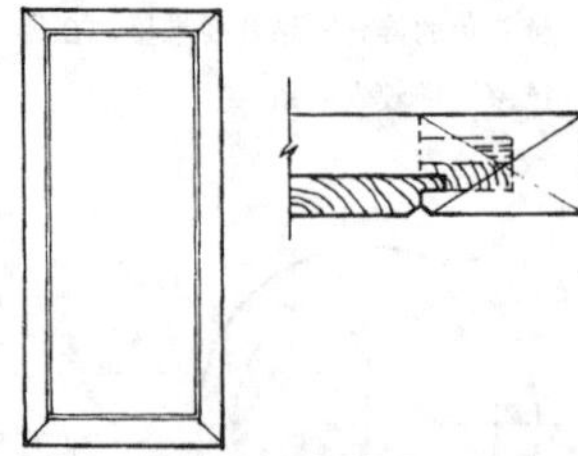

落槽夹角装板接合　一般用于仿古家具的面板、旁板和门板等
• 边框用料质地要优良，四框端头结构采用暗榫大毛角，俏皮大夹角及任意夹角
• 边框打孔，做榫铲槽
• 表面实板，四边半榫

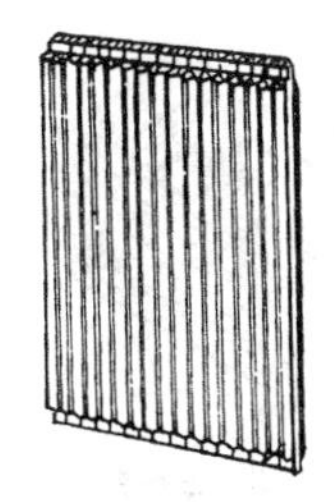

百页门（卷门）用于文件柜、电视柜等，能上下移动或左右移动

• 木条要质地优良、变形小，每根宽厚在 8～12mm 之间
• 表面可做半圆或其它线型
• 上下单肩榫厚度为木条厚的一半

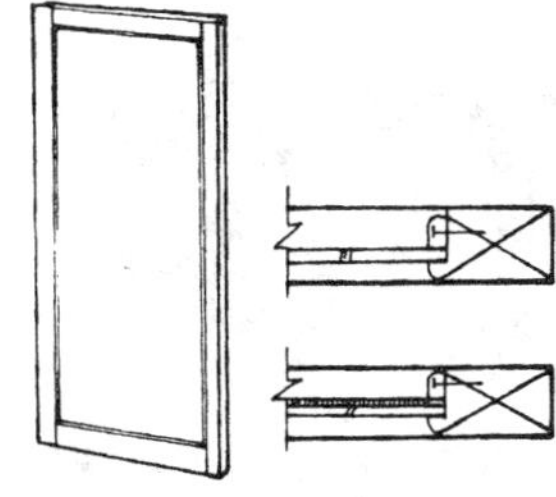

框架玻璃门　用于衣柜类的镜子中门及玻璃柜、陈设柜、酒柜的旁板和门

• 四周榫眼接合
• 框料、帽头裁口
• 镜子背面衬胶合板，用木条压住
• 做玻璃边门时，线型可随意变化

5 顶、底板的接合

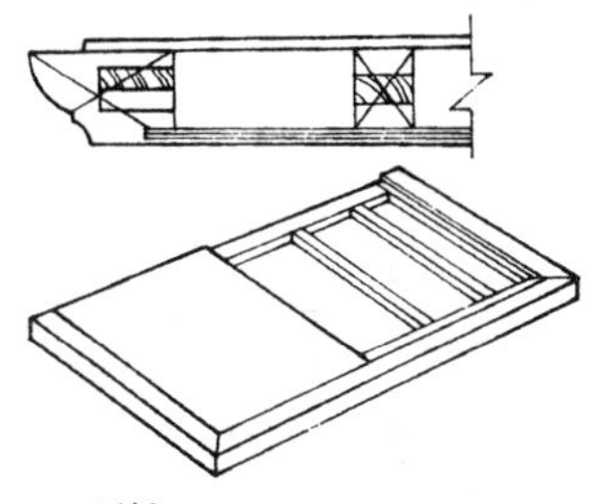

顶板

• 边框正面端头采用交叉夹榫结构，框正面用大夹角，后面用直榫接合
• 顶的下面三边裁口包镶
• 包镶的胶合板等用冷胶压固定
• 边框线型，视需要而定

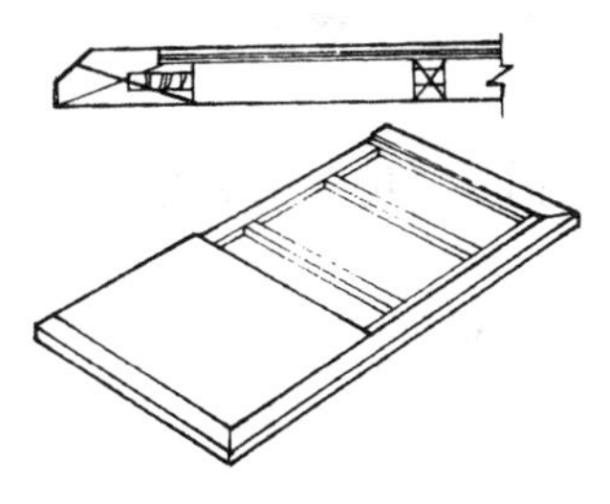

底板

• 边框正面端头采用斜肩单榫结构，框正面用大夹角，框后用直榫接合
• 单面裁口装板，用冷胶压固定
• 边框线型，视需要而定

6 箱、框角接合

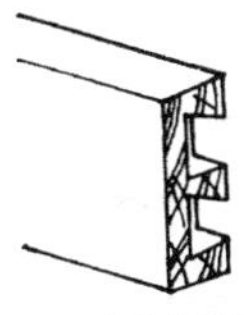

半隐燕尾榫，用于抽屉前角接合

• 榫舌、榫孔相配紧密、榫舌宽度略大于榫孔 0.1mm
• 榫孔端面要长于榫舌厚度 1～2mm
• 接合面涂胶

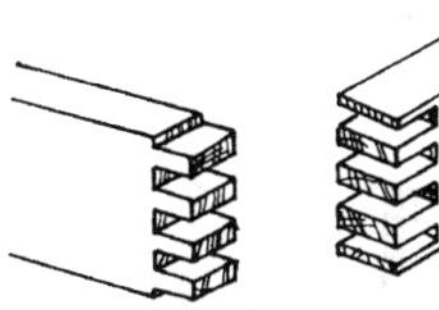

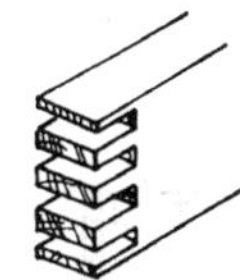

直角多榫接合，用于抽屉后角及其它箱框四角接合

• 多为机器加工，要求精密
• 接合面涂胶

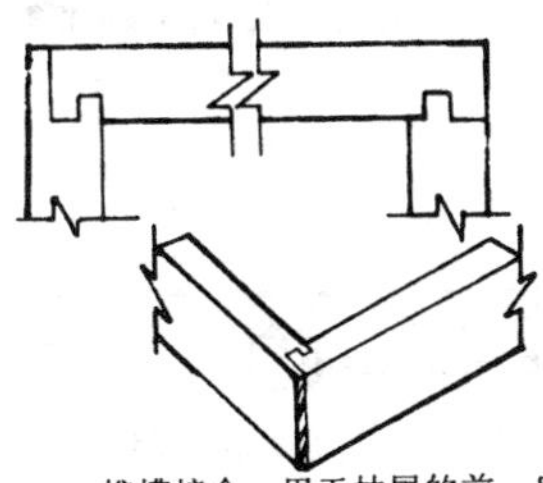

榫槽接合　用于抽屉的前、后角接合，包镶框后角接合

• 用于框板的顺纹方向比较牢固，如用于框板横纹方向，则要依木材的性能及厚度来定
• 接合面涂胶

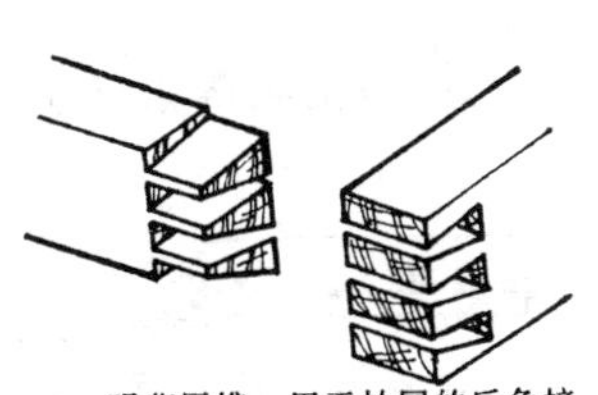

明燕尾榫　用于抽屉的后角接合及其它箱框的接合

• 榫舌宽度一般大头为 9mm，小头为 5mm，榫舌略长，然后刨平
• 榫舌、榫孔相配要紧密
• 接合面涂胶

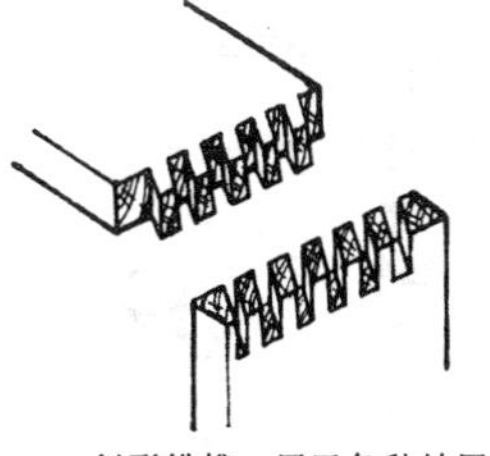

斜形排榫　用于各种抽屉后角及仪器箱的箱角

• 适用于机加工，强度比直角榫大
• 接合面涂胶

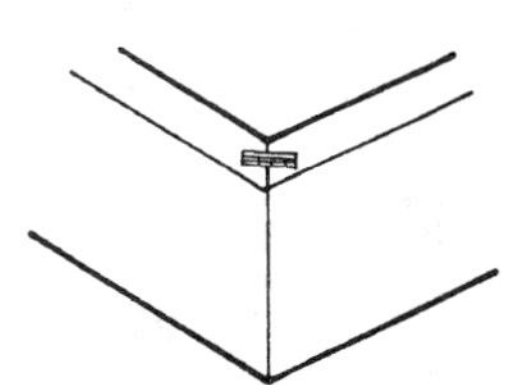

槽条接合　用于柜类包脚及小型仪器箱

• 框端角呈 45°，并在斜面上铣槽
• 涂胶接合

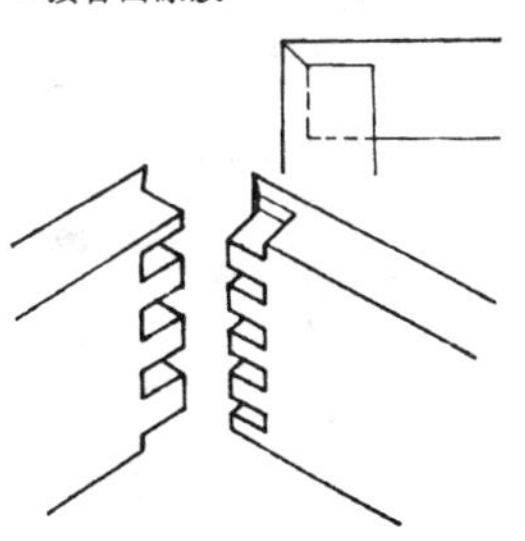

全隐直角榫　用于箱框角及包脚底盘等

• 框端头呈 45° 角，长 5mm
• 接合面涂胶

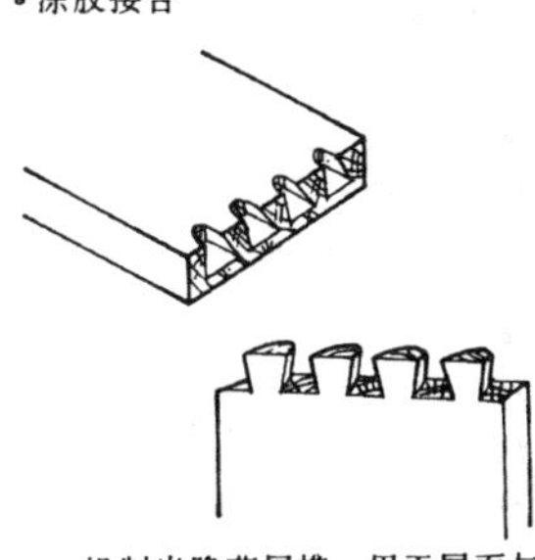

机制半隐燕尾榫　用于屉面与屉旁板的接合

• 强度略低于手工制造
• 接合面涂胶

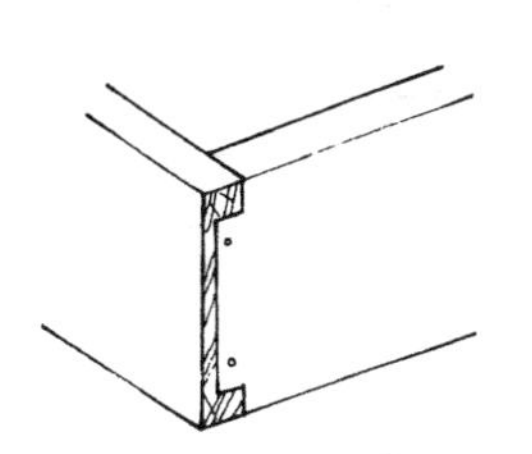

半隐叠接　用于抽屉前角等

工艺比较简单，接合强度比燕尾榫低

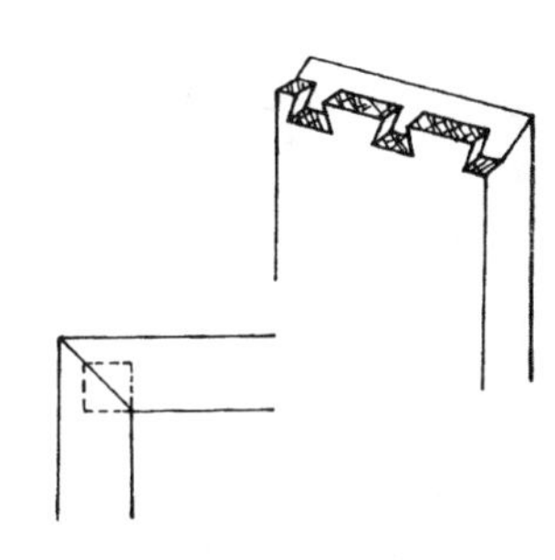

全隐燕尾榫　用于箱框角接合及包脚底盘等

• 优点是避免木材端面显露在外
• 接合面涂胶

7 顶板和旁板的接合

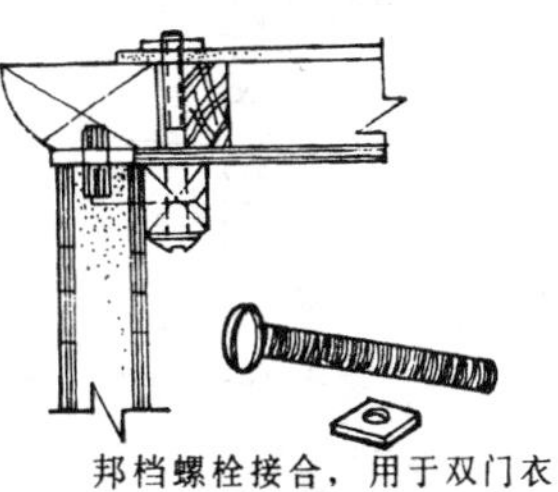

邦档螺栓接合，用于双门衣柜、三门衣柜和文件柜等

• 旁板上端用胶和木螺钉接合邦档
• 顶与邦档用螺栓接合
• 确保稳固，旁与顶间用圆榫定位
• 便于拆装

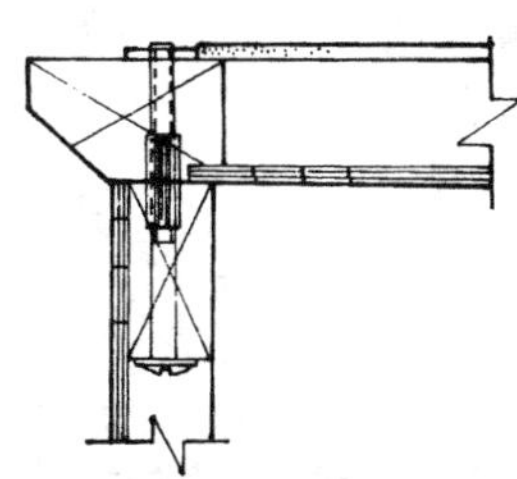

拆装螺栓接合，用于双门衣柜、三门衣柜和文件柜等

• 单包镶旁板上端刨平直
• 旁板定位木销要垂直
• 接合后旁板与顶板线型的空距要均匀，3mm 为好
• 便于拆装

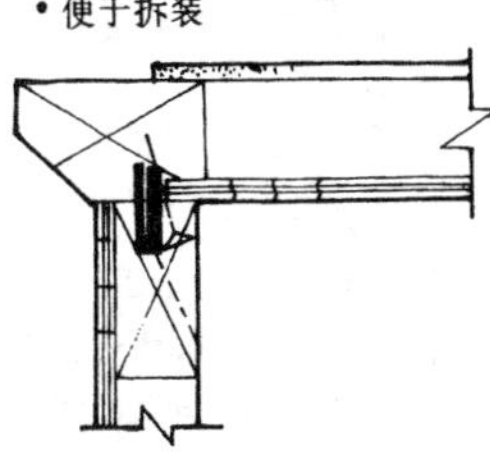

暗螺钉吊装接合，用于双门衣柜、三门衣柜和文件柜

• 单包镶旁板上端刨平直
• 旁板定位木销要垂直
• 旁帽头里边打好螺丝孔，用木螺钉接合

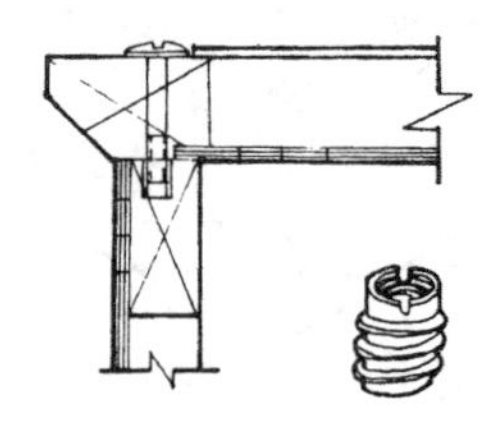

拆装螺钉接合　用于双门衣柜、三门衣柜和文件柜等

• 旁板上端旋入内外纹螺钉
• 旁板定位木销要垂直

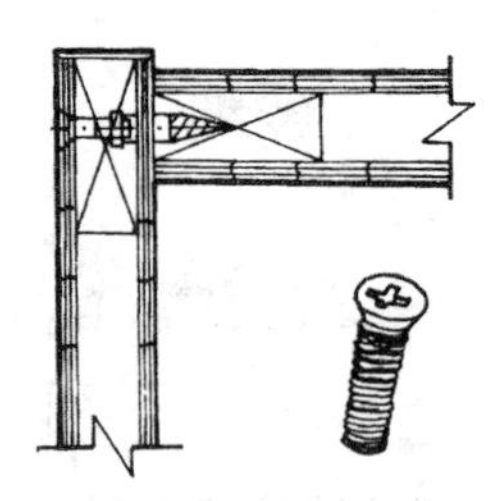

十字槽螺钉接合　用于双门衣柜、三门衣柜和文件柜等，也能用于小衣柜、床头柜和酒柜等面板、旁板的接合

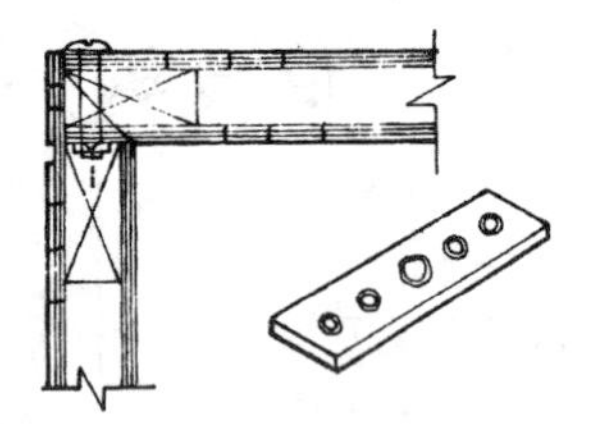

垫板螺栓接合　用于双门衣柜、三门衣柜和文件柜等

• 铁板嵌入旁板，用木螺钉拧紧
• 旁板帽头需用硬杂木

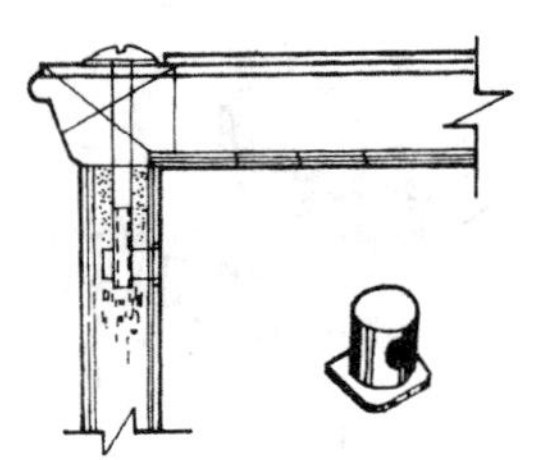

圆柱螺母接合　用于双门衣柜、三门衣柜和文件柜等

• 旁板内侧打孔，大于螺母0.5mm
• 旁板上打孔，大于螺钉0.5mm

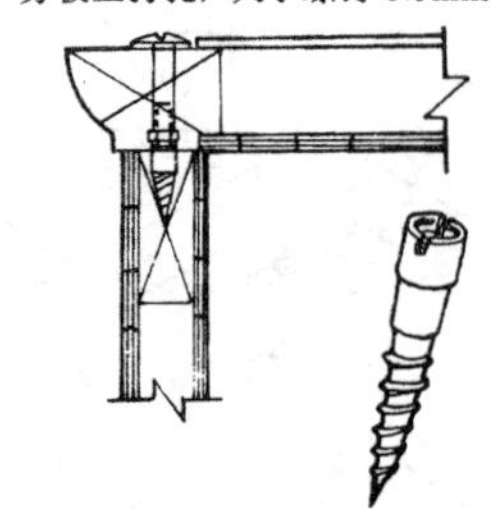

空心定位螺钉接合　用于双门衣柜三门衣柜和文件柜等

• 旁板帽头材料应采用硬杂木
• 普遍用于家具衣柜等的接合

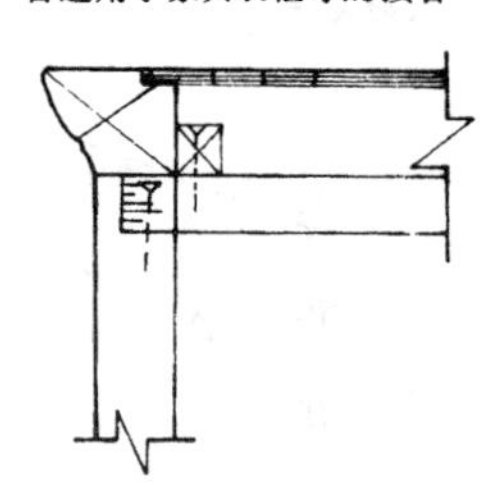

老式拆装接合　用于老式柜类拆卸顶结构

8 面板和旁板的接合

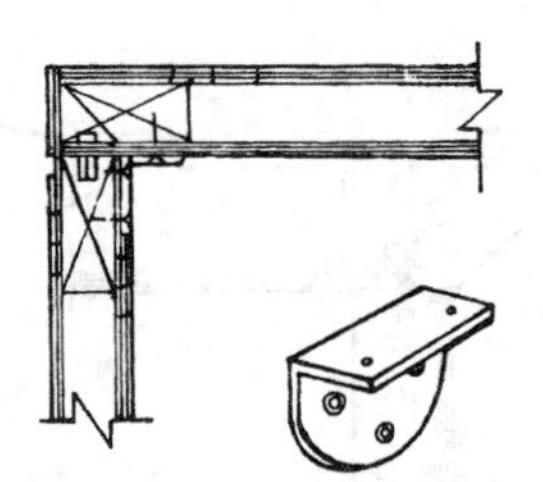

角钢连接件接合　用于小衣柜、床头柜、写字台及梳妆台等，易拆装

• 旁板上装定位销
• 角钢嵌平于旁板内，木螺钉固定

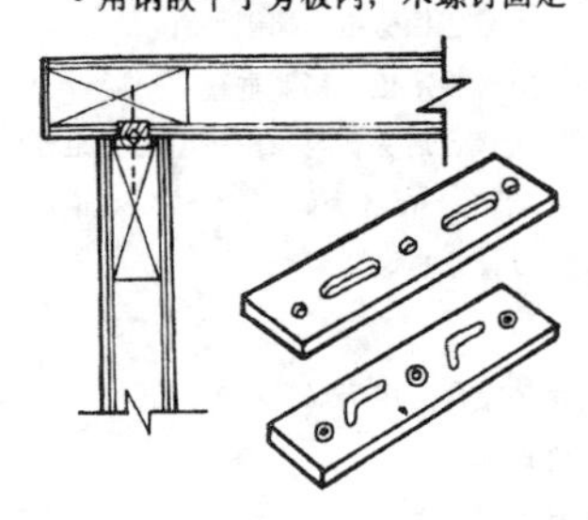

推轧铰链连接件接合　用于小衣柜、床头柜、写字台和梳妆台等

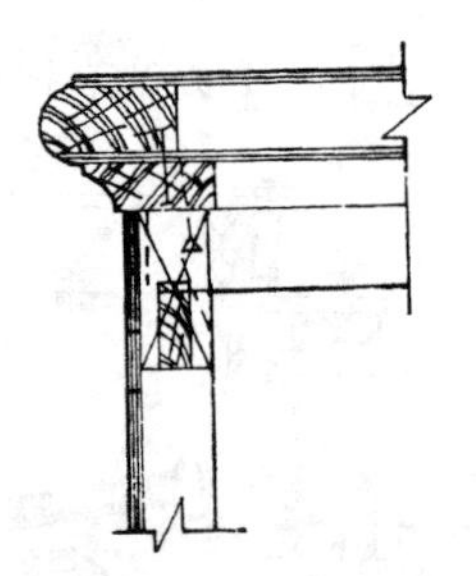

木螺钉吊面接合　用于小衣柜、床头柜、写字台和酒柜等

• 先在帽头里侧钻好所需螺钉孔
• 旁板、面板用木螺钉接合

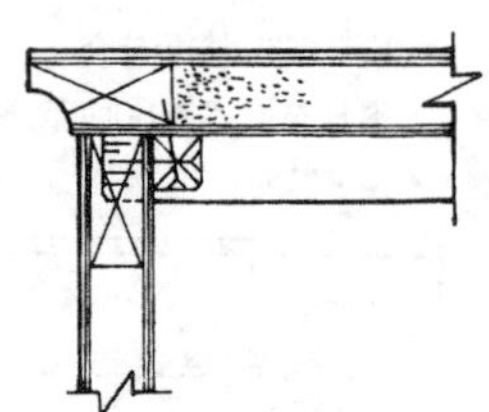

木螺钉吊面接合。用于小衣柜、床头柜、写字台和梳妆台等。

先用邦档，以胶和木螺钉固定在旁板上，然后用木螺钉连接面板

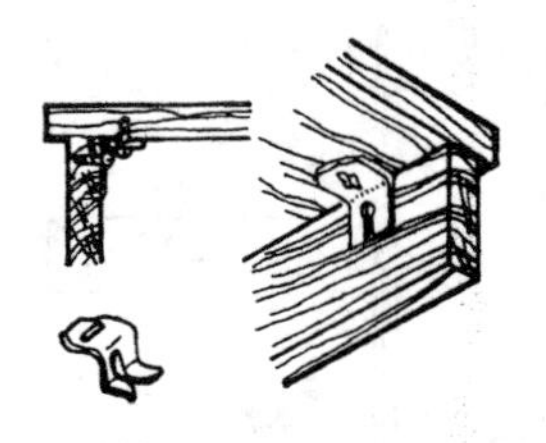

简易吊面（1）　用于低档家具吊装面板。以螺钉连接

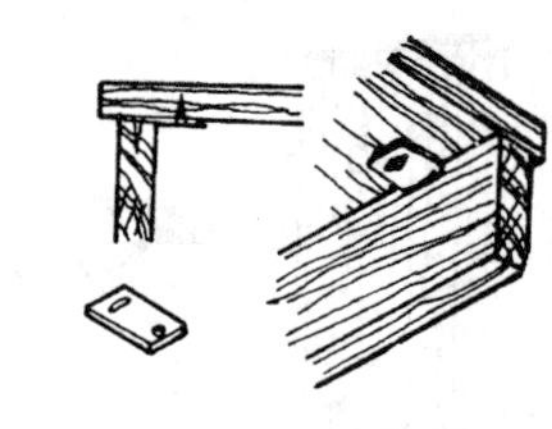

简易吊面（2）　用于低档家具吊装面板。以螺钉连接

简易吊面（3）　用于低档家具吊装面板。以螺钉连接

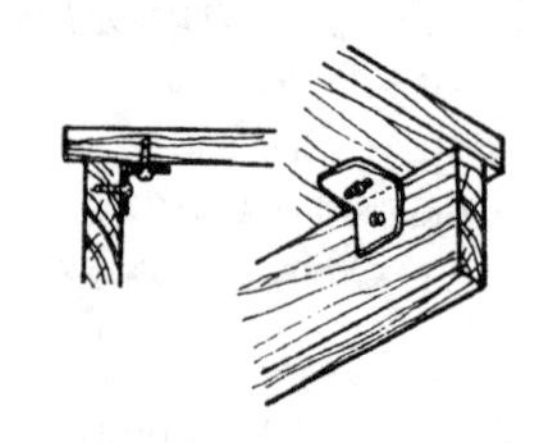

简易吊面（4）　用于低档家具吊装面板。以螺钉连接

9 门板和旁板等的接合

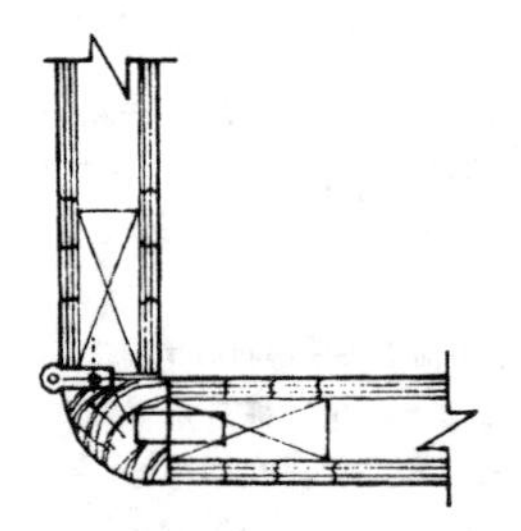

单边嵌装合页接合、戤堂门、结构简单，常用于柜类门和旁板接合

• 采用普通合页
• 合页单面嵌入门板
• 合页要牢固，不得松动
• 戤堂门结构可避免旁门弯曲

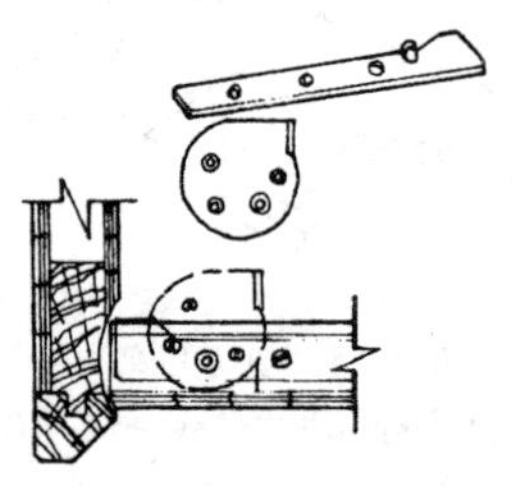

开门铰链接合　用于大、小衣柜

• 此开门铰链用于门和底盘接合，门与面板或顶板接合
• 雌雄铰片必须分别与门、面板或底板嵌平
• 旁板刨凹槽

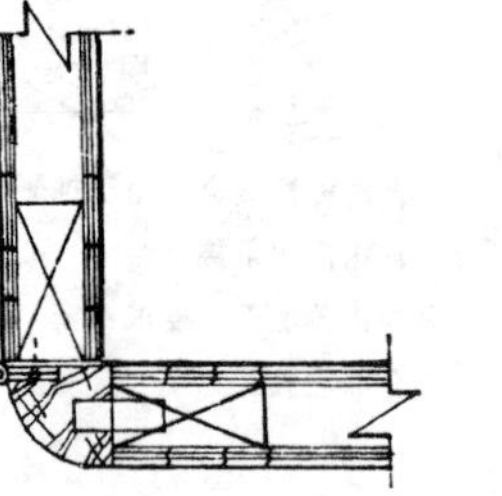

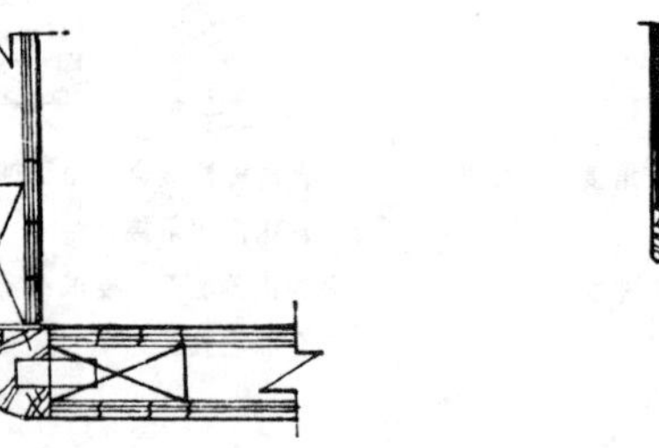

双边嵌装合页接合　高档产品安装合页时，需在门板和旁板两边凿缺，接合严密

戤堂门结构可避免旁门弯曲

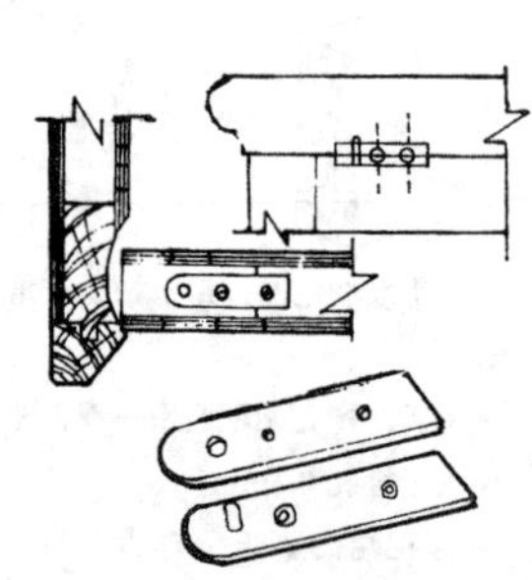

门头铰链接合　用于大衣柜、小衣柜、床头柜、梳妆台及酒柜等

门与门接合（1）　用于各种规格的三门大衣柜边门与中门的接合

• 左右小门要求平直，铲嘴口要平直，后口成倾角
• 中门左右立挺倒小圆角
• 安装后嘴口要平伏，不露缝
• 采用明拉手

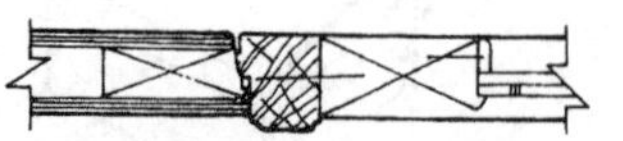

门与门接合（2）　用于各类三门大衣柜，常见于中高档产品

• 中门线型高于门面4～5mm，同时铲戤门嘴口
• 边门铲嘴口
• 三扇门都要平直，横向要成一条线，不能弯曲起伏

门与门接合（3） 用于各种规格的双门大衣柜、文件柜等

- 两门要求平直
- 门装毕要求横向成直线

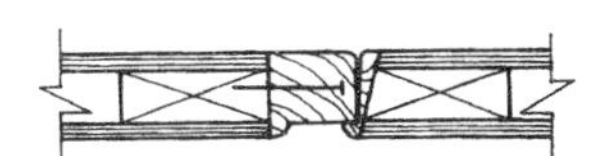

门与门接合（5） 用于各种规格的双门大衣柜、文件柜、书柜等

左右门要求平直，两门中间接合处，咀口不露缝

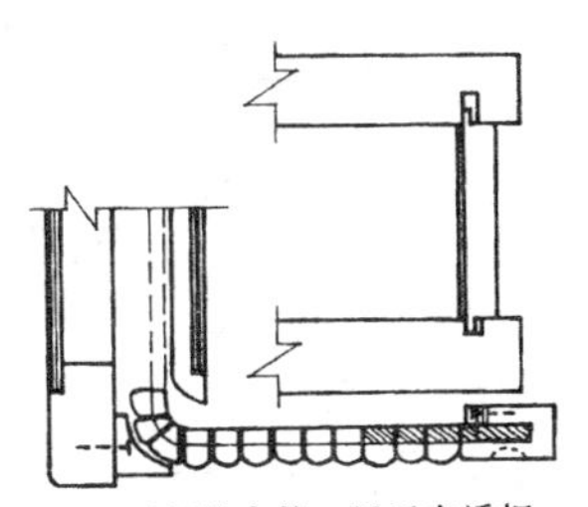

百页门接合等 用于电话柜、酒柜、电视柜等

- 卷门分内外旁板，外旁板里口加覆线，装时要有一定空隙
- 顶板、搁板上下铲槽，圆角要适宜，使门顺利通过
- 卷门肩长要略小于两板间距

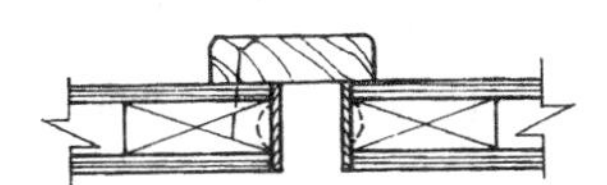

门与门接合 用于各种规格的双门大衣柜、文件柜、玻璃柜及板式家具。门板要求平直

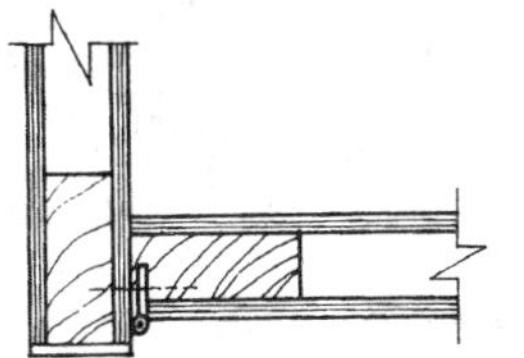

单边合页接合 藏堂门结构，用于柜类门和旁板接合。门只能开启 90°

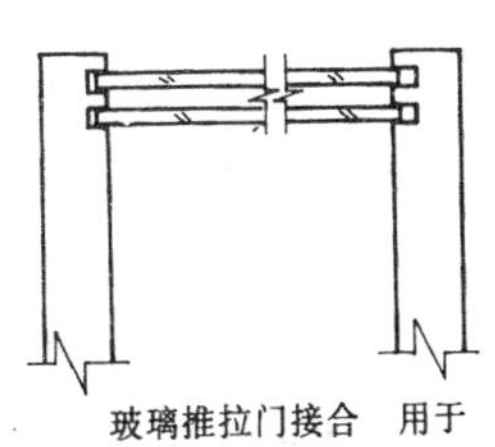

玻璃推拉门接合 用于陈列柜、玻璃柜及酒柜等

玻璃规格较大，可在下板槽内嵌 2～3mm 厚硬质塑料条，也可装滚珠滑道

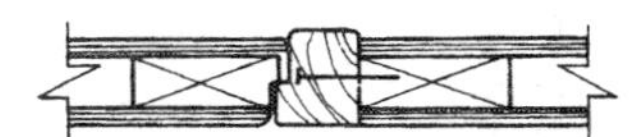

门与门接合（4） 用于各种规格的双门大衣柜

三扇门都要平直，横向要成一直线，不能弯曲起伏

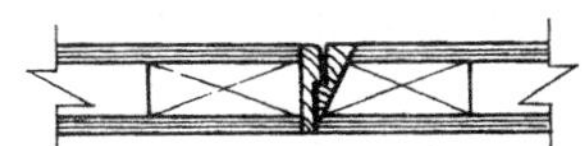

门与门接合（6） 用于各种规格的双门大衣柜、文件柜和书柜等

- 左右门要平直
- 装毕后两门横向要平直

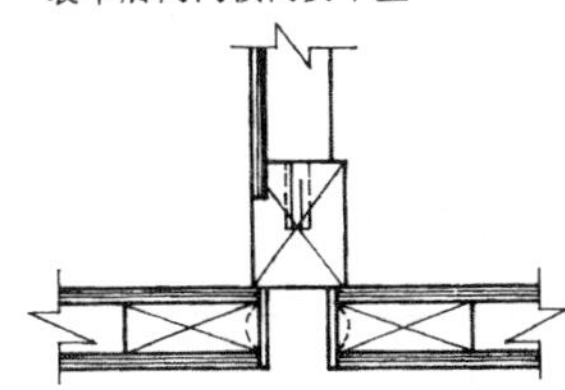

门与中隔板接合（1） 用于各种规格的双门大衣柜、酒柜玻璃柜等

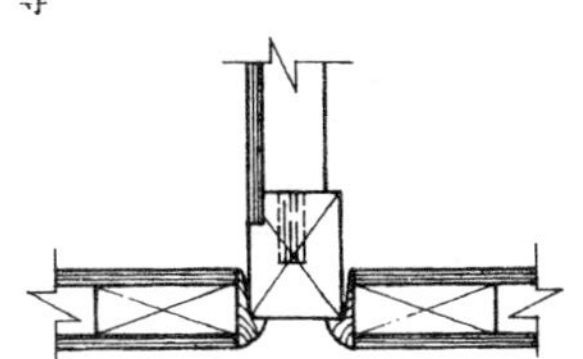

门与中隔板接合（2） 用于各种规格的双门大衣柜、酒柜及玻璃柜等

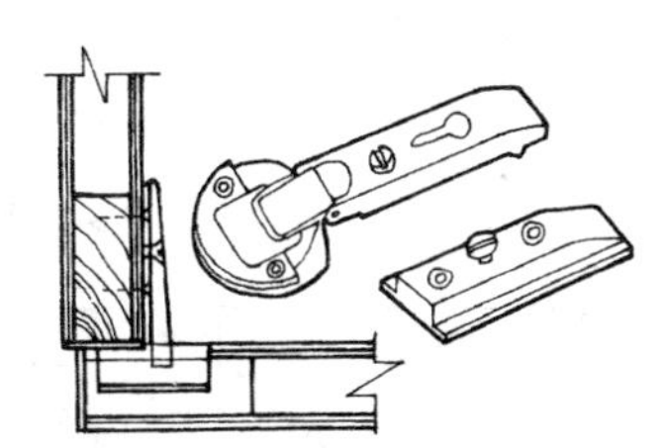

暗铰链接合 用于板式家具

- 在门板上钻孔，装上铰链圆座
- 在旁板上旋上底座板
- 上门时旋进紧固螺钉，两只紧固螺钉能调节门的左右、前后
- 暗铰链接合，外面见不到铰链，但门的开度不能超过 90°

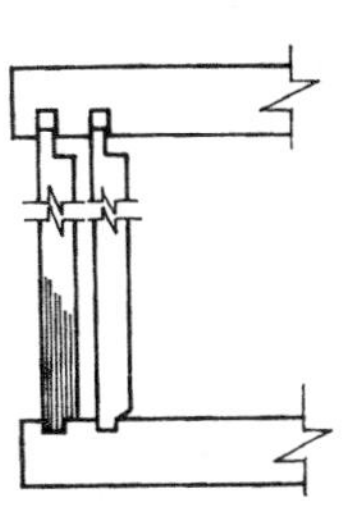

一般推拉门接合 用于书柜、酒柜等

上下搁板铣槽，上板槽较下板槽深一倍。大规格门在下板槽嵌塑料条

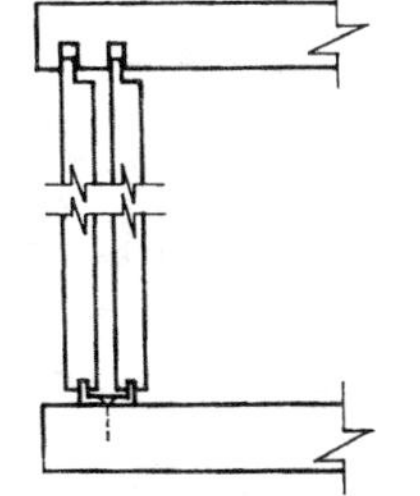

凵形滑槽推拉门接合，用于书柜、酒柜等

底板装凵形滑槽，有金属和硬质塑料两种

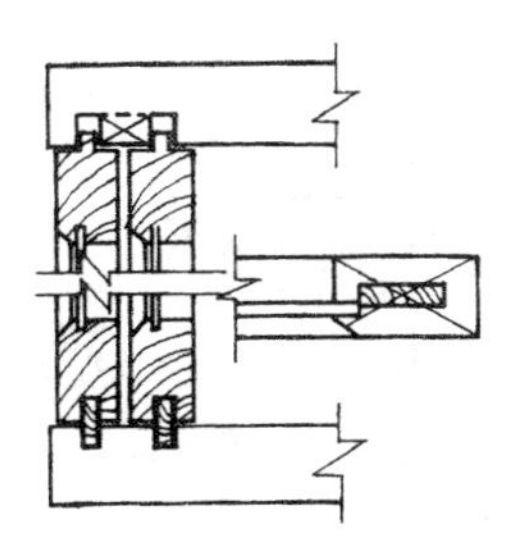

夹板嵌条框架推拉门接合 用于文件柜、酒柜等

- 推拉门做成框架式，门挺两端头长于门板长度，以做移榫之用，也可做假榫于门框上下作移榫
- 下板槽内嵌入厚 2～3mm 硬塑料
- 门长略短于两板间距 2～3mm，两板槽宽度大于榫厚 2mm

10 抽屉的安装

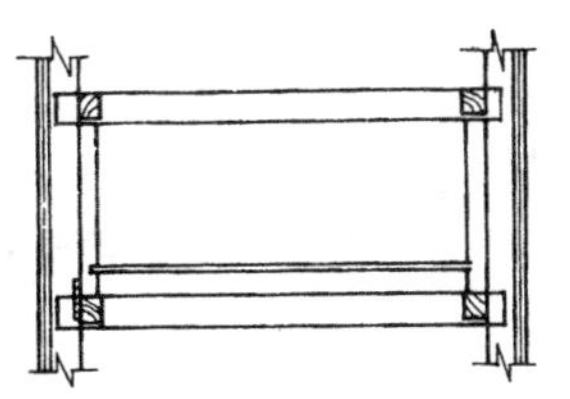

一般抽屉接合，用于各种柜类

- 在抽屉旁板的底部安装抽屉滑道，如是单包镶旁板，在顺屉档里侧钉溜条板
- 抽屉拉出三分之二时，上下摆动不得超过 15mm

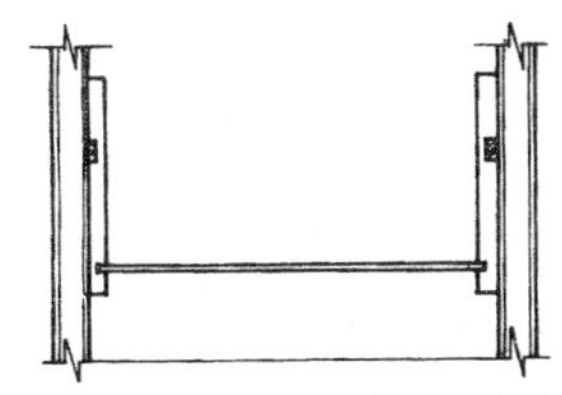

滑条接合 适于载重不大的抽屉安装，如图书卡片柜抽屉，缝纫机抽屉，如接合安装好也能用于大衣柜及小衣柜等。屉旁板开槽，槽深不能超过墙厚的 1/2

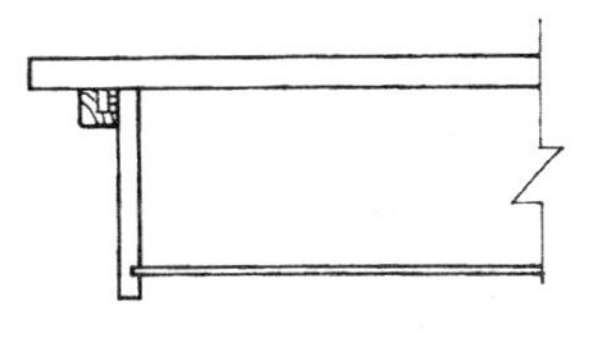

吊屉接合 用于写字台等

- 屉旁板外侧上口，旋钉滑条
- 铲口滑槽木条与面板接合

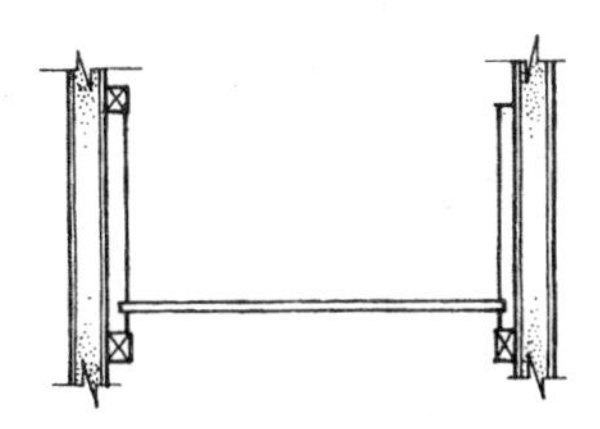

简易抽屉接合 适于板式家具

抽屉上面如无面板或其它零件压住抽屉旁板，应在一边加一根压屉档

11 搁板和旁板的接合

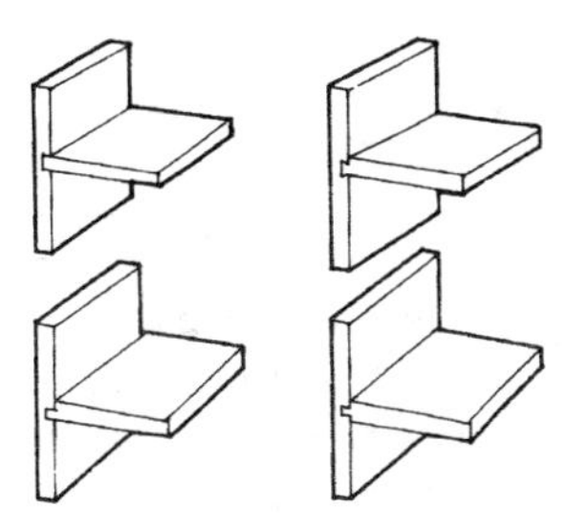

箱框中撑接合（1）

- 槽榫接合
- 燕尾槽榫接合
- 单肩直角槽榫接合
- 双肩直角槽榫接合

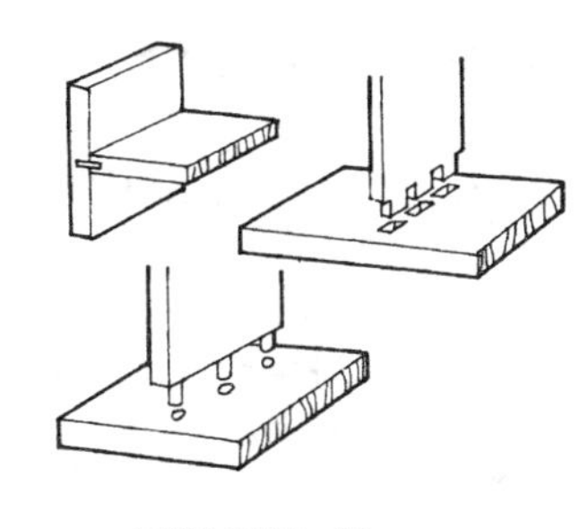

箱框中撑接合（2）

- 嵌条接合
- 直角多榫接合
- 插入圆榫接合

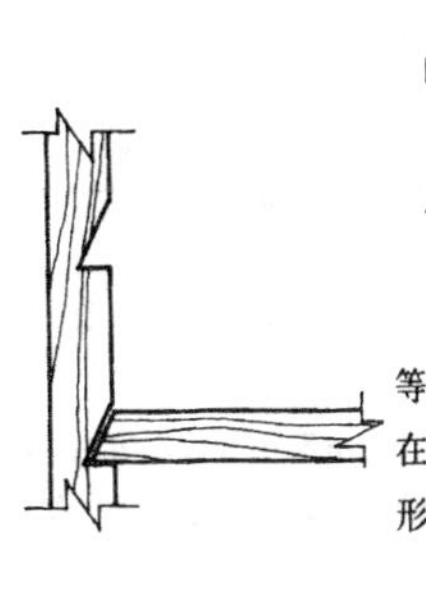

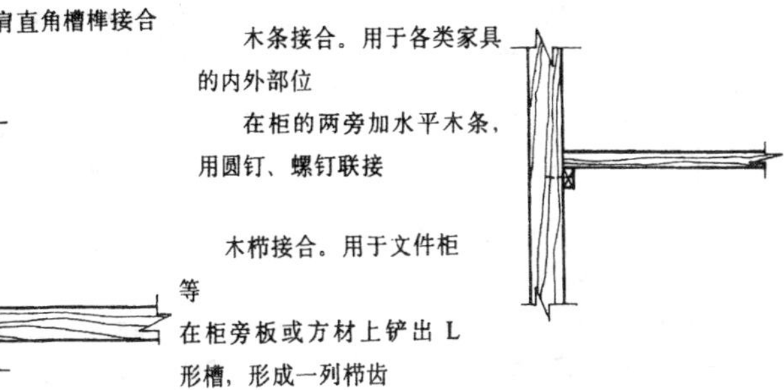

木条接合。用于各类家具的内外部位

在柜的两旁加水平木条，用圆钉、螺钉联接

木栉接合。用于文件柜等

在柜旁板或方材上铲出 L 形槽，形成一列栉齿

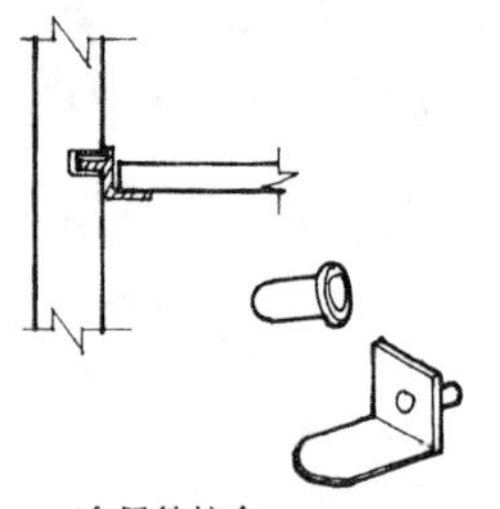

金属件接合

• 用金属插销作为支承件

• 在柜壁内侧钻一列圆孔放入金属件

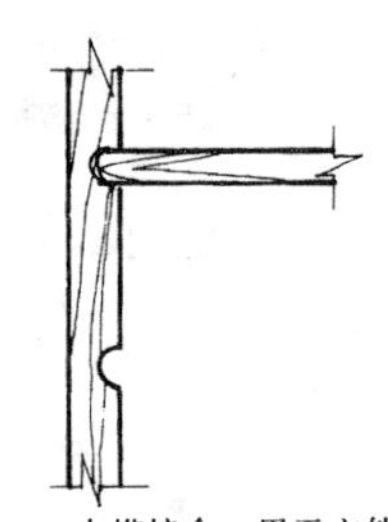

木榫接合 用于文件柜等。在柜旁或方材上面铲出若干弧形槽，形成一列榫齿搁板可任意调节高度

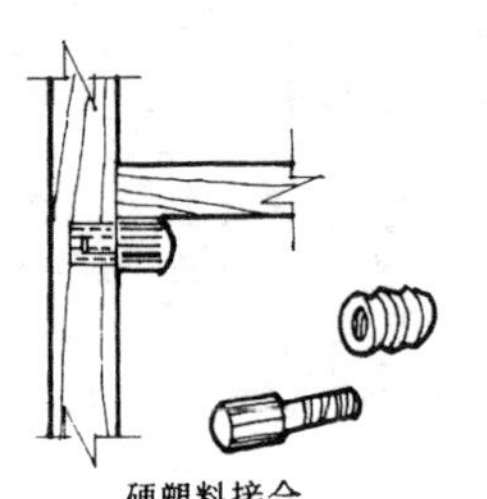

硬塑料接合

在柜壁上钻一排圆孔，插入套筒螺母，旋入塑料螺钉

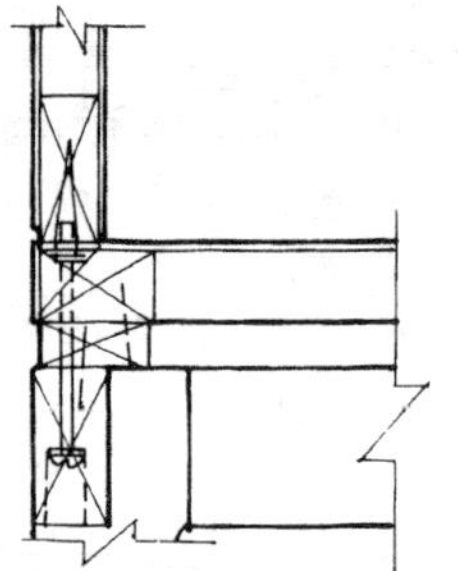

脚架与旁板接合 (3) 用途同上。 整个脚架组合后，钻孔与旁板接合

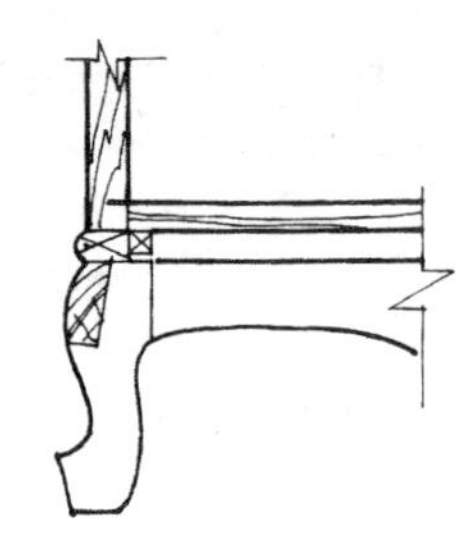

脚架与旁板接合 (4) 适用于老式大衣柜、小衣柜等

• 旁板与框底板用半隐燕尾榫接合

• 束腰线用螺钉加胶固定于脚架

12 脚架(或脚盘)和旁板的接合

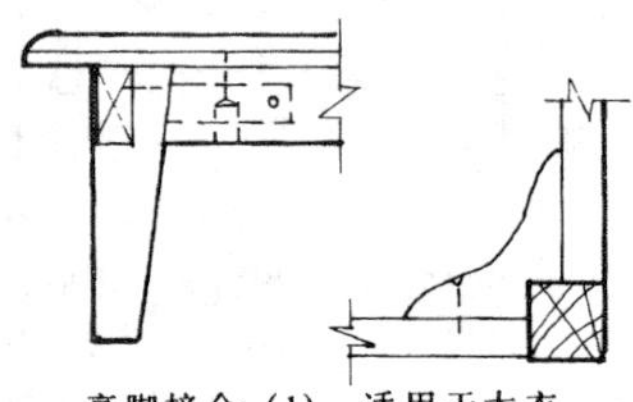

亮脚接合 (1) 适用于大衣柜、小衣柜、床头柜、酒柜等底座

• 脚架属于框架结构

• 脚架与底板用木螺钉接合

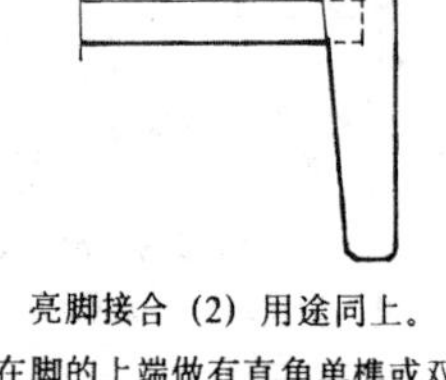

亮脚接合 (2) 用途同上。

• 在脚的上端做有直角单榫或双榫，联接底板成脚盘

• 脚与脚之间用横档连接

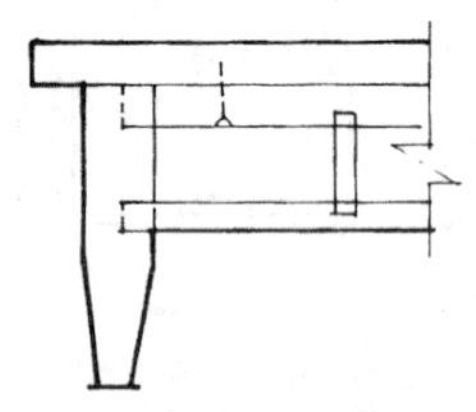

亮脚接合 (3) 用途同上

• 脚架上望板端头采用半开口榫，下横档端头采用直角榫接合

• 望板与横档间可用竖档连接

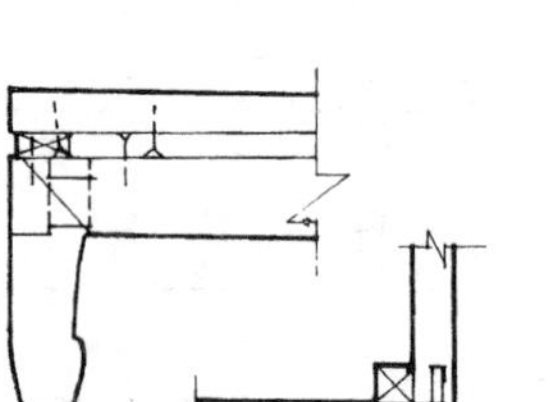

亮脚接合 (4) 用途同上。

• 脚架四周望板端头做俏皮斜角暗榫

• 脚架接合后要求成直角

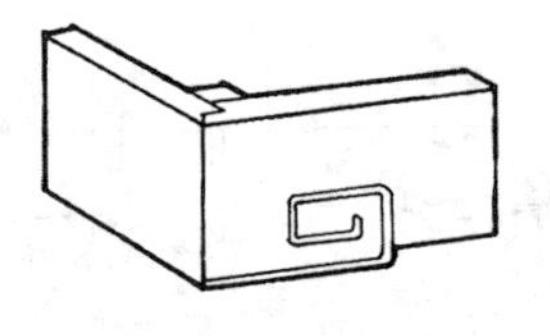

包脚接合 (1) 用于大衣柜、小衣柜、床头柜及写字台等

包脚前角采用闭口直角多榫或隐燕尾榫接合，正面呈夹角状

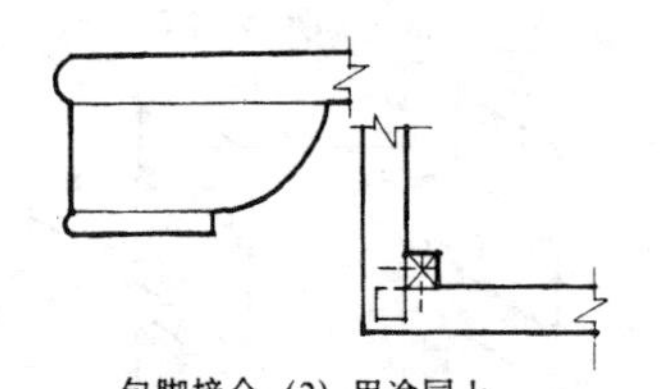

包脚接合 (2) 用途同上

包脚前角采用闭口直角多榫或全隐燕尾榫接合，正面呈夹角状，脚架钉好后。用螺钉加胶接合

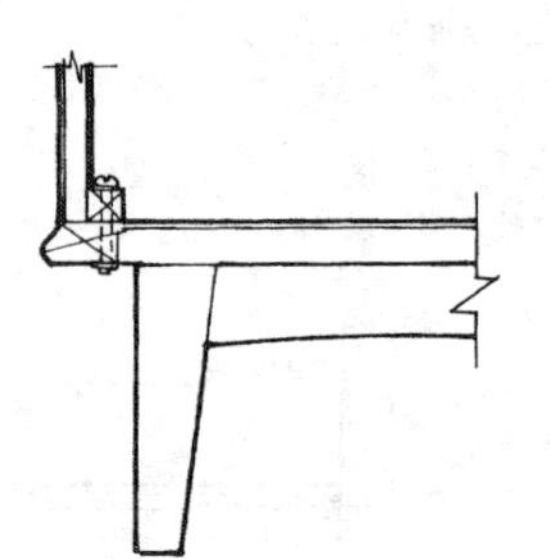

脚盘与旁板接合 (1) 用于大衣柜、小衣柜、酒柜等

邦档和底板打穿孔，用螺栓连接，并装有两只定位圆棒榫

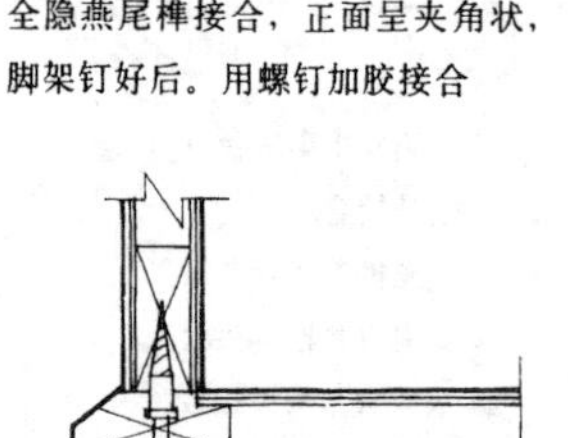

脚盘与旁板接合 (2) 用途同上

采用框架旁板，可用空心定位螺钉或三眼板等金属件连接

13 单板拼花图案

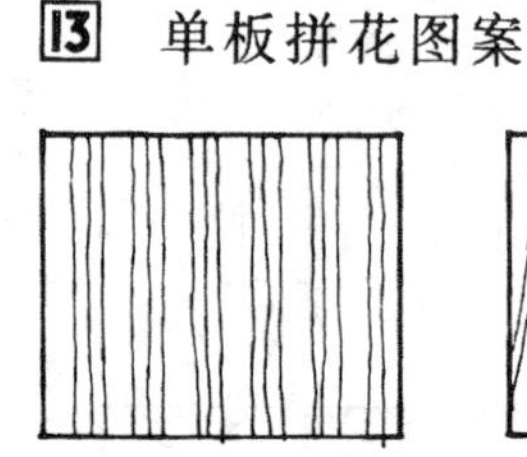

顺纹拼花

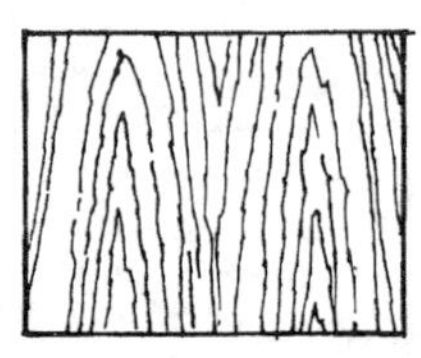

对纹拼花

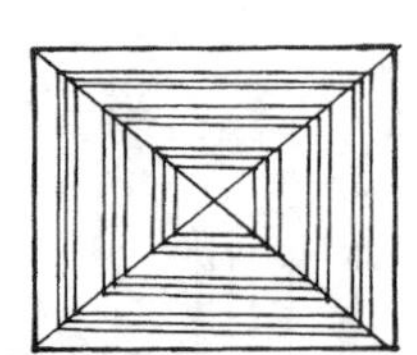

箱纹拼花

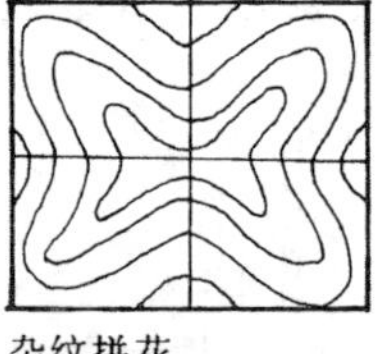

杂纹拼花

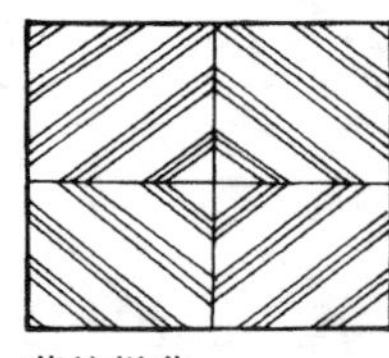

菱纹拼花

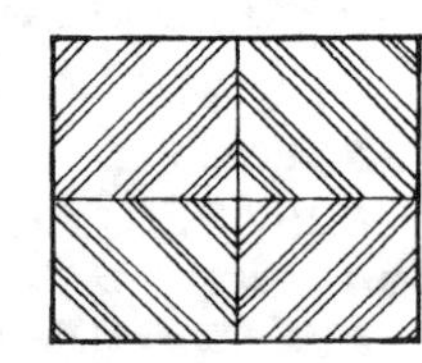

正方形拼花

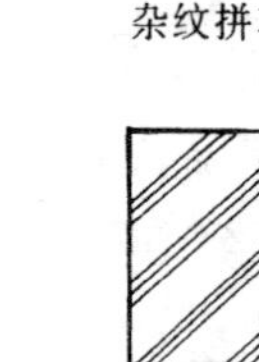

人字形拼花

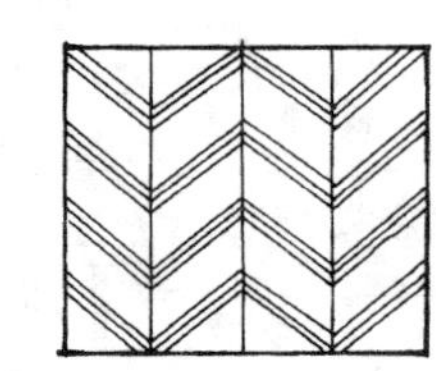

人字形四拼花

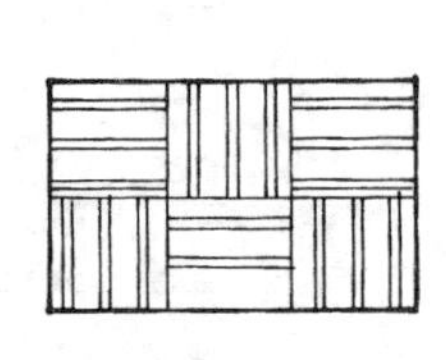

席纹拼花

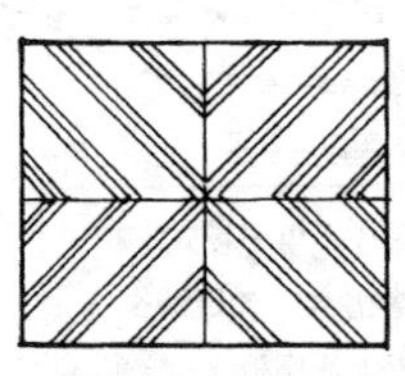

辐射形拼花

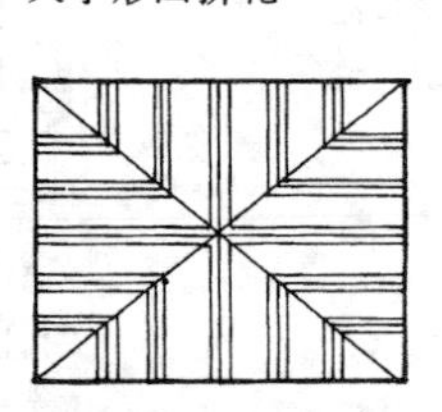

反箱纹拼花

辐射形拼花

14 折椅、折桌折动点的设计图例

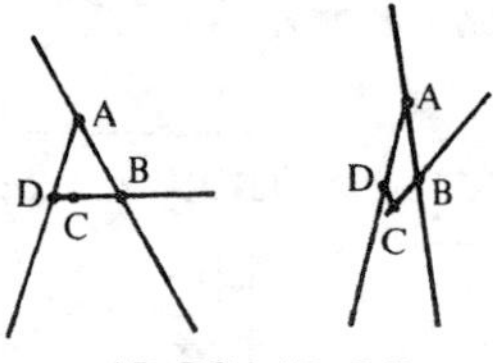

AB+BC=AD+DC

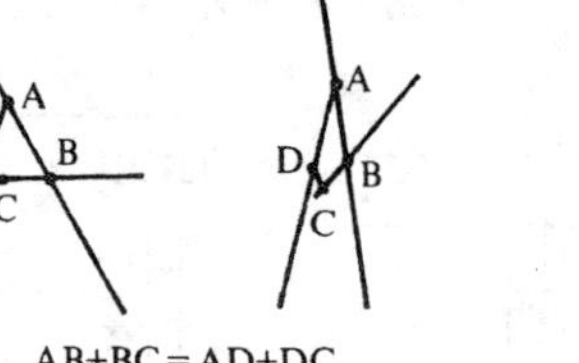

AB+BC=AD+DC

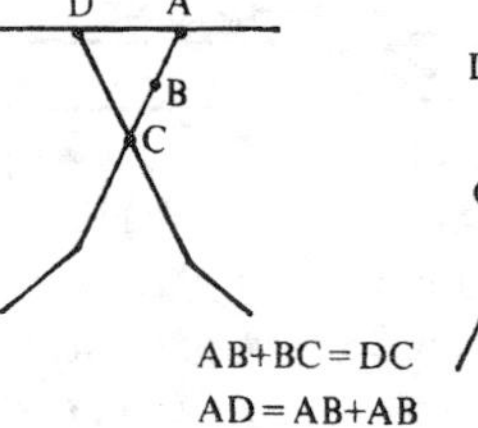

AB+BC=DC

AD=AB+AB

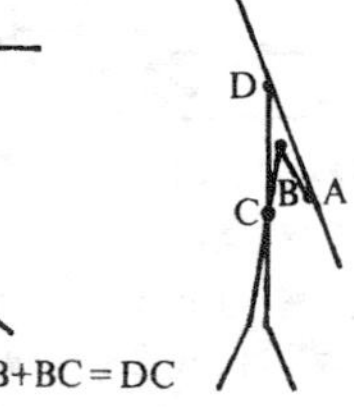

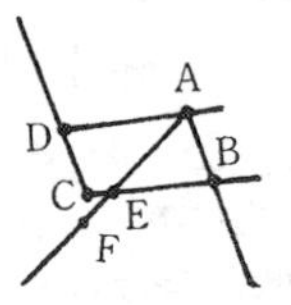

AB+BC=AD+DC

AB+BE=AE+FE

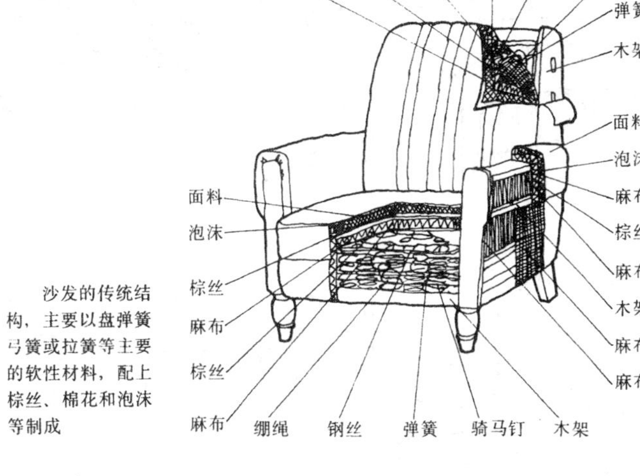

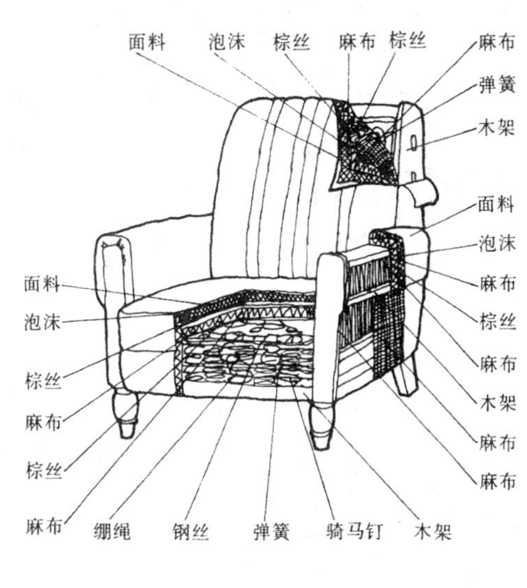

沙发的传统结构，主要以盘弹簧弓簧或拉簧等主要的软性材料，配上棕丝、棉花和泡沫等制成

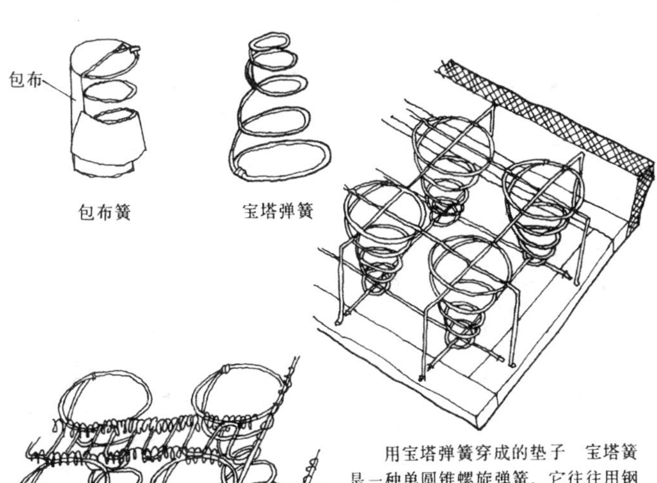

用宝塔弹簧穿成的垫子　宝塔簧是一种单圆锥螺旋弹簧。它往往用钢丝穿扎成弹簧垫子，适用于汽车座垫、沙发座垫等

席梦思垫子组合弹簧

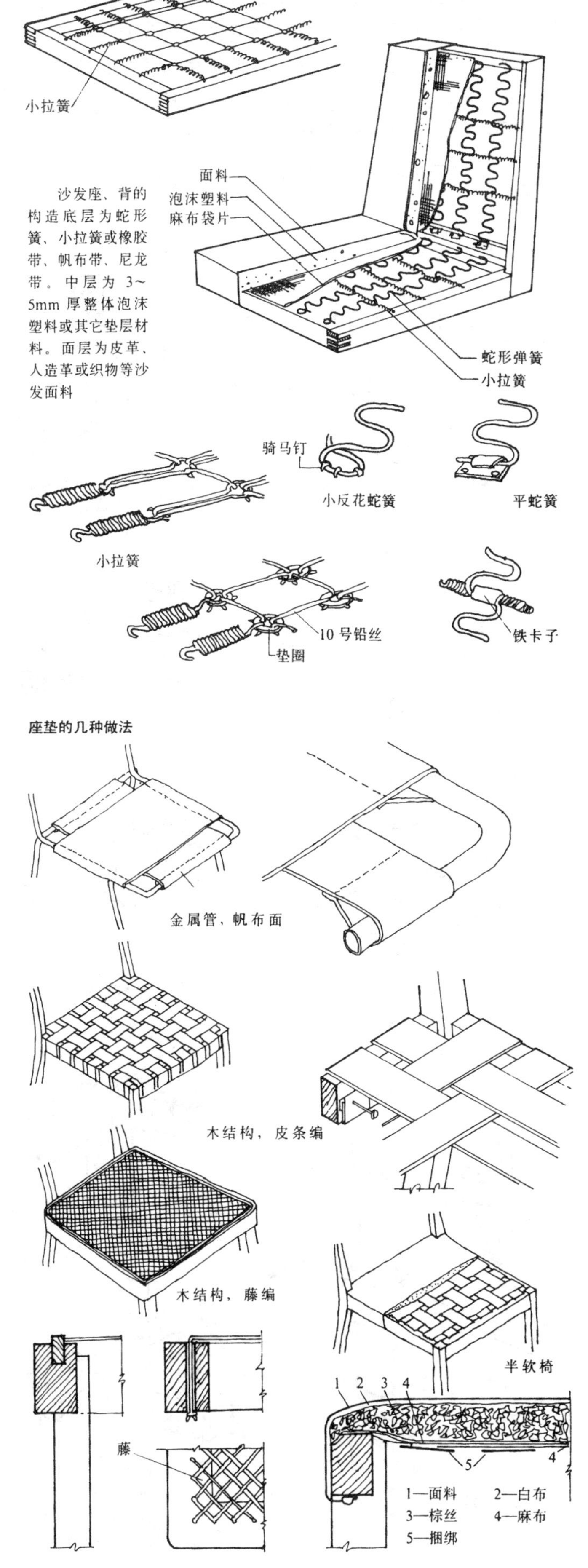

沙发座、背的构造底层为蛇形簧、小拉簧或橡胶带、帆布带、尼龙带。中层为 3～5mm 厚整体泡沫塑料或其它垫层材料。面层为皮革、人造革或织物等沙发面料

座垫的几种做法

常用盘簧的规格

弹簧规格 (英寸)	钢丝直径 (mm)	自由高度 (mm)	上下圆盘直径 (mm)	一般绷紧限度 (mm)	盘芯直径 (mm)
13 号 5	2.3	127	85～90	80～90	50～52
12 号 5	2.8	127	85～90	80～90	50～52
12 号 6	2.8	152.4	90～92	95～110	52～53
11 号 6	2.9	152.4	90	95～110	52～53
11 号 7	2.9	178	90～95	120～135	52～53
10 号 8	3.2	203	95～100	145～160	53～55
9 号 9	3.6	229	105	170～190	55～57
8 号10	4.0	254	105～110	195～215	55～57

钢片弹簧连接法

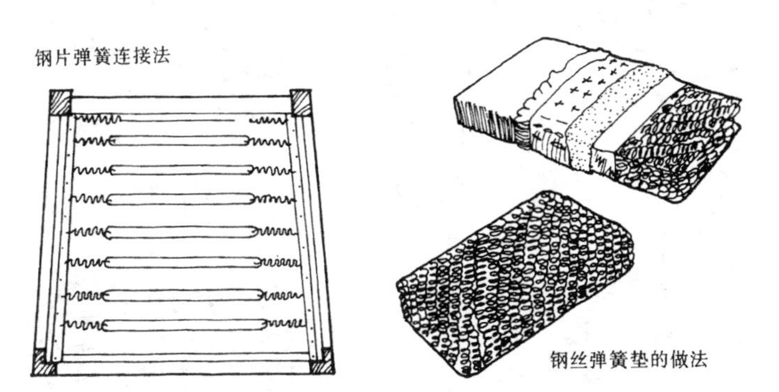

钢丝弹簧垫的做法

金属连接件是家具的重要组成部分。特别是现代家具由框架式结构向板式结构和拆装式结构发展，更显示了它的重要性，在工艺上不用榫眼结构而是利用金属连接件，将各种零部件组装成为整体的家具。金属连接件包括活动件、紧固件和各种插接件，起到连接、紧固的作用。常见于板式家具和各种金属家具中。

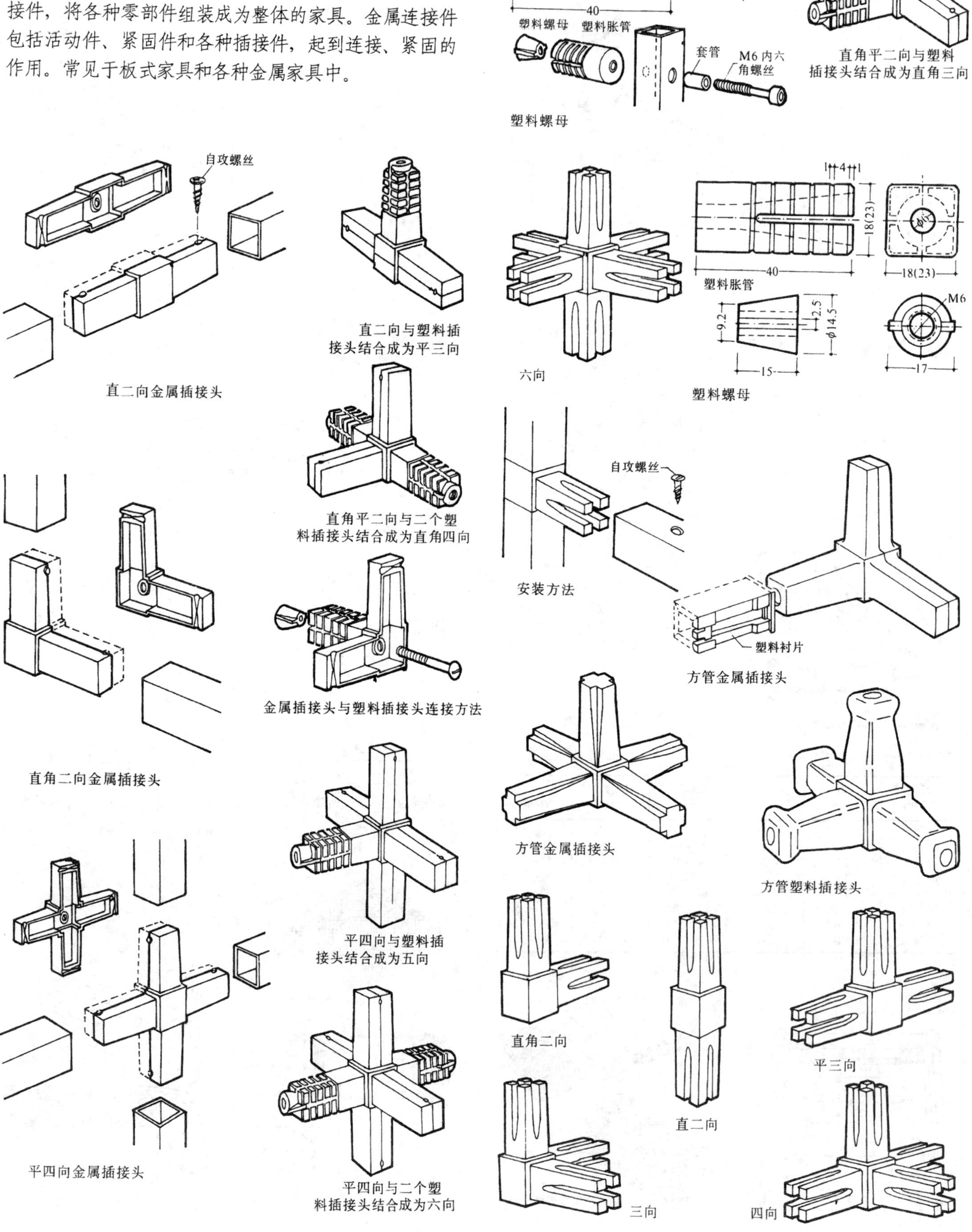

塑料螺母

直角平二向与塑料插接头结合成为直角三向

直二向金属插接头

直二向与塑料插接头结合成为平三向

六向

塑料螺母

直角平二向与二个塑料插接头结合成为直角四向

直角二向金属插接头

金属插接头与塑料插接头连接方法

方管金属插接头

方管金属插接头

方管塑料插接头

平四向与塑料插接头结合成为五向

平四向金属插接头

平四向与二个塑料插接头结合成为六向

直角二向

直二向

平三向

三向

四向

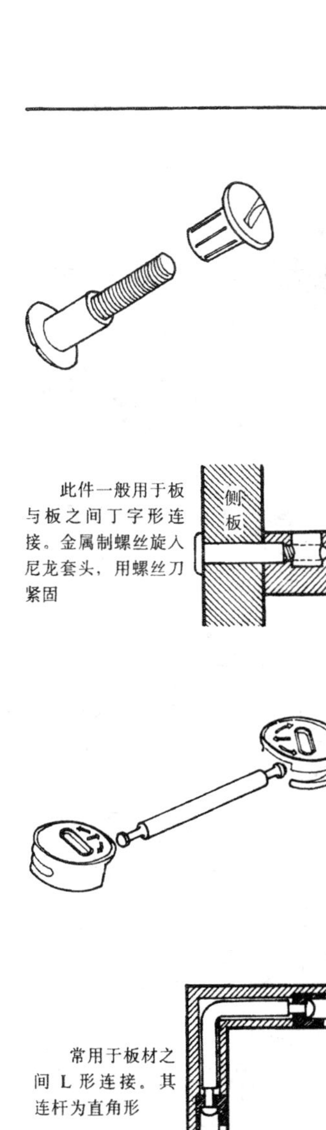

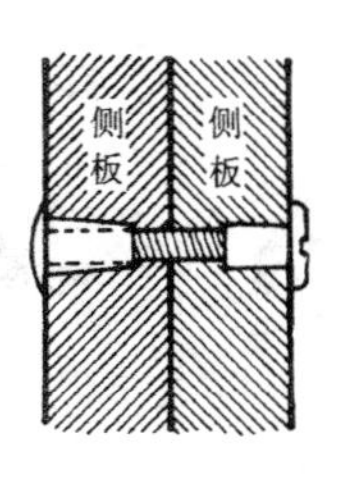

此件一般多用于组合柜两侧板之间的连接。金属螺杆两端套入尼龙螺帽，利用螺丝刀将两侧板紧固

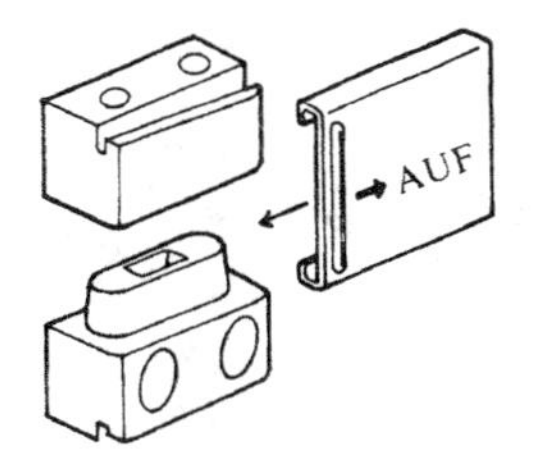

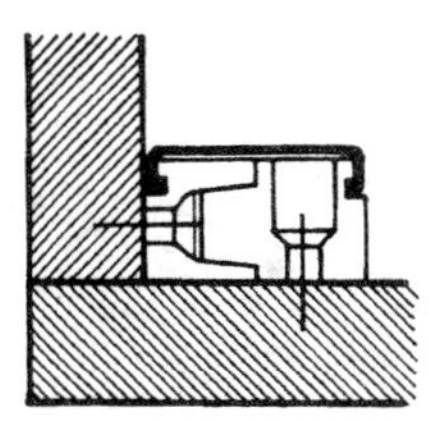

操作简便，能承受重负荷，适宜于大型棚板的连接

此件一般用于板与板之间丁字形连接。金属制螺丝旋入尼龙套头，用螺丝刀紧固

操作简便，适合于不同安装形式的板与板之间的连接

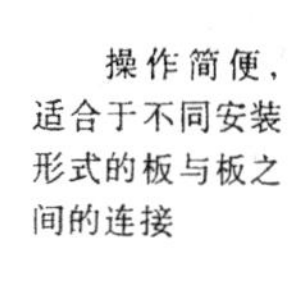

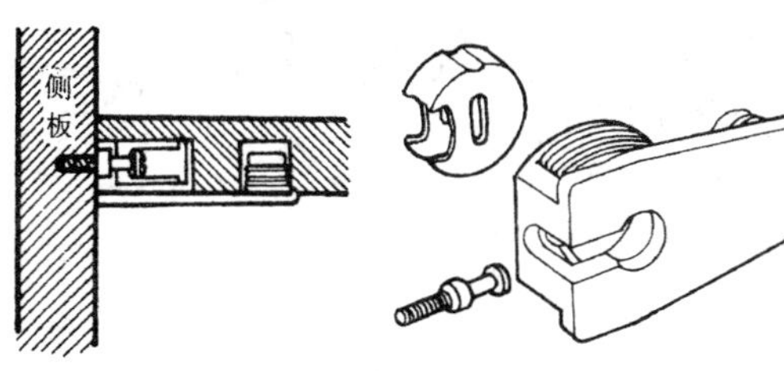

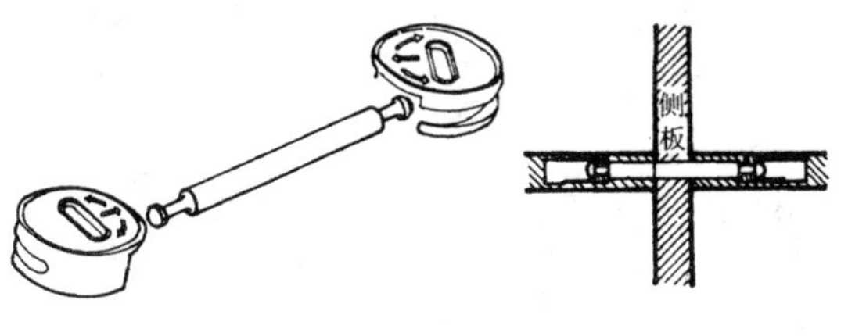

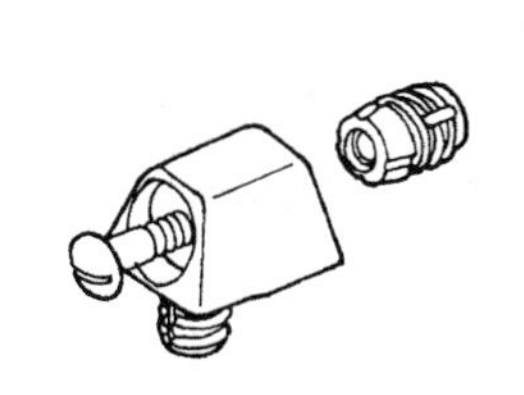

此连接件操作简便，紧固力强，适用于板材之间十字形连接

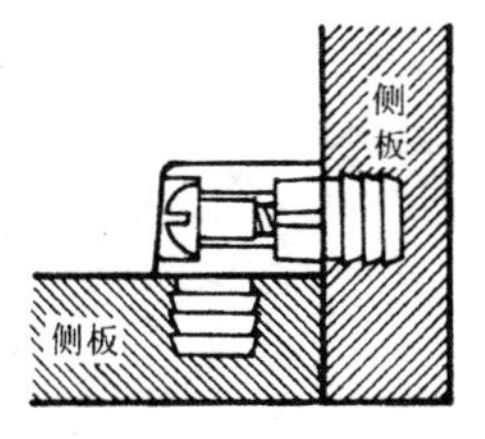

常用于棚架或角隅部分的连接。将塑料套头和小螺套打入板内，用螺丝钉穿过套头旋入螺套内，将两侧板紧固

常用于板材之间L形连接。其连杆为直角形

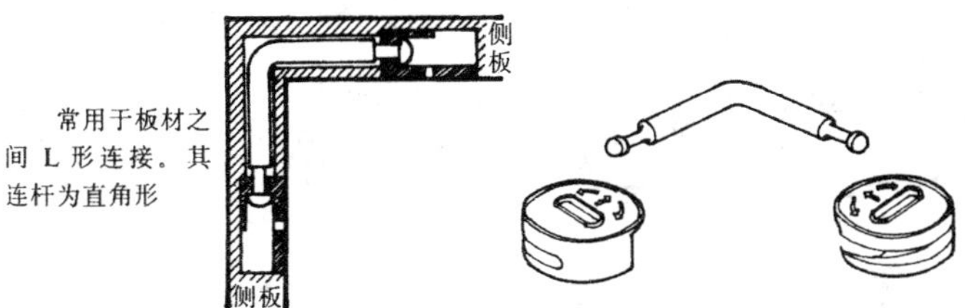

常用于棚架或角隅部分的连接。构造原理同上，但螺套为细长形

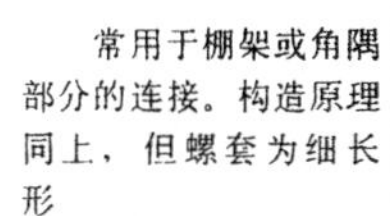

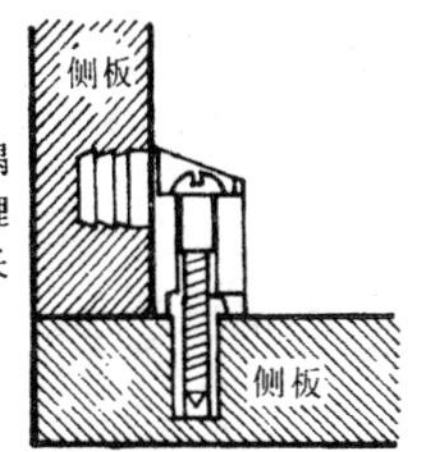

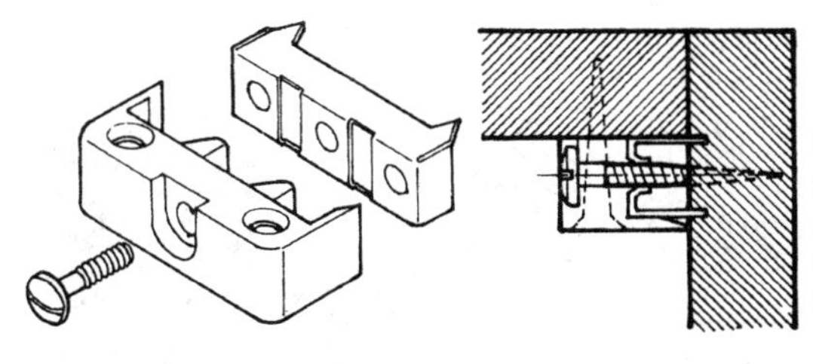

此连接件可拆卸，常用于箱框的连接。将受力座打入侧板内，加塑料外罩，用木螺丝固定

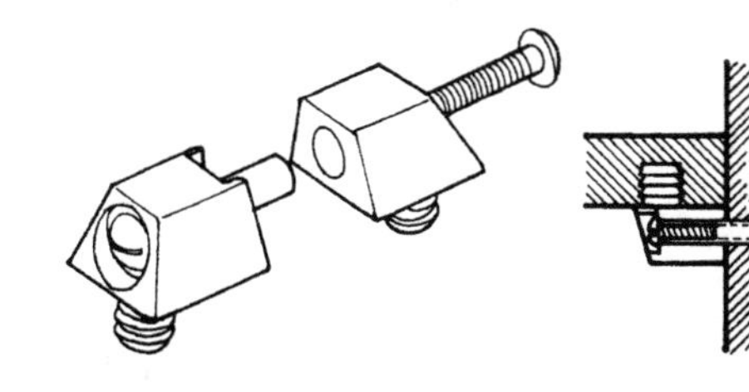

常用于侧板两侧棚板的固定。在侧板穿螺纹套管，通过套头向螺套旋入螺丝

适用于在侧板两侧安装棚板。在侧板穿孔，木螺丝连接，棚板挖孔，放在连接件上

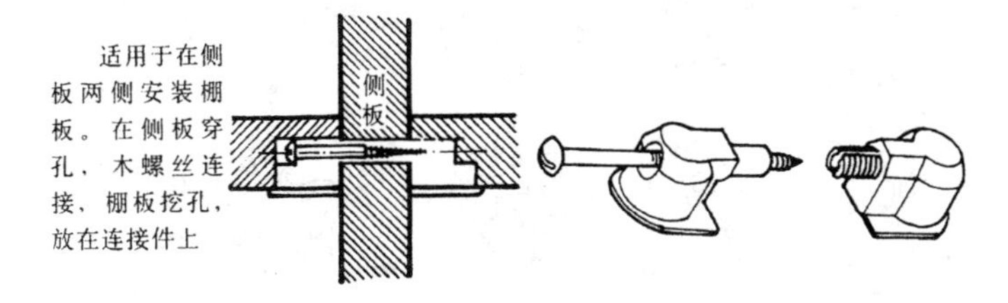

多用于棚架或角隅部分之连接，不宜承受重负荷。可通过螺丝的调节来调整5mm内的装配误差

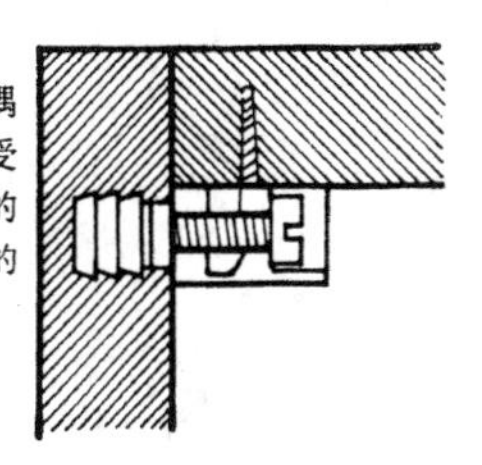

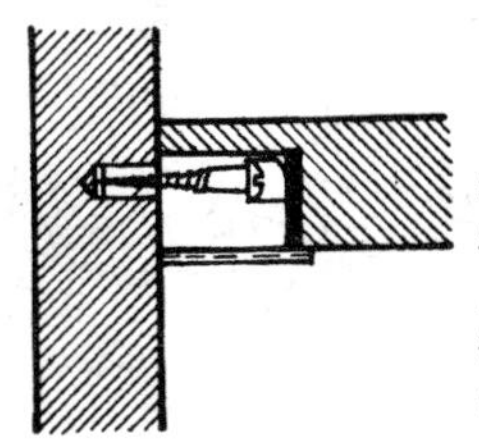

操作简便，但不宜承受重负荷。用木螺丝将连接件固定在侧板上，在棚板上开挖洞孔插入外套，再套在连接件上

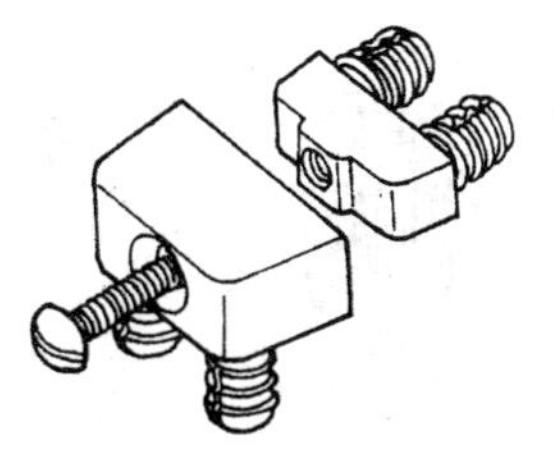

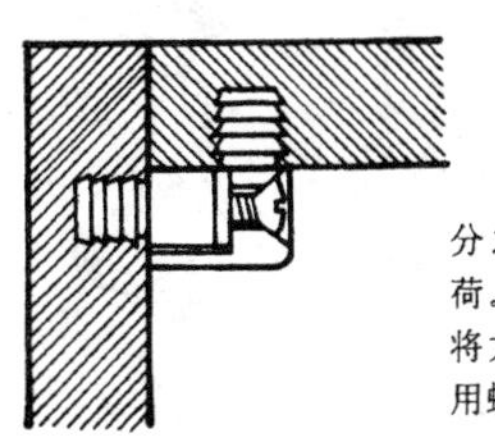

用于棚架或角隅部分之连接，能承受负荷。有大小二个套头，将大套头套入小套头，用螺丝加以固定

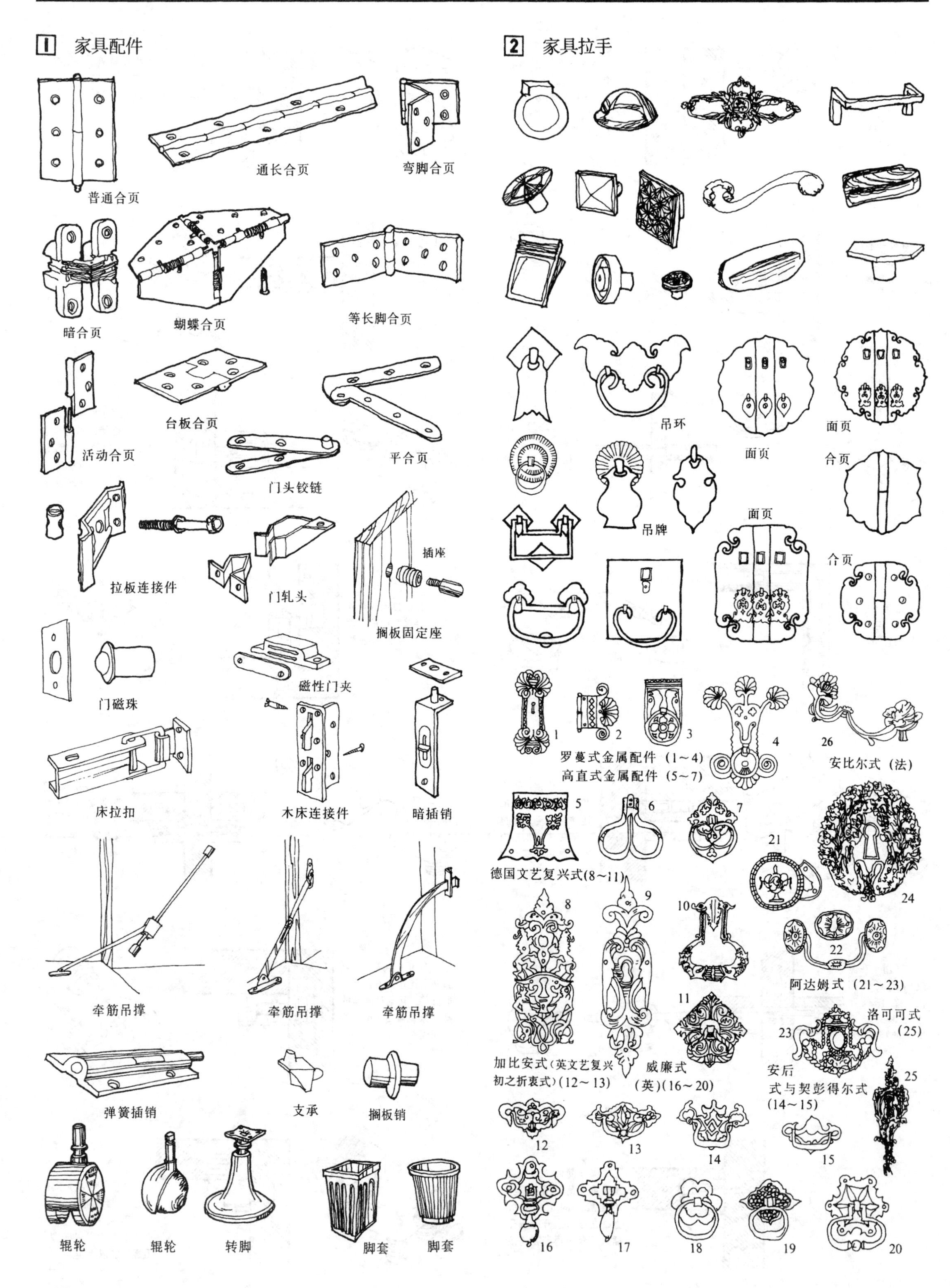
1 家具配件
普通合页
通长合页
弯脚合页
暗合页
蝴蝶合页
等长脚合页
活动合页
台板合页
平合页
门头铰链
拉板连接件
门轧头
插座
搁板固定座
门磁珠
磁性门夹
床拉扣
木床连接件
暗插销
牵筋吊撑
牵筋吊撑
牵筋吊撑
弹簧插销
支承
搁板销
辊轮
辊轮
转脚
脚套
脚套
2 家具拉手
吊环
面页
面页
合页
吊牌
面页
合页
罗蔓式金属配件（1～4）
高直式金属配件（5～7）
安比尔式（法）
德国文艺复兴式(8～11)
阿达姆式（21～23）
洛可可式
(25)
加比安式(英文艺复兴初之折衷式)(12～13)
威廉式
(英)(16～20)
安后
式与契彭得尔式
(14～15)

涂料是有机高分子胶体混合物的溶液或粉末，涂布在物体表面能够形成附着坚牢的涂膜。

1 涂料的分类

1.涂料的组成

涂料是由多种不同成分组成的混合物。概括起来，所有的涂料都是由五种基本成分中的几种原料组成。这五种基本成分是：油料、树脂、颜料、溶剂与助剂。油料和树脂是主要成膜物质，也叫固着剂，是涂料的基础。它们可以单独形成附着牢固的涂膜，也可以粘结颜料共同成膜。涂膜的基本性能决定于主要成膜物质。颜料是次要成膜物质，也是构成涂膜的组成部分，但不能离开主要成膜物质而单独构成涂膜，使涂膜的性能有所改进。溶剂和助剂是辅助成膜物质，其中大部分不能形成涂膜，不在涂膜组成之内，而只是帮助形成涂膜，对涂膜的性能也有很大影响。

上述五种基本成分中，又包括多种原料，其组成：

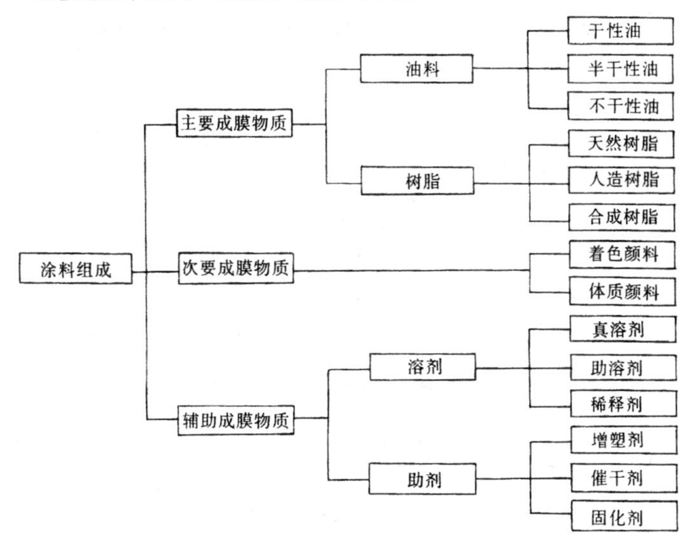

涂料的基本概念:

基本概念	含义
清漆	组成中不含有颜料，呈透明状态的涂料
色漆	组成中含有颜料，呈不透明状态的涂料。包括磁漆、调合漆和厚漆
磁漆	其成膜物质中含有树脂的色漆，较之仅含油料的色漆光泽要高
油性漆	指油料含量较多的涂料，如油基漆、酚醛树脂漆、醇酸树脂漆等
厚漆	俗称铅油。由干性油、颜料和填充物经轧研而成的厚浆状漆
调合漆	以干性油和颜料为主要成分制成的称作油性调合漆。油性调合漆中加入清漆，则得磁性调合漆
挥发性漆	主要依靠挥发性溶剂挥发而固化的涂料。如虫胶漆、硝基漆等
溶剂性漆	用一般的有机溶剂作稀释剂的涂料
水性漆	以水作稀释剂的涂料
面漆	用于涂饰表层的涂料
底漆	为节省面漆用于打底的涂料
填孔漆	底漆的一种，含有填料用于填塞粗纹孔木材管孔的涂料
腻子	含填料较多的膏状物质，用于填塞木材的孔眼

2.涂料的分类

涂料分类在国际上很不一致。如:

按涂料作用分类
- 涂料
  - 底漆
  - 面漆
  - 防腐蚀漆
  - 防火漆
  - 耐高温漆
  - 头度漆
  - 二度漆

按涂膜外观分类
- 涂料
  - 皱纹漆
  - 有光漆
  - 半光漆
  - 无光漆
  - 锤纹漆

按施工方法分类
- 涂料
  - 刷用漆
  - 喷漆
  - 烘漆
  - 电泳漆

按用途分类
- 汽车用漆
- 建筑用漆
  - 室内用漆
  - 室外用漆
  - 木材用漆
  - 金属用漆
  - 混凝土用漆
- 船舶用漆

我国涂料的分类原则：涂料产品分类是以其主要成膜物质为基础，若主要成膜物质为混合树脂，则按其在漆膜中起决定作用的一种树脂为基础，结合我国情况，将涂料划分为十七大类。

涂 料 分 类

序号	代号	发音	按成膜物质分类	主要成膜物质
1*	Y	衣	油脂漆类	天然植物油、鱼油、合成油、松浆油
2*	T	特	天然树脂漆类	松香及其衍生物、虫胶、乳酪素动物胶、大漆及其衍生物
3*	F	佛	酚醛树脂漆类	酚醛树脂、改性酚醛树脂
4	L	勒	沥青漆类	天然沥青、煤焦沥青、石油沥青
5*	C	雌	醇酸树脂漆类	甘油醇酸树脂、季戊四醇酸树脂、改性醇酸树脂
6*	A	啊	氨基树脂漆类	脲醛树脂、三聚氰胺甲醛树脂
7*	Q	欺	硝基漆类	硝基纤维
8	M	模	纤维素漆类	乙基纤维、醋酸丁酸纤维
9	G	哥	过氯乙烯漆类	过氯乙烯树脂
10	X	希	乙烯树脂漆类	氯乙烯共聚树脂、聚醋酸乙烯共聚物、聚乙烯醇缩醛树脂
11*	B	波	丙烯酸漆类	丙烯酸树脂、丙烯酸共聚物及其改性树脂
12*	Z	资	聚酯漆类	饱和聚酯树脂，不饱和聚酯树脂
13	H	喝	环氧树脂漆类	环氧树脂、改性环氧树脂
14*	S	思	聚氨酯漆类	聚氨基甲酸酯
15	W	吴	元素有机漆类	有机硅、有机钛、有机铝
16	J	基	橡胶漆类	天然橡胶及其衍生物、合成橡胶及其衍生物
17	E	额	其它漆类	以上十六类未包括的成膜物质

注：表中带*号者为木器常用漆类。

辅 助 材 料 分 类

序号	代号	发音	名称
1	X	希	稀释剂
2	F	佛	防潮剂
3	G	哥	催干剂
4	T	特	脱漆剂
5	H	喝	固化剂

2 涂料命名

涂料命名原则

全名＝颜料或颜色名称+成膜物质名称+基本名称

对于某些有专业用途和特性的涂料，必要时在成膜物质后面加以阐明。

为了区别同一类型的各种涂料，在名称之前必须有型号。涂料型号由三部分组成：第一部分是成膜物质，用上表中的汉语拼音字母表示；第二部分是基本名称，用二位数字表示；第三部分是序号，以区别同一类型的涂料在组成、配方或用途上不同的品种。这样组成的一个型号就只表示一个具体的涂料品种，而不会重复。

例如，

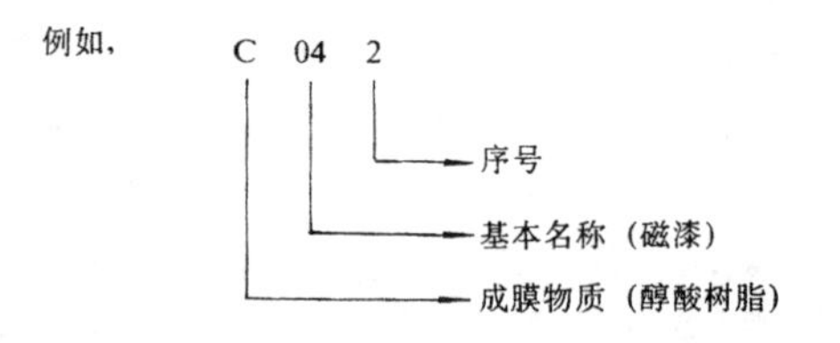

辅助材料的型号分两部分．第一部分是辅助材料种类；第二部分是序号。

例如，

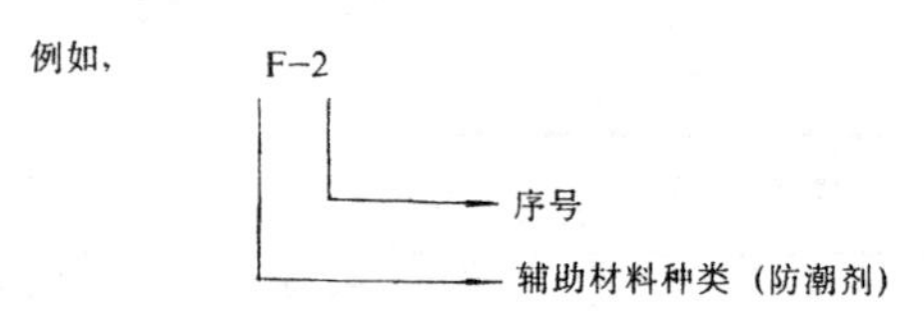

基本名称仍采用我国已有的习惯名称，例如清油、清漆、磁漆等，用 00～99 的二位数字表示。00～09 代　基础品种；0～19 代表美术漆；20～29 代表轻工用漆；30～39 代表绝缘漆；40～49 代表船舶漆；50～59 代表防腐蚀漆等。全部基本名称代号，见下表：

基本名称代号表

代号	基本名称	代号	基本名称	代号	基本名称
00	清油	31	（覆盖）绝缘漆	60	防火漆
01	清漆	32	绝缘（磁、烘）漆	61	耐热漆
02	厚漆	33	（粘合）绝缘漆	62	示温漆
03	调合漆	34	漆包线漆	63	涂布漆
04	磁漆	35	硅钢片漆	64	可剥漆
05	烘漆	36	电容器漆	65	粉末涂料
06	底漆	37	电阻漆、电位器漆	66	感光涂料
07	腻子	38	半导体漆	67	隔热漆
08	水溶性漆、乳胶漆、电泳漆	40	防污漆、防蛆漆	80	地板漆
09	大漆	41	水线漆	81	鱼网漆
10	锤纹漆	42	甲板漆	82	锅炉漆
11	皱纹漆		甲板防滑漆	83	烟囱漆
12	裂纹漆	43	船壳漆	84	黑板漆
13	晶纹漆	44	船底漆	85	调色漆
14	透明漆	50	耐酸漆	86	标志漆、马路划线漆
15	斑纹漆	51	耐碱漆	98	胶液
20	铅笔漆	52	防腐漆	99	其它
22	木器漆	53	防锈漆		
23	罐头漆	54	耐油漆		
30	（浸渍）绝缘漆	55	耐水漆		

涂料的性能与用途

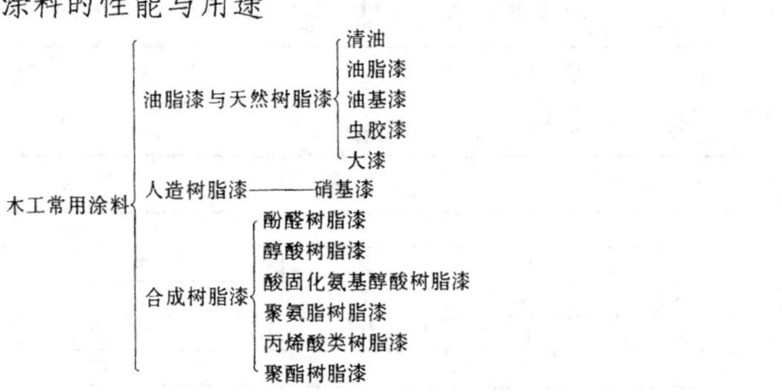

涂料的性能与分类

类别	漆名	性能	用途
油脂漆与天然树脂漆	清油（也称熟油或重油）	施工方便．价格低廉．贮存期长．有一定防护能力．干燥慢．漆膜软	a)用于防水防潮漆层 b)聚合油是各种油基漆的原料，是某些树脂漆的部分原料
	油脂漆	施工方便，涂刷性和渗透性好，价格低，有一定装饰保护作用。漆膜干得慢，漆膜软，不耐磨，耐候、耐水性差，耗用大量植物油	低级不透明装饰
	油基漆	施工简便．原料易得．生产容易．成本低．保护性和装饰性比油脂漆高	依硬树脂的品种而定，可作底漆、腻子。用于室内、外的色漆，低档木器家具和民用建筑
	虫胶漆	配制简单．使用方便．干燥迅速．对木材附着力强。涂膜干滑透明，有一定硬度，抛光后有光泽，对木材分泌物及染色层有隔离封闭作用	隔离涂层的封闭漆，高级木器面漆
	大漆	附着力强。有突出的耐久、耐磨、耐溶剂、耐腐、耐水、耐化学性，绝缘性能也好。漆膜硬，有光泽，漆膜脆，颜色深，不耐光，不耐强碱，有毒，不易加工	实验室台面、航空、海底电缆、石油化工，地下管道涂层
人造树脂漆	硝基漆	快干、硬度高、耐磨、耐水、可以打磨抛光、易修复。不耐碱，耐热、耐寒、耐候性都不高。固化低，溶剂量大，涂饰工艺复杂，施工劳动强度大，易裂，价格高	用于调腻子、底漆、面漆。用于高级室内家具透明、不透明装饰
合成树脂漆	酚醛树脂漆	涂层坚强，耐磨，耐水，耐化学腐蚀，有绝缘性，色泽泛黄，不能制成浅色漆。涂层脆需与油脂配合使用	中低档家具用漆，作透明或不透明装饰
	醇酸树脂漆	干燥较快，漆膜光亮，坚硬，耐候性，耐油性都较好，有优良的户外耐久性，和色性。用途多变，可作清漆、磁漆、底漆。耐水、耐碱性差。常温下表面干得较快，漆膜不易干透	长油度(油/树脂>60%)户外建筑用钢铁结构涂料 中油度（油／树脂 50～60%）家具（中档）用漆 短油度(油/树脂<50%)烘干漆用于金属
	酸固化氨基醇酸树脂漆	外观光滑、丰满、光泽高，固化快，附着力好，涂膜坚硬。耐水、耐热、耐寒、耐化学性好。游离甲醛含量高，酸固化对木器、五金有腐蚀作用，不能与碱性颜料混合	中、高档家具透明面漆
	聚氨酯树脂漆	漆膜光亮，耐磨性强，附着力强。耐溶剂、耐化学、耐腐蚀、耐水、耐寒性能好，有极好的物理机械性能。干燥慢，保光、保色性能差。原料单体有毒，施工麻烦	常用作地板漆、甲板漆和纱管漆。广泛用于高级家具、钢琴、大型客机
	丙烯酸树脂漆	色浅，耐紫外光，耐热性好，干燥快，耐腐蚀，漆膜光亮，坚硬，附着力好，施工方便，耐溶性不好	为高级木器用漆。用于钢琴、缝纫机台板，加入荧光颜料可以制高光漆
	聚酯漆	颜色浅，透明，漆膜丰满光亮。硬度高，耐腐，耐潮，耐溶剂 无溶剂型涂料，耐磨、保光、保色性良好，并且有一定的耐热性和耐温变性。涂膜易受氧的影响，漆膜不易修	高级家具、钢琴，缝纫机台板、收音机、电视机外壳，人造板二次加工

涂料装饰包括表面处理、涂饰涂料、涂层干燥与漆膜修整等一系列工序。此外，木纹印刷，用塑料贴面板，塑料薄膜等装饰木材的所谓"模拟装饰"工艺，近年来也在日益发展。

1 装饰工艺

木制品表面的漆膜，按其使用性能，可分为耐热、耐水及耐化学药物的等多种。其差别，首先决定于所用涂料的种类和性质。按其能否显现木材纹理的装饰性能，通常又分为透明与不透明的两大类。

透明装饰工艺　透明装饰是用透明涂料（如各种清漆）涂饰木材表面。进行透明装饰，不仅要保留木材的天然纹理和颜色，而且还需通过某些特定的工序使其纹理更加明显，木质感更强，颜色更加鲜明悦目。透明装饰多用于名贵木材或优质阔叶材制成（或贴面）的家具。

木制品透明装饰工艺过程，大体上可分为三个阶段，即：木材表面处理（表面准备）、涂饰涂料（包括涂层干燥）和漆膜修理。按照装饰质量要求、基材情况和涂料品种的不同，每个阶段可以包括一个或几个工序，有的工序需要重复多次，某些工序的顺序也可以调整。

木材透明装饰工艺过程的构成

阶段	工　序	作　用
表面处理	表面清净	在木材表面处理阶段除去木毛、灰尘等，使需要装饰的木制品（或零、部件）白坯表面光洁、清净，以保证获得良好的装饰质量，并且省工省料
	去树脂	用针叶材制作装饰质量较高的木制品时，必须在涂饰涂料之前除去树脂。因为这类木材的节子、晚材等部位，往往积聚了大量的树脂，其中的松节油等成分会引起油性漆的固化不良，染色不匀、及降低漆膜的附着力
	脱　色	木材脱色用于各种情况。为了进行浅色透明装饰，将木材表面全部脱色。由于涂饰技术水平的限制，用染色方法不能使白坯材色一致时，在染色前也需将工件表面全部脱色，然后再均匀地涂以染色剂。此外，还可用脱色法预防和消除由光作用引起的木材变色，清除由霉菌等引起的生物污染，除去由于金属、酸、碱和木材接触所引起的化学污染
	嵌　补	天然木材除了虫眼、节疤等木材本身的缺陷外，在加工过程中木材表面还会出现一些局部凹陷，如钉眼、细小的裂缝、接合处的缝隙、缺棱等。在实际生产中，这是难以完全避免的。因此，在木材装饰过程中需进行表面嵌补
涂饰涂料	染　色	染色的目的，在于使木材的天然颜色更加鲜明，或是使一般木材具有名贵木材的颜色。有时也可以掩盖木材表面上的色斑、青变等缺陷。局部染色，生产中称为"并色"，在染色之后进行，是为了消除木材表面上颜色的不均匀
	填　孔	填孔的目的是用填孔剂填满导管槽，使表面平整，此后涂在表面上的涂料就不致于过多地渗入木材中，从而保证形成平整而又连续的漆膜。填孔剂中加入微量着色物质可同时进行适当的染色，更鲜明地显现美丽的木纹
	涂底漆	涂底漆的目的是用底漆封住准备好了的木材表面，进一步防止面漆沉陷。对漆膜有一定厚度要求时，涂底漆就可以相应地减少面漆消耗。底漆还能封闭木材和填孔剂中的树脂成分，进行固色。木材基底在水分和热的作用下将会反复胀缩，底漆封闭层则能使这种活动减少到面漆能承受的程度
	涂面漆	保护漆层，使家具表面得到保护，增加装饰性。面漆应当涂在经过充分干燥的、平整而又光洁的底漆层上
漆膜修整	消光装饰	为了获得装饰性能高的、镜面般光亮的漆膜，在涂层固化后，还必须用磨光、抛光等方法，对漆膜作进一步加工

消光装饰　光线照射在漆膜上时会产生反射，但反射的情况，因漆膜表面状态而不同。消光装饰就是改变漆膜表面的凹凸很微小的不平度而使漆膜表面产生不同的反射（正反射、漫反射和介于两者之间的反射）而使漆膜表面达到所要求的高光、亚光或柔光效果。

2 涂饰方法

木制品装饰质量的好坏，不仅决定于涂料本身的质量，而且与涂饰方法和设备有直接的关系。涂饰涂料的技术正在迅速发展，适用于木制品涂饰的方法也很多，这些涂饰方法各具特点，应当根据涂饰质量要求，利用涂料的种类和性质以及被涂饰件的形状和大小、合理地选用涂饰方法。

1.用手工具涂饰

手工涂饰涂料时，常用的工具有排笔、鬃刷、刮刀、棉花团等。必须根据涂料和工序的特点来选用工具。为在木材表面形成薄而均匀的涂层，应根据涂料的特点和制品形状来选用刷子。

慢干而粘稠的油性调和漆、油性漆等，应使用弹性好的鬃刷。
粘度较小的虫胶清漆、聚氨酯清漆等，应使用毛软、有适当弹性的排笔。
粘度大的大漆一般用人发、马尾等特制的刷子（它毛头很短、弹性特别大）。

刮刀{ 软性刮刀　有弹性，适用于调漆及嵌腻子。
　　　硬性刮刀　无弹性，用于铲除漆层。

2.气压喷涂

气压喷涂是用喷漆枪借压缩空气来喷散涂料，喷出的射流中的涂料微粒落在被涂饰表面，就彼此叠落并粘结起来，形成完整的涂层。

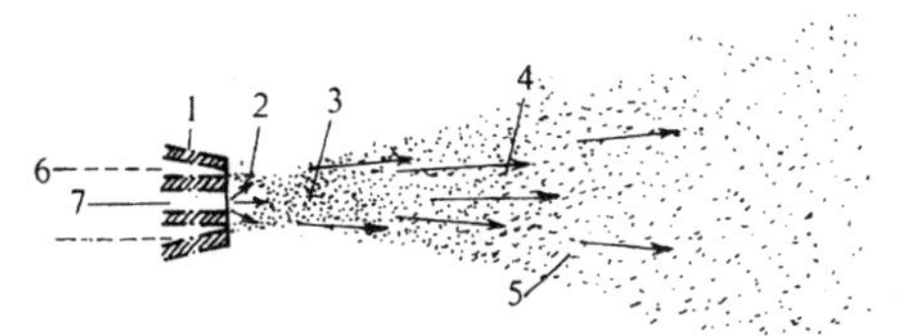

具有环状喷嘴的喷枪形成的涂料射流

1—喷头　2—负压区　3—剩余压力区　4—喷涂区　5—压缩空气　7—涂料

气压喷涂装置由喷枪、空气压缩机、油水分离器及空气软管等组成。

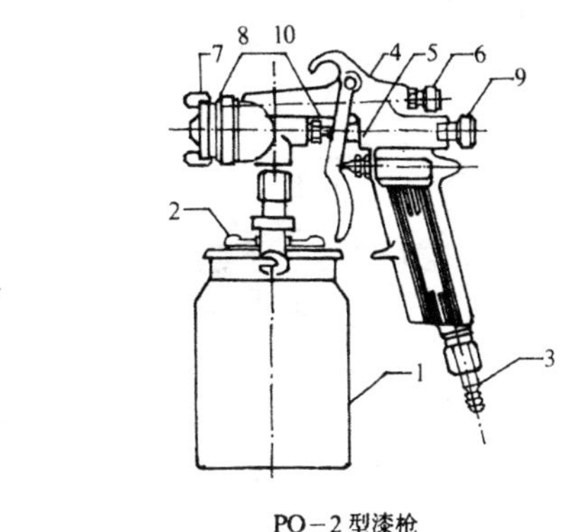

1—漆罐
2—轧栏螺丝
3—压缩空气管接头
4—板机
5—空气阀杆
6—控制阀
7—空气喷嘴
8—螺帽
9—螺栓
10—针阀

PQ－2型漆枪

3.高压无气喷涂

高压无气喷涂是用压缩空气（压力为 40～60Pa）驱动高压泵，使涂料增压到 1200～1700Pa，高压涂料通过喷嘴进入大气时，立即剧烈膨胀，分散成极细的微粒被喷到工件表面上。

高压无气喷涂设备包括高压泵、蓄压器、过滤器、高压软管及喷枪等。

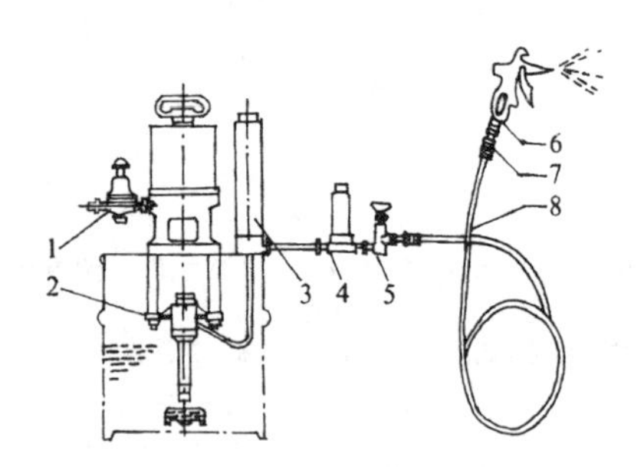

国产高压无气喷涂设备示意图

1—调压阀 2—高压泵
3—蓄压器 4—过滤器
5—截止阀 6—高压软管
7—旋转接头 8—喷枪

4.静电喷涂

静电喷涂法的实质就是利用电晕放电现象，将喷具作为电晕电极，接负极。而使被涂饰的制品接地，作为正极。当两者接上直流高电压时，就在喷具与被涂制品间产生高压静电场。被喷具分散的涂料微粒，带有负电荷，在电场力的作用下，沿着电力线方向移动，并被吸附和沉积在被涂饰表面上。由于涂料微粒与被涂饰表面之间存在着引力，涂饰时的涂料损失就可以降低到 10%以下。

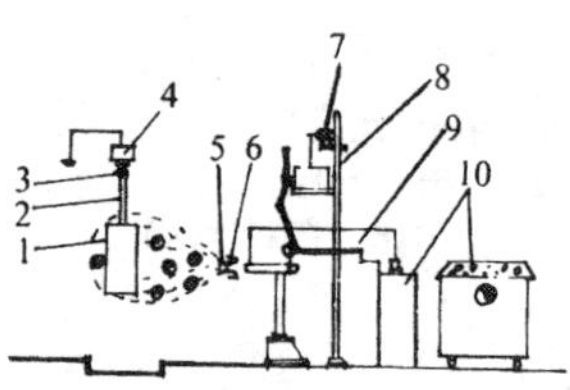

旋杯式静电喷涂装置：

1—被涂饰工件 2—吊杆
3—回转轴 4—传送带
5—喷 杯 6—放电极
7—搅拌用电动机 8—涂料槽
9—高压线 10—高压发生器

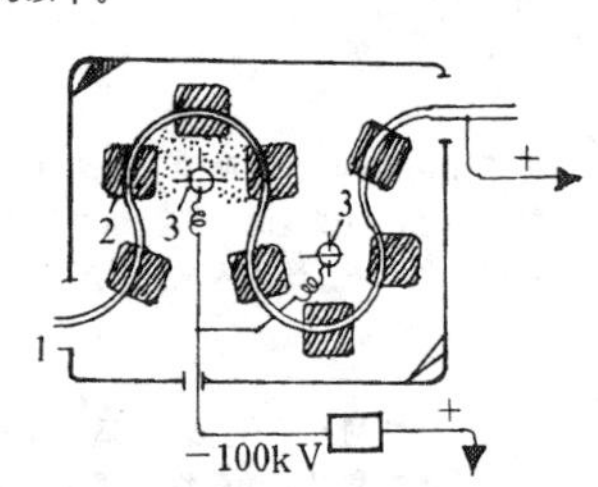

盘状喷具的工作原理：

1—传送带 2—被涂饰制品
3—盘状喷具

5.淋涂

淋涂法就是使零部件通过从淋漆机头连续淋下的漆带时，被涂盖一层涂料。当从机头淋下的淋幕均匀，而且零件是以稳定的速度通过漆幕时，得到的涂层厚度就将是很均匀的。

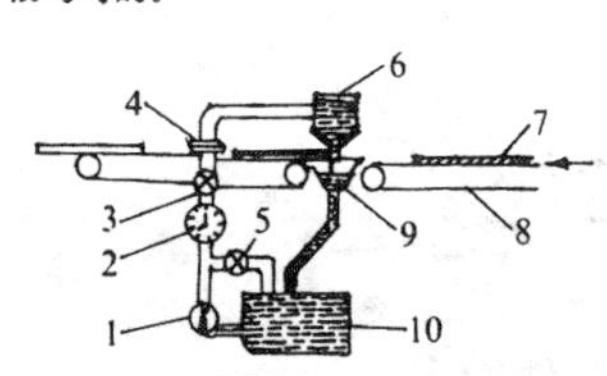
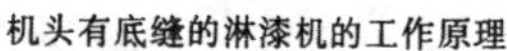

机头有底缝的淋漆机的工作原理

1—漆泵 2—压力计 3—调节阀
4—过滤器 5—阀 6—淋漆机头
7—工件 8—传送带 9—受漆槽
10—贮漆箱

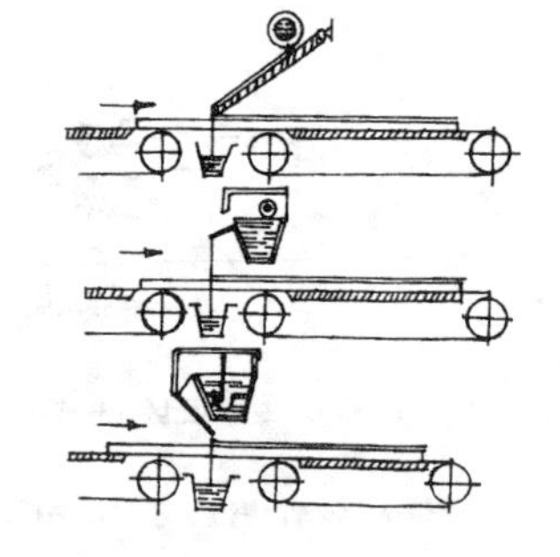

6.辊涂

辊涂时工件是从几个组合好的转动着的辊筒之间通过，这时工作表面即被涂上涂料。辊涂法只适于涂饰平板状的工件，但它具有节省涂料，生产率高等优点。

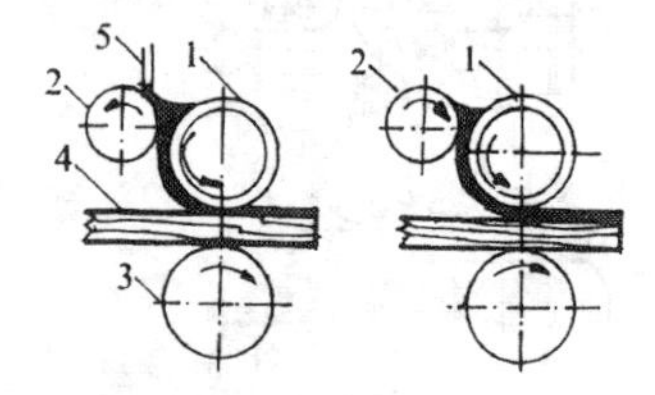

涂饰工件上表面的顺转辊涂机的工作原理

1—涂布辊 2—分料辊
3—进料辊 4—被涂饰的工件
5—刮刀

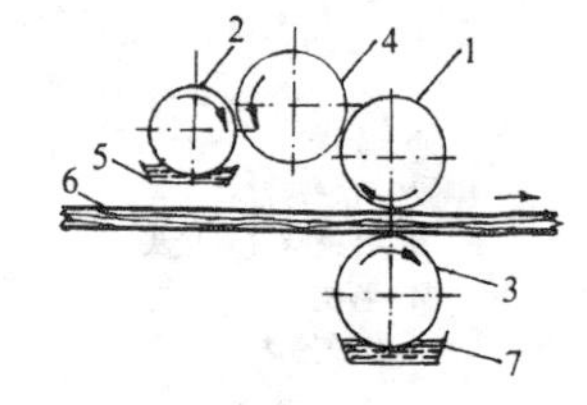

逆转辊涂机的工作原理

1—涂布辊 2—拾料辊
3—进料辊 4—刮辊
5—涂料容器 6—工件
7—洗涤剂槽

7.浸涂

浸涂法常用于涂饰大批流线形的小件——桌椅或柜类家具的腿、拉手等。浸涂时先要把待涂饰的零件浸入料槽，然后提出，停留一段时间，使多余的涂料在自重的作用下，从被涂饰零件表面上流淌下来，待到不再流淌时，再送往干燥间进行干燥，从零件上淌下的剩余涂料，经过净化并用溶剂稀释到工作粘度，回到涂料槽内重新使用。

8.抽涂

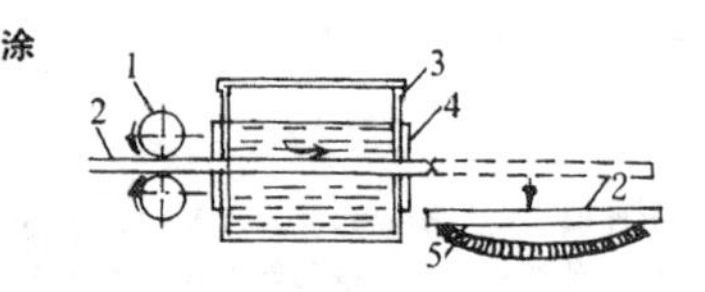

抽涂装置示意图

1—进料辊 2—工件
3—漆 槽 4—橡皮板
5—运输装置

9.转桶中涂饰

圆形断面的木制件可以在旋转着的桶内涂饰涂料。先将零件装在金属吊笼内浸涂清漆，随后装入端壁上有孔的桶内，将桶关闭后使之旋转，于是工件就在桶内滚动，并且互相碰撞，涂料就均匀地分布到零件表面，桶的旋转要持续到零件表面的涂层干燥为止。

10.浇涂

浇涂法的实质在于先用大量的交叉的涂料射流淋浇工件，然后再将工件送入充满着一定浓度的溶剂蒸汽的隧洞里。使浇上的涂料在工件表面进一步流平，多余的涂料流到倾斜的洞底，经过过滤，再送到涂料输送系统重新使用。

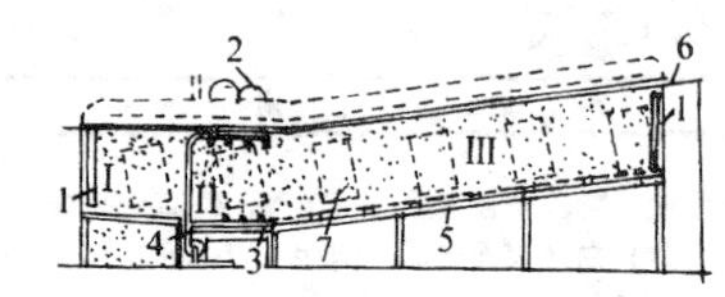

浇涂装置示意图：Ⅰ—进口外室 Ⅱ—浇涂室 Ⅲ—蒸汽隧道
1—通风口 2—风机 3—涂料槽
4—涂料泵 5—涂料回收槽
6—单轨 7—工件

3 涂层固化

1.涂层固化的机理

在木制品装饰过程中，涂层固化是对涂膜性能很有影响的重要阶段。

涂料按固化机理的分类

分类	种 类	固 化 机 理	固化因子	反应的分类	涂料举例
物理固作化用	蒸发固化	(蒸发) 溶液→连续膜	温度、风	蒸发	硝基漆、乳液涂料水性涂料、虫胶漆
	融解冷却固化	(融解) (冷却) 固体→液体→连续膜	温度	融解、冷却	粉体涂料、聚乙烯漆
化学作用的固化	氧化固化	(蒸发) (氧化) 溶液→连续膜	温度、催化剂	游离基	油性漆类
	聚合固化	(蒸发) (反应) 溶液→连续膜	温度、催化剂附加能量（紫外线、电子线）	游离基 过氧化物光敏剂	不饱和聚酯漆、紫外线固化漆、电子线固化型漆
				缩聚、加聚、加成缩合	醇酸、三聚氰氨、丙烯酸漆

2.涂层固化方法

①常用的加速涂层固化的方法 ②紫外线辐射固化 ③电子线固化

a.预热法 b.对流加热法 c.红外线辐射加热法

4 漆膜修整

为了获得装饰性能高的，镜面般光亮的漆膜，在涂层固化以后，还必须用磨光、抛光等方法，对漆膜作进一步加工，通常把这种加工称为漆膜的修整。

1.磨光 漆膜磨光就是用砂纸或砂带除去其表面波距较大的突出部分。经过磨光后，漆膜的不平度减少，同时漆膜的平均厚度也会相应减小。任何类型的漆膜都可以进行磨光。磨光可以采用干法或湿法。用砂纸等在干燥状态下进行磨光的方法称为干法磨光，不耐水的漆膜必须用干法磨光。木材表面的漆膜，大多属热塑性的，应采用湿法磨光。

2.抛光 抛光的目的在于进一步消除磨光以后在漆膜表面留下的细微不平度。经过抛光之后，漆膜表面的不平度如果小于可见光波长的二分之一（0.2 μm 以下）。它就能象镜面一般地反射光线，而没有漫反射现象。

I 商、周、战国家具

1.新石器晚期龙山文化为我国家具萌发期。

2.商、周、战国时期是我国低型家具形成时期。其特点：造型古朴、用料粗壮，漆饰单纯，纹饰拙犷。榫卯有了一定的发展，开中国榫卯之先河。并为后世榫卯的大发展奠定了基础。

漆俎　河南信阳

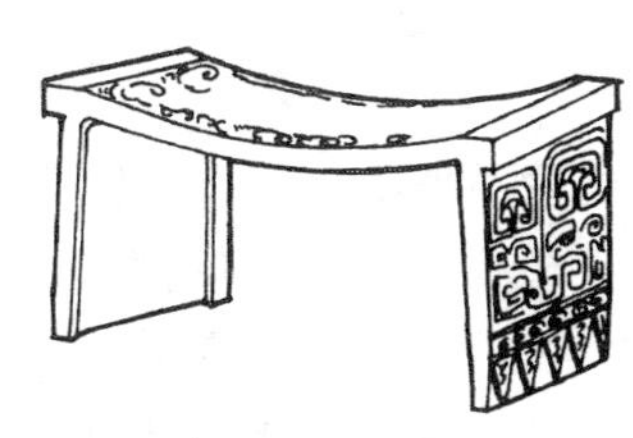

铜俎　陕西

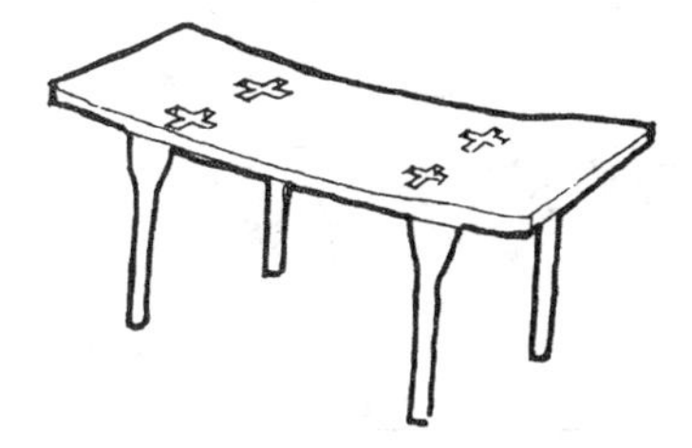

铜俎　安徽寿县

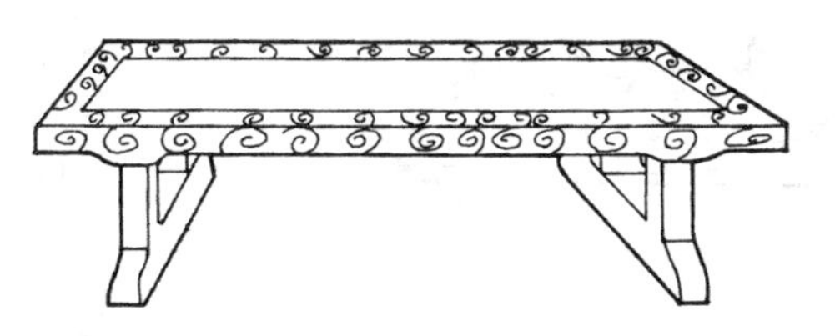

漆案　长沙刘城桥楚墓

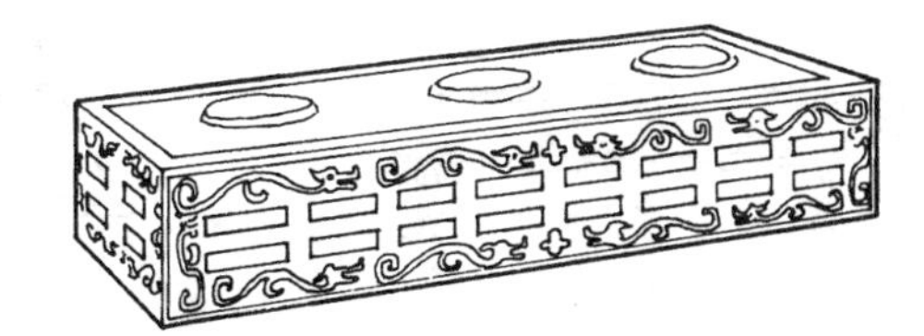

铜禁　陕西宝鸡台周墓

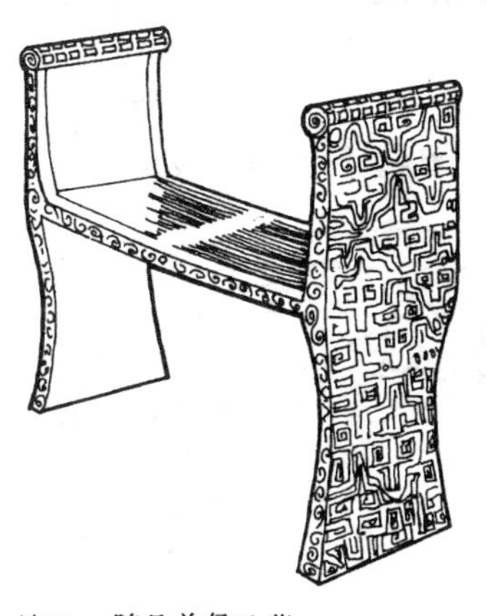

漆几　随县曾侯乙墓

雕花几　信阳楚墓

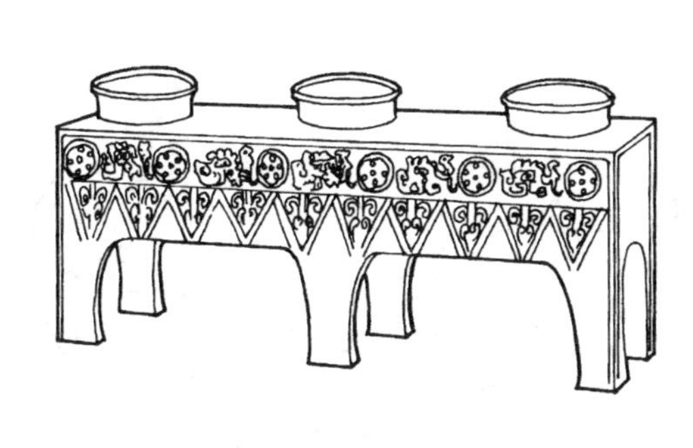

铜甗　安阳妇好墓

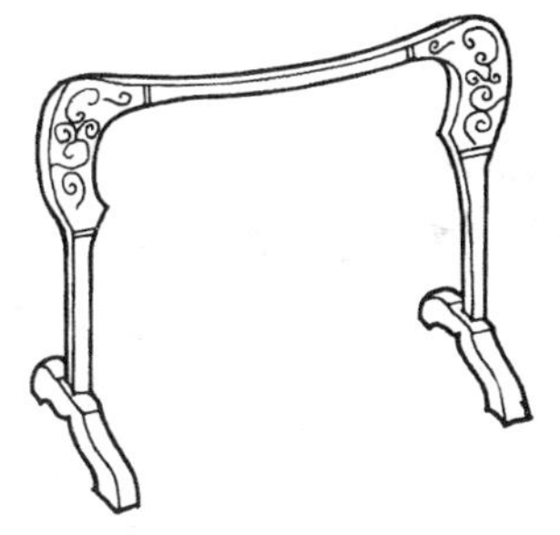

漆凭几　长沙楚墓

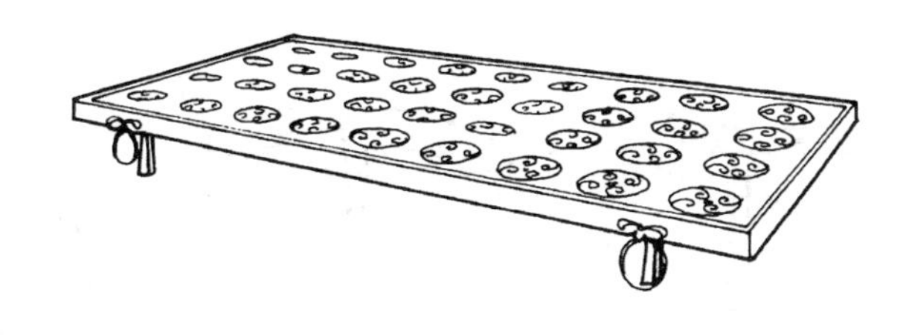

彩绘大食案　信阳楚墓

衣箱　随县曾侯乙墓

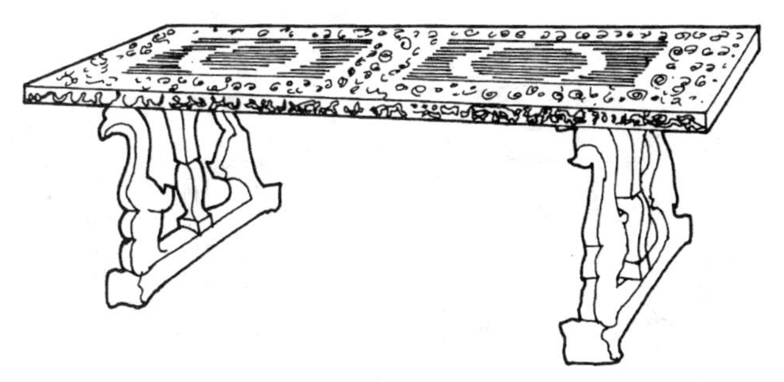

彩绘书案　随县曾侯乙墓

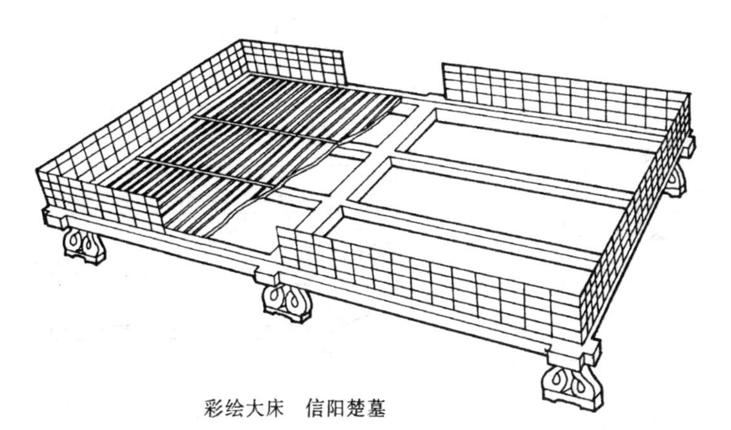

彩绘大床　信阳楚墓

2 汉代家具

1.为我国低型家具大发展时期。
2.坐榻、坐凳、框架式柜为这一时期家具新品种，高型家具出现萌芽。
3.漆饰继承了商周，同时又有很大发展，创造了不少新工艺、新作法。
4.华丽型与民间朴素型，并行发展。

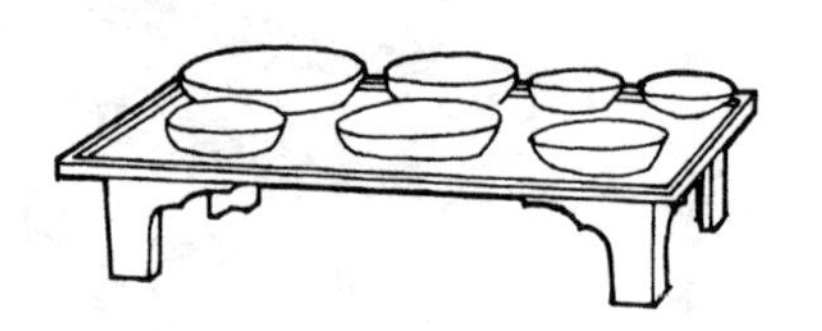

食案　南昌汉墓

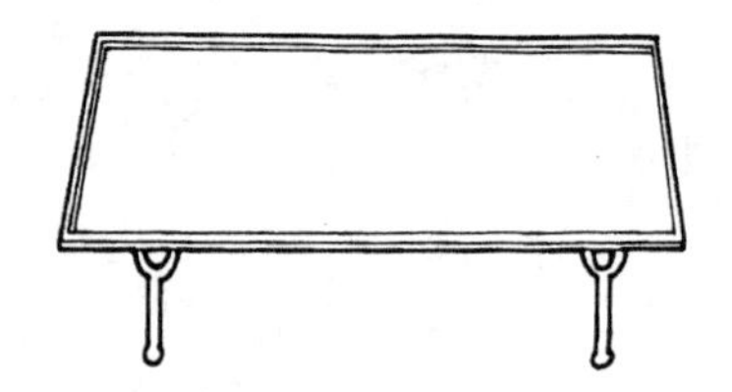

铜食案　云南昭通汉墓

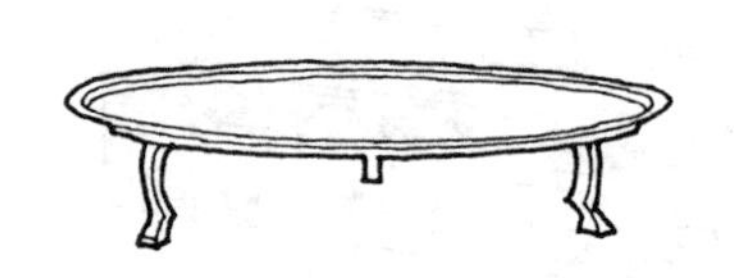

铜食案　广州沙河汉墓

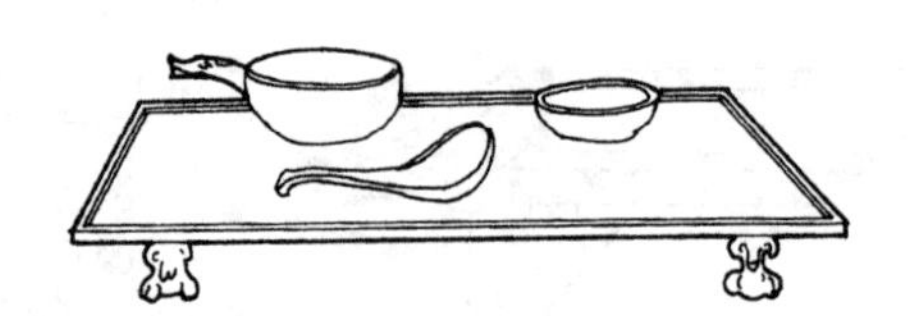

陶食案　河南灵宝汉墓

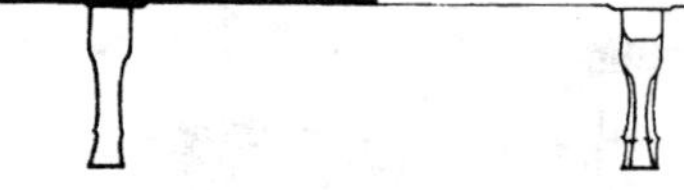

铜食案　云南昭通汉墓

铜祭案　云南李家寨

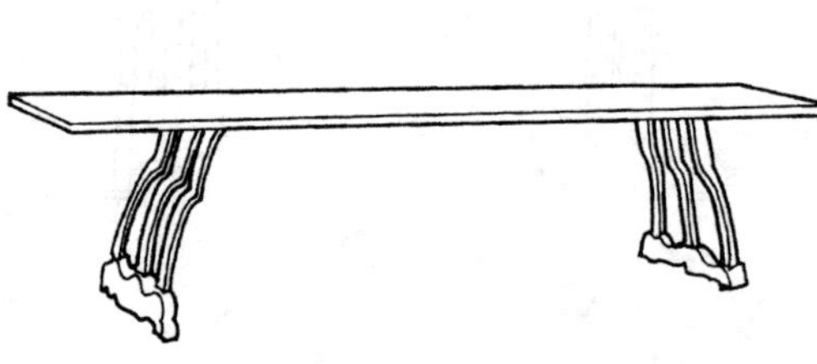

木案　甘肃　武威汉墓

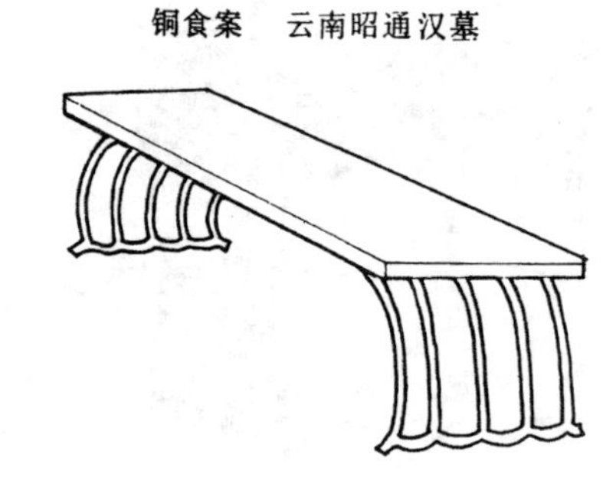

栅足书案　沂南汉墓

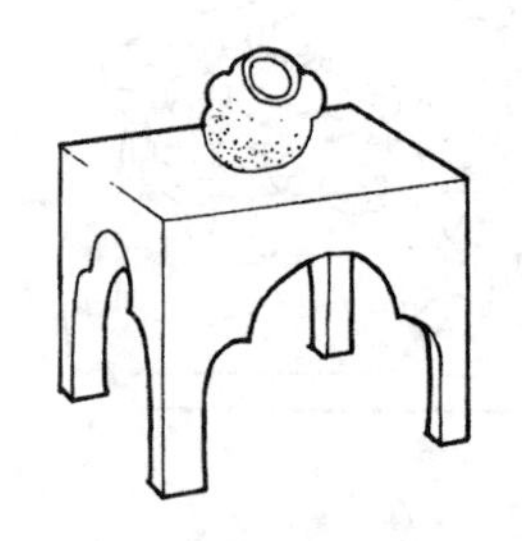

陶几　灵宝张湾汉墓

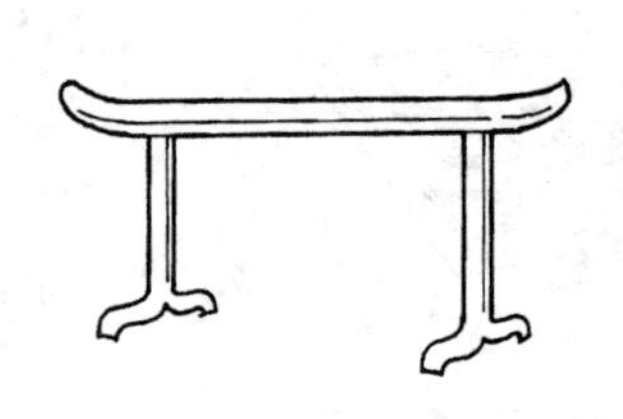

直凭几

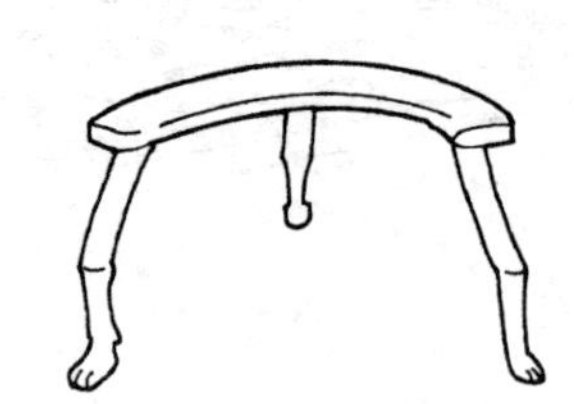

陶曲凭几

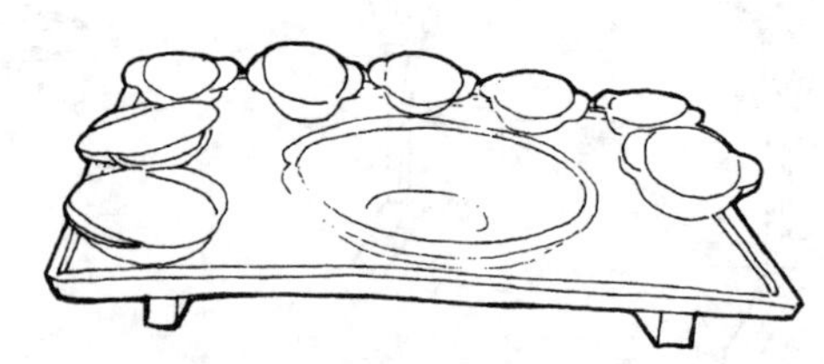

陶独坐小榻　南京

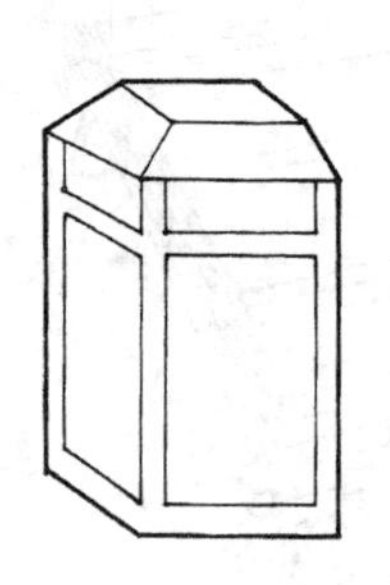

盝顶式箱

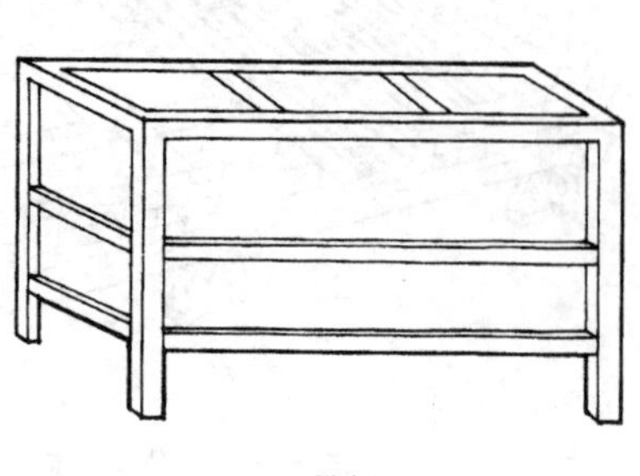

躺柜

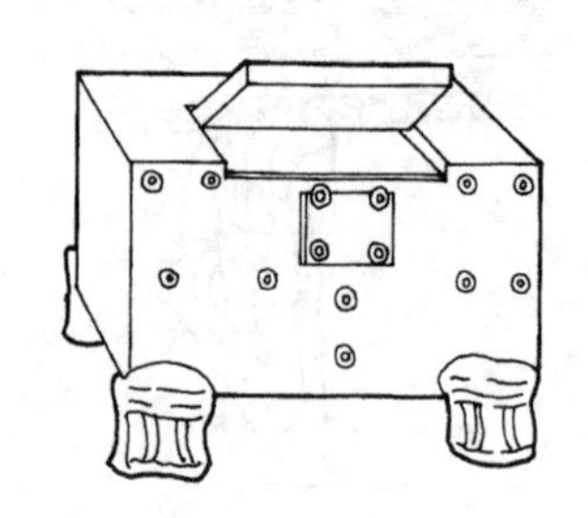

绿釉陶柜

绿釉陶橱

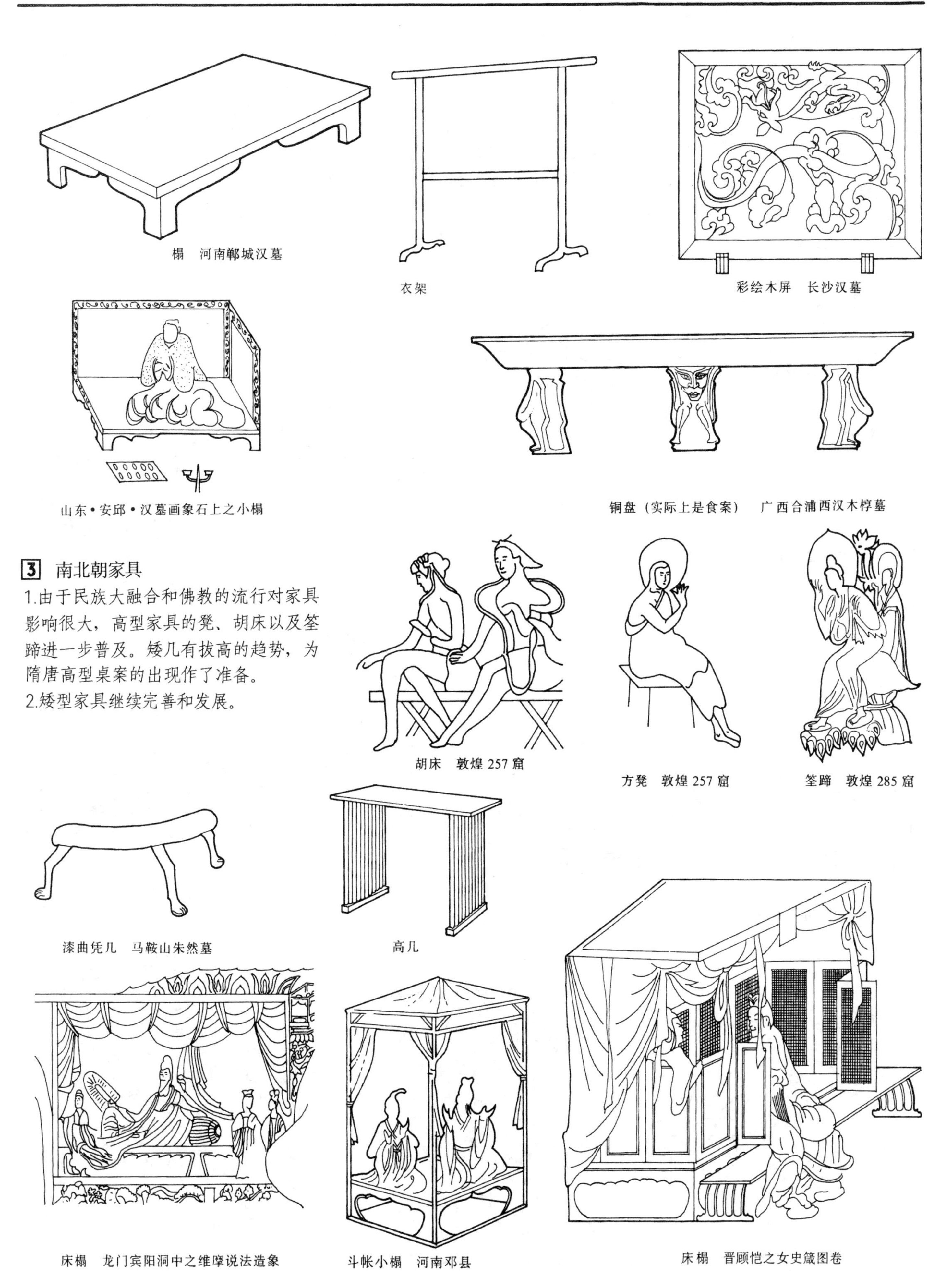

榻　河南郸城汉墓

衣架

彩绘木屏　长沙汉墓

山东•安邱•汉墓画象石上之小榻

铜盘（实际上是食案）　广西合浦西汉木椁墓

3 南北朝家具

1.由于民族大融合和佛教的流行对家具影响很大，高型家具的凳、胡床以及筌蹄进一步普及。矮几有拔高的趋势，为隋唐高型桌案的出现作了准备。

2.矮型家具继续完善和发展。

胡床　敦煌257窟

方凳　敦煌257窟

筌蹄　敦煌285窟

漆曲凭几　马鞍山朱然墓

高几

床榻　龙门宾阳洞中之维摩说法造象

斗帐小榻　河南邓县

床榻　晋顾恺之女史箴图卷

4 隋唐家具

1.是我国高型家具形成期。
2.壶门大案、高桌、条案、扶手椅，都已出现，但具有初始粗拙的特点。
3.是高低型家具并行发展时期。

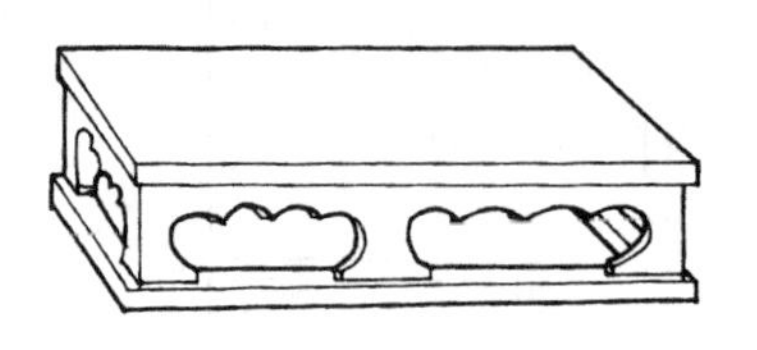

三彩陶榻　西安唐墓

独坐小榻　敦煌

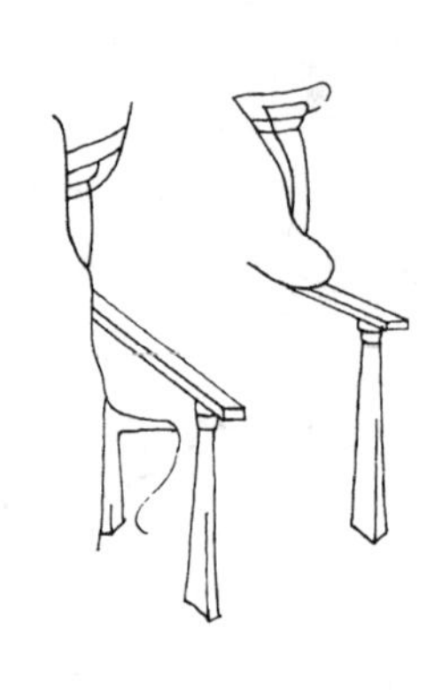

四出头官帽椅　敦煌

圈椅杨耀据唐宫中图复原

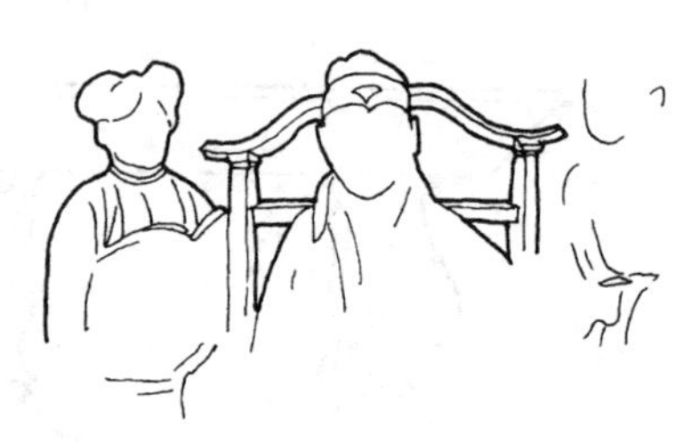

椅　西安唐墓壁画

圈椅　唐纨扇仕女图

纨扇仕女图　月样杌子

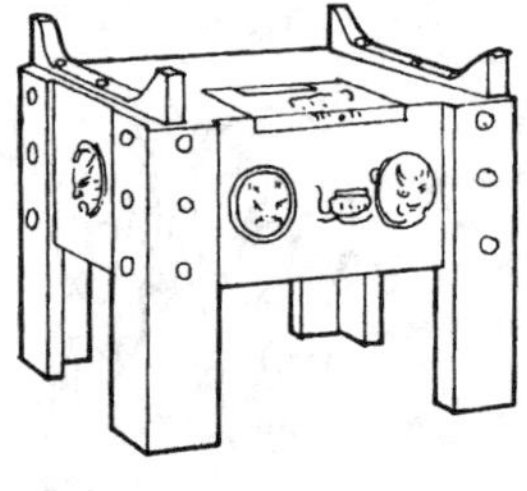

三彩钱柜　西安唐墓

长桌及长凳　敦煌 473 窟壁画

屏风、案、桌、扶手椅　五代王齐翰勘书图

方凳　卫贤高士图

方桌　敦煌 85 窟壁画

住宅内的床　敦煌 217 窟壁画

桌、靠背椅、凹形床　顾闳中韩熙载夜宴图

5 宋、辽、金家具

1.是我国高型家具大发展时期。椅与桌都已定型。并走向平民百姓家。
2.辽金少数民族也深受这一潮流的冲击，而走向高型化。
3.漆饰趋于朴素高雅，不尚浓华。

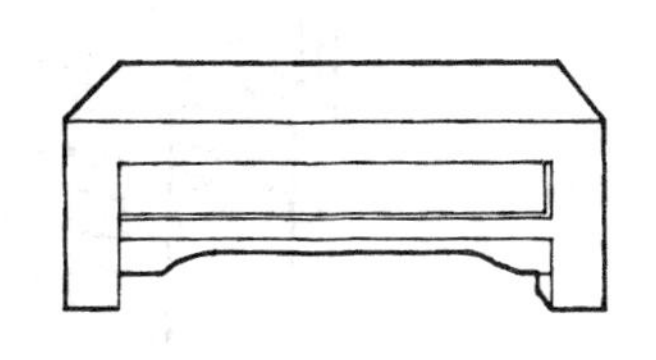

石脚踏　盐城宋墓

墩　北京辽墓壁画

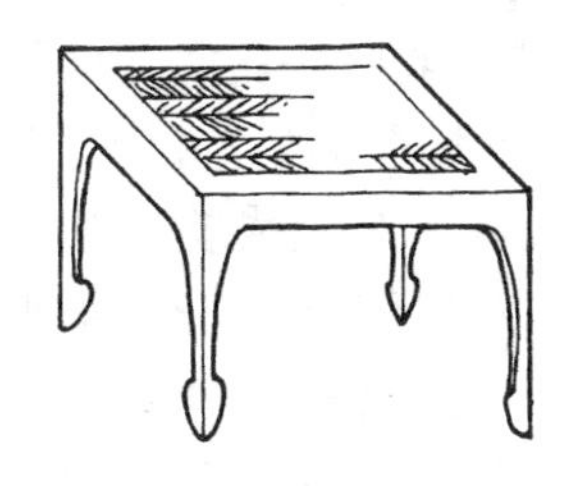

方杌　宋婴戏图

凉榻　宋槐荫消夏图

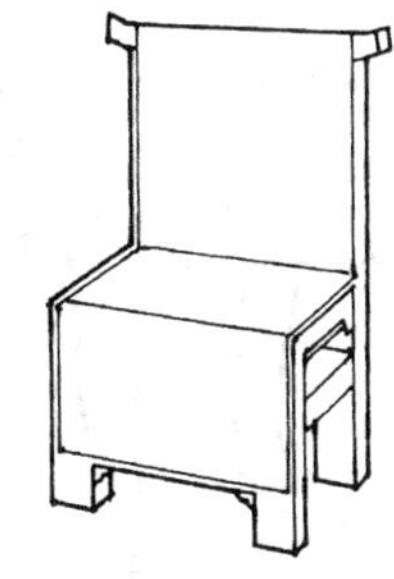

灯挂椅　盐城宋墓

木椅　河北钜鹿

木桌　内蒙昭盟辽墓

镜台　河南白沙宋墓

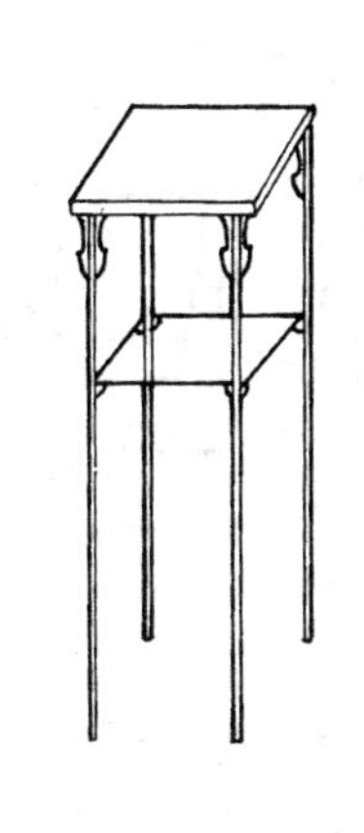

高几　宋听琴图

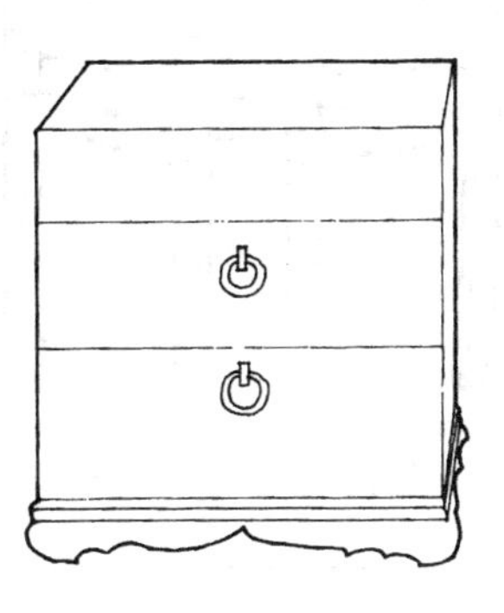

箱　盐城宋墓

木桌　河北钜鹿

桌、椅、脚踏、屏风　河南白沙宋墓

油桌　河南堰师宋墓

条案、交椅　宋蕉荫击球图

6 明代家具

1.是我国古典家具成就的高峰和代表。在世界家具史上占有重要地位。

2.明式家具成就表现在以下方面:

- 造型优美，比例恰当，表现了浓厚的中国气派。
- 结构科学，榫卯精绝，坚固牢实，可以传代。
- 精于选材，重视木材自然的纹理和色泽美。
- 金属配件讲究，雕刻、线脚处理得当，起到衬托和点睛作用。

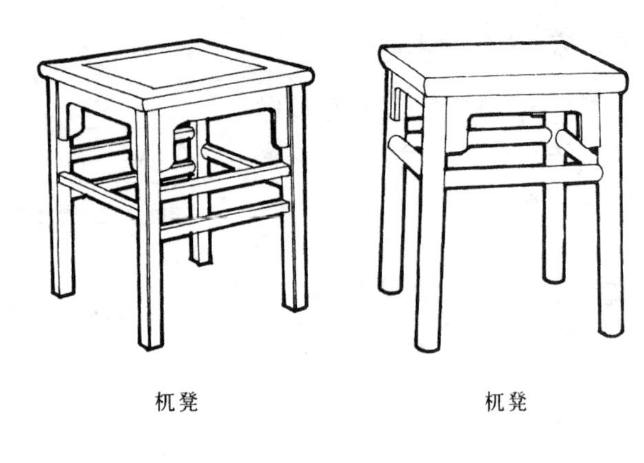

杌凳　杌凳

杌凳

杌凳

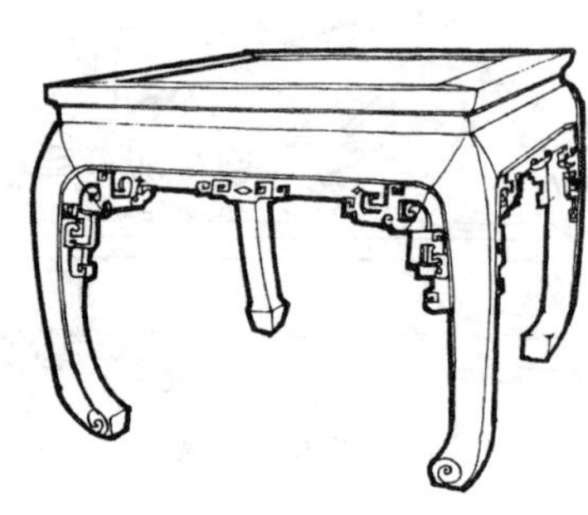

杌凳

马扎

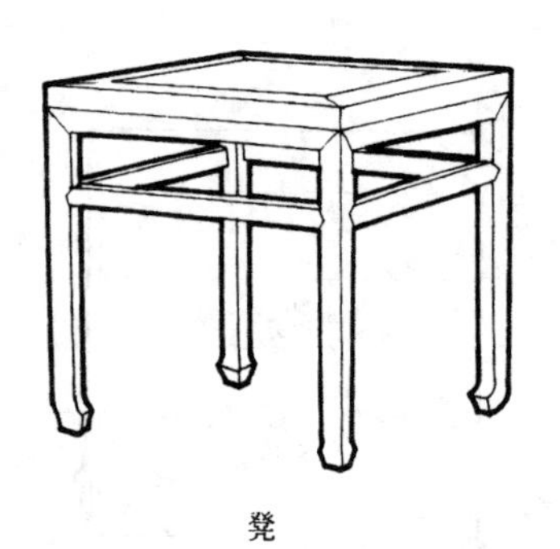

凳

墩

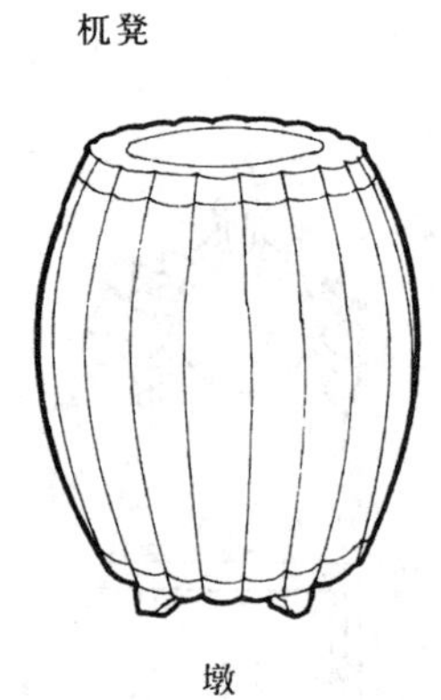

墩

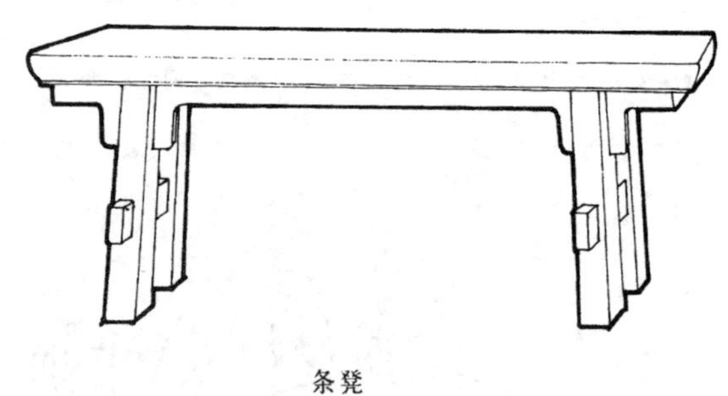

条凳

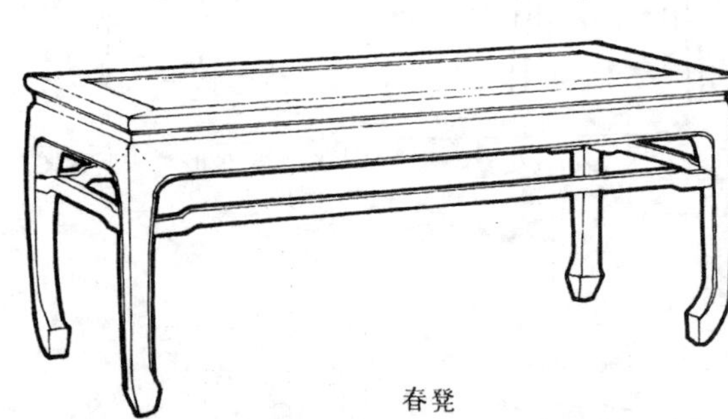

春凳

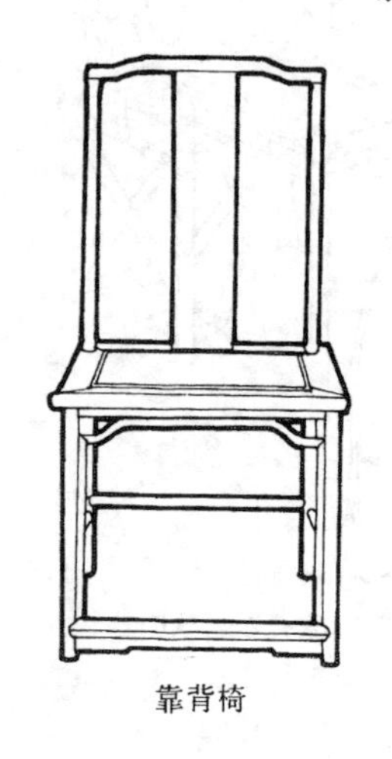

靠背椅

灯挂椅

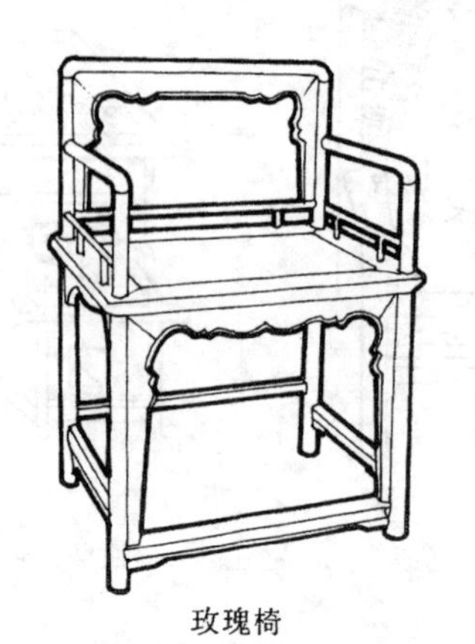

玫瑰椅

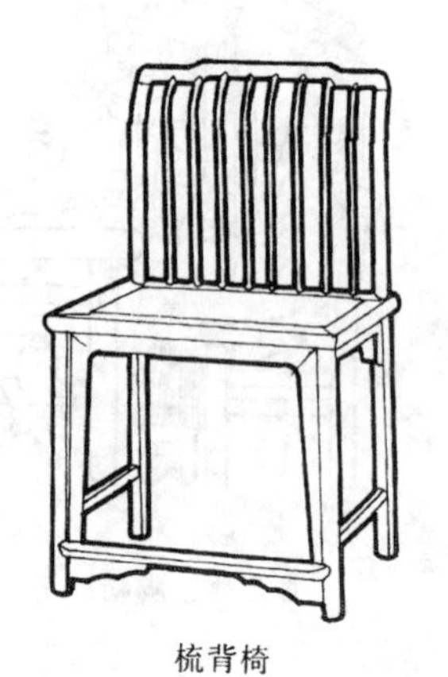

梳背椅

南官帽椅
四出头官帽椅
直背交椅
直背交椅
曲背交椅
曲背交椅
圈椅
圈椅
圈椅
炕几
炕几
炕几
条案
平头案

半圆桌
一脚三牙方桌
矮橱
平头案
翘头案
琴几
闷户橱
躺箱
矮柜
书架
书架
书架
亮格柜
圆角柜
方角柜
四件柜
四件柜

儿童床
架子床
架子床
榻
木榻
架子床
榻
木榻
小柜
香几
镜架
脚踏
面盆架
面盆架
衣架
灯架

7 清代家具

1.清早期继承和发展了明式家具的成就。
2.乾隆时期吸收了西洋的纹样并把多种工艺美术应用到家具上来。
3.清晚期家具与国运一起走向衰落。

墩

墩

凳

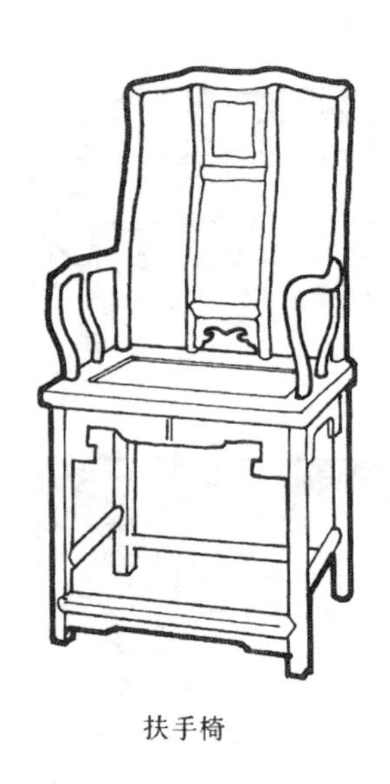

扶手椅

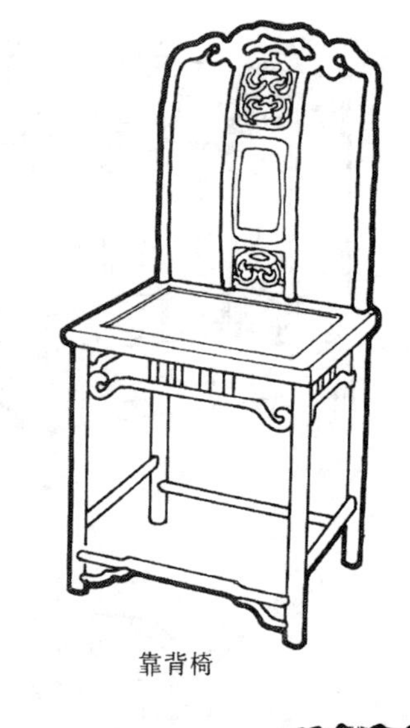

靠背椅

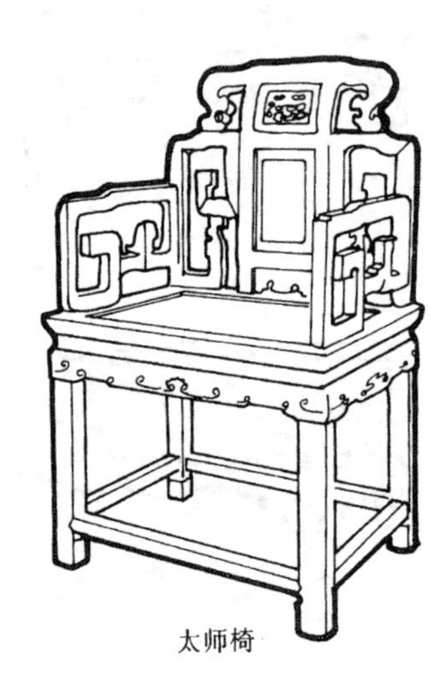

太师椅

条桌

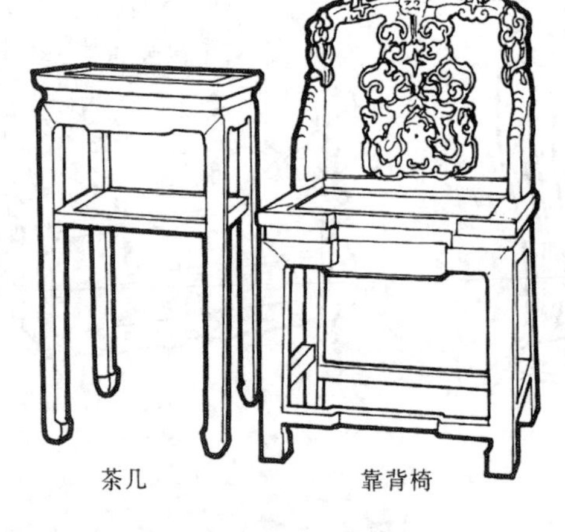

茶几　　靠背椅

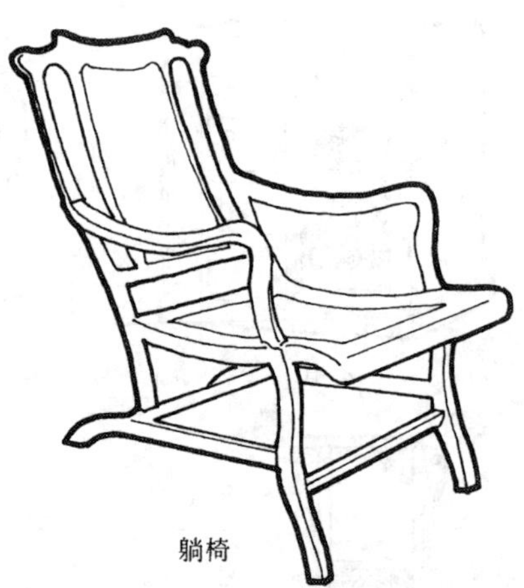

躺椅

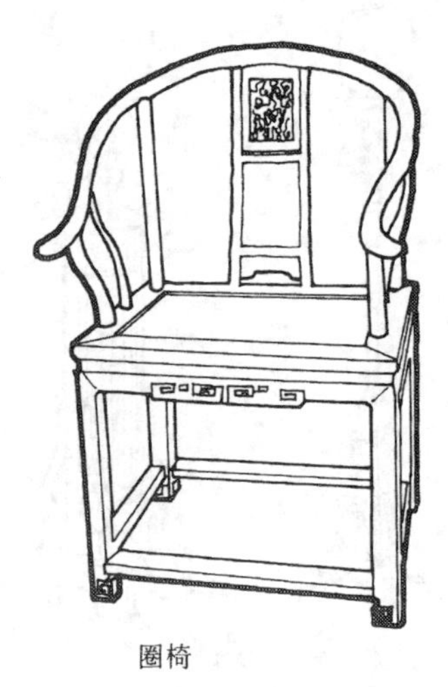

圈椅

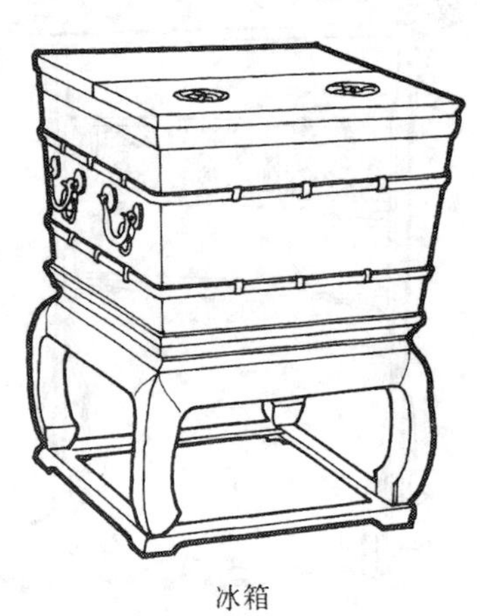

冰箱

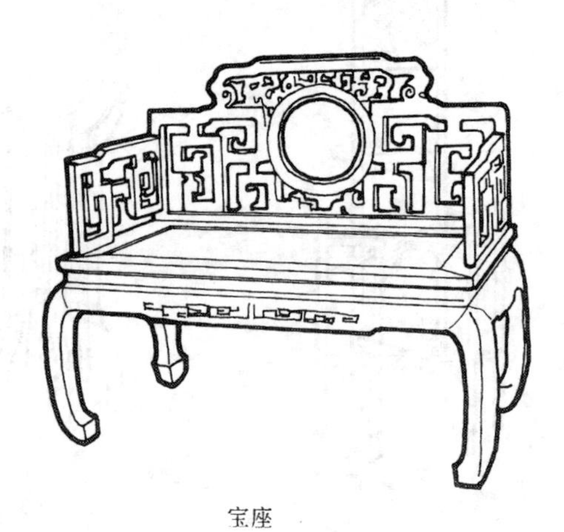

宝座

933
495
419
482
876
457
939
470
914
432
349
557
419
444
508
406
457
476
457
508
571
565
533
737
457
381
830
635
686
851
419
851
578
622
305
648
1142
1015
889
686
813
457
457
838
590
851
610
1396
1663

939
418
533
813
508
1829
889
406
545
813
457
914
838
457
1193
762
482
838
1066
508
686
939
610
1524
1066
533
660

55
46
95
110
十九世纪中期奥地利索涅特设计的曲木摇椅
78
42
79
79
1925 年美国布瑞耶尔设计的扶手椅
80
50
70
1926 年法国勒・柯布西耶设计的弹性扶手椅
42
44
74
79
1926 年美国密斯・凡德罗设计的钢管椅
47
45
60
80
1928 年美国布瑞耶尔设计的藤编钢管椅
41
44.5
48
83.5
1950 年意大利帕特设计的木椅
60
32
80
82
1917 年荷兰雷特维尔德设计的扶手椅
56
38.5
50
67
1944 年美国伊姆斯设计的胶合板模压钢木椅
74
42
74
75
1929 年美国密斯・凡德罗设计的巴塞罗那椅
78
39
74
83
1938 年美国哈德依・布涅特・库莱哈设计的钢筋帆布椅
53
44
51
76
1951 年丹麦贾可逊设计的椅子
55
44
155
1927年法国勒・柯布西耶设计的可调式躺椅
1956 年美国依姆斯设计的躺椅
83
38
83

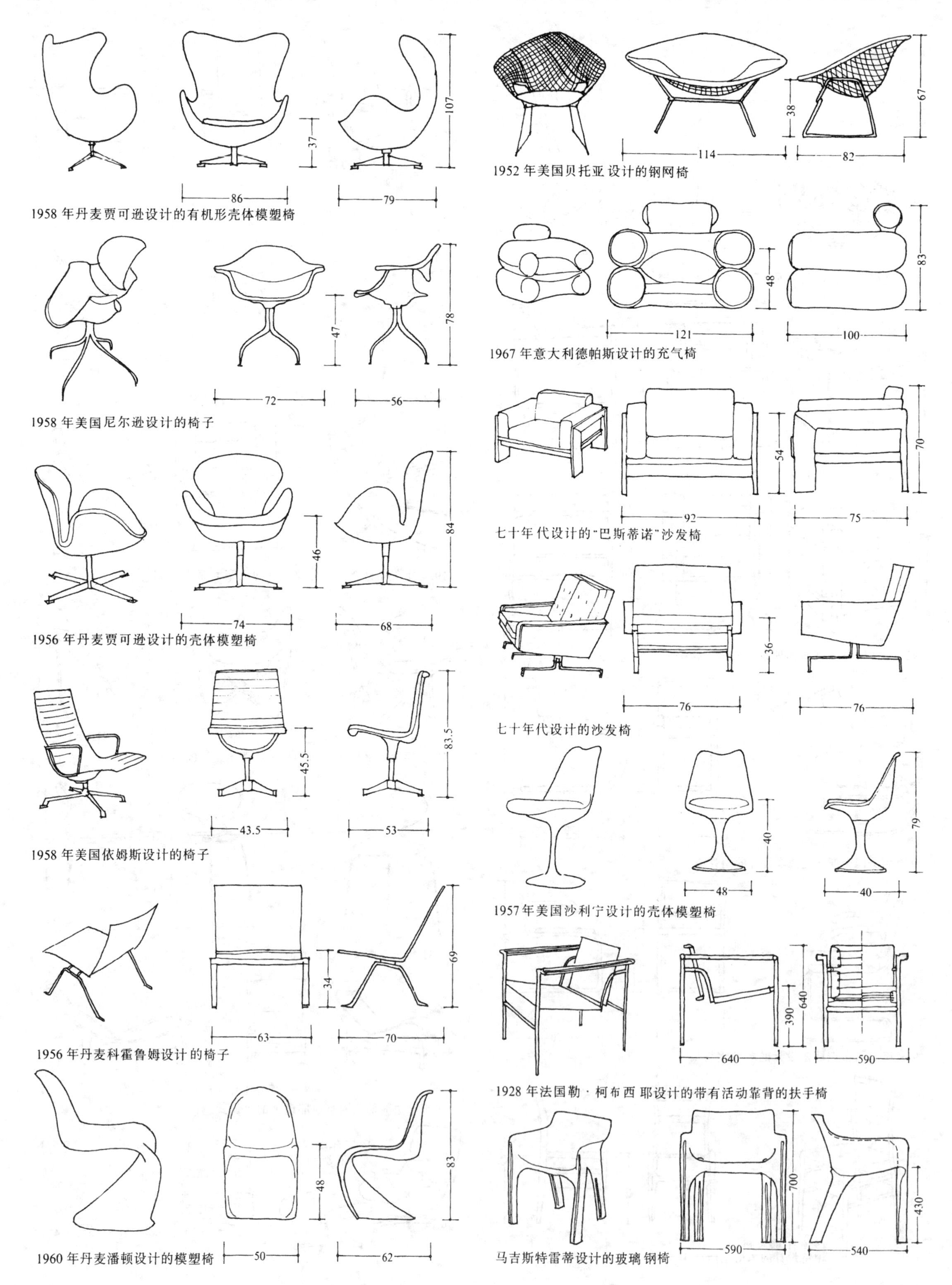

107
37
86
79
1958 年丹麦贾可逊设计的有机形壳体模塑椅
78
47
72
56
1958 年美国尼尔逊设计的椅子
84
46
74
68
1956 年丹麦贾可逊设计的壳体模塑椅
83.5
45.5
43.5
53
1958 年美国依姆斯设计的椅子
69
34
63
70
1956 年丹麦科霍鲁姆设计的椅子
83
48
1960 年丹麦潘顿设计的模塑椅
50
62
67
38
114
82
1952 年美国贝托亚设计的钢网椅
83
48
121
100
1967 年意大利德帕斯设计的充气椅
70
54
92
75
七十年代设计的"巴斯蒂诺"沙发椅
36
76
76
七十年代设计的沙发椅
79
40
48
40
1957 年美国沙利宁设计的壳体模塑椅
640
390
640
590
1928 年法国勒·柯布西耶设计的带有活动靠背的扶手椅
700
430
590
540
马吉斯特雷蒂设计的玻璃钢椅

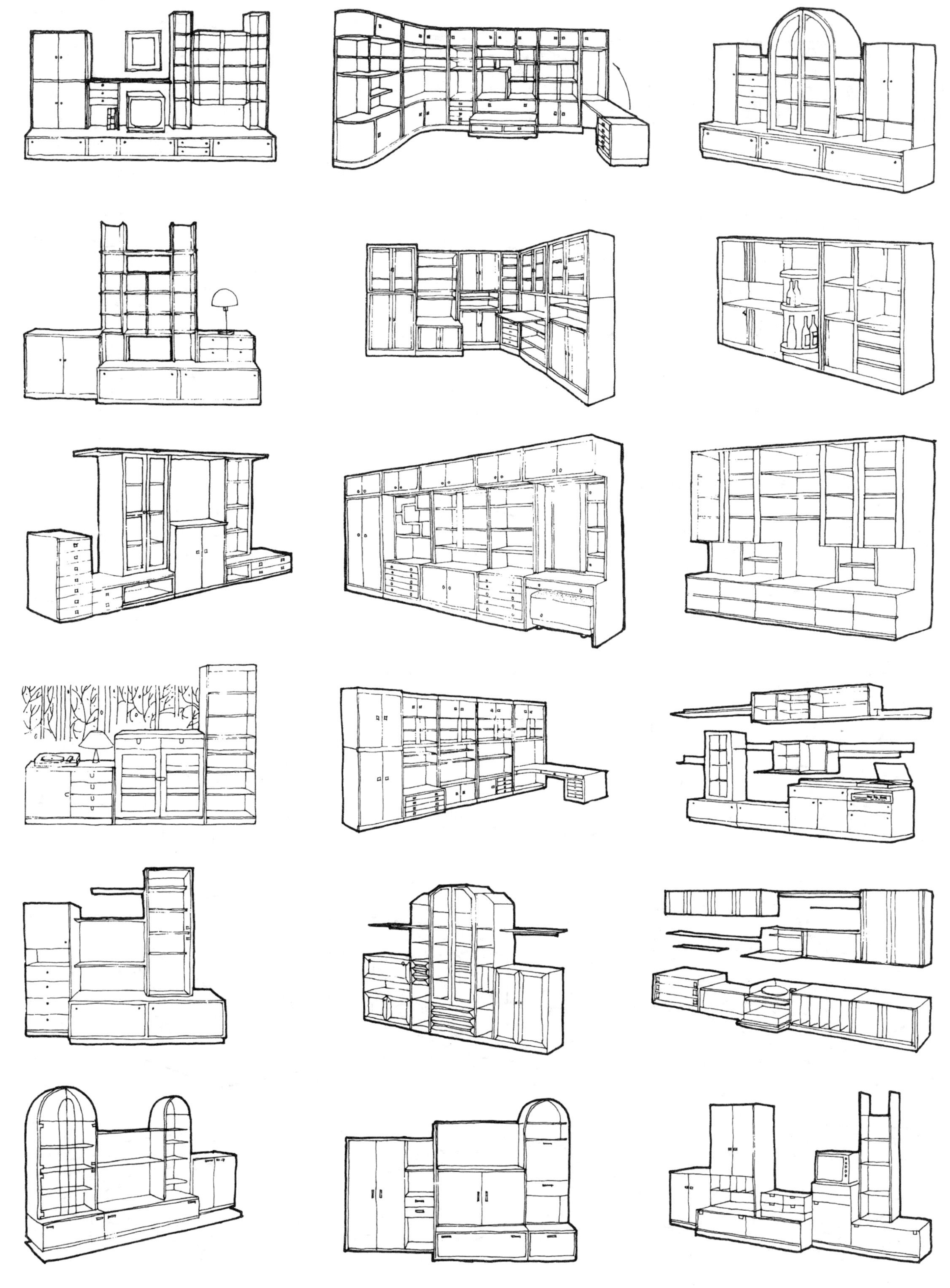

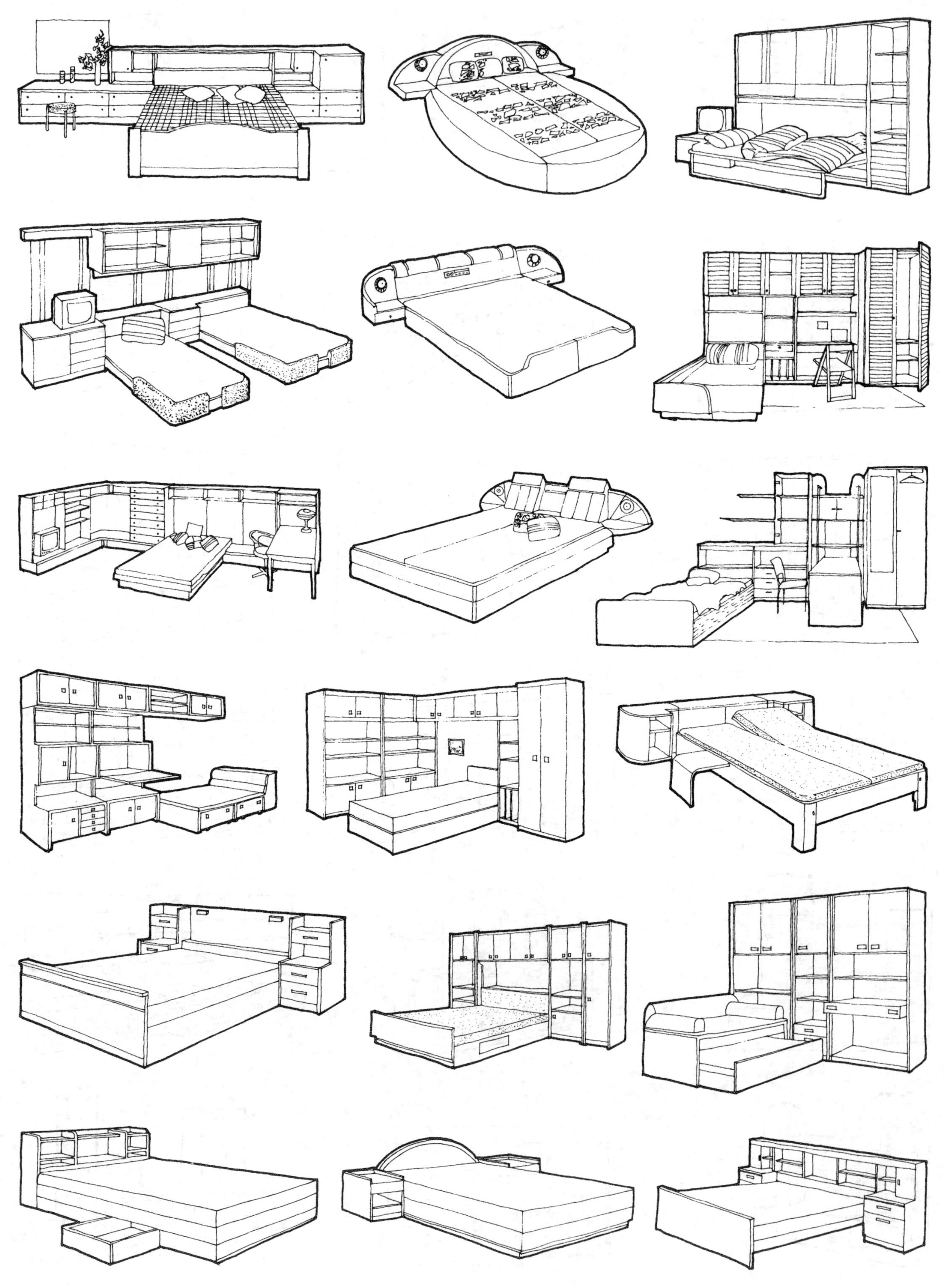

Ⅰ 色彩

1 室内设计和色彩

构成室内的要素必须同时具有形体、质感和色彩。色彩会使人产生各种各样的情感，以及使形体产生显眼的效果。在进行色彩设计时，必须首先考虑室内的空间效果，如果没有色彩的基本知识，是不能进行设计的。

2 色彩的本质

色彩是通过光反射到人的眼中而产生的视觉感，我们可以区分的色彩有数百万之多。

(1) 无彩色　白、灰、黑等。无色彩的色叫无彩色。

(2) 有彩色　无彩色以外的一切色，如红、黄、蓝等有色彩的色叫有彩色。

3 色的三属性

对色彩的性质进行系统分类，可分为色相、明度及彩度三类。

(1) 色相　是指红、黄、蓝等的有彩色才具有的属性。因此无彩色没有色相。对光谱的色顺序按环状排列即叫色相环。

(2) 明度　色的明亮度叫明度。明度最高的色是白色；最低的色是黑色。它们之间按不同的灰色排列即显示了明度的差别，有彩色的明度是以无彩色的明度为基准来判定的。

(3) 彩度　色的鲜度叫彩度。鲜艳色的彩度高叫清色；混浊色的彩度低叫浊色。彩度高的色其色相特征很明显，同一色相中彩度高的色叫纯色。无彩色没有彩度。

(4) 色立体　按色相、明度、彩度三属性，可以把色配列成一个立体形状，这叫色立体。色立体的形按表色系有一点差别。色立体可以了解色的系统组织。

4 表色系

表示色的体系叫表色系。主要的有孟赛尔表色系（Albert H. Munsell）、伊登表色系（Johannes Itten）、奥斯华德表色系　（Wilhelm Ostwald）　及 CIE（国际照明委员会略称）表色系，日本色研配色体系（PCCS）等等。其中与室内设计有关的最常使用的是孟赛尔表色系。

孟赛尔表色系是美国色彩学家孟赛尔（1858～1918）创造的，并提出了孟赛尔标准色标。孟赛尔的色相有 5 个主要色相（R、Y、G、B、P）。在各色相中间又增加 5 个色相（YR、GY、BG、DB、RP）。以 10 个色相为基本，使用时把 10 个纯色按 2.5、5、7.5、10 分为四段，全体就成为 40 个色相。5R 是标准的 R。RP 是 R 和 P 的中间色。

孟赛尔表色系的明度分割是将从黑到白之间感觉的等距分割，即列成 9 个灰色，分为 11 段，可是因为不存在完全的黑和白，无彩色的明度阶段是 1～9，而有彩色是 2～8 的值。

孟赛尔色立体　表1

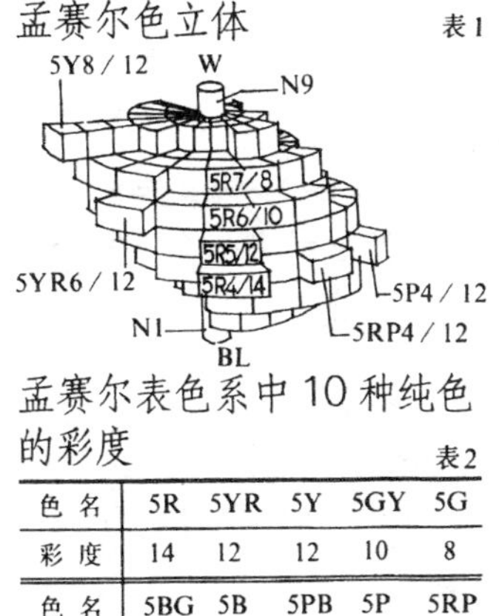

孟赛尔表色系中 10 种纯色的彩度　表2

色 名	5R	5YR	5Y	5GY	5G
彩 度	14	12	12	10	8
色 名	5BG	5B	5PB	5P	5RP
彩 度	6	8	12	12	12

孟赛尔色相环　表3

孟赛尔表色系中 10 种纯色的明度和彩度　表5

H \ V	2/	3/	4/	5/	6/	7/	8/
5 R	6	10	14°	12	10	8	4
5YR	2	4	3	10	12°	10	4
5 Y	2	2	4	6	8	10	12°
5GY	2	4	6	8	8	10°	8
5 G	2	4	4	8°	6	6	6
5BG	2	6	6	6°	6	4	2
5 B	2	6	8°	6	6	6	4
5PB	6	12°	10	10	8	6	2
5 P	6	10	12°	10	8	6	4
5RP	6	10	12°	10	10	8	6

暖色和冷色的区分范围(按孟赛尔色相环区分)　表4

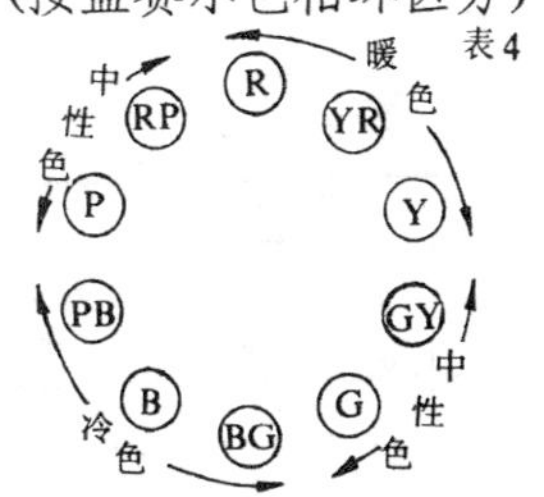

注：表中的数字表示 C（彩度），有“°”者为纯色。

孟赛尔表色系的彩度把无彩色叫 0，角 1、2、3 等间隔刻度表示，随之彩度增加，纯色就变成最高，彩度差因色相、明度而不同，色立体就成了不规则的形。

孟赛尔色立体纵剖面所反映的彩度阶段表　表 6

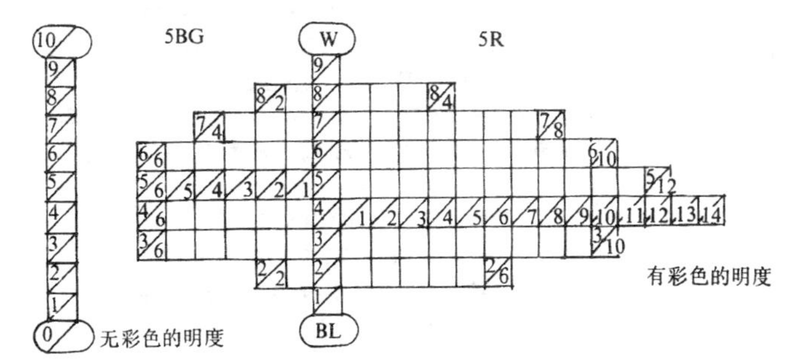

孟赛尔表色系的表示方法，有彩色用 HV/C（H＝色相、V＝明度、C＝彩度）来表示，例如：红的纯色为：5R4/14，读 5R4 的 14″。无彩度用 NV，如 N4 表示明度为 4 的灰色。

5 色的知觉（色的识别方法）

按照色彩的使用方法，可使色彩的识别方法产生出种种变化，在进行色彩计划时，若能很好的利用则可获得较好效果。

(1) 色的对比　色相邻时与单独见到该色时感觉不一样，这种现象叫色的对比。色的对比有二个色同时看到时产生的对比，叫同时对比。先看到一个色再看到另一个色时产生的对比叫继时对比。继时对比在短时间内要消失，通常我们讲对比是指同时对比。

①色相对比

对比的两个色相，总是处在色相环的相反方向上，红和绿、黄和紫。这样的二个色称为补色。二个补色相邻时，看起来色相不变而彩度增高，这种现象称之补色对比。

②明度对比

明度不同的二色相邻时，明度高的色看起来明亮，而明度低的色看起来更为暗一些，象这样看起来明度差异增大的现象叫明度对比。

③彩度对比

彩度不同的二个色相邻时会相互影响，彩度高的色更显得鲜艳，而彩度低的色看起来更暗浊一些，而被无彩色包围的有彩色，看起来彩度更高。

(2) 色彩的面积效果　色的明度、彩度都相同，但因面积大小而效果不同。面积大的色比面积小的色其明度、彩度看起来都高。因此，用小的色标去定大面积墙面色彩时，有过明度和彩度过高而失败的例子。因此大面积决定色彩时应多少降低其明度与彩度。

(3) 色彩的视认性　色彩有时在远处可清楚的看见，而在近处却模糊不清，这是因为受背景色的影响。清楚可辩认的色叫视认度高的色，相反叫做视认度低的色。视认度在底色和图形色的三属性差别大时增高，特别是在明度差别大时更会增高，以及受到当时照明状况和图形大小的影响。

①色彩的前进和后退

色彩在相同距离看时，有的色比实际距离看起来近（前进色）；而有的色则看起来比实际距离远（后退色）。从色相看，暖色系的色为前进色，冷色系的色为后退色；明亮色为前进色，暗色为后退色；以及彩度高的色为前进色，彩度低的色为后退色。

②色彩的膨胀和收缩

同样面积的色彩，有的看起来大一些，有的则小一些。明度、彩度高的色看起来面积膨胀；而明度、彩度低的色则面积缩小。暖色为膨胀色，冷色为收缩色。

6 色的感情效果

形体是具有各种表情的，色彩也具有各种表情，有引起人们各种感情的作用。因此我们有必要去巧妙地利用它的感情效果。

(1) 暖色和冷色　看到色彩时，有的使人感到温暖（暖色），有的使人感到寒冷（冷色）。这是由色相而产生的感觉。有些暖色如：使人能联想到火的红色最为典型，以及桔红色和过渡到黄色的色相色；有的冷色如．使人能联想到水的蓝色、青绿色和过渡到蓝紫的色相色。绿和紫是中性色，以它的明度和彩度的高低，而产生冷暖表情的变化。无彩色中白色冷，黑色暖，灰色为中性。

(2) 兴奋色和沉着色　兴奋与沉着由刺激的强弱引起，红、橙、黄色的刺激强，给人以兴奋感，因此称为兴奋色。蓝、青绿、蓝紫色的刺激弱，给人以沉静感，因此称为沉着色，但是往往彩度低时兴奋性和沉着性都会降低。绿和紫色是介于二者之间的中性色，是人们看时不感到疲劳的色彩。

(3) 华丽色与朴素色　华丽和朴素是因彩度和明度不同而具有感情的，象纯色那样彩度高的色或明度高的色，给人以华丽感。冷色具有朴素感。白、金、银色有华丽感。而黑色按使用情况有时产生华丽感，有时则产生朴素感。

(4) 轻色和重色　轻、重是由色彩的明度而具有感情的，明亮色感觉轻快，而暗色感觉沉重。在明度相同的情况下，彩度高的色感觉轻，彩度低的色感觉重。

(5) 阳色和阴色　暖色红、橙、黄为阳色，冷色青绿、蓝、蓝紫为阴色。明度高的色为阳色，明度低的色为阴色。明度和彩度均低时使人感到阴气。白色在与其他纯色一起使用时产生阳气，黑色使人感到阴气、而灰色是中性。

(6) 柔软色和坚硬色　柔软和坚硬是由明度和彩度而具有感情的，一般讲，明度高，彩度低的色产生柔软感，而明度低彩度高时给人坚硬感，白和黑有坚硬感，灰色具有柔软的表情。

(7) 色彩的联想和象征　看到红色时，人们会联想到火或血，看到蓝色时人们也许会联想到水或天空，这是人根据自己的生活经验，记忆或知识而产生的，又会因性别、年龄、民族的不同而不同，一般来讲共性的联想也是相当多的。

另外，对色彩的联想社会化，变成习惯或制度的称为色彩的象征，但因民族、阶级的不同，又是具有差异的。

(8) 对色彩的喜好　对色彩的喜好因性别、年龄、阶层、职业、环境、地区、民族而有所不同，另外也因个人性格、趣味不同而不同，但存在着共通的倾向。

(9) 照明带来的色彩变化　物体的色彩由照射光的性质而产生变化，钨丝白炽灯泡照射时，人们看到物体色彩的变化，如表9所示；萤光灯照射时物体色彩变化如表10所示。

色彩的联想　表7

色＼联想	抽象联想	具体联想
红	热情、革命、危险	火、血 口红、苹果
橙	华美、温情、嫉妒	桔、柿、炎、秋
黄	光明、幸福、快活	光、柠檬、香蕉
绿	和平、安全、成长	叶、田园、森林
蓝	沉静、理想、悠久	天空、海、南国
紫	优美、高贵、神秘	紫罗兰、葡萄
白	洁白、神圣、虚无	雪、砂糖、白云
灰	平凡、忧恐、忧郁	阴天、鼠、铅
黑	严肃、死灭、罪恶	夜、墨、煤炭

色彩的象征　表8

色＼地区	中　国	日　本	欧美	古埃及
红	南(朱雀)、火	火、敬爱	圣诞节	人
橙			万圣节	
黄	中央 土	风、增益	复活节	太阳
绿			圣诞节	自然
蓝	东(青龙)、木	天空、事业	新　年	天空
紫			复活节	地
白	西(白虎)、金	水、清净	基　督	
灰				
黑	北(玄武)、水	土、降伏	万圣节前夜	

钨丝灯色光照射下物体色彩的变化　表9

物体色＼光色	红	黄	蓝	绿
白	明亮桃色	明亮黄色	明亮蓝色	明亮绿色
黑	红头黑色	暗橙色	蓝黑色	绿头黑色
鲜蓝	红头蓝色	亮红头蓝色	纯蓝色	绿头蓝色
深蓝	深红头紫色	红头绿色	亮蓝色	暗绿头蓝色
绿	橄榄绿	黄绿色	蓝绿色	亮绿色
黄	红橙色	亮橙色	褐　色	亮绿头橙黄色
茶	红褐色	茶色头橙色	蓝头茶色	暗茶绿色
红	大红色	亮红	深蓝头红色	黄头红色

荧光灯照射下物体色彩变化　表10

色相	物体色	在荧光灯下所具色
红	红	浅红
红	浅红	胡萝卜红色
红	小豆红	红褐
橙	红砖红	浅红头的橙色
橙	浅橙	浅黄头的橙色
橙	浅褐橙	浅橙
橙	浅黄	浅蛋黄

色相的调和区分图 表11

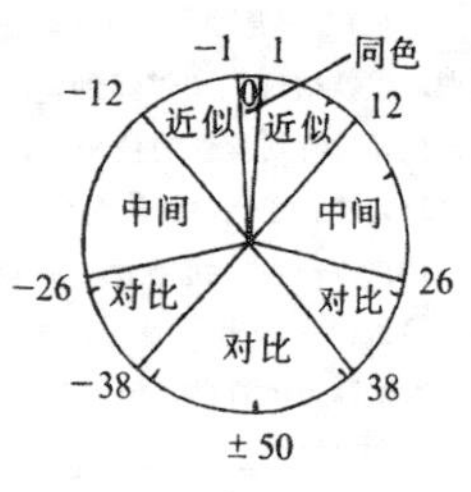

2 色彩的配色与调和

二个色以上的组合叫配色。若配色给人以愉快感就叫做调和，相反，配色给人以不愉快的感觉就是不调和。

可是，人的感觉会有相当大的差别，色彩的性质又是很复杂的。不同的材质，受周围的影响及照明等光的作用，使色彩产生不同的效果。我们所讲的色彩调和是考虑以上种种条件的综合效果。

1 配色方法

为了作好设计，选择合适的配色，可对周围好的配色实例进行搜集分析和研究。提供以下各项供参考：

(1) 注意自然界中好的配色　如：风景、动物（昆虫、鱼、贝）、植物（花、草、树木）以及天体、气象等。

(2) 注意人工配色实例　如：日用品、服装、印刷品（广告）以及绘画、美术品、模特儿、室内环境、各类色彩样本等。不仅只是观赏，而要经过搜集、整理、分析，然后用于设计中，成为配色的参考。

2 调和感觉的分类

同一调和　同一色相的色进行变化统一，是只有明度变化的配色，给人以亲和感。

类似调和　色相环上相邻色的变化统一配色。给人以融和感，室内色彩设计多属此类。

中间调和　色相环上接近色的变化统一配色，给人暧昧的感觉。

弱对比调和　补色关系的色彩，明度虽相差甚远，但不强烈的对比配色，给人以明快的感觉。

对比调和　补色及接近补色的对比色配合，明度或彩度相差甚远，给人以强烈或强调的感觉。

调和感觉的分类见色相的调和、区分图。

3 色相的调和

(1) 二色调和　以孟赛尔色相环为基准，二色之间的差距可按以下区分：

同一调和　色相环上一个色范围之内的调和。

由色彩的明度、彩度变化进行组合，设计时，应考虑到形体，排列方式，光泽、肌理材质不同而带来的变化。

类似调和　色相环上 1～12 或-1～-12 之间色的调和。

给人以温和之感，适合于统一的大面积处理，如能一部分设强烈色彩而另一部分设弱色，或一部分设高明度色，另一部分用低明度色，则能收到较好效果。如：5Y−5YR，或 5B−5PB 等。

中间调和　色相环上 12～26、-12～-26 之间色的调和。

暧昧的调和　如：5R−5Y，5B−5PB 等。

弱对比调和　色相环上 26～38、-26～-38 之间色的调和。

比较热闹，又感明快，如：5R～5G，5GY～5PB 等。

对比调和　色相环上 38～-38 之间色的调和。

对比调和给人以强烈印象，相互间显得彩度很高。如能将一方的彩度降低，则能收到较好效果。如果二色是补色，则给人十分强烈的效果。如：5Y～5PB、5R～5BG 等。

色彩面积的考虑是必要的，往往小面积对比、大面积调和。

(2) 三色调和

三色调和最重要的是取得配色均衡。

同一调和　三色的同色调和与二色的同色调和是一致的。

正三角调和　在色相环中各间隔 120 度的三个角的配合，是最明快、最安定的调和，如：5R−7.5GY−2.5PB 等，在这种情况下，以一个为主色，其它二色相从是至关重要的。

二等边三角形调和　这种情况下，如果三个色都同样强烈，极易产生不调和的效果，这时可将锐角顶点的色设为主调色，其他二色相随。如：5R−5B 等。

不等边三角形调和　不同于以上二等边三角形设色，而是任意三角形选色，在设色面积大的情况下，可产生突破的效果，如：5R−5B−10GY 等。

三色调和与多色调和　表12

三色调和			多色调和		
正三角调和	二等边三角调和	不等边三角调和	正方形，平行四边形调和	正五角形调和	正六角形调和

(3) 多色调和

四个以上色的调和，在色相环上形成四角形、五角形及六角形。决定一个主色是必要的。特意将相邻色的明度拉开也是至关重要的。

4 明度的调节

(1) 同一和近似调和　这种调和具有统一性但却缺少变化，因此，变化其色相和彩度是必要的。

(2) 中间调和　若改变色相和适当改变彩度，可取得更好的效果。

(3) 对比调和　虽有明快之感，但多少有点强硬感，可将色相、彩度尽量一致而取得较好效果。

5 彩度的调节

(1) 同一和近似调和　具有统一感和融和感，但易感到较弱，因此可通过改变色相和明度予以适当加强。

(2) 中间调和　因有暧昧的感觉，可改变其色相和明度。

(3) 对比调和　给人明快之感，但易过于热闹，改变色相及加大面积之比是至关重要的。

6 配合与配置

配色效果根据配色的方法而变化。

(1) 明亮色在上，暗色在下会产生沉着安全感。

(2) 与上面相反时将产生动感和不安定感。

(3) 室内天花使用重色常会产生压迫感。

(4) 色相、明度、彩度按等差和等比间隔的配置，可产生出有层次节奏的色彩效果。

明度和彩度的配合　表13

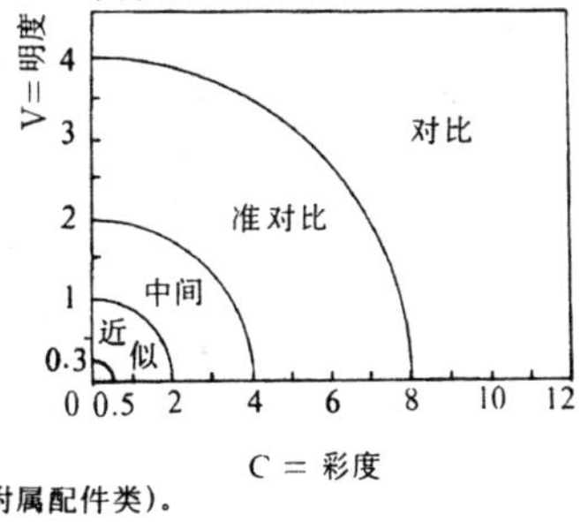

V＝明度：0.3、1、2、3、4；C＝彩度：0、0.5、2、4、6、8、10、12；近似、中间、准对比、对比

7 配色和面积

(1) 原则上，大面积色彩应降低彩度，(墙面、天花、地面)。

(2) 原则上，小面积色彩应提高彩度（附属配件类）。

(3) 原则上，明亮色、弱色应扩大面积。

(4) 原则上，暗色、强烈色应缩小面积。

可是，现代设计强调打破平衡作法时，往往采用与此相反的手法来取得特殊的效果。

8 配色的修改方法

配色不理想时，请试用以下办法来检查调整。

(1) 试把明度、彩度、色相，分别进行变化。

(2) 以上不能变动时，试改变其面积之比，改变配置或改变材质。

(3) 在色和色之间加入其它色线。如：金、银、白、黑、灰等加以区分，这种方法叫分离法。可以把对比色协调起来。

(4) 使用重点色（不仅是色，还包含了其它造型要素），让总体起变化，并作好整体协调。

综上，配色调和除使用色彩之外，还包含了它们的造型要素（形体、材质、照明等），要按其统一和变化，类似和对比等的适度均衡关系来形成。

3 色彩调节

色彩调节是应用色彩所具有的心理、生理和物理特性，通过建筑、交通、设备、机械等为人类生活环境提供舒适、方便的配色设计，并与空气调节、音响调节等一起，成为现代室内环境调节手段的一个重要技法。

1 色彩调节的效果

(1) 使人得到安全感、舒适感和美的享受。

(2) 有效地利用光照，易于看清。

(3) 减少眼疲劳，提高注意力。

(4) 有利于整理室内。

(5) 有利于提高工作效率。

(6) 有利于安全，减少事故和意外。

2 室内色彩调节

室内的色彩调节，虽运用配色理论是可以收到好效果的，但室内由空间构成，其材料本身的色彩、家具和帷幔的色彩、照明色彩之间的关系必须整体考虑。

一般来说，公共场所是多数人集散之地，应强调统一效果，配色时若用同色相的浓淡系列配色最为适宜。即：用相同色相来统一，变化其明度可取得理想效果。但业务场所的视觉中心、标志等的视认性和注目性，必须予以强调，可设　同色相色彩。在事务所等处椅子多的地方，人们有空间区分要求，这时，可用二个色以上的配合来取得变化，以创造舒适和有条理的环境。

(1) 色相　应按室内功能要求来决定室内色调。其选择方法应注意室内气氛的创造，可参考以下方面进行考虑（采用孟赛尔色相环记号）：

住宅：YR、GY、G、N、PB、B、P、BG、R、RP

工厂：G、GY、B、PB、BG、Y、YR、N、R、RP 的顺序参考使用。

(2) 明度　结合照明、适当地设定天花、墙面，地面色彩的明度是重要的，在劳动场所，天花明亮，地面较暗是易于分辨物品的环境。天花明亮及有好的照明会使人感到舒适。在住宅里，天花和地面色若明度接近，会给人以安适休息感。咖啡店、夜总会、餐室常有天花比地面深暗的作法，可取得特殊气氛。

(3) 彩度　在劳动场所的大面积处，彩度超过4会产生过分刺激，使人易于疲劳。而住宅和游玩场所，一般彩度为4～6，高彩度色可小面积使用。

3 室内各部分配色

(1) 墙面色　墙面在室内对创造室内气氛起支配作用，墙面暗时，即使照度高也使人感到较暗。暖色系的色彩能产生快活温暖的气氛；冷色系色彩会引起寒冷感觉；明快的中性色彩可引起人们明朗沉着的感觉。

一般墙面色比天花色稍深，采用明亮的中间色，而不用白色和纯色，往往用加入些无彩色的彩度很低、明度较高的淡色为佳。再按其方位，气候条件选择用色。

(2) 墙裙色　为使墙裙被碰脏，可降低色彩的明度。不易被弄脏的墙裙，上下涂色不必分开。上墙和墙裙分开时，分割线一般与窗台拉齐，材料改换时，上下色也应有所区别。

(3) 踢脚线色　应采用墙面明度低的深色。

(4) 地面色　地面色不同于墙面色，采用同色系时可强调明度的对比效果　采用较浓色。一般木本色地板作法也常用。

(5) 天花色　天花可用白色，或接近于白色的明亮色，这样室内照明效果较好。在采用与墙面同一色系时，应比墙面的明度更高一些。

(6) 装修配件色　门框、窗框的色彩不应与墙面形成过分对比，一般采用明亮色，为了统一各个房间，所有墙面色彩都应予以调和，中明度的蓝灰色、浅灰色均可。墙面较暗时，可反过来比墙面色更明亮一些。门扇应尽量做得明亮些，但是在墙面为明亮色时，暗色门扇也可以使人醒目，窗扇常处在逆光情况下。因此色彩不可过深。

(7) 家具色　不可一概而论，办公用桌子、椅子、柜子、书架等功能性强的家具，如：桌子衬托白色的纸，可稍微深一些，采用无刺激的色相和彩度低的色彩。书架、柜子等形成充分明度对比，可采用同色系色相，变化其明度来取得较好的效果。若选用不同色相色则可取得对比效果。

暖色系的墙面，家具一般选用冷色系或中性色，冷色系或无彩色的墙面时，家具若采用暖色系色可出效果。

4 变色和变脏

不易变色的材料是石材、陶瓷类、砖瓦类及水泥类。容易变色的材料是纺织品类、木材、有涂料的材料及部分金属、塑料类等。一般高明度、高饱和度的色彩容易变色，使明度和饱和度下降。变色是不可避免的，室内色彩设计应注意这些问题，特别是阳光照射到的部位的材料要慎重选择。考虑室内大面积色彩时应考虑一定的变色幅度而不破坏室内的总体效果。一般大面积墙面都要考虑采用某种倾向灰调子的较微妙的色彩。一幢建筑要准备使用几十年、数百年，即使室内装修容易更换，也不能只考虑交工时的效果而不管以后。另外室内人常接触的部位要变脏。门厅、休息厅堂、餐厅及旅馆等人来人往的地方，踢脚应用不引人注意的黑、灰色或其他耐脏色彩。在人手经常触摸处采用硬质易于清洁的材料或软质耐脏材料。

5 配色设计的注意点

(1) 按使用要求选择的配色应与使用环境的功能要求、气氛、意境要求相适合。

(2) 检查一下用怎样的色调来创造整体效果。

(3) 是否尊重和注意了使用者的性格、爱好。

(4) 应尽量限定色数。

(5) 考虑与室内构造、样式风格的协调。

(6) 考虑与照明的关系，光源和照明方式会带来的色彩变化。

(7) 选用装修材料时，是否注意了解材料的色彩特性。

(8) 考虑与相邻房间的有机联系，在向他室移动时应考虑到人的心理适应能力。

孟赛尔表色体系

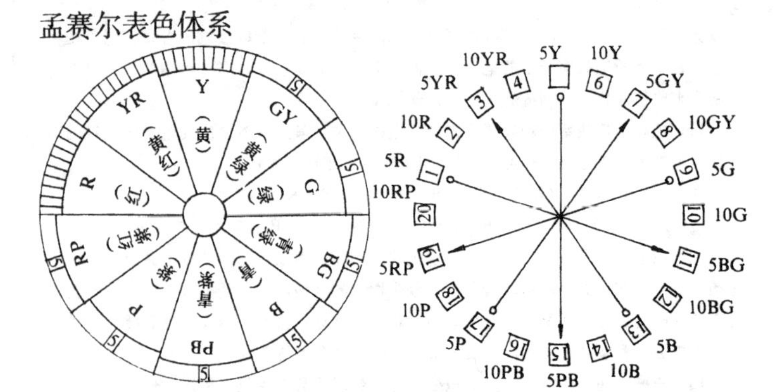

色相号码	色相名称(JIS 色名)	色相号码	色相名称(JIS 色名)	色相号码	色相名称(JIS 色名)
5.R	红　色	10.GY	带黄的绿色	5.PB	带紫的青色
10. R	带黄的红色	5.G	绿　色	10.PB	青紫色
5. YR	黄红色(橙色)	10.G	带青的绿色	5.P	紫　色
10.YR	黄红色(带黄的橙色)	5.BG	青绿色	10.P	带红的紫色
5.Y	黄　色	10.BG	青绿色	5.RP	红紫色
10.Y	带绿的黄色	5.B	带绿的青色	10.RP	带紫的红色
5.GY	黄绿色	10.B	青　色		

孟赛尔《Albert H. Munsell》表色体系之色相环

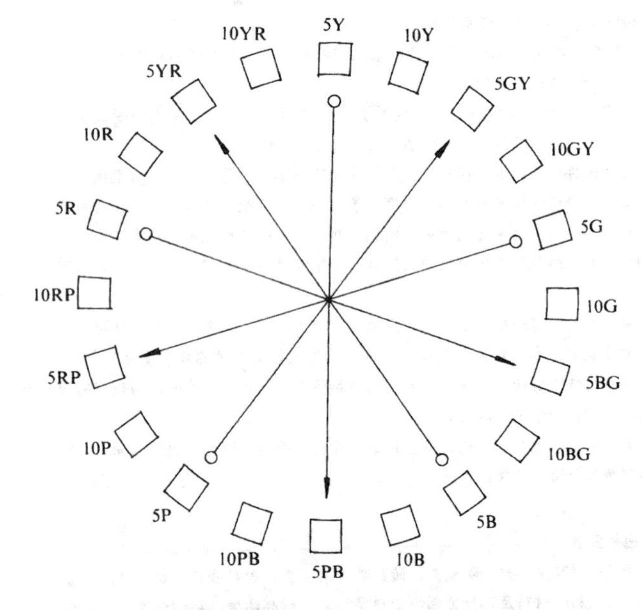

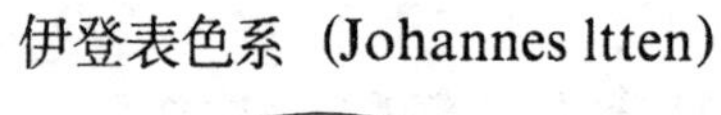

伊登表色系（Johannes Itten）

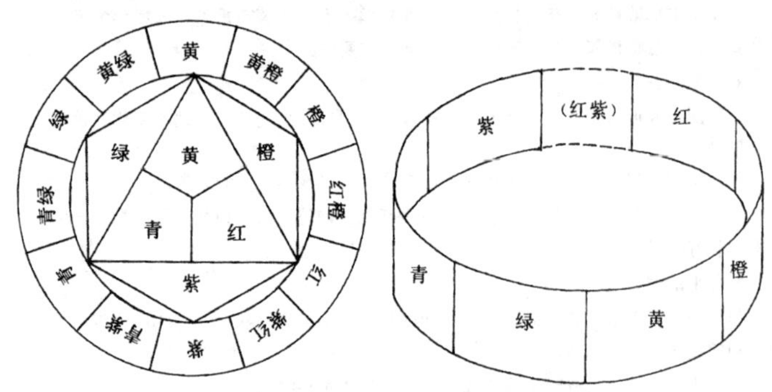

奥斯华德表色系（Wilhelm Ostwald）

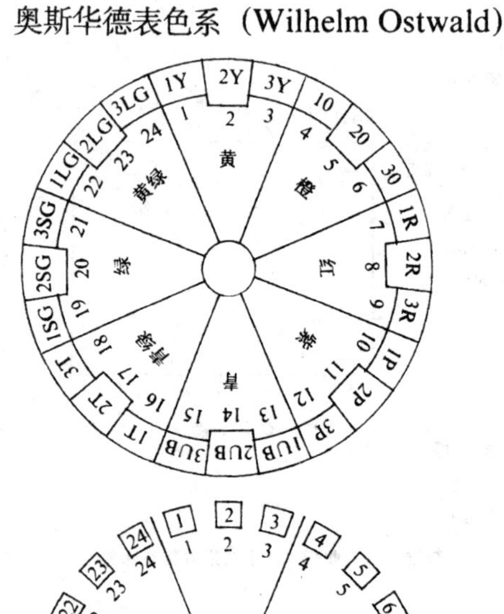

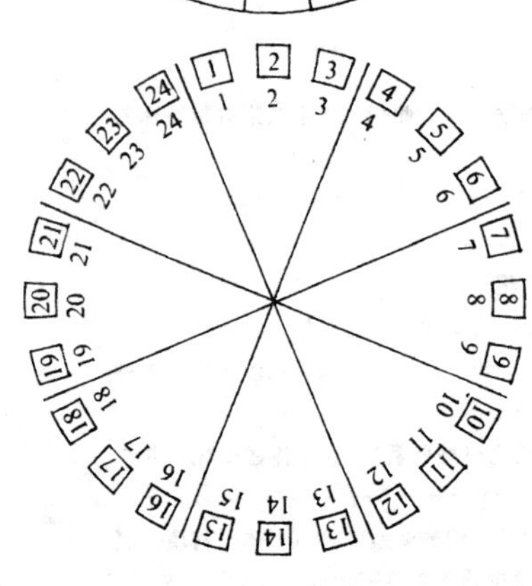

明度的阶段

最高	9.5	白色 (W)
高（明亮）	8.5	浅灰色 (ltGy)
	7.5	浅灰色 (ltGy)
稍高（稍明亮）	6.5	中灰色 (mGy)
中度	5.5	中灰色 (mGy)
稍低（稍暗）	4.5	中灰色 (mGy)
低（暗）	3.5	暗灰色 (dkGy)
	2.4	暗灰色 (dkGy)
最低		黑 (BK)

日本色彩研究所《P.C.C.S.》表色体系之色相环

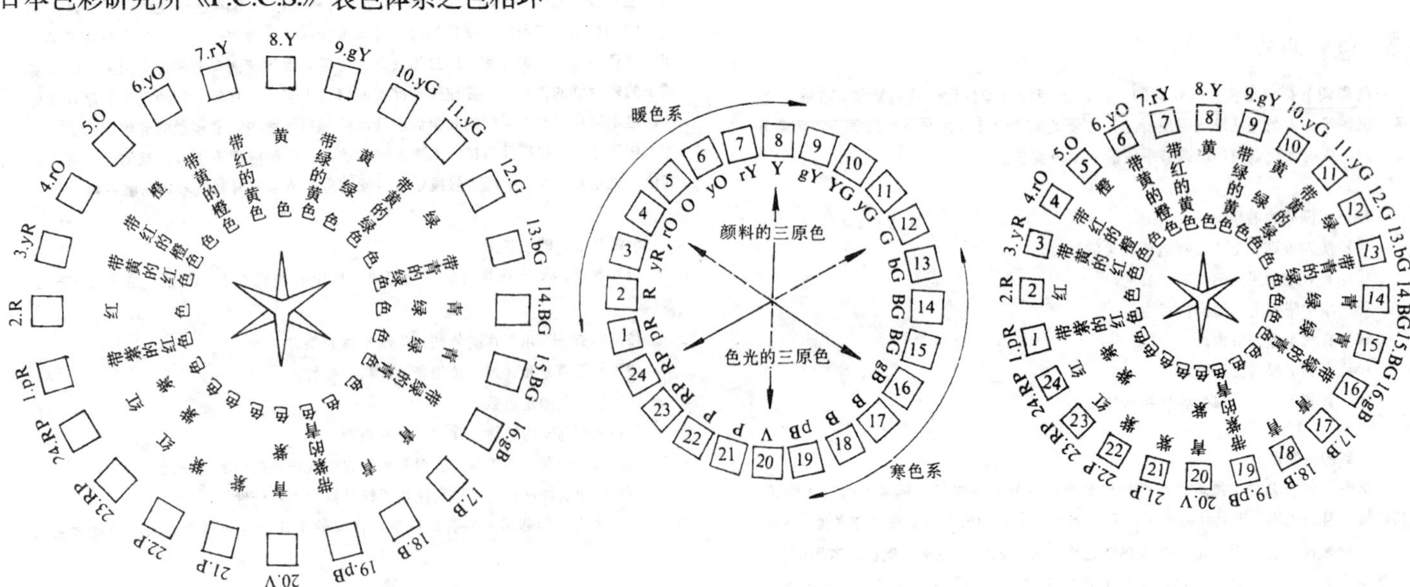

同类色调和冷色调的
室内色彩设计实例

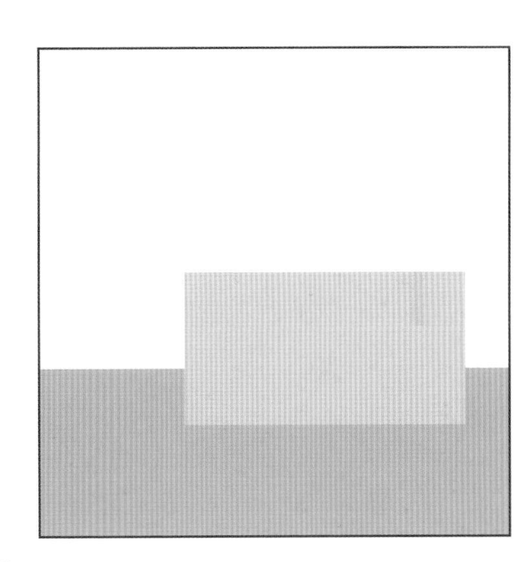

1 a|b
c|d

同类色调和配色参考

同类色调和中间色调
的室内色彩设计实例

2 a|b c|d

同类色调和配色参考

柔和色类似调和室
内色彩设计的实例

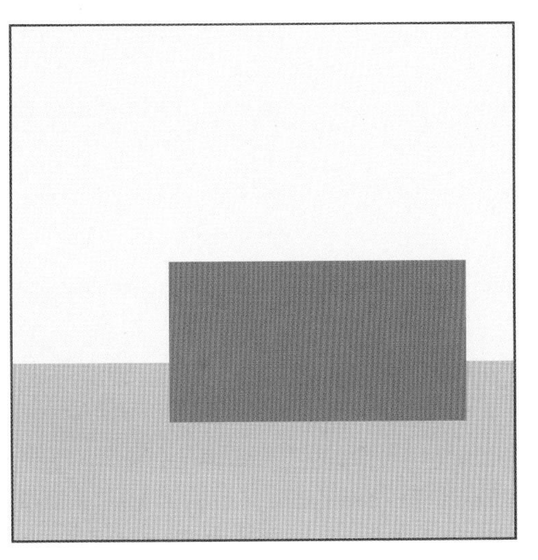

3 $\frac{a|b}{c|d}$

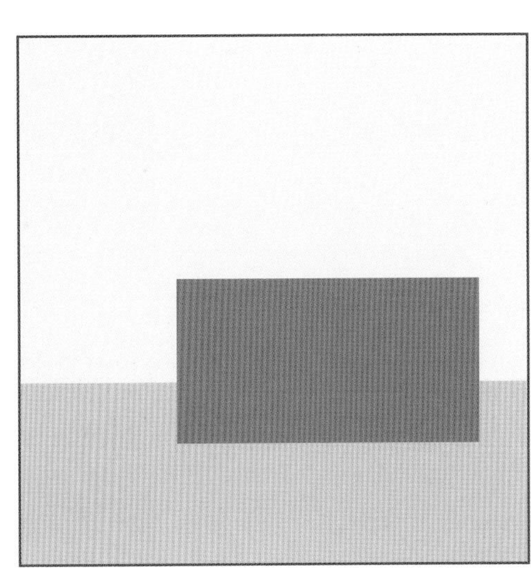

柔和色彩类似调和
参考配色

深色对比调和的室内
色彩设计实例

4 $\frac{a|b}{c|d}$

深色强调配色参考

饭店客房设计方案
郑曙旸设计绘图

在浅柔和色类似调和的基础上用红色沙发面料提神的设计实例

5 a|b c|d

柔和色类似调和参考配色

弱对比调和的室内
色彩设计实例

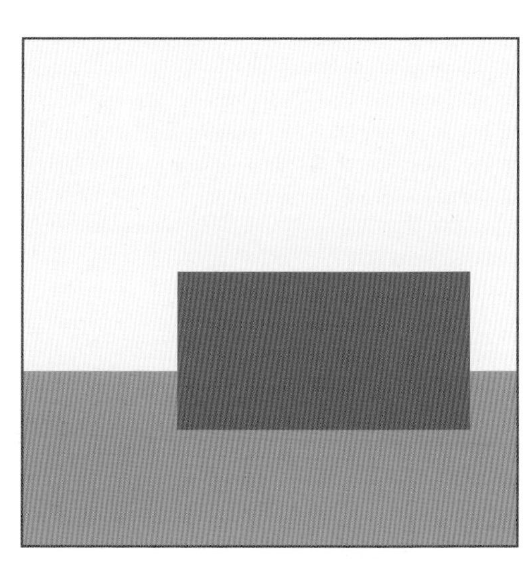

6 $\frac{a|b}{c|d}$

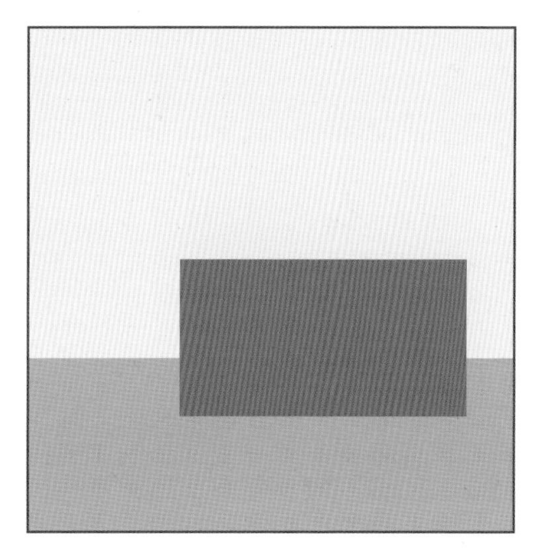

弱对比调和
的参考配色

暗色调和的室内
色彩设计实例

7 $\frac{a|b}{c|d}$

暗色调和参考配色

暗色柔和冷色调的
室内色彩设计实例

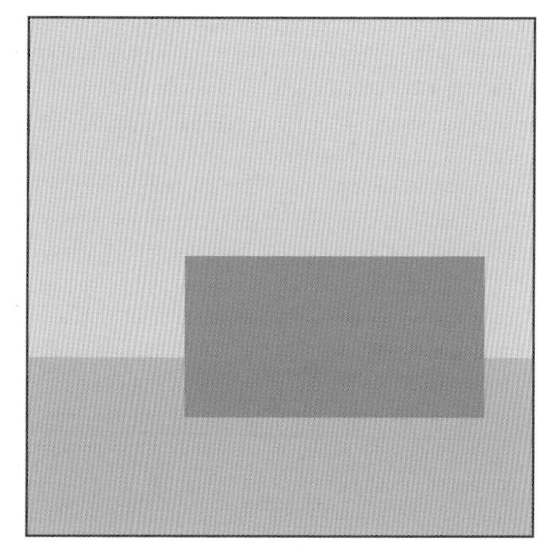

8 a|b
c|d

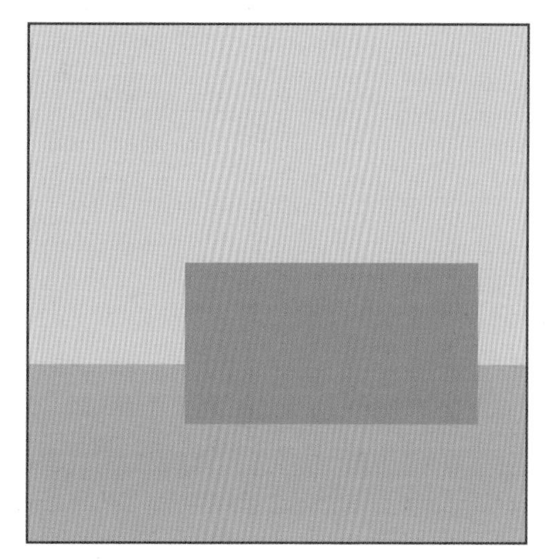

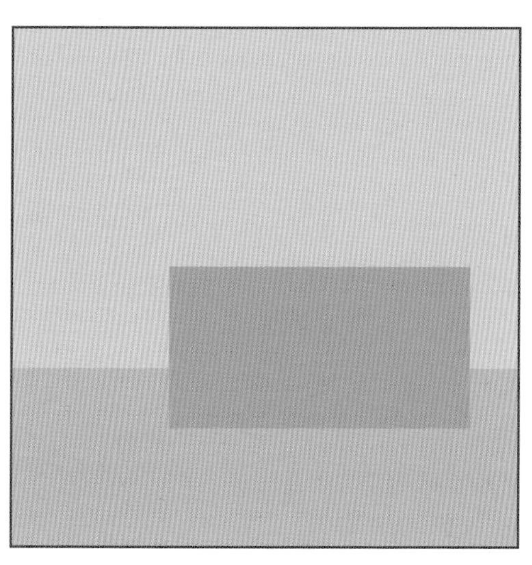

暗色柔和冷色调
配色参考

暗色变化统一的室内
色彩设计实例

9 $\frac{a|b}{c|d}$

暗色变化统一
配色参考

暗色变化统一的室内
色彩设计实例

10 a|b / c|d

暗色变化统一
配色参考

中国国际贸易中心中餐厅前厅透视效果图
梁世英设计绘图

深色强调的室内色彩设计实例

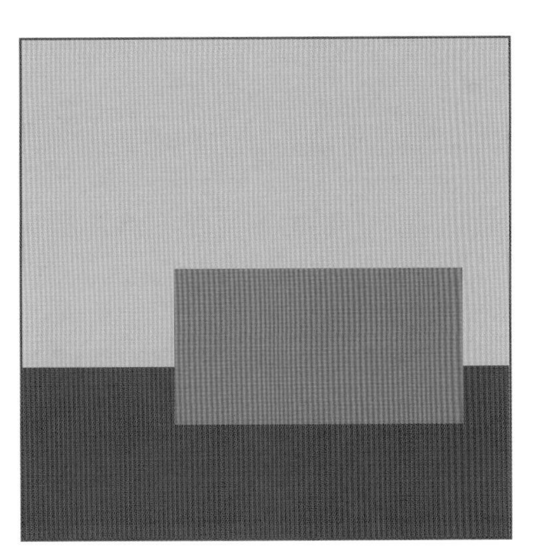

11 a|b
c|d

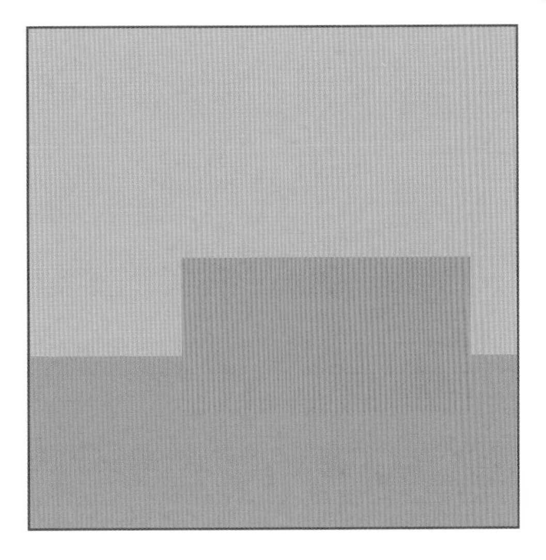

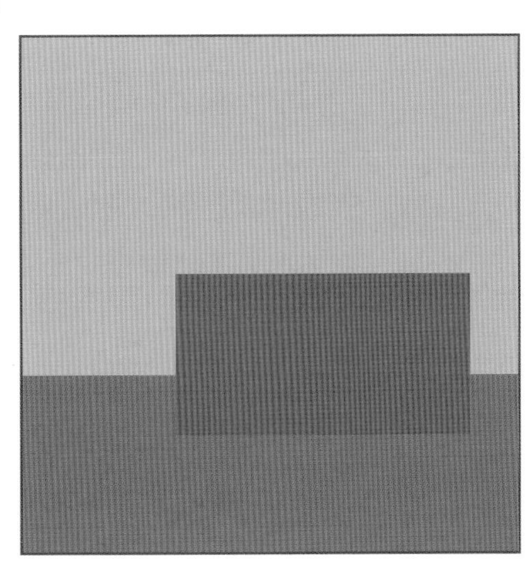

深色强调配色参考

奥斯华德色相环

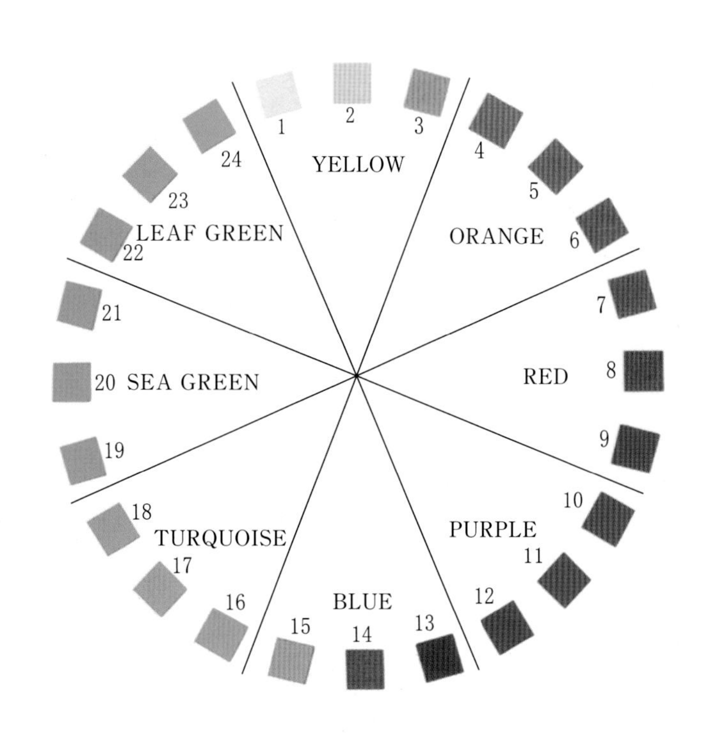

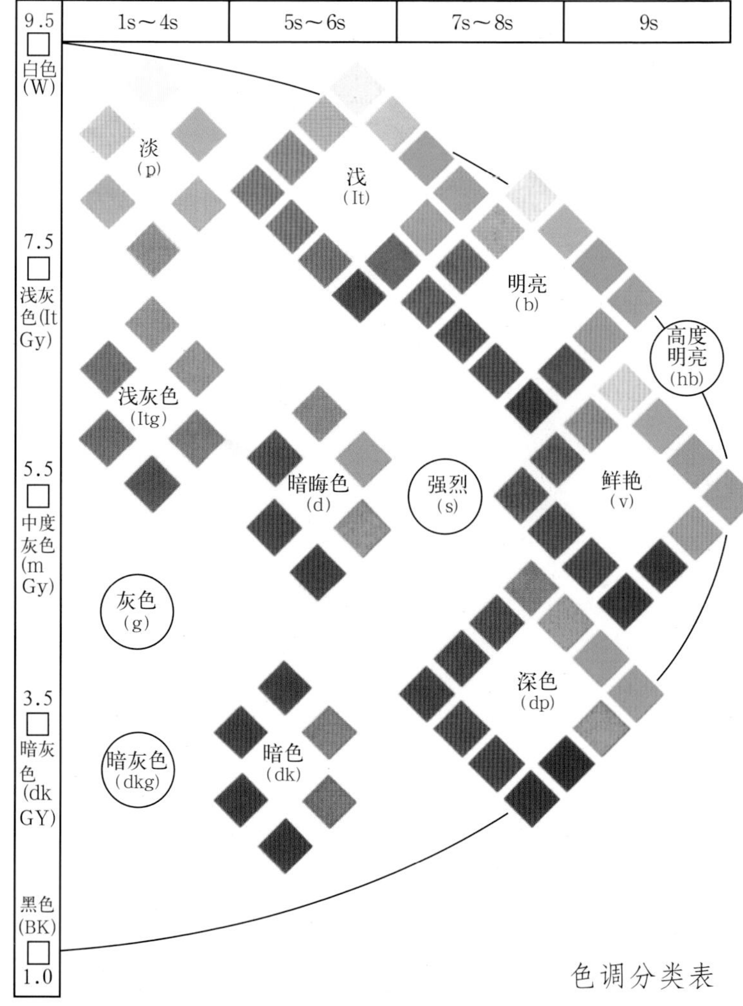

色调分类表

色调一览表

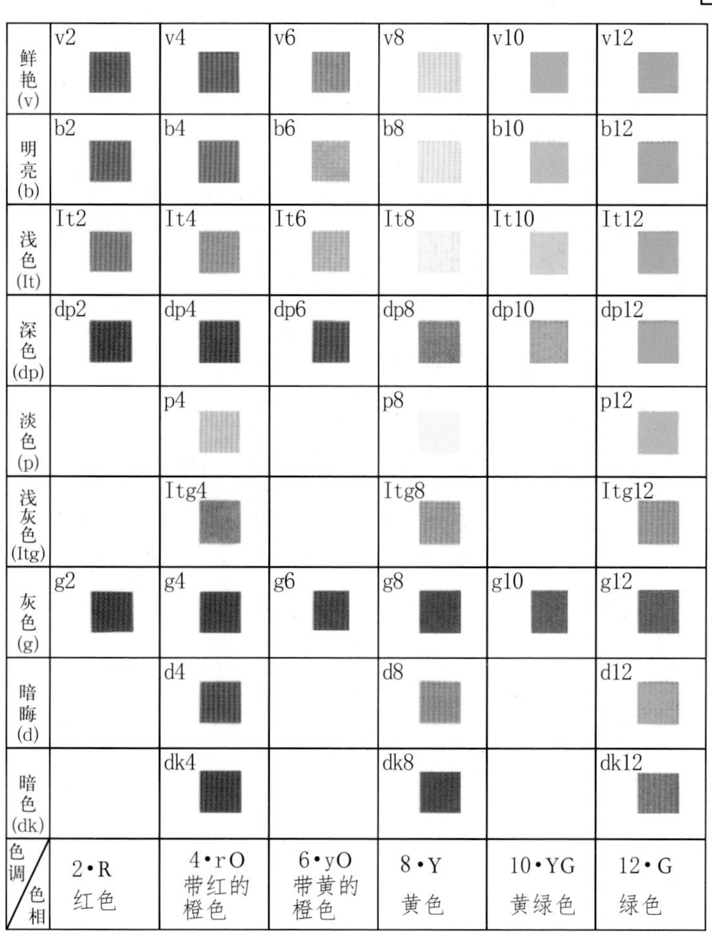

鲜艳(v)	v2	v4	v6	v8	v10	v12
明亮(b)	b2	b4	b6	b8	b10	b12
浅色(It)	It2	It4	It6	It8	It10	It12
深色(dp)	dp2	dp4	dp6	dp8	dp10	dp12
淡色(p)		p4		p8		p12
浅灰色(Itg)		Itg4		Itg8		Itg12
灰色(g)	g2	g4	g6	g8	g10	g12
暗晦(d)		d4		d8		d12
暗色(dk)		dk4		dk8		dk12
色调/色相	2·R 红色	4·rO 带红的橙色	6·yO 带黄的橙色	8·Y 黄色	10·YG 黄绿色	12·G 绿色

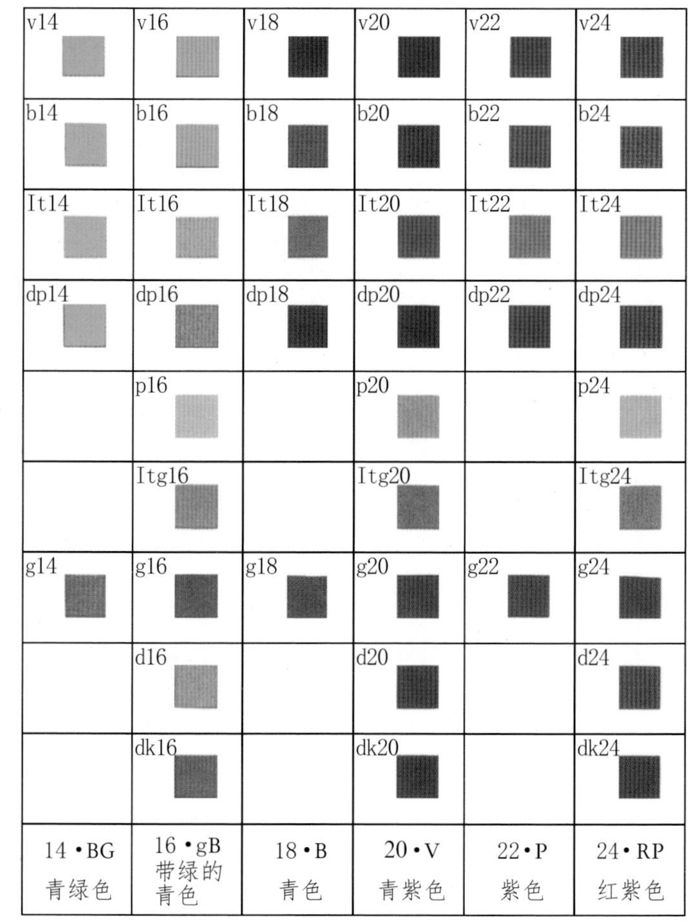

鲜艳(v)	v14	v16	v18	v20	v22	v24
明亮(b)	b14	b16	b18	b20	b22	b24
浅色(It)	It14	It16	It18	It20	It22	It24
深色(dp)	dp14	dp16	dp18	dp20	dp22	dp24
淡色(p)		p16		p20		p24
浅灰色(Itg)		Itg16		Itg20		Itg24
灰色(g)	g14	g16	g18	g20	g22	g24
暗晦(d)		d16		d20		d24
暗色(dk)		dk16		dk20		dk24
色调/色相	14·BG 青绿色	16·gB 带绿的青色	18·B 青色	20·V 青紫色	22·P 紫色	24·RP 红紫色

色调分类表

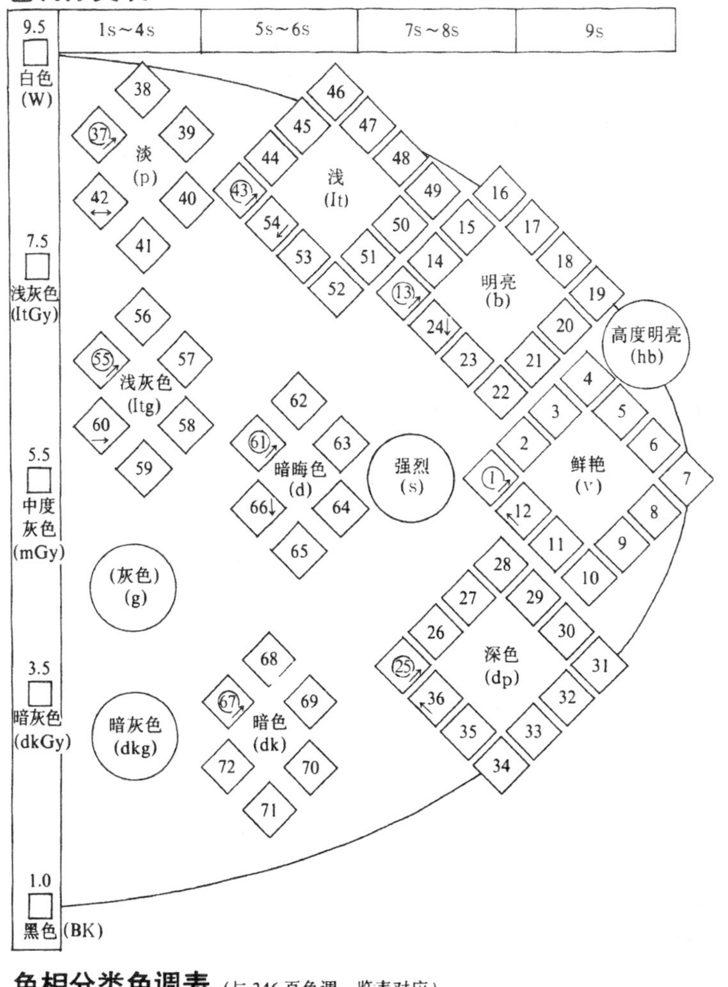

居室合理的色彩调配表

房屋的使用对象及目的	墙壁的颜色	门和窗帘的颜色	备　注
孩子的房间、餐厅	稍带黄色的粉红色	银、淡奶油色	创造活泼气氛
起居室	淡粉红色	鹅黄色、粉红色及明亮颜色	有舒适明亮之感
朝北较冷的房间采光较差的房间	奶油色系统	鹅黄色	使房间全部看起来感觉明亮或充分利用照明
书房、工作室	绿色系统、淡色	粉红色系统及淡而明亮颜色	创造安静舒适的阅读工作环境
厨房	奶油色系统、亮的颜色	绿色系统等淡而明	

饭店公共厅堂合理的色彩调配参考表

厅堂名称	墙壁的颜色	门、窗帘的颜色	地毯家具颜色	备　注
门　厅	白色、浅黄色系列	浅黄色系列、浅红色系列、明亮色	浅红色系列、假金色、明亮色	有迎客温暖之感
大　堂 休息厅	白色、 极浅灰色	淡雅蓝绿色系列 淡雅红色系列	蓝绿色 雅红色	创造高雅华贵的环境气氛
餐厅 中餐 西餐	奶油色系列 浅粉红系列	鹅黄色、雅浅红色及明亮颜色	茶色 雅红色	提供增加食欲的环境
舞　厅	红色系统 紫色系统	浅紫色系统 宝石蓝绿色	玫瑰红色 玫瑰紫色	使人有兴奋热烈的感觉
多功能厅	极浅灰色	银色 浅蓝灰色	灰色系统 蓝色系统	以中性色调应付各种活动要求
客　房	淡雅暖色	淡雅明亮色	雅红色或雅蓝绿色	为旅客提供亲切怡人的休息环境

色相分类色调表 (与346页色调一览表对应)

鲜艳(v)	v2 ①→ 鲜艳的红色	v4 2 带红的鲜艳的橙色	v6 3 带黄的鲜艳的橙色	v8 4 鲜艳的黄色	v10 5 鲜艳的黄绿色	v12 6 鲜艳的绿色	v14 7 鲜艳的青绿色	v16 8 带绿的鲜艳青色	v18 9 鲜艳的青色	v20 10 鲜艳的青紫色	v22 11 鲜艳的紫色	v24 12 鲜艳的红紫色
明亮(b)	b2 13→ 玫瑰色	b4 14 带红的明亮的橙色	b6 15 带黄的明亮的橙色	b8 16 明亮的黄色	b10 17 明亮的黄绿色	b12 18 明亮的绿色	b14 19 明亮的青绿色	b16 20 带绿的明亮的青色	b18 21 明亮的青色	b20 22 明亮的青紫色	b22 23 明亮的紫色	b24 24 带紫的玫瑰色
浅色(lt)	lt2 25→ 粉红色	lt4 26 带黄的粉红色	lt6 27 带黄的浅橙色	lt8 28 浅黄色	lt10 29 浅黄绿色	12 30 浅绿色	lt14 31 浅天青色	lt16 32 带绿的浅青色	lt18 33 浅青色	lt20 34 浅青紫色	lt22 35 浅紫色	lt24 36 带紫的粉红色
深色(dp)	dp2 37→ 深红色	dp4 38 带红的深橙色	dp6 39 带黄的深橙色	dp8 40 深黄色	dp10 41 深黄绿色	dp12 42 深绿色	dp14 43 深青绿色	dp16 44 带绿的深青色	dp18 45 深青色	dp20 46 深青紫色	dp22 47 深紫色	dp24 48 深红紫色
淡色(p)		P4 49→ 带黄的淡粉红色		P8 50 淡黄色		P12 51 淡绿色		P16 52 带绿的淡天青色		P20 53 淡紫色		P24 54 带紫的淡粉红色
浅灰色(ltg)		ltg4 55→ 带灰的粉红色		ltg8 56 带灰的黄色		ltg12 57 带灰的浅绿色		ltg16 58 带灰的浅青色		ltg20 59 带灰的紫罗兰色		ltg24 60 带灰的粉红色
灰色(g)	61→ 带灰的红色	g4 62 带灰的茶褐色	g6 63 带灰的茶褐色	g8 64 带灰的橄榄色	g10 65 带灰的橄榄绿色	g12 66 带灰的绿色	g14 67 带灰的绿色	g16 68 带灰的青色	g18 69 带灰的青色	g20 70 带灰的青紫色	g22 71 带灰的紫色	g24 72 带灰的红紫色
暗晦(d)		d4 73→ 带红的浅咖啡色		d8 74 橄榄黄		d12 75 暗晦的绿色		d16 76 带绿的暗晦的青色		d20 77 暗晦的青紫色		d24 78 暗晦的红紫色
暗色(dk)		dk4 79→ 带红的暗茶褐色		dk8 80 橄榄色		dk12 81 暗绿色		dk16 82 带绿的暗青色		dk20 83 暗青紫色		dk24 84 暗红紫色
色调／色相	2.R 红色	4.rO 带红的橙色	6•yO 带黄的橙色	8•Y 黄色	10•YG 黄绿色	12.G 绿色	14.BG 青绿色	16.gB 带绿的青色	18.B 青色	20.V 青紫色	22.P 紫色	24.RP 红紫色

当代织物已渗透到室内设计的各个方面。由于织物在室内的覆盖面积大，所以对室内的气氛、格调、意境等起很大的作用。织物具有柔软、触感舒适的特殊性，所以又能相当有效地增加舒适感。在一些公用空间内，织物只作为点缀性物品出现。至于私密性空间则以织物为主，可塑造出应有的温暖感。

装饰织物种类

类别	内容、功能、特点
地毯	地毯给人们提供了一个富有弹性、防寒、防潮、减少噪音的地面，并可创造象征性的空间
窗帘	窗帘分为：纱帘、绸帘、呢帘三种。又分为：平拉式、垂幔式、挽结式、波浪式、半悬式等多种。它的功能是调节光线、温度、声音和视线，而装饰性也是值得重视的
家具蒙面织物	包括：布、灯芯绒、织锦、针织物和呢料等。功能特点是厚实、有弹性、坚韧、耐拉、耐磨、触感好、肌理变化多，无光亮的为好
陈设覆盖织物	台布包括：床罩、沙发套(巾)、茶垫等室内陈设品的覆盖织物。它们主要功能是起着防磨损、防油污、防灰尘的作用，有时处理得好，也能起到点缀作用
靠垫	包括：坐具、卧具（沙发、椅、凳、床等）上的附设品。可以用来调节人体的坐卧姿势，使人体与家具的接触更为贴切。它的艺术效果也是值得称道的
壁挂	包括：壁毯、吊毯（吊织物）。壁毯取代国画、油画及其它工艺品来装饰壁面。吊毯往往根据空间需要，自然下垂，活跃空间气氛，有很好的装饰效果
其它织物	除上述织物外，还有天棚织物、壁织物、织物屏风、织物灯罩、布玩具。织物插花、吊盆、工具袋及信插等。在室内环境中除实用价值外，都有很好的装饰效果

装饰织物品种、工艺及特征

品种	品名	常用工艺（手工为主）	特征
编织	织花	拉好经线，用各色棉、麻、丝线在经线上自左向右，自右向左，反复穿梭、换线，可以平织，进行色与色的变化，呈彩条状，也可挑织出各种几何形的花纹	织纹有规律性，工艺简洁。织物朴素大方，工艺精细者，织品含蓄、高雅
	栽绒	用木框拉成经线，根据花纹需要，经线可疏可密，一般编织经纬线密度在90道以上为好，再用毛线在经线上连续打结，用织刀截断毛线，下框后再经片剪而成	可织细致的花纹，用丝线栽绒，显得更加华丽高贵
	胶背	有栽绒的效果，不是用手打结，而采用刀剪、枪剪工具，穿过特定的底布，将毛线植在底布上，按图案形状可植上不同形、色的毛线。为了牢固可将成品背面涂上胶，故名胶背	织一般简单花纹，织造简便，速度快，成本低，属中低档毯
编结	绳编	用线绳、麻绳、丝绳和布做成的绳等。做成不同形状的绳套，套与套相互连接成片，有密集凸起效果，也有稀疏出孔凹下的艺术效果，还有采用镶入铜片、石片、木片、竹片等作法	以织纹的丰富多采、疏密、粗细、长短、凹凸变化为主，有规律、含蓄、粗犷之美
	棒针	用不同粗细型号的棒针和各色毛线、棉线、丝线在上下针的基础上，运用收放针等多种花样的方法编织而成	外形变化随意，针法变化繁多，起伏变化明显，各色线混合使用，织品外观更加有趣
	勾针	即用一种特制的带钩的工具，用线缠绕编结。一般是先勾出小块花纹，或者被镶嵌于绸绣品中，也可将若干小块花纹连缀成大幅的作品	同上
	棒槌编	用特制的小木棒编打的编结品。全部露孔如网，花纹有粗细和疏密的变化，但无规则的网状地纹，非常好看	艺术效果随意、活泼、多变化。一般只一套白色抽象花纹
	万缕丝	是威尼斯的转音，以其名冠加工精细者而形成。作法根据图样，先划成小块，将每个小块在牛皮纸上完成，根据此线，捏绣成花纹，撕去底稿，逐块拼成，经洗烫整理而为成品	加工是用细线密结而成。成品精密厚实。图案复杂有一定层次感
印染	扎染	用线绳或木板等织物捆扎成多种形状，是一种简便的防染方法。一般象做包钮一样用线沿图案线条缝引、抽紧、缠绕后浸到染液里染色，待布干后拆除缝线，可见白色或底色花纹	工艺简便。线条以粗细、长短、虚实为变化，艺术效果丰富，朴素而含蓄
	蓝印	民间应用防染工艺，用油纸雕刻出花纹，注意花纹不能过细，更不能将花纹全脱落，要使花纹连贯，再用板将豆粉色浆，通过纹板呈现于织物上，干后浸入淀蓝中，有浆处为白色花纹	构图和线的运用都十分粗犷大胆、美丽、淳朴、清新、明快而富有很强的生命力
	蜡染	用毛笔或蜡刀取溶化的蜡，在织物上按预先画好的图案，用溶蜡描绘一遍，然后经浸染（冷染），加热除蜡后，花纹即会显现出来，如多次套色，就要循环多次	有丰富的蜡纹为其主要特征。有亲切古拙之美，有浓厚的地方色彩
	丝网印花	先把绢网绷在框架上，在网上涂感光液，用黑白稿感光再上漆处理，制成漏空花纹的网版，色浆通过花版被刮印到织物上去	一般7～8套色,花型 不受布局和大小的局限。画法活泼多样，色彩生动、鲜艳，可印各类织物
	转移印花	用毛笔将分散染料绘在纸上（或用分散染料图样纸），然后将织物压在有染液的纸面，在高温压力下，纸上的染料转到化纤织物上	艺术效果多样，质量的高低，取决于作者的绘画水平和艺术修养
绣补	绣花	可用多种织物做底布，在选用的织物底布上描绘出要绣的花纹，再用不同大小的针，穿入不同材质的线，以各种针法，绣制而成。按材质分为：棉绣、丝绣、毛绣、麻绣等。也可混合用	针法变化无穷，颜色五彩缤纷。艺术效果细致、华丽、高贵，适合于高层次的室内环境
	挑花	也叫"架花"或"十字绣"，还叫"挑织"，工艺非常简单。方法是用不同型号的针线，以十字形的针法，显示其特点，也是绣花的一种。民间常有白底黑花，黑底白花和各种颜色的艺术效果	用各种颜色丝线在小格子上挑花。效果精致、华丽，用粗毛线在麻布上满地挑花，效果质朴粗犷
	补花	采用各色布或各种织物剪成花样，贴在底布上，再经缝缀而成的一种装饰。有的布形内还薄薄地加上一层棉垫或海绵泡沫等，形成浅浮雕效果，也别具特色	可利用边角下料，艺术效果"响亮"、丰富、朴素、大方，适于乡土风味的环境
	抽丝	在织物上，如棉布、丝麻、毛织物等，按作者的构想，抽去一定量的经纱或纬纱，然后再用线绕成各种几何形花纹	衬托主花，有虚实变化，手工精致，被誉为"巧夺天工"
	雕绣	以机针为主，有的花纹绣出轮廓后，需要将轮廓内挖空，再用小剪刀把布剪掉，犹如雕绣，故叫雕绣	是在实地上镂空，以虚衬实取得艺术上的对比效果
绘	手绘	有一定美术基础者，用涂料作绘画颜料。素色织物，一般在白色绸、针织品、棉布上选好部位，绘画花卉、风景、人物及抽象图案等作为装饰。一般涂料绘画的手感较硬，不宜大块使用	不受套版局限，灵活自如，可细致灵巧，可活泼奔放。画面效果取决于绘画者水平

地毯在不同的室内环境中，应选用比较合适的样式来与之协调。在旅馆、饭店中的庄严场合，如会议厅，就不宜用太花梢的地毯；餐厅、咖啡厅、娱乐场所可以适当花梢些。在大型厅堂内常用宽边式构图的地毯，以增强室内的区域感。在卧室因家具等物较多，可用素色四方连续花纹地毯；在门厅、走廊，常用单色或条状地毯。总之，地毯的铺设应根据室内陈设艺术的结构，不可孤立的考虑。在不影响整体空间不仅取决于本身的色彩、纹样，而且还取决于它与室内家具、陈设物之间的综合关系，如色彩、纹样的协调与否等。

1 地毯尺寸表

610×610mm = 0.3721m²	2440×3050mm = 7.4420m²
610×910mm = 0.5551m²	2440×3350mm = 8.1740m²
610×1220mm = 0.7442m²	2440×3200mm = 7.8080m²
610×1370mm = 0.8357m²	2440×3430mm = 8.3692m²
690×1370mm = 0.9453m²	2440×3510mm = 8.5644m²
760×1370mm = 1.0412m²	2440×3660mm = 8.9304m²
910×1520mm = 1.3832m²	2590×3660mm = 9.4794m²
910×1830mm = 1.6653m²	2670×3660mm = 9.7722m²
990×2210mm = 2.1879m²	2740×3660mm = 10.0284m²
1070×1830mm = 1.9581m²	2820×3810mm = 10.7442m²
1070×1980mm = 2.1186m²	2900×389mm = 11.2810m²
1220×1830mm = 2.2326m²	3050×3960mm = 12.0780m²
1220×2130mm = 2.5986m²	3200×3810mm = 12.1920m²
1300×1980mm = 2.5740m²	3050×4270mm = 13.0235m²
1370×1980mm = 2.7126m²	3350×4270mm = 14.3045m²
1370×2290mm = 3.1373m²	3350×4570mm = 15.3095m²
1220×1980mm = 2.4156m²	3350×4880mm = 16.3480m²
1520×2440mm = 3.7088m²	3350×5180mm = 17.3530m²
1520×2290mm = 3.4808m²	3350×5490mm = 18.3915m²
1680×2290mm = 3.8472m²	3350×5790mm = 19.3965m²
1830×2440mm = 4.4652m²	3660×4570mm = 16.7262m²
1830×2590mm = 4.7397m²	3660×4880mm = 17.8608m²
1830×2740mm = 5.0142m²	3660×5180mm = 18.9588m²
2060×2820mm = 5.8092m²	3660×5490mm = 20.0934m²
2130×3050mm = 6.4965m²	3660×5790mm = 21.1914m²
2130×3350mm = 7.1355m²	3660×6100mm = 22.3260m²
2290×3350mm = 7.6715m²	3660×6400mm = 23.4240m²
760×1520mm = 1.1552m²	3660×6710mm = 24.5586m²

2 满铺地毯铺设方法

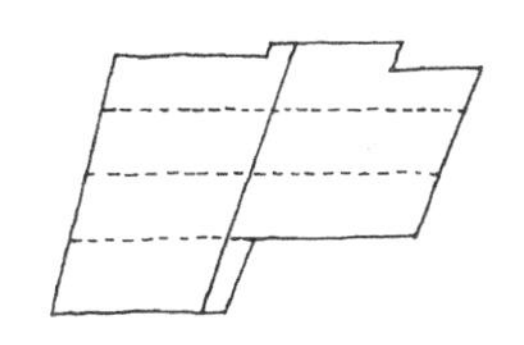
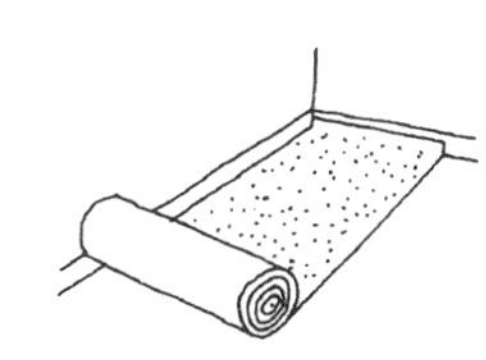
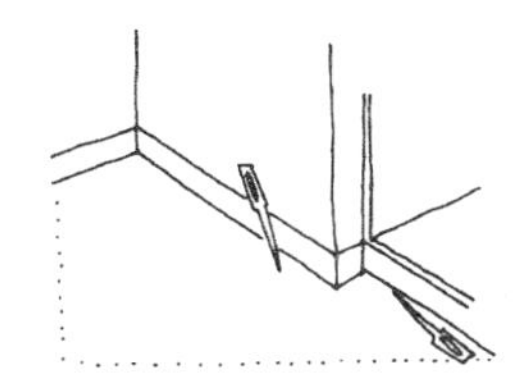
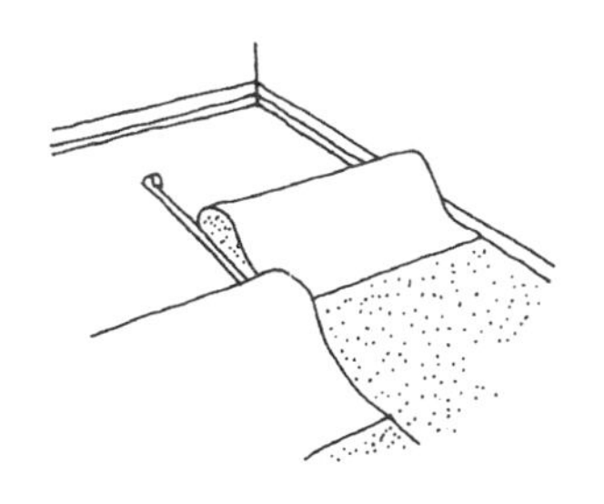
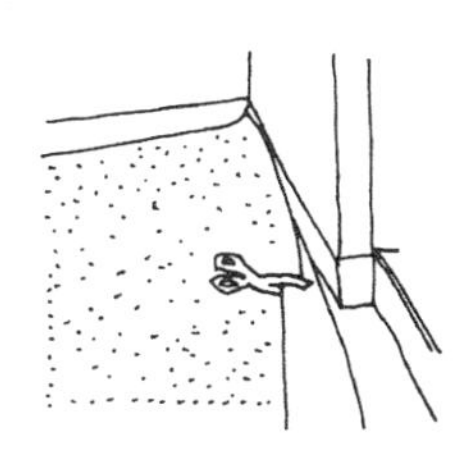
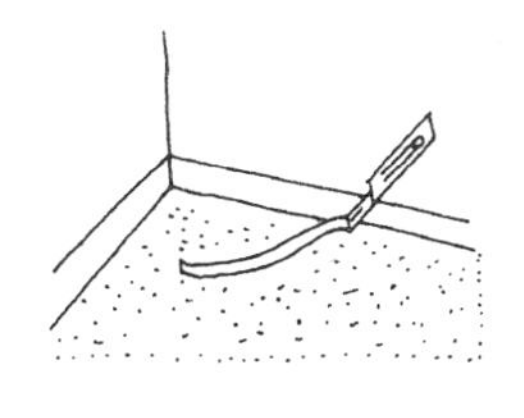

3 地毯的几种主要工艺

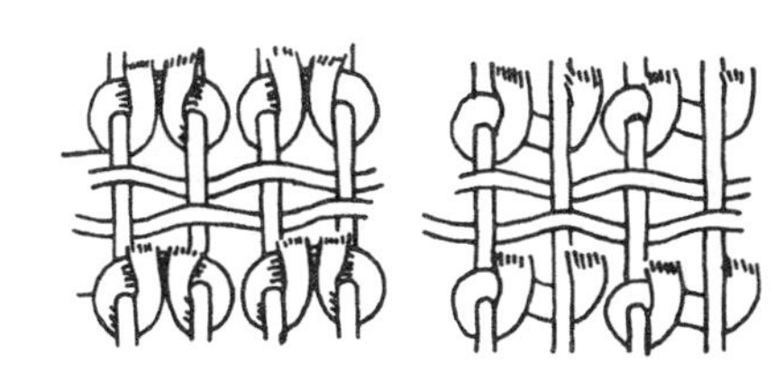
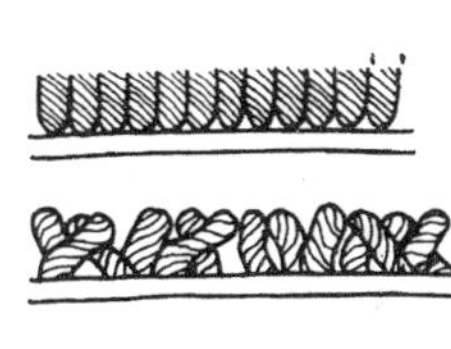

4 地毯陈设的实例

1 窗帘的结构

帘楣幔
帘襟衬
衬布钩
装饰挂帘杆
裥褶
掩覆
两轨撑架
帘栓
掀帘带
配重
饰带
配重
掀帘饰钮
饰缝
配重绳

2 窗帘的作用

窗帘的主要机能是调节光线、温度、声音和视线，而其装饰性也是非常值得重视的。根据窗帘质料和厚薄，可分为纱、绸和呢三种：

纱帘可增加室内的轻柔、飘逸气氛。

绸帘能遮阳调节光线，遮挡视线，增加私密性。

呢帘遮光、保温、隔音性能最好，可提供更私密的环境。

3 窗帘的基本形式

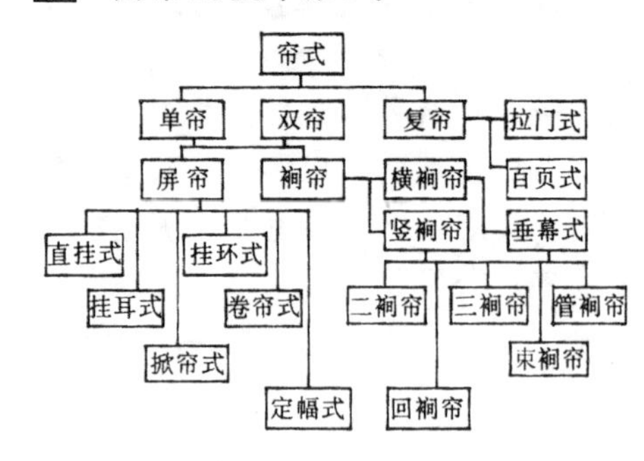

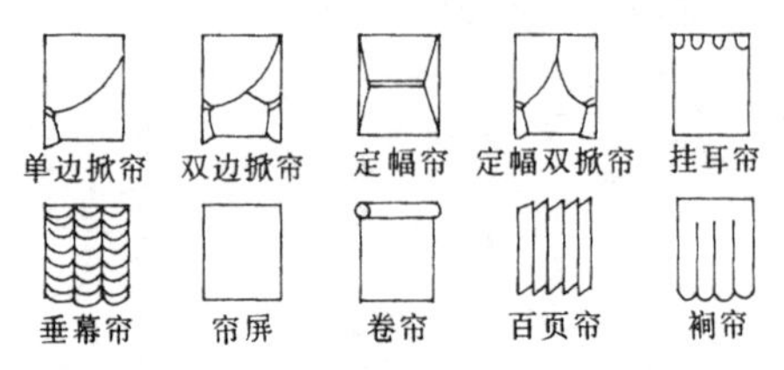

4 帘的裥褶

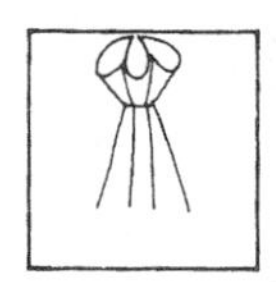
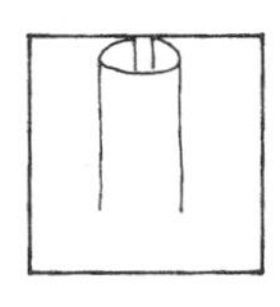
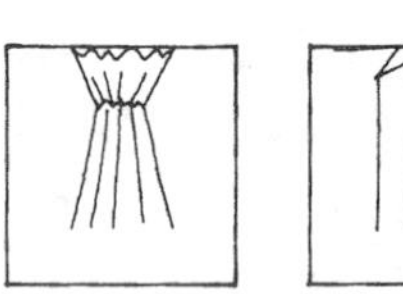

5 窗帘的长度

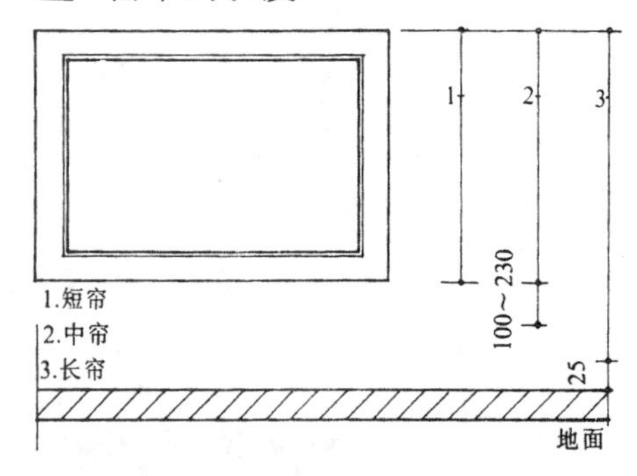

6 窗帘用料估算

1.帘轨长×遮幅÷幅宽＝用幅数

(厚织物 1.3～2 倍)

(薄织物 2～3 倍)

2.帘长+帘襟+卷摺边+缩水＝帘全长

(75mm) (75mm) (6mm)

3.帘全长×用幅数＝全帘用料数

注：特殊复杂的式样，或需对花纹图案的，要适当增加数量。

7 帘的悬挂方式

挂钩式

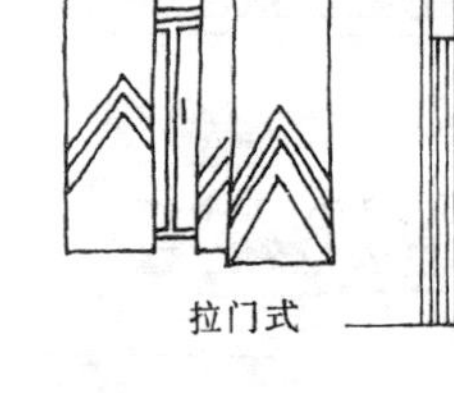
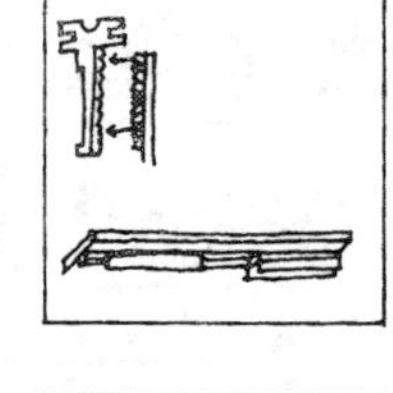

拉门式

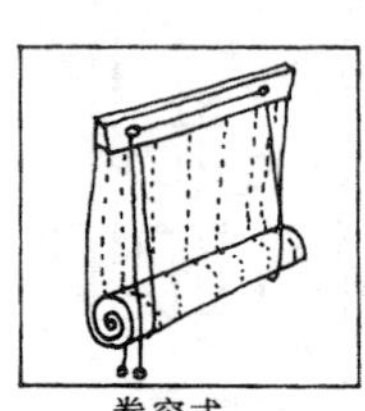

卷帘式

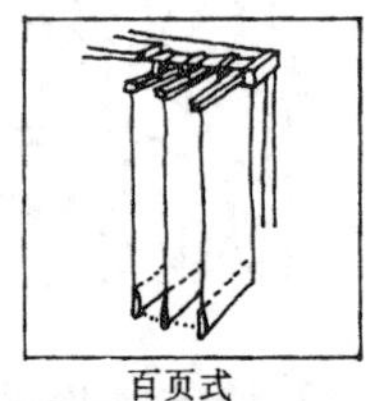

百页式

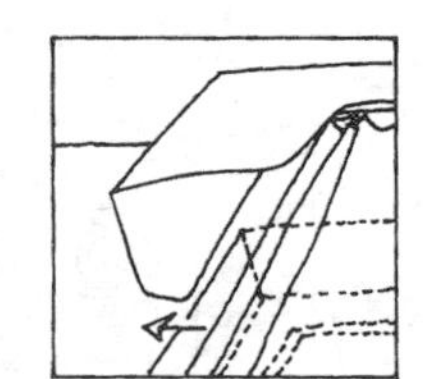

护幔式

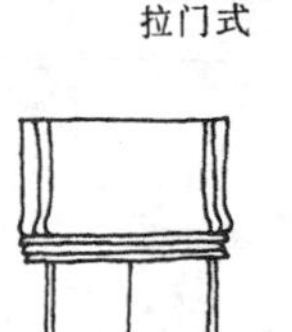
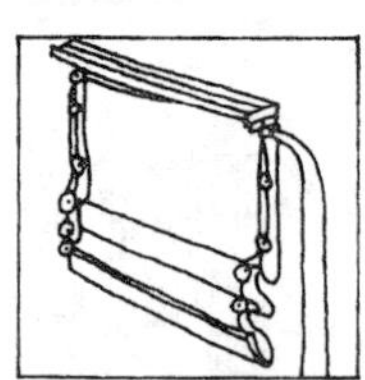

吊拉式

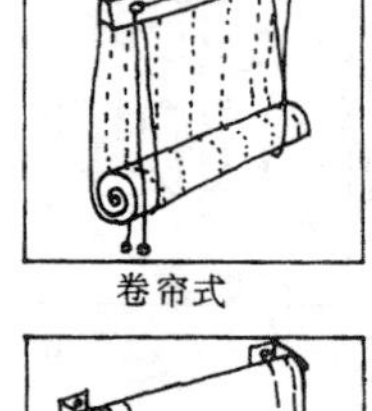
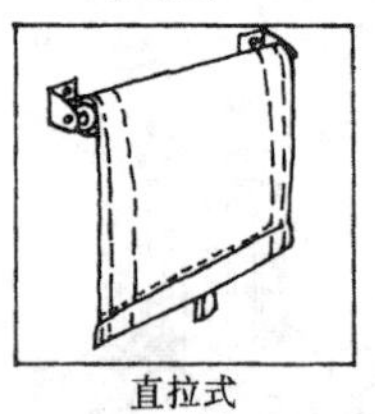

直拉式

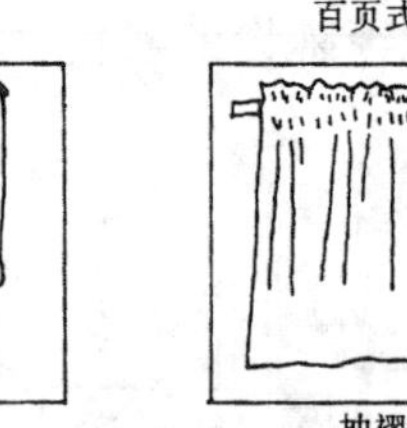

抽褶式

8 窗帘实例

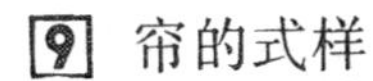

9 帘的式样

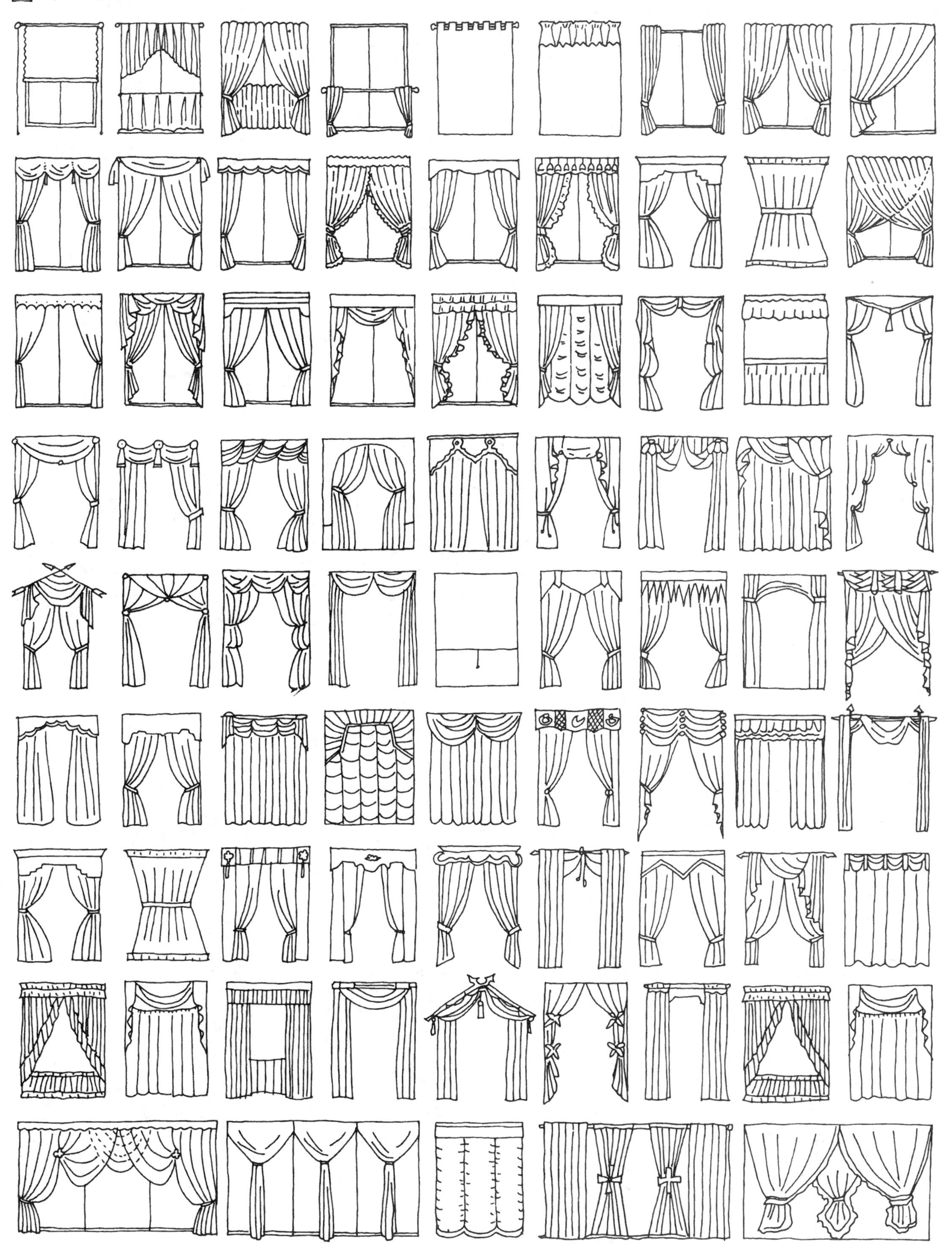

家具蒙面织物的艺术质量关系到室内陈设艺术和家具造型艺术两个方面：1 它的质地和色彩既要和墙面、地面相协调，又要和窗帘、床罩、台布等有所配合；2 尤其对家具本身更应体现家具的整体审美要求。比如仿古式的家具的蒙面织物色彩应是古色古香的，如果有花纹也应采用仿古纹。织物制作工艺以精密的丝织工艺最佳，总之，要和家具的风格取得一致性。

1 沙发、靠背椅面用料（mm）

类别	单人赤木	单人小包	单人大包	三人赤木	三人大包 三人两用	靠椅
幅宽	面套	面套	面套	面套	面套	面套
760	5280 7920	8250 11220	9900 13200	6600 9900	9900 13200	1155 1980
910	4620 6600	7260 9570	8910 10560	5940 7920	8910 10560	1023 1650
1120	3630 4620	4950 6930	5940 8250	3960 5610	5940 8250	726 1155

2 蒙面沙发与蒙面椅

3 常用的蒙面织物

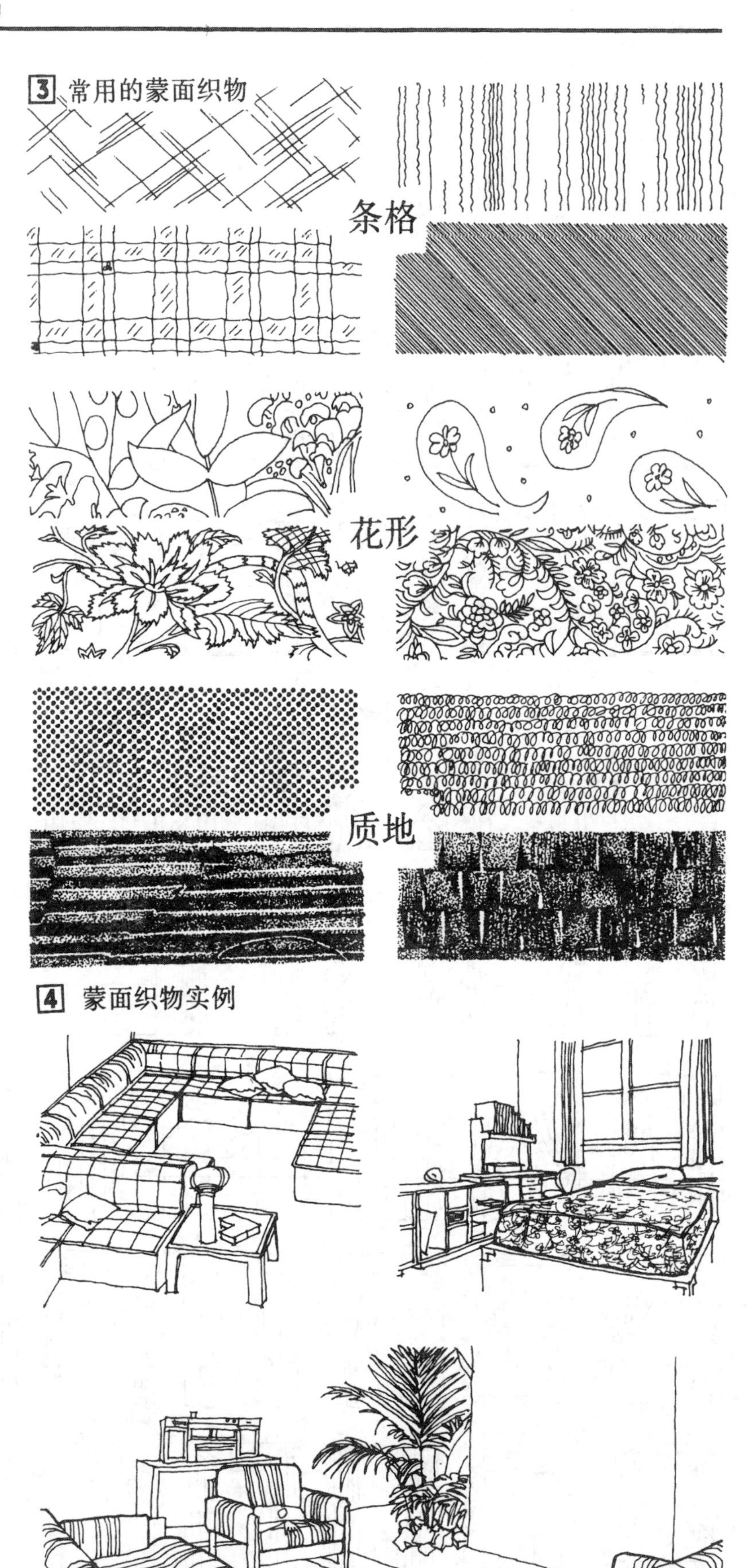

4 蒙面织物实例

陈设物品上的覆盖织物，在室内陈设艺术上要起到点缀作用，主要以陪衬家具的审美效果为目的，所以他们的质地和花色应以不掩盖家具本身所具有的装饰美为原则。一般室内的桌、台、柜上的覆盖织物宜少不宜多，尤忌五光十色，否则破坏了典雅的室内气氛。总之覆盖织物的形式和风格应从属于室内总体陈设布局的艺术效果，不能因为覆盖而使优美的家具纹理，造型挺拔的家具失色。为减少覆盖面积，也可采用某些精致的小型衬垫（衬垫上可摆设小艺术品，也借此防止一些小摆设对桌面的损伤），以代替全覆盖的台面铺盖。

1 覆盖织物种类及作用

用于沙发上的沙发套和沙发巾；桌、台、橱、柜上的桌毯和台布；钢琴上的罩毯；书架、书柜上的帷幔或条毯；电视机、录音机上的罩毯、条毯、或网扣；床罩、床单等。他们起着防磨损、防油污、防灰尘的作用。

2 床罩的装饰手法

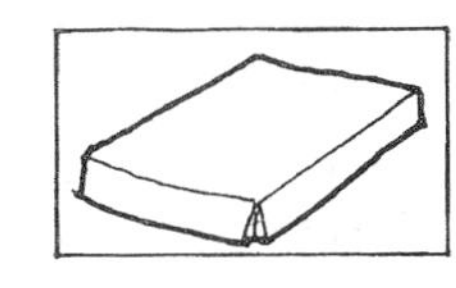
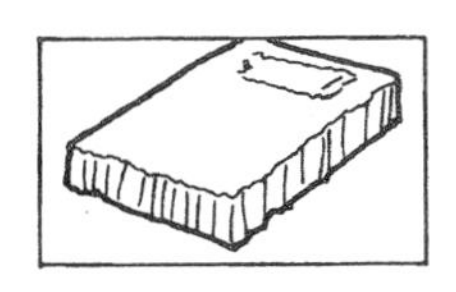

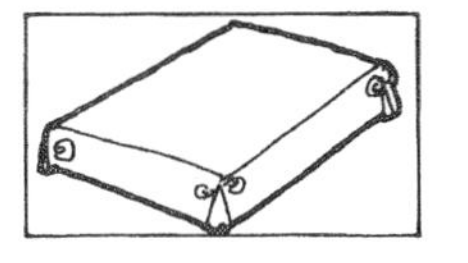

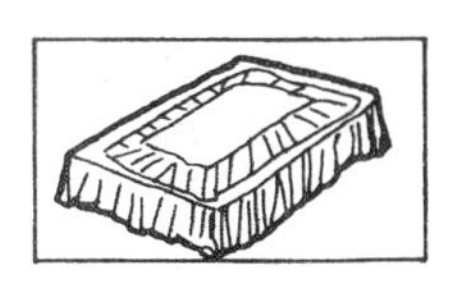
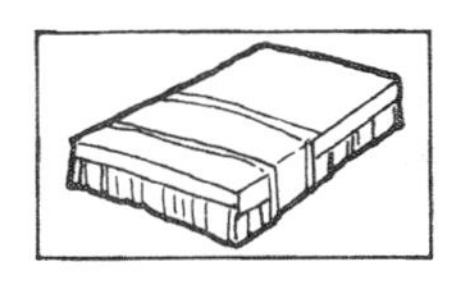

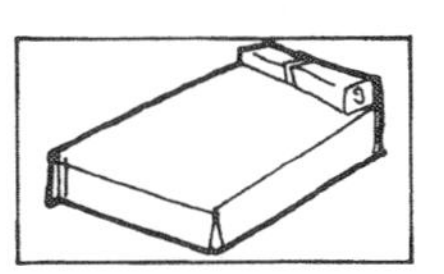

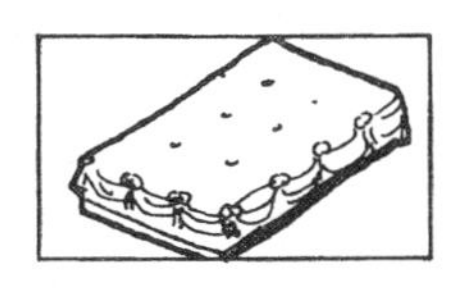

3 床罩常用尺寸(mm)

〔900+(900～1000)〕×〔2000+(900～1000)〕

〔1200+(900～1000)〕×〔2000+(900～1000)〕

〔1500+(900～1000)〕×〔2000+(900～1000)〕

4 桌布常用尺寸(mm)

□形(600～800)×(600～800)

○形(800～1200)×(600～800)

▭形〔(600～700)+(600～800)〕×〔(800～1200)+(600～800)〕

5 桌布实例

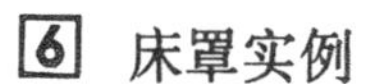

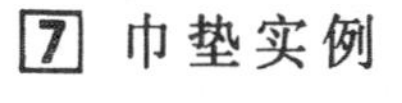

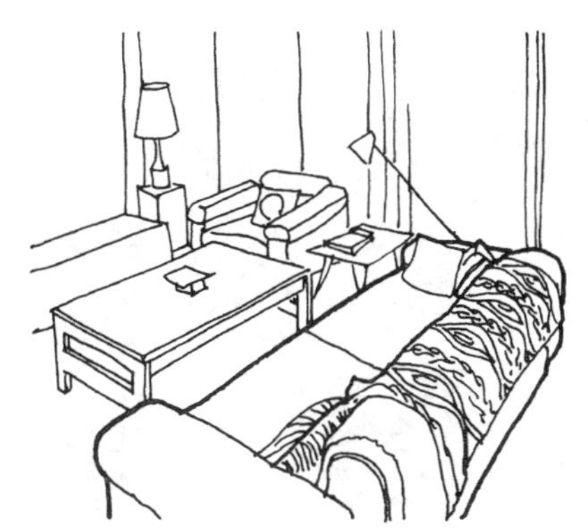

靠垫已成为现代化居室内必不可少的装饰品。靠垫是坐具、卧具（沙发、椅、凳和床等）上的附设品。可以用来调节人体的坐卧姿势，使人体与家具的接触更为贴切舒适。靠垫在室内的装饰作用是值得称道的，靠垫有随意制作和搬动的灵活性，所以它又是对室内艺术效果进行调节的得力工具。

1 靠垫的形状

方形	圆形	三角形	圆柱形
椭圆形	多面形	植物形	动物形

2 图案的布局

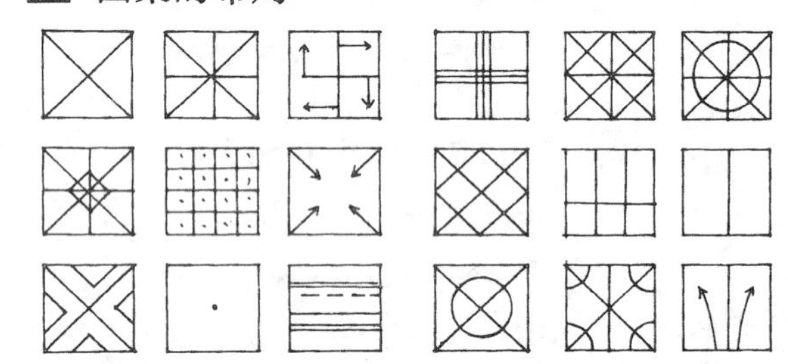

3 图案

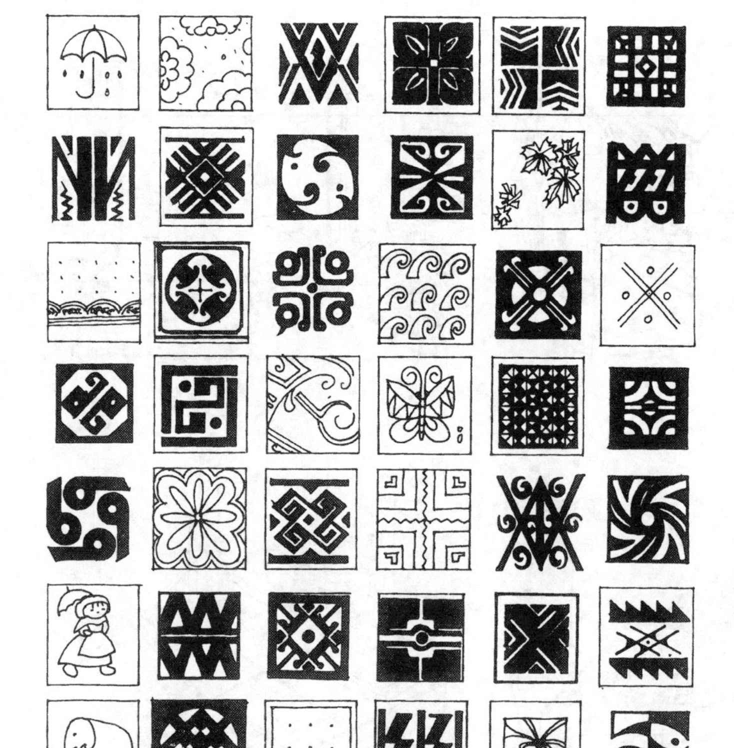

4 靠垫实例

5 靠垫的尺寸（mm）

380×380

400×400

450×450

6 枕垫的尺寸（mm）

400×800

400×600

350×400

450×550

150×400

500×600

800×800

400×400

500×500

壁挂（壁毯）、吊毯（吊织物）是软质材料，使人感到亲切。它在与人接触的部分，可以有柔软舒适的触感，即使在人不易接触、抚摸的地方，也会使人感到温馨和高贵。壁挂是把柔软与美，高度组合的室内装饰物。用壁挂取代国画、油画及其它工艺品来装饰墙面已为室内设计师广泛采用，壁挂与其它装饰织物比较有更广泛的表现力。因为它不与人接触，较少磨损、污染和各种受力情况，并有较丰富的装饰手段。

1 壁挂的种类、特点

名称	特点	价格	
栽绒毛毯	花纹随意，表面平整、厚重	枪织 中	手织 高
栽绒丝毯	花纹随意，表面平整、光亮、华贵	高	
编织壁毯	花纹随意，质地凹凸变化丰富，色彩交织含蓄	毛丝 高	麻化纤 中
编结壁挂	一般为抽象几何形，以漏空和突起打结为主要特点	毛丝 高	麻化纤 中
毛绣壁毯	花纹粗犷，针法变化丰富，有小的起伏变化	中	
绣花壁饰	花纹细致、秀丽，丝绣比棉绣光亮、高档	丝 高	棉 低
补花壁饰	花形为块面，利用边角下料，风格朴素大方	低	
织花壁挂	花形多为几何形（自然形织后也为几何自然形）	机织 低	手织 中
扎染壁挂	以扎的松紧疏密，产生节奏感，变化无穷、含蓄	丝绸 高	棉布 低
蜡染壁挂	花纹随意，以蜡纹的虚实变换取胜	丝绸 高	棉布 低
丝网印壁挂	花纹随意，有版画效果，能反复多次印制	中	

2 壁毯的布局

接见厅

会客室

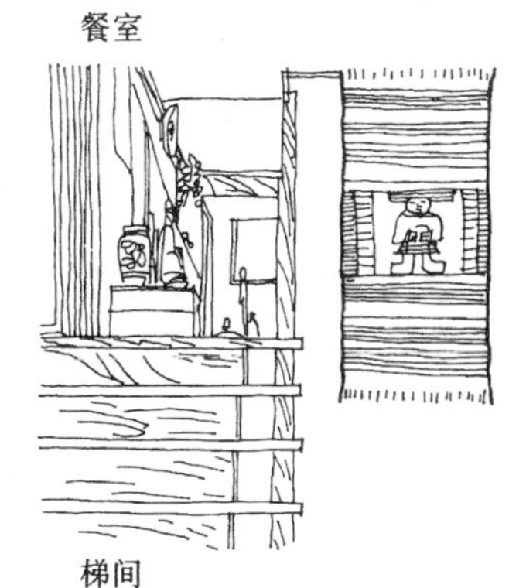
餐室

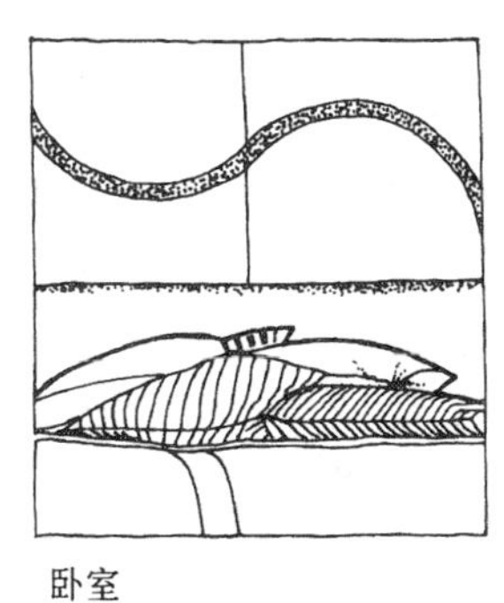
卧室

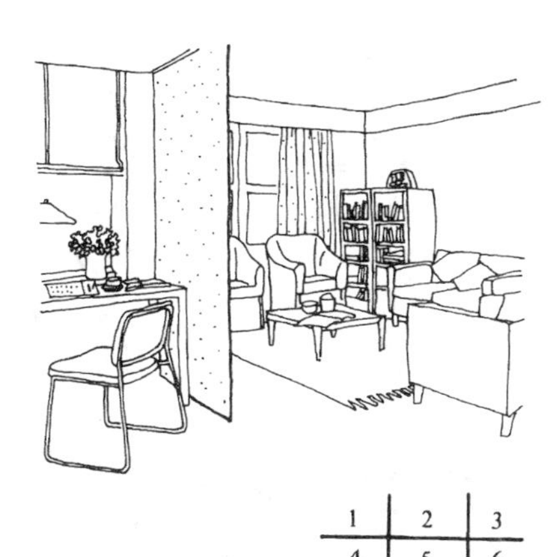
梯间

3 吊毯(吊织物)的几种悬挂方式

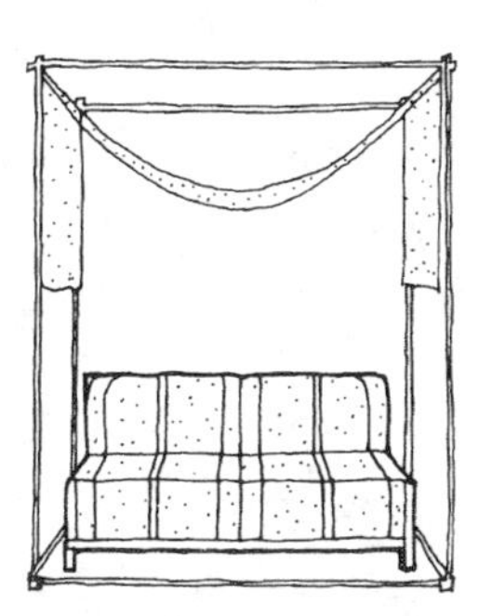

1	2	3
4	5	6

1—卧室床头悬吊
2—卧室与书房之间进行悬吊。除装饰外，还起间隔作用
3—会客与书房相隔
4—大厅空中悬吊
5—灯饰悬吊
6—沙发上方悬吊

其它织物包括天棚织物、织物屏风、灯罩、布玩具、工具袋、信插、织物插花和织物吊盆等。天棚织物用于舞厅、大厅、餐厅、卧室。织物略加褶纹和曲线变化都可取得良好的装饰效果。悬挂织物给人以富丽、高贵、亲切之感。因其既不反光，又隔音、防潮，是壁纸不能相比的。目前广泛应用于较高级的场所。织物屏风有防风及划分空间的实用价值。它的装饰价值成功与否，要看它能否和室内总体艺术风格相协调。织物灯罩较其它质感的灯罩显得柔和、亲切、轻便。有些半透明的灯罩，在光线透射下，能体现肌理美。

室内设计在满足功能要求的前提下，是各种室内物体的形、色、光、质的组合。这个组合是非常和谐统一的整体。在整体中每个“成员”必须在艺术效果的要求下，充分发挥各自的优势，共同创造一个高舒适度，高实用性，高精神境界的室内环境。

室内织物的材质和工艺手段丰富多彩，用途也广泛。为此室内织物的选择与设计，必须有整体观念，孤立地评价织物的优劣是无关紧要的，关键在于它能否与室内整体“情投意合”。整体搭配得当，即使是粗布乱麻，也能为室内生辉，而选用不当，即使是绫罗绸缎，也不能为室内增添光彩。

1 织物与室内环境关系

<table>
<tr><th>室内</th><th>要求</th><th>手段</th></tr>
<tr><td rowspan="4">复杂环境</td><td rowspan="4">统一
(单纯)</td><td>造型统一</td></tr>
<tr><td>纹样统一</td></tr>
<tr><td>色彩统一</td></tr>
<tr><td>风格统一</td></tr>
<tr><td rowspan="4">单调环境</td><td rowspan="4">变化
(丰富)</td><td>纹样活泼</td></tr>
<tr><td>色彩对比</td></tr>
<tr><td>质地对比</td></tr>
<tr><td>造型多样</td></tr>
</table>

2 织物与室内尺度关系

环境	纹样	质地	色彩
高大室内	大	粗犷	较比强烈
矮小室内	小	细致	较比含蓄

3 织物设计要服从室内陈设物总体设计(以家具为例)

<table>
<tr><th></th><th>举 例</th><th>地毯色彩</th><th>家具蒙面料</th><th colspan="2">床罩</th><th colspan="2">窗帘</th></tr>
<tr><td rowspan="5">家具</td><td rowspan="2">深色仿明式家具</td><td rowspan="2">中间灰色较浅的沉着色为好</td><td rowspan="2">色彩应比家具颜色浅些，鲜些，暖些</td><td colspan="2">素色</td><td colspan="2">花色(传统)</td></tr>
<tr><td colspan="2">花色(传统)</td><td colspan="2">素色</td></tr>
<tr><td rowspan="3">光滑质地</td><td rowspan="3">质地可用长毛地毯和木质形成对比</td><td rowspan="3">质地粗些和木质对比，但要比地毯质地细</td><td colspan="2">质地</td><td colspan="2">质地</td></tr>
<tr><td>细</td><td>粗</td><td>粗</td><td>细</td></tr>
</table>

4 织物间的相互关系(以家具蒙面织物与幔帘为例)

<table>
<tr><th>举例</th><th>第一方案</th><th>第二方案</th><th colspan="2">第三方案</th></tr>
<tr><td rowspan="2">家具蒙面织物</td><td rowspan="2">质地</td><td rowspan="2">织纹</td><td rowspan="2">花</td><td>同花不同明度</td></tr>
<tr><td rowspan="2">同花不同布局</td></tr>
<tr><td rowspan="2">幔帘</td><td rowspan="2">织纹</td><td rowspan="2">质地</td><td rowspan="2">花</td></tr>
<tr><td>同花大小不一</td></tr>
</table>

5 织物整体设计实例

1 中国传统风格

2 中国民族风格

3 国外现代风格

4 中国当代风格

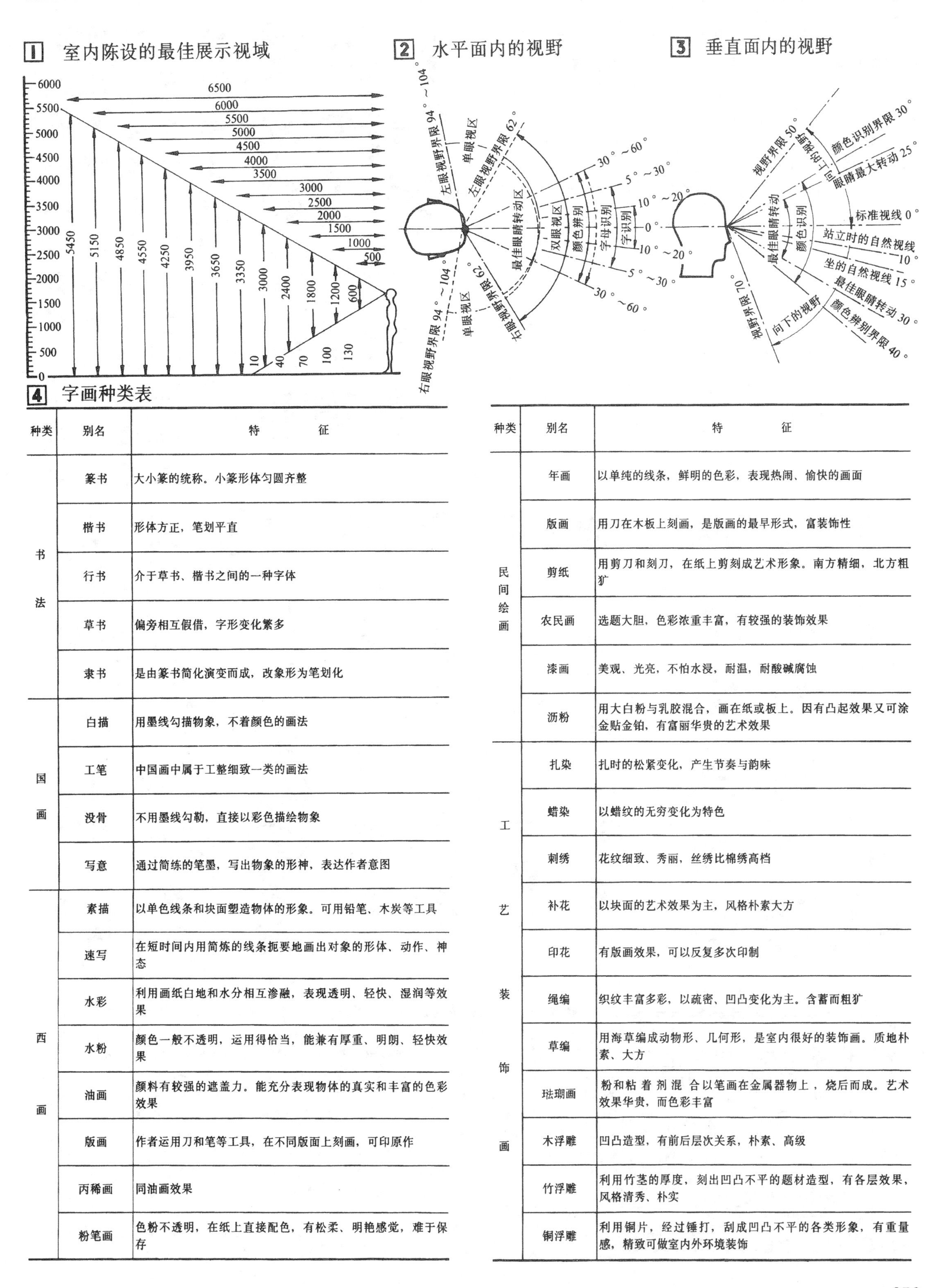

4 字画种类表

种类	别名	特征
书法	篆书	大小篆的统称。小篆形体匀圆齐整
	楷书	形体方正，笔划平直
	行书	介于草书、楷书之间的一种字体
	草书	偏旁相互假借，字形变化繁多
	隶书	是由篆书简化演变而成，改象形为笔划化
国画	白描	用墨线勾描物象，不着颜色的画法
	工笔	中国画中属于工整细致一类的画法
	没骨	不用墨线勾勒，直接以彩色描绘物象
	写意	通过简练的笔墨，写出物象的形神，表达作者意图
西画	素描	以单色线条和块面塑造物体的形象。可用铅笔、木炭等工具
	速写	在短时间内用简炼的线条扼要地画出对象的形体、动作、神态
	水彩	利用画纸白地和水分相互渗融，表现透明、轻快、湿润等效果
	水粉	颜色一般不透明，运用得恰当，能兼有厚重、明朗、轻快效果
	油画	颜料有较强的遮盖力。能充分表现物体的真实和丰富的色彩效果
	版画	作者运用刀和笔等工具，在不同版面上刻画，可印原作
	丙稀画	同油画效果
	粉笔画	色粉不透明，在纸上直接配色，有松柔、明艳感觉，难于保存

种类	别名	特征
民间绘画	年画	以单纯的线条，鲜明的色彩，表现热闹、愉快的画面
	版画	用刀在木板上刻画，是版画的最早形式，富装饰性
	剪纸	用剪刀和刻刀，在纸上剪刻成艺术形象。南方精细，北方粗犷
	农民画	选题大胆，色彩浓重丰富，有较强的装饰效果
	漆画	美观、光亮，不怕水浸，耐温，耐酸碱腐蚀
	沥粉	用大白粉与乳胶混合，画在纸或板上。因有凸起效果又可涂金贴金铂，有富丽华贵的艺术效果
工艺装饰画	扎染	扎时的松紧变化，产生节奏与韵味
	蜡染	以蜡纹的无穷变化为特色
	刺绣	花纹细致、秀丽，丝绣比棉绣高档
	补花	以块面的艺术效果为主，风格朴素大方
	印花	有版画效果，可以反复多次印制
	绳编	织纹丰富多彩，以疏密、凹凸变化为主。含蓄而粗犷
	草编	用海草编成动物形、几何形，是室内很好的装饰画。质地朴素、大方
	珐琊画	粉和粘着剂混合以笔画在金属器物上，烧后而成。艺术效果华贵，而色彩丰富
	木浮雕	凹凸造型，有前后层次关系，朴素、高级
	竹浮雕	利用竹茎的厚度，刻出凹凸不平的题材造型，有各层效果，风格清秀、朴实
	铜浮雕	利用铜片，经过锤打，刮成凹凸不平的各类形象，有重量感，精致可做室内外环境装饰

中国书法艺术，执笔要指实掌虚，五指齐力；用笔要中锋铺毫；点画要圆满周到；结构要横直相安；意思呼应；分布要错综变化，疏密得宜，全章贯气等，都是前人在实践中总结出来的经验。

篆法　秦代通行的文字，也叫秦篆，秦始皇推行统一文字的政策，以小篆为正字，淘汰通行于其他地区的异体字，对汉字的规范化起了很大作用。

正楷　也叫“正书”、“真书”及楷书。形体方正笔画平直，可作楷模，故名。始于汉末，一直通行至今。

行书　介于草书与正楷之间的一种字体。

草书　为书写便捷而产生的一种字体。上下字之间的笔势，往往牵连相通。偏旁相互假借为“今草”，写得更加放纵。笔势连绵回绕。字形变化为“狂草”。

隶书　是由篆书简化而成的一种字体 也叫“佐书”、“史书”把篆书圆转的笔划变成笔划化，以便书写。

清　赵之谦篆书

清　邓石如隶书

元　赵孟頫书妙严寺记

明　董其昌行书

明　祝允明草书

书法匾额楹联在厅堂中的常用位置示意

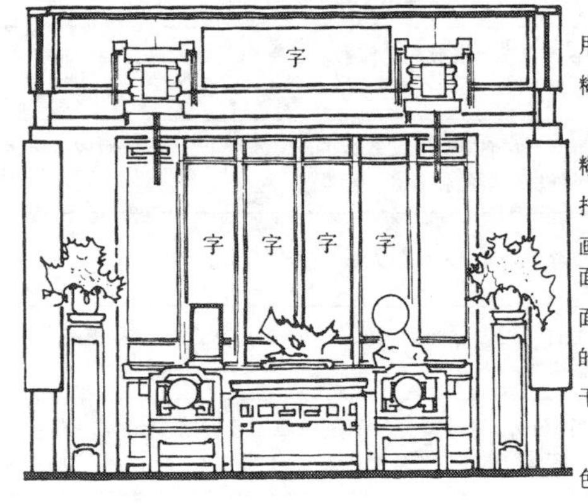

字画的托裱方法　字画裱糊的主要工具是案桌和刷子（硬毛刷作压纸用，软毛刷子如排气刷、底纹笔刷等刷浆糊用）。浆糊最好用面粉自制。先把面粉用纱布包起来放在水中冲洗，除去面筋，然后把冲洗液（内含淀物），加热熬成糊状，再用清水稀释即可使用。若按6∶4的比例把纤维素和乳液调在一起代替面粉浆糊，效果也很好。

托字画的方法 1飞托法：先把画面喷湿，使其伸展，再把托画用的纸（四周要比画面大2～3cm），均匀地刷上浆糊，然后把画幅从一头卷起（画面向上），末端与托纸对好位置，再把画卷展开，随展画卷，随用刷子将画幅刷扫到托纸上粘牢。画卷全部展开后，还要铺上一张白纸作保护，用刷子再刷几遍。随后在四周刷上较稠的浆糊，把托好的画贴在平板上（板要立放），干后（停留的时间越长越好）揭下。2湿粘法：先将画面和托纸剪好（托纸要大于画面），用水喷湿，把托纸卷起来（不宜太紧）。然后把画面铺在桌面上，并在左下角垫一张纸条（用于揭画，并试验画面与托纸的牢固度），用软毛刷刷上浆糊，扫平绉摺。然后将画四周多余的浆糊用湿手巾擦去，再把托纸卷对准画面的一端放平展开，用棕刷把托纸与画面扫压，粘贴在一起。掀起纸条，把托好的画面轻轻揭起来，贴在板上或墙上，干后揭下即可。

裱字画的方法　把托好的字和画面加上天、地、边、轴。简单地裱法不加轴，先将托好的画面喷湿润，按尺寸把色纸或绫子裁成边条，贴在画的四周，用棕刷压好，再上一次墙，干后，裁下即可。

1 中国绘画基本种类（花鸟、山水、人物）

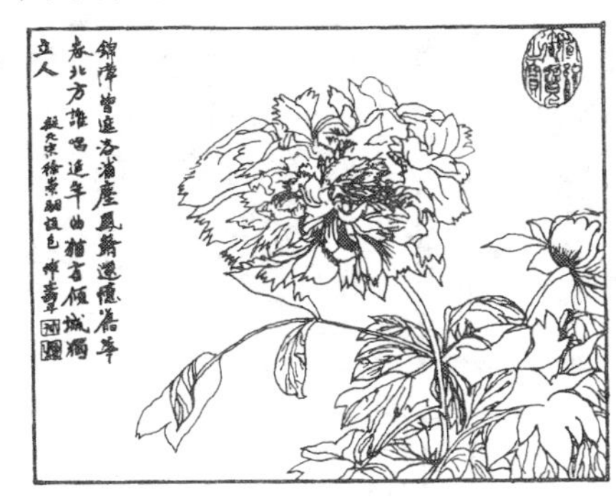

3 传统厅堂陈设平立面

2 中国绘画基本形式

手卷型　最早见东晋顾恺之“女史箴卷”（公元四世纪），可能更早

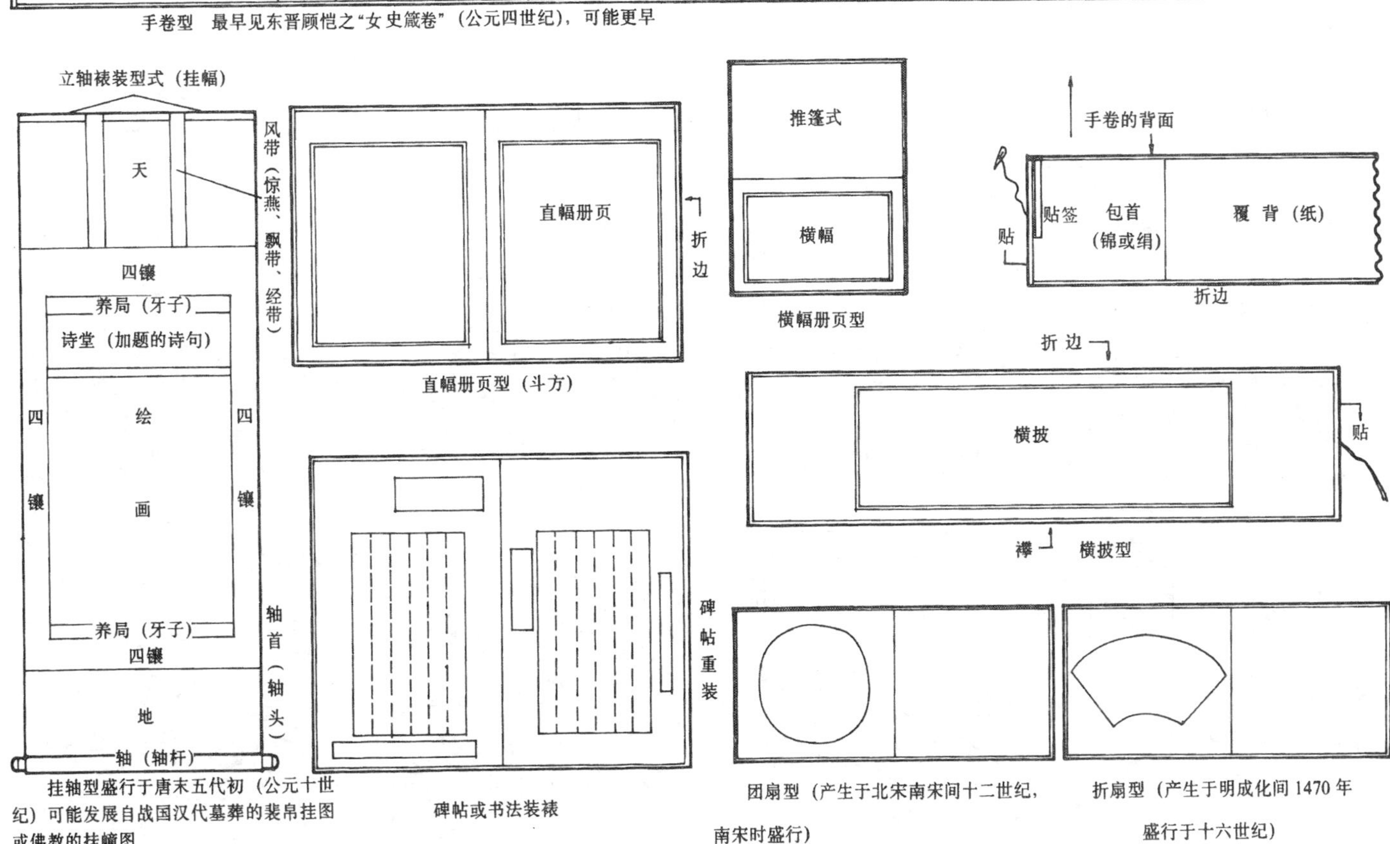

挂轴型盛行于唐末五代初（公元十世纪）可能发展自战国汉代墓葬的裴帛挂图或佛教的挂幢图

直幅册页型（斗方）

横幅册页型

横披型

碑帖或书法装裱

团扇型（产生于北宋南宋间十二世纪，南宋时盛行）

折扇型（产生于明成化间1470年盛行于十六世纪）

1 几种画框立面剖面

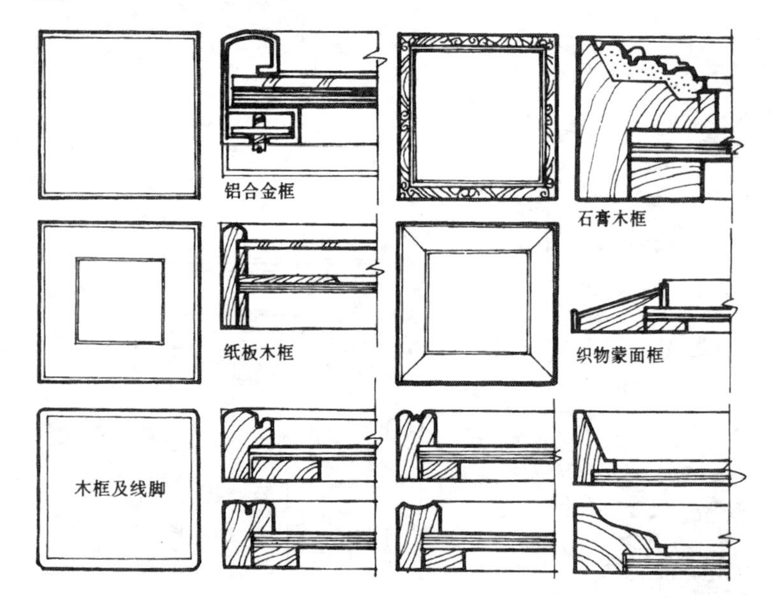

2 西式油画类(花卉、风景、人物、静物)

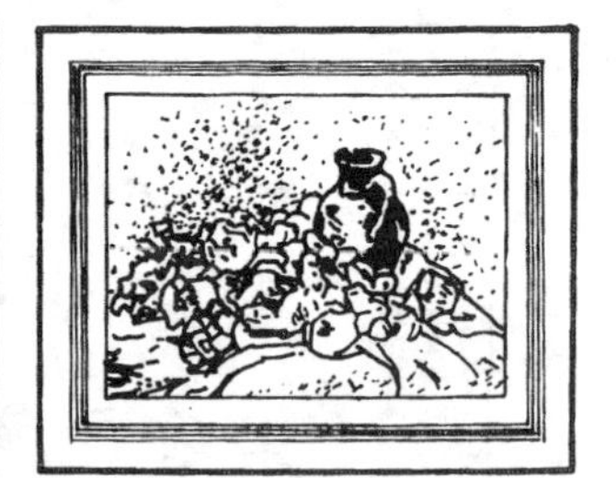

3 国际通用画框标号(mm)

标号	人　物	风　景	海　景
0	180×140	180×120	180×100
1	220×180	220×140	220×120
2	240×190	240×160	240×140
3	270×220	270×190	270×160
4	330×240	330×220	330×190
5	350×270	350×240	350×220
6	410×330	410×270	410×240
8	460×380	460×330	460×270
10	550×460	550×380	550×330
12	610×500	610×460	610×380
15	650×640	650×500	650×460
20	730×600	730×540	730×500
25	810×650	810×600	810×540
30	920×730	920×650	920×600
40	1000×810	1000×730	1000×660
50	1160×890	1160×810	1160×730
60	1300×970	1300×890	1300×310
80	1460×1140	1460×970	1460×390

4 几种壁面挂画的形式

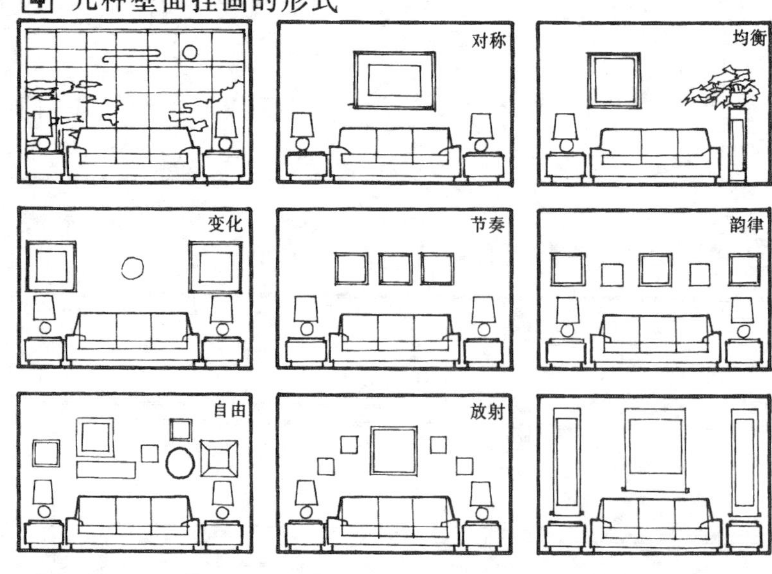

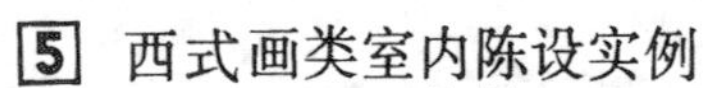

5 西式画类室内陈设实例

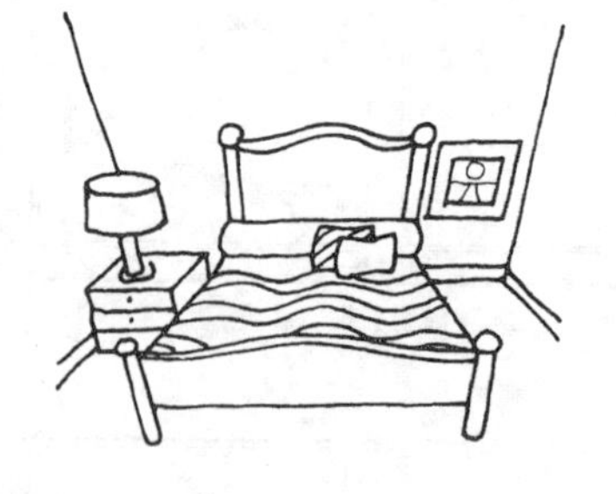

1 民间版画、年画

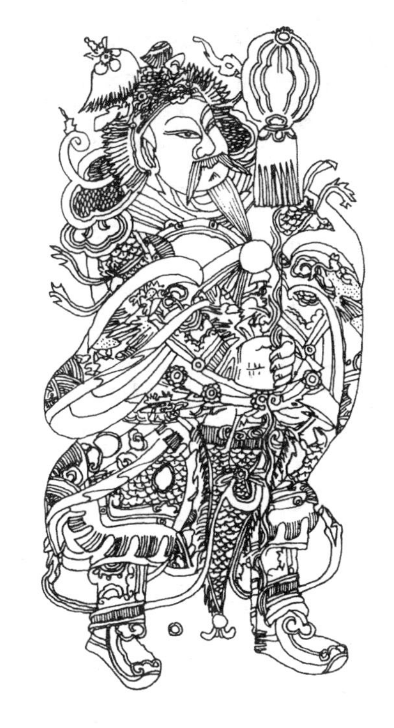
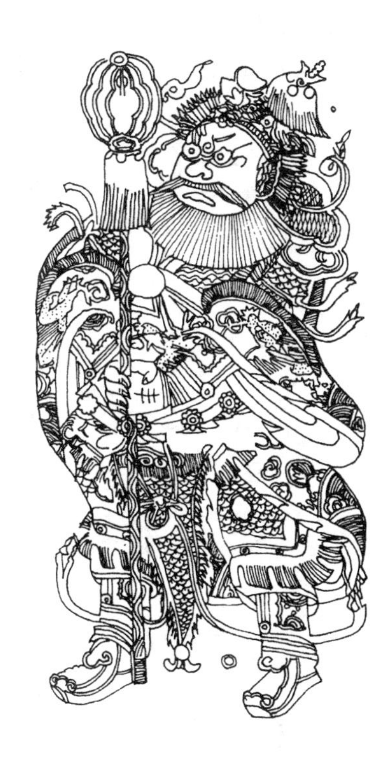

2 农民画

3 民间剪纸

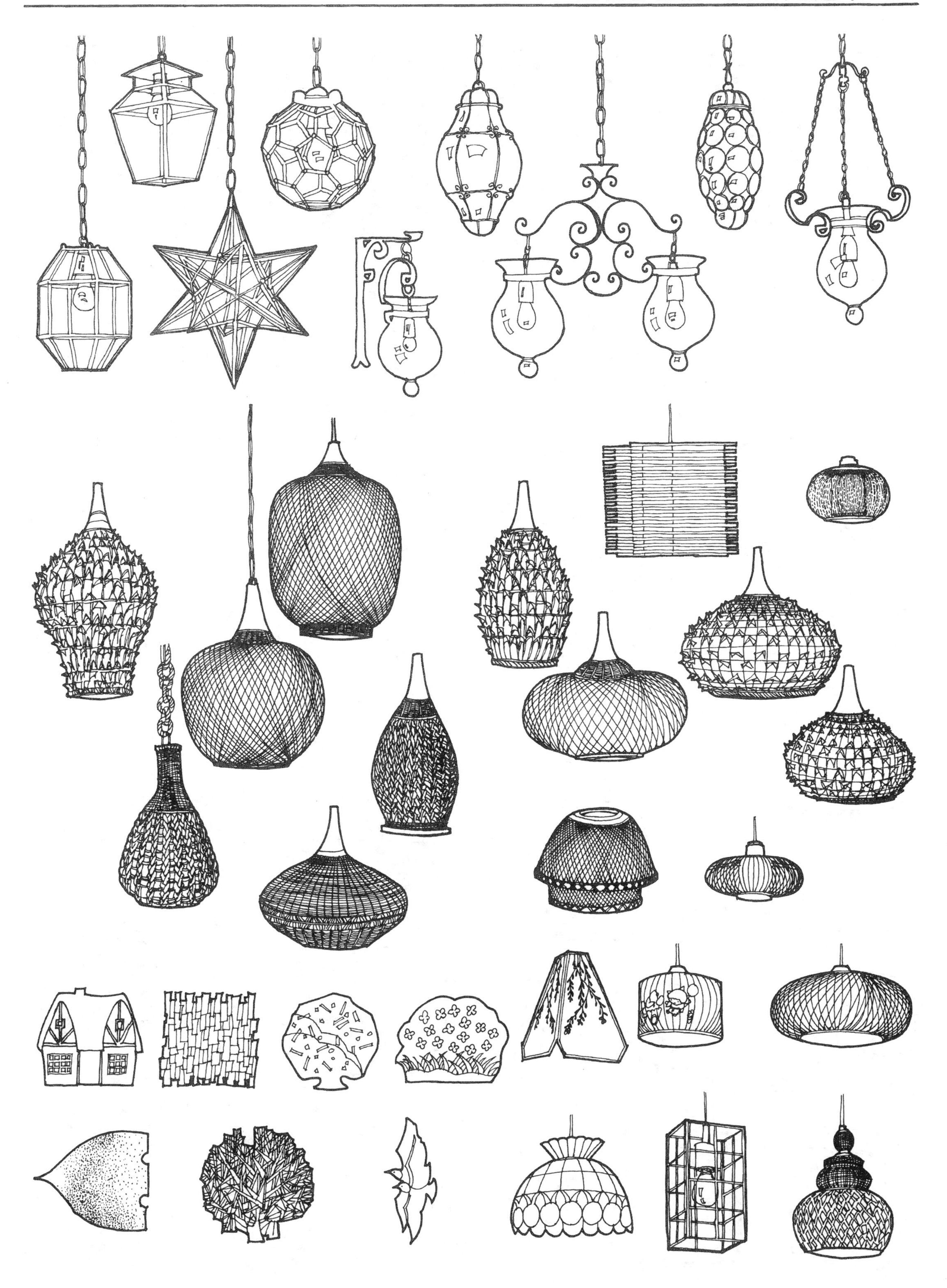

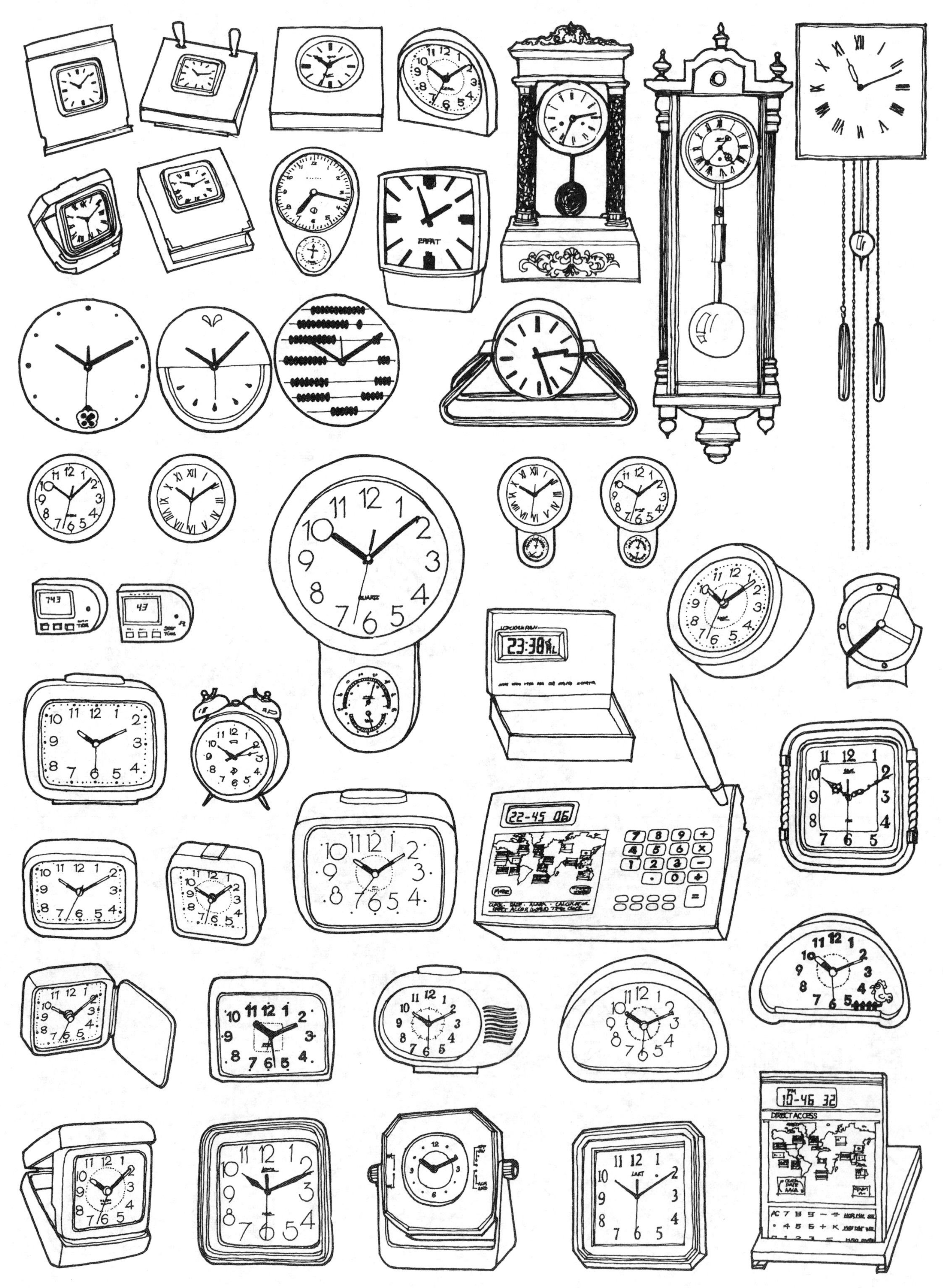
QUARTZ
23:38
22-45 06
10-46 32
DIRECT ACCESS

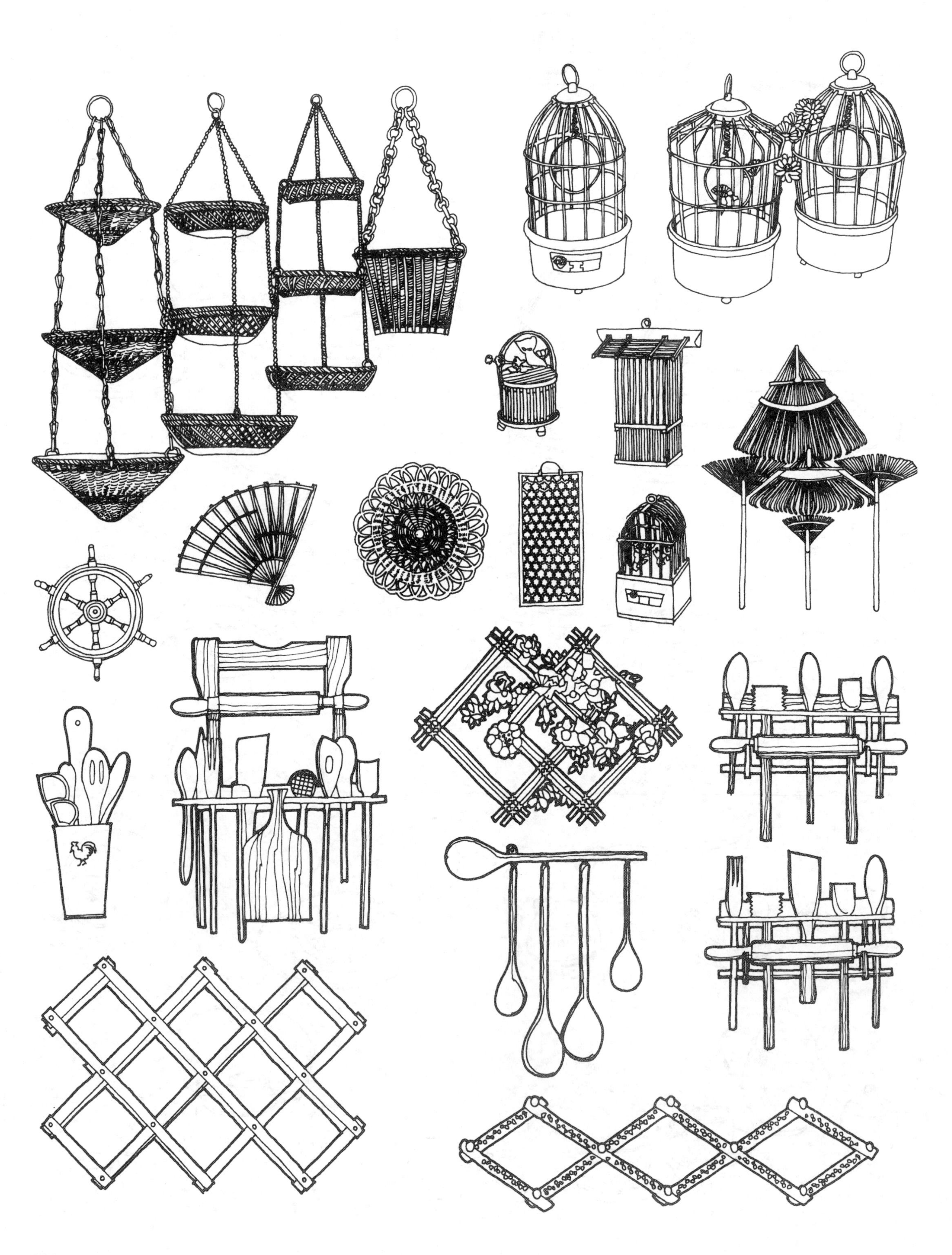

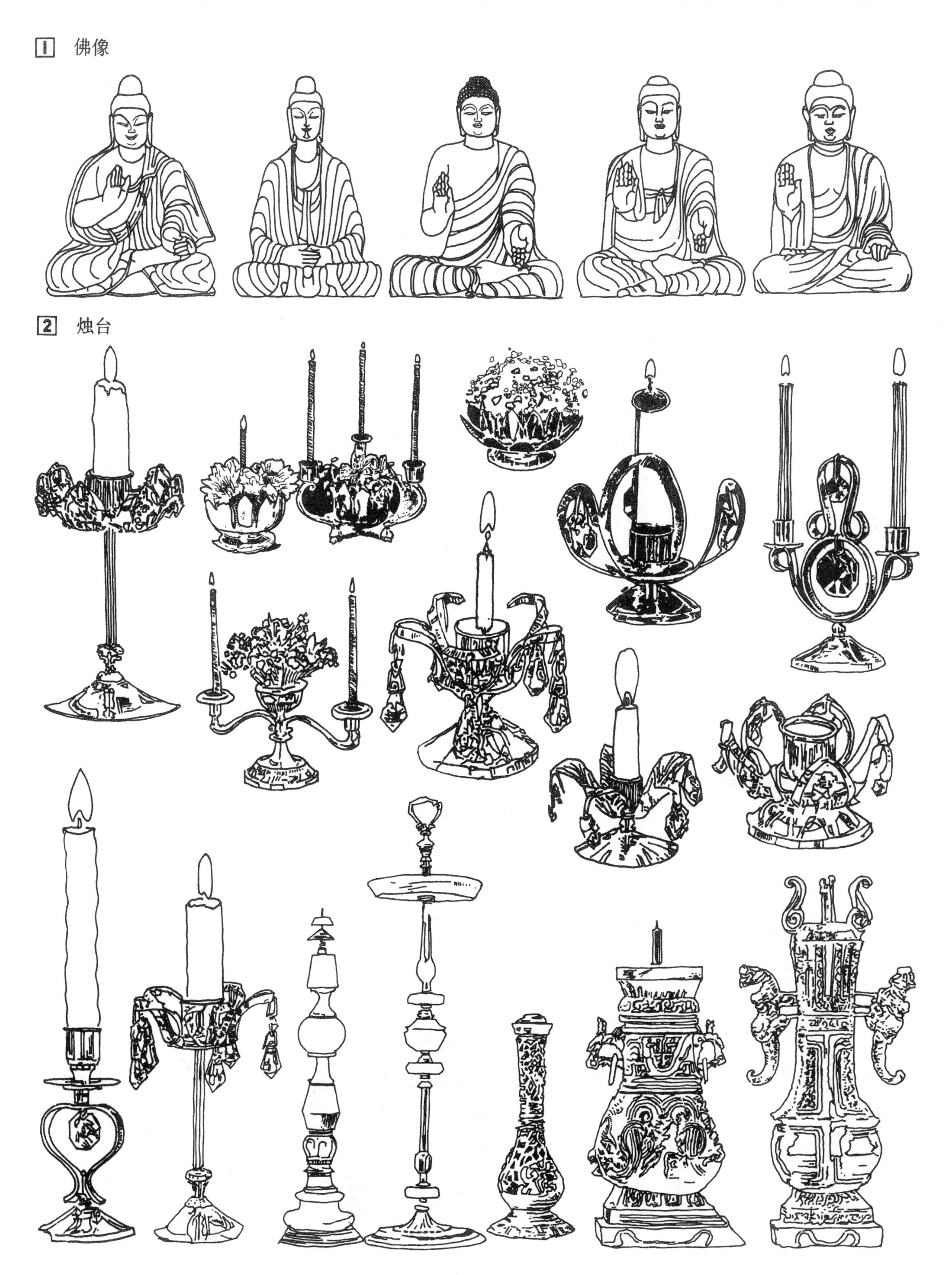
1 佛像
2 烛台

1 泥玩具
2 布玩具
3 竹、草、木玩具

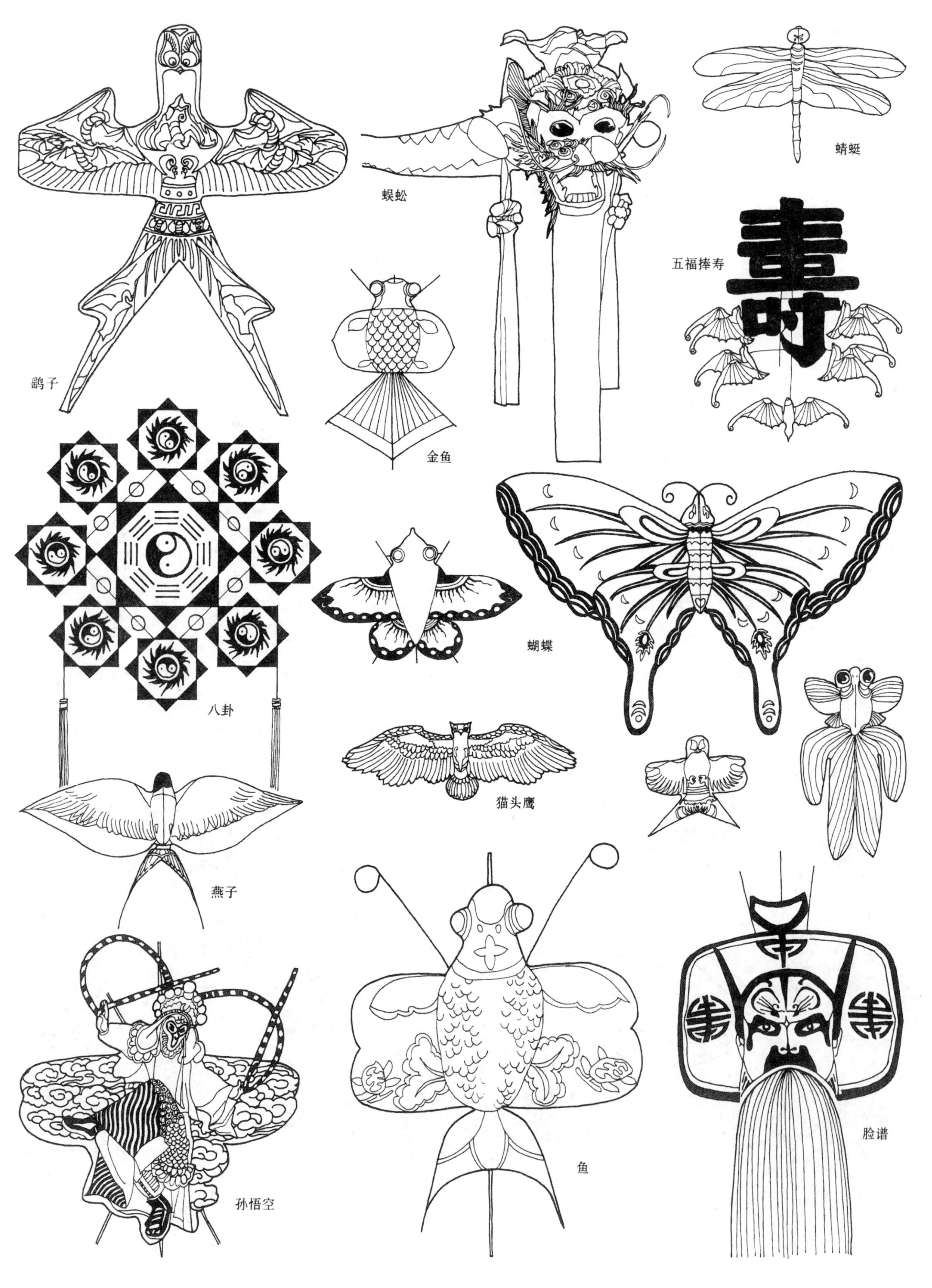
鹞子
蜈蚣
蜻蜓
五福捧寿
金鱼
八卦
蝴蝶
猫头鹰
燕子
孙悟空
鱼
脸谱

1 民间皮影

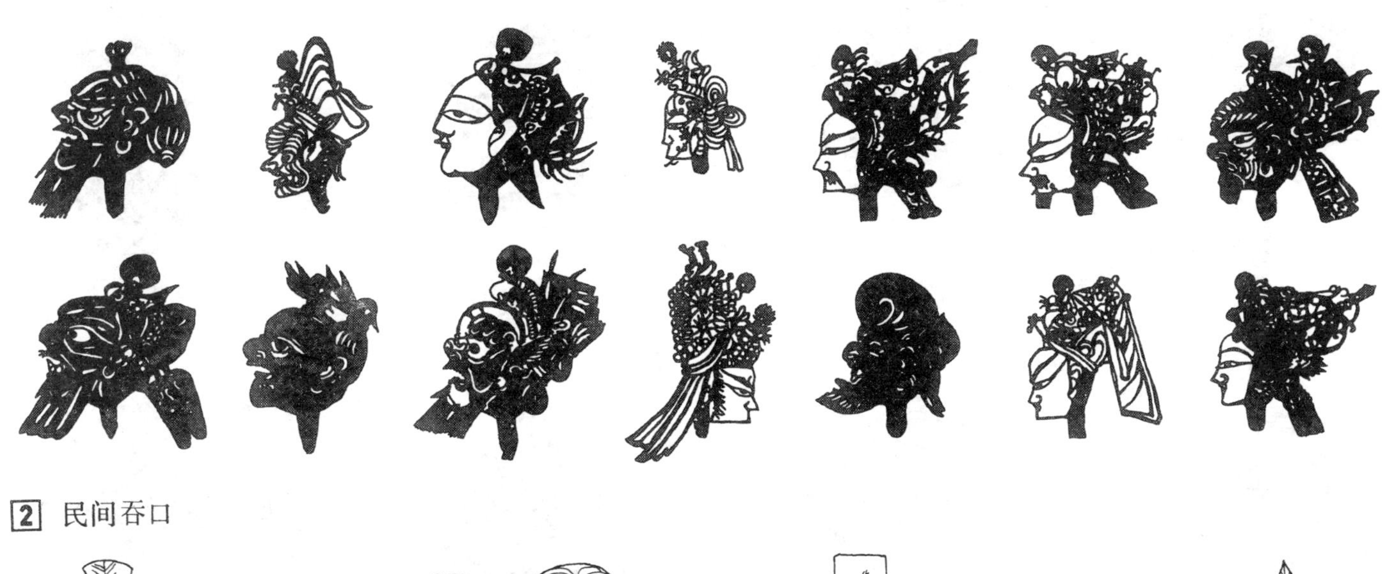

2 民间吞口

3 木雕面具

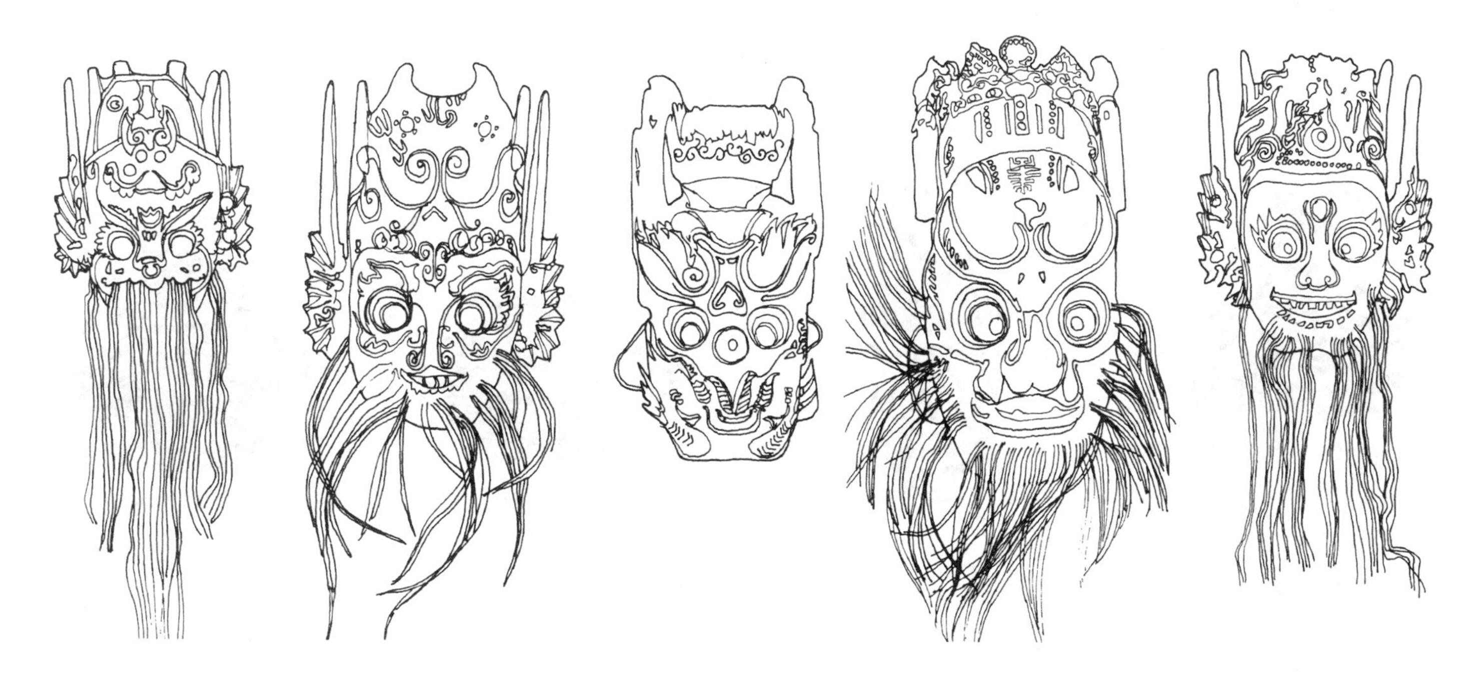

马厂类型壶

马厂类型罐

石岭下类型罐

石岭下类型瓶

马厂类型壶

马厂类型豆

石岭下类型壶

石岭下类型罐

马家窑类型壶

马家窑类型瓶

马家窑类型钵

马家窑类型壶

马家窑类型壶

马家窑类型瓶

马家窑类型罐

马家窑类型带壶

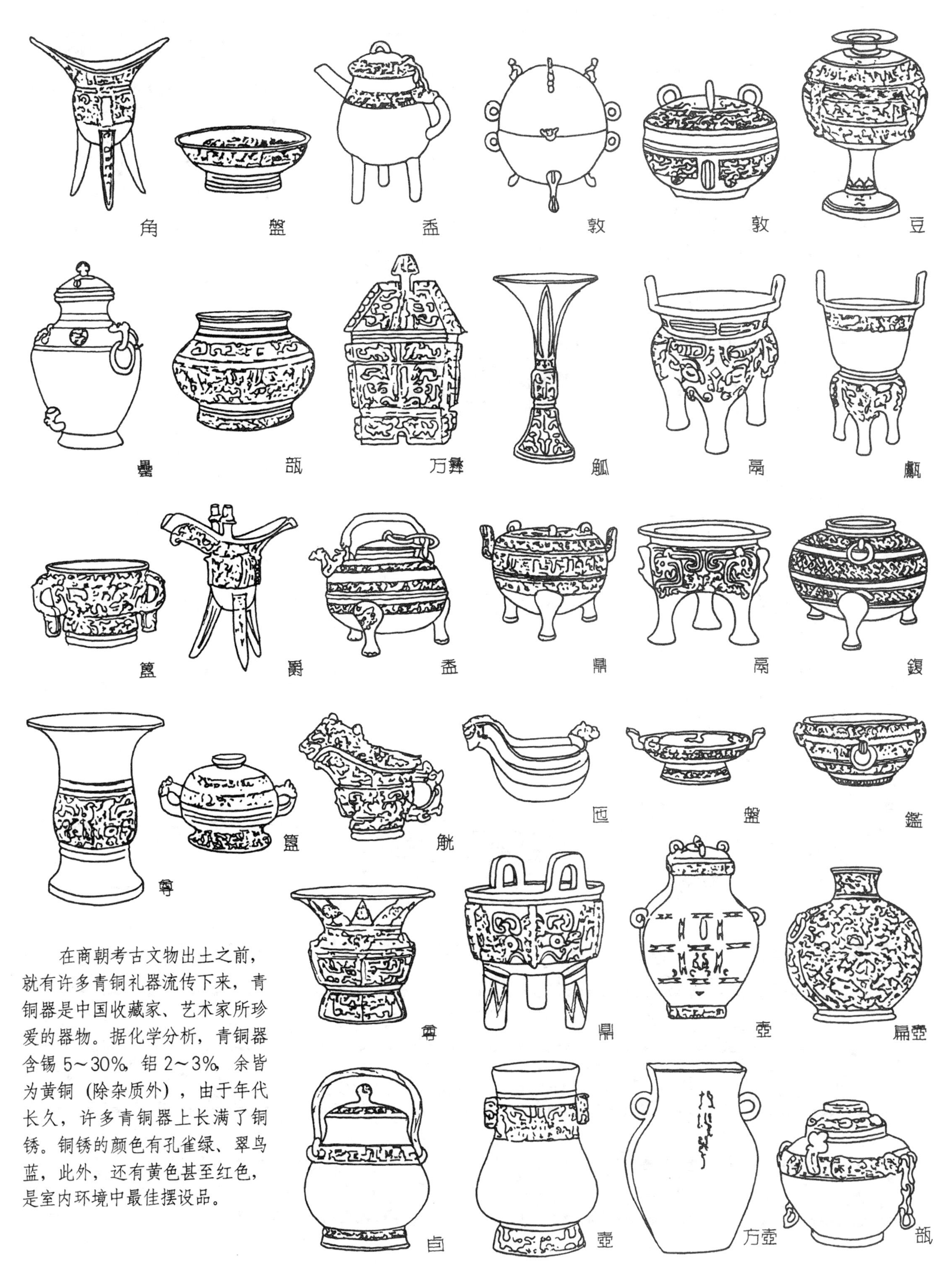

在商朝考古文物出土之前，就有许多青铜礼器流传下来，青铜器是中国收藏家、艺术家所珍爱的器物。据化学分析，青铜器含锡 5～30%，铝 2～3%，余皆为黄铜（除杂质外），由于年代长久，许多青铜器上长满了铜锈。铜锈的颜色有孔雀绿、翠鸟蓝，此外，还有黄色甚至红色，是室内环境中最佳摆设品。

漆器在战国与汉朝时有高度发展，利用绘画或线雕而露出下层颜色。雕漆创于唐朝。其制作工艺是当漆尚未硬化时嵌入螺钿。宋朝的漆器非常素雅，表面没有装饰。元朝时再度采用刻花、嵌花技术。明朝漆器以红色为主，花纹丰满，称为剔红。中国的漆器有两种风格：一种刻工深峻、圆润光滑；另一种锋芒显露。

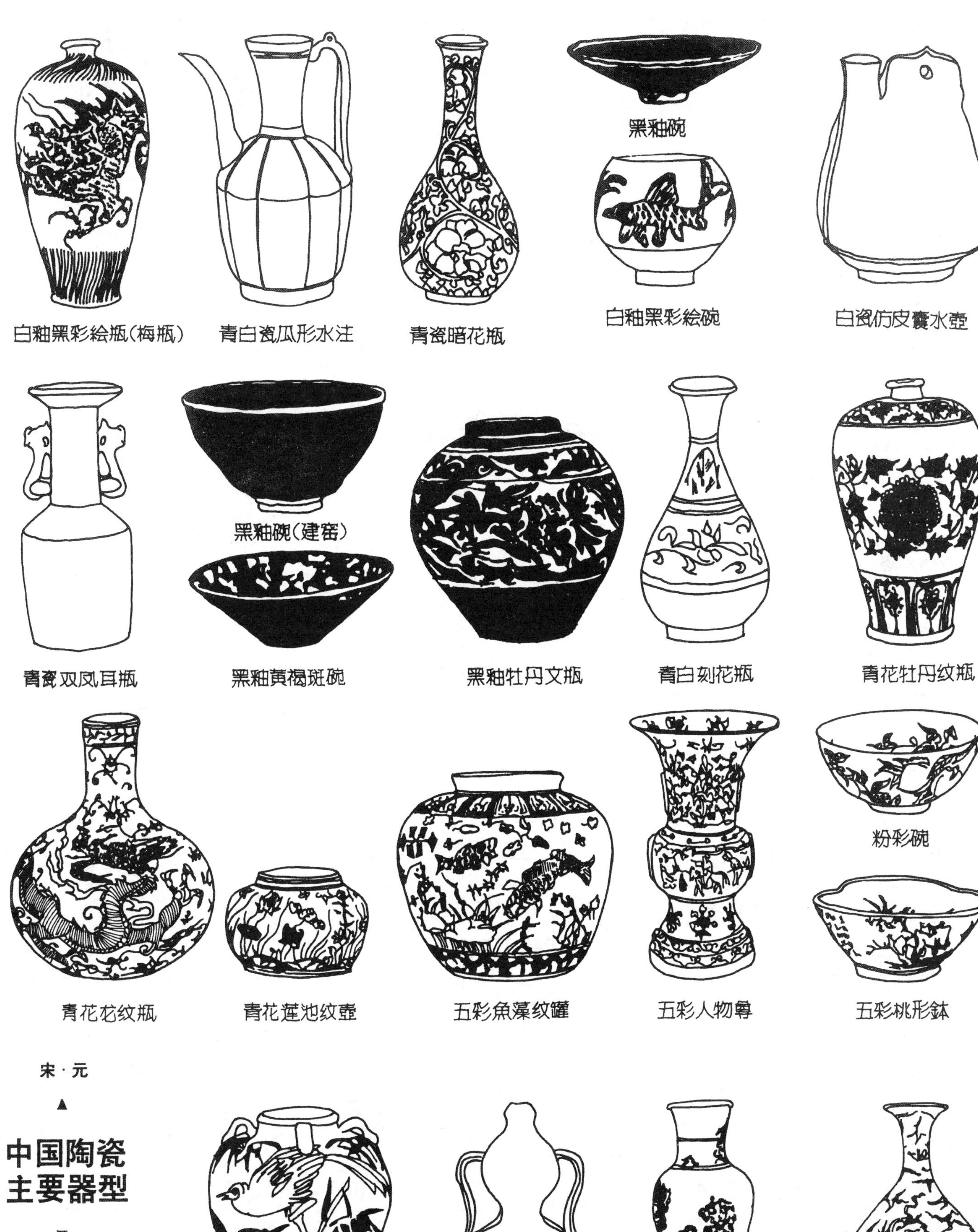

白釉黑彩绘瓶(梅瓶)　青白瓷瓜形水注　青瓷暗花瓶　黑釉碗　白釉黑彩绘碗　白瓷仿皮囊水壶

青瓷双凤耳瓶　黑釉碗(建窑)　黑釉黄褐斑碗　黑釉牡丹文瓶　青白刻花瓶　青花牡丹纹瓶

青花龙纹瓶　青花莲池纹壶　五彩鱼藻纹罐　五彩人物尊　粉彩碗　五彩桃形钵

宋·元

▲

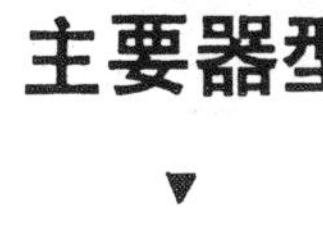

中国陶瓷主要器型

▼

明·清

青花鸟纹四耳壶

茶叶末瓢瓶

青花花卉纹瓶

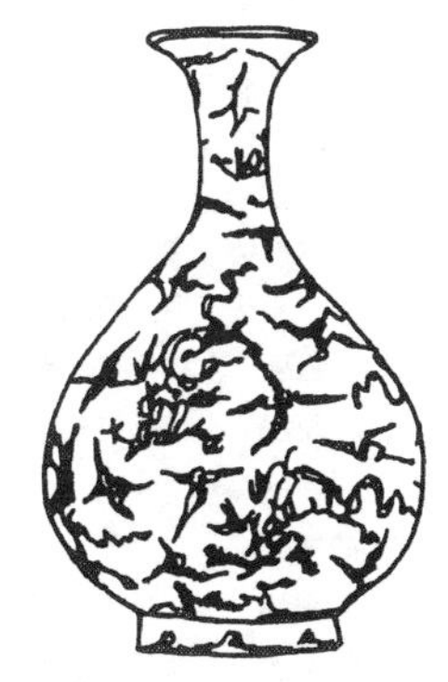

青花云龙纹瓶

木材用于室内设计工程，已有悠久的历史。它材质轻、强度高；有较佳的弹性和韧性、耐冲击和振动；易于加工和表面涂饰，对电、热和声音有高度的绝缘性；特别是木材美丽的自然纹理、柔和温暖的视觉和触觉是其它材料所无法替代的。

1 木材的基本性质

木材分针叶树材和阔叶树材两大类：

针叶树树干通直而高大，易得大材，纹理平顺，材质均匀，木质较软而易于加工，故又称软木材。表观密度和胀缩变形较小，耐腐蚀性强，在室内工程中主要用于隐蔽部分的承重构造。常见树种有松、柏、杉。

阔叶树树干通直部分一般较短，材质硬且重、强度较大、纹理自然美观，是室内装修工程及家具制造的主要饰面用材。常见树种有榆木、水曲柳、柞木。

1.木材的化学组成

组成名称	针叶树	阔叶树
纤维素	48～56%	46～48%
半纤维素	23～26%	26～35%
木　素	26～30%	19～28%

2.木材的物理特性

木材的物理性质，包括木材的水分、实质、比重、干缩、湿涨，以及木料在干缩过程中所发生的缺陷、导热、导电、吸湿、透水等。明确其意义、性质、测定方法与相互关系，以及对木材力学性质的影响，其目的是合理利用和节约木材。

木材的含水率分为：刚采伐的木材所含水分，平均70～140%。湿材含水率，一般100%。炉干材含水率一般为4～12%，气干材含水率为15%。绝干含水率等于0，其中气干材和炉干材为室内设计用材须达到的水平。

木材的重量：可分为实质比重和容积比重　所有木材的实质比重几乎相同，约为1.49～1.57，平均为1.54。容积比重是木材单体体积的重，因树种不同而不同，其单位以 g/cm^3 表示（或 kg/m^3 ）。

部分木材的容重：（kg/m^3）

沙木	红松	柏木	铁杉	桦木	水曲柳	柞木	樟木	楠木	麻栎	槐木
376	440	588	500	635	686	576	529	610	956	702

木材的导热性与传声性：木材是多孔物质，在孔隙中充满空气，形成气隙阻碍导热，一般来说，干木材的导热系数的值是比较小的。木材亦有传声与隔音的能力，木材的传声速度因树种而不同，但与其它物质比较还是很小的，所以，木材是很好的隔音材料

木材的纹理：

（1）树种原因 针叶树简单，阔叶树复杂且美观。
（2）年轮原因　　分粗、细两种。
（3）锯切方式原因 弦切纹理粗　径切纹理细。

3.木材的力学特性

木材的力学特性，就是木材抵抗外力作用的性能，一般从下列方面进行考查：

强度　木材抵抗外部机械力破坏的能力。

硬度　木材抵抗其它物体压入的能力。

弹性　外力停止作用后，能恢复原来的形状和尺寸的能力。

刚性　木材抵抗形状变化的能力。

塑性　木材保持形变的能力。

韧性　木材易发生最大变形而不致破坏的能力。

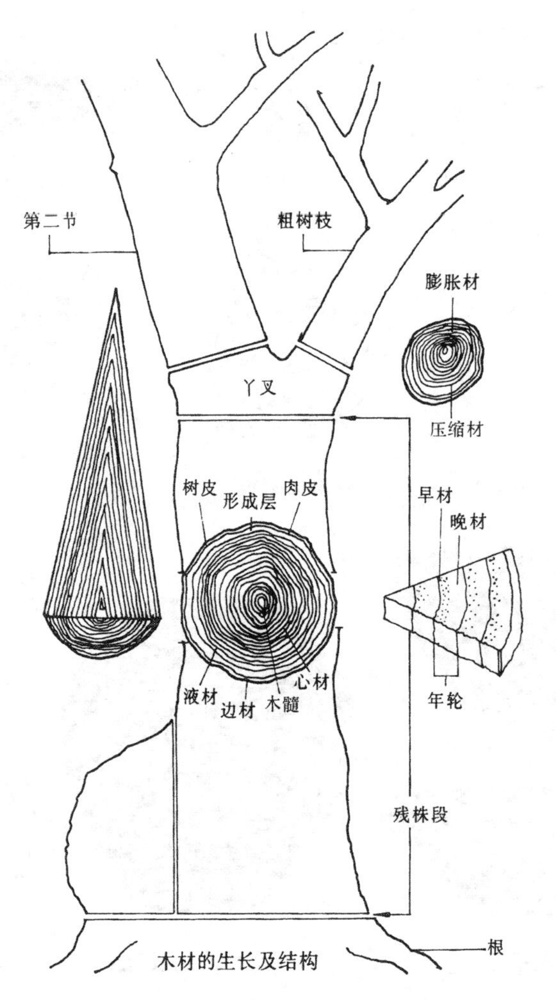

木材的生长及结构

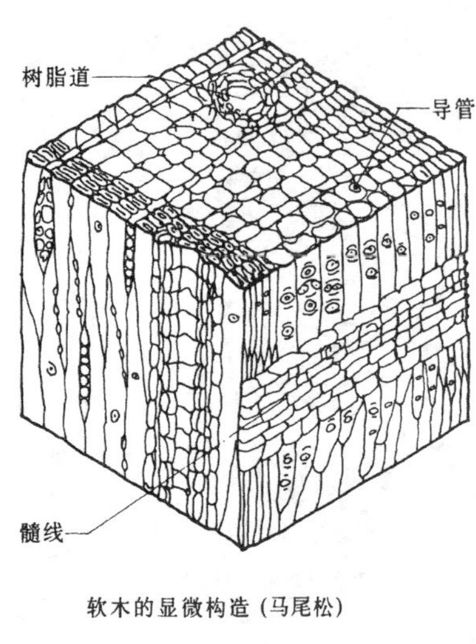

软木的显微构造（马尾松）

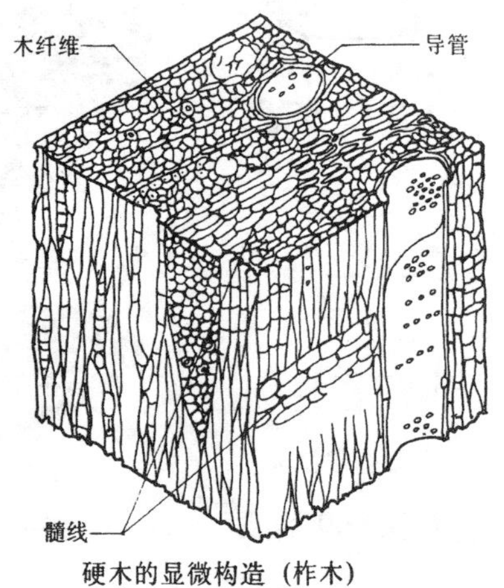

硬木的显微构造（柞木）

2 室内设计常用树种及性能

针叶树类

树种	硬度	性　　能
沙木	软	纹理直、结构细、质轻、耐腐朽
白松	软	纹理直、结构细、质轻
鱼鳞云杉	略软	纹理直、结构细密、有弹性
臭冷杉	软	纹理直、结构细、易加工
泡杉	软	纹理直、结构细、质轻
红松	甚软	纹理直、耐水、耐腐、易加工
马尾松	略硬	结构略粗、不耐油漆
柏木	略硬	纹理直、结构细、耐腐坚韧
油杉	略软	纹理粗而不匀
铁坚杉	略软	纹理粗而不匀
落叶松	软	纹理直而不匀、质坚、耐水
樟子松	软	纹理直、结构细、易加工
杉木	软	纹理直、韧而耐久、易加工
银杏	软	纹理直、结构细、易加工

阔叶树类

树种	硬度	性　　能
水曲柳	略硬	纹理直、花纹美、结构细
黄波萝	略软	纹理直、花纹美、收缩小
柞木	硬	纹理斜行、结构粗、光泽美
色木	硬	纹理直、结构细密、质坚
桦木	硬	纹理斜、有花纹、易变形
椴木	软	纹理直、质坚耐磨、易裂
樟木	略软	纹理斜或交错、质坚实
山杨	甚软	纹理直、质轻、易加工
木荷	硬	纹理直或斜、结构细、易加工
楠木	略软	纹理斜、质细、有香气
榉木	硬	纹理直、结构细、花纹美
黄杨木	硬	纹理直、结构细、材质有光泽
泡桐	硬	纹理直、质轻、易加工
麻栎	硬	纹理直、质坚耐磨、易裂

国外木材及性能

树种	产地	性　　能
洋松	美国	纹理直、结构致密、易干燥
柚木	南亚	纹理直、含油质、花纹美、耐久
柳按	东南亚	纹理直、有带状花纹、易加工
红檀木	东南亚	纹理斜、质坚有光泽、不易加工
紫檀	南亚	纹理斜、极细密、不易加工
花梨木	南亚	纹理粗、质细密、花纹美
乌木	南亚	纹理细密、质坚硬、耐磨损
桃花心木	中美洲	纹理斜、花纹美、易加工

1 板材、方材宽度及厚度的规定

（— 表示板材，■ 表示方材）

材种	厚度	50	60	70	80	90	100	120	150	180	210	240	270	300	材种
板材	10	—	—	—	—	—	—	—	—						板材 薄板
板材	12	—	—	—	—	—	—	—	—	—	—				板材 薄板
板材	15	—	—	—	—	—	—	—	—	—	—	—			板材 薄板
方材 小方	18	■	—	—	—	—	—	—	—	—	—	—			板材 薄板
方材 小方	21	■	■	—	—	—	—	—	—	—	—	—	—		板材 中板
方材 小方	25	■	■	■	—	—	—	—	—	—	—	—	—		板材 中板
方材 小方	30	■	■	■	■	—	—	—	—	—	—	—	—	—	板材 中板
方材 小方	35	■	■	■	■	■	■	—	—	—	—	—	—	—	板材 中板
方材 小方	40	■	■	■	■	■	■	—	—	—	—	—	—	—	板材 厚板
方材 小方	45	■	■	■	■	■	■	■	—	—	—	—	—	—	板材 厚板
方材 小方	50	■	■	■	■	■	■	■	—	—	—	—	—	—	板材 厚板
方材 小方	55		■	■	■	■	■	■	■	—	—	—	—	—	板材 厚板
方材 小方	60		■	■	■	■	■	■	■	—	—	—	—	—	板材 厚板
方材 小方	65			■	■	■	■	■	■	■	—	—	—	—	板材 厚板
方材 小方	70			■	■	■	■	■	■	■	—	—	—	—	板材 特厚板
方材 小方	75				■	■	■	■	■	■	■	—	—	—	板材 特厚板
方材 中方	80				■	■	■	■	■	■	■	—	—	—	板材 特厚板
方材 中方	85					■	■	■	■	■	■	■	—	—	板材 特厚板
方材 中方	90					■	■	■	■	■	■	■	—	—	板材 特厚板
方材 中方	100						■	■	■	■	■	■	■	—	板材 特厚板
方材 大方	120							■	■	■	■	■	■	■	方材
方材 大方	150								■	■	■	■	■		方材
方材 特大方	160									■	■	■	■		方材
方材 特大方	180									■	■	■	■		方材
方材 特大方	200										■	■	■		方材
方材 特大方	220											■	■		方材
方材 特大方	240											■	■		方材
方材 特大方	250												■		方材
方材 特大方	270												■		方材
方材 特大方	300													■	方材

2 加工用原木材质标准

缺陷名称	计算方法	允许限度 一等	二等	三等
活节、死节	最大一个木节尺寸不得超过检尺径的:	20%	40%	不限
活节、死节	任意材长 1m 中的木节个数不得超过（木节尺寸不足 3mm 的不计，阔叶树活节不计)	6 个	12 个	不限
外腐	厚度不得超过检尺径的:	不许有	10%	20%
内腐	平均直径不得超过检尺径的:	小头不许有大头 20%	40%	60%
虫害	任意材长 1m 中的虫眼个数不得超过（表皮虫沟和小虫眼不计):	不许有	20 个	不限
裂缝	裂缝长度不得超过材长的（裂缝宽度：针叶树不足 3mm，阔叶树不足 5mm 的不计，断面上的径裂、轮裂不计):	20%	40%	不限
弯曲	弯曲度不得超过:	2%	4%	7%
扭转纹	材长 1m 的纹理倾斜度，不得超过检尺径的:	30%	50%	不限

3 板枋材材质标准

缺陷名称	计算方法	允许限度 一等	二等	三等	四等
活节、死节	最大一个木节尺寸不得超过材面宽的:	20%	40%	不限	不限
活节、死节	任意材长 1m 中木节个数不得超过(木节尺寸小于 15mm 的不计，阔叶树活节不计):	5 个	10 个	不限	不限
腐朽	面积不得超过材面的:	不许有	5%	10%	25%
红斑	面积不得超过材面的:	20%	不限	不限	不限
裂缝和夹皮	长度不得超过材长的(除贯通裂缝外，宽度不足 3mm 的不计):	10%	20%	50%	不限
虫害	任意材长 1m 中虫眼个数不许超过(一等特大方的虫眼，任意材长 1m 中允许有 4 个，虫眼直径小于 3mm 的不计):	不许有	10 个	20 个	不限
钝棱	钝棱最严重部分的缺角尺寸不得超过材宽的:	30%	40%	60%	以着锯为限
弯曲	顺弯、横弯不得超过:	1%	2%	3%	不限
弯曲	翘曲不得超过(薄板、小方的顺弯不计):	2%	4%	6%	不限
斜纹	不得超过(窄面斜纹不计):	10%	20%	不限	不限

4 木材的主要疵病

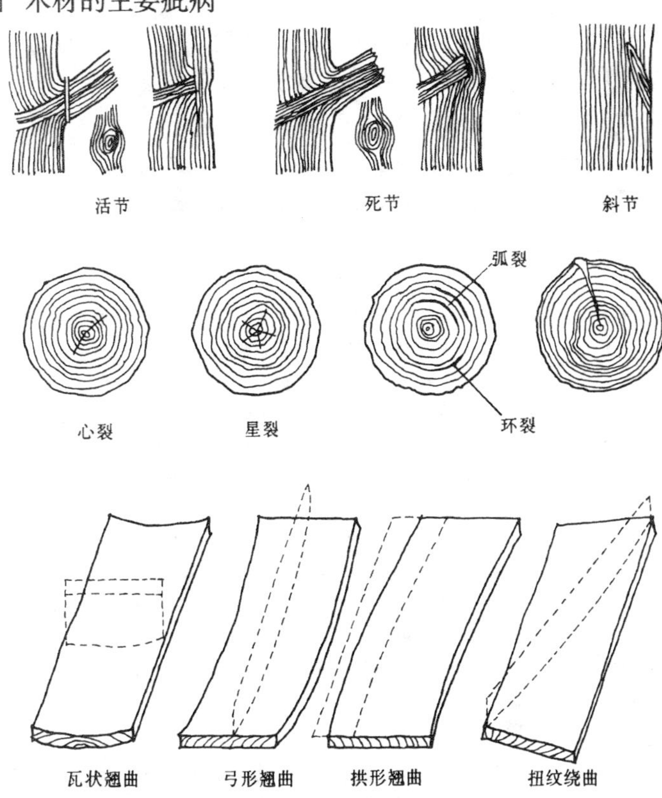

5 对于木材主要疵病的限制 (木结构规范)

缺陷名称	计算方法	允许限度 一等	二等	三等	四等
单个木节	当木节位于材面边缘上时，木节尺寸不得超过木节所在面宽的:	25%	33%	40%	50%
单个木节	当木节位于材面 1/2 宽度内时，木节尺寸不超过木材所在面宽的:	25%	40%	50%	50%
单个木节	在结合处，木节不得位于材面边缘，且尺寸不得超过木材所在面宽: 松软腐朽木节最大尺寸:	17% 不允许	25% 20mm	33% 30mm	50% 50mm
节群	在任一面上每 1m 长度内所有木节尺寸的总和不大于木节所在面宽(木节不足 10mm 者不计并小于 1/10 构件宽):	75%	100%	150%	不限
节群	在任一面上每 200mm 长度内所有木节尺寸的总和不得大于木节所在面宽:	25%	40%	50%	75%
节群	在任一面上每 1m 长内松软节数目不多于: 岔节:	不允许 不允许	1 不允许	2 不允许	3 不限
裂缝	裂缝的深度(构件上有对称裂缝时用两者之和)不大于构件厚度的:	25%	33%	50%	不限
裂缝	裂缝的长度(方材指每条缝的长度,板材指每面上裂缝的总和)不大于材长的: 在结合范围内沿剪切面上的裂缝:	33% 不允许	33% 不允许	50% 不允许	不限 不允许
斜纹	斜纹每 m 平均斜度不得大于:	70mm	100mm	100mm	150mm

树木在生长过程中,不断吸收水分而生长。因此,伐倒的树木水分的含量一般都大,经过运输、堆存,水分虽然有所减少,但由于原木体积较大,水分不易排出。因此这种潮湿的木材制成的产品,将会由于干缩产生开裂、翘曲等变形。另外,时间久了,也容易腐朽、虫蛀。所以板、方材都必须经过干燥处理,将含水率降到允许范围内,再加工使用。

1 天然干燥法

木材天然干燥是利用自然条件——阳光和空气流动(风)——来干燥木材的。天然干燥不需要什么设备,只要将木材合理的堆放在阳光充足和空气流通的地方,经过一定时间就可以使木材得到干燥,达到家具生产时所要求的含水率。此法成本低,但天然干燥因受气候条件的影响,干燥时间较长,干燥后的含水率不可能低于各地各月的平衡含水率(见本页下表)。其本材收缩率比人工干燥小。天然干燥的木材,因长期暴露在空气中,木材中的水分逐渐蒸发,与大气取得平衡,因而其内部应力较小,使用时不易翘曲和变形,比人工干燥的优越。

天然干燥木材,质量的好坏和速度的快慢与合理堆积有很大的关系。一般堆积方法有:水平堆积法;三角交叉平面堆积法;井字堆积法等 (见右图)。

干燥时间随气候条件,树种和规格不同而不一样。薄板和小规格料采用天然干燥比较理想。在夏季一般 20~30mm 厚松木板,含水率从 60%降至 15%约需 10~15 天,而同规格水曲柳则需 20 天。较厚的硬杂木要半年甚至更长时间。在冬季,时间要加长。

2 人工干燥法

窑干(室干、炉干):即把木材放在保暖性和气密性都很完好的特制容器或建筑物内,利用加温、加热设备以人工控制介质的湿温度以及气流循环速度,使木材在一定时间内干燥到指定含水率的一种干燥方法。

1.烟熏干燥法

是利用锯末、刨屑、碎木料燃烧产生的热烟来干燥木材。此法只要湿度控制得好含水率即可达到要求,干燥变形也较小。但此法木材表面易发黑,影响美观。

2.热风干燥法

是用鼓风机将空气通过被烧热的管道,热风从炉底风道均匀吹进炉内,经过材堆又从上部吸风道回到鼓风机。这样往复循环把木材中的水分蒸发出来。此法干燥迅速。

3.蒸气加热干燥法:

是以蒸汽加热窑内空气,再通过强制循环把热量带给木材。使木材水分不断向外扩散。这种蒸汽加热干燥法,窑内温、湿度能控制,干燥时间亦短。

4.过热蒸汽干燥法

是以常压过热蒸汽为介质,采用强制循环气流,对木材进行高温快速处理。这种干燥方法,要求有很好的密闭条件,窑内设有蒸汽加热器,使木材迅速干燥,质量较好。

3 其它干燥法

1.远红外线干燥法　利用远红外线使物体升温、加速干燥。

2.高频电解质干燥法　以木材为电解质,使木材从内部加热,蒸发水分。

3.微波干燥法　利用微波使木材内部水分子极化,并产生热量,使木材干燥。

4.太阳能干燥法　将空气晒热后传导至窑内,吸收木材水分使之干燥。

天然干燥木材堆积法

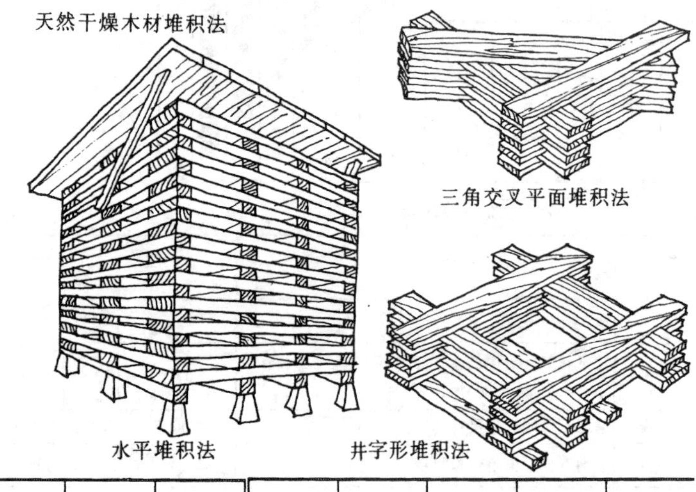

三角交叉平面堆积法

水平堆积法　　井字形堆积法

中国22个城市木材平均含水率估计值

城市 \ 月份 含水率%	一	二	三	四	五	六	七	八	九	十	十一	十二	年平均
哈尔滨	17.2	15.1	12.4	10.8	10.1	13.2	15.0	14.5	14.6	14.0	12.3	15.2	13.6
沈 阳	14.1	13.1	12.0	10.9	11.4	13.8	15.5	15.6	13.9	14.3	14.2	14.5	13.6
大 连	12.6	12.8	12.3	10.6	12.2	14.3	18.3	16.9	14.6	12.5	12.5	12.3	13.0
乌鲁木齐	16.0	18.8	15.5	14.6	8.5	8.8	8.4	8.0	8.7	11.2	15.9	18.7	12.1
西 安	13.7	14.2	13.4	13.1	13.0	9.8	13.7	15.0	16.0	15.5	15.5	15.2	14.3
北 京	10.3	10.7	10.6	8.5	9.8	11.1	14.7	15.6	12.8	12.2	12.0	10.8	11.4
天 津	11.6	12.1	11.6	9.7	10.5	11.9	14.4	15.2	13.7	12.7	13.3	12.1	12.1
青 岛	13.2	14.0	13.9	13.0	14.9	17.1	20.0	18.3	14.3	12.8	13.1	13.5	14.4
上 海	15.8	16.8	16.5	15.5	16.3	17.9	17.5	16.6	15.8	14.7	15.8	15.9	16.0
杭 州	16.3	18.0	16.9	16.0	16.0	16.4	15.4	15.7	16.3	16.3	16.7	17.0	16.5
温 州	15.9	18.1	19.0	18.4	19.7	19.9	18.0	17.0	17.1	14.9	14.9	15.1	17.3
福 州	15.1	16.8	17.5	16.5	18.0	17.1	15.5	14.8	15.1	13.5	14.4	14.8	15.6
厦 门	14.5	15.5	16.6	16.4	17.9	18.0	16.5	15.0	14.6	12.6	13.1	13.8	15.2
郑 州	13.2	14.0	14.1	11.2	10.6	10.2	14.0	14.6	13.2	12.4	13.4	13.0	12.4
武 汉	16.4	16.7	16.0	16.0	15.5	15.2	15.3	15.0	14.5	14.5	14.8	15.3	15.4
南 昌	16.1	19.3	18.2	17.4	17.0	16.3	14.7	12.7	15.0	14.4	14.7	15.2	16.0
广 州	13.3	16.0	17.3	17.6	17.6	17.5	16.6	16.1	14.7	13.0	12.4	12.9	15.1
海 口	19.2	19.1	17.9	17.6	17.1	16.1	15.7	17.5	18.0	16.9	16.1	17.2	17.3
成 都	15.9	16.1	14.4	15.0	14.2	15.2	16.8	16.8	17.5	18.3	17.6	17.4	16.0
重 庆	17.4	15.4	14.9	14.7	14.8	14.7	15.4	14.8	15.7	18.1	18.0	18.2	15.9
昆 明	12.7	11.0	10.7	9.8	12.4	15.2	16.2	16.3	15.7	16.6	15.3	14.9	13.5
拉 萨	7.2	7.2	7.6	7.7	7.6	10.2	12.2	12.7	11.9	9.0	7.2	7.8	8.6

天然木材由于生长条件和加工过程等方面原因，不可避免地存在这样和那样的缺陷，同时木材加工也会产生大量的边角废料。为了提高木材的利用率，提高产品质量，因此，人造板材现在已得到广泛的推广和应用。

1 胶合板

胶合板是将原木经蒸煮软化沿年轮切成大张薄片，通过干燥、整理、涂胶、组坯、热压、锯边而成。木片层数应为奇数，一般为3~13层，胶合时应使相邻木片的纤维互相垂直。

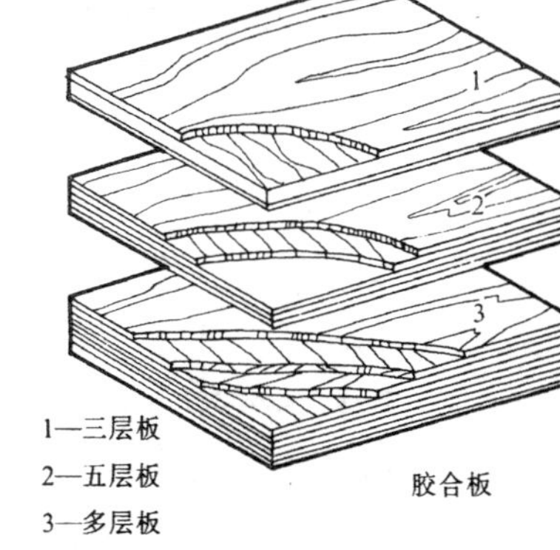

1—三层板
2—五层板
3—多层板
胶合板

胶合板的分类、特性及适用范围

种类	分类名称	特　性	含水率	胶合强度 kg/cm²
阔叶树材胶合板	Ⅰ类(耐候耐水)	耐久、耐蒸汽、耐干热抗菌	≤15%	12
	Ⅱ类(耐水)	耐冷水、抗菌、不耐煮沸		
	Ⅲ类(耐潮)	耐短期冷水浸泡	≤17%	10
	Ⅳ类(不耐潮)	不耐潮		
针叶树材胶合板	Ⅰ类(耐候耐水)	耐久	≤15%	12
	Ⅱ类(耐水)			
	Ⅲ类(耐潮)		≤17%	10
	Ⅳ类(不耐潮)			

胶合板的标定规格

种类	厚　度　(mm)	宽度 (mm)	长　度　(mm) 915	1220	1525	1830	2135	2440
阔叶树材胶合板	2.5、2.7、3、3.5、4、5、6 (自4mm起，按每mm递增)	915	915	—	—	1830	2135	—
		1220	—	1220	—	1830	2135	2440
针叶树材胶合板	3、3.5、4、5、6 (自4mm起，按每4mm递增)	1525	—	—	1525	1830	—	—

2 纤维板

纤维板是将树皮、刨花、树枝干、果实等废材，经破碎浸泡、研磨成木浆，使其植物纤维重新交织，再经湿压成型、干燥处理而成。因成型时温度与压力不同，纤维板分硬质、中硬质和软质三种。

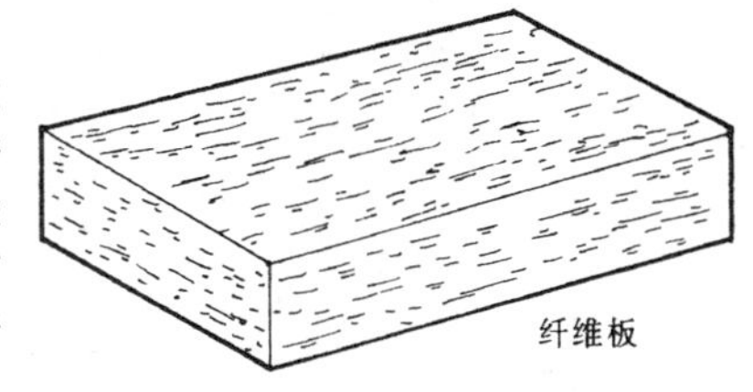
纤维板

硬质纤维板规格 (mm)

厚　度	宽　度	长　度
3、4、5	915	1830
	1220	2440
	1220	5490

软质纤维板规格 (mm)

厚　度	宽　度	长　度
10、12 13、15 19、25	914	2330

硬质纤维板的分类

按原料分类	1.木质纤维板　由木本纤维加工制成 2.非木质纤维板　由竹材和草本纤维加工制成
按光滑面分类	1.一面光纤维板　一面光滑，另一面有网痕的纤维板 2.两面光纤维板　具有两面光滑的纤维板
按处理方式分类	1.特级　施加增强剂或浸油处理，达到规定的性能指标 2.普通　无特殊加工处理的纤维板

3 刨花板

刨花板是将木材加工剩余物、小径木、木屑等切削成碎片，经过干燥、拌以胶料、硬化剂，在一定的温度下压制成的一种人造板。

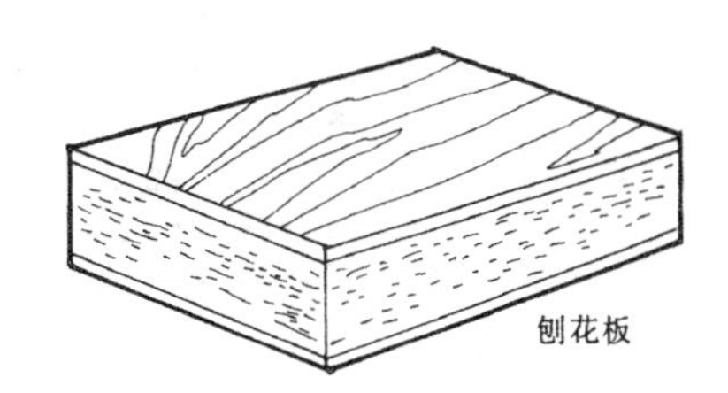
刨花板

刨花板规格(mm)

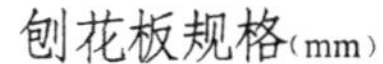

厚度	宽度	长度
16、19	800	800
	1000	1500
	1250	2100

4 细木工板

细木工板是由上下两层夹板，中间为小块木条压挤连接的蕊材。因蕊材中间有空隙可耐热涨冷缩。特点是具有较大的硬度和强度、轻质、耐久易加工。适用于制作家具饰面板，亦是装修木作工艺的主要用材。

细木工板规格(mm)

厚度	宽度	长度
16、19	915	1830
	1220	2135

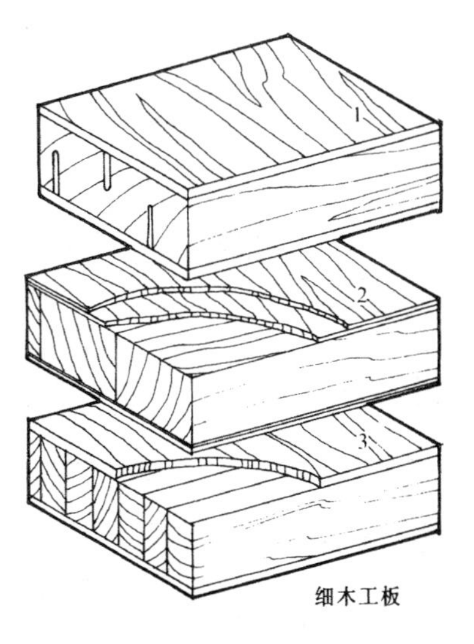

1—芯材为整木块，中间留有一定的缝隙
2—芯材为每块不超过25mm宽。双层胶合板覆面
3—芯材宽度不超过每块7mm宽
细木工板

5 蜂巢板

蜂巢板是两块较薄的面板,牢固地粘结在一层较厚的蜂巢状芯材两面而成的板材。蜂巢状芯材通常用浸渍过合成树脂（酚醛、聚酯等）的牛皮纸、玻璃布或铝片，经过加工粘合成六角形空腰（蜂巢状）的整块芯板；芯板的厚度通常在15~45mm范围内；空腔的尺寸在10mm左右。常用的面板为浸渍过树脂的牛皮纸、玻璃布或不经树脂浸渍的胶合板、纤维板、石膏板等。面板用适合的胶粘剂与芯材牢固地粘合在一起。

蜂巢板的特点是强度重量比大，受力平均、耐压力强（破坏压力为720kg/m²)、导热性低，抗震性好及不变形，质轻，有隔音效果，是装修木作材料最佳的一种。

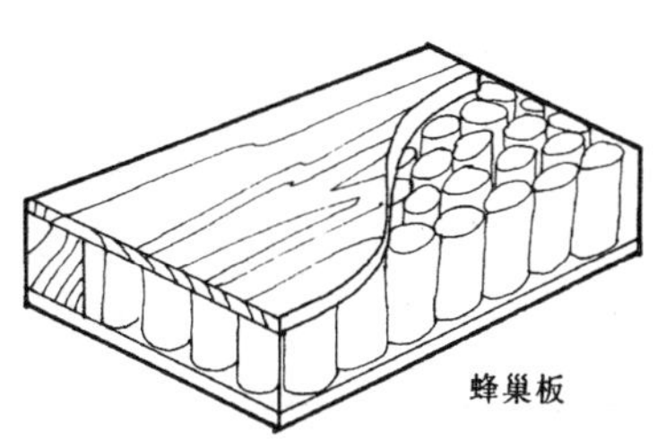
蜂巢板

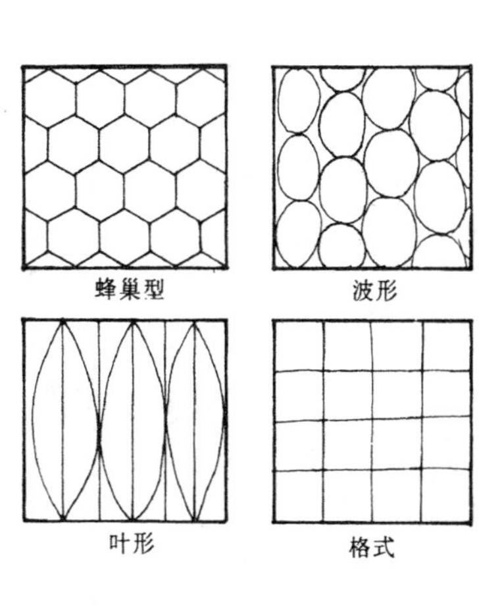
蜂巢型　波形
叶形　格式

蜂巢板规格

厚度	宽度	长度
16、19	915	1830
	1220	2135

6 饰面防火板

防火板是将多层纸材浸渍于碳酸树脂溶液中经烘干，再以275°F温度加以1200Psi的压力压制成。表面的保护膜处理使其具有防火防热功效。且防尘、耐磨、耐酸碱、耐冲撞，防水易保养，有各种花色及质感。

一般规格有2440×1270、2150×950、635×520等，厚度1~2mm亦有薄形卷材。

7 微薄木贴皮

系以精密设备将珍贵树种，经水煮软化后，旋切成0.1mm~1mm左右的微薄木片，再用高强胶粘剂与坚韧的薄纸胶合而成，多作成卷材，具有木纹逼真，质感强，使用方便等特点。

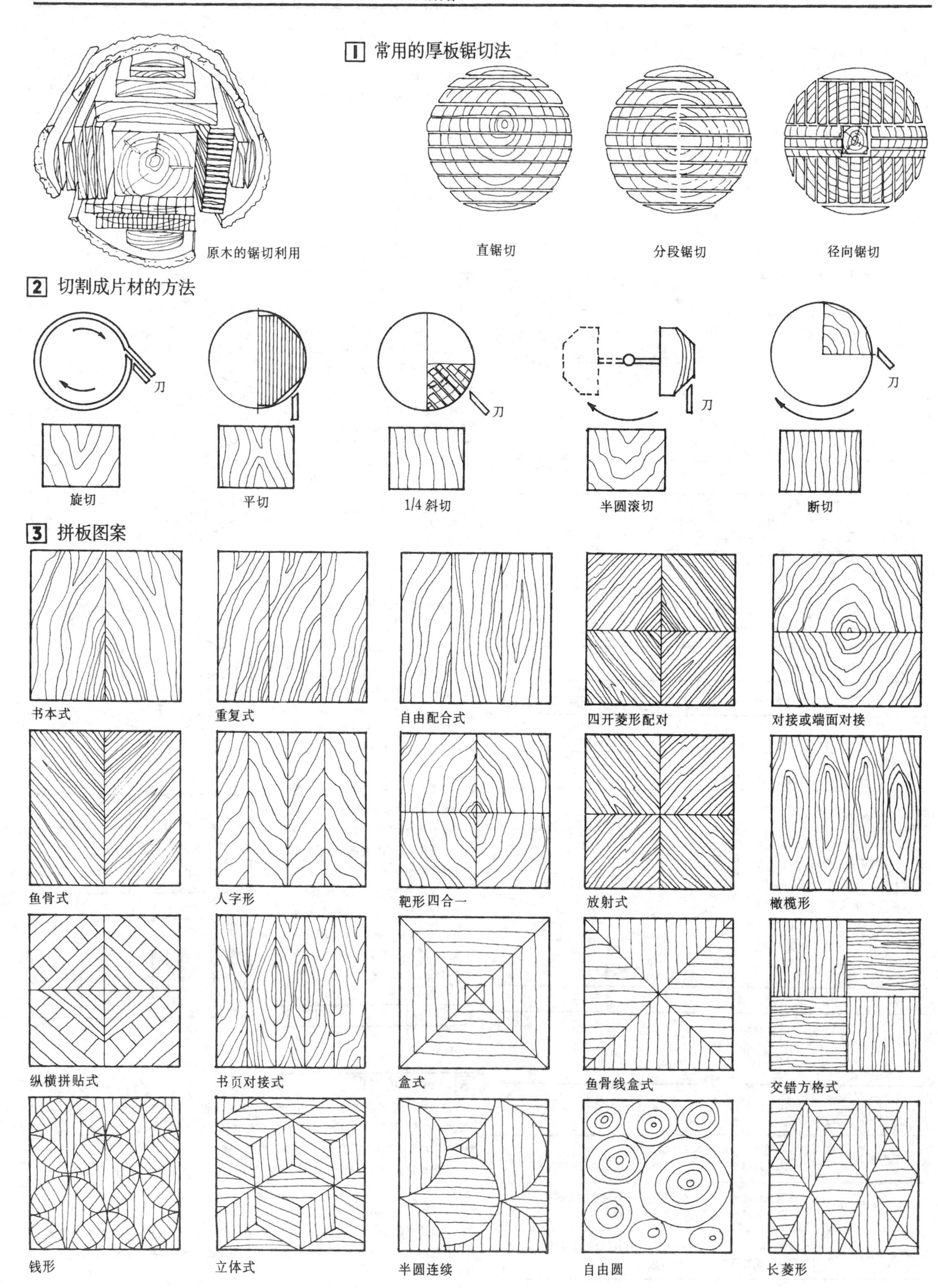

原木的锯切利用
1 常用的厚板锯切法
直锯切
分段锯切
径向锯切
2 切割成片材的方法
刀
旋切
平切
1/4 斜切
半圆滚切
断切
3 拼板图案
书本式
重复式
自由配合式
四开菱形配对
对接或端面对接
鱼骨式
人字形
靶形四合一
放射式
橄榄形
纵横拼贴式
书页对接式
盒式
鱼骨线盒式
交错方格式
钱形
立体式
半圆连续
自由圆
长菱形

在室内装修工程或家具制作中，经常会遇到各种曲线形的造型。制造弯曲造型的方式有锯制加工和弯曲加工两大类。

锯制加工就是按划线或用夹具将板材锯成所要求的弯曲形状的毛料。弯曲锯割时，大量的木纤维被割断，因而木材的强度降低。弯曲度大的形状（如圆环形状），中间还要拼接，加工复杂，木材消耗大，强度低，故此法只适合于非承重部位。

弯曲加工是将直线形的方材、多层薄木、或层压板，在弯曲力矩作用下，按一定的曲率半径和形状，弯成曲线形零件。用这种方法制造曲线形造型，不仅可以缩小材料的断面尺寸，而且也便于涂饰。

1.实木弯曲

一般木材在正常应力范围内受力弯曲变形时，其中和轴线在拉伸的凸面与压缩的凹面之间近乎相等，但由于纤维物质的弹性作用瞬即回复其正常状态而张力亦告消除。如以极限应力施于不同种类的木材而超越了规定限度，则必然发生永久性的变形且极可能出现纤维分裂；如木材通过蒸气，沸水浸泡或埋入热砂之中以改变性质，其可压缩性的比率将会大为增加；如及时予以适当处理，使其固定于夹具之中，直至纤维冷却及干燥之后即为成型工件。这是木工车间处理小半径弯曲木材最常用的方法。

蒸气弯曲法是通过特殊设备将木材用100℃的蒸气在适当时间内予以加热。适当时间是以木材的断面厚薄为标准，如厚25mm木板最低限需时45分钟，32mm厚木板则需一小时以上。

最简单的蒸气弯曲设备有大水锅或大油桶，下面放置燃烧汽化油的炉子如煤气、石油气或煤、炭炉等，锅顶装上适当长度，与加热木箱连接在一起的橡胶蒸气软管，即可进行加热处理。

利用特别设计的夹具将工件弯曲成半圆状态的具体情形，夹具中附有拉杆及锁定装置，夹持成形的工件需留在干燥的热空气中约12小时，之后即可解除夹具，并改用另一夹持方法予以为时两星期的定型，而最简单的弯曲处理则是使用右图所介绍的夹具。

实木的弯曲特性在变化上各有不同，视其木材本身的品质结构而异，下列为多种木材最低限的曲率半径比较表，其中包括有使用金属带支承与不使用压带两种方式，均以25mm厚板材为例。

部分实木最低限曲率半径(mm)

木材名称	用金属带支承的	不用压带的
红木	305	711
柚木	406	711
榆木	10	241
云杉	762	—
桦木	76	432
山毛榉	38	330
槐木	63	305

2.薄木或胶合板弯曲

薄木条或胶合板一经胶粘剂结合与弯曲处理之后就不再恢复本来的形态，层数越多的，弯曲时所需的时间也越长，涂布胶量也相应的大。

应注意，每层薄木或胶合板粘合时应让纹理交叉地叠置。从而避免潜在反向力所促成的旋转连动引致叠置板材时产生翘曲或扭转的可能。

薄木或胶合板弯曲最低限曲率半径(mm)

厚 度	0.2	0.3	0.4	0.5	0.7
最小弯曲半径	4	6	8	10	20

厚 度	1.0	1.2	1.5	1.8	2.0
最小弯曲半径	30	40	55	65	80

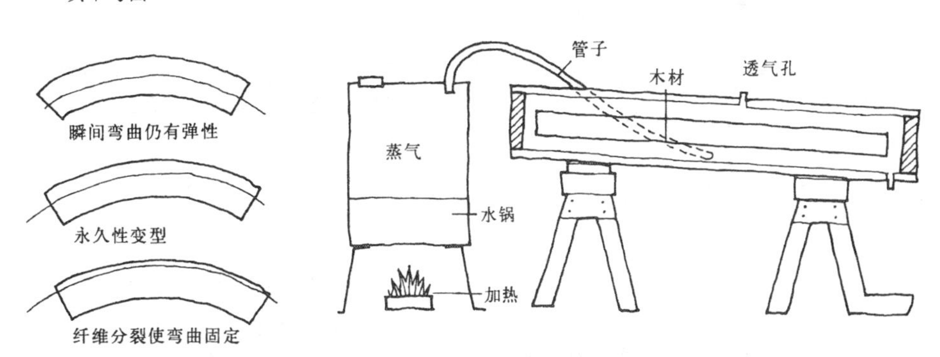

木材受力弯曲示意　　实木弯曲的简单设备

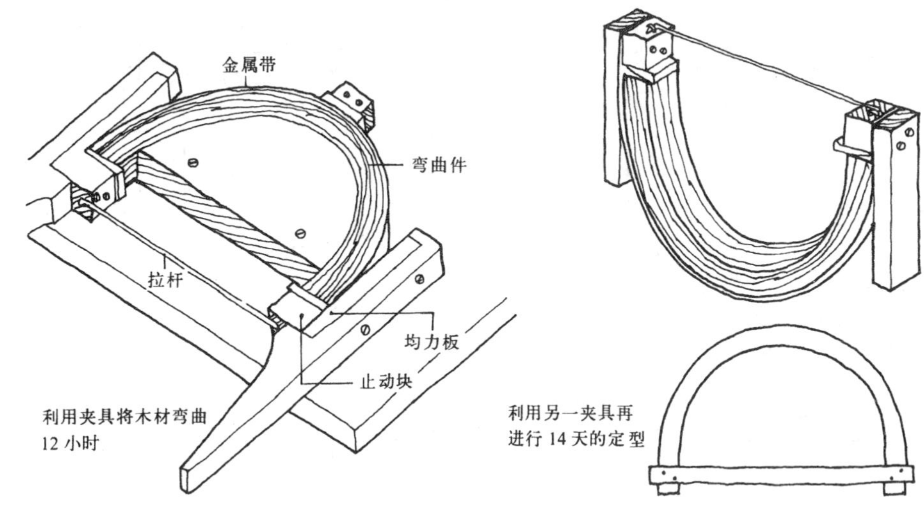

利用夹具将木材弯曲12小时

利用另一夹具再进行14天的定型

多层板弯曲

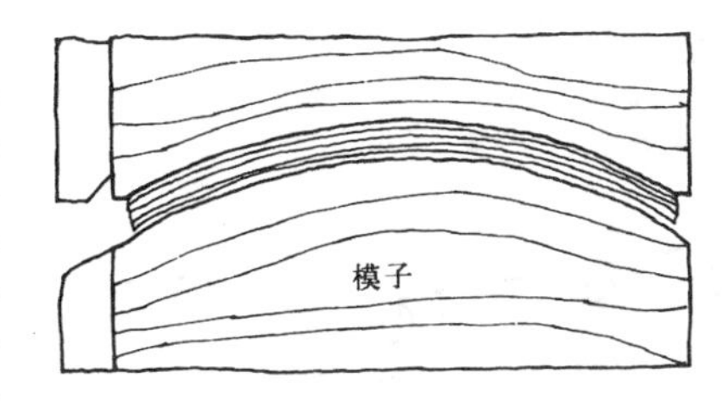

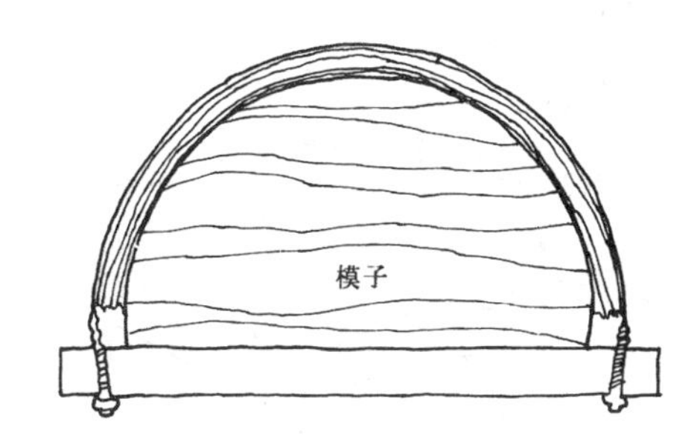

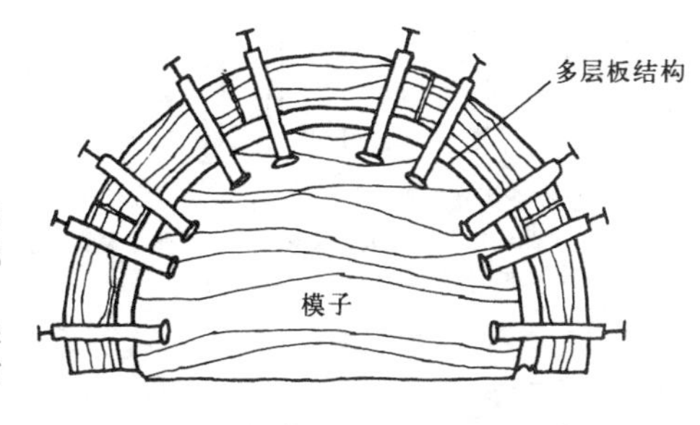

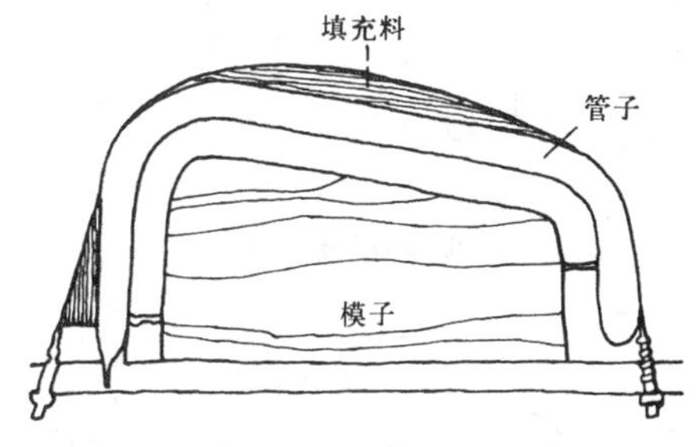

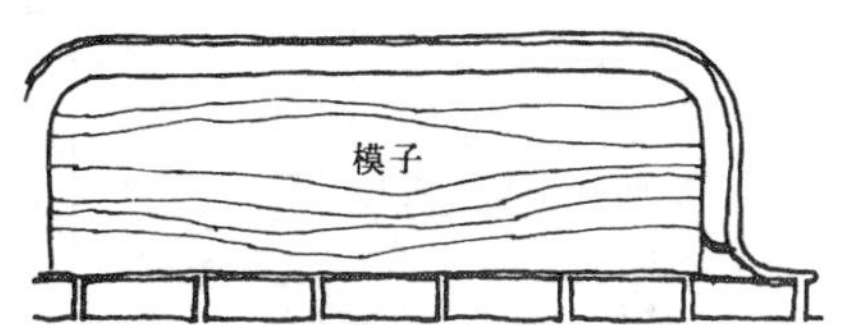

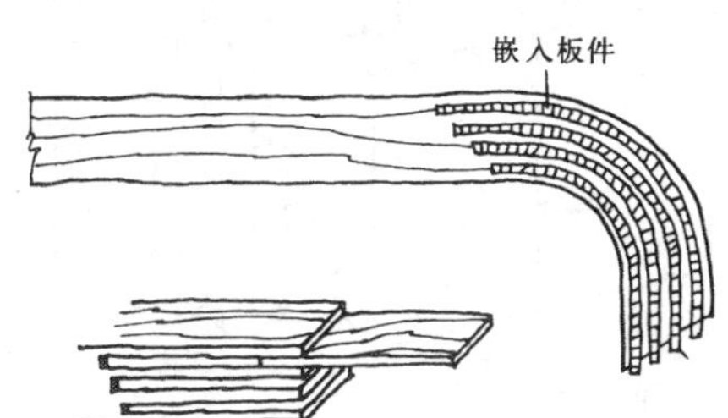

I 板材与板材侧面的连接

板材侧面的连接，主要是一种为展宽板材宽度的接合方法，通称为拼板。

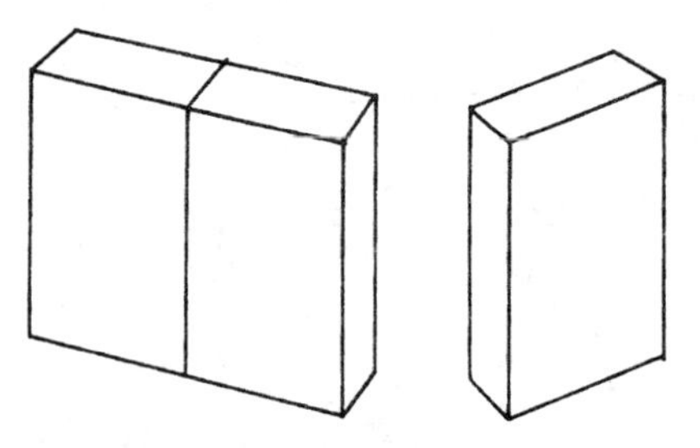

平行拼

把板材侧面刨平，涂上胶合剂进行接合；此方法加工简单，应用较广

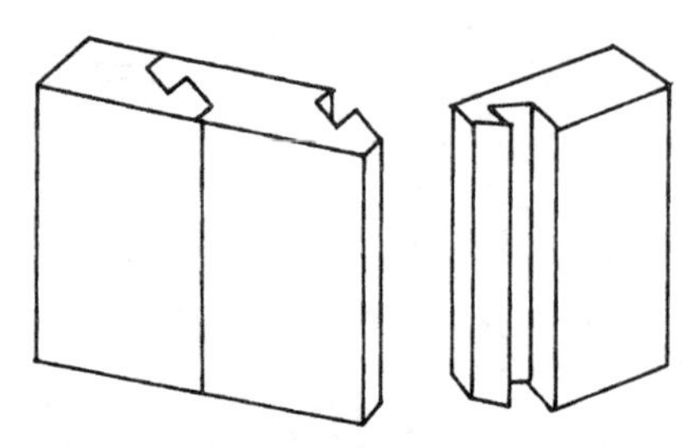

斜扣齿拼接

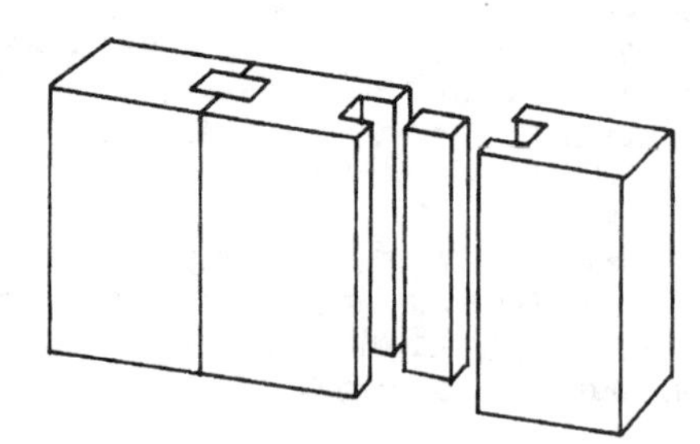

内穿条拼接

加工简单，常用胶合板的边条作为穿条嵌于槽中

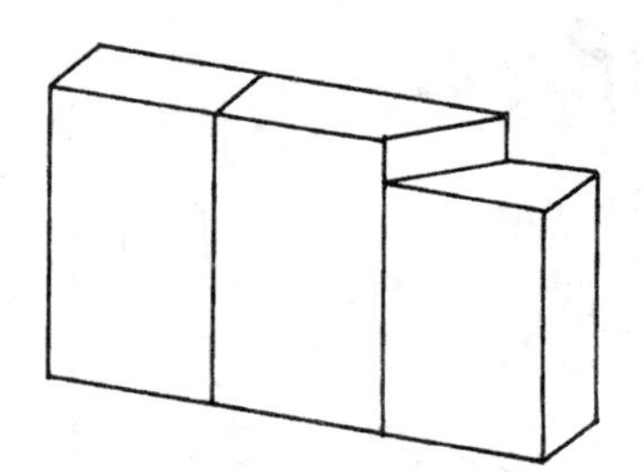

斜面拼接

把板面刨成倾斜面，以增加其胶着面，然后涂上胶合剂接合。此法适宜薄型板材

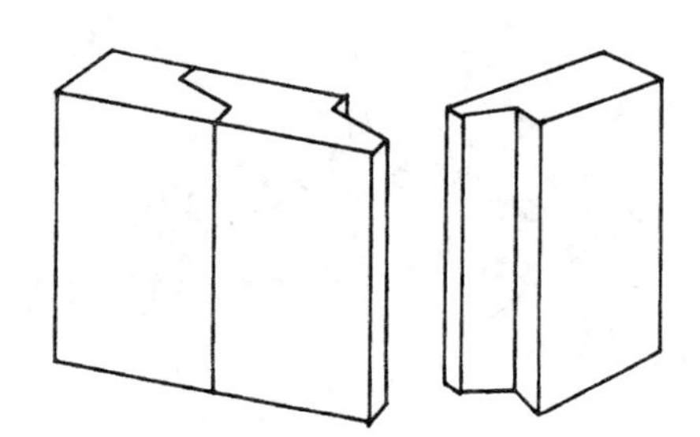

斜搭拼接

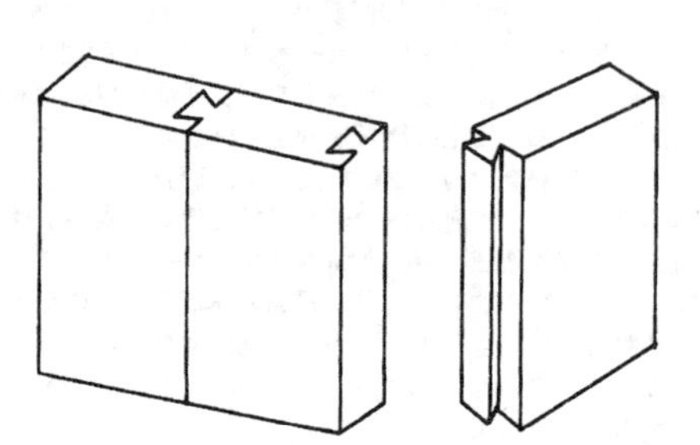

燕尾拼接

此法强度大，接合牢固

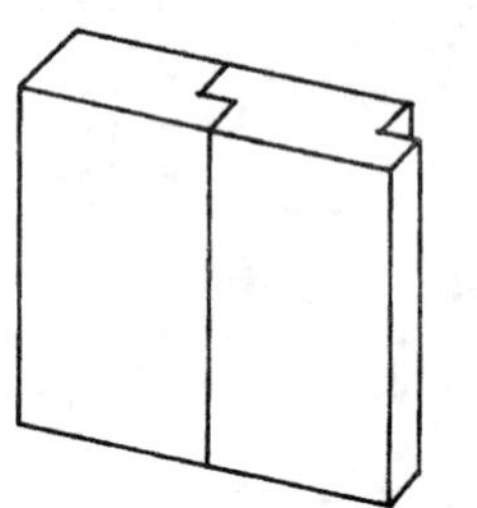

搭口拼接

又称高低缝结合，将板边裁去 1/2，涂上胶合剂相互结合。加工复杂，耗料较多

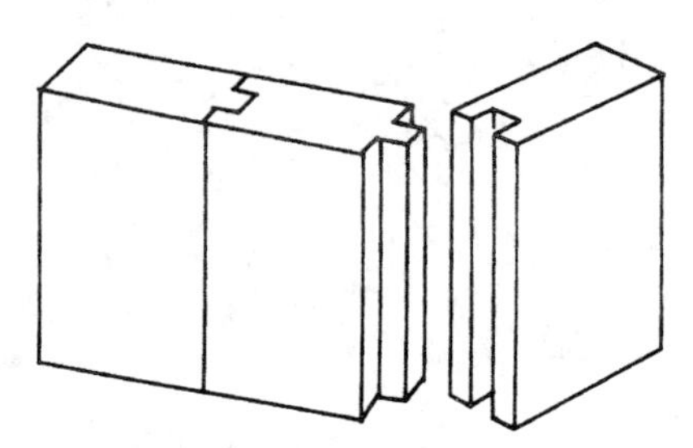

企口拼接

亦称凹凸接，此法装配简单，拼接牢固，当胶缝裂开时，仍可掩盖住缝隙

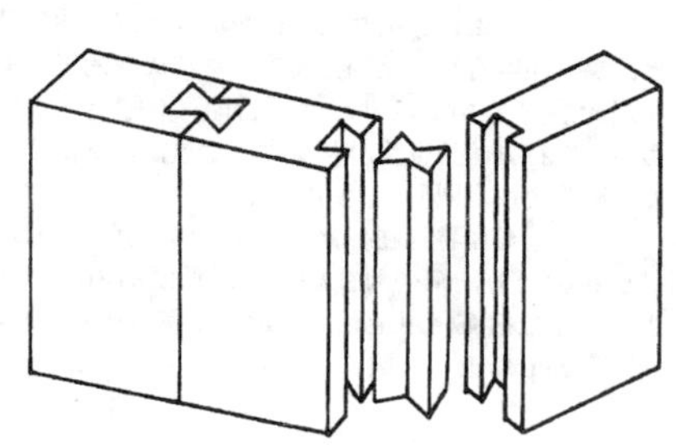

燕尾穿条

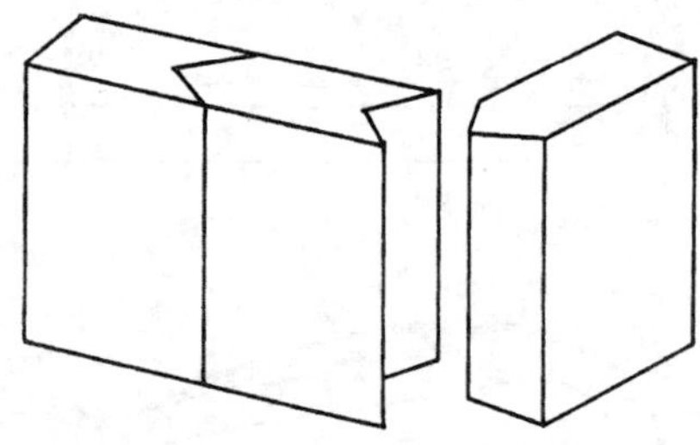

人字槽拼接

此法可增加胶着面，以提高强度

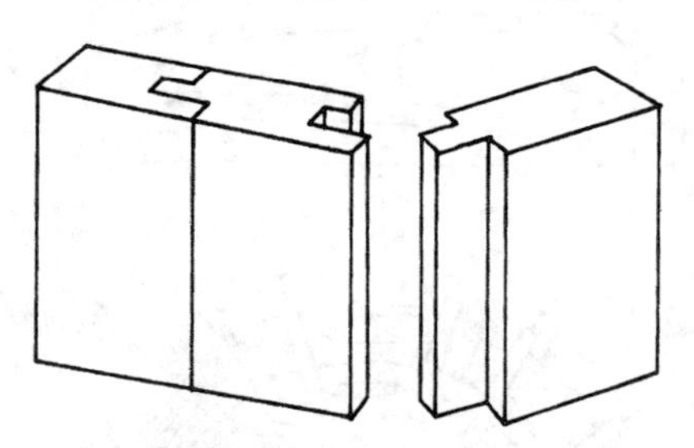

企口长短接

此法接胶着面大，接合牢固，但加工复杂。适于厚板的拼接

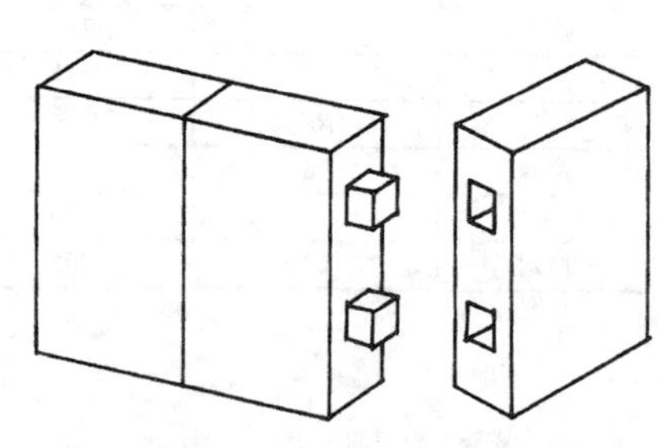

插入方榫接

加工复杂，要求对接准确

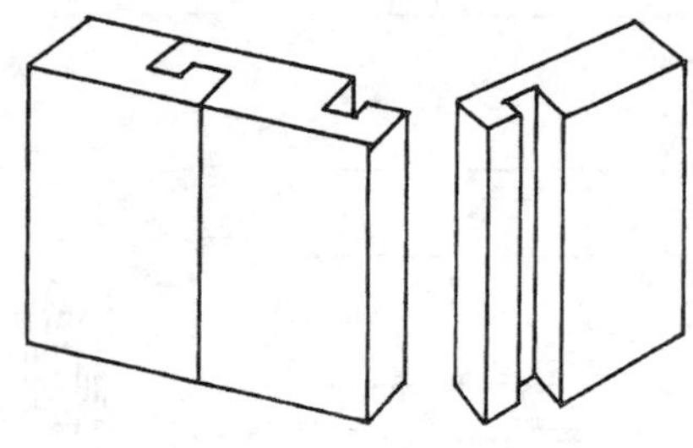

扣齿拼接

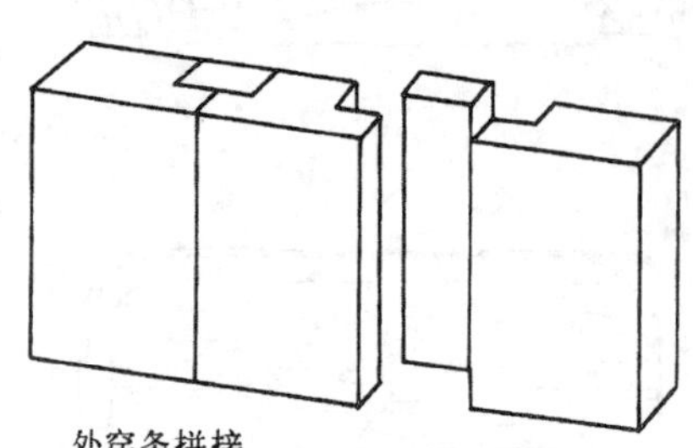

外穿条拼接

此法加工简单，结构较好

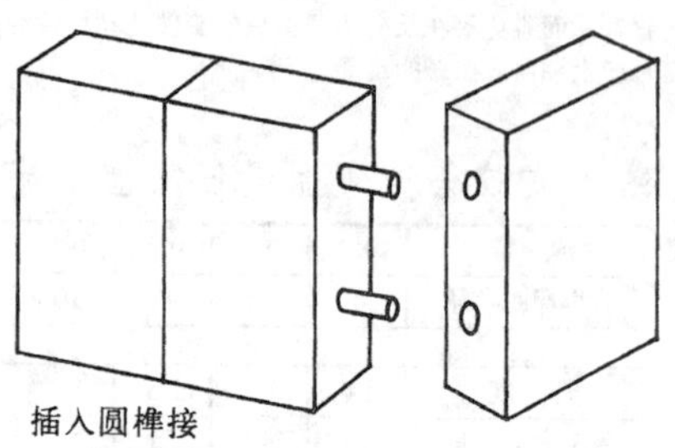

插入圆榫接

较方榫常用，要求加工准确

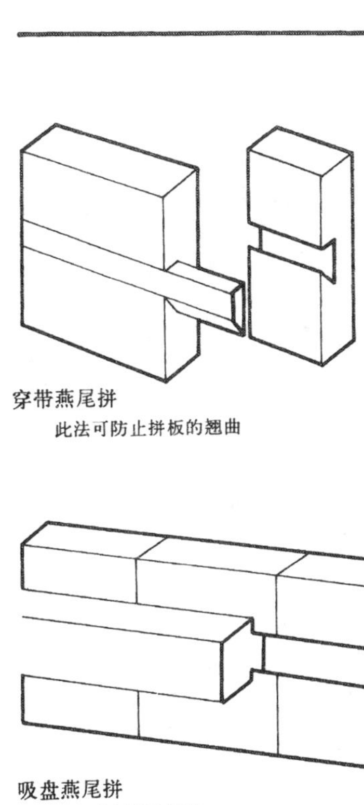

穿带燕尾拼

此法可防止拼板的翘曲

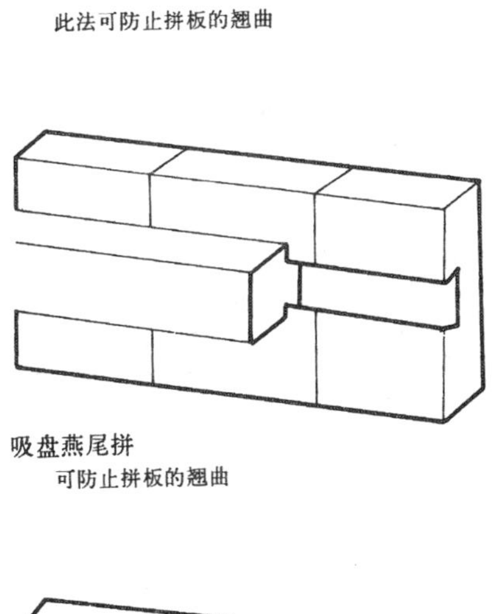

吸盘燕尾拼

可防止拼板的翘曲

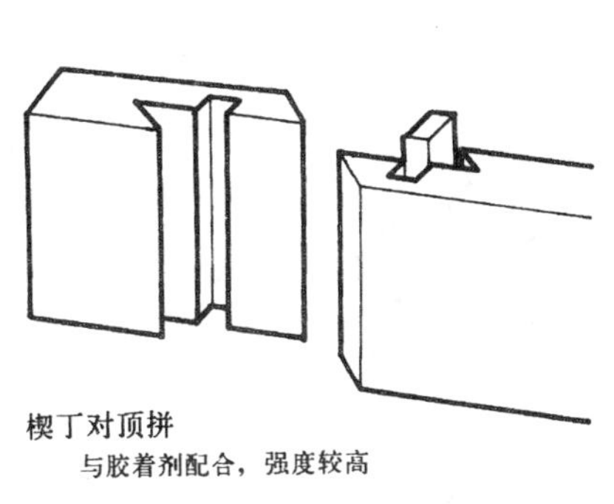

楔丁对顶拼

与胶着剂配合，强度较高

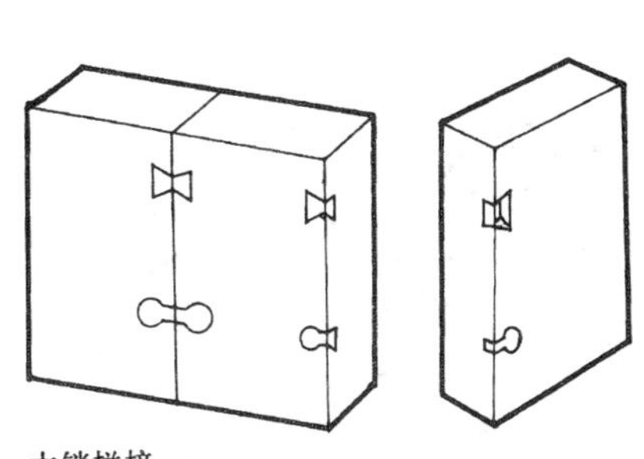

木销拼接

有各种形状的木销，嵌入拼板背面的接缝处。一般拼接厚板材时应用此法

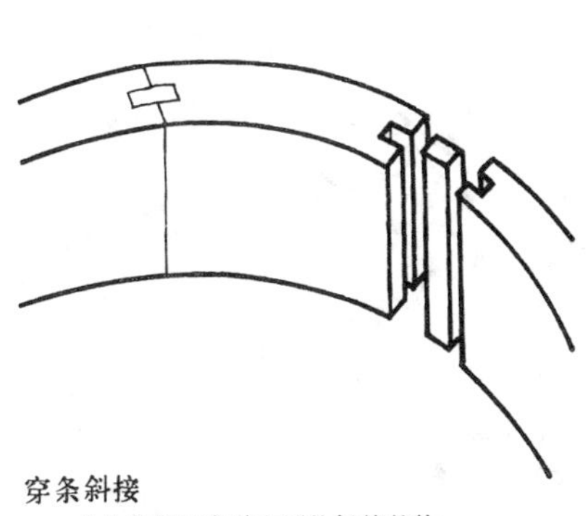

穿条斜接

此法适用于各种变形的拼接结构

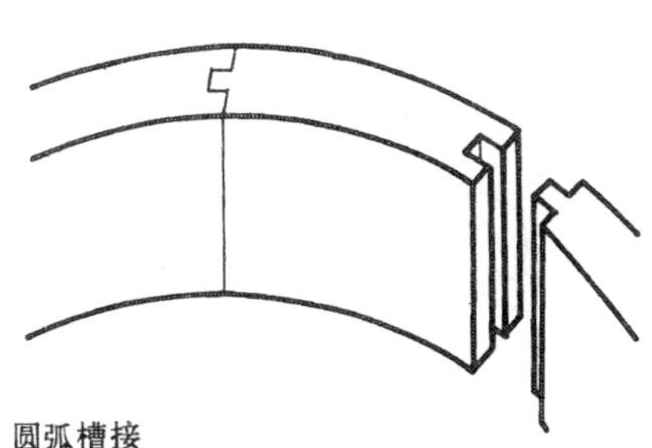

圆弧槽接

适用于圆弧形框架结构，如圆形包脚、圆桌复挡等

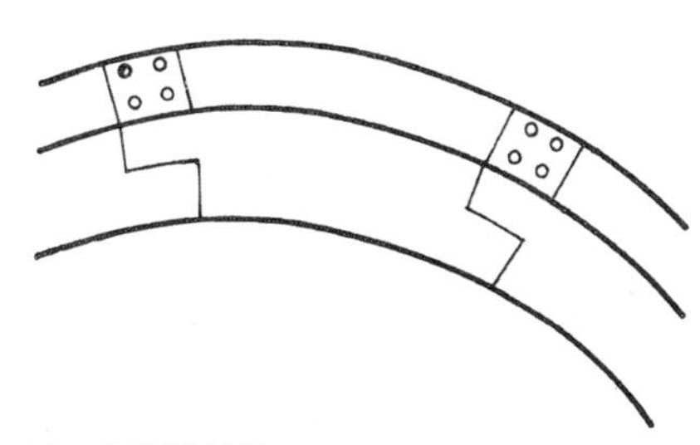

圆弧金属螺钉接

用于隐蔽部分的圆形板接

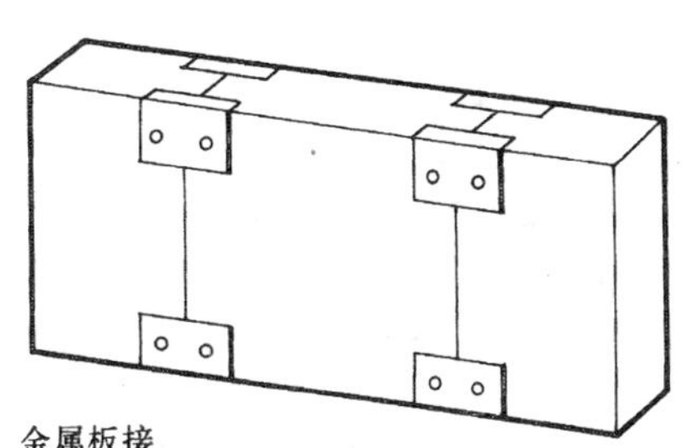

金属板接

此法是拼接大型板面的较坚固的方法

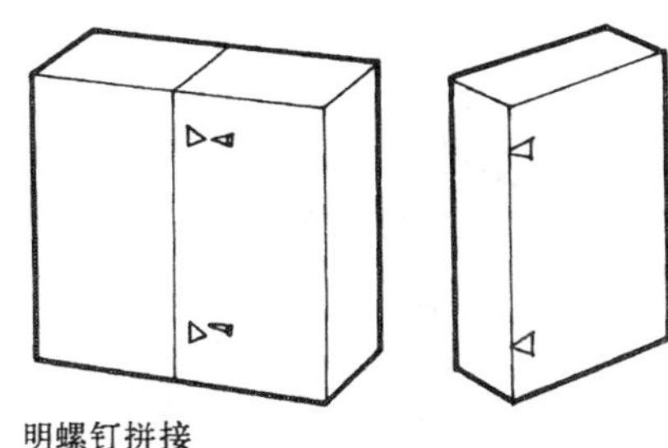

明螺钉拼接

在拼板背面钻螺钉孔，与胶料配合使用

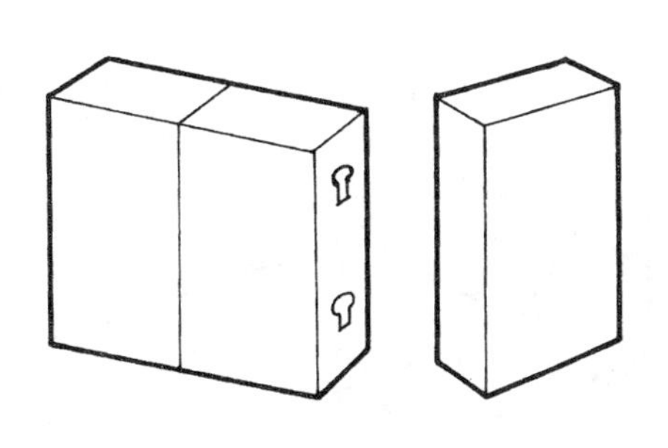

暗螺钉拼接

在拼板侧面开若干钥匙孔形槽孔，另一侧面上拧有螺钉，靠螺钉头与加胶料的槽孔粘合

2 角的接合

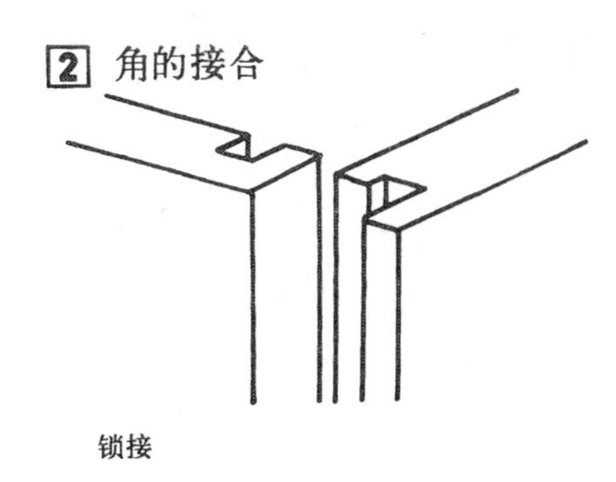

锁接

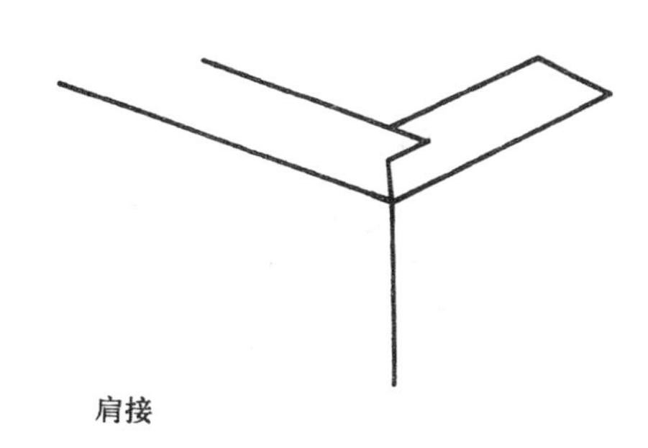

肩接

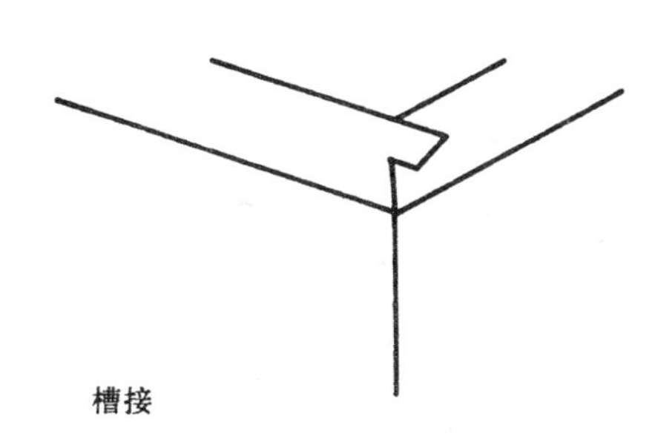

槽接

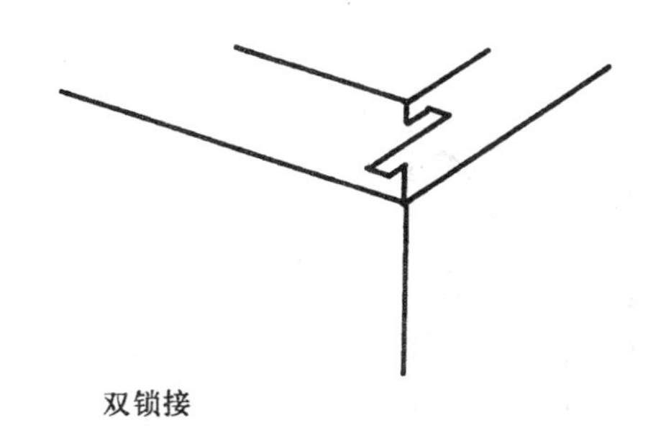

双锁接

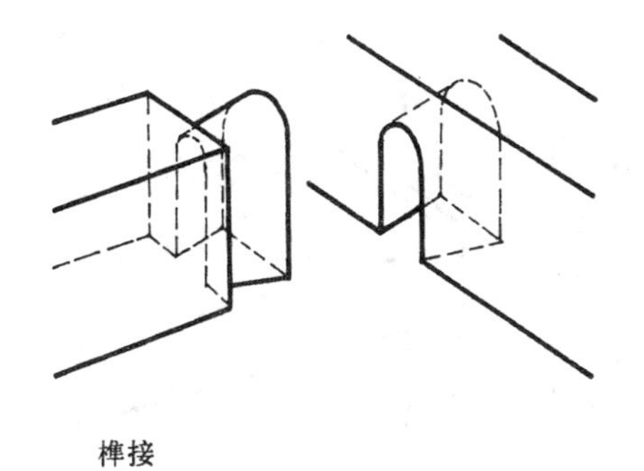

榫接

3 板件与板件成角连接

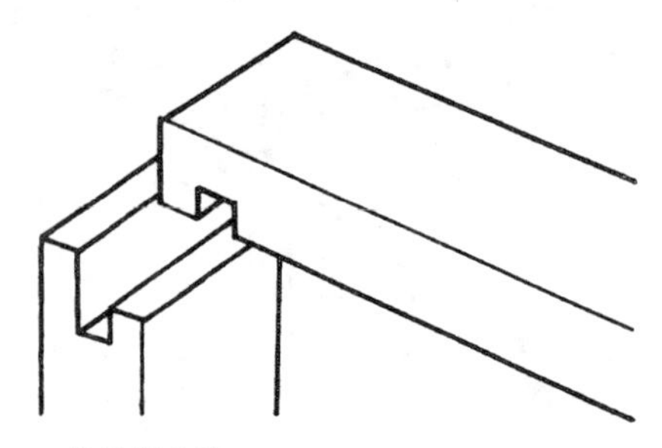

榫槽嵌入接
适用于实木抽屉面板与抽屉旁板相结合

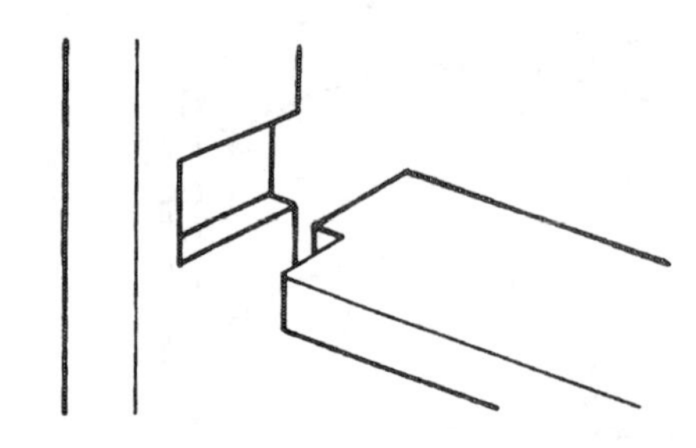

包肩插入接
适用于箱类家具的分割板

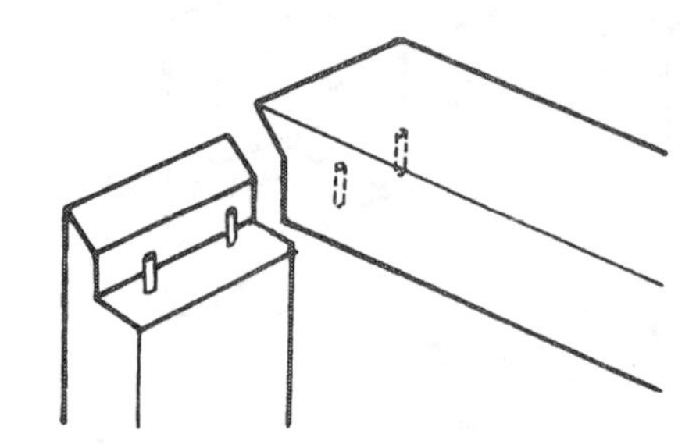

圆棒榫半夹角接
用于箱体结构，加工精度要求较高

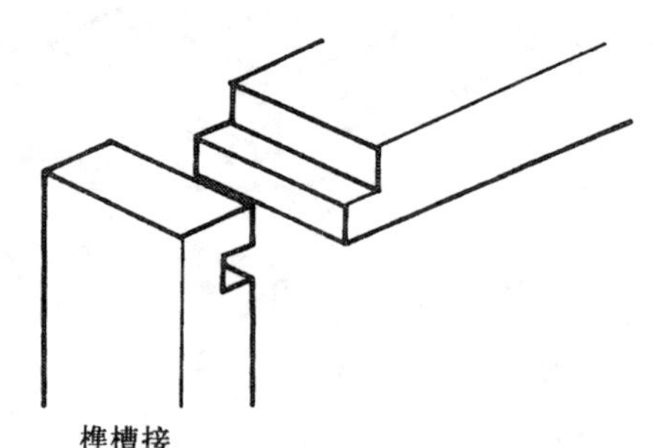

榫槽接
适用于抽屉旁板与屉后板结合，以及一般的箱框结构

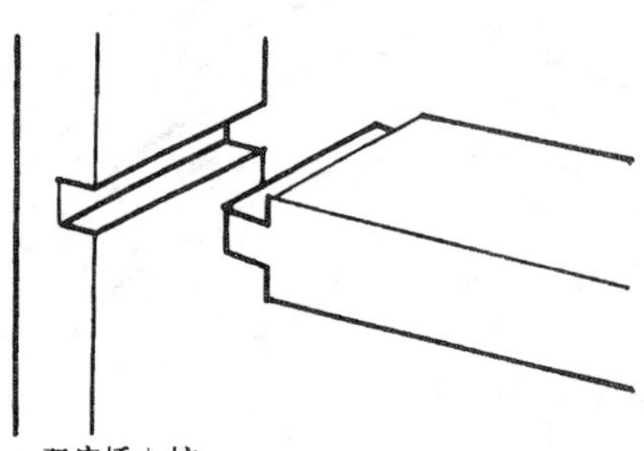

双肩插入接
适用于箱类家具的分割板

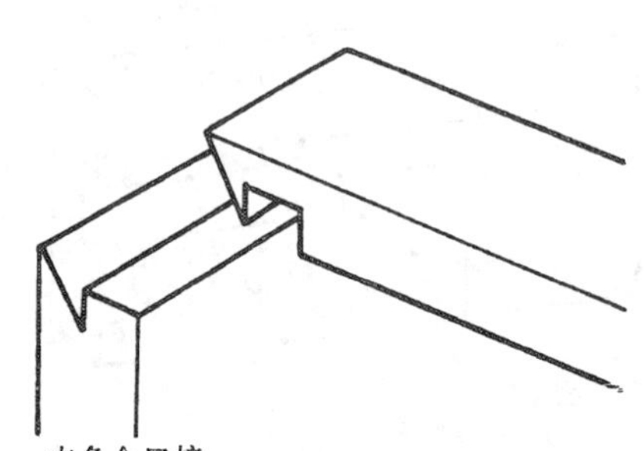

夹角企口接
用于箱体的包脚结构，表面美观

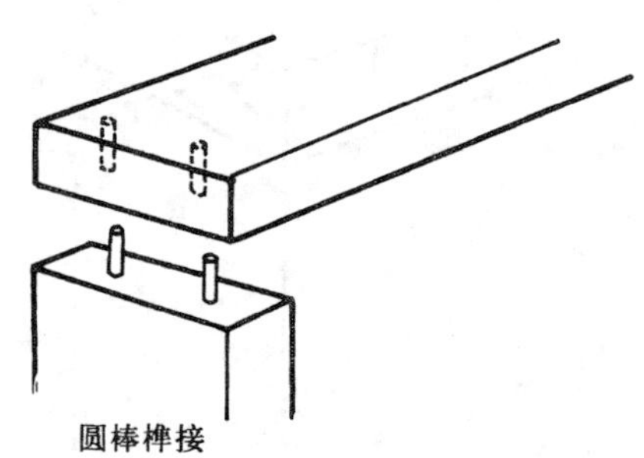

圆棒榫接
用于普通箱框结构

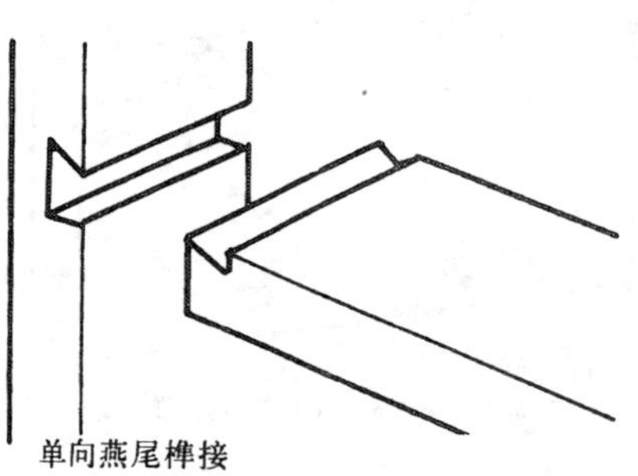

单向燕尾榫接
适用于箱类家具的分割板，牢固性较好

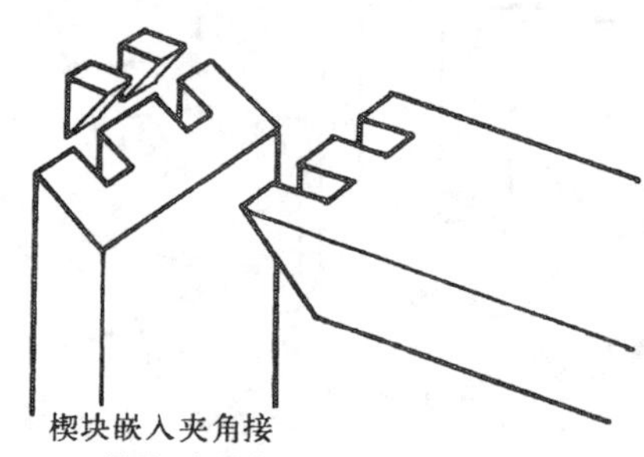

楔块嵌入夹角接
用于一般箱体结构

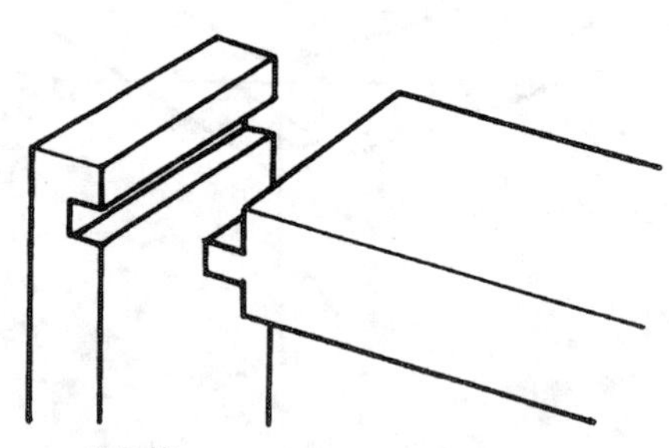

槽条接
平面与端向开槽，用板条或胶合板作串条连接

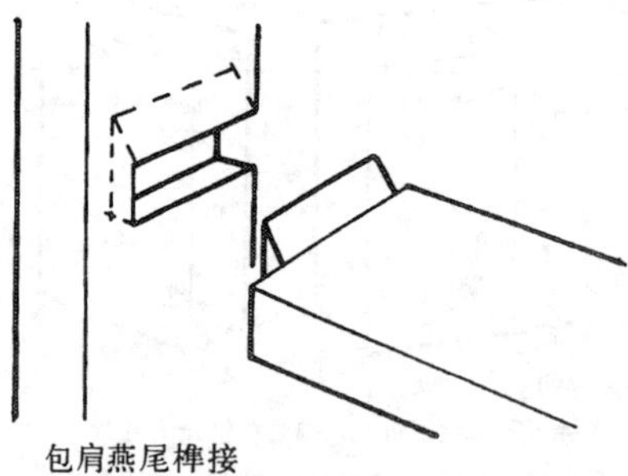

包肩燕尾榫接
适用于箱类家具的分割板，牢固性较好

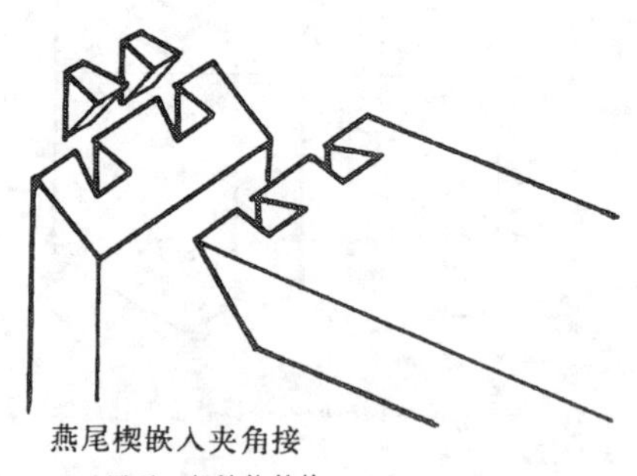

燕尾楔嵌入夹角接
用于一般箱体结构

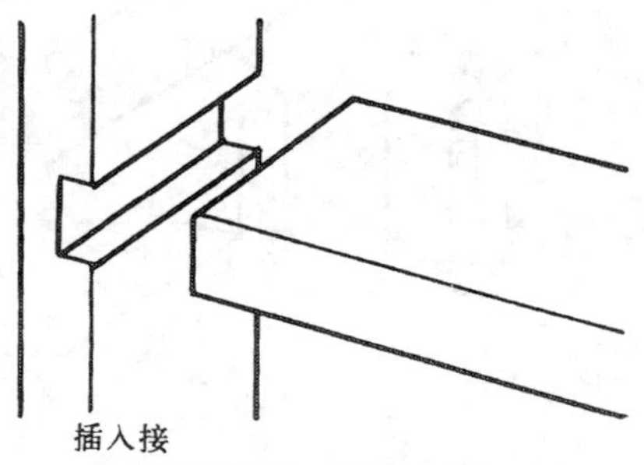

插入接
板材平面开槽，板材插入槽内。旁侧可用木螺钉加固，但外观不甚美观

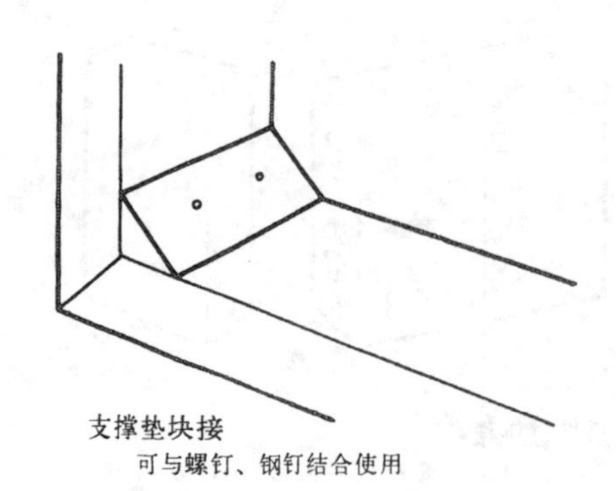

支撑垫块接
可与螺钉、钢钉结合使用

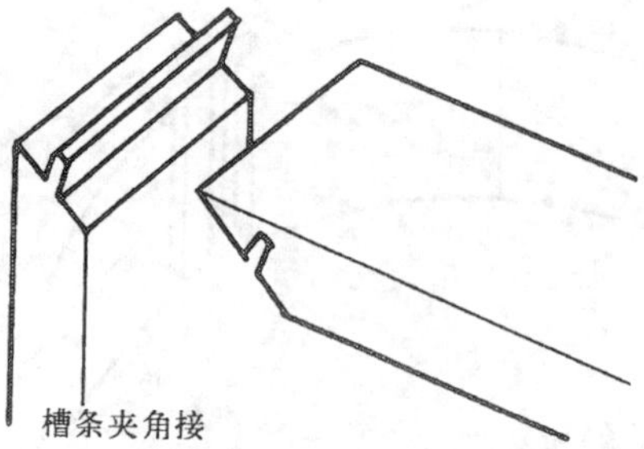

槽条夹角接
适用于箱体结构，外表美观，可用薄板条或胶合板作嵌条

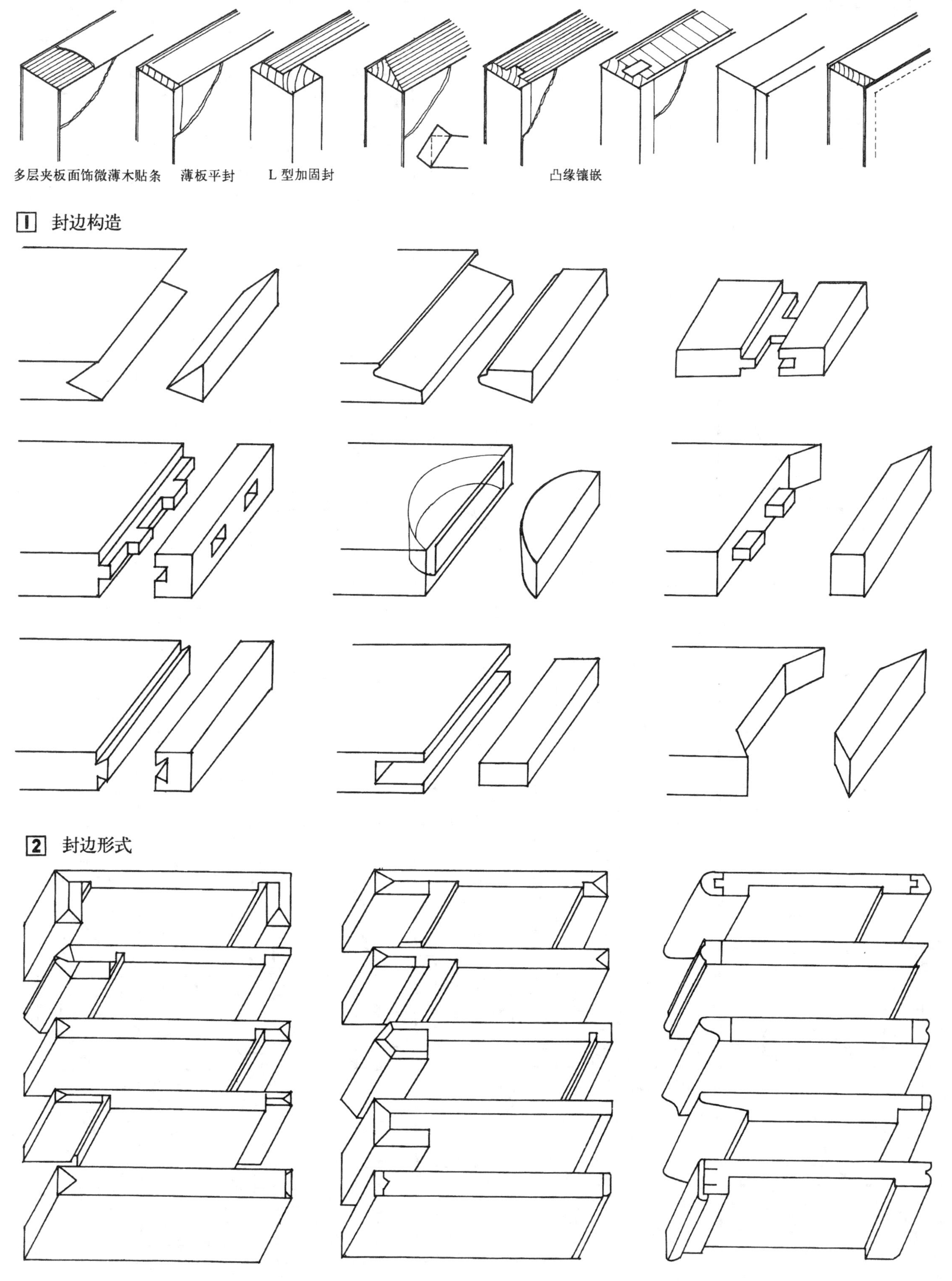

1 封边构造

2 封边形式

制作木装饰线脚的材料有三种

1.实木装饰条，常用柚木、水曲柳、红松及白松等制作；

2.工地现场利用厚胶合板制作；

3.用中密度纤维板类压制成型。优点是不变形，以质轻者为最佳。

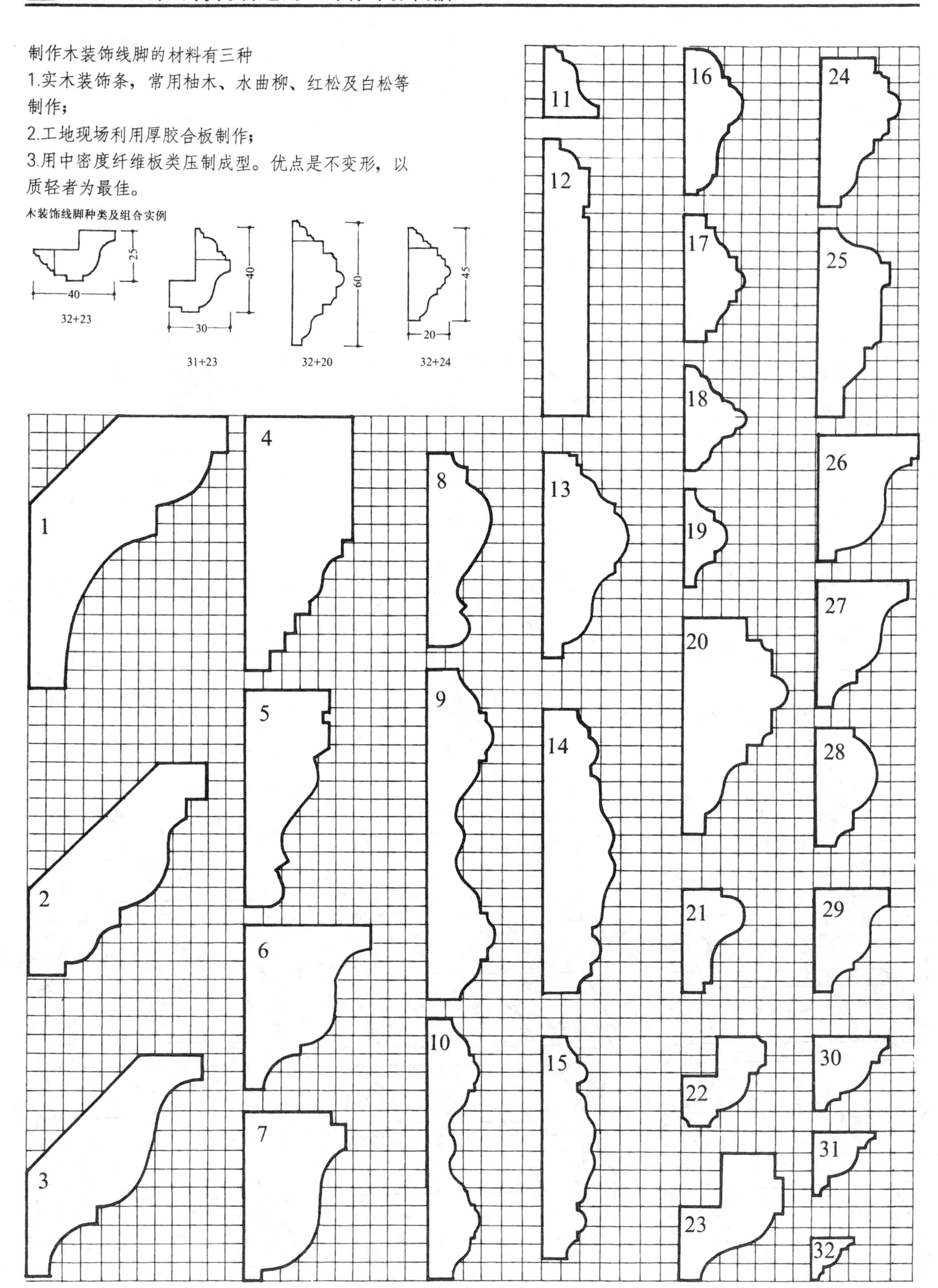

1 镶板线

2 腰线

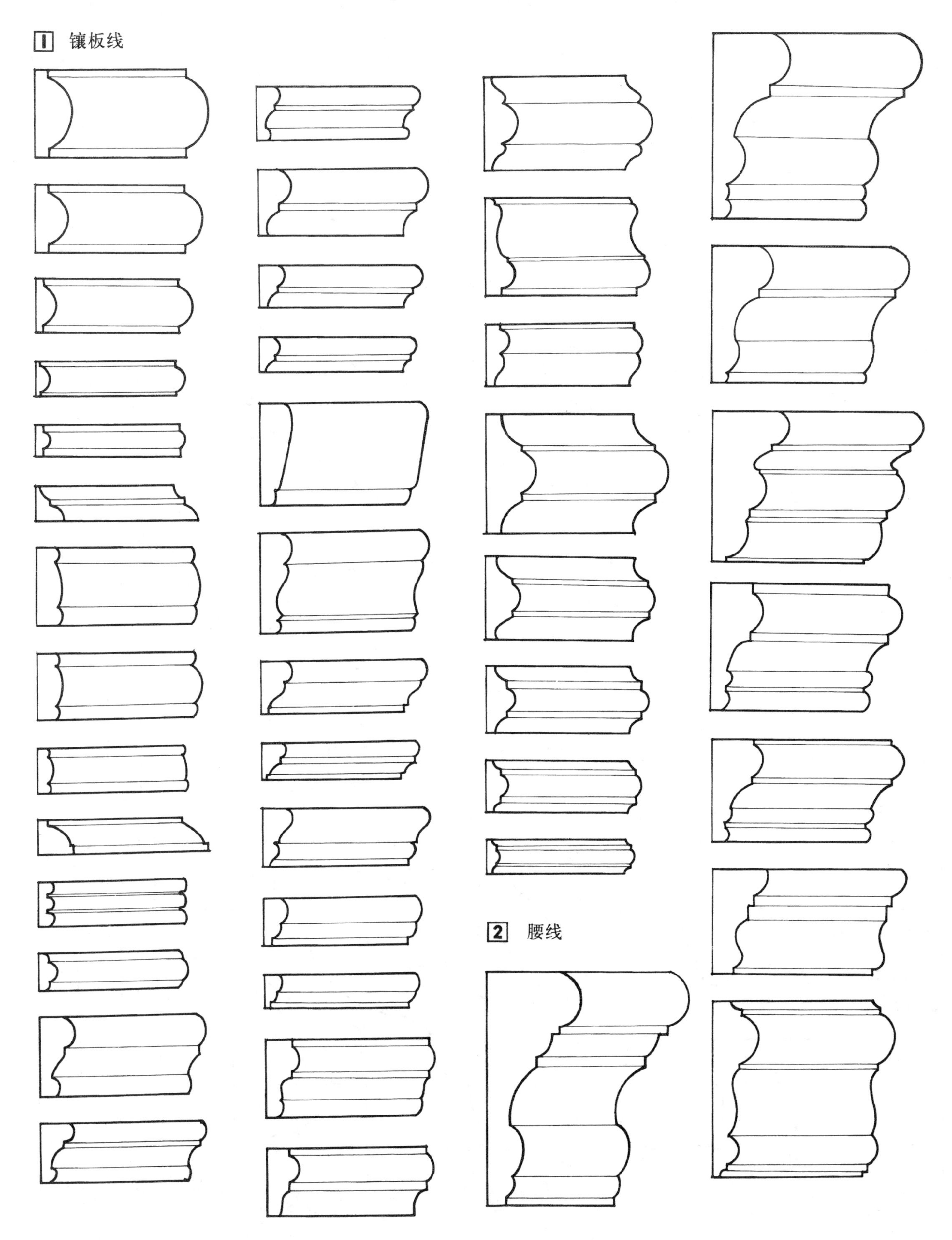

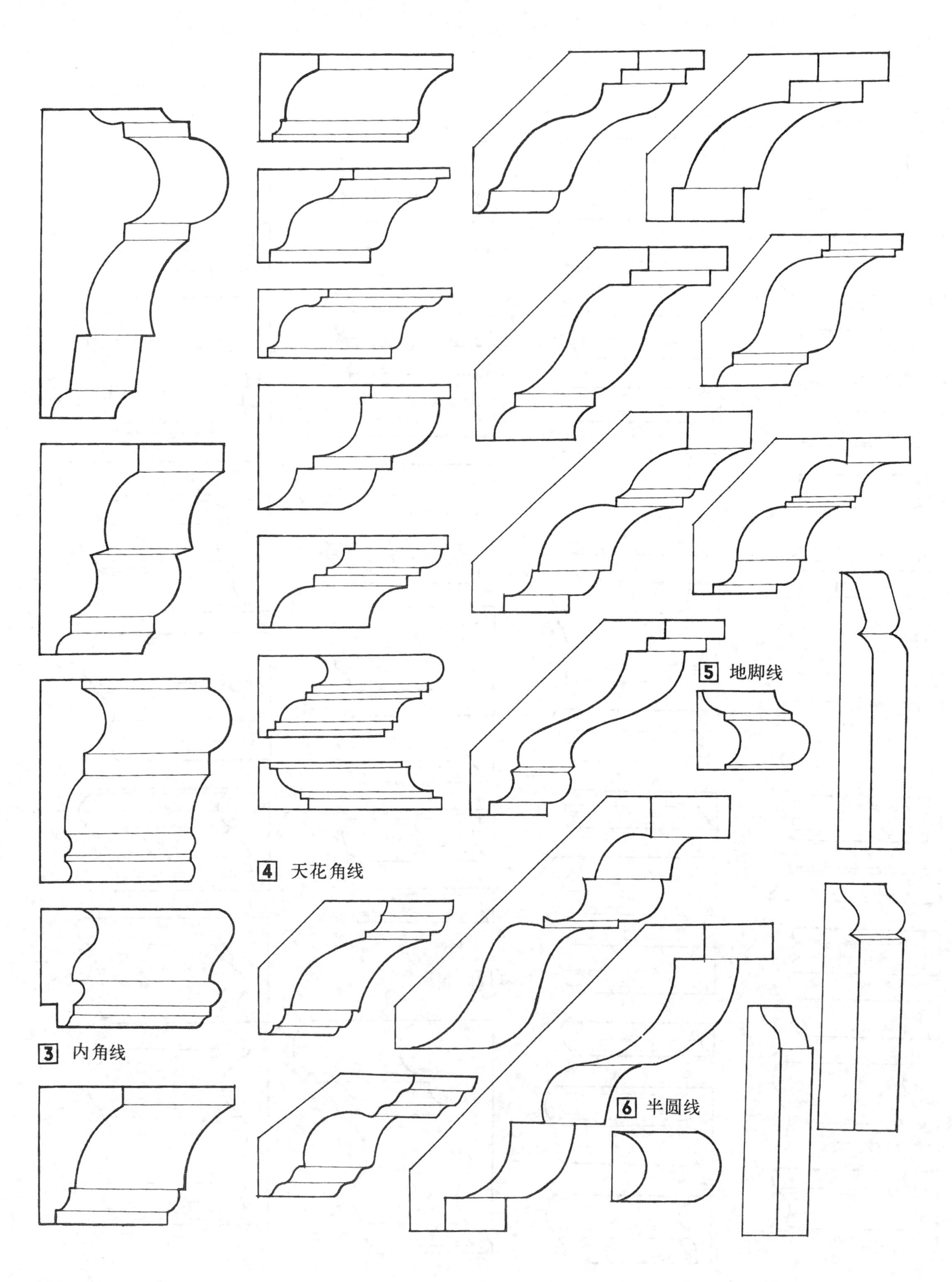
3 内角线
4 天花角线
5 地脚线
6 半圆线

竹属于禾本科竹亚科植物，有一千二百余种。主要分布在中国及东南亚地区。竹生长比树木快得多，仅三、五年时间便可加工应用，故很早就广泛地用于制作家具及用于民间风格装修中。

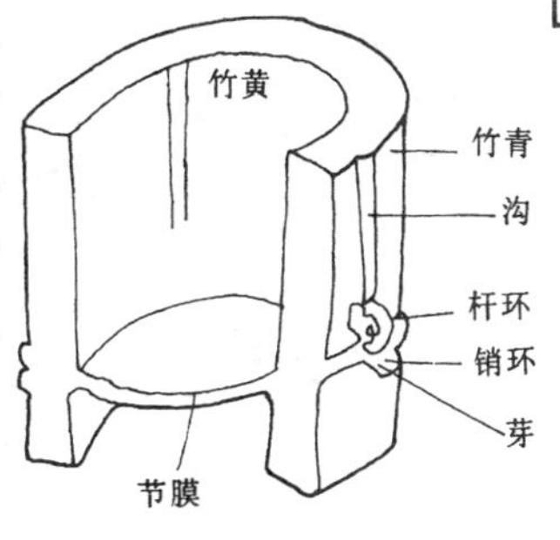

竹杆的构造

1 竹的构造及物理力学性能

竹的可用部分是竹杆、竹杆外观为圆柱形，中空有节，两节间的部分称为节间。节间的距离，在同一竹杆上也不一样。一般在竹杆中部比较长，靠近地面的基部或近梢端的比较短。

竹杆有很高的力学强度，抗拉、抗压能力较木材为优，且富有韧性和弹性。抗弯能力也很强，不易断折，但缺乏刚性。竹材的纵向弹性模数约为175000kg/cm²。平均张力为1.75kg/cm²。毛竹的抗剪强度、模纹为315kg/cm²；顺纹为121kg/cm²。

2 竹材的处理

竹材为有机物质，故受生长的影响与自然的支配，必带来某些缺陷，如虫蛀、腐朽、吸水、开裂、易燃和弯曲等，以致在实际应用中常会受到限制。

1.防霉蛀处理

①用水 100 份，硼酸 3.6 份，硼砂 2.4 份，配成溶液，在常温下将竹材浸渍 48 小时。

②用水 100 份，加 1.5 份明矾，将竹材置溶液中蒸煮 1 小时。

③97～99 份 30～40 度酒精，加 3～1 份。

④97% 份 40 度酒精，加 3% 五氯酚配成溶液，对产品作涂刷处理或浸渍几分钟。

2.防裂处理

防止竹材干裂最简单的处理方法，是将竹材在未使用之前，先浸在回流中，经过数月后取出风干，即可减少开裂现象。经水浸后将竹材中所含糖分除去，减少菌虫害。此外，用明矾水或石碳酸溶液蒸煮，也可达到防裂处理。

3.表面处理

①油光　将竹杆放在火上全面加热，当竹液溢满整个表面时，用竹绒或布片反复擦抹，至竹杆表面油亮光滑即可。

②刮青　用篾刀将竹表面绿色蜡质刮去，使竹青显露出来，经刮青处理后的竹杆，色泽会逐渐加深，变成黄褐色。

③喷漆　用硝基类清漆或涂刷竹杆表面，或喷涂经过刮青处理的竹杆表面。

3 竹材加工工艺

弯曲成形

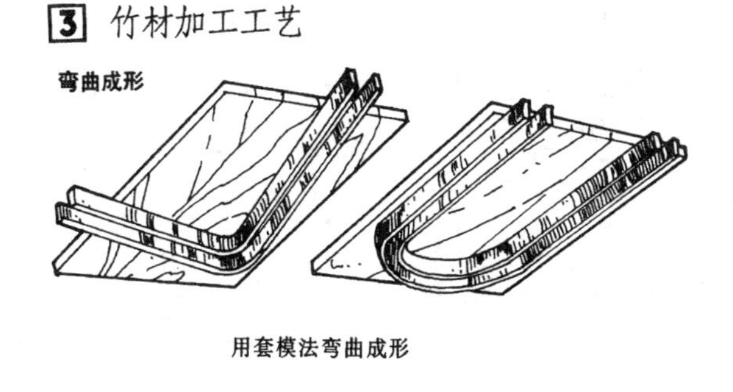

用套模法弯曲成形

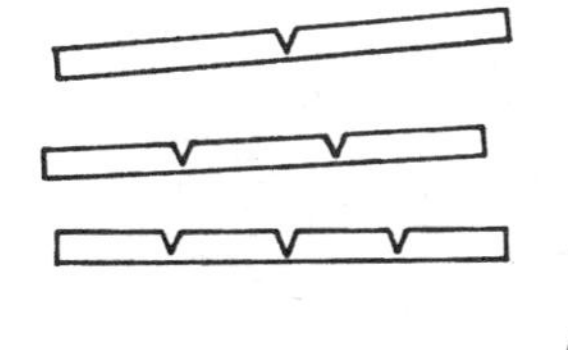

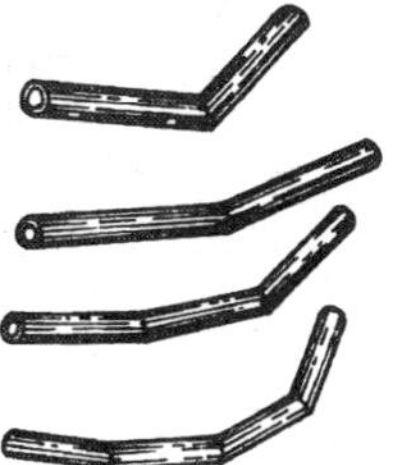

锯中弯曲成形

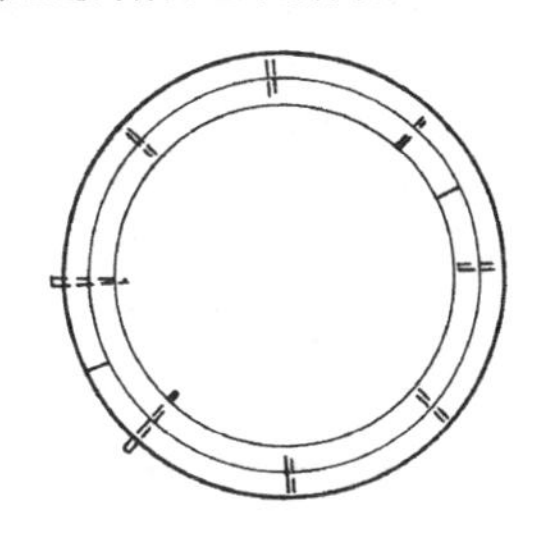

圆成形

竹条板面

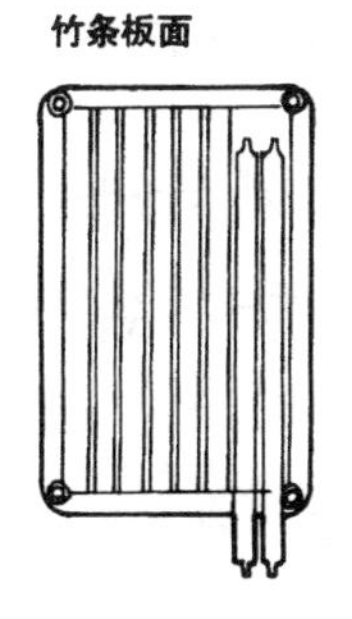

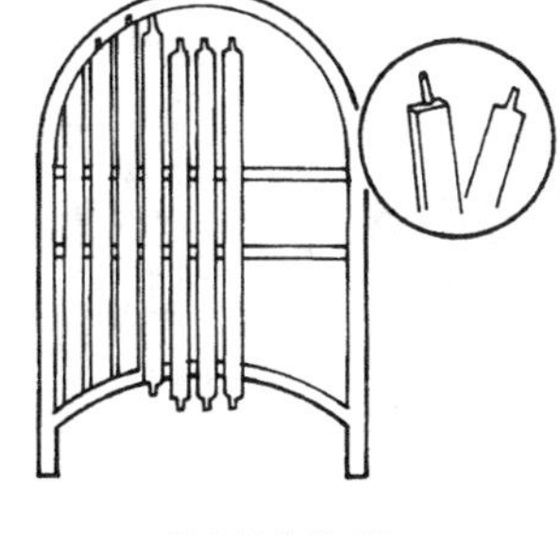

竹条插头榫固板面

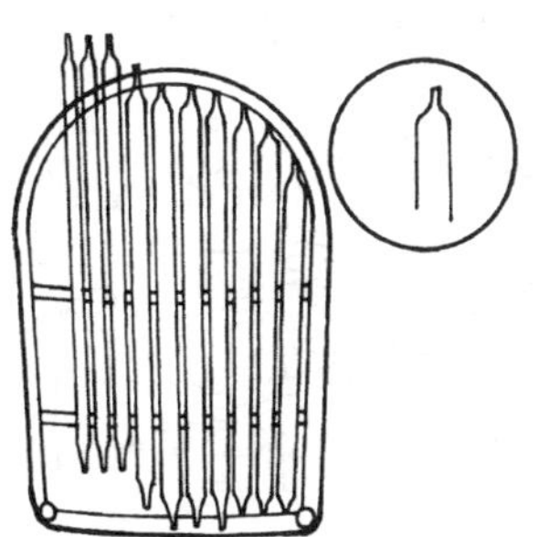

竹条尖角头固板面

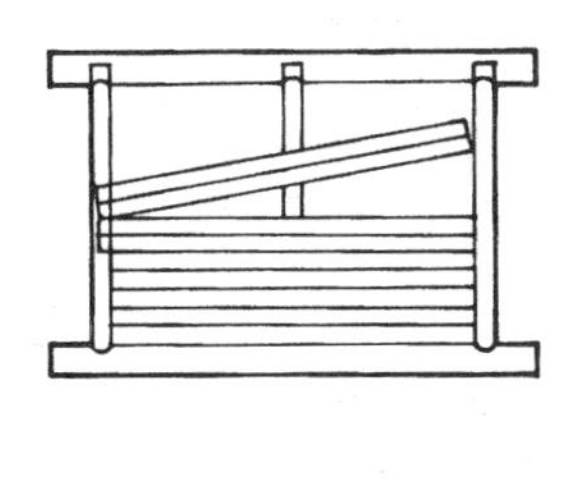

槽固板面

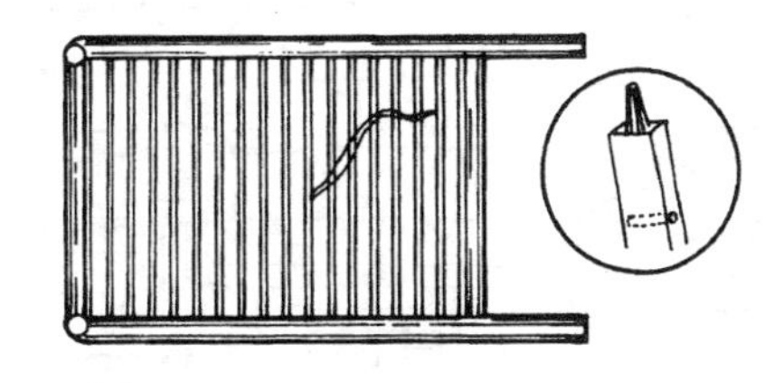

钻孔穿线板面

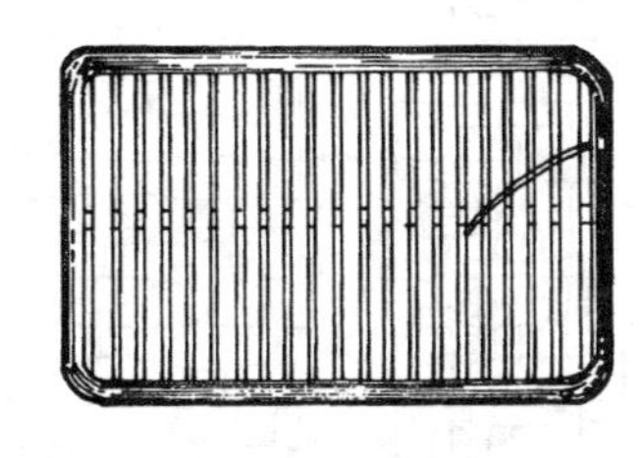

裂缝穿线板面

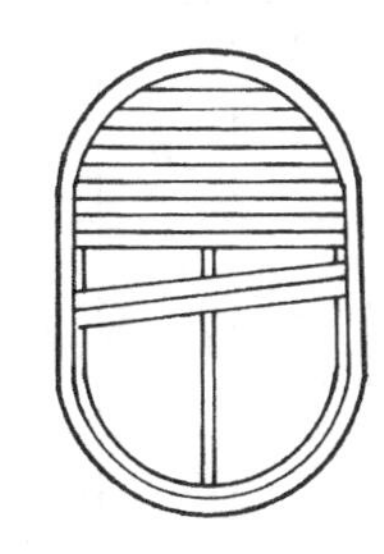

压头板面

榫和竹钉

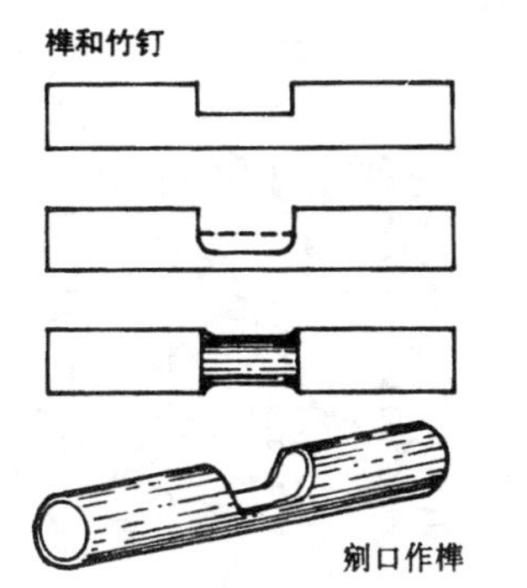

剜口作榫

四方围子

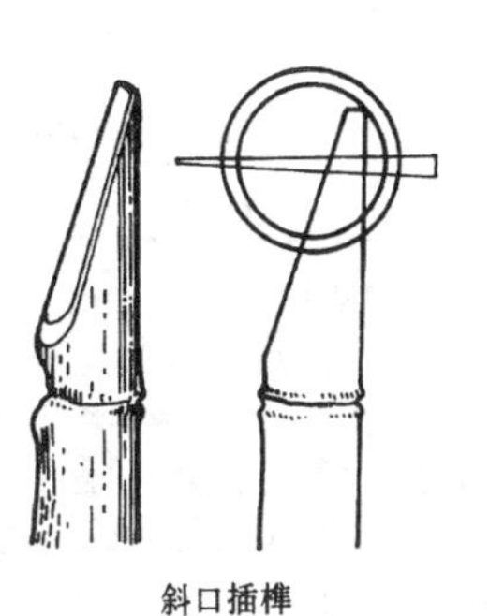

斜口插榫

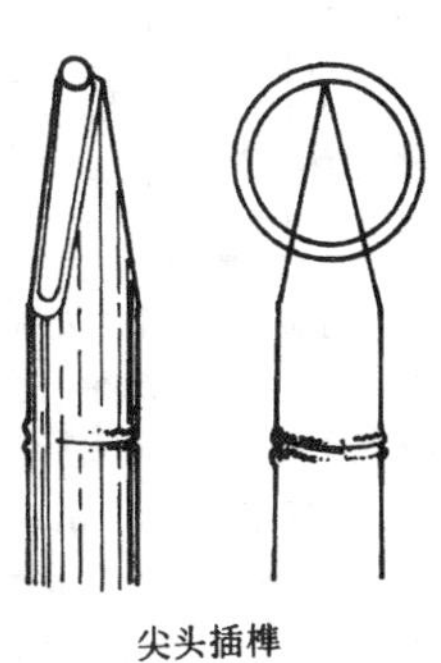

尖头插榫

藤材是椰子科蔓生植物。生长、分布在亚洲、大洋洲、非洲等热带地区。其种类有200种以上。其中产于东南亚的质量为最好。

藤的茎是植物中最长的，质轻而韧，极富有弹性。群生于热带丛林之中。一般长至2 m左右都是笔直的。故常被用于制作藤制家具及具有民间风格的室内装饰用面材。

1 藤的种类

土厘藤　产于南亚。皮有细直纹，芯韧不易断，为上品。
红　藤　产于南亚。色红黄，其中浅色为佳。
白　藤　产于南亚。质韧而软，茎细长，宜制作家具。
白竹藤　产于广东。色白，外形似竹，节高。
香　藤　产于广东。是强大的藤本，茎长30m，韧性。

2 藤材的规格

1.藤皮　是割取藤茎表皮有光泽的部分、加工成薄薄的一层，可用机械或手工加工取得。

藤皮的规格

品　名	宽度（mm）	厚度（mm）
阔薄藤皮	6～8	1.1～1.2
中薄藤皮	4.5～6	1～1.1
细薄藤皮	4～4.5	1～1.1

2.藤条　按直径的大小分类，一般以4～8mm直径的为一类；8～12；12～16，以及16mm以上的藤条为另外几类。各类都有不同的用途。

3.藤芯　是藤茎去掉藤皮后剩下的部分，根据断面形状的不同，可分为圆芯、半圆芯（也称扁芯）、扁平芯（也称头刀黄、二刀黄）、方芯和三角芯等数种。

3 藤材的处理

青藤首先要经过日晒，在制作家具前还必须经过硫磺烟熏处理，以防虫蛀。藤材主要有纤维性虫，经鉴定系蠹虫。

对色质及质量差的藤皮、芯，还可以进行漂白处理。

漂白配方及限量

名称	硫酸	硅酸钠	过氧化钠	过氧化氢	草酸	水
第一溶槽 用量(kg)	4					450
第二溶槽 用量(kg)		8.5	3.75	12.5		400
第三溶槽 用量(kg)					0.5	400

将藤皮或藤芯放入第一溶槽漂浸16小时后，用清水冲洗一小时。第二溶槽先在清水中加入硅酸钠，搅拌均匀后再依次加入过氧化钠和过氧化氢。藤皮或藤芯在此槽内漂浸72小时，再用清水冲一小时。最后在草酸第三溶槽中漂浸3小时，并用清水冲洗二小时后，再晾干至90%（干燥程度），用硫磺熏一昼夜，即得漂白的藤皮和藤芯。

4 藤皮的扎绕

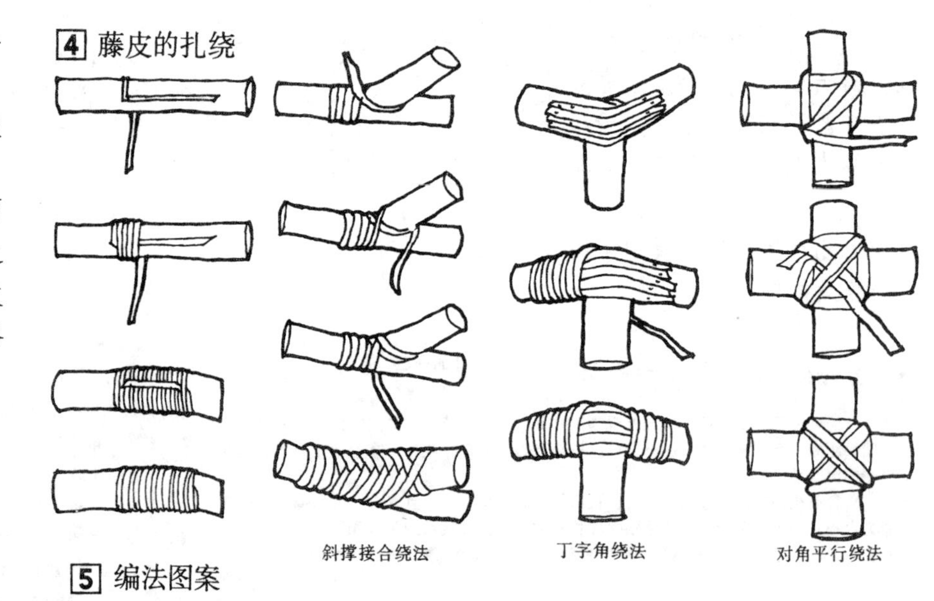

斜撑接合绕法　　丁字角绕法　　对角平行绕法

5 编法图案

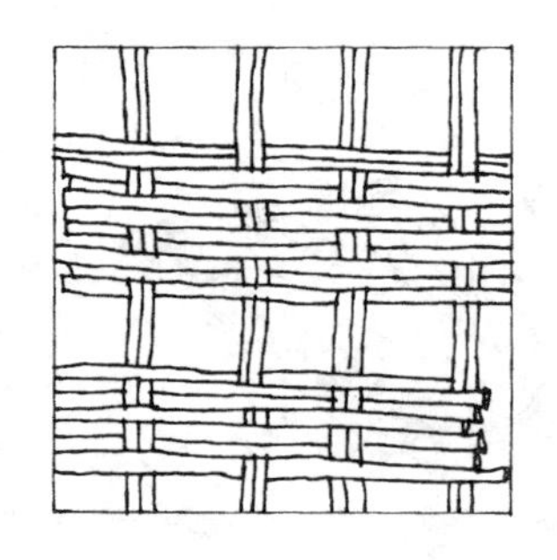
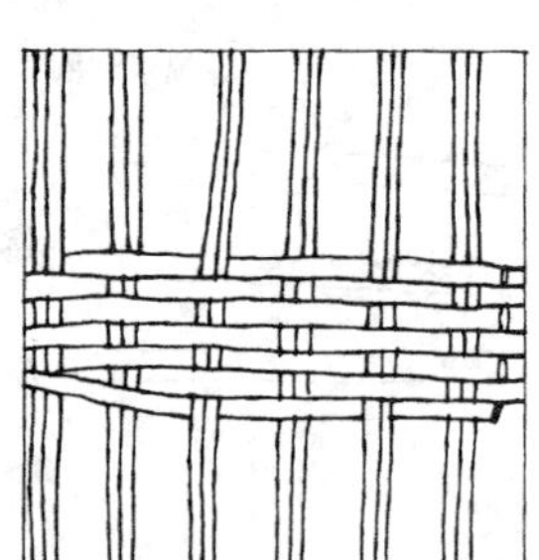
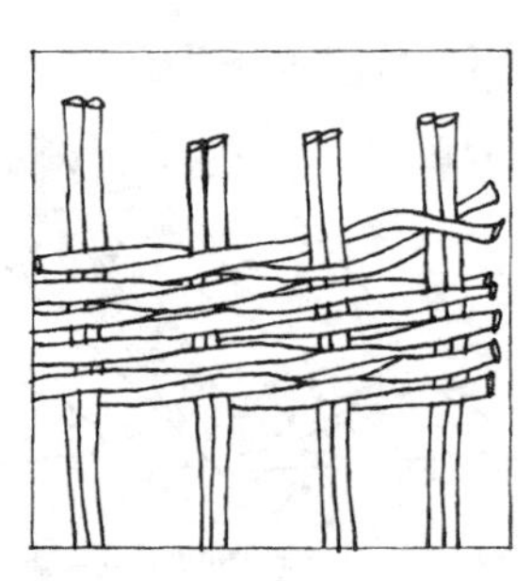
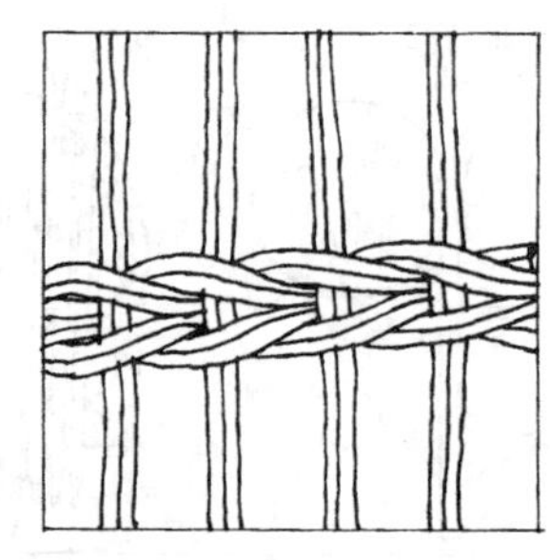
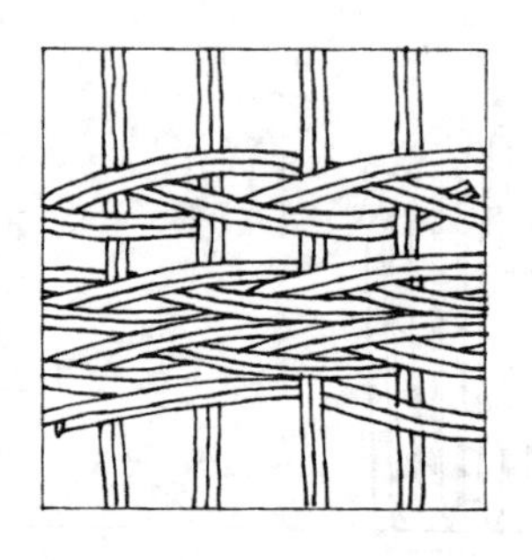
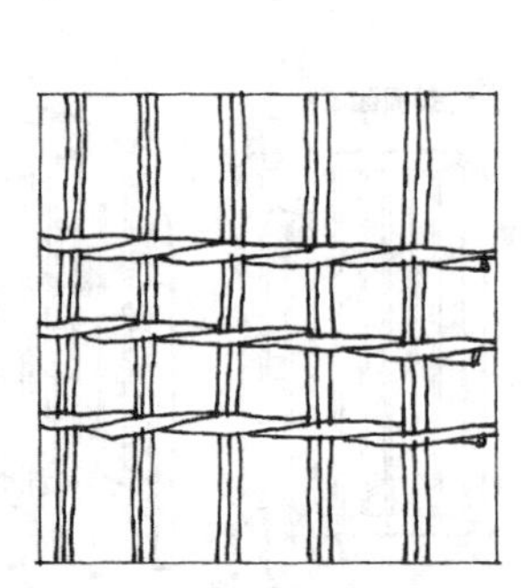
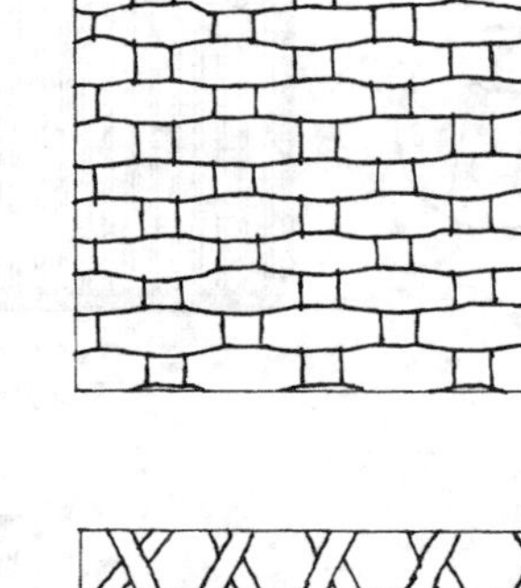

在自然界至今已发现的元素中，凡具有良好的导电、导热和可锻性能的元素称为金属，如铁、锰、铝、铜、铬、镍、钨等。

合金是由两种以上的金属元素，或者金属与非金属元素所组成的具有金属性质的物质。如钢是铁和碳所组成的合金，黄铜是铜和锌的合金。

黑色金属是以铁为基本成分（化学元素）的金属及合金。

有色金属的基本成分不是铁，而是其它元素。例如铜、铝、镁等金属和其合金。

金属材料在装修设计中分结构承重材与饰面材两大类。色泽突出是金属材料的最大特点。钢、不锈钢及铝材具有现代感，而铜材较华丽、优雅，铁则古拙厚重。

1 金属材的种类

普通钢材

是建筑装修中强度、硬度与韧性最优良的一种材料。钢材的含碳量（C）为0.1%～1.6%，比重7.8，538℃或1000°F高温下，钢会失去刚度而变形。

常用钢材的名称及用途

标准名称	牌号或组别	主要用途
普通碳素钢	1号钢 2号钢 3号钢 4、5号钢	用于不受力构件，如梯子、走台、栏杆 用于板结构、容器等 是承重结构用得最广泛的钢材 用于钢筋混凝土结构配筋等
优质碳素结构钢	05～40 45～85	用于高强度结构件 用做预应力结构
合金结构钢	Mn等 SiMn等	用于重型及大跨度结构中 用于普通结构或预应力钢筋混凝土配筋
不锈、耐酸钢	Cr CrTi等	用于装修饰面材
铸造生铁	Z 15～35 L 08等	用于制造卫生洁具的坯模

钢材理论重量的计算

基本公式：W(重量，kg)＝F(断面积，mm^2)×L(长度,m)×g(比重,g／cm^3)×1／1000

材料名称	理论重量 W（kg／m）
扁钢、钢板、钢带	W＝0.00785×宽×厚
方钢	W＝0.00785×（边长）^{2}
圆钢、线材、钢丝	W＝0.00617×（直径）^{2}
六角钢	W＝0.0068×（对边距离）^{2}
工字钢	W＝0.00785×腰厚[高+f（腿宽-腰厚）]
钢管	W＝0.02466×壁厚（外径-壁厚）
等边角钢	W＝0.00785×边厚（2边宽-边厚）
不等边角钢	W＝0.00785×边厚（长边宽+短边宽-边厚）
槽钢	W＝0.00785×腰厚[高+e（腿宽-腰厚）]

不锈钢材

在现代装修工程中，不锈钢材的应用越来越广泛，不锈钢为不易生锈的钢，有含13%铬（Cr）的13不锈钢、有含18%铬、镍（Ni）的18-8不锈钢等，其耐腐蚀性强，表面光洁度高，为现代装修材料中的重要材料之一，但不锈钢并非绝对不生锈，故保养工作十分重要。

不锈钢饰面处理有以下几种：1.光面或称不锈钢镜；2.雾面板；3.丝面板；4.腐蚀雕刻板；5.凹凸板；6.半珠形板或弧形板。

铝材

铝属于有色金属中的轻金属，银白色，比重为2.7，熔点为660℃，铝的导电性能良好，化学性质活泼，耐腐蚀性强，便于铸造加工，可染色。

在铝中加入镁、铜、锰、锌、硅等元素组成铝合金后，其化学性质变了，机械性能明显提高了。

铝合金可制成平板、波形板或压型板，也可压延成各种断面的型材。表面光平，光泽中等，耐腐蚀性强，经阳极化处理后更耐久。

铜材

铜材在建筑装修中有悠久的历史，应用广泛，铜材表面光滑，光泽中等，有很好的导电、传热性能，经磨光处理后表面可制成亮度很高的镜面铜。常被用于制作铜装饰件、铜浮雕、门框、铜条、铜栏杆及五金配件等。

铜材长时间可产生绿锈，故应注意保养，特别是在公共场所应有专门工作人员定时擦拭。也可面覆保护膜，或作成可活动组合拆卸的，以便日后重新再作表面处理。在装修工程中常用的铜材种类有：

纯铜　性软、表面光滑、光泽中等，可产生绿锈；
黄铜　是铜与亚铝合金，耐腐蚀性好；
青铜　铜锡合金；
白铜　含9～11%镍；
红铜　铜与金的合金。

3 金属材的加工、表面处理及施工中的连接法

金属材的成型加工有以下方法：

• 铸造（分砖型铸造和压铸）	• 拉丝、挤出
• 锻造	• 塑性加工
• 滚压	• 切削研磨

金属材的表面处理有以下方法：

• 电解阳极处理（电镀）	• 表面烤法
• 表面腐蚀出图案或文字	• 发色处理
• 表面压印花	• 表面涂、刷颜料
• 表面喷漆	• 表面贴特殊弹性薄膜保护

金属材在施工中的结合法：

• 电熔焊接	• 用铆钉、螺栓连接
• 压凸凹槽连接	• 用强力胶与其它材料连接
• 高压或热压可弯曲一体成型	• 将金属材直接放于支架间

2 金属材连接方式

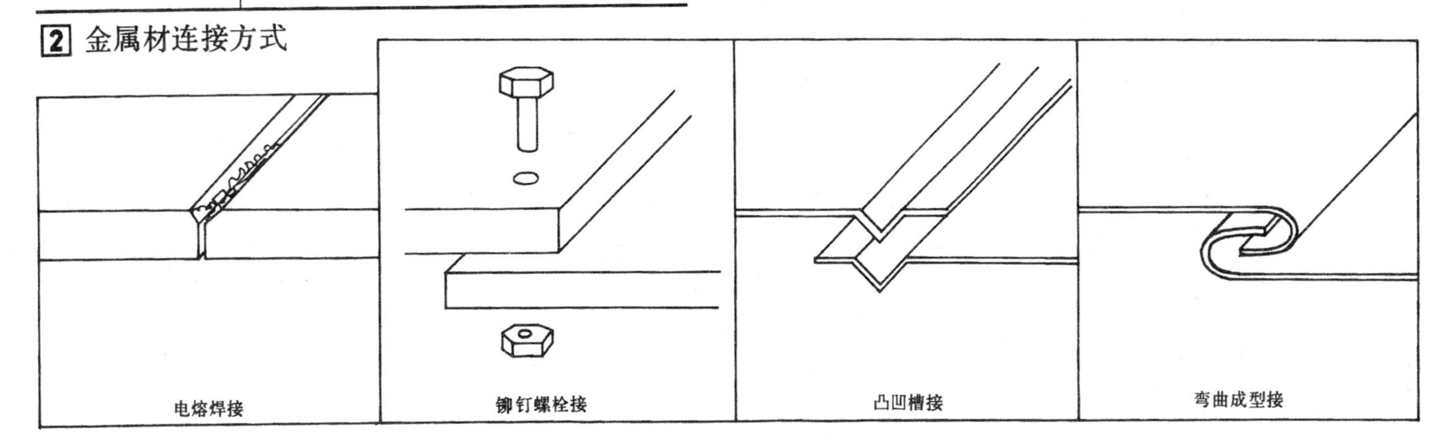

一般用薄钢板 (mm)

厚度	宽度	长度
0.35	750	1500
0.45	710~750	1420~1800
0.5	600~900	1200~1800
0.6	600~750	1200~1800
0.7	600~750	1200~1800
0.8	600~950	1200~1800
0.75	600~900	1200~1800
0.9	600~750	1200~1800
1.0	600~900	1200~1800
1.1	600~750	1200~1800
1.2	500~900	1200~1800
1.25	600~900	1200~1800
1.3 1.4	600~750	1200~1800
1.5	600~900	1200~1800
1.75	600~750	1200~1800
2.0	600~1200	1200~6000
2.25	600~750	1000~1800
2.5	600~1200	900~6000
2.75	600~750	850~1400
3.0	600~1200	750~6000
3.25	700	700
3.5	600~1200	600~6000
3.75	600~750	500~1000
4.0	700~1250	500~6000

普通中厚钢板 (mm)

厚度	宽度	长度
4.5、5、5.5	1400~1600	2600~6400
6、7	1400~1800	2600~6400
8、9	1200~1800	2600~6400
10	1200~1800	2600~8000
11	1200~1800	2600~6400
12	1200~1800	2600~7000
13	1600	6000
14	1400~1800	2600~6400
16	1400~2400	2600~6400
16、20	1400~2400	3000~5000
22、25	1400~2500	3000~4000
42、50	1400~2600	3000以上
26、28、30、40	1400~2400	3000以上

花纹钢板

厚：2~8，宽600~1800，长600~12000。

薄钢板（铁皮）(mm)

厚度		厚度	
普通薄钢板	镀锌薄钢板	普通薄钢板	镀锌薄钢板
4.18	4.270	0.835	0.930
3.80	3.900	0.758	0.855
3.41	3.510	0.682	0.778
3.03	3.130	0.606	0.700
2.65	2.742	0.530	0.627
2.28	2.370	0.455	0.552
1.89	1.990	0.416	0.513
1.71	1.800	0.378	0.475
1.52	1.610	0.342	0.437
1.36	1.460	0.304	0.399
1.22	11.310	0.266	0.361
1.06	1.155	0.246	0.340

镀锌薄钢板 (mm)

厚度	宽度	长度
0.5	750、900	1800
0.6	750	1800
0.75	750、900	1800
1.0	900	1800

屋面薄钢板 (mm)

厚度	宽度	长度
0.5	750	1500
0.75	900	1800

金属搪瓷板

金属搪瓷板常以薄钢板或铝板为基材，在表面搪上含硼的熔化温度低的玻璃。为了获得不透明性可加钛锆化合物；为了使瓷面牢固地粘结在金属板的表面上，还须加入钴作为过渡元素。金属搪瓷板坚硬、耐久、可洗，并可制成各种色彩，室内外均可用。

规格 (mm)

厚度	宽度	长度
0.5	1000	2000
0.8	1000	2000
1	1000	2000

彩色钢板

系在热轧或镀锌钢板（也可采用铝合金板）表面加做有机彩色涂层而得。涂层的主要成分为聚氯乙烯或聚丙烯酸脂等，可用液体涂复或薄膜层压的方法粘固在板面上。为获得线型，常把板压出有折角的大、小波型。

规格 (mm)

厚度	宽度	长度
0.2~1.2	500	1000
	1000	2000

管材 (mm)

外径	壁厚
33.5	4、4.5、5
38	4、4.5、5
42	4、4.5、5
48	4、4.5、5
51	4、4.5、5
57	4、4.5、5、5.5、6、7、8、9、10、11、12
60	4、4.5、5、5.5、6、7、8、9、10、11、12
63.5	4、4.5、5、5.5、6、7、8、9、10、11、12
68	4、4.5、5、5.5、6、7、8、9、10、11、12 14、16、18、20
70	3.5、4、4.5、5、5.5、6、7、8、9、10、11 12、14、16、18、20
73	3.5、4、4.5、5、5.5、6、6.5、7、8、9、10 11、12、14、16、18、20
76	3.5、4、4.5、5、5.5、6、7、8、9、10、11 12、14、16、18、20
80	4、4.5、5、5.5、6、7、8、9、10、11、12 14、16、18、20
83	3.5、4、4.5、5、5.5、6、7、8、9、10、11 12、14、16、18、20
89	3.5、4、4.5、5、5.5、6、7、8、9、10、11 12、14、16、18、20、22
95	4、4.5、5、5.5、6、7、8、9、10、11、12 14、16、18、20、22
86	4、4.5、5、5.5、6、7、8、9、10、11、12 14、16、18、20、22
96	4、4.5、5、5.5、6、7、8、9、10、11、12 14、16、18、20、22
102	4、4.5、5、5.5、6、7、8、9、10、11、12 14、16、18、20、22
108	4、4.5、5、5.5、6、7、8、9、10、11、12 14、16、18、20、22、25
110	4、4.5、5、5.5、6、7、8、9、10、11、12 14、16、18、20、22、25
121	4、4.5、5、5.5、6、7、8、9、10、11、12 14、16、18、20、22、25、28
127	4、4.5、5、5.5、6、7、8、9、10、11、12 14、16、18、20、22、25、28、30
130	4、4.5、5、5.5、6、7、8、9、10、11、12 14、16、18、20、22、25、28、30、32
133	4、4.5、5、5.5、6、7、8、9、10、11、12 14、16、18、20、22、25、28、30、32
140	4、4.5、5、5.5、6、7、8、9、10、11、12 14、16、18、20、22、25、28、30、32、36
146	4.5、5、5.5、6、7、8、9、10、11、12、14 16、18、20、22、25、28、30、32、36
152	5、5.5、6、7、8、9、10、11、12、14、16 18、20、22、25、28、30、32、36
159	5、5.5、6、7、8、9、10、11、12、14、16 18、20、22、25、28、30、32、36

电线套管

外径 (mm)	壁厚 (mm)	长度 (m)	重量 (kg/m)	口径 (英寸)
12.7	1.24	3~8	0.25	1/2
15.87	1.6	3~8	0.44	5/8
19.05	1.6	3~8	0.56	3/4
25.4	1.6	3~8	0.69	1
31.75	1.6	3~8	0.94	$1\frac{1}{4}$
38.1	1.6	3~8	1.19	$1\frac{1}{2}$

方钢

边 长 (mm)	10、12、14、16、18、19、20、22、25、27、30、32、35、38、40、45、50、55、60、65、70、75、85、90、115、154

注：边长25mm以下者长5~10m，边长27~50mm者长4~9m，边长55~90mm者长4~8mm，边长115、154mm者长3~6m。

圆钢

直 径 (mm)	6、8、9、10、11、12、13、14、15、16、17、18、19、20、21、22、23、24、25、26、27、28、30、32、33、34、35、36、38、39、40~160

注：直径25mm以下者长5~10m，直径25~48mm者长4~9m，直径50~110者长4~7m，直径大于115mm者长3~6m。

螺纹钢

直 径 (mm)	10、12、14、16、18、20、22、25、28、30、32、36、40

注：长度6~12m。

等边角钢

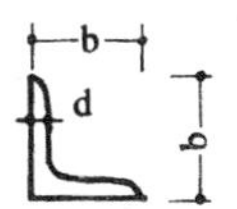

角钢号	断面尺寸 (mm)		长 度 (m)
	边宽 (b)	边 厚 (d)	
2	20	3、4	3~9
2.2	22	3、4	3~9
2.5	25	3、4	3~9
2.8	28	3	3~9
3	30	4	3~9
3.2	32	3、4	3~9
3.6	36	3、4	3~9
4	40	3、4	3~9
4.5	45	3、4、5	4~12
5	50	3、4、5	4~12
5.6	56	3.5、4、5	4~12
6.3	63	4、5、6	4~12
7	70	4.5、5、6、7、8	4~12
7.5	75	5、6、7、8、9	4~12
8	80	5.5、6、7、8	4~12
9	90	6、7、8、9、6.5、7	4~19
10	100	8、10、12、14、16	4~19
11	110	7、8	4~19
12.5	125	8、9、10、12、14、16	
14	140	9、10、12	
16	160	10、11、12、14、16、18、20	
18	180	11、12	
20	200	12、13、14、16、20、25、30	
22	220	14、16	
25	250	16、18、20、22、25、28、30	

不等边角钢

角钢号	断 面 尺 寸 (mm)			长 度 (mm)
	长边 (B)	短边 (b)	边 厚 (d)	
2.5/1.6	25	16	3	4~9
3.2/2	32	20	3、4	4~9
4/2.5	40	25	3、4	4~9
4.5/2.8	45	28	3、4	4~9
5/3.2	50	32	3、4	4~9
5.6/3.6	56	36	3.5、4、5	4~9
6.3/4.0	63	40	4、5、6、8	6~19
7/4.5	70	45	4.5、5	6~19
7.5/5	75	50	5、6、8	4~12
8/5	80	50	5、6	4~12
9/5.6	90	56	5.5、6、8	4~12
10/6.3	100	63	6、7、8、10	4~19
11/7	110	70	6.5、7、8	4~19
12.5/8	125	80	7、8、10、12	4~19
14/9	140	90	8、10	4~19
16/10	160	100	9、10、12、14	4~19
18/11	180	110	10、12	4~19
20/12.5	200	125	11、12、14、16	6~19
25/16	250	160	12、16、18、20	6~19

槽钢

断面号	断 面 尺 寸 (mm)			长 度 (m)
	高度 (h)	腿宽 (b)	腰 厚 (d)	
5	50	37	4.5	5~12
6.5	65	40	4.8	5~12
8	80	43	5.0	5~12
10	100	48	5.3	5~10
12	120	53	5.5	5~10
14a	140	58	6.0	5~10
b	140	60	8.0	5~10
16a	160	63	6.3	5~10
b	160	65	8.5	5~10
18a	180	68	7.0	6~10
b	180	70	9.0	6~10
20a	200	73	7.0	6~10
b	200	75	9.0	6~10
22a	220	77	7.0	6~12
b	220	79	9.0	6~12
24a	240	78	7.0	6~12
b	240	80	9.0	6~12
c	240	82	11.0	6~12
27a	270	82	7.5	6~12
b	270	84	9.5	6~12
c	270	86	11.5	6~12
20a	300	85	7.5	6~12
b	300	87	9.5	6~12
c	300	89	11.5	6~12
33a	330	88	8.0	6~12
b	330	90	10.0	6~12
c	330	92	12.0	6~12
36a	360	96	9.0	6~12
b	360	98	11.0	6~12
c	360	100	13.0	6~12
40a	400	100	10.5	6~12
b	400	102	12.5	6~12
c	400	104	14.5	6~12

工字钢

断面号	断 面 尺 寸 (mm)			长 度 (m)
	高度 (h)	腿宽 (b)	腰 厚 (d)	
10	100	68	4.5	5~10
12	120	74	5.0	5~10
14	140	80	5.5	5~10
16	160	88	6.0	5~10
18	180	94	6.5	6~12
20a	200	100	7.0	6~12
b	200	102	9.0	6~12
22a	220	110	7.5	6~12
b	220	112	9.5	6~12
24a	240	116	8.0	6~12
b	240	118	10.0	6~12
27a	270	122	8.5	6~12
b	270	124	10.5	6~12
30a	300	126	9.0	6~12
b	300	128	11.0	6~12
c	300	130	13.0	6~12
33a	330	130	9.5	6~12
b	330	132	11.5	6~12
c	330	134	13.5	6~12
36a	360	136	10.0	6~12
b	360	138	12.0	6~12
c	360	140	14.0	6~12
40a	400	142	10.5	6~12
b	400	144	12.5	6~12
c	400	146	14.5	6~12
45a	450	150	11.5	6~12
b	450	152	13.5	6~12
c	450	154	15.5	6~12
50a	500	158	12.0	6~12
b	500	160	14.0	6~12
c	500	162	16.0	6~12
55a	550	166	12.5	6~12
b	550	168	14.5	6~12
c	550	170	16.5	6~12
60a	600	176	13.0	6~12
b	600	178	15.0	6~12
c	600	180	17.0	6~12

不锈钢管 (单位：mm)

外 径	壁 厚	外 径	壁 厚
6	1~1.5 2	31~37	1.5~4 4.5~6
7	1~1.5 2~2.5	38~50	2~4.5 5~6
8、9	1~2 2.5	51~56	2~4.5 5~6
10、11	1~2 2.5~3.5	57、58	2~5 6
12、13	1~2 2.5~4	60	2~5 6
16~19	1~2.5 3~5	63、65	2~5 6
20	1~3 3.5~6	68、70	2~5 6
20~30	1~4 4.5~6	73、76	2~5

扁钢 (单位: mm)

宽	厚															
9.2	3															
9.5	3															
12	3	4	5	6		8										
13	3															
14	3	4	5			8										
16	3	4	5			8	10									
18	3	4	5	6		8		10								
19	3															
20	3	4	5	6	7	8		10	12							
22		4	5	6	7	8		10	12							
25	3	4	5	6	7	8	9	10	12		16					
28		4	5	6	7	8										
30	3	4	5	6	7	8	9	10	12	14	16	18	20			
32	3	4	5	6	7	8	9		12							
35		4	5			8	9	10	12	14	16	18	20			
36				6	7											
38	3	4														
40	3	4	5	6	7	8	9	10	12	14	16	18	20	22	25	
45		4	5	6	7	8	9	10	12	14	16	18	20	22	25	30
50		4	5	6	7	8	9	10	12	14	16	18	20	22	25	30

宽	厚																	
54		5																
55	4		6	7	8	9	10	12	14	16	18	20	22					
56														25		30		
60	4	5	6	7	8	9	10	12	14	16	18	20	22	25	28	30		
63			6		8	9	10	12										
65	4		6	7	8		10	12	14	16	18	20	22	25	28	30		
70	4	5	6	7	8	9	10	12	14	16	18	20	22	25		30		
75	4		6	7	8	9	10	12	14	16	18	20	22	25	28	30		
80	4		6	7	8	9	10	12	14	16	18	20	22	25		30		
85	4		6	7	8	9	10	12	14	16	18	20	22	25				
90	4		6	7	8	9	10	12	14	16	18	20	22	25		30		
95	4		6	7	8	9	10	12	14	16	18	20	22	25				
100	4		6		8	9	10	12	14	16	18	20	22	25	28	30		
105	4						10	12	14	16	18	20	22	25	28	30		
110	4				8		10	12	14	16	18	20	22	25	28	30		
120	4				8		10	12	14	16	18	20	22	25		30		
125	4							12										
130	4				8		10	12	14	16	18	20		25	28		35	40
140							10	12	14	16								
150							10	12	14	16		20	22	25		30	35	40

镀锌钢丝

直径	0.6、0.65、0.7、0.8、0.9、1.0、1.1、1.2、1.3、1.4、1.5、1.6、1.76、1.92、2.0、2.2、2.3、2.4、2.6、2.8、3.0、3.2、3.8、4.0、4.5、5.0、5.5、5.7

一般低碳钢钢丝 (铁丝)

直径	0.2、0.22、0.25、0.28、0.3、0.35、0.4、0.45、0.5、0.55、0.56、0.6、0.7、0.71、0.8、0.89、0.9、1.0、1.1、1.2、1.25、1.4、1.5、1.6、1.63、1.7、1.8、2.0、2.11、2.2、2.41、2.5、2.77、2.8、3.0、3.2、3.4、3.5、4.0、4.19、4.5、5、5.16、5.5、6.0

制绳钢丝

直径	0.2、0.22、0.24、0.26、0.28、0.31、0.34、0.37、0.4、0.45、0.5、0.55、0.6、0.65、0.7、0.75、0.8、0.85、0.9、1.0、1.1、1.2、1.3、1.4、1.5、1.6、1.7、1.8、1.9、2.0、2.2、2.4、2.6、2.8、3.0、3.2、3.5、3.8、4.0、4.5、5.0

一般低碳镀锌钢丝 (镀锌铁丝)

直径	0.7、0.8、0.9、1.0、1.1、1.2、1.4、1.5、1.6、1.7、1.8、2.0、2.2、2.5、2.6、2.8、3.0、3.1、3.2、3.5、4.0、4.5、5.0、5.5、6.0

绿纱

孔数 (每英寸)	丝径 (mm)	宽×长 (m)
16×14 16×16 16×18	0.23(32)~0.26(31)	1×15

电镀锌斜方眼铁丝网

网孔尺寸 (mm)	线径 B.W.G.	幅度 (m)	长度 (m)
12~51	16~8G	1~4	不限

热镀锌六角铁丝网

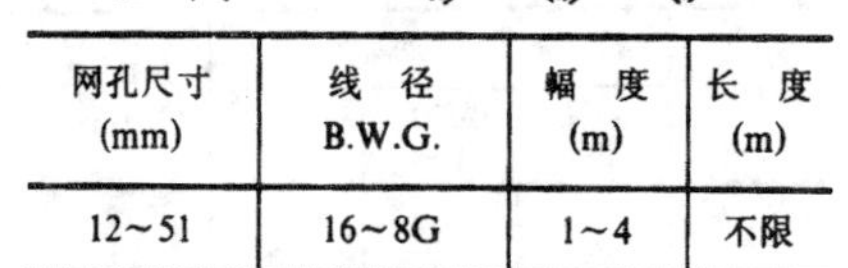

网孔尺寸 (mm)	线径 (mm)	幅度 (mm)	长度 (m)
51	20G 21G	1000	25~50
38	20G 21G	1000~2000	25~50
20	20G 21G 22G	915	25~50
19	20G 21G 22G	915	25~50
16	21G 22G	1000	25~50
12	21G	1000	25~50

预应力钢筋混凝土结构用钢丝

直径	3.0、4.0、5.0

钢板网

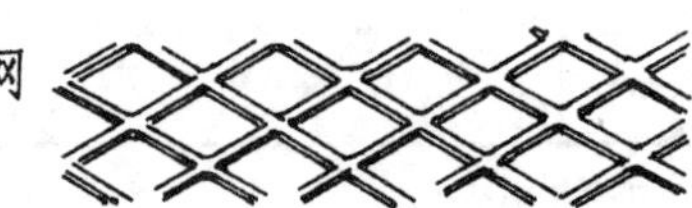

类别	厚度	宽×长	网孔尺寸
小网	0.25~0.41 0.46~0.51 0.56~0.64 0.71~0.89 1.0	610×1830~2000	10×25
大网	1.0	1800×2000~4000 2000×4000	10×25 13×38
	1.2	1800×1800~3600 2000×4000	19×64
	1.7	1800×1800~3600 2000×4000	13×88 19×64
	1.75	1500×2000 2000×2000~4000	19×64 25×76
	2.0	1800×2000~3600 2000×4000	25×76 32×100

电镀锌方眼铁丝网

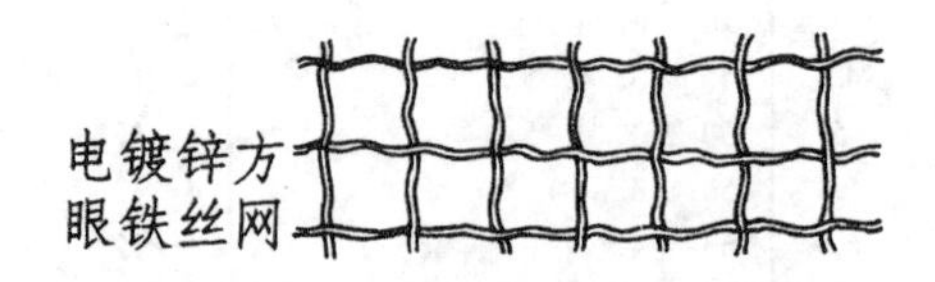

孔径 (mm)	孔数	线径 B.W.G	幅度 (mm)	长度 (m)
9~31	6~2	18~10	915	10~30
—	4	20	915	10~30
—	6	22	915	10~30
—	8	24	915	10~30
—	10	26	915	10~30
12	—	16	900	—
25	—	18	900	—
6	—	20	900	—
—	7	24	580	—
—	9	24	580	—

铝板 (mm)

厚　度	宽　度		
0.5、0.6	1000	1200	—
0.8～10.0	1000	1200	1500

铝管 (mm)

类　别	外　径 (mm)	壁　厚 (mm)
薄壁管	6～120	0.5～5
厚壁管	25～140	5～11.5

等边角型材

规格(mm) B	S	重　量 (kg/m)	规格(mm) B	S	重　量 (kg/m)
12	1	0.063	32	3.5	0.575
15	1～2	0.161	40	3～4	3.057
20	1～2	0.206	45	4～5	4.277
25	1～2	0.260	50	4～6	1.527
30	2～3	1.720	60	6	1.851

等臂Z形型材

规格 (mm) H	B	S	S_1	重　量 (kg/m)
25	18	1.5～2.5	1.5～2	0.356
30	25	2.5	2	0.478
40	20～25	2～3	1.5～2	0.596
50	19～35	2.5～6	2.5～5	1.678

等边宽⊥字形型材

规格 (mm) H	B	S	S_1	重　量 (kg/m)
20	30	1.5	2	0.223
24	35	2	2.5	0.349
25	70	2.5	5	0.859
28	40	2	3	0.450
30	40	2.5	4	0.633
35	56	3	3.5	0.916
50	38	3.5	5	0.665

铝合金花格网

系采用铝合金材料经挤压、辗轧、展延、阳极着色等工序加工而成的新型装饰材料，可用于安全栏杆、防盗门窗、装饰隔断、透光天花吊顶材及遮阳板等。其抗拉强度 16kg／cm²，成品 3～5kg／m²，每张铝格网成品，宽度可达 700～1500mm，长度可达 4200～5800mm。

铝合金花格网图案

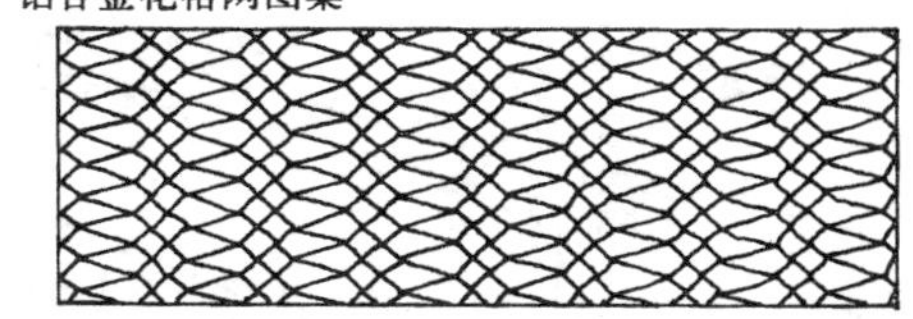

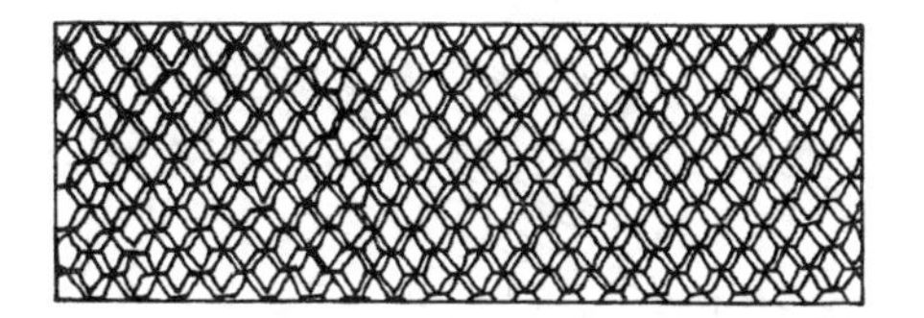

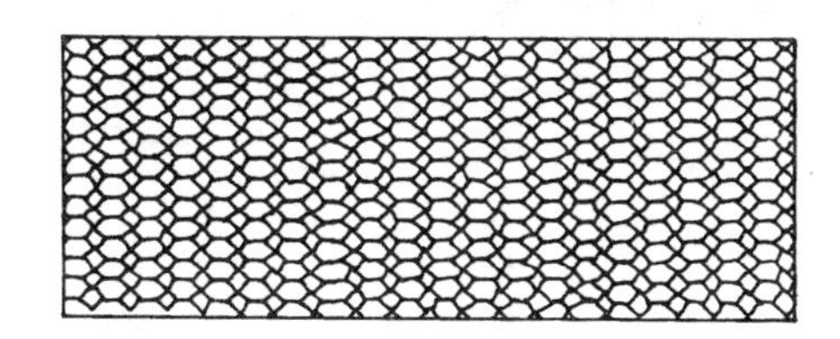

等脚槽形型材

规格 (mm) H	B	S	S_1	重　量 (kg/m)
25	15～20	1.5～2.5	1.5～2.5	0.410
30	15～20	1.5～2	1.5～2	0.361
40	18～25	2～3	2～3	0.575
50	20～30	4	4	1.115
55	25～30	3～5	4～5	1.301
62	25	4	4	1.115
70	25～40	3～5	3～5	1.912
80	40	4	4	1.732

等梁工字形型材

规格 (mm) H	B	S	S_1	重　量 (kg/m)
303	30	1.5	2	0.436
354	30	2	2.5	0.578
405	50	2	3.5	1.145
506	50	2.5	4	1.391
607	70	3	5	2.339
231	38	1.2	1.2	0.318
262	34.5	3.5	3.5	0.852
868	95	9	8	5.816

铝合金压型板 1 型

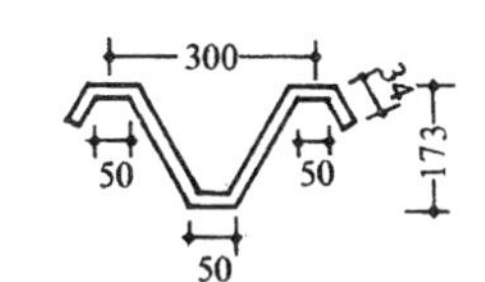

铝合金压型板 2 型

125　125

名称	规格 (mm) 厚度	长度	宽度	性　能
1 型	0.6～1.2	3000～12000	800	抗拉强度: 15～22kg／cm²
2 型	0.5、0.6 0.7、0.8	1800～3000	800	延伸率 70% 重量 2.58kg／m²

铝合金压条、嵌条规格

长 1500～6000mm，有白、金、青铜及红等多种颜色

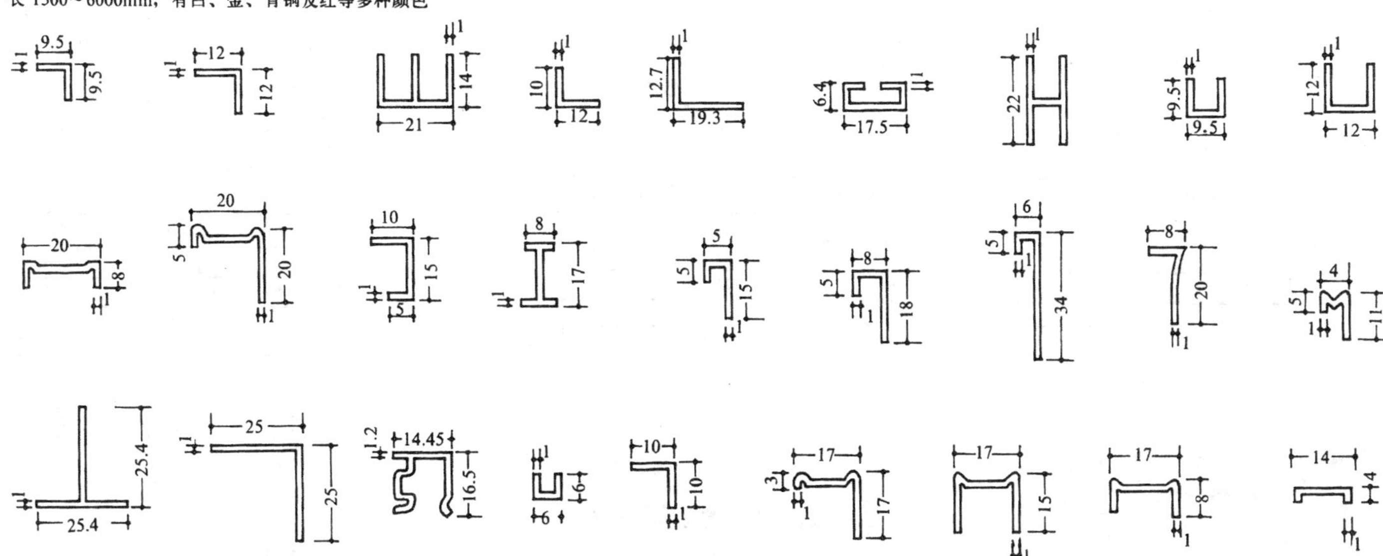

铝扣板（用于天花吊顶或墙面）

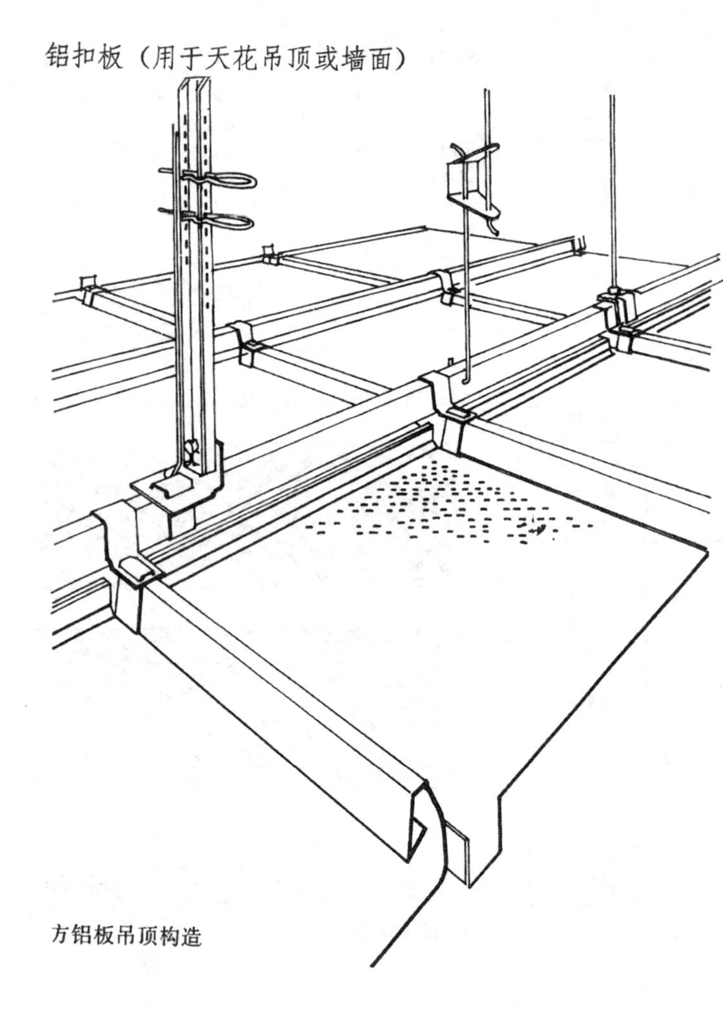

方铝板吊顶构造

与墙面收边构造

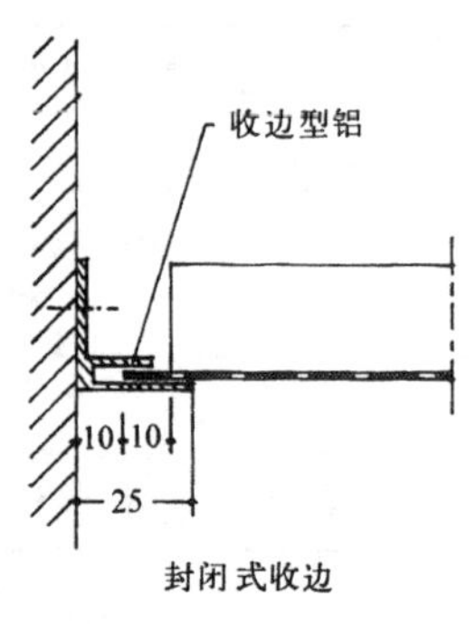

封闭式收边

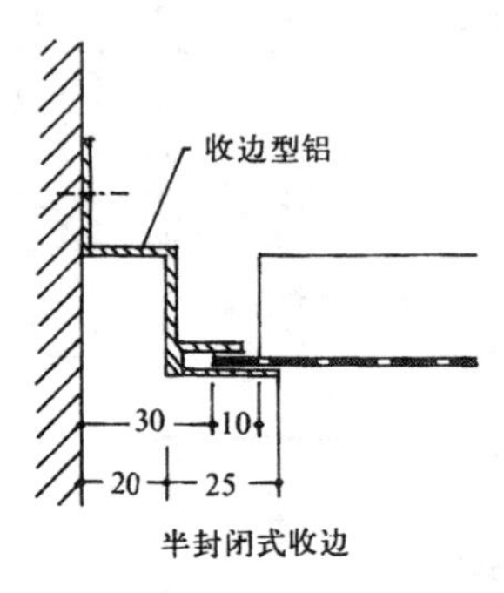

半封闭式收边

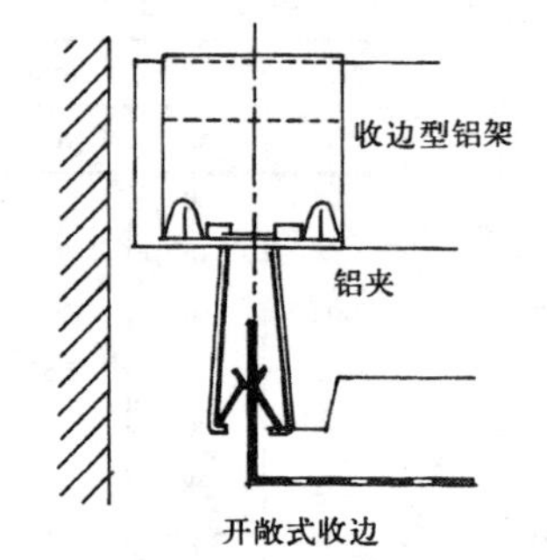

开敞式收边

圆角铝扣板吊顶

吸音棉	吊枝距离(mm)	骨架距离(mm)
	a b	c d
无	300 1700	1500 150
有	300 1700	1300 150

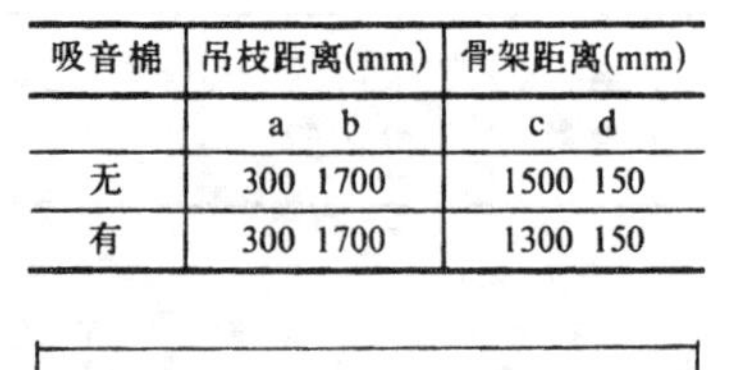

骨架

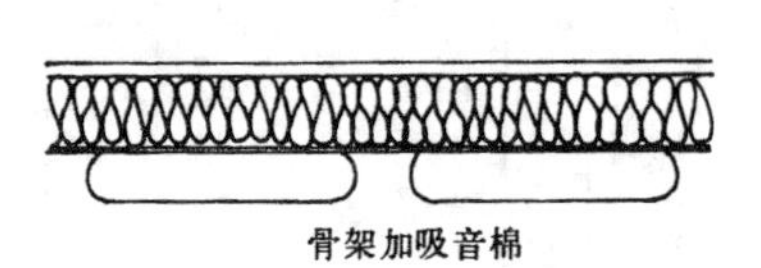

骨架加吸音棉

骨架配平底铝条

骨架配弧型硬底片

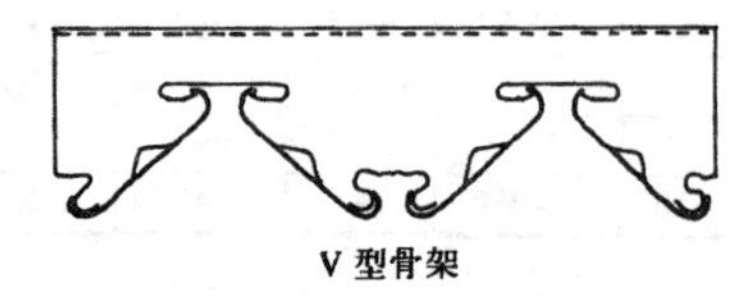

V 型骨架

方铝板吊顶布置方式

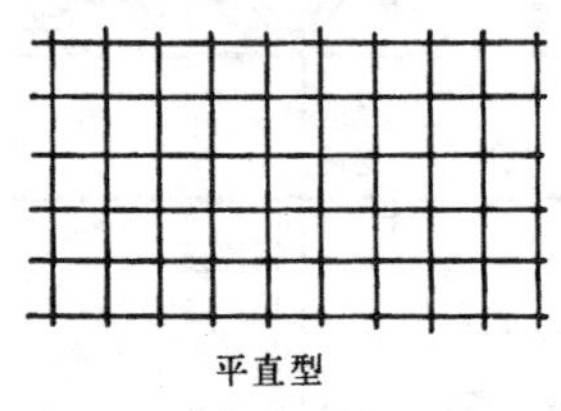

平直型

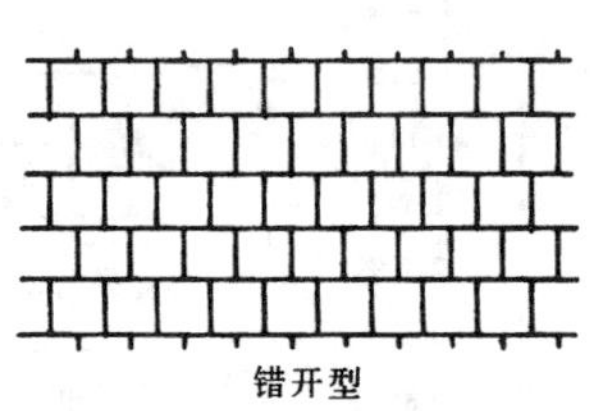

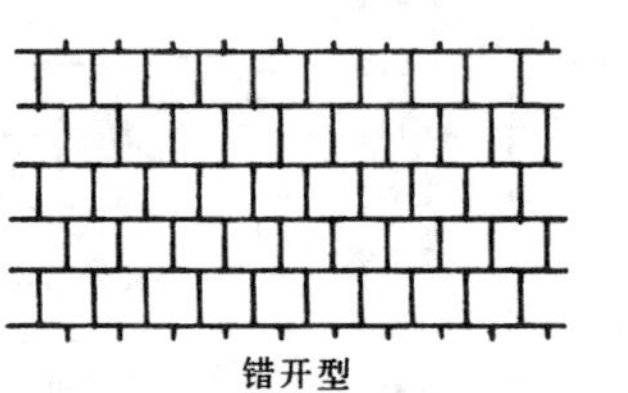

错开型

方角铝扣板吊顶

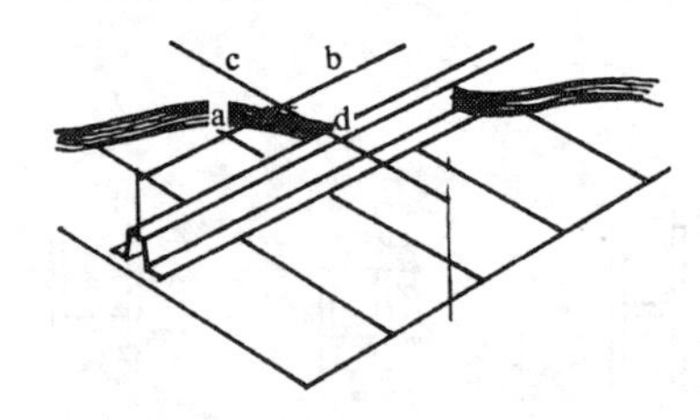

吸音棉	吊枝距离(mm)	骨架距离(mm)
	a b	c d
无	300 1700	1450 150
有	300 1700	1250 150

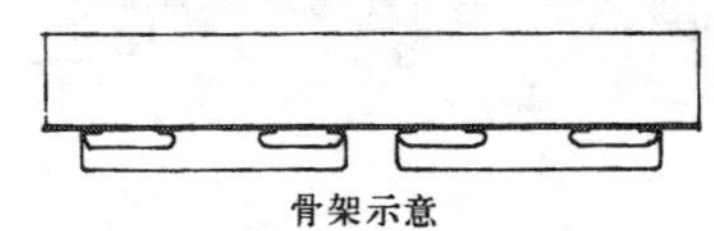

骨架示意

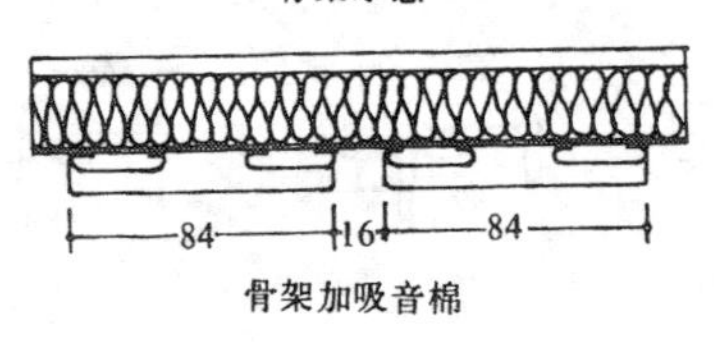

骨架加吸音棉

方角铝扣板吊顶

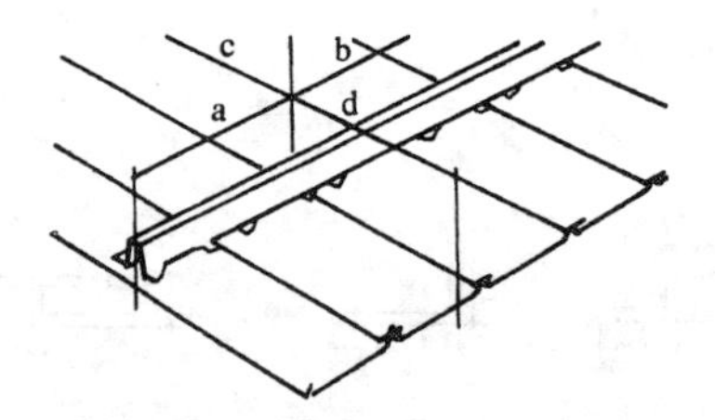

吸音棉	吊枝距离(mm)	骨架距离(mm)
	a b	c d
无	300 1300	1600 150
有	300 1300	1400 150

骨架示意

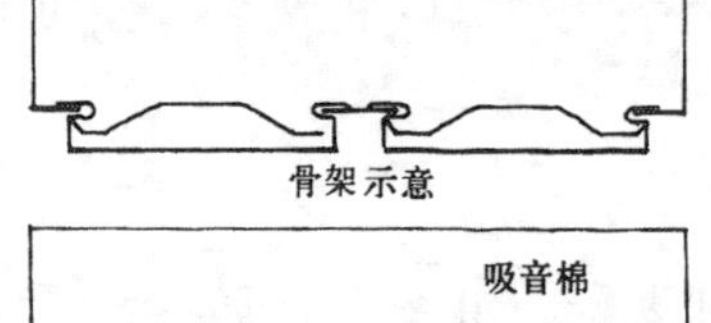

骨架加吸音棉

吊挂型铝板吊顶

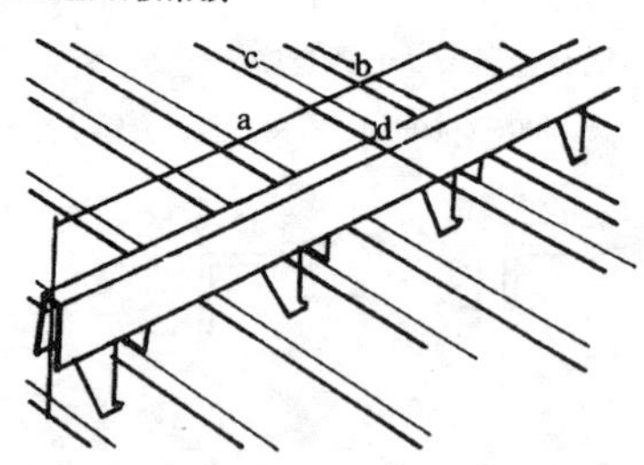

间　距	吊枝距离(mm)	骨架距离(mm)
	a b	c d
100mm	500 1700	2100 600
150mm	500 1850	2100 600

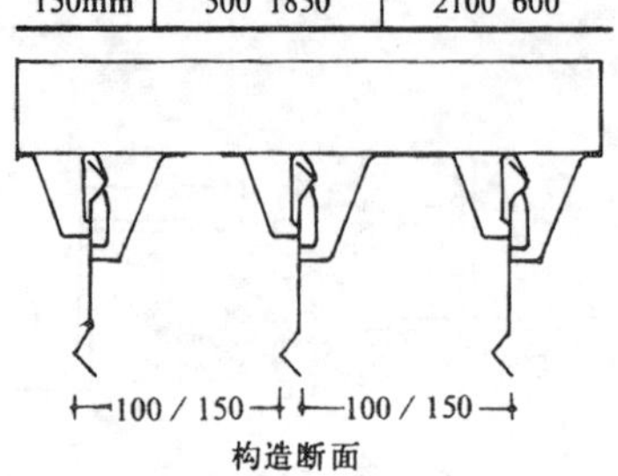

构造断面

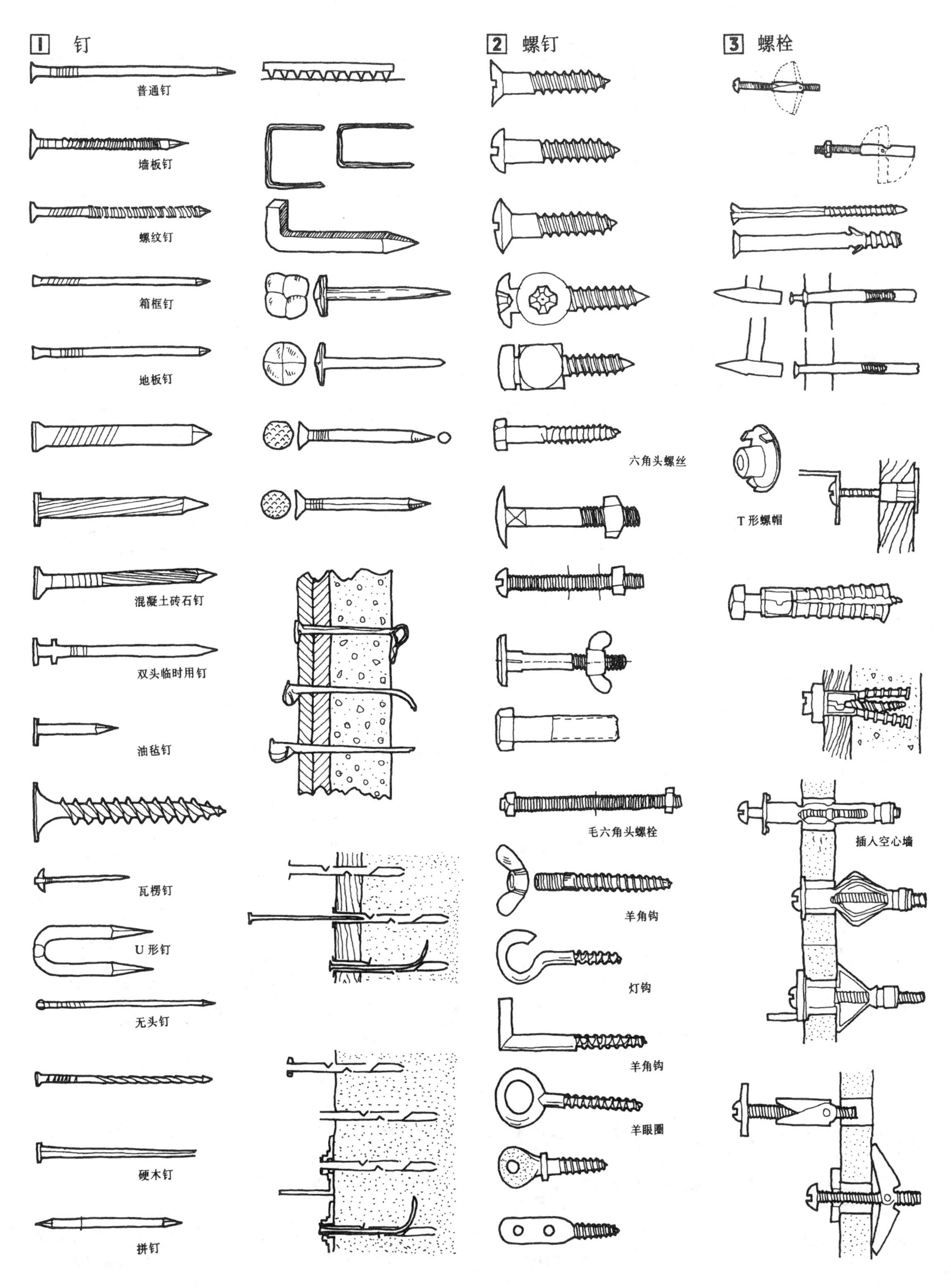
1 钉
普通钉
墙板钉
螺纹钉
箱框钉
地板钉
混凝土砖石钉
双头临时用钉
油毡钉
瓦楞钉
U 形钉
无头钉
硬木钉
拼钉
2 螺钉
六角头螺丝
毛六角头螺栓
羊角钩
灯钩
羊角钩
羊眼圈
3 螺栓
T 形螺帽
插入空心墙

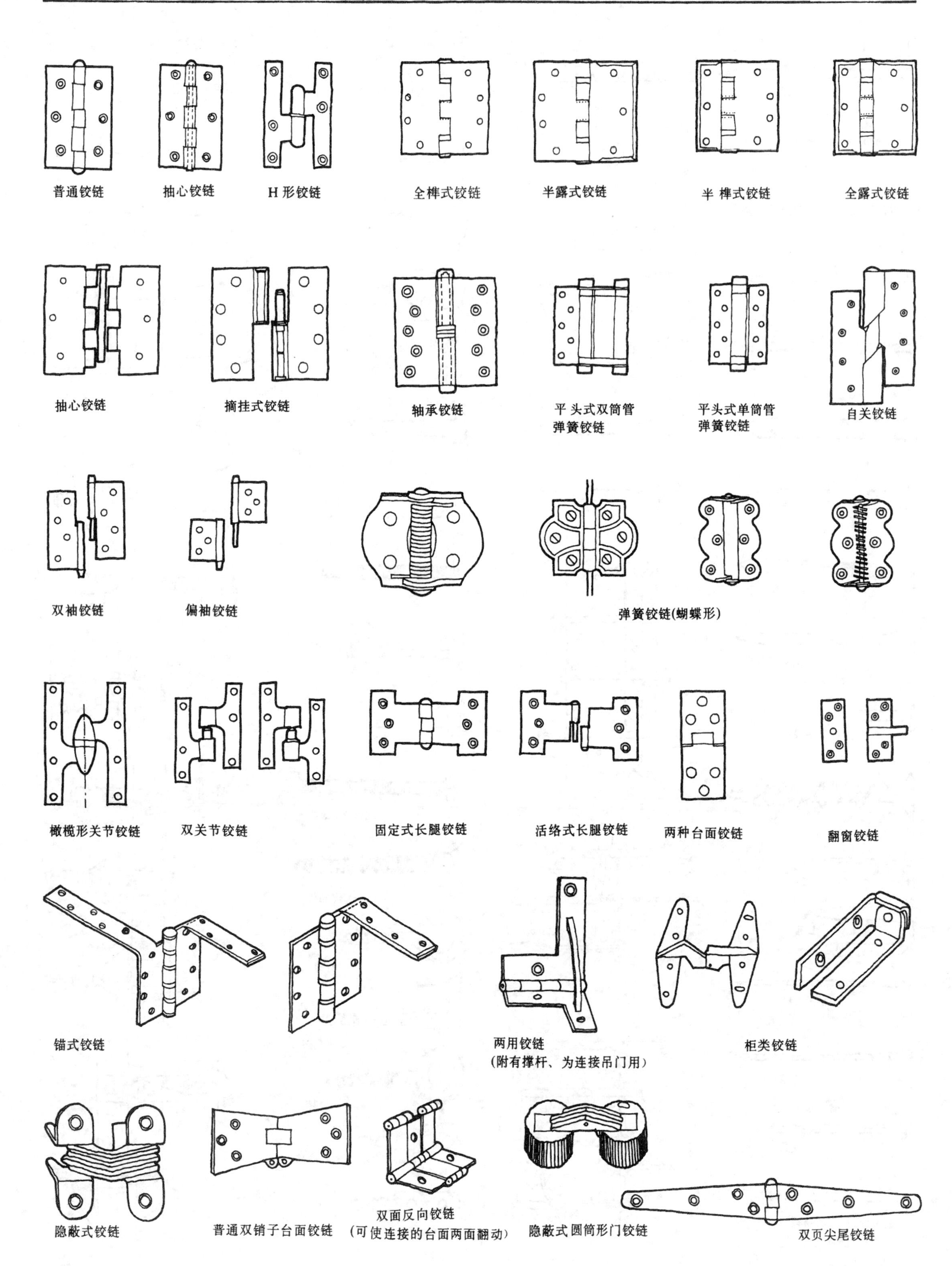
普通铰链
抽心铰链
H形铰链
全榫式铰链
半露式铰链
半榫式铰链
全露式铰链
抽心铰链
摘挂式铰链
轴承铰链
平头式双筒管弹簧铰链
平头式单筒管弹簧铰链
自关铰链
双袖铰链
偏袖铰链
弹簧铰链(蝴蝶形)
橄榄形关节铰链
双关节铰链
固定式长腿铰链
活络式长腿铰链
两种台面铰链
翻窗铰链
锚式铰链
两用铰链
(附有撑杆、为连接吊门用)
柜类铰链
隐蔽式铰链
普通双销子台面铰链
双面反向铰链
(可使连接的台面两面翻动)
隐蔽式圆筒形门铰链
双页尖尾铰链

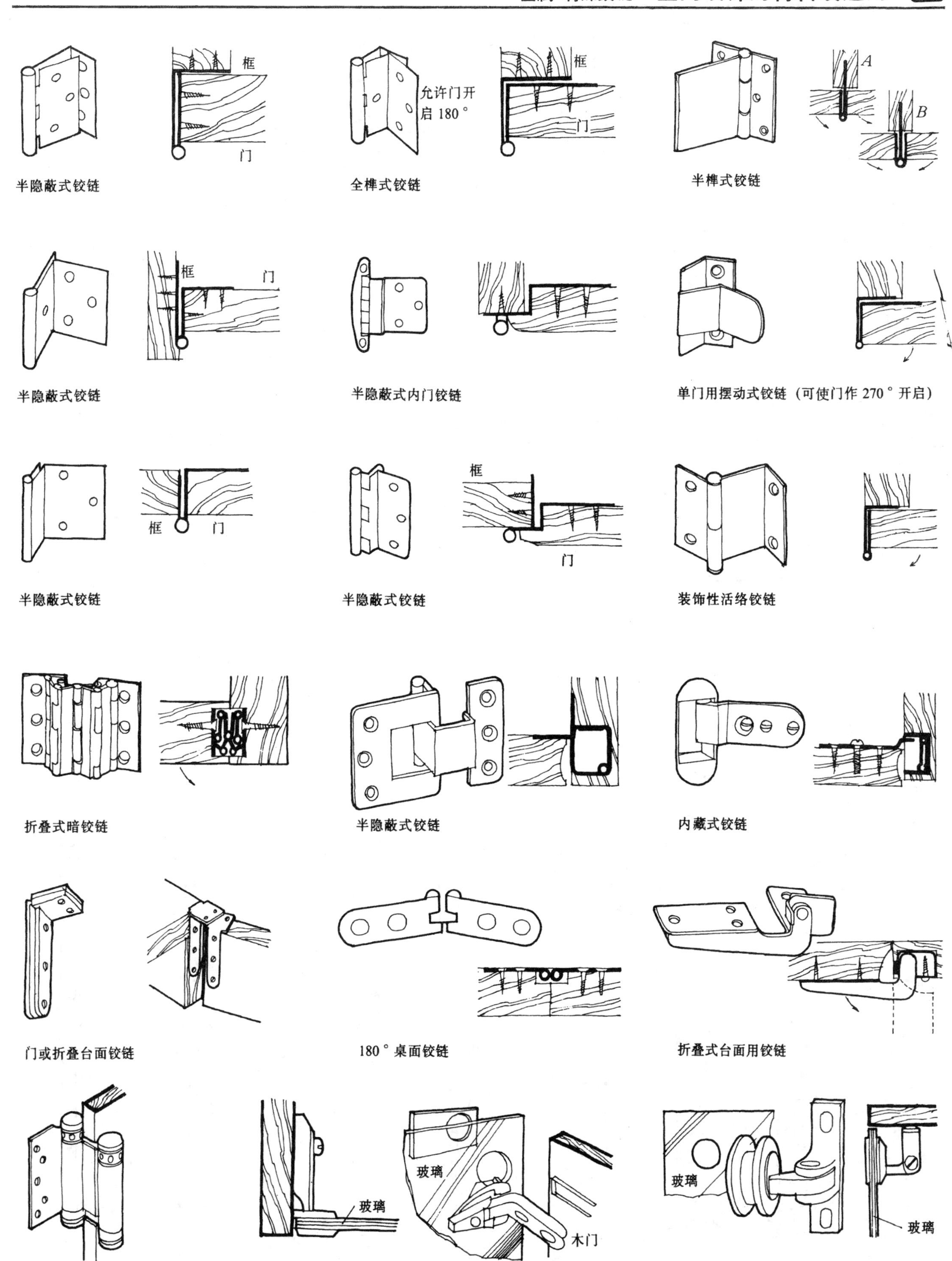

半隐蔽式铰链

全榫式铰链

半榫式铰链

半隐蔽式铰链

半隐蔽式内门铰链

单门用摆动式铰链（可使门作 270° 开启）

半隐蔽式铰链

半隐蔽式铰链

装饰性活络铰链

折叠式暗铰链

半隐蔽式铰链

内藏式铰链

门或折叠台面铰链

180° 桌面铰链

折叠式台面用铰链

弹簧铰链

无框架玻璃铰链

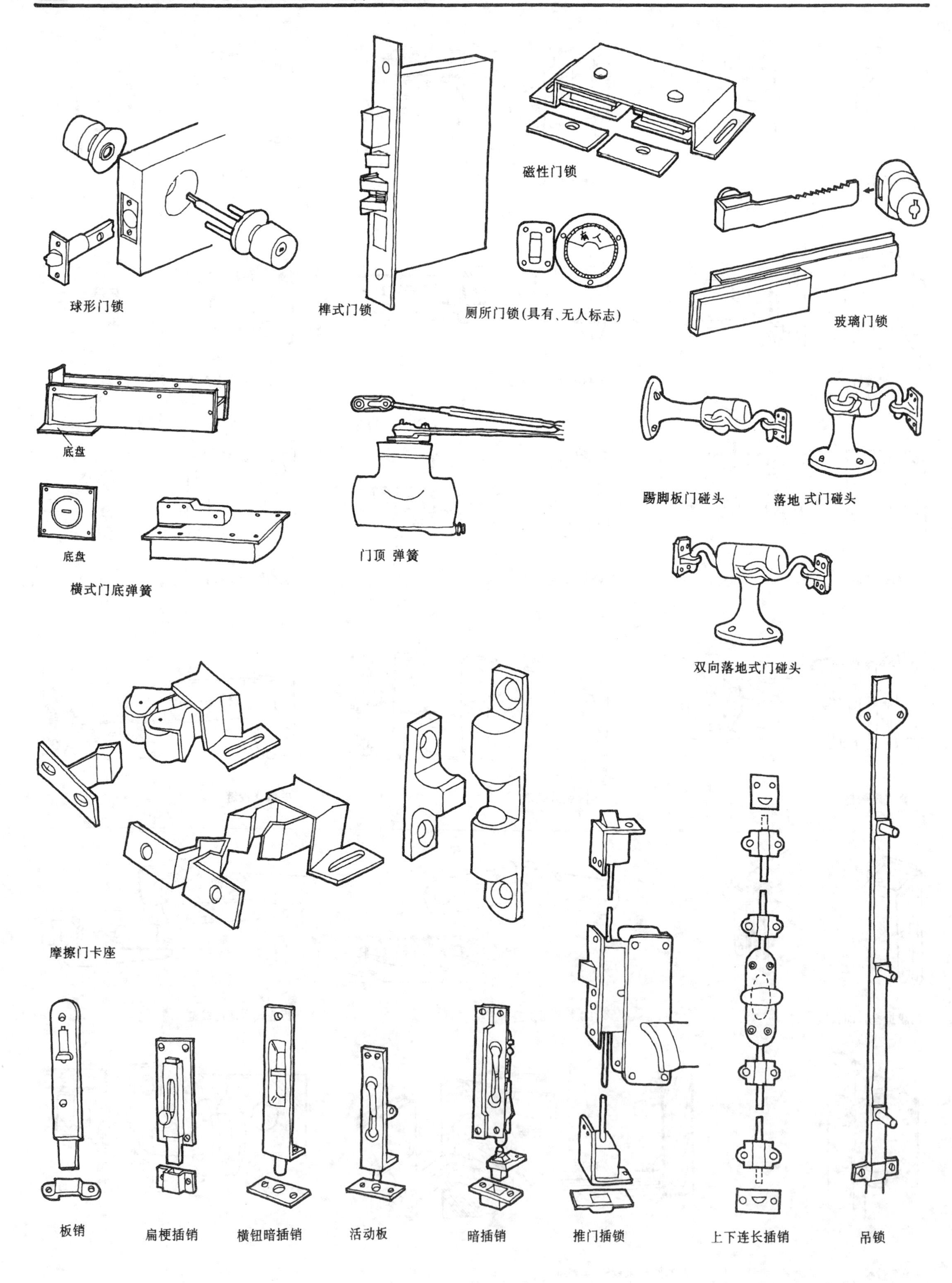
球形门锁
榫式门锁
磁性门锁
厕所门锁(具有、无人标志)
玻璃门锁
底盘
底盘
横式门底弹簧
门顶 弹簧
踢脚板门碰头
落地 式门碰头
双向落地式门碰头
摩擦门卡座
板销
扁梗插销
横钮暗插销
活动板
暗插销
推门插锁
上下连长插销
吊锁

砖材是以粘土、水泥、砂、骨料及其它材料依一定比例拌合，由模具依人工或机械高压成型、窑烧而成。

砖材具有承重、阻隔、防火隔音等作用，在装修工程中除满足功能要求外，其材质的扑拙、厚重尚具装饰效果。

1 砖的规格

名　称	标　号	吸水率	附　注
机制粘土砖	75、100、150、200	8～16%	1.普通粘土砖依颜色分有青砖、红砖两种，重量一般 2.4～3kg / 块 2.灰砂砖不耐风蚀，不宜用于高温、湿度大及有酸性侵蚀的工程，略重于粘土砖 3.炉渣砖及矿渣砖不宜用于湿度大的房间、基础及高层建筑的承重墙
手工粘土砖	50、75	8～16%	
灰砂砖（硅酸盐砖）	75、100、150、200	16%	
炉渣砖	75、100	21.6%	
矿渣砖	150	10.7%	

实心砖

标准尺寸为 240×115×53mm，加上砌筑灰缝 10mm，则 4 块砖长、8 块砖宽或 16 块砖厚均为 1m，1m³ 砖砌体需用砖 512 块。

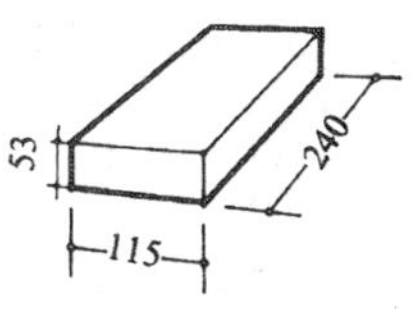

耐火砖

页岩砖

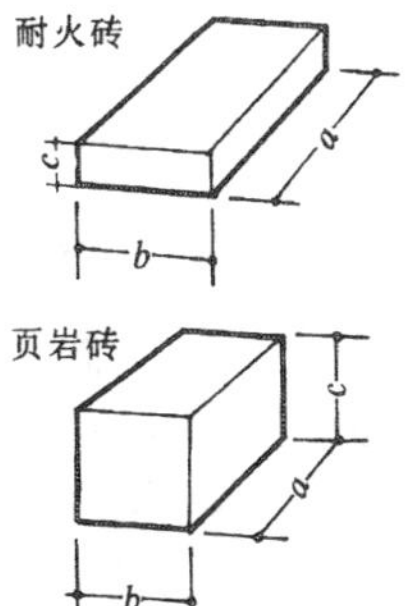

名称	a	b	c
轻质大砖	480	240	60
	480	240	120
	1000	500	300
耐火砖	230	113	65
	230	113	55
	250	123	65
	250	123	55

名称	a	b	c
页岩砖	113	110	100
	120	112	110
	117	112	106
	116	112	105
	118	111	110

注：页岩砖标号一般为 200～300，最高达 500 号。

多孔承重粘土空心砖
容重 1200～1300kg / m³
导热系数 0.425kcal / m · h · c

粘土空心砖
容重 1100kg / m³
导热系数 0.194kcal / m · h · c

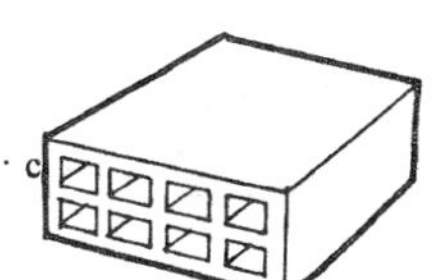

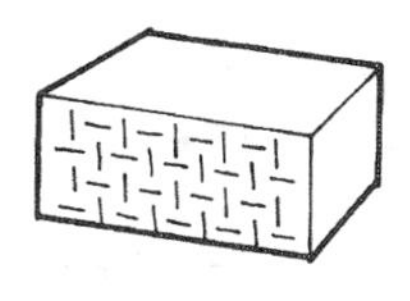

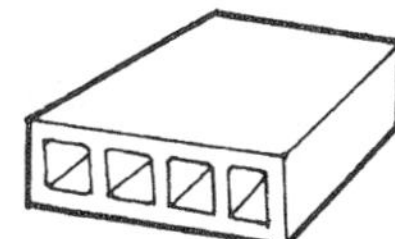

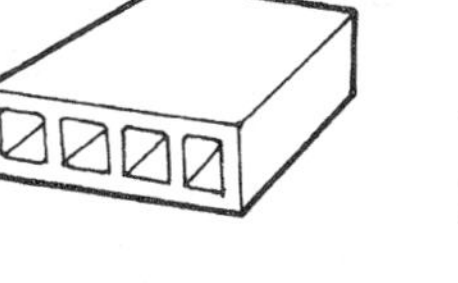

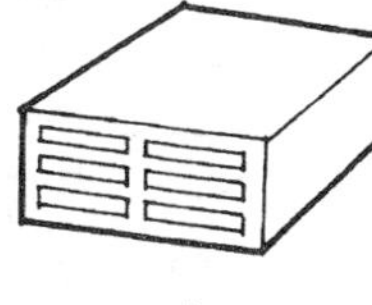

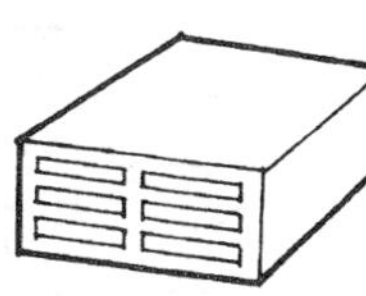

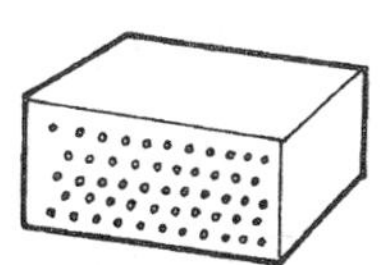

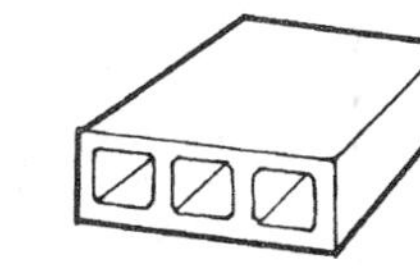

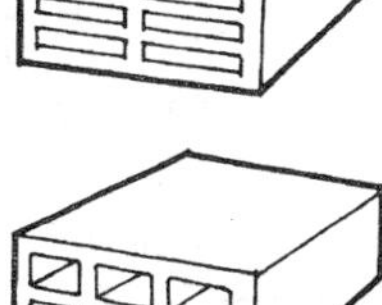

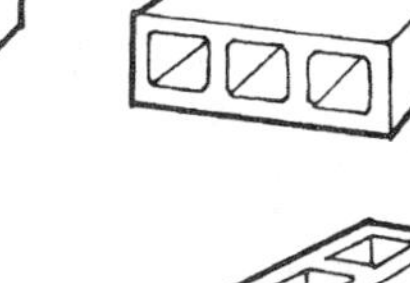

水泥炉渣空心砖

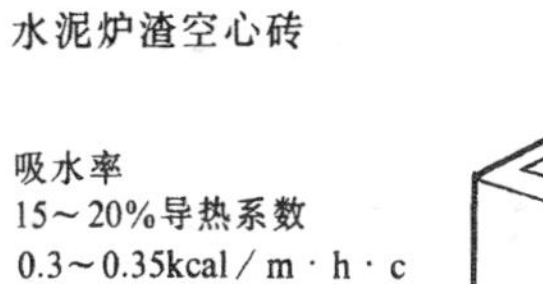

吸水率
15～20%导热系数
0.3～0.35kcal / m · h · c

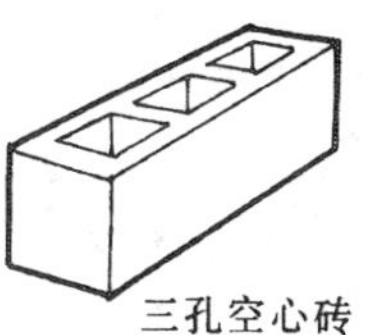

三孔空心砖

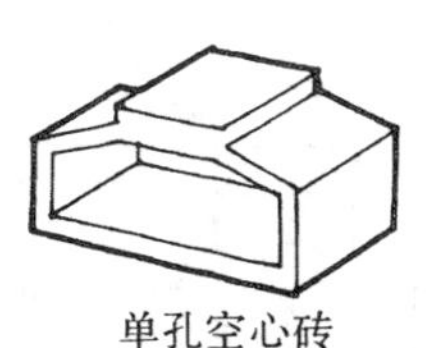

单孔空心砖

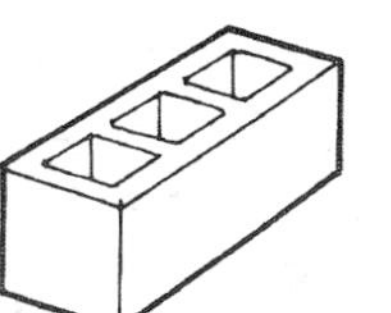

齐头三孔空心砖

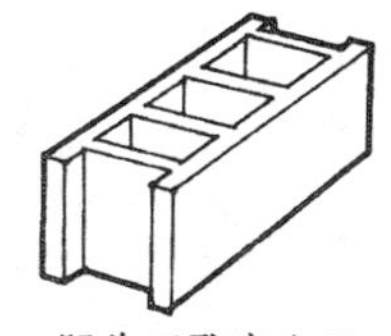

凹头三孔空心砖

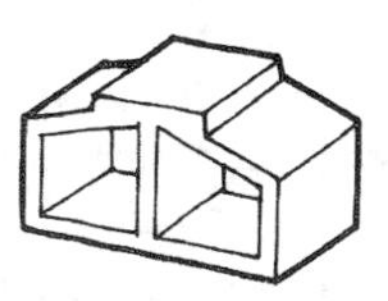

双孔空心砖

2 花砖样式

3 砌砖施工要点及勾缝处理

1.砖上墙前要经过浸水处理，否则砖会吸收水泥砂浆中的水分，造成表面龟裂。

2.每日砌砖高不可超过 15 皮（或 1.2m 高），且须四周同时砌造。未砌完之处，应留阶梯式，不可在门窗处中断。

3.长度超过 6m 时要立柱补强，高于 2.4m 时要加帽梁。

4.砌砖勾缝方法是将缝内灰浆用刮刀挖除约 10～12mm，深用 1 : 1 水泥砂浆嵌入，勾出各种式样，但所有的缝最好都能距砖外表皮内缩进 3mm。

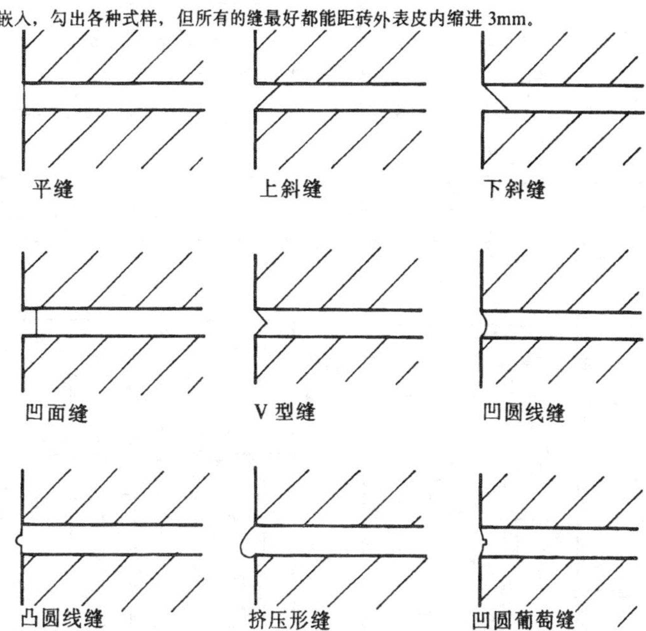

平缝　上斜缝　下斜缝

凹面缝　V 型缝　凹圆线缝

凸圆线缝　挤压形缝　凹圆葡萄缝

4 砖材拼接图案

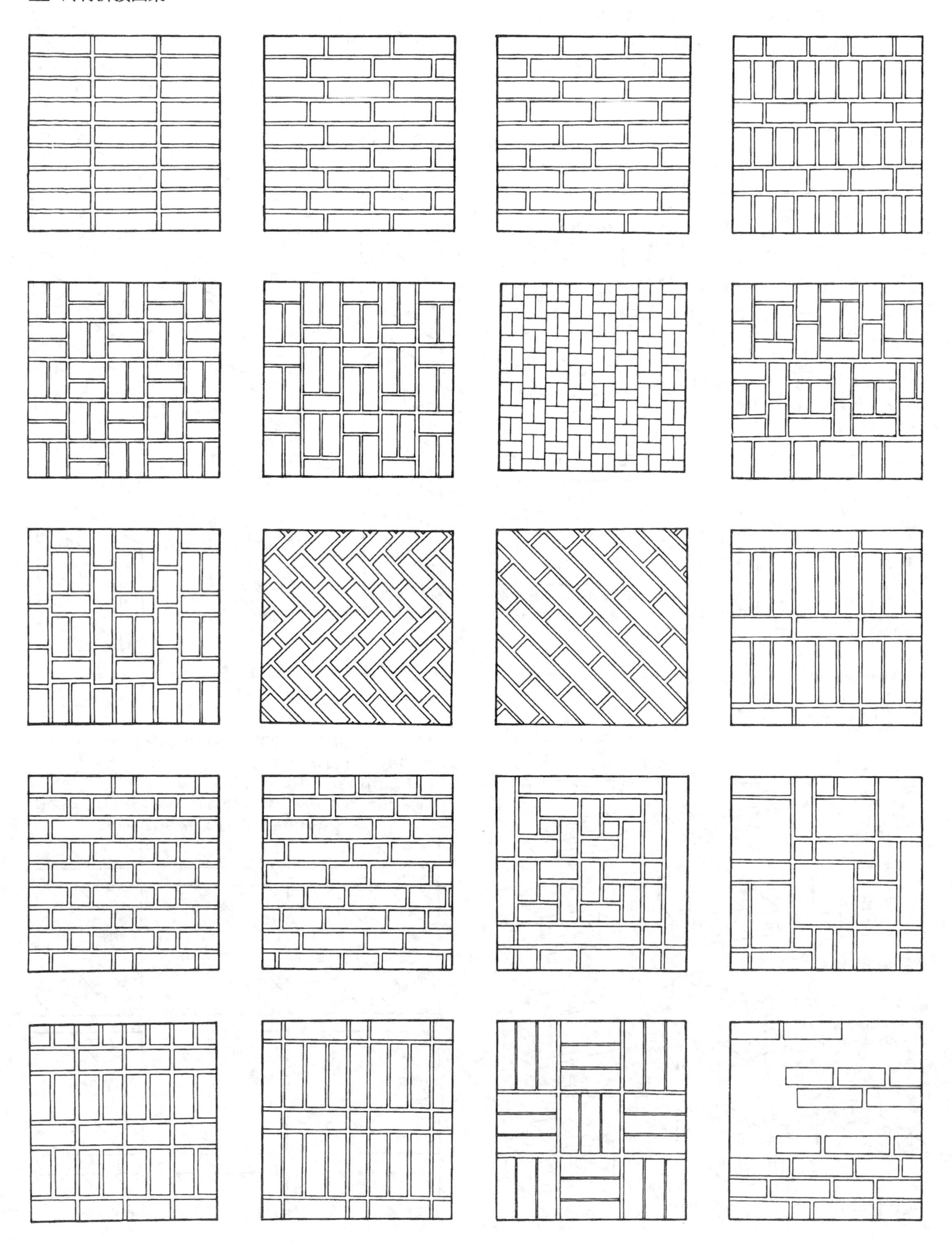

瓦材是以粘土、水泥、砂、骨料及其它材料等，依一定比例拌合，由模具高压成型，窑烧而成。瓦材具有阻水、泄水、隔热保温作用。亦有古朴厚重之装饰效果 。

1 瓦材的种类

粘土瓦

系以粘土为主要原料，加水搅拌后，经模压成型，再经干燥、焙烧而成。分平瓦和脊瓦两种，色彩有青、红二色。

平瓦性能为：单片瓦最小抗荷重不小于600N，$1m^2$屋面的瓦吸水后重量不超过55kg。

脊瓦标准尺寸为300×180mm，单块瓦最小抗折荷载不得低于700N。

是以水泥和砂子为原料，经配料、模压成型，养护而成。水泥瓦亦分为平瓦、脊瓦两种，色彩有多种。

水泥瓦

系以水泥和温石棉为原料，经加水搅拌、压滤成型，养护而成的波形瓦。具有防火、防腐、耐热、耐寒、绝缘等性能。规格为：大波瓦2800×994×6mm，中波瓦1800×745×6mm，小波瓦780×180×2（×6）等。

琉璃瓦

系以难溶粘土制坯，经干燥、上釉后焙烧而成的一种高级屋面材料，色彩绚丽，质坚耐久，造型古朴。有黄、绿、蓝、青、紫、翡翠等色。品种繁多，主要有板瓦、筒瓦、滴水、勾头等。亦有制成飞禽、走兽、龙纹大吻等形象，作为古建檐头或屋脊装饰造型。

2 瓦材的施工

瓦材用于屋顶、墙顶。施工时要先钉角材及挂瓦板，使互相搭接结合牢固，其中檐瓦、边瓦、脊瓦则应用铁丝、铜丝及铁钉钉牢，亦可以水泥砂浆直接固定。

瓦屋面坡度应在30°以上，下层一般要作防水处理。

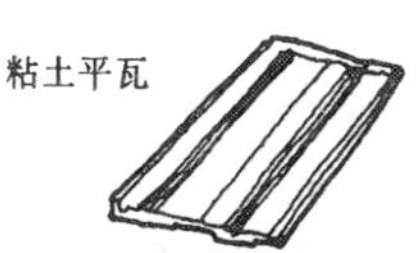
粘土平瓦

水泥平瓦

小青瓦

筒瓦

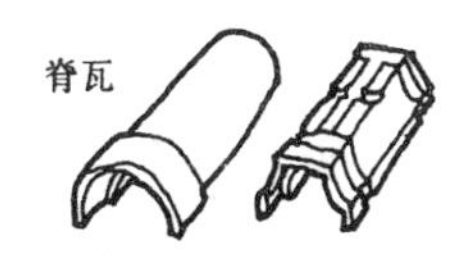
脊瓦

3 瓦的规格（单位：mm）

名称	长	宽	厚
粘土平瓦（红、蓝色）	330	220	20
	312	232	
	333	213	
	280	275	
	360	210	
	440	165	
	305	205	
	200	290	
	233	133	
	420	260	
	290	190	
	410	250	
	380	240	
	400	240	
	330	220	
	400	230	
水泥平瓦	385	235	15
小青瓦	175	175	15
石板瓦	250	500	10
	200	400	
	180	360	
页岩平瓦	350	200	12
筒瓦	210	110	20
脊瓦	455	165	15

4 琉璃瓦种类

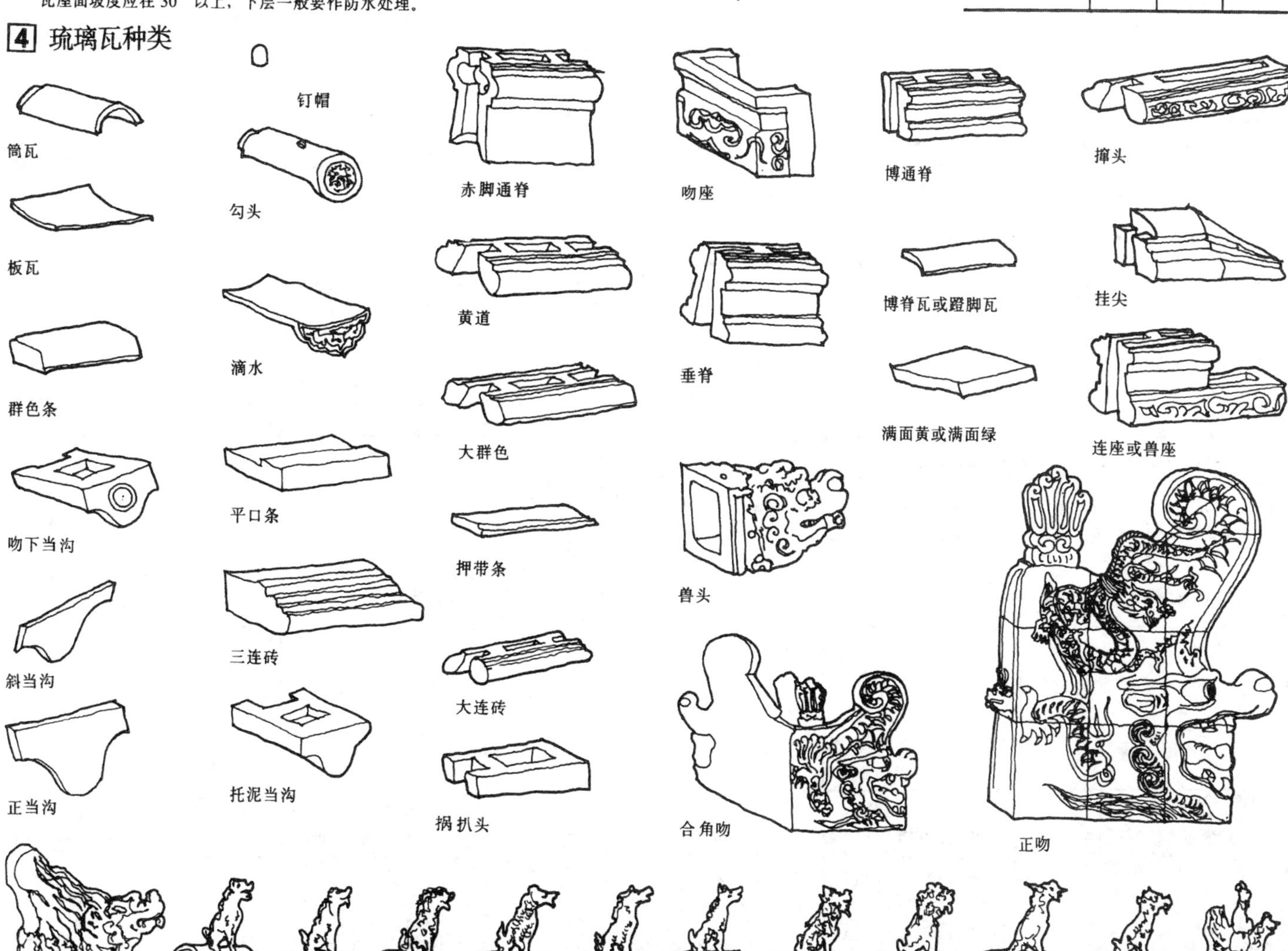

饰面石材分天然与人造两种。前者指从天然岩体中开采出来，并经加工成块状或板状材料的总称。后者是以前者石渣为骨料制成的板块总称。

饰面石材按其使用部位分为三类：一为不承受任何机械荷载的内、外墙饰面材。二为承受一定荷载的地面、台阶、柱子的饰面材料（要求此类石材具有较高的物理力学性能和耐风雨性）。三为自身承重的大型纪念碑、塔、柱、雕塑等。

饰面石材的装饰性能主要是通过色彩、花纹、光泽以及质地肌理等反映出来。同时还要考虑其可加工性。

1 石材岩族的分类

分　类	常　见　岩　石　名　称
火成岩	花岗石、正长岩、辉长岩、斑岩、玢岩、辉绿岩、玄武岩、火山岩
水成岩	石膏、石灰岩、白云岩、石灰石、砂岩、砾岩、矽藻土、菱镁矿
变质岩	大理岩、片麻岩、石英岩、板岩

2 天然饰面石材

天然大理石

大理石是指变质或沉积的碳酸盐类的岩石。组织细密、坚实、可磨光，颜色品种繁多，有美丽的天然颜色，在建筑装修中多用于饰面材，并可用于雕刻。但由于不耐风化，故较少用于室外。

大理石一般技术指标如下：容重：2600～2800kg／m³，抗压强度：100～300MPa，抗弯强度：7.8～16MPa，肖式硬度：45度。吸水率小于1%，耐用年限150年。

天然花岗石

花岗石属岩浆岩，其主要矿物成分为长石、石英、云母等。其特点为构造致密、硬度大、耐磨、耐压、耐火及耐大气中的化学侵蚀。其花纹为均粒状斑纹及发光云母微粒。花岗石是建筑装修中最高档的材料之一，多用于内外墙、地面。有"石烂需千年"的美称。

花岗石一般技术指标为：容重2500～2700kg／m³，抗压强度为120～260MPa，抗剪为1.3～1.9MPa，空隙率及吸水率均小于1%，抗冻性能为100～200次冻融循环，耐酸性能良好。耐用年限200年左右。

天然饰面石材的应用与发展

世界天然石材饰面板材的标准厚度是20mm。但厚度为12～15mm的薄形板材的用量亦日趋增多，最薄的厚度达到7mm。与此同时，也研制了一批薄形板材的专用施工机具。

加工技术的发展主要表现在：加工花岗石的框锯规格越来越大，并且出现了可以锯切超薄形花岗石大毛板的框架锯；另外花岗石薄板多锯片双向切机已发展到可装直径达1600mm圆锯片，（原来最大只能装1200mm刀片），可直接从荒料上切得宽达600mm，厚7mm板材，这就表明，花岗石产品规格会越来越大，越来越薄，使得用户更乐于直接购买大规格板材，在施工现场按实际需要现铺现裁。

3 人造饰面石材

水磨石

是用水泥（或其它胶结材料）和石渣为原料，经过搅拌、成型、养护、研磨等主要工序，制成一定形状的人造石材。

水磨石按工艺方法，可分为预制水磨石和现制水磨石。预制水磨石在水磨石厂生产，现制水磨石在现场施工。

水磨石按面层水泥可分为普通水磨石和美术水磨石。用普通水泥制成的称为普通水磨石，用白水泥或彩色水泥制成的称为美术水磨石。

水磨石按石渣的形状及大小，可分为小尖石渣水磨石、小圆石渣水磨石（石渣颗料直径在3.5～15mm）、大尖石渣水磨石、大圆石渣水磨石（石渣颗料直径在16～30mm）。

水磨石按设计要求，可分为普通型水磨石和异型水磨石。正方形或长方形的地面、墙面等，只有一大面加工的板材，属于普通形水磨石；带曲线形边或多边形的地面、镶边以及柱子板、柱础、踢脚板、台面、门窗套、压顶扶手、踏步等属于异型水磨石。

水磨石按结构处理，可分为普通磨光水磨石、粗磨面水磨石、水刷石板、花格板、大拼花板、全面层板、大坯切割板、聚合物面层板和聚合物表层人造花纹板等。

水磨石平板规格一般（长×宽）最小为50×150、最大为1250×1205，厚度15～60mm。

人造大理石、人造花岗石

系以石粉及粒径3mm左右的石渣为主要骨料，以树脂为胶结剂，经搅拌、注入钢模、真空震捣，一次成型，再锯开磨光，切割成材。其花色或模仿大理石、花岗石，或自行设计。抗污力、耐久性及可加工性均优于天然石材。

其主要技术指标如下：容重2100～2500kg／m³，抗折强度38MPa，抗压强度100～150MPa，肖式硬度40，吸水率0.1%。

规格为厚5、8、10mm，宽≤650mm，长≤2000mm也可根据需要加工。

4 饰面石材的加工

由采石场采出的荒料，一般需运至石材加工厂或车间，按用户要求加工成各类板材或其他特殊规格形状的产品。在加工前应根据客户的要求选择花色尺寸和拼花方案。

大理石荒料一般堆放在室内或简易棚内，花岗石则以露天堆放为主。对待加工荒料应绘制割石设计图进行加工。加工方法多用机械法，也有用凿子分解、凿平、雕刻等的手工操作。

1.锯切　锯切是将荒料用锯石机锯成板材的作业。锯切设备主要有框架锯（排锯）、盘式锯、钢丝锯等。锯切花岗石等坚硬石材或较大规格荒料时，常用框架锯，锯切中等硬度以下的小规格荒料时，则可以采用盘式锯。

2.表面加工　表面加工按设计要求可分为：粗磨、细磨、抛光、火焰烧毛和凿毛等。

研磨工序一般分为粗磨、细磨、半细磨、精磨、抛光等五道工序。研磨设备有摇臂式手扶研磨机和桥式自动研磨机。前者通常用于小件加工，后者加工1m²以上的板材为好。磨料多用碳化硅加结合剂（树脂和高铝水泥等），或用60～1000网的金刚砂。

抛光是石材研磨加工的最后一道工序。进行这道工序的结果，将使石材表面具有最大的反射光线的能力以及良好的光滑度，并使石材固有的花纹色泽最大限度地显示出来，使石材不仅具有硬度感，更表现石材细腻的内涵。通常白色板材比黑色板材容易抛光。

烧毛加工是将锯切后的花岗石板材，利用火焰喷射器进行表面烧毛，使其恢复天然表面。烧毛后的石板先用钢丝刷刷掉岩石碎片，再用玻璃渣和水的混合液高压喷吹或者用尼龙纤维团的手动研磨机研磨，以使表面色彩和触感都满足要求。火焰烧毛不适于天然大理石和人造石材。

琢石加工是用琢石机加工由排锯锯切的石材表面加工方法，适于30mm以上的板材，可凿成各种图案及肌理。

5 饰面石材表面处理方式

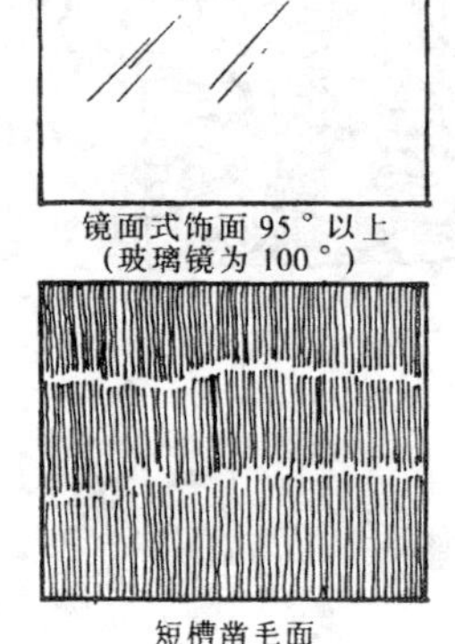
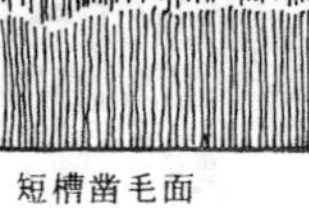
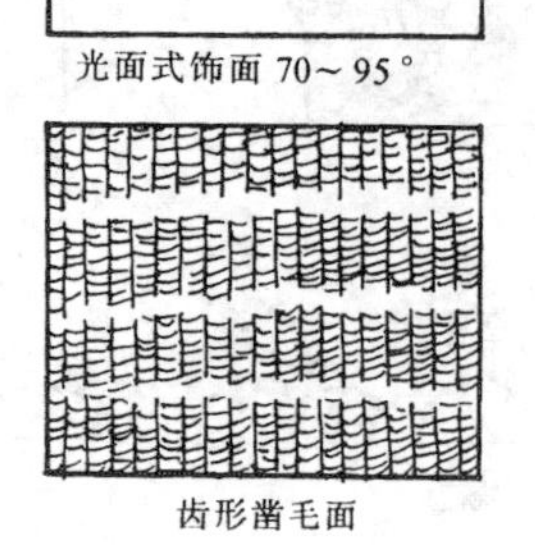
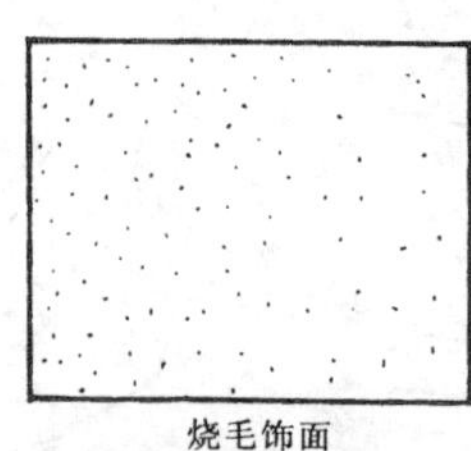
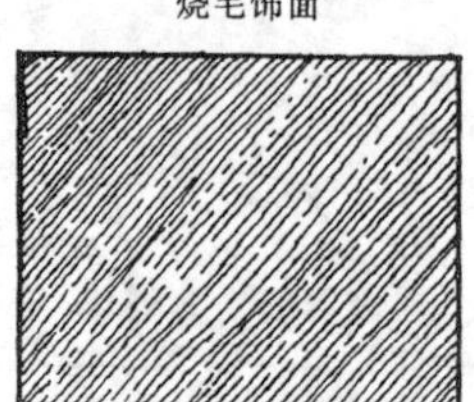

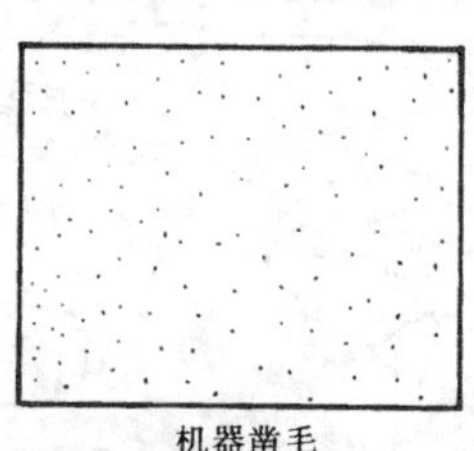
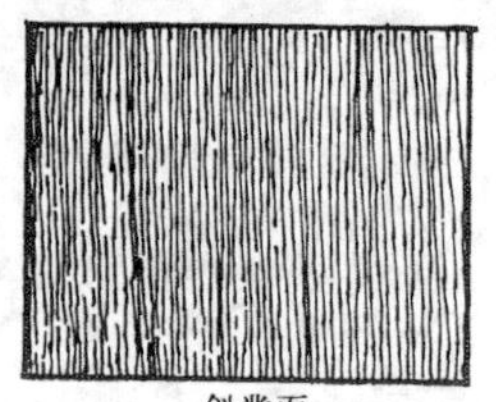

镜面式饰面 95°以上（玻璃镜为100°）　光面式饰面 70～95°　烧毛饰面　机器凿毛　手工凿毛

短槽凿毛面　齿形凿毛面　琢石锤面　斜凿面　斧金琢面锤

6 石材墙地面拼接图案

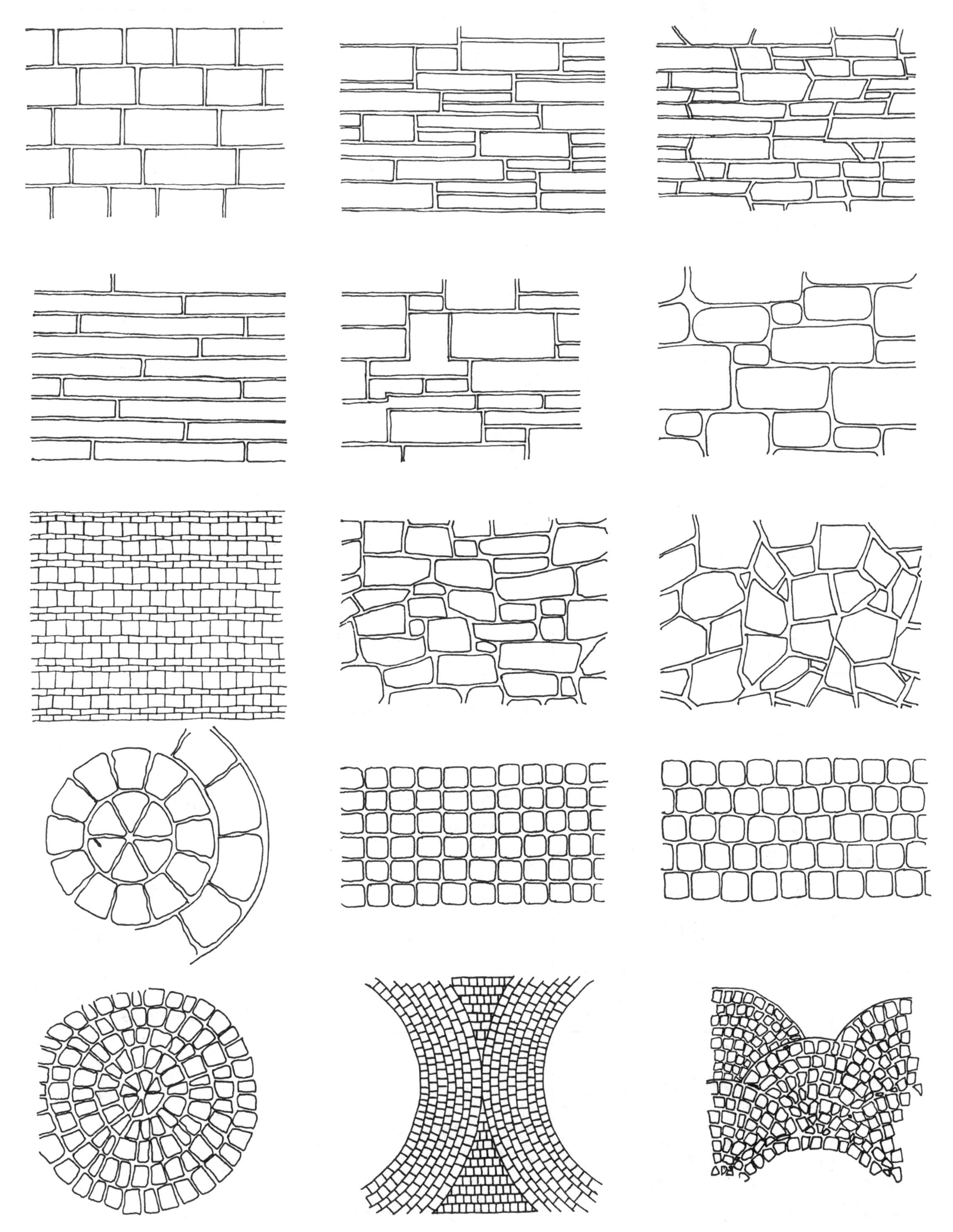

水泥呈粉末状，与水混合后，经过物理化学过程能由可塑性浆体变成坚硬的石状体，并能将散粒状材料胶结成为整体，所以水泥是一种良好的矿物胶凝材料。就硬化条件而言，水泥浆体不但能在空气中硬化，还能更好地在水中硬化，并继续增长其强度，故水泥属于水硬性胶凝材料。

1 装修工程常用的特种水泥

彩色水泥

将白水泥熟料、石膏和颜料共同粉磨，即得彩色水泥。要求颜料对光和大气能耐久，分散度要细，即能耐碱，也不会对水泥起破坏作用，并且还要不含可溶性盐。常用的颜料有：氧化铁（红、黄、褐、黑色）、二氧化锰（黑、褐色）、氧化铬（绿色）、赭石（赭色）、群青（蓝色）和炭黑（黑色）等。

加气水泥

在混凝土中少量均布的气泡，可提高混凝土的抗冻性、抗冻融性和抗溶化盐类的腐蚀性，也能提高混凝土的和易性。

超致密水泥

在普通水泥中加入适当的极性聚合物（约 3%）。它被吸附在水泥颗粒上，产生反絮凝作用，使粘度增加而不产生液相撕裂，使水化物致密。其特性是强度与刚度的有效结合，再加之聚合物的韧性，使抗张强度增加 20 倍，韧性增加 100 倍，柔性和绝缘性易佳。

这种水泥制成的薄板可以贴在其它材料上（如木材、普通水泥、塑料），作为保护装饰之用。在水泥浆中加各种颜色，可制成各种花纹的超致密水泥。

2 不同工程选用水泥

用途	建议采用的水泥品种
一般工程	普通硅酸盐水泥、火山灰质硅酸盐水泥、矿渣硅酸盐水泥、混合硅酸盐水泥
水中工程	火山灰质硅酸盐水泥、矿渣硅酸盐水泥、矿渣大坝水泥、石灰火山灰质水泥、石灰矿渣水泥
海水中工程（含硫酸盐类水中）	抗硫酸盐硅酸盐水泥、石膏矿渣水泥（即矿渣硫酸盐水泥）、火山灰质硅酸盐水泥、矿渣硅酸盐水泥
大体积工程（要求水化热低）	火山灰质硅酸盐水泥、矿渣硅酸盐水泥、混合硅酸盐水泥、石膏矿渣水泥（矿渣硫酸盐水泥）、纯熟料大坝水泥、矿渣大坝水泥
紧急抢修工程	矾土水泥（高铝水泥）、特快硬硅酸盐水泥、快硬硅酸盐水泥、高级水泥
油井工程	堵塞水泥（油井水泥）
抗冻工程	塑化硅酸盐水泥、纯熟料大坝水泥、矿渣大坝水泥、抗硫酸盐硅酸盐水泥、道路水泥、低钙铝酸盐水泥
耐腐蚀工程	普通耐酸水泥、耐腐蚀用酚醛树脂水泥、硫磺热塑水泥
防水工程	硅酸盐膨胀水泥（含硫酸盐类水中禁止使用）、膨胀性不透水水泥、无收缩不透水水泥、矾土水泥（高铝水泥）
耐热工程（配制耐热混凝土）	矾土水泥（高铝水泥）、低钙铝酸盐水泥

3 常用水泥的性能

名称	特性
①硅酸盐水泥（普通水泥）	1.早期强度较②、③高，凝结较快 2.在低温环境中凝结与硬化较②、③快 3.耐冻性较②、③、④好 4.水化热较②、③、④高 5.抗硫酸盐类的侵蚀及耐水性均较②、③差 6.比重较大
②火山灰质硅酸盐水泥（火山灰质水泥）	1.早期强度低，凝结较慢，低温环境中尤甚 2.在保持潮湿的条件下，后期强度增长率较大 3.在较高温度和保持潮湿的环境中（如蒸气养护），强度发展较①、④快 4.耐冻性较①差 5.水化热较①低 6.抗硫酸盐类侵蚀较①、③、④好（含烧粘土者例外），耐水性最强 7.泌水性小，凝结较慢，吸水性较①、③略大 8.干缩性较①大
③矿渣硅酸盐水泥	1.早期强度低，凝结也较慢，低温环境中尤甚 2.在保持湿润的条件下，后期强度增长率较大强度发展较①、④快 3.耐冻性较①差 4.水化热较①低 5.抗硫酸盐类侵蚀及耐水性较①、④强 6.耐热性较好 7.干缩性较①大
④混合硅酸盐水泥	1.早期强度与①相似 2.耐冻性较①差 3.水化热较①低 4.抗硫酸盐类的侵蚀及耐水性较差 5.和易性一般较好
⑤矾土水泥	1.硬化快 2.早期强度高 3.水化热高 4.抗冻性强
⑥白水泥	
⑦高级水泥	1.易风化 2.粘性大，须强烈搅拌
⑧快硬水泥	1.易风化 2.干缩性大

4 水泥标号

标准编号	水泥名称	标号	使用范围
GB175–88	硅酸盐水泥	425 425R 525 525R 625 625R 725R	土建工程常用的五种水泥
GB175–85	普通硅酸盐水泥	275 325 425 425R 525 525R 625 625R 725R	
GB1344–85	矿渣硅酸盐水泥	275 325 425 425R 525 525R 625R	
	火山灰质硅酸盐水泥		
	粉煤灰硅酸盐水泥		
GB2015–80	白色硅酸盐水泥	325 425	常用于装饰工程：白度（按%计）分为四级：84、80、75、70

注：标号栏内有“R”的为早强型水泥。

1 装修用水泥的种类及作法

抹面砂浆

凡涂抹在建筑物或建筑构件表面的砂浆，统称为抹面砂浆。抹面砂浆要求具有良好的和易性，容易抹成均匀平整的薄层，还要有较高的粘结力，不致开裂或脱落。

普通抹面砂浆

普通抹面砂浆通常分两层或三层进行施工。底层抹灰的作用是使砂浆与底面能牢固地粘结，并要有良好的保水性，以防水分被底面材料吸掉而影响粘结力。底面表面粗糙有利于与砂浆的粘结。中层抹灰主要是为了找平，有时可省去不用。面层抹灰要达到平整美观的表面效果。

用于砖墙的底层抹灰，多用石灰砂浆或石灰炉灰砂浆。用于板条墙或板条顶棚的底层抹灰多用麻刀石灰灰浆。混凝土墙、梁、柱、顶板等底层抹灰多用混合砂浆。用于中层抹灰多用混合砂浆或石灰砂浆。用于面层抹灰多用混合砂浆、麻刀石灰或纸筋石灰灰浆。

在容易碰撞或潮湿的地方，应采用水泥砂浆。如墙裙、踢脚板、地面、雨篷、窗台以及水池、水井等处一般应用 1 : 2.5 水泥砂浆。

在硅酸盐砌块墙面上做抹面砂浆或粘贴饰面材料时，最好在砂浆层内夹一层事先固定好的铁丝网，以免日久后发生剥落现象。

普通砂浆中掺入防水剂可制成防水砂浆。

常用的防水剂有氯化物金属盐类防水剂和金属皂类防水剂等。

装饰砂浆

涂抹在建筑物内外墙表面，能具有美观装饰效果的抹面砂浆，通称为装饰砂浆。其底层和中层抹灰与普通抹面砂浆基本相同。主要是装饰砂浆的面层，要选用具有一定颜色的胶凝材料和骨料以及采用某种特殊的操作工艺，使表面呈现出各种不同的色彩、线条与花纹等装饰效果。

装饰砂浆所采用的胶凝材料有普通水泥、矿渣水泥、火山灰质水泥和白水泥、彩色水泥，或是在常用水泥中掺加些耐碱矿物颜料配成彩色水泥以及石灰、石膏等。骨料常采用大理石、花岗石等带颜色的细石碴或玻璃、陶瓷碎粒。

墙面粉刷材料类:

1.石膏粉　凝结快，制品表面光滑、色洁白，能塑造成一定的形状，具有一定强度的制品，在室内常被用作涂料粉刷或嵌缝填孔用。

2.大白粉　用于室内涂刷时，一般用 10 斤大白，半斤面粉，1 两火碱配制而成。

3.银粉子　常用于室内墙面喷刷用，采用各种菜胶、火碱面胶及水胶，或混用。如采用面胶及水胶面胶混用，则用量应不小于银粉子重量的 2%，水胶不小于 3%，以实际试样不掉灰为度。

4.可赛银　以滑石粉、苦土粉、颜料等配制而成，是一种含有胶质的成品刷浆材料。

2 装饰砂浆的常用工艺

装饰砂浆有如下常用工艺做法:

拉毛　先用水泥砂浆做底层，再用水泥石灰砂浆做面层，在砂浆尚未凝结之前，用抹刀将表面拍拉成凹凸不平的形状。

水刷石　用颗粒细小（约 5mm）的石渣所拌成的砂浆做面层，在水泥初始凝固时，即喷水冲刷表面，使其石渣半露而不脱落。水刷石多用于建筑物外墙装饰，较耐久实用。

水磨石　用普通水泥、白水泥或彩色水泥拌合各种色彩的大理石石碴做面层。硬化后用机械磨平抛光表面。水磨石多用于地面、柱面装饰，可事先设计图案及色彩，抛光后更具有艺术效果。有现浇与预制两种。

干粘石　在水泥浆面层的整个表面上，粘结粒径 5mm 以下的彩色石渣小石子、彩色玻璃碎粒。要求石渣粘结牢固不脱落。干粘石的装饰效果与水刷石相同，而且避免了湿作业，施工效率高，也节约材料。

斩假石　又称剁假石。制作过程同水刷石。不同的是在水泥浆硬化后，用斧刃将表面剁毛并露出石渣，使表面具有粗面天然石材的效果。

装饰混凝土

混凝土与钢筋混凝土是当今使用最多的建筑材料，但其外观色泽灰暗、呆板、不明快，确是美中不足。装饰混凝土是在混凝土在预制或现浇的同时，完成自身的饰面处理的产物，与在混凝土表面加做饰面材料（如面砖、锦砖）相比不仅成本低，而且耐久性高。利用新拌混凝土的塑性可在立面上形成各种线型，利用组成材料中的粗细骨料，表面加工成露骨料，可获得不同的质感，如采用白水泥或掺加颜料则可具有各种色彩。预制构件（大型墙板）的成型工艺有平模正打与平模反打两种，饰面常依靠模具、压印、挠刮等方法制得。

水泥花砖

水泥花砖是以水泥砂浆做底层，以普通水泥或白水泥掺适量颜料拌合后作面层，按图案分别入模、压制、养护而成。色泽明快，经久耐用，不结露、不返潮。

3 墙面抹灰常用作法

名称及做法示意	做法说明
灰砂抹灰一次压光	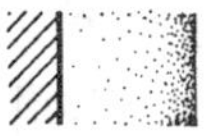 20厚1 : 3石灰、砂子抹灰，稍干用1 : 1石灰、砂子分两次随淋随搓并压光面层
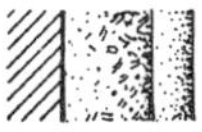 灰砂抹灰	15厚1 : 3石灰、砂子加草筋（麻刀）打底 5 厚 1 : 2.5 石灰、砂子罩面
水泥砂浆抹灰	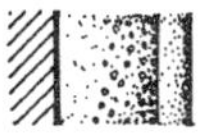 14厚1 : 2.5（1 : 3，1 : 1）水泥、砂子打底 6 厚 1 : 2（1 : 2.5，1 : 3）水泥、砂子罩面
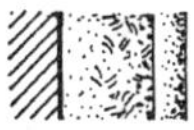 水泥砂浆抹灰	15 厚 1 : 0.3 : 3 水泥、石灰、砂子加麻刀（草筋）打底 5 厚 1 : 2 水泥、砂子罩面
混合砂浆抹灰	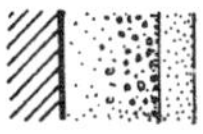 14 厚 1 : 0.5 : 1.5 水泥、石灰、砂子打底 6 厚 1 : 1.5 : 7 水泥、石灰、砂子罩面
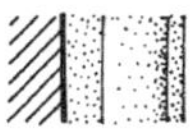 混合砂浆抹灰	6 厚 1 : 1 : 3 水泥、石灰、砂子加草筋(麻刀)打底 10 厚 1 : 3 : 6 水泥、石灰、砂子加草筋(麻刀)中层 1 厚 1 : 0.5 : 3 水泥、石灰、砂子罩面
纸筋灰抹灰（用于内墙）	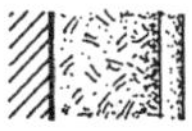 18 厚黄泥、石灰、砂子加草筋（麦秸）打底 2 厚石灰、纸筋（或石灰、麻刀）罩面
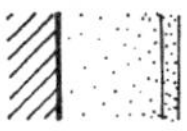 纸筋灰抹灰（用于内墙）	18 厚 1 : 3 石灰、砂子打底 2 厚石灰、纸筋（或石灰、麻刀）罩面
草筋灰抹灰	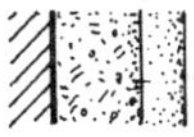 12 厚 1 : 3 石灰、砂子加草筋打底
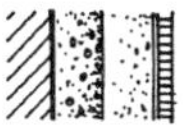 贴白瓷砖或陶瓷锦砖	10 厚 1 : 3 水泥、砂子打底 10 厚 1 : 2 水泥、砂子面贴白釉瓷砖（或陶瓷锦砖）
石膏抹灰（用于室墙）	 18 厚 1 : 1 : 6 水泥、石灰、砂子打底 2 厚熟石膏罩面
 铁板拉毛	12 厚 1 : 0.5 : 1 水泥、石灰、砂子打底 8 厚水泥浆拌成稀糊状罩面，用铁板拉毛
硬刷拉毛	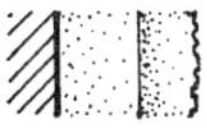 14 厚 1 : 1 : 6 水泥、石灰、砂子打底 6厚1 : 1 : 1.5 : 2.5水泥、石灰、砂子、细石屑罩面，终凝后，用钢丝刷拉毛
 软刷拉毛	14 厚 1 : 0.5 : 1 水泥、石灰、砂子打底 6 厚 1 : 0.5 : 0.5 水泥、石灰、砂子罩面、棕刷拉毛
石灰粗砂抹灰	 14 厚 1 : 2.5 石灰、砂子加草筋（麻刀）打底 6 厚 1 : 2.5 石灰、砂子罩面
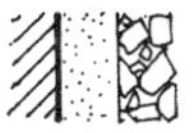 水刷石或水刷硕砂	15 厚 1 : 2 水泥、砂子打底、刷水泥浆一道 10厚1 : 1.5水泥、石屑或水泥、大理石屑罩面
水磨石	 15 厚 1 : 2 水泥、砂子打底，刷水泥浆一道 10 厚 1 : 1.5 水泥、石屑罩面
 斩假石	15 厚 1 : 2 水泥、砂子打底，刷水泥浆一道 10 厚 1 : 1.5 水泥、石屑罩面、斧斩
彩色瓷粒抹灰	 19 厚 1 : 2.5 水泥、砂子打底 6厚1 : 2白水泥、砂子，加10%水泥重量的107胶粘结，彩色瓷粒罩面
 干贴石子撒砂抹灰	12 厚 1 : 3 水泥、砂子打底，扫毛或划出纹道 6 厚 1 : 3 水泥、砂子中层 刷水泥浆一道、干粘石（或撒砂）面层拍平压实
清水墙原浆或水泥砂浆勾缝	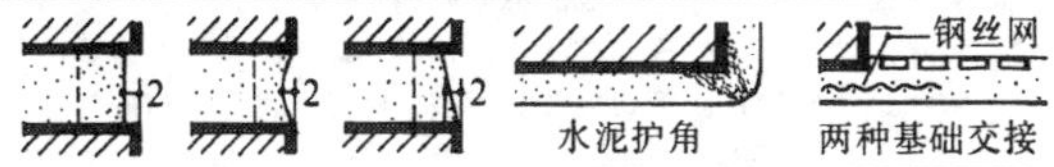 2　2　2　水泥护角　钢丝网　两种基础交接

玻璃是以石英砂、纯碱、石灰石等主要原料与某些辅助性材料经1550～1600℃高温熔融、成型并经急冷而成的固体。其主要成分是SiO_2、Na_2O和CaO等。

玻璃作为建筑装修材料已由过去单纯作为采光材料，而向控制光线、调节热量、节约能源、控制噪音以及降低建筑结构自重、改善环境等方向发展，同时用着色、磨光、刻花等办法提高装饰效果。

玻璃的主要品种

平板玻璃

历来平板玻璃的生产沿用"引上法"。该法使熔融的玻璃液被垂直向上卷拉，经快冷后切割而成。此法生产的玻璃不能尽如人意，尤其当内部有玻筋，表面有玻纹时，物象透过玻璃会歪曲变形，故须经机械研磨和抛光。所以它已开始被浮法玻璃所取代。

浮法玻璃是使熔融的玻璃液流入锡槽，在干净的锡液表面上自由摊平、成型后逐渐降温退火，获得表面平整，十分光洁，且无玻筋、玻纹，光学性质优良的平板玻璃，可代替磨光玻璃使用。光学性能：折射率约为1.52，透光率87%～82%。

平板玻璃厚度有2、3、5、6、8、10、12mm几种，最大为1800×2200mm。

磨光玻璃

磨光玻璃是将"引上法"生产的平板玻璃经表面磨平，抛光而成。分单面和双面磨光两种。具有表面平整光滑且有光泽，物象透过玻璃不变形，透光率大于84%。双面磨光玻璃还要求两面平行等特殊要求，规格同平板玻璃。

磨砂玻璃

磨砂玻璃又称毛玻璃、暗玻璃，采用机械喷砂、手工研磨或氢氟酸溶液磨蚀等方法将普通平板玻璃表面处理成均匀毛面。由于表面粗糙，使光线产生漫射，只有透光性而不能透视，并能使室内光线柔和而不刺目。常用研磨材料有硅砂、金刚砂、石榴石粉等。磨砂玻璃的规格除透明度外同窗用玻璃。

夹丝玻璃

夹丝玻璃也称防碎玻璃和钢丝玻璃。它是将普通平板玻璃加热到红热软化状态，再将预热处理的铁丝网或铁丝压入玻璃中间而制成。颜色可以是透明的或彩色的，表面可以是压花的或磨光的。较普通玻璃不仅增强了强度，而且由于铁丝网的骨架，在玻璃遭受冲击或温度剧变时，破而不缺，裂而不散，避免棱角的小块飞出伤人。当火灾蔓延，夹丝玻璃受热炸裂时，仍能保持固定，起到隔绝火势的作用，故常用于天窗、天棚顶盖，以及楼梯间、电梯井等处。夹丝玻璃厚度常在3～19mm之间。

花纹玻璃

花纹玻璃是将玻璃依设计图案加以雕刻、印刻等无彩色处理，使表面有各式图案、花样及不同质感，依加工方法分为压花玻璃、喷花玻璃、刻花玻璃三种。

1.压花玻璃　又称滚花玻璃，是在玻璃硬化前，经过刻有花纹的滚筒，在玻璃单面或两面压有深浅不同的各种花纹图案。由于花纹凸凹不同使光线漫射而失去透视性，成低透光度。透光率为60～70%。产品规格：厚度3mm，宽度200～300mm，长度600～800mm。

2.喷花玻璃　又称胶花玻璃，是在平板玻璃表面贴以花纹图案，抹以护面层，经喷砂处理而成。最大加工尺寸为2200×1000mm，厚度一般为6mm。

3.刻花玻璃　刻花玻璃由平板玻璃经涂漆、雕刻、围腊与酸蚀、研磨而成。

彩色玻璃

彩色玻璃分透明和不透明两种。透明颜色玻璃是在原料中加入一定的金属氧化物使玻璃带色。不透明颜色玻璃是在一定形状的平板玻璃的一面，喷以色釉，烘烤而成。

彩色玻璃的色泽有多种，最大规格1000×800mm，厚度为5～6mm。

钢化玻璃

钢化玻璃是由平板玻璃经过"淬火"处理后制成的。它的强度比未经处理的玻璃要大3～5倍。具有较好的抗冲击、抗弯以及耐急冷、急热的性能。当玻璃破碎或裂成圆钝的小碎片，不致伤人。产品规格：厚度2～6mm，最大尺寸1300×800mm。

钢化玻璃在品种方面有平钢化和弯钢化及全钢化和区域钢化之分。

磨光玻璃经钢化处理而成的称磨光钢化玻璃，兼有磨光玻璃及钢化玻璃之特点。

吸热玻璃经钢化处理而成的称钢化吸热玻璃，兼有吸热玻璃和钢化玻璃之特点。

钢化玻璃的钻孔、磨边应预制而成，施工时再行切割、钻孔十分困难

夹层玻璃

夹层玻璃是用透明的塑料层（衬片）将2～8层平板玻璃胶结而成的，具有较高的强度，安全、耐冲击、耐气候，透光率约82%。

夹层玻璃可用普通中板、磨光、浮法、钢化及吸热玻璃等作为原片。

产品规格：厚度如二层2+2，3+3……等，最大尺寸1400×750mm。

中空玻璃

亦称隔热玻璃，由两层或两层以上的平板玻璃组成，四周密封，中间为干燥的空气层或真空。玻璃的间距根据导热性及气压变化时对强度的要求而定；间距为10～30mm时，其隔热性相当于100mm的混凝土墙；气温在-20～25℃时，不会产生凝结水；可减低噪声1/2；内腔充以各种漫射光材料、气体、导电介质后，可吸收射线，并可作为照明或采暖用。原片可以采用普通平板、钢化、压花、热反射、吸热和夹丝玻璃。制造方法分焊结、胶结和熔结。因整体构件是在工厂里制成的，故订货前应保证尺寸精确性，以免届时无法安装。

吸热玻璃

吸热玻璃是一种可以控制阳光的玻璃，它能全部或部分吸收热射线，同时仍保持良好的透明度，一般可透过70～75%的光线，只能通过20～30%的太阳辐射热。

吸热玻璃的制造一般有两种方法：一种是在普通的硅酸盐玻璃中引入一定量的有吸热性能的着色剂，如氧化亚铁、氧化镍等；另一种方法是在玻璃表面上喷镀吸热和着色的氧化锡、氧化锑等。吸热玻璃的色彩有蓝色、茶色、灰色等。

热反射玻璃

热反射玻璃具有良好的遮光性和隔热性能，可用于超高层大厦等各种建筑物。它不仅可节约室内空调的能源，而且还增加建筑物的美观。

热反射玻璃是在玻璃表面涂敷金属氧化物薄膜，其薄膜的加工方法有热分解法（喷涂法、浸涂法）；金属离子迁移法；化学浸渍法；真空法（真空镀膜法、溅射法）。

热反射玻璃的透光率是45～65%；反射率是30～40%；遮光系数是0.6～0.8，具有良好的耐磨性、透化学腐蚀性及性能。

光致变色玻璃

是一种在太阳或其它光线照射时，颜色会随光线增强而变暗的玻璃，一般在温度升高时（如在阳光照射下）呈乳白色，温度降低时，又重新透明，变色温度的精确度能达到±1℃。

波形玻璃

波形玻璃是一种新型建筑材料，它的特点是强度高和刚度大，并且有足够的透光性能。在建筑中采用大型波形玻璃做天窗时，可以大大节约窗扇用料。

波形玻璃的抗弯强度比平板玻璃大9倍，抗冲击强度也比平板玻璃大，其透光度为70～75%，夹丝波形玻璃的透光度为53～57%。其规格最大为1820×770mm，厚6～7mm。

电热玻璃

由两块浇铸玻璃型料热压制成；两块玻璃之间铺设极细的电热丝，电热丝用肉眼几乎看不见，吸光量约在1～5%之间。这种玻璃上不会发生水分凝结、蒙上水汽和冰花等现象，可减少热量损失和采暖费的消耗。

彩绘玻璃

彩绘玻璃制作方式有两种：一是以有色玻璃依所设计的图案加以切割，再以H型铅骨或锌骨结合。此法为古典式，较费时费工，过去教堂中的彩绘玻璃即为此种；另一种较新的方法是将玻璃板以铅油画上分割线，再以石油中提炼出的特殊原料掺入颜料，直接画在玻璃板上，此法省时省工。

彩绘玻璃用于装修设计中时，应与照明设计相配合。

一般用于天花板时以3mm（较小片时）及5mm厚（较大片时）为最普遍。

玻璃空心砖

是用两块玻璃经高温压铸成的四周密闭的空心砖块，以熔接或胶结成整体，内部装入0.3气压左右的干燥空气。透光率35～60%。空心砖用的玻璃有光面的，也有各种花纹及各种颜色的。玻璃空心砖用来砌筑透光的墙壁、隔墙以及楼面。具有热控、光控、隔音、减少灰尘透过及结露等优点。玻璃砖有单腔和双腔两种。所谓双腔空心砖即是在两个凹形砖之间有一层玻璃纤维网，从而形成两个空心腔，具有更高的热绝缘性能。一般规格为220×220×90mm；200×200×90mm；150×150×40mm。一般接缝为10mm。

玻璃锦砖

玻璃锦砖亦称玻璃马赛克。用于外墙饰面，有各种色彩，与陶瓷锦砖在外型和使用方法上有相似之处，但它是乳浊状半透明玻璃质材料，大小一般为20×20×4mm，背面略凹，四周侧边呈斜面，有利于与基面粘结牢固。

涂敷于物体表面能与基体材料很好粘结并形成完整而坚韧保护膜的物料称为涂料。涂料与油漆是同一概念，因“油漆”名称已不能很好表达日益扩大的涂料品种，故现统称为涂料。

涂料的主要组成包括成膜物质（有桐油、亚麻仁油等油料与松香、虫胶等天然树脂及酚醛、醇酸、硝酸纤维等合成树脂）、颜料、溶剂（稀释剂）、催干剂等，用于墙面的涂料为了增加色彩感和提高质感，常掺入经加工的砂、石粒料。

1 涂料的构成

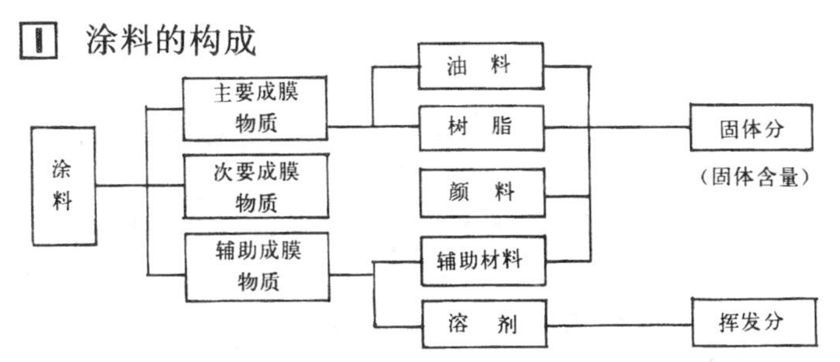

2 涂料的分类

用于木材和金属材料表面的涂料：

调合漆

系由油料、颜料、溶剂、催干剂等调合而成。漆膜有各种色泽、质地较软，具有一定的耐久性，适用于室内外一般金属、木材等表面，施工方便，采用最为广泛。

树脂漆

又名清漆，漆膜干燥迅速，一般为琥珀色透明或半透明体，十分光亮。树脂漆分为醇质与油质两类。

a.醇质树脂漆　俗称泡立水，系将虫胶（一种天然树漆，也叫漆片）溶于乙醇中而成。漆膜的耐久性较差，受到热烫易生白斑。限用于室内木门窗、木地板和木制家具的表面。

b.油质树脂漆　俗称凡立水，系由合成树脂、油料、溶剂、催干剂等配合而成。常用的为酚醛清漆和醇酸清漆，前者漆膜容易泛黄，用于涂刷木器，后者耐久性较高，可用于室内金属、木制表面。

磁漆

系在油质树脂中加入无机颜料而成。漆膜坚硬平滑，可呈各种色泽，附着力强，耐候性和耐水性高于清漆而低于调合漆。适用于室内外金属和木质表面。

光漆

俗称腊克，系由硝化纤维、天然树脂、溶剂等制成。漆膜无色透明，光泽很亮，适用于室内金属与木材表面。最宜作醇质树脂漆的罩面层，以提高漆膜质量，并使之能耐受热烫。

喷漆

系由硝化纤维、合成树脂、颜料（或染料）、溶剂、增塑剂等制成。施工采用喷涂法，故名喷漆。漆膜光亮平滑，坚硬耐久；色泽特别鲜艳，适用于室内金属和木材表面。

防锈涂料

系由油料与阻蚀性颜料（红丹、黄丹、铝粉等）调剂而成。油料加 40～80%红丹制成的红丹漆，对于钢铁的防锈效果好。一般金属、木材、混凝土等表面的防腐蚀，可用沥清漆（内加溶剂）。

防腐涂料

常用防腐涂料的种类及基本特性：

1.过氯乙烯系抗化学腐蚀涂料（能抗硝酸，但结合力不强）。
2.氯化橡胶系抗化学腐蚀涂料。
3.环氧树脂系抗化学腐蚀涂料（化学性能良好，但须经烘干）
4.漆酚树脂系抗化学腐蚀涂料（大漆的改进，干燥较快）。
5.沥青系抗化学腐蚀涂料。
6.聚二乙烯乙炔系抗化学腐蚀涂料（价廉，性能不稳定）。
7.磁化底漆附着力好，为金属材料底漆的常用品。

用于砂浆和混凝土等表面的涂料

此种涂料具有装饰和保护建筑物的功能。它色彩丰富，施工效率高，是建筑装修业大量使用的装饰装修材料之一。一般分为有机高分子涂料、无机高分子涂料以及有机和无机复合涂料。

有机高分子涂料

有机高分子涂料有溶剂型和水性涂料两大类，其中水性涂料又分水溶性涂料和乳胶涂料。水性涂料以水为溶剂，价格便宜，不易燃，无污染，有一定的透气性，已成为建筑涂料的主流。

按树脂类型分，有机高分子建筑涂料应用较多的主要有以下几个系列：醋酸乙烯系、丙烯酸系、环氧树脂系、聚氨酯系等。

醋酸乙烯涂料有较好的附着力和保色性，主要作为内墙涂料，是内墙涂料中应用量最大的品种。为了进一步提高这种涂料的性能，醋酸乙烯-乙烯共聚物涂料，氯乙烯-醋酸乙烯-乙烯共聚物涂料也有了相应的应用。其特点是具有优良的耐候性、耐水性、耐碱性及保色性。

丙烯酸涂料包括丙烯酸共聚涂料，如乙丙（醋酸乙烯-丙烯酸）涂料，苯丙（苯乙烯-丙烯酸）涂料。这类涂料具有良好的耐水性、耐候性、耐碱性和保色性，是外墙应用的主要涂料。目前外墙用水性涂料的 60%为丙烯酸系涂料。其中建筑用三层防涂划保护系统，当涂层表面被涂划后，刷上液态去除剂，再用水即可刷掉油性上光层，整旧如新。

聚氨酯涂料具有弹性高等优点。在建筑装饰工程中可作为屋面防水涂料、地板涂料等。聚氨酯涂料有双组分、单组分两种。

环氧树脂系涂料具有良好的耐水性、粘附性和耐化学腐蚀性，适用于浴室、化工厂以及住宅的内外墙和地面，但价格偏高。

无机高分子涂料

无机高分子涂料主要有碱金属硅酸盐和硅溶胶两大类。这类涂料具有良好的耐水性、耐候性、耐污染性，并具有表面硬度高，成膜温度低等优点。可用作内外墙、地面、顶棚及隔声、耐热等涂料。

碱金属硅酸盐涂料主要以硅酸钠和硅酸钾为主要成膜物，具有强粘结力和粘度。

硅溶胶类涂料是一类既有无机涂膜特性，又有乳胶类有机涂料贮存稳定性和施工性的涂料。其抗污染性能极强。加入细粉颜料可制成平壁状涂料；加入粗骨料可制成砂壁状涂料。

有机无机复合涂料

目前此类涂料有两种概念：一是品种的复合，二是涂层的复合装饰。

品种的复合通常是把水性有机树脂与水溶性硅酸盐等配成混合液或分散液；或是在无机物表面上使有机聚合物接枝制成的悬浮液。例如，相溶性良好的丙烯酸乳液、环氧树脂乳液等均可与胶态氧化硅在同一体系内进行复合搅拌。这样，该复合型涂料中的有机树脂可改善胶体二氧化硅成膜后发硬变脆的缺点，同时还弥补了有机材料易老化，耐热性差的弊病。

涂层复合装饰是在被饰物表面先涂有机涂料层，再涂一层无机涂料层，利用两层涂料收缩率的差异，使表面无机涂层形成开裂纹路，从而得到镶嵌花纹状外观。

防火涂料

随着建筑防火要求的提高，防火涂料发展较快。防火涂料可分为两个基本类型：一种是膨胀型防火涂料，这种涂料在火灾发生时不支持燃烧，且受热膨胀发泡，以减缓火焰的传播速度；另一种类型是非膨胀型防火涂料，其本身是难燃的聚合物，并加入了氮、磷、硼等的化合物。在火灾发生时，涂层受热分解放出阻燃性气体，阻止火焰蔓延。

膨胀防火涂料一般用于柱、梁、框架等暴露结构的防火。水性膨胀涂料常用氨基甲醛、氯乙烯共聚物或醇酸乙烯酯为载体。溶剂型膨胀防火涂料常用环氧树脂、聚氯酯、酚醛、醇酸、氯化橡胶等。

非膨胀防火涂料防火效果不如膨胀型好，但价格便宜，且耐污染和耐磨性较好，也有一定应用。这类涂料中用途最广的是以氯化醇酸为基料的涂料。

粉末涂料

粉末涂料由于完全不用溶剂，是一种节能、无污染的新型涂料。其主要有环氧树脂系、聚酯系和丙烯酸系等。环氧树脂系粉末涂料主要用于管道防腐。聚酯和丙烯酸系主要用作电器和木器家具的面漆。

节能涂料

此为一种多层涂料，当通电时涂层变暗，断电后，涂层又变成透明的，将其涂装在隔热玻璃中可节省空调费用。

陶瓷是陶器与瓷器两大类产品的总称。陶器通常有一定的吸水率，表面粗糙无光、不透明，敲之声音粗哑，有无釉与施釉两种。瓷器坯体细密，基本上不吸水，半透明，有釉层，比陶器烧结度高。

1 内墙瓷砖

内墙瓷面砖系用瓷土压制成坯，干燥后上釉焙烧而成，因釉料颜色多样，故有黑白瓷砖、彩色瓷砖、印花图案砖等品种。其热稳定性好，吸水率小于18%，表面光滑，易于清洗，内墙面砖因本质上与外墙砖不同，故不可用于室外。

内墙磁砖的种类

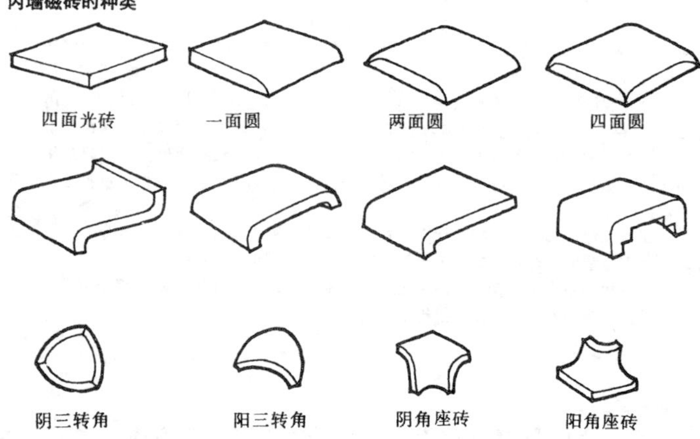

2 内墙瓷砖的铺贴方式

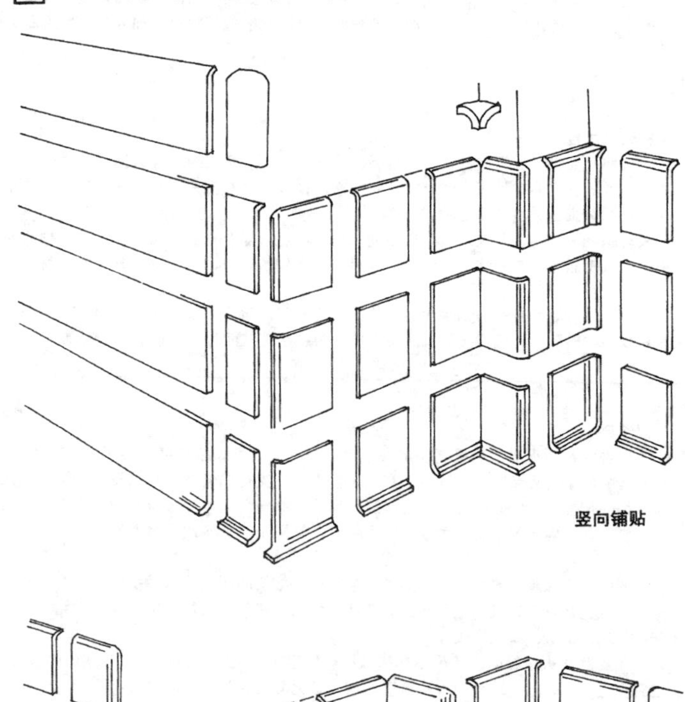

3 陶板铺地砖

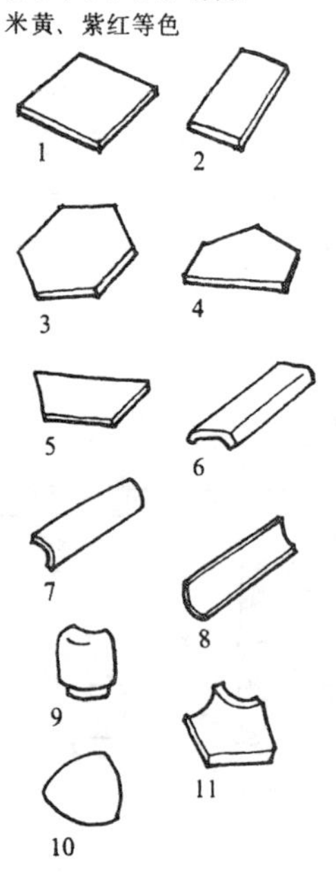

类型	长	宽	厚
1 止方形	50	50	10
	100	100	10,15
	150	150	10,15
	200	200	10,15
	300	300	10,16
2 长方形	100	50	10
	150	75	10,15
	200	100	10,15
	300	200	10,15
3 六角形	115	100	10
4 五边形	100	57.5	10
5 四边形	115	50	10
6 异型压顶	150	43	10
7 异型阳角线	150	43	10
8 异型阴角线	150	30	10
9 异型压顶阳角	40	22	10
10 异型阳三转角	22	22	10
11 异型阳角座	22	22	10

4 陶瓷马赛克

是用优质瓷土烧结而成，分有釉及无釉二种，质坚、耐火、耐腐蚀、吸水率小、易清洗，最适合于建筑内外墙及地面用，色彩有多种，由于其单体尺寸小，故出厂前先将其按各种图案反贴在牛皮纸上，每张约 300mm 见方，称一联，面积约为 $0.09m^2$，施工时将每张纸面向上，贴在半凝固的水泥砂浆面上，用长木板压面，使之贴平实，待砂浆硬化后洗去纸，即显出。

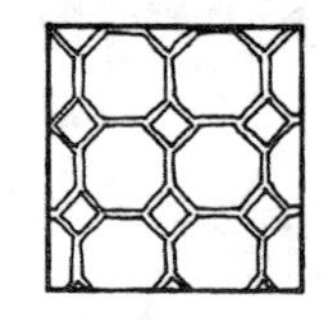
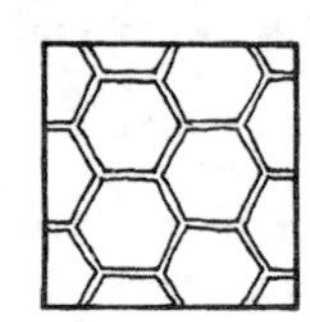
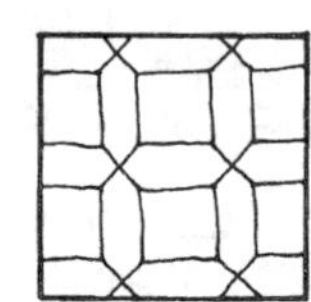
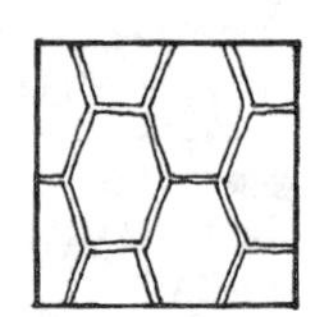

5 陶瓷壁画、陶瓷壁雕

陶瓷壁画是用陶瓷锦砖烧成的。有将原画放大，制板刻画、施釉烧成等技术与艺术加工而成的；有用胚胎素烧、釉烧后，在洁白的釉面砖上用色料描绘出艺术作品，最后经高温烧成的。

陶瓷壁雕是以浮雕形陶板及平陶板组合镶嵌而成的墙面装饰壁雕。

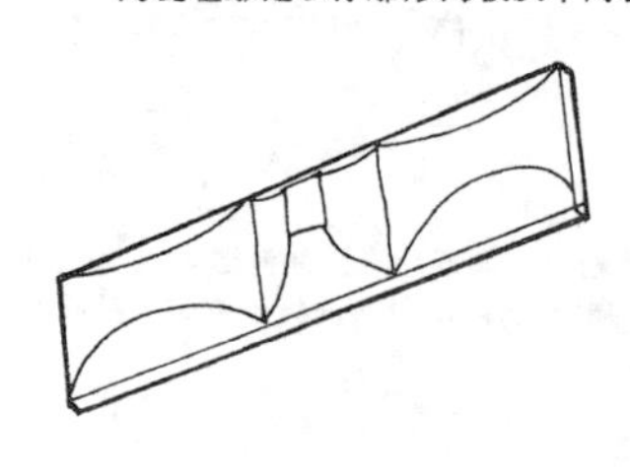
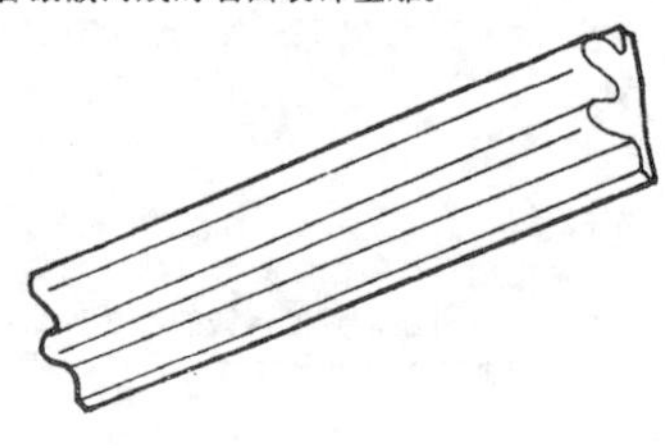
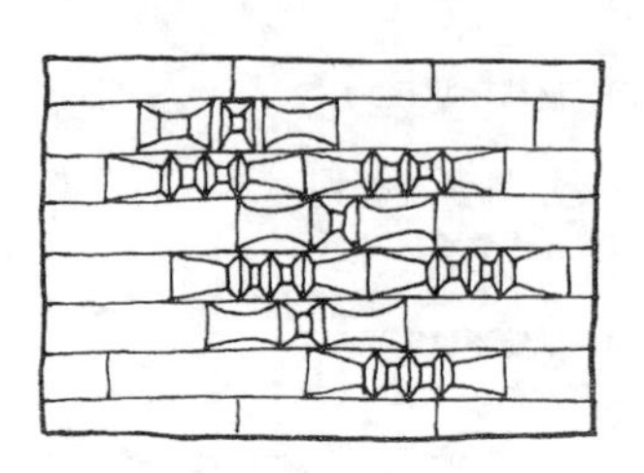
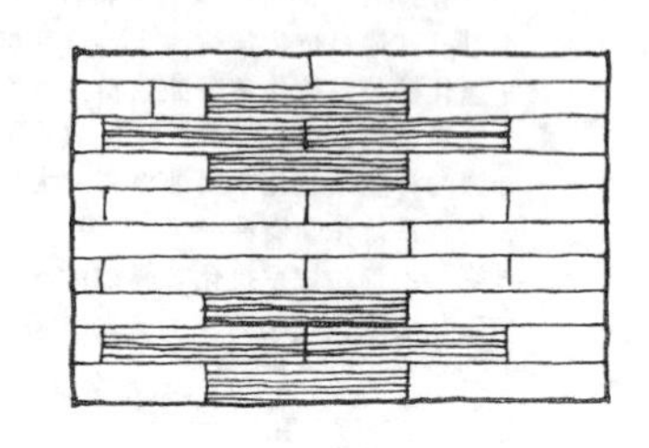

外墙面砖分陶砖与瓷砖两种。前者是用难熔粘土压制成型后焙烧而成；后者是在坯体或素坯上施以釉料，再经烧制加工而成。它具有质地坚实、强度高、吸水率低、耐大气侵蚀等特点，色彩各异，是外墙饰面的好材料。

形状	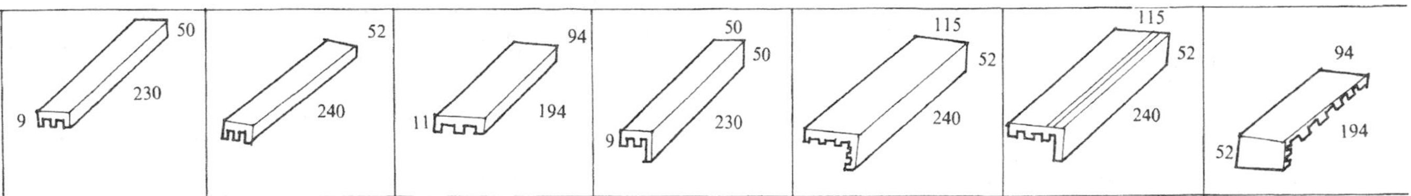 50 230 9	52 240	94 194 11	50 50 230 9	115 52 240	115 52 240	94 194 52
品名	二丁挂	割面砖	标准长砖	短向角砖	短向角砖	梯角砖	长向 角砖
形状	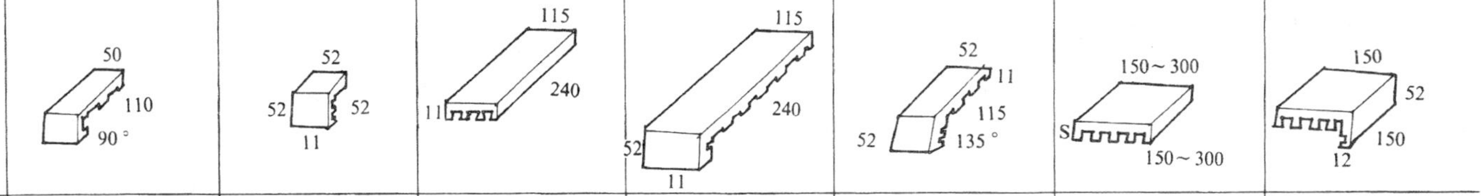 50 110 90°	52 52 52 11	115 240 11	115 240 52 11	52 11 115 52 135°	150～300 S 150～300	150 52 150 12
品名	1/2 长向角砖（90°）	1/4 长向角砖	四丁挂	长向角砖	1/2 长向角砖（135°）	标准方砖	转角方砖

外墙面砖排列式样范例

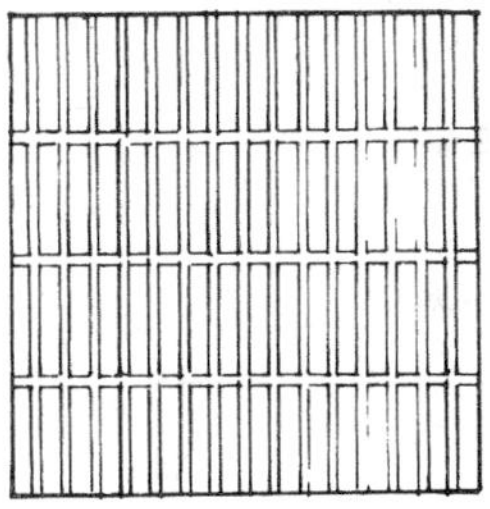

二丁挂 67 块/m^2

二丁挂 67 块/m^2

二丁挂 67 块/m^2

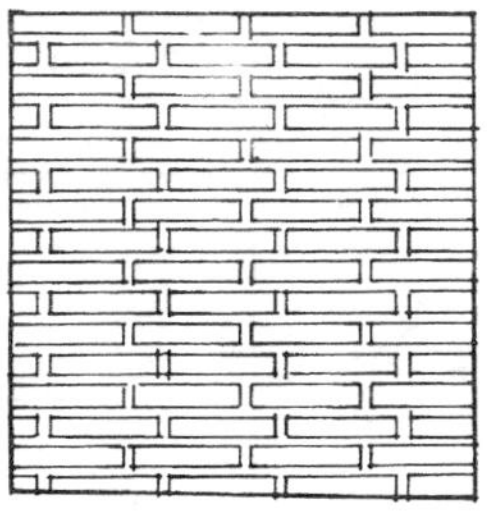

二丁挂 67 块/m^2

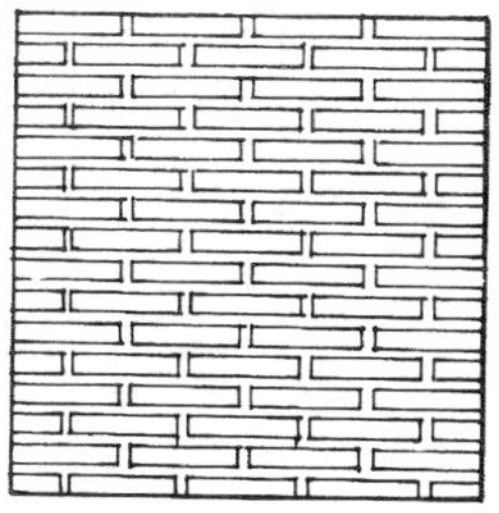

二丁挂 67 块/m^2

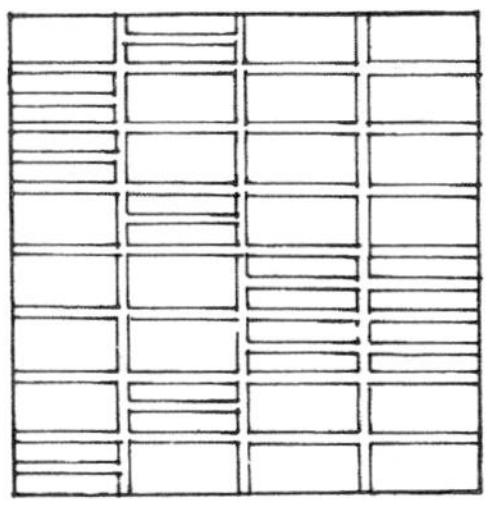

四丁挂＋二丁挂 22+20 块/m^2

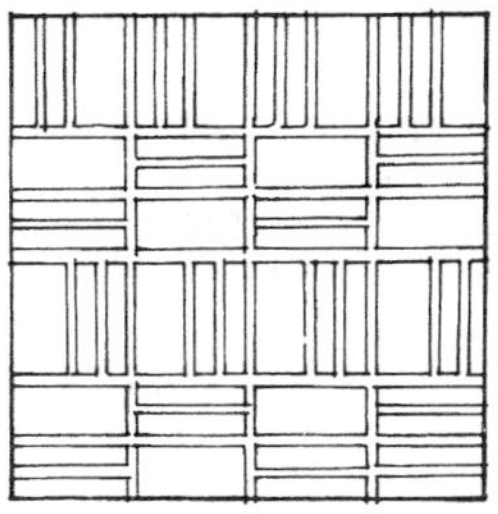

四丁挂＋二丁挂 16+32 块/m^2

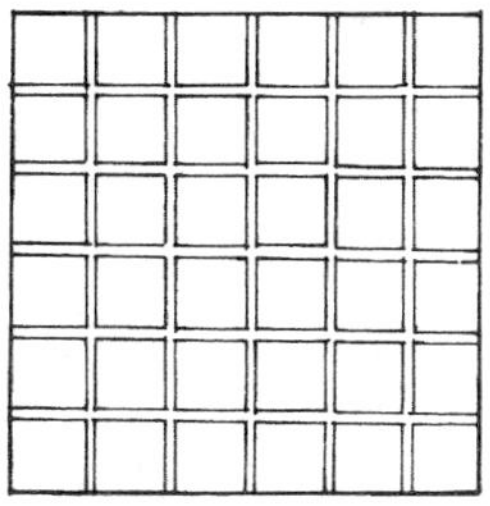

标准方块 45 块/m^2

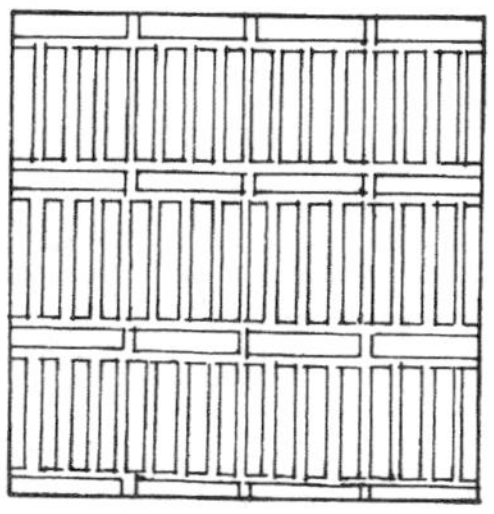

二丁挂67块/m^2

二丁挂 67 块/m^2

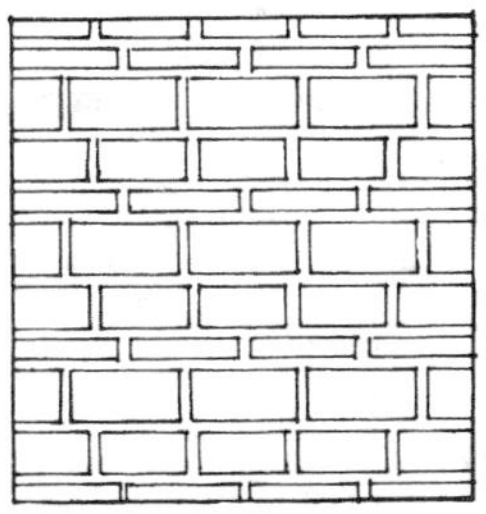

四丁挂＋二丁挂＋标准长砖 15+15+17 块/m^2

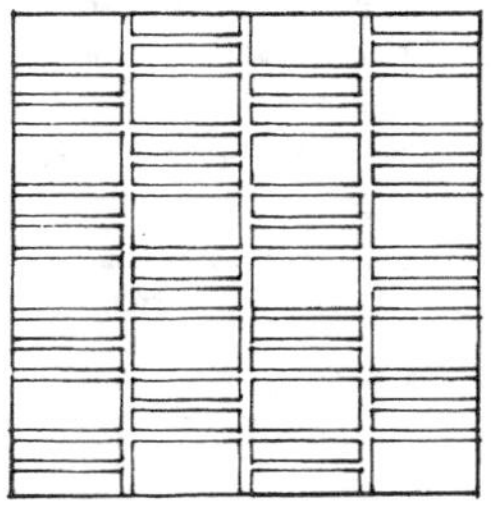

四丁挂＋二丁挂 16+32 块/m^2

二丁挂 67 块/m^2

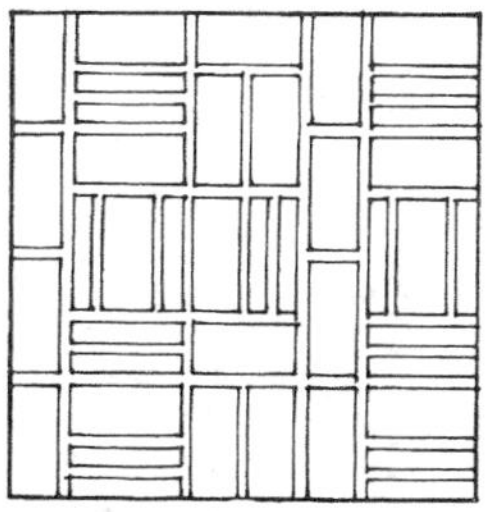

四丁挂＋二丁挂 24+16 块/m^2

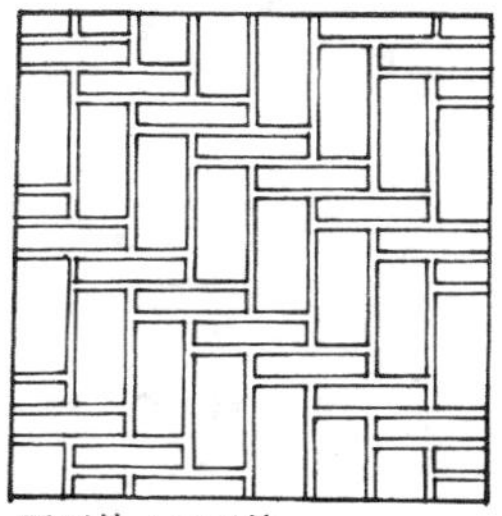

四丁挂＋二丁挂 22+22 块/m^2

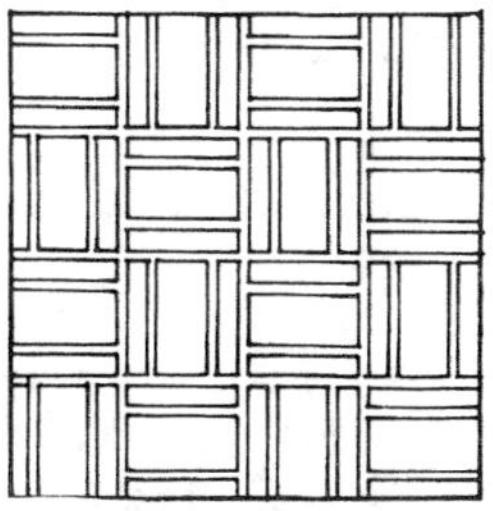

四丁挂＋二丁挂 6+32 块/m^2

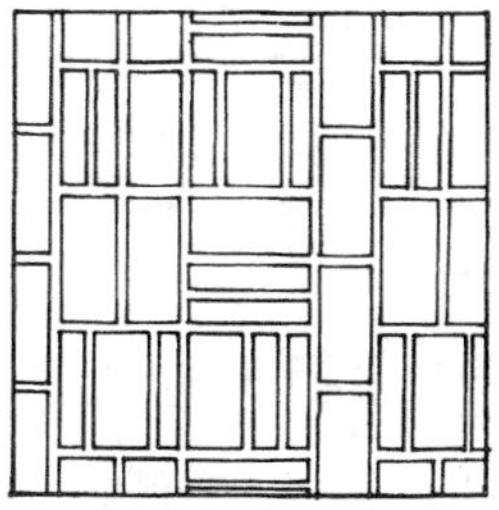

四丁挂＋二丁挂 23+18 块/m^2

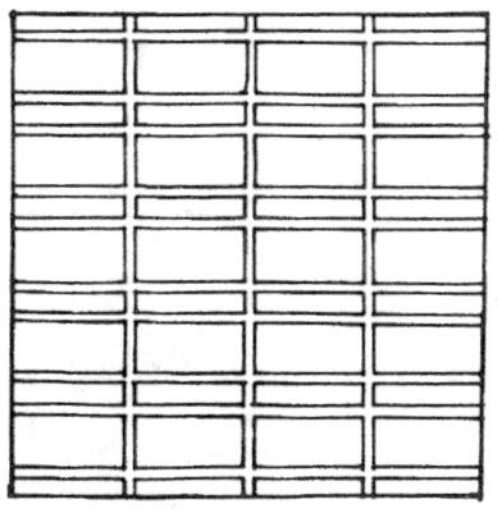

四丁挂＋二丁挂 22+22 块/m^2

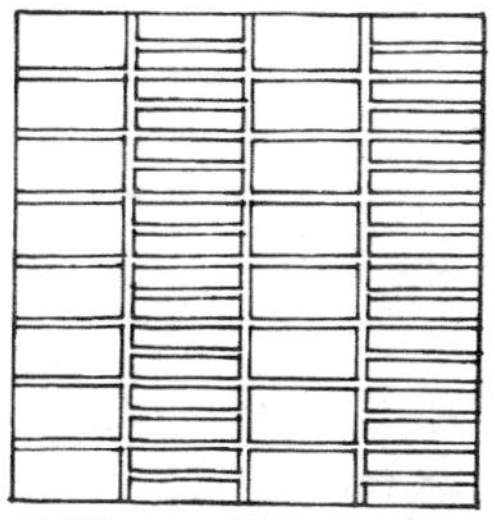

四丁挂＋二丁挂 16+32 块/m^2

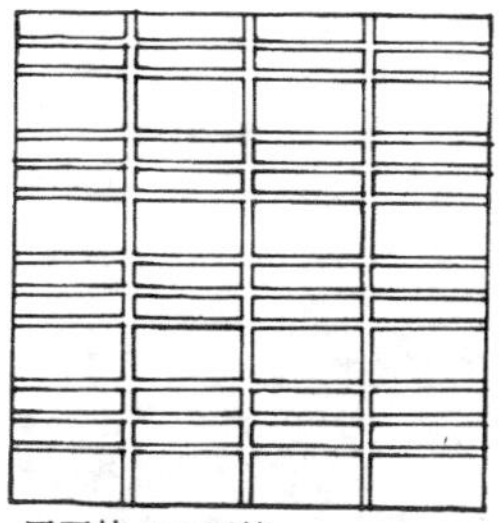

四丁挂＋二丁挂 16+32 块/m^2

塑料是人造的或天然的高分子有机化合物，如合成树脂、天然树脂、橡胶、纤维素酯或醚、沥青等为主的有机合成材料。这种材料在一定的高温和高压下具有流动性，可塑制成各式制品，且在常温、常压下制品能保持其形状而不变。

塑料有质量轻、成型工艺简便，物理、机械性能良好。并有抗腐蚀性和电绝缘性等特征。缺点是耐热性和刚性比较低，长期暴露于大气中会出现老化现象。

1 金属与塑料的强度比较

材料	比重 (g/cm^3)	抗拉强度 (MPa)	比强度 (抗拉强度／比重)
高级钢材	8.0	1280	160
铸铁	8.0	150	19
铝	2.8	390	140
塑料	1.4～1.7	300～700	110～400

2 一些常用塑料的名称

	化学名称	习惯名称或商品名称	代号
塑料	聚乙烯	聚乙烯	PE
	聚丙烯	聚丙烯	PP
	聚氯乙烯	聚氯乙烯	PVC
	丙烯腈-丁二烯-苯乙烯共聚物	腈丁苯共聚物	ABS
纤维	聚对苯二甲酸乙二醇酯	涤纶	PETP
	聚乙二酰乙二胺	锦纶或尼龙	PA
	聚丙烯腈	腈纶	PAN
	聚乙烯醇缩甲醛	维纶	PVA
橡胶	丁二烯-苯乙烯共聚物	丁苯橡胶	
	顺聚丁二烯	顺丁橡胶	
	顺聚异戊二烯	异戊橡胶	

3 常用塑料制品

塑胶地板

塑胶地板是用聚氯乙烯树脂、增塑剂、填充料及着色剂等经混合、搅拌、压延、切割而成，当以橡胶为底层时，塑胶地板成双层；如在面层和底层夹入泡沫塑料时则成三层。塑胶地板多为方块形，300×300mm 或 400×400mm 为多。也有成卷状的。塑胶地板可用聚氨脂型 405 地板胶粘贴。色彩花纹有很多种，耐磨、有弹性，为即适用又美观的地面铺装材料。

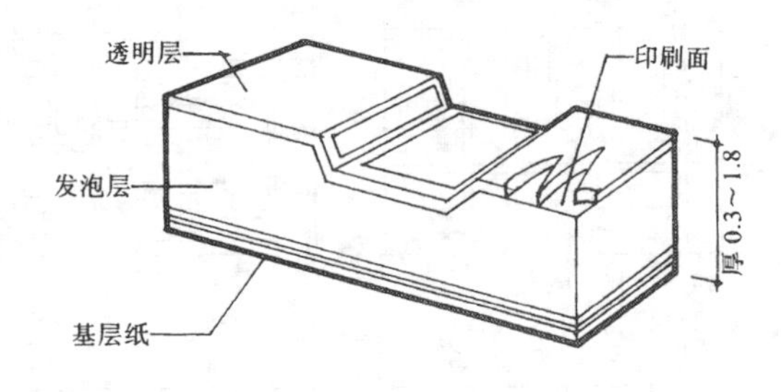

塑胶地板施工

一般塑胶地板施工较简单：

1.施工前先整理及清理地面，使之干燥、平坦。

2.对花、裁边。如为卷材，应裁取适当长度。

3.涂布胶合剂。胶合剂涂于地板四周及中间部分，加压使之粘合即可。

塑料贴面板

塑料贴面板系多层浸过合成树脂的纸张的层压薄板，面层为三聚氰胺甲醛树脂浸渍过的印花纸，以下各层都是酚醛树脂浸过的牛皮纸，经干燥后，叠合在一起，面上覆盖不锈钢板，在热压机中热压而成。塑料贴面板的颜色和花纹品种很多，并有高光泽、低光泽或无光泽之分。此板耐化学侵蚀、耐磨、耐烫。在室内设计上应用很广泛。

4 塑料装饰板的品种规格

品种名称	说明	规格(mm)
聚氯乙烯塑料装饰板（又名硬质塑料装饰板）	系以聚氯乙烯树脂加以色料、稳定剂等，经捏合、混炼、拉片、切粒、剂出成型等工艺制成。表面光滑，色彩鲜艳，花纹美观清晰。具有耐磨、耐湿、耐酸碱、不变形、不怕烫、易清洗、可锯可钉可刨等特点	厚：1～3、2～5 6～10 宽：800～1200 长：1600～2000
聚氯乙烯透明装饰板	系以聚氯乙烯为主要原料，加入适量助剂，经挤出成型而成。有白色及彩色多种。表面光滑平整，透明度高，美观大方	(3～6)×(1220～1250)×(400～4000)
聚氯乙烯透明、不透明彩色装饰片材	具有美观、质轻、透明度好（指透明片材）、热变形温度高、受热伸缩率小、耐酸碱、耐老化、便于切割等特点。透明彩色片材可代替玻璃、彩色玻璃、弧形玻璃等作室内外装饰之用，不透明彩色片材及复合板材，可做吊顶、间隔墙、地砖等用	宽：1600 厚：1 长：600～4000
轻质塑料装饰板	系以聚氯乙烯树脂为原料，加入配合剂，经热压成型，加工而成。具有质轻柔软、色彩鲜艳、耐磨、耐酸碱、耐高压、防潮、吸水性小等特点。可单独使用，亦可与金属或木材、水泥复合使用	600×1100 800×1800
三聚氰胺装饰板	可仿制各种珍贵树种木纹或图案，鲜艳美观。具有硬度大、耐磨、耐热、耐化学腐蚀、易清洗、可锯钻刨切等特点。分有光、无光（柔光）两种	(0.8～1)×(950～1220)×(1750～2440)
钙塑装饰板	系以聚氯乙烯、轻质碳酸钙为主要原料加工而成。具有花色美丽、光滑平整、防潮耐腐、装饰美观等效果	(1～10)×(620～1000)×(1250～2000)
PVC 中空隔墙板（又名空格钙塑装饰板）	系以聚氯乙烯钙塑材料经挤出并加工成中空薄板而成。可作室内隔断、装修及搁板之用。具有质轻、防霉、防蛀、耐腐蚀、不易燃烧、安装方便、美观等特点	宽：168 厚：22 长：任意

5 有机玻璃

有机玻璃是热塑性塑料的一种，它有极好的透光性，可透过 92% 以上的太阳光，还能透过 73.5% 紫外线。这种塑料的机械强度也较高，有一定的耐热性、抗寒性和耐气候性。耐腐蚀性、绝缘性能良好。在一般条件下尺寸稳定性能好，成型容易。缺点是质较脆，易溶于有机溶剂，作为透光材料，表面硬度不够，容易擦毛。

有机玻璃加入有机或无机染料后可带有各种颜色。从其品种上分为：无色透明板、彩色透明板（有各种色彩）、彩色半透明板、彩色不透明板。

有机玻璃板材规格及性能：

类别	规格 (mm)		性能
	板厚或直径	长×宽或长度	
板材	1、2	800×800	布氏硬度18kg／cm^2 冲击值12kg·cm／cm^2 抗拉强度600kg／cm^2 马丁耐热性65℃ 透光率90%
	3、4、5、6、8、10、14、20	1200×900	
棒材	5、10、15	≥300	
	20、30、40	≥200	
	50、60、80、100	≥100	
	120、150、200	>其直径	

6 人造皮革

人造皮革以纸板毛毡或麻织物作底板，先经氯化乙烯浸泡，然后在面层涂刷由氯化乙烯、增韧剂、颜料和填充料所组成的混合物，于加热烘干后，用压光机压平，再用滚筒压出凹凸的花纹。人造皮革可仿制各种真皮制品。有各种颜色及质感、色泽美丽耐用。

人造皮革在设计上的处理方式有平贴、打折线、车线、钉扣等方法。

墙纸（布）是室内装修中使用最为广泛的墙面、天花板面装饰材料。其图案变化多端，色泽丰富，通过印花、压花、发泡可以仿制许多传统材料的外观，甚至达到以假乱真的地步。墙纸（布）除了美观外，也有耐用、易清洗、寿命长，施工方便等特点。

1 墙纸分类

纸基墙纸

纸墙纸是发展最早的墙纸。纸面可印图案或压花，基底透气性好，使墙体基层中的水分向外散发，不致引起变色、鼓包等现象。这种墙纸比较便宜，但性能差，不耐水，不能清洗，也不便于施工，易断裂，现已较少生产

纺织物墙纸

纺织物墙纸是用丝、羊毛、棉、麻等纤维织成的墙纸。用这种墙纸装饰的环境给人以高尚、雅致、柔和而舒适的感觉。

天然材料面墙纸

天然材料面墙纸是用草、麻、木材、树叶、草席制成的墙纸。也有用珍贵树种木材切成薄片制成墙纸的，其特点是风格淳朴自然。

风景墙纸

风景墙纸是将风景或油画、图画经摄影放大印刷成人的视觉尺度，代替其它墙纸张贴于墙面。风景墙纸较一般墙纸厚，张贴工艺一样。

金属墙纸

在基层上涂布金属膜制成的墙纸。这种墙纸给人一种金碧辉煌、庄重大方的感觉，适合使用于气氛热烈的场所，如舞厅、酒吧厅等。

塑料墙纸

塑料墙纸（布）是目前发展最为迅速，应用最为广泛的墙纸（布），约占墙纸产量的80%。在发达国家已达到人均消耗10m²以上。

塑料墙纸（布）是由具有一定性能的原纸，经过涂布、印花等工艺制作而成的。印花涂料的胶料，常采用醋酸乙烯、氯乙烯等聚合而成的氯醋胶；涂料则是用钛白粉、高岭土、苯二甲酸、二辛酯、氯醋胶和颜料所组成的。

塑料墙纸的生产工艺

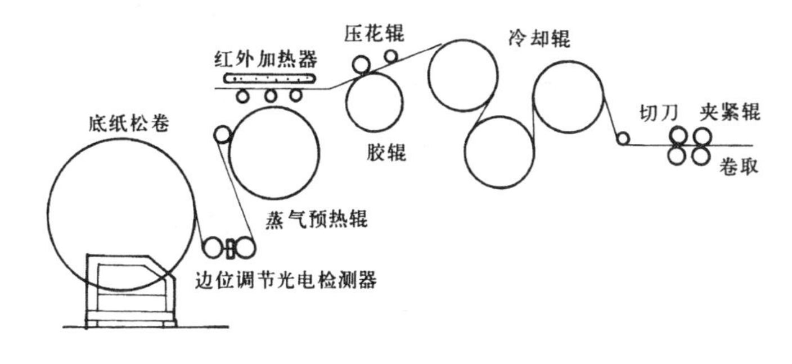

塑料墙纸的种类及分类

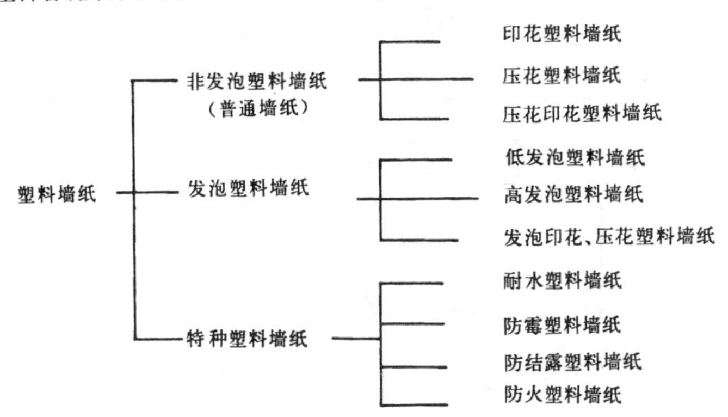

非发泡普通型塑料墙纸

普通塑料墙纸（布）　是以80g／m²的纸作基材，涂塑100g／m²左右聚氯乙烯糊状树脂（PVC糊状树脂），经印花、压花而成。这种墙纸（布）花色品种多，适用面广。

单色压花墙纸（布）　经凸版轮转热轧花机加工，可制成仿丝绸　织锦缎等。

印花、压花墙纸（布）　经多套色凹版轮转印刷机印花后再轧花，可制成印有各种色彩图案，并压有布纹、隐条凹凸花等双重花纹。

有光印花和平光印花墙纸（布）　前者是在抛光辊轧光的面上印花，表面光洁明亮；后者是在消光辊轧平的面上印花，表面平整柔和。

发泡型塑料墙纸

发泡墙纸（布）　是以100g／m²的纸作基材，涂塑300～400g／m²，掺有发泡剂的PVC糊状料，印花后，再加热发泡而成。这类墙纸有高发泡印花、低发泡印花、低发泡印花压花等品种。高发泡墙纸发泡倍率较大，表面呈富有弹性的凹凸花纹，是一种装饰、吸声多功能墙纸（布）。低发泡印花墙纸是在发泡平面印有图案的品种。低发泡印花压花墙纸（布）是用有不同抑制发泡作用的油墨印花后再发泡，使表面形成具有不同色彩的凹凸花纹图案。

发泡壁纸（布）除印、压有各种花纹及图案外，还用于制造各种仿真壁纸。

仿真系列墙纸

仿真塑料墙纸（布）　是以塑料为原料，用技术工艺手段，模仿砖、石、竹编物、瓷板及木材等真材的纹样和质感，加工成各种花色品种的饰面墙纸。

仿砖（砖墙）墙纸　是一种软泡塑型材料，厚约4mm左右，无光泽，表面纹理清晰，有的呈焙烧过程形成的窝洞，有的如经长期使用后自然风化，或有人为碰击的痕迹，触感柔软而无冰凉感。其窝洞、残迹以及砌筑灰缝都能触摸到不同凹陷。

仿石材墙纸　仿造一种经人工修凿，外观规整的块石砌筑而成的墙面，也是用软泡塑料加工成型，用印、压工艺使表面形成修凿石纹，并表现砌筑时凹凸错位及嵌接匠意。由于着色深浅变化而形成光影效果，以增强真实感。色调有红、白、灰及明暗之分，手感有明显石纹及凹陷灰缝。

仿竹编席片墙纸　用发泡塑料经印压而成的仿手工编织竹席墙纸，有多种粗细深浅不同竹编材料形式，表面竹片纹理精细，穿串编织构成明晰，并伴有交织纹路触感。

仿木材墙纸　仍属泡塑材料，整体外观似板条拼镶墙面，板条木纹依所模仿树种，呈现各种木纹、木节、表面无光泽，抚摸时有纹理、木节真实感，拼接板缝也能触及其凹入缝隙。色调分白木本色、红木及其它珍贵木种本色等。

仿树木墙纸（布）　是一种在薄型软塑料基材上，喷涂着色制成各种树林景色的饰面墙纸。表面粗糙，近处可见着色或油画笔触等，整体效果自然。

特种功能塑料墙纸

特种功能的塑料墙纸主要有耐水、防火、防霉、防结露等品种。

耐水塑料墙纸是用玻璃纤维毡作基材的墙纸，适合卫生间、浴室等墙面使用。

防火塑料墙纸是用100～200g／m²的石棉纸作基材，并在PVC涂料中掺入阻燃剂，使墙纸具有一定的阻燃性能，适用于防火要求较高的室内墙面或木制板面上使用。

防霉墙纸是在聚氯乙烯树脂中加入防霉剂，防霉效果很好，适合在潮湿地区使用。

防结露墙纸的树脂层上带有许多细小的微孔，可防止结露，即使产生结露现象，也只会整体潮湿，而不会在墙面上形成水滴。

2 墙纸的断面结构示意

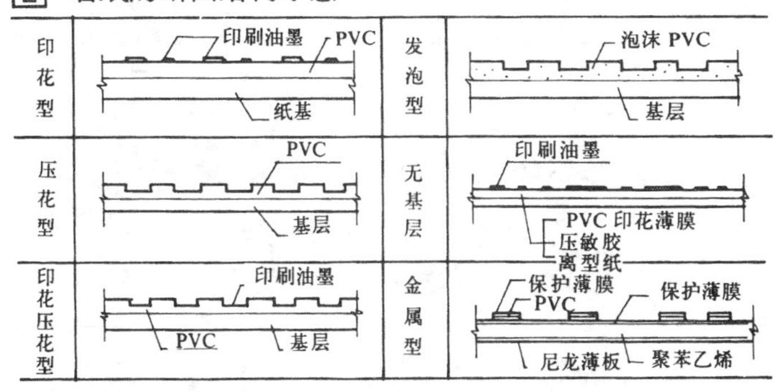

3 墙纸规格

	家用		工程用		
宽度（m）	0.53～0.6	0.76～0.9	0.92～1.2	1.37	1.55
长度（m）	10～12	25～50	25～50	30～60	30～60
m²／卷	5～6	19～45	23～60	40～82	46～93

地毯是一种有悠久历史的产品。它原是以动物毛（主要为羊毛）为原始原料，以用手工编织的一种既有实用价值又具欣赏价值的纺织品。随着时代的发展，地毯也逐渐成为以毛、麻、丝及人造纤维材料为主要原料，是现代建筑地面或墙面装饰为用途的纺织品。

1 地毯分类

纯毛地毯

纯毛地毯分平织与机制两种，前者价格昂贵，后者便宜，绒毛的质与量是决定地毯耐磨性的主要因素，其用量常以绒毛密度表示。即 $1cm^2$ 地毯上有多少绒毛。

纯毛地毯在现代已较少用于民用，而主要作为艺术品在室内设计中应用。

混纺地毯

混纺地毯品种极多，常以毛纤维和各种合成纤维混纺。如在纯羊毛纤维中加20%的尼龙纤维，耐磨性可提高五倍。也可和压克力（聚丙烯腈纤维）等合成纤维混纺。

混纺地毯可以克服纯毛地毯不耐虫蛀及易腐蚀等缺点。

化纤地毯

化纤地毯是以丙纶、腈纶（聚丙稀腈）纤维为原料，经机织法制成面层，再与麻布底层加工制成地毯。品质与触感极似羊毛，耐磨而富弹性，经过特殊处理，可具有防火燃烧、防污、防静电、防虫等特点（防火尼龙熔点达370℃，防污处理使厂家可放心生产纯白色地毯）。可以说纯毛地毯的优点，化纤地毯均有；纯毛地毯的缺点，化纤地毯均无。所以，化纤地毯是现代地毯业的主要产品。

应用第四代尼龙的化纤地毯与纯羊毛地毯的质量比较

	防泥沙	防污渍	清　洁	抗磨损	弹　性	定型表现	褪色性	着色性
化纤毯	良好	良好	良好	优越	优越	优越	良好	优越
纯羊毛	良好	普通	良好	普通	良好	良好	良好	良好

塑料地毯

塑料地毯是采用聚氯乙烯树脂、增塑剂等多种辅助材料，经均匀混炼、塑制而成的一种新型轻质地毯材料。也有室外用的塑料人工草坪。

草编地毯

草编地毯是以草、麻或植物纤维加工制成的具有乡土风格的地面铺装材。

地毯的规格 (mm)

	宽	长	厚	方块毯
纯羊毛地毯	≤3700	≤3700	3～22	500×500
化纤地毯	1400～4000	5000～25000		

2 地毯的选择方法

室内设计师在选购地毯时，应考虑以下几个环节：1.基本条件如防火、防静电性能。2.应用地毯的环境及各种需求，选择功能相配的品种。例如：对防污、防霉、防菌等方面的卫生要求，粗用量、交通量的多寡及地毯相应的保原形程度等。3.配合整体室内设计，创造美观和谐的气氛。

基本要求—防火、防静电：

建筑规范对于墙壁、天花板及地板所采用的建筑材料，有一定的限制，因为这些室内装修的易燃性在发生火灾时影响很大，火灾蔓延越小，对生命财产威胁越小，控制及扑灭也比较容易。

人体在活动时，例如行走、更换衣服、穿、脱皮鞋等，每一个动作都会产生静电。在未释放之前，便积储在人体内。在干燥环境下，积储速度很快便超过3.5kV。在此水平下，当人体接触另一导电体如人、金属等，静电能量便会迅速释放而令人感到静电冲击的骚扰。而有电子仪器操作的地带，静电的干扰就更严重。因为数码电子装置，是通过一连串的脉冲电流来控制，电子仪器靠辨认不同脉冲电流为指令而启动或终止某一动作。静电释放时也产生同样的脉冲电流。当静电量在2 k V以上，所释放出的脉冲电流即可被电子仪器误读为指令而产生失常动作——仪器本身并不能分辨正常与误导之脉冲电流。

假如地毯所能产生的最高静电量保持在3.5kV以下，则可称为防静电地毯。

3 地毯的表面织法图案类型

名称	典型式样
素毯 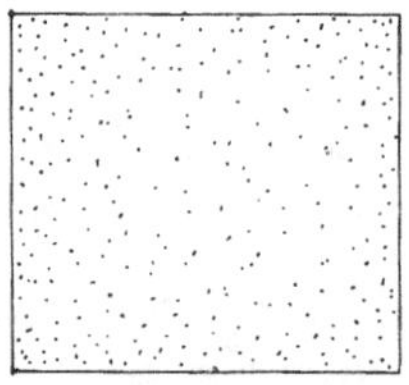 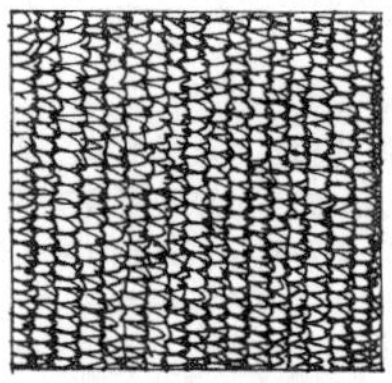	
几何纹样毯  	
乱花毯  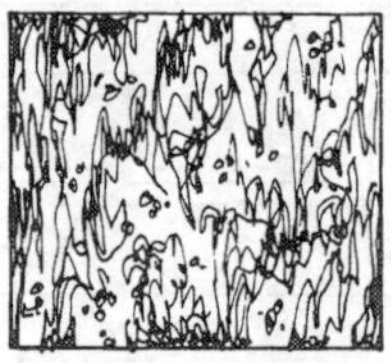	
古典图案毯  	

4 地毯断面形状及适用场所

名称	断面形状	适用场所
高簇绒		家庭、客房
低簇绒		公共场所
粗毛低簇绒		家庭或公共场所
一般圈绒		公共场所
高低圈绒		公共场所
粗毛簇绒		公共场所
圈、簇绒结合式		家庭或公共场所

石膏板是以熟石膏为主要原料掺入适量添加剂与纤维制成，具有质轻、绝热、吸声、不燃和可锯可钉等性能。石膏板与轻钢龙骨（由镀锌薄钢压制而成）的结合，便构成轻钢龙骨石膏板体系（QST 体系）。

石膏板种类

1.纸面石膏板　是在熟石灰中，加入适量的轻质填料、纤维、发泡剂、缓凝剂等，加水拌成料浆，浇注在重磅纸上，成型后覆以上层面纸，经过凝固、切断、烘干而成。上层面纸经特殊处理后，可制成防火或防水纸面石膏板，另外石膏板芯材内亦含有防火或防水成分。防水纸面石膏板不需再做抹灰饰面，但不适于用在雨篷、檐口板或其它高湿部位。

2.装饰石膏板　在熟石膏中加入占石膏重量0.5～2%的纤维材料和少量胶料，加水搅拌、成型、修边而成，通长为正方形，有平板、多孔板、花纹板等。

3.纤维石膏板　将玻璃纤维、纸浆或矿棉等纤维在水中"松解"，在离心机中与石膏混合制成料浆，然后在长网成型机上经铺浆、脱水制得的无纸面石膏板。它的抗弯强度和弹性高于其它石膏板。除隔墙、吊顶外，亦可制成家具。

4.空心石膏板条　生产方法与普通混凝土空心板类似，常加入纤维材质和轻质填料，以提高板的抗折强度和减轻重量。这种板不用纸和粘结剂，也不用龙骨，施工方便，是发展较快的一种轻质墙板。

1 石膏板规格

种类		规格 长(mm)	规格 宽(mm)	规格 厚(mm)	板边形状	应用范围
普通纸面石膏板		2400 2700 3000 3300	900 1200	9.5 12 15 18 25	半圆形边 楔形边 直角边 45°侧角边	建筑物围护墙、内隔墙、吊顶
防火纸面石膏板						建筑中有防火要求的部位及钢木结构耐火护面
防水纸面石膏板				9.5 12	9.5 12	外墙衬板、卫生间、厨房等房间瓷砖墙面衬板
石膏复合板	石膏龙骨复合板	2400 2700 3000 3300	900 1200	50 92		建筑物内隔墙、保温墙面装修、浮筑干地板
	石膏复合地板	2000	600	30(无保温层) 50~60(有保温层)		
	石膏板聚苯泡沫复合板	1200	1200	9.5+20～30		
石膏装饰板		2500	1200	9.5 12 15	直角边	板面粘贴PVC等装饰面层可一次完成装修工序
吸声板	圆孔型	600	600 1200	9.5 12		用于影剧院、餐厅、展厅、电话间、旅游建筑等有吸音要求的地方
	长孔型		600			
天花板	素板	500 600 900 1200	450 500 600	9.5 12		各类建筑室内吊顶
	印花装饰板					
浇注石膏板		600	600			室内吊顶

2 轻钢龙骨主要配件

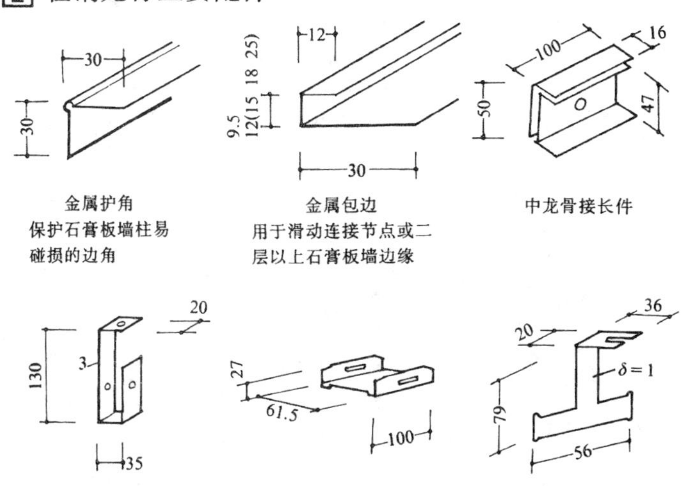

金属护角
保护石膏板墙柱易碰损的边角

金属包边
用于滑动连接节点或二层以上石膏板墙边缘

中龙骨接长件

上人吊顶龙骨吊挂件 CS60-1
上人吊顶主龙骨吊挂件

上人吊顶龙骨吊挂件 CS60-2
上人吊顶主次龙骨连接

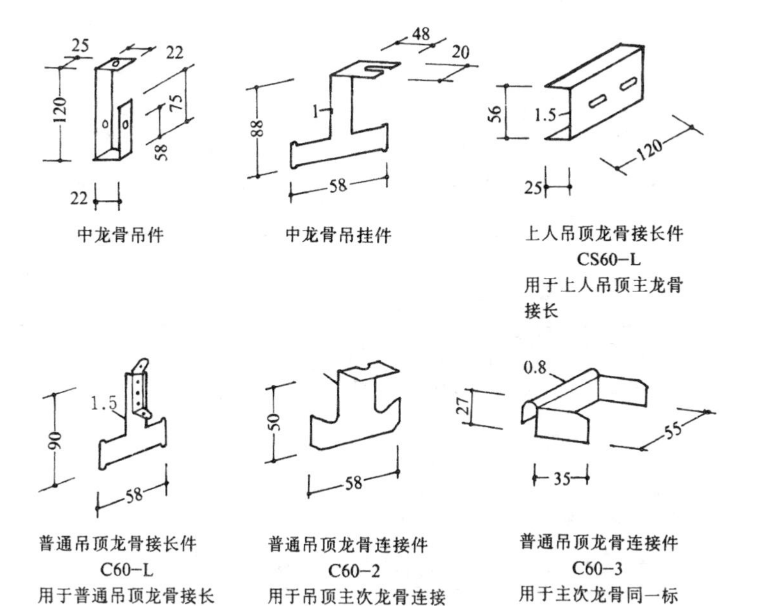

中龙骨吊件

中龙骨吊挂件

上人吊顶龙骨接长件 CS60-L
用于上人吊顶主龙骨接长

普通吊顶龙骨连接件 C60-1
用于普通吊顶主龙骨吊挂

普通吊顶龙骨接长件 C60-L
用于普通吊顶龙骨接长

普通吊顶龙骨连接件 C60-2
用于吊顶主次龙骨连接

普通吊顶龙骨连接件 C60-3
用于主次龙骨同一标高时连接

3 其它石膏板

种类	细度(mm)筛余≤1%	凝结时间(分)	抗弯强度(kg/cm²)	抗压强度(kg/cm²)	应用范围
粘结石膏	0.2	100～160	≥25	≥60	用于纸面石膏板，饰面板与砖、混凝土墙柱之间的粘结
嵌缝石膏		40～70	≥15	≥30	用于石膏板墙面、吊顶板接缝处理

石膏板技术性能

项目	技术指标
单位面积重量 (kg/m²)	板厚：9.5　12　25 普通板：≤9.5　≤12　≤25
	防火板：≤10　≤13　≤26
挠度 (mm) 支座间距40d(d-板厚)	板厚：9.5 ⊥纤维 无　//纤维 无 12 ⊥纤维 ≤0.8　//纤维 ≤1.0 25 ⊥纤维 无　//纤维 无
断裂强度 (kg) 支座间距40d(d-板厚)	板厚：⊥纤维　//纤维 9.5　≥45　≥15 12　≥60　≥18 25　≥50　≥18
耐火极限	普通纸面石膏板 5~10分钟 防火纸面石膏板 >20分钟
燃烧性能	A_2级不燃
隔声性能(db)	板厚 9.5　指数 26 12　28
含水率	≤2%
导热系数	0.167～0.18(千卡/米·度·时)
钉入强度 (kg/cm²)	板厚 9.5　12 10　20

4 轻钢龙骨及配套件

轻钢龙骨采用镀锌钢带轧制。可作为轻质隔墙和吊顶的骨架，主要与石膏板及其制品配套使用。

类别	墙体龙骨										吊顶龙骨	
名称	隔墙龙骨								中龙骨	外墙面龙骨	上人吊顶龙骨	不上人吊顶龙骨
代号	C50	C75	C100	C150	C50	C75	C100	C150			CS60	C60
断面												
尺寸	50×40×0.63	75×40×0.63	100×40×0.63	150×40×0.63	50×50×0.63	75×50×0.63	100×50×0.63	150×50×0.63		25×25×0.63	60×27×1.5	60×27×0.63

5 隔墙限制高度表

类别	墙体厚度(mm)	竖龙骨规格(mm)	石膏板厚度(mm)	隔墙最大高度 M		适用范围
				a	b	
单排龙骨单层石膏板隔墙	75	50×50×0.63	12	3.00	2.75	a 适用于住宅、旅馆酒店、办公室、病房及这些房间的走廊等 b 适用于会议室、教室、展览厅、商店等
	100	75×50×0.63	12	4.00	3.50	
	125	100×50×0.63	12	4.50	4.00	
	175	150×50×0.63	12	5.50	5.00	
单排龙骨双层石膏板隔墙	100	50×50×0.63	2×12	3.25	2.75	
	125	75×50×0.63	2×12	4.25	3.75	
	125	100×50×0.63	2×12	5.00	4.50	
	200	150×50×0.63	2×12	6.00	5.50	

6 轻钢龙骨石膏板隔墙耐火性能表

隔墙构造简图	板材性质	填充材料	石膏板层数	升温时间(分)	炉内温度(℃)	背面温度(℃)	判定条件		耐火极限(h)
							完整性被破坏	失去隔火作用	
9.5 15 75 15 114.5	普通纸面石膏板	无	3	69	976	204	✓	✓	1.1
				70	1011	215	✓	✓	
				83	1024	189	✓	✓	
12 12 75 12 12 123	普通纸面石膏板	无	4	81	921	286	✓	✓	1.1
				71	962	200	✓	✓	
				67	971	210	✓	✓	
	防火纸面石膏板	无	4	105	1074	105	✓	✓	1.5
				100	1100	209	✓	✓	
				90	1036	198	✓	✓	
12 12 75 12 12 123	防火纸面石膏板	40mm厚岩棉	4	120	1031	186	✓	✓	1.6
				102	1039	150	✓	✓	
				123	1066	184	✓	✓	

7 轻钢龙骨石膏板隔墙隔声性能表

隔墙构造简图	层数	每层石膏板厚度(mm)				隔墙厚度 S	隔声量(db)		填充材料
		a	c	b	d		指数	平均	
	2	12		12		99	37	34	无
		18		9.5		102.5	42	39	
		25		15		115	46	42	
	3	12	12	12		111	45	42	无
		15	95	15		114.5	49	45	
		12	12	25		124	51	47	
		12	12	12		111	51	48	40mm厚岩棉
	4	12				123	50	48	无
						123	53	51	40mm厚岩棉
	非龙骨4	12				198	57	54	40mm厚岩棉

纸面石膏板安装的一般要求

1.纸面石膏板可以横向铺板或纵向铺板，但有防火要求时墙体必须纵向铺板（即石膏板的包封边与竖龙骨平行）。

2.用于天花板时，石膏板长边（包封边）必须与龙骨垂直铺板。

3.固定件（自攻螺钉）与石膏板边缘的距离不得小于 10mm，也不得大于 16mm。

4.固定板时，应从一块板的中部向长边及短边固定。钉子就位后，钉头应略埋入板内。

5.石膏板对接时要靠紧，但不能强压就位。

6.墙面对接缝应错开，墙两面的接缝不能落在同一根龙骨上。

7.安装石膏板时，板与隔墙周围松散地吻合，应留有小于 3mm 的槽口。

8 石膏板接缝作法

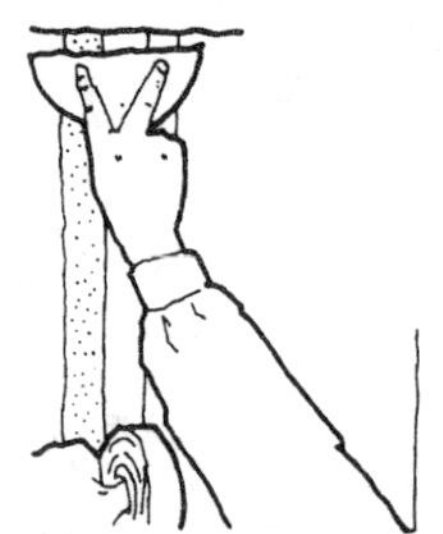

用小刮刀将嵌缝腻子均匀饱满地嵌入板缝，并在接缝处刮上腻子。随即把穿孔纸带贴上

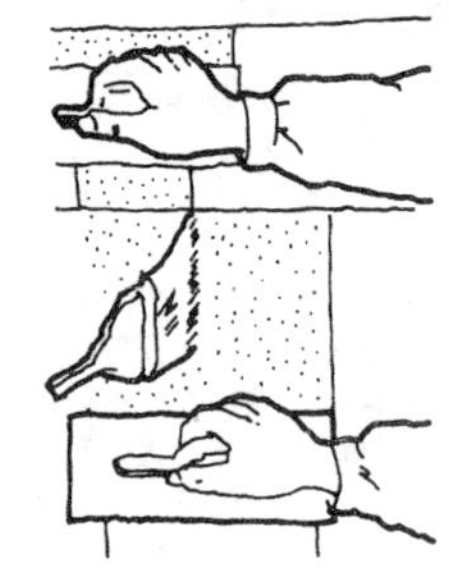

用宽为 150mm 的刮刀将石膏腻子填满楔形边的部分

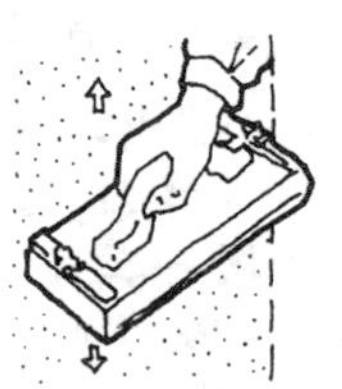

再用宽为 300mm 的刮刀，补一遍石膏腻子，宽约 300mm，其厚度不超过石膏板面 2mm。

待腻子完全干燥后，用手动或电动打磨器，2 号砂布将嵌缝腻子磨平

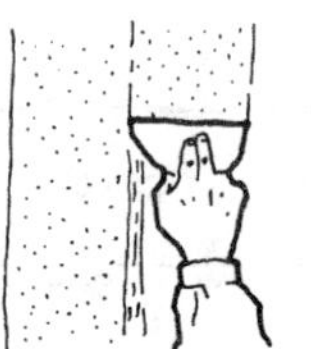

用刨将平缝边缘刨成坡口，以刨刀将嵌缝腻子均匀饱满地嵌入板缝，并在接缝处刮上宽约 60mm 厚约 1mm 的腻子，随即贴上穿孔纸带，用宽 60mm 刮刀，顺着穿孔纸带方向将纸带内的嵌缝腻子挤出穿孔纸带

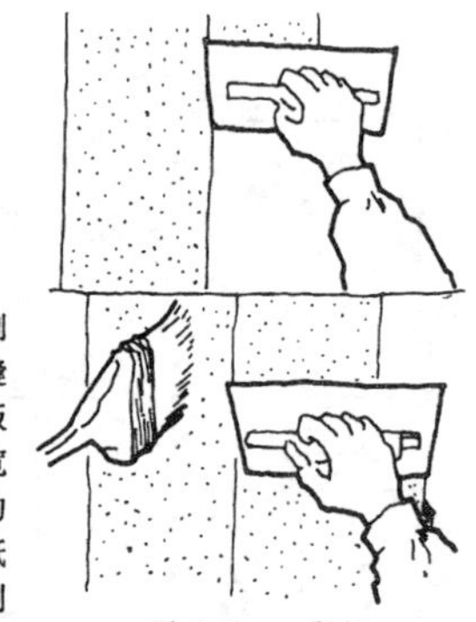

用 150mm 宽的刮刀在穿孔纸带上覆盖一薄层腻子

用 300mm 宽的刮刀再补一遍腻子。其厚度不超过石膏板面 2mm，用抹刀将边缘拉薄，待腻子完全干燥后，用手动或电动打磨器，2 号砂布或砂纸打磨，嵌完的接缝平滑，中部略向两边倾斜

阳角嵌缝

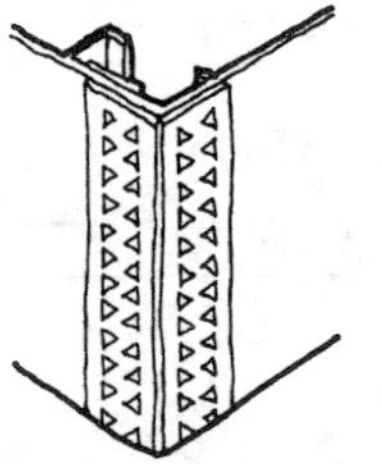

将金属护角按所需长度切断用 12mm 长圆钉或阳角护角器固定在石膏板上

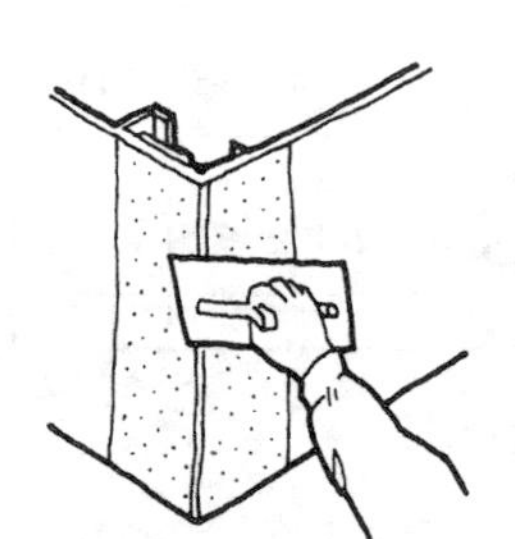

用嵌缝腻子将金属护角埋入腻子中，待完全干燥后（约 12h），用装有 2 号砂布的磨光器磨光即可

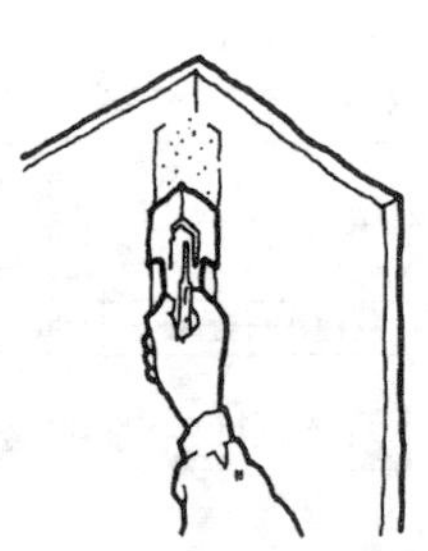

先将角缝填满嵌缝腻子，然后在内角两侧刮上腻子贴上穿孔纸带，用滚抹压实纸带

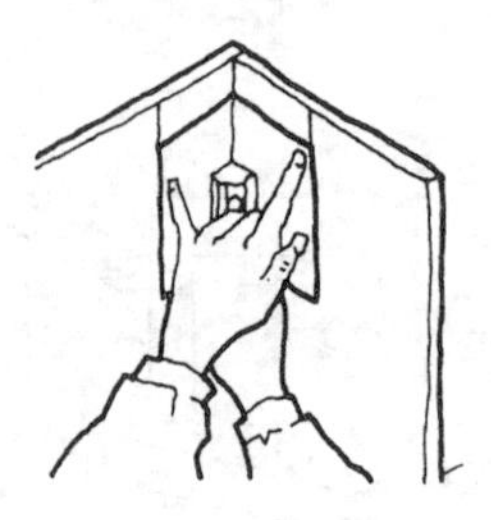

用阴角抹子再加一薄层石膏腻子

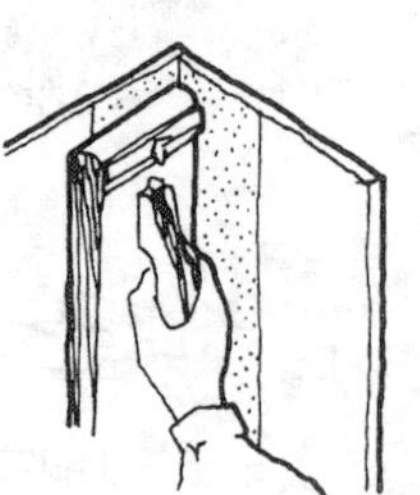

干燥后用 2 号砂纸磨平

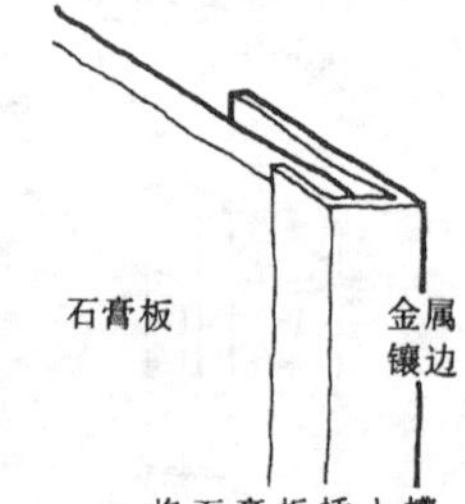

将石膏板插入槽内，并用镶边的短脚紧紧钳住。边上不需要再加钉

1 隔墙钢龙骨安装

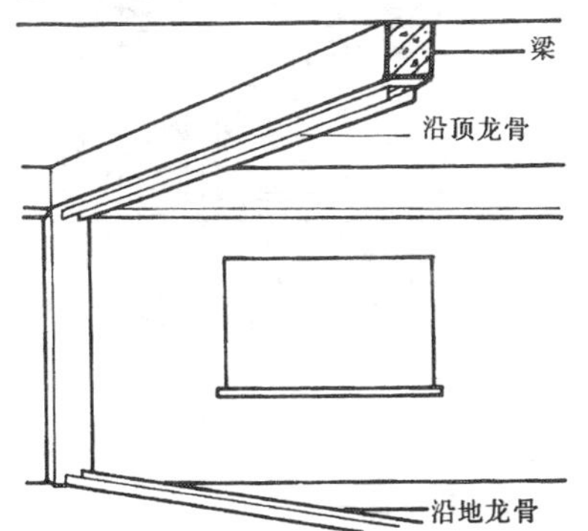

根据设计图纸要求，将沿地、沿顶龙骨准确地固定在混凝土楼板上。固定龙骨之射钉间距水平方向最大 800mm，垂直方向最大 1000mm。

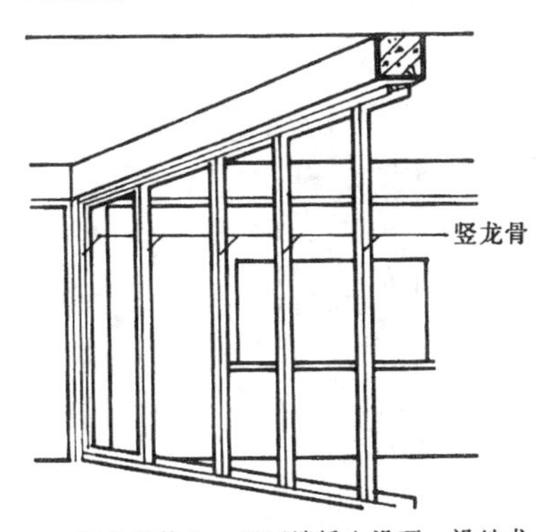

竖龙骨的上、下两端插入沿顶、沿地龙骨，按要求调整尺寸，精确定位，放垂直，并用卡钳打铆眼将其和沿顶（地）龙骨固定。但对于耐火等级的墙体、竖龙骨长度比上、下之间实际距离短 30mm，以便在上、下形成 15mm 的膨胀缝。竖龙骨间距 400～600mm。

靠墙（或柱）的竖龙骨，用射钉将其固定，钉距 1000mm。

3 单层石膏板隔墙安装

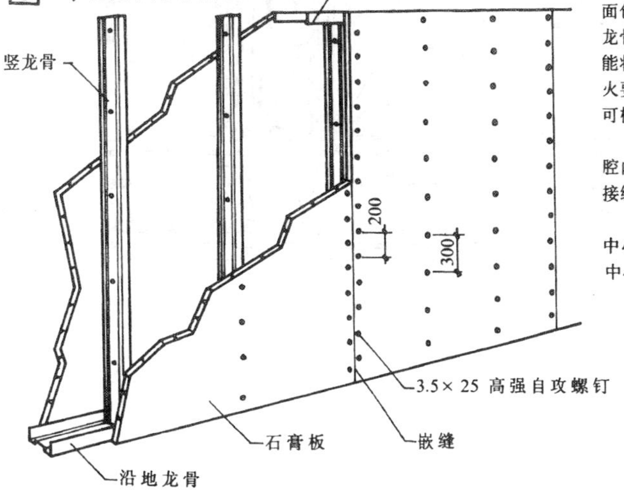

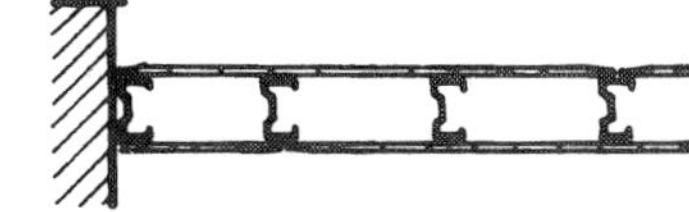

耐火等级墙体石膏板，应纵向铺板，即纸面包封边与竖龙骨平行，但只将平接边固定到龙骨上，注意平接边落在竖龙骨翼板中央。不能将石膏板固定到沿顶沿地龙骨上。一般无防火要求的石膏板墙，石膏板既可纵向铺设，也可横向铺设。

当有电线、管线、岩棉板时，应安装在空腔内。然后铺另一面的石膏板，两侧石膏板之接缝，应错开一个竖龙骨设置。

螺钉用 3.5×25 高强自攻螺钉。周边螺钉中心间距最大为 200mm，中间龙骨上，螺钉中心间距最大为 300mm。

4 双层石膏板隔墙安装

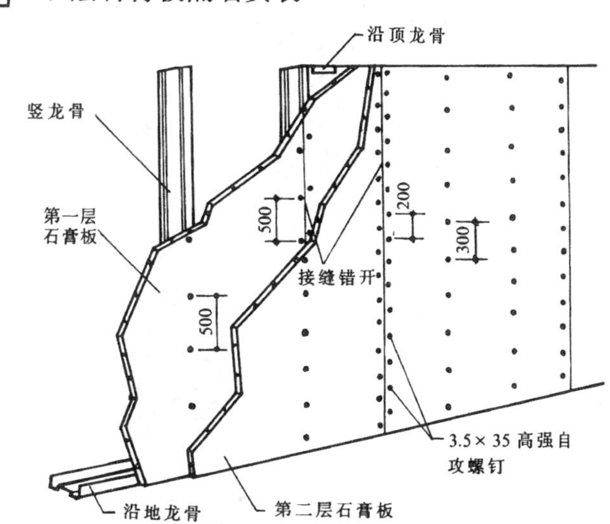

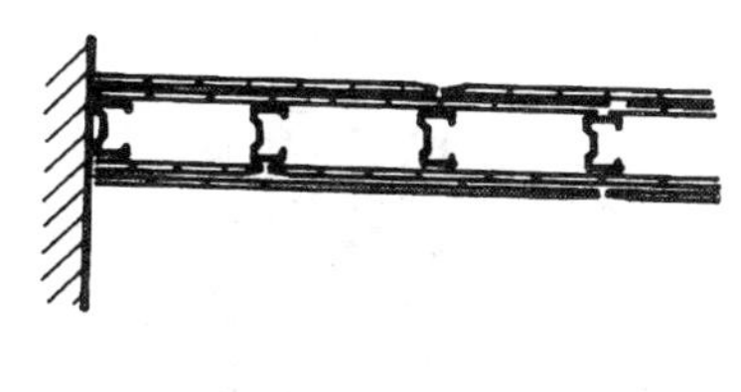

第二层石膏板的固定方法与第一层相同，但第二层板的接缝不能与第一层板的接缝落在同一竖龙骨上。

用 3.5×35 高强自攻螺钉将板固定在所有竖龙骨上。

当为防火墙时，不得将石膏板固定在沿顶、沿地龙骨上。

2 沿顶、沿地龙骨与楼（地）面连接构造

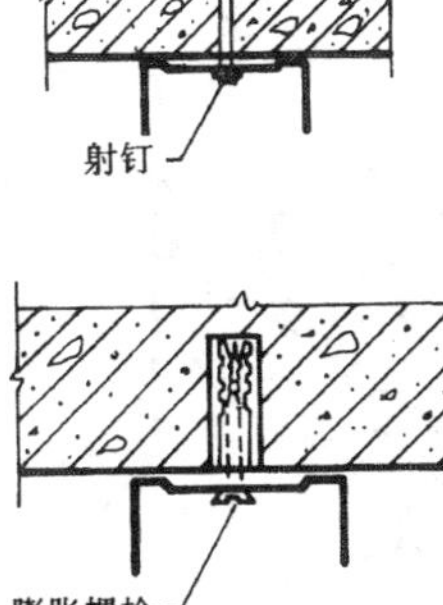

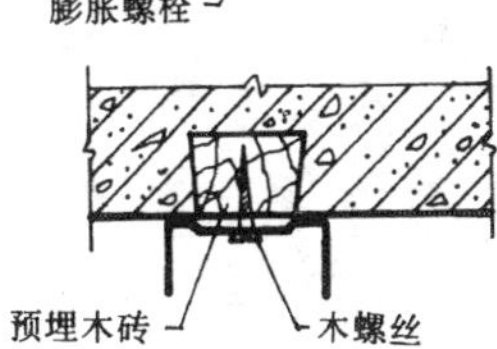

5 内墙管线安装

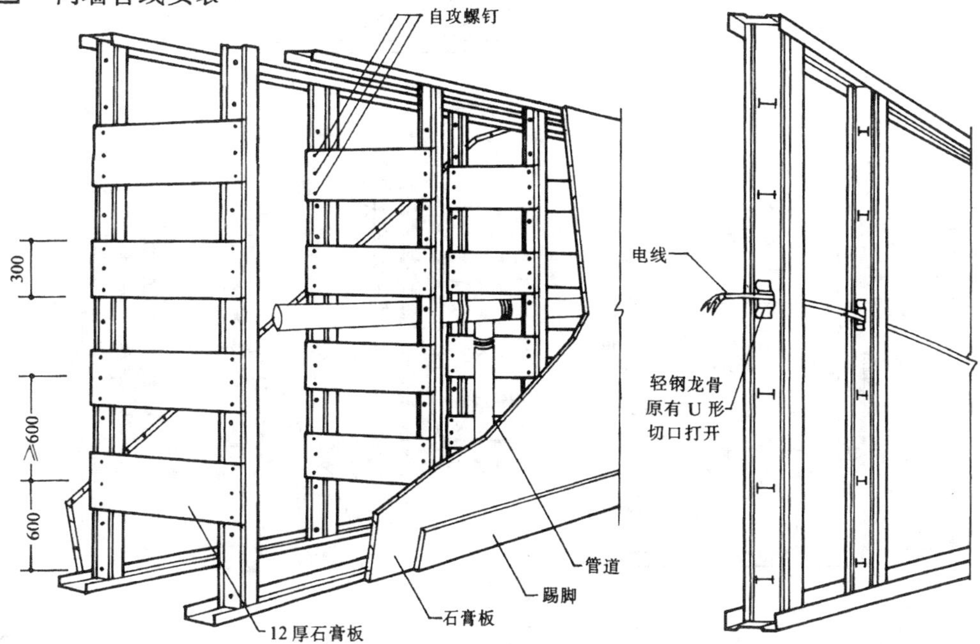

6 石膏板连接构造

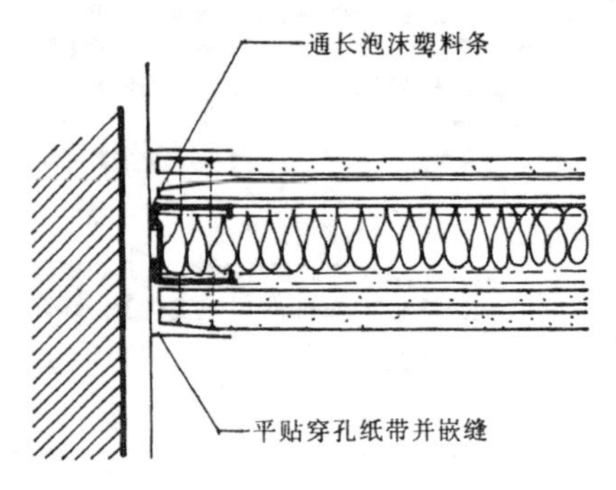

与实体墙连接

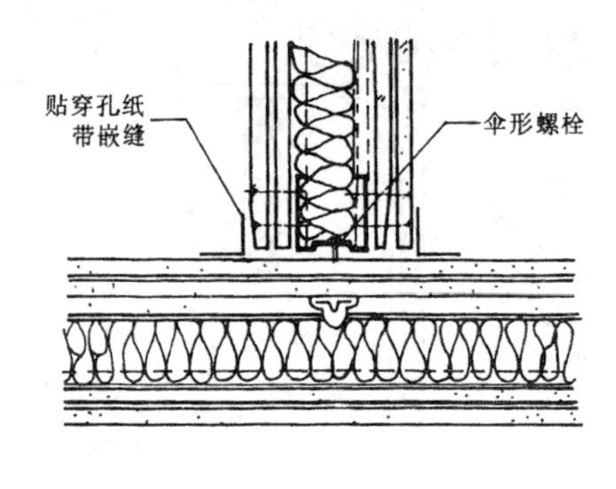

T 型连接

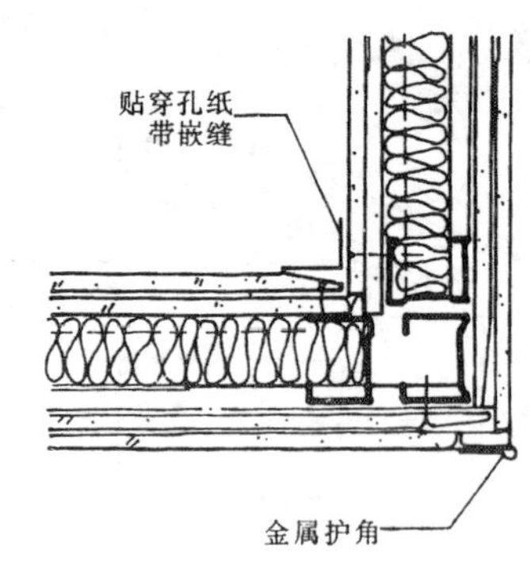

转角连接

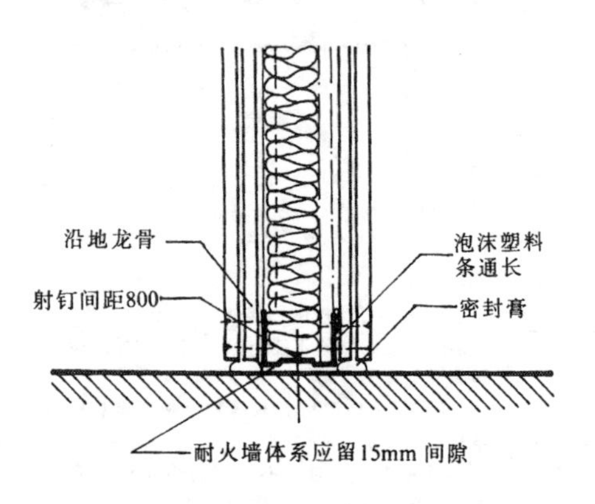

与地板连接

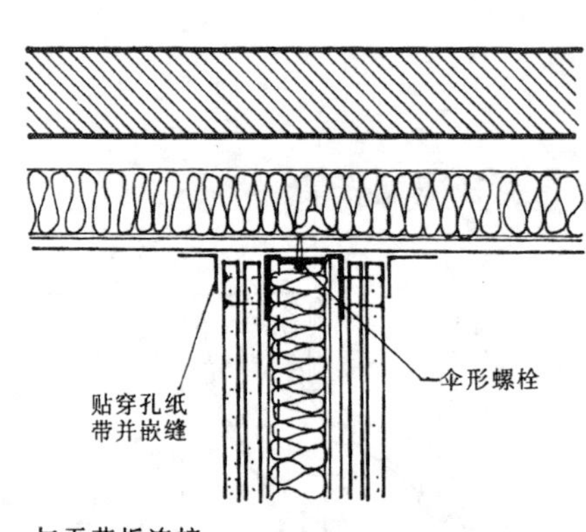

与天花板连接

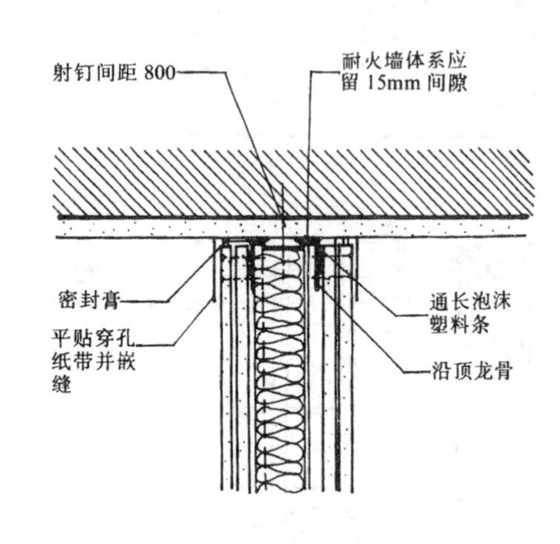

与楼板连接

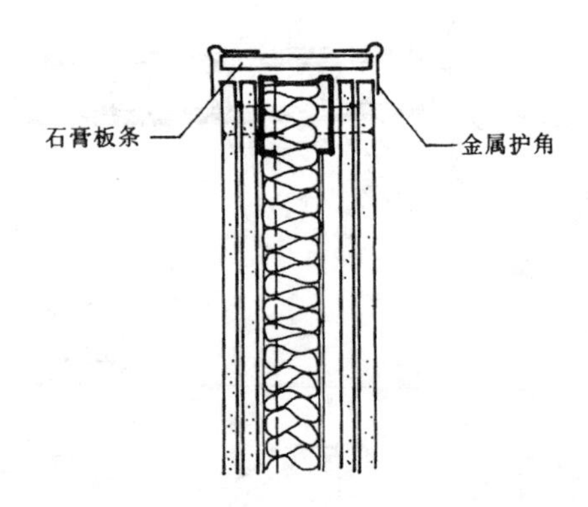

自由墙端

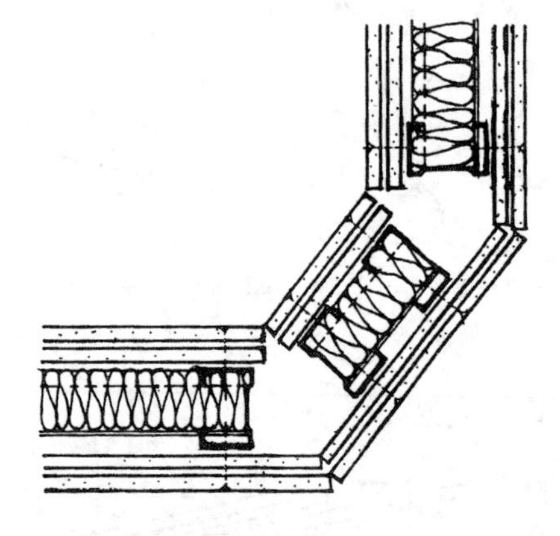

折墙连接

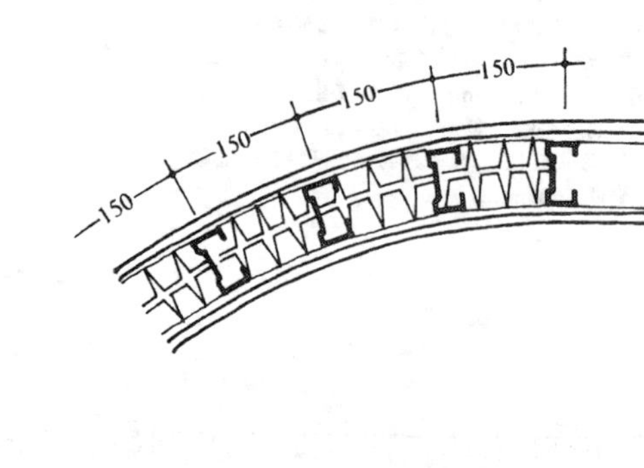

曲线连接

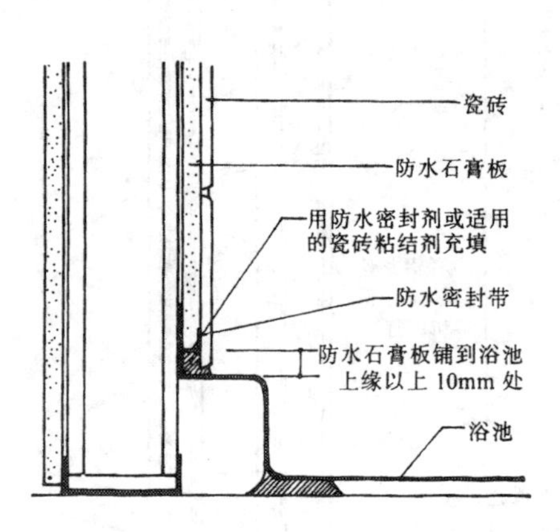

普通墙面与淋浴池衔接构造

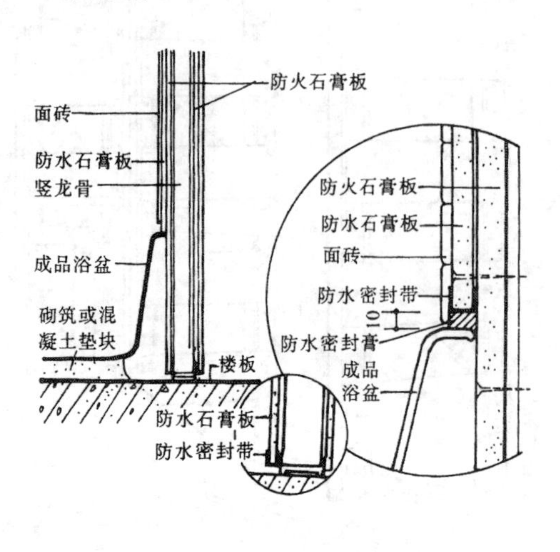

有防火要求墙面与浴盆衔接构造

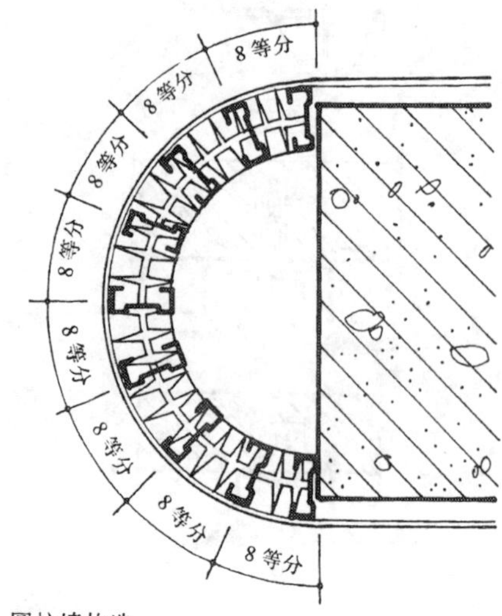

圆柱墙构造

1 石膏板吊顶及构造

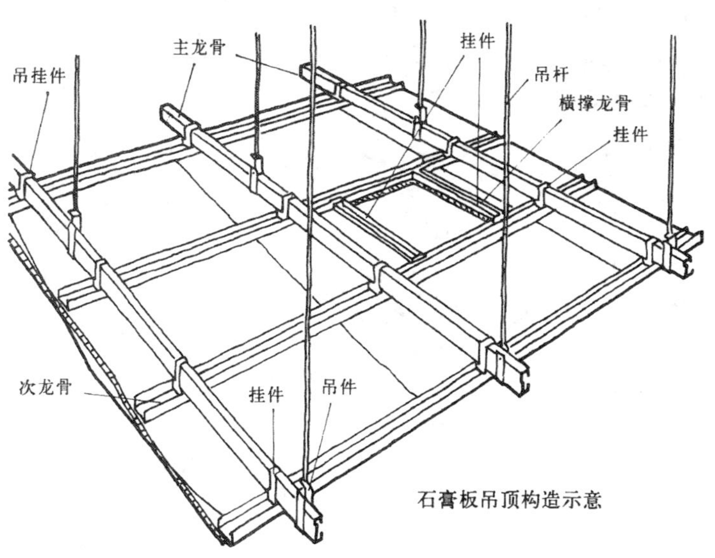

石膏板吊顶构造示意

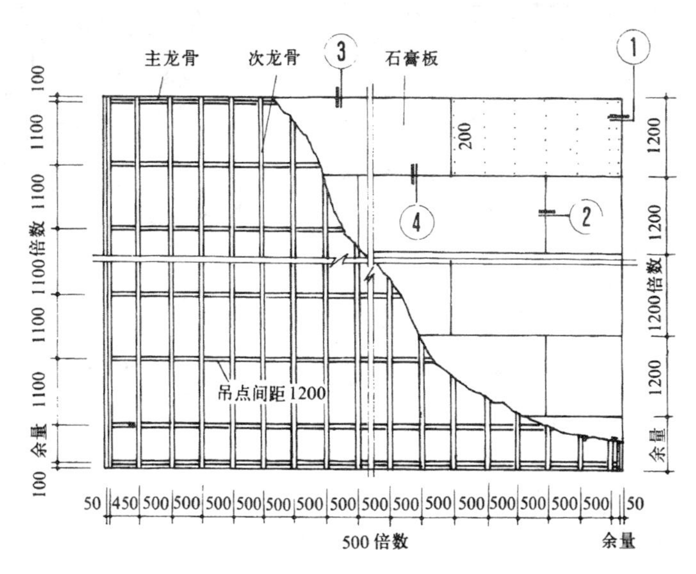

2 主龙骨、吊点布置图及吊点构造

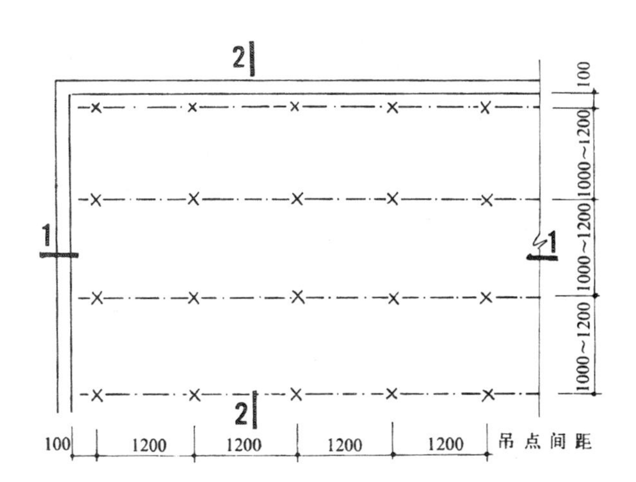

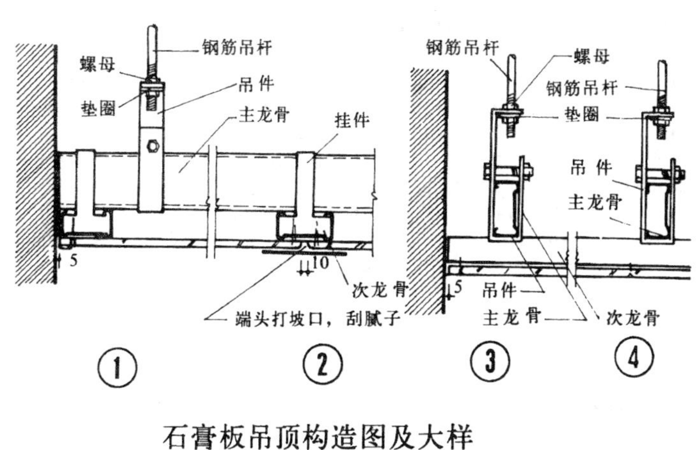

石膏板吊顶构造图及大样

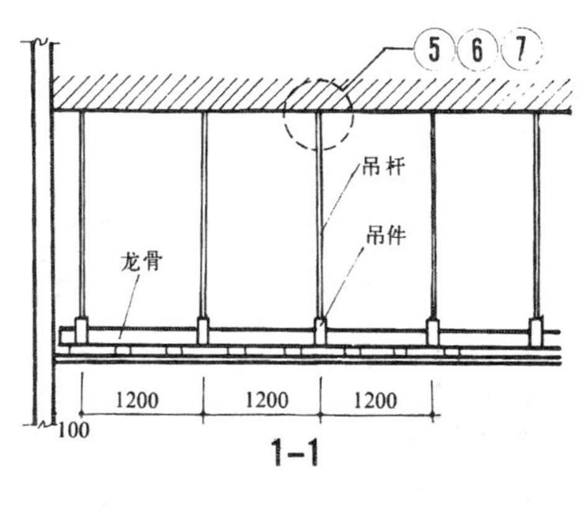

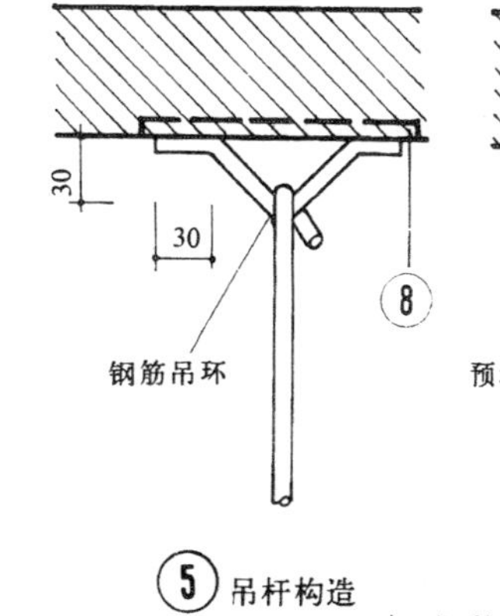

⑤ 吊杆构造

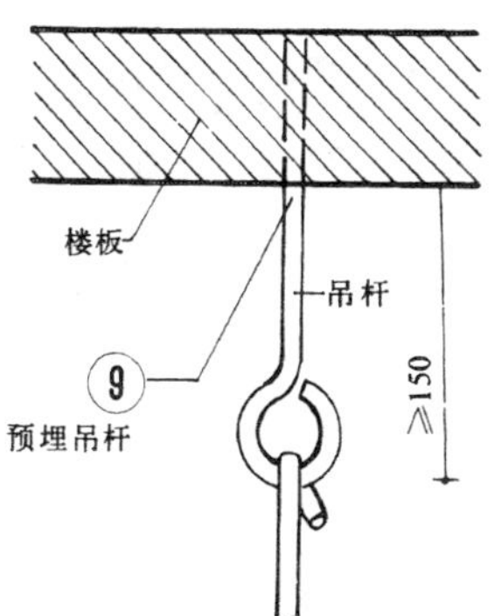

⑥ 吊点构造

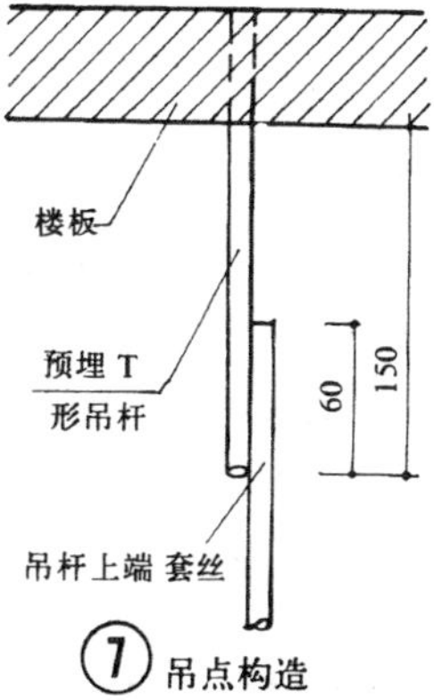

⑦ 吊点构造

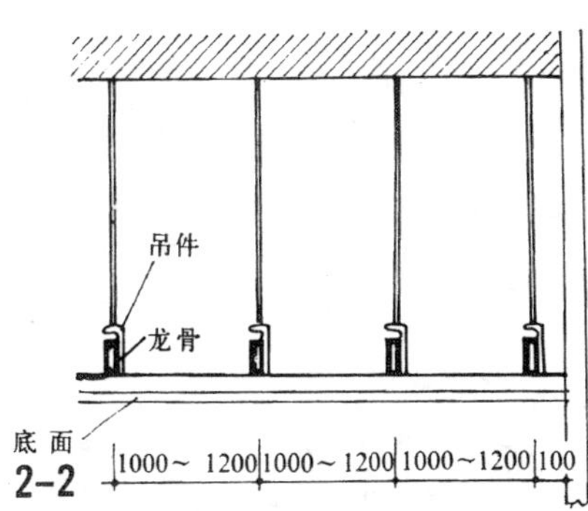

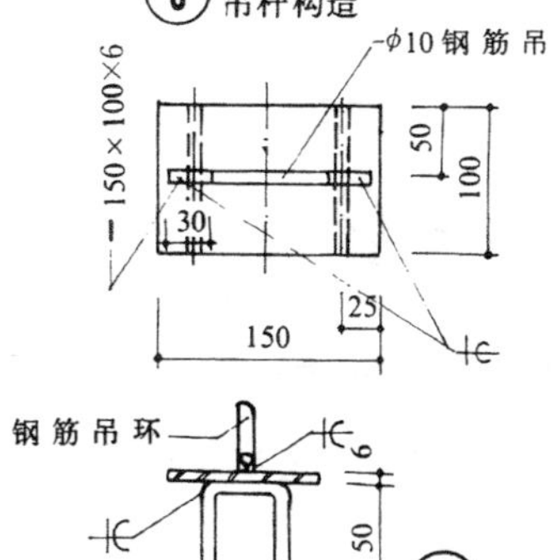

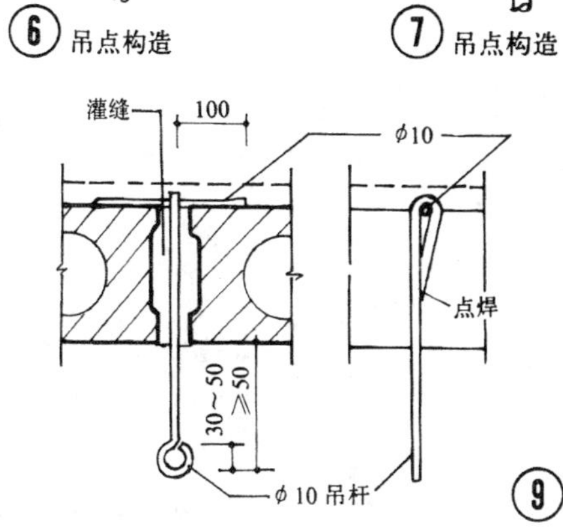

泰柏墙板是由板块状焊接钢丝网笼和阻燃性泡沫塑料（聚苯乙烯）芯组成。板的重量轻，不碎裂，易于防水和防火，易于剪裁和拼接，便于运输与组装，并可预先设置导管、开关盒、门窗框等，而后喷涂或抹水泥砂浆，形成完整的泰柏墙体。根据设计要求可在外表面作各种墙面装饰。

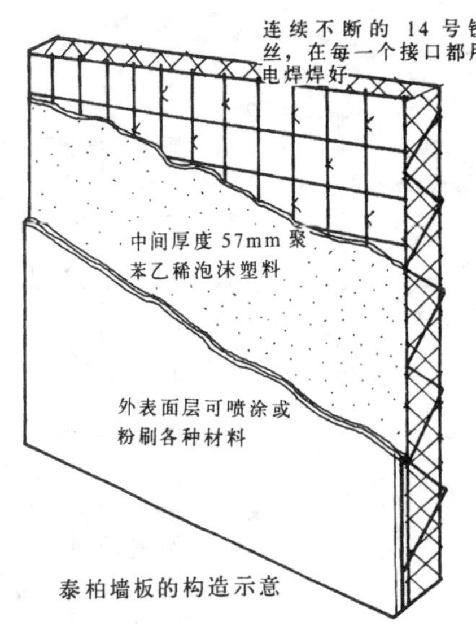

泰柏墙板的构造示意

1 泰柏墙板主要技术性能

1.自重轻　泰柏墙板重 39kg／m^2。砂浆抹面后重 85kg／m^2，较半砖墙还轻 64%左右。

2.强度高　2.44m 和 3.66m 高的墙体轴向允许荷载分别为 7440kg／m^2 和 6250kg／m^2；横向的高度或跨度为 2.44m 和 3.05m 的允许荷载分别为 195kg／m^2 和 122kg／m^2。

3.防火　采用优质阻燃性聚乙烯为填充料，表面封以水泥砂浆后，其耐火极限为 2h～5h。

4.保温隔热　其导热系数小于 0.134kcal／m · h · c，相当于 50cm 宽两砖墙的导热系数。

5.隔声　其隔声量在 41～53dB 之间，视需要可做到更高的隔音效果。

6.防震　由于泰柏墙是以 14 号镀锌钢丝制成的桁条网络为骨架，装配后钢丝网络连成一体，总体量质极轻，抗震性能大大优于其它材料。

7.抗潮湿　抗冰冻融化，内芯的聚苯乙烯不吸水，抗潮湿优于砖墙。

8.装饰性　可在水泥砂浆表面作各种饰面，如马赛克、内外墙砂、涂料、壁纸等，也可悬挂各种吊柜。设于墙上的单个标准螺栓允许荷载为 227kgf 拉力或 318kgf 剪力。

2 泰柏墙板的施工要点

墙板的安装

1. 墙板与其它墙体、楼面、顶棚、门窗框及墙板的连接必须紧密牢固。
2. 墙板之间的所有拼接缝必须用平联结网或之字条覆盖、补强。
3. 外墙、楼板及顶盖之墙板拼缝必须用不小于 306mm 宽的方格网覆盖、补强。
4. 墙之阳角必须用不小于 306mm 宽的角网补强，阴角处必须用蝴蝶网补强。
5. 用泰柏墙板做屋面或楼板时，当净跨大于 2.44m 时，受拉区应按 $\phi 6@200$ 设置补强钢筋，支座处亦应设置相应的圆弯筋。
6. 泰柏楼板或屋面板之最大净跨不得大于 3.6 m，泰柏板梁之最大净跨不得大于 5.2 m。
7. 框架结构中梁的间距最后要符合泰柏板之长度尺寸（2.44m 或 2.74m），这样，采用预制后装配的施工方法较为简便。
8. 非预制的泰柏楼板或屋面板，抹灰前必须做好底部支撑，以不影响抹灰，保证结构不至变形，要求板面平整，不得有起拱或弯曲现象。

板面的抹灰

1.抹灰前应首先对泰柏板的安装做全面检查认可。

2.水泥砂浆材质要求：水泥：硅酸盐水泥或 425 号以上普通硅酸盐水泥。砂：淡水中砂。配比：1：3。采用砂浆喷涂时，可加入不多于水泥用量的 25%的石灰膏。

外墙抹灰之砂浆应加入适量的防水添加剂。

3.墙体抹灰分两层进行。第一层厚度约 10mm，第二层厚度约 8～12mm。第一层抹完应用带齿的抹子沿平行桁条方向拉出小槽，以利第二层抹灰之结合。

4.墙体抹灰必须遵循之操作程序：

抹墙体任何一面第一层—→湿养护 48 小时后抹另一面第一层—→湿养护 48 小时后各抹面二层。

5.非预制泰柏楼板或屋面抹灰必须遵循之操作程序：

抹顶面第一层—→湿养护 48 小时后抹第二层—→10 天后拆除支撑，做底部第一层—→湿养护 48 小时后抹第二层。

6.泰柏板抹灰完成 3 天内，严禁施以任何撞击力。

7.泰柏墙与其它墙体或柱的接缝，抹灰时应设置补强钢板网，以避免出现收缩裂缝。

3 泰柏墙板的构件

之字条：用于泰柏板竖向及横向拼接缝处，还可连接成蝴蝶网或Π形桁条，用于阴角加固或木门窗框安装

204mm 宽平联结网：14 号钢丝方格网，用于竖向及横向接缝处，用方格网卷材现场剪制

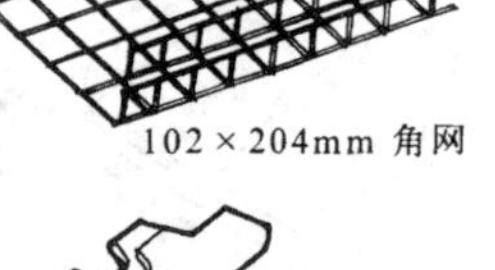

102×204mm 角网：14 号钢丝方格网，做成 L 型，用于阳角补强，用方格网卷材现场剪制

箍码：用于将平联结网、角网、U 码、之字条与泰柏板连接，以及板间拼接

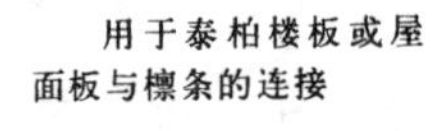

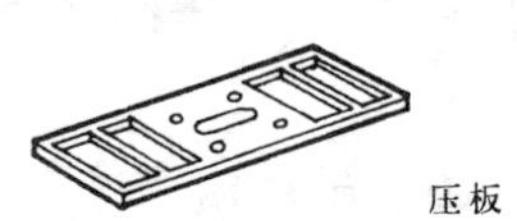

压板：用于泰柏楼板或屋面板与檩条的连接

组合 U 码：与膨胀螺栓一起使用，用于板与基础、楼面、顶板、梁、门框之连接

方垫片：用于Π形桁条和网码等与木门、窗框之连接

直片：用作预制泰柏板或屋面板之连接附件

半码：用于宽度大于 1.2m 金属门框或木门框的安装

角铁码：当墙体高度大于 3.05m 时，用于附加钢骨架与地台、楼板之连接

钢筋码：在非承重内隔墙结构中，可替代 U 码以连结墙体与地基或顶棚

蝴蝶网：二条之字组合而成，主要用于板块结合之阴角补强

Π形桁条：三条之字条组合而成、主要用于木质门窗框的安装，以及一些洞口的四周补强

网码：用于木质门窗框与泰柏板之连接

压片（3×48×46，3×40×80）：用于 U 码与楼地面等之连接或挑檐板与檩条之连接

4 泰柏板墙系统的基本构造

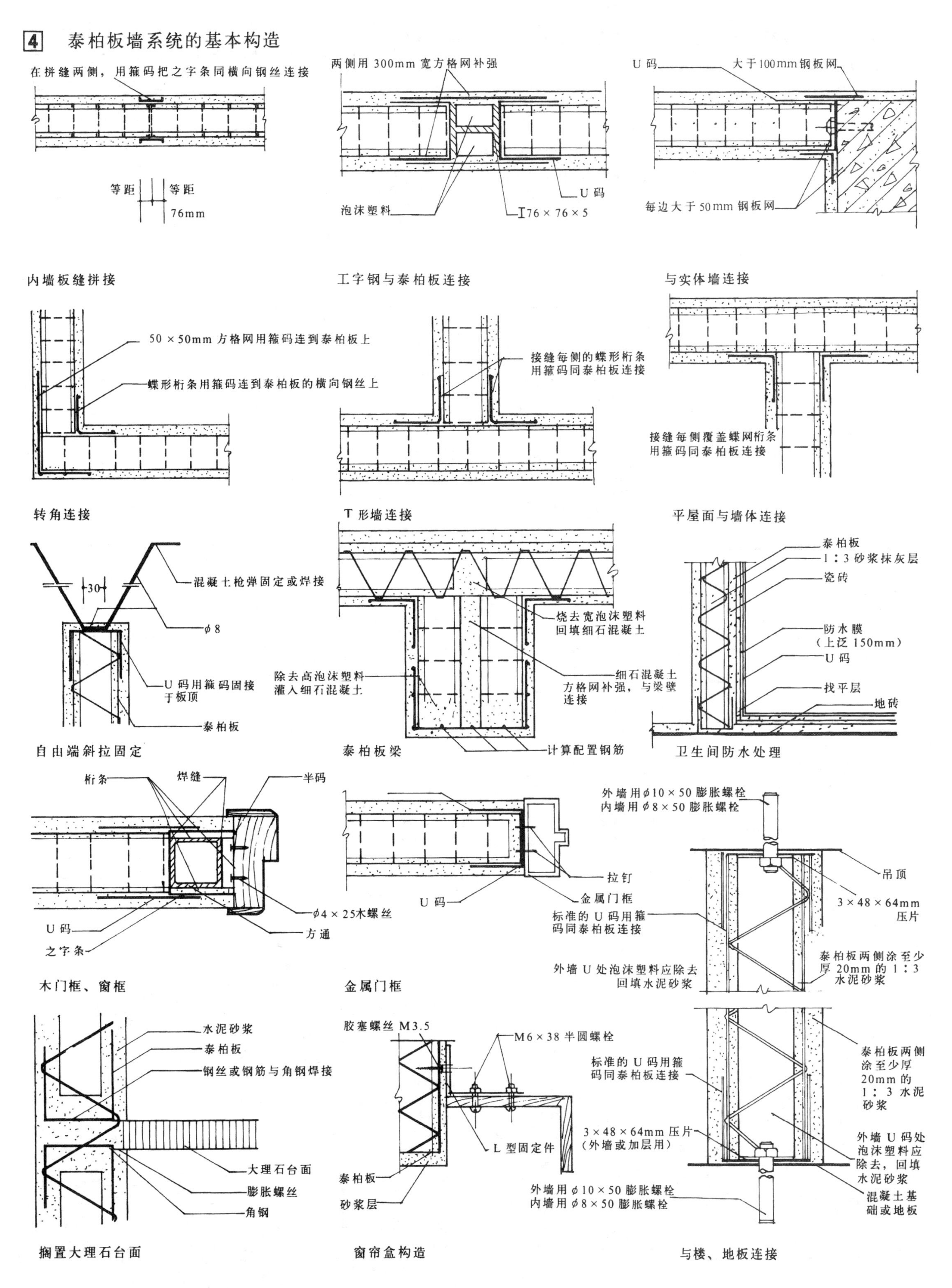

以无毒性矿物纤维为原料制成，与轻钢龙骨或铝合金龙骨配套用于室内吊顶，具有防火、防潮、隔热、质轻及吸音性能特佳等优点。

物理性能

性能		实测
项目	单位	
密度	kg／m³	407
抗折强度	兆帕 (MPa)	厚 9mm 1.96 厚 12mm 1.76 厚 15mm 1.60
吸水率	%	9.6
含水率	%	0.4
吸声率	NRC (空气层 200mm)	0.5～0.7
热导率	W／m · K	0.07
难燃性	级别	难燃一级

品种图案

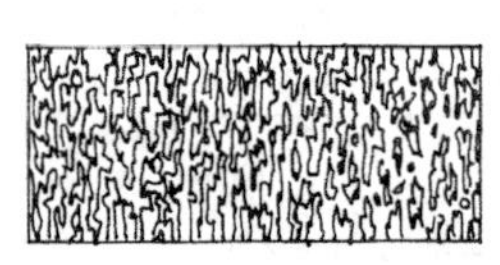

浮雕

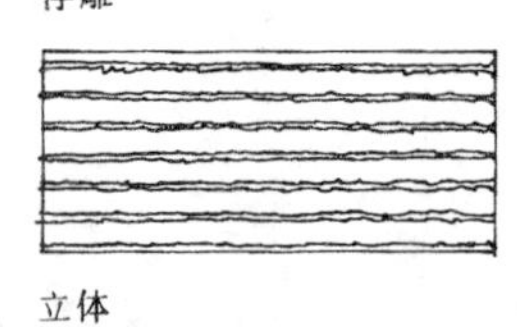

立体

滚花

印花

明龙骨安装法

可采用轻钢龙骨或铝合金龙骨，按采用板的规格吊好龙骨架。然后，将矿棉吸声板直接放在龙骨架上。此法施工简单。

板型 1

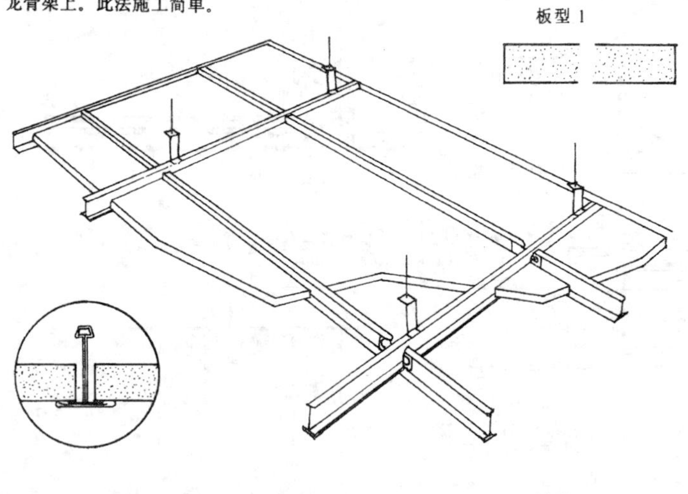

板型 2

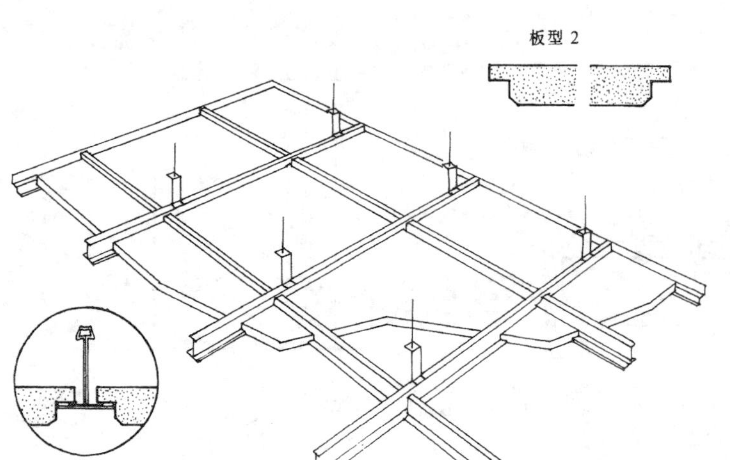

明暗龙骨安装法

采用轻钢龙骨或铝合金龙骨，按采用板的规格，吊好龙骨架。然后，将板不开槽的部位，直接放在龙骨架上。开槽部位用 T 形龙骨装配。

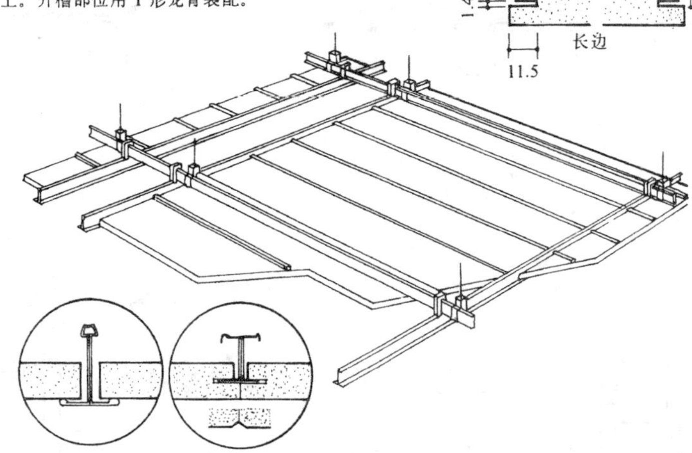

暗龙骨安装法

采用 H 形轻钢或 T 形铝合金龙骨与龙骨插片，将龙骨按采用板的规格吊成龙骨架，再将板逐一插入龙骨架中，板与板之间用龙骨插片连接。

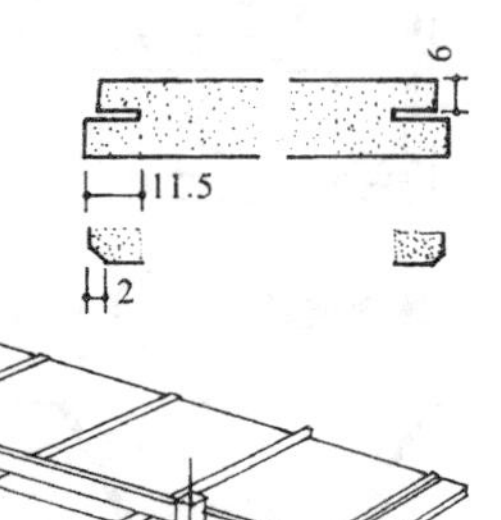

复合插贴安装法

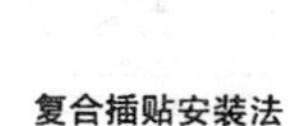

采用轻钢或木质龙骨，将纸面石膏板用螺钉安装在龙骨上，表面要求平整一致。接缝处要求用腻子刮平；然后，在吸声板背面抹胶，涂 15 个点；最后，把吸声板粘贴在纸面石膏板上，同时用钉固定。

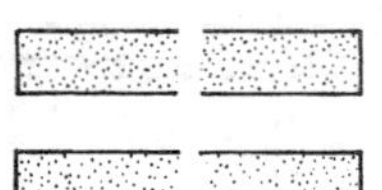

涂胶位置

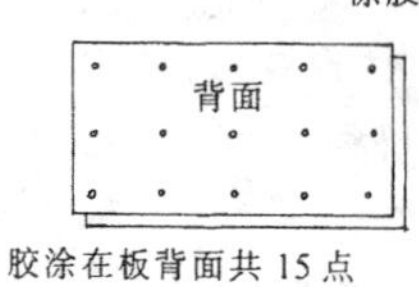

胶涂在板背面共 15 点

背面

安装时板后的箭头方向，必须保持一致

钉子打入位置

钉子打在板表面插口位置

玻璃棉是以 FRP 细微粒掺入硬化树脂经压缩调合而成，为高级隔热材料，亦有防火、隔音的功效，与铝合金龙骨配合亦可用于天花吊顶材。

玻璃棉制品的特性是：无论在高、低温环境中，均有优异的保温性能，通过微细玻璃纤维与声波之间的摩擦，对中、高频声波有良好的吸音效果。因其为无机纤维，不燃烧，不会产生有害气体及有害物质。吸湿率低，通气性好，有排潮机能，具有良好的回弹性。

1 玻璃棉厚度与吸声率的关系

1 a.空气层指被测物体和振动体的距离。
b.玻璃棉厚 50mm，密度 32kg／m³，690×915mm（长×宽）。
c.测试方法：交混回音室。

吸音频率(Hz)	125	250	500	1000	2000	4000
空气层 0(mm)	0.21	0.63	0.99	0.97	0.98	0.99
空气层 40(mm)	0.27	0.79	0.90	0.98	0.95	0.99
空气层 160(mm)	0.55	0.99	1.00	0.99	0.99	0.98
空气层 310(mm)	0.71	0.96	0.97	0.98	0.97	1.00

2 a.玻璃棉厚 25mm，密度 64kg／m³，909×1818mm（长×宽）。
b.测试方法：交混回音室。

吸音频率(Hz)	125	250	500	1000	2000	4000
空气层 0(mm)	0.07	0.25	0.76	0.93	0.77	0.76
空气层 40(mm)	0.21	0.82	0.96	0.80	0.84	0.81
空气层 160(mm)	0.54	0.96	0.95	0.90	0.77	0.73
空气层 310(mm)	0.76	0.80	0.86	0.87	0.75	0.86

2 玻璃棉制品类型

玻璃棉棉毡

是用途最广泛的建筑物隔热、保温、保冷及吸音材料。根据使用要求分为卷毡、板毡二类。密度为 10～32kg／m³，厚度为 25～50mm，宽度为 600～1200mm，长度为 5500～11000mm。

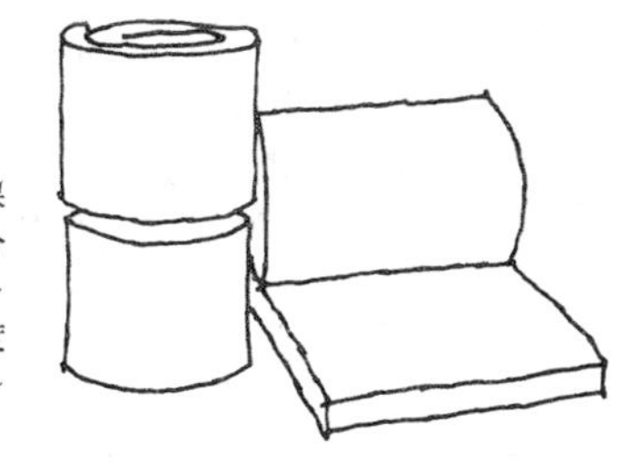

玻璃棉硬板

是高密度的玻璃棉。具有一定的机械强度，适用于屋顶、内墙、吊顶等有强度要求的部位。密度为 24～96kg／m³，厚度 15～50mm，宽度 600mm，长度为 1200mm。

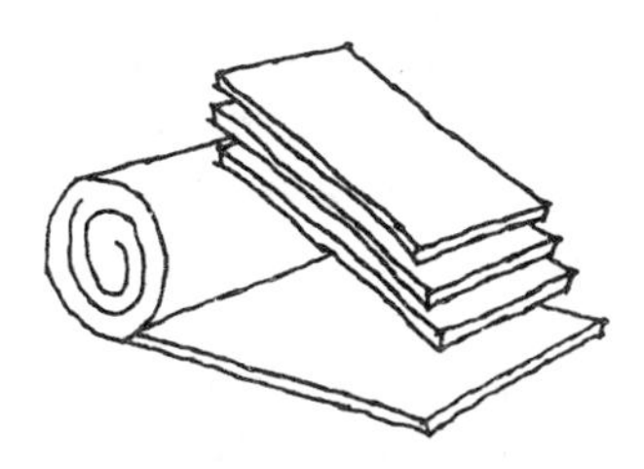

粒状棉

用于工业和建筑保温屋顶、中空墙的辅助保温、隔声、导热系数为 10℃、0.042W／m℃，密度约为 30kg／m²。

玻璃棉天花吊顶板

是以吸音玻璃棉为基材，表面贴附具有各种图案花纹的 PVC 薄膜等的内装修天花板。PVC 薄膜具有大量开气孔，吸音及防潮效果良好，故特别适用于卫生间、走廊的吊顶天花板。

密度 64kg／m³，厚度 25mm，宽度 600mm、长度 500mm、600mm、1200mm。

玻璃棉吊顶构造示意

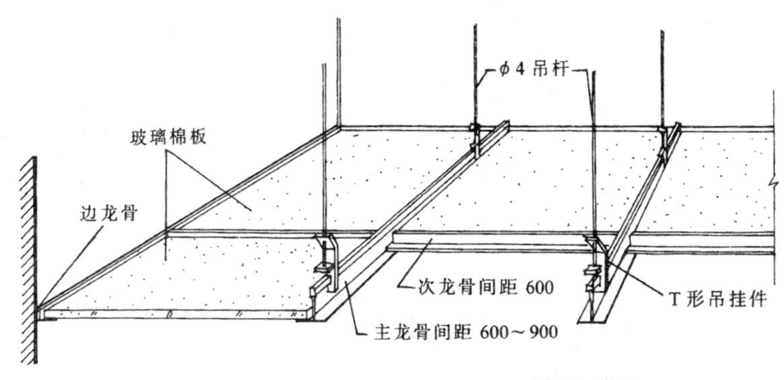

吊顶示意图

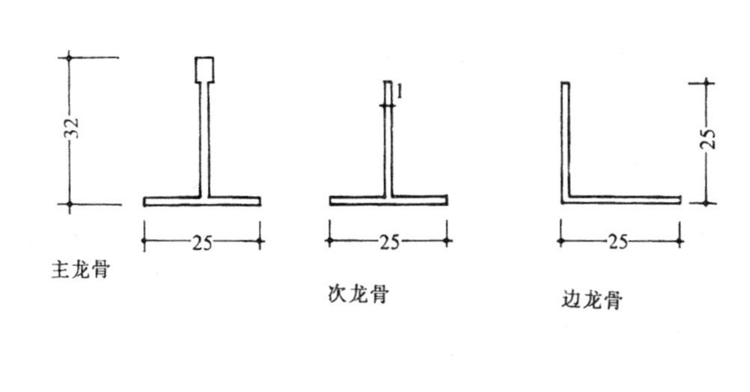

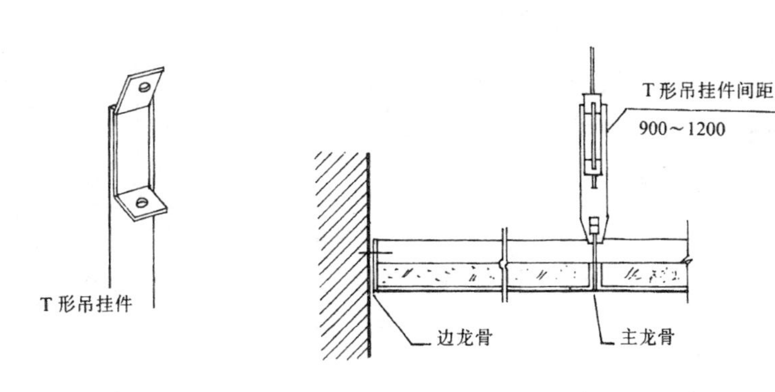

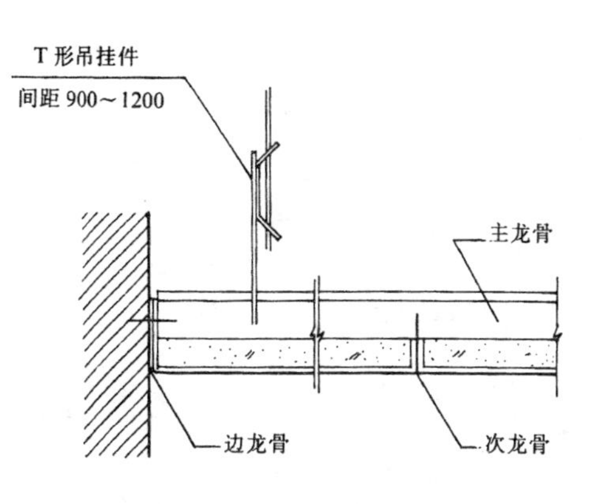

塑料地板自七十年代以来，在国际上已成为地面装修的主要材料，种类繁多。目前国内市场主要有两种产品，一种为聚氯乙烯块材（PVC），一种为氯化聚乙烯卷材（CPE），后者的耐磨性、延伸率都优于前者。块状板的常规尺寸为305×305mm。

塑料地板的装饰效果较好，脚感舒适，不易沾灰，噪音小，耐磨，不足之处是不耐热，易污染，受锐器磕碰易损。

塑料地板铺装使用粘贴法，基层一般为水泥地面，要求表面平整，不起砂，无裂缝，清洁干燥。铺装块状地板，要先画好定位线作为基准。常见的有十字线、丁字线、斜线等。粘贴从定位线的交叉处开始。卷材地板要先画好搭接线，对齐后从房间的一边向另一边滚贴，注意从内向外赶出气泡。

粘贴剂可使用氯丁胶、白胶、白胶泥（白胶与水泥配比为1：2～3），脲醛水泥胶、8123胶、404胶等。用刮胶刀将胶均匀地刮涂在水泥地面上。使用氯丁胶或橡胶类胶，塑料地板背面也要涂胶，而且还要晾置5～10分钟，再粘贴。

粘贴时应先将塑料地板的一端对齐定位线或搭接线，然后将其平贴于地面，正确就位后用橡皮辊压滚压实，也可使用木锤或橡皮锤。初粘力较差的胶，粘贴后要用重物加压（如砂袋）。塑料地板之间的拼接要严密、平直，挤出的胶液要用布擦去。

墙角与踢脚板的粘贴，块与块之间的拼接如图示。

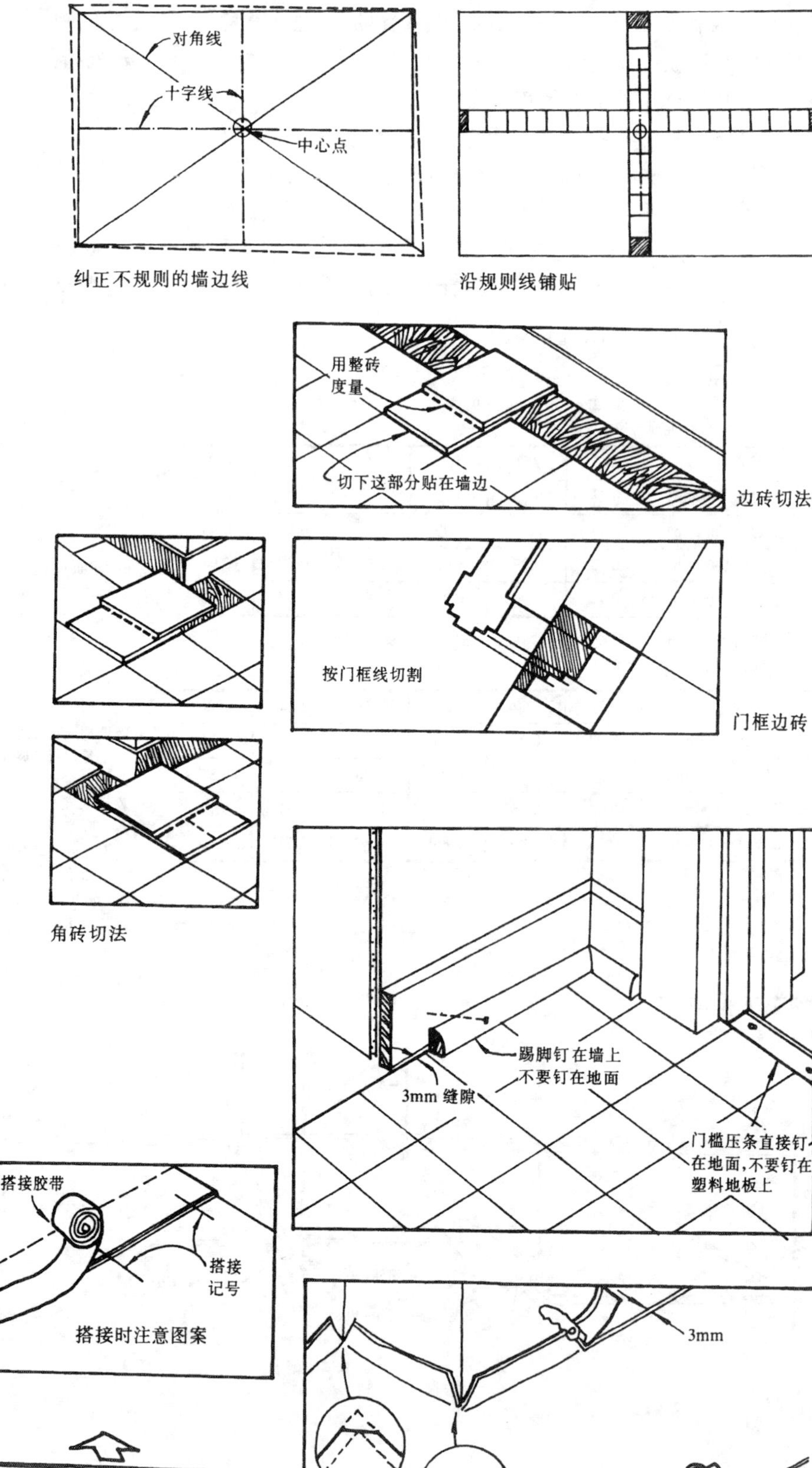

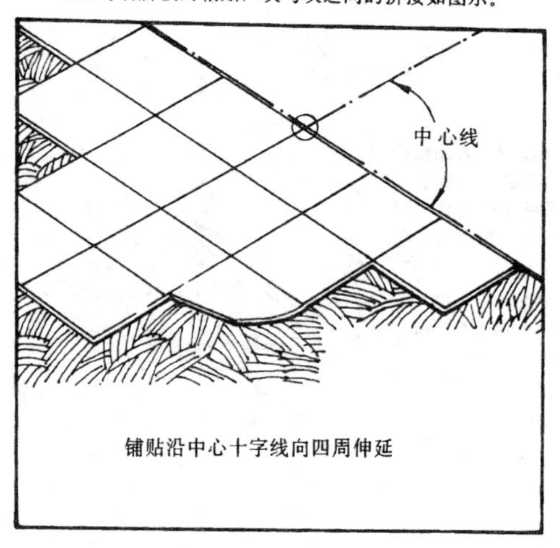

铺贴沿中心十字线向四周伸延

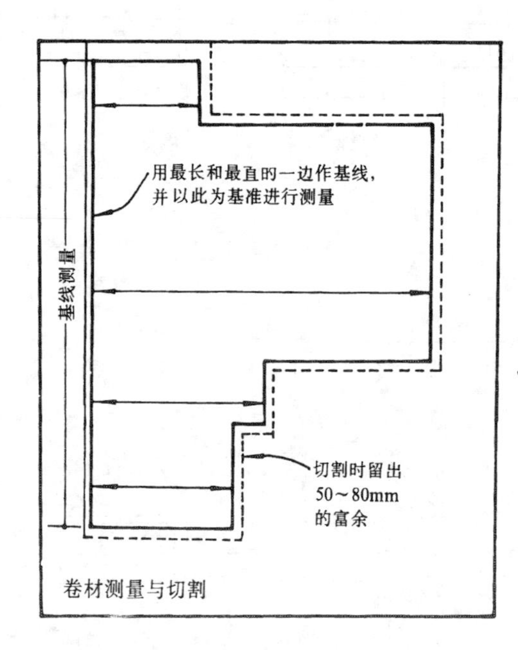

卷材测量与切割

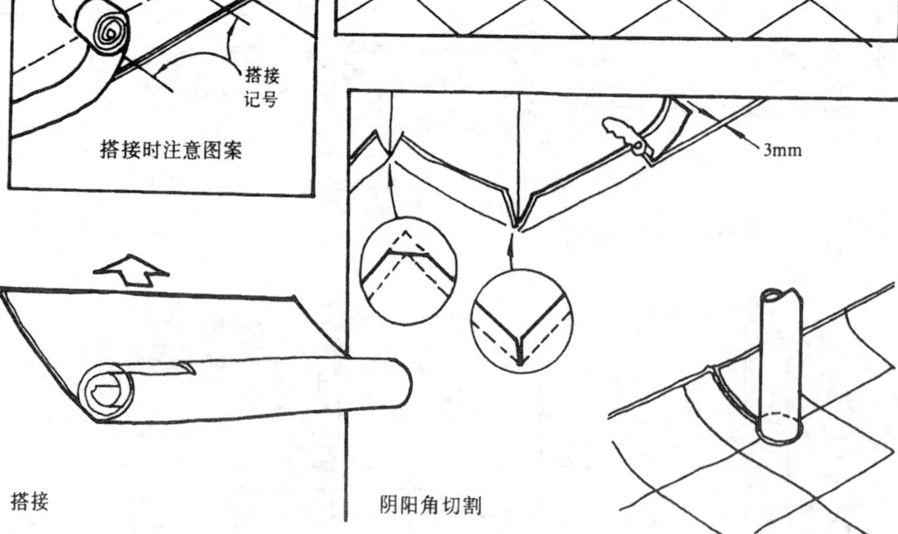

搭接

阴阳角切割

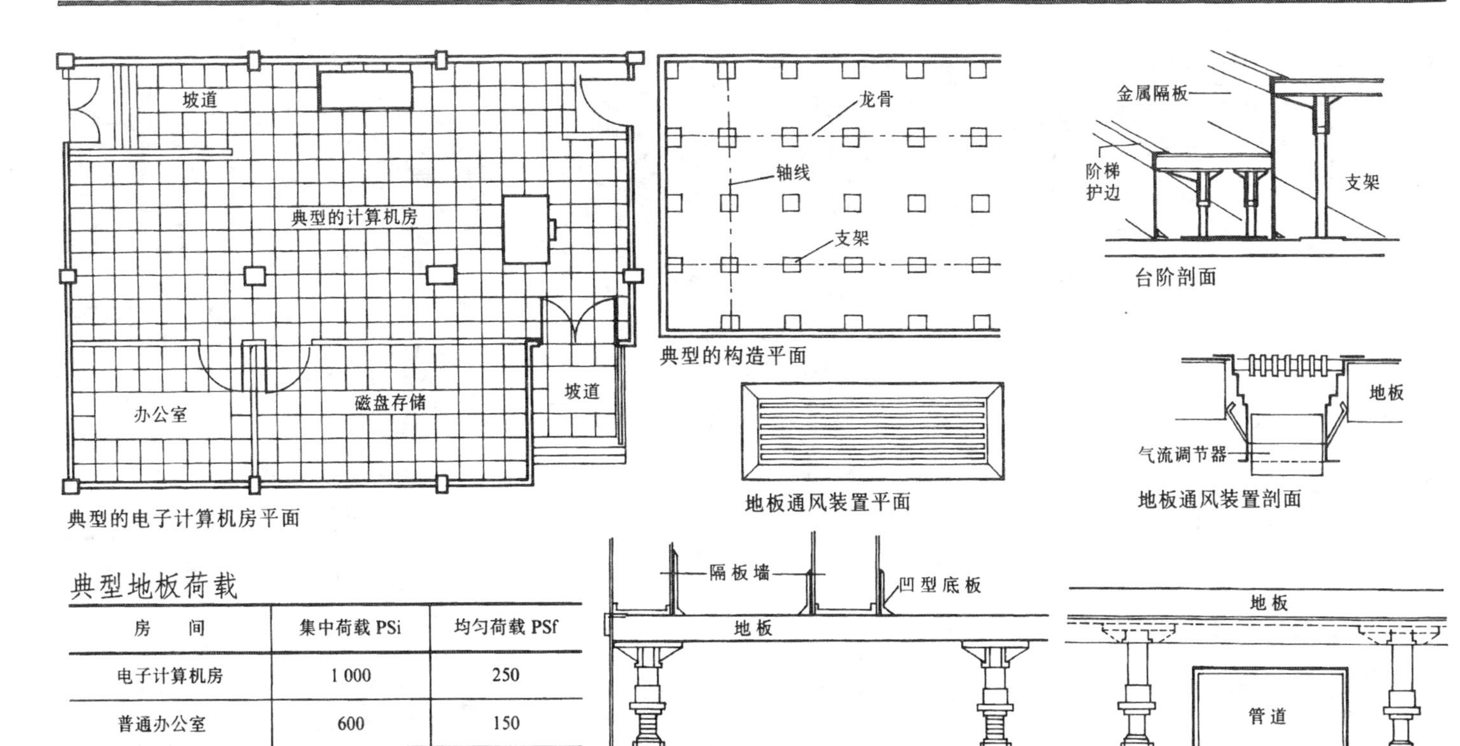

典型的电子计算机房平面

典型的构造平面

台阶剖面

地板通风装置平面

地板通风装置剖面

夹层地板剖面

典型地板荷载

房　间	集中荷载 PSi	均匀荷载 PSf
电子计算机房	1 000	250
普通办公室	600	150
重荷载房间	1 250	300

注：典型板块尺寸为 457×457mm；600×600mm；762×762mm。板块重量每 m^2 平均为 5kg。

电子计算机设备的特殊需要：

1. 地板必须做防静电处理。
2. 夹层地板必须建立在稳固的刚性基层上。
3. 地板的耐火最低要求为 1 小时。

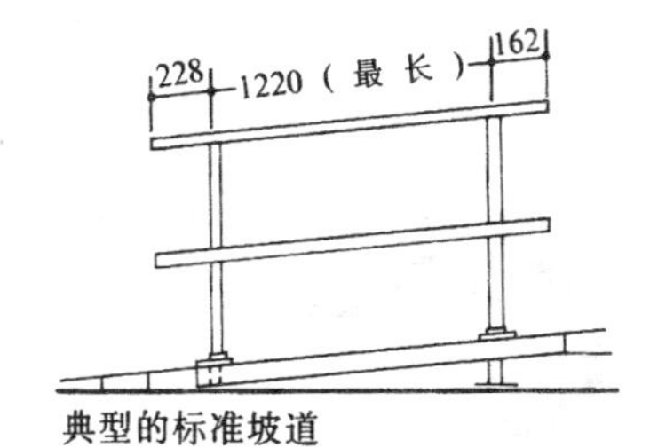

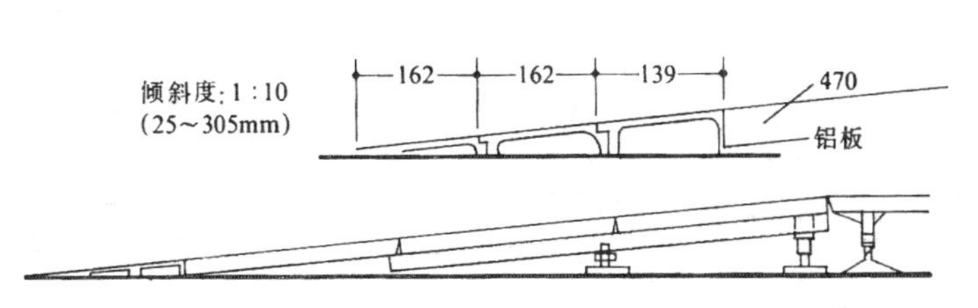

典型的标准坡道

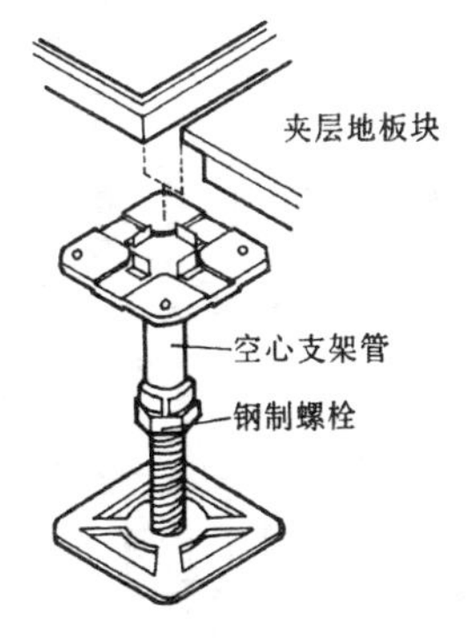

拆装式支架

- 用于小面积房间的典型支架
- 从基层到装修地板的高度可在 50mm 范围内调节
- 有重量限制
- 可连接电器插座

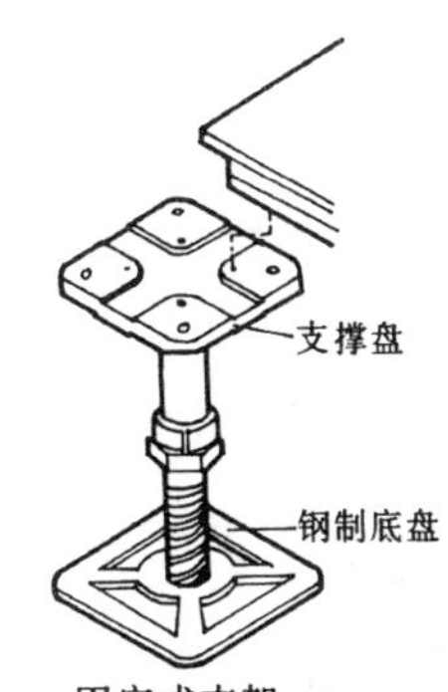

固定式支架

- 无龙骨，每块板直接固定在支撑盘上
- 用于普通荷载的办公室
- 用于非电子计算机房的其它房间

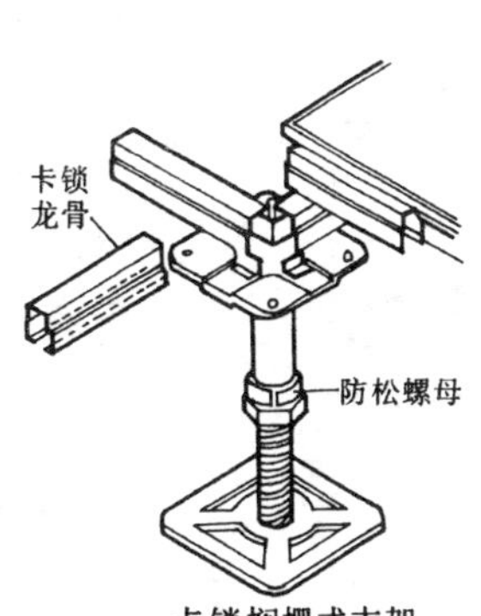

卡锁搁栅式支架

- 龙骨卡锁在支撑盘上
- 使用这种搁栅便于地板块的任意拆装

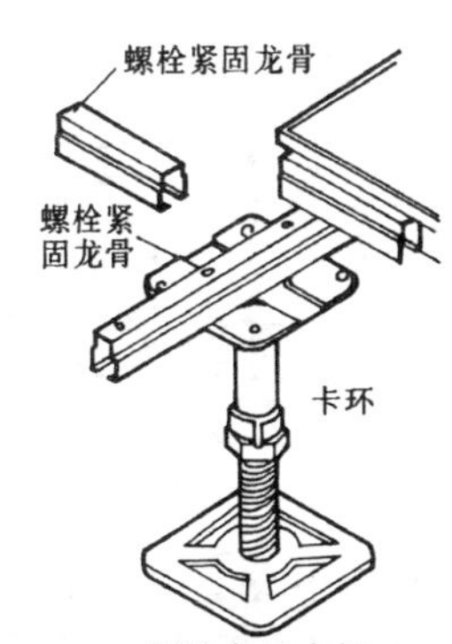

刚性龙骨支架

- 1830mm 的主龙骨跨在支撑盘上用螺栓直接固定
- 用于陈放重量较大设备的房间

说明：可拆装的夹层地板系统，便于电子计算机房的管道布线；便于各种机械装置的强制通风；便于电气通讯设备的装设。

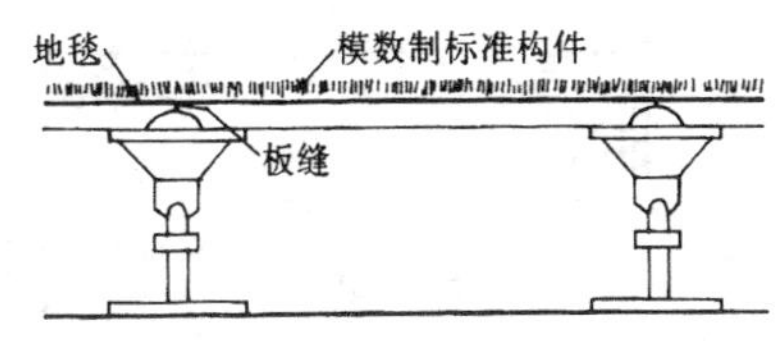

使用模数制标准地板构件的剖面

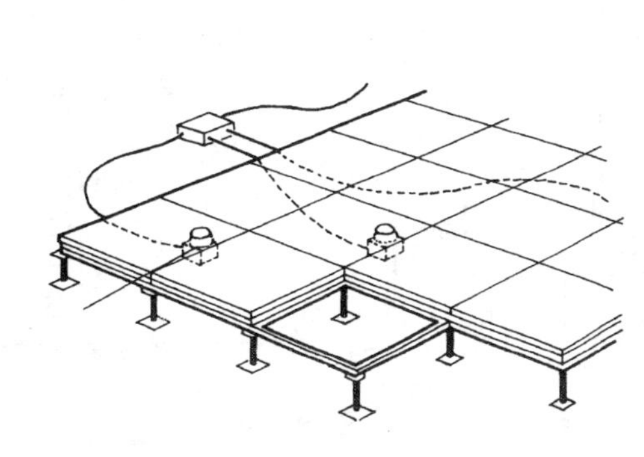

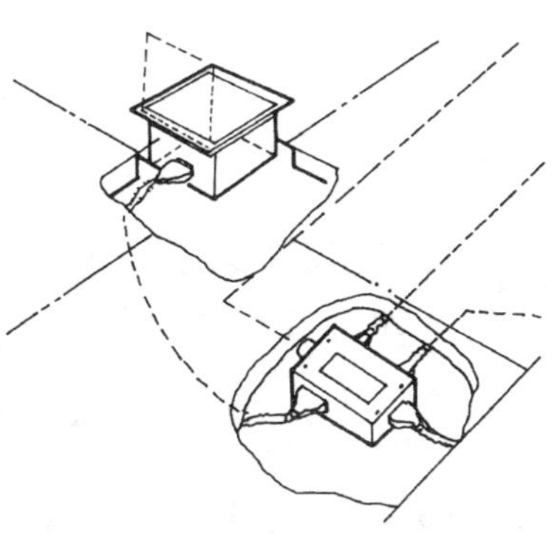

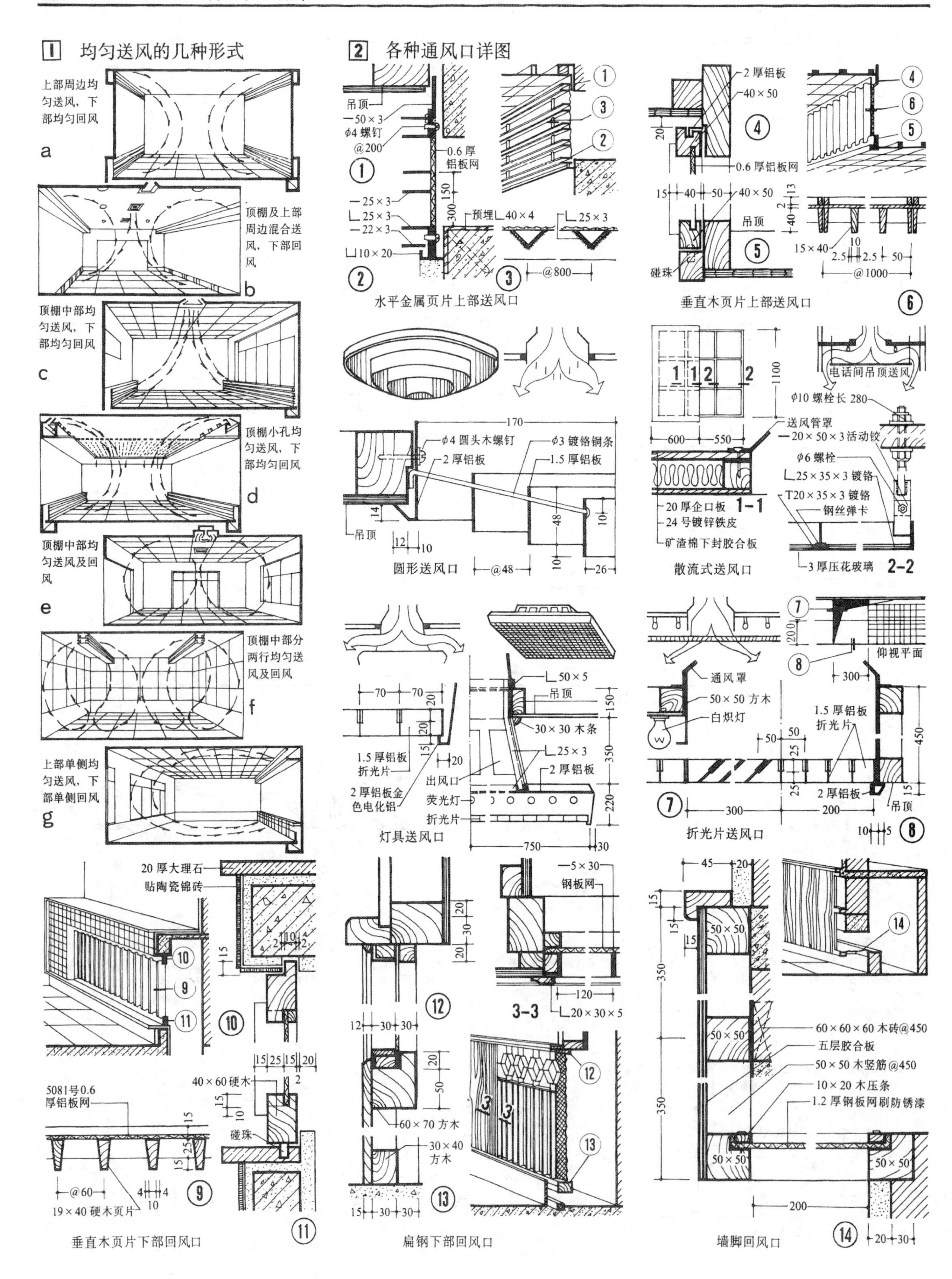

1 均匀送风的几种形式
上部周边均匀送风，下部均匀回风
a
顶棚及上部周边混合送风，下部回风
b
顶棚中部均匀送风，下部均匀回风
c
顶棚小孔均匀送风，下部均匀回风
d
顶棚中部均匀送风及回风
e
顶棚中部分两行均匀送风及回风
f
上部单侧均匀送风，下部单侧回风
g
2 各种通风口详图
吊顶
50×3
φ4 螺钉 @200
0.6 厚铝板网
25×3
22×3
10×20
预埋 40×4
@800
水平金属页片上部送风口
2 厚铝板
40×50
0.6 厚铝板网
吊顶
碰珠
15×40
@1000
垂直木页片上部送风口
170
φ4 圆头木螺钉
φ3 镀铬铜条
2 厚铝板
1.5 厚铝板
@48
圆形送风口
1-1
20 厚企口板
24 号镀锌铁皮
矿渣棉下封胶合板
送风管罩
电话间吊顶送风
φ10 螺栓长 280
20×50×3 活动铰
φ6 螺栓
25×35×3 镀铬
T20×35×3 镀铬
钢丝弹卡
3 厚压花玻璃
2-2
散流式送风口
1.5 厚铝板折光片
2 厚铝板金色电化铝
50×5
吊顶
30×30 木条
25×3
2 厚铝板
出风口
荧光灯
折光片
750
灯具送风口
仰视平面
通风罩
50×50 方木
白炽灯
1.5 厚铝板折光片
2 厚铝板
吊顶
折光片送风口
20 厚大理石
贴陶瓷锦砖
5081号0.6 厚铝板网
40×60 硬木
碰珠
@60
19×40 硬木页片
垂直木页片下部回风口
5×30
钢板网
120
20×30×5
3-3
60×70 方木
30×40 方木
扁钢下部回风口
60×60×60 木砖@450
五层胶合板
50×50 木竖筋@450
10×20 木压条
1.2 厚钢板网刷防锈漆
50×50
墙脚回风口

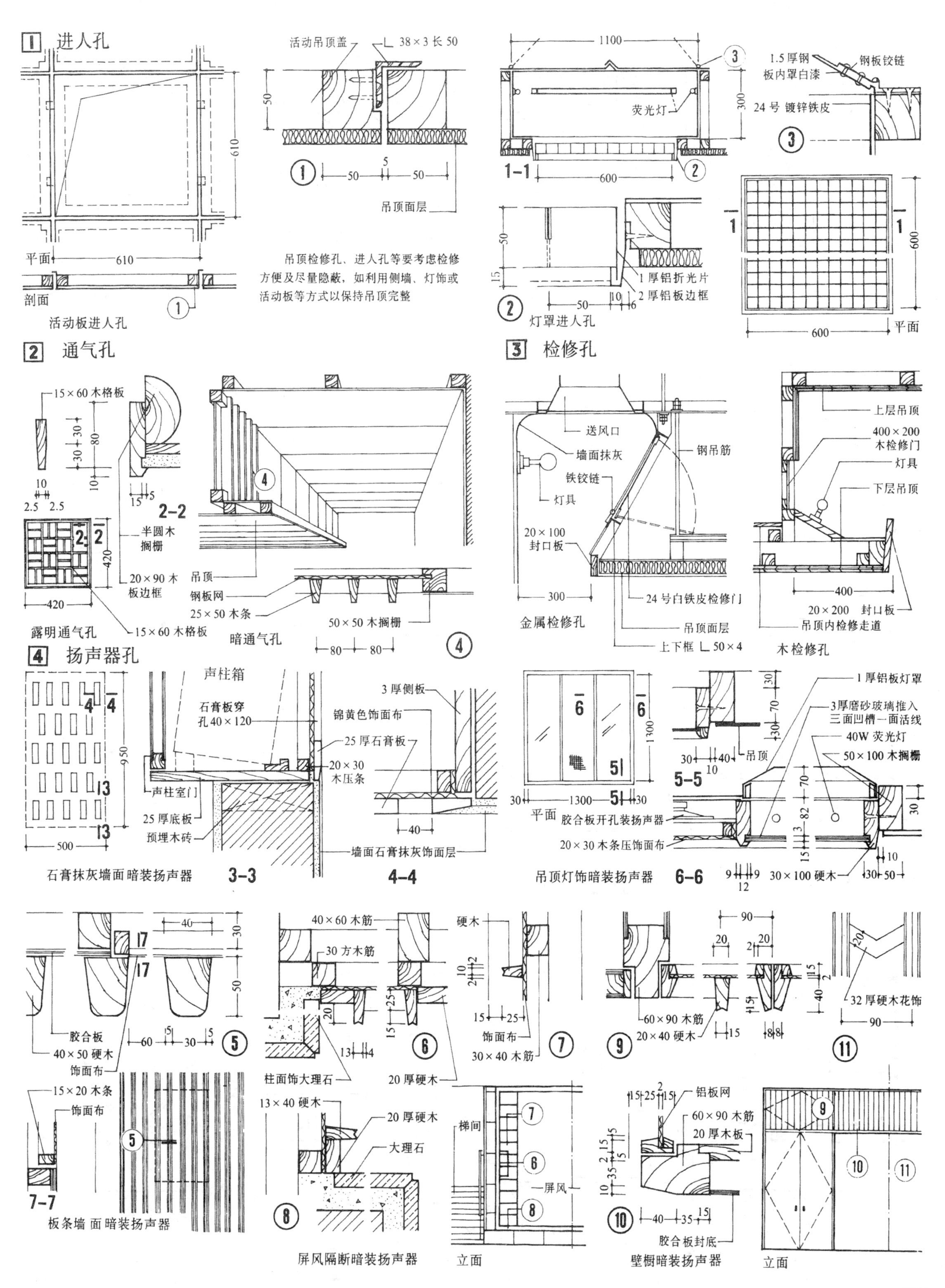
1 进人孔
平面
610
剖面
活动板进人孔
活动吊顶盖
∟38×3长50
吊顶面层
吊顶检修孔、进人孔等要考虑检修方便及尽量隐蔽，如利用侧墙、灯饰或活动板等方式以保持吊顶完整
1100
荧光灯
1-1
600
1.5厚钢板内罩白漆
钢板铰链
24号镀锌铁皮
1厚铝折光片
2厚铝板边框
灯罩进人孔
平面
2 通气孔
15×60木格板
半圆木搁栅
20×90木板边框
露明通气孔
15×60木格板
2-2
吊顶
钢板网
25×50木条
50×50木搁栅
暗通气孔
3 检修孔
送风口
墙面抹灰
钢吊筋
铁铰链
灯具
20×100封口板
24号白铁皮检修门
吊顶面层
上下框 ∟50×4
金属检修孔
上层吊顶
400×200木检修门
灯具
下层吊顶
20×200 封口板
吊顶内检修走道
木检修孔
4 扬声器孔
声柱箱
石膏板穿孔40×120
声柱室门
25厚底板
预埋木砖
3厚侧板
锦黄色饰面布
25厚石膏板
20×30木压条
墙面石膏抹灰饰面层
石膏抹灰墙面暗装扬声器
3-3
4-4
平面
1厚铝板灯罩
3厚磨砂玻璃推入三面凹槽一面活线
40W荧光灯
50×100木搁栅
吊顶
5-5
胶合板开孔装扬声器
20×30木条压饰面布
30×100硬木
吊顶灯饰暗装扬声器
6-6
胶合板
40×50硬木
饰面布
15×20木条
饰面布
7-7
板条墙面暗装扬声器
40×60木筋
30方木筋
柱面饰大理石
20厚硬木
13×40硬木
20厚硬木
大理石
屏风隔断暗装扬声器
硬木
饰面布
30×40木筋
梯间
屏风
立面
60×90木筋
20×40硬木
32厚硬木花饰
铝板网
60×90木筋
20厚木板
胶合板封底
壁橱暗装扬声器
立面

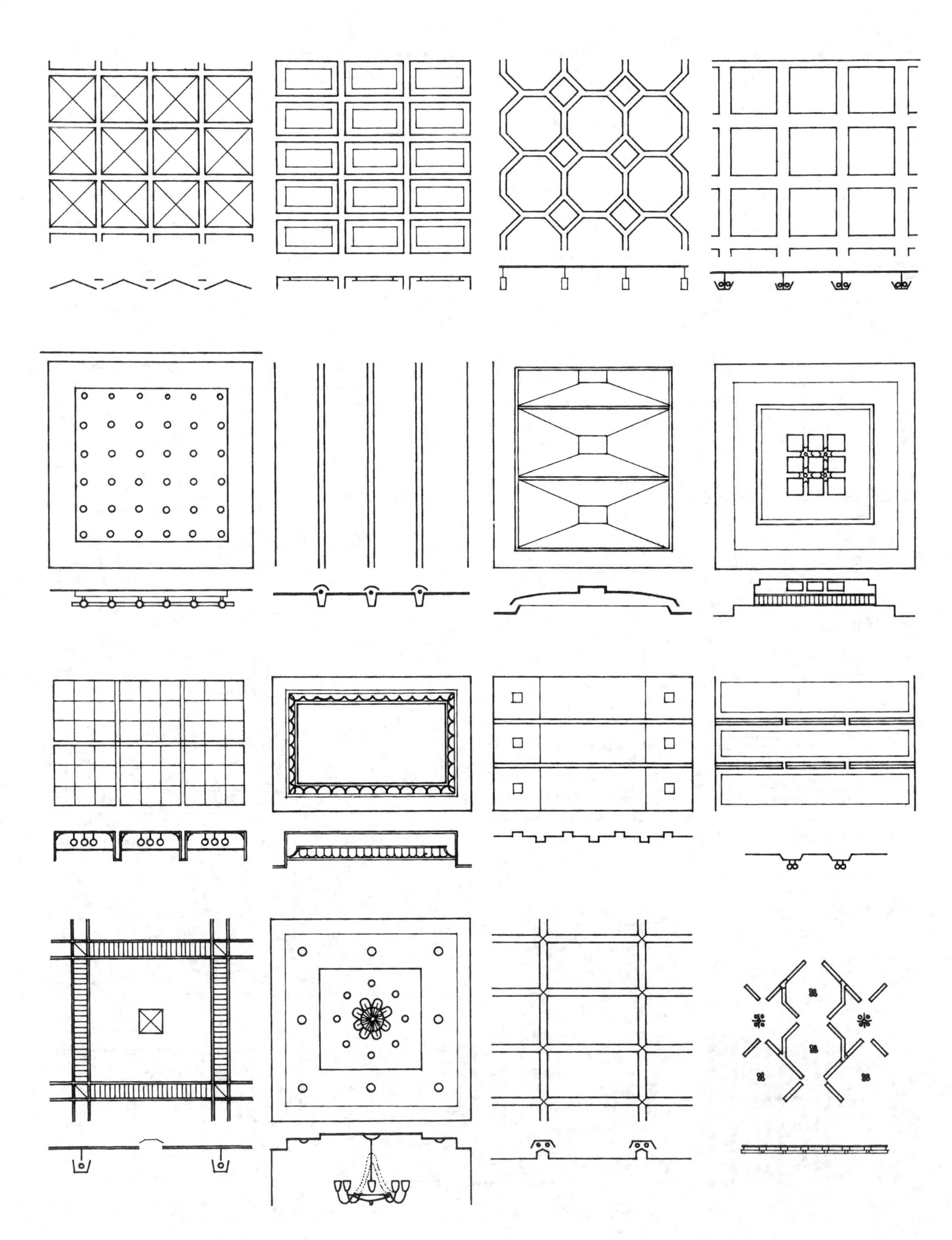

1 墙体抹灰类型

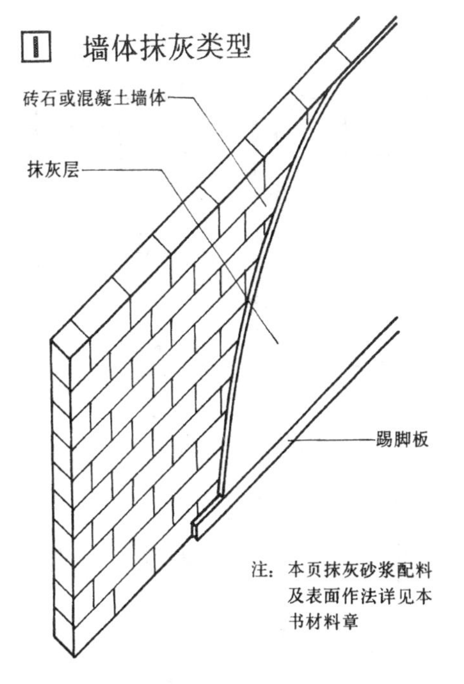

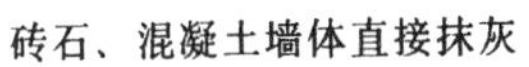
砖石、混凝土墙体直接抹灰

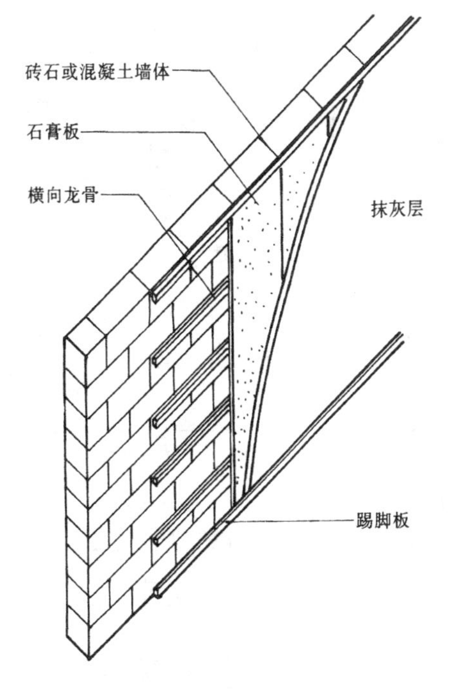

砖石、混凝土墙体龙骨石膏板抹灰

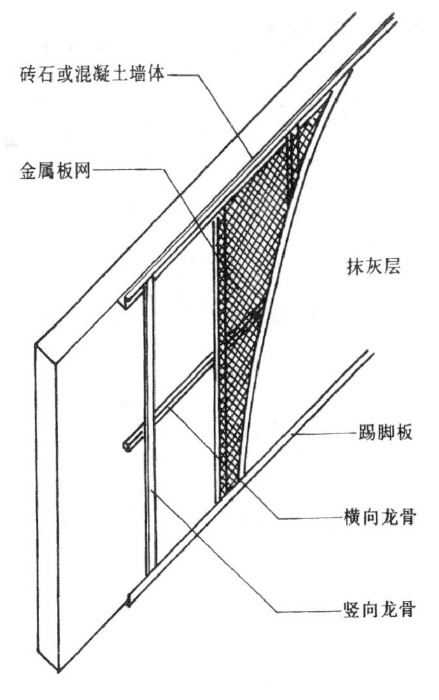

砖石、混凝土墙体龙骨金属板网抹灰

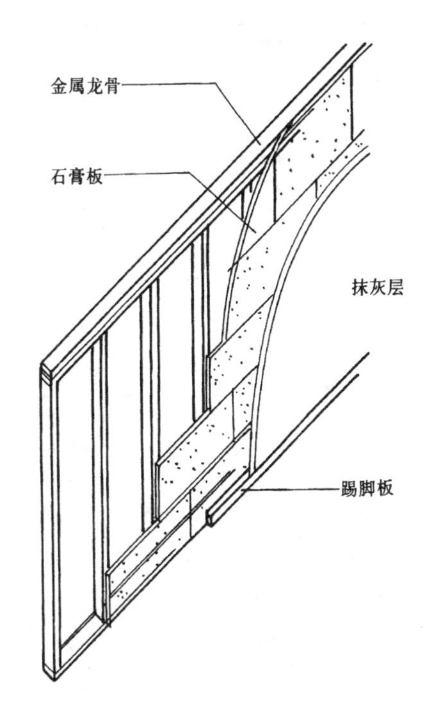

金属龙骨石膏板抹灰

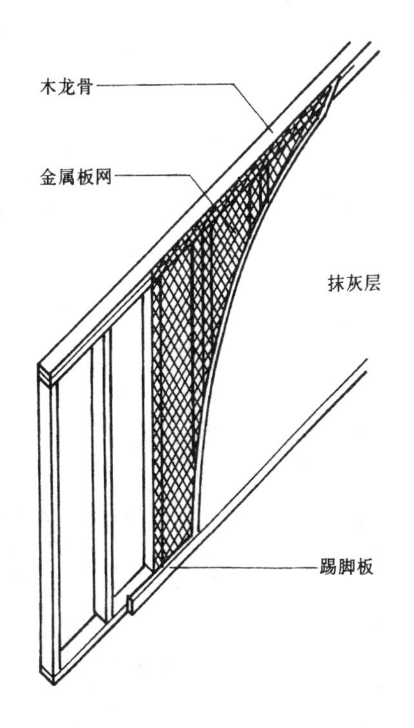

木龙 骨金属板网抹灰

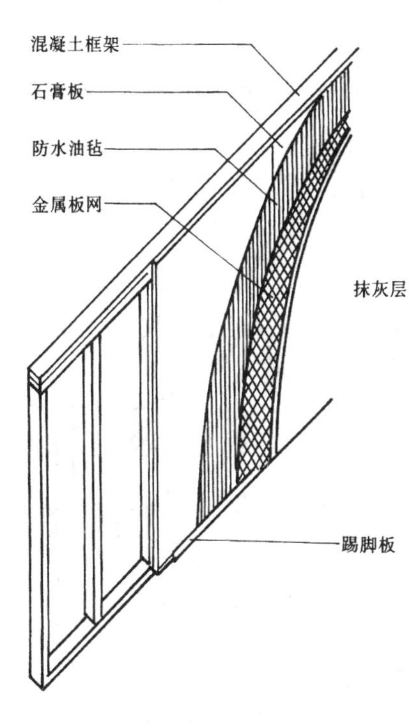

混凝土框架石膏板防水金属板网抹灰

2 墙阳角抹灰基层处理

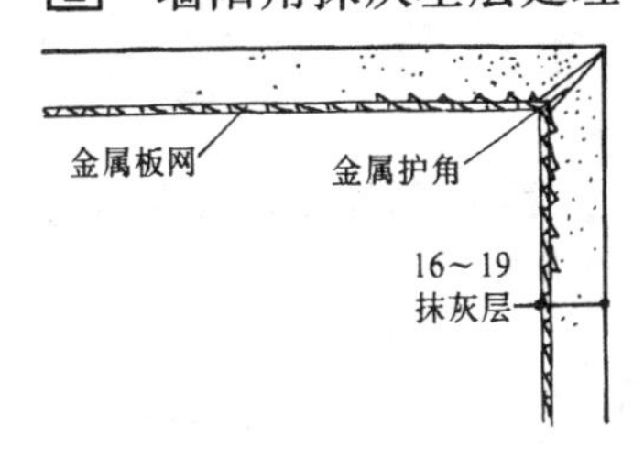

金属板网 抹灰护角

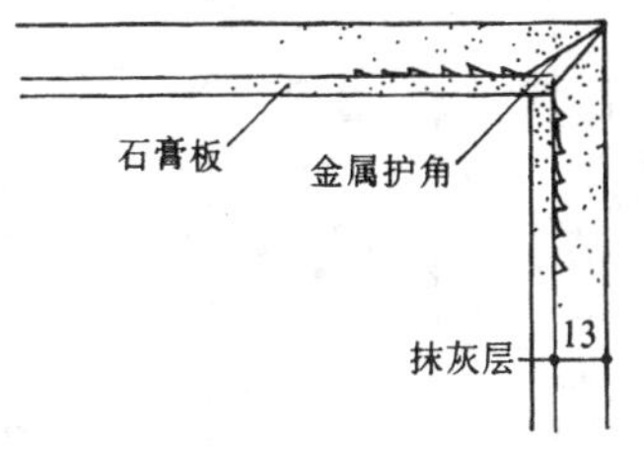

石膏板抹灰护角

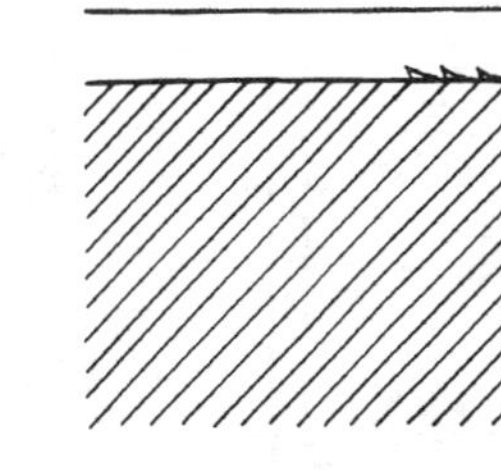

砖石、混凝土直接抹灰护角

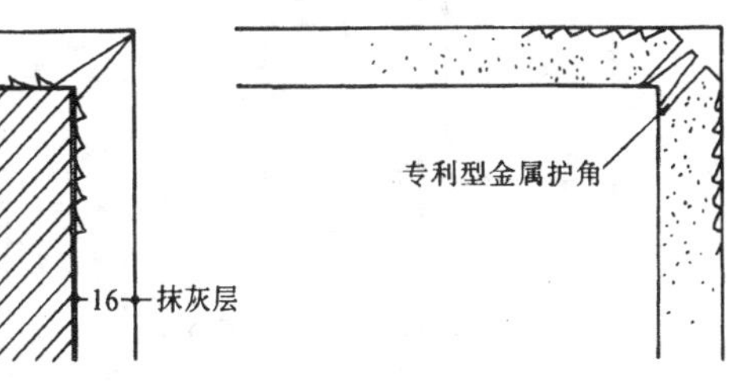

专利型 抹灰护角

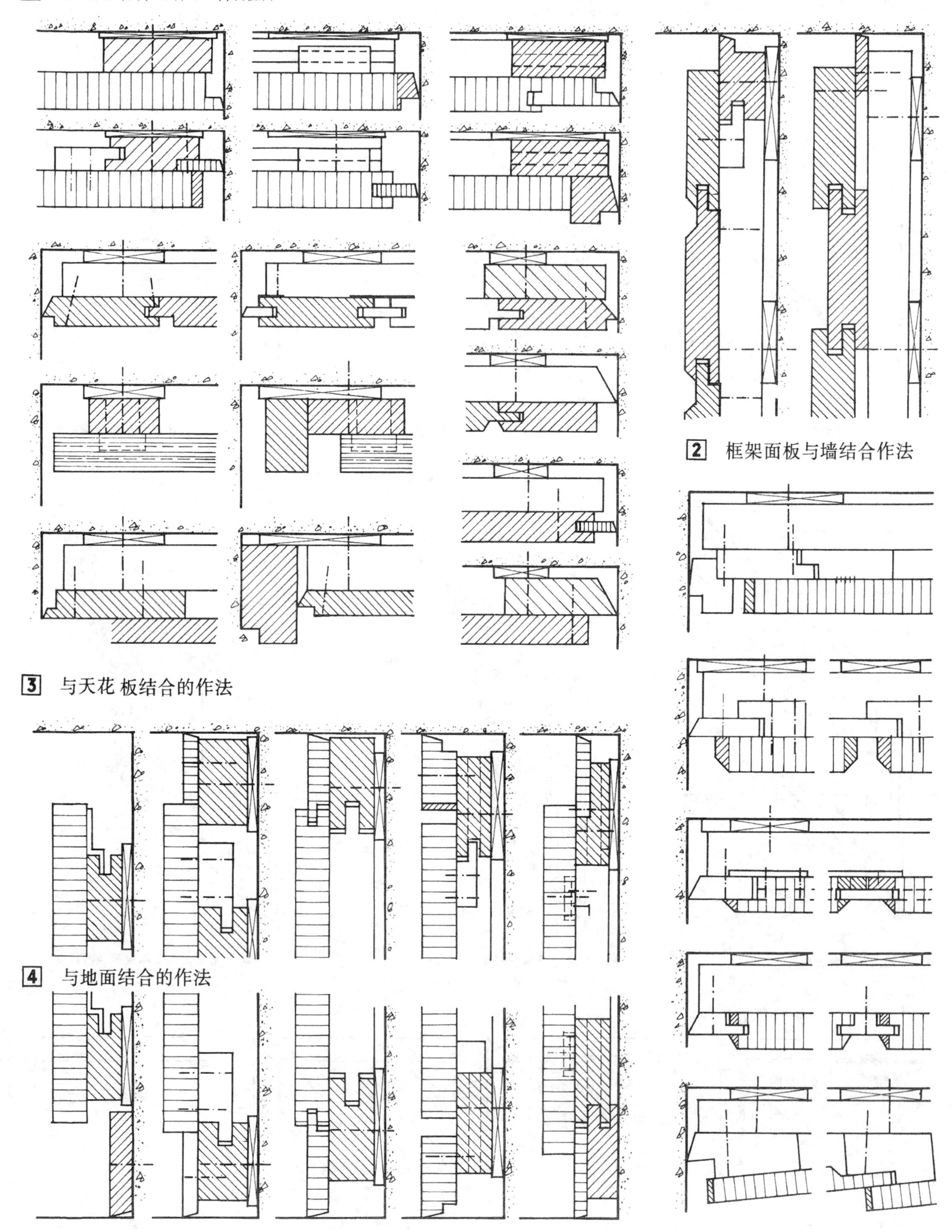
1 墙阴角结合的作法 (单面板条)
2 框架面板与墙结合作法
3 与天花 板结合的作法
4 与地面结合的作法

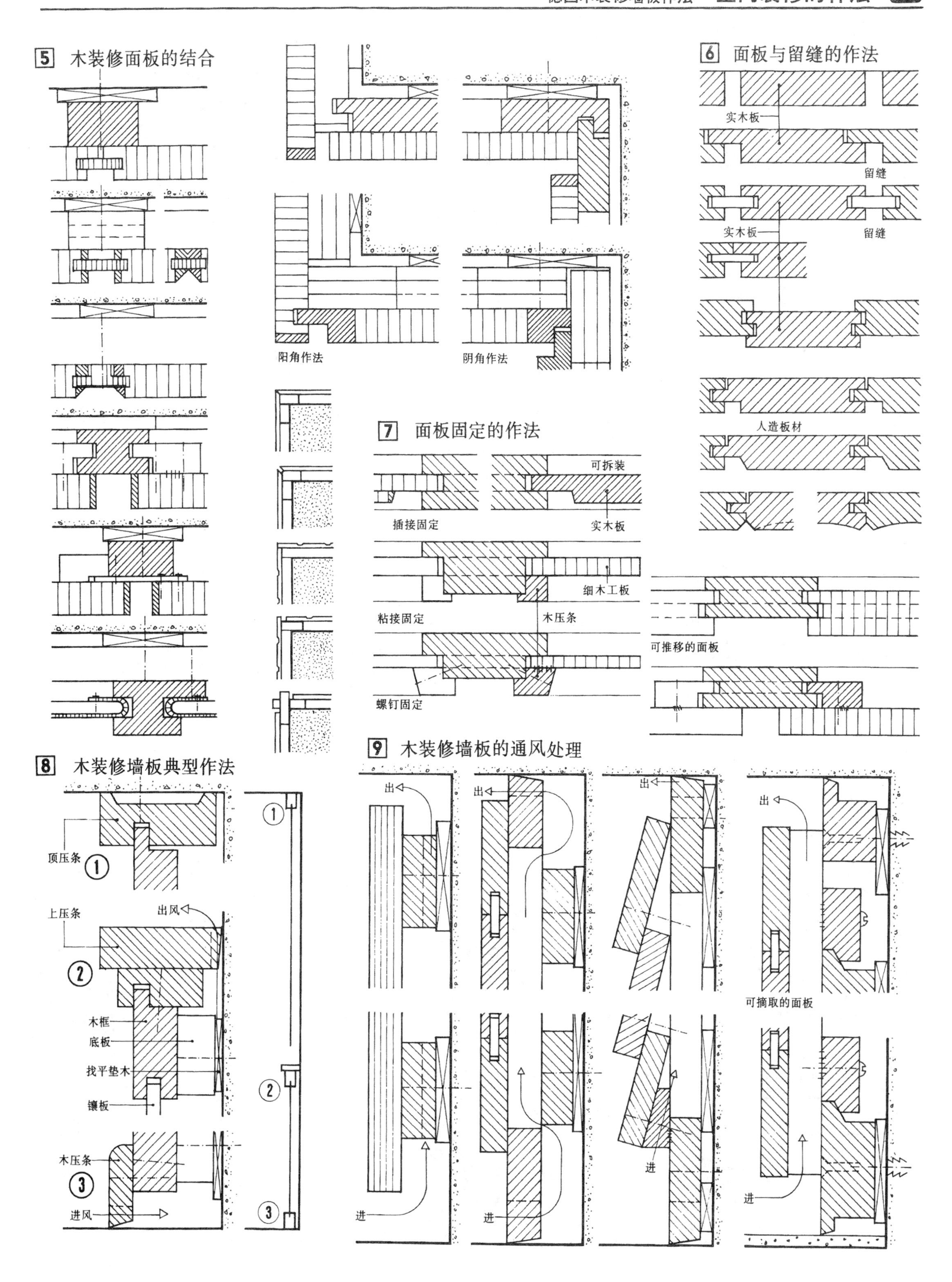
5 木装修面板的结合
阳角作法
阴角作法
6 面板与留缝的作法
实木板
留缝
实木板
留缝
人造板材
7 面板固定的作法
可拆装
插接固定
实木板
细木工板
粘接固定
木压条
螺钉固定
可推移的面板
8 木装修墙板典型作法
顶压条
1
上压条
出风
2
木框
底板
找平垫木
镶板
木压条
3
进风
1
2
3
9 木装修墙板的通风处理
出
出
出
出
可摘取的面板
进
进
进
进

1 毛石墙面砌筑类型

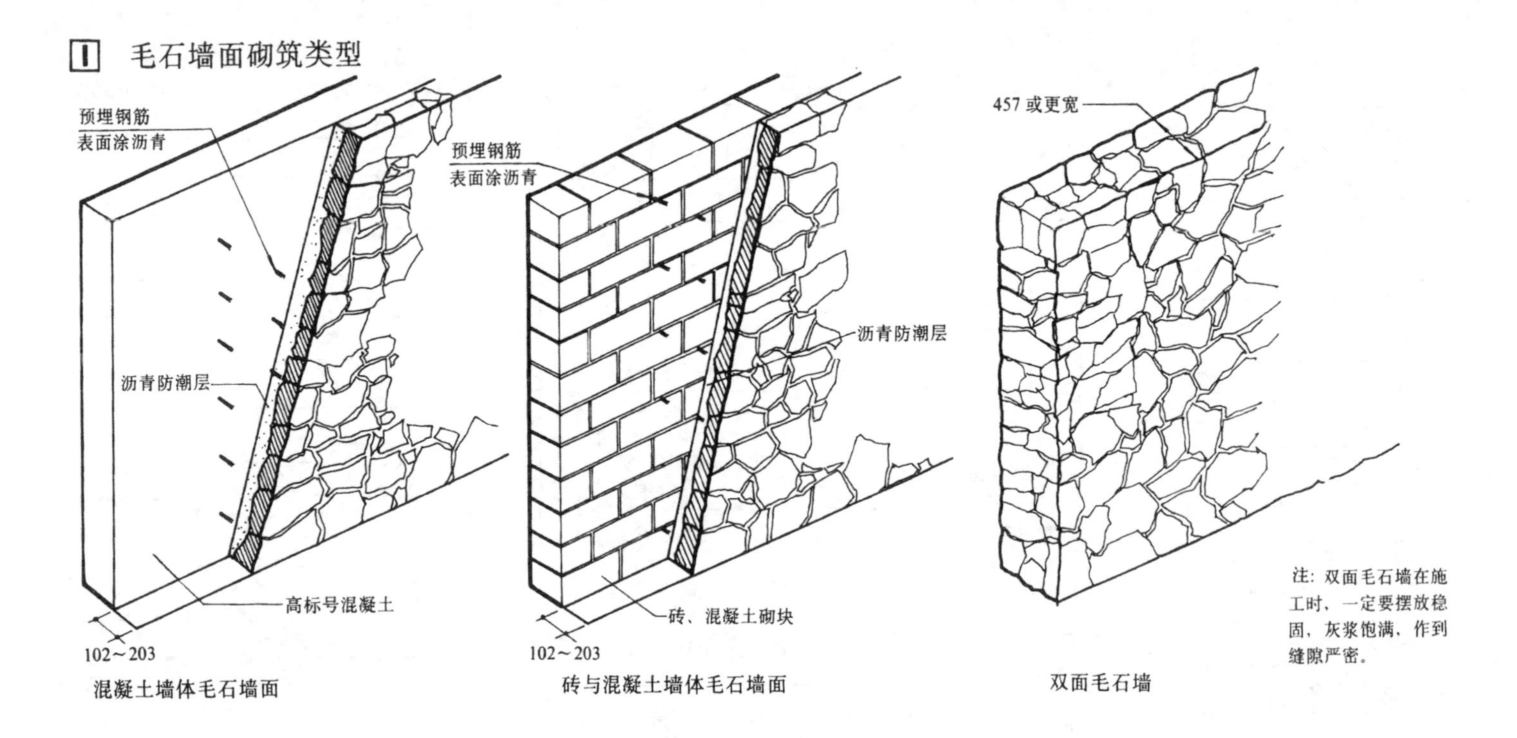

混凝土墙体毛石墙面

砖与混凝土墙体毛石墙面

双面毛石墙

2 毛石墙面样式

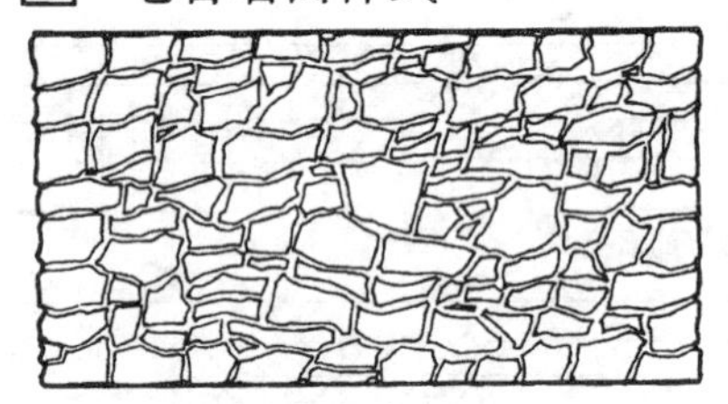

随形式砌石墙面

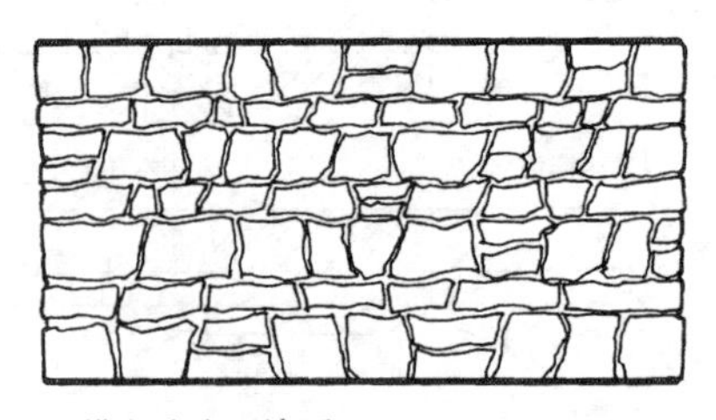

横向式砌石墙面

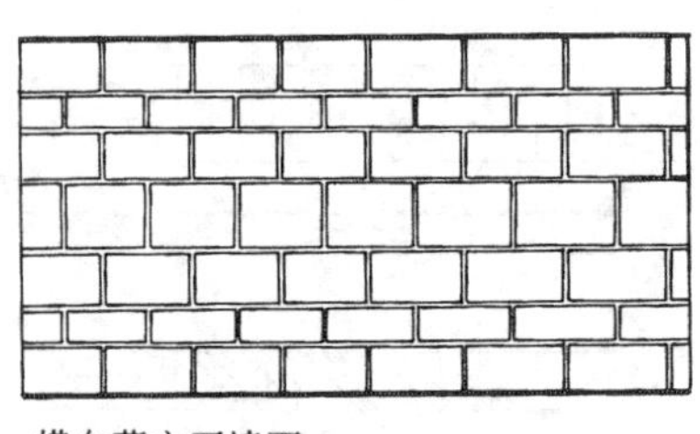

横向薄方石墙面

3 毛石墙面细部构造

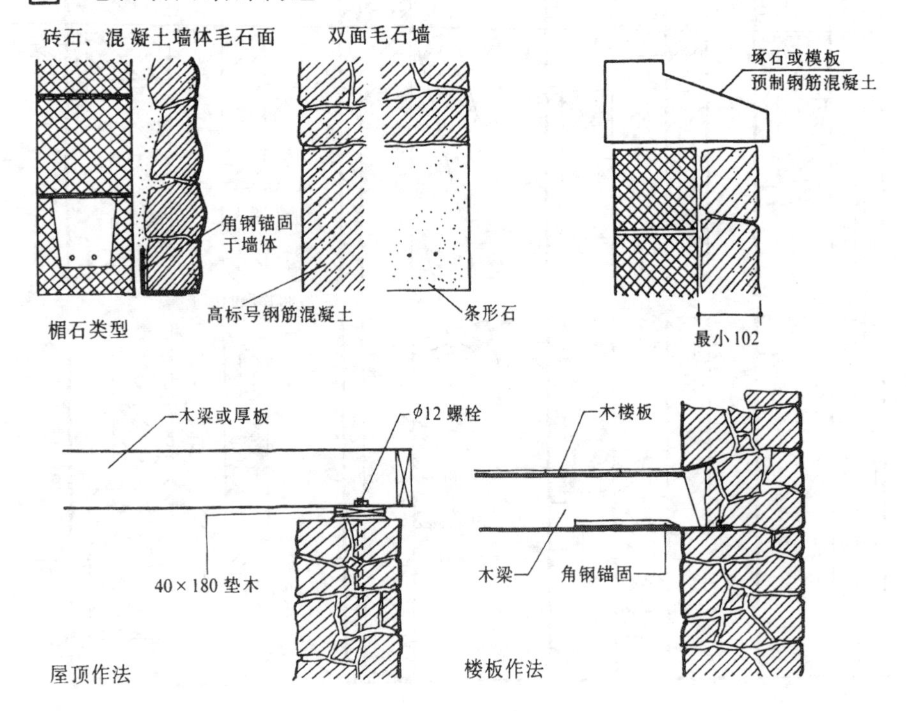

屋顶作法

楼板作法

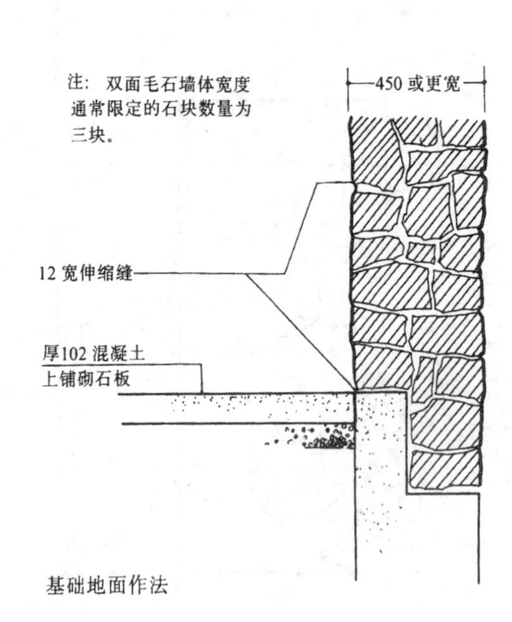

基础地面作法

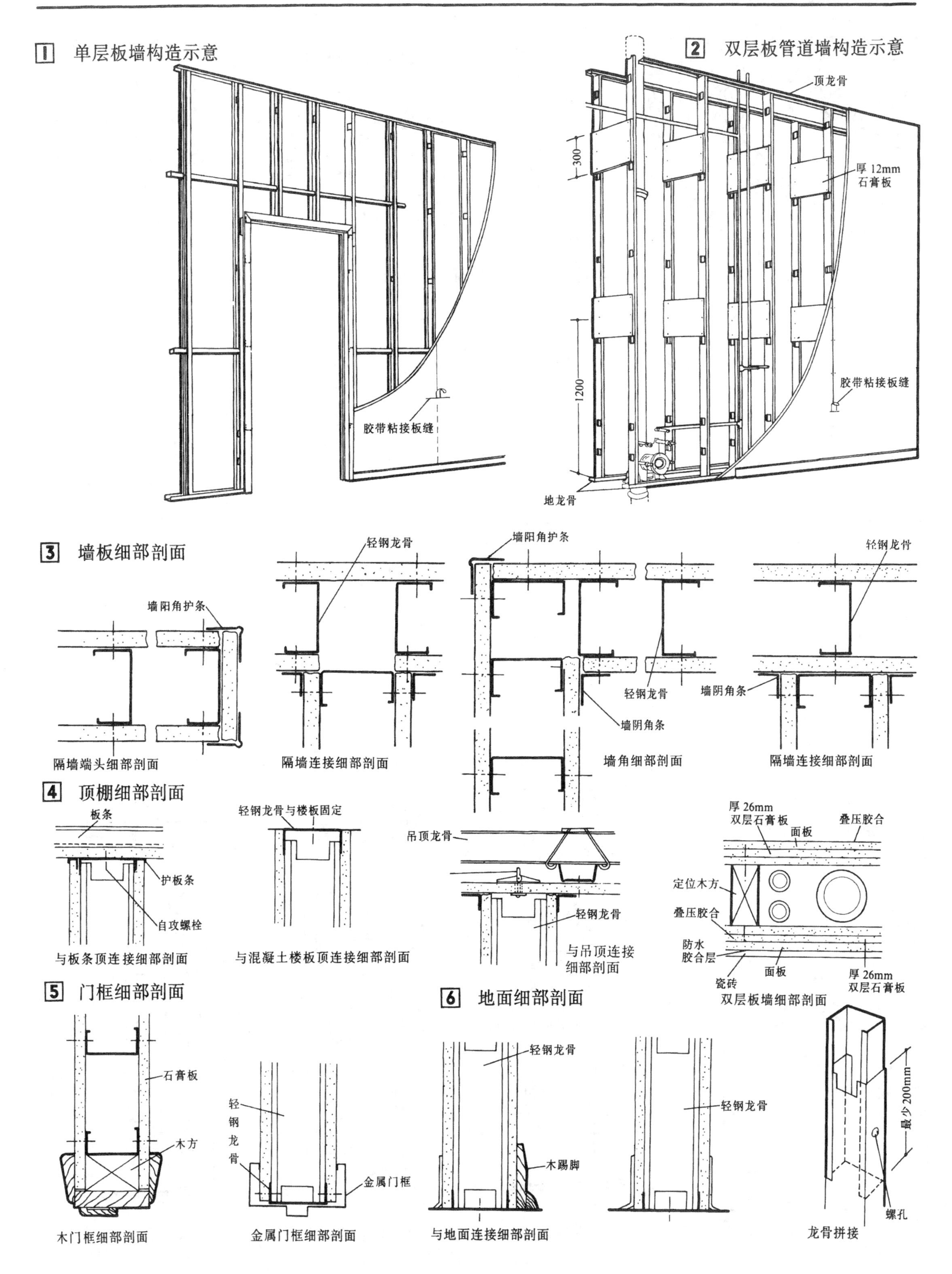
1 单层板墙构造示意
胶带粘接板缝
2 双层板管道墙构造示意
顶龙骨
300
厚 12mm
石膏板
1200
胶带粘接板缝
地龙骨
3 墙板细部剖面
墙阳角护条
隔墙端头细部剖面
轻钢龙骨
隔墙连接细部剖面
墙阳角护条
轻钢龙骨
墙阴角条
墙角细部剖面
轻钢龙骨
墙阴角条
隔墙连接细部剖面
4 顶棚细部剖面
板条
护板条
自攻螺栓
与板条顶连接细部剖面
轻钢龙骨与楼板固定
与混凝土楼板顶连接细部剖面
吊顶龙骨
轻钢龙骨
与吊顶连接
细部剖面
厚 26mm
双层石膏板
叠压胶合
面板
定位木方
叠压胶合
防水
胶合层
瓷砖
面板
厚 26mm
双层石膏板
双层板墙细部剖面
5 门框细部剖面
石膏板
木方
木门框细部剖面
轻
钢
龙
骨
金属门框
金属门框细部剖面
6 地面细部剖面
轻钢龙骨
木踢脚
轻钢龙骨
与地面连接细部剖面
最少 200mm
螺孔
龙骨拼接

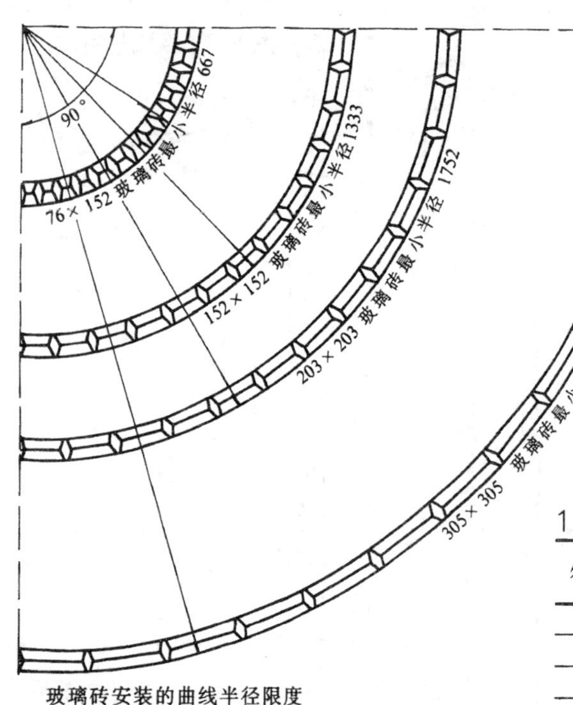

玻璃砖安装的曲线半径限度

1 玻璃砖隔断构造

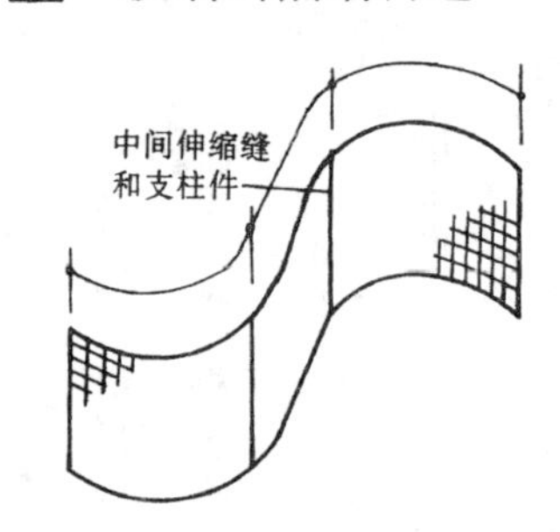

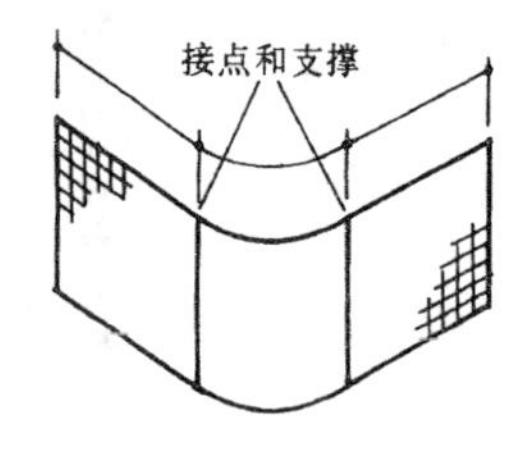

注：刻花部分和平面部分应以中间的伸缩缝隔开，并按上图指示位置加以支撑。

2 玻璃砖典型的曲线安装

152×152 玻璃砖(mm)

外围半径	90°区域内的块数	接点厚度	
		内侧	外侧
1337	13	3	16
1429	14	3	14
1441	14	5	16
1524	15	3	14
1549	15	5	16
1619	16	3	13
1651	16	6	16
1715	17	3	13
1753	17	6	16
1810	18	3	11
1854	18	8	16

注：无最大限度；
使用 76×152 矩形玻璃砖可达到半径的一半。

203×203 玻璃砖(mm)

外围半径	90°区域内的块数	接点厚度	
		内侧	外侧
1753	13	3	16
1879	14	3	14
1898	14	5	16
2006	15	3	16
2032	15	6	16
2133	16	3	13
2165	16	6	16

注：无最大限度；
使用102×203（102×305）矩形玻璃砖可达到半径的一半。

305×305 玻璃砖(mm)

外围半径	90°区域内的块数	接点厚度	
		内侧	外侧
2590	13	3	16

注：无最大限度。

3 玻璃砖室内面板的最大尺寸

玻璃砖室内面板的最大高度为 7620mm。为防止移动及沉降，面积超过 $13.72m^2$ 的面板应适当加支撑。支撑柱可用木或各类金属材料制作。断面尺寸参阅有关的材料作法规范。

最大面积的推荐尺寸

$9.29m^2$

A＝3050 最大值

B＝4570 最大值

C＝7620 最大值

4 细部剖面

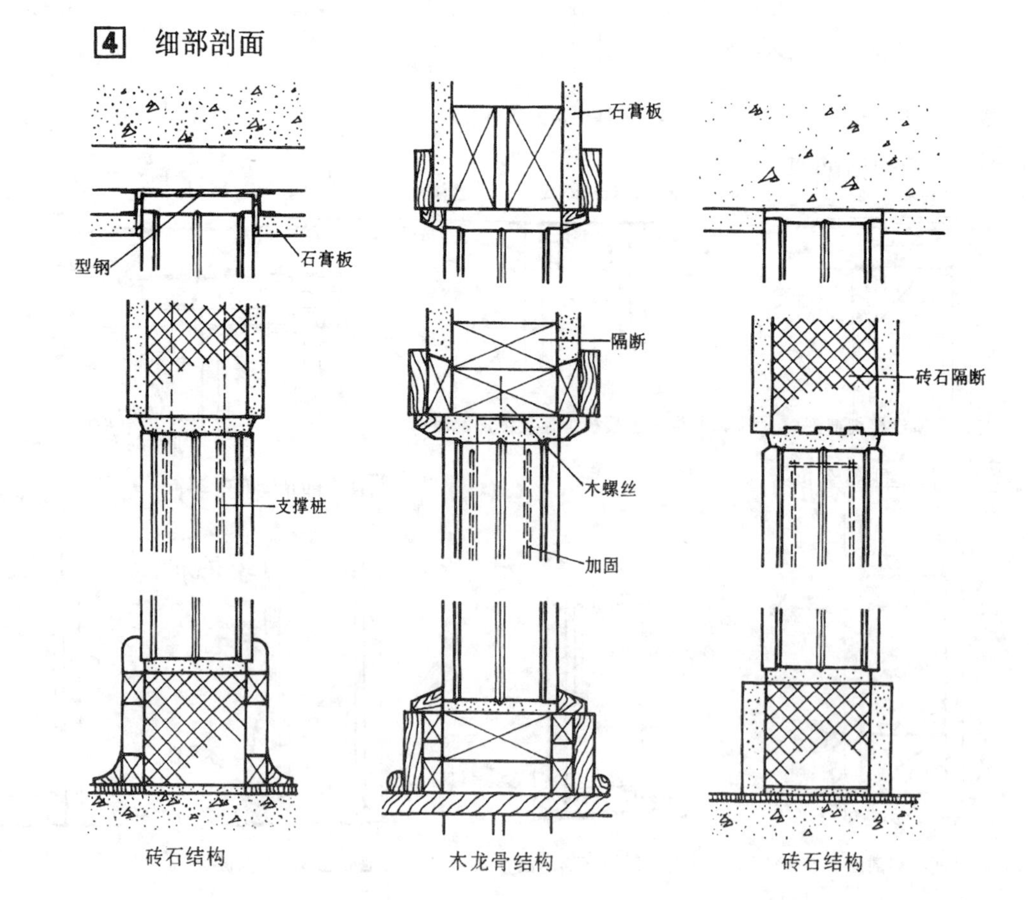

砖石结构　木龙骨结构　砖石结构

墙纸是贴面材料中应用最为广泛的一种。它的品种难以数计，不但表面图案的色泽丰富多彩，还可以通过印花、压花、发泡等工艺产生不同的质感与纹理。仿制的木纹、石纹、织物、砖石甚至可达到乱真的地步。

粘贴前基层的处理十分重要。如果是抹灰层，墙体必须干燥、不起粉，否则墙纸易变黄发霉。刮去浮灰和凸起的粗粒，用腻子填补麻点、凹坑、裂缝 1～2 遍，干后用砂纸磨平。板材底层则要接缝密实、不露钉头，接缝处要裱贴纱纸、布，钉头涂防锈漆。再用腻子满刮，干后用砂纸磨平打光。

粘贴前还需计算一下墙纸的用量，以每面墙的长度除以幅宽，如墙面长度为 6m，幅宽为 90cm，那就需要 6 幅半多一点。再以墙高乘以幅数，则可得出每面墙的用纸量。计算用量的同时，要考虑两幅墙纸拼接的位置，以避免在墙的阴阳角接缝。

被贴的墙面最好满刷一遍清油，稀薄均匀即可，这样能够防止基层吸水太快，引起粘合剂脱水过快而影响墙纸粘着效果，而且也容易使粘合剂刷匀。

待油干后，吊挂铅垂线，在墙面上弹划水平、垂直线，作为粘贴墙纸的基准。然后按墙的高度裁好墙纸，墙面上下应预留裁割尺寸，每端一般留 5cm。有图案或花纹的墙纸，还要预先考虑拼接的效果，注意其完整，不要随意裁割。拼接时采用对口或搭口裁割拼缝。

墙纸涂胶前应先刷一遍清水，使其充分吸湿伸张。涂胶时墙面和墙纸都要刷，注意厚薄均匀。背部刷胶的墙纸只刷一遍水即可。涂刷粘合剂时还应注意不要漏刷。

墙纸上墙，先对垂直，后对花纹拼缝，用刮板压抹平整时，应先垂直后水平，先细部后大面。拼缝时刮出的粘合剂应及时用湿布抹去，保持纸面的清洁。搭口拼缝时，要待粘合剂干到一定的程度，用刀裁割后撕去割出部分，再刮压密实。用刀时力量要均匀，一次直落不能停顿，以免出现刀痕搭口。

每一幅贴完，在墙纸顶端作出记号，用钢尺或刀剪修平，底端修平踢脚板及墙壁间的角落。待干后再把多余部分裁掉。

粘贴完毕，如出现空鼓包或气泡时，可用针刺放气，然后用注射针挤进粘合剂，或用利刃切开泡面，加涂粘合剂后用刮板压实。

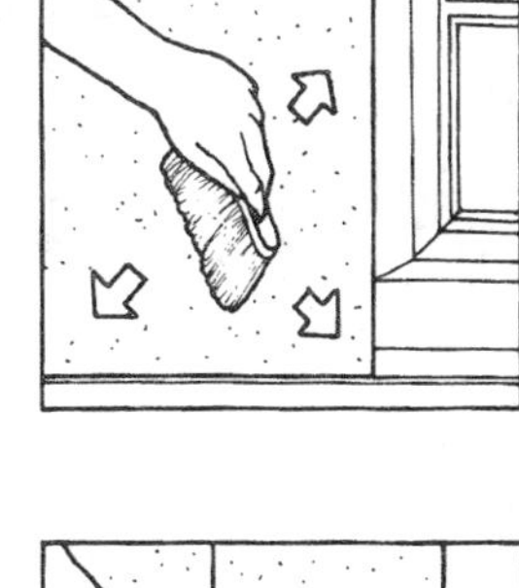
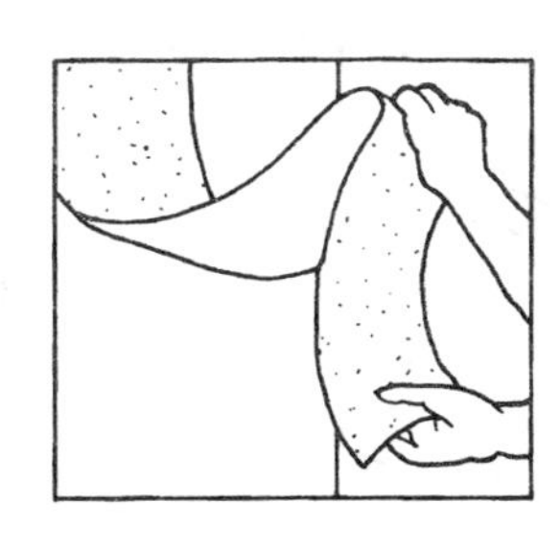
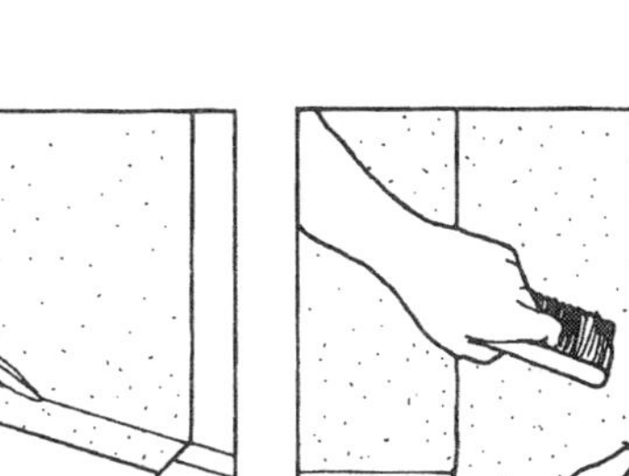
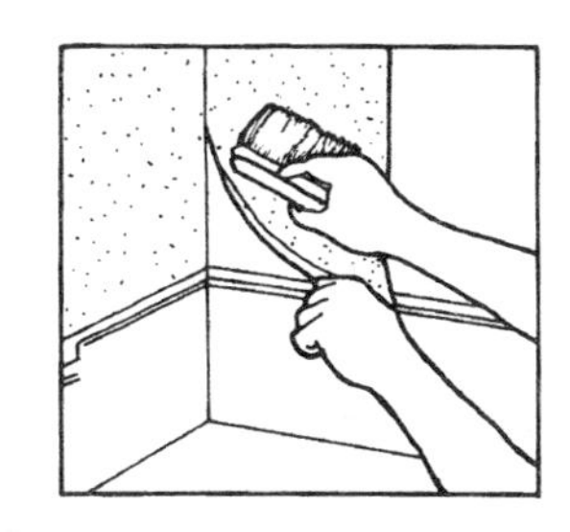
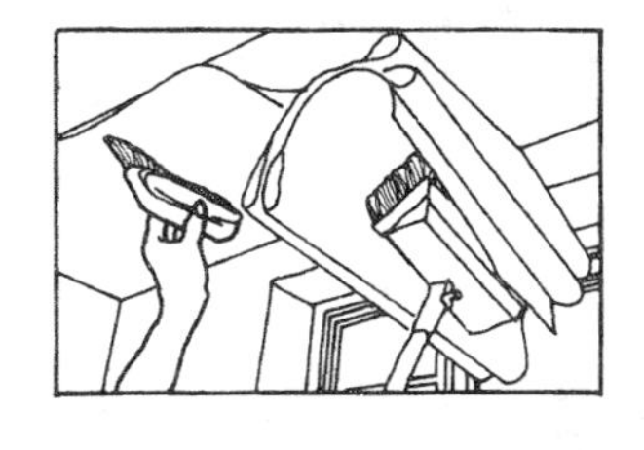
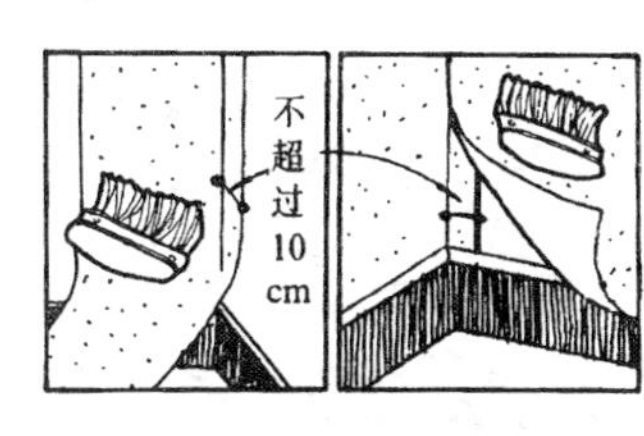

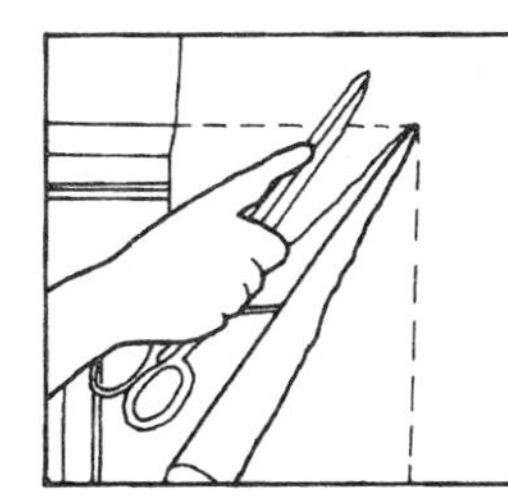
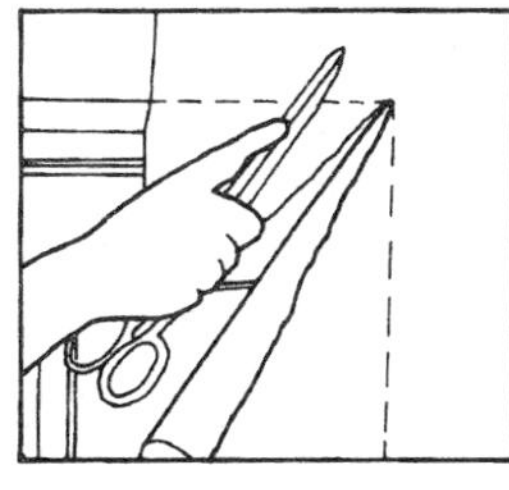
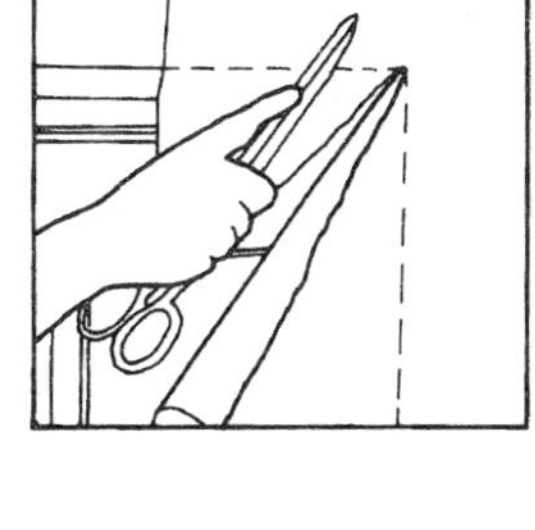
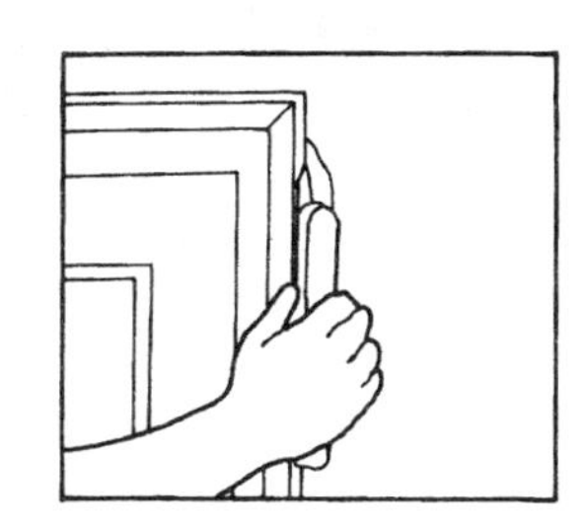
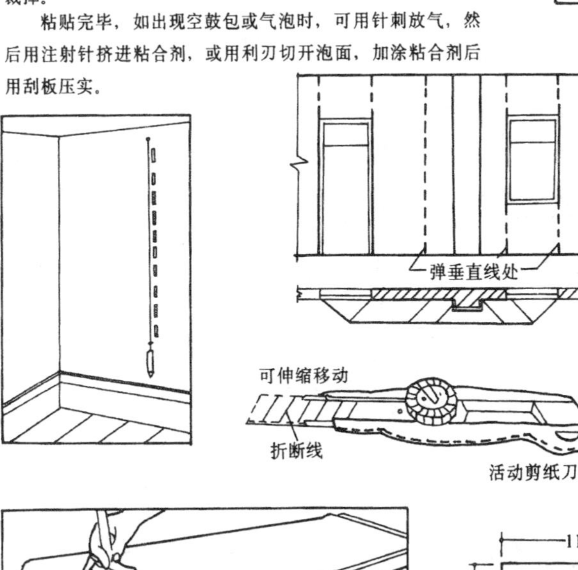

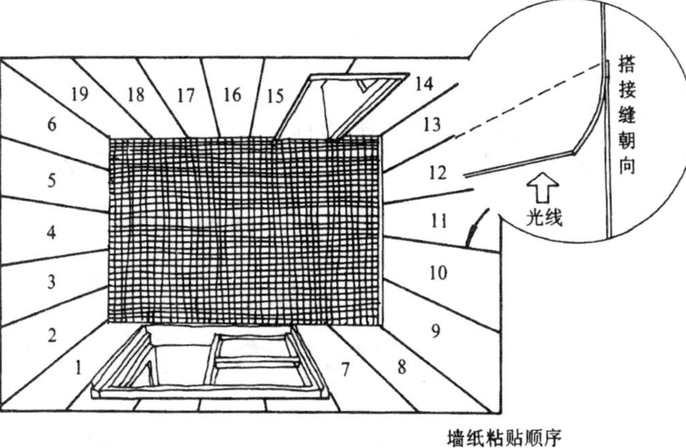

墙纸粘贴顺序

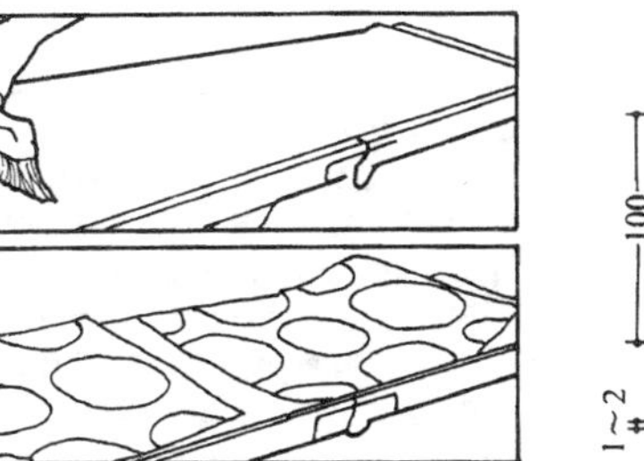
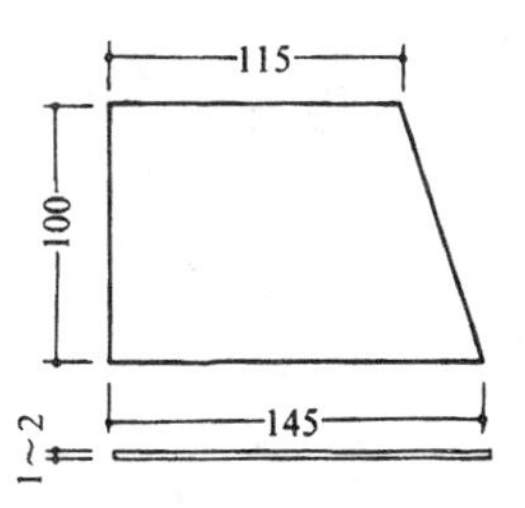

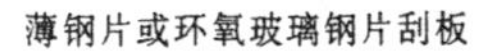
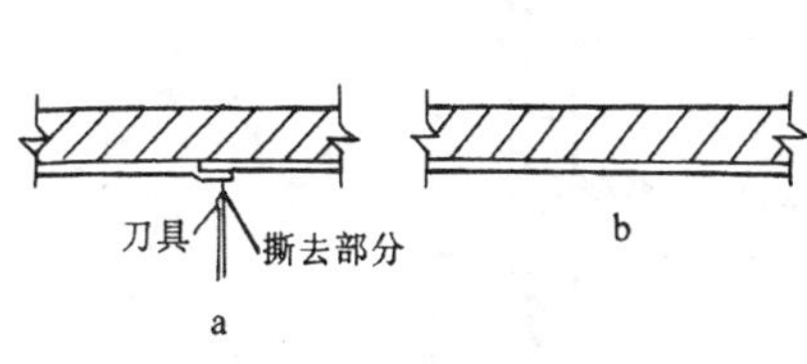

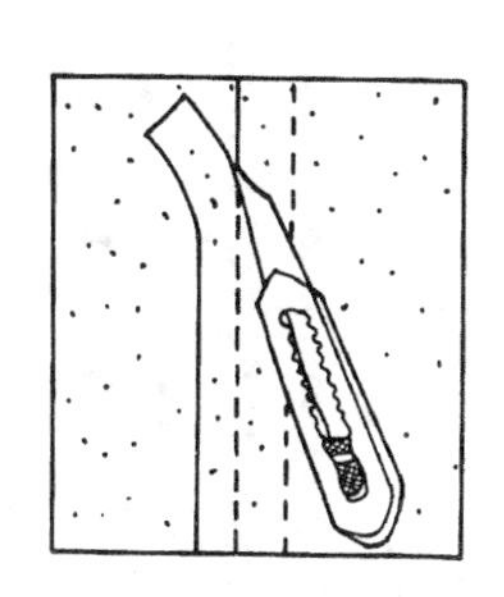

薄钢片或环氧玻璃钢片刮板　a–墙纸搭口拼缝　b– 墙纸对口拼缝

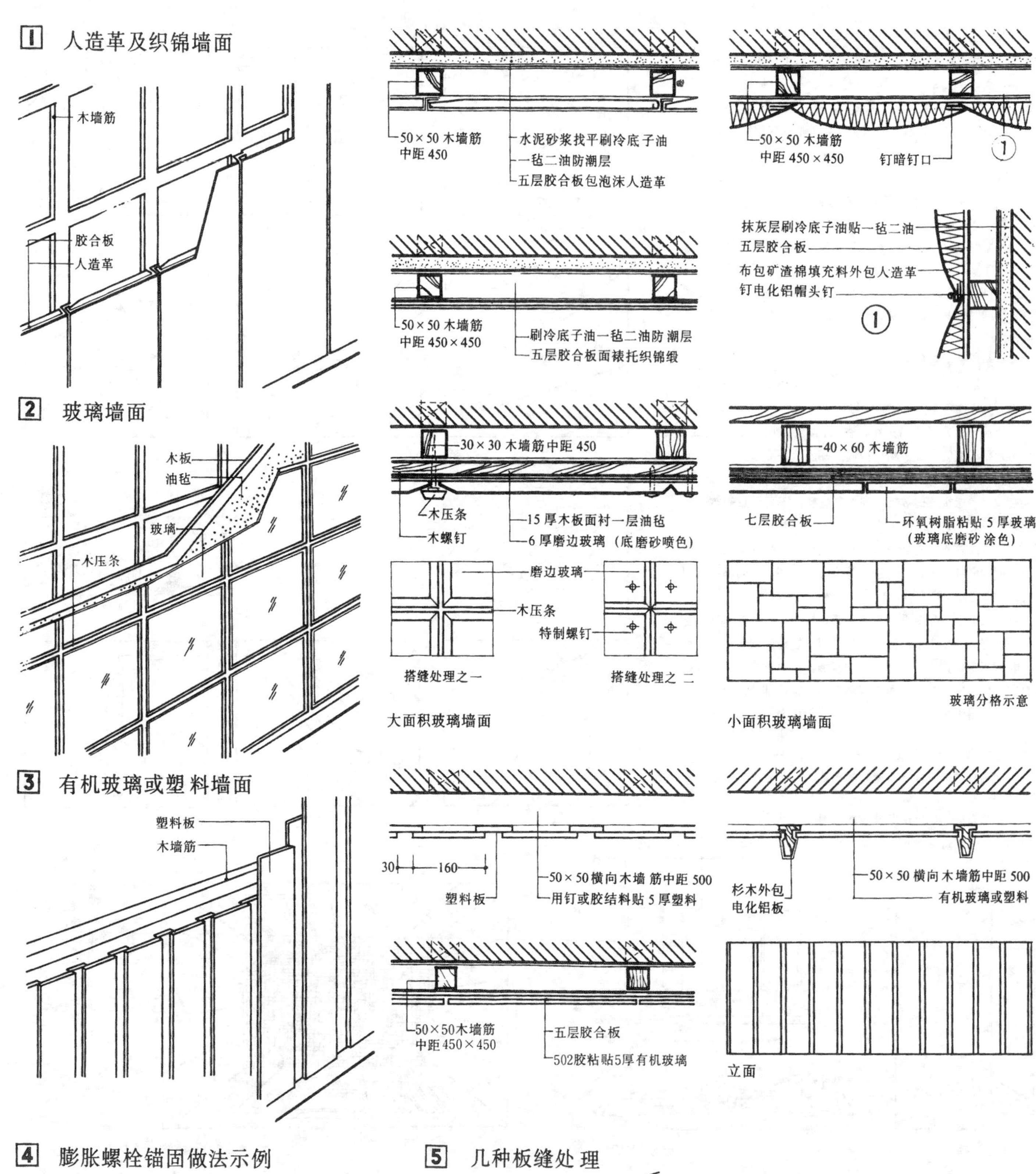

4 膨胀螺栓锚固做法示例

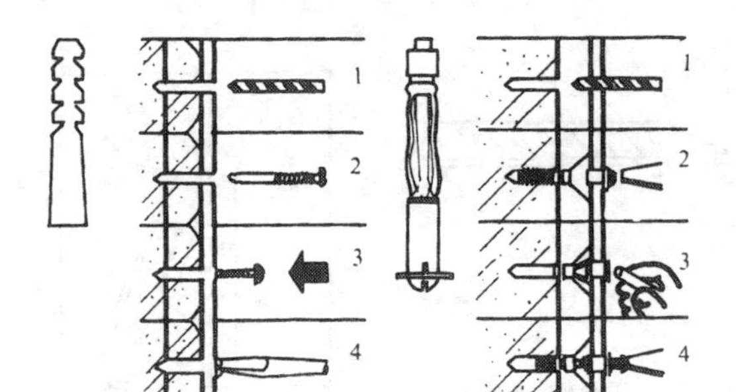

5 几种板缝处理

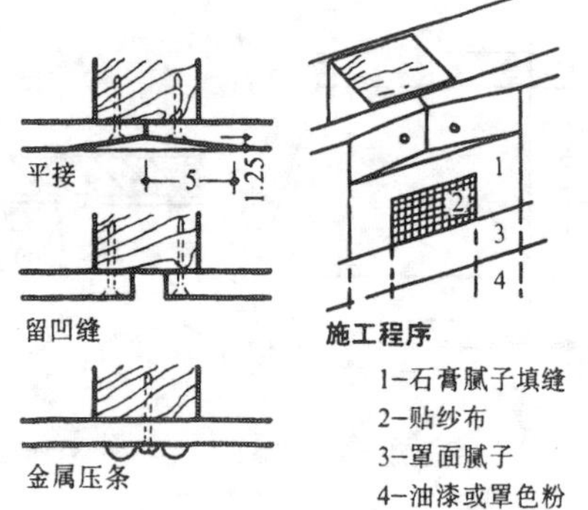

板材墙面：内墙面采用预制的大块板材如石膏板、矿棉吸音板等，具有防火、吸音、隔热、收缩性小、不受虫害并可代替一般湿法抹灰作业等优点，是一种较理想的室内装修材料。规格详见 5，其做法如下：

1.用钉子钉固　在墙面先做竖向木墙筋或轻质金属墙筋中距 400，横向木墙筋间距视具体情况而定，大块板材用镀锌钉子或木螺钉固定在木金属墙筋上。

2.用胶粘结　基层表面先用 1：1：9 水泥石灰砂浆或采用 1：2：0.5 石灰石膏砂浆粘结木标块，然后浇筑胶结料粘结石膏板。胶结料用石膏及白垩加少许胶水制成，也可用沥青乳液加水玻璃及白垩，配合比为 1：1：2。

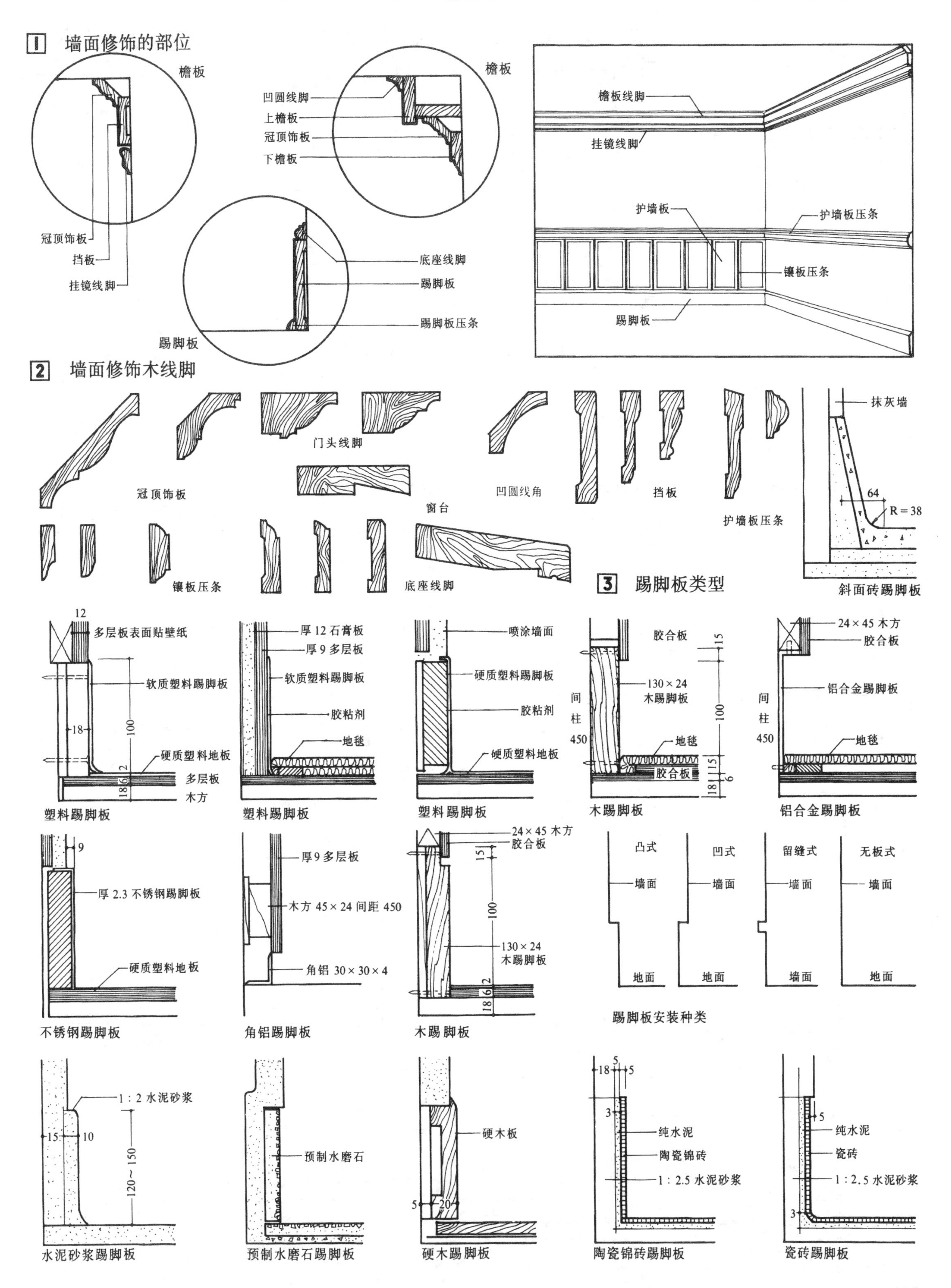
1 墙面修饰的部位
檐板
冠顶饰板
挡板
挂镜线脚
檐板
凹圆线脚
上檐板
冠顶饰板
下檐板
底座线脚
踢脚板
踢脚板压条
踢脚板
檐板线脚
挂镜线脚
护墙板
护墙板压条
镶板压条
踢脚板
2 墙面修饰木线脚
冠顶饰板
门头线脚
窗台
凹圆线角
挡板
护墙板压条
抹灰墙
64
R＝38
斜面砖踢脚板
镶板压条
底座线脚
3 踢脚板类型
12
多层板表面贴壁纸
软质塑料踢脚板
18
100
硬质塑料地板
多层板
木方
2
6
18
塑料踢脚板
厚 12 石膏板
厚 9 多层板
软质塑料踢脚板
胶粘剂
地毯
塑料踢脚板
喷涂墙面
硬质塑料踢脚板
胶粘剂
硬质塑料地板
塑料踢脚板
胶合板
15
130×24
木踢脚板
间
柱
450
100
地毯
15
胶合板
6
18
木踢脚板
24×45 木方
胶合板
铝合金踢脚板
间
柱
450
地毯
铝合金踢脚板
9
厚 2.3 不锈钢踢脚板
硬质塑料地板
不锈钢踢脚板
厚 9 多层板
木方 45×24 间距 450
角铝 30×30×4
角铝踢脚板
24×45 木方
胶合板
15
100
130×24
木踢脚板
2
6
18
木踢脚板
凸式
墙面
地面
凹式
墙面
地面
留缝式
墙面
墙面
无板式
墙面
地面
踢脚板安装种类
1 : 2 水泥砂浆
15
10
120～150
水泥砂浆踢脚板
预制水磨石
预制水磨石踢脚板
硬木板
5
20
硬木踢脚板
5
18
5
3
纯水泥
陶瓷锦砖
1 : 2.5 水泥砂浆
陶瓷锦砖踢脚板
5
纯水泥
瓷砖
1 : 2.5 水泥砂浆
3
瓷砖踢脚板

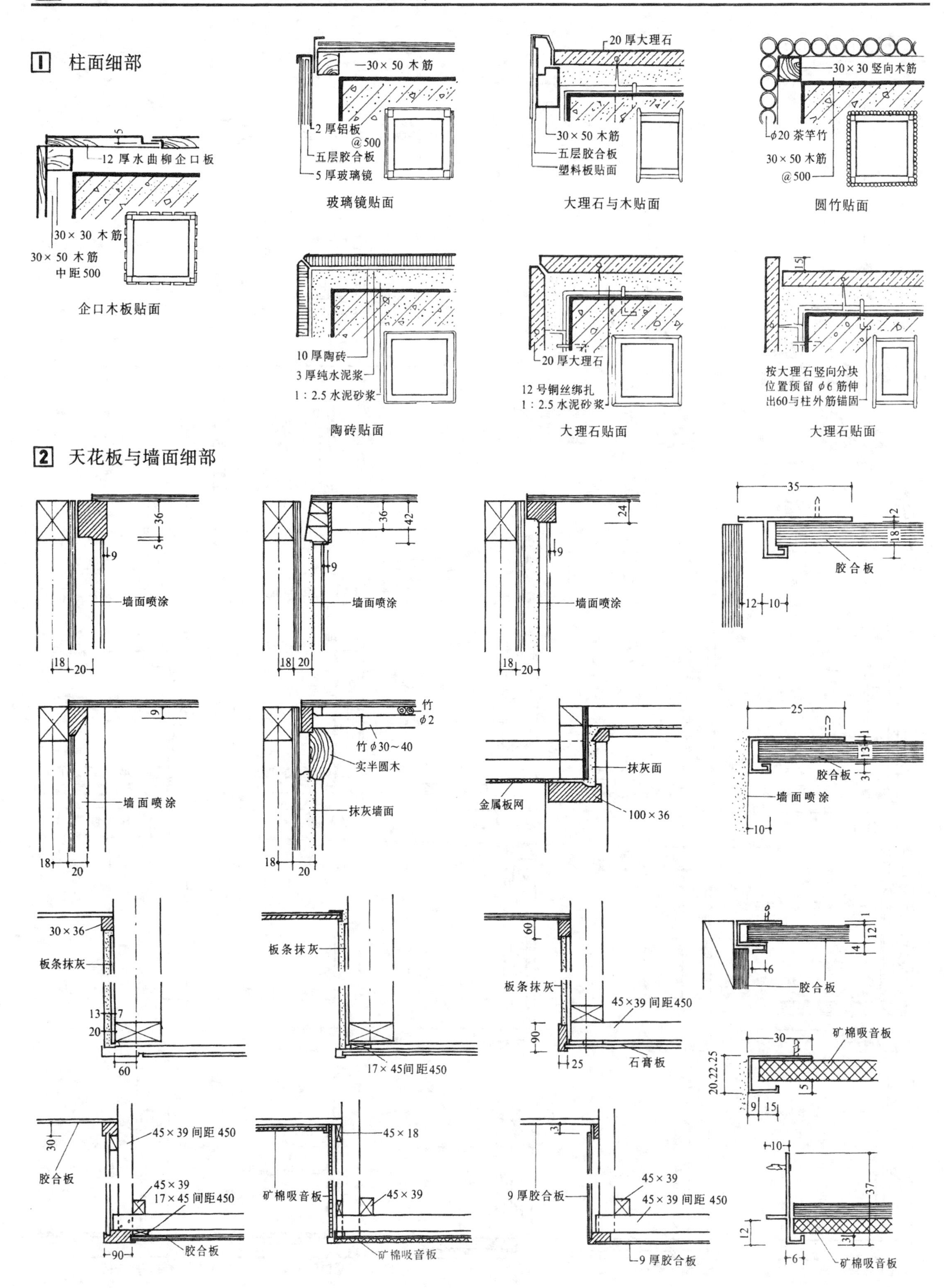
1 柱面细部
12 厚水曲柳企口板
30×30 木筋
30×50 木筋
中距 500
企口木板贴面
30×50 木筋
2 厚铝板
@500
五层胶合板
5 厚玻璃镜
玻璃镜贴面
20 厚大理石
30×50 木筋
五层胶合板
塑料板贴面
大理石与木贴面
30×30 竖向木筋
φ20 茶竿竹
30×50 木筋
@500
圆竹贴面
10 厚陶砖
3 厚纯水泥浆
1：2.5 水泥砂浆
陶砖贴面
20 厚大理石
12 号铜丝绑扎
1：2.5 水泥砂浆
大理石贴面
按大理石竖向分块
位置预留 φ6 筋伸
出60与柱外筋锚固
大理石贴面
2 天花板与墙面细部
墙面喷涂
墙面喷涂
墙面喷涂
胶合板
墙面喷涂
竹
φ2
竹 φ30～40
实半圆木
抹灰墙面
抹灰面
金属板网
100×36
胶合板
墙面喷涂
30×36
板条抹灰
板条抹灰
17×45间距450
板条抹灰
45×39 间距450
石膏板
胶合板
矿棉吸音板
20.22.25
45×39 间距 450
胶合板
45×39
17×45 间距450
胶合板
45×18
矿棉吸音板
45×39
矿棉吸音板
9 厚胶合板
45×39
45×39 间距 450
9 厚胶合板
矿棉吸音板

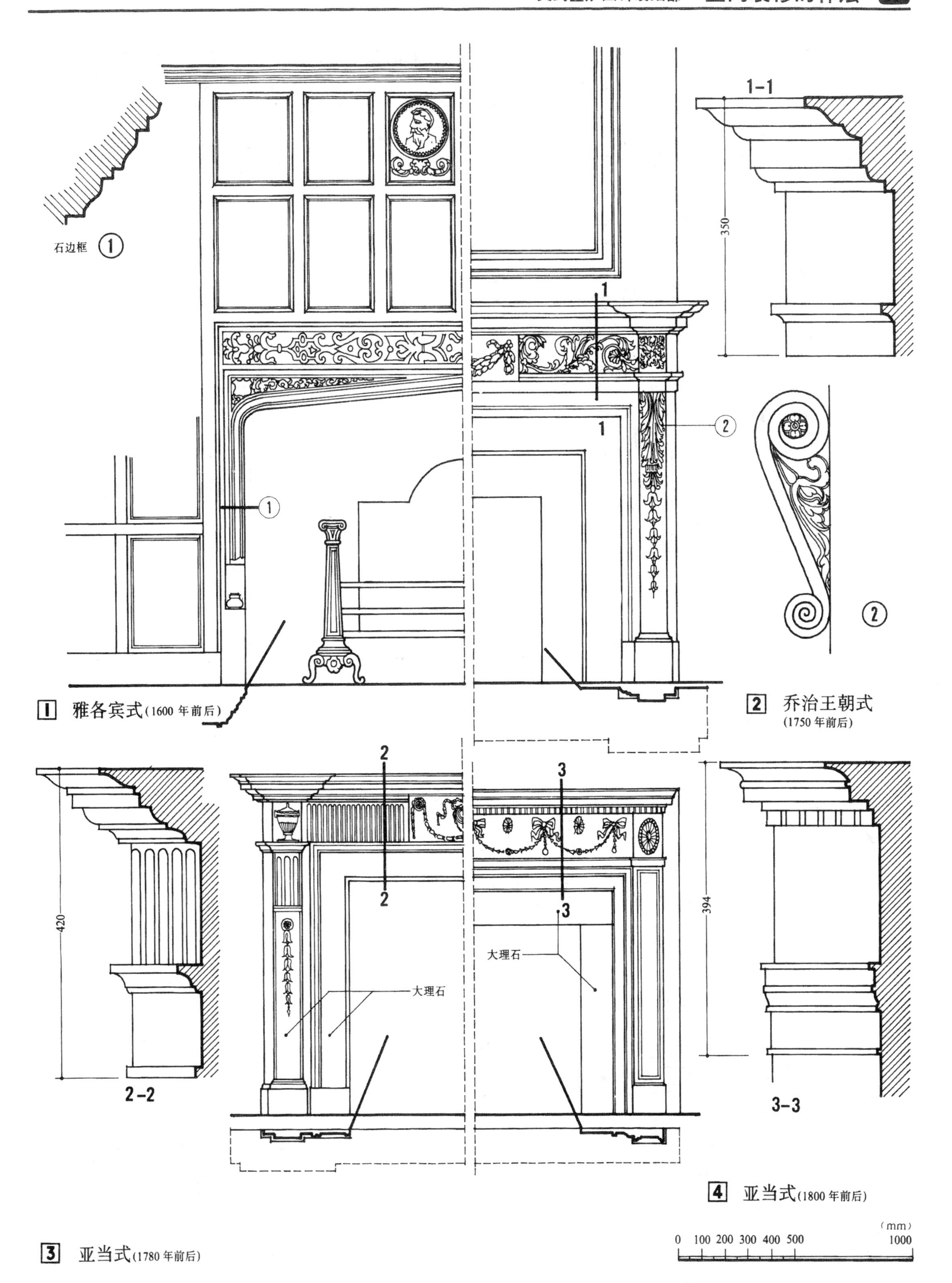

1 雅各宾式(1600 年前后)

2 乔治王朝式(1750 年前后)

3 亚当式(1780 年前后)

4 亚当式(1800 年前后)

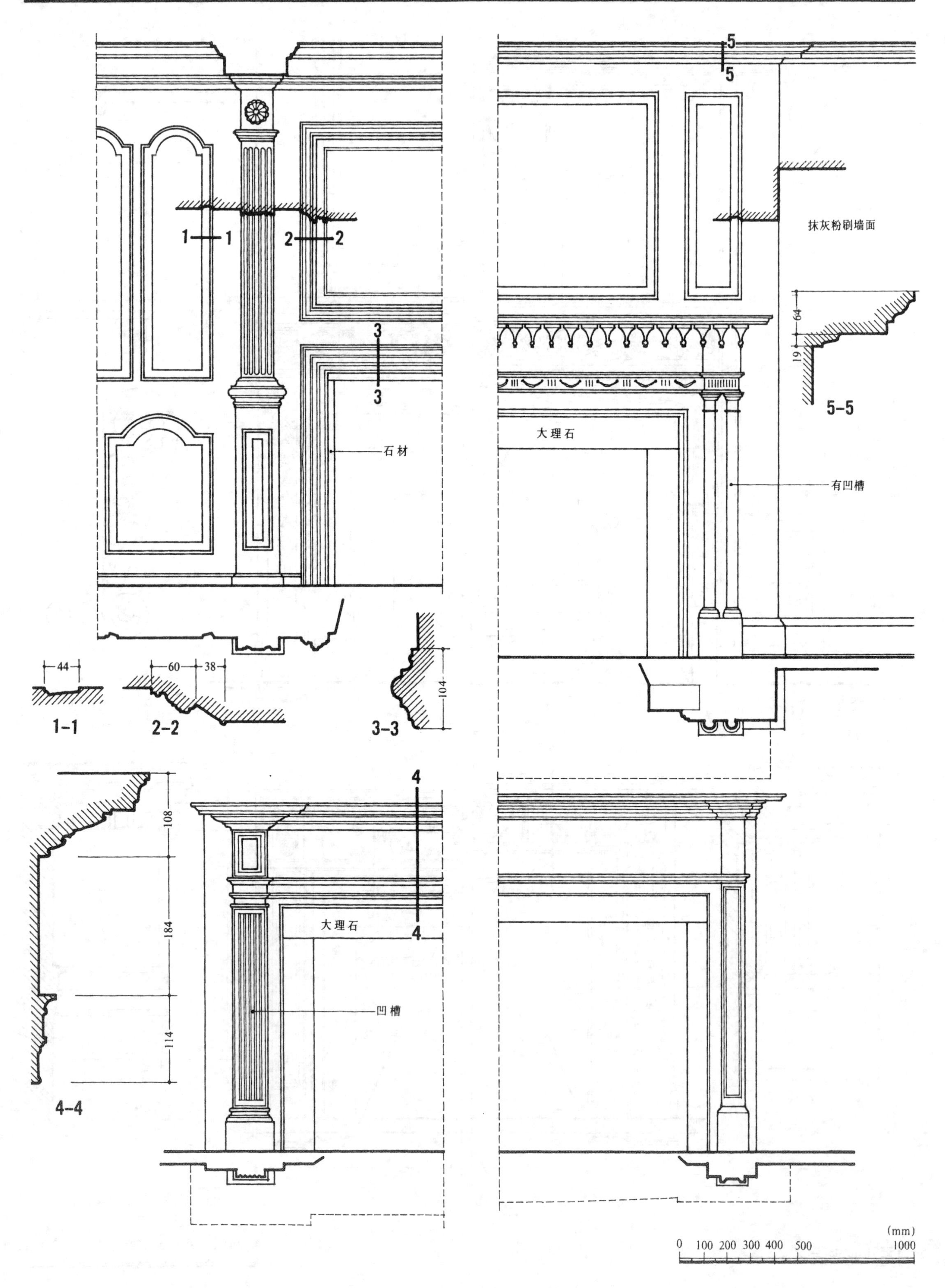
5
5
1—1
2—2
3
3
石材
抹灰粉刷墙面
64
19
5-5
大理石
有凹槽
44
60
38
104
1-1
2-2
3-3
4
108
184
114
大理石
4
凹槽
4-4
(mm)
0 100 200 300 400 500 1000

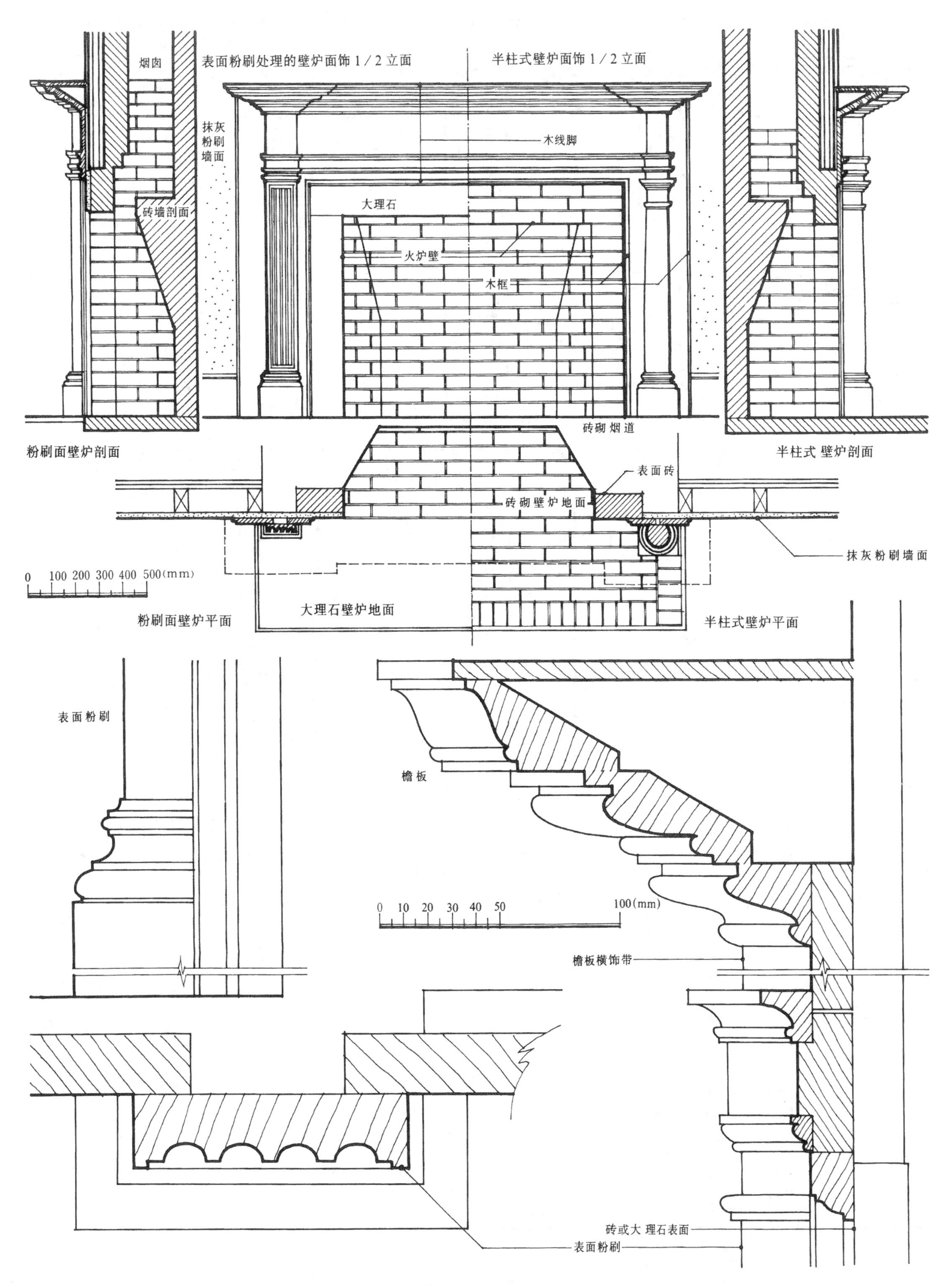
烟囱
表面粉刷处理的壁炉面饰 1/2 立面
半柱式壁炉面饰 1/2 立面
木线脚
抹灰粉刷墙面
大理石
砖墙剖面
火炉壁
木框
砖砌烟道
粉刷面壁炉剖面
半柱式 壁炉剖面
表面砖
砖砌壁炉地面
抹灰粉刷墙面
0 100 200 300 400 500(mm)
粉刷面壁炉平面
大理石壁炉地面
半柱式壁炉平面
表面粉刷
檐板
0 10 20 30 40 50 100(mm)
檐板横饰带
砖或大 理石表面
表面粉刷

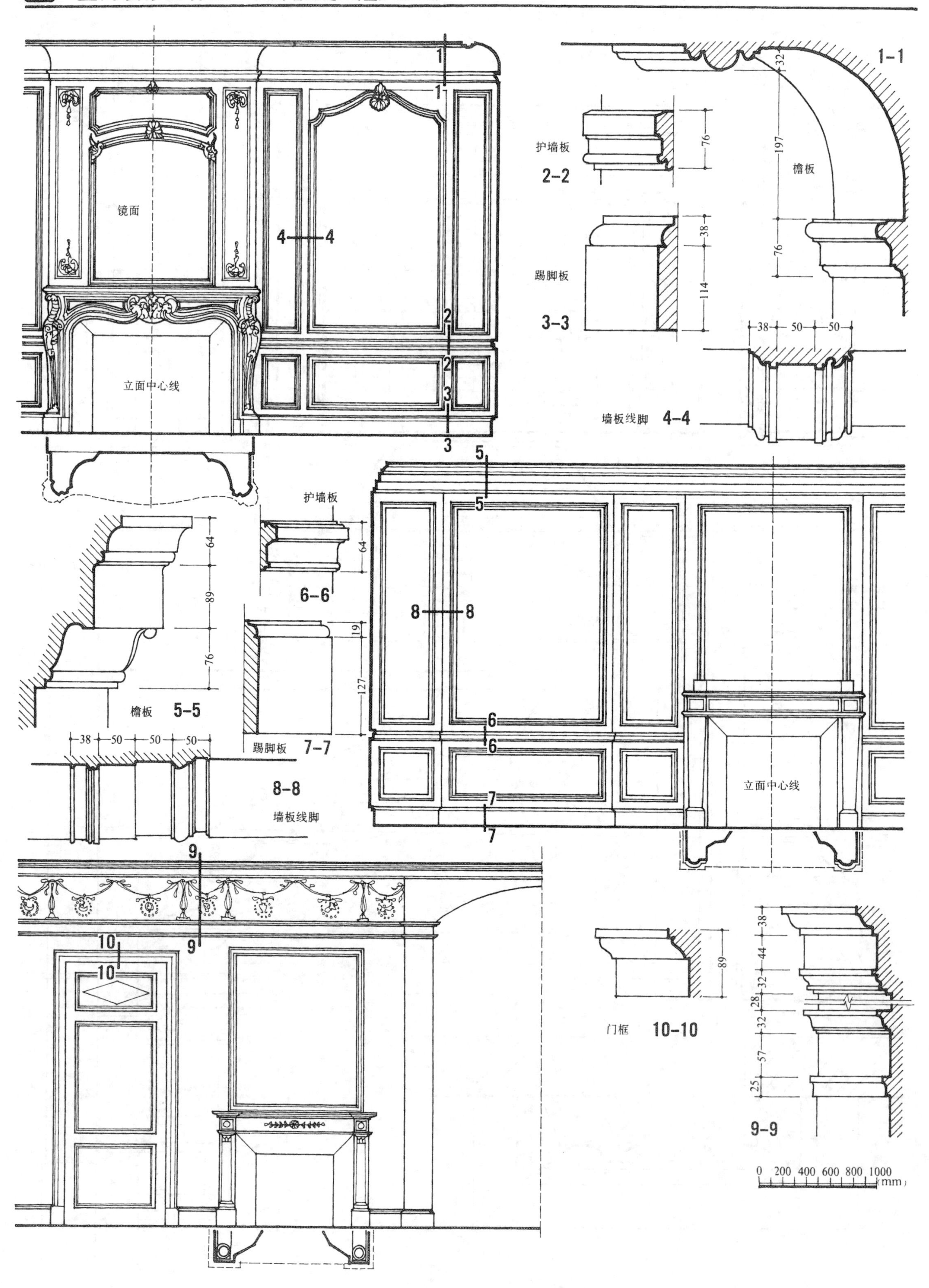
1-1
檐板
197
32
76
护墙板
2-2
76
踢脚板
3-3
38
114
4-4
墙板线脚
38
50
50
镜面
立面中心线
4—4
护墙板
6-6
64
檐板
5-5
64
89
76
踢脚板
7-7
19
127
8-8
墙板线脚
8—8
立面中心线
门框
10-10
89
9-9
38
44
32
28
32
57
25
0 200 400 600 800 1000 (mm)

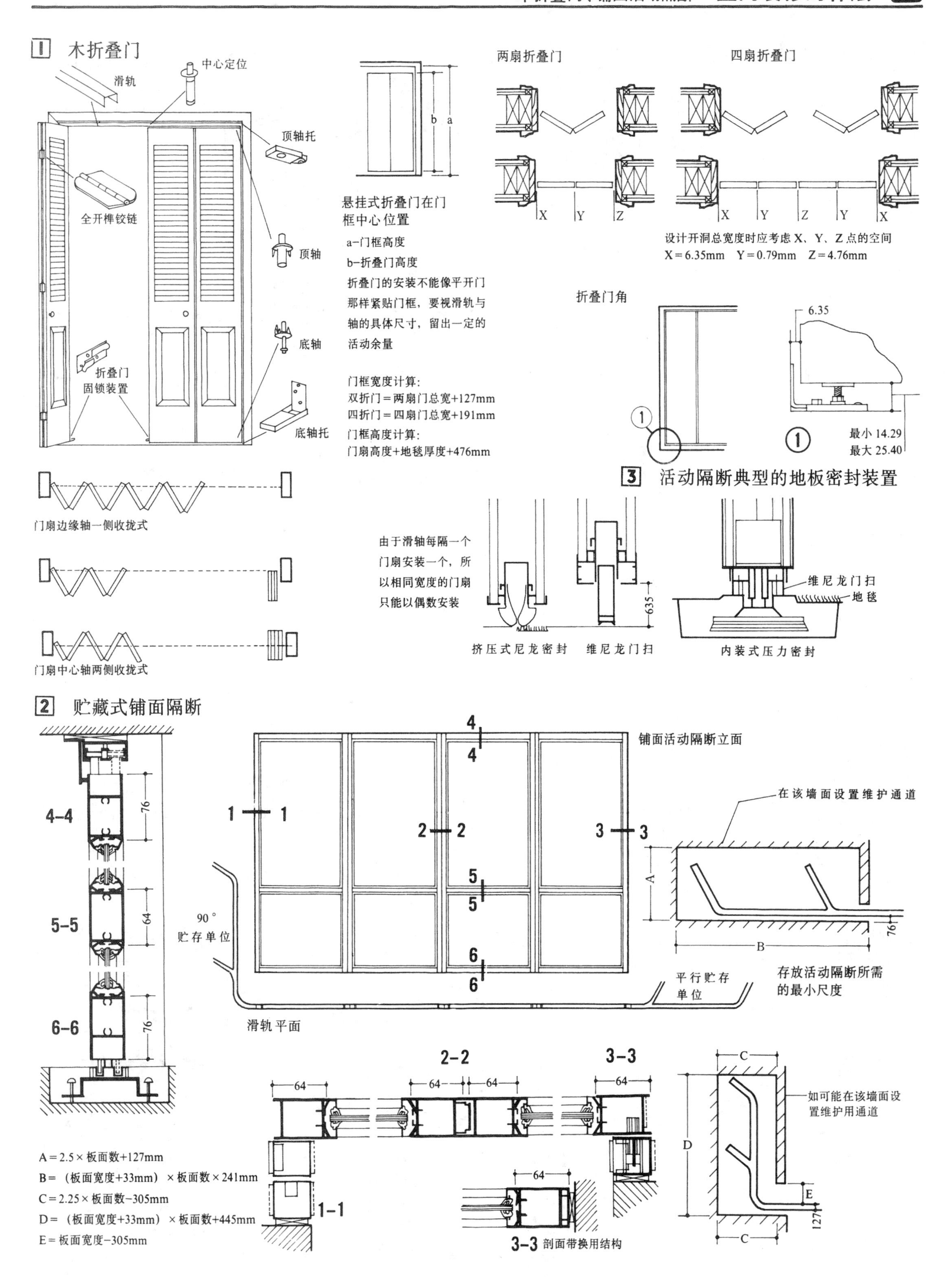

1 木折叠门
中心定位
滑轨
顶轴托
全开榫铰链
顶轴
折叠门固锁装置
底轴
底轴托
门扇边缘轴一侧收拢式
门扇中心轴两侧收拢式
悬挂式折叠门在门框中心位置
a–门框高度
b–折叠门高度
折叠门的安装不能像平开门那样紧贴门框，要视滑轨与轴的具体尺寸，留出一定的活动余量
门框宽度计算：
双折门＝两扇门总宽+127mm
四折门＝四扇门总宽+191mm
门框高度计算：
门扇高度+地毯厚度+476mm
两扇折叠门
四扇折叠门
设计开洞总宽度时应考虑X、Y、Z点的空间
X＝6.35mm Y＝0.79mm Z＝4.76mm
折叠门角
6.35
最小 14.29
最大 25.40
3 活动隔断典型的地板密封装置
由于滑轴每隔一个门扇安装一个，所以相同宽度的门扇只能以偶数安装
635
挤压式尼龙密封
维尼龙门扫
维尼龙门扫
地毯
内装式压力密封
2 贮藏式铺面隔断
4–4
5–5
6–6
铺面活动隔断立面
90°贮存单位
平行贮存单位
滑轨平面
在该墙面设置维护通道
存放活动隔断所需的最小尺度
2–2
3–3
1–1
3–3 剖面带换用结构
如可能在该墙面设置维护用通道
A＝2.5×板面数+127mm
B＝（板面宽度+33mm）×板面数×241mm
C＝2.25×板面数−305mm
D＝（板面宽度+33mm）×板面数+445mm
E＝板面宽度−305mm

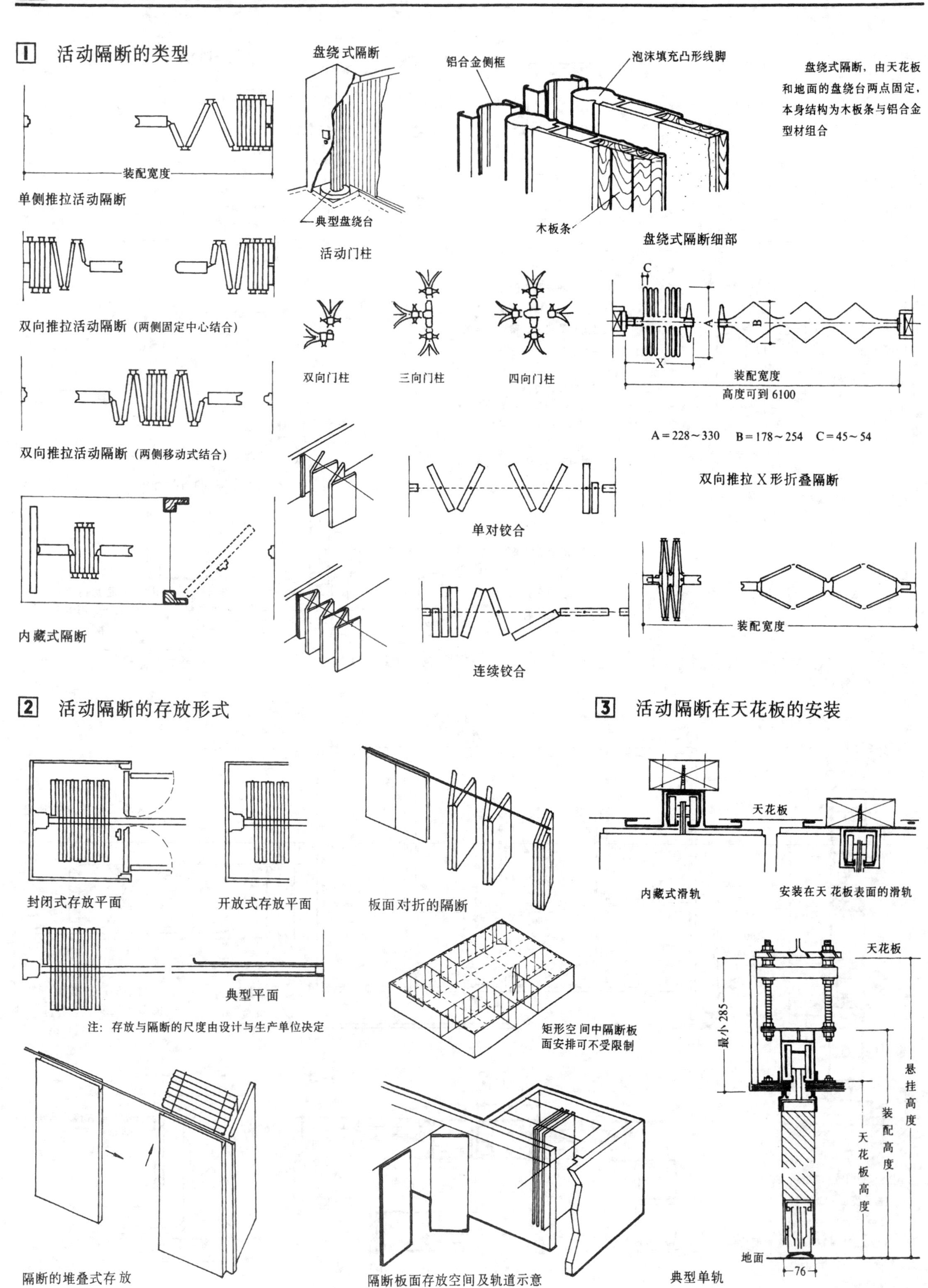
1 活动隔断的类型
盘绕式隔断
铝合金侧框
泡沫填充凸形线脚
盘绕式隔断，由天花板和地面的盘绕台两点固定，本身结构为木板条与铝合金型材组合
装配宽度
单侧推拉活动隔断
典型盘绕台
活动门柱
木板条
盘绕式隔断细部
双向推拉活动隔断（两侧固定中心结合）
双向门柱
三向门柱
四向门柱
装配宽度
高度可到6100
双向推拉活动隔断（两侧移动式结合）
A=228～330 B=178～254 C=45～54
双向推拉X形折叠隔断
单对铰合
内藏式隔断
连续铰合
装配宽度
2 活动隔断的存放形式
3 活动隔断在天花板的安装
天花板
封闭式存放平面
开放式存放平面
板面对折的隔断
内藏式滑轨
安装在天 花板表面的滑轨
典型平面
天花板
注：存放与隔断的尺度由设计与生产单位决定
矩形空间中隔断板面安排可不受限制
最小285
悬挂高度
装配高度
天花板高度
地面
76
隔断的堆叠式存放
隔断板面存放空间及轨道示意
典型单轨

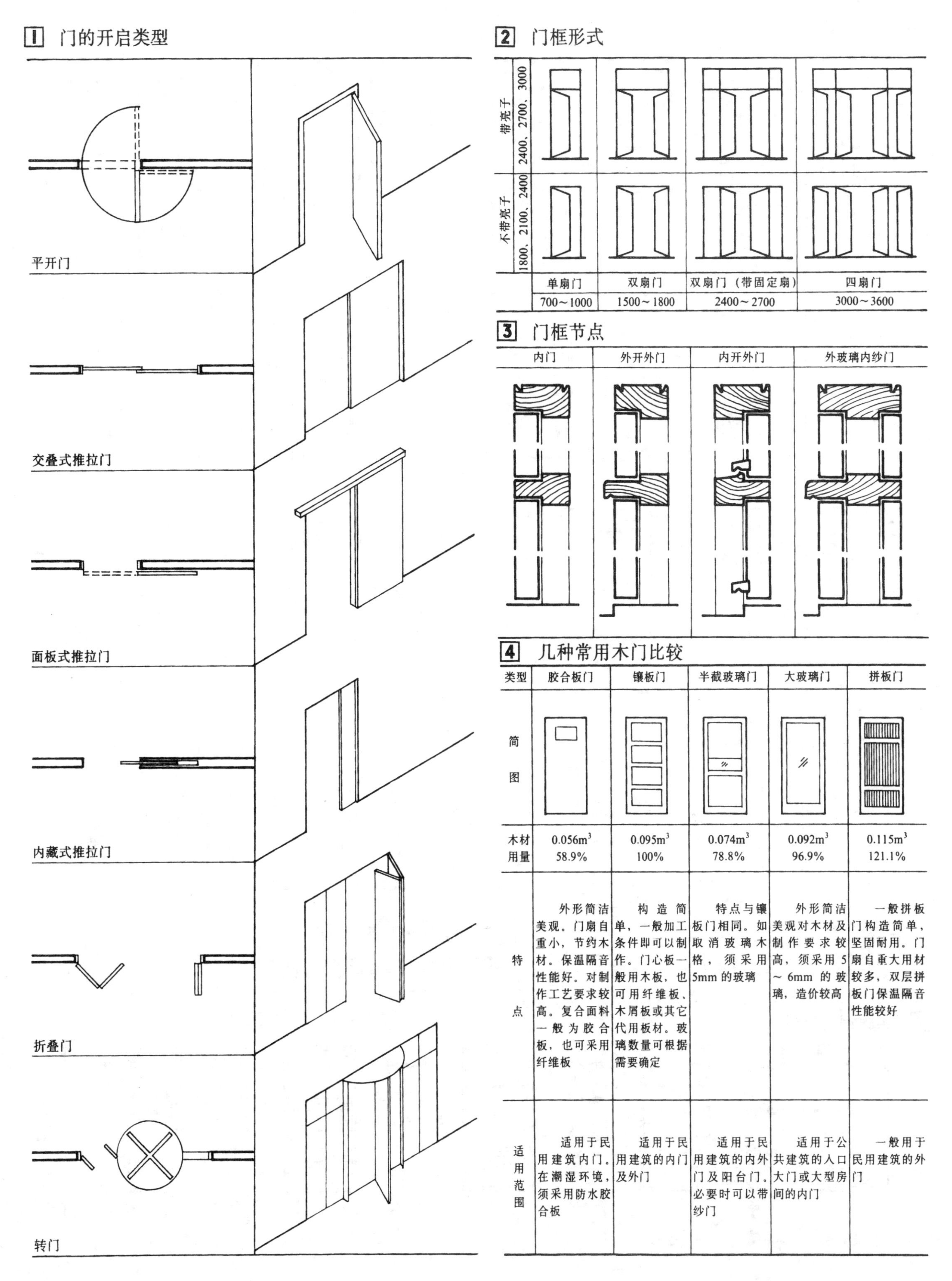

4 几种常用木门比较

类型	胶合板门	镶板门	半截玻璃门	大玻璃门	拼板门
简图					
木材用量	0.056m³ 58.9%	0.095m³ 100%	0.074m³ 78.8%	0.092m³ 96.9%	0.115m³ 121.1%
特点	外形简洁美观。门扇自重小，节约木材。保温隔音性能好。对制作工艺要求较高。复合面料一般为胶合板，也可采用纤维板	构造简单，一般加工条件即可以制作。门心板一般用木板，也可用纤维板、木屑板或其它代用板材。玻璃数量可根据需要确定	特点与镶板门相同。如取消玻璃木格，须采用5mm的玻璃	外形简洁美观对木材及制作要求较高，须采用5～6mm的玻璃，造价较高	一般拼板门构造简单，坚固耐用。门扇自重大用材较多，双层拼板门保温隔音性能较好
适用范围	适用于民用建筑内门。在潮湿环境，须采用防水胶合板	适用于民用建筑的内门及外门	适用于民用建筑的内外门及阳台门，必要时可以带纱门	适用于公共建筑的入口大门或大型房间的内门	一般用于民用建筑的外门

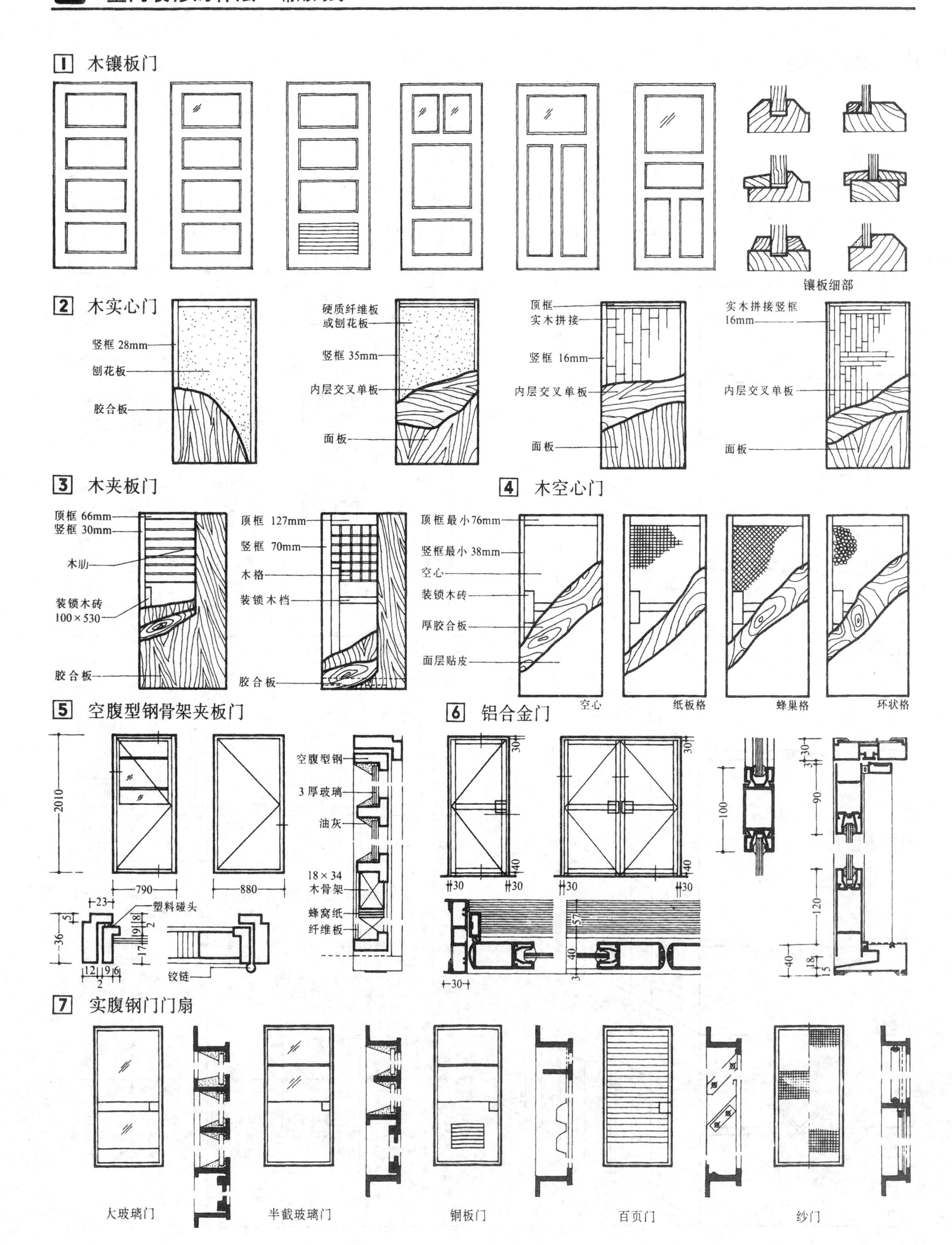
1 木镶板门
镶板细部
2 木实心门
竖框 28mm
刨花板
胶合板
硬质纤维板
或刨花板
竖框 35mm
内层交叉单板
面板
顶框
实木拼接
竖框 16mm
内层交叉单板
面板
实木拼接竖框
16mm
内层交叉单板
面板
3 木夹板门
顶框 66mm
竖框 30mm
木肋
装锁木砖
100×530
胶合板
顶框 127mm
竖框 70mm
木格
装锁木档
胶合板
4 木空心门
顶框最小 76mm
竖框最小 38mm
空心
装锁木砖
厚胶合板
面层贴皮
空心
纸板格
蜂巢格
环状格
5 空腹型钢骨架夹板门
2010
790
880
空腹型钢
3 厚玻璃
油灰
18×34
木骨架
蜂窝纸
纤维板
23
塑料碰头
36
铰链
6 铝合金门
30
40
57
100
90
120
7 实腹钢门门扇
大玻璃门
半截玻璃门
钢板门
百页门
纱门

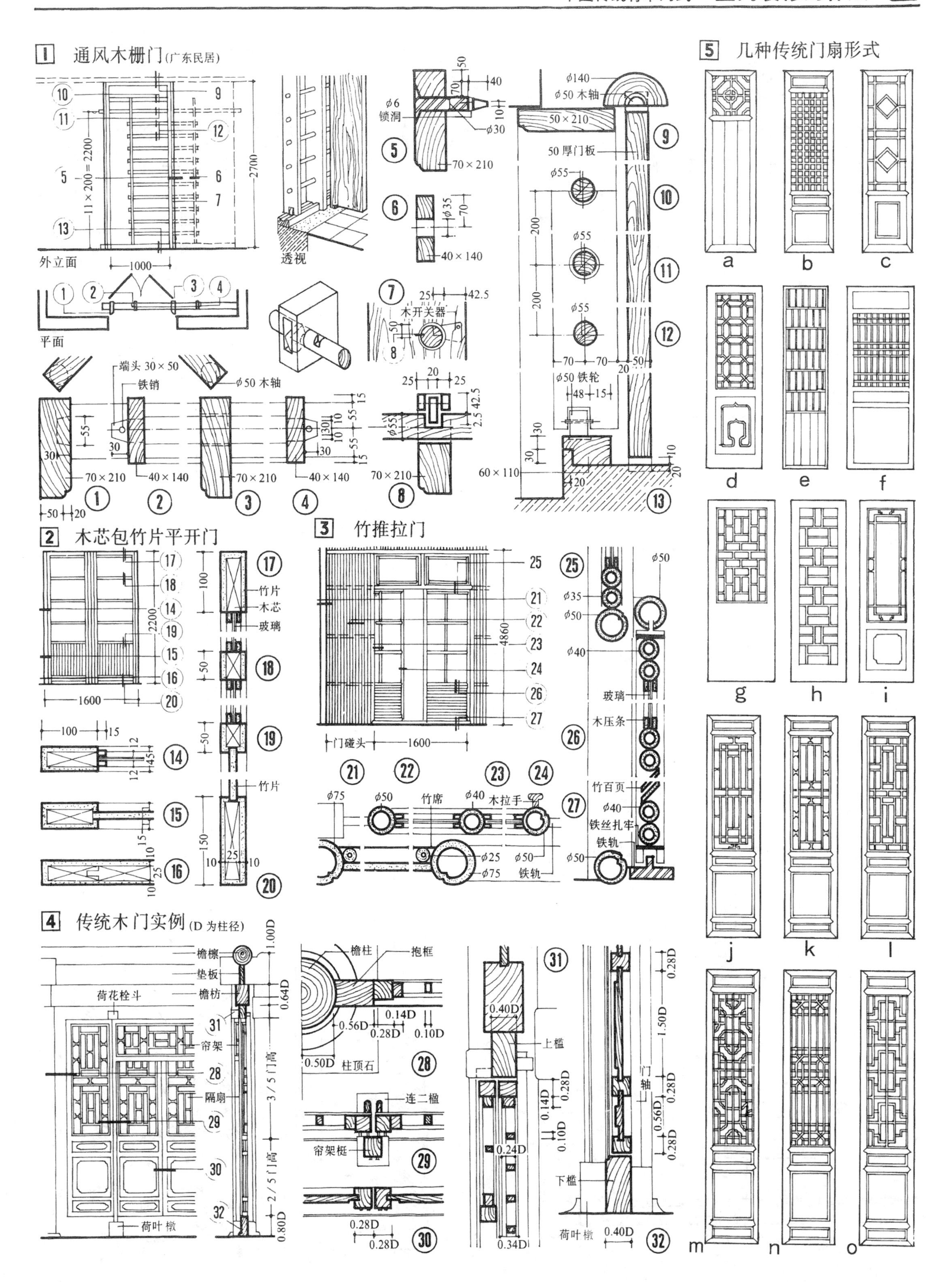
1 通风木栅门(广东民居)
外立面
平面
透视
11×200=2200
2700
1000
端头 30×50
铁销
φ50 木轴
70×210
40×140
φ6 锁洞
φ30
木开关器
50×210
50 厚门板
φ55
φ50 木轴
φ140
φ50 铁轮
60×110
2 木芯包竹片平开门
竹片
木芯
玻璃
2200
1600
3 竹推拉门
4860
门碰头
1600
竹席
木拉手
木压条
竹百页
铁丝扎牢
铁轨
4 传统木门实例(D 为柱径)
檐檩
垫板
檐枋
荷花栓斗
帘架
隔扇
荷叶墩
3/5 门高
2/5 门高
檐柱
抱框
柱顶石
连二楹
帘架梃
上槛
下槛
门轴
5 几种传统门扇形式
a
b
c
d
e
f
g
h
i
j
k
l
m
n
o

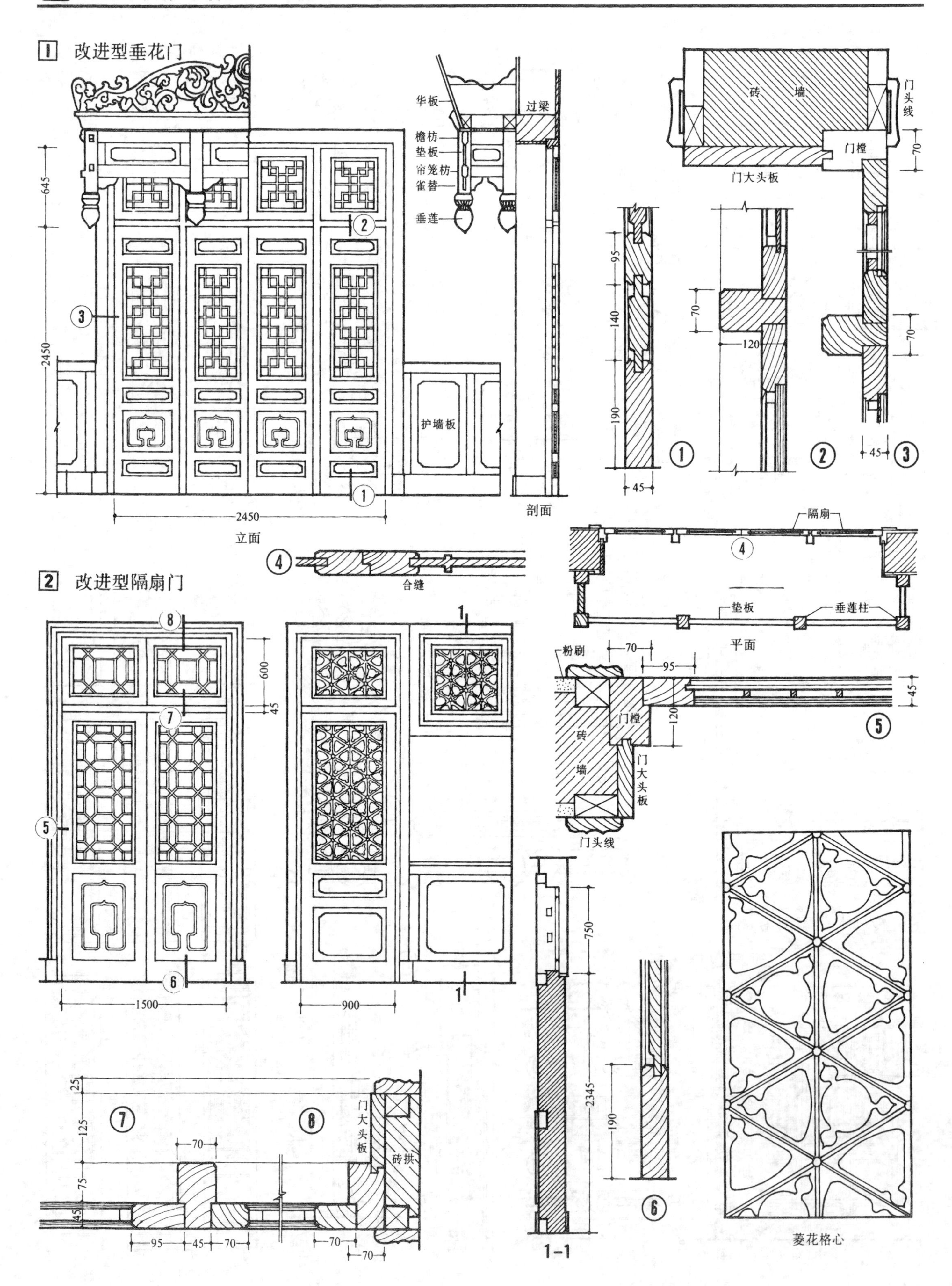

1 改进型垂花门
华板
过梁
檐枋
垫板
帘笼枋
雀替
垂莲
护墙板
645
2450
2450
立面
剖面
砖 墙
门头线
门大头板
门槛
70
95
140
190
45
70
120
70
45
合缝
隔扇
垫板
垂莲柱
平面
2 改进型隔扇门
600
45
1500
900
1-1
粉刷
70
95
120
45
门槛
砖墙
门大头板
门头线
750
2345
190
25
125
75
45
70
95
45
70
70
70
门大头板
砖拱
菱花格心

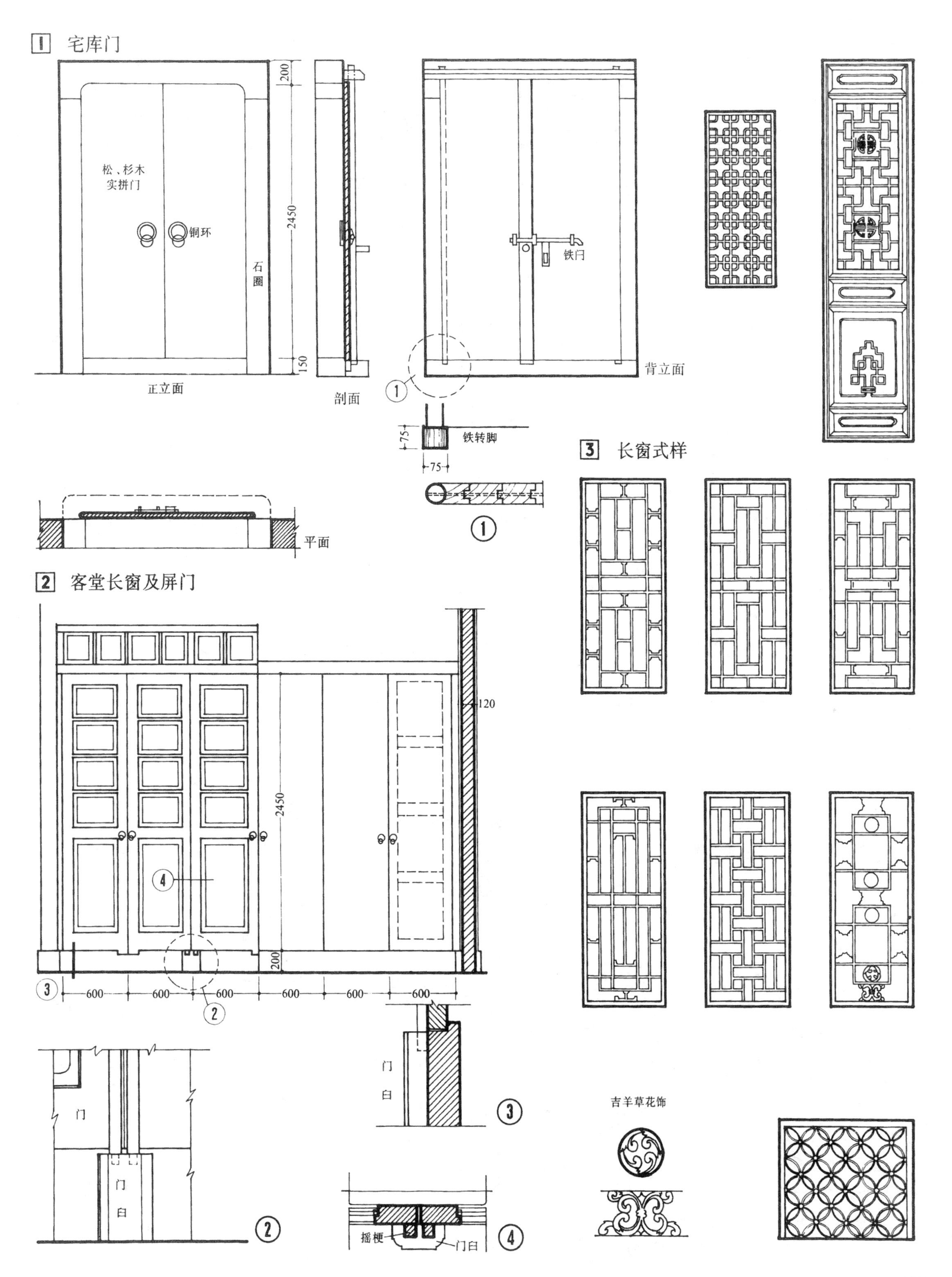
1 宅库门
松、杉木
实拼门
铜环
石
圈
200
2450
150
正立面
剖面
铁闩
背立面
1
75
铁转脚
75
1
平面
2 客堂长窗及屏门
120
2450
4
200
3
600
600
600
600
600
600
2
门
门
臼
2
门
臼
3
摇梗
门臼
4
3 长窗式样
吉羊草花饰

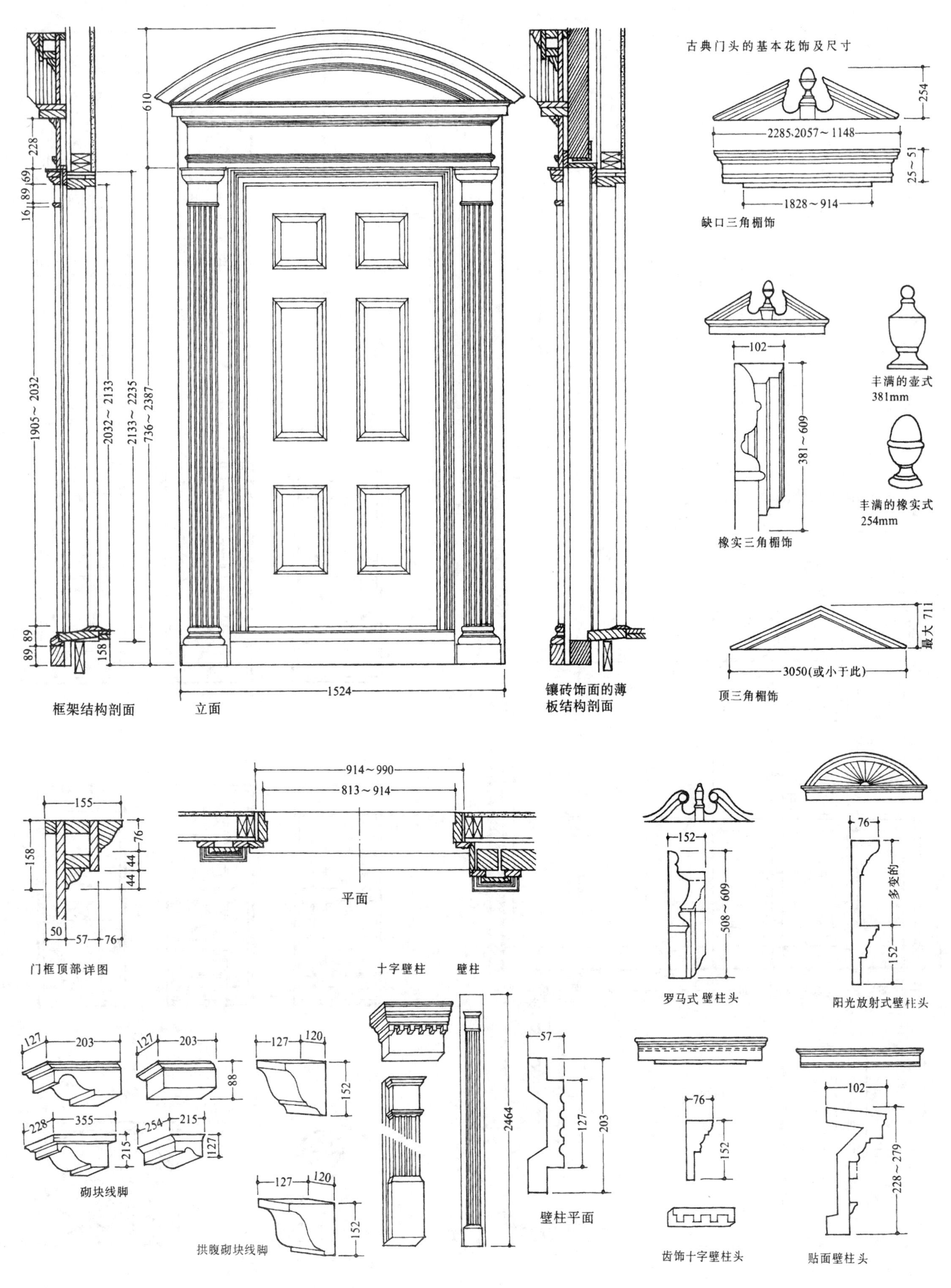
古典门头的基本花饰及尺寸
254
2285、2057～1148
25～51
1828～914
缺口三角楣饰
102
381～609
橡实三角楣饰
丰满的壶式
381mm
丰满的橡实式
254mm
最大711
3050(或小于此)
顶三角楣饰
610
228
69
89
16
1905～2032
2032～2133
2133～2235
736～2387
89
89
89
158
1524
框架结构剖面
立面
镶砖饰面的薄板结构剖面
155
158
76
44
44
50
57
76
门框顶部详图
914～990
813～914
平面
十字壁柱
壁柱
152
508～609
罗马式壁柱头
76
多变的
152
阳光放射式壁柱头
127
203
127
203
88
127
120
152
228
355
215
254
215
127
砌块线脚
127
120
152
拱腹砌块线脚
2464
57
127
203
壁柱平面
76
152
齿饰十字壁柱头
102
228～279
贴面壁柱头

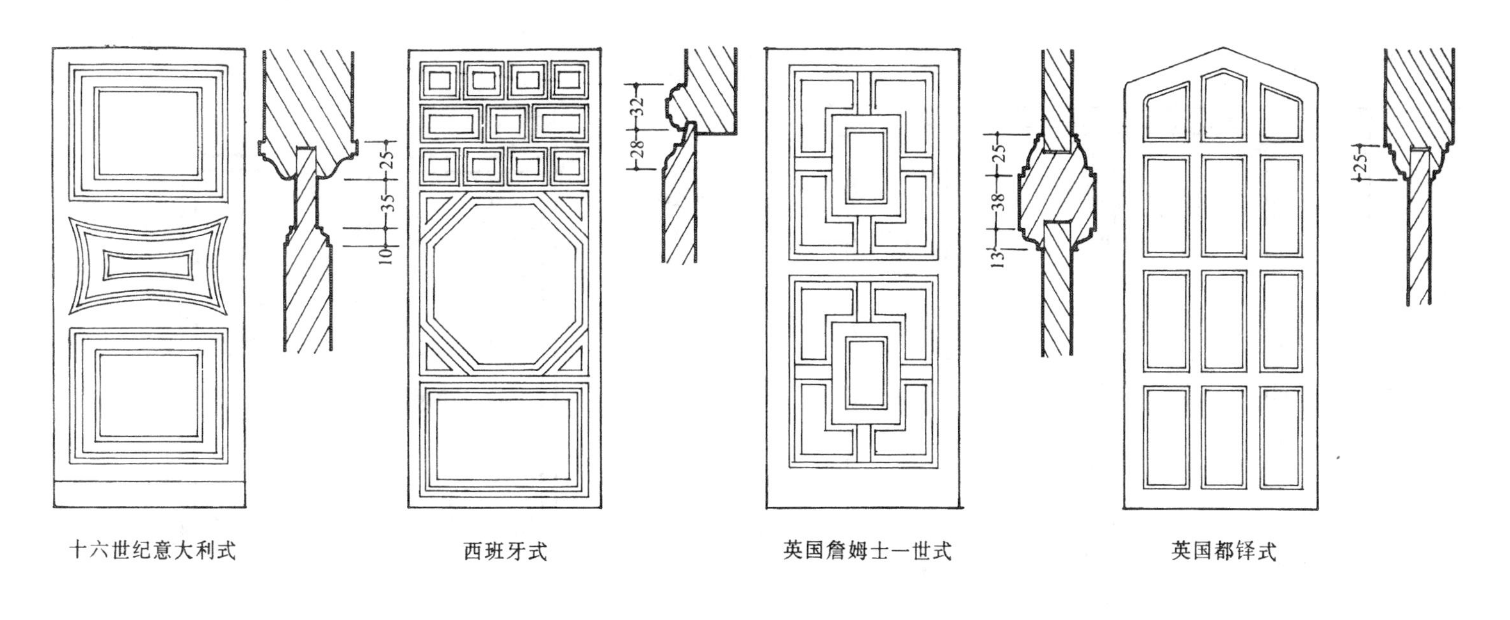

十六世纪意大利式　　西班牙式　　英国詹姆士一世式　　英国都铎式

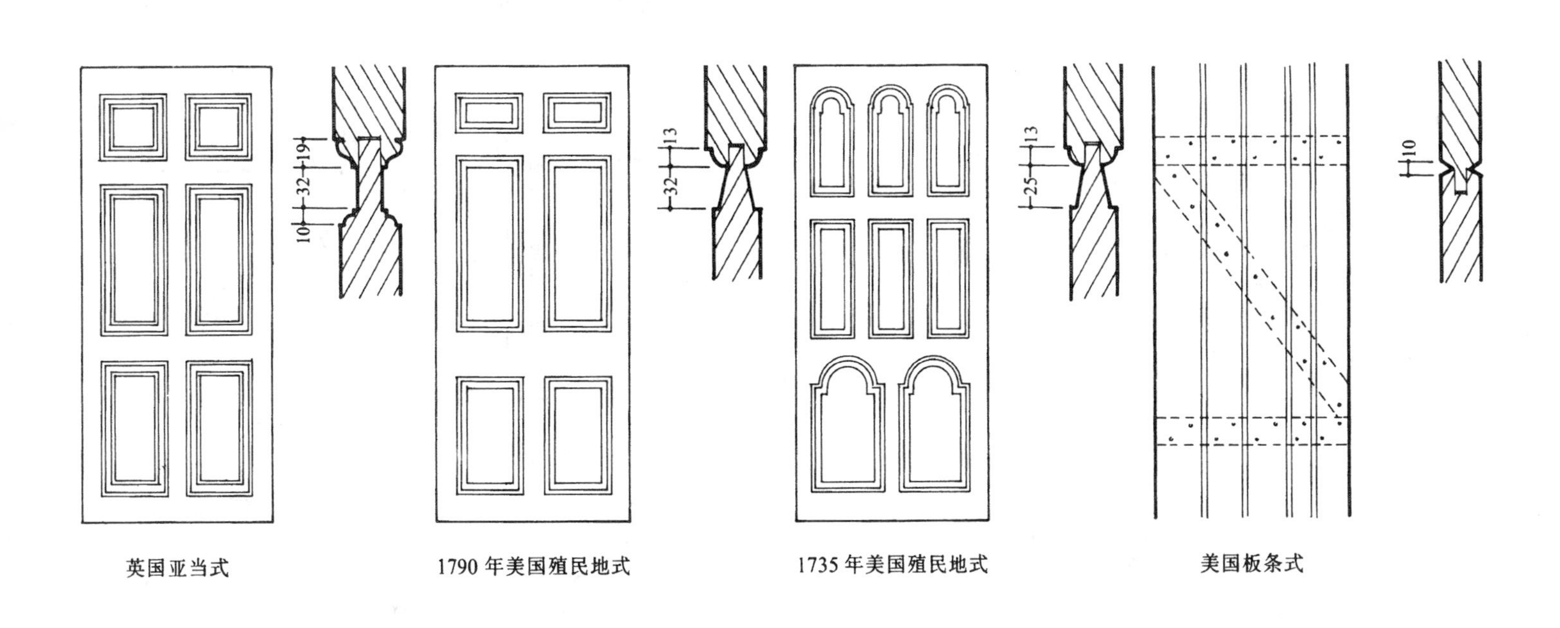

英国亚当式　　1790 年美国殖民地式　　1735 年美国殖民地式　　美国板条式

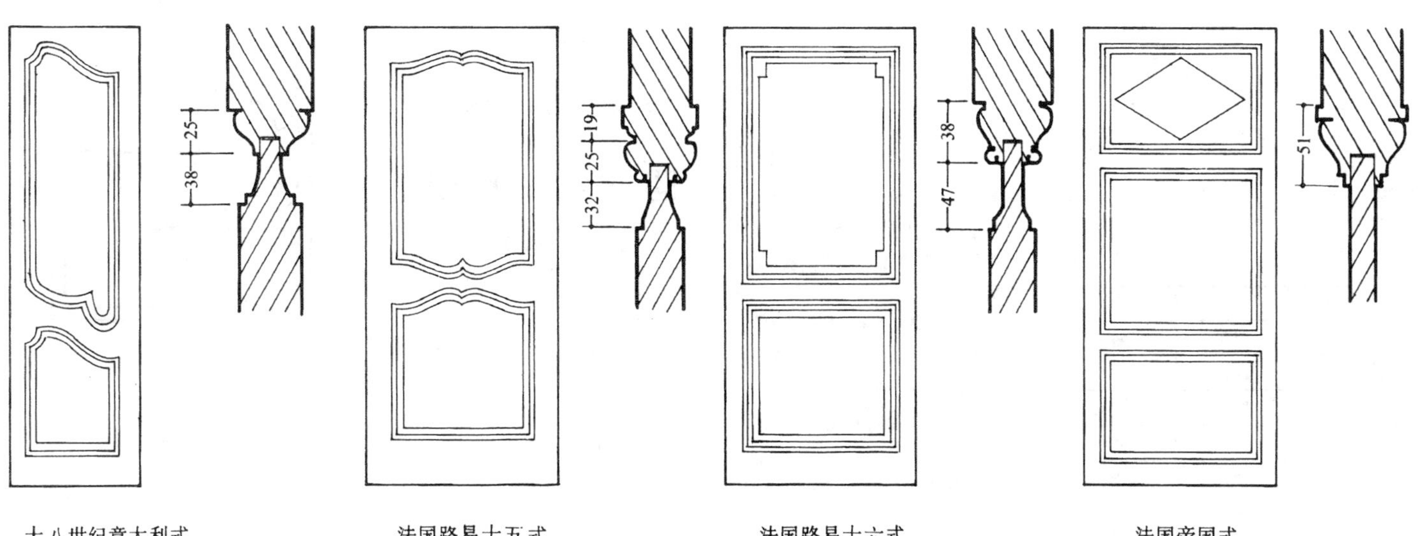

十八世纪意大利式　　法国路易十五式　　法国路易十六式　　法国帝国式

1 普通转门

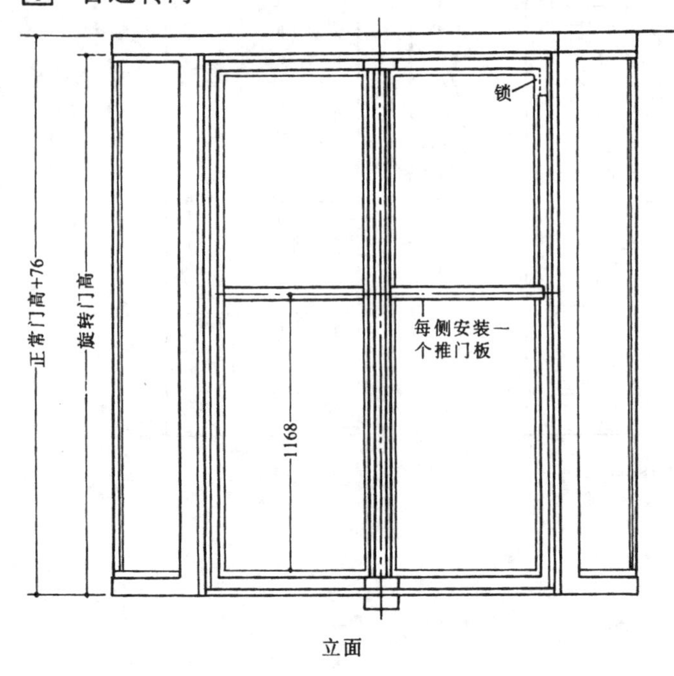

立面

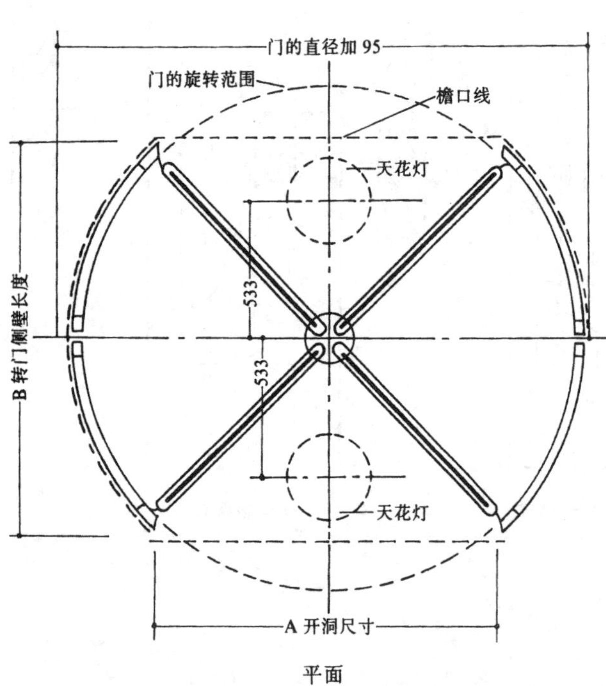

平面

转门最常用的尺度是：直径 1980

高度 2130

标准尺寸 (mm)

直径	A	B
1980	1350	1520
2030	1370	1549
2080	1420	1587
2130	1440	1600
2180	1500	1651
2240	1520	1695
2290	1580	1730

转门不能作为疏散门使用。当转门设置在疏散口时，必须在转门两旁另设供疏散用的门。

转门对隔绝室内外气流有一定作用，适用于非大量人流集中出入的场所。

转门的轴承型号应根据门的重量选用。

转门的结构比较复杂，不宜大量采用。

2 遮光转门

遮光转门由木材或薄钢板制成的筒组成。内筒只有一个门，可以自由转动，外筒为固定。使用时，转动内筒使内外筒上的门对准，即可出入。

X＝4 向旋转遮光门

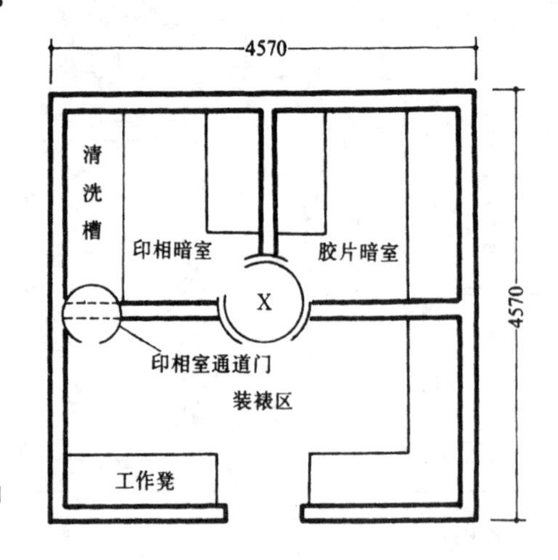

遮光转门使用平面

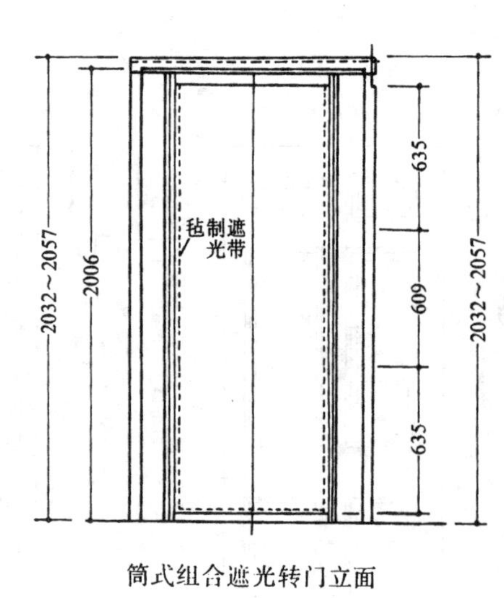

筒式组合遮光转门立面

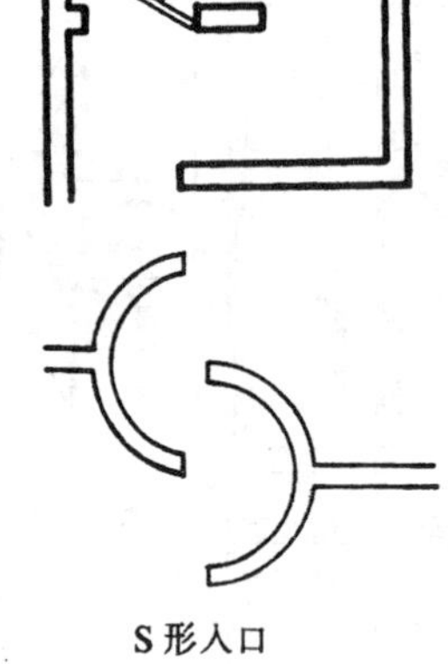

S 形入口

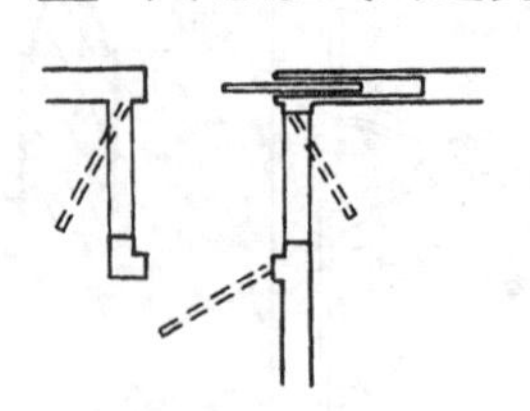

筒式组合遮光转门平面

曲径遮光通道

3 其它形式的遮光入口

箱形门

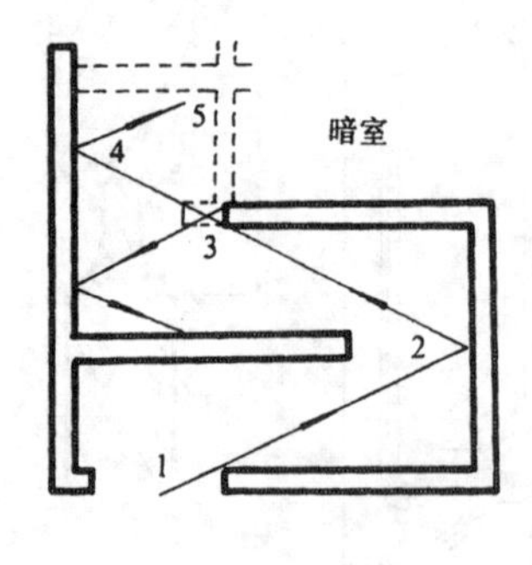

几种遮光入口形式

1 电子感应自动门

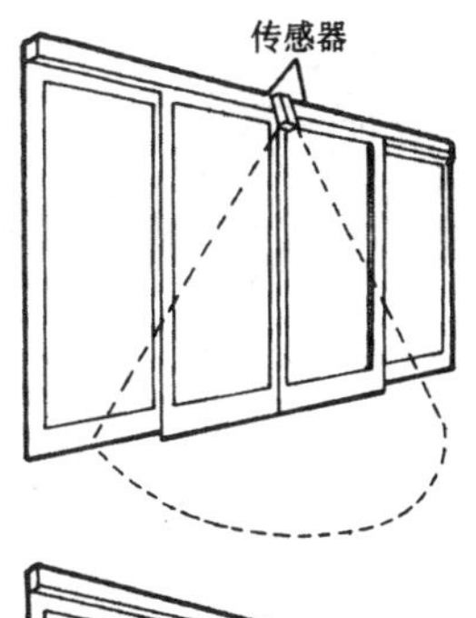

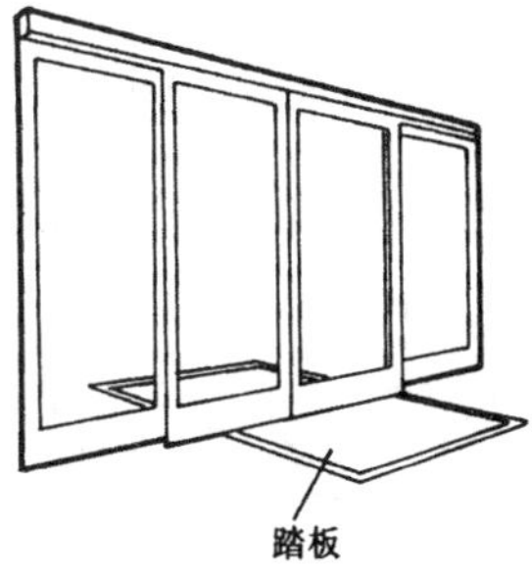

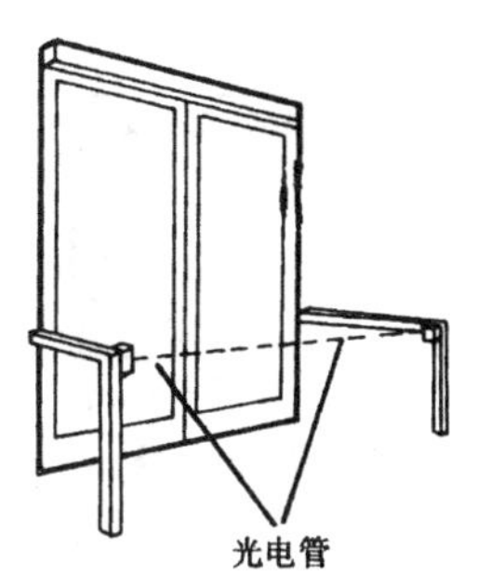

微波探测传感器

自控探测装置通过微波捕捉物体的移动，传感器固定于门上方的正中，在门前形成半圆形的探测区域。

踏板式传感器

踏板按照几种标准的尺寸安装在地面或隐藏在地板下。当踏板接受压力后，控制门的动力装置，接收传感器的信号使门开启，踏板的传感能力不受湿度影响。

光电感应传感器

该系统的安装方式为内嵌式或表面安装，光电管不受外来光线的影响，最大安装距离为6100mm。

踏板传感器的具体要求

在平开门的开启方向，安装安全踏板是值得推荐的。安全踏板的长度应超出门板宽度127mm，所有踏板应适合于门框的宽度。

推荐踏板长度

少量非公共通道适用长度为1220mm；公共通道适用长度为1220～1524mm；主要公共通道（宽门）适用长度为1524mm。

电子感应门透视及平面

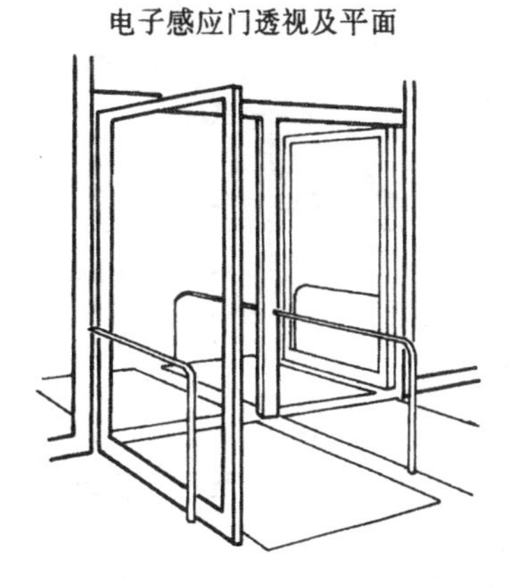

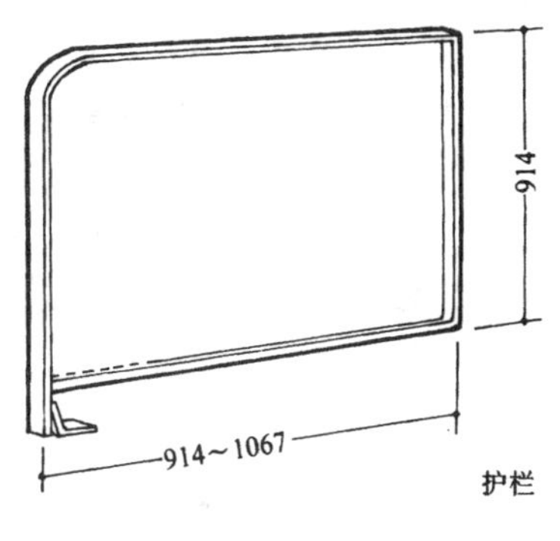

护栏

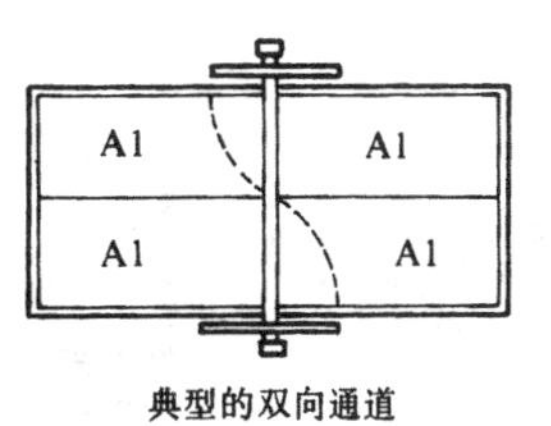

典型的双向通道

2337

A2 A1 A1 A2

典型的门厅双门双向通道

S A S A

单向通道

S＝安全踏板 A＝活动踏板

A2 A1

6705

典型的门厅双门单向通道

A 1＝762×1524mm A 2＝762×762mm

2 旋转式栅门

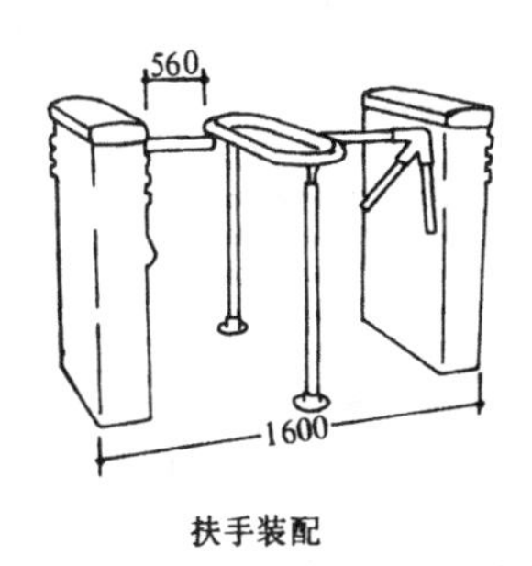

扶手装配

出于防盗目的，许多商店设置了障碍出口，例如经常用于阻拦离店通道的旋转式栅门，中央出口被货车阻塞，收款台也成了一个屏障。

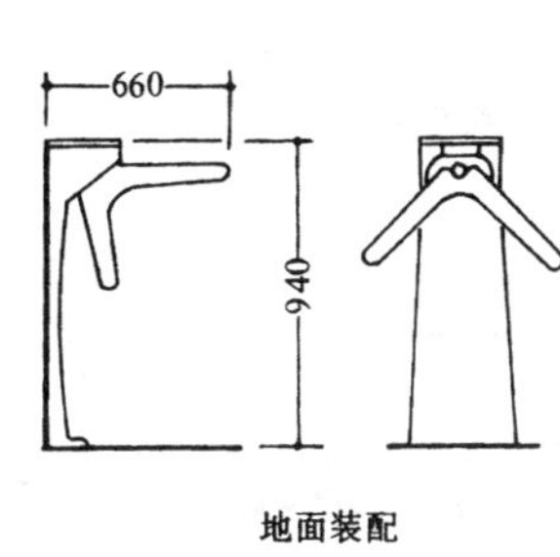

地面装配

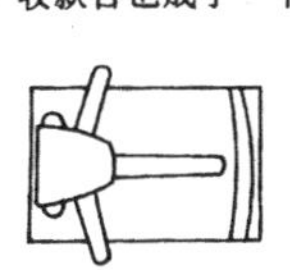

标准重量
29.5kg

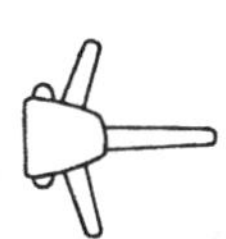

标准重量
20.4kg

旋转式栅门与转门的规定，经常是近似的。允许设置转门的规范，同样允许在相同条件下，设置高度不超过914mm向出口方向自由转动的旋转式栅门。在出现意外的情况下，人流逆向栅门很容易发生危险，因此在使用该种设备时应同时设置紧急出口。

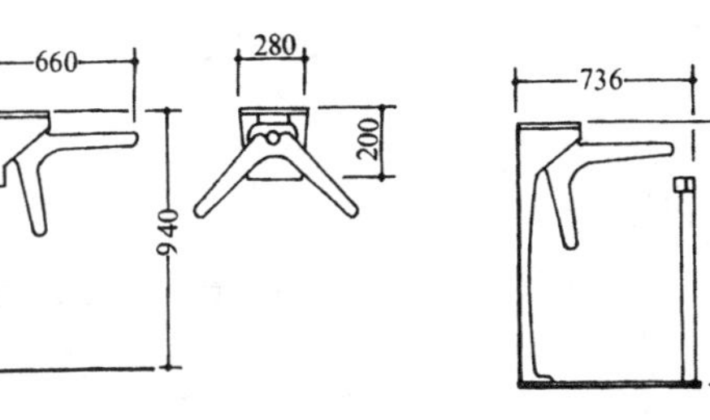

墙面装配

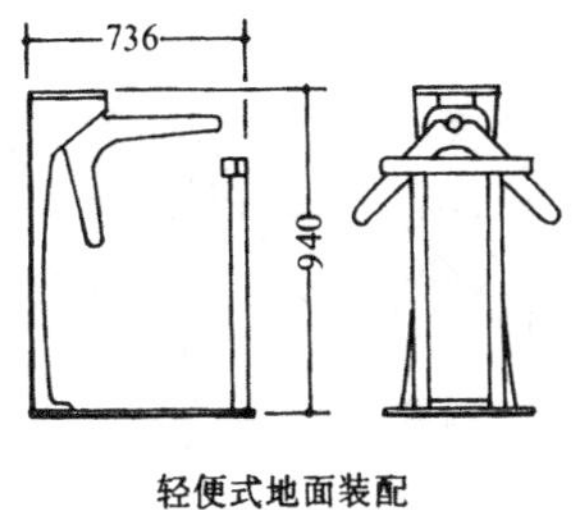

轻便式地面装配

大部分规范要求旋转式栅门，应将交通路线限定为单向，以保证收费或售票台不必设置在阻挡通道的地方。用于控制出口通道的旋转式栅门在转动时应具备560mm的净宽。

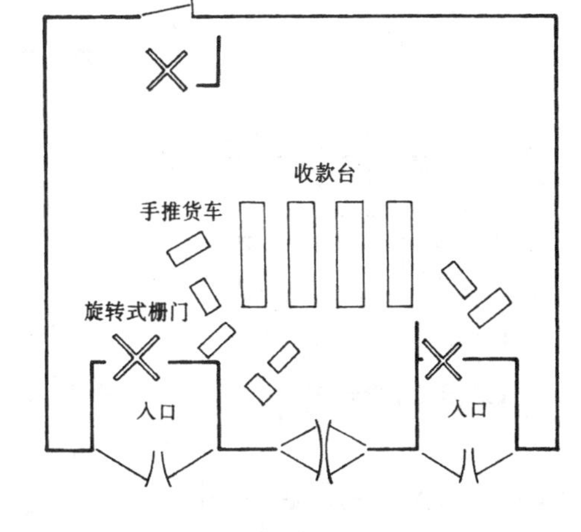

3 移动式柱栏

具体应用时，应考虑X距离间的拉力情况，并安排好柱与柱或墙与柱之间的距离。使绳索保持一定的松垂度。

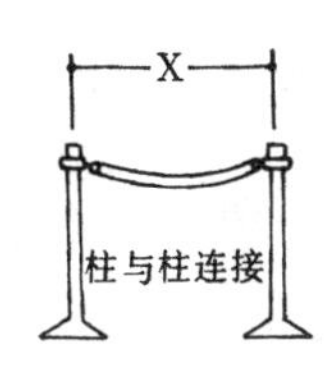

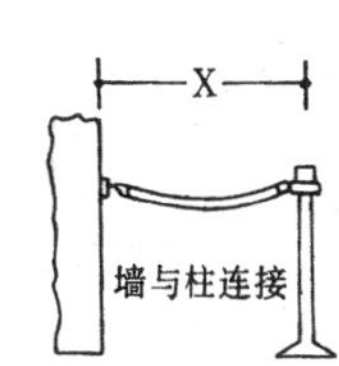

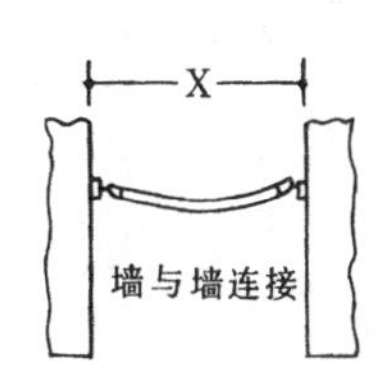

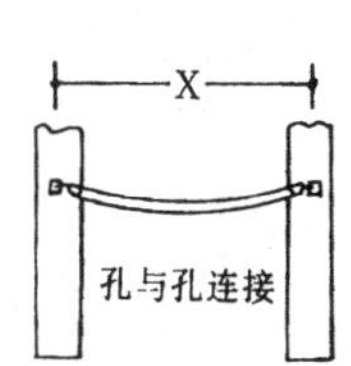

1 门槛与密封条细部剖面

A型为金属密封门槛，适用于人流出入繁密，容易磨损的场合。

B型为具有伸缩弹性的密封条，用塑料橡胶等材料制成，适用于一般人流出入的轻型门。

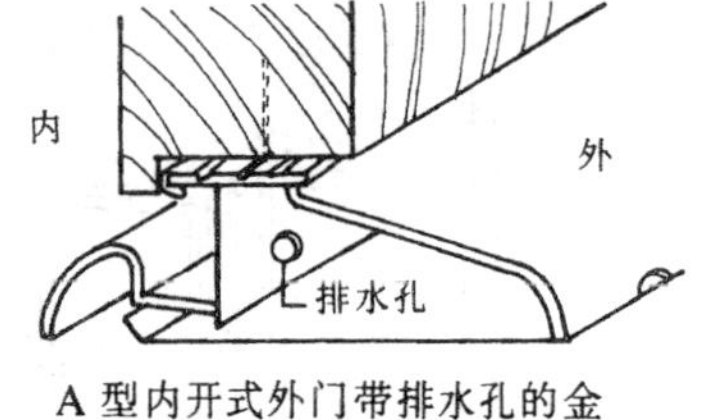

A型内开式外门带排水孔的金属门槛及密封条

铜簧片
防雨滴水
A型内开式外门连锁式金属门槛及密封条

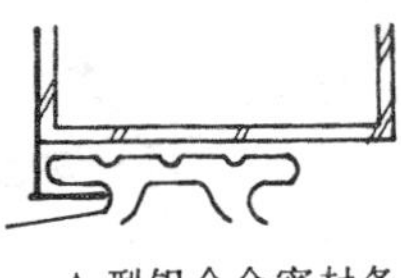
A型铝合金密封条

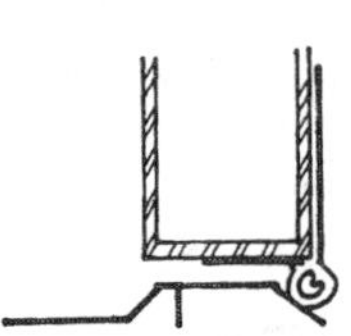
B型塑料密封条

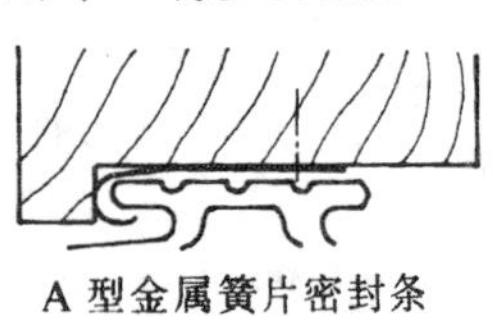
A型金属簧片密封条

A型隐蔽式金属门槛及密封条

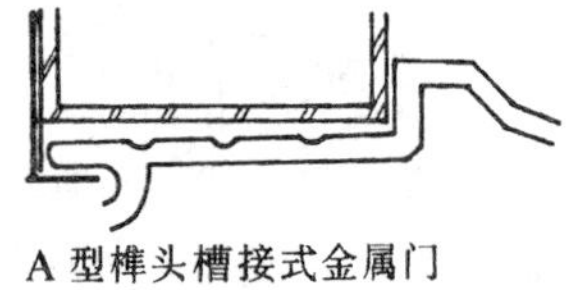
A型榫头槽接式金属门槛密封条

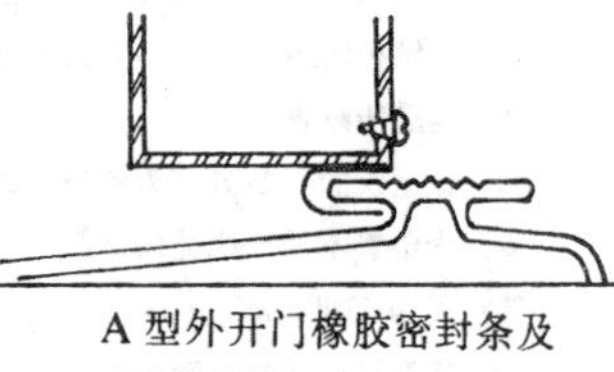
A型外开门橡胶密封条及金属门槛

B型铜簧片密封条

内
外
B型斜面门底金属门槛及密封条

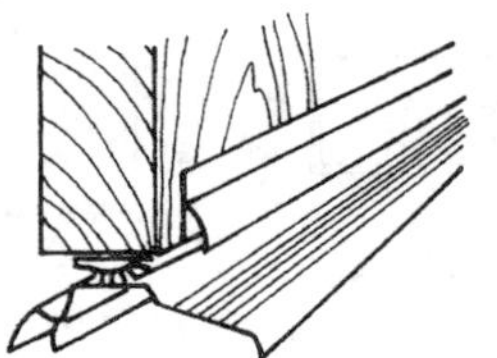
B型25厚轻型外门金属门槛及密封条

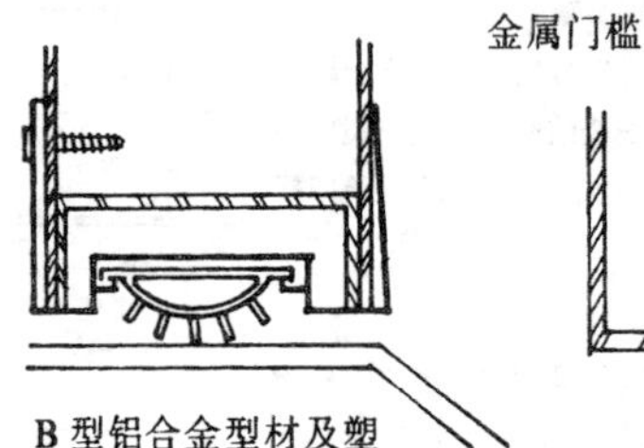
B型铝合金型材及塑料密封条

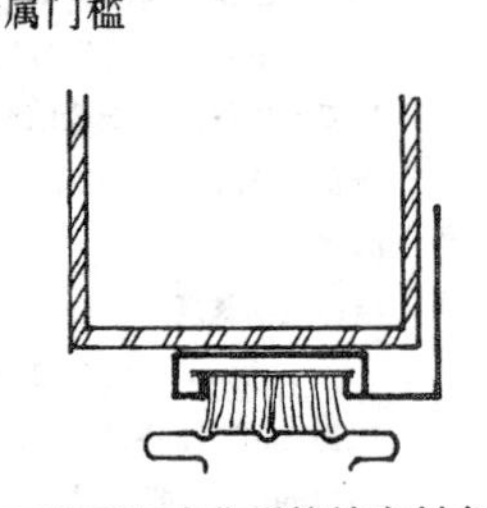
B型可调式化纤簇绒密封条

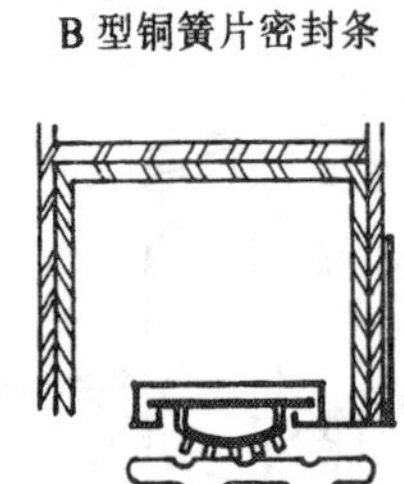
B型可调式橡胶密封条

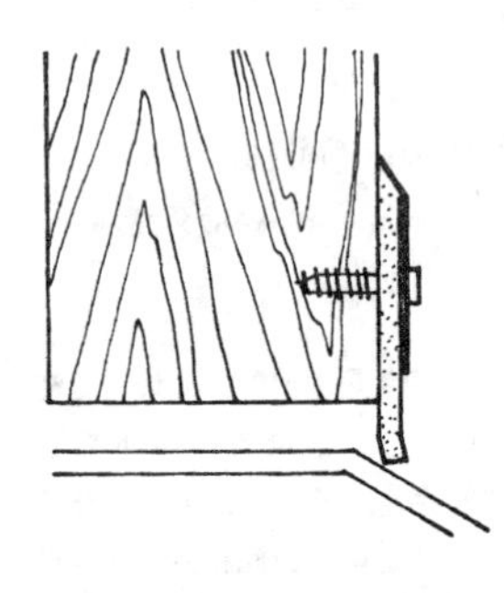

适合于遮光的门封条

铝合金型材

橡胶

B型铝合金型材及橡胶密封条(遮光型)

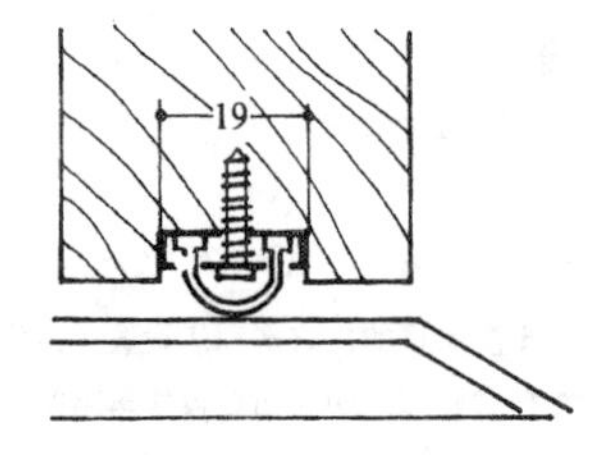

B型内嵌橡胶铝合金型材密封条(安装于门底面中心位置)

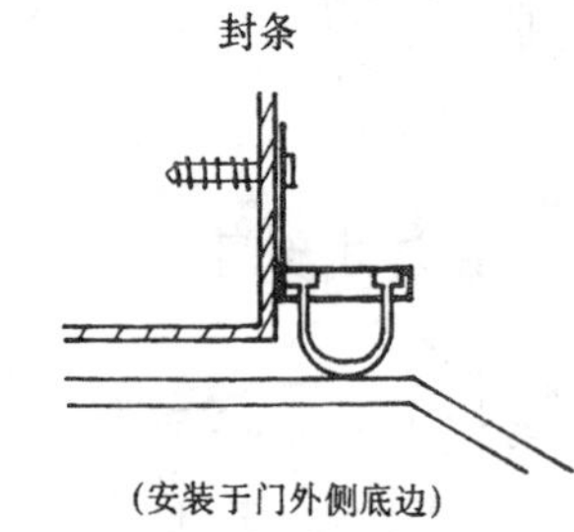
(安装于门外侧底边)

2 门边框密封条安装剖面

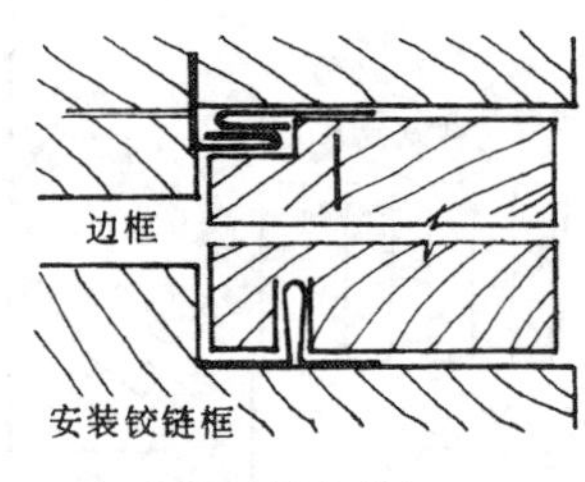

铝合金型材密封条

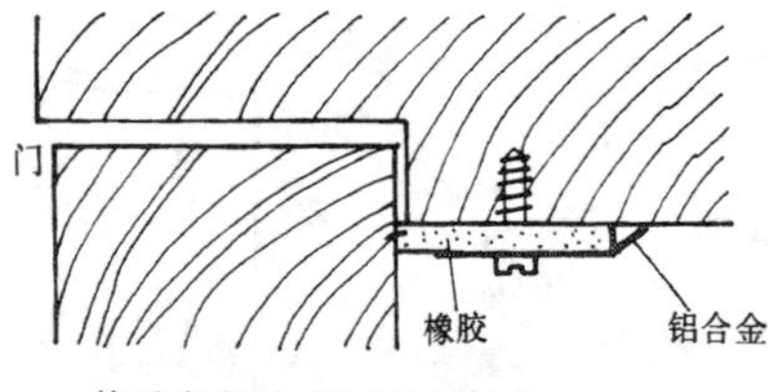

橡胶与铝合金型材密封条

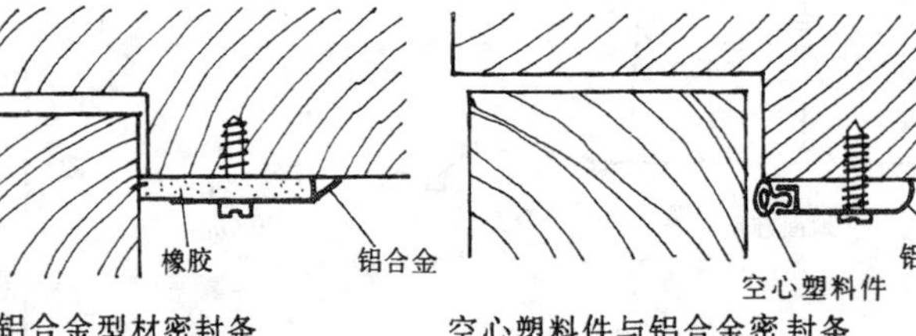

空心塑料件与铝合金密封条

门
铝合金型材密封条

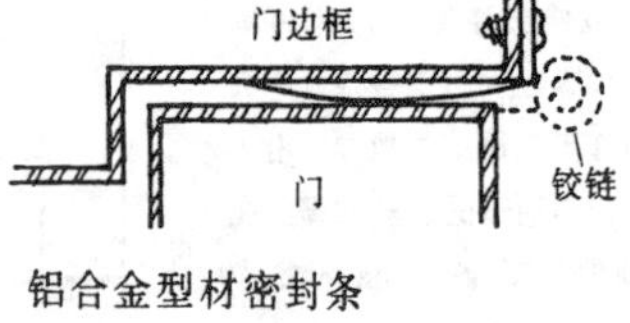

铝合金型材密封条

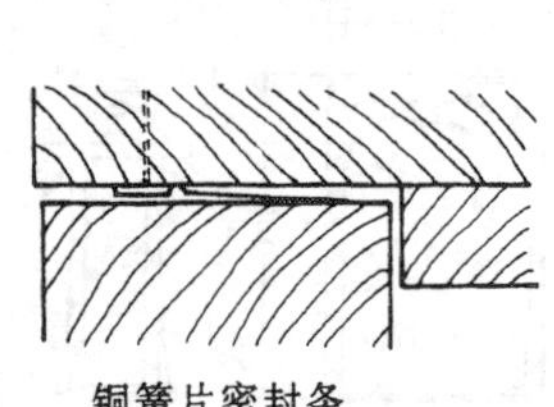
铜簧片密封条

门框缝隙的大小往往受到施工条件和现场因素的制约，因此选择何种形式的门槛与密封条，须根据具体的情况，在施工现场决定，以保证取得最好的效果。

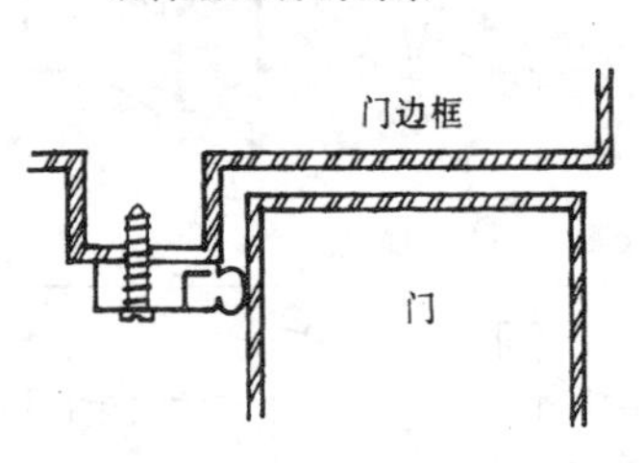

塑料与铝合金型材密封条

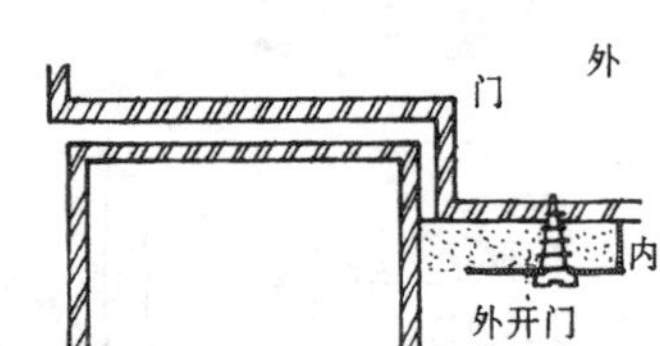

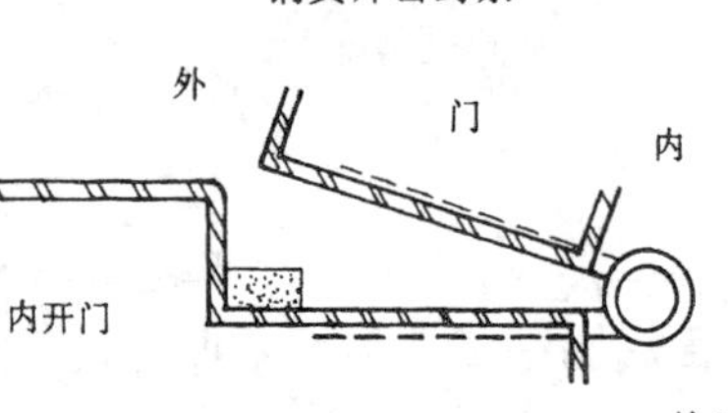

单元式成品铝合金型材门泡沫塑料密封条

1 窗的基本类型
封闭窗
平开窗
上悬窗
下悬窗
水平推拉窗
垂直推拉窗
百页窗
立转窗
2 中国传统窗式
①
②
菱花窗与窗框剖面
3 外国传统窗式
扇形窗
帕拉第奥式窗
圆窗
八角窗

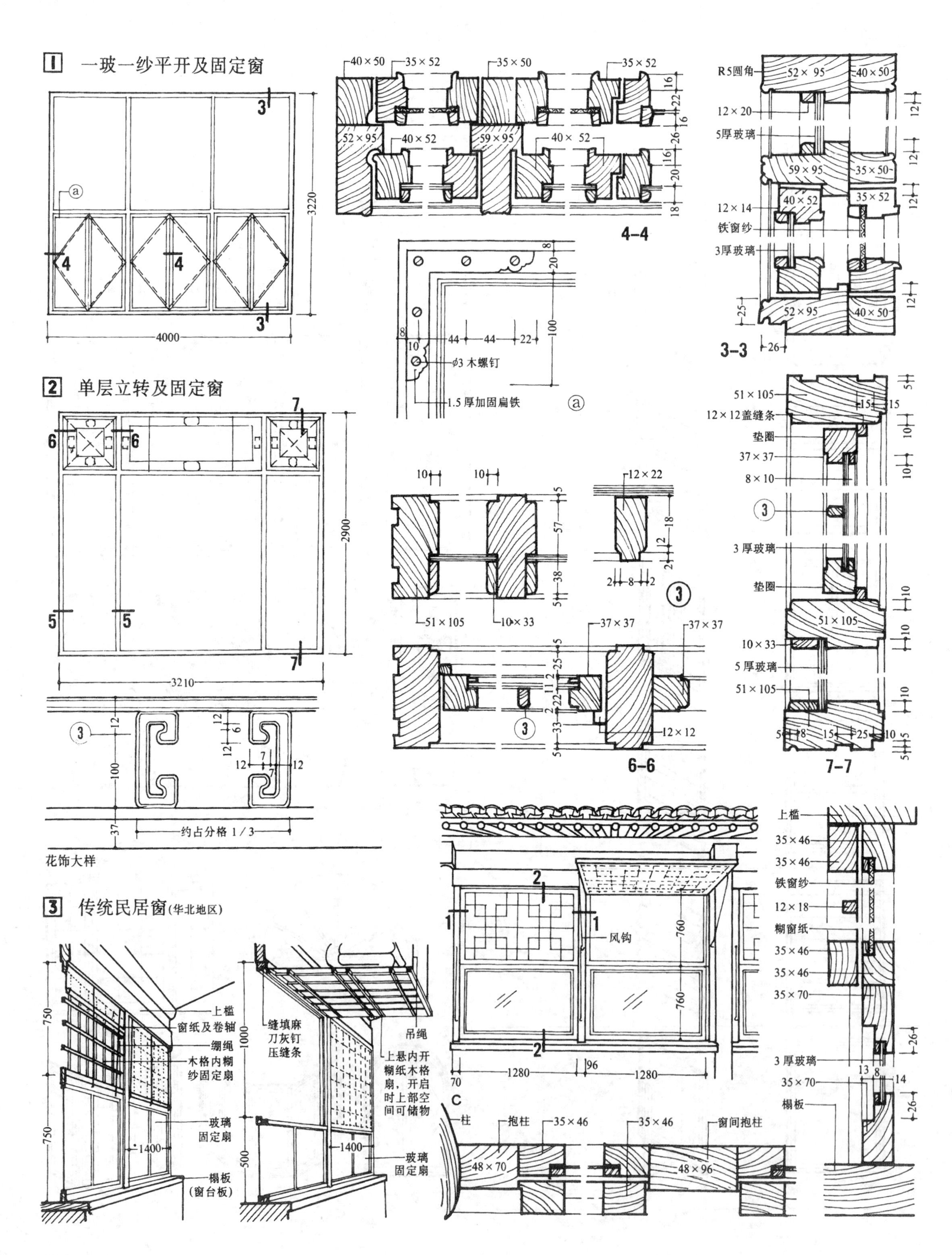

1 一玻一纱平开及固定窗
2 单层立转及固定窗
花饰大样
3 传统民居窗(华北地区)
4-4
3-3
6-6
7-7
ⓐ
3
4000
3220
2900
3210
约占分格 1/3
R5圆角
5厚玻璃
铁窗纱
3厚玻璃
12×12盖缝条
垫圈
3 厚玻璃
5 厚玻璃
φ3 木螺钉
1.5 厚加固扁铁
上槛
窗纸及卷轴
绷绳
木格内糊纱固定扇
玻璃固定扇
榻板(窗台板)
缝填麻刀灰钉压缝条
吊绳
上悬内开糊纸木格扇，开启时上部空间可储物
风钩
柱
抱柱
窗间抱柱
糊窗纸
榻板

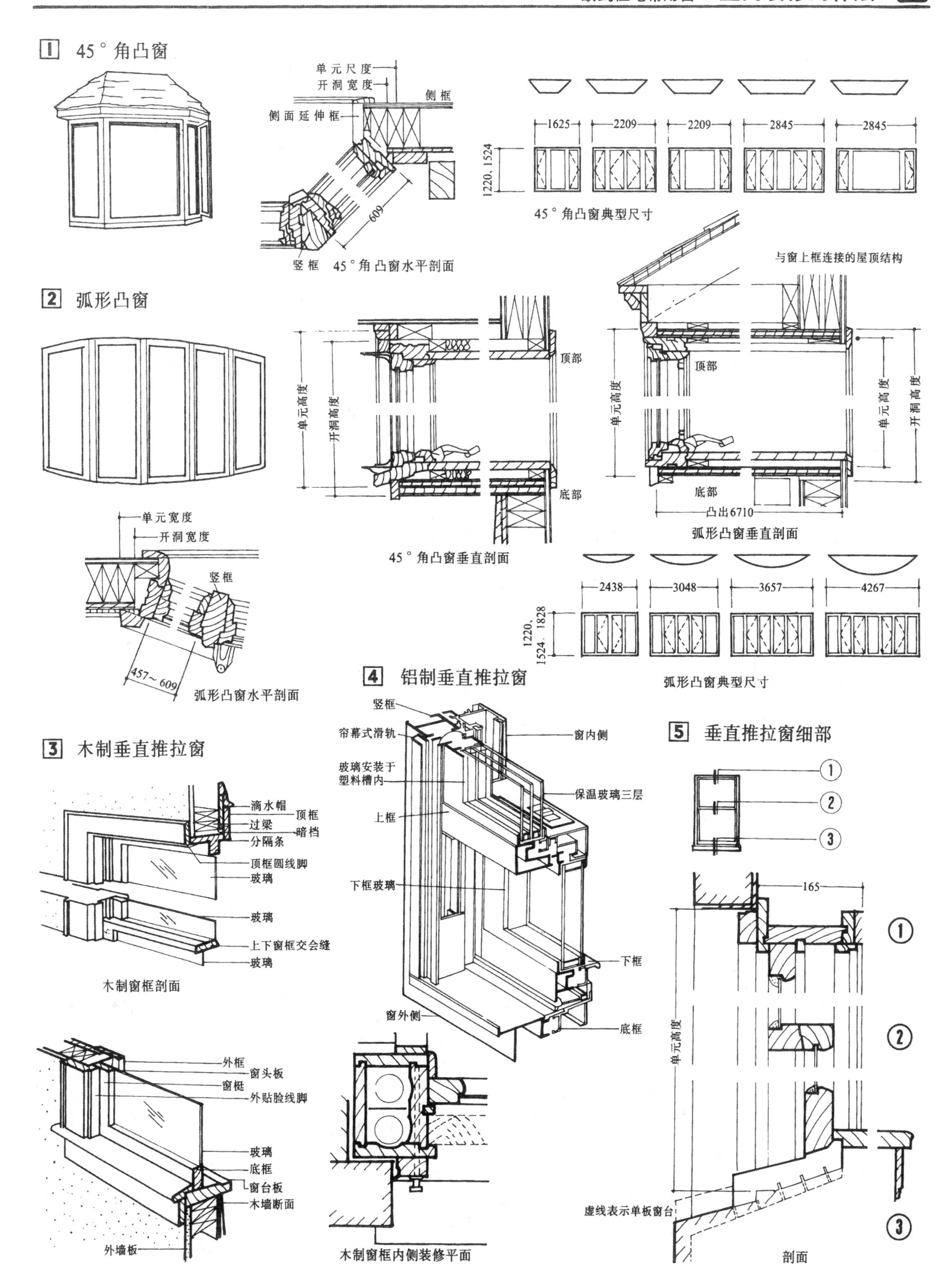
1 45°角凸窗
单元尺度
开洞宽度
侧框
侧面延伸框
609
竖框
45°角凸窗水平剖面
1625
2209
2209
2845
2845
1220. 1524
45°角凸窗典型尺寸
与窗上框连接的屋顶结构
2 弧形凸窗
单元高度
开洞高度
顶部
底部
45°角凸窗垂直剖面
单元高度
顶部
单元高度
开洞高度
底部
凸出6710
弧形凸窗垂直剖面
单元宽度
开洞宽度
竖框
457～609
弧形凸窗水平剖面
2438
3048
3657
4267
1220. 1524. 1828
弧形凸窗典型尺寸
4 铝制垂直推拉窗
竖框
帘幕式滑轨
窗内侧
玻璃安装于塑料槽内
保温玻璃三层
上框
下框玻璃
下框
窗外侧
底框
3 木制垂直推拉窗
滴水帽
顶框
过梁
暗档
分隔条
顶框圆线脚
玻璃
玻璃
上下窗框交会缝
玻璃
木制窗框剖面
外框
窗头板
窗梃
外贴脸线脚
玻璃
底框
窗台板
木墙断面
外墙板
木制窗框内侧装修平面
5 垂直推拉窗细部
1
2
3
165
单元高度
虚线表示单板窗台
剖面

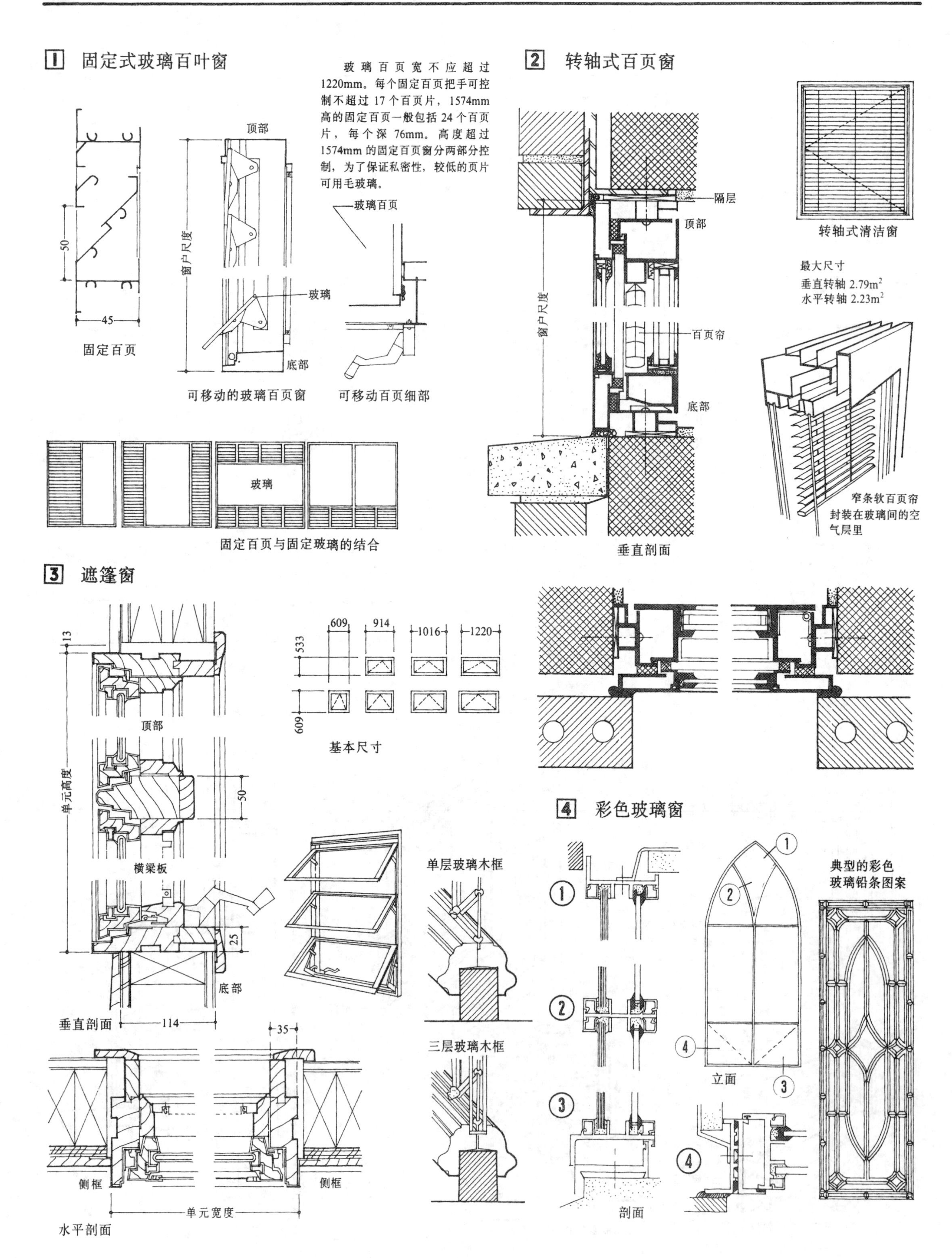
1 固定式玻璃百叶窗
玻璃百页宽不应超过1220mm。每个固定百页把手可控制不超过17个百页片，1574mm高的固定百页一般包括24个百页片，每个深76mm。高度超过1574mm的固定百页窗分两部分控制，为了保证私密性，较低的页片可用毛玻璃。
50
45
固定百页
顶部
窗户尺度
玻璃
底部
可移动的玻璃百页窗
玻璃百页
可移动百页细部
玻璃
固定百页与固定玻璃的结合
2 转轴式百页窗
隔层
顶部
窗户尺度
百页帘
底部
垂直剖面
转轴式清洁窗
最大尺寸
垂直转轴 2.79m²
水平转轴 2.23m²
窄条软百页帘
封装在玻璃间的空气层里
3 遮篷窗
13
顶部
单元高度
横梁板
50
25
底部
垂直剖面
114
609
914
1016
1220
533
609
基本尺寸
单层玻璃木框
三层玻璃木框
35
内
内
侧框
侧框
单元宽度
水平剖面
4 彩色玻璃窗
1
2
3
4
剖面
1
2
4
立面
3
典型的彩色
玻璃铅条图案

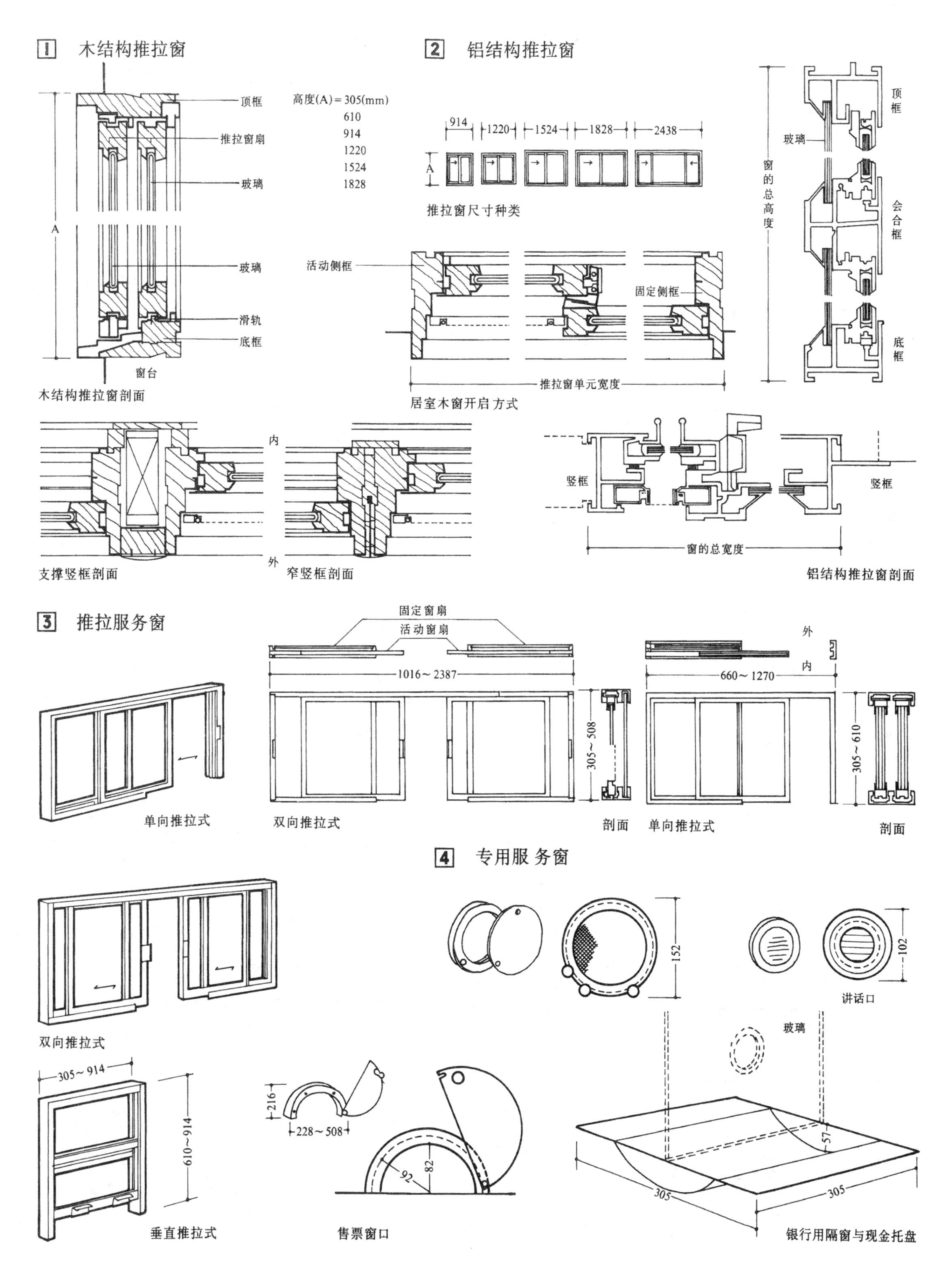
1 木结构推拉窗
顶框
推拉窗扇
玻璃
A
玻璃
滑轨
底框
窗台
木结构推拉窗剖面
高度(A)=305(mm)
610
914
1220
1524
1828
2 铝结构推拉窗
914
1220
1524
1828
2438
推拉窗尺寸种类
活动侧框
固定侧框
推拉窗单元宽度
居室木窗开启方式
顶框
玻璃
窗的总高度
会合框
底框
内
外
支撑竖框剖面
窄竖框剖面
竖框
竖框
窗的总宽度
铝结构推拉窗剖面
3 推拉服务窗
固定窗扇
活动窗扇
1016～2387
305～508
外
内
660～1270
305～610
单向推拉式
双向推拉式
剖面
单向推拉式
剖面
4 专用服务窗
152
102
讲话口
双向推拉式
玻璃
305～914
610～914
216
228～508
92
82
57
305
305
垂直推拉式
售票窗口
银行用隔窗与现金托盘

1、窗帘杆长度应考虑窗帘拉开后，不减少窗采光面积。
2、窗帘盒宽度及窗帘轨间距，要考虑在悬挂几道窗帘时拉动一道时，不牵动其它道。
3、镀锌铁丝窗帘杆不宜用于悬挂重的窗帘。

1 基本尺寸

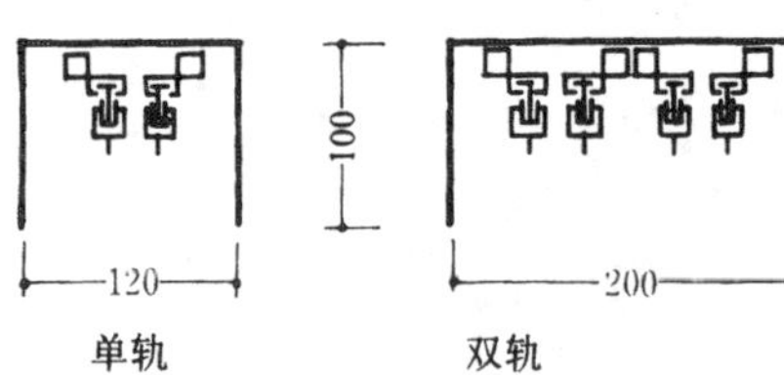

2 窗帘杆

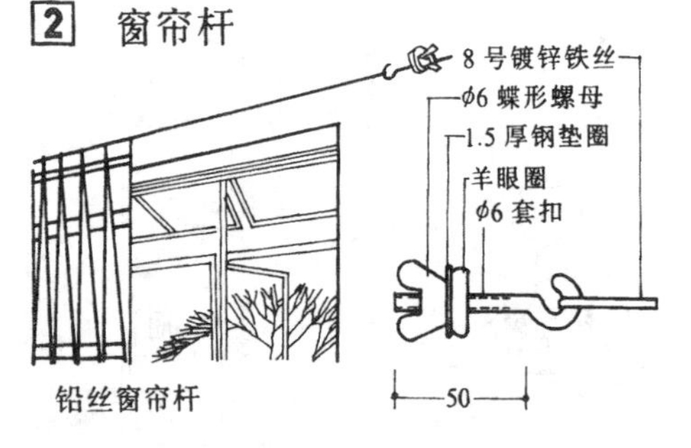

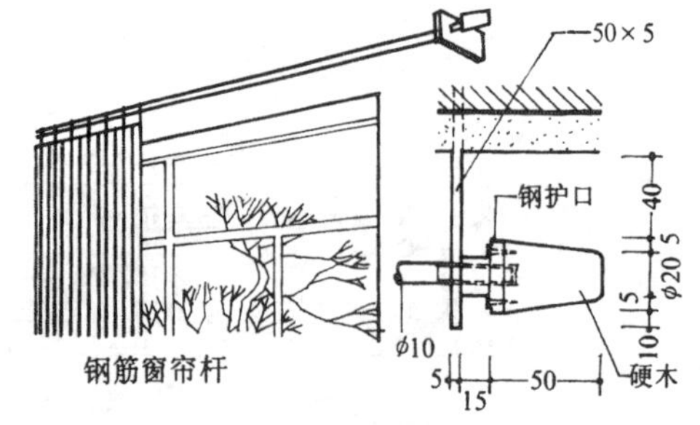

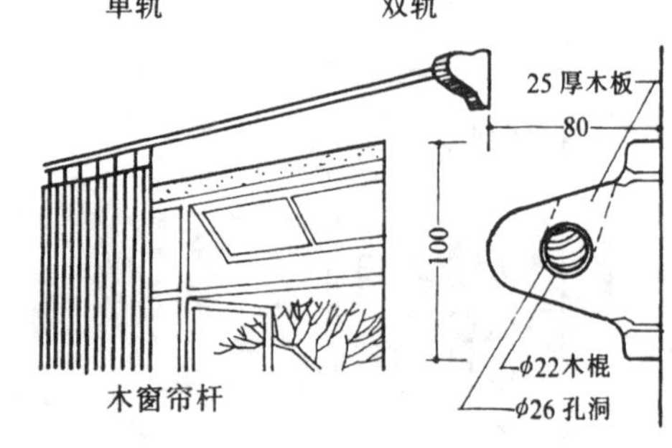

3 窗帘盒

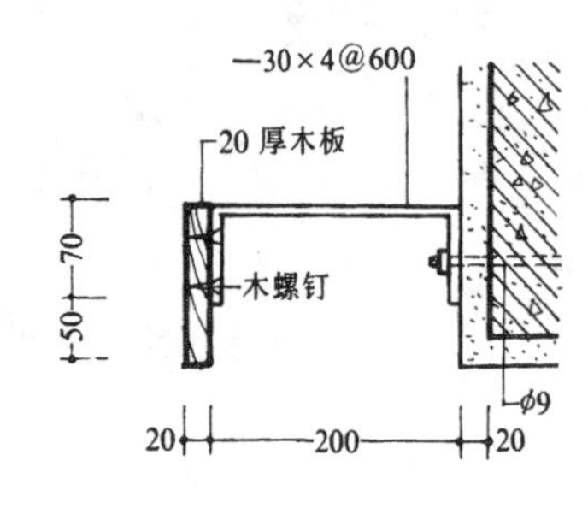

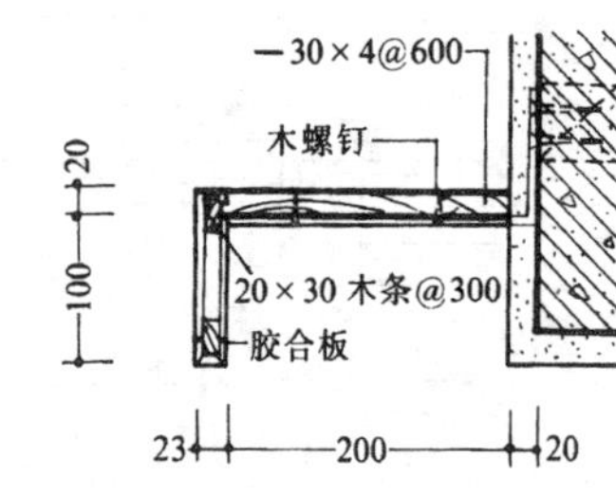

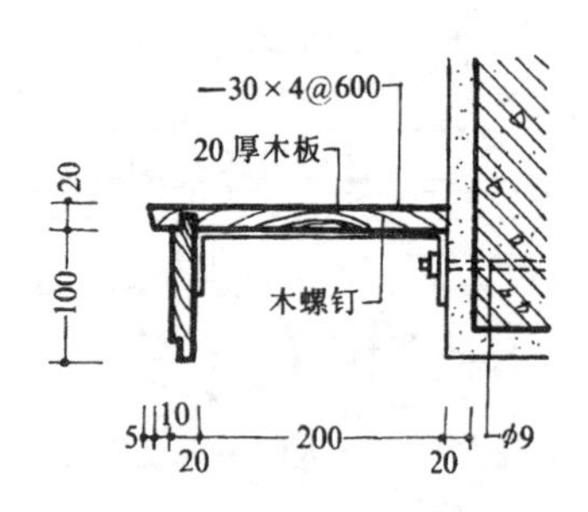

4 暗窗帘盒

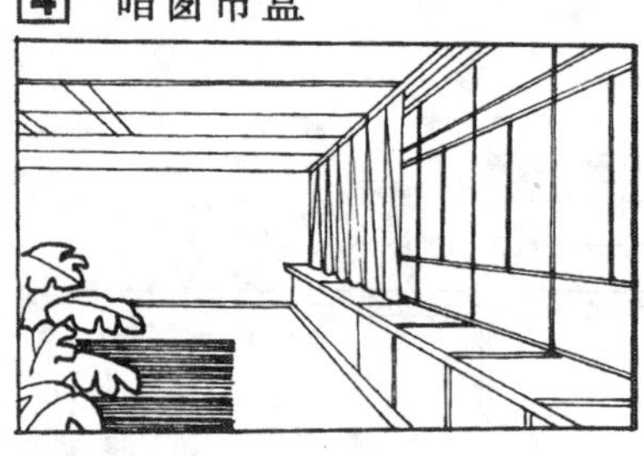

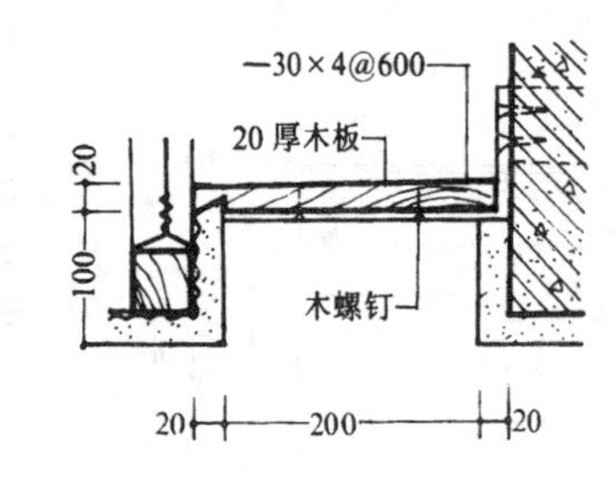

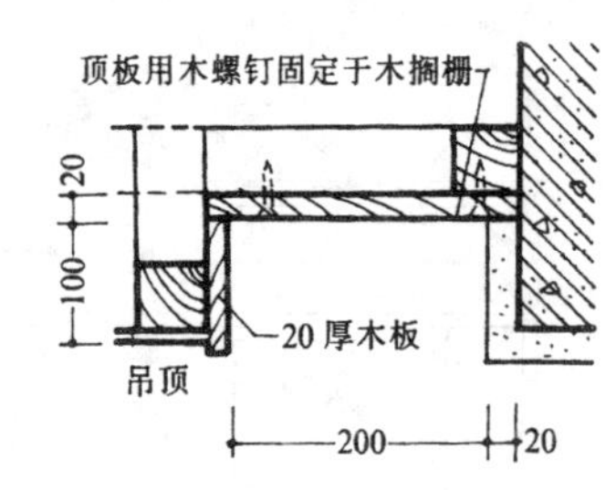

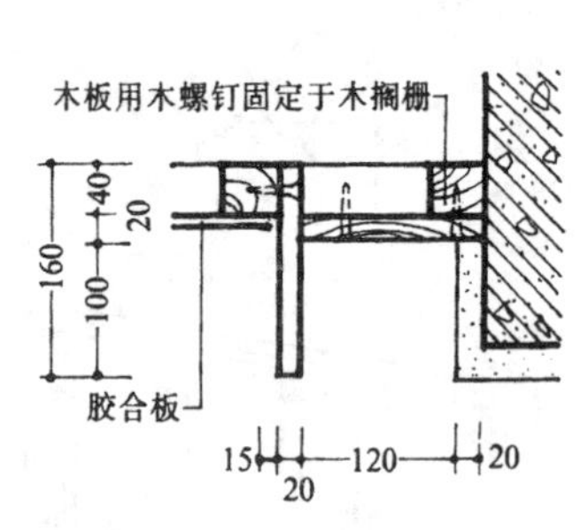

5 带照明窗帘盒

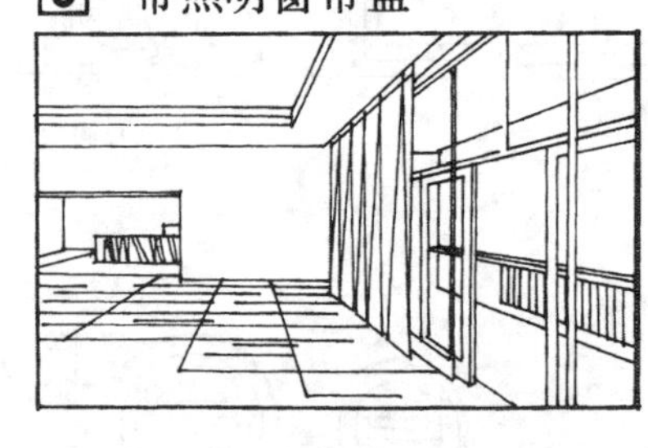

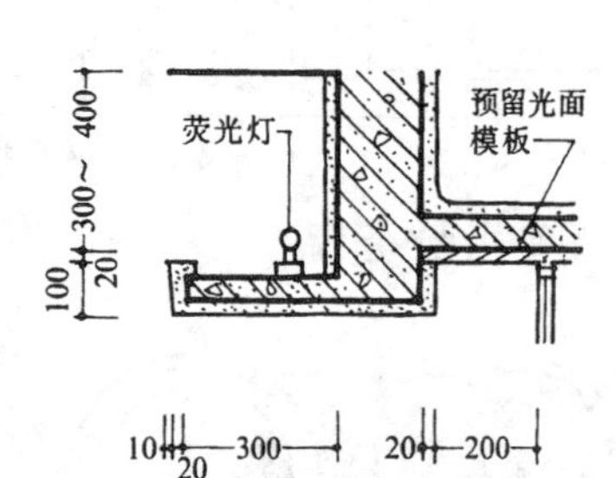

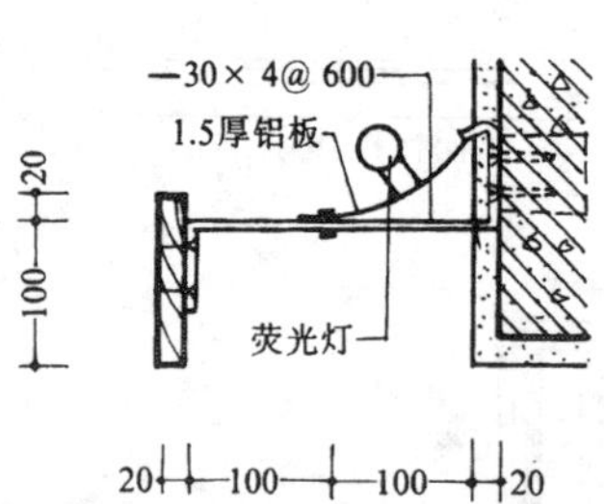

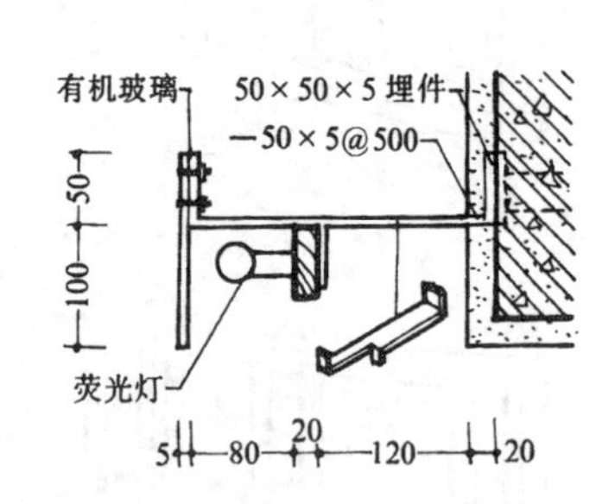

6 窗帘轨安装及构造

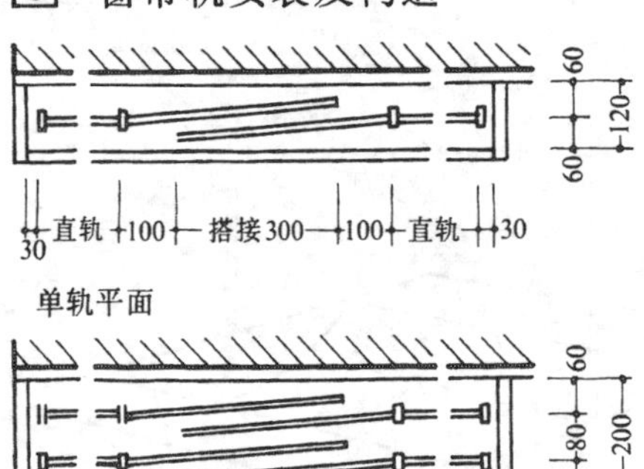

单轨平面

双轨平面

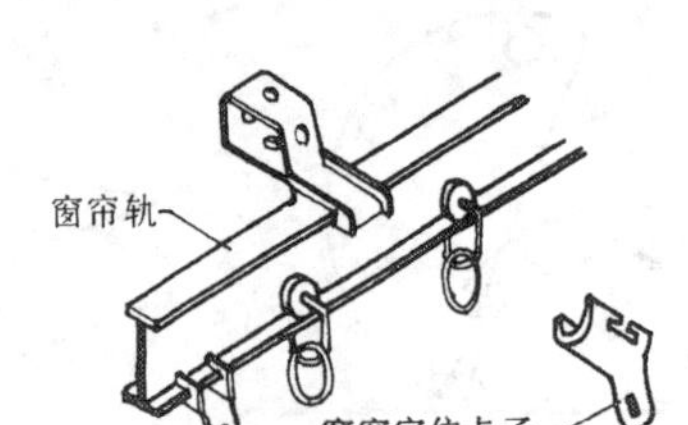

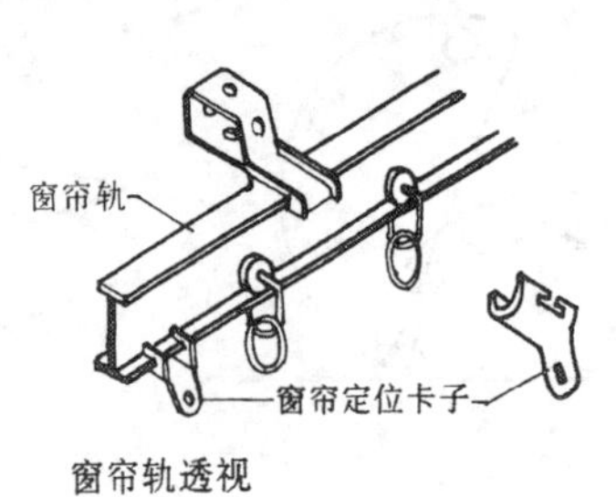

窗帘轨透视

7 窗帘索安装及滑轮示意

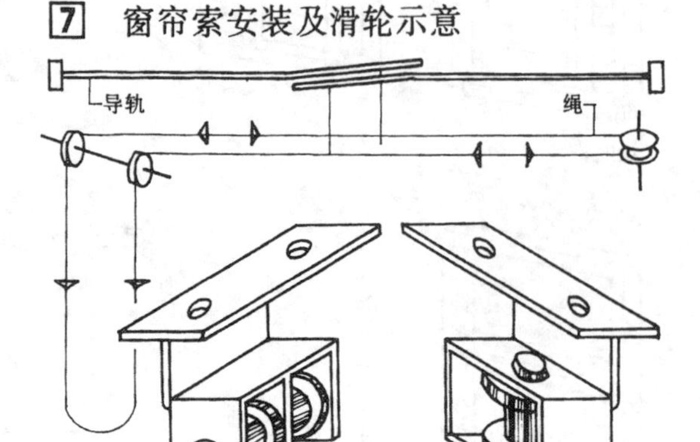

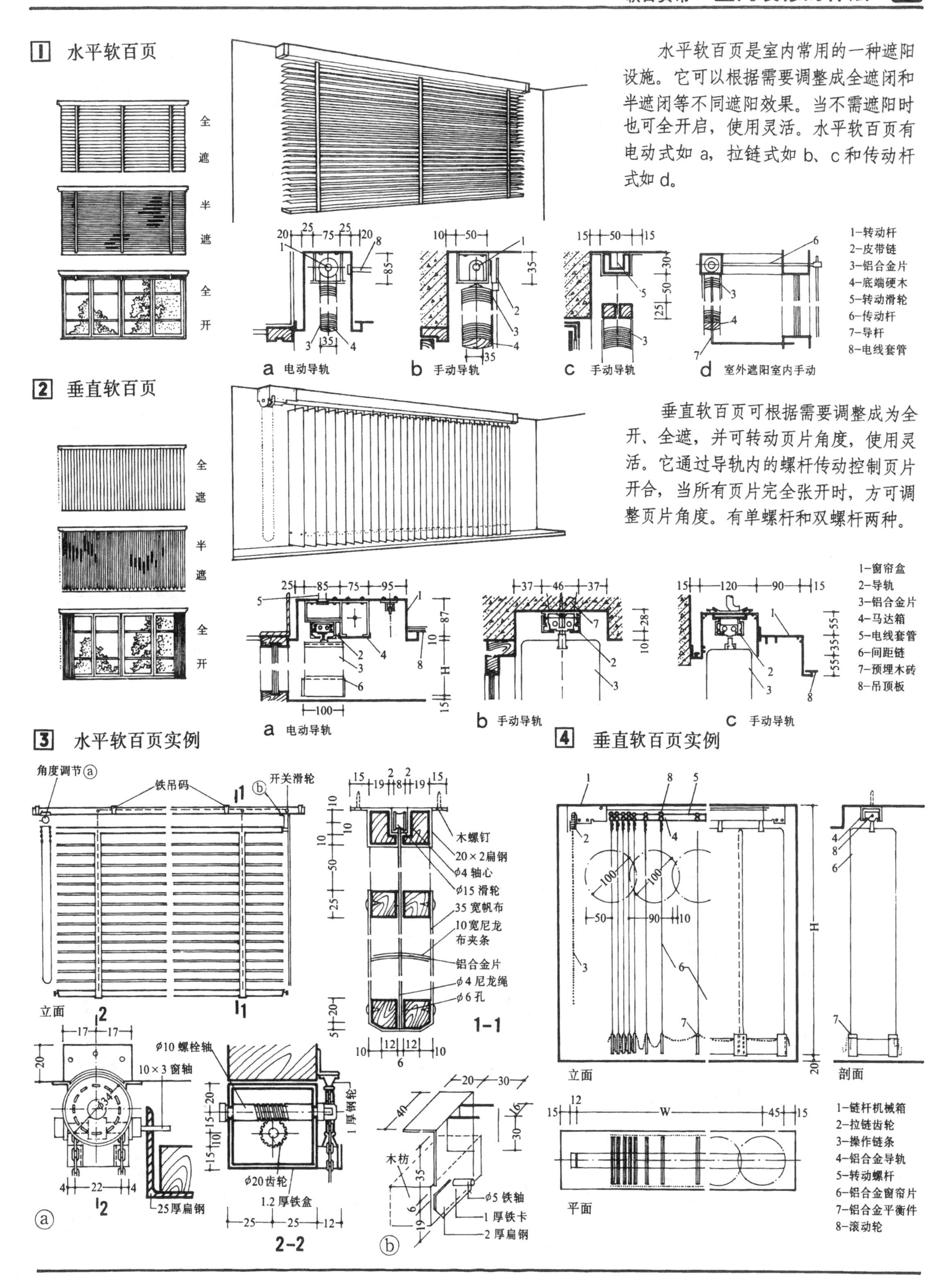
1 水平软百页
全遮
半遮
全开
水平软百页是室内常用的一种遮阳设施。它可以根据需要调整成全遮闭和半遮闭等不同遮阳效果。当不需遮阳时也可全开启，使用灵活。水平软百页有电动式如 a，拉链式如 b、c 和传动杆式如 d。
a 电动导轨
b 手动导轨
c 手动导轨
d 室外遮阳室内手动
1-转动杆
2-皮带链
3-铝合金片
4-底端硬木
5-转动滑轮
6-传动杆
7-导杆
8-电线套管
2 垂直软百页
全遮
半遮
全开
垂直软百页可根据需要调整成为全开、全遮，并可转动页片角度，使用灵活。它通过导轨内的螺杆传动控制页片开合，当所有页片完全张开时，方可调整页片角度。有单螺杆和双螺杆两种。
a 电动导轨
b 手动导轨
c 手动导轨
1-窗帘盒
2-导轨
3-铝合金片
4-马达箱
5-电线套管
6-间距链
7-预埋木砖
8-吊顶板
3 水平软百页实例
角度调节ⓐ
铁吊码
开关滑轮ⓑ
立面
木螺钉
20×2扁钢
ϕ4 轴心
ϕ15 滑轮
35 宽帆布
10宽尼龙布夹条
铝合金片
ϕ4 尼龙绳
ϕ6 孔
1-1
ϕ10 螺栓轴
10×3 窗轴
25厚扁钢
ϕ20齿轮
1.2 厚铁盒
1 厚钢轮
2-2
木枋
ϕ5 铁轴
1 厚铁卡
2 厚扁钢
4 垂直软百页实例
立面
剖面
平面
1-链杆机械箱
2-拉链齿轮
3-操作链条
4-铝合金导轨
5-转动螺杆
6-铝合金窗帘片
7-铝合金平衡件
8-滚动轮

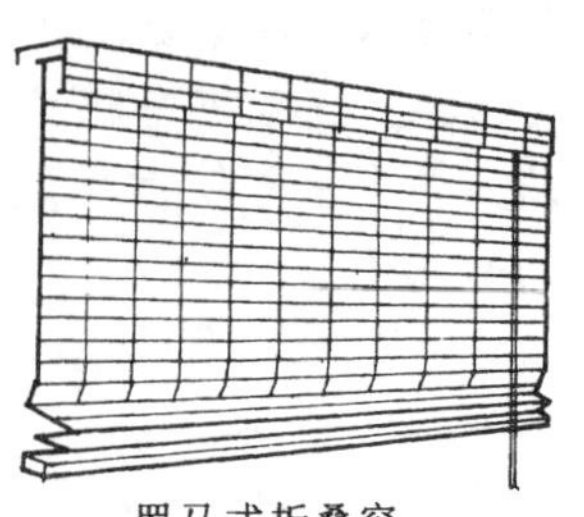

罗马式折叠帘

弹性卷帘

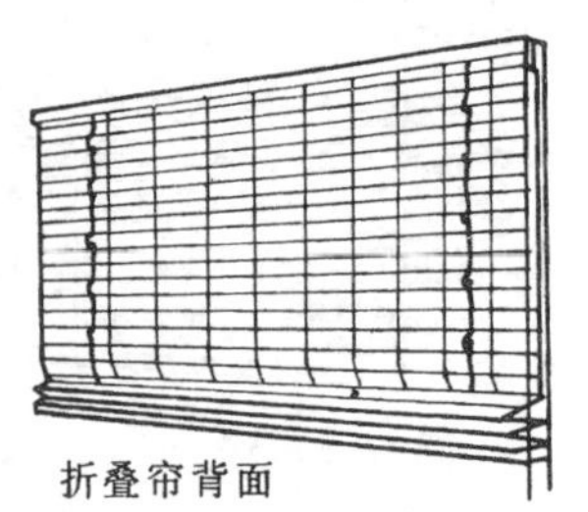

折叠帘背面

卷帘的滑轮与绳索

弹性卷帘的尺度(mm)

152～190

下落距离	滚轴直径	下落距离	滚轴直径
914	102	1828	152
1220	114	2133	165
1524	140	2440	190

以上尺度为估计值，使用较轻材料时尺度适当减小，使用较重材料时尺度适当增加，考虑卷叠截面积时，在卷轴直径上增加 114mm，以提供滚轴及五金件所需的空间。大多数宽于 1524mm 的卷帘应使用金属滚轴，在上表滚轴直径上增加 12mm。

折叠帘的堆叠尺度(mm)

45

127

下落距离	堆叠尺度	下落距离	堆叠尺度
914	190	2440	381
1220	228	2705	406
1524	279	3010	432
1828	330	3315	467
2133	356	3620	483

以上尺度为估计值，使用较轻材料的尺度适当减小，使用较重材料时尺度增加，增加一个窗帘裙边需要在堆叠宽度上加 102mm。

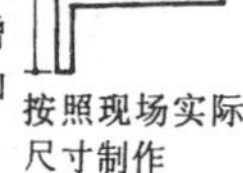

45°角拼接

两幅遮帘下端不能同时抬起到相同的高度

折叠帘在转角的安装

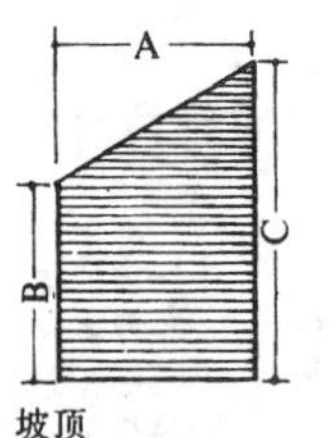

坡顶
倾斜窗帘上框

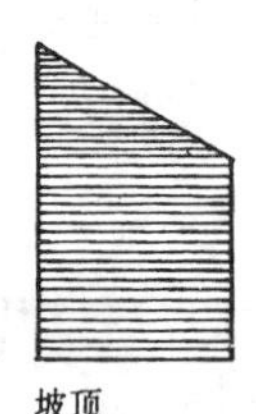

坡顶
水平窗帘上框

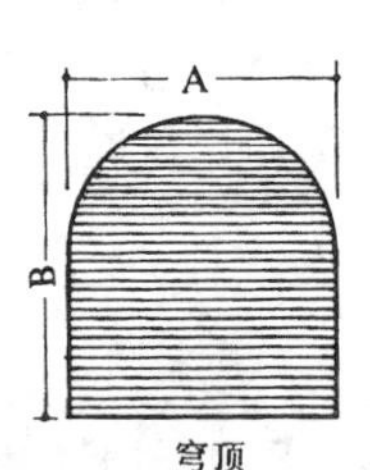

穹顶

折卷帘在上图三种窗帘上框安装时，向上折叠或收卷只能达到窗帘上框的水平线部分。

带角度的折、卷帘安装

在有角度的斜窗或弧形窗上安装折卷帘，分为上下两个部分，上部为嵌心狭辫带装饰，下部为折、卷帘的活动部分。帘向上叠收或卷收时，只能达到斜角或弧形的水平线部分。

为保证最大限度的完整开洞面积，安装在转角、凸窗、壁龛处的帘上框可用斜角处理。帘的形式，在转角安装时以斜角为起点向左右安置，在凸窗安装时以开洞中线为起点向左右安置。

卷帘木框架细部

50×152mm
框架和水泥拉毛

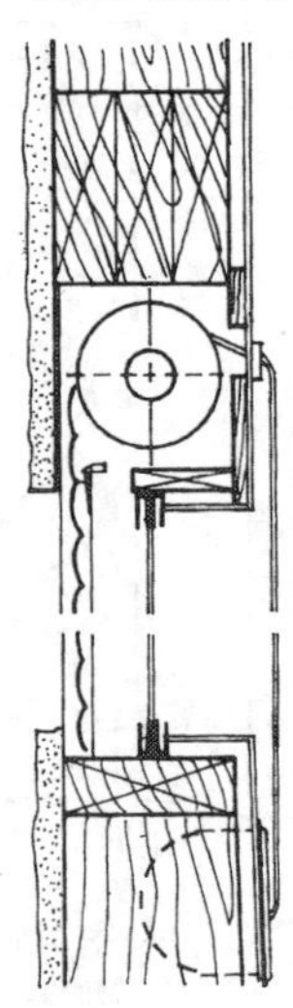

50×102mm
框架和面砖

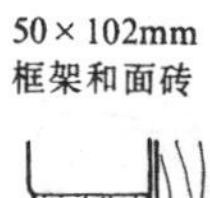

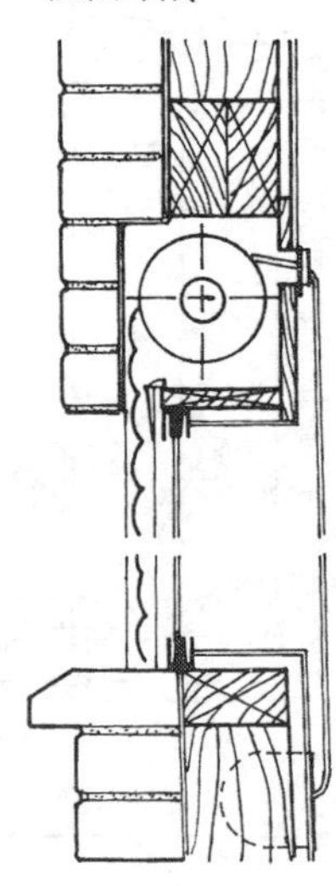

砖石结构的卷帘盒细部

52mm 砖和 50mm 钉板条

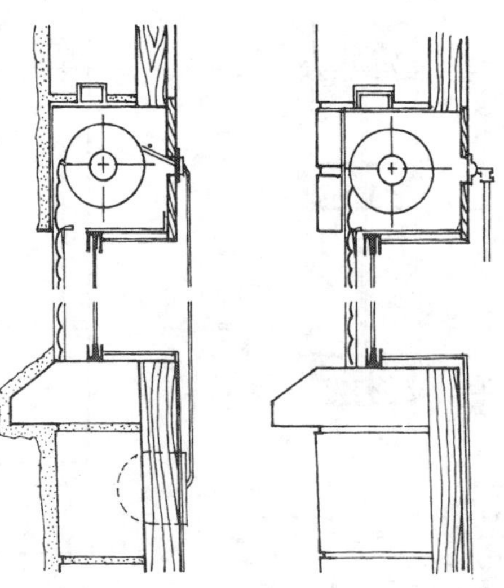

卷帘改进型安装

安装在外部的卷帘盒

导轨

玻璃

手动曲柄

卷帘可采用手动或电动两种形式

卷帘百页的剖面

PVC 塑料百页具有空气绝缘层或充以聚氨基甲酸的绝缘层

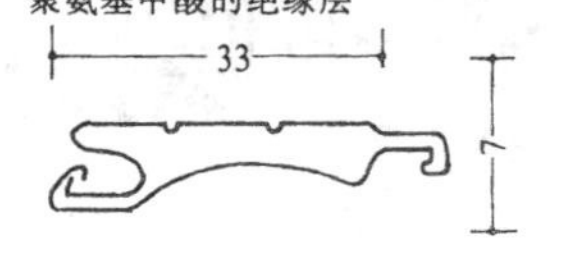

最大长度(mm)

卷帘盒尺寸	铝帘	PVC 塑料帘
165	2133	2132
178	2794	2438
203	3657	3048

最大宽度(mm)

铝	3657
强化 PVC	1981
PVC	1524

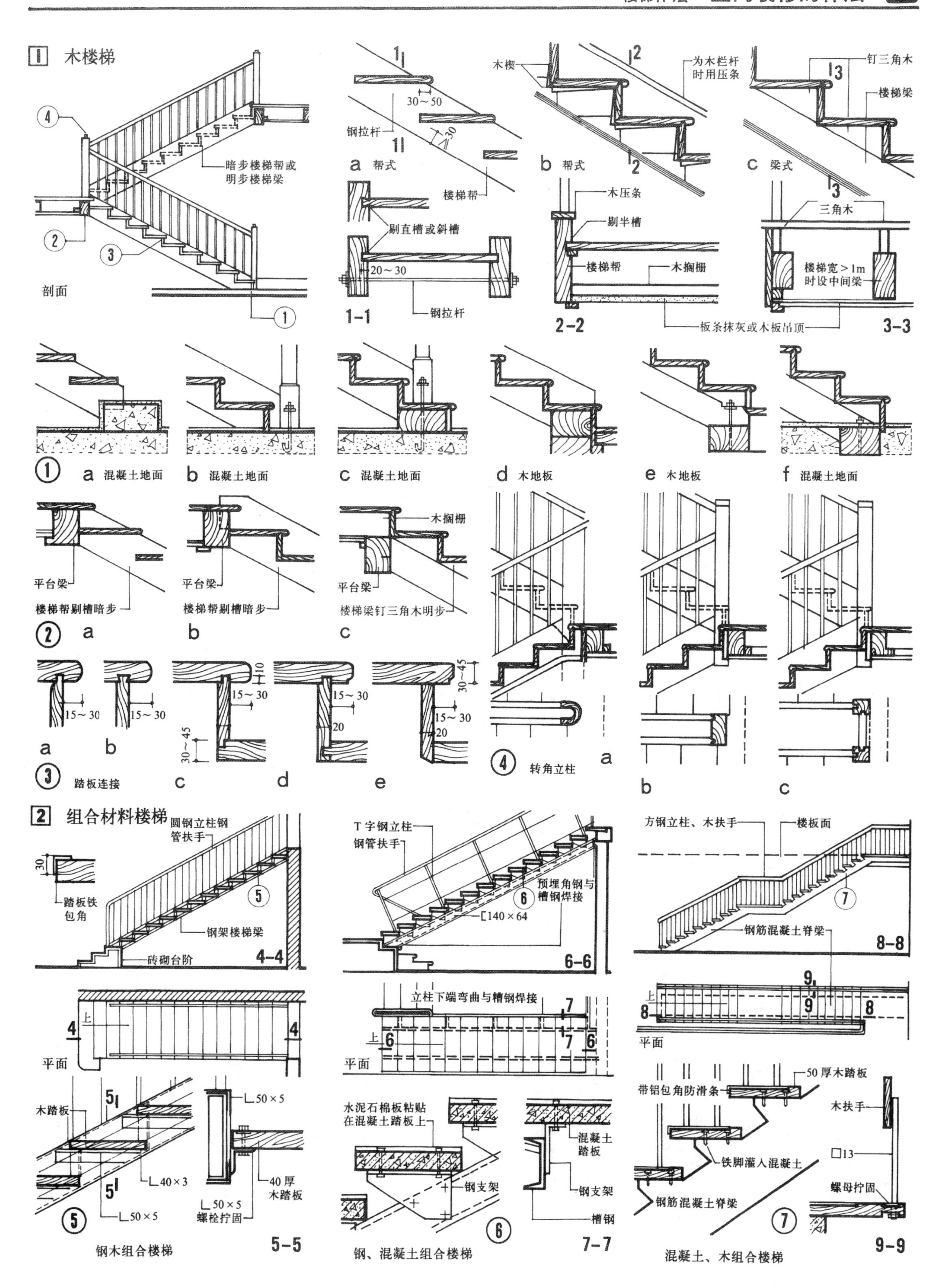
1 木楼梯
暗步楼梯帮或
明步楼梯梁
剖面
30～50
钢拉杆
a 帮式
楼梯帮
剔直槽或斜槽
20～30
钢拉杆
1-1
木楔
为木栏杆
时用压条
b 帮式
木压条
剔半槽
楼梯帮
木搁栅
2-2
板条抹灰或木板吊顶
钉三角木
楼梯梁
c 梁式
三角木
楼梯宽＞1m
时设中间梁
3-3
a 混凝土地面
b 混凝土地面
c 混凝土地面
d 木地板
e 木地板
f 混凝土地面
平台梁
楼梯帮剔槽暗步
平台梁
楼梯帮剔槽暗步
木搁栅
平台梁
楼梯梁钉三角木明步
踏板连接
转角立柱
2 组合材料楼梯
圆钢立柱钢
管扶手
踏板铁
包角
钢架楼梯梁
砖砌台阶
4-4
平面
T字钢立柱
钢管扶手
预埋角钢与
槽钢焊接
[140×64
6-6
立柱下端弯曲与槽钢焊接
平面
方钢立柱、木扶手
楼板面
钢筋混凝土脊梁
8-8
平面
木踏板
L40×3
L50×5
L50×5
40厚
木踏板
L50×5
螺栓拧固
钢木组合楼梯
5-5
水泥石棉板粘贴
在混凝土踏板上
钢支架
混凝土
踏板
钢支架
槽钢
钢、混凝土组合楼梯
7-7
50厚木踏板
带铝包角防滑条
铁脚灌入混凝土
钢筋混凝土脊梁
木扶手
□13
螺母拧固
混凝土、木组合楼梯
9-9

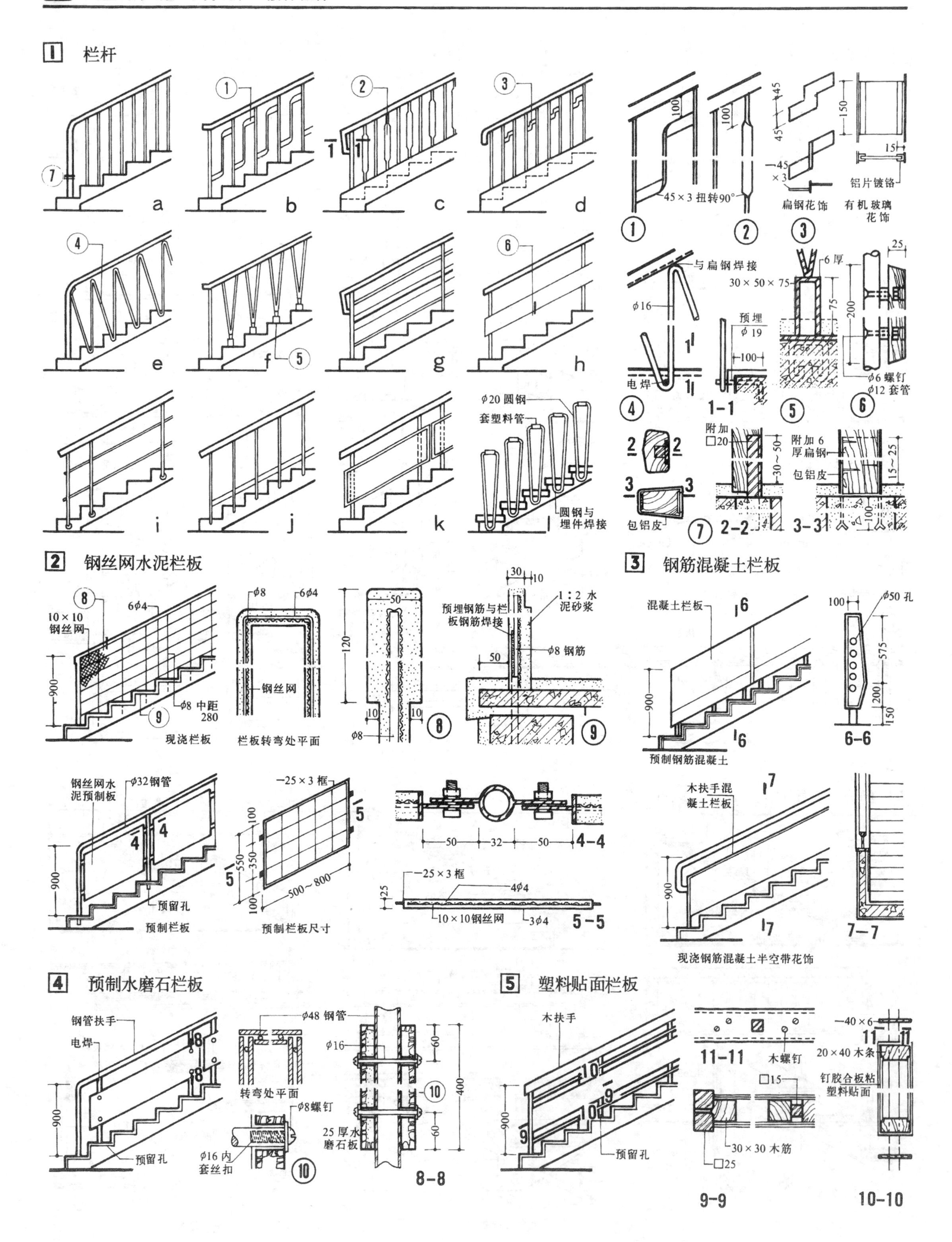
1 栏杆
a
b
c
d
e
f
g
h
i
j
k
l
45×3 扭转90°
扁钢花饰
有机玻璃花饰
铝片镀铬
与扁钢焊接
φ16
电焊
预埋 φ19
30×50×75
6厚
φ6 螺钉
φ12 套管
φ20 圆钢
套塑料管
圆钢与埋件焊接
附加 □20
附加 6 厚扁钢
包铝皮
1-1
2-2
3-3
2 钢丝网水泥栏板
10×10 钢丝网
6φ4
φ8 中距 280
现浇栏板
栏板转弯处平面
钢丝网
预埋钢筋与栏板钢筋焊接
1:2 水泥砂浆
φ8 钢筋
钢丝网水泥预制板
φ32钢管
预留孔
预制栏板
−25×3 框
预制栏板尺寸
4-4
4φ4
10×10钢丝网
3φ4
5-5
3 钢筋混凝土栏板
混凝土栏板
预制钢筋混凝土
φ50 孔
6-6
木扶手混凝土栏板
现浇钢筋混凝土半空带花饰
7-7
4 预制水磨石栏板
钢管扶手
电焊
预留孔
φ48 钢管
转弯处平面
φ8螺钉
φ16 内套丝扣
φ16
25 厚水磨石板
8-8
5 塑料贴面栏板
木扶手
预留孔
11-11
木螺钉
□15
30×30 木筋
□25
9-9
−40×6
20×40 木条
钉胶合板粘塑料贴面
10-10

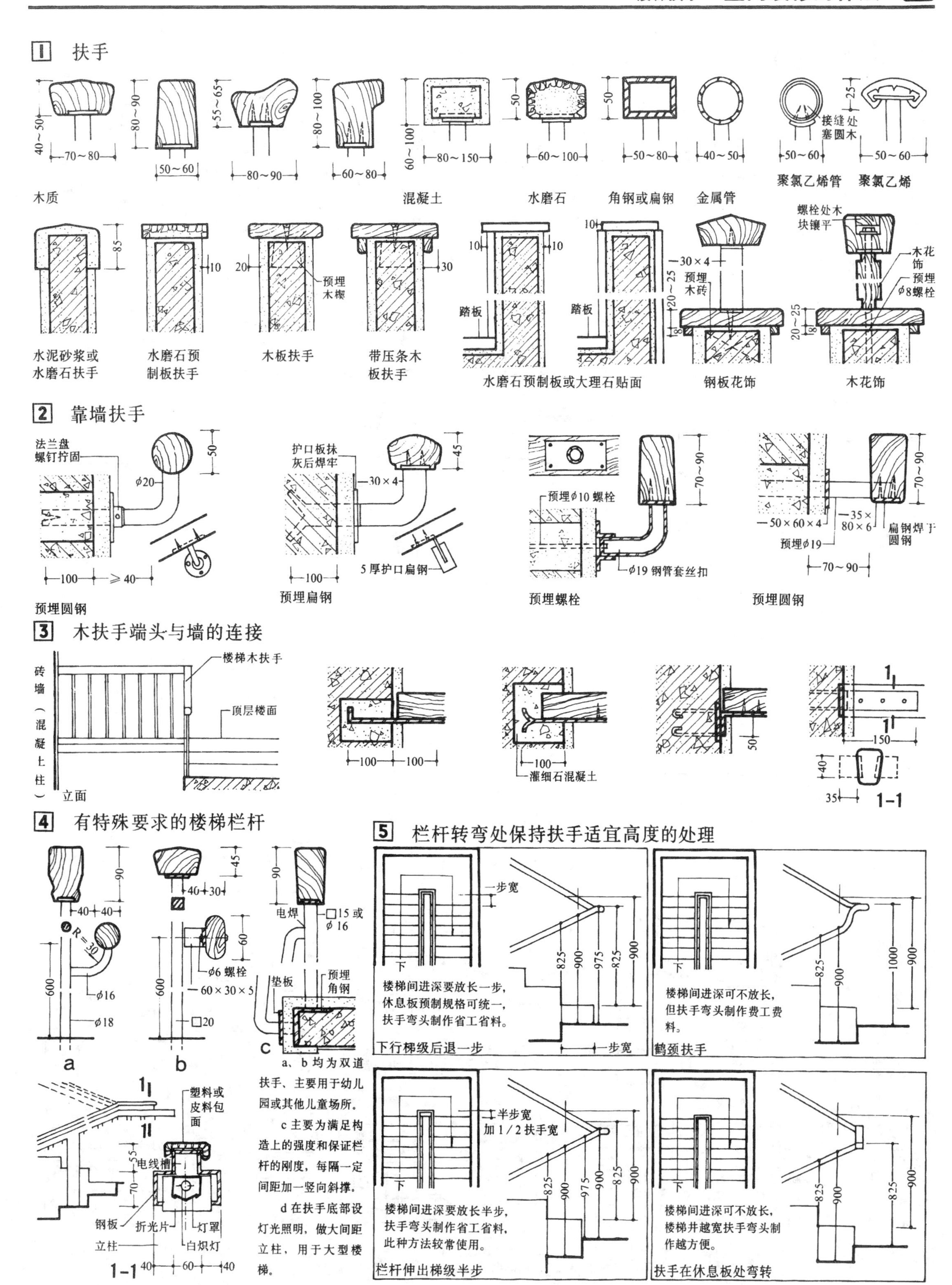
1 扶手
木质
混凝土
水磨石
角钢或扁钢
金属管
聚氯乙烯管
聚氯乙烯
接缝处塞圆木
水泥砂浆或水磨石扶手
水磨石预制板扶手
木板扶手
带压条木板扶手
预埋木楔
预埋木砖
踏板
水磨石预制板或大理石贴面
钢板花饰
木花饰
螺栓处木块镶平
预埋φ8螺栓
2 靠墙扶手
法兰盘螺钉拧固
护口板抹灰后焊牢
5厚护口扁钢
预埋φ10螺栓
φ19钢管套丝扣
扁钢焊于圆钢
预埋φ19
预埋圆钢
预埋扁钢
预埋螺栓
预埋圆钢
3 木扶手端头与墙的连接
楼梯木扶手
顶层楼面
砖墙（混凝土柱）
立面
灌细石混凝土
4 有特殊要求的楼梯栏杆
电焊
□15或φ16
φ6螺栓
预埋角钢
垫板
塑料或皮料包面
电线槽
钢板
折光片
灯罩
立柱
白炽灯
a、b均为双道扶手，主要用于幼儿园或其他儿童场所。
c主要为满足构造上的强度和保证栏杆的刚度，每隔一定间距加一竖向斜撑。
d在扶手底部设灯光照明，做大间距立柱，用于大型楼梯。
5 栏杆转弯处保持扶手适宜高度的处理
一步宽
楼梯间进深要放长一步，休息板预制规格可统一，扶手弯头制作省工省料。
下行梯级后退一步
楼梯间进深可不放长，但扶手弯头制作费工费料。
鹤颈扶手
半步宽加1/2扶手宽
楼梯间进深要放长半步，扶手弯头制作省工省料，此种方法较常使用。
栏杆伸出梯级半步
楼梯间进深可不放长，楼梯井越宽扶手弯头制作越方便。
扶手在休息板处弯转

1 钢筋混凝土楼梯踏板

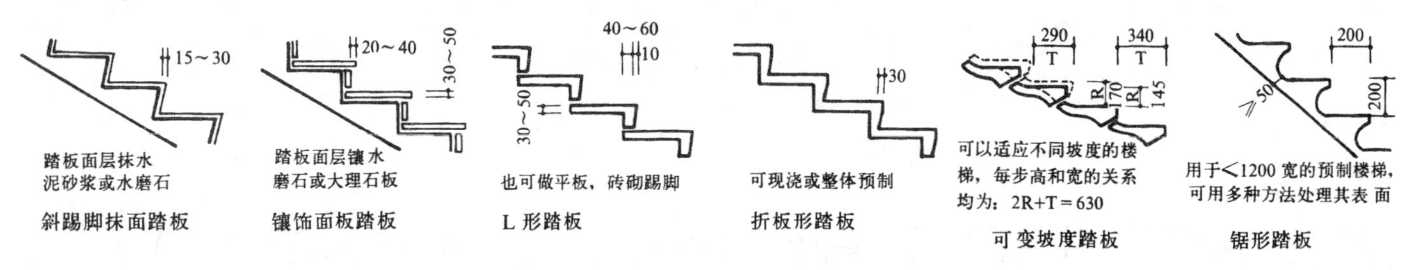

2 楼梯地毯棍

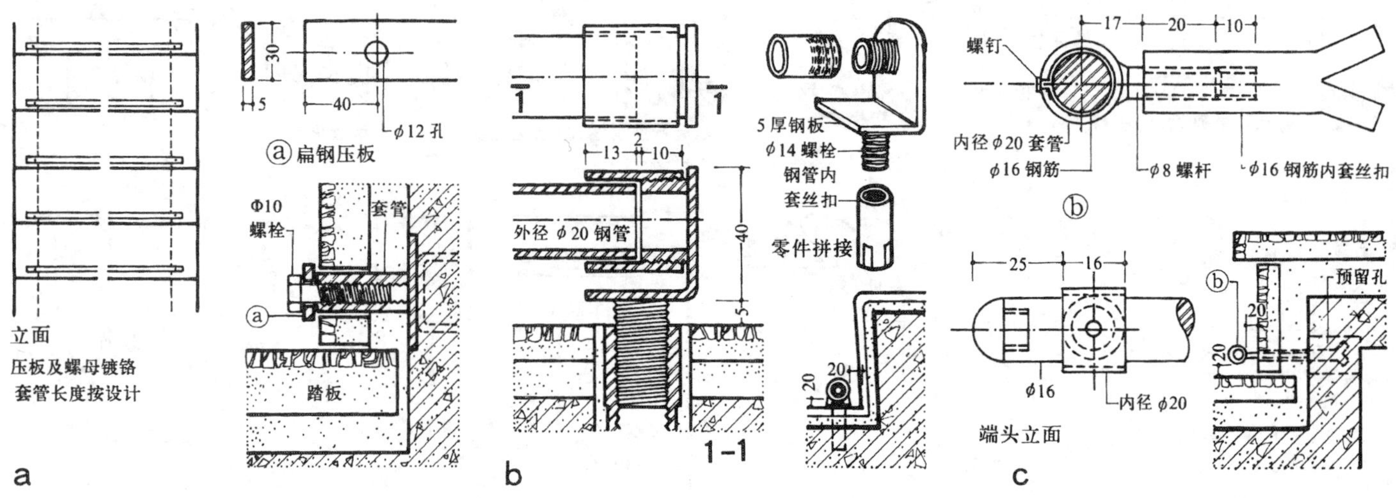

较窄的楼梯可采用扁钢或钢筋，较宽的楼梯宜采用金属管

3 立杆与踏板的连接

4 钢筋混凝土楼梯防滑条

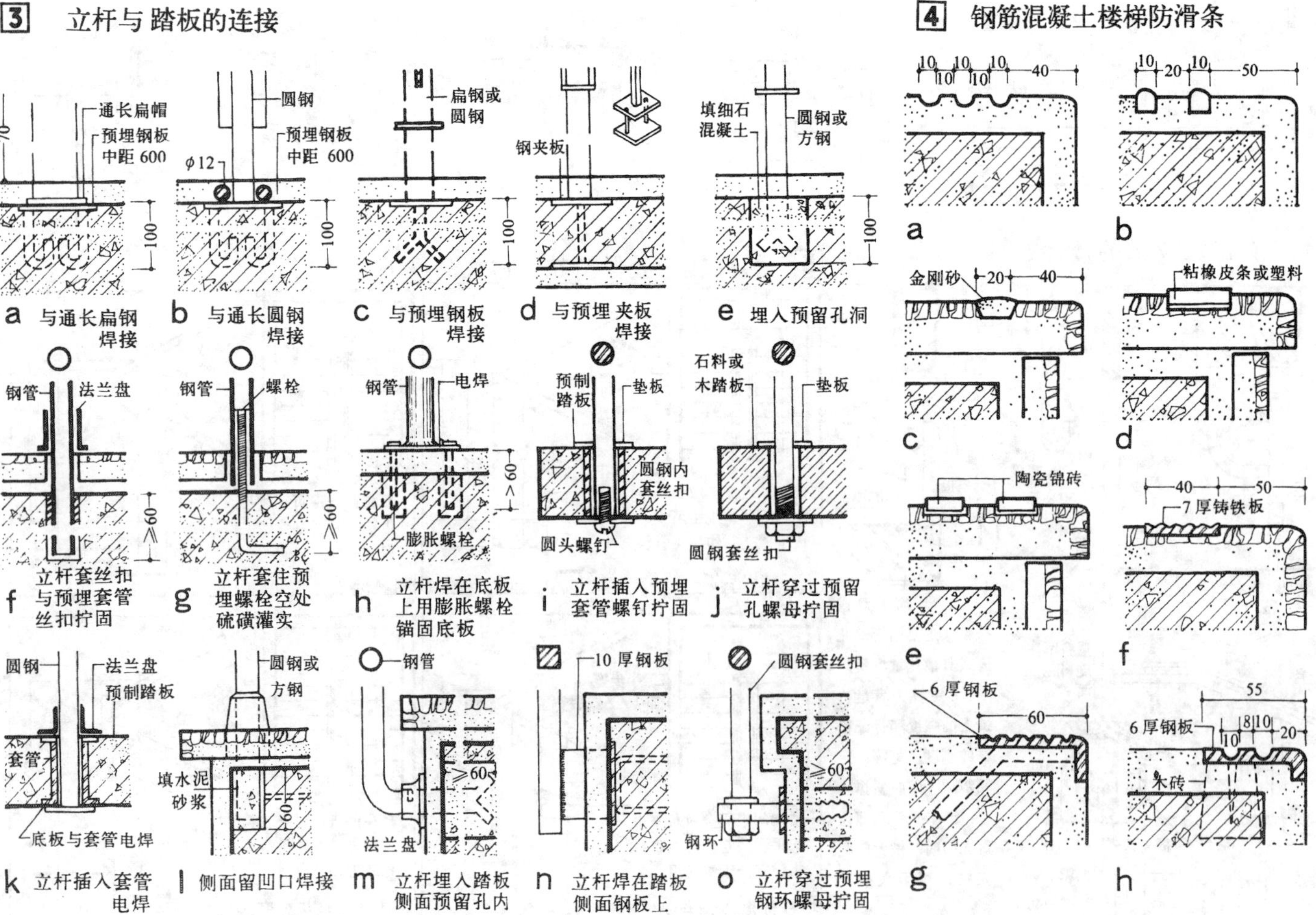

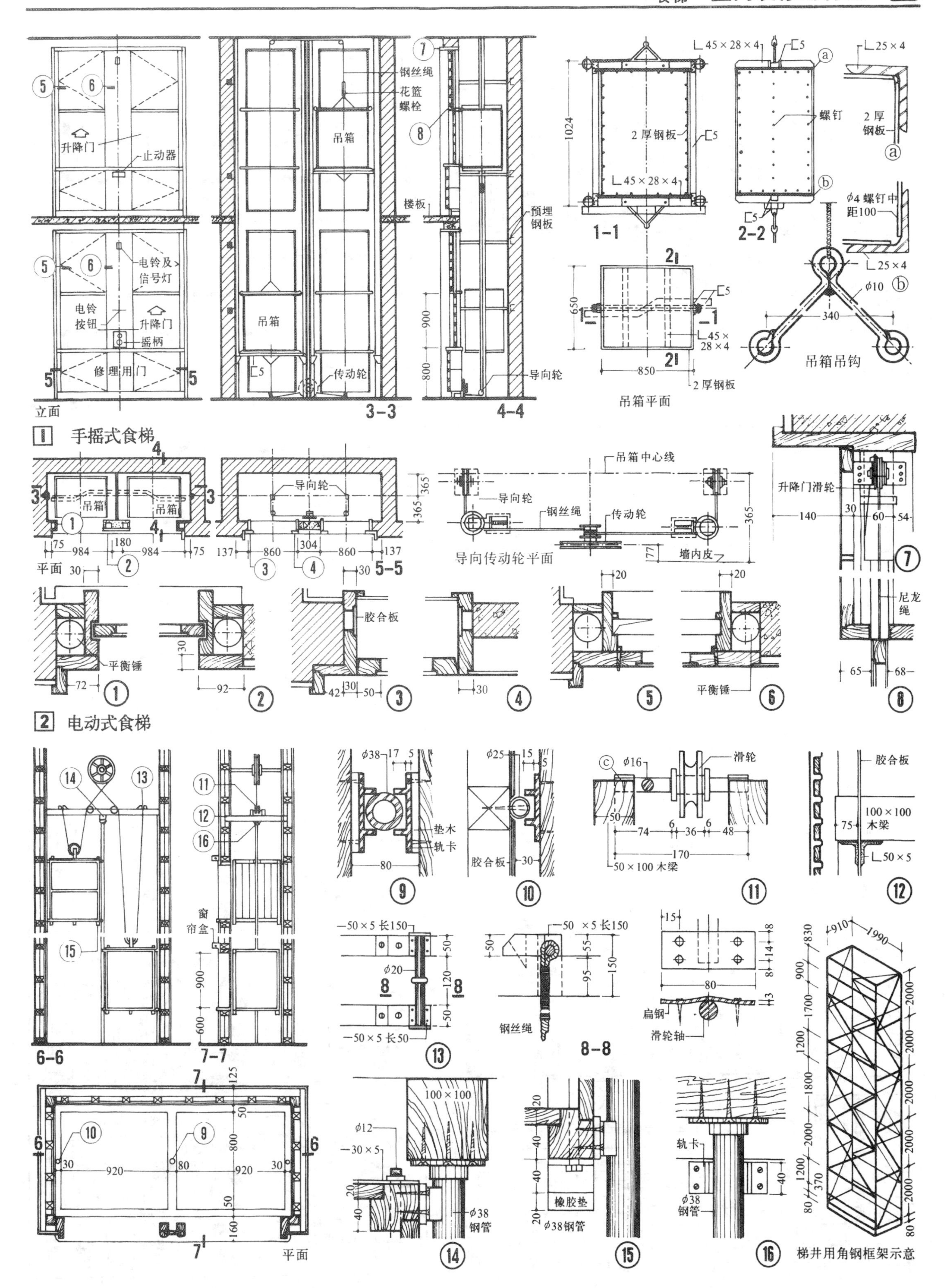

立面
3-3
4-4
1-1
2-2
吊箱平面
吊箱吊钩
1 手摇式食梯
平面
5-5
导向传动轮平面
2 电动式食梯
6-6
7-7
8-8
平面
梯井用角钢框架示意

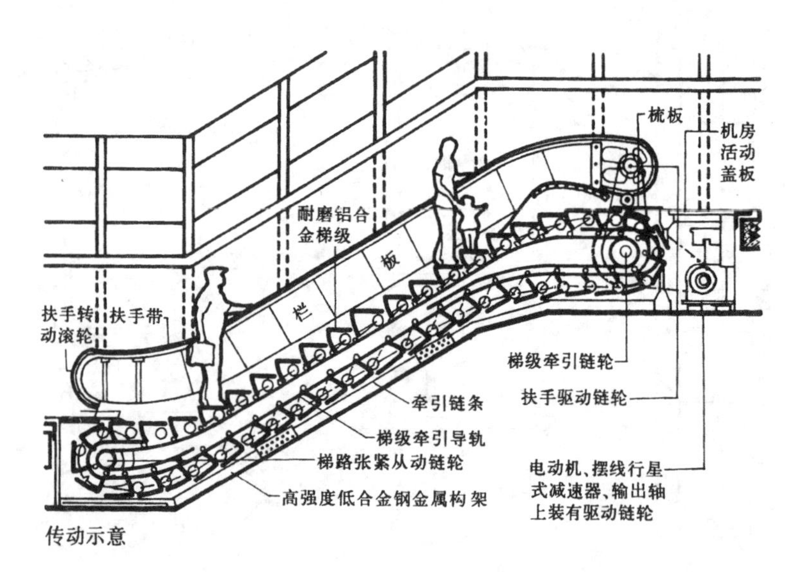

自动楼梯型号规格（倾斜角均为30°）

输送能力(人/h)	提升高度(m)	速度(m/s)	楼梯宽度(mm)		支承负荷(kg)	
			B	B_1	R_A	R_B
5000	3～10	0.5	600	1350	2000+0.23H	1600+0.23H
8000	3～8.5	0.5	1000	1750	3000+0.3H	2500+0.3H

1 基本尺寸

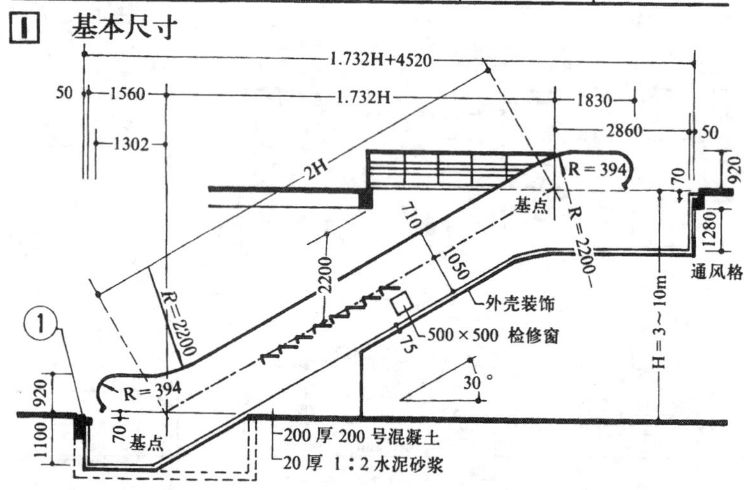

2 楼梯外壳装修实例

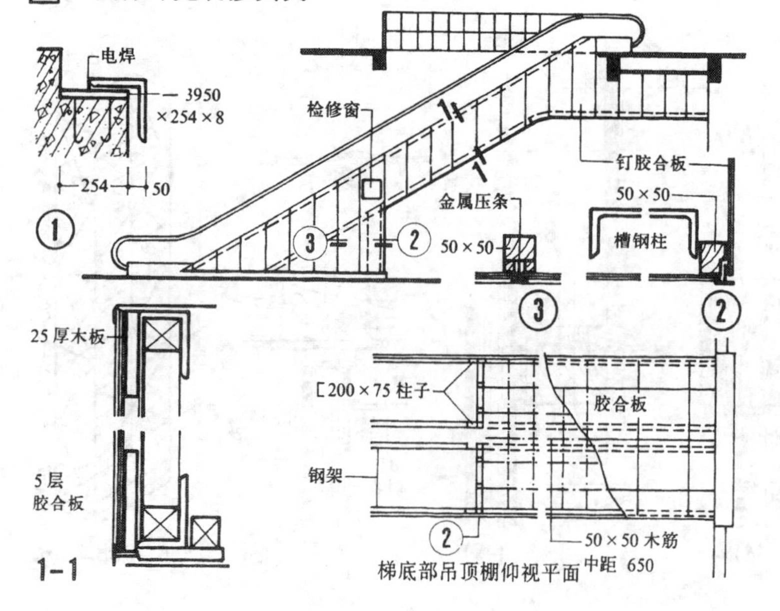

3 几种布置形式

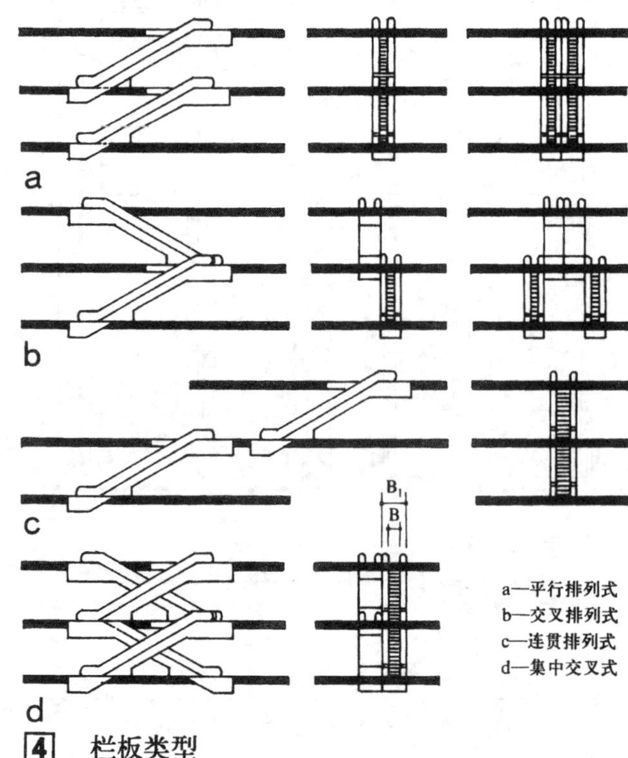

4 栏板类型

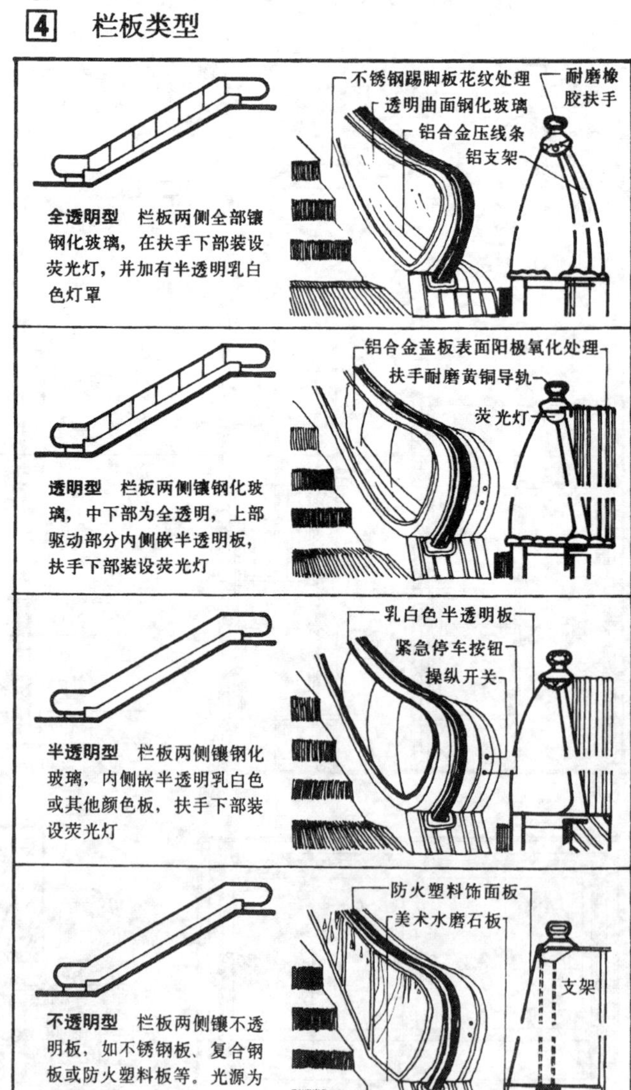

全透明型 栏板两侧全部镶钢化玻璃，在扶手下部装设荧光灯，并加有半透明乳白色灯罩

透明型 栏板两侧镶钢化玻璃，中下部为全透明，上部驱动部分内侧嵌半透明板，扶手下部装设荧光灯

半透明型 栏板两侧镶钢化玻璃，内侧嵌半透明乳白色或其他颜色板，扶手下部装设荧光灯

不透明型 栏板两侧镶不透明板，如不锈钢板、复合钢板或防火塑料板等，光源为室内照明

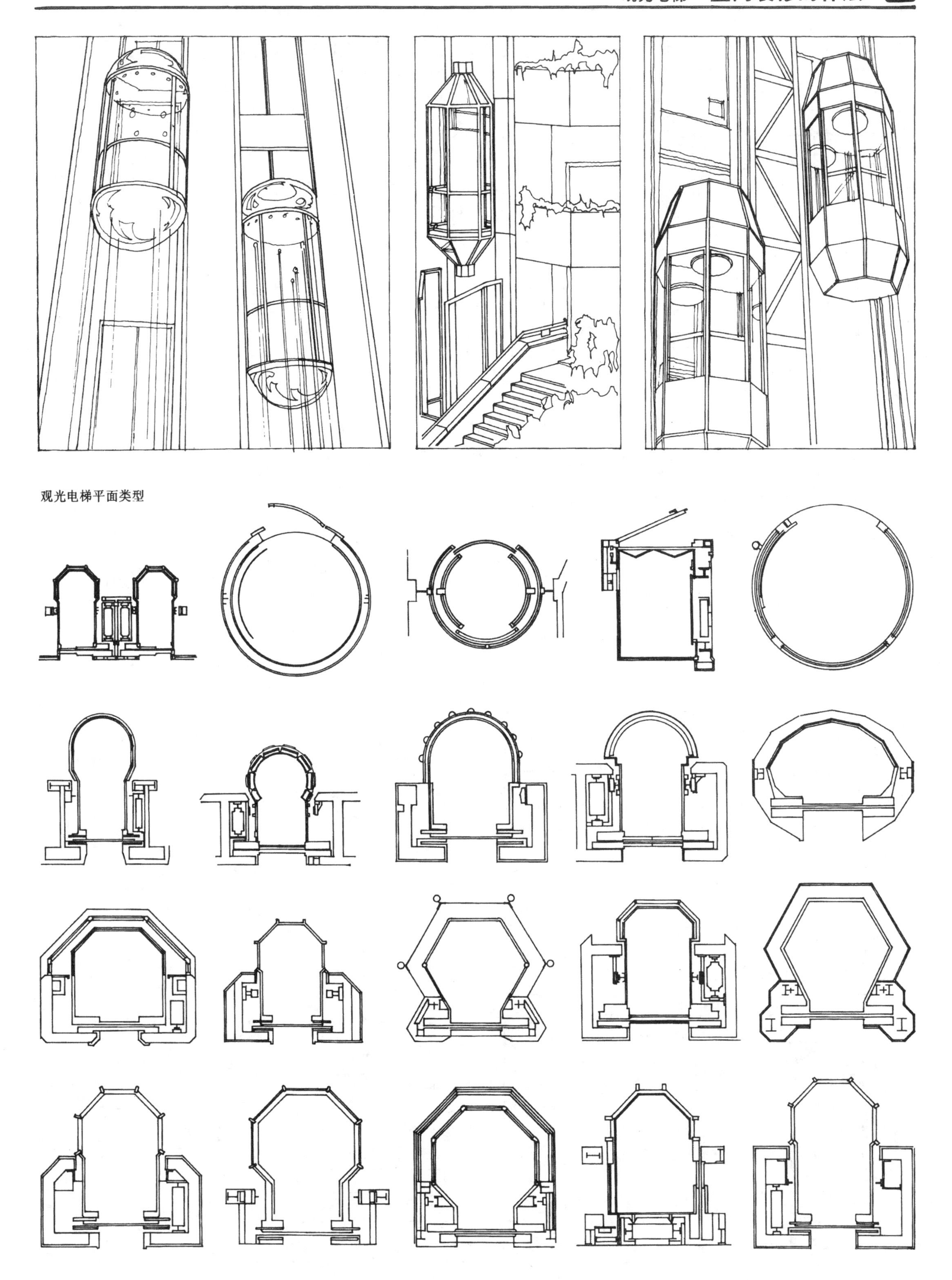
观光电梯平面类型

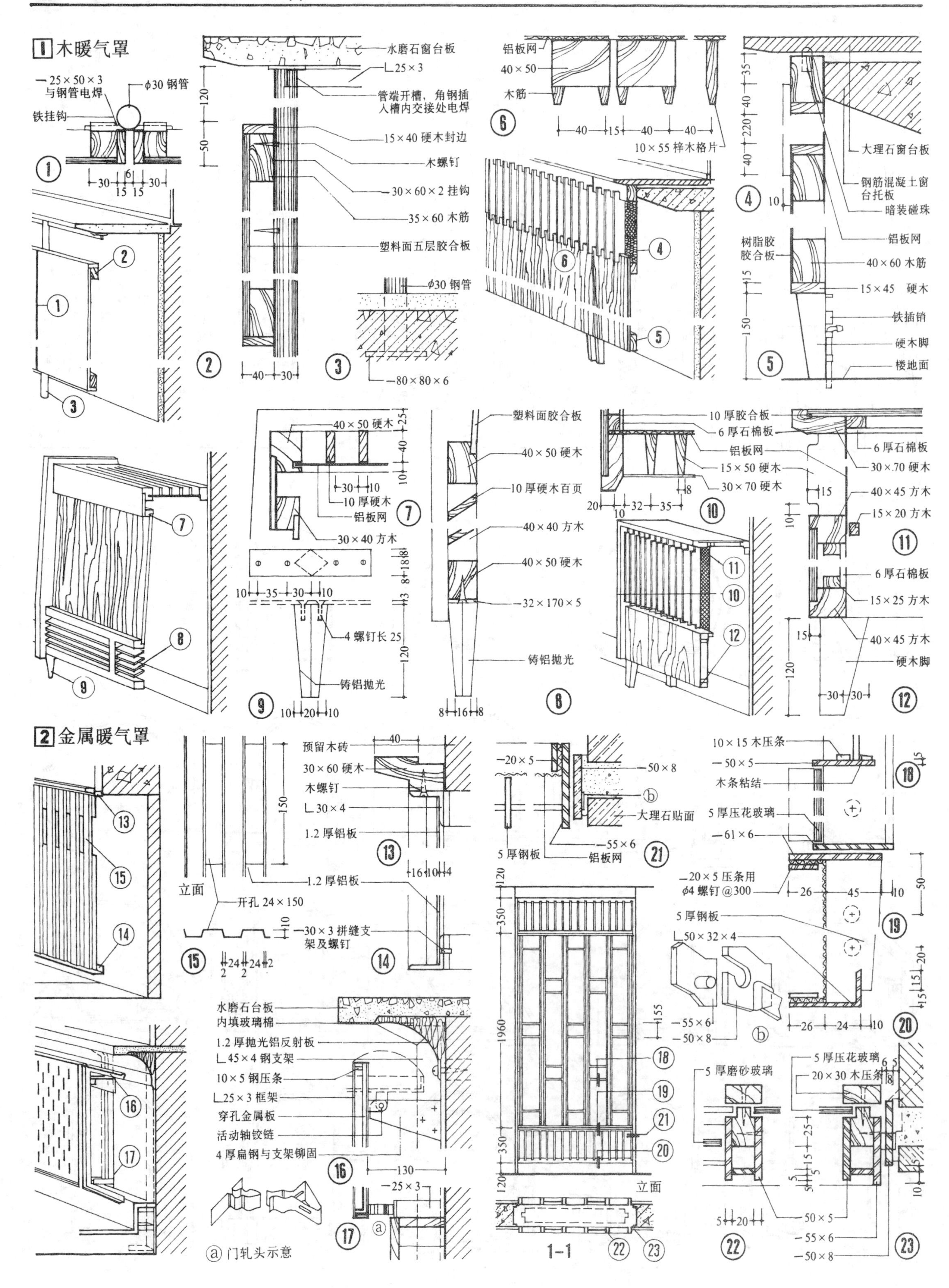

1 木暖气罩
—25×50×3 与钢管电焊
φ30 钢管
铁挂钩
水磨石窗台板
∟25×3
管端开槽，角钢插入槽内交接处电焊
15×40 硬木封边
木螺钉
30×60×2 挂钩
35×60 木筋
塑料面五层胶合板
φ30 钢管
—80×80×6
铝板网
40×50
木筋
10×55 梓木格片
大理石窗台板
钢筋混凝土窗台托板
暗装碰珠
铝板网
树脂胶胶合板
40×60 木筋
15×45 硬木
铁插销
硬木脚
楼地面
40×50 硬木
10 厚硬木
铝板网
30×40 方木
4 螺钉长 25
铸铝抛光
塑料面胶合板
40×50 硬木
10 厚硬木百页
40×40 方木
40×50 硬木
32×170×5
铸铝抛光
10 厚胶合板
6 厚石棉板
铝板网
15×50 硬木
30×70 硬木
6 厚石棉板
30×70 硬木
40×45 方木
15×20 方木
6 厚石棉板
15×25 方木
40×45 方木
硬木脚
2 金属暖气罩
预留木砖
30×60 硬木
木螺钉
∟30×4
1.2 厚铝板
立面
1.2 厚铝板
开孔 24×150
—30×3 拼缝支架及螺钉
水磨石台板
内填玻璃棉
1.2 厚抛光铝反射板
∟45×4 钢支架
10×5 钢压条
∟25×3 框架
穿孔金属板
活动轴铰链
4 厚扁钢与支架铆固
ⓐ 门轧头示意
—20×5
—50×8
大理石贴面
—55×6
5 厚钢板
铝板网
立面
1-1
10×15 木压条
—50×5
木条粘结
5 厚压花玻璃
—61×6
—20×5 压条用 φ4 螺钉@300
5 厚钢板
∟50×32×4
—55×6
—50×8
5 厚磨砂玻璃
5 厚压花玻璃
20×30 木压条
—50×5
—55×6
—50×8

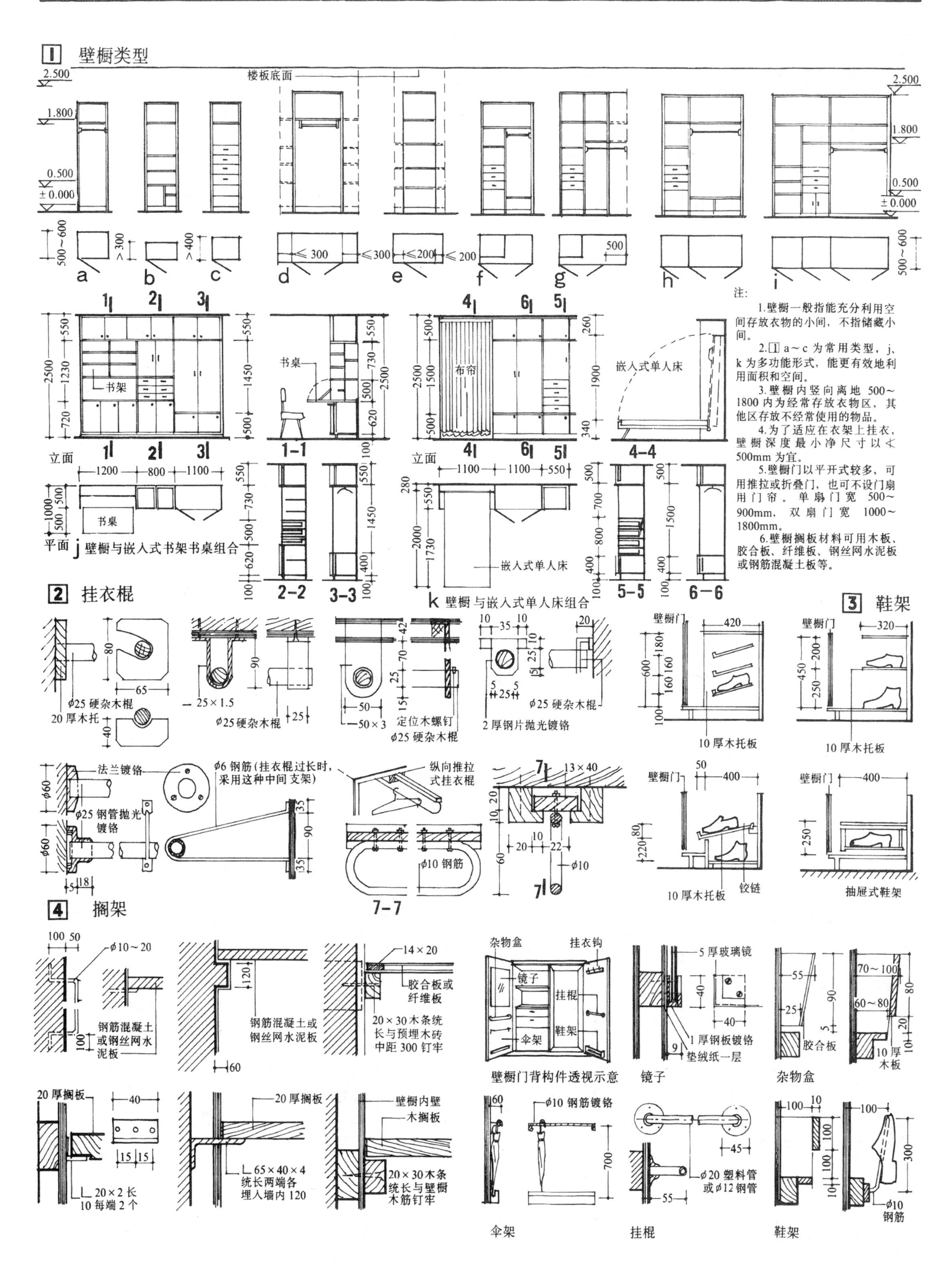
1 壁橱类型
楼板底面
2.500
1.800
0.500
±0.000
500~600
>300
>400
≤300
≤200
500
a b c d e f g h i
注:
1.壁橱一般指能充分利用空间存放衣物的小间，不指储藏小间。
2.1 a~c 为常用类型，j、k 为多功能形式，能更有效地利用面积和空间。
3.壁橱内竖向离地 500~1800 内为经常存放衣物区，其他区存放不经常使用的物品。
4.为了适应在衣架上挂衣，壁橱深度最小净尺寸以≮500mm 为宜。
5.壁橱门以平开式较多，可用推拉或折叠门，也可不设门扇用门帘。单扇门宽 500~900mm，双扇门宽 1000~1800mm。
6.壁橱搁板材料可用木板、胶合板、纤维板、钢丝网水泥板或钢筋混凝土板等。
书架
书桌
立面
平面
j 壁橱与嵌入式书架书桌组合
1-1
2-2
3-3
布帘
嵌入式单人床
4-4
5-5
6-6
k 壁橱与嵌入式单人床组合
2 挂衣棍
φ25 硬杂木棍
20 厚木托
25×1.5
φ25硬杂木棍
定位木螺钉
φ25 硬杂木棍
2 厚钢片抛光镀铬
法兰镀铬
φ25 钢管抛光镀铬
φ6 钢筋(挂衣棍过长时，采用这种中间支架)
纵向推拉式挂衣棍
φ10 钢筋
7-7
3 鞋架
壁橱门
10 厚木托板
铰链
抽屉式鞋架
4 搁架
钢筋混凝土或钢丝网水泥板
钢筋混凝土或钢丝网水泥板
胶合板或纤维板
20×30 木条统长与预埋木砖中距 300 钉牢
杂物盒
挂衣钩
镜子
挂棍
伞架
鞋架
壁橱门背构件透视示意
5 厚玻璃镜
1 厚钢板镀铬
垫绒纸一层
胶合板
10 厚木板
20 厚搁板
20×2 长 10 每端 2 个
∟65×40×4 统长两端各埋入墙内 120
壁橱内壁
木搁板
20×30 木条统长与壁橱木筋钉牢
φ10 钢筋镀铬
φ20 塑料管或φ12 钢管
φ10 钢筋

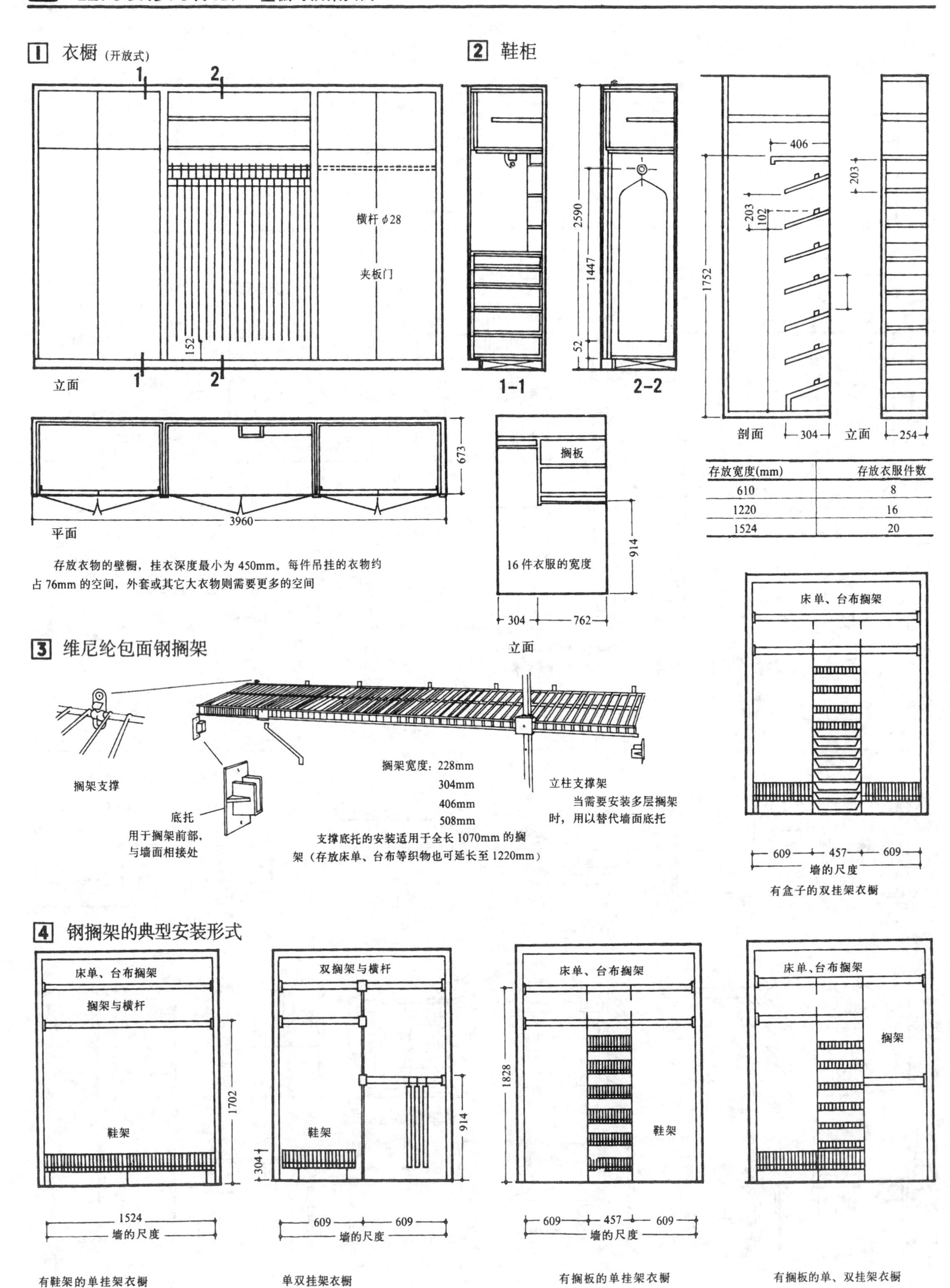

存放宽度(mm)	存放衣服件数
610	8
1220	16
1524	20

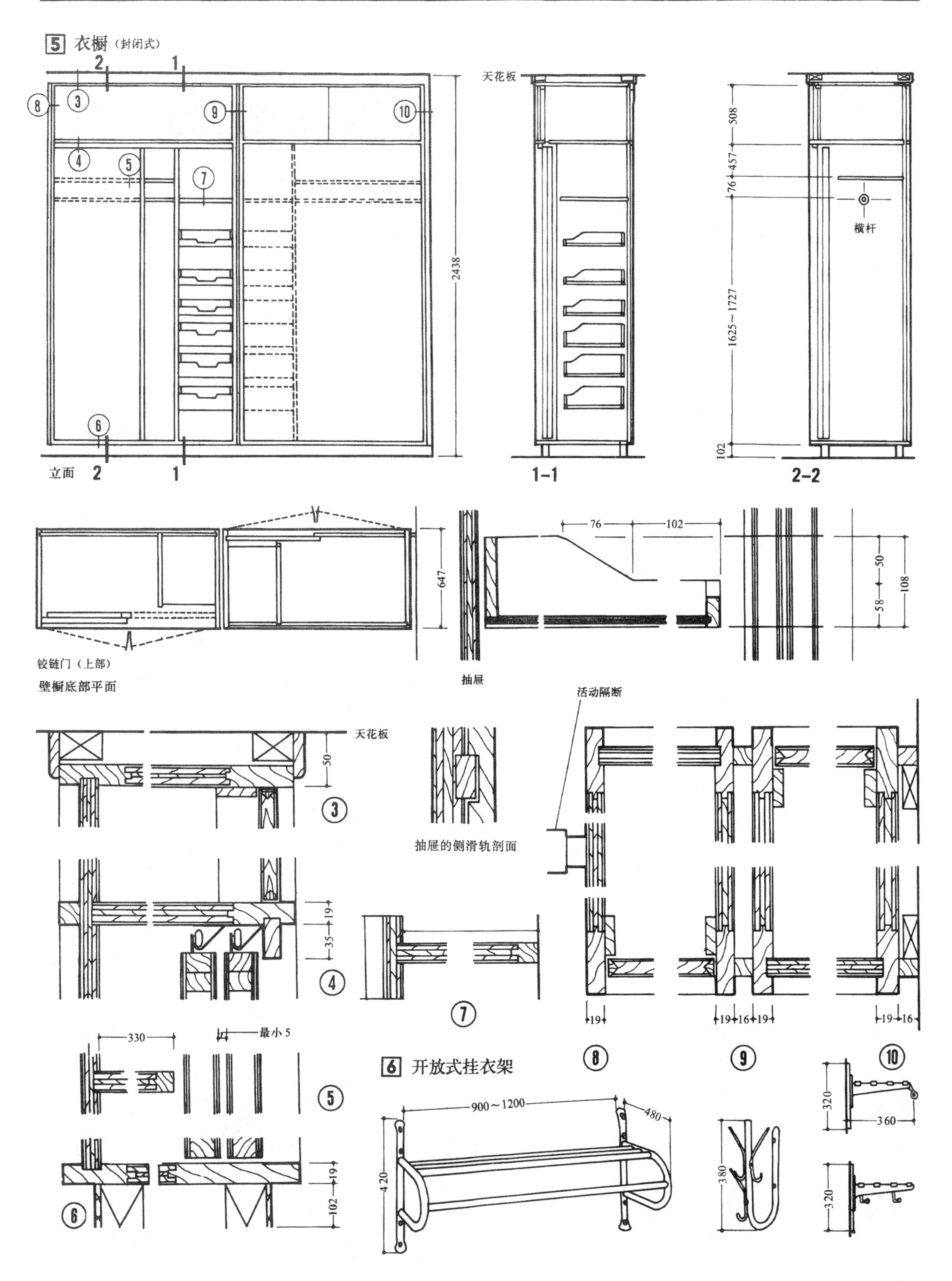
5 衣橱（封闭式）
天花板
横杆
508
457
76
1625～1727
102
2438
立面
1-1
2-2
647
76
102
50
58
108
铰链门（上部）
壁橱底部平面
抽屉
活动隔断
天花板
50
抽屉的侧滑轨剖面
19
35
330
最小 5
19
102
19
16
6 开放式挂衣架
900～1200
480
420
380
320
360
320

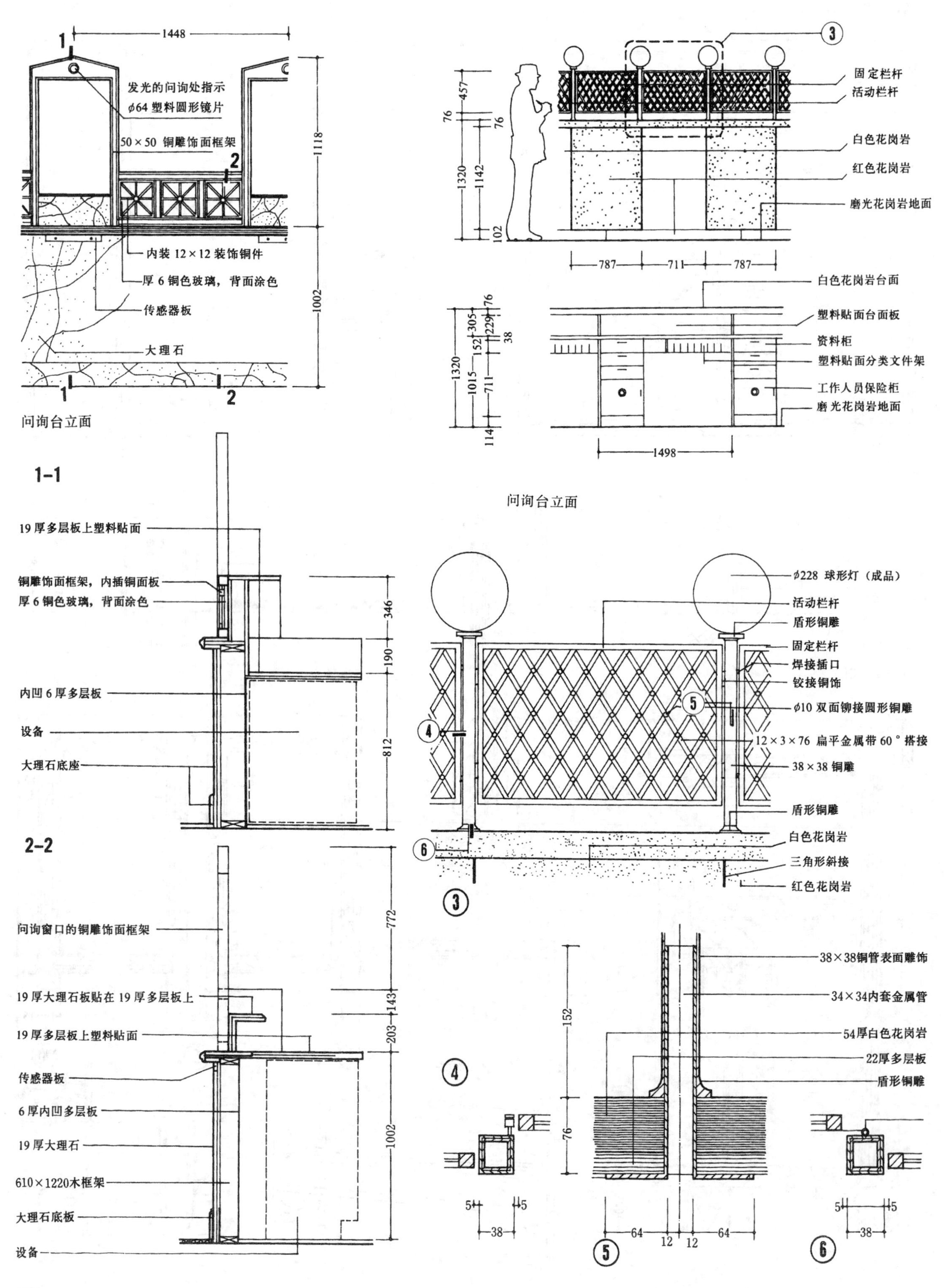
1448
1
发光的问询处指示
φ64 塑料圆形镜片
50×50 铜雕饰面框架
2
1118
内装 12×12 装饰铜件
厚 6 铜色玻璃，背面涂色
传感器板
大理石
1002
1
2
问询台立面
457
76
76
1320
1142
102
固定栏杆
活动栏杆
白色花岗岩
红色花岗岩
磨光花岗岩地面
787
711
787
白色花岗岩台面
塑料贴面台面板
资料柜
塑料贴面分类文件架
工作人员保险柜
磨光花岗岩地面
1320
1015
711
114
305
152
229
76
38
1498
问询台立面
1-1
19 厚多层板上塑料贴面
铜雕饰面框架，内插铜面板
厚 6 铜色玻璃，背面涂色
内凹 6 厚多层板
设备
大理石底座
346
190
812
2-2
问询窗口的铜雕饰面框架
19 厚大理石板贴在 19 厚多层板上
19 厚多层板上塑料贴面
传感器板
6 厚内凹多层板
19 厚大理石
610×1220木框架
大理石底板
设备
772
143
203
1002
φ228 球形灯（成品）
活动栏杆
盾形铜雕
固定栏杆
焊接插口
铰接铜饰
φ10 双面铆接圆形铜雕
12×3×76 扁平金属带 60°搭接
38×38 铜雕
盾形铜雕
白色花岗岩
三角形斜接
红色花岗岩
38×38铜管表面雕饰
34×34内套金属管
54厚白色花岗岩
22厚多层板
盾形铜雕
152
76
5
5
38
64
12
12
64
5
5
38

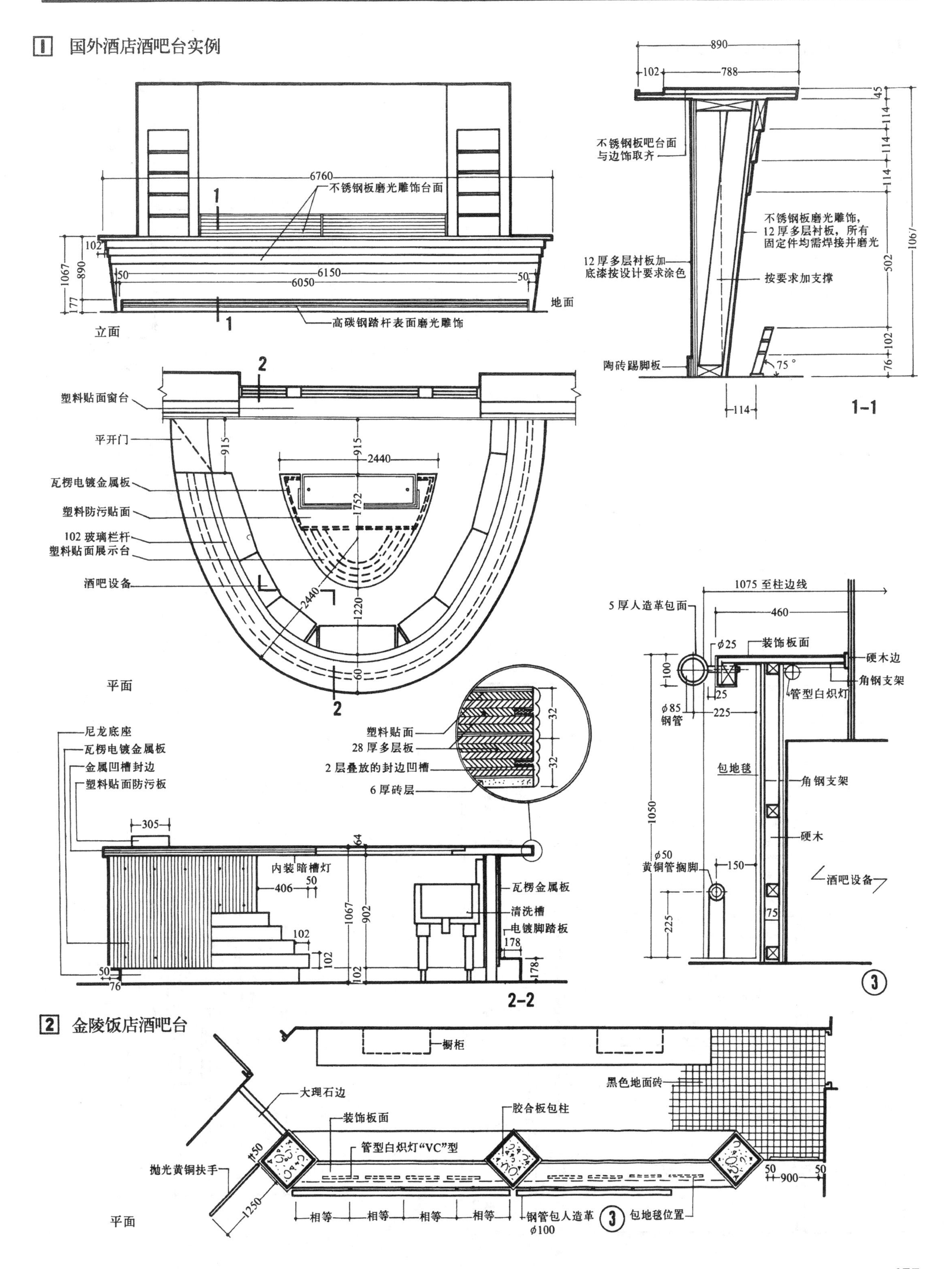
1 国外酒店酒吧台实例
6760
不锈钢板磨光雕饰台面
1067
890
177
102
50
6150
6050
50
地面
高碳钢踏杆表面磨光雕饰
立面
1
890
102
788
45
114
114
114
不锈钢板吧台面
与边饰取齐
不锈钢板磨光雕饰，
12厚多层衬板，所有
固定件均需焊接并磨光
12厚多层衬板加
底漆按设计要求涂色
按要求加支撑
502
1067
102
76
75°
陶砖踢脚板
114
1-1
2
塑料贴面窗台
平开门
915
915
2440
瓦楞电镀金属板
塑料防污贴面
1752
102 玻璃栏杆
塑料贴面展示台
酒吧设备
2440
1220
60
平面
尼龙底座
瓦楞电镀金属板
金属凹槽封边
塑料贴面防污板
塑料贴面
28厚多层板
2层叠放的封边凹槽
6厚砖层
32
32
305
64
内装暗槽灯
50
406
1067
902
102
102
102
50
76
瓦楞金属板
清洗槽
电镀脚踏板
178
178
2-2
1075 至柱边线
5厚人造革包面
460
φ25
装饰板面
硬木边
角钢支架
100
25
管型白炽灯
φ85
钢管
225
包地毯
角钢支架
1050
硬木
φ50
黄铜管搁脚
150
酒吧设备
75
225
3
2 金陵饭店酒吧台
橱柜
黑色地面砖
大理石边
装饰板面
胶合板包柱
φ50
管型白炽灯"VC"型
抛光黄铜扶手
1250
50
900
50
相等
相等
相等
相等
钢管包人造革
φ100
3
包地毯位置
平面

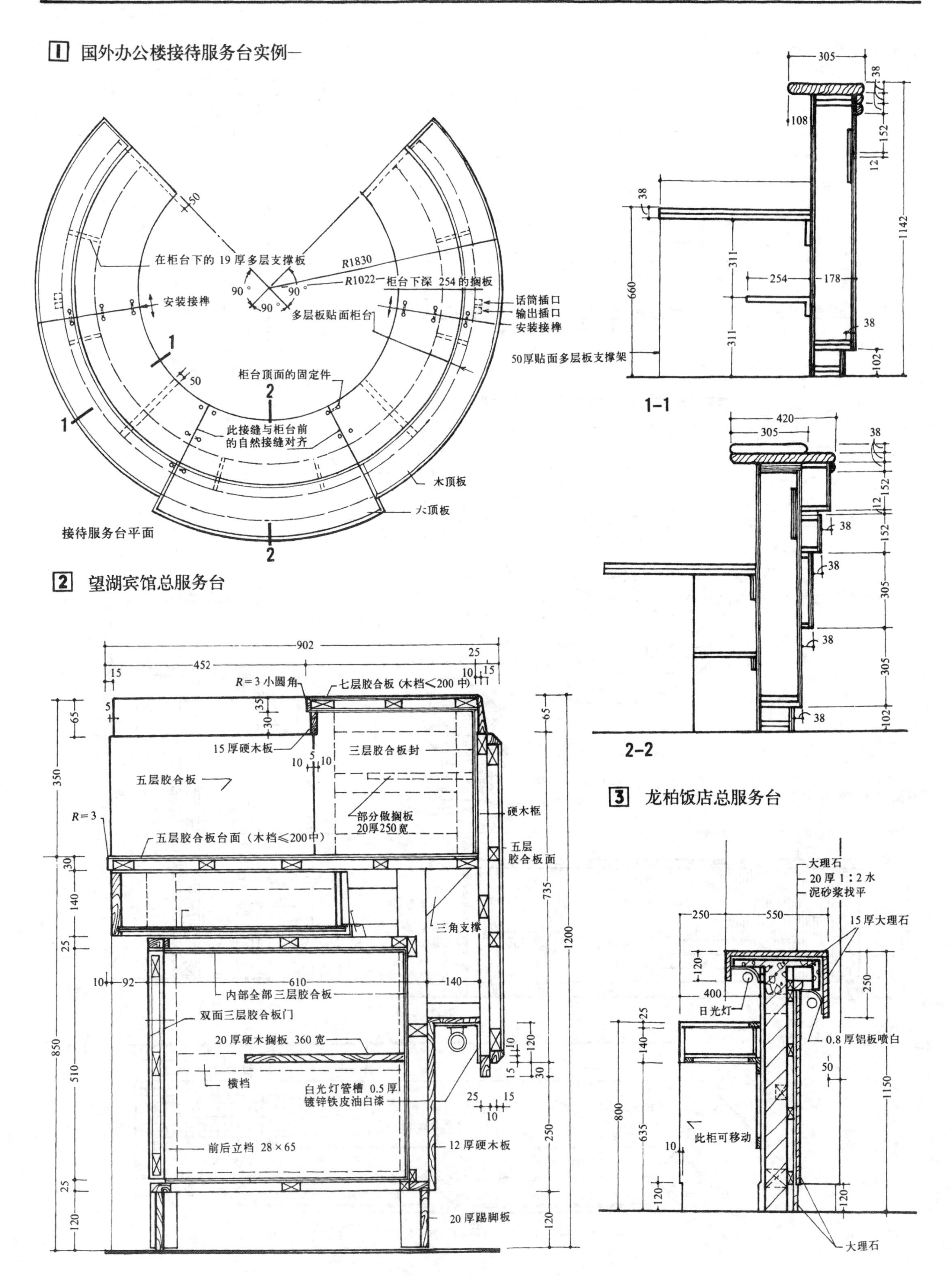

1 国外办公楼接待服务台实例一
在柜台下的 19 厚多层支撑板
R1830
R1022
柜台下深 254 的搁板
安装接榫
话筒插口
输出插口
安装接榫
多层板贴面柜台
柜台顶面的固定件
此接缝与柜台前的自然接缝对齐
木顶板
大顶板
接待服务台平面
50厚贴面多层板支撑架
1-1
2-2
2 望湖宾馆总服务台
R=3 小圆角
七层胶合板（木档<200 中）
15 厚硬木板
三层胶合板封
五层胶合板
部分做搁板 20厚250宽
硬木框
五层胶合板台面（木档≤200中）
五层胶合板面
三角支撑
内部全部三层胶合板
双面三层胶合板门
20 厚硬木搁板 360 宽
横档
白光灯管槽 0.5 厚镀锌铁皮油白漆
前后立档 28×65
12 厚硬木板
20 厚踢脚板
3 龙柏饭店总服务台
大理石
20 厚 1：2 水泥砂浆找平
15 厚大理石
日光灯
0.8 厚铝板喷白
此柜可移动
大理石

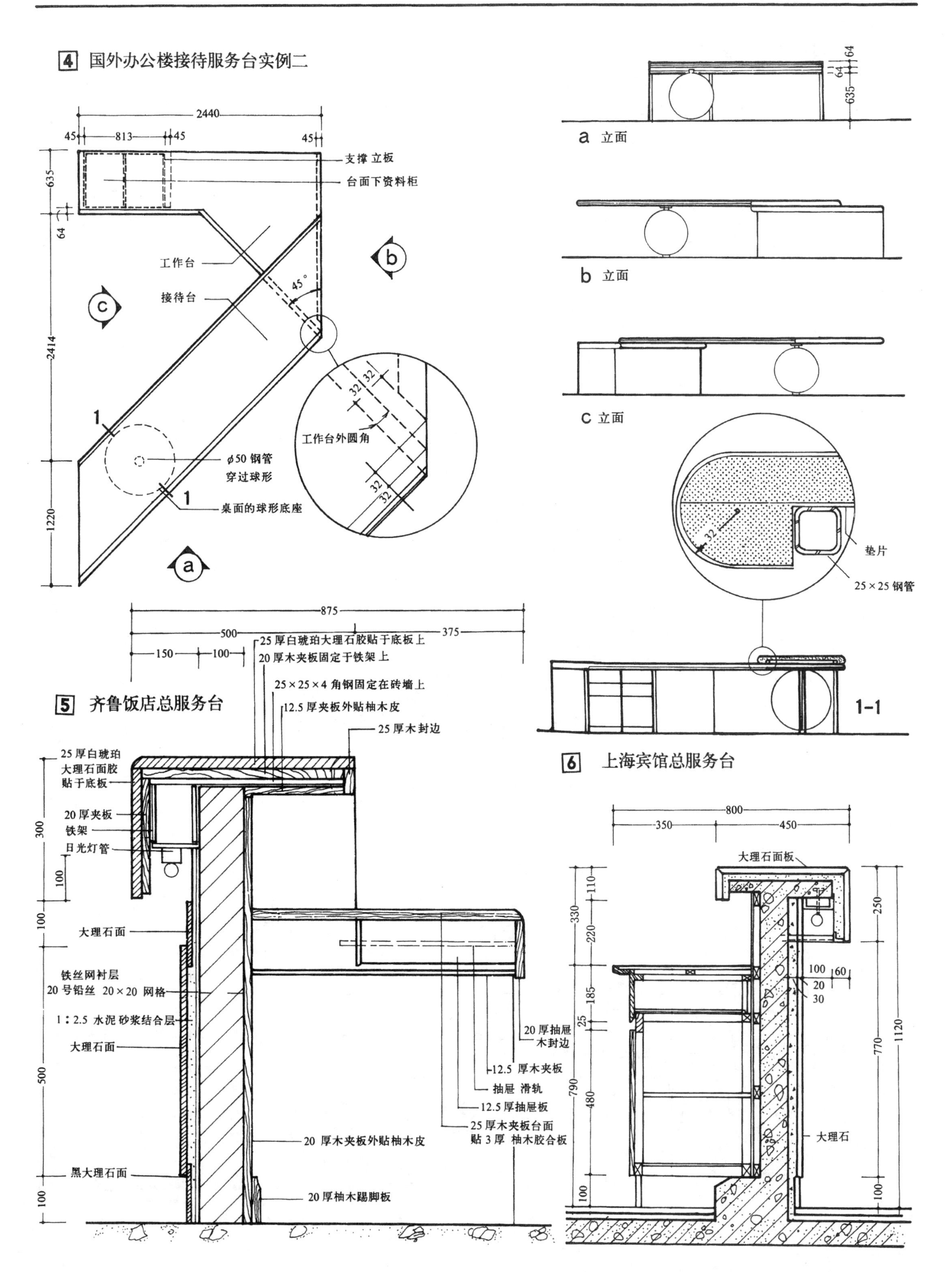

4 国外办公楼接待服务台实例二
2440
45
813
45
45
635
64
2414
1220
支撑立板
台面下资料柜
工作台
接待台
45°
工作台外圆角
32
φ50 钢管
穿过球形
桌面的球形底座
1
a
b
c
a 立面
b 立面
c 立面
垫片
25×25 钢管
1-1
5 齐鲁饭店总服务台
875
500
375
150
100
25 厚白琥珀大理石胶贴于底板上
20 厚木夹板固定于铁架上
25×25×4 角钢固定在砖墙上
12.5 厚夹板外贴柚木皮
25 厚木封边
25 厚白琥珀
大理石面胶
贴于底板
20 厚夹板
铁架
日光灯管
大理石面
铁丝网衬层
20 号铅丝 20×20 网格
1：2.5 水泥砂浆结合层
大理石面
黑大理石面
20 厚抽屉
木封边
12.5 厚木夹板
抽屉 滑轨
12.5 厚抽屉板
25 厚木夹板台面
贴 3 厚 柚木胶合板
20 厚木夹板外贴柚木皮
20 厚柚木踢脚板
300
100
500
6 上海宾馆总服务台
800
350
450
大理石面板
大理石
110
220
330
185
25
480
790
100
250
770
1120
60
20
30

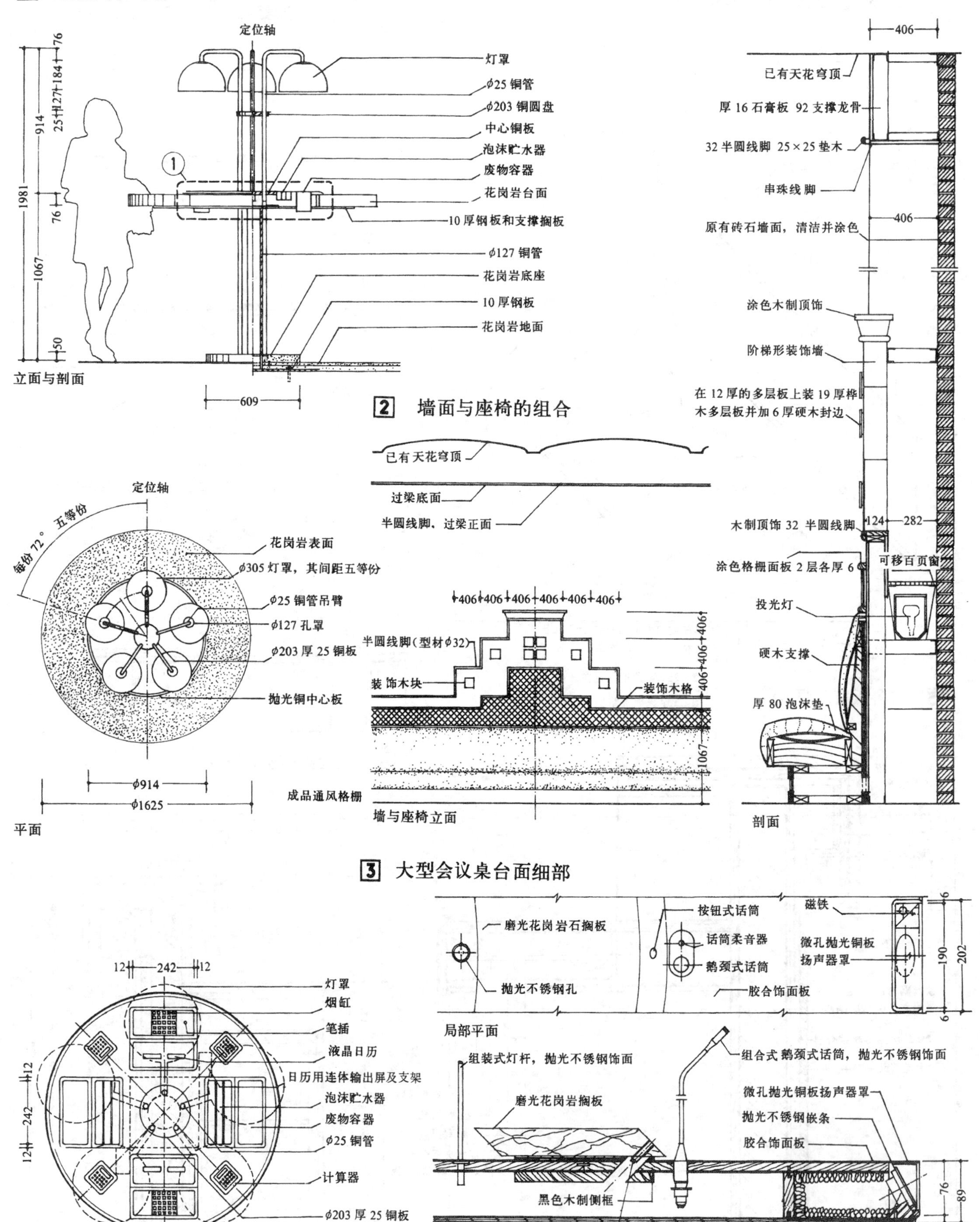

1 站立式书写台
定位轴
灯罩
ϕ25 铜管
ϕ203 铜圆盘
中心铜板
泡沫贮水器
废物容器
花岗岩台面
10 厚钢板和支撑搁板
ϕ127 铜管
花岗岩底座
10 厚钢板
花岗岩地面
1981
914
1067
76
50
609
立面与剖面
每份 72° 五等份
花岗岩表面
ϕ305 灯罩，其间距五等份
ϕ25 铜管吊臂
ϕ127 孔罩
ϕ203 厚 25 铜板
抛光铜中心板
ϕ914
ϕ1625
平面
2 墙面与座椅的组合
已有天花穹顶
过梁底面
半圆线脚、过梁正面
半圆线脚(型材ϕ32)
装饰木块
装饰木格
成品通风格栅
墙与座椅立面
406
厚 16 石膏板 92 支撑龙骨
32 半圆线脚 25×25 垫木
串珠线脚
原有砖石墙面，清洁并涂色
涂色木制顶饰
阶梯形装饰墙
在 12 厚的多层板上装 19 厚榉木多层板并加 6 厚硬木封边
木制顶饰 32 半圆线脚
124
282
涂色格栅面板 2 层各厚 6
可移百页窗
投光灯
硬木支撑
厚 80 泡沫垫
剖面
3 大型会议桌台面细部
磨光花岗岩石搁板
抛光不锈钢孔
按钮式话筒
话筒柔音器
鹅颈式话筒
胶合饰面板
磁铁
微孔抛光铜板扬声器罩
190
202
局部平面
组装式灯杆，抛光不锈钢饰面
组合式鹅颈式话筒，抛光不锈钢饰面
磨光花岗岩搁板
微孔抛光铜板扬声器罩
抛光不锈钢嵌条
胶合饰面板
黑色木制侧框
按钮式话筒
底面板
扬声器
抛光不锈钢边条
76
89
13
剖面
242
12
灯罩
烟缸
笔插
液晶日历
日历用连体输出屏及支架
泡沫贮水器
废物容器
ϕ25 铜管
计算器
ϕ203 厚 25 铜板
ϕ914 抛光铜板边
① 中心平面

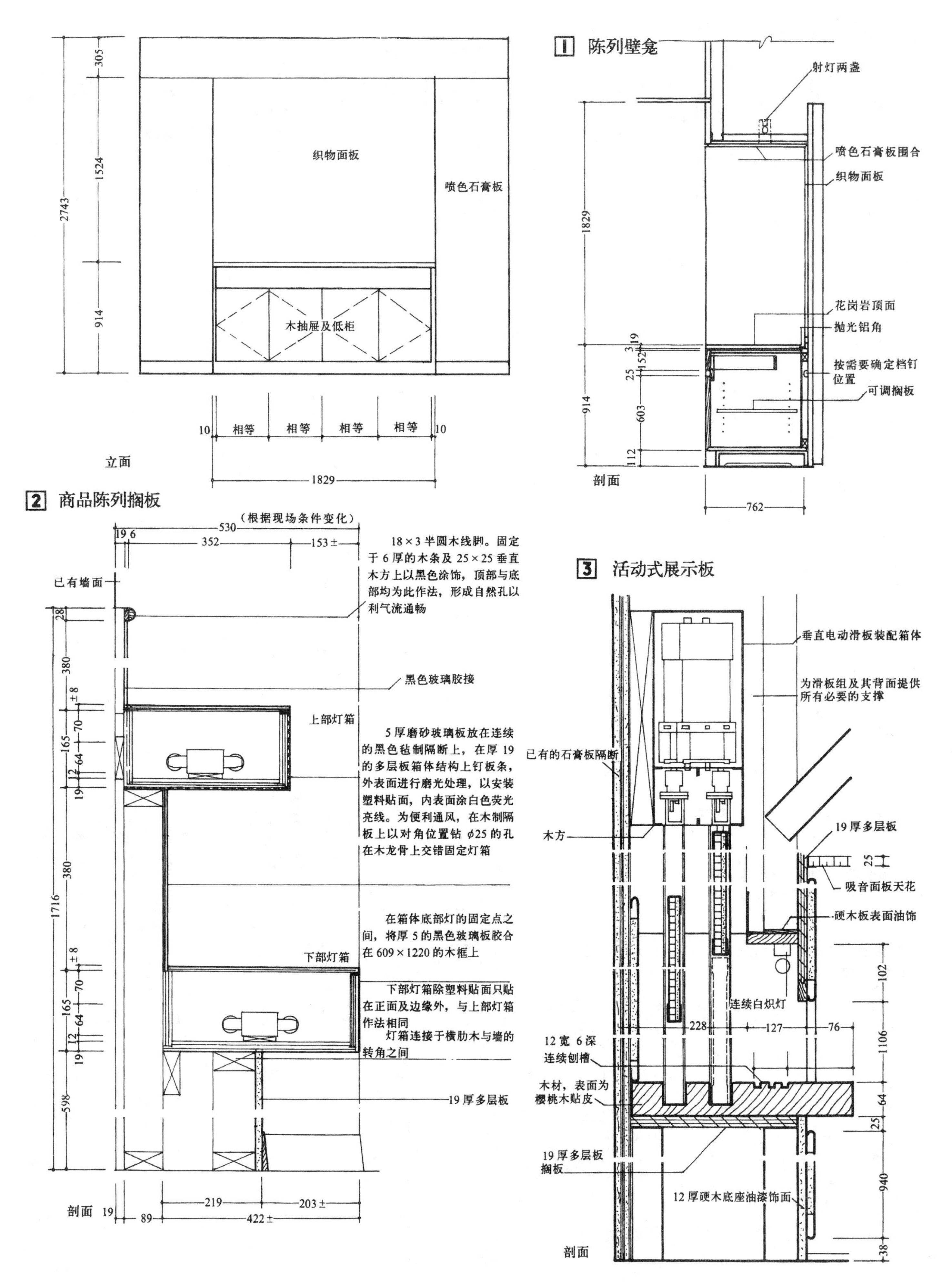

1 陈列壁龛
射灯两盏
喷色石膏板围合
织物面板
花岗岩顶面
抛光铝角
按需要确定档钉位置
可调搁板
剖面
762
1829
914
织物面板
喷色石膏板
木抽屉及低柜
相等
1829
立面
2 商品陈列搁板
（根据现场条件变化）
530
352
153±
已有墙面
18×3半圆木线脚。固定于6厚的木条及25×25垂直木方上以黑色涂饰，顶部与底部均为此作法，形成自然孔以利气流通畅
黑色玻璃胶接
上部灯箱
5厚磨砂玻璃板放在连续的黑色毡制隔断上，在厚19的多层板箱体结构上钉板条，外表面进行磨光处理，以安装塑料贴面，内表面涂白色荧光亮线。为便利通风，在木制隔板上以对角位置钻 ϕ25 的孔在木龙骨上交错固定灯箱
下部灯箱
在箱体底部灯的固定点之间，将厚5的黑色玻璃板胶合在609×1220的木框上
下部灯箱除塑料贴面只贴在正面及边缘外，与上部灯箱作法相同
灯箱连接于横肋木与墙的转角之间
19厚多层板
剖面
1716
219
203±
422±
3 活动式展示板
垂直电动滑板装配箱体
为滑板组及其背面提供所有必要的支撑
已有的石膏板隔断
木方
19厚多层板
吸音面板天花
硬木板表面油饰
连续白炽灯
12宽 6深连续刨槽
木材，表面为樱桃木贴皮
19厚多层板搁板
12厚硬木底座油漆饰面
剖面

1 墙面固定式消防柜

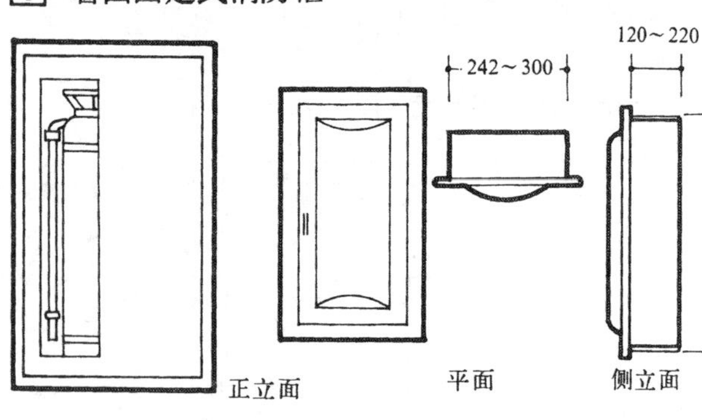

固定式消防柜类型

全玻璃，平板玻璃或3mm 有机玻璃

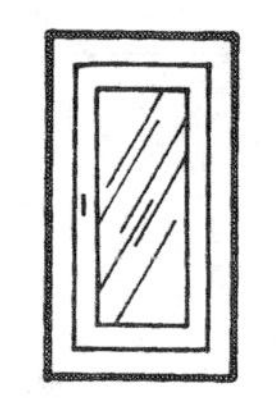
垂直双层板

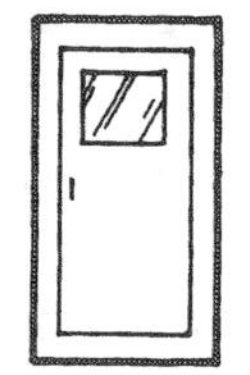
H 型双层板

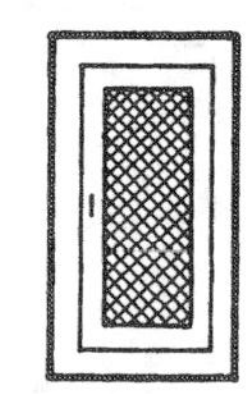
加丝玻璃

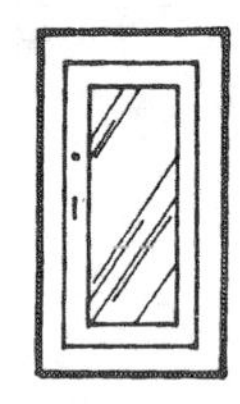
有锁的粉碎性玻璃或易碎的塑料板

2 天花板喷淋器

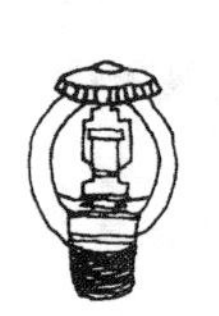
12.7mm 直立型

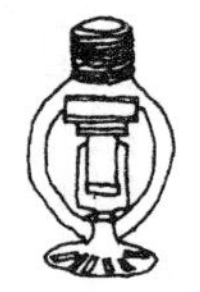
12.7mm 下垂型

内凹型

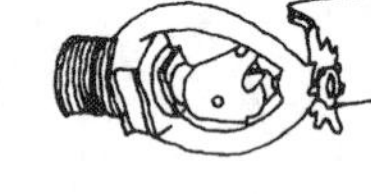
标准侧壁型　　水平侧壁型

3 活动手提式灭火器及灭火类别

注：具体的附加要求，请参阅国家及地方防火规范

高压水灭火器

多用泡沫化学灭火器

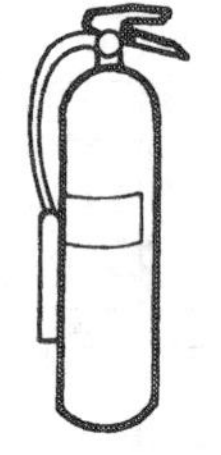
标准干粉化学灭火器

二氧化碳灭火器

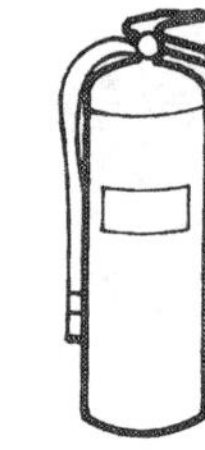
1211 灭火器

	高压水灭火器	多用泡沫化学灭火器	标准干粉化学灭火器	二氧化碳灭火器	1211 灭火器
A 级灭火 纸张，木材，织物等，通用型化学干性灭火器可以隔绝或水可以熄灭的场合	极好	极好。形成泡沫层，闷熄火焰，防止重新燃烧	只用于小面积火焰	只用于小面积火焰	只用于小面积火焰
B 级灭火 易燃液体（煤油、油、食用油脂等）需要闷熄的场合	不可使用。水可使火焰扩散	极好。闷熄火焰防止重新燃烧	极好。化学灭火剂可闷熄火焰	极好。二氧化碳对食物或设备无副作用	极好。1211 对食物或设备无副作用
C 级灭火 在工作状态中的电器设备（发动机、开关等）需要绝缘灭火的场合	不可使用,水是导体	极好。非导体，保护灭火者不受高温威胁	极好。非导体，保护灭火者不受高温威胁	二氧化碳为非导体，无残留物	极好。1211 为非导体，无残留物

基本的喷淋器按照启动温度及其转向方式设计分类，转向方式决定喷水方向分布。

1.暴露管道及未完成的高天花板场合，适宜于使用 12.7mm 直立式喷淋器。

2.12.7mm 下垂型喷淋器最适合装饰完成的天花板。

3.有探出底板和凹入喷头的内凹型喷淋器，适用于 74～100℃的温度范围。

4.标准侧壁型喷淋器适用于厅堂及房间。

5.水平侧壁型喷淋器温度范围：57～138℃极适于饭店，护理病人的家庭和住宅的要求。

喷淋器属自动灭火系统，当温度达到一定数值时启动。在火焰使温度达到一定程度时喷淋。

4 消防栓柜

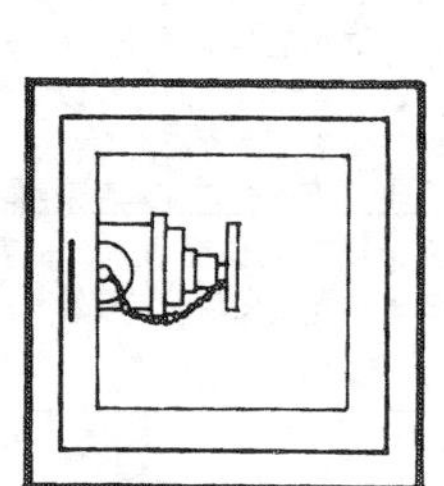
宽度：457（mm）
深度：216
高度：457

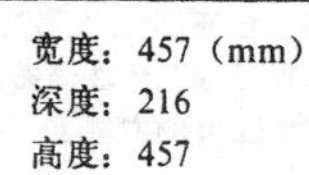

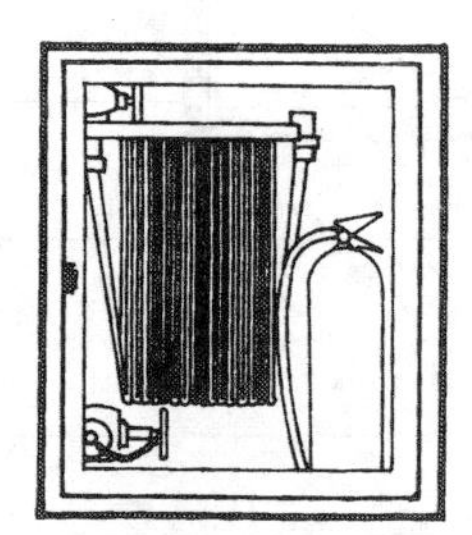
宽度：722～813（mm）
深度：216
高度：762～864

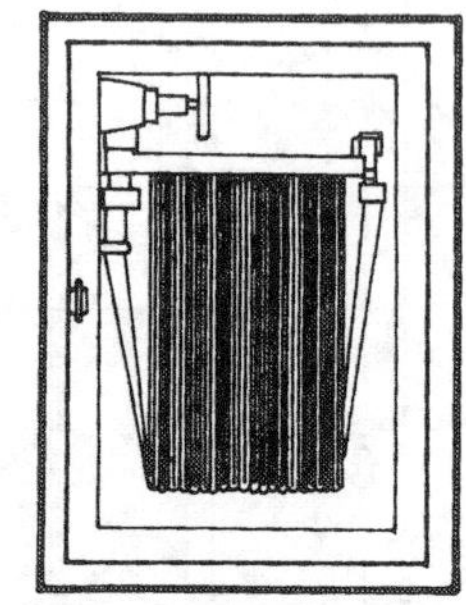
宽度：610～660（mm）
深度：216
高度：864～914

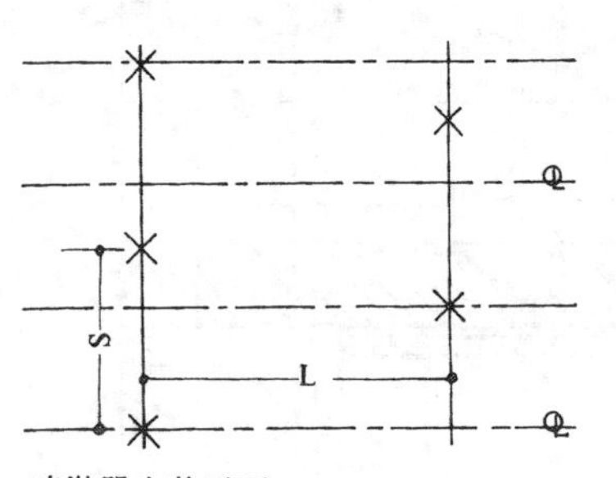

喷淋器安装平面
S＝喷淋器在管道上的空间距离
L＝管道轴距
$L=\frac{最大保护面积}{S}$

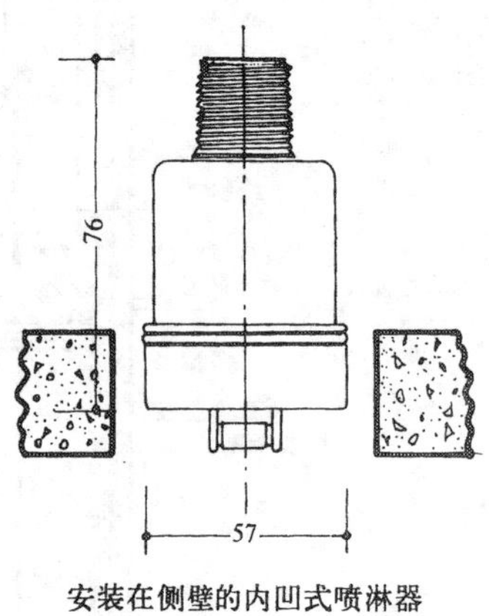

安装在侧壁的内凹式喷淋器

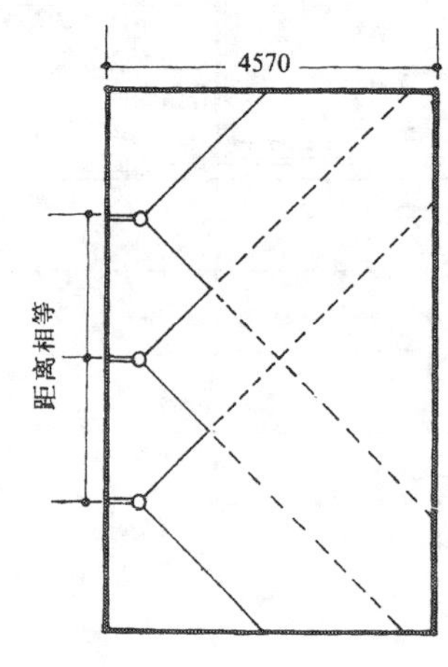

平面

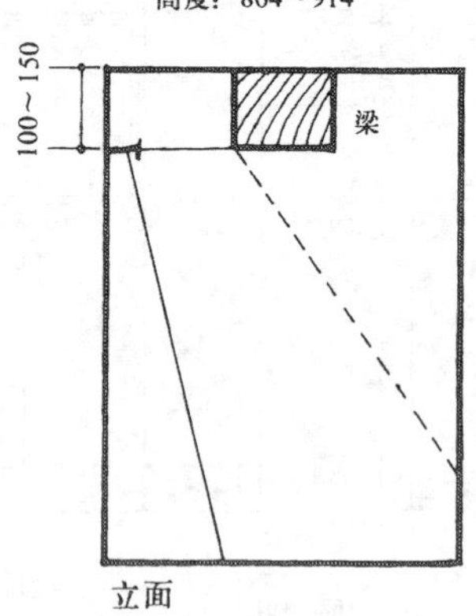

立面

如果房间宽超过 9140mm，则需要安装天花板的喷淋器

1 室内标志的类型

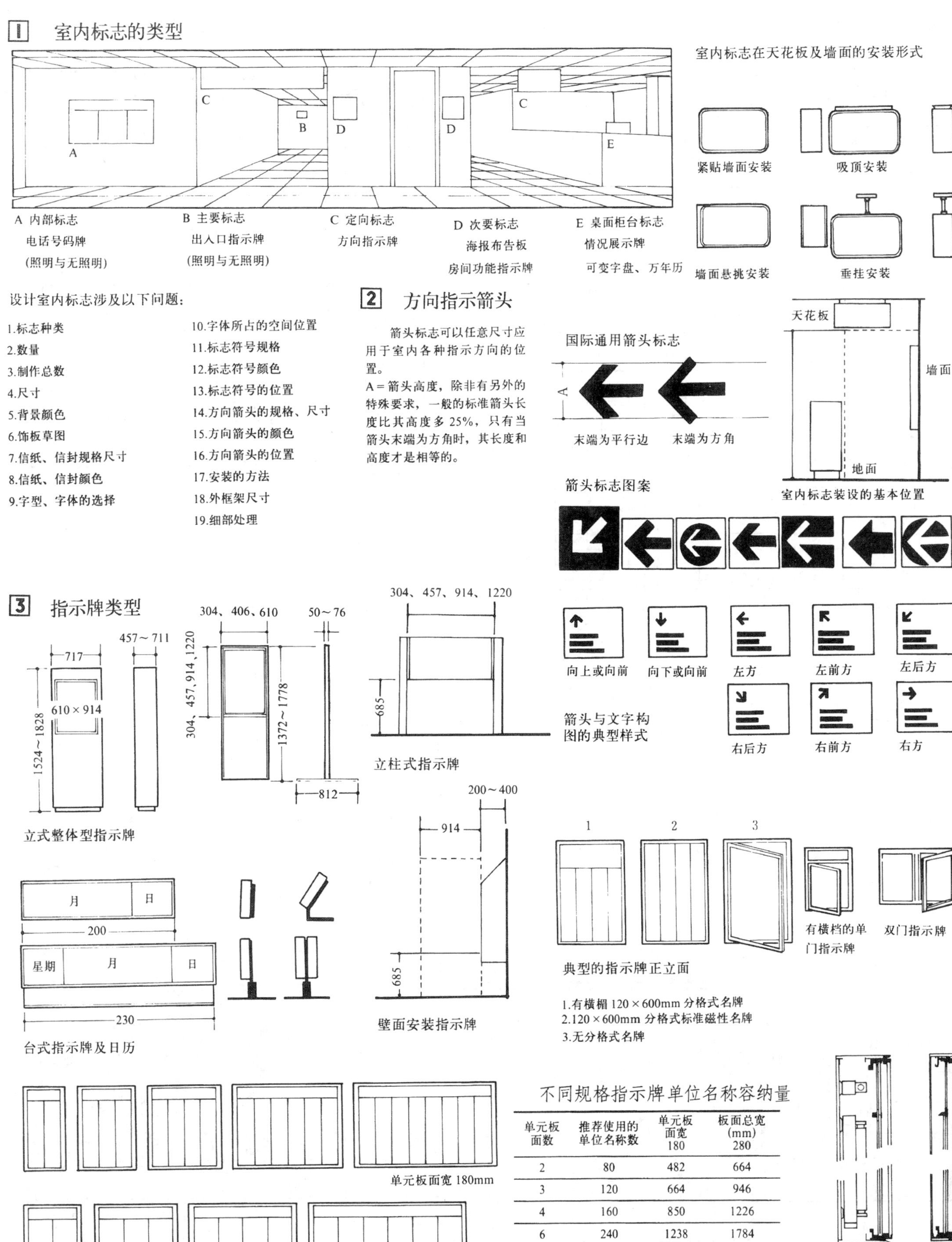

A 内部标志
电话号码牌
(照明与无照明)

B 主要标志
出入口指示牌
(照明与无照明)

C 定向标志
方向指示牌

D 次要标志
海报布告板
房间功能指示牌

E 桌面柜台标志
情况展示牌
可变字盘、万年历

设计室内标志涉及以下问题：

1.标志种类
2.数量
3.制作总数
4.尺寸
5.背景颜色
6.饰板草图
7.信纸、信封规格尺寸
8.信纸、信封颜色
9.字型、字体的选择
10.字体所占的空间位置
11.标志符号规格
12.标志符号颜色
13.标志符号的位置
14.方向箭头的规格、尺寸
15.方向箭头的颜色
16.方向箭头的位置
17.安装的方法
18.外框架尺寸
19.细部处理

2 方向指示箭头

箭头标志可以任意尺寸应用于室内各种指示方向的位置。

A＝箭头高度，除非有另外的特殊要求，一般的标准箭头长度比其高度多25%，只有当箭头末端为方角时，其长度和高度才是相等的。

3 指示牌类型

不同规格指示牌单位名称容纳量

单元板面数	推荐使用的单位名称数	单元板面宽 180	板面总宽(mm) 280
2	80	482	664
3	120	664	946
4	160	850	1226
6	240	1238	1784
8	320	1604	
10	400	1987	

注：指示牌板面总高为914mm。

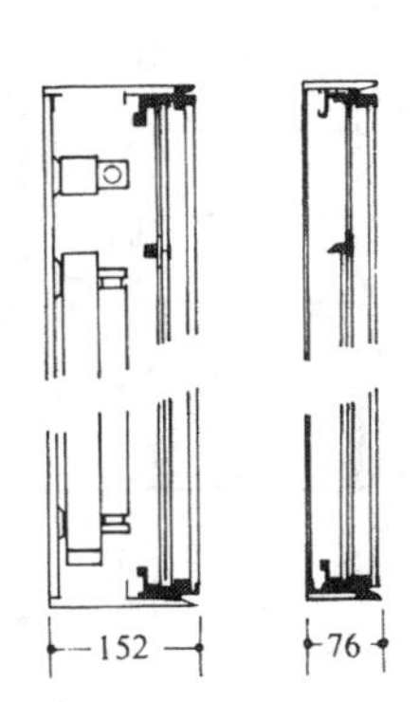

指示牌剖面细部

1 中国驻德国使馆门厅平立面

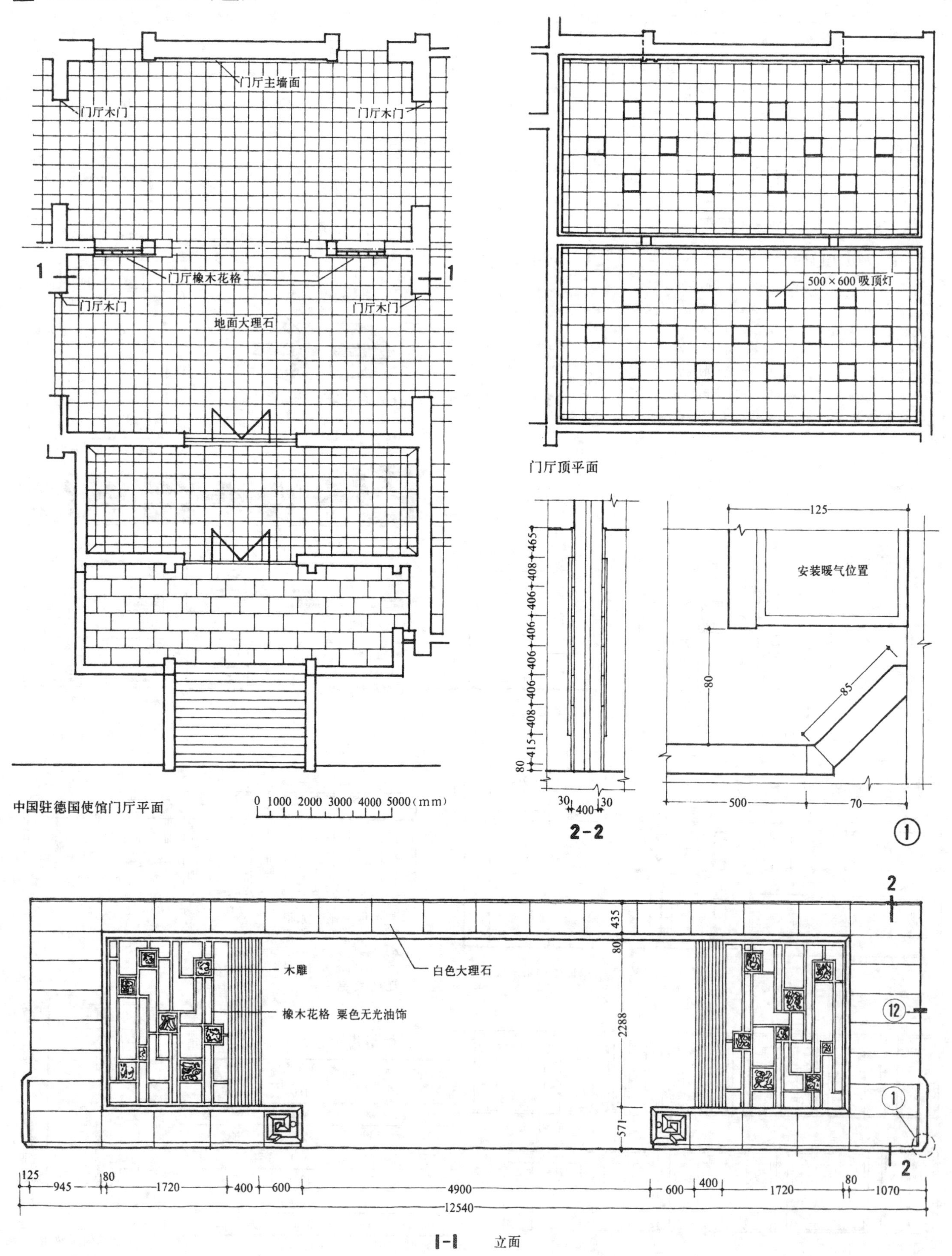

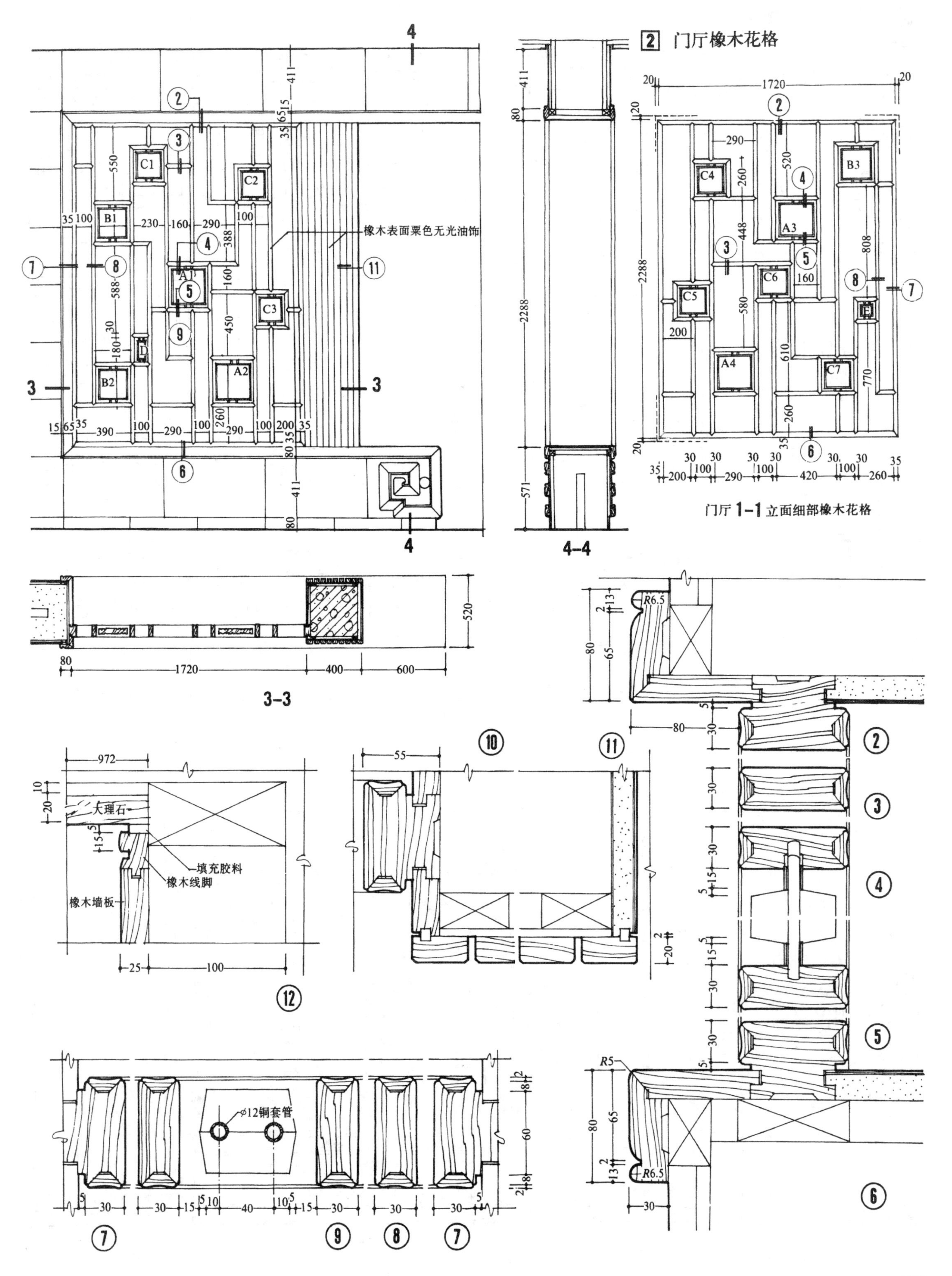

2 门厅橡木花格
橡木表面粟色无光油饰
门厅 1-1 立面细部橡木花格
4-4
3-3
大理石
填充胶料
橡木线脚
橡木墙板
φ12铜套管

3 橡木花格木雕图案

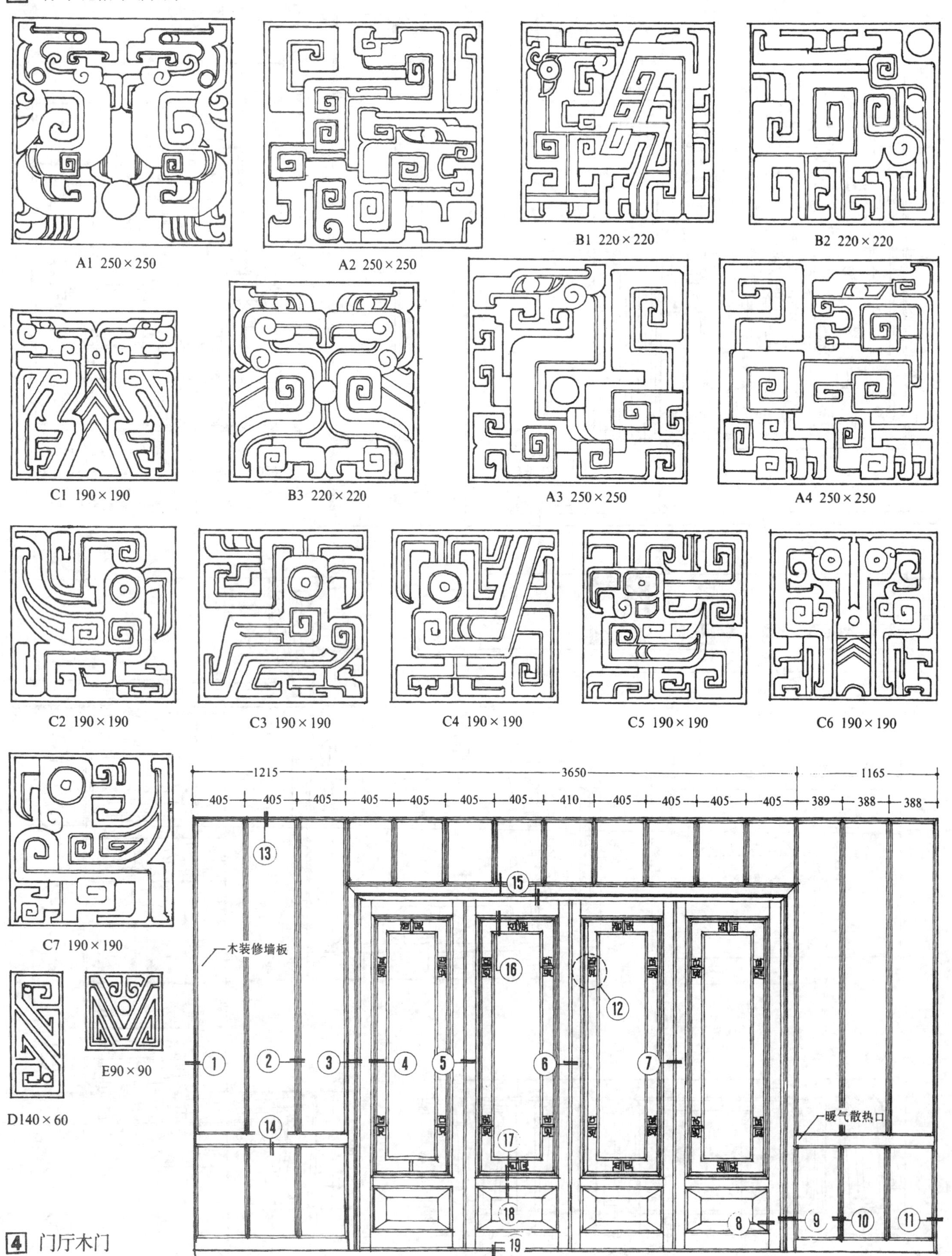

4 门厅木门

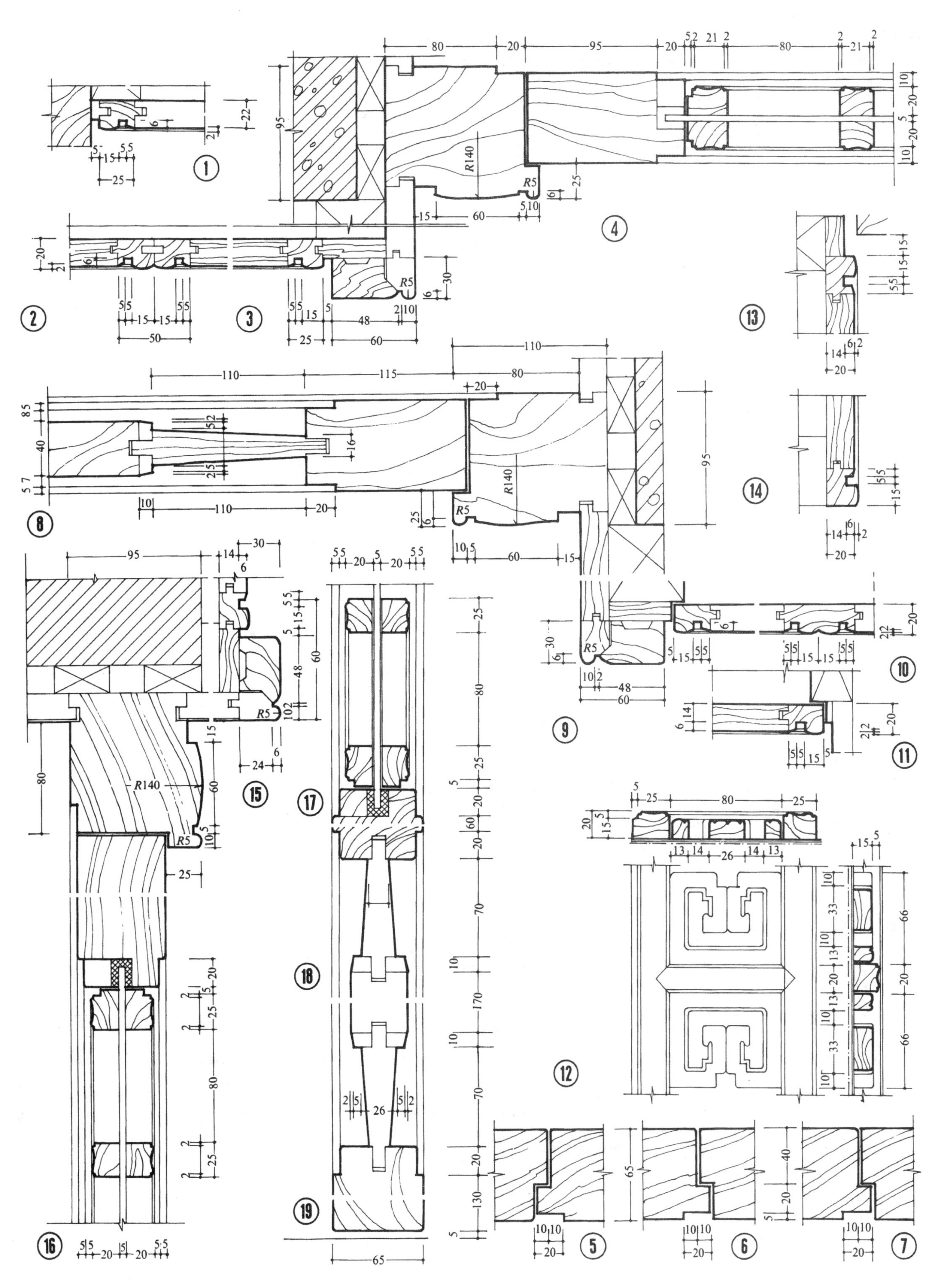

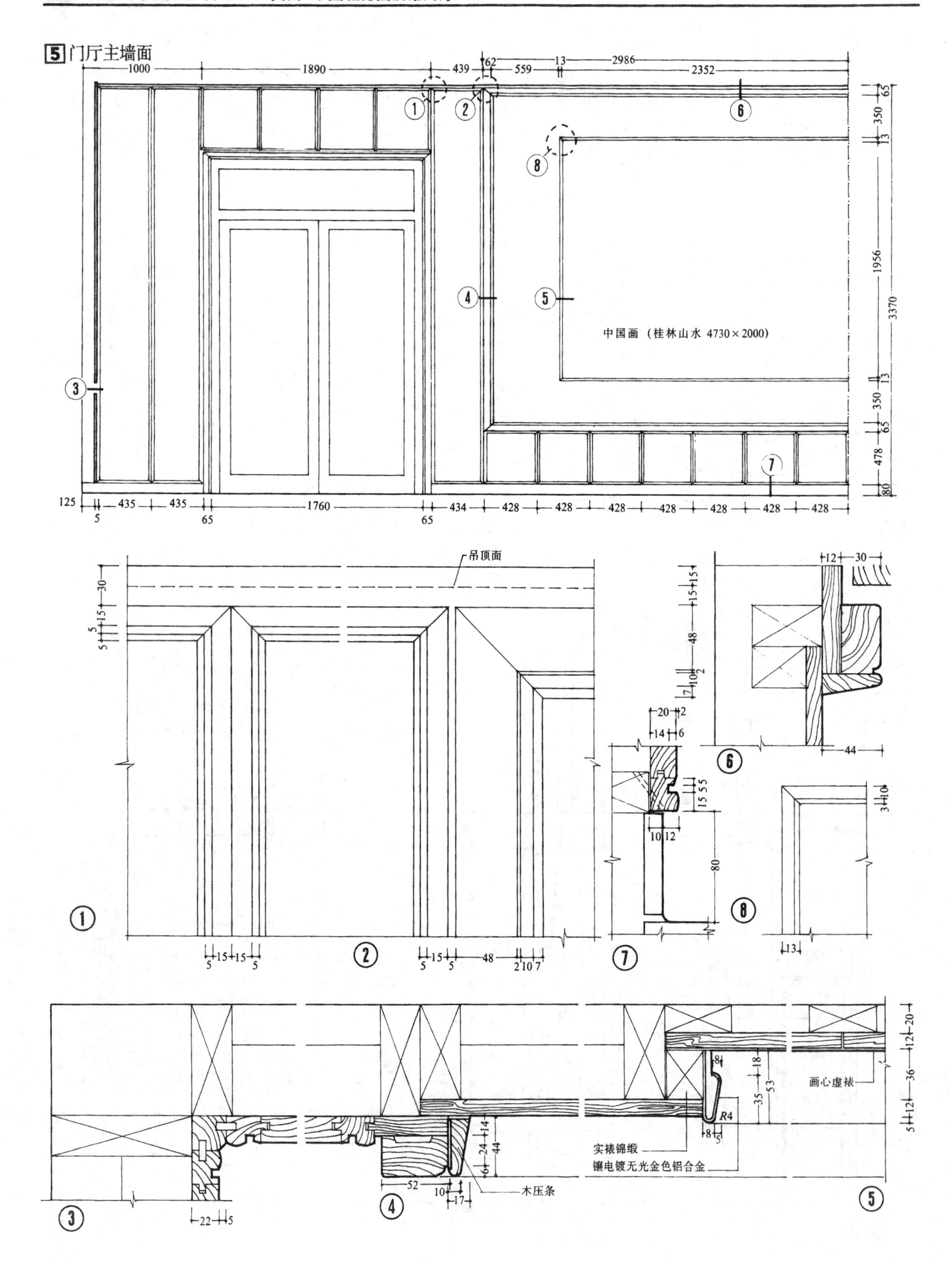
5 门厅主墙面
中国画（桂林山水 4730×2000）
吊顶面
画心虚裱
实裱锦缎
镶电镀无光金色铝合金
木压条
R4

I 中餐厅前厅

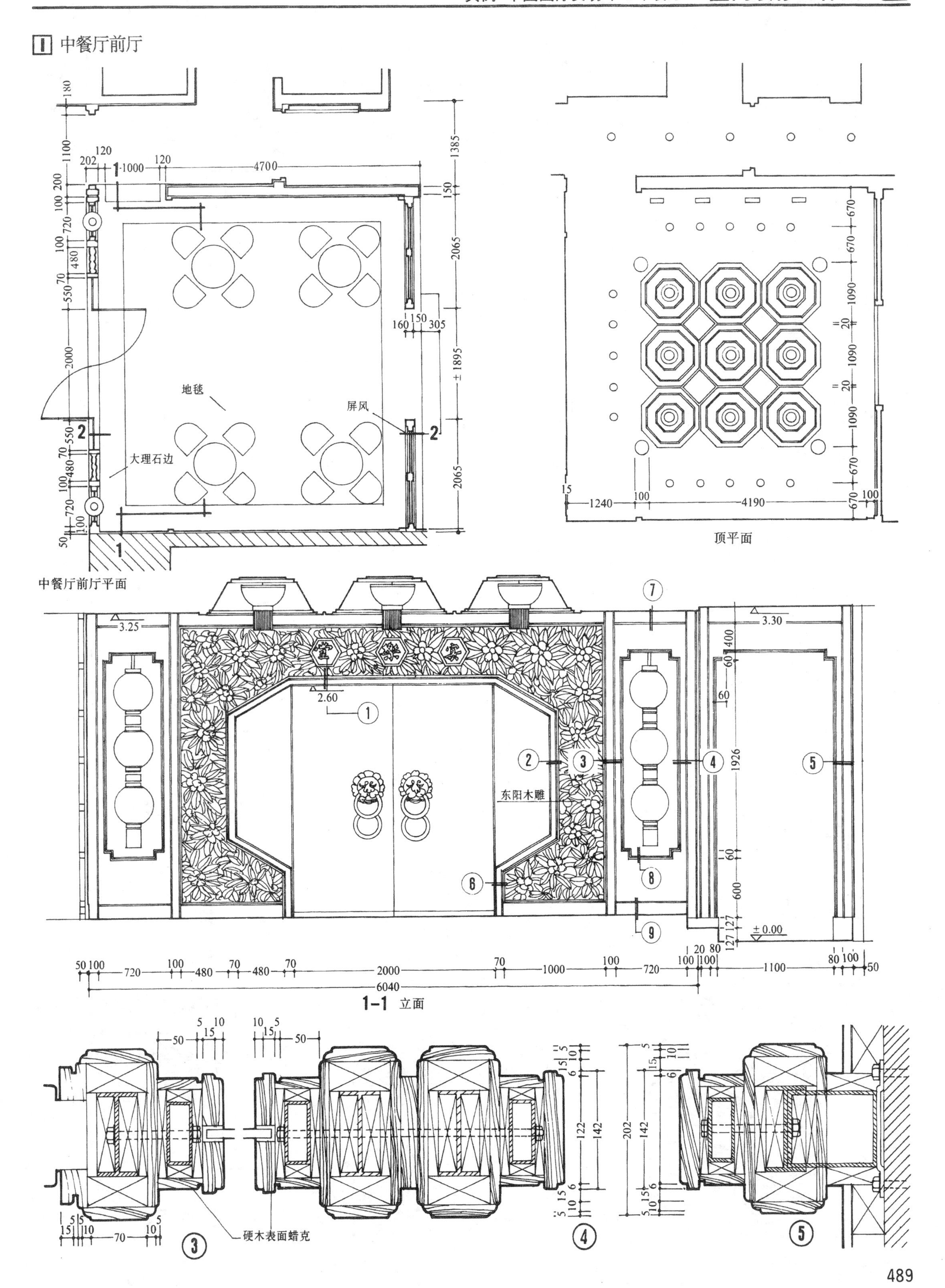

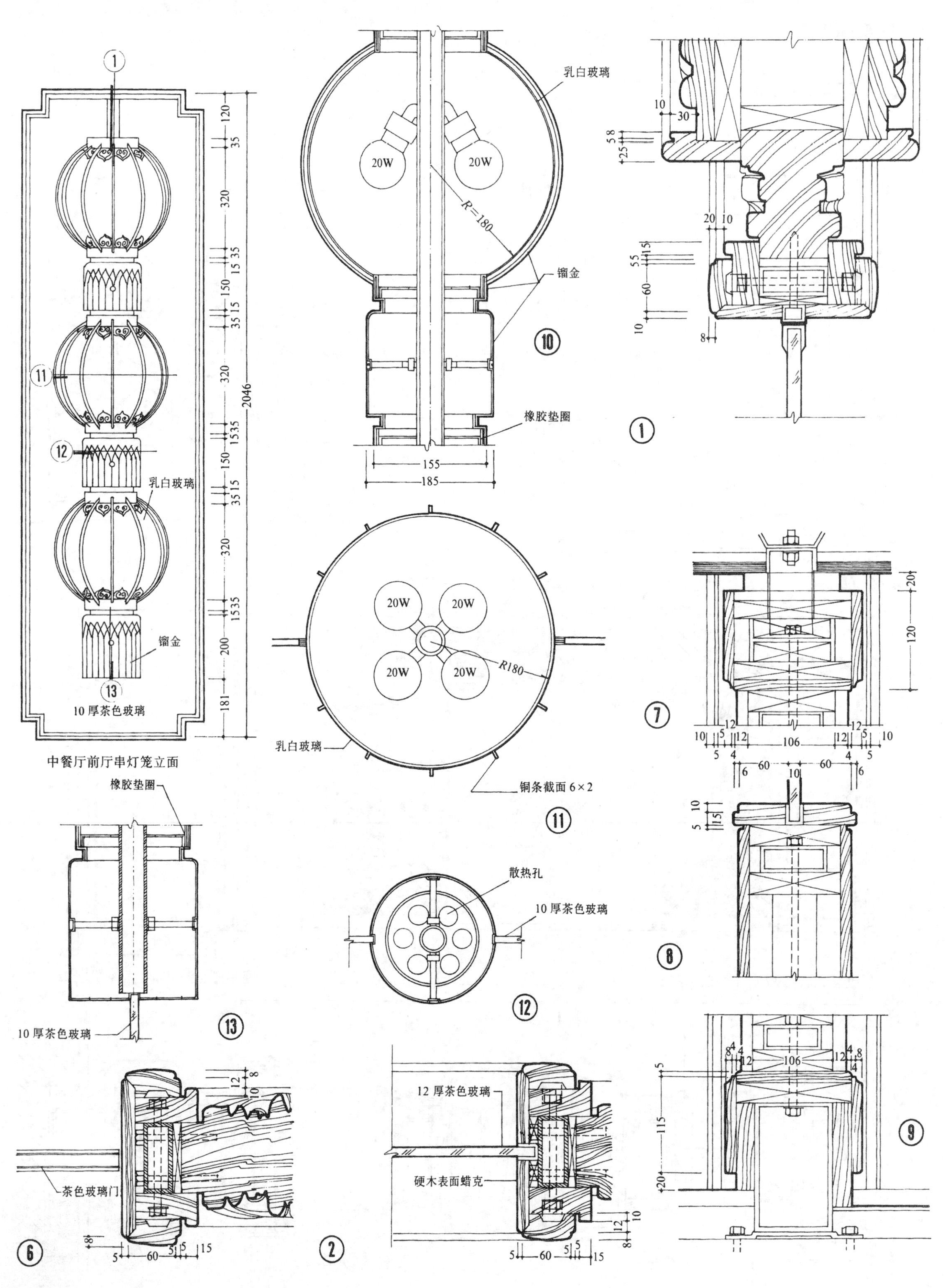

乳白玻璃
20W
20W
R=180
镏金
10
橡胶垫圈
155
185
中餐厅前厅串灯笼立面
10厚茶色玻璃
2046
散热孔
10厚茶色玻璃
铜条截面 6×2
R180
106
12厚茶色玻璃
硬木表面蜡克
茶色玻璃门

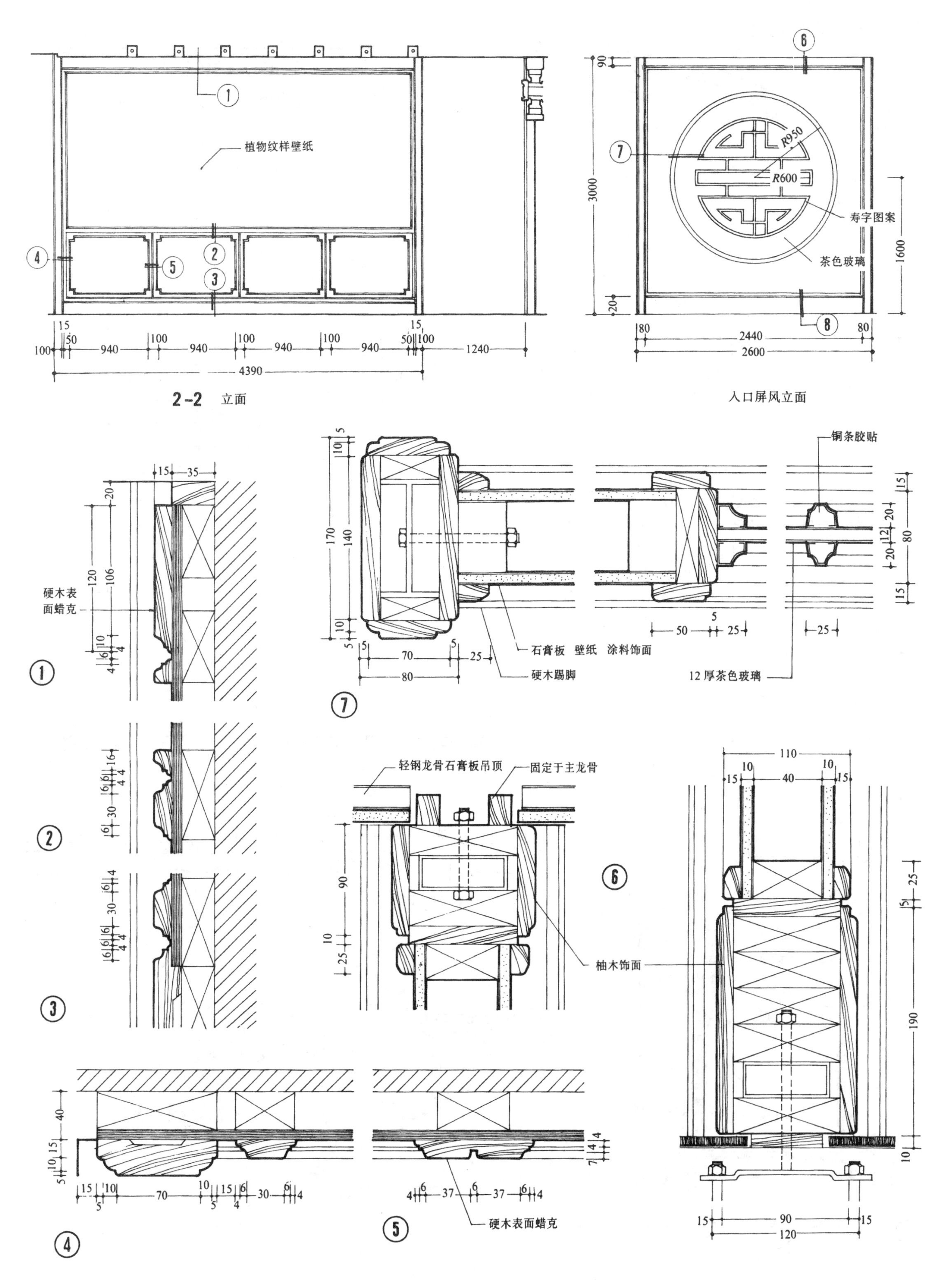

植物纹样壁纸
2-2 立面
寿字图案
茶色玻璃
R950
R600
入口屏风立面
硬木表面蜡克
铜条胶贴
石膏板 壁纸 涂料饰面
硬木踢脚
12厚茶色玻璃
轻钢龙骨石膏板吊顶
固定于主龙骨
柚木饰面
硬木表面蜡克

2 中餐厅前厅接引台

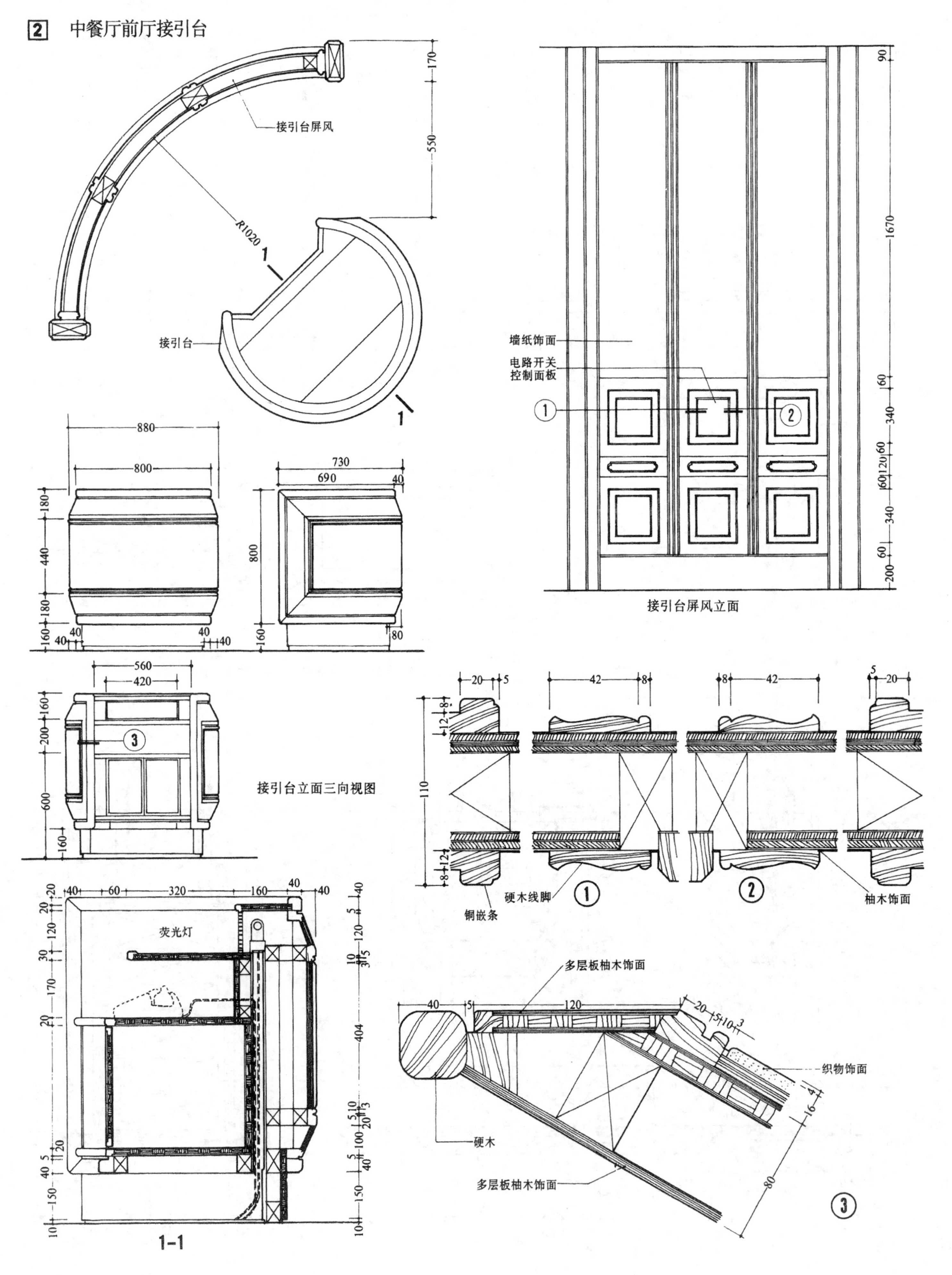
接引台屏风
R1020
接引台
880
800
730
690
40
接引台立面三向视图
墙纸饰面
电路开关
控制面板
接引台屏风立面
荧光灯
1-1
硬木线脚
铜嵌条
柚木饰面
多层板柚木饰面
织物饰面
硬木
多层板柚木饰面

3 中餐厅中厅

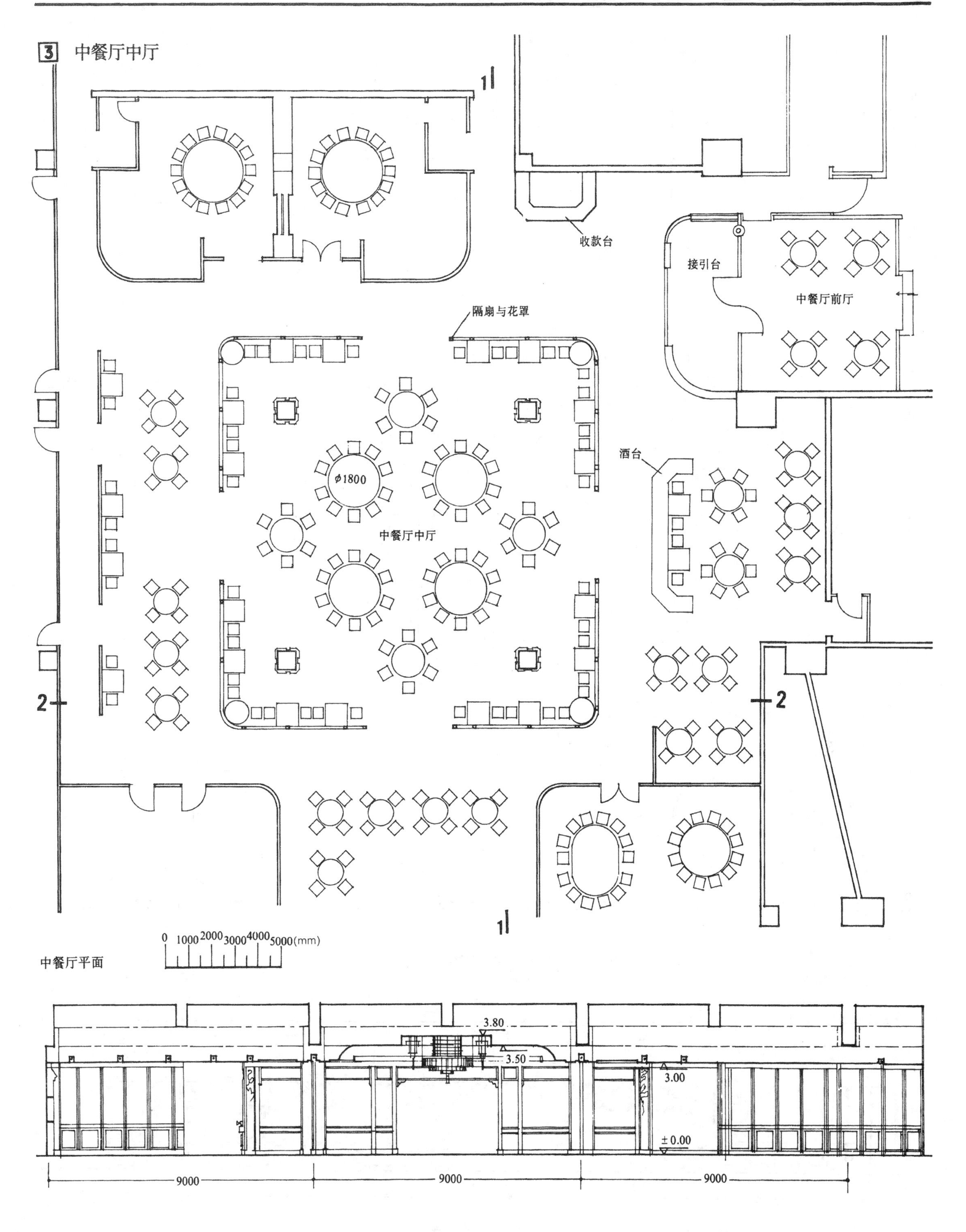

中餐厅平面

1-1 剖立面

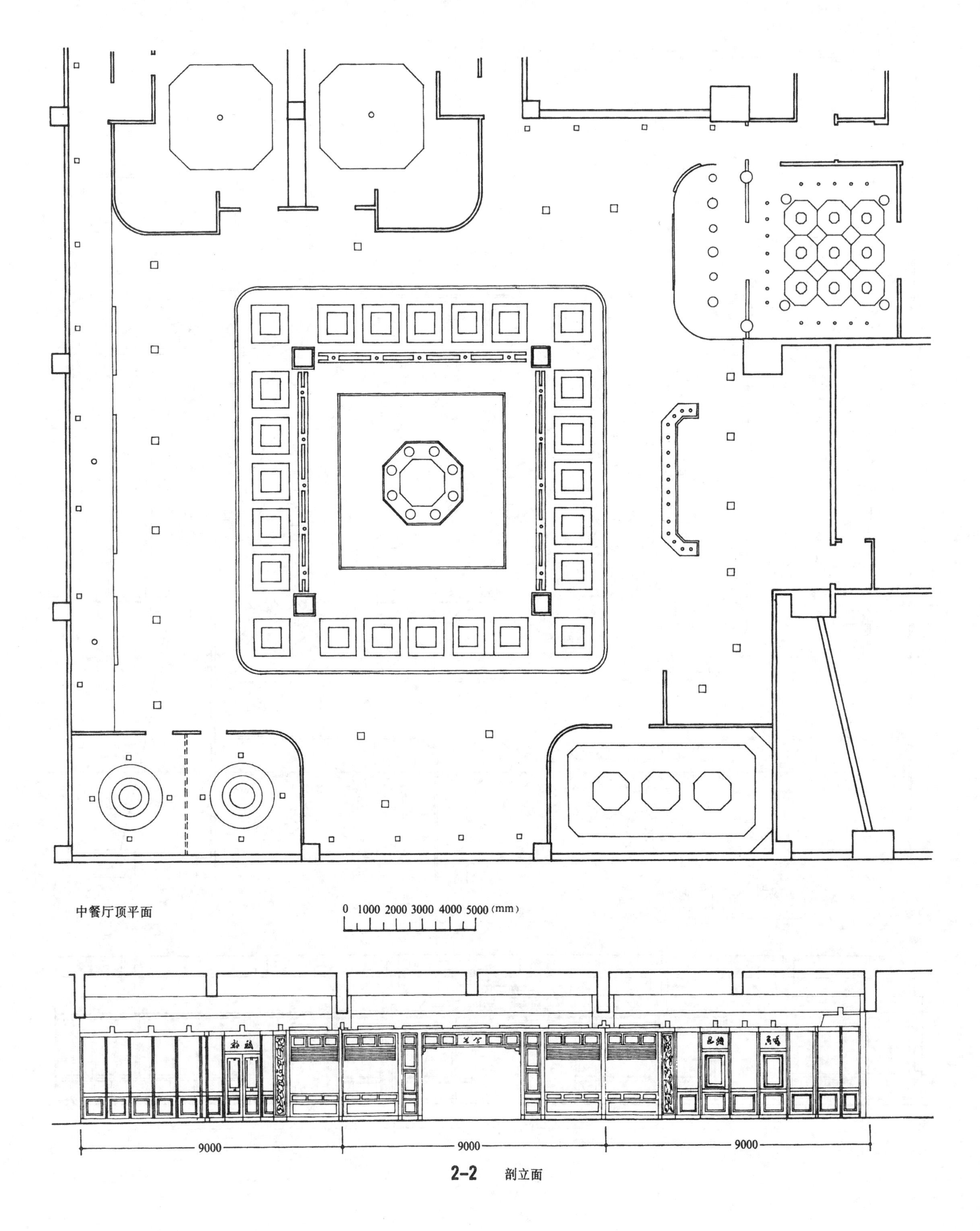

中餐厅顶平面

2-2 剖立面

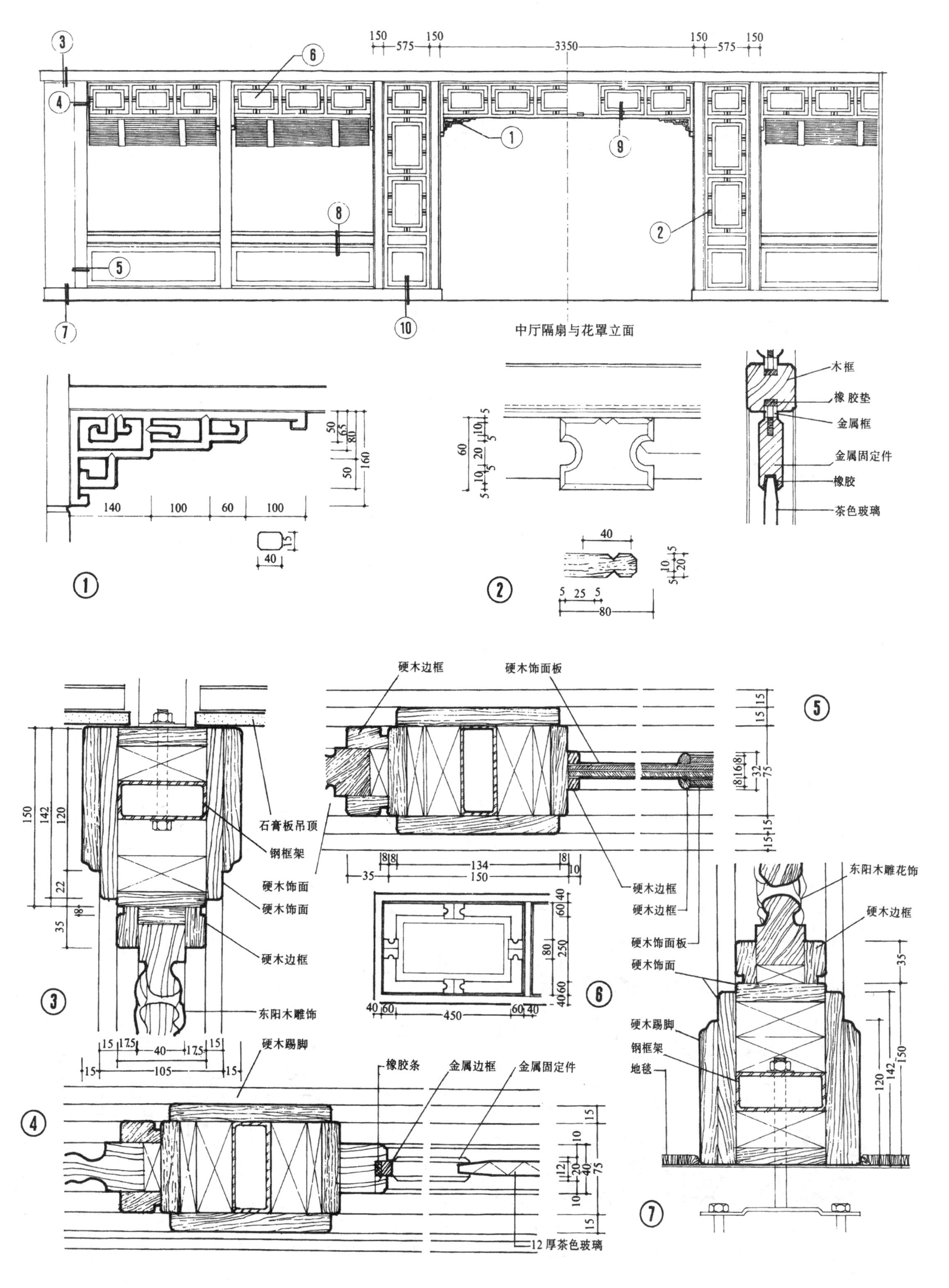
中厅隔扇与花罩立面
木框
橡胶垫
金属框
金属固定件
橡胶
茶色玻璃
石膏板吊顶
钢框架
硬木饰面
硬木饰面
硬木边框
东阳木雕饰
硬木边框
硬木饰面板
硬木边框
硬木边框
硬木饰面板
硬木饰面
东阳木雕花饰
硬木边框
硬木踢脚
钢框架
地毯
硬木踢脚
橡胶条
金属边框
金属固定件
12 厚茶色玻璃

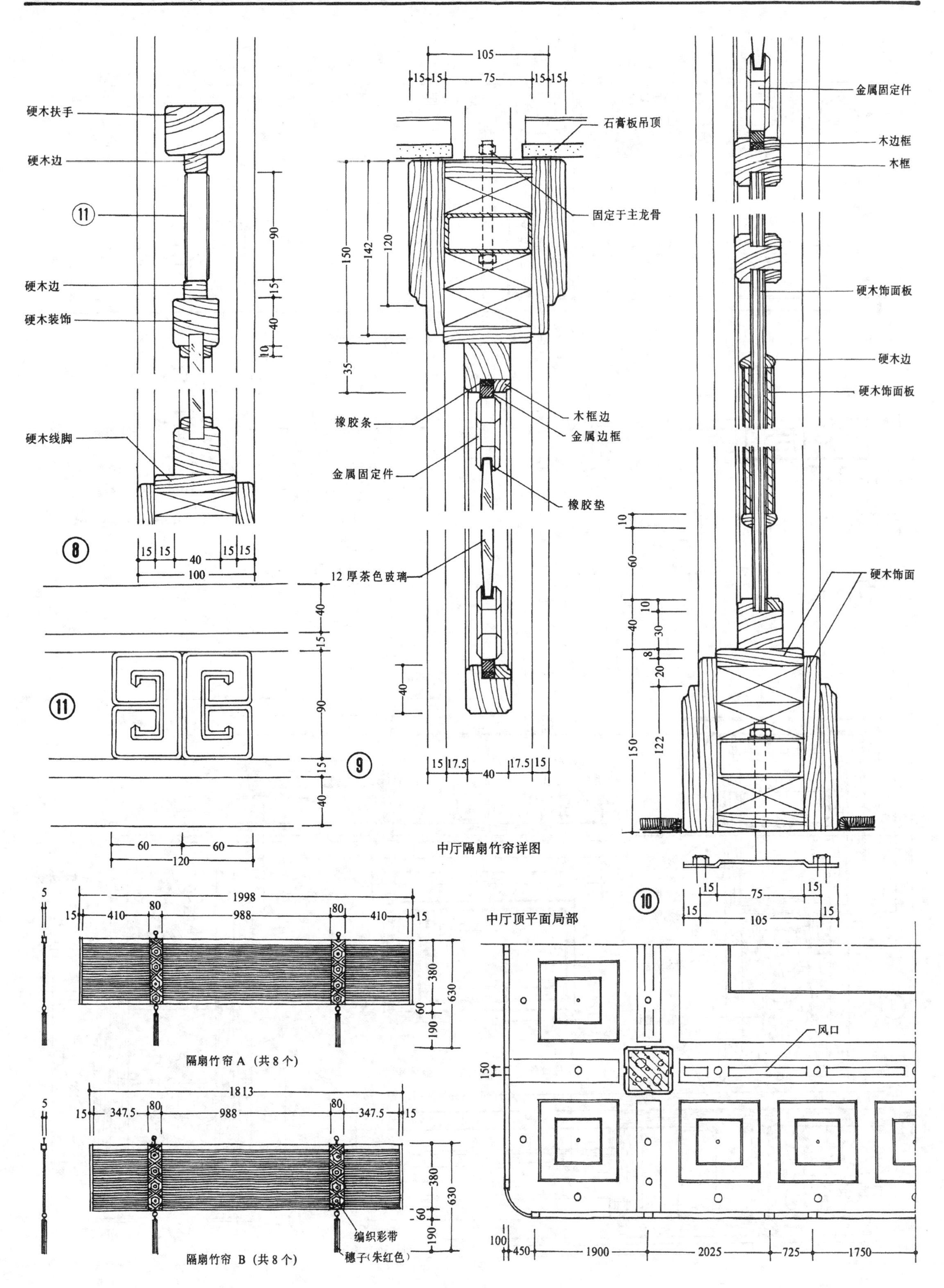

硬木扶手
硬木边
硬木边
硬木装饰
硬木线脚
石膏板吊顶
固定于主龙骨
橡胶条
木框边
金属边框
金属固定件
橡胶垫
12 厚茶色玻璃
金属固定件
木边框
木框
硬木饰面板
硬木边
硬木饰面板
硬木饰面
中厅隔扇竹帘详图
中厅顶平面局部
风口
隔扇竹帘 A（共 8 个）
隔扇竹帘 B（共 8 个）
编织彩带
穗子(朱红色)

4 中餐厅主灯天花板及立柱

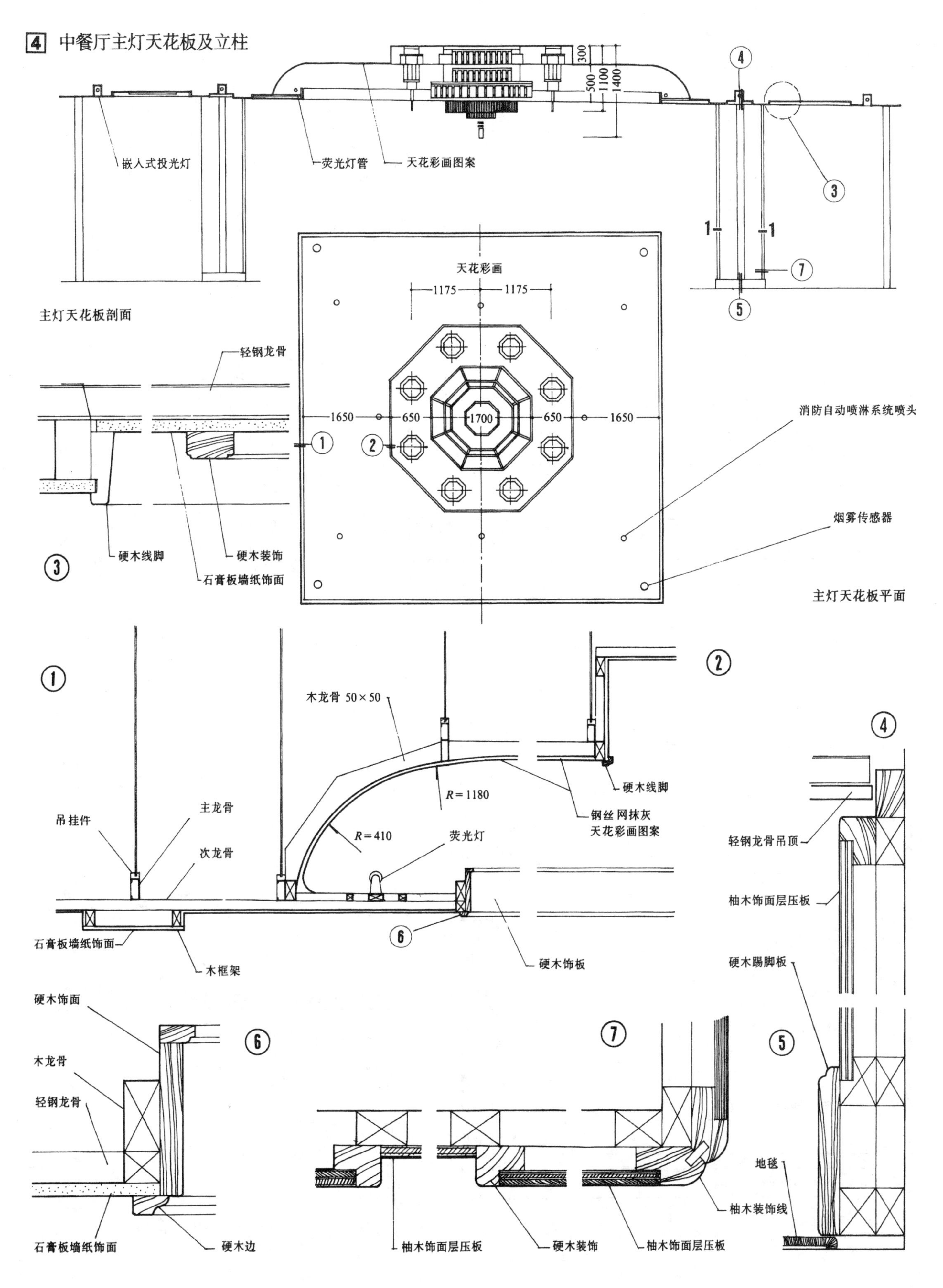

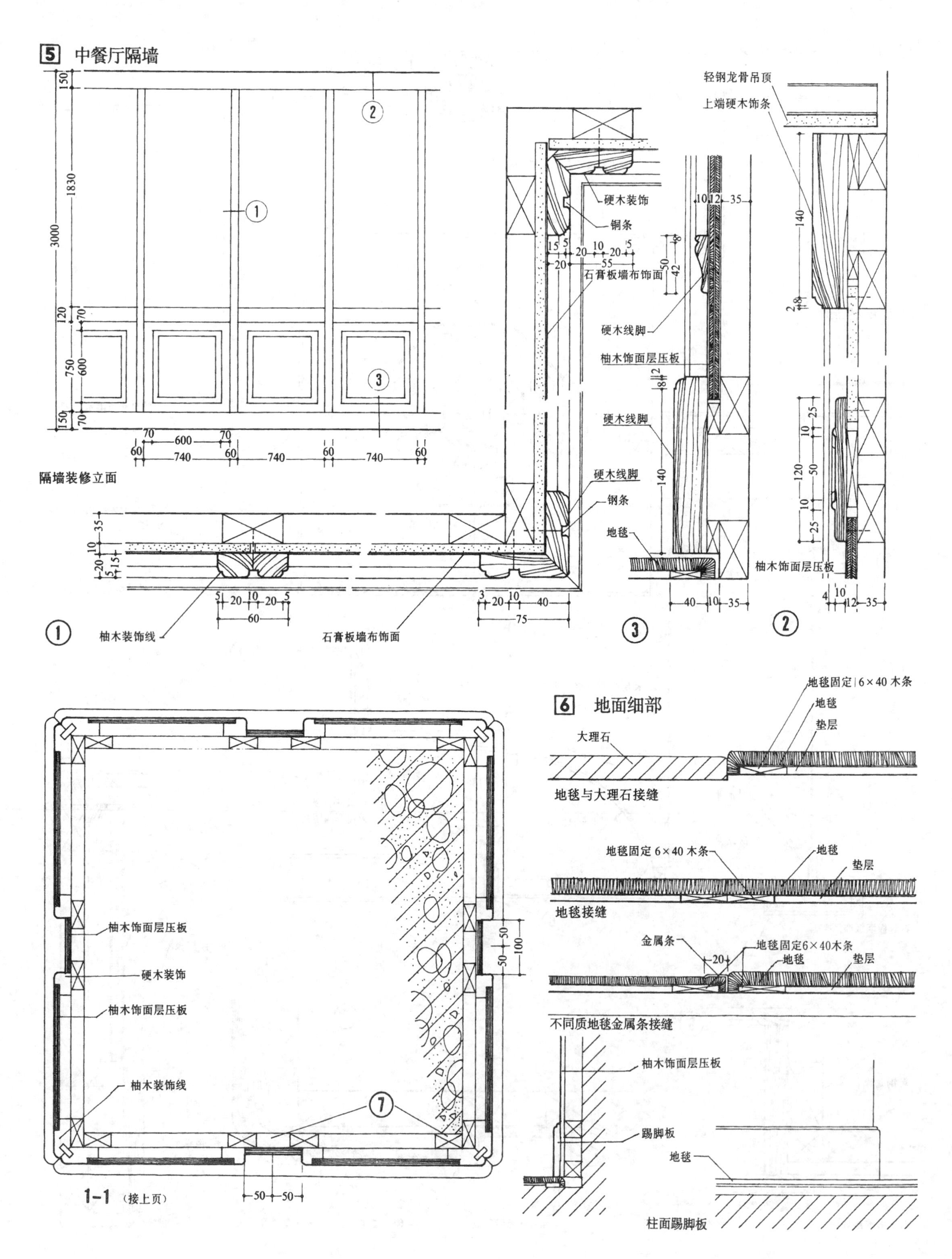

5 中餐厅隔墙
隔墙装修立面
轻钢龙骨吊顶
上端硬木饰条
硬木装饰
铜条
石膏板墙布饰面
硬木线脚
柚木饰面层压板
硬木线脚
硬木线脚
钢条
地毯
柚木饰面层压板
柚木装饰线
石膏板墙布饰面
6 地面细部
大理石
地毯固定 6×40 木条
地毯
垫层
地毯与大理石接缝
地毯接缝
金属条
不同质地毯金属条接缝
柚木饰面层压板
硬木装饰
柚木饰面层压板
柚木装饰线
踢脚板
地毯
柱面踢脚板
1-1 (接上页)

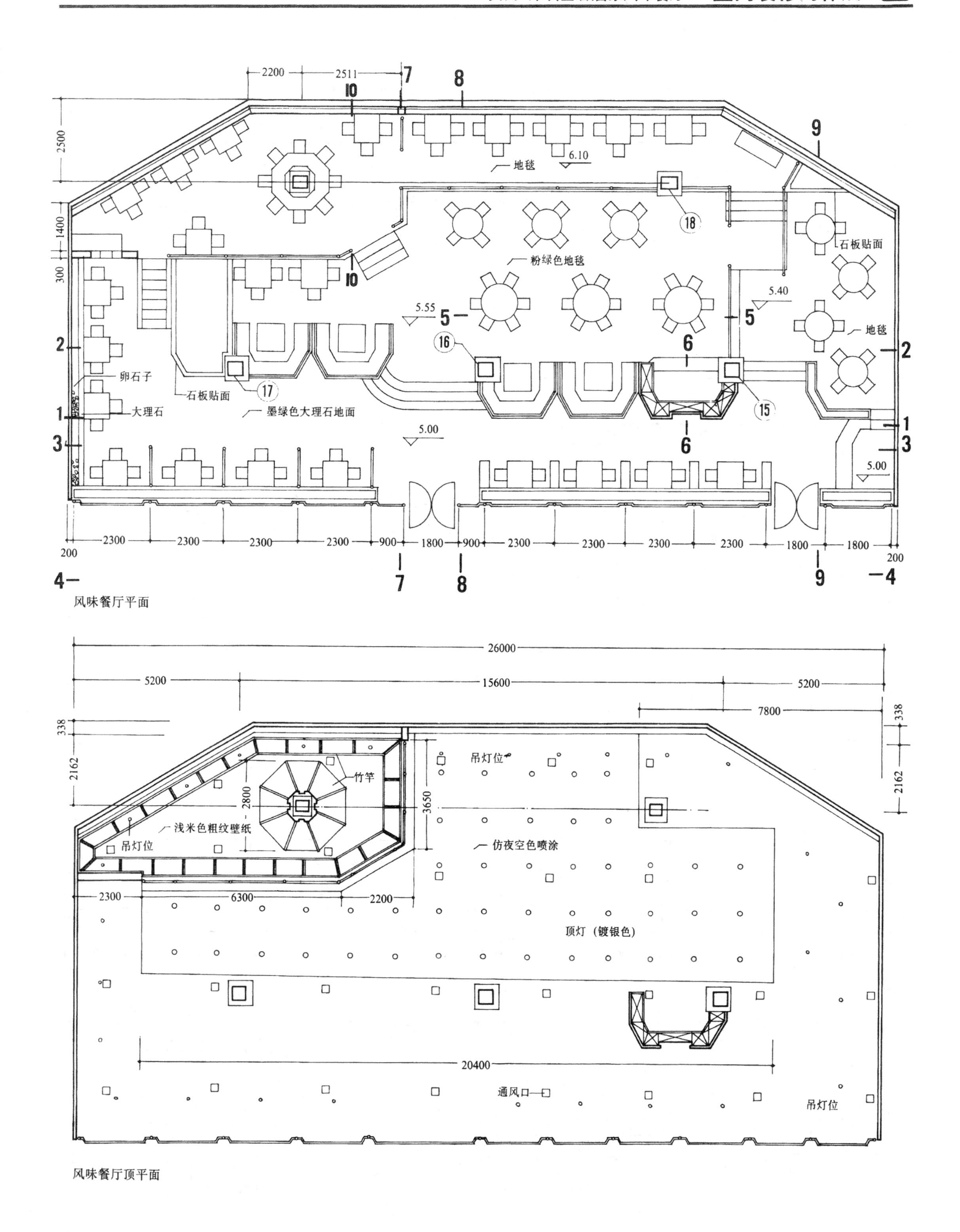

风味餐厅平面

风味餐厅顶平面

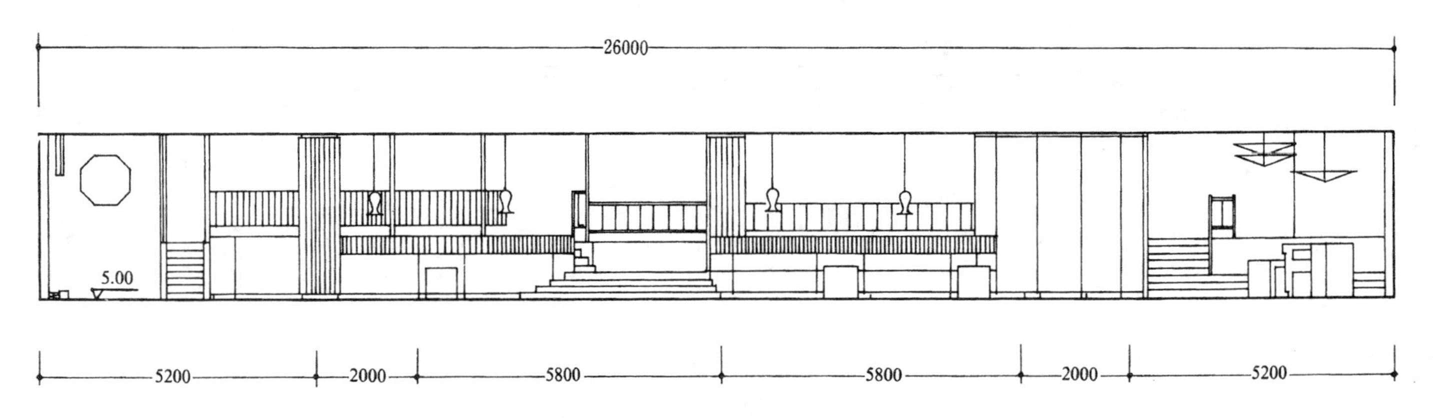

1-1 剖立面

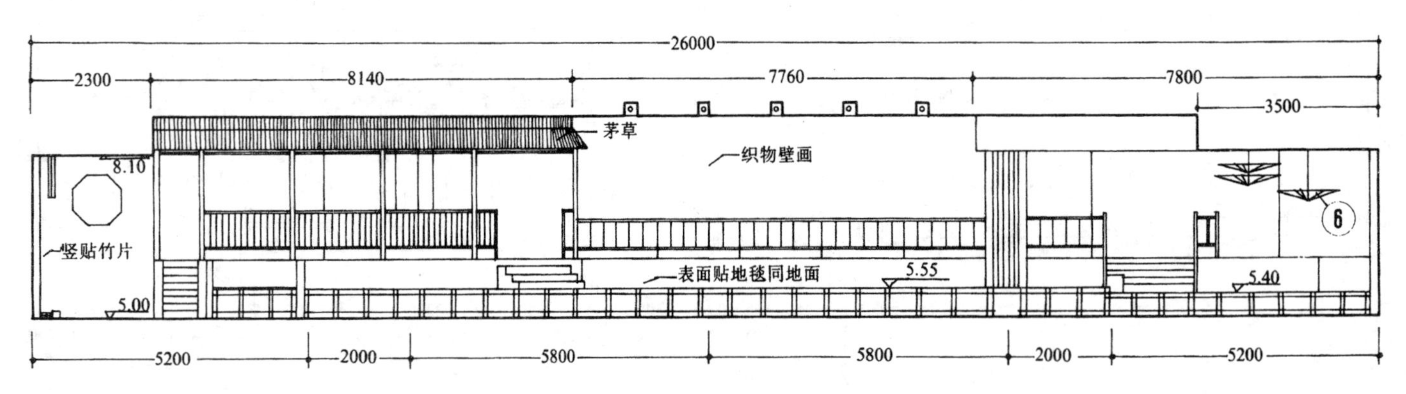

2-2 剖立面

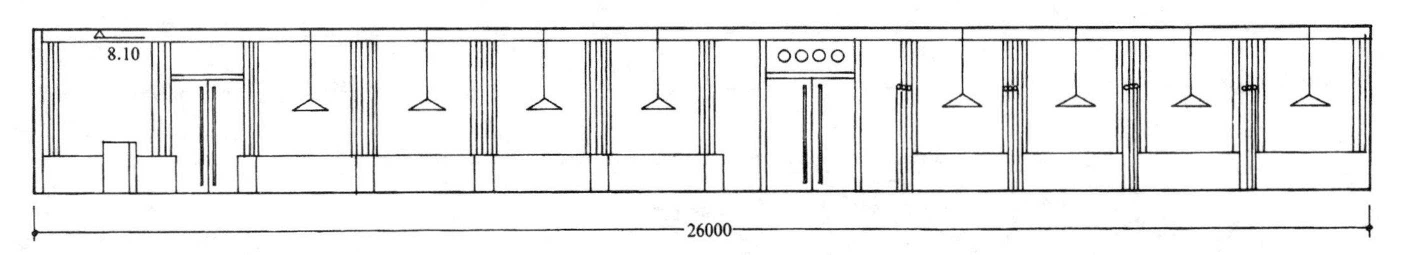

3-3 剖立面

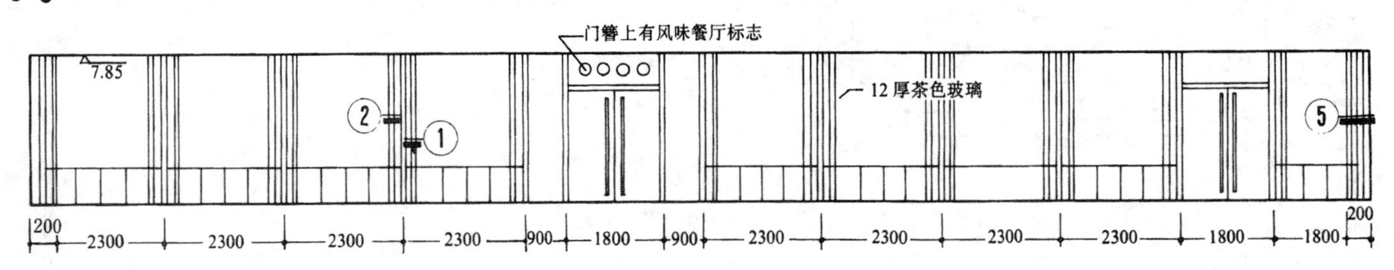

4-4 剖立面

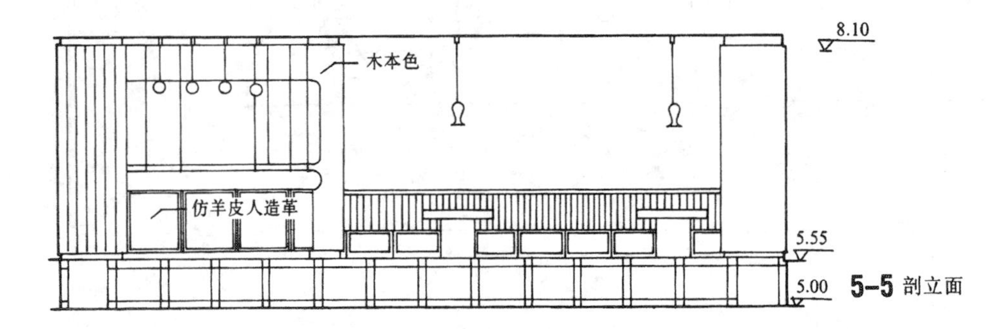

5-5 剖立面

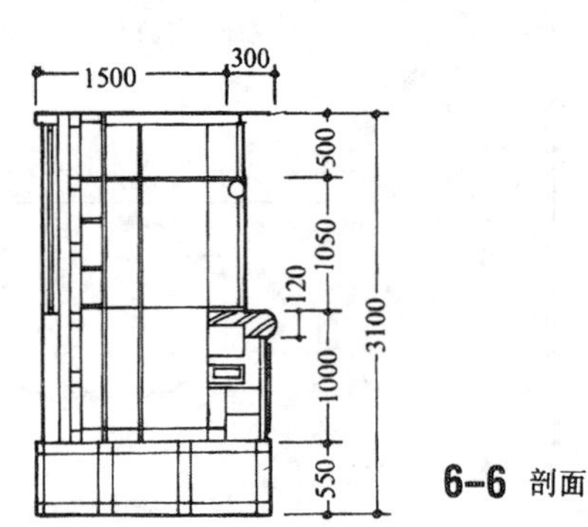

6-6 剖面

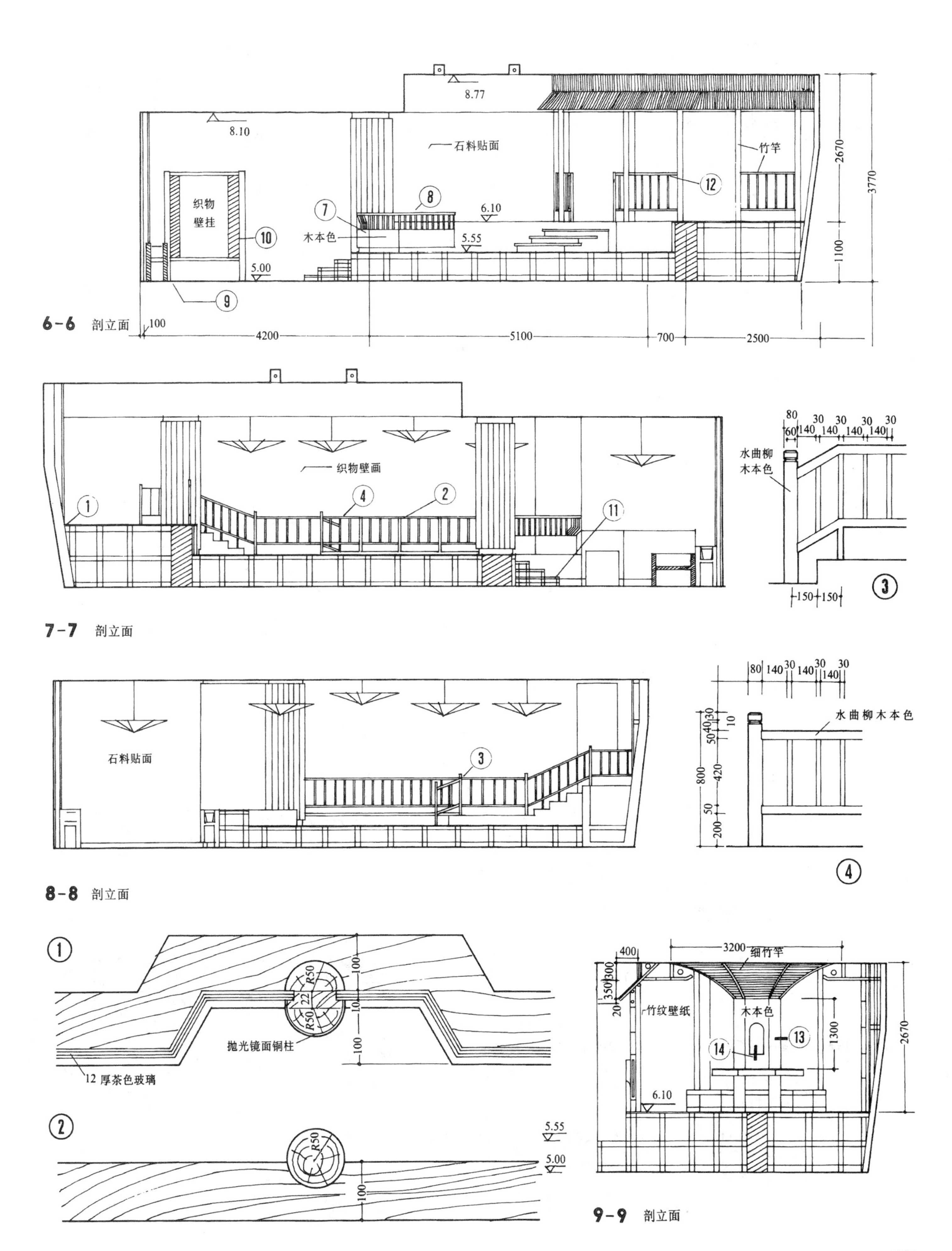
8.77
8.10
石料贴面
竹竿
织物
壁挂
木本色
6.10
5.55
5.00
6-6 剖立面
100
4200
5100
700
2500
2670
3770
1100
织物壁画
水曲柳
木本色
7-7 剖立面
石料贴面
水曲柳木本色
8-8 剖立面
抛光镜面铜柱
12 厚茶色玻璃
细竹竿
竹纹壁纸
木本色
1300
9-9 剖立面

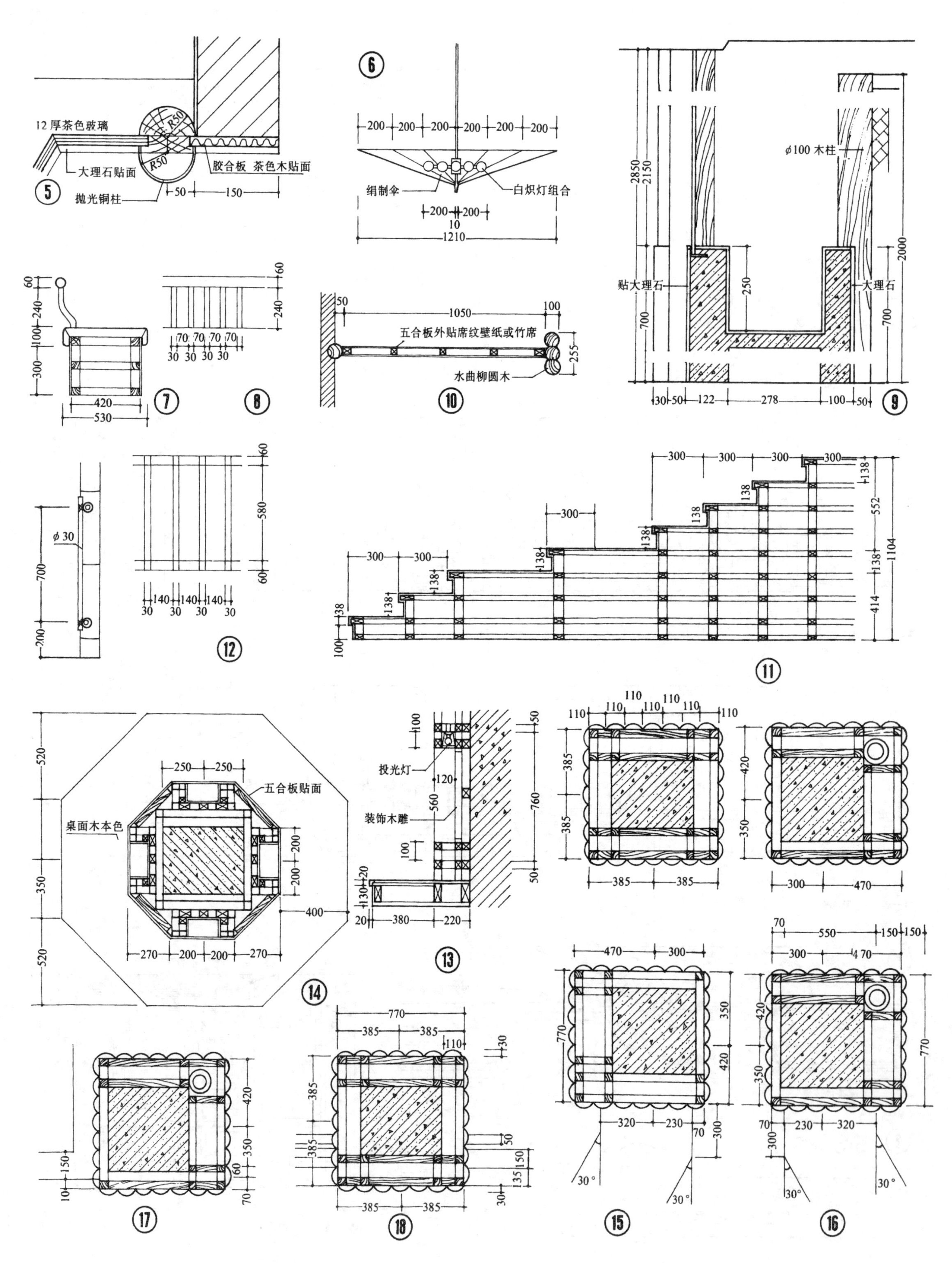
12厚茶色玻璃
大理石贴面
抛光铜柱
胶合板 茶色木贴面
绢制伞
白炽灯组合
五合板外贴席纹壁纸或竹席
水曲柳圆木
ϕ100 木柱
贴大理石
大理石
五合板贴面
桌面木本色
投光灯
装饰木雕

1 民族舞厅平立面

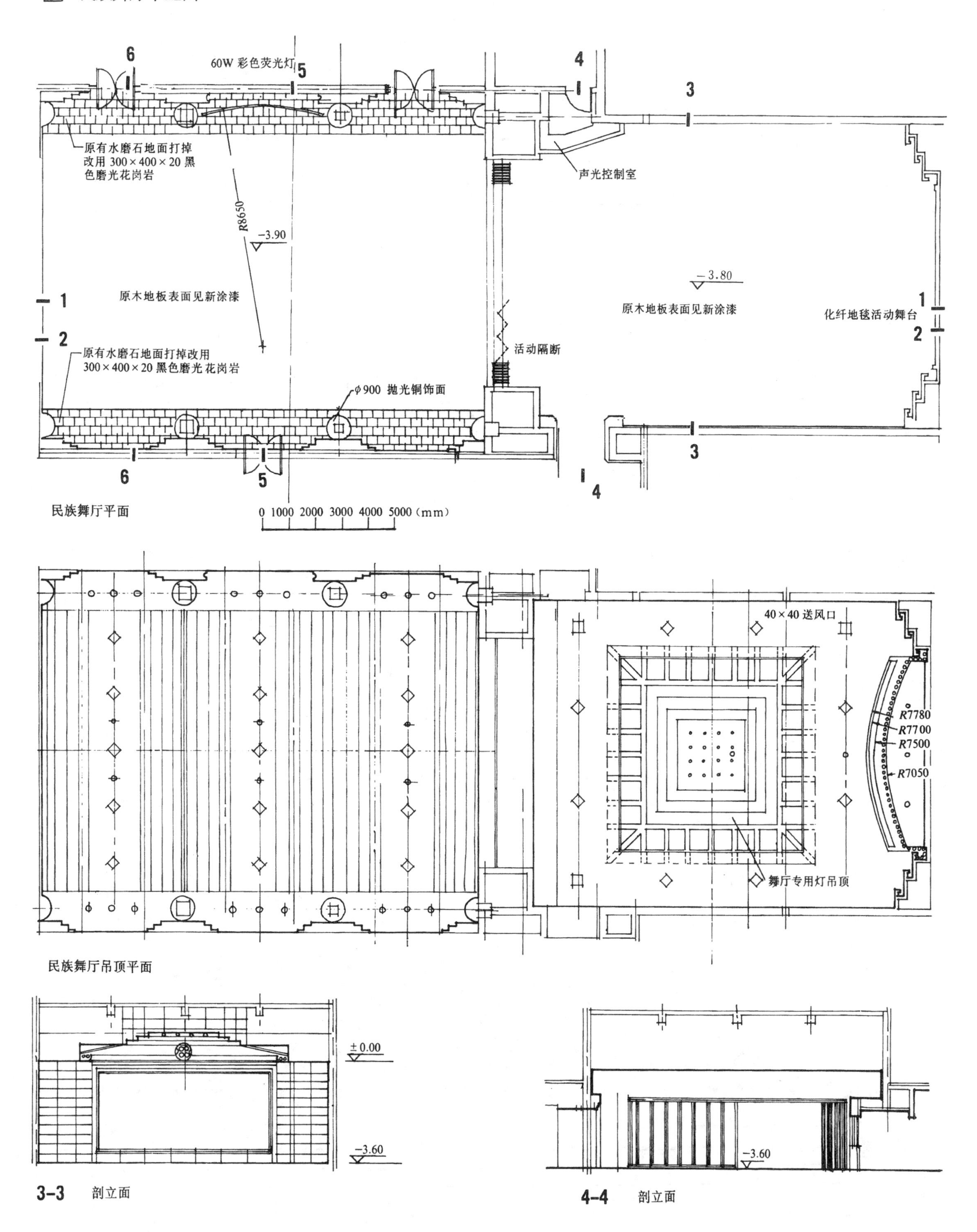

民族舞厅平面

民族舞厅吊顶平面

3-3 剖立面

4-4 剖立面

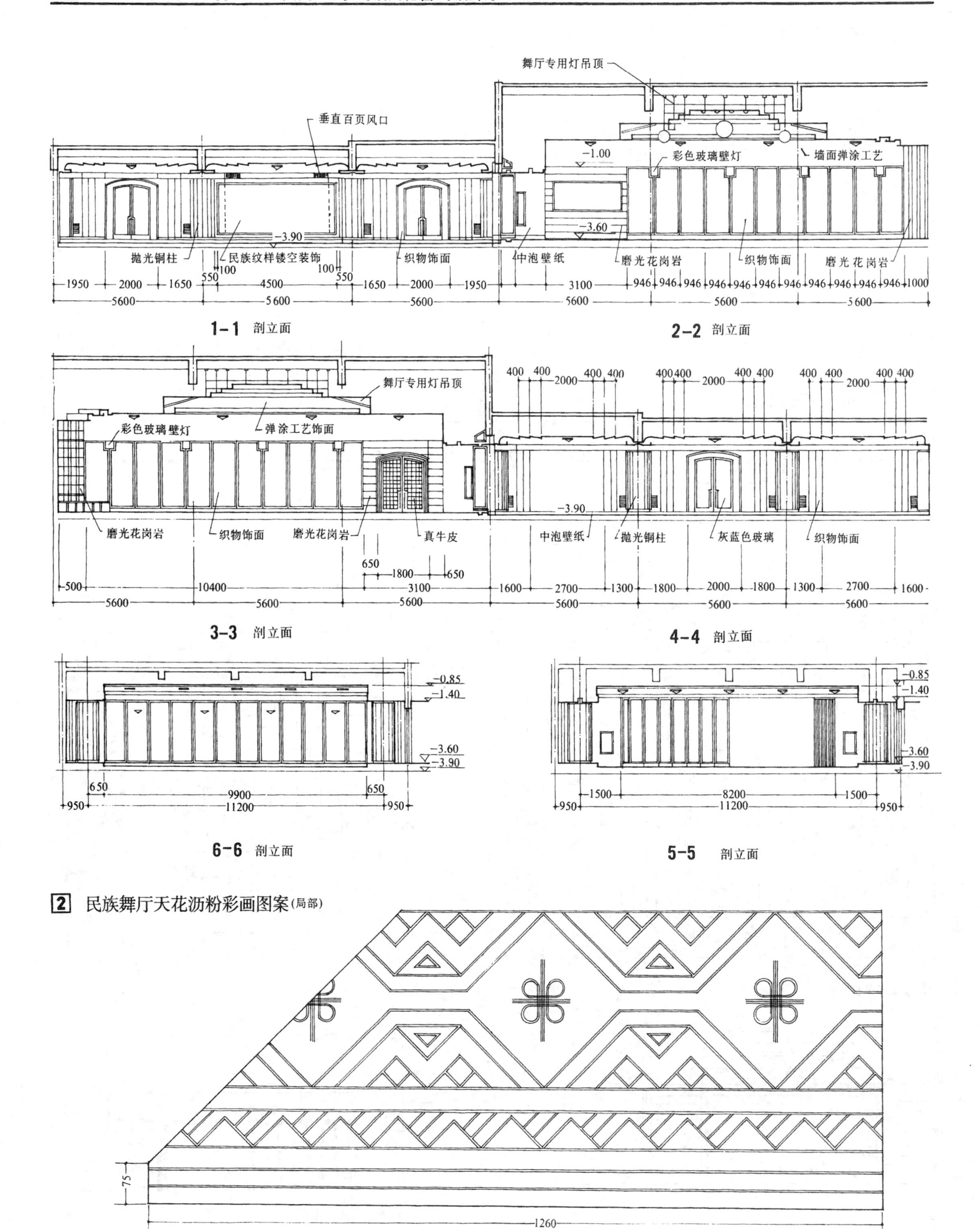
舞厅专用灯吊顶
垂直百页风口
彩色玻璃壁灯
墙面弹涂工艺
-1.00
-3.60
-3.90
抛光铜柱
民族纹样镂空装饰
织物饰面
中泡壁纸
磨光花岗岩
1-1 剖立面
2-2 剖立面
弹涂工艺饰面
真牛皮
灰蓝色玻璃
3-3 剖立面
4-4 剖立面
-0.85
-1.40
6-6 剖立面
5-5 剖立面
2 民族舞厅天花沥粉彩画图案(局部)
75
1260

3 民族舞厅墙面细部

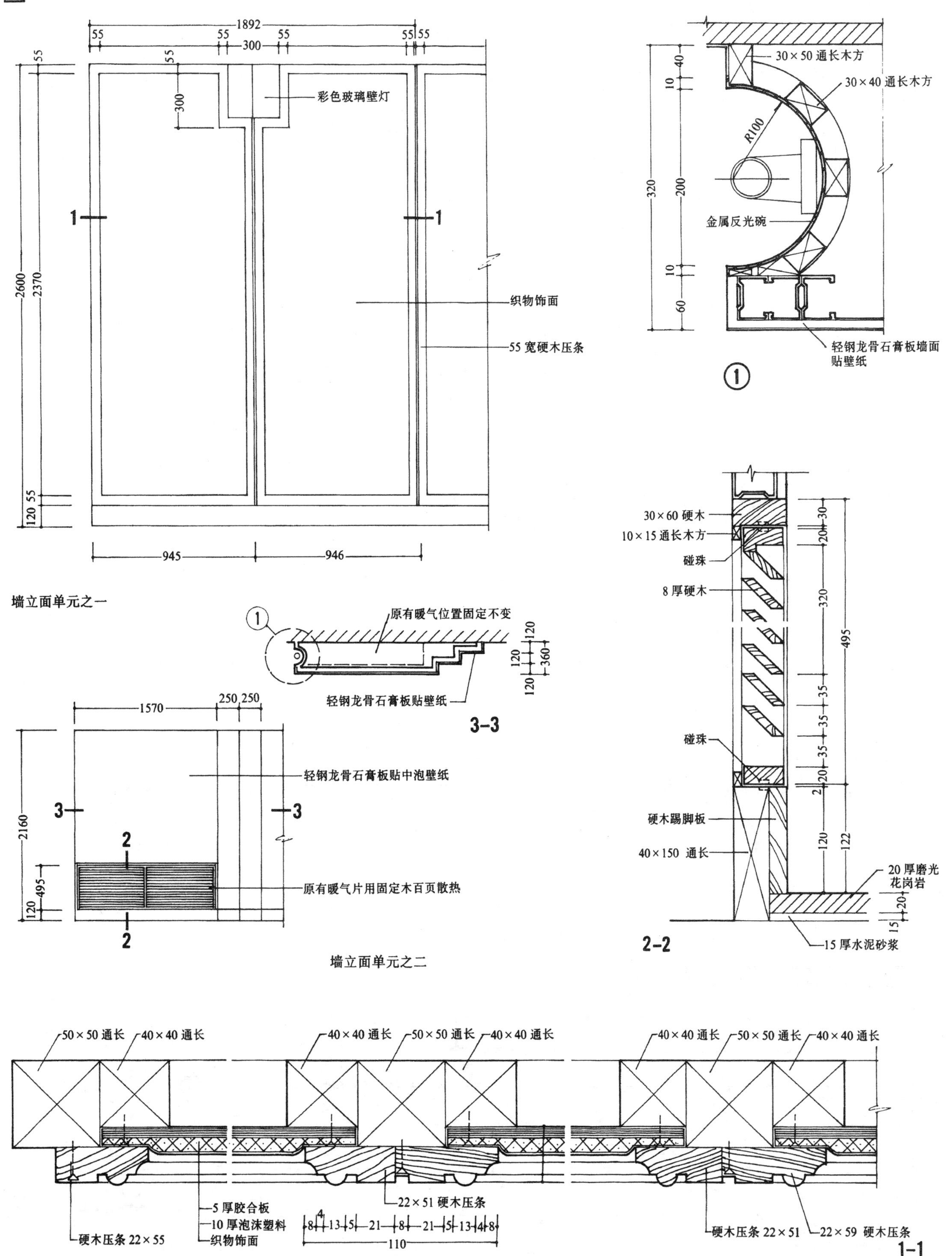

1892
55
55
300
55
55
55
55
300
彩色玻璃壁灯
1
1
2600
2370
织物饰面
55宽硬木压条
120 55
945
946
墙立面单元之一
30×50 通长木方
30×40 通长木方
R100
金属反光碗
320
200
40
10
10
60
轻钢龙骨石膏板墙面贴壁纸
①
原有暖气位置固定不变
轻钢龙骨石膏板贴壁纸
120
120
120
360
3-3
1570
250
250
轻钢龙骨石膏板贴中泡壁纸
3
3
2
2
2160
495
120
原有暖气片用固定木百页散热
墙立面单元之二
30×60 硬木
10×15 通长木方
碰珠
8厚硬木
碰珠
硬木踢脚板
40×150 通长
20厚磨光花岗岩
15厚水泥砂浆
495
320
122
120
2-2
50×50 通长
40×40 通长
40×40 通长
50×50 通长
40×40 通长
40×40 通长
50×50 通长
40×40 通长
5厚胶合板
10厚泡沫塑料
织物饰面
硬木压条 22×55
22×51 硬木压条
8 13 5 21 8 21 5 13 4 8
110
硬木压条 22×51
22×59 硬木压条
1-1

4 民族舞厅专用灯吊顶细部

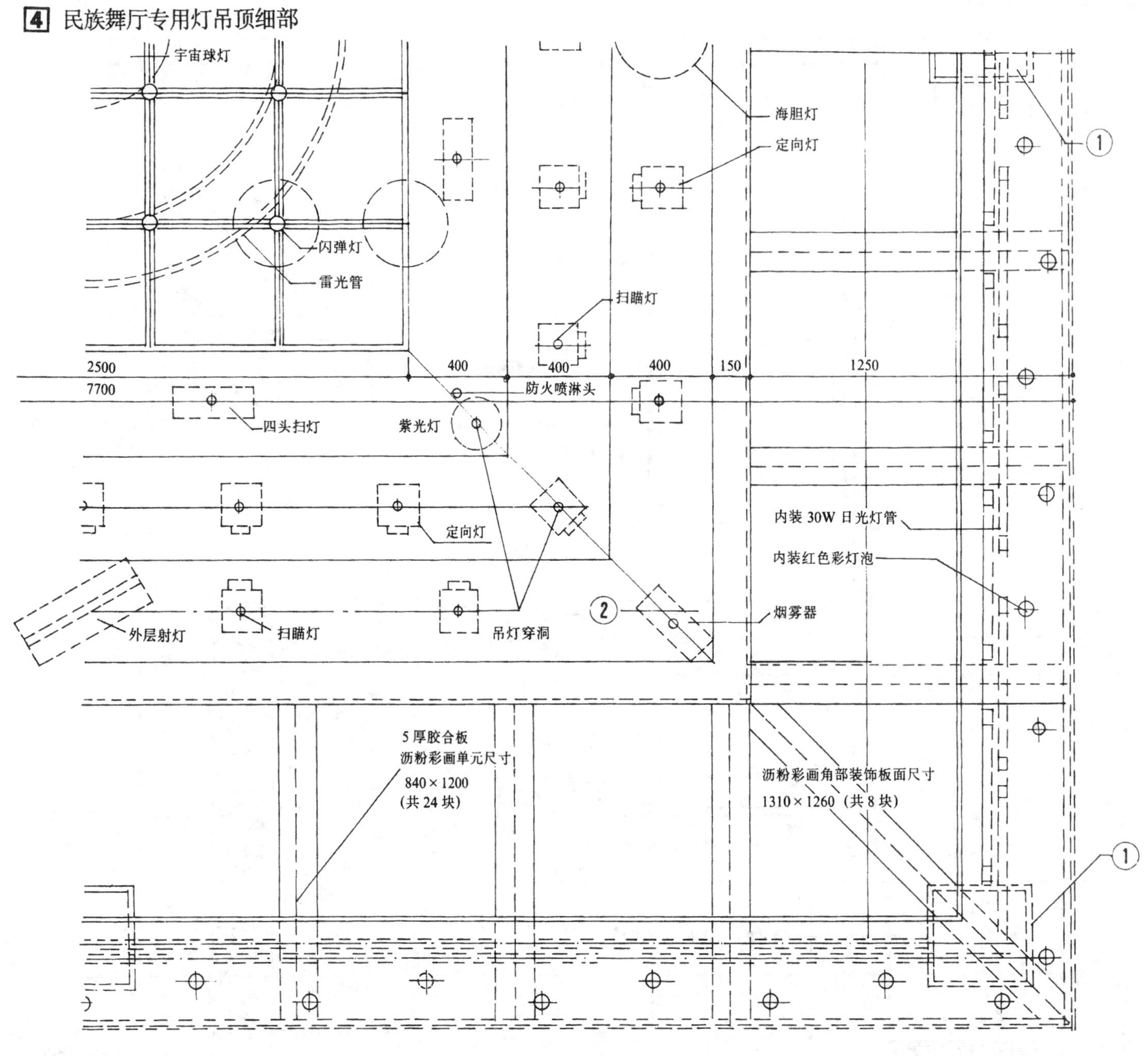

舞厅专用灯吊顶平面

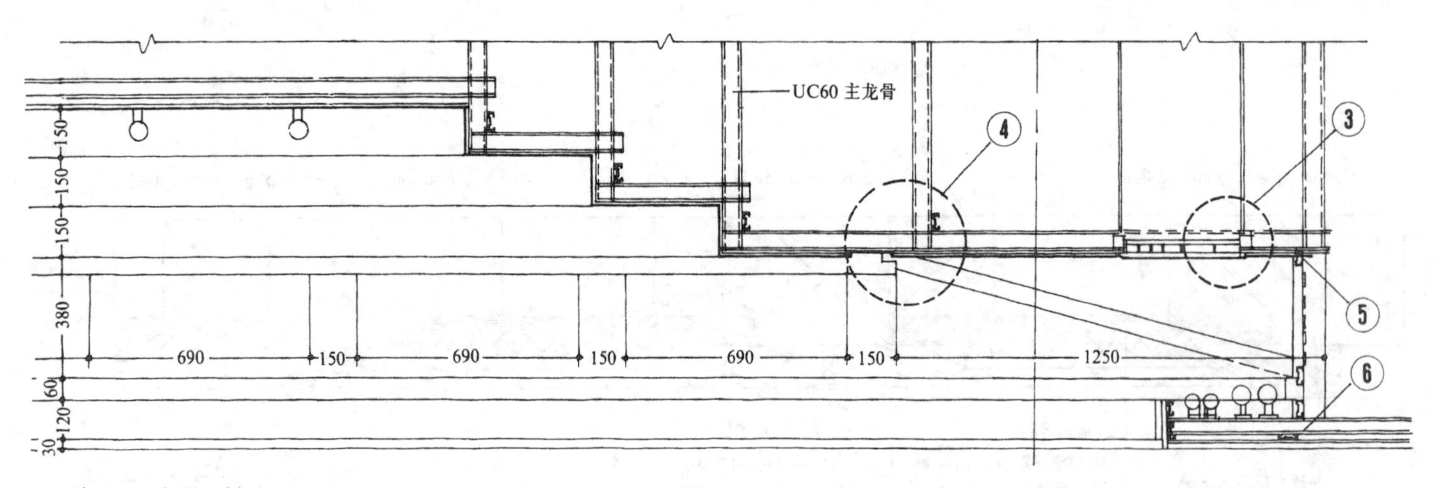

舞厅专用灯吊顶剖面

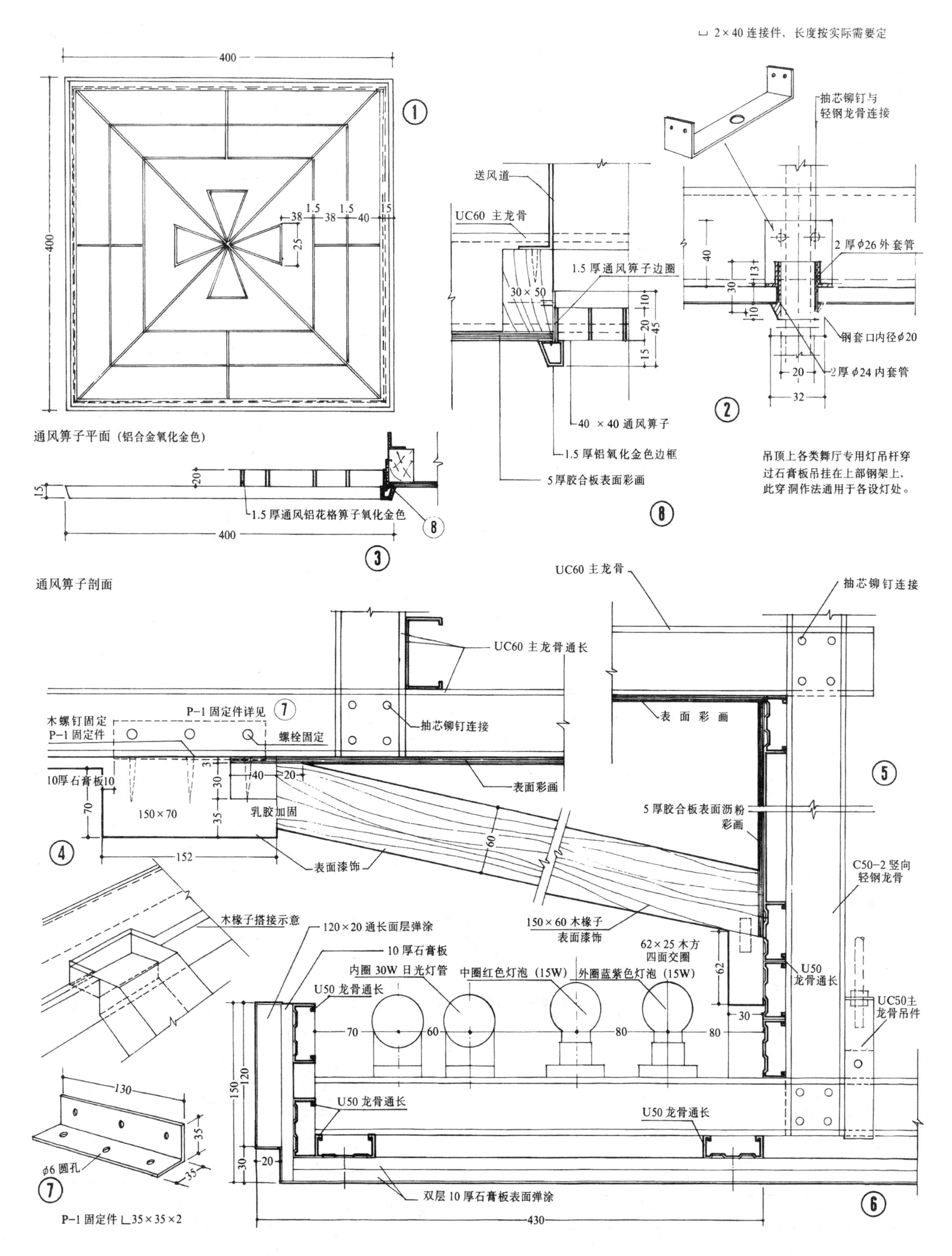

2×40 连接件，长度按实际需要定
400
①
1.5
38
40
15
25
通风箅子平面（铝合金氧化金色）
送风道
UC60 主龙骨
1.5 厚通风箅子边圈
30×50
40×40 通风箅子
1.5 厚铝氧化金色边框
5厚胶合板表面彩画
⑧
抽芯铆钉与轻钢龙骨连接
2 厚φ26 外套管
钢套口内径φ20
2厚φ24 内套管
②
吊顶上各类舞厅专用灯吊杆穿过石膏板吊挂在上部钢架上，此穿洞作法通用于各设灯处。
1.5厚通风铝花格箅子氧化金色
③
通风箅子剖面
UC60 主龙骨
抽芯铆钉连接
UC60 主龙骨通长
表面彩画
P-1 固定件详见 ⑦
木螺钉固定 P-1 固定件
螺栓固定
10厚石膏板
150×70
乳胶加固
表面彩画
5 厚胶合板表面沥粉彩画
⑤
④
152
表面漆饰
C50-2 竖向轻钢龙骨
木椽子搭接示意
120×20 通长面层弹涂
150×60 木椽子表面漆饰
10 厚石膏板
62×25 木方四面交圈
内圈 30W 日光灯管
中圈红色灯泡（15W）
外圈蓝紫色灯泡（15W）
U50 龙骨通长
U50 龙骨通长
UC50主龙骨吊件
130
φ6 圆孔
⑦
P-1 固定件 ∟35×35×2
U50 龙骨通长
U50 龙骨通长
双层 10 厚石膏板表面弹涂
⑥
430

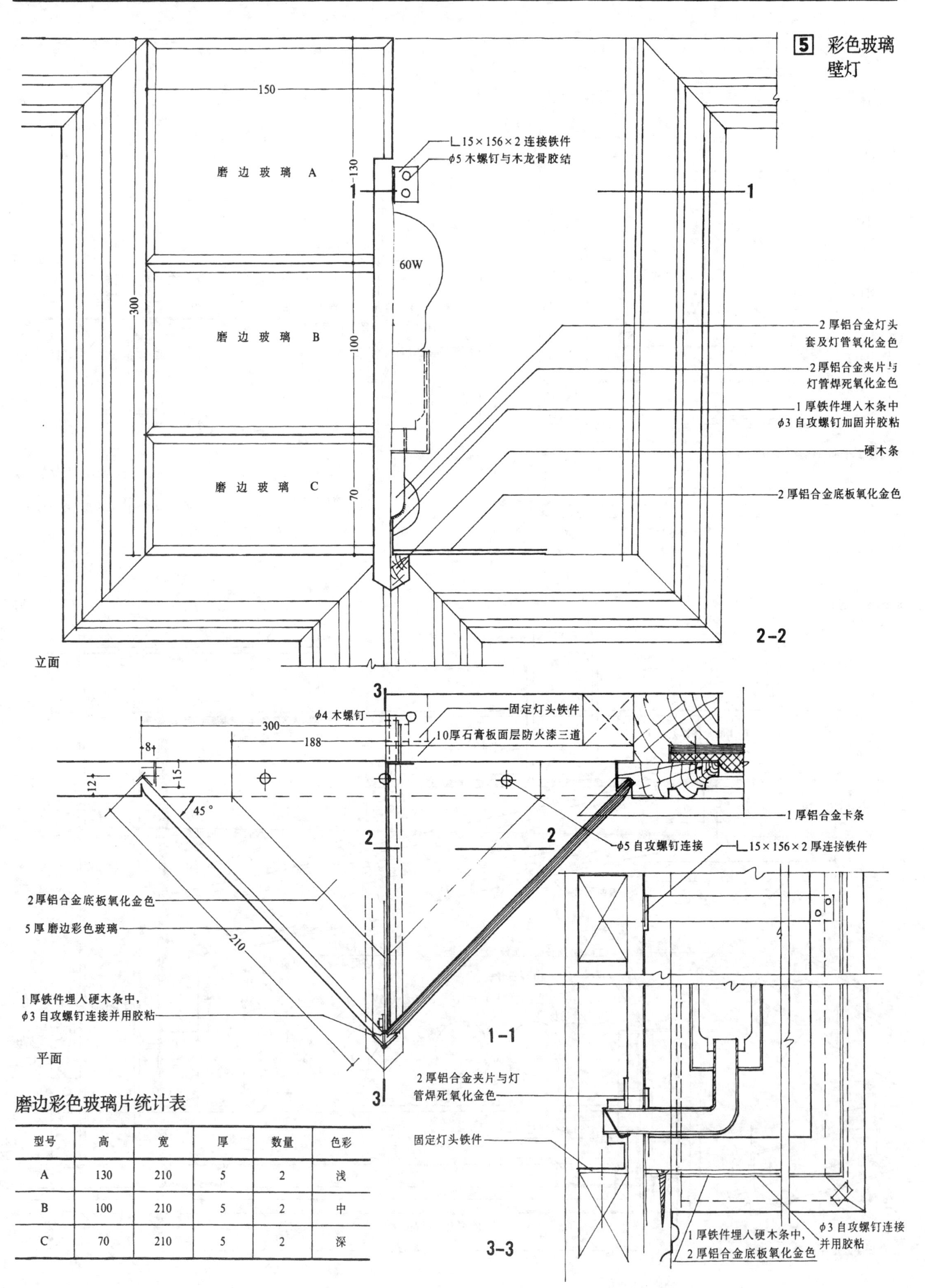

磨边彩色玻璃片统计表

型号	高	宽	厚	数量	色彩
A	130	210	5	2	浅
B	100	210	5	2	中
C	70	210	5	2	深

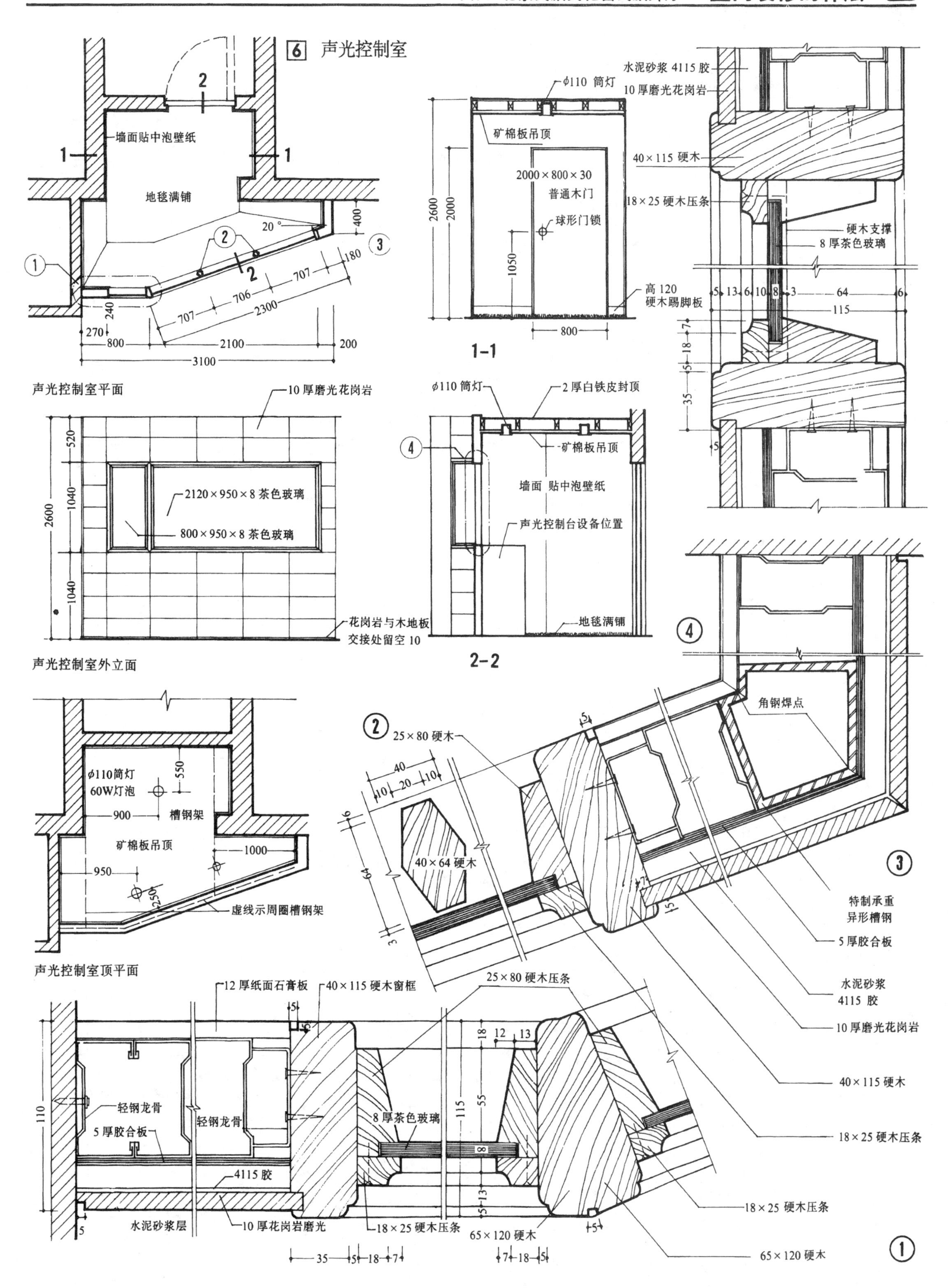

6 声光控制室
墙面贴中泡壁纸
地毯满铺
声光控制室平面
水泥砂浆 4115 胶
10 厚磨光花岗岩
40×115 硬木
18×25 硬木压条
硬木支撑
8 厚茶色玻璃
φ110 筒灯
矿棉板吊顶
2000×800×30
普通木门
球形门锁
高 120
硬木踢脚板
1-1
10 厚磨光花岗岩
2120×950×8 茶色玻璃
800×950×8 茶色玻璃
花岗岩与木地板
交接处留空 10
声光控制室外立面
2 厚白铁皮封顶
墙面 贴中泡壁纸
声光控制台设备位置
2-2
φ110筒灯
60W灯泡
槽钢架
矿棉板吊顶
虚线示周圈槽钢架
声光控制室顶平面
25×80 硬木
40×64 硬木
角钢焊点
特制承重
异形槽钢
5 厚胶合板
水泥砂浆
4115 胶
12 厚纸面石膏板
40×115 硬木窗框
25×80 硬木压条
轻钢龙骨
5 厚胶合板
8 厚茶色玻璃
4115 胶
水泥砂浆层
10 厚花岗岩磨光
18×25 硬木压条
65×120 硬木

1 民族文化宫舞餐厅平面

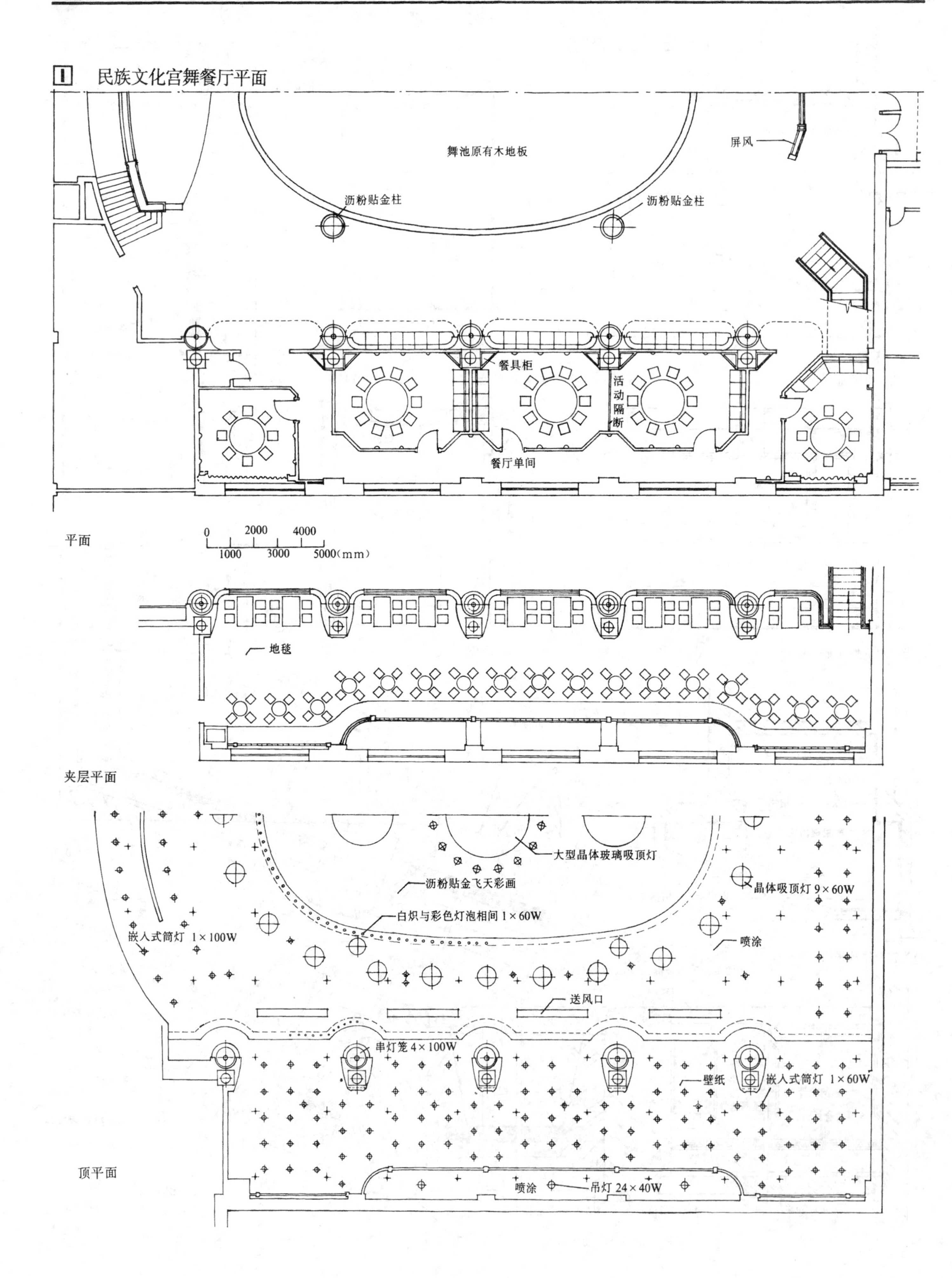

2 舞餐厅改建主立面及细部

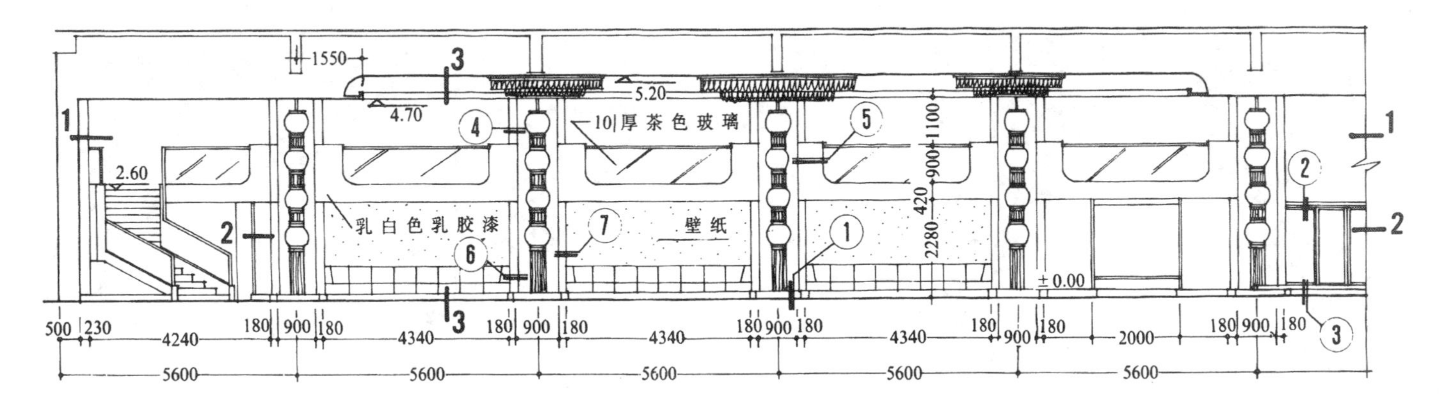

舞餐厅西立面

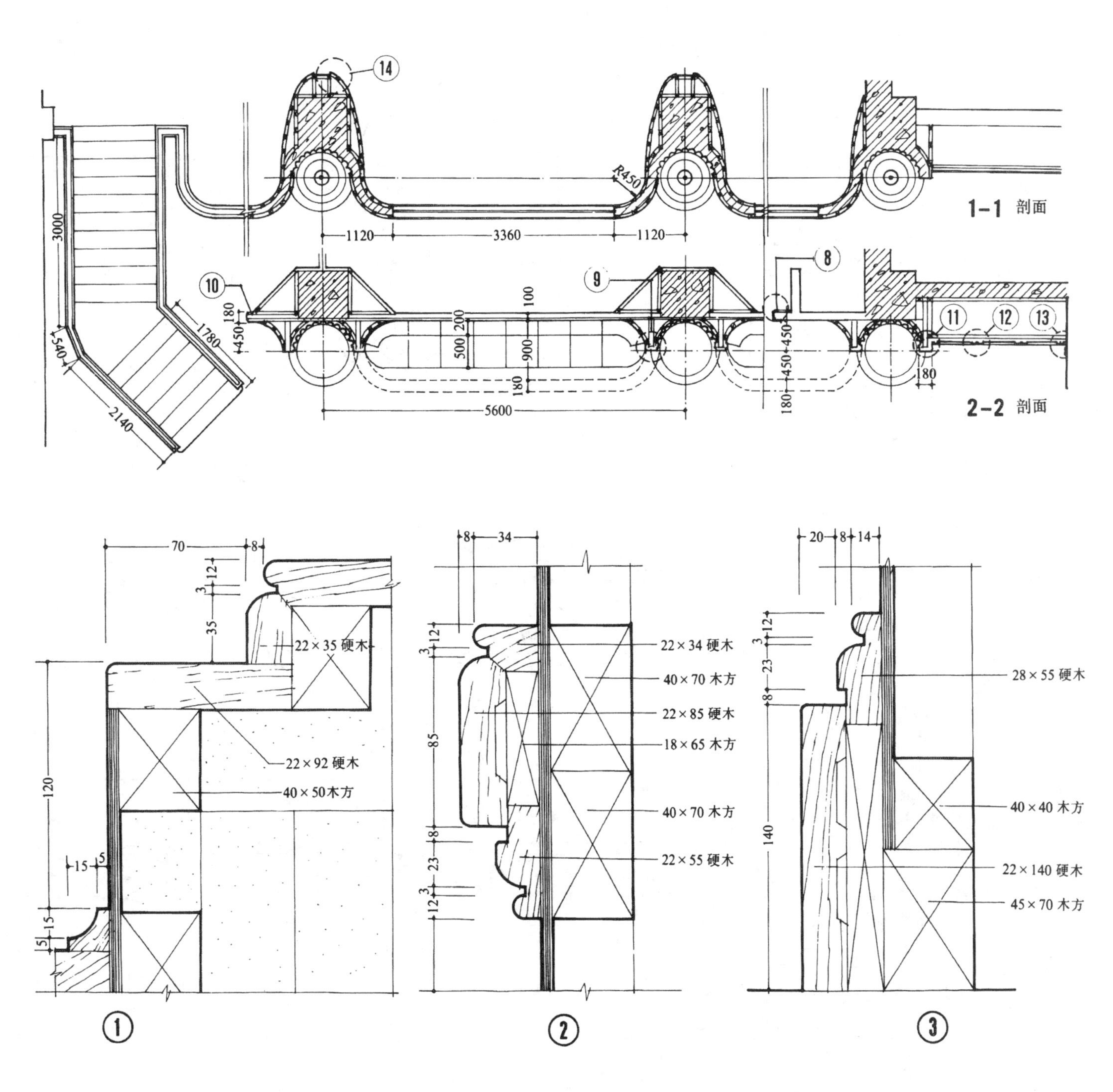

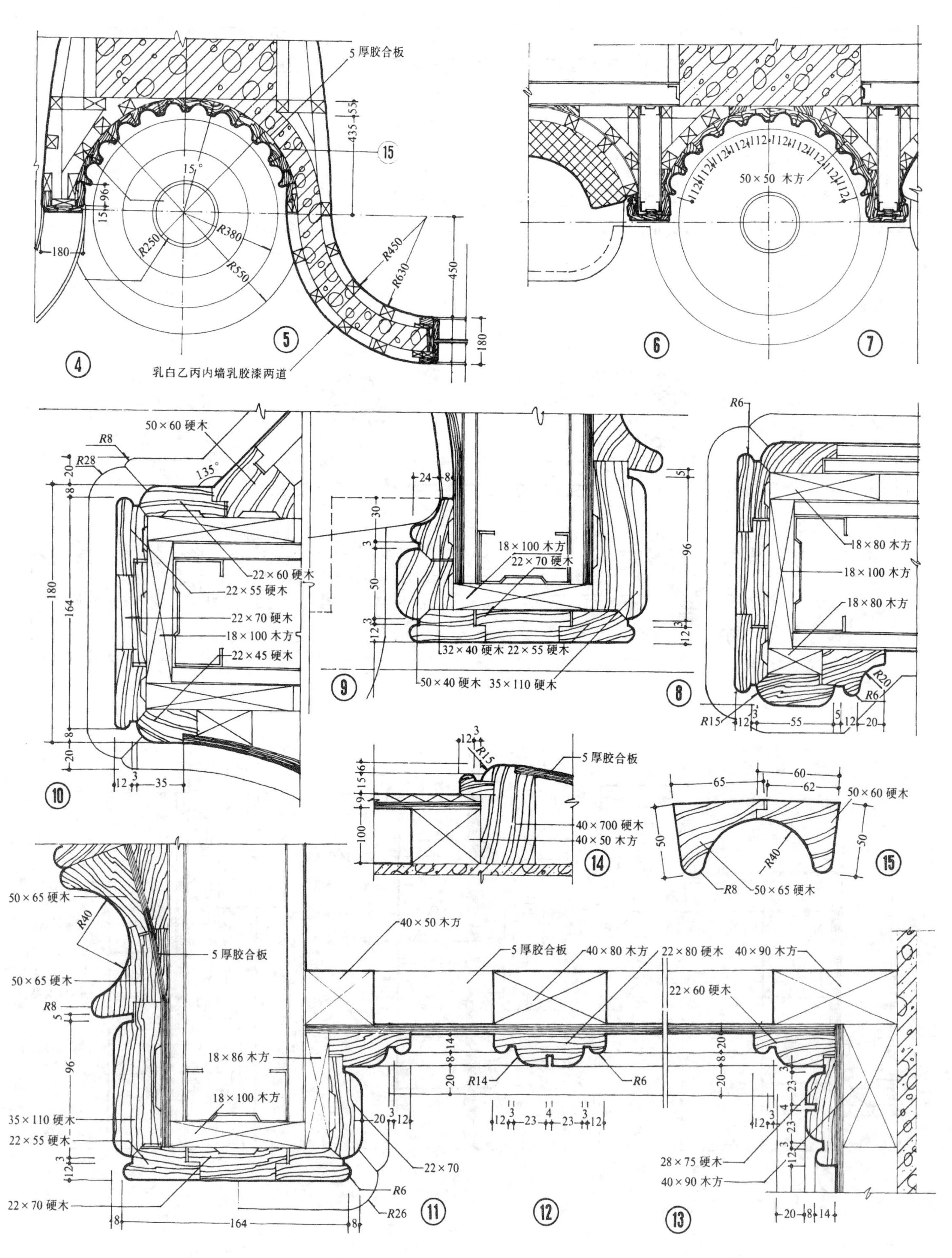
5厚胶合板
乳白乙丙内墙乳胶漆两道
50×50 木方
50×60 硬木
22×60 硬木
22×55 硬木
22×70 硬木
18×100 木方
22×45 硬木
18×80 木方
32×40 硬木
22×55 硬木
50×40 硬木
35×110 硬木
40×700 硬木
40×50 木方
50×65 硬木
40×80 木方
22×80 硬木
40×90 木方
18×86 木方
28×75 硬木
22×70

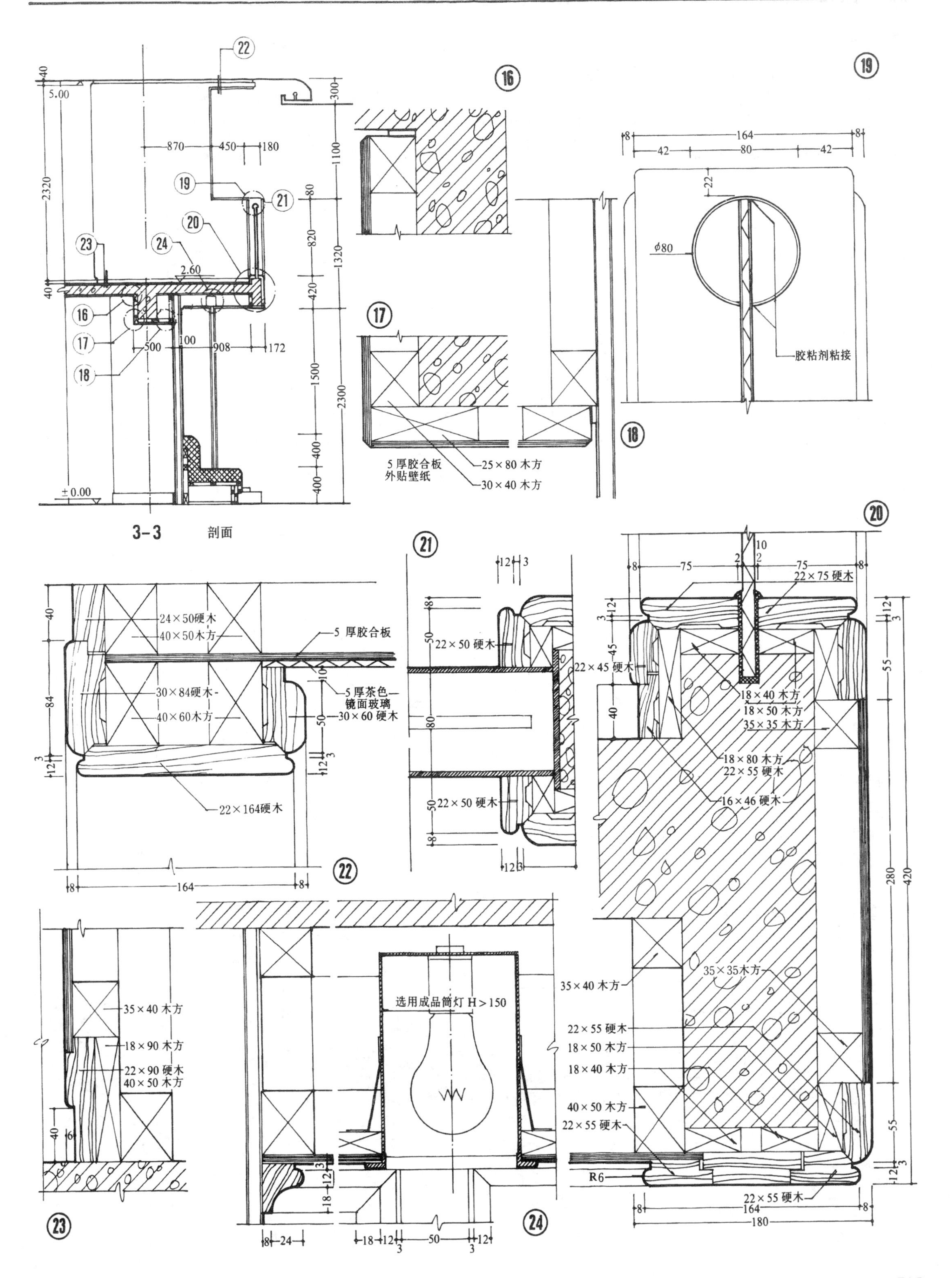

3-3 剖面
5 厚胶合板
外贴壁纸
25×80 木方
30×40 木方
胶粘剂粘接
24×50硬木
40×50木方
5 厚胶合板
30×84硬木
5 厚茶色
镜面玻璃
40×60木方
30×60 硬木
22×164硬木
22×50 硬木
22×45 硬木
22×75 硬木
18×40 木方
18×50 木方
35×35 木方
18×80 木方
22×55 硬木
16×46 硬木
35×40 木方
35×35木方
18×50 木方
18×40 木方
40×50 木方
18×90 木方
22×90 硬木
选用成品筒灯 H>150

1 基本概念

设计师要将自己的设计意图充分地表达给观者，就必须掌握设计的表现技法。

各种进行视觉传递的图形学技术：制图、透视效果图、模型、摄影、电影、录相等都可以做为室内设计空间表现的手段。

室内设计是一门具有四度空间的环境艺术。在表现这样一门具有时间度量的艺术时，以上诸种表现手段，都有着各自的局限性。

正投影制图：

利用正投影原理所绘制的平、立、剖面图，只能解决空间的构图设计和施工的需要，但它并不表现人们对室内空间环境的直接感受。

透视效果图、摄影：

通过绘制室内空间的环境透视效果图，或使用摄影技术拍摄下来的室内空间，都可使人们看到实际的室内环境。然而它只能静止地记录一个局部、从一个观点上观看。完全没有一个观者行进在室内所体验到的连续的视点变换，失去了动态的音乐感，就如同从一首交响曲中摘出的一个乐句。

模型、电影及录相：

模型、电影及录相几乎解决了四度空间概念提出的一切问题，可是室内设计往往具有比四度空间更多的量向。

同处于一个空间环境。餐厅内站着端盘子的侍者与坐着吃饭的顾客，感受到的是两个截然相反的空间概念。教室中在台上站着讲课的教师，与台下坐着听课的学生，心情与体验也完全不同。这是因为室内空间艺术的特征是由尺度的基本因素决定的，而要想完全地感受空间尺度，就必须把人自身包含其中，从而感觉到自己是该空间机体的组成部分，同时又是它的量度。

由此可见，每一个室内设计师必须掌握多种表现技法。同时清醒地认识到各种表现技法的不足，从而在实际设计中重视现场体验的作用。

室内设计的表现技法应是以上所有表现手段的总和。

2 表现室内设计所使用的空间语汇

- 绘画艺术所使用的是两度空间语汇。
- 雕塑艺术所使用的是三度空间语汇。
- 室内设计艺术所使用的则是四度空间语汇。

二度空间语汇可表现三度空间

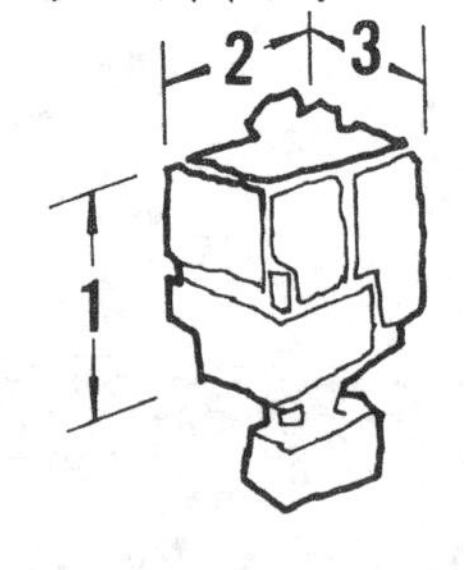

三度空间语汇与人分离，在外部观看

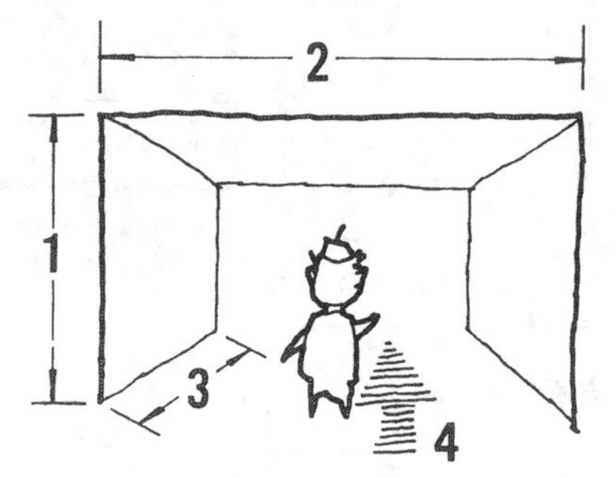

室内象一个空心的雕塑，人在室内行动，从连续的各个视点察看，观看角度，这种在时间上延续移位就给传统的三度空间增添了新的一度空间。时间就被命名为第四度空间。正是人的行动赋予了第四度空间以完全的实在性。

观者所处的位置使他们得出完全不同的空间印象
- 侍者与顾客
- 教师与学生

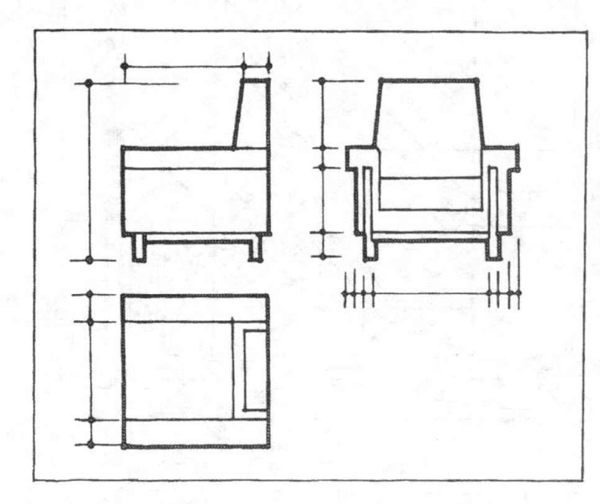

• 正投影制图

• 摄影 • 透视效果图

• 模型 • 电影、录相

建筑的内部是由长、宽、高三个方向构成的一个立体空间，称为三度空间体系。要在图纸上全面、完整、准确地表示它，就必须利用正投影制图，绘制出空间界面的平、立、剖面图。

正投影制图能够科学地再现空间界面的真实比例与尺度。就象是一个被拆开的方盒子（1 是平面、2 是顶平面、3~6 分别是四个立面）。在每个界面上纵横切割所呈现出来的截面，就是我们所说的剖面与节点。

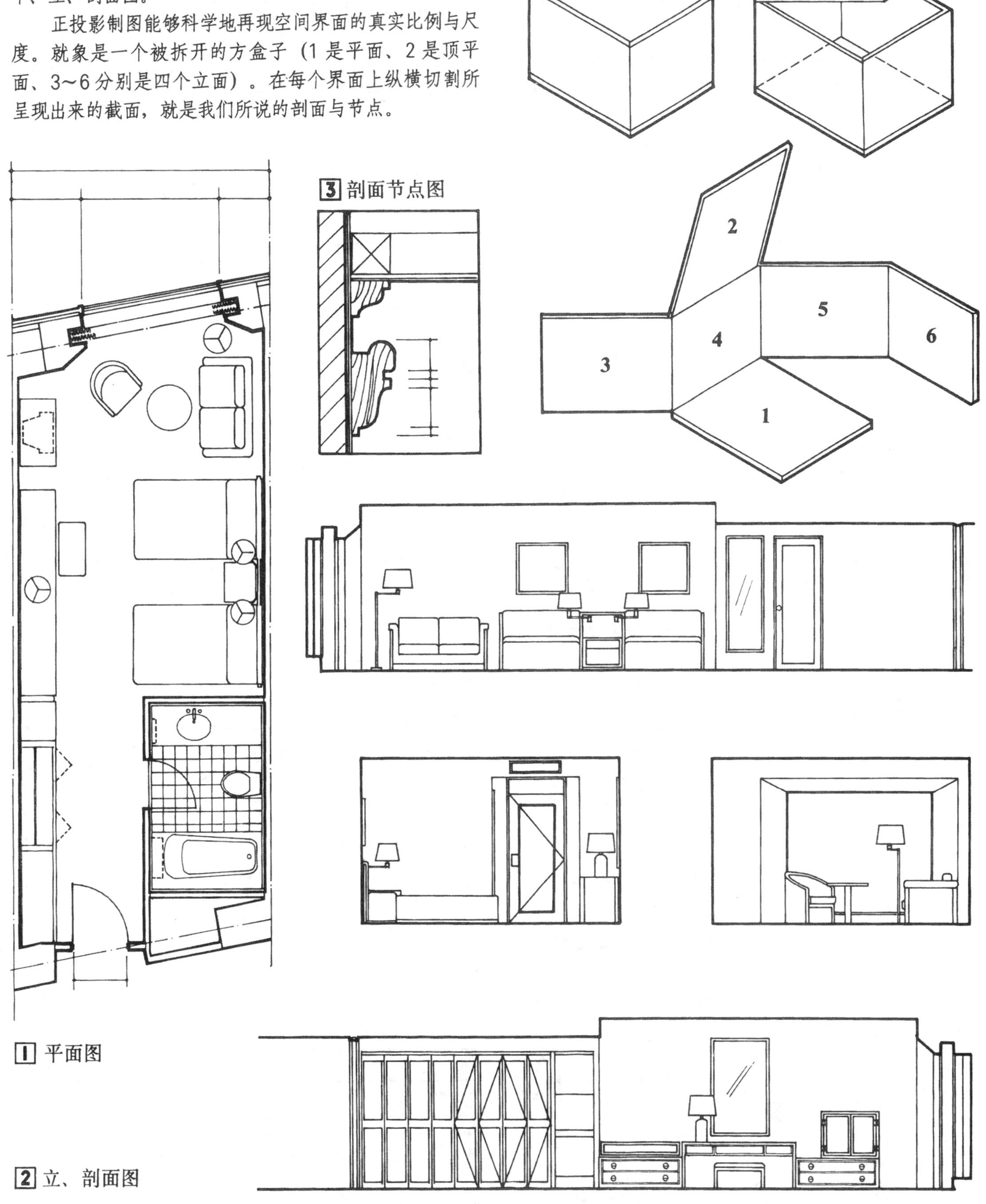

3 剖面节点图

1 平面图

2 立、剖面图

正投影制图要求使用专业的绘图工具，在图纸上所作的线条必须粗细均匀，光滑整洁，交接清楚。因为这类图纸是以明确线条，描绘建筑内部空间形体的轮廓线来表达设计意图的。所以严格的线条绘制和严格的制图规范是它的主要特征。

就室内设计而言，目前国家还没有正式颁布制图的标准。室内设计专业基本上是沿用建筑或家具的制图规范。由于室内设计的专业特点，在某些图线的表达方面与建筑和家具尚有区别。于是在实际的绘制工作中，往往出现与建筑制图相违背的情况。也有不少直接搬用国外规范，从而造成了制图的混乱。我们认为，在国内目前的情况下，室内设计的正投影制图，还是应该遵循建筑制图的规范。

1 尺寸标准

一、标高及总平面图以 m 为单位，其余均以 cm 为单位。

二、尺寸线的起止点，一般采用短划和圆点。

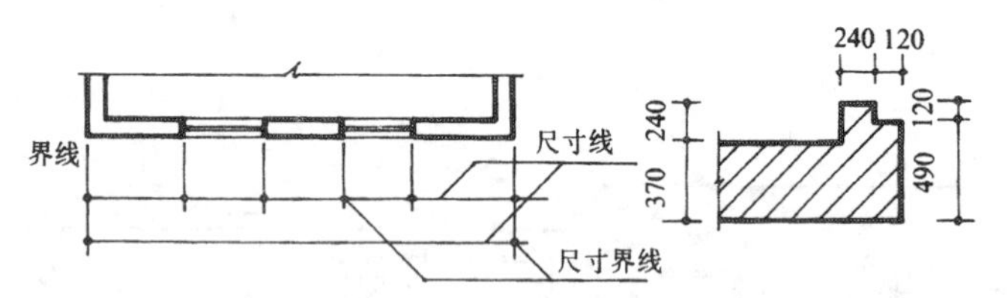

三、曲线图形的尺寸线，可用尺寸网格表示。

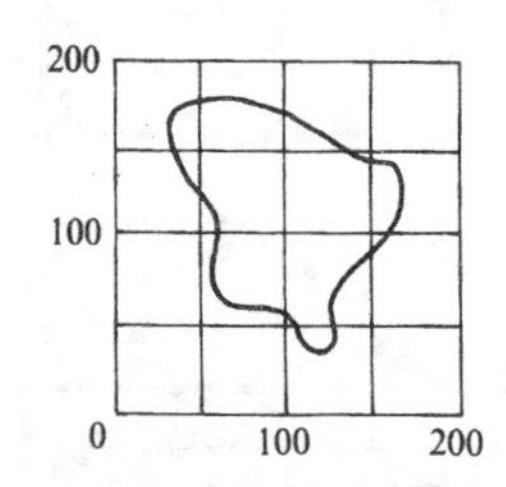

四、当尺寸线不是水平位置时，尺寸数字应尽量避免在下图有斜线范围内注写。

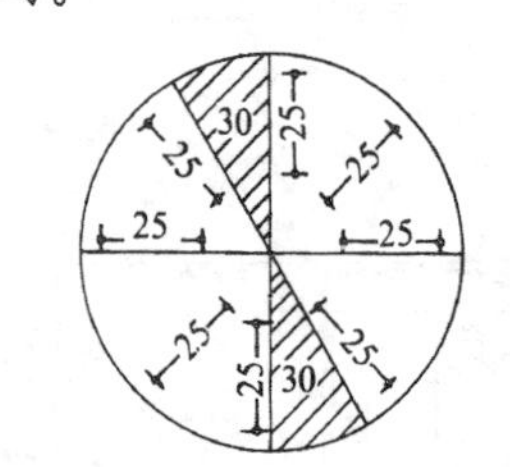

五、圆弧及角度的表示法

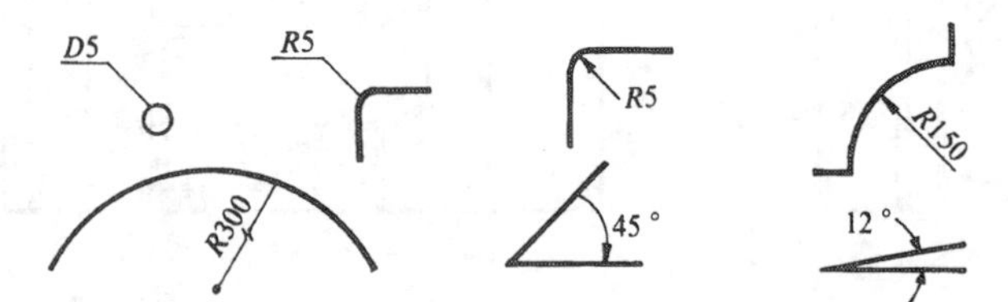

2 标高 一般注到小数点以后第二位为止，如 20. 00、3.60 及 –1.50 等

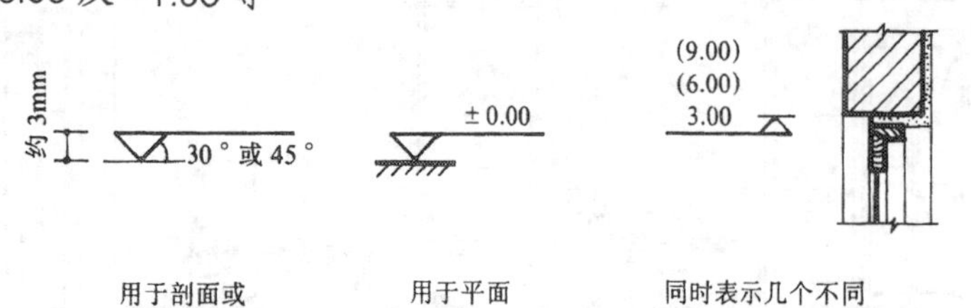

用于剖面或立面图上　　用于平面图上　　同时表示几个不同高度时的标高注法

3 图纸幅面规格

一、所有建筑图纸的幅面，应符合下表的规定。(单位: mm)

基本幅面代号	0	1	2	3	4
$b \times l$	841×1189	594×841	420×594	297×420	210×297
c	10	10	10	5	5
a	25	25	25	25	25

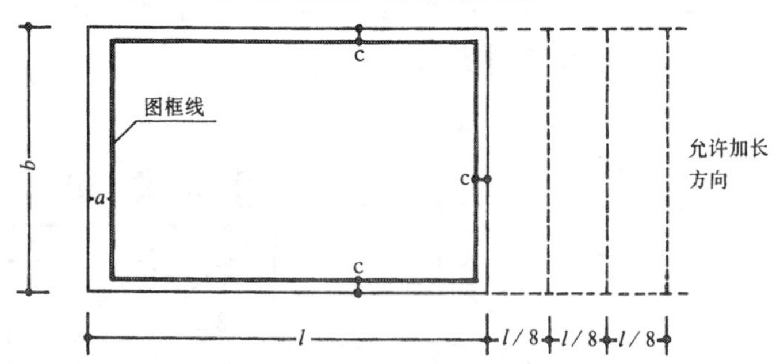

二、允许加长 0～3 号图纸的长边；加长部分的尺寸应为长边的 1/8 及其倍数。

4 图标

一、大图标用于 0、1 及 2 号图纸上，位置在图纸的右下角。

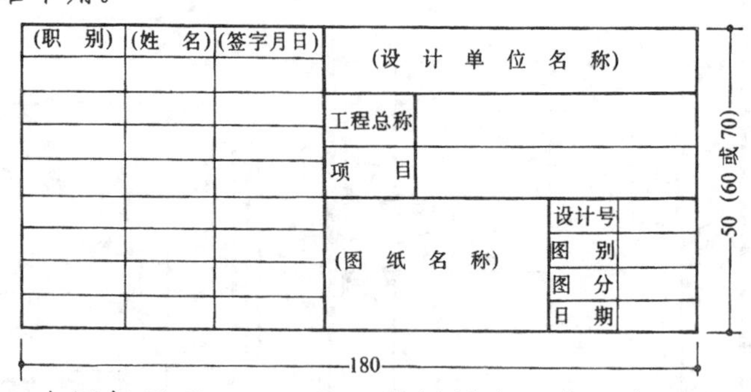

二、小图标用于 2、3 及 4 号图纸上，位置在图纸的右下角。

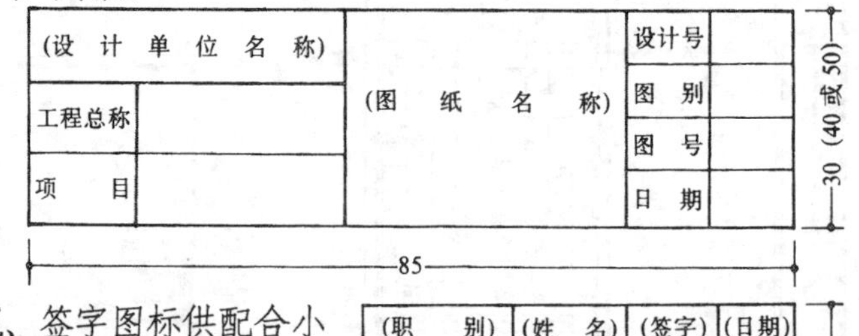

三、签字图标供配合小图标签字用，放在图纸左面图框线外的上端。

(职　别)	(姓　名)	(签字)	(日期)

(高 20，宽 85)

四、图标中的"图别"栏，应按下表内容填写代号。

工 种 名 称	扩大初步设计	初步设计	技术设计	施 工 图
总平面运输	总 扩	总 初	总 技	总 施
建筑	建 扩	建 初	建 技	建 施
结构	结 扩	结 初	结 技	结 施
给水排水	水 扩	水 初	水 技	水 施
采暖通风	暖通扩	暖通初	暖通技	暖通施
电力供应	电 扩	电 初	电 技	电 施

5 图线

一、图面的各种线条，应按下表的规定采用

序号	名 称	线 型	宽 度	适 用 范 围
1	标准实线	——	b	立面轮廓线；表格的外框线等
2	细实线	——	$b/4$或稍细	尺寸线及引出线等；可见轮廓线剖面中的次要线条（如粉刷线、图例线等）；表格中的分格线等
3	中实线	——	$b/2$	立面图上的门窗及突出部分（檐口窗台、台阶等）的轮廓线
4	粗实线	——	b或更粗	剖面图的轮廓线；剖面的剖切线；图框线等
5	折断线	—\/—	$b/4$或稍细	长距离图面断开线
6	点划线	—·—·—	$b/4$或稍细	中心线；定位轴线
7	虚线	------	$b/4$或稍细	不可见轮廓线

注：标准实线宽度 $b=0.4\sim0.8$mm。

二、定位轴线

1.定位轴线的编号在水平方向的采用阿拉伯数字，由左向右注写；在垂直方向的采用大写汉语拼音字母（但不得使用 *I*、*O* 及 *Z* 三个字母），由下向上注写。

2.一般定位轴线的注法见下图。

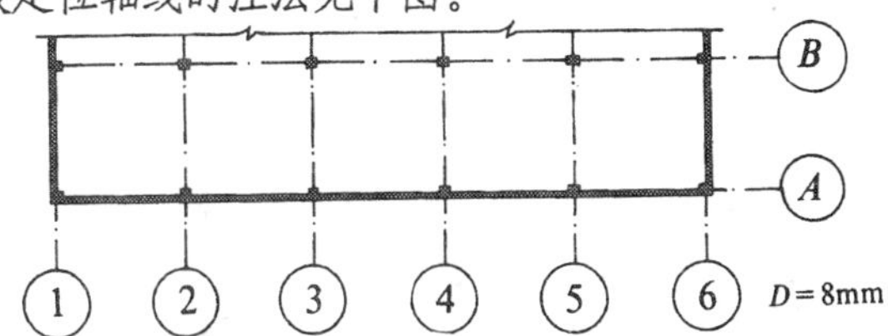

3.个别定位轴线的注法见下图。

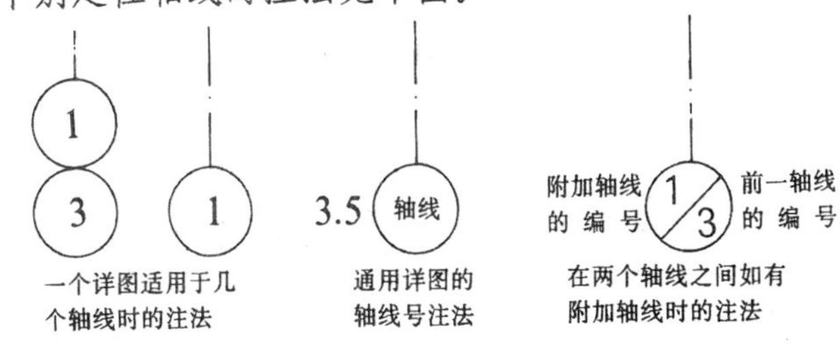

三、剖面的剖切线

剖视方向，一般向图面的上方或左方，剖切线尽量不穿越图面上的线条。剖切线需要转折时，以一次为限。

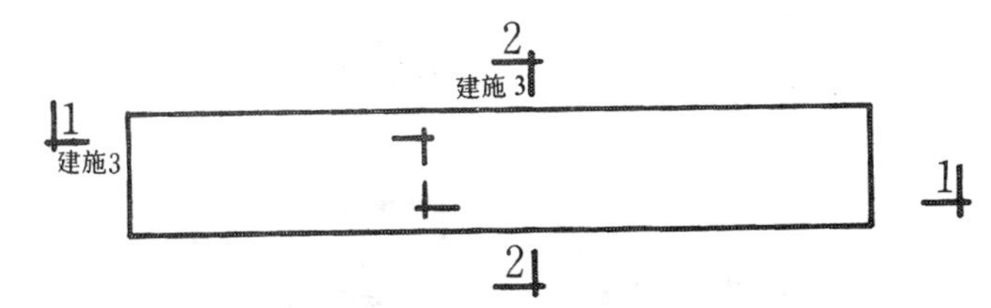

四、折断线

圆形的构件用曲线折断，其它一律采用直线折断，折断线必需经过全部被折断的图面。

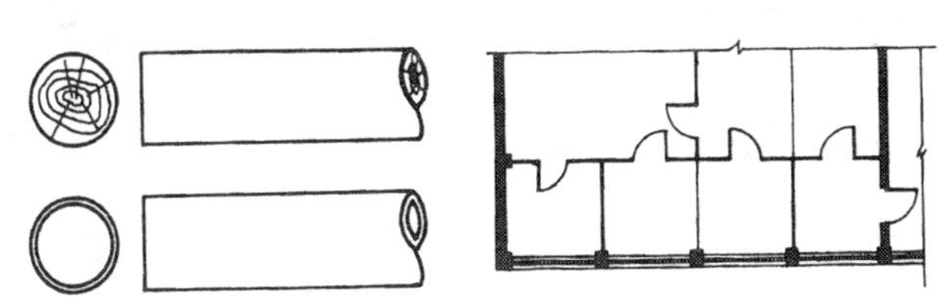

五、引出线

1.引出线应采用细直线，不应用曲线。

（文字说明） （文字说明） （文字说明）

2.索引详图的引出线，应对准圆心。

3.引出线同时索引几个相同部分时，各引出线应互相保持平行。

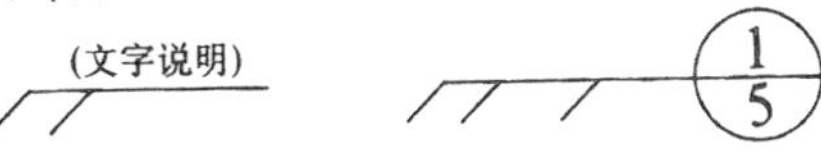

4.多层构造引出线，必需通过被引的各层，并须保持垂直方向。文字说明的次序，应与构造层次一致，一般由上而下，从左到右。

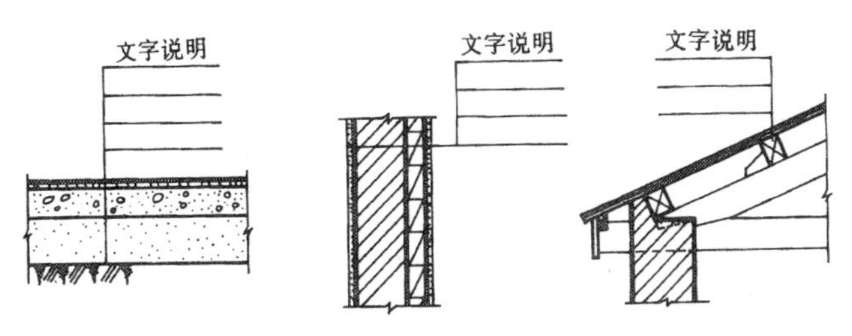

6 详图索引标志

一、施工图上的详图索引标志

1.详图在本张图纸上时，表示方法如下：

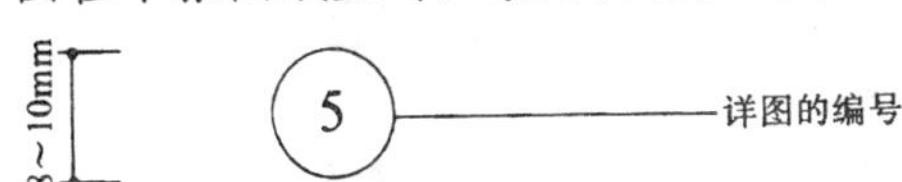

2.详图不在本张图纸上时，表示方法如下：

二、详图的标志；

三、标准详图的索引标志：

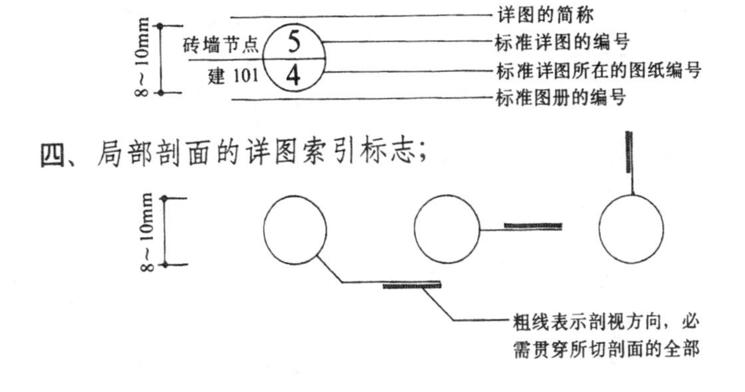

四、局部剖面的详图索引标志；

7 建筑图例

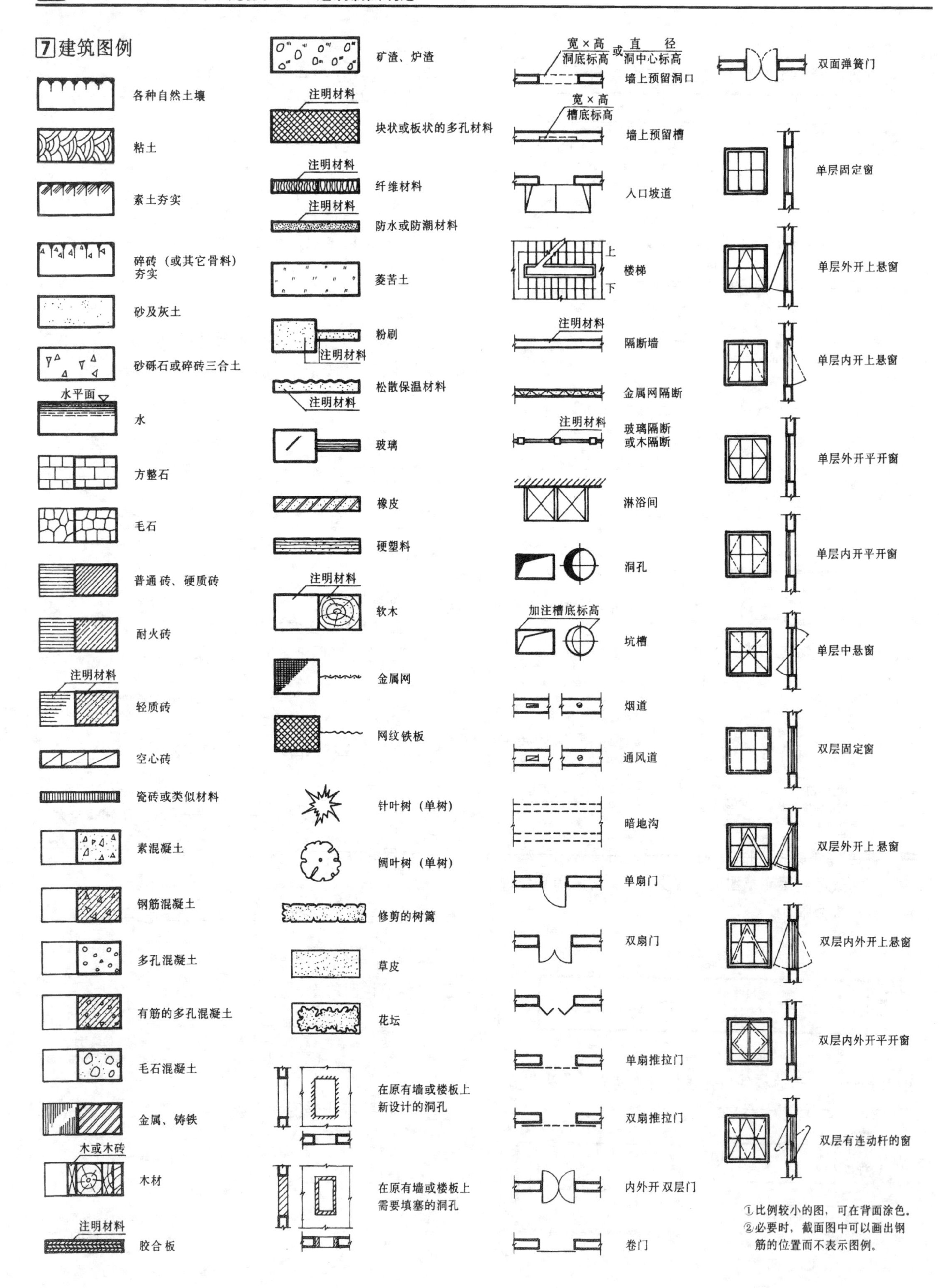

①比例较小的图，可在背面涂色。
②必要时，截面图中可以画出钢筋的位置而不表示图例。

8 设备图例

有线广播站
电话机
自动式电话机
辐射式调度电话机
电话交换机或总机
自动式电话交换机
共电式电话交换机
辐射式调度电话总机
声柱
声环
传声器（送话器）
扬声器
母钟站
母钟分站
双面子钟
单面子钟
火警信号报警器
电话分线盒
分线箱
煤气炉灶
煮锅

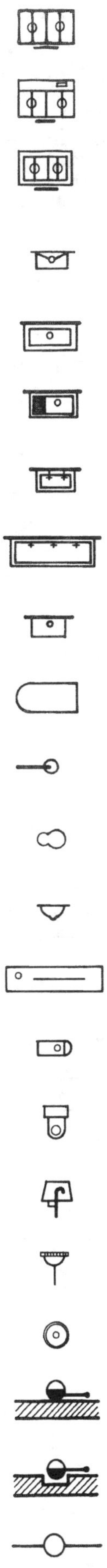

烧固体燃料无火墙的砖炉灶
烧固体燃料有火墙的砖炉灶
可移动的烧固体燃料并有铁架的砖炉灶
煤气热水罐
洗涤盆、污水盆
带篦子的洗涤盆
洗脸盆
盥洗槽
化验盆
浴盆
淋浴喷头
下身盆
斗式小便器
小便槽
蹲式大便器
坐式大便器
自动冲洗水箱
圆形地漏
饮水龙头
明装消火栓（平面）
暗装消火栓（平面）
上水管井、下水管井、排水沟井

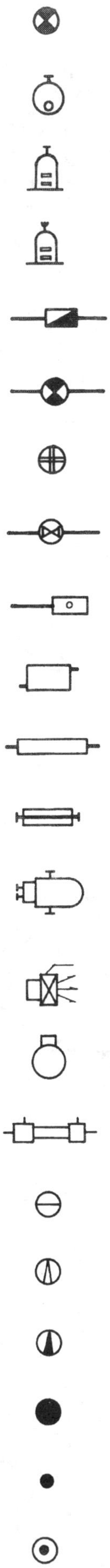

烧水锅
钢制锅炉
铸铁热水炉
铸铁蒸汽锅炉
水表井
渗水井
水源井
闸阀框
化粪池
柱式散热器
光管散热器
翼片式散热器
预热器
暖风机
压缩机
热交换器
无磨砂玻璃万能型（工厂罩）灯具
珐琅质深照型灯具
镜面深照型灯具
乳白玻璃圆球罩
局部照明装置
搪瓷伞形罩（铁盆罩）

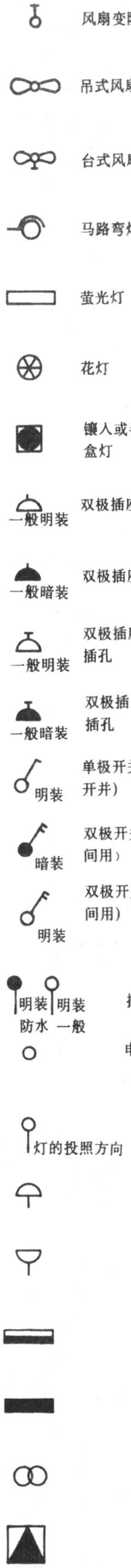

风扇变阻开关
吊式风扇
台式风扇
马路弯灯
萤光灯
花灯
镶入或半镶入式盒灯
一般明装 双极插座
一般暗装 双极插座
一般明装 双极插座带接地插孔
一般暗装 双极插座带接地插孔
明装 单极开关（搬把开并）
暗装 双极开关（楼梯间用）
明装 双极开关（楼梯间用）
明装 防水 明装 一般 拉线开关
电杆
灯的投照方向 带灯具的电杆
电铃
蜂鸣器
配电箱（或盘）（动力或照明）
工作照明分配电箱
变压器
变电所

作为专业的室内设计师，必须配备全套的制图工具，建立功能合理、实用舒适的制图环境（绘图室或绘图工作台面）。

1 绘图工作室

绘图工作室按使用功能，分为制图空间和图纸资料存放空间两个部分。两部分应有机联系，以工作顺手、拿取方便为宜。制图空间以制图桌为中心，设置各类附属设备。图纸资料存放空间，以能存放各种规格图纸及资料的贮存柜架为主。

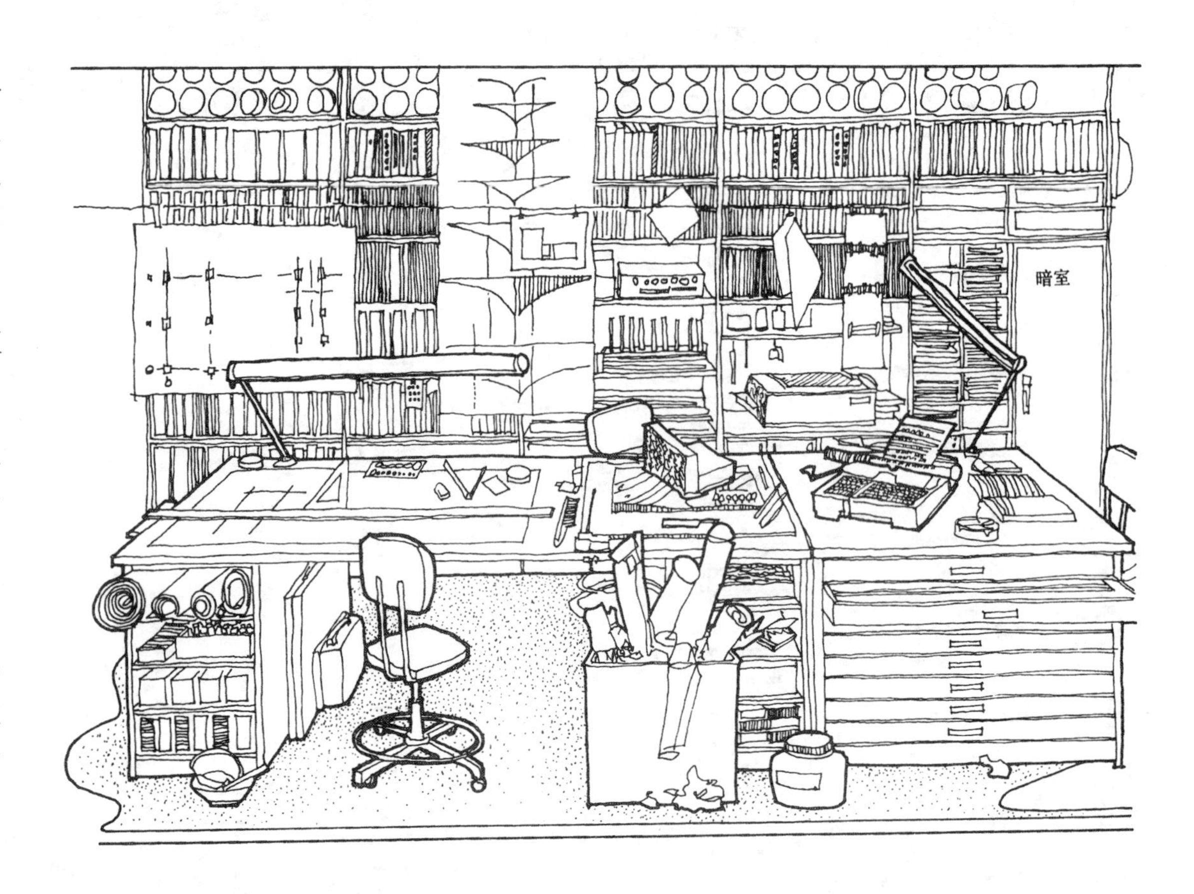

2 常用绘图工具及其在作图时的置放

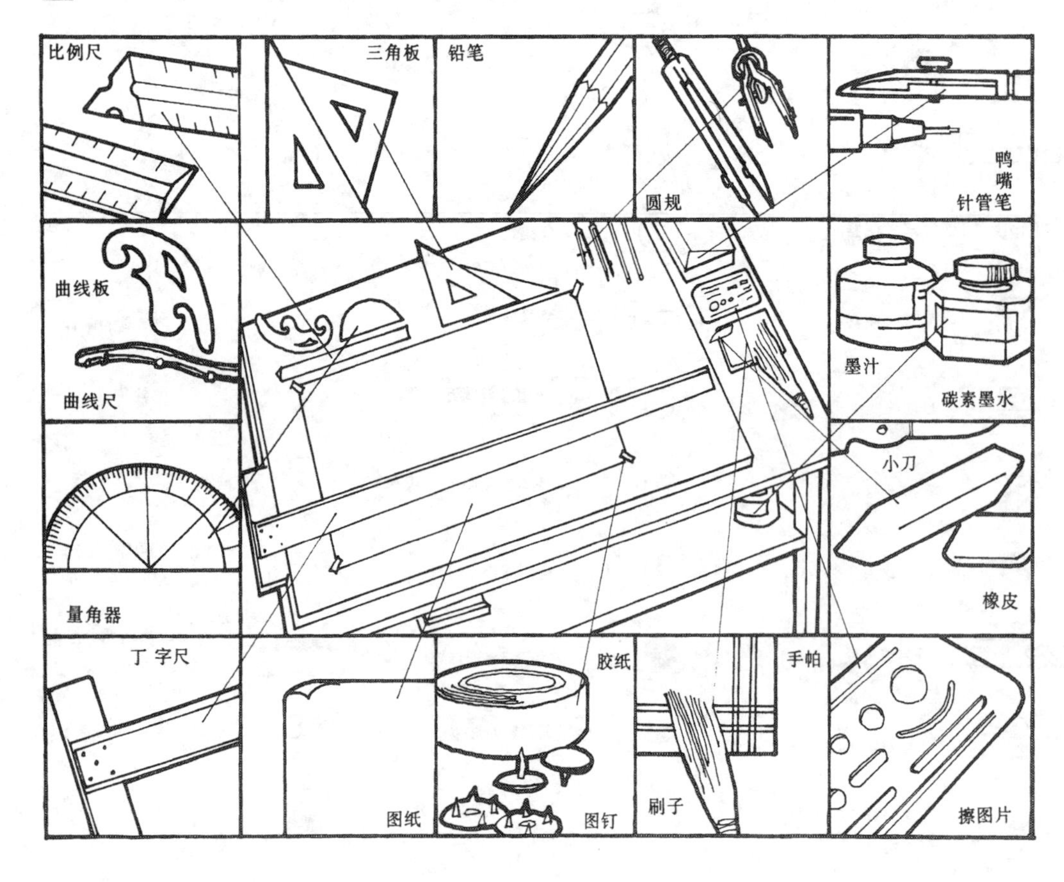

3 绘图工作室物品种类

- 可调角度绘图工作台面
- 卷式图柜
- 全开纸存放柜
- 16 开立式文件资料抽屉
- 薄型笔类仪器抽屉
- 颜料杂品柜
- 橡胶刀刻工作台面
- 软木贴图板面
- 工作进度表格
- 工作台灯
- 旋转升降式工作椅
- 废纸桶
- 图纸架
- 图纸桶
- 资料架
- 绘图仪器架
- 材料样品架
- 手提式图纸箱
- 肩背式图筒
- 幻灯放映屏幕

Ⅰ 工具种类

最基本的传统制图工具

- 图板
- 图纸
- 拷贝台
- 丁字尺
- 三角板
- 圆规
- 分规
- 量角器
- 比例尺
- 曲线板、尺
- 直尺
- 铅笔
- 直线笔
- 碳素墨水
- 橡皮
- 擦图片
- 图钉
- 胶纸
- 胶水
- 毛刷
- 裁剪刀
- 钉书器
- 钢卷尺
- 刮刀片

先进的现代制图工具

- 针管式绘图笔
- 专用绘图墨水
- 专用洗笔器
- 专用笔架
- 专用描图纸
- 专用模板
- 不干胶转移印刷字膜
- 滑轮轴承钢丝直线尺
- 可调角度三角板
- 爪型自动铅笔
- 无反光专用绘图铅芯
- 专用刮刀
- 电动橡皮
- 电动铅笔磨削器
- 各式专用胶条
- 专用涂改液
- 图面清洁袋
- 打字机
- 复印机
- 小型晒图机
- 幻灯机
- 电子计算机绘图系统

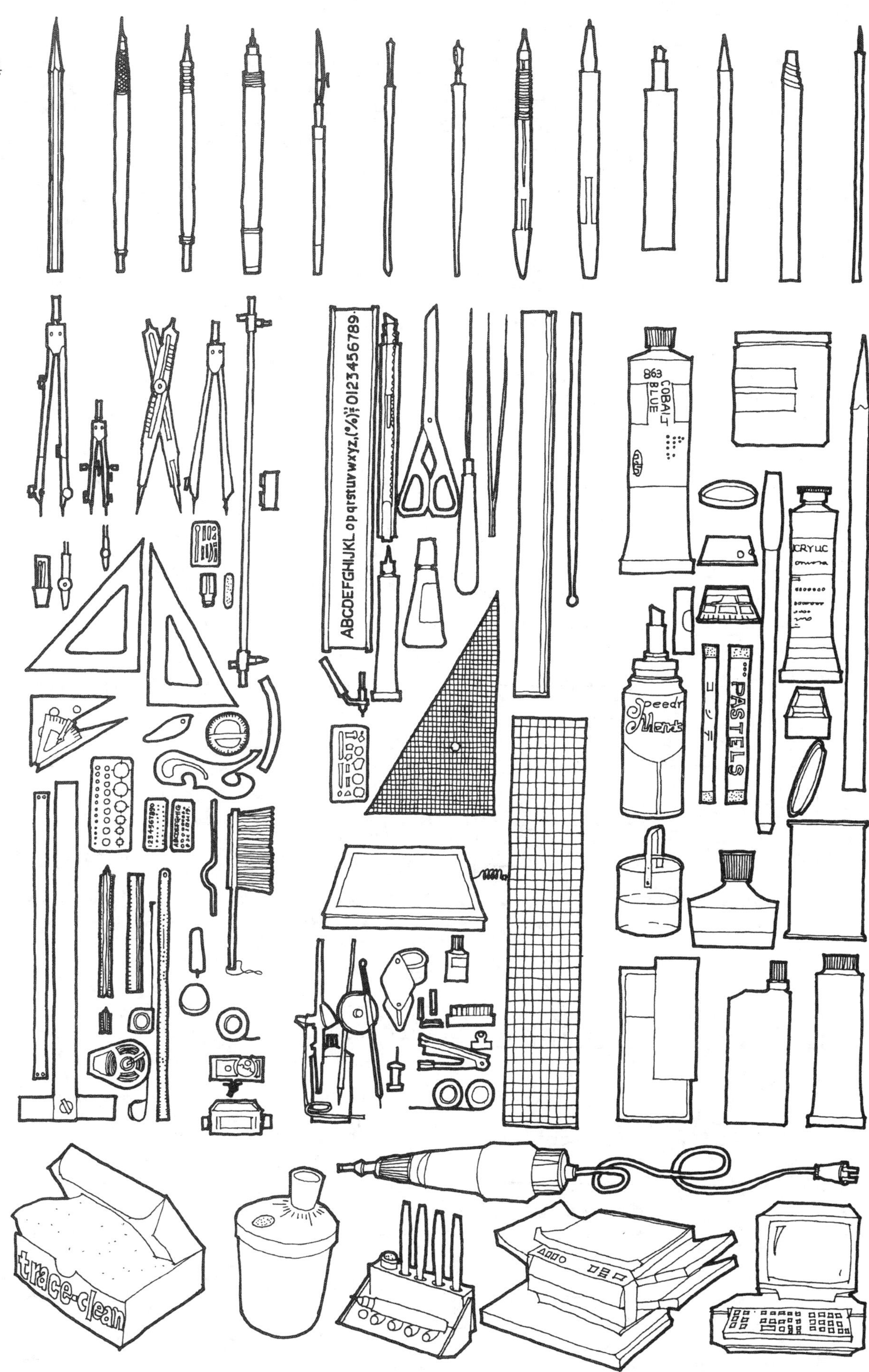

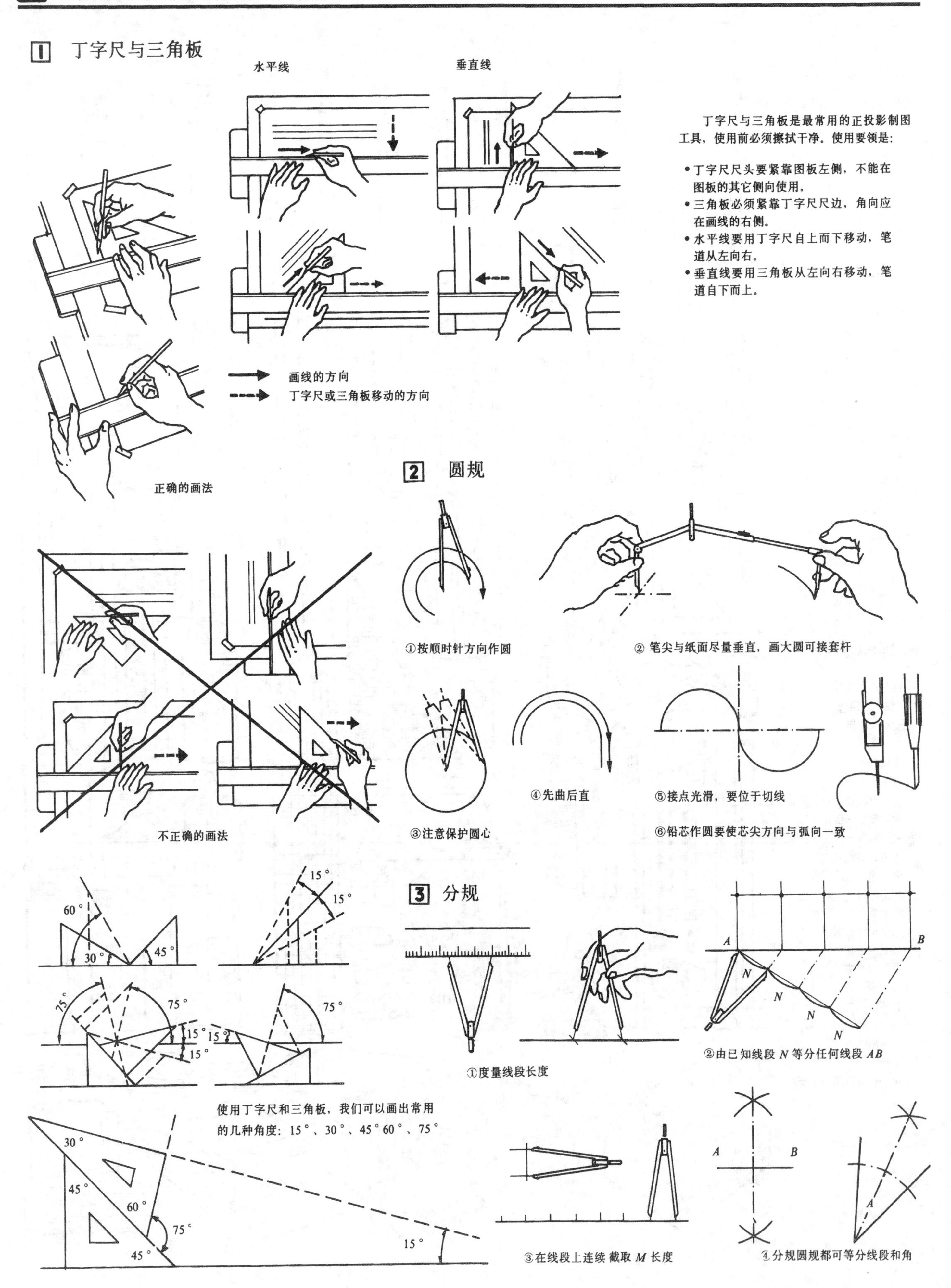

丁字尺与三角板是最常用的正投影制图工具，使用前必须擦拭干净。使用要领是:

- 丁字尺尺头要紧靠图板左侧，不能在图板的其它侧向使用。
- 三角板必须紧靠丁字尺尺边，角向应在画线的右侧。
- 水平线要用丁字尺自上而下移动，笔道从左向右。
- 垂直线要用三角板从左向右移动，笔道自下而上。

使用丁字尺和三角板，我们可以画出常用的几种角度：15°、30°、45°60°、75°

4 比例尺

三棱尺有六种比例刻度，片条尺有四种，它们还可以彼此换算。

比例尺上刻度所注的长度，代表了要度量的实物长度，如 1:100 比例尺上1cm 的刻度，代表了 1m 长的实物，因为实际尺上的长度只有 10mm 即 1cm，所以用这种比例尺画出的图形上的尺寸是实物的百分之一，它们之间的比例关系是 1:100。

各类建筑图样常用比例尺举例

图样名称	比 例 尺	代表实物长 度	图面上线段长 度
总平面或地段图	1:1000 1:2000 1:5000	100 (m) 500 (m) 2000 (m)	100 (mm) 250 (mm) 400 (mm)
平面、立面、剖面图	1:50 1:100 1:200	10 (m) 20 (m) 40 (m)	200 (mm) 200 (mm) 200 (mm)
细部大样图	1:20 1:10 1:5	2 (m) 3 (m) 1 (m)	100 (mm) 300 (mm) 200 (mm)

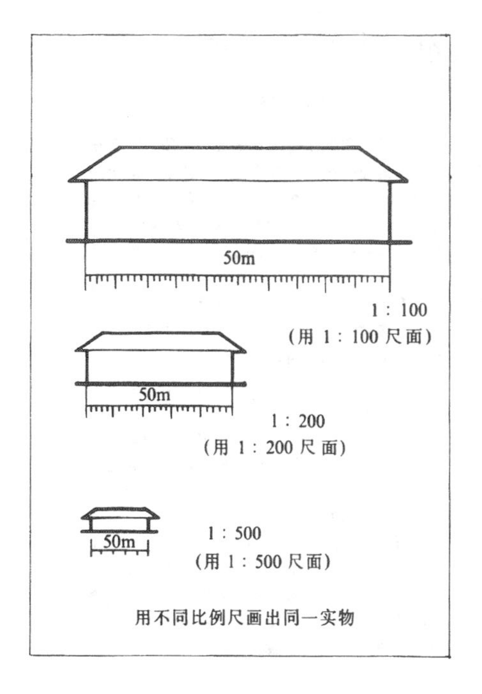

用不同比例尺画出同一实物

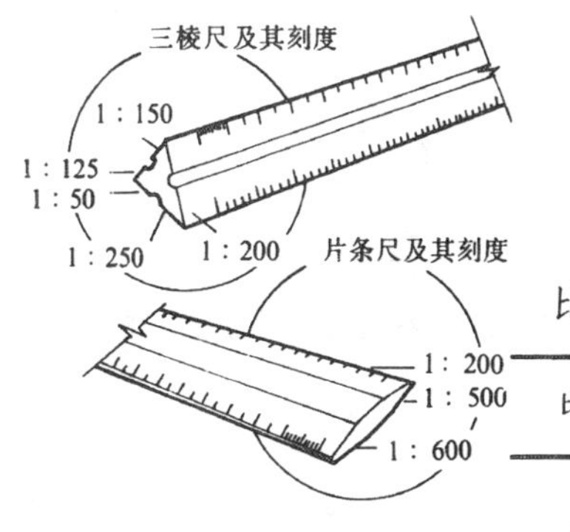

比例尺尺面换算举例

比 例 尺	比例尺上读数	代表实物长度	换算比例尺	比例尺上读数	代表实物长度
1:100	1 (m) 尺面读数 实际长度 10 (mm)	1 (m)	1:1000 1:500 1:200	1 (m) 1 (m) 1 (m)	10 (m) 5 (m) 2 (m)
1:500	10 (m) 读数实长 20 (mm)	10 (mm)	1:250	10 (m)	5 (m)

5 铅笔，铅笔线

铅笔线条是一切制图的基础，通常多用于起稿和方案草图，现代新型的无反光铅芯，可以直接在描图纸上作图翻晒。

铅笔线条要求画面整洁，线条光滑，粗细均匀，交接清楚。

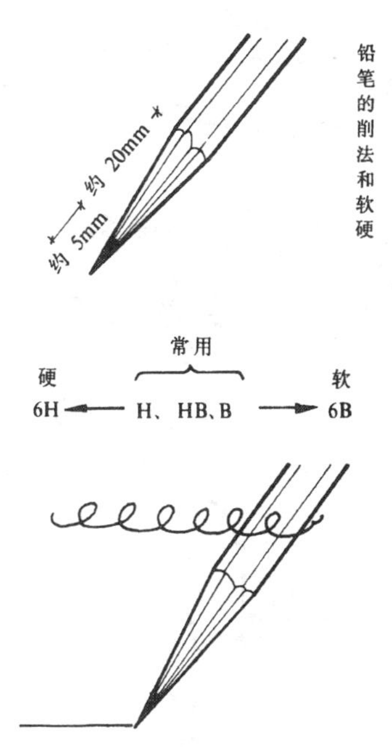

画图时转动铅笔使所作线条均匀

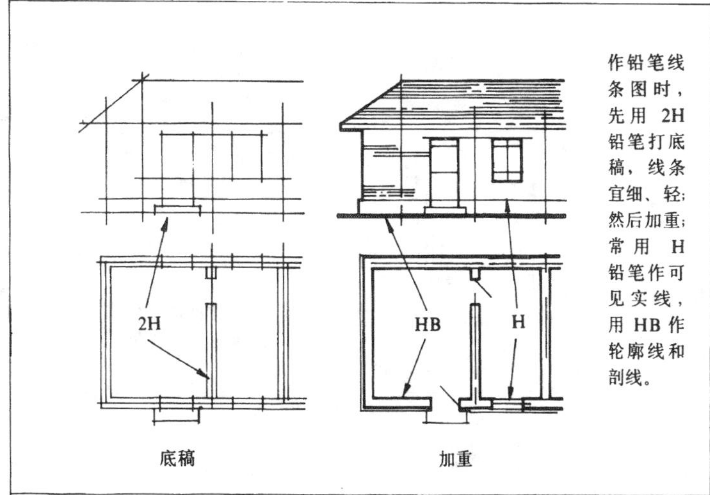

常见病例

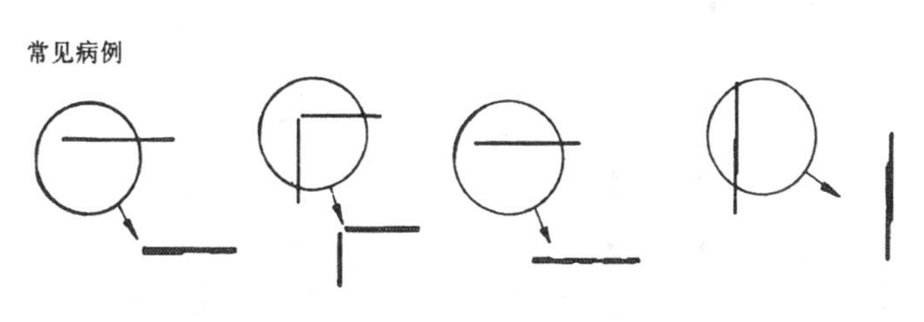

①粗细不匀　②交接不上　③线条不光滑　④重复画线未重合

先进工具的使用

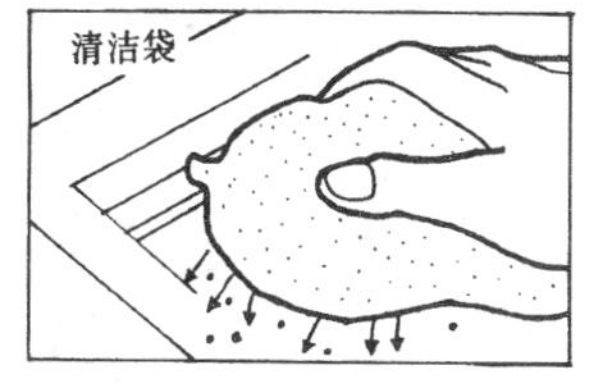

针织布口袋内装橡皮屑作成的保洁袋能有效地保持铅笔线图纸面的清洁，使用时上下拍打，橡皮屑即在纸面形成保护层。

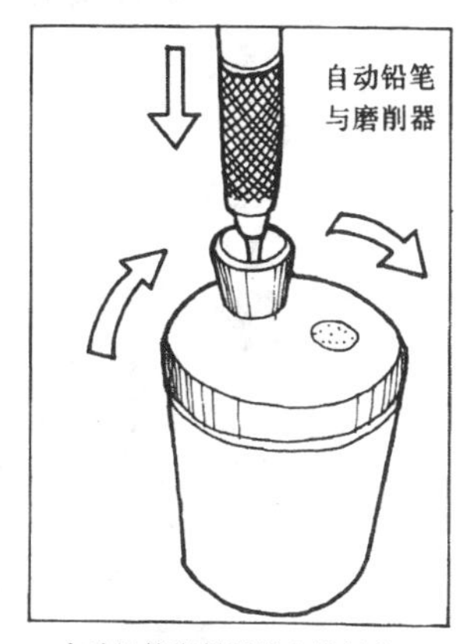

自动铅笔磨削器削出的铅芯，粗细均匀，画出的线条规格标准。

6 直线笔、针管笔和墨线线条

直线笔用墨汁或绘图墨水，色较浓，所绘制的线条亦较挺，针管笔用碳素墨水，使用较方便，线条色较淡。质量较高的 Rotring, Staed-tler, Faber-Castell 针管笔，线条基本上可达到直线笔的水平，但必须与专用墨水配套使用。

直线笔又名鸭嘴笔，使用时要保持笔尖内外侧无墨迹，以免洇开，上墨水量要适中，过量易滴墨，过少易使线条干湿不均匀。

直线笔与针管笔画线，笔尖正中要对准所画线条，并与尺边保持一微小的距离。运笔时要注意笔杆的角度，不可使笔尖向外斜或向里斜，行进的速度要均匀。此外，还要注意笔尖上墨后要揩擦干净，上墨量要适当，线条交接处要准确、光滑。

直线笔、针管笔作图顺序：

先上后下，丁字尺一次平移而下；先左后右，三角板一次平移；先曲后直，用直线容易准确地连接曲线；先细后粗，粗墨线不易干，要先画细线才不影响绘图进度。

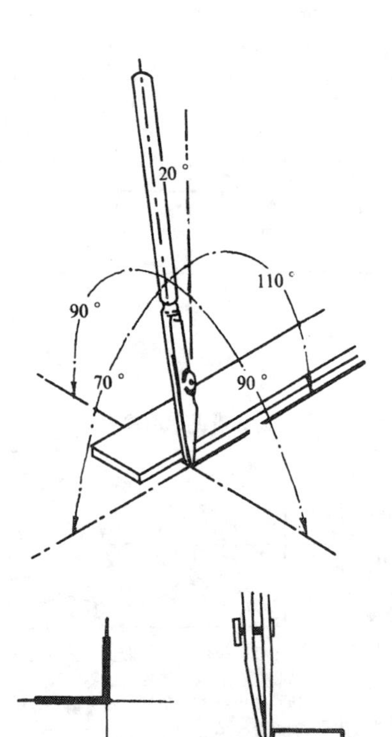

正确的画法

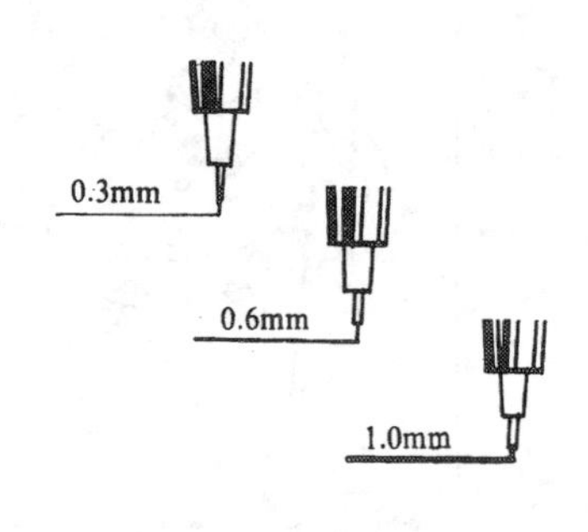

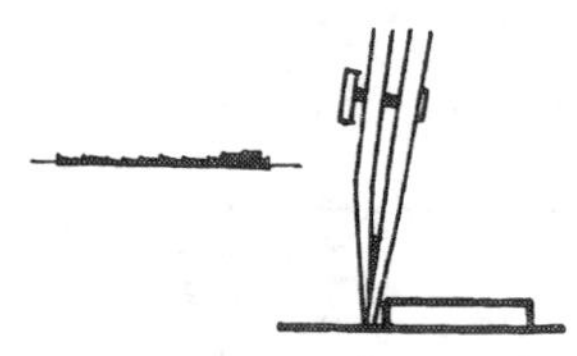

笔尖外斜，接触纸面不平，线条如锯齿

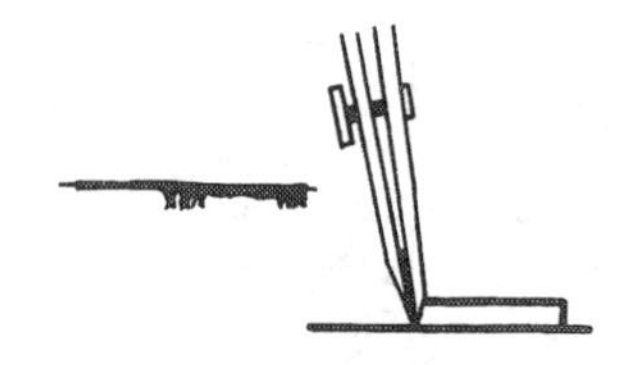

笔尖内斜，墨水浸入尺下洇开

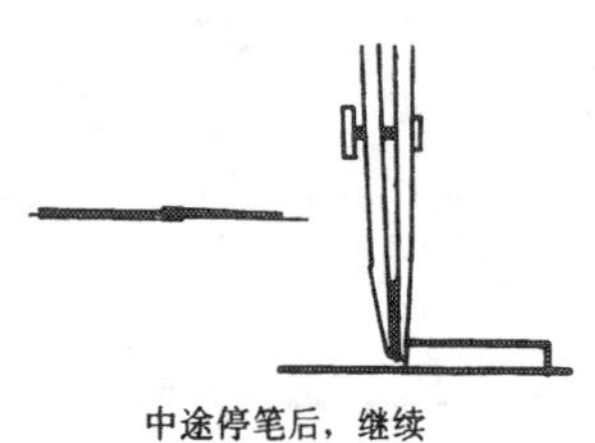

中途停笔后，继续画线接头不准确

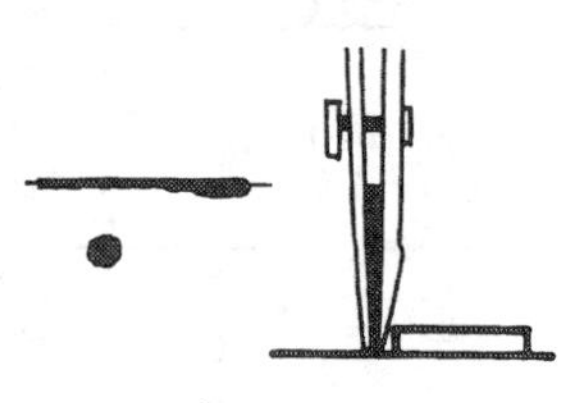

一次上墨过多，易滴墨或洇开

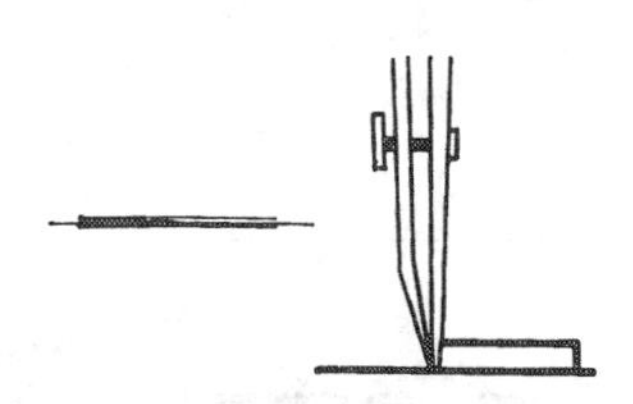

墨水过少，线条变细，乃至不出水

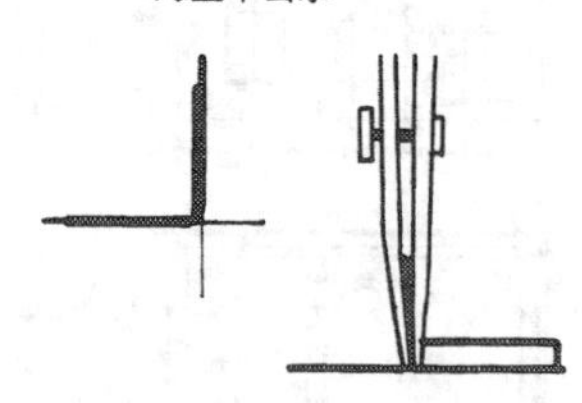

粗线条交接处，转角秃钝、交接不明确

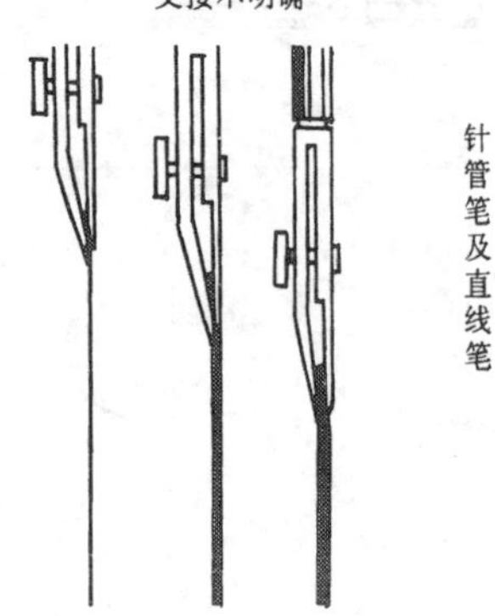

针管笔及直线笔

7 模板使用

使用各种类型模板，能提高制图效率。使用时要注意与其它工具的配合，否则易产生错位和墨水渗洇的毛病。

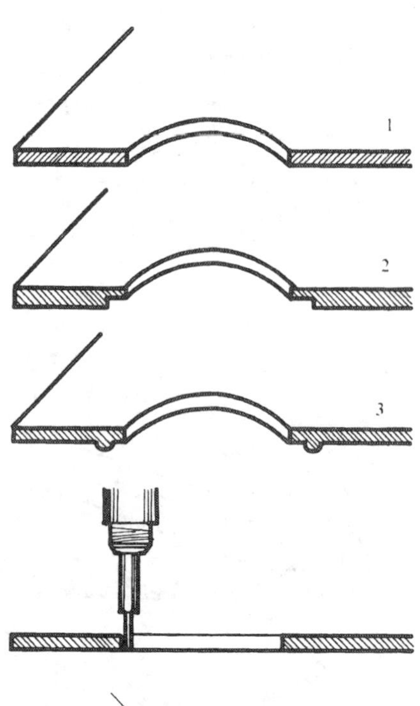

模板的三种类型

成品模板有三种类型：2 型和 3 型比较实用，墨水不易洇渗；3 型以点状接触图面，不易污损。

运笔

笔尖与纸面垂直成 90°，紧贴模板内沿均匀画线。

圆孔板使用

画圆形时，应在图面上先画好十字线，然后将模板上的座标线对准十字线就位后，再行画线。

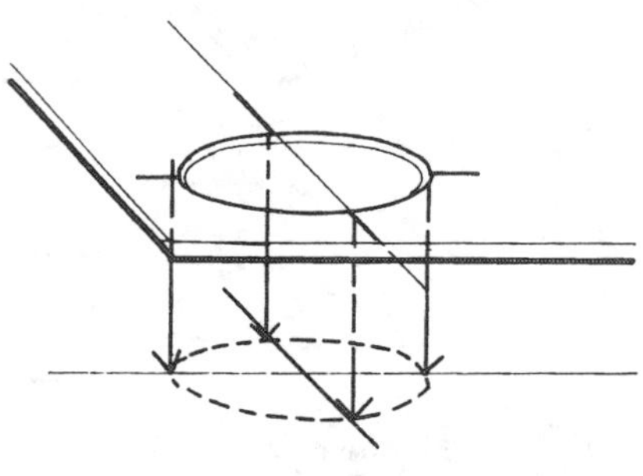

8 贴片字膜

当代复印技术、不干胶转移印刷字膜及专用胶纸成品正越来越广泛地应用于制图。使用这些工具能够成倍地提高效率，但代替不了设计师手绘线条的基本功训练。

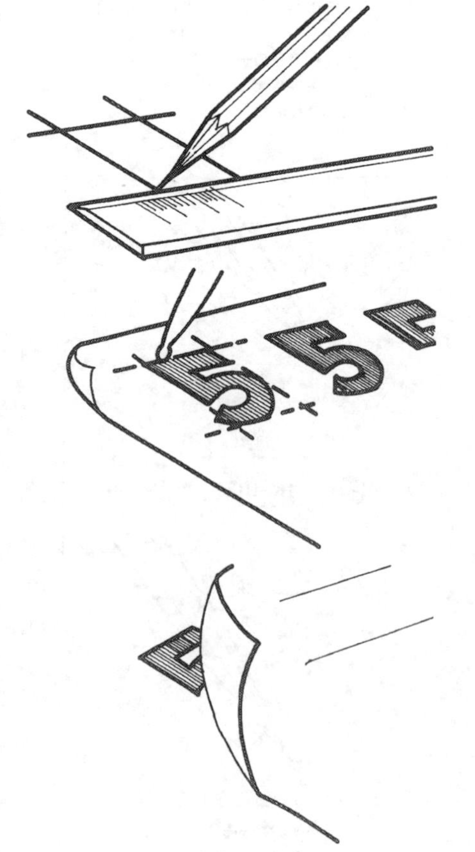

贴片字模转移印字具有作图迅速，字体统一、整齐的优点。

转印前应先用铅笔轻轻画出位置。

左手固定字模底，右手用球状笔杆或专用压笔，均匀地用力画遍字体的每个部位。

轻揭表层纸面，字体即转移印在图纸上。

1 文字与数字的书写

大标题可用正楷、隶书或美术字，一般中文字应采用仿宋体书写，并应采用国家公布实施的简化汉字。

b/4~h/3　b　b　h　h/3　h

文字、数字的大小和使用范围

<table>
<tr><td>字号</td><td>20</td><td>14</td><td>10</td><td>7</td><td>5</td><td>3.5</td><td>2.5</td></tr>
<tr><td>h(mm)</td><td>20</td><td>14</td><td>10</td><td>7</td><td>5</td><td>3.5</td><td>2.5</td></tr>
<tr><td rowspan="2">一般使用范围</td><td colspan="2" rowspan="2">14~20号
标题页或封面中的"工程总称"及"项目"等(必要时，字体可再放大)</td><td colspan="2">7~10号
各种图样的标题</td><td colspan="2">3.5~5号
1.详图的数字标题
2.标题后的比例数字
3.各种图样中的总尺寸及剖面代号
4.一般说明文字</td><td></td></tr>
<tr><td></td><td colspan="2">5~7号
1.表格的名称
2.详图及附注的标题</td><td colspan="2">2.5~3.5号
一般尺寸、标高及其它数字</td></tr>
</table>

仿宋字练习一二三四五六七
丁戊己庚辛东西南北内外上
面总图灰沙泥瓦石木混凝土
电力照明分配排水卫生供热
声比例公尺分厘毫米直半径

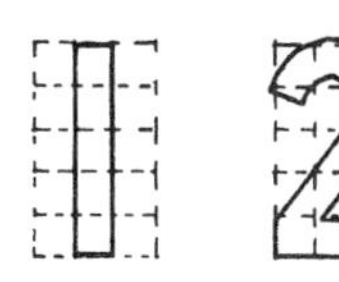
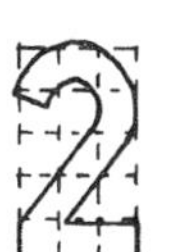

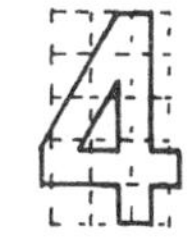
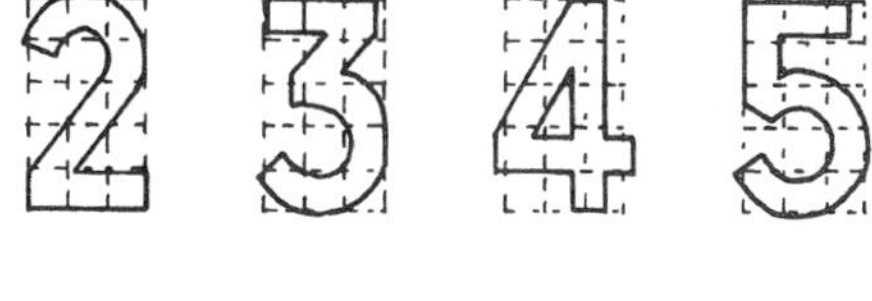

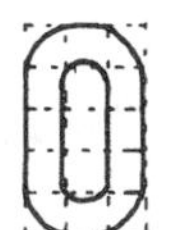

数字字型

在图面上常采用阿拉伯字母，字体可直写也可 75° 斜写。数字 1 比其它 9 个数字的笔划少字型窄，它所占的字格宽度小于其它字型。

2 制图常用仿宋字写法

名称	笔划	要点	名称	笔划	要点
横	三平一	横以略斜为自然，运笔时应有起落，顿挫棱角一笔完成	横钩	序安欠	由两笔组成，末笔笔锋应起重落轻钩尖如针
竖	上十下	竖要垂直，运笔同横	弯钩	尤武心地	由直转弯，过渡要圆滑
撇	先今方	撇应同字格对角线基本平行，运笔时起笔要重，落笔要轻	挑	北求均	起笔重，落笔尖细如针
捺	大来延	捺也应同字格对角线基本平行，运笔时起笔要轻，落笔要重，与撇正好相反	点	热沙立	
竖钩	才剖倒	竖要挺直，钩要尖细如针			

美国全国标准字母写法

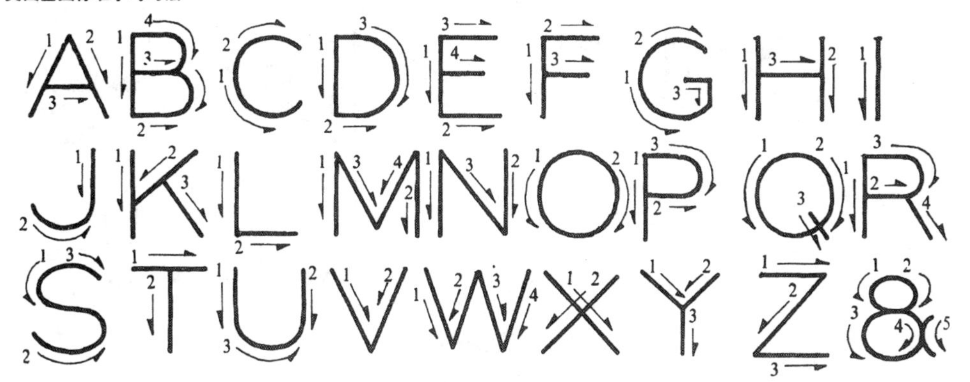

现代化建筑
仿宋字

现代化建筑
宋体字

现代化建筑
黑体字

透视效果图是一种将三度空间的形体转换成具有立体感的二度空间画面的绘图技法，它能将设计师预想的方案比较真实地再现。

透视效果图的技法源于画法几何的透视制图法则和美术绘画基础。

透视制图:

掌握基本的透视制图法则，是绘制透视效果图的基础。

作为室内设计经常使用的透视图画法有以下几种。

一点透视:

一点透视表现范围广，纵深感强，适合表现庄重、严肃的室内空间，缺点是比较呆板，与真实效果有一定距离。

二点透视:

二点透视图面效果比较自由、活泼，反映空间比较接近于人的真实感觉。缺点是角度选择不好，易产生变形。

轴测图:

能够再现空间的真实尺度，并可在画板上直接度量，但不符合人眼看到的实际情况，感觉别扭，严格地讲不属于透视的范围。

俯视图:

这是一种将视点提高的画法，便于表现比较大的室内空间群体，可采用一点、二点或三点透视作图。

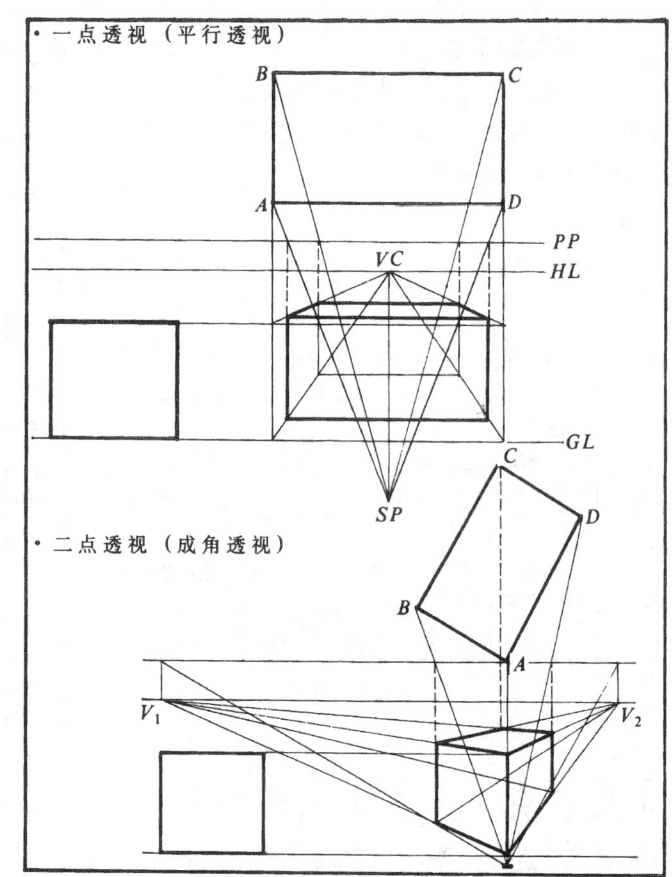

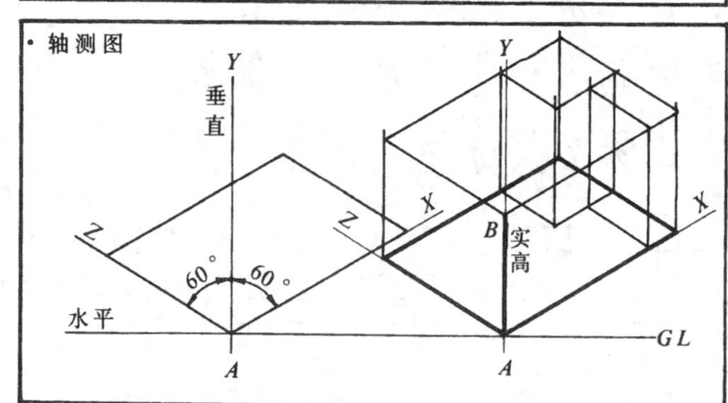

Ⅰ 透视基本原理

概念解释（术语）:

1.立点 *SP*

也称停点，是作画者停立在某点不动而画之意。

2.视点 *EP*

作画者眼睛的位置。

3.视高 *EL*

从视点 *EP* 到立点的地面点为视高，视高一般与视平线同高。

4.视平线 *HL*

视平线必定通过视中心并与视点同高。

5.灭点 *VP*

从作画者一直延伸到视平线上，通过物体的所有视线的交叉点（消失点）称灭点。

6.画面 *PP*

物体与作画者之间的位置。

7.测点 *M*

也称量点，求透视中物体长、宽、高的测量点。

8.中央视线 *CVR*

从视点到视中心的线称中央视线。

9.基点 *GLP*

从视中心垂直到画面底线相交的点为基点。

10.基线 *GL*

画面底线为基线。

视觉安定区域:

根据人眼的生理条件，视觉区域最佳夹角一般不小于 60°，*M* 点的确定与视距有关，*M* 点距视中心越近，物体透视缩减，显得不稳定；*M* 点距视中心越远，则感觉相对稳定。

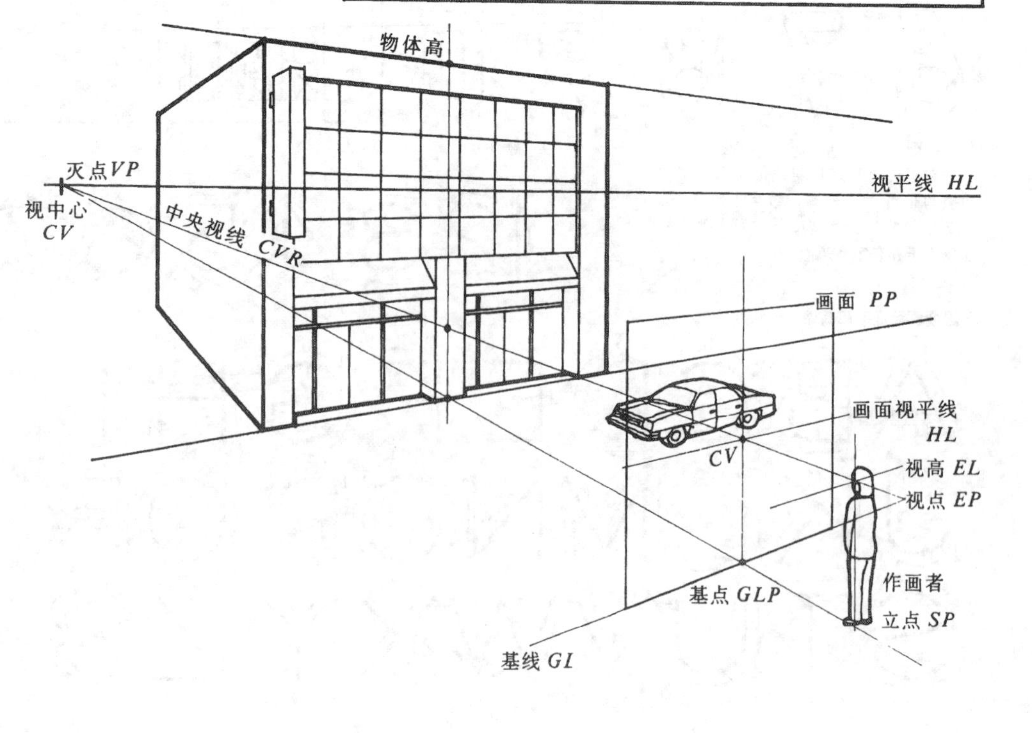

2 不同视高、视距、视角的室内透视

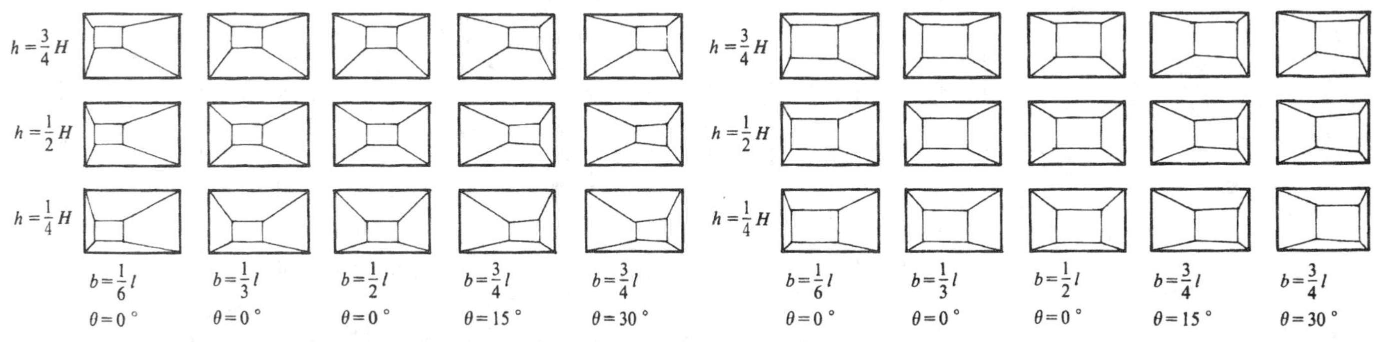

H 为室内高度；h 为视高；l 为室内宽度；b 为视点离侧墙之距离；θ 为画面与端墙之夹角。

3 透视作图初步

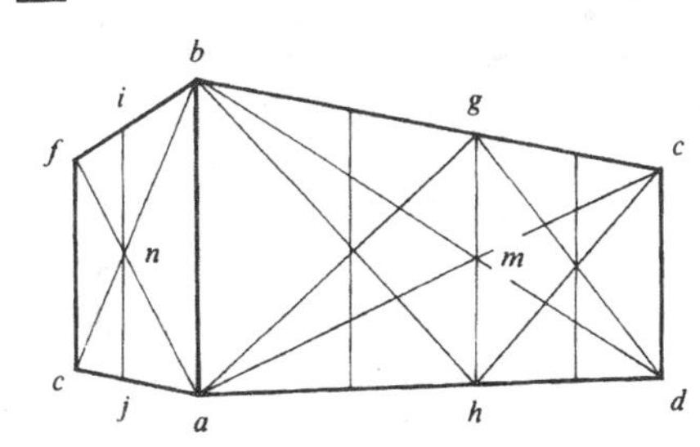

1.作对角线 ac、bd 及 af、bc，得中点 m 及 n。
2.过 m 及 n 作 gh 及 ij，皆平行于 ab，即等分线。
3.同理可得□$abgh$ 等分线。

利用对角线分割已知透视面$a\ b\ c\ d$

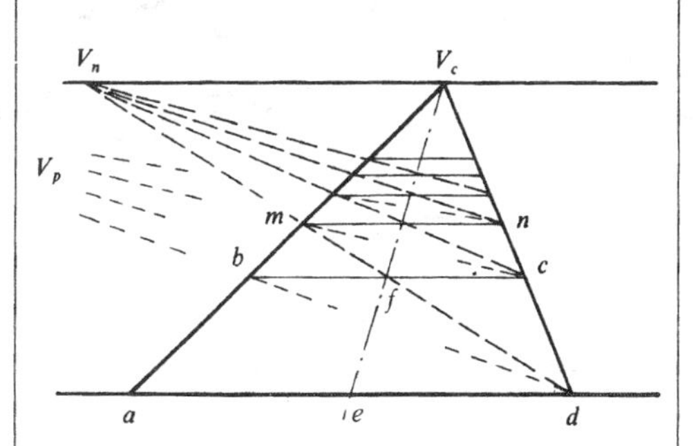

1.连灭点V_n与 ad 的中点 e，并交 bc 于 f。
2.连 df，交 ab 的延长线于 m，$bmnc$ 即所求透视平面。
3.连 df 或 ab，交视平线于 V_n 或 V_p，亦可用 V_n 或 V_p 求得透视平面。

利用中线作已知透视平面 $a\ b\ c\ d$的相等透视平面

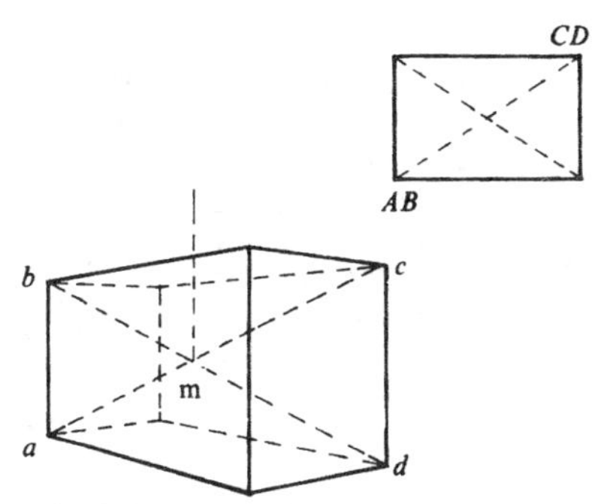

1.连对角线 ac、bd 得中点 m，即所求形体中心。
2.过 m 作垂线即形体的垂直中线。

利用对角线求透视形体中心

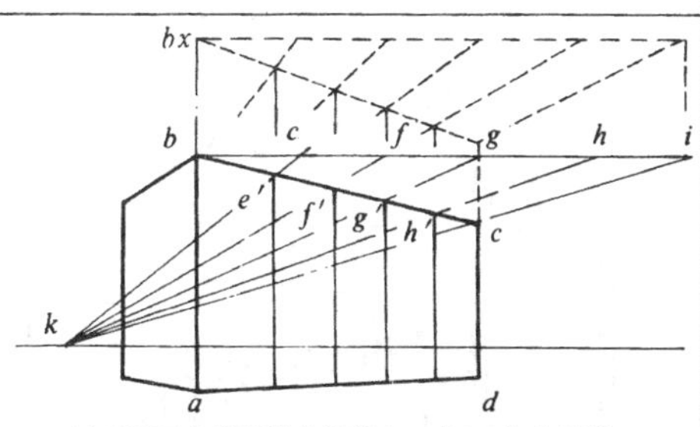

1.过透视图中真高线上任意点 b 或 bx 作水平线，并将立面的实际分割比例标在此线上。
2.连 ic，并将其延长交于视平线上一点 k。
3.k 与 e、f、g 及 h 的连线交 bc 于 e'、f'、g' 及 h'，即可求得分割线。

利用辅助灭点分割已知透视面 $abcd$

1.将立面的实际分割比例标在透视立面的任意垂线上（$ce:ef:fg:gd=DE:EF:FG:GA$）
2.连灭点与分割点 e、f 及 g 等，各与透视立面的对角线 ac 交于 e'、f' 及 g'，即可求得分割线。

利用对角线分割已知透视面 abcd

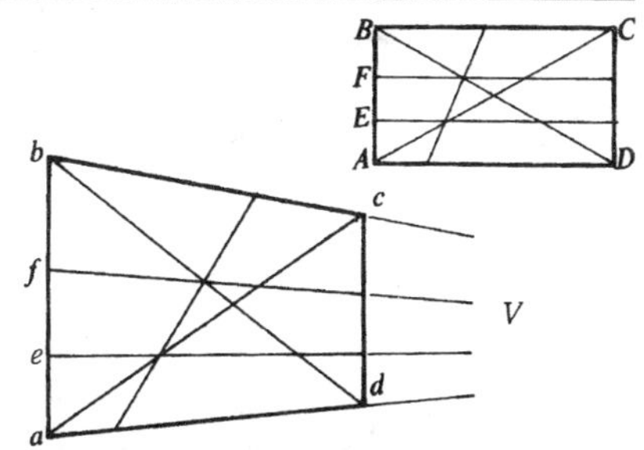

1.连对角线 ac 及 bd，并在 ab 上量对角线与倾斜线交点高度，得 e、f 二点。
2.自 e、f 向灭点作直线与各对角线相交，其交点的连线即所求倾斜线。

求透视面上的任意倾斜线

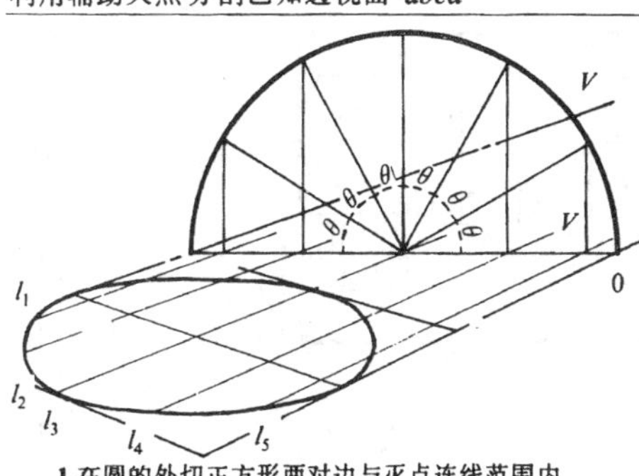

1.在圆的外切正方形两对边与灭点连线范围内作任意平行于画面的直线 ce。
2.等分以 ce 为直径的半圆，并垂直投射在 ce 上。
3.连灭点与 ce 上各点，并交圆弧于 l_1、l_2……即所求等分点。

等分已知透视圆弧

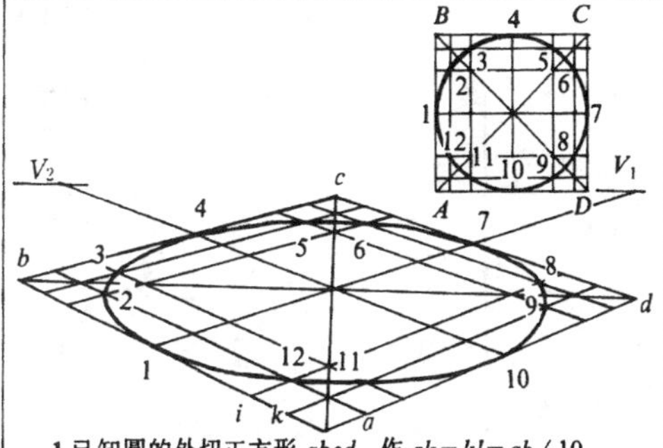

1.已知圆的外切正方形 $abcd$，作 $ak=kl=ab/10$。
2.自 k、l 向 V_1 作直线与二对角线相交。
3.自交点向 V_2 作直线与对角线再相交。
4.连各组直线的对应交点 1、2……，即圆的透视图形。

圆的透视图形

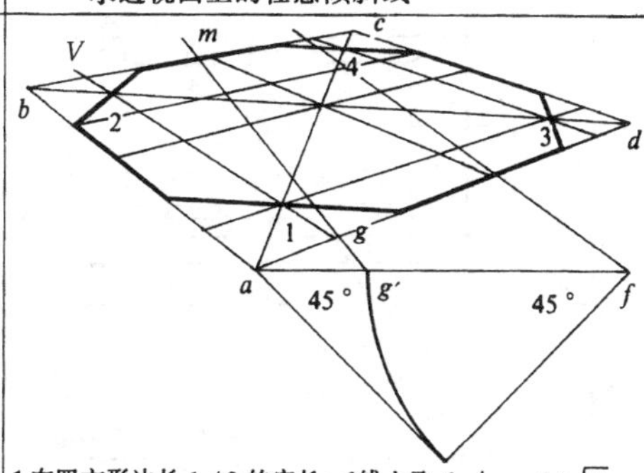

1.在四方形边长 1/2 的实长 af 线上取 $fg'=af/\sqrt{2}$。
2.在 ad 上求 ag' 的透视长度 ag''。
3.连 g'' 与 ab 边的灭点，交对角线于 1 及 2，并依次求得 3 及 4 点。
4.1、3 及 2、4 分别与对角线的灭点相连，即所求八边形。

求四方形的内切正八边形

4 平行透视（1点）

1.这是一种简易的室内平行透视画法。

首先按实际比例确定宽和高 ABCD。然后利用 M 点，即可求出室内的进深 AB-ab。

M 点与灭点 VP 任意定。

A-B=6m（宽）

A-C=3m（高）

视高 EL=1.6m

A-a=4m（进深）

2.从 M 点分别向 1234 划线与 A-a 相交的各点 1′2′3′4′即为室内的进深。

3.利用平行线画出墙壁与天井的进深分割线，然后从各点向 VP 引线。

4.图 3 的灭点在室内的正中央，为绝对平行透视，因此视觉感稳定。图 4 的灭点向画面左侧移位，离开正中心为相对平行透视，只要灭点不超过 2-3 的画面 1/3 范围视觉感仍较为稳定，如需要超出，请选用 2 点图法。

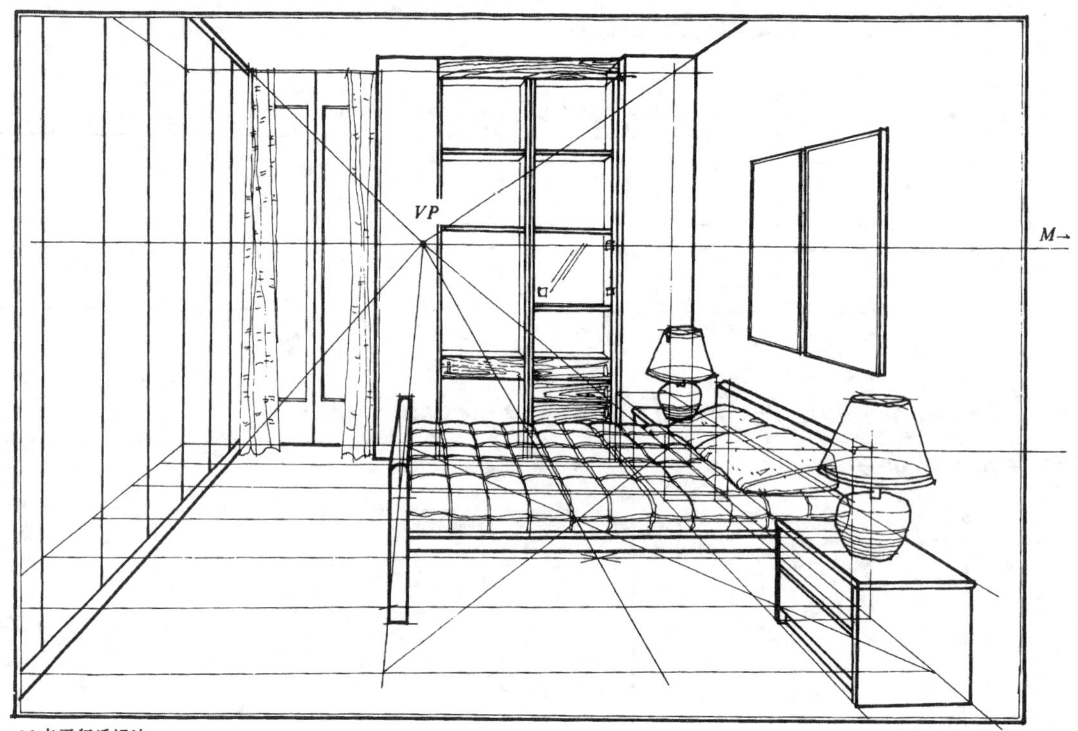

M 点平行透视法。

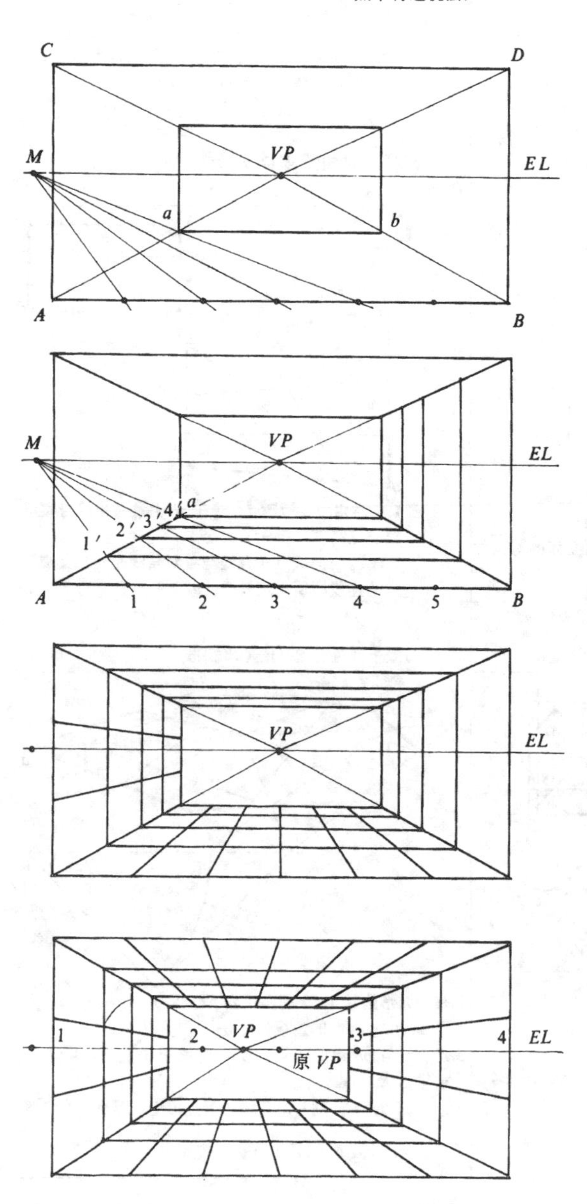

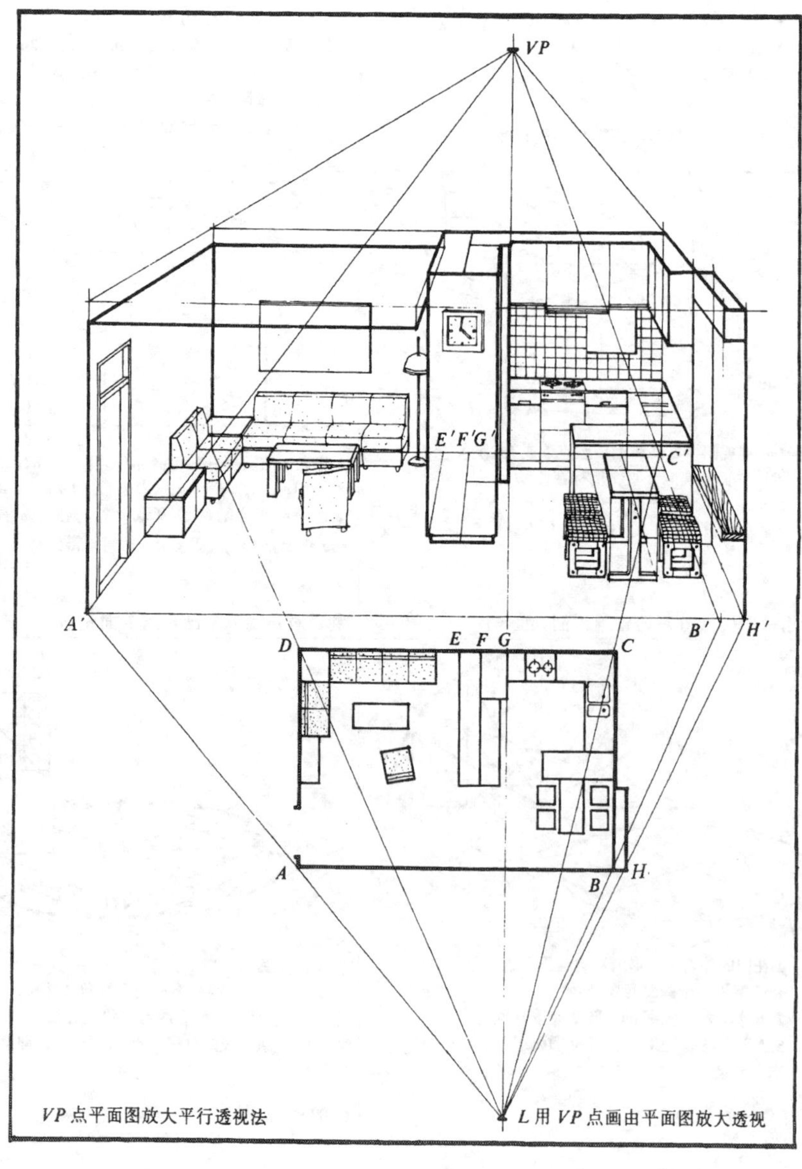

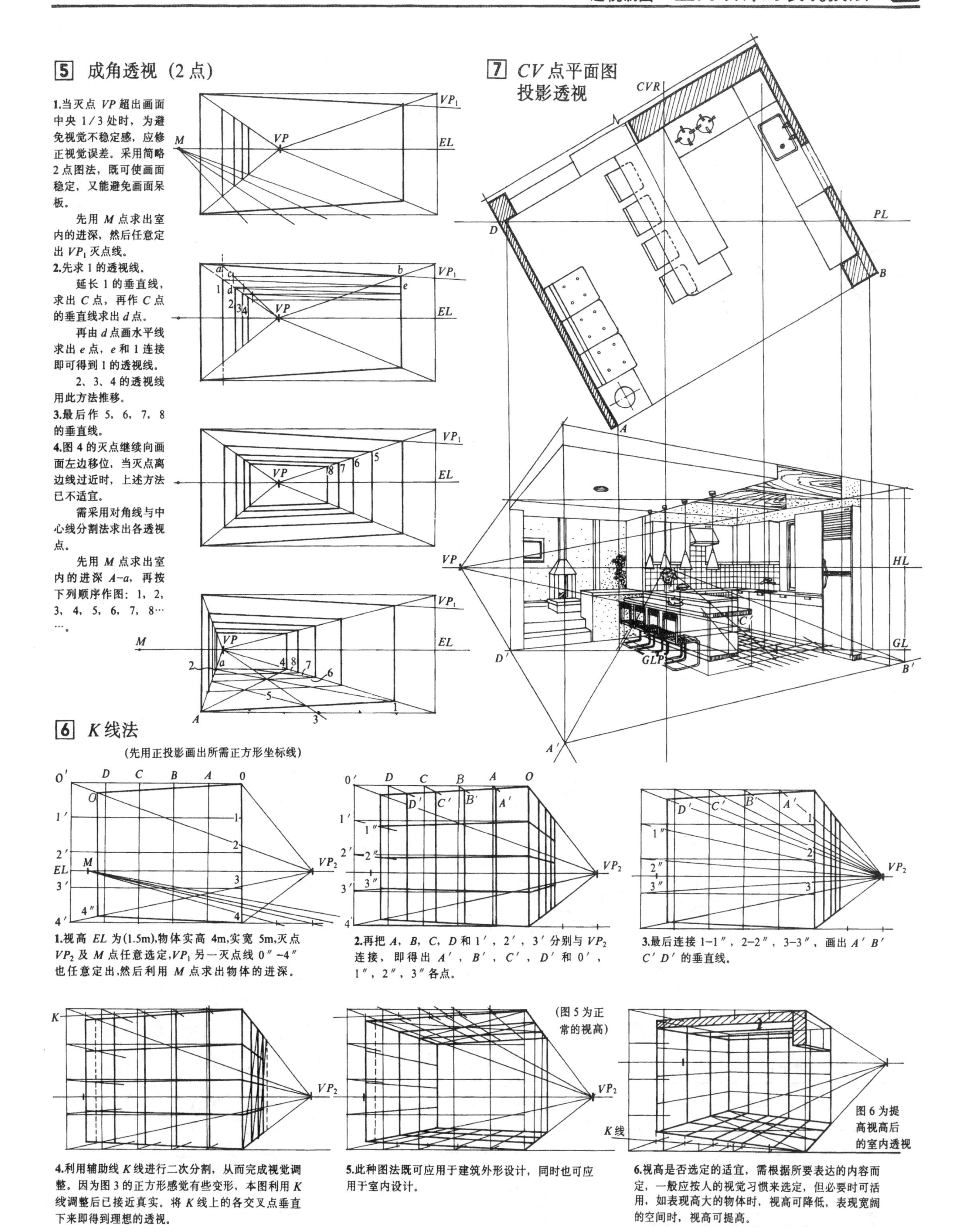

5 成角透视（2点）

1.当灭点 *VP* 超出画面中央 1/3 处时，为避免视觉不稳定感，应修正视觉误差。采用简略2点图法，既可使画面稳定，又能避免画面呆板。

先用 *M* 点求出室内的进深，然后任意定出 VP_1 灭点线。

2.先求 1 的透视线。

延长 1 的垂直线，求出 *C* 点，再作 *C* 点的垂直线求出 *d* 点。

再由 *d* 点画水平线求出 *e* 点，*e* 和 1 连接即可得到 1 的透视线。

2、3、4 的透视线用此方法推移。

3.最后作 5，6，7，8 的垂直线。

4.图 4 的灭点继续向画面左边移位，当灭点离边线过近时，上述方法已不适宜。

需采用对角线与中心线分割法求出各透视点。

先用 *M* 点求出室内的进深 *A-a*，再按下列顺序作图：1，2，3，4，5，6，7，8……。

7 *CV* 点平面图投影透视

6 *K* 线法

（先用正投影画出所需正方形坐标线）

1.视高 *EL* 为(1.5m)，物体实高 4m，实宽 5m，灭点 VP_2 及 *M* 点任意选定，VP_1 另一灭点线 0″–4″ 也任意定出，然后利用 *M* 点求出物体的进深。

2.再把 *A*，*B*，*C*，*D* 和 1′，2′，3′ 分别与 VP_2 连接，即得出 *A*′，*B*′，*C*′，*D*′ 和 0′，1″，2″，3″ 各点。

3.最后连接 1–1″，2–2″，3–3″，画出 *A*′ *B*′ *C*′ *D*′ 的垂直线。

4.利用辅助线 *K* 线进行二次分割，从而完成视觉调整。因为图 3 的正方形感觉有些变形，本图利用 *K* 线调整后已接近真实。将 *K* 线上的各交叉点垂直下来即得到理想的透视。

5.此种图法既可应用于建筑外形设计，同时也可应用于室内设计。

（图 5 为正常的视高）

6.视高是否选定的适宜，需根据所要表达的内容而定，一般应按人的视觉习惯来选定，但必要时可活用，如表现高大的物体时，视高可降低，表现宽阔的空间时，视高可提高。

图 6 为提高视高后的室内透视

8 轴测正投影

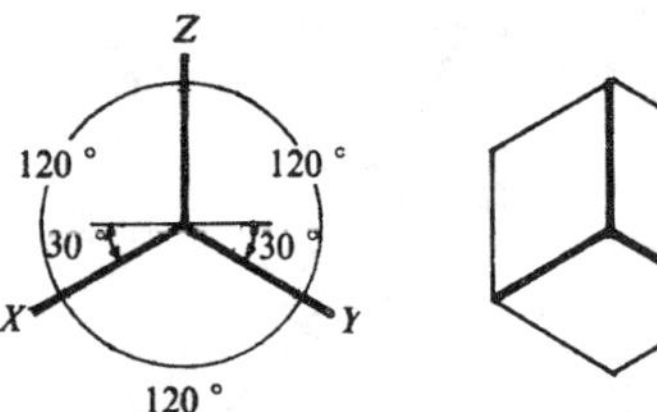

(a) 仰视

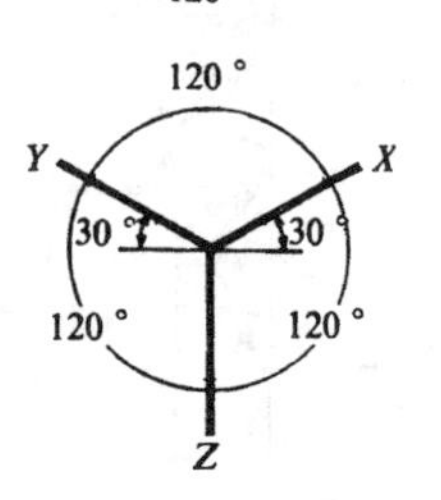

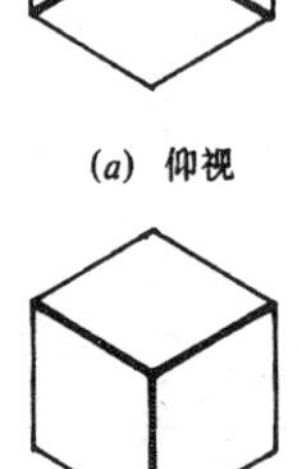

(b) 俯视

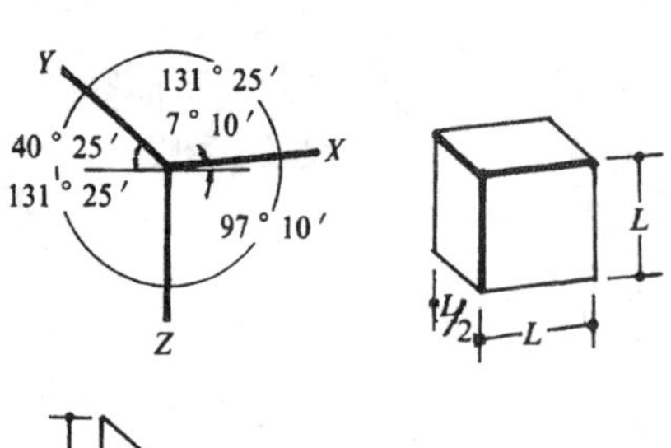

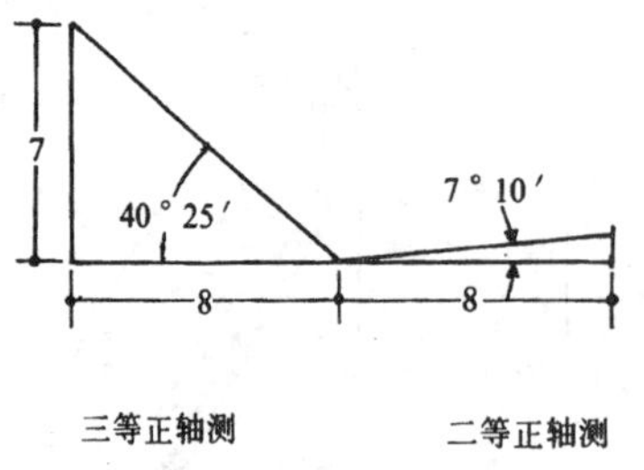

三等正轴测　　二等正轴测

9 轴测斜投影

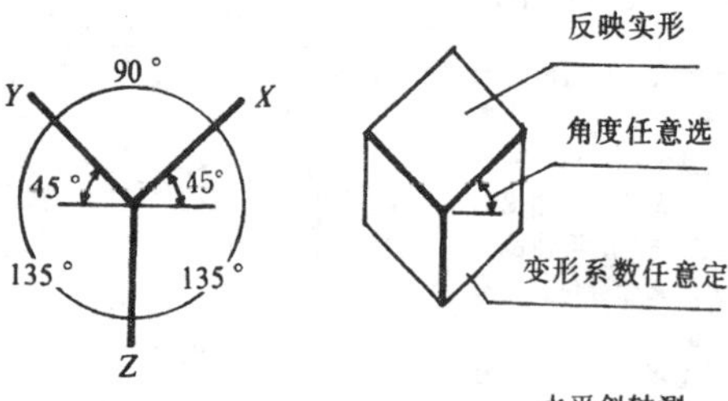

水平斜轴测

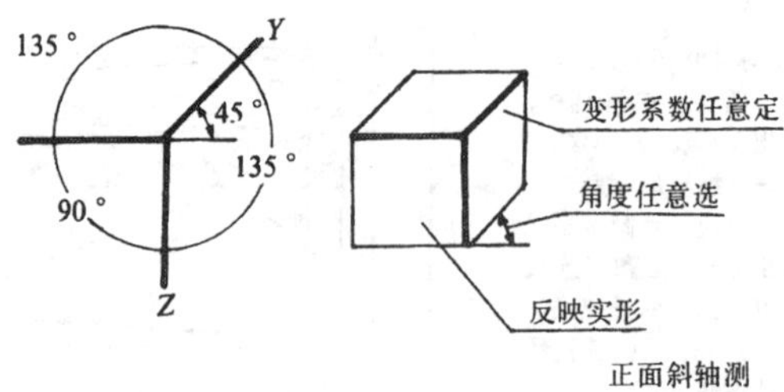

正面斜轴测

10 轴测图作图步骤

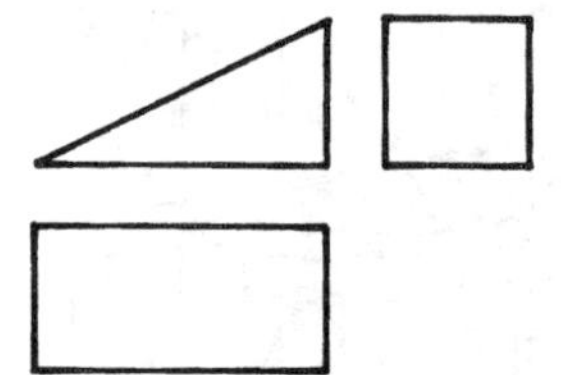

三面正投影图

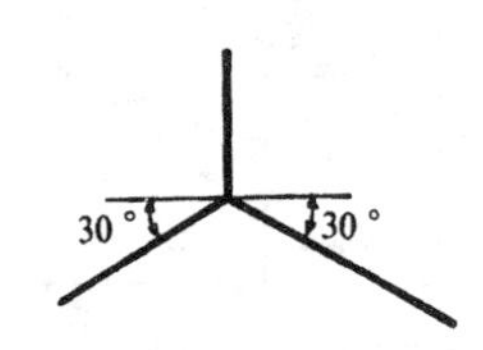

1.定轴定方位

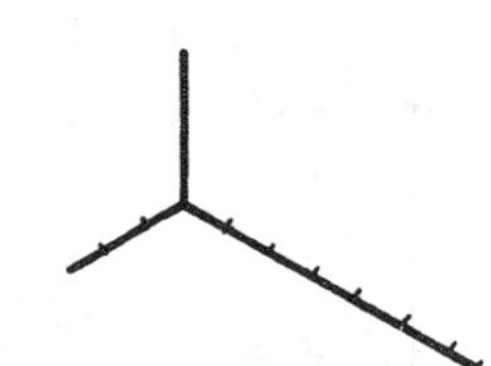

2.沿轴量尺寸

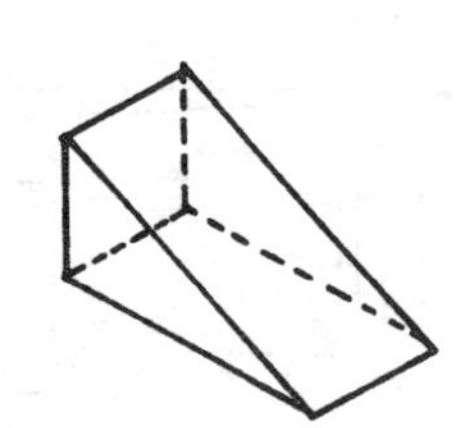

3.画平行线连接

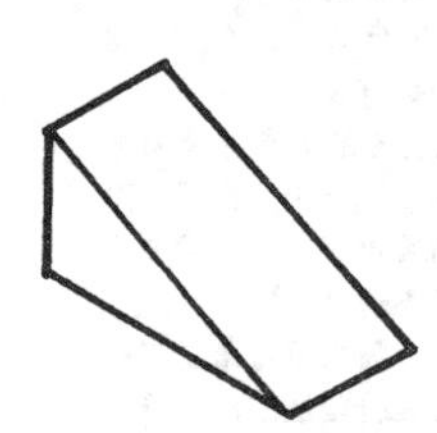

4.完成

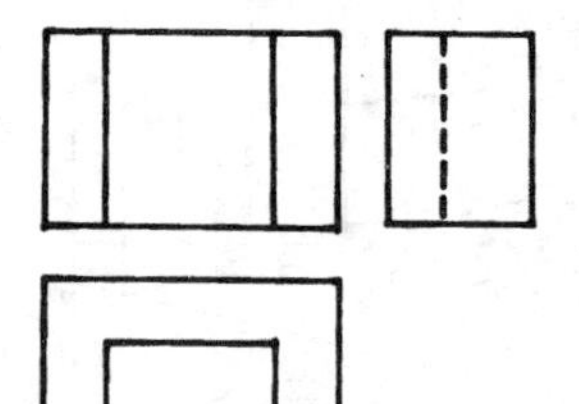

三面正投影图

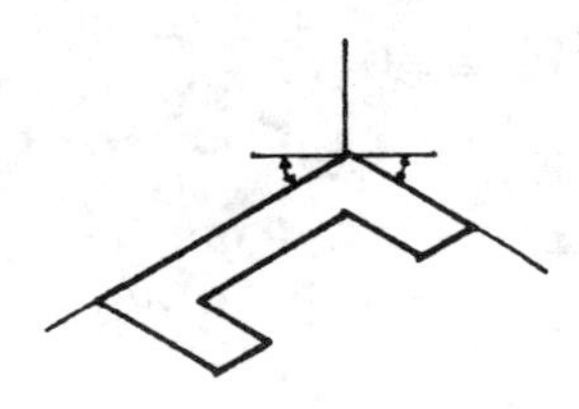

1.定轴画底

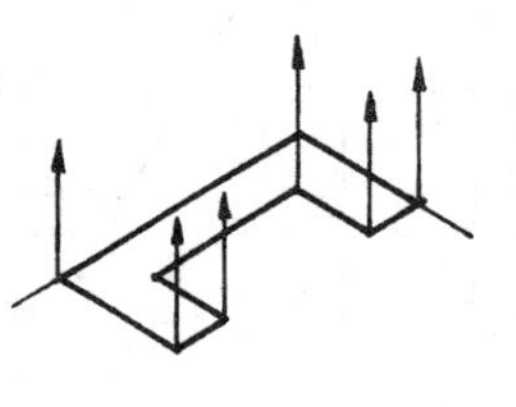

2.立高

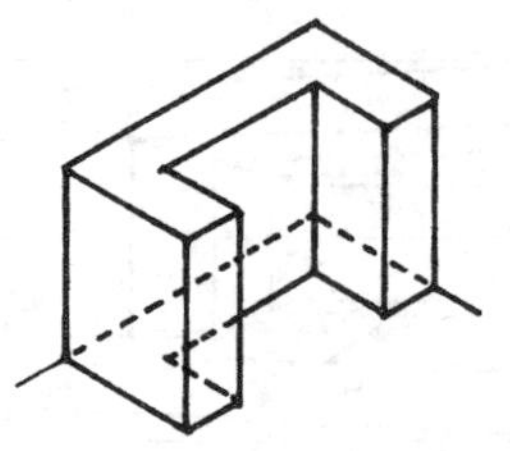

3.画平行线连接

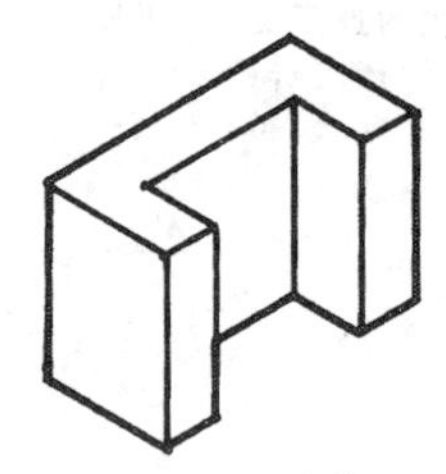

4.完成

11 轴测图应用实例

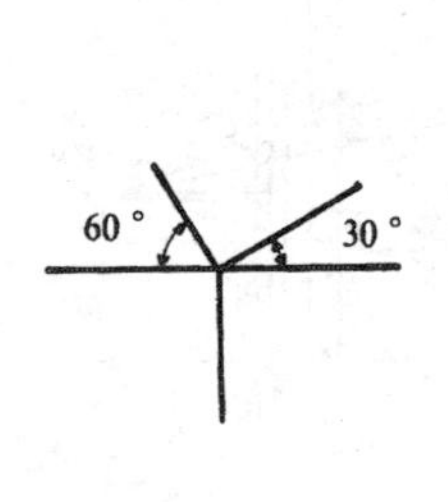

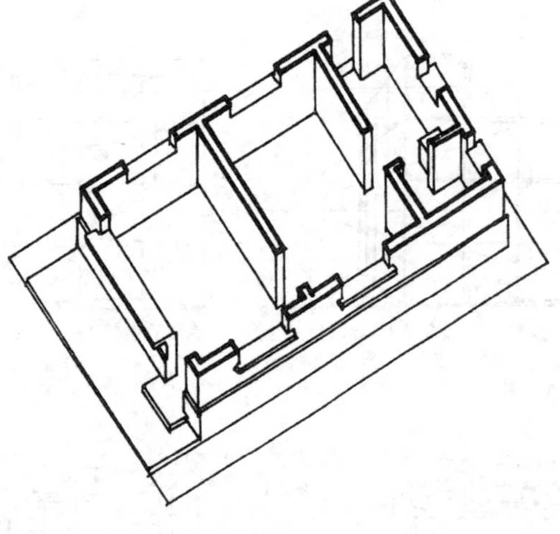

北

1.平面图　　2.将平面图转到合适角度

3.室外鸟瞰

12 轴测图各轴的变形系数

分　　类	变　形　系　数		
	X　轴	Y　轴	Z　轴
三等正轴测	1	1	1
二等正轴测	1	0.5	1
水平斜轴测	1	1	1,0.75,0.5,0.35
正面斜轴测	1	1,0.75,0.67,0.5	1

13 俯视图 (3点)

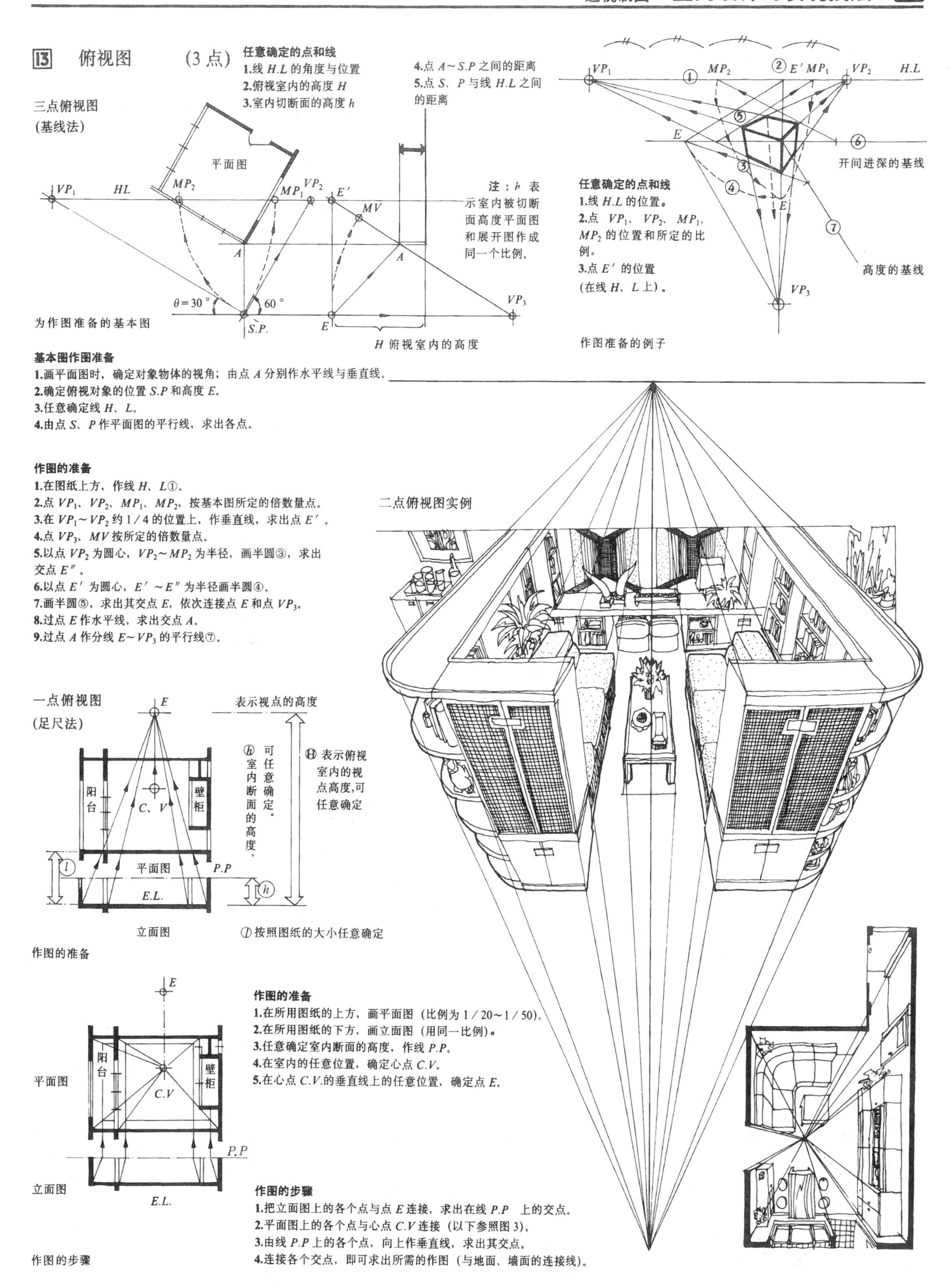

任意确定的点和线

1.线 $H.L$ 的角度与位置
2.俯视室内的高度 H
3.室内切断面的高度 h
4.点 $A \sim S.P$ 之间的距离
5.点 S、P 与线 $H.L$ 之间的距离

任意确定的点和线

1.线 $H.L$ 的位置。
2.点 VP_1、VP_2、MP_1、MP_2 的位置和所定的比例。
3.点 E' 的位置
(在线 H、L 上)。

基本图作图准备

1.画平面图时，确定对象物体的视角；由点 A 分别作水平线与垂直线。
2.确定俯视对象的位置 $S.P$ 和高度 E。
3.任意确定线 H、L。
4.由点 S、P 作平面图的平行线，求出各点。

作图的准备

1.在图纸上方，作线 H、L①。
2.点 VP_1、VP_2、MP_1、MP_2，按基本图所定的倍数量点。
3.在 $VP_1 \sim VP_2$ 约 1/4 的位置上，作垂直线，求出点 E'。
4.点 VP_3、MV 按所定的倍数量点。
5.以点 VP_2 为圆心，$VP_2 \sim MP_2$ 为半径，画半圆③，求出交点 E''。
6.以点 E' 为圆心，$E' \sim E''$ 为半径画半圆④。
7.画半圆⑤，求出其交点 E，依次连接点 E 和点 VP_3。
8.过点 E 作水平线，求出交点 A。
9.过点 A 作分线 $E \sim VP_3$ 的平行线⑦。

作图的准备

1.在所用图纸的上方，画平面图（比例为 1/20～1/50）。
2.在所用图纸的下方，画立面图（用同一比例）。
3.任意确定室内断面的高度，作线 $P.P$。
4.在室内的任意位置，确定心点 $C.V$。
5.在心点 $C.V$.的垂直线上的任意位置，确定点 E。

作图的步骤

1.把立面图上的各个点与点 E 连接，求出在线 $P.P$ 上的交点。
2.平面图上的各个点与心点 $C.V$ 连接（以下参照图 3)。
3.由线 $P.P$ 上的各个点，向上作垂直线，求出其交点。
4.连接各个交点，即可求出所需的作图（与地面、墙面的连接线)。

如果说透视制图法则是透视效果图的骨架。那么素描、速写、色彩等绘画技巧就是它的血肉。

一个室内设计师审美修养的培育，透视效果图表现能力的提高，都有赖于美术基本功的训练。

准确的空间形体造型能力，清晰的空间投影概念，可以通过结构素描得到解决。

活跃的思路，快速的表现方法，可以通过大量的建筑速写得到锻炼。

丰富敏锐的色彩感觉，要有色彩知识和色彩（水彩、水粉）写生、记忆默写练习作基础。

室内设计师应把素描、速写、色彩作为自己专业设计基础课程的练习。

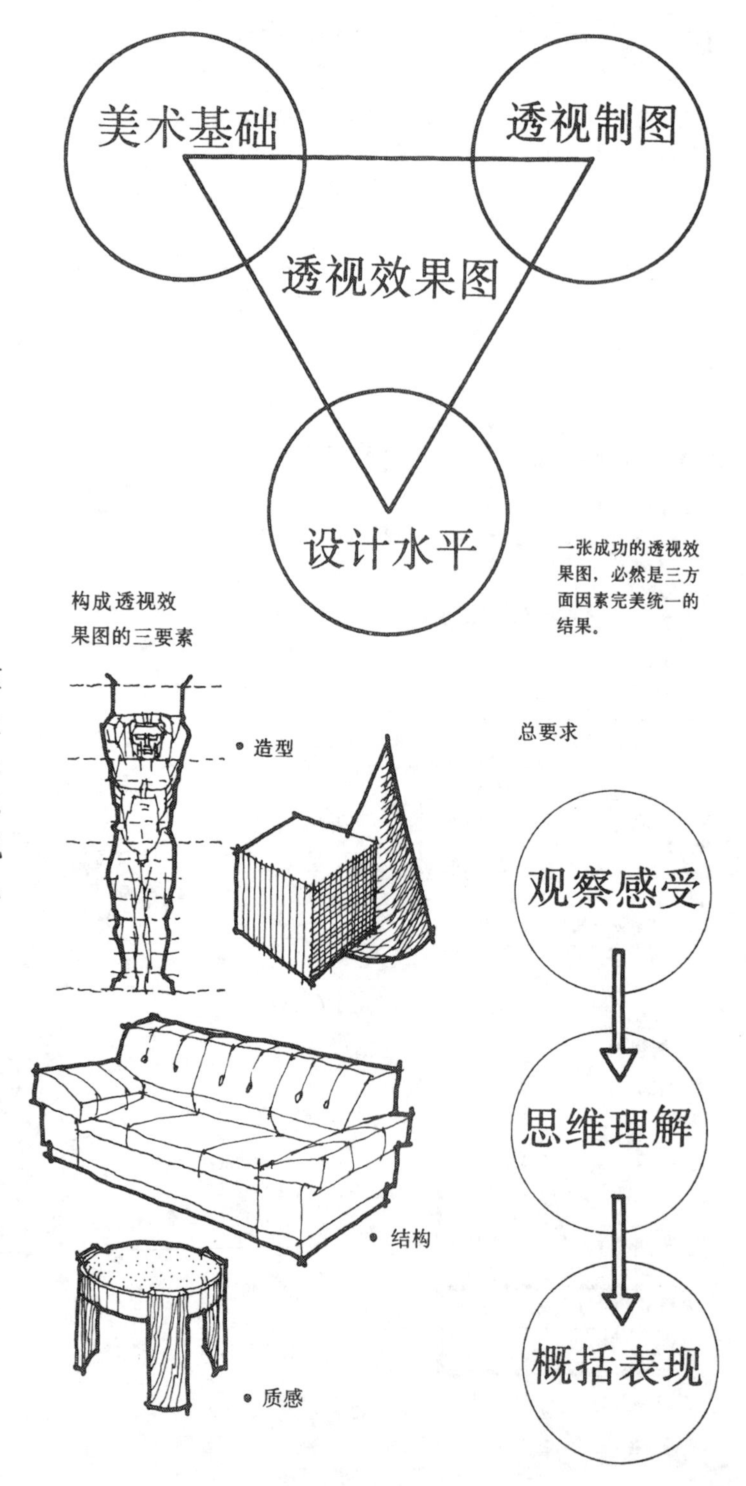

构成透视效果图的三要素

一张成功的透视效果图，必然是三方面因素完美统一的结果。

I 素描（结构）

设计师的素描练习，不同于绘画艺术的习作，它侧重于对形体的空间结构理解。在方法上从感性认识出发，最后还要落实于理性认识。虽然运用各种技法和绘画手段来表现对象，但更着重于概括和线的造型能力。应当加强想象与记忆力的训练，不但要表现看得见的一面，还要表现看不见的另一面，不但能对着对象来画，而且可以凭记忆背着对象画。

适用于设计师的结构素描
解决三个方面的问题：

1.造型

时刻把握整体与局部之间的比例关系，准确概括地表现对象的体面关系。

2.结构

用线强调对象看见与看不见的各个面，表现出空间结构的前后层次关系。

3.质感

表现各种不同材质的能力。

适合于室内设计师的三种美术基础训练

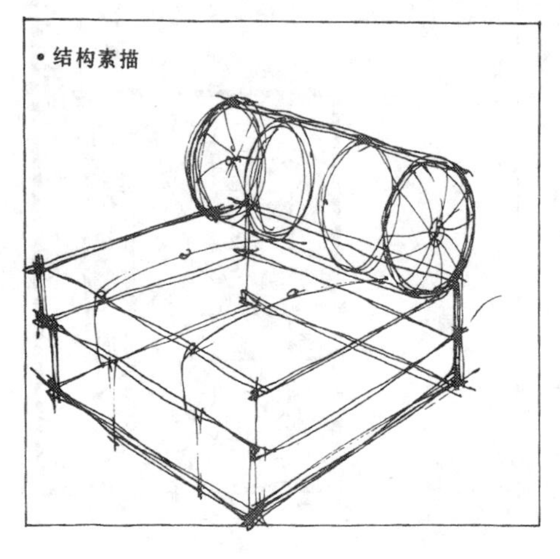

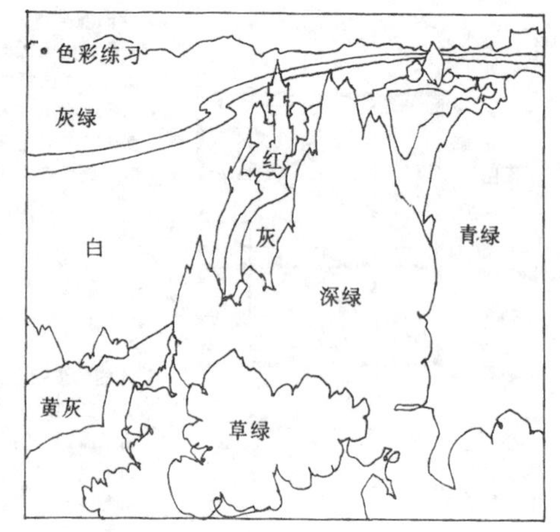

2 色彩（水彩、水粉）

“色彩的感觉是一般美感中最大众化的形式”。一张透视效果图摆在眼前，颜色总是首先感觉到的。

色彩练习是取得丰富敏锐色彩感觉的一种手段，可以使用水彩或水粉作为工具。

设计师的色彩训练，不仅要求具备绘画色彩练习的一般方法和技巧，而且要求通过写生、临摹、记忆默写、整理归纳，以加深对色彩的理解。

头脑中主观的东西要多，就是要有尽可能多的色彩配方。达到呼之欲出，运用自如的境地。

色彩练习的两个重点

1.掌握对比色的绘画调色方法。

2.各种色相、明度、纯度倾向的色调表现方法。

色轮上和谐的补色关系

要学会互补色的色彩调配方法，使画面的色彩既统一和谐，又不显得怯火生硬。

所有的成对互补色，在色轮中的所有十二个成员色中，凡是构成等边三角形或等腰三角形的三种色彩，以及所有构成正方形或长方形的四种色彩，都是和谐的。

色调类型

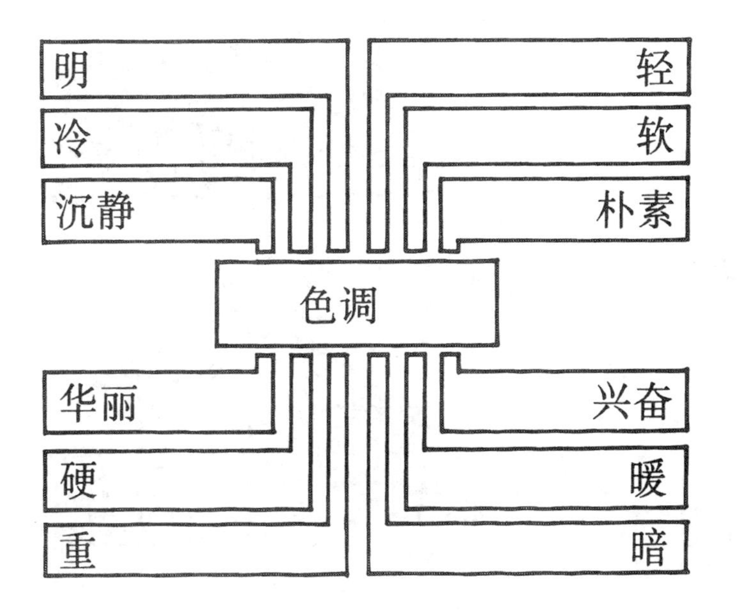

色彩训练的几种方法

风景写生

静物写生

写生　　写生是色彩训练最直接的方法，对照实物、实景，通过头脑分析色彩的构成与搭配，通过手再现于纸面。

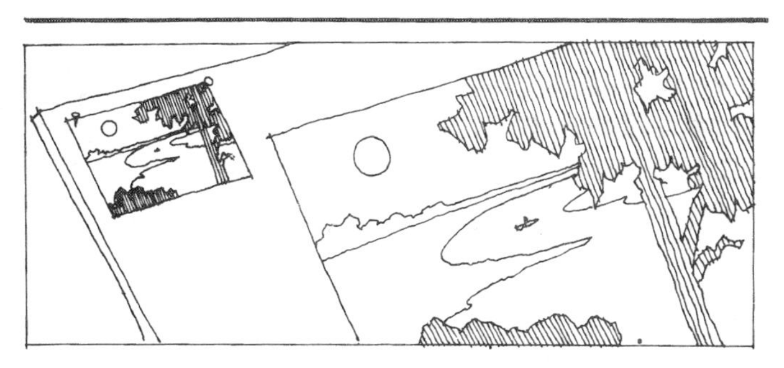

临摹　　临摹优秀的绘画、摄影作品，都可以从别人现成的经验中得到直接的启示。此种方法要通过自己头脑的分析，不宜一味地照搬。

为了帮助记忆，可以用铅笔在现场记下简单的色彩

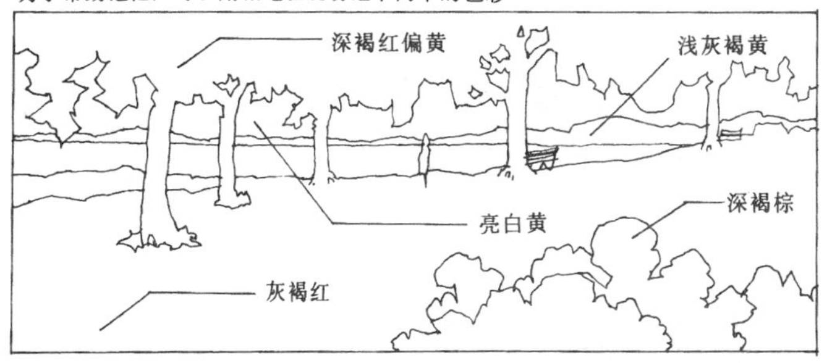

记忆默写　　记忆默写是色彩训练中最见效果的一种方法，由于没有参照物，迫使你凭借已经掌握的色彩配方，再现看到过的色彩场景。电影电视画面，外出游历的感受都可以进行记忆默写。

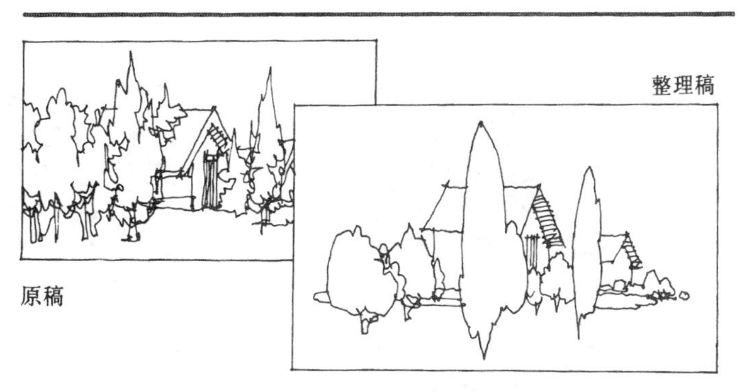
整理稿

原稿

归纳整理　　归纳整理是一种高度概括的色彩训练方法，在复杂纷繁的写生、临摹、默写作品中，选取最具代表性的几组色，进行再创作。此法对透视效果图的练习，具有最直接的效益。

3 速写

活跃的设计思路，快速的表现方法—设计师的希望。在信息化的社会中，时间意味着一切。“快”是当代每一个设计师必须具备的素质，速写正是达到彼岸的最好桥梁。

大量的写生，临摹幻灯、书刊、照片资料既能储存大量的形象信息，又可以开阔视野，训练手脑有机配合的快速造型能力。

速写纯粹是一种工具技能的训练。如同骑自行车，从理论上讲掌握平衡是关键，但知道这个道理并不意味着会骑车。我们要的是掌握工具，而不是只懂得工具的原理。俗话说：“熟能生巧”用来形容速写练习是再贴切不过了。

不加思索，得心应手，这就是目标。

均齐与平衡的构图

整体均齐、局部平衡

整体平衡，局部均齐

需要注意的三个问题

透视：下笔心中有透视，找准视平线、灭点、辅助引线。
构图：意在笔先，胸有成竹，虚实黑白布局得当。
取舍：整体概念要强，不细抠枝节。

构图的排列与形式

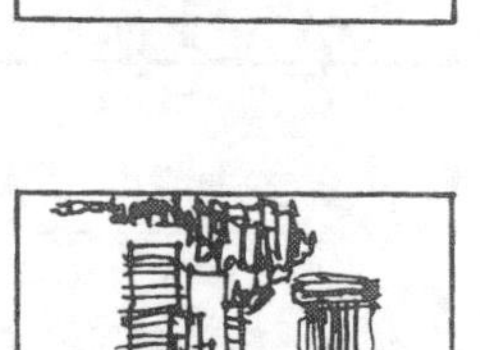

工具

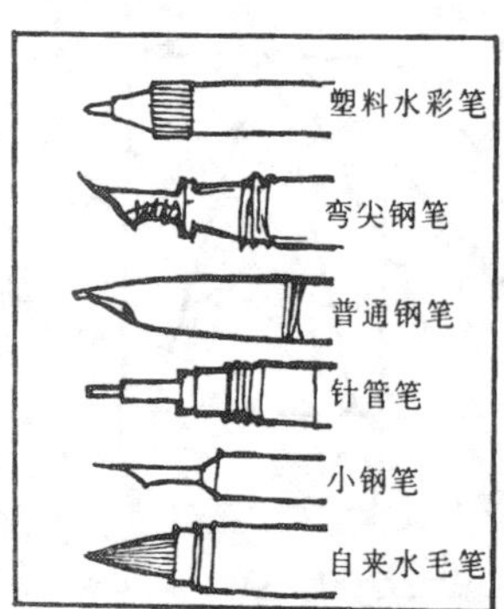

线条

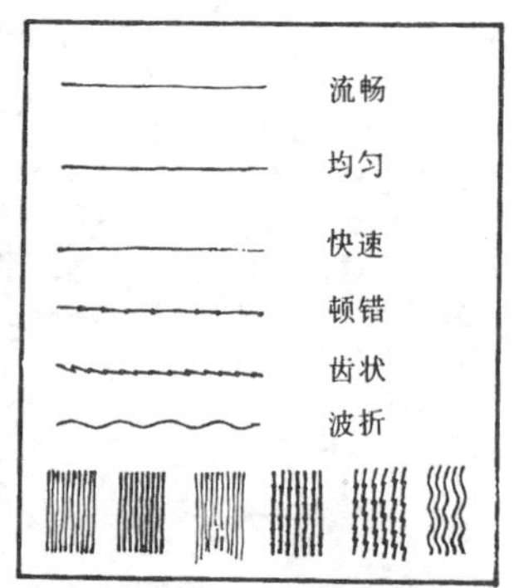

水彩笔
淡彩速写

针管笔线面结合技法

弯尖钢笔线面结合技法

签字笔
线描技法

1986.10.9. NEW YORK

钢笔线条技法要领

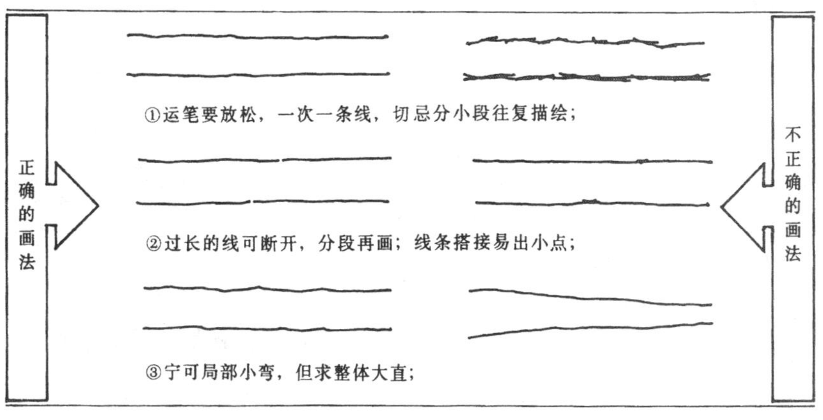

粗细线结合技法

山石、树木画法

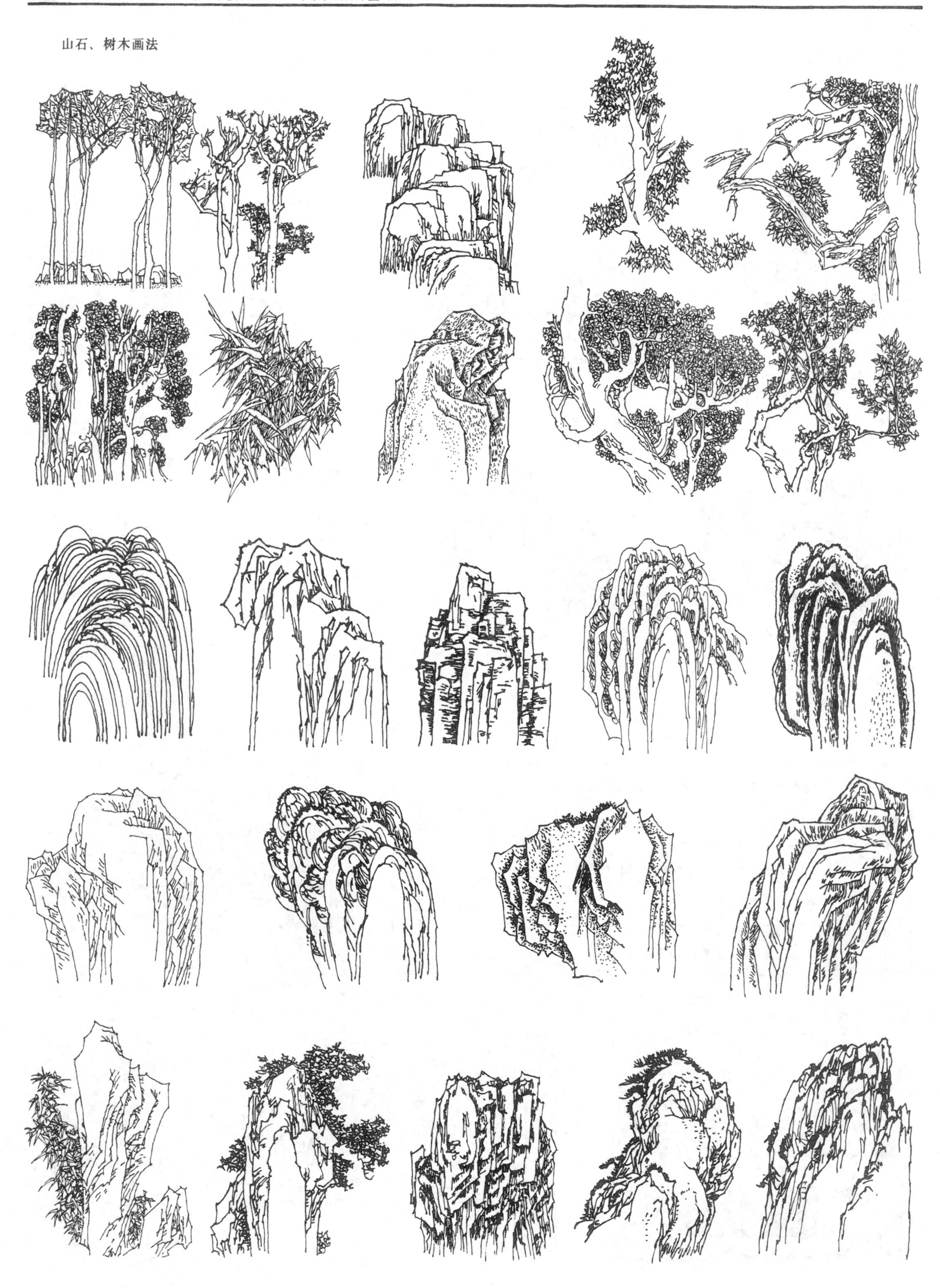

4 速写实例

Ⅰ 透视效果图技法种类

透视效果图的绘画表现技法很多，主要的有以下几种

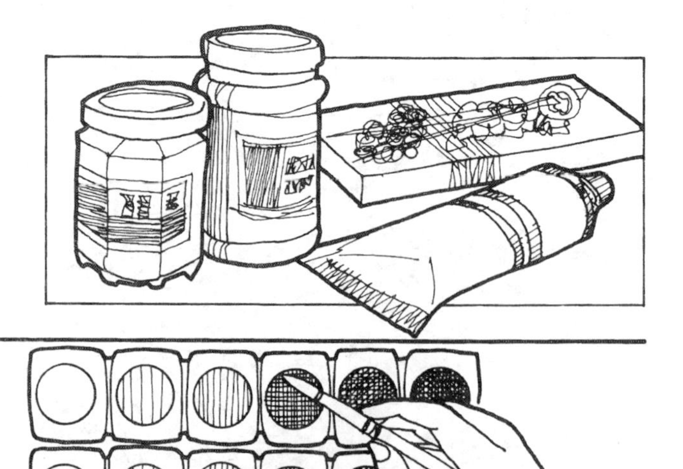

水粉色技法

水粉色表现力强，色彩饱合浑厚，不透明，具有较强的覆盖性能，以白色调整颜料的深浅。用色的干、湿、厚、薄能产生不同的艺术效果，适用于多种空间环境的表现。使用水粉色绘制效果图，绘画技巧性强，由于色彩干湿度变化大，湿时明度较低，颜色较深，干时明度较高，颜色较浅。掌握不好易产生“怯”、“粉”、“生”的毛病。

水粉色分为袋装与瓶装两种。

水彩色技法

水彩色彩淡雅层次分明，结构表现清晰，适合表现结构变化丰富的空间环境。水彩的色彩明度变化范围小，图面效果不够醒目，作图较费时。

水彩的渲染技法有平涂、叠加、退晕等。颜料分瓶装、袋装、块装。颜料透明，便于多次叠加渲染。颜料的成品出售多为 12 和 24 色盒装，以高质量的块装水彩颜料最为好用。

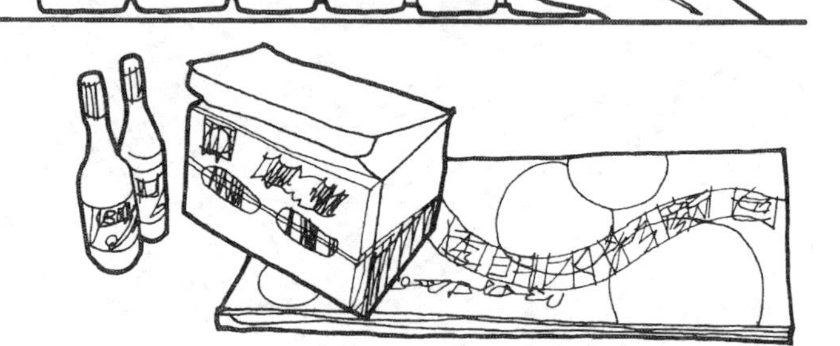

透明水色技法

色彩明快鲜艳，比水彩更为透明清丽。适合于快速表现。由于调色时叠加渲染次数不宜过多，色彩过浓时不宜修改等特点，多与其它技法混用。如钢笔淡彩法，底色水粉法等。

透明水色分为两种：一种是纸形，有本装与单页；一种是瓶装，分 12 色成盒或散装。本册使用时可裁成方块 12 色贴于一纸，便于调色。此色的颗粒极细，色分子异常活跃，易于流动，对纸面的清洁要求比较苛刻，起草时不可动用橡皮，否则易出现痕迹。大面积渲染时要将画板倾斜。

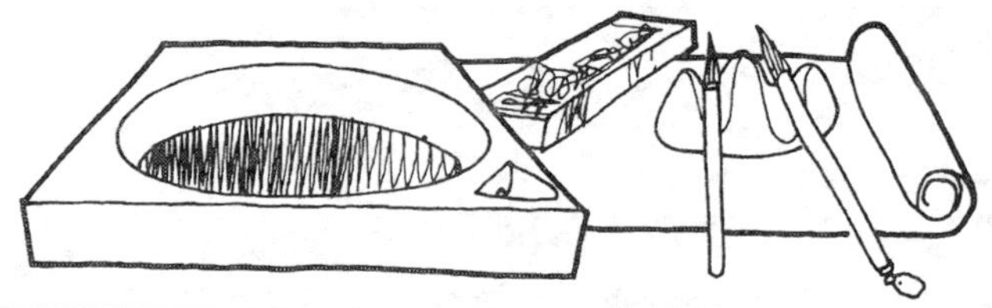

中国画技法

这是以中国传统绘画的笔墨、颜料、纸张为工具手段，从中国绘画的“根”中吸取营养，以其特有的内涵、传神、气质来表现室内空间的一种技法，多用兼工带写的手法。工，是指画的室内空间实体，应以工笔的手法描绘，从比例、尺度、质感等入细的推敲。写，是写意，除空间实体外，可用写意的手法描绘配景，以求相互衬托。此法尤其适合于表现中国传统的室内空间。

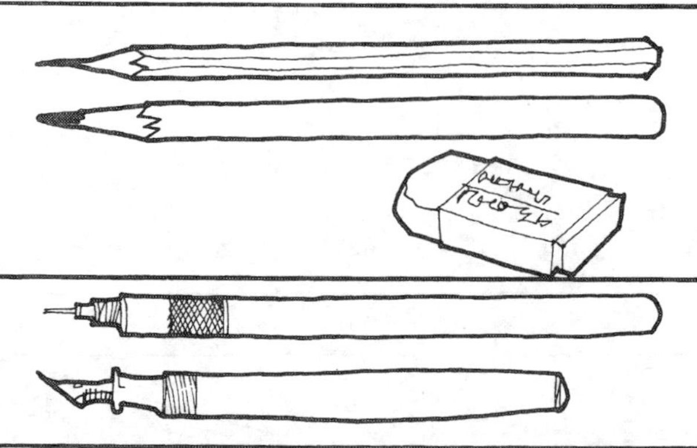

铅笔画技法

铅笔是透视效果图技法中历史最久的一种。由于这种技法所用的工具容易得到，技法本身也容易掌握，绘制速度快，空间关系也能表现得比较充分。

黑白铅笔画，图面效果典雅，尽管没有色彩，仍为不少人偏爱。彩色铅笔画，色彩层次细腻，易于表现丰富的空间轮廓，色块一般用密排的色铅笔线画出，利用色块的重叠，产生出更多的色彩。也可以笔的侧锋在纸面平涂。涂出的色块系由规律排列的色点组成，不仅速度快，且有一种特殊的类似印刷的效果。

钢笔画技法

钢笔质坚，画线易出效果，尽管没有颜色，但画的风格较严谨，在透视图技法中，除了用于淡彩画的实体结构描绘外，自己也可单独成章。细部刻画和面的转折都能做到精细准确，有一种特殊的严谨气氛。多用线与点的叠加表现室内空间的层次。

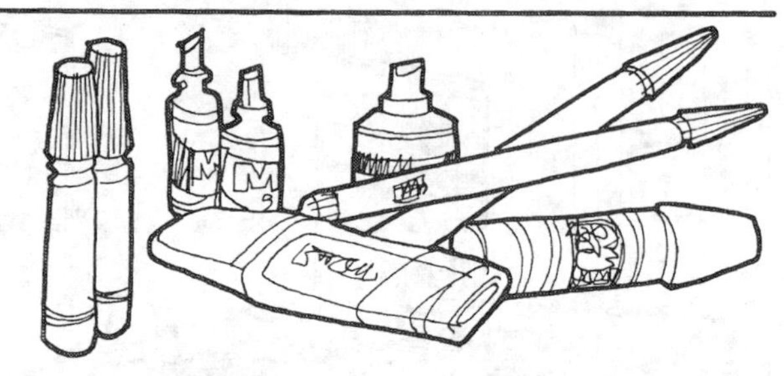

马克笔技法

马克笔分油性、水性两种，具有快干，不需用水调和，着色简便，绘制速度快的特点，画面风格豪放，类似于草图和速写的画法。是一种商业化的快速表现技法。

马克笔色彩透明，主要通过各种线条的色彩叠加取得更加丰富的色彩变化。

马克笔绘出的色彩不易修改，着色过程中需注意着色的顺序，一般是先浅后深。

马克笔的笔头是毡制的，具有独特的笔触效果，绘制时要尽量利用这种笔触特点。

马克笔在吸水与不吸水的纸上会产生不同的效果，不吸水的光面纸，色彩相互渗透五彩斑斓，吸水的毛面纸色彩润渗沉稳发乌，可根据不同需要选用。专用的马克笔纸是国外近年新发明的，乳白色、半透明、透写方便。

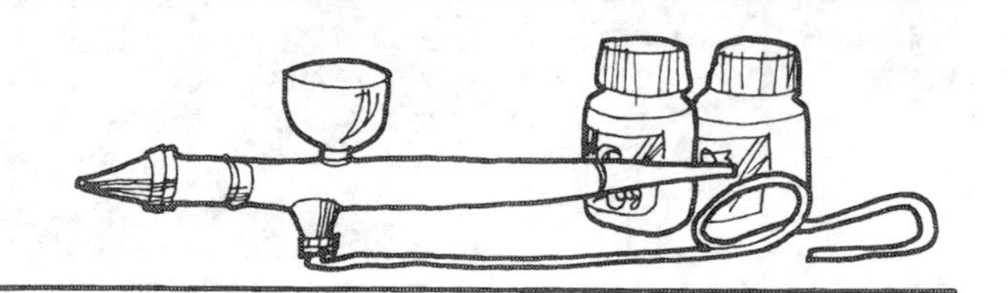

喷绘技法

喷绘技法画面细腻，变化微妙有独特的表现力和现代感，是与画笔技法完全不同的。它主要以气泵压力经喷笔喷射出的细微雾状颜料的轻、重、缓、急，配合专用的阻隔材料，遮盖不着色的部分进行作画。

以上所有的技法即可单独使用，也可混合使用，甚至有时在一张画上同时使用多种技法，以取得最佳的表现，这种方法统称为综合技法。

1 绘图工具

笔

- 铅笔（6H～6B）彩色铅笔
- 炭笔
- 钢笔（包括直线笔、针管笔）
- 马克笔（包括签字笔）
- 色粉笔
- 油画棒
- 油画笔
- 水粉笔
- 水彩笔
- 中国画笔（衣纹、叶筋、大、中、小白云）
- 棕毛板刷
- 羊毛板刷
- 喷笔

纸:

- 绘图纸
- 描图纸
- 水彩纸
- 素描纸
- 书写纸
- 铜版纸
- 白卡纸
- 黑卡纸
- 色卡纸

尺:

- 界尺

2 绘图程序

1

整理好绘图的环境，环境的清洁整齐，有助于绘画情绪的培养，使其轻松顺手，各种绘图工具应齐备，并放置于合适的位置。

绘图前的准备工作

2

充分进行室内平面图的设计思考和研究。充分了解委托者的要求和愿望，对经济要素的考虑与材料的选用。

熟悉室内平面图

3

根据表达内容的不同，选择不同的透视方法和角度：如一点平行透视或二点成角透视。一般应选取最能表现设计者意图的方法和角度。

透视方法与角度选择

4

用描图纸或透明性好的拷贝纸绘制底稿，准确地画出所有物体的轮廓线。

绘制底稿

5

根据使用空间的功能内容，选择最佳的绘画技法，或按照委托图纸的交稿时间，决定采用快速，还是精细的表现技法。

绘图技法选择

6

按照先整体后局部的顺序作画。要做到：整体用色准确，落笔大胆，以放为主。局部小心细致，行笔稳健，以收为主。

绘制

7

对照透视图底稿校正，尤其是水粉画法在作画时易破坏轮廓线，须在完成前予以校正。

作品校正

8

依据透视效果图的绘画风格与色彩，选定装裱的手法。

装裱

3 技法与工具应用

技法种类	笔	纸	颜 料
水粉平涂渲染法	水粉笔、白云笔、叶筋笔	绘图纸、水彩纸、白卡纸	水粉色
薄水粉底色法	棕毛板刷、水粉笔、衣纹笔	绘图纸、水彩纸、白卡纸	水粉色
厚水粉笔触法	棕毛板刷、油画笔、叶筋笔	绘图纸、白卡纸	水粉色
水彩渲染法	水彩笔、白云笔	水彩纸	水彩色
透明水色渲染法	羊毛板刷、白云笔	水彩纸、绘图纸、白卡纸	透明水色
透明水色墨线法	针管笔、羊毛板刷、白云笔	水彩纸、绘图纸、白卡纸	透明水色、墨水
马克笔法	马克笔、针管笔、签字笔	绘图纸、硬卡纸、马克笔纸	油性或水性马克笔、墨水
喷绘法	喷笔	绘图纸、白卡纸	水质颜料
水质颜料综合法	上列笔综合运用	各类纸	各类水质颜料

1 裱纸技法

凡是采用水质颜料作画的技法，都必须将图纸裱贴在图板上方能绘制，否则纸张遇湿膨胀，纸面凹凸不平，绘制和画面的最后效果都要受到影响。

水彩、水墨渲染裱纸法

1.沿纸面四周折边 2 cm，折向是图纸正面向上；注意勿使折线过重造成纸面破裂。

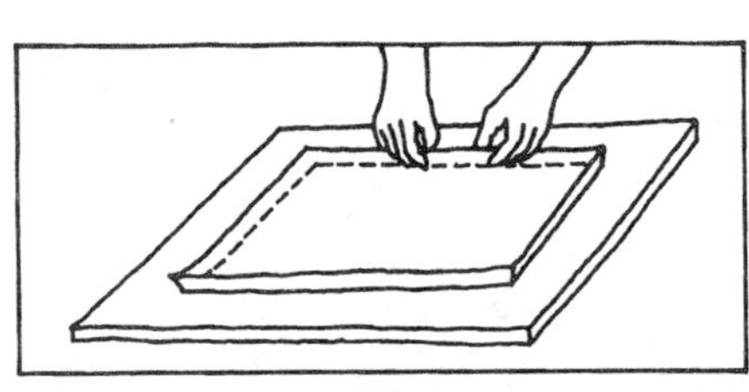

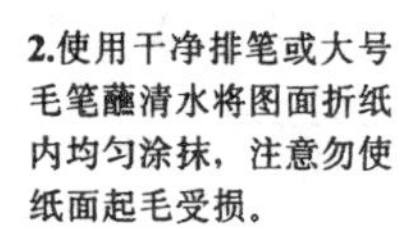

2.使用干净排笔或大号毛笔蘸清水将图面折纸内均匀涂抹，注意勿使纸面起毛受损。

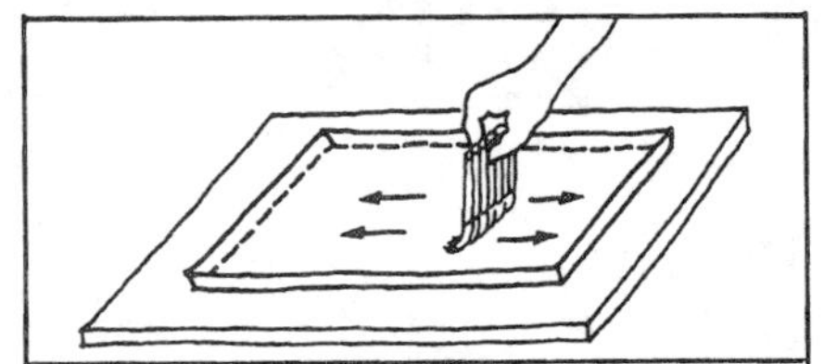

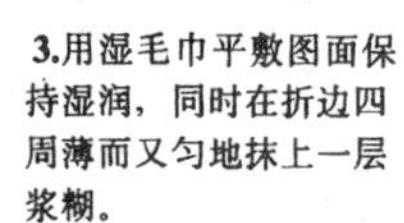

3.用湿毛巾平敷图面保持湿润，同时在折边四周薄而又匀地抹上一层浆糊。

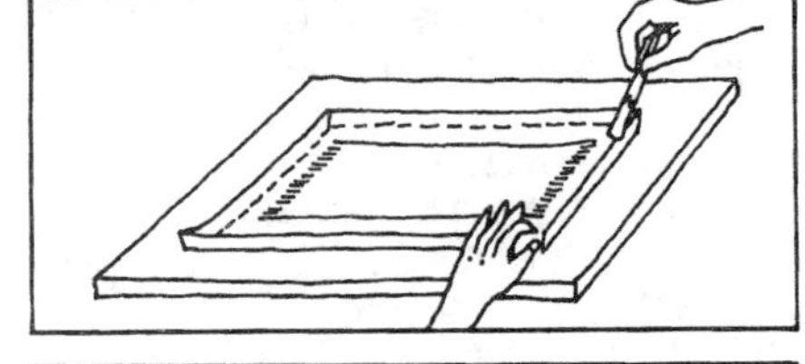

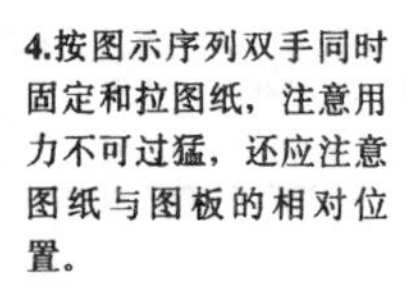

4.按图示序列双手同时固定和拉图纸，注意用力不可过猛，还应注意图纸与图板的相对位置。

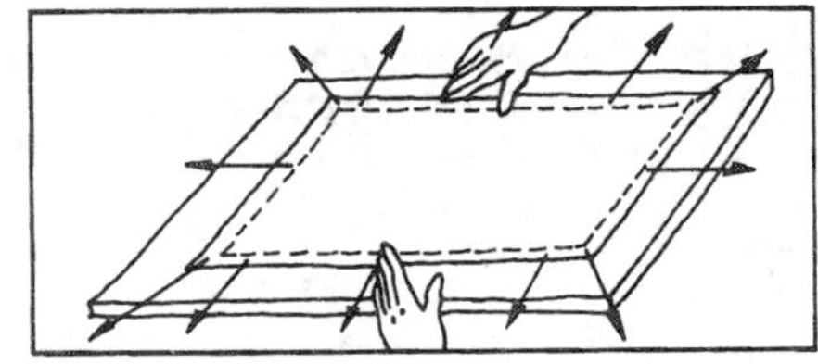

水粉画快速裱纸法

1.在纸背面四周刷 1cm 左右的浆糊。

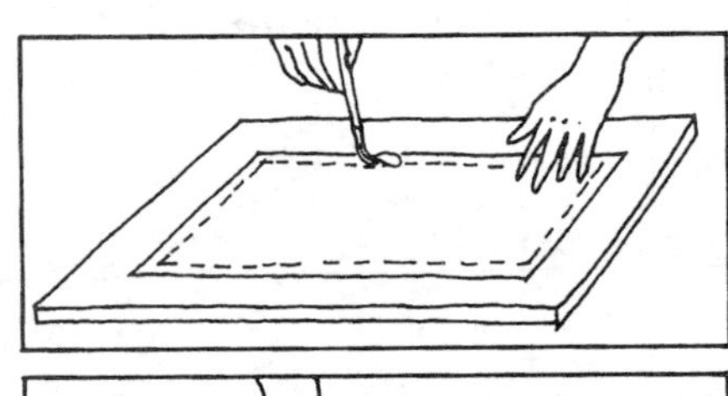

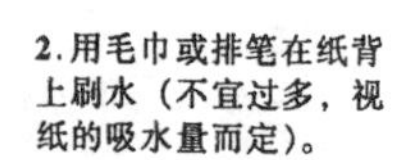

2.用毛巾或排笔在纸背上刷水（不宜过多，视纸的吸水量而定）。

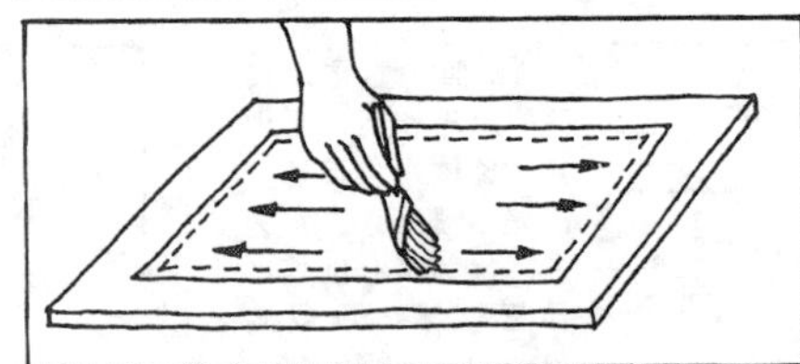

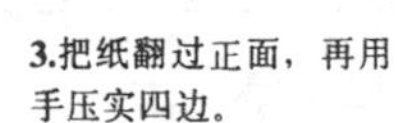

3.把纸翻过正面，再用手压实四边。

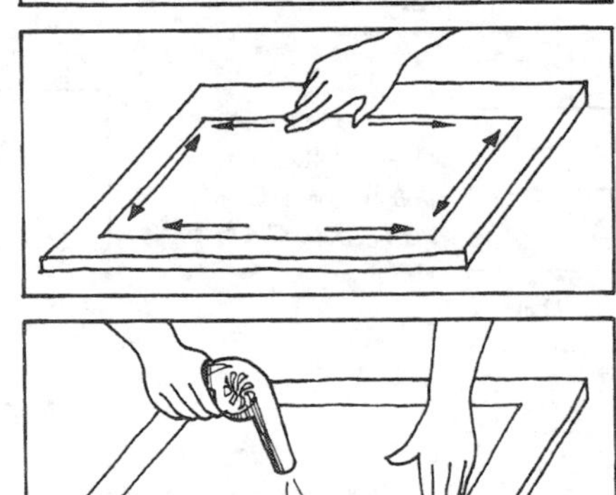

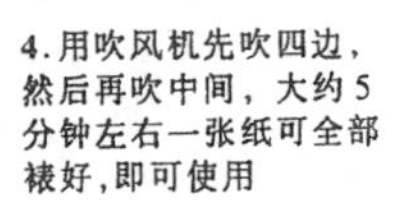

4.用吹风机先吹四边，然后再吹中间，大约 5 分钟左右一张纸可全部裱好，即可使用

2 拷贝技法

为了保证透视效果图图面的清洁（尤其是透明水色与水彩），一般在绘制前都要先在描图纸或拷贝纸上绘制透视底稿，然后再将底稿描拓拷贝到正图上。为了校正的方便，底稿最好能粘贴在图板的上方（尤其是水粉技法）。

拷贝台法

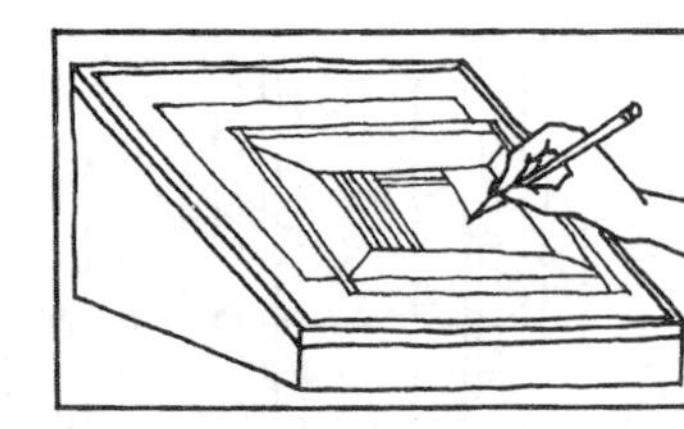

1.直接在拷贝台上描拓。

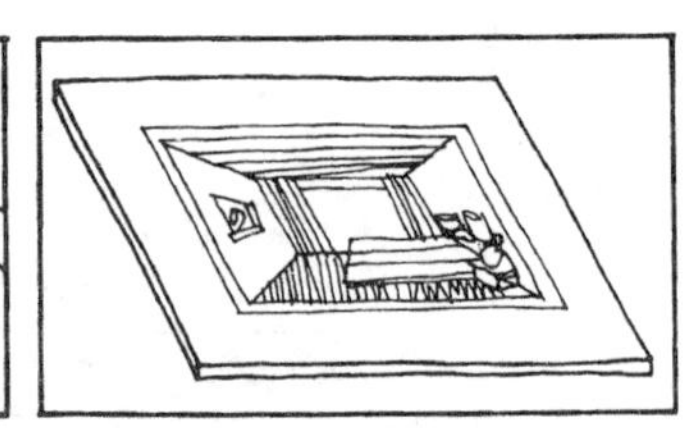

2.将描拓完毕的图纸裱贴在图板上。

反向绘制底稿法

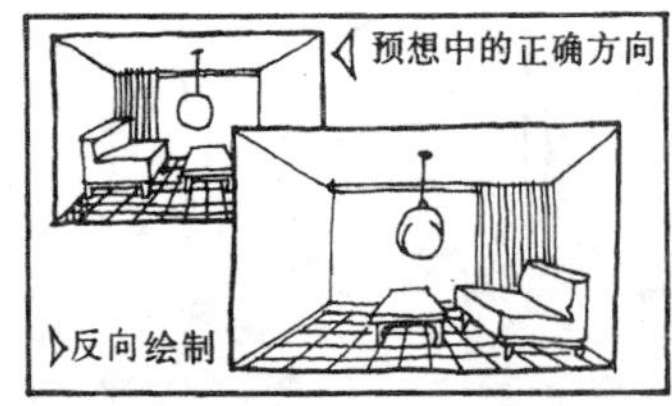

1. 用 HB 铅笔在描图纸或拷贝纸上绘制相反的透视图。

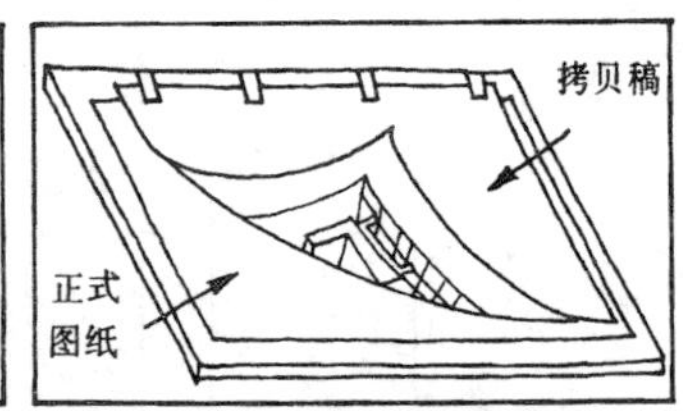

2.用胶条将画好的拷贝纸反贴于正式的图纸面（铅笔痕面向图板）。

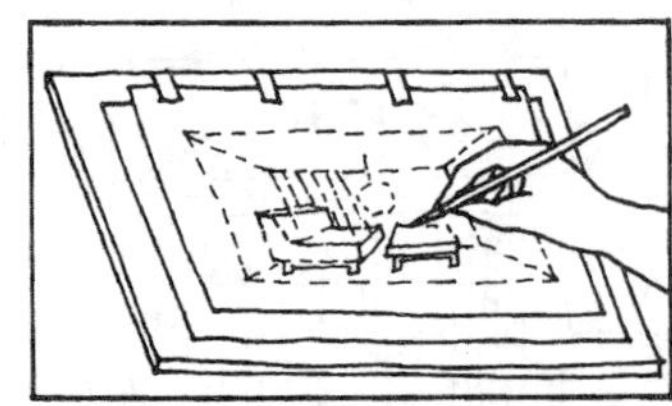

3.用硬铅笔（3H～6H）描拓轮廓线。

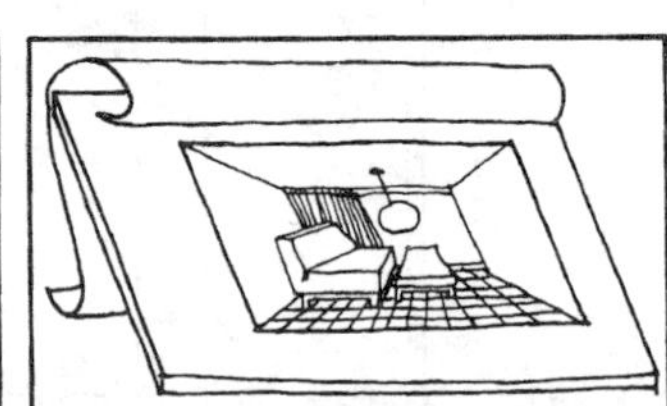

4.图纸上呈现出所需方向的透视图稿。

软铅描涂法

1. 在描图纸或拷贝纸上绘制底稿。

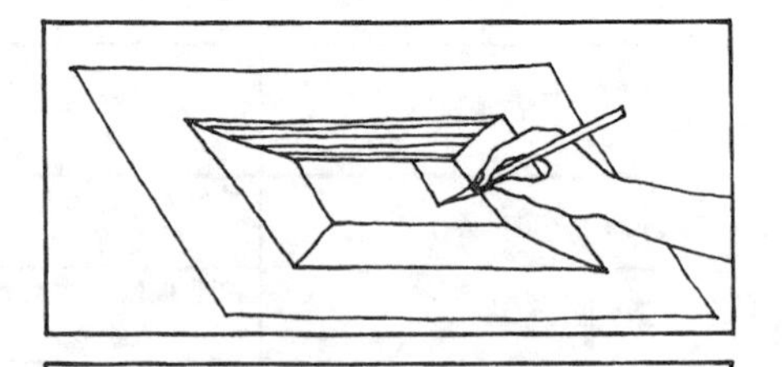

2. 用软铅在画稿背面有线条的地方描一遍。

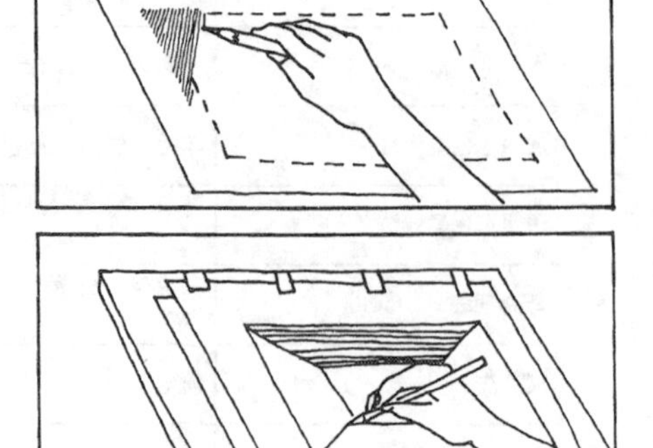

3. 翻过来描拓于正式图纸上。

3 界尺技法

界尺是水粉颜料画线条不可缺少的工具。虽然直线笔是画线条理想的工具，但因为每次填入的颜料有限，且颜料易干，速度较慢，远不如界尺来得方便快捷。只是界尺技法需要有一定的使用技巧，否则线条不易平直挺拔。

界尺的制作与运用

台阶式：
把两把尺或两根边缘挺直的木条或有机玻璃条错开边缘粘在一起即可。

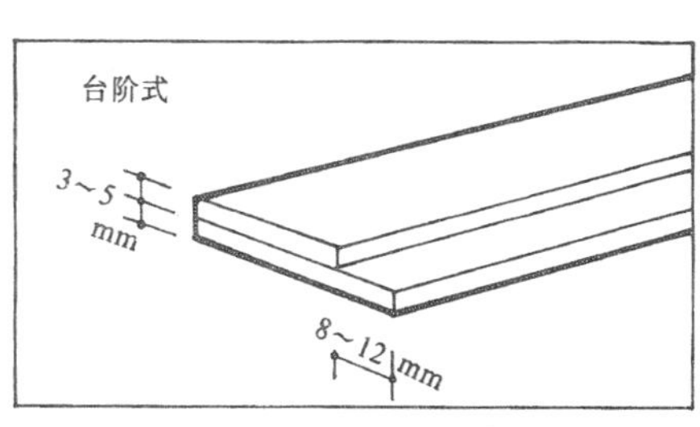

凹槽式：
在有机玻璃或木条上开出宽约4mm的弧形凹槽。

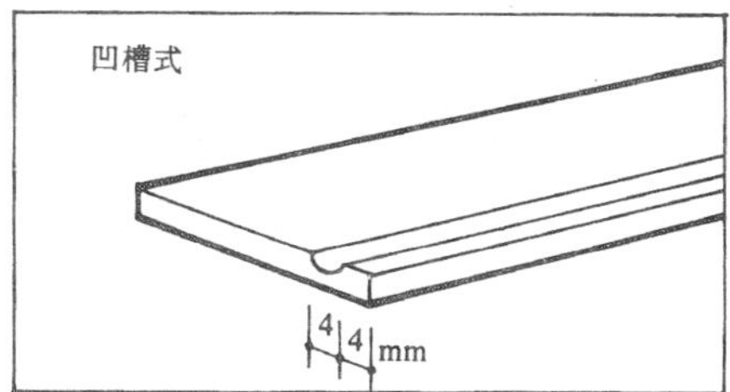

握笔的姿势：
右手握两支笔，与拿筷子的姿势完全相同，一支为衣纹或叶筋笔，沾水粉颜料，笔头向下；另一支笔头向上，笔杆向下，端部抵在界尺槽上。

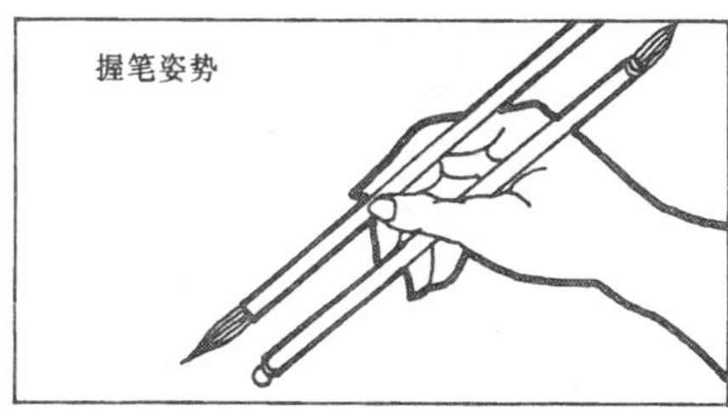

运笔的要领：
左手按尺，右手拇指、食指、中指控制画笔，距尺约6~10mm处落笔于纸面。中指、无名指与拇指夹住滑槽的笔杆，由左向右，均匀用力，沿界尺移动，即可画出细而均匀的线条。

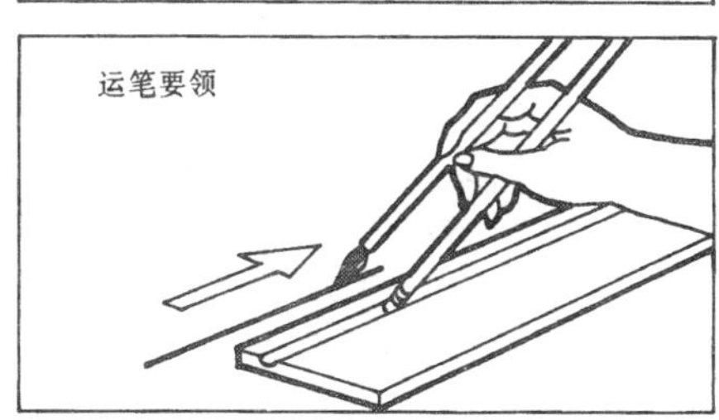

4 色纸制作技法

在不同深浅色调的色纸上作画，不但图面整体效果好，而且简便快速，适合于多种绘画工具的表现。由于目前色纸的种类还不能完全满足设计者的需求，自己制作色纸就成为一种必须掌握的技法。

水彩、透明水色和水粉都可以用来制作色纸。水彩和透明水色的色纸制作基本上是运用大面积渲染的技法（参见渲染技法）。这里主要介绍水粉色的色纸制作。

平涂法

1.调色适中，避免过厚或过稀。

2.按水平方向从左往右，或按垂直方向从上而下依次均匀平涂。

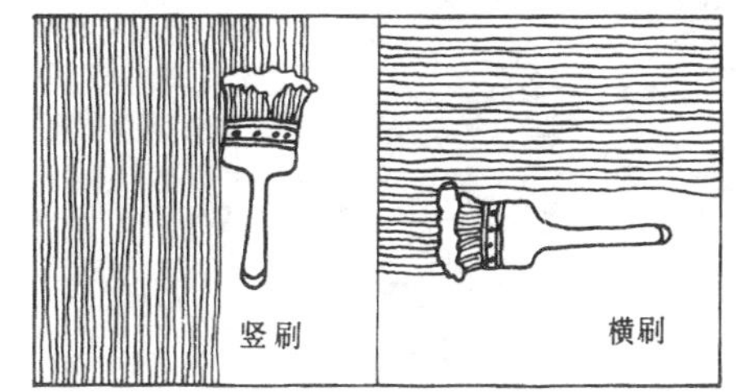

退晕法

1.调配出两色，或色相变化，或明度变化。

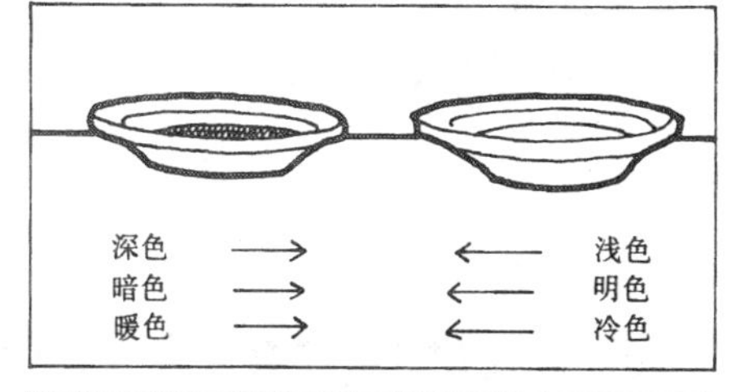

2. 1号色从左往右平涂，2号色从右往左。

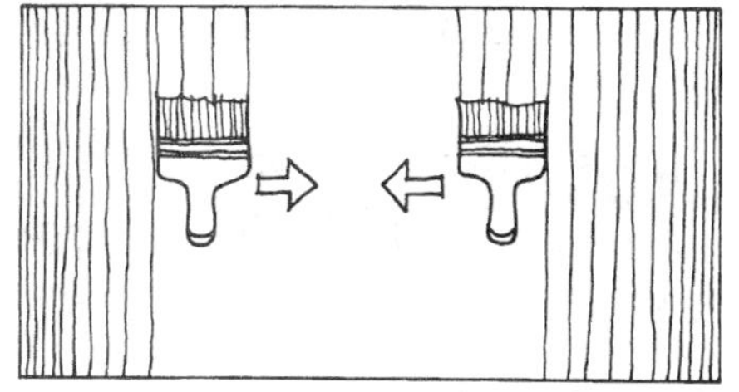

3.两色自然衰减，达到退晕效果。

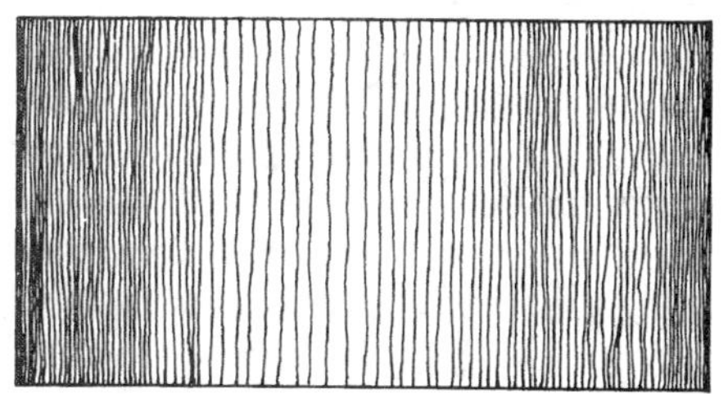

笔触法

1.调色水量较多，颜料稀薄。

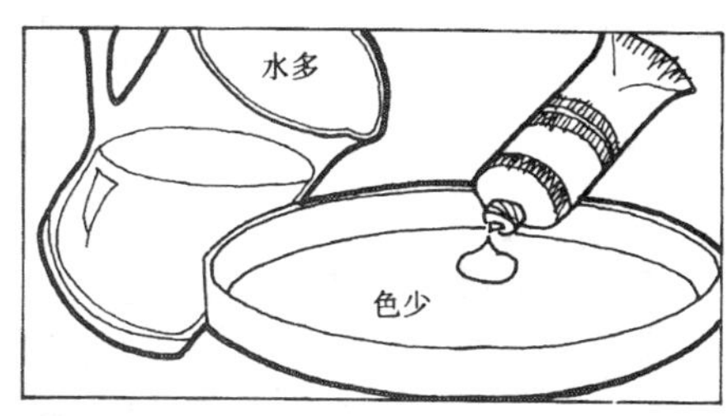

2.用棕毛刷（旧刷最优）运笔力度大速度快。

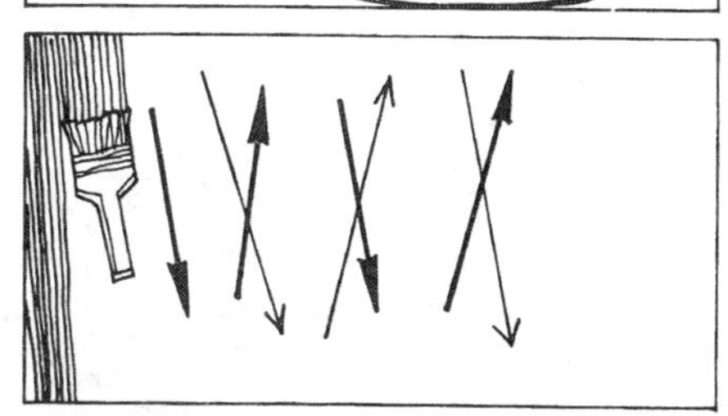

3.颜料与纸面磨擦，产生具有方向性的笔触。

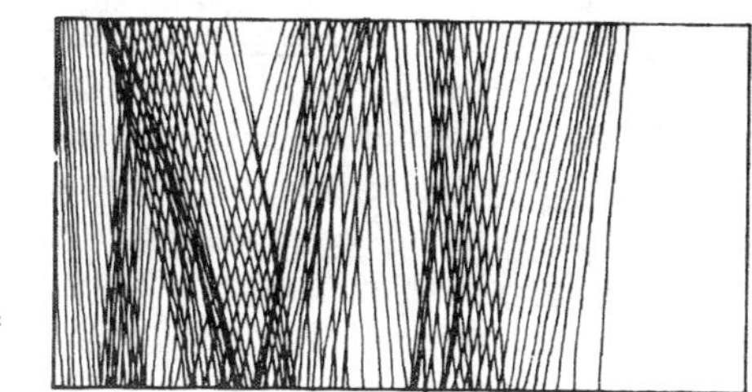

5 线条绘图技法

铅笔、钢笔等工具主要以各种线条的排列与组合产生不同的效果，由于线条在叠加时方向、曲直长短、疏密的不同，组合后在纸面上残留的小块白色底面给人以丰富的视觉印象，从而达到表现不同对象的目的。

用直线表现退晕

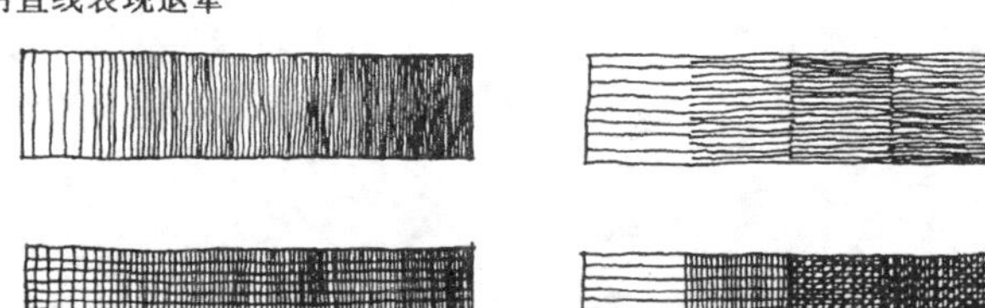

渐变退晕　　分格退晕

用曲线表现退晕

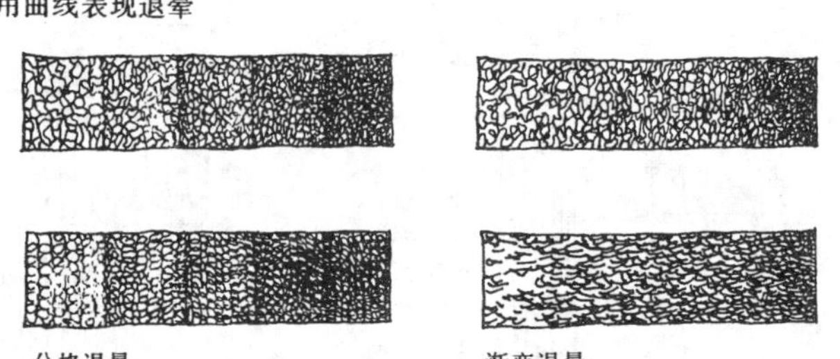

分格退晕　　渐变退晕

用点或小圈表现退晕

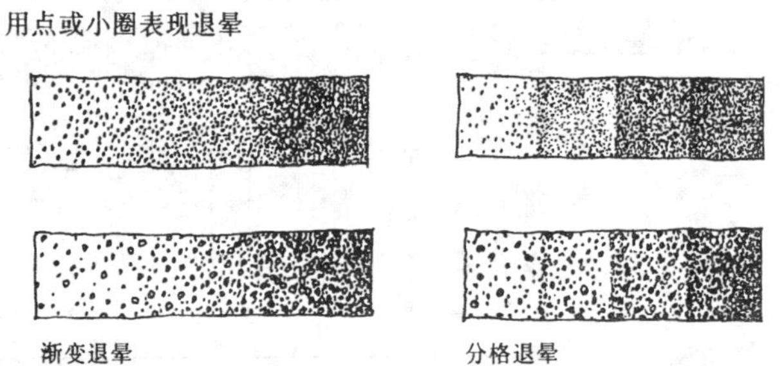

渐变退晕　　分格退晕

线条的组合

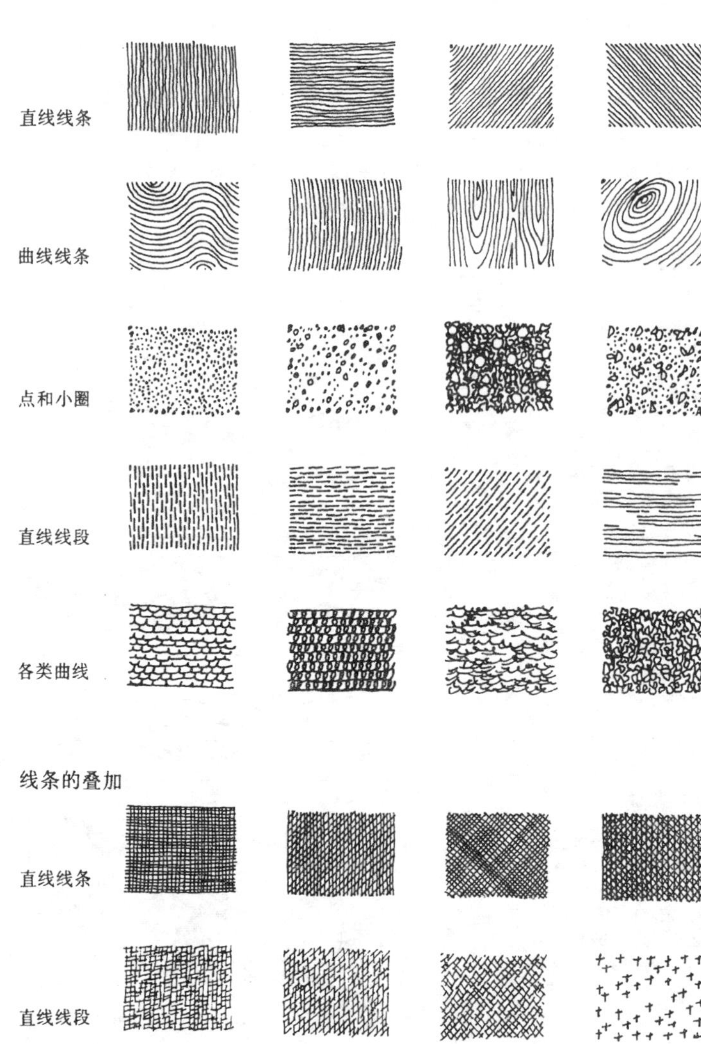

线条的质感表现

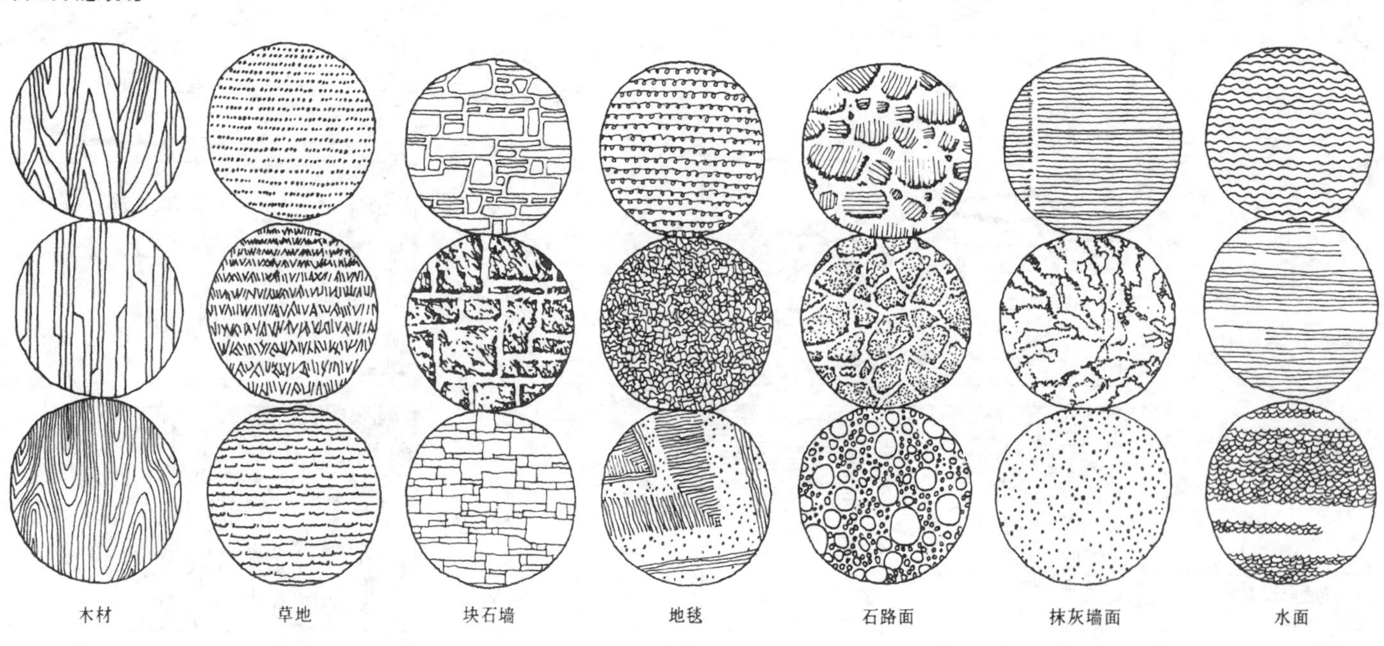

6 线条运用实例

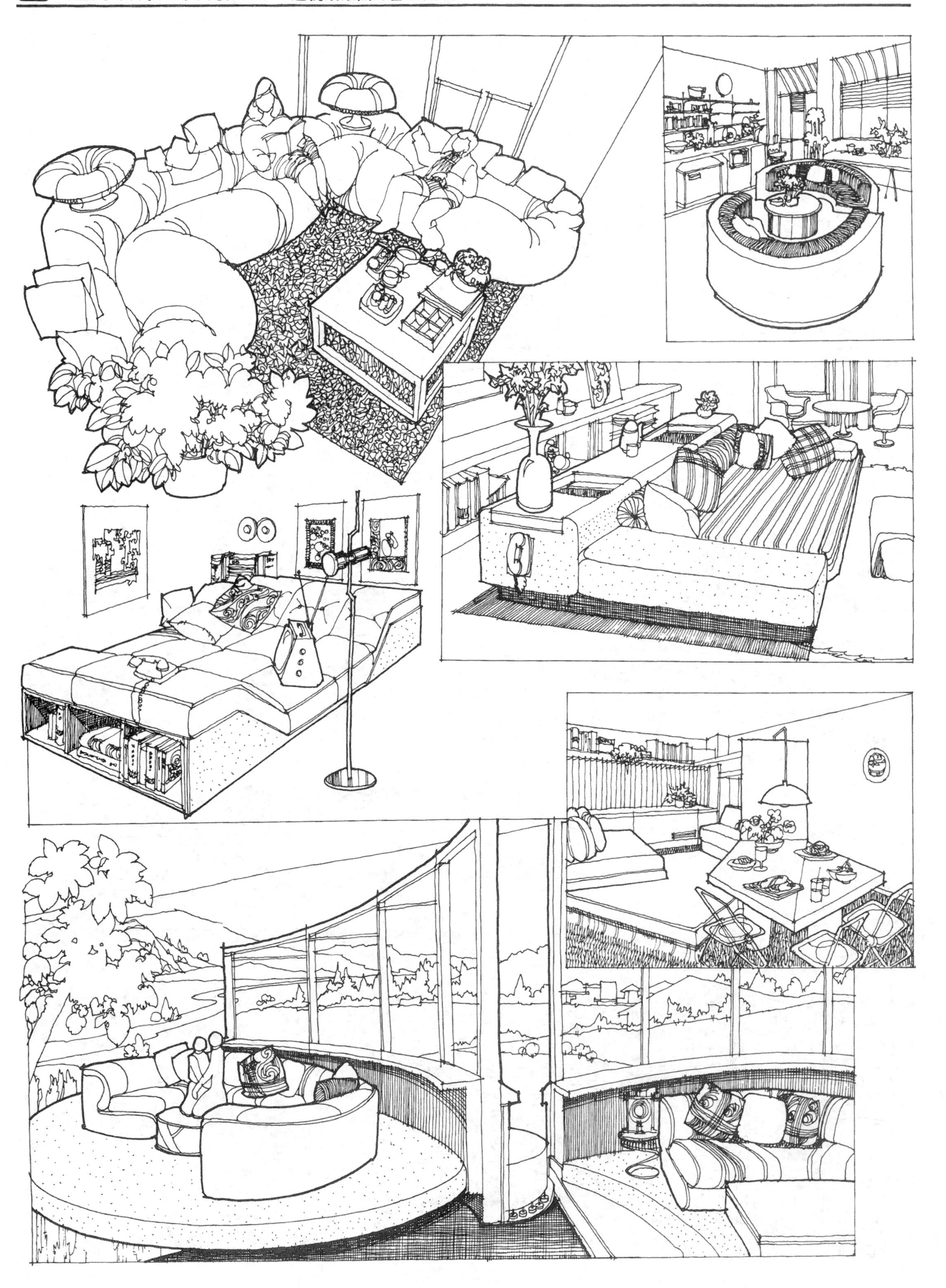

7 渲染技法

渲染是水质颜料表现的一种基本技法，它是用水来调和颜料，在图纸上逐层染色，通过颜料的浓、淡、深、浅来表现对象的形体、光影和质感。

运笔

渲染的运笔方法大体有三种:

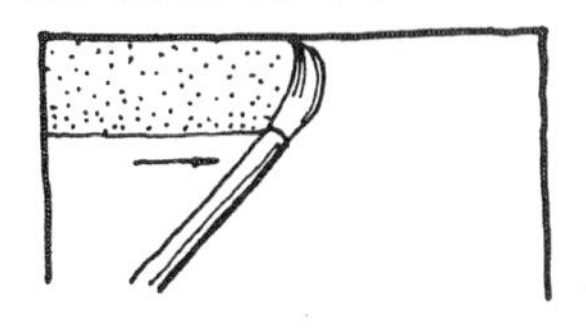

水平运笔法

用大号笔作水平移动，适宜作大片渲染和天棚、地面、大块墙面等。

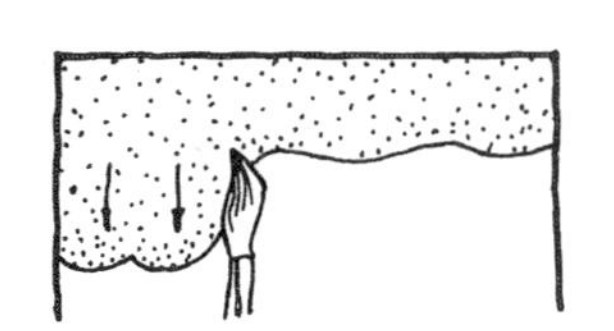

垂直运笔法

宜作小面积渲染特别是垂直长条；上下运笔一次的距离不能过长以避免上色不均匀；同一排中运笔的长短要大体相等，防止过长的笔道使色水急骤下淌。

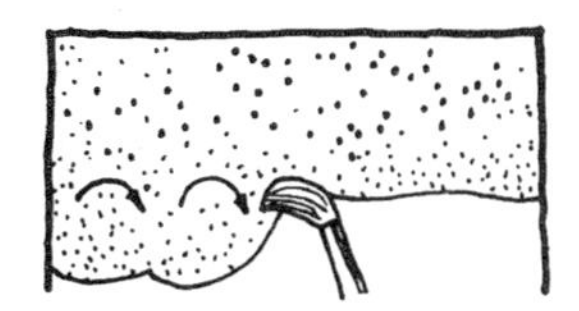

环形运笔法

常用于退晕渲染，环形运笔时笔触能起搅拌作用，使后加的色水与已涂上的色能不断地均匀的调合，从而图面有柔和的渐变效果。

渲染用笔

渲染用笔一般都是使用羊毫，羊毫笔毛软易于存水，且不会将底色刷起。

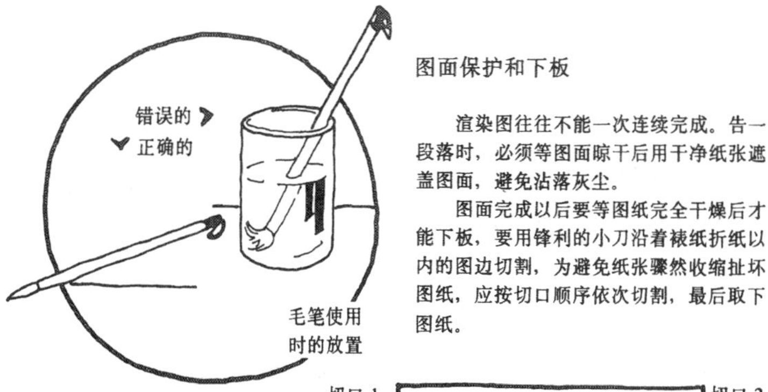

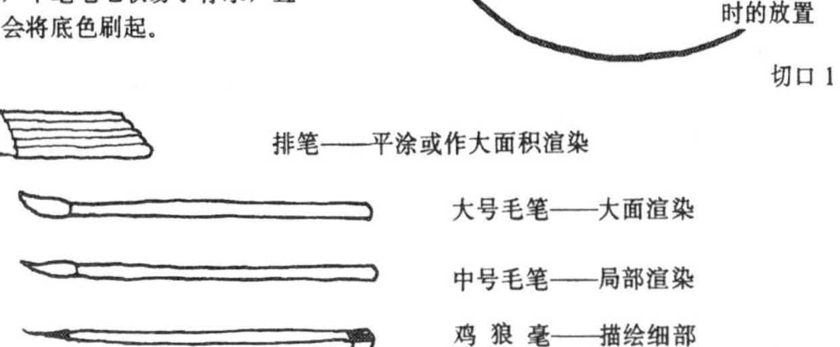

图面保护和下板

渲染图往往不能一次连续完成。告一段落时，必须等图面晾干后用干净纸张遮盖图面，避免沾落灰尘。

图面完成以后要等图纸完全干燥后才能下板，要用锋利的小刀沿着裱纸折纸以内的图边切割，为避免纸张骤然收缩扯坏图纸，应按切口顺序依次切割，最后取下图纸。

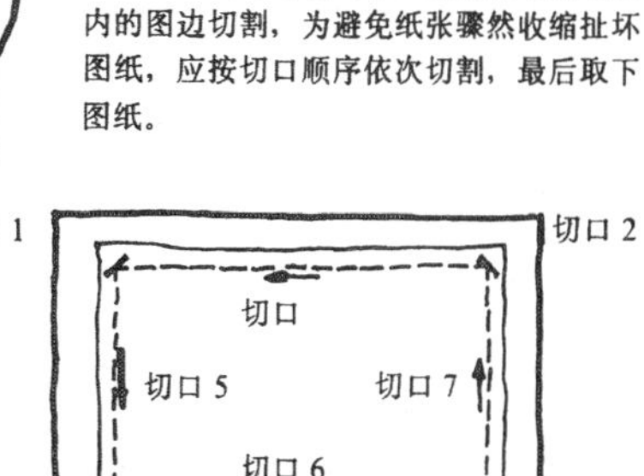

注意事项

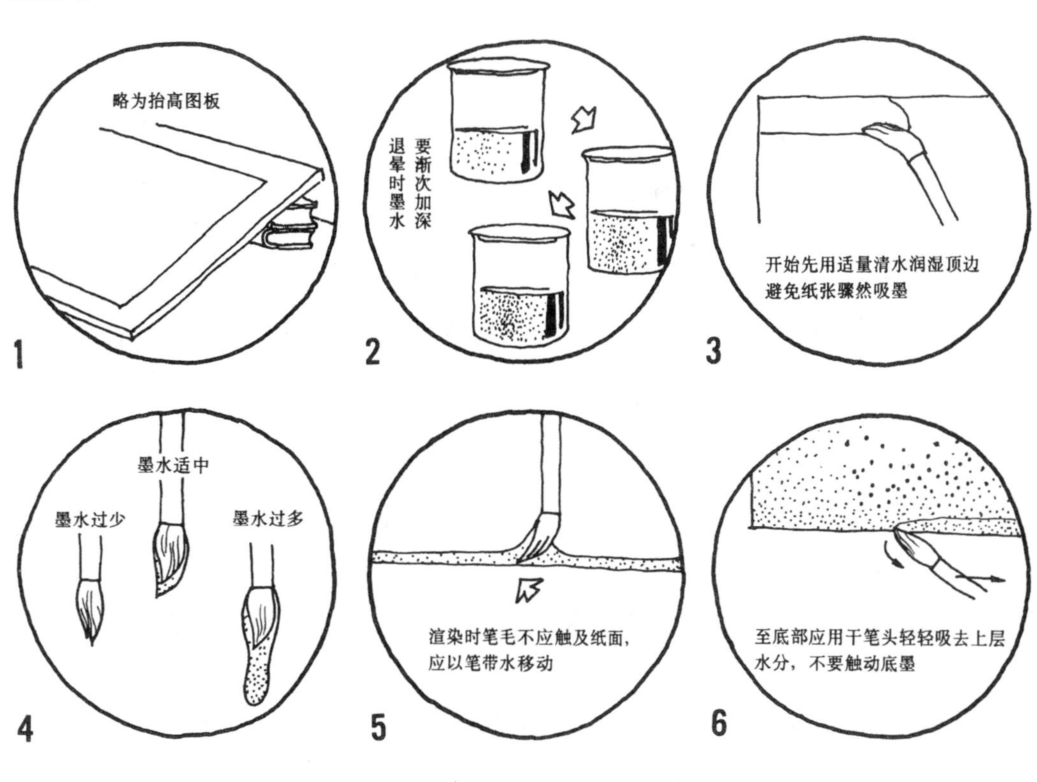

大面积渲染方法

平涂法

表现受光均匀的平面

退晕法

表现受光强度不均匀的面或曲面，作法可由深到浅或由浅到深。

叠加法

表现需细致、工整刻画的曲面如圆柱；事先将画面按明暗光影分条，用同一浓淡的色水平涂，分格逐层叠加。

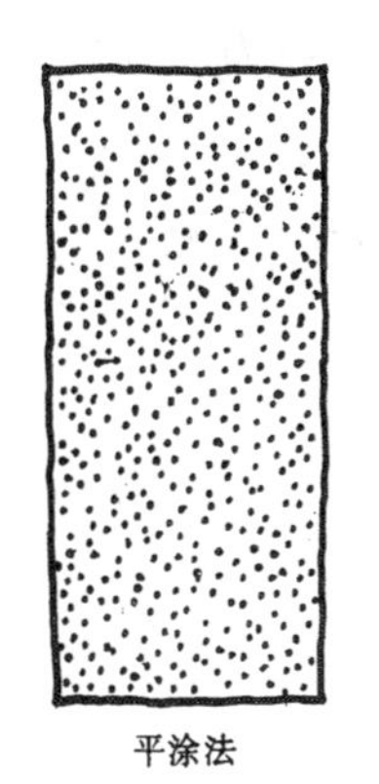

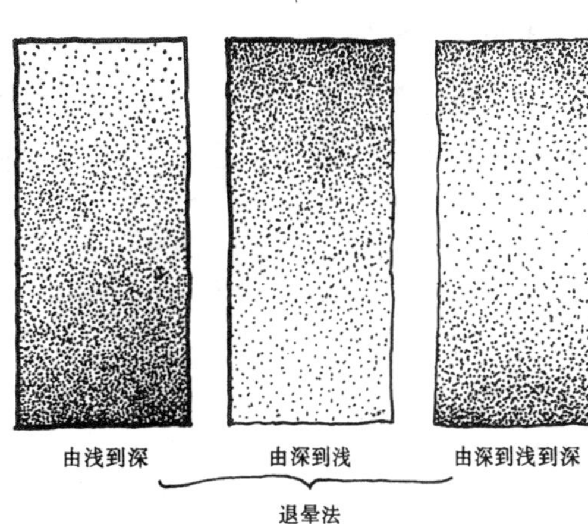

渲染方法效果示意

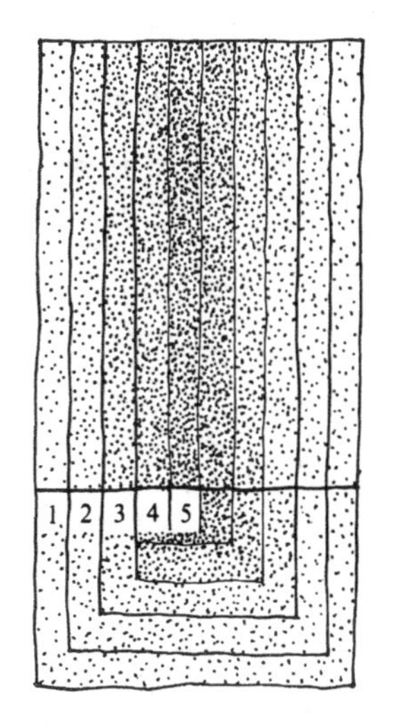

叠加法

主 要 参 考 书 目

〔1〕《INTERIOR GRAPHIC AND DESIGN STANDARDS》，S.C.REZNIKOFF, WHITNEY LIBRAPY OF DESIGN, NEW YORK, 1986

〔2〕《HOME RENOVATION》，FRANCIS D.K.CHING & DALE E. MILLER, VNR INC, NEW YORK, 1983

〔3〕《ARCHITECTURAL DETAILING IN CONTRACT INTERIORS》，WENDY W. STAEBLER, BUTTER WORTH ARCHITECTURE, 1988

〔4〕《商业建筑、企画设计资料集成》(1)、(2)，日本店铺设计协会，商店建筑社，1959

〔5〕《人体尺度与室内空间》，龚锦编译 曾坚校，天津科学技术出版社，1987

〔6〕《建筑设计资料集》(1)、(2)、(3)，中国建筑工业出版社，1964

〔7〕《建筑初步》，田学哲主编，中国建筑工业出版社，1982

〔8〕《明式家具研究》，杨耀著，中国建筑工业出版社，1988

〔9〕《戏剧电影美术资料》(1) 建筑篇，人民美术出版社，1985

〔10〕《现代建筑装修材料及其施工》，王福川编著，中国建筑工业出版社，1986

〔11〕《室内设计事典》(日)，丰口克平监修

〔12〕《配色事典》(2)(日)，东京河出书房新社

〔13〕《洋家具和室内样式》(日)，嶋佐知子著

〔14〕《室内设计》，陆震纬主编，四川科学技术出版社，1987

〔15〕《园林建筑设计》，华南工学院建筑系主编，中国建筑工业出版社，1986

〔16〕《插花艺术》，王莲英 尚纪平编著，农业出版社，1989

〔17〕《新建筑与流派》，童寯著，中国建筑工业出版社，1979

〔18〕《照明手册》，日本照明学会编，中国建筑工业出版社，1985

〔19〕《室内照明》，荷兰JB.DE等著，轻工业出版社，1989

〔20〕《ライテイソグデザイソ事典》，岛崎信编，日本产业调查会，1986

〔21〕《中国艺术史》，台湾曾会培、王宝连编译

〔22〕《室内环境设计》，李琬琬著

〔23〕《室内装饰》，潘吾华编著，纺织工业出版社，1987

〔24〕《窗帘的设计与制作》，穆澜编著，香港万里书店，1985

〔25〕《窗装饰》，持田明彦，日本トーソー出版株式会社，1982

〔26〕《家用室内设计大全》,郑曙旸、田青编著，纺织工业出版社，1990

〔27〕《何镇强建筑画》，天津科学技术出版社，1987

〔28〕《建筑师》(第33期) "现代环境艺术与未来建筑师"，布正伟编